实战040　添加视频文件
▶ 视频位置：光盘\视频\第3章\实战040.mp4

实战047　剪切素材文件
▶ 视频位置：光盘\视频\第3章\实战047.mp4

实战048　波纹剪切素材文件
▶ 视频位置：光盘\视频\第3章\实战048.mp4

实战050　替换滤镜效果
▶ 视频位置：光盘\视频\第3章\实战050.mp4

实战051　将视频解锁分解
▶ 视频位置：光盘\视频\第3章\实战051.mp4

实战052　将素材进行组合
▶ 视频位置：光盘\视频\第3章\实战052.mp4

实战053　将素材进行解组
▶ 视频位置：光盘\视频\第3章\实战053.mp4

实战058　撤销操作
▶ 视频位置：光盘\视频\第3章\实战058.mp4

实战082　裁剪（入点）模式
▶ 视频位置：光盘\视频\第5章\实战082.mp4

实战083　裁剪（出点）模式
▶ 视频位置：光盘\视频\第5章\实战083.mp4

实战084　裁剪－滚动模式
▶ 视频位置：光盘\视频\第5章\实战084.mp4

实战085　裁剪－滑动模式
▶ 视频位置：光盘\视频\第5章\实战085.mp4

实战086　裁剪－滑过模式
▶ 视频位置：光盘\视频\第5章\实战086.mp4

实战087　剪辑模式（转场）
▶ 视频位置：光盘\视频\第5章\实战087.mp4

实战095　设置视频慢速度播放
▶ 视频位置：光盘\视频\第6章\实战095.mp4

实战096　设置视频快速度播放
▶ 视频位置：光盘\视频\第6章\实战096.mp4

实战097　设置素材时间重映射
▶ 视频位置：光盘\视频\第6章\实战097.mp4

实战104　直接删除视频素材
▶ 视频位置：光盘\视频\第6章\实战104.mp4

实战105　波纹删除视频素材
▶ 视频位置：光盘\视频\第6章\实战105.mp4

实战106　删除入/出点间的内容
▶ 视频位置：光盘\视频\第6章\实战106.mp4

实战107　删除转场特效
▶ 视频位置：光盘\视频\第6章\实战107.mp4

实战109　删除滤镜特效
▶ 视频位置：光盘\视频\第6章\实战109.mp4

实战112　删除指针位置的间隙
▶ 视频位置：光盘\视频\第6章\实战112.mp4

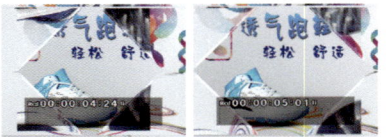

实战113　删除选定素材的间隙
▶ 视频位置：光盘\视频\第6章\实战113.mp4

实战展示

实战114 设置素材入点
▶ 视频位置：光盘\视频\第7章\实战114.mp4
Rcd 00:00:02:22
Rcd 00:00:04:11

实战115 设置素材出点
▶ 视频位置：光盘\视频\第7章\实战115.mp4
Rcd 00:00:02:09
Rcd 00:00:08:02

实战116 为选定素材设置素材入点
▶ 视频位置：光盘\视频\第7章\实战116.mp4
Rcd 00:00:04:07
Rcd 00:00:07:19

实战136 制作二维裁剪动画
▶ 视频位置：光盘\视频\第8章\实战136.mp4
Rcd 00:00:00:03
Rcd 00:00:02:07

实战138 制作移动位置动画
▶ 视频位置：光盘\视频\第8章\实战138.mp4
Rcd 00:00:00:16
Rcd 00:00:04:14

实战139 制作视频拉伸动画
▶ 视频位置：光盘\视频\第8章\实战139.mp4
Rcd 00:00:02:17
Rcd 00:00:03:24

实战140 制作视频旋转动画
▶ 视频位置：光盘\视频\第8章\实战140.mp4
Rcd 00:00:01:10
Rcd 00:00:01:20

实战141 制作视频可见度动画
▶ 视频位置：光盘\视频\第8章\实战141.mp4
Rcd 00:00:01:25
Rcd 00:00:04:07

实战142 制作三维变换动画
▶ 视频位置：光盘\视频\第8章\实战142.mp4
Rcd 00:00:02:13
Rcd 00:00:04:08

实战143 制作三维空间动画
▶ 视频位置：光盘\视频\第8章\实战143.mp4
Rcd 00:00:01:22
Rcd 00:00:04:03

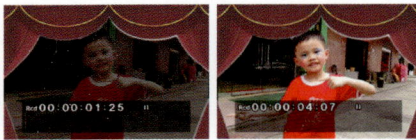

实战145 运用亮度键合成画面
▶ 视频位置：光盘\视频\第9章\实战145.mp4
Rcd 00:00:01:19
Rcd 00:00:02:00

实战146 遮罩的创建
▶ 视频位置：光盘\视频\第9章\实战146.mp4
Rcd 00:00:01:13
Rcd 00:00:03:12

实战147 轨道遮罩
▶ 视频位置：光盘\视频\第8章\实战147.mp4
Rcd 00:00:01:16
Rcd 00:00:01:14

实战148 用减色模式合成画面
▶ 视频位置：光盘\视频\第9章\实战148.mp4
Rcd 00:00:01:21
Rcd 00:00:01:00

实战149 用变亮模式合成画面
▶ 视频位置：光盘\视频\第9章\实战149.mp4
Rcd 00:00:00:13
Rcd 00:00:01:23

实战150 用变暗模式合成画面
▶ 视频位置：光盘\视频\第9章\实战150.mp4
Rcd 00:00:01:18
Rcd 00:00:01:22

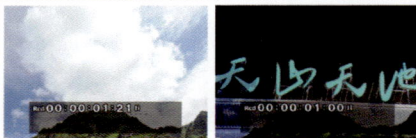

实战151 用叠加模式合成画面
▶ 视频位置：光盘\视频\第9章\实战151.mp4
Rcd 00:00:01:21
Rcd 00:00:01:00

实战152 用差值模式合成画面
▶ 视频位置：光盘\视频\第9章\实战152.mp4
Rcd 00:00:02:13
Rcd 00:00:01:07

实战153 用强光模式合成画面
▶ 视频位置：光盘\视频\第9章\实战153.mp4
Rcd 00:00:02:21
Rcd 00:00:02:21

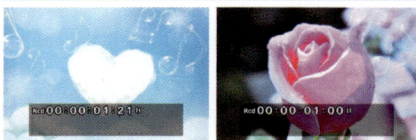

实战154 用排除模式合成画面
▶ 视频位置：光盘\视频\第9章\实战154.mp4
Rcd 00:00:03:08
Rcd 00:00:02:04

实战155 用柔光模式合成画面
▶ 视频位置：光盘\视频\第9章\实战155.mp4
Rcd 00:00:08:10
Rcd 00:00:01:18

实战156 用滤色模式合成画面
▶ 视频位置：光盘\视频\第9章\实战156.mp4
Rcd 00:00:01:09
Rcd 00:00:01:00

实战157 用点光模式合成画面
▶ 视频位置：光盘\视频\第9章\实战157.mp4
Rcd 00:00:03:04
Rcd 00:00:01:17

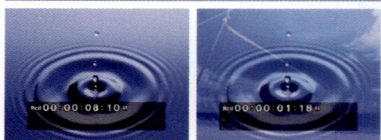

实战158 用相加模式合成画面
▶ 视频位置：光盘\视频\第9章\实战158.mp4
Rcd 00:00:03:13
Rcd 00:00:06:09

实战159 用线性光模式合成画面

▶ 视频位置：光盘\视频\第9章\实战159.mp4

实战160 用艳光模式合成画面

▶ 视频位置：光盘\视频\第9章\实战160.mp4

实战165 运用YUV曲线校正素材

▶ 视频位置：光盘\视频\第10章\实战165.mp4

实战166 运用三路色彩校正素材

▶ 视频位置：光盘\视频\第10章\实战166.mp4

实战167 运用单色校正素材

▶ 视频位置：光盘\视频\第10章\实战167.mp4

实战169 运用招贴画1校正素材

▶ 视频位置：光盘\视频\第10章\实战169.mp4

实战170 运用招贴画2校正素材

▶ 视频位置：光盘\视频\第10章\实战170.mp4

实战171 运用招贴画3校正素材

▶ 视频位置：光盘\视频\第10章\实战171.mp4

实战172 运用提高对比度校正素材

▶ 视频位置：光盘\视频\第10章\实战172.mp4

实战173 运用色彩平衡校正素材

▶ 视频位置：光盘\视频\第10章\实战173.mp4

实战174 运用褐色1校正素材

▶ 视频位置：光盘\视频\第10章\实战174.mp4

实战175 运用褐色2校正素材

▶ 视频位置：光盘\视频\第10章\实战175.mp4

实战176 运用褐色3校正素材

▶ 视频位置：光盘\视频\第10章\实战176.mp4

实战177 运用负片校正素材

▶ 视频位置：光盘\视频\第10章\实战177.mp4

实战178 运用颜色轮校正素材

▶ 视频位置：光盘\视频\第10章\实战178.mp4

实战179 使用自动颜色校正图像偏色

▶ 视频位置：光盘\视频\第10章\实战179.mp4

实战180 使用自动色调调整图像明暗

▶ 视频位置：光盘\视频\第10章\实战180.mp4

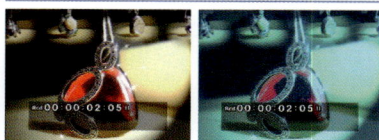

实战181 使用自动对比度调整图像明暗

▶ 视频位置：光盘\视频\第10章\实战181.mp4

实战182 使用曲线调整图像整体色调

▶ 视频位置：光盘\视频\第10章\实战182.mp4

实战183 使用色阶调整图像亮度范围

▶ 视频位置：光盘\视频\第10章\实战183.mp4

实战184 使用亮度/对比度调整色彩

▶ 视频位置：光盘\视频\第10章\实战184.mp4

实战185 使用色相/饱和度调整色相

▶ 视频位置：光盘\视频\第10章\实战185.mp4

实战186 使用色彩平衡调整图像偏色

▶ 视频位置：光盘\视频\第10章\实战186.mp4

实战187 使用阴影/高光调整图像明暗

▶ 视频位置：光盘\视频\第10章\实战187.mp4

实战展示

实战188 使用照片滤镜过滤图像色调
▶ 视频位置：光盘\视频\第10章\实战188.mp4

实战189 使用可选颜色校正图像色调
▶ 视频位置：光盘\视频\第10章\实战189.mp4

实战190 制作黑白单色效果
▶ 视频位置：光盘\视频\第10章\实战190.mp4

实战192 制作图像灰度效果
▶ 视频位置：光盘\视频\第10章\实战192.mp4

实战193 制作图像色彩效果
▶ 视频位置：光盘\视频\第10章\实战193.mp4

实战194 制作HDR色调效果
▶ 视频位置：光盘\视频\第10章\实战194.mp4

实战195 均化图像中的亮度值
▶ 视频位置：光盘\视频\第10章\实战195.mp4

实战196 制作图像渐变效果
▶ 视频位置：光盘\视频\第10章\实战196.mp4

实战197 视频滤镜的添加
▶ 视频位置：光盘\视频\第11章\实战197.mp4

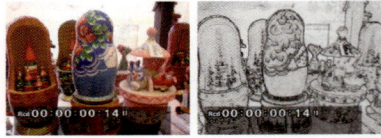

实战198 多个视频滤镜的添加
▶ 视频位置：光盘\视频\第11章\实战198.mp4

实战199 删除视频滤镜
▶ 视频位置：光盘\视频\第11章\实战199.mp4

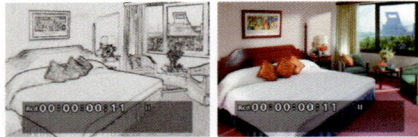

实战200 中值滤镜
▶ 视频位置：光盘\视频\第11章\实战200.mp4

实战201 光栅滚动滤镜
▶ 视频位置：光盘\视频\第11章\实战201.mp4

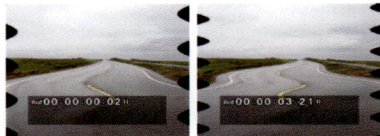

实战203 动态模糊滤镜
▶ 视频位置：光盘\视频\第11章\实战203.mp4

实战204 宽银幕滤镜
▶ 视频位置：光盘\视频\第11章\实战204.mp4

实战205 平滑模糊滤镜
▶ 视频位置：光盘\视频\第11章\实战205.mp4

实战206 平滑马赛克滤镜
▶ 视频位置：光盘\视频\第11章\实战206.mp4

实战207 循环幻灯滤镜
▶ 视频位置：光盘\视频\第11章\实战207.mp4

实战208 焦点柔化滤镜
▶ 视频位置：光盘\视频\第11章\实战208.mp4

实战209 镜像滤镜
▶ 视频位置：光盘\视频\第11章\实战209.mp4

实战210 锐化滤镜
▶ 视频位置：光盘\视频\第11章\实战210.mp4

实战211 浮雕滤镜
▶ 视频位置：光盘\视频\第11章\实战211.mp4

实战212 老电影滤镜
▶ 视频位置：光盘\视频\第11章\实战212.mp4

实战213 视频噪声滤镜
▶ 视频位置：光盘\视频\第11章\实战213.mp4

实战214 高斯模糊滤镜	实战215 混转滤镜	实战216 组合滤镜
▶ 视频位置：光盘\视频\第11章\实战214.mp4	▶ 视频位置：光盘\视频\第11章\实战215.mp4	▶ 视频位置：光盘\视频\第11章\实战216.mp4

实战217 手动添加转场	实战218 设置默认添加转场	实战219 复制转场效果
▶ 视频位置：光盘\视频\第12章\实战217.mp4	▶ 视频位置：光盘\视频\第12章\实战218.mp4	▶ 视频位置：光盘\视频\第12章\实战219.mp4

实战220 移动转场效果	实战221 替换转场效果	实战222 删除转场效果
▶ 视频位置：光盘\视频\第12章\实战220.mp4	▶ 视频位置：光盘\视频\第12章\实战221.mp4	▶ 视频位置：光盘\视频\第12章\实战222.mp4

实战223 设置转场边框特效	实战224 柔化转场的边缘	实战225 Alpha转场特效
▶ 视频位置：光盘\视频\第12章\实战223.mp4	▶ 视频位置：光盘\视频\第12章\实战224.mp4	▶ 视频位置：光盘\视频\第12章\实战225.mp4

实战226 单页转场特效	实战227 双页转场特效	实战229 四页转场特效
▶ 视频位置：光盘\视频\第12章\实战226.mp4	▶ 视频位置：光盘\视频\第12章\实战227.mp4	▶ 视频位置：光盘\视频\第12章\实战229.mp4

实战230 手风琴转场特效	实战231 扭转转场特效	实战232 旋转转场特效
▶ 视频位置：光盘\视频\第12章\实战230.mp4	▶ 视频位置：光盘\视频\第12章\实战231.mp4	▶ 视频位置：光盘\视频\第12章\实战232.mp4

实战233 球化转场特效	实战234 百叶窗波浪转场特效	实战235 SMPTE转场特效
▶ 视频位置：光盘\视频\第12章\实战233.mp4	▶ 视频位置：光盘\视频\第12章\实战234.mp4	▶ 视频位置：光盘\视频\第12章\实战235.mp4

实战236 交叉划像转场特效	实战237 交叉推动转场特效	实战238 交叉滑动转场特效
▶ 视频位置：光盘\视频\第12章\实战236.mp4	▶ 视频位置：光盘\视频\第12章\实战237.mp4	▶ 视频位置：光盘\视频\第12章\实战238.mp4

实战展示

实战239 圆形转场特效
▶ 视频位置：光盘\视频\第12章\实战239.mp4

实战240 拉伸转场特效
▶ 视频位置：光盘\视频\第12章\实战240.mp4

实战241 推拉转场特效
▶ 视频位置：光盘\视频\第12章\实战241.mp4

实战242 方形转场特效
▶ 视频位置：光盘\视频\第12章\实战242.mp4

实战243 时钟转场特效
▶ 视频位置：光盘\视频\第12章\实战243.mp4

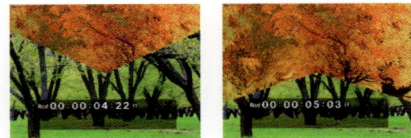

实战245 溶化转场特效
▶ 视频位置：光盘\视频\第12章\实战245.mp4

实战246 滑动转场特效
▶ 视频位置：光盘\视频\第12章\实战246.mp4

实战247 边缘划像转场特效
▶ 视频位置：光盘\视频\第12章\实战247.mp4

实战250 卷页转场特效
▶ 视频位置：光盘\视频\第12章\实战250.mp4

实战251 卷页飞出转场特效
▶ 视频位置：光盘\视频\第12章\实战251.mp4

实战252 双门转场特效
▶ 视频位置：光盘\视频\第12章\实战252.mp4

实战253 立方体旋转转场特效
▶ 视频位置：光盘\视频\第12章\实战253.mp4

实战254 翻转转场特效
▶ 视频位置：光盘\视频\第12章\实战254.mp4

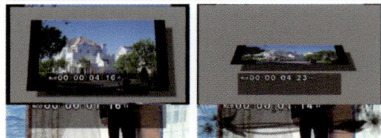

实战255 翻页转场特效
▶ 视频位置：光盘\视频\第12章\实战255.mp4

实战256 飞出转场特效
▶ 视频位置：光盘\视频\第12章\实战256.mp4

实战257 3D翻入-从右下转场特效
▶ 视频位置：光盘\视频\第12章\实战257.mp4

实战258 3D翻入-从左下转场特效
▶ 视频位置：光盘\视频\第12章\实战258.mp4

实战259 3D翻出-从右上转场特效
▶ 视频位置：光盘\视频\第12章\实战259.mp4

实战260 3D翻出-向右下转场特效
▶ 视频位置：光盘\视频\第12章\实战260.mp4

实战261 3D翻出-向左上转场特效
▶ 视频位置：光盘\视频\第12章\实战261.mp4

实战262 3D翻出-向左下转场特效
▶ 视频位置：光盘\视频\第12章\实战262.mp4

实战263 3D翻入-从左上转场特效

▶ 视频位置：光盘\视频\第12章\实战263.mp4

实战264 3D翻入（显示背面）-从右下转场特效

▶ 视频位置：光盘\视频\第12章\实战264.mp4

实战265 3D翻入（显示背面）-从左上转场特效

▶ 视频位置：光盘\视频\第12章\实战265.mp4

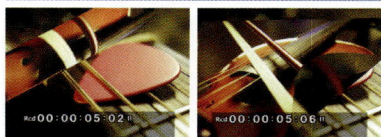

实战266 3D翻入（显示背面）-从左下转场特效

▶ 视频位置：光盘\视频\第12章\实战266.mp4

实战267 3D翻入（显示背面）-向右上转场特效

▶ 视频位置：光盘\视频\第12章\实战267.mp4

实战268 3D翻出（显示背面）-从右上转场特效

▶ 视频位置：光盘\视频\第12章\实战268.mp4

实战269 3D翻出（显示背面）-向右下转场特效

▶ 视频位置：光盘\视频\第12章\实战269.mp4

实战270 3D翻出（显示背面）-向左上转场特效

▶ 视频位置：光盘\视频\第12章\实战267.mp4

实战271 3D翻出（显示背面）-向左下转场特效

▶ 视频位置：光盘\视频\第12章\实战271.mp4

实战272 单页剥离-向前1转场特效

▶ 视频位置：光盘\视频\第12章\实战272.mp4

实战273 单页剥离-向前2转场特效

▶ 视频位置：光盘\视频\第12章\实战273.mp4

实战274 单页剥离-向后1转场特效

▶ 视频位置：光盘\视频\第12章\实战274.mp4

实战275 单页剥离-向后2转场特效

▶ 视频位置：光盘\视频\第12章\实战275.mp4

实战276 单页卷入-从上转场特效

▶ 视频位置：光盘\视频\第12章\实战276.mp4

实战277 单页卷入-从下转场特效

▶ 视频位置：光盘\视频\第12章\实战277.mp4

实战278 单页卷入-从右上转场特效

▶ 视频位置：光盘\视频\第12章\实战278.mp4

实战279 单页卷入-从右上转场特效

▶ 视频位置：光盘\视频\第12章\实战279.mp4

实战280 单页卷入-从右下转场特效

▶ 视频位置：光盘\视频\第12章\实战280.mp4

实战281 单页卷入-从左转场特效

▶ 视频位置：光盘\视频\第12章\实战281.mp4

实战282 单页卷入-从左上转场特效

▶ 视频位置：光盘\视频\第12章\实战282.mp4

实战283 单页卷入-从左下转场特效

▶ 视频位置：光盘\视频\第12章\实战283.mp4

中文版 EDIUS 8 实战视频教程

实战284 单页卷出－向上转场特效
▶ 视频位置：光盘\视频\第12章\实战284.mp4

实战285 单页卷出－向下转场特效
▶ 视频位置：光盘\视频\第12章\实战285.mp4

实战286 单页卷出－向右转场特效
▶ 视频位置：光盘\视频\第12章\实战286.mp4

实战287 单页卷出－向右上转场特效
▶ 视频位置：光盘\视频\第12章\实战287.mp4

实战288 单页卷出－向左转场特效
▶ 视频位置：光盘\视频\第12章\实战288.mp4

实战289 单页卷出－向左上转场特效
▶ 视频位置：光盘\视频\第12章\实战289.mp4

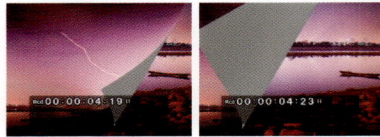

实战290 单页卷出－向左下转场特效
▶ 视频位置：光盘\视频\第12章\实战290.mp4

实战291 单页卷出－向右下转场特效
▶ 视频位置：光盘\视频\第12章\实战291.mp4

实战292 单页卷入（方向轴变化）－从右上转场特效
▶ 视频位置：光盘\视频\第12章\实战292.mp4

实战293 单页卷入（方向轴变化）－从右下转场特效
▶ 视频位置：光盘\视频\第12章\实战293.mp4

实战294 单页卷入（方向轴变化）－从左上转场特效
▶ 视频位置：光盘\视频\第12章\实战291.mp4

实战295 单页卷入（方向轴变化）－从左下转场特
▶ 视频位置：光盘\视频\第12章\实战295.mp4

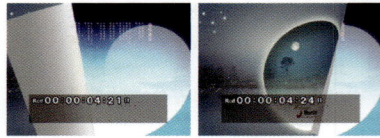

实战296 单页卷出（方向轴变化）－从右上转场特效
▶ 视频位置：光盘\视频\第12章\实战296.mp4

实战297 单页卷出（方向轴变化）－从右下转场特效
▶ 视频位置：光盘\视频\第12章\实战297.mp4

实战298 单页卷出（方向轴变化）－从左上转场特效
▶ 视频位置：光盘\视频\第12章\实战298.mp4

实战299 单页卷出（方向轴变化）－从左下转场特效
▶ 视频位置：光盘\视频\第12章\实战299.mp4

实战300 单页卷入（显示背面）－从上转场特效
▶ 视频位置：光盘\视频\第12章\实战300.mp4

实战301 单页卷入（显示背面）－从下转场特效
▶ 视频位置：光盘\视频\第12章\实战301.mp4

实战302 单页卷入（显示背面）－从右转场特效
▶ 视频位置：光盘\视频\第12章\实战302.mp4

实战303 单页卷入（显示背面）－从右上转场特效
▶ 视频位置：光盘\视频\第12章\实战303.mp4

实战304 单页卷入（显示背面）－从右下转场特效
▶ 视频位置：光盘\视频\第12章\实战304.mp4

实战306 单页卷入（显示背面）-从左上转场特效
视频位置：光盘\视频\第12章\实战306.mp4

实战307 单页卷入（显示背面）-从左下转场特效
视频位置：光盘\视频\第12章\实战307.mp4

实战308 单页卷出（显示背面）-向上转场特效
视频位置：光盘\视频\第12章\实战308.mp4

实战309 单页卷出（显示背面）-向下转场特效
视频位置：光盘\视频\第12章\实战309.mp4

实战310 单页卷出（显示背面）-向右转场特效
视频位置：光盘\视频\第12章\实战310.mp4

实战311 单页卷出（显示背面）-向右上转场特效
视频位置：光盘\视频\第12章\实战311.mp4

实战313 单页卷出（显示背面）-向左转场特效
视频位置：光盘\视频\第12章\实战313.mp4

实战314 回旋转出-顺时针转场特效
视频位置：光盘\视频\第12章\实战314.mp4

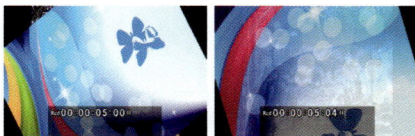

实战315 单页卷出（显示背面）-向左上转场特效
视频位置：光盘\视频\第12章\实战315.mp4

实战316 单页卷出（显示背面）-向左下转场特效
视频位置：光盘\视频\第12章\实战316.mp4

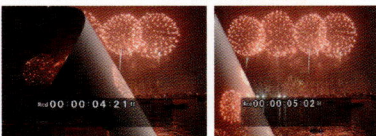

实战317 单页卷入（纵深）-从上转场特效
视频位置：光盘\视频\第12章\实战317.mp4

实战318 单页卷入（纵深）-从下转场特效
视频位置：光盘\视频\第12章\实战318.mp4

实战319 单页卷入（纵深）-从右转场特效
视频位置：光盘\视频\第12章\实战319.mp4

实战320 单页卷入（纵深）-从右上转场特效
视频位置：光盘\视频\第12章\实战320.mp4

实战321 单页卷入（纵深）-从右下转场特效
视频位置：光盘\视频\第12章\实战321.mp4

实战322 单页卷入（纵深）-从左转场特效
视频位置：光盘\视频\第12章\实战322.mp4

实战323 单页卷入（纵深）-从左上转场特效
视频位置：光盘\视频\第12章\实战323.mp4

实战324 单页卷入（纵深）-从左下转场特效
视频位置：光盘\视频\第12章\实战324.mp4

实战325 单页卷出（纵深）-向上转场特效
视频位置：光盘\视频\第12章\实战325.mp4

实战326 单页卷入（纵深）-向下转场特效
视频位置：光盘\视频\第12章\实战326.mp4

实战327 龙卷风卷入-向上1转场特效
视频位置：光盘\视频\第12章\实战327.mp4

实战展示

实战328 龙卷风卷入-向上2转场特效
▶ 视频位置：光盘\视频\第12章\实战328.mp4

实战329 龙卷风卷入-向下1转场特效
▶ 视频位置：光盘\视频\第12章\实战329.mp4

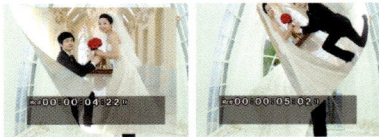

实战330 龙卷风卷入-向下2转场特效
▶ 视频位置：光盘\视频\第12章\实战330.mp4

实战331 龙卷风卷出-向上1转场特效
▶ 视频位置：光盘\视频\第12章\实战331.mp4

实战332 龙卷风卷出-向上2转场特效
▶ 视频位置：光盘\视频\第12章\实战332.mp4

实战333 龙卷风卷出-向下1转场特效
▶ 视频位置：光盘\视频\第12章\实战332.mp4

实战335 双页剥入-从上转场特效
▶ 视频位置：光盘\视频\第12章\实战335.mp4

实战337 双页剥入-从下转场特效
▶ 视频位置：光盘\视频\第12章\实战337.mp4

实战339 双页剥入-从右和从左转场特效
▶ 视频位置：光盘\视频\第12章\实战339.mp4

实战343 双页剥入(减速)-从下转场特效
▶ 视频位置：光盘\视频\第12章\实战343.mp4

实战351 双页剥离（加速)-向上转场特效
▶ 视频位置：光盘\视频\第12章\实战351.mp4

实战375 双页卷出-向上转场特效
▶ 视频位置：光盘\视频\第12章\实战375.mp4

实战384 标题字幕的添加
▶ 视频位置：光盘\视频\第13章\实战384mp4

实战385 多行标题字幕的添加
▶ 视频位置：光盘\视频\第13章\实战385.mp4

实战386 通过模板创建字幕
▶ 视频位置：光盘\视频\第13章\实战386.mp4

实战387 标题字幕的变换
▶ 视频位置：光盘\视频\第13章\实战387mp4

实战388 字幕间距的设置
▶ 视频位置：光盘\视频\第13章\实战388.mp4

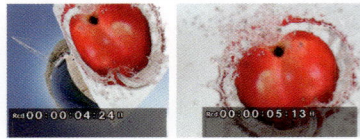

实战389 字幕行距的设置
▶ 视频位置：光盘\视频\第13章\实战389.mp4

实战390 字体类型的设置
▶ 视频位置：光盘\视频\第13章\实战390.mp4

实战391 字号大小的设置
▶ 视频位置：光盘\视频\第13章\实战391.mp4

实战392 字幕方向的更改
▶ 视频位置：光盘\视频\第13章\实战392.mp4

实战393 文本下划线的添加
▶ 视频位置：光盘\视频\第13章\实战393.mp4

实战394 字幕时间长度的调整
▶ 视频位置：光盘\视频\第13章\实战394.mp4

实战395 打开标题字幕
▶ 视频位置：光盘\视频\第13章\实战395.mp4

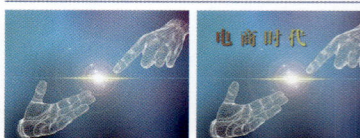

实战399 插入矩形
▶ 视频位置： 光盘\视频\第13章\实战399.mp4

实战405 制作"向上划像"运动效果
▶ 视频位置： 光盘\视频\第13章\实战405.mp4

实战406 制作"向下划像"运动效果
▶ 视频位置： 光盘\视频\第13章\实战406.mp4

实战408 制作"向左划像"运动效果
▶ 视频位置： 光盘\视频\第13章\实战408.mp4

实战409 制作"垂直划像【中心->边缘】"运动效果
▶ 视频位置： 光盘\视频\第13章\实战409.mp4

实战410 制作"垂直划像【边缘->中心】"运动效果
▶ 视频位置： 光盘\视频\第13章\实战410.mp4

实战411 制作"向上软划像"运动效果
▶ 视频位置： 光盘\视频\第13章\实战411.mp4

实战412 制作"向下软划像"运动效果
▶ 视频位置： 光盘\视频\第13章\实战412.mp4

实战413 制作"向右软划像"运动效果
▶ 视频位置： 光盘\视频\第13章\实战413.mp4

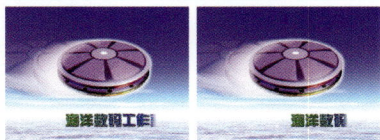

实战414 制作"向左软划像"运动效果
▶ 视频位置： 光盘\视频\第13章\实战414.mp4

实战415 制作水平划像【中心->边缘】运动效果
▶ 视频位置： 光盘\视频\第13章\实战415.mp4

实战416 制作水平划像【边缘->中心】运动效果
▶ 视频位置： 光盘\视频\第13章\实战416.mp4

实战417 制作向上淡入淡出飞入A运动效果
▶ 视频位置： 光盘\视频\第13章\实战417.mp4

实战418 制作向下淡入淡出飞入A运动效果
▶ 视频位置： 光盘\视频\第13章\实战418.mp4

实战419 制作向右淡入淡出飞入A运动效果
▶ 视频位置： 光盘\视频\第13章\实战419.mp4

实战420 制作向左淡入淡出飞入A运动效果
▶ 视频位置： 光盘\视频\第13章\实战420.mp4

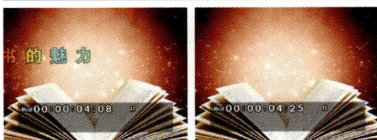

实战421 制作上面激光运动效果
▶ 视频位置： 光盘\视频\第13章\实战421.mp4

实战422 制作下面激光运动效果
▶ 视频位置： 光盘\视频\第13章\实战422.mp4

实战423 制作右面激光运动效果
▶ 视频位置： 光盘\视频\第13章\实战423.mp4

实战424 制作左面激光运动效果
▶ 视频位置： 光盘\视频\第13章\实战424.mp4

实战425 制作向上软划像运动效果
▶ 视频位置： 光盘\视频\第13章\实战425.mp4

实战427 制作向右软划像运动效果
▶ 视频位置：光盘\视频\第13章\实战427.mp4

实战429 制作向上飞入A运动效果
▶ 视频位置：光盘\视频\第13章\实战429.mp4

实战430 制作向下飞入A运动效果
▶ 视频位置：光盘\视频\第13章\实战430.mp4

实战431 制作向右飞入A运动效果
▶ 视频位置：光盘\视频\第13章\实战431.mp4

实战432 制作向左飞入A运动效果
▶ 视频位置：光盘\视频\第13章\实战432.mp4

实战433 制作字幕纹理特效
▶ 视频位置：光盘\视频\第13章\实战433.mp4

实战434 制作字幕描边特效
▶ 视频位置：光盘\视频\第13章\实战434.mp4

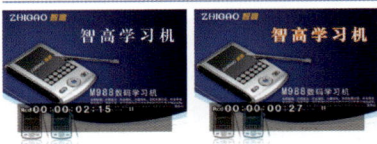

实战436 制作字幕镂空特效
▶ 视频位置：光盘\视频\第13章\实战436.mp4

实战437 制作字幕五彩特效
▶ 视频位置：光盘\视频\第13章\实战437.mp4

实战474 批量输出视频文件
▶ 视频位置：光盘\视频\第15章\实战474.mp4

实战480 刻录DVD光盘
▶ 视频位置：光盘\视频\第15章\实战480.mp4

实战481 刻录蓝光光盘
▶ 视频位置：光盘\视频\第15章\实战481.mp4

第18章 制作公益宣传——《爱护环境》
▶ 视频位置：光盘\视频\第18章

第19章 制作影视落幕——《真爱永恒》
▶ 视频位置：光盘\视频\第19章

第20章 制作电视广告——《汽车之家》
▶ 视频位置：光盘\视频\第20章

第21章 制作专题剪辑——《绚烂焰火》
▶ 视频位置：光盘\视频\第21章

中文版

EDIUS 8
实战视频教程

华天印象 编著

人民邮电出版社
北　京

图书在版编目（C I P）数据

中文版EDIUS 8实战视频教程 / 华天印象编著. --
北京 ： 人民邮电出版社，2017.1（2020.1重印）
ISBN 978-7-115-43156-1

Ⅰ. ①中… Ⅱ. ①华… Ⅲ. ①视频编辑软件－教材
Ⅳ. ①TP317.53

中国版本图书馆CIP数据核字(2016)第274845号

内 容 提 要

本书通过 600 个实例介绍了 EDIUS 8 的相关知识与操作技巧，具体内容包括 EDIUS 8 基础操作、调整软件的工作界面、视频素材的添加与编辑、素材库文件的管理与应用、素材剪辑模式的设置、剪辑与精修视频素材、素材片段的精确标记、多层运动特效的制作、视频合成特效的制作、调整画面色彩效果、视频滤镜特效的制作、精彩转场特效的制作、影视字幕特效的制作、影视背景音效的制作、输出与刻录视频文件、成品视频分享网络、制作片头模板特效、制作公益宣传——《爱护环境》、制作影视落幕——《真爱永恒》、制作电视广告——《汽车之家》、制作专题剪辑——《绚烂焰火》等内容。读者学习后可以融会贯通、举一反三，制作出更多精彩、完美的效果。

本书结构清晰、语言简洁。随书光盘提供了 600 个案例的素材文件和效果文件，以及操作演示视频。本书适合 EDIUS 8 软件的初级读者阅读，既可以作为从事影视广告设计和影视后期制作的广大从业人员的必备工具书，又可以作为高等院校动画影视相关专业的辅导教材。

♦ 编　　著　华天印象
　　责任编辑　张丹阳
　　责任印制　陈　犇

♦ 人民邮电出版社出版发行　　　北京市丰台区成寿寺路 11 号
　　邮编　100164　　电子邮件　315@ptpress.com.cn
　　网址　http://www.ptpress.com.cn
　　北京九州迅驰传媒文化有限公司印刷

♦ 开本：787×1092　1/16
　　印张：48.5　　　　　　　　　彩插：6
　　字数：1566 千字　　　　　　2017 年 1 月第 1 版
　　印数：3 001－3 400 册　　　　2020 年 1 月北京第 3 次印刷

定价：99.00 元（附光盘）

读者服务热线：(010)81055410　印装质量热线：(010)81055316
反盗版热线：(010)81055315

前言

软件简介

    EDIUS是日本Canopus公司推出的优秀的非线性编辑软件，EDIUS软件是为了满足广播电视等的后期制作的需要而专门设计的，可以支持当前所有标清和高清格式的实时编辑。EDIUS拥有完善的基于文件的工作流程，提供了实时、多轨道、多格式混编、合成、色键、字幕以及时间线输出等功能。EDIUS因其迅捷、易用和可靠的稳定性为广大专业制作者和电视人所广泛使用，是混合格式编辑的绝佳选择。

本书特色

    特色1：全实战！ 铺就新手成为高手之路：本书为读者奉献了一本全操作性的实战大餐，共计600个案例！采用"庖丁解牛"的写作思路，步步深入讲解，直达软件核心精髓，帮助新手在大量的案例演练中逐步掌握软件的各项技能、核心技术和商业应用，成为超级熟练的软件应用达人、作品设计高手！

    特色2：全视频！全程重现所有实例的过程：书中600个技能实例，全部录制了带语音讲解的高清教学视频，时间长达600多分钟，全程重现书中所有技能实例的操作，读者可以结合书本进行学习，也可以独立在计算机、手机或平板电脑中观看高清语音视频演示，轻松、高效学习！

    特色3：随时学！开创手机/平板电脑学习模式：随书光盘提供的高清视频（MP4格式）可供读者复制到手机、平板电脑中观看，随时随地运用平常的点滴、休闲、等待、坐车等零散时间、在任何地点都可以观看视频，如同平常在外用手机看新闻、视频一样，利用碎片化的闲暇时间，轻松、愉快地进行学习。

本书内容

    本书共分为6篇：入门篇、进阶篇、提高篇、晋级篇、精通篇和实战篇，帮助读者循序渐进，快速学习，具体章节内容如下。

    入门篇：第1～3章，专业讲解了EDIUS 8的基础操作、调整软件的工作界面、视频素材的添加与编辑等内容。

    进阶篇：第4～5章，专业讲解了素材库文件的管理与应用、素材剪辑模式的设置等内容。

    提高篇：第6～8章，专业讲解了剪辑与精修视频素材、素材片段的精确标记、多层运动特效的制作等内容。

    晋级篇：第9～14章，专业讲解了视频合成特效的制作、调整画面色彩效果、视频滤镜特效的制作、精彩转场特效的制作、影视字幕特效的制作、影视背景音效的制作等内容。

    精通篇：第15章和第16章，专业讲解了输出与刻录视频文件、成品视频分享网络等内容。

    实战篇：第17～21章，专业讲解了制作片头模板特效、制作公益宣传——《爱护环境》、制作影视落幕——《真爱永恒》、制作电视广告——《宇通汽车》、制作专题剪辑——《绚烂焰火》等内容。

读者售后

    本书由华天印象编著，由于信息量大、时间仓促，书中难免存在疏漏与不妥之处，欢迎广大读者来信咨询和指正，联系邮箱：itsir@qq.com。

编　者

目录

实战025 全屏预览窗口模式 42

2.2 窗口布局的编辑 42

实战026 常规布局的使用 43

实战027 相应布局的应用 43

实战028 当前布局的保存 44

实战029 布局名称的更改 45

实战030 多余布局的删除 46

实战031 向右旋转90度 47

实战032 向左旋转90度 47

2.3 窗口叠加显示的设置 48

实战033 显示素材/设备 48

实战034 显示安全区域 49

实战035 显示中央十字线 50

实战036 显示屏幕状态 51

实战037 显示屏幕标记 52

实战038 显示斑马纹 53

入门篇

第1章
EDIUS 8 基础操作

1.1 启动与退出EDIUS 8 15

实战001 启动EDIUS 8 15

实战002 退出EDIUS 8 16

1.2 基本操作工程文件 17

实战003 新建工程文件 17

实战004 新建序列文件 18

实战005 打开工程文件 19

实战006 另存为工程文件 19

实战007 退出工程文件 20

实战008 关闭序列文件 21

1.3 在工程文件中添加轨道 22

实战009 在上方添加视音频轨道 22

实战010 在下方添加视音频轨道 29

实战011 在上方添加视频轨道 29

实战012 在下方添加视频轨道 30

实战013 在上方添加字幕轨道 30

实战014 在下方添加字幕轨道 31

实战015 在上方添加音频轨道 32

实战016 在下方添加音频轨道 32

1.4 轨道的基本操作 33

实战017 复制选定的轨道 33

实战018 向前移动轨道位置 34

实战019 向后移动轨道位置 35

实战020 删除不需要的轨道 36

实战021 删除当前的选定轨道 37

实战022 重命名轨道的名称 38

第2章
调整软件的工作界面

2.1 窗口模式的应用 40

实战023 切换至单窗口模式 40

实战024 切换至双窗口模式 41

第3章
视频素材的添加与编辑

3.1 素材文件的添加 58

实战039 添加静态图像 58

实战040 添加视频文件 59

实战041 添加PSD素材 60

3.2 素材文件的创建 61

实战042 创建彩条素材 61

实战043 创建色块素材 63

3.3 复制与粘贴素材文件 65

实战044 复制素材文件 65

实战045 粘贴至指针位置 66

实战046 粘贴至入点位置 67

3.4 剪切素材文件 68

实战047 剪切素材文件 68

实战048 波纹剪切素材文件 70

3.5 替换素材文件 71

实战049 替换素材文件 71

实战050 替换滤镜效果 72

3.6 组合与解组素材文件 74

实战051 将视频解锁分解 74

实战052 将素材进行组合 76

实战053 将素材进行解组 77

3.7 定位编辑点位置 78

实战054 移动到上一编辑点 78

实战055 移动到下一编辑点 79

3.8 将素材更改为序列 **80**
实战056 将入出点间内容转换为序列 80
实战057 将选定的素材作为序列 81

3.9 撤销与恢复操作 **82**
实战058 撤销操作 83
实战059 恢复操作 84

进阶篇

第4章
素材库文件的管理与应用

4.1 基本操作素材库 **86**
实战060 文件夹的新建 86
实战061 文件夹的删除 87
实战062 文件夹的打开 87
实战063 显示与隐藏文件夹窗格 88

4.2 搜索素材库中的文件 **89**
实战064 搜索相同名称的素材 89
实战065 搜索相同类型的素材 90
实战066 搜索相同时间码的素材 91

4.3 在素材库中管理序列文件 **93**
实战067 剪切序列文件 93
实战068 复制序列文件 94
实战069 删除序列文件 95
实战070 打开序列文件 96
实战071 设置序列文件的颜色 97
实战072 重命名序列的名称 98

4.4 在素材库中管理素材文件 **98**
实战073 将素材文件设置为序列 98
实战074 将素材文件取消序列 99
实战075 在播放窗口显示素材 100
实战076 将素材添加到时间线 101
实战077 设置素材显示的颜色 102
实战078 重命名素材的名称 104

第5章
素材剪辑模式的设置

5.1 视频常规模式的应用 **106**
实战079 常规模式的了解 106

实战080 常规模式的应用 107

5.2 视频剪辑模式的应用 **108**
实战081 剪辑模式的了解 109
实战082 裁剪（入点）模式 110
实战083 裁剪（出点）模式 111
实战084 裁剪-滚动模式 113
实战085 裁剪-滑动模式 114
实战086 裁剪-滑过模式 115
实战087 剪辑模式（转场）..........................117

5.3 多机位模式的应用 **118**
实战088 进入多机位模式 119
实战089 多种机位数量的应用 120

5.4 多机位查看方式 **122**
实战090 查看视频滤镜 122
实战091 查看轨道名称 123
实战092 全屏预览时仅显示选定机位 124
实战093 以单显示器模式显示选定机位 125

提高篇

第6章
剪辑与精修视频素材

6.1 精确修整素材画面 **127**
实战094 设置素材持续时间 127
实战095 设置视频慢速度播放 128
实战096 设置视频快速度播放 130
实战097 设置素材时间重映射 131

6.2 精确剪辑素材对象 **133**
实战098 运用剪切点剪辑视频 133
实战099 去除视频剪切点 134

6.3 精确修整视频中的音频 **135**
实战100 调整视频中音频均衡化 135
实战101 调整视频中音频偏移 136

6.4 预览剪辑的视频素材 **137**
实战102 在播放窗口中显示 137
实战103 查看剪辑的视频属性 138

6.5 精确删除素材对象 **139**
实战104 直接删除视频素材 139
实战105 波纹删除视频素材 140
实战106 删除入/出点间的内容 141

6.6 删除视频部分特效 **142**
　实战107 删除转场特效 143
　实战108 删除混合特效 144
　实战109 删除滤镜特效 145
　实战110 删除背景音效 146
　实战111 删除音频音量调节点 147
6.7 删除视频素材间隙 **148**
　实战112 删除指针位置的间隙 148
　实战113 删除选定素材的间隙 149

第7章
素材片段的精确标记

7.1 视频入点与出点设置 **152**
　实战114 设置素材入点 152
　实战115 设置素材出点 153
　实战116 为选定素材设置素材入点 154
7.2 清除素材入点与出点 **155**
　实战117 清除素材入点 155
　实战118 清除素材出点 157
　实战119 同时清除素材入点与出点 158
7.3 跳转入点与出点 **159**
　实战120 跳转至视频入点 159
　实战121 跳转至视频出点 160
7.4 为素材添加标记 **161**
　实战122 添加标记 161
　实战123 添加标记到入点与出点 162
7.5 编辑素材标记 **163**
　实战124 为标记添加注释内容 163
　实战125 清除指针位置的标记 164
　实战126 清除所有标记对象 165
　实战127 在时间线位置显示标记 167
　实战128 跳转至上一个序列标记 167
　实战129 跳转至下一个序列标记 168
7.6 导入与导出标记 **168**
　实战130 导入标记列表 168
　实战131 导出标记列表 169

第8章
多层运动特效的制作

8.1 基本操作视频布局 **172**
　实战132 进入2D动画界面 172

　实战133 进入3D动画界面 173
　实战134 显示指示线 173
　实战135 调整视频布局百分比 174
8.2 制作动画特效 **176**
　实战136 制作二维裁剪动画 177
　实战137 制作二维变换动画 179
8.3 制作二维动画特效 **180**
　实战138 制作移动位置动画 180
　实战139 制作视频拉伸动画 183
　实战140 制作视频旋转动画 185
　实战141 制作视频可见度动画 188
8.4 制作三维动画特效 **190**
　实战142 制作三维变换动画 190
　实战143 制作三维空间动画 193

晋级篇

第9章
视频合成特效的制作

9.1 抠像合成画面的运用 **197**
　实战144 运用色度键合成画面 197
　实战145 运用亮度键合成画面 198
9.2 遮罩合成画面的运用 **200**
　实战146 遮罩的创建 200
　实战147 轨道遮罩 201
9.3 混合模式合成画面的运用 **202**
　实战148 用减色模式合成画面 203
　实战149 用变亮模式合成画面 204
　实战150 用变暗模式合成画面 205
　实战151 用叠加模式合成画面 206
　实战152 用差值模式合成画面 207
　实战153 用强光模式合成画面 208
　实战154 用排除模式合成画面 209
　实战155 用柔光模式合成画面 210
　实战156 用滤色模式合成画面 211
　实战157 用点光模式合成画面 212
　实战158 用相加模式合成画面 213
　实战159 用线性光模式合成画面 214
　实战160 用艳光模式合成画面 215

实战161 用颜色减淡合成画面.........................216
实战162 用颜色加深合成画面.........................217

第10章
调整画面色彩效果

10.1 色彩控制视频画面 220
实战163 通过命令启动矢量图与示波器.........220
实战164 通过按钮启动矢量图与示波器.........222

10.2 色彩校正滤镜的运用 223
实战165 运用YUV曲线校正素材.................223
实战166 运用三路色彩校正素材.................227
实战167 运用单色校正素材.........................229
实战168 运用反转校正素材.........................231
实战169 运用招贴画1校正素材.................232
实战170 运用招贴画2校正素材.................233
实战171 运用招贴画3校正素材.................235
实战172 运用提高对比度校正素材.............236
实战173 运用色彩平衡校正素材.................237
实战174 运用褐色1校正素材.....................238
实战175 运用褐色2校正素材.....................240
实战176 运用褐色3校正素材.....................241
实战177 运用负片校正素材.........................242
实战178 运用颜色轮校正素材.....................243

10.3 运用Photoshop校正图像画面 244
实战179 使用自动颜色校正图像偏色 244
实战180 使用自动色调调整图像明暗 245
实战181 使用自动对比度调整图像明暗.........246
实战182 使用曲线调整图像整体色调.........247
实战183 使用色阶调整图像亮度范围.........248
实战184 使用亮度/对比度调整色彩.........250
实战185 使用色相/饱和度调整色相.........251
实战186 使用色彩平衡调整图像偏色.........252
实战187 使用阴影/高光调整图像明暗.........253
实战188 使用照片滤镜过滤图像色调.........254
实战189 使用可选颜色校正图像色调.........255
实战190 制作黑白单色效果.........................256
实战191 制作图像底片效果.........................257
实战192 制作图像灰度效果.........................257
实战193 制作图像色彩效果.........................258
实战194 制作HDR色调效果.........................259
实战195 均化图像中的亮度值.....................260
实战196 制作图像渐变效果.........................261

第11章
视频滤镜特效的制作

11.1 应用视频滤镜 263
实战197 视频滤镜的添加 263
实战198 多个视频滤镜的添加.................266
实战199 删除视频滤镜.............................267

11.2 滤镜特效精彩应用 268
实战200 中值滤镜.....................................268
实战201 光栅滚动滤镜.............................270
实战202 块颜色滤镜.................................272
实战203 动态模糊滤镜.............................273
实战204 宽银幕滤镜.................................274
实战205 平滑模糊滤镜.............................275
实战206 平滑马赛克滤镜.........................276
实战207 循环幻灯滤镜.............................278
实战208 焦点柔化滤镜.............................279
实战209 镜像滤镜.....................................281
实战210 锐化滤镜.....................................282
实战211 浮雕滤镜.....................................283
实战212 老电影滤镜.................................285
实战213 视频噪声滤镜.............................288
实战214 高斯模糊滤镜.............................289
实战215 混合滤镜.....................................290
实战216 组合滤镜.....................................292

第12章
精彩转场特效的制作

12.1 转场效果的添加与编辑........................296
实战217 手动添加转场.............................296
实战218 设置默认添加转场.....................298
实战219 复制转场效果.............................300
实战220 移动转场效果.............................301
实战221 替换转场效果.............................304
实战222 删除转场效果.............................305

12.2 转场边框与边缘效果的设置 307
实战223 设置转场边框特效.....................307
实战224 柔化转场的边缘 309

12.3 转场效果精彩应用 310
实战225 Alpha转场特效.........................310
实战226 单页转场特效.............................312
实战227 双页转场特效.............................314

实战228 变换转场特效.............................315

实战229 四页转场特效.............................316

实战230 手风琴转场特效.........................317

实战231 扭转转场特效.............................318

实战232 旋转转场特效.............................319

实战233 球化转场特效.............................320

实战234 百叶窗波浪转场特效.................321

实战235 SMPTE转场特效.........................322

12.4 制作2D转场效果............................ 323

实战236 交叉划像转场特效.....................323

实战237 交叉推动转场特效.....................324

实战238 交叉滑动转场特效.....................325

实战239 圆形转场特效.............................326

实战240 拉伸转场特效.............................327

实战241 推拉转场特效.............................328

实战242 方形转场特效.............................329

实战243 时钟转场特效.............................330

实战244 板块转场特效.............................331

实战245 溶化转场特效.............................332

实战246 滑动转场特效.............................333

实战247 边缘划像转场特效.....................334

12.5 制作3D转场效果............................ 335

实战248 3D溶化转场特效.......................335

实战249 单门转场特效.............................336

实战250 卷页转场特效.............................337

实战251 卷页飞出转场特效.....................338

实战252 双门转场特效.............................339

实战253 立方体旋转转场特效.................340

实战254 翻转转场特效.............................341

实战255 翻页转场特效.............................342

实战256 飞出转场特效.............................343

12.6 制作3D翻动转场效果..................... 344

实战257 3D翻入-从右下转场特效............344

实战258 3D翻入-从左下转场特效............345

实战259 3D翻出-向右上转场特效............346

实战260 3D翻出-向右下转场特效............347

实战261 3D翻出-向左上转场特效............348

实战262 3D翻出-向左下转场特效............349

实战263 3D翻入-从左上转场特效............350

实战264 3D翻入（显示背面）-

从右下转场特效.....................................351

实战265 3D翻入（显示背面）-

从左上转场特效 352

实战266 3D翻入（显示背面）-

从左下转场特效 353

实战267 3D翻入（显示背面）-

向右上转场特效 354

实战268 3D翻出（显示背面）-

从右上转场特效 355

实战269 3D翻出（显示背面）-

向右下转场特效 356

实战270 3D翻出（显示背面）-

向左上转场特效 357

实战271 3D翻出（显示背面）-

向左下转场特效 358

12.7 制作单页剥离转场效果................... 359

实战272 单页剥离-向前1转场特效..........359

实战273 单页剥离-向前2转场特效..........360

实战274 单页剥离-向后1转场特效..........361

实战275 单页剥离-向后2转场特效..........362

12.8 制作其他精彩转场效果................... 363

实战276 单页卷入-从上转场特效............363

实战277 单页卷入-从下转场特效............364

实战278 单页卷入-从右转场特效............365

实战279 单页卷入-从右上转场特效........366

实战280 单页卷入-从右下转场特效........367

实战281 单页卷入-从左转场特效............368

实战282 单页卷入-从左上转场特效........369

实战283 单页卷入-从左下转场特效........370

实战284 单页卷出-向上转场特效............371

实战285 单页卷出-向下转场特效............372

实战286 单页卷出-向右转场特效............373

实战287 单页卷出-向右上转场特效........374

实战288 单页卷出-向左转场特效............375

实战289 单页卷出-向左上转场特效........376

实战290 单页卷出-向左下转场特效 377

实战291 单页卷出-向右下转场特效........378

实战292 单页卷入（方向轴变化）-

从右上转场特效 379

实战293 单页卷入（方向轴变化）-

从右下转场特效 380

实战294 单页卷入（方向轴变化）-

从左上转场特效 381

实战295 单页卷入（方向轴变化）-

从左下转场特效 382

实战296 单页卷出（方向轴变化）-
从右上转场特效 383

实战297 单页卷出（方向轴变化）-
从右下转场特效 384

实战298 单页卷出（方向轴变化）-
从左上转场特效 385

实战299 单页卷出（方向轴变化）-
从左下转场特效 386

实战300 单页卷入（显示背面）-
从上转场特效 387

实战301 单页卷入（显示背面）-
从下转场特效 388

实战302 单页卷入（显示背面）-
从右转场特效 389

实战303 单页卷入（显示背面）-
从右上转场特效 390

实战304 单页卷入（显示背面）-
从右下转场特效 391

实战305 单页卷入（显示背面）-
从左转场特效 392

实战306 单页卷入（显示背面）-
从左上转场特效 393

实战307 单页卷入（显示背面）-
从左下转场特效 394

实战308 单页卷入（显示背面）-
向上转场特效 395

实战309 单页卷入（显示背面）-
向下转场特效 396

实战310 单页卷出（显示背面）-
向右转场特效 397

实战311 单页卷出（显示背面）-
向右上转场特效 398

实战312 单页卷出（显示背面）-
向右下转场特效 399

实战313 单页卷出（显示背面）-
向左转场特效 400

实战314 回旋转出-顺时针转场特效 401

实战315 单页卷出（显示背面）-
向左上转场特效 402

实战316 单页卷出（显示背面）-
向左下转场特效 403

实战317 单页卷入（纵深）-从上转场特效 404

实战318 单页卷入（纵深）-从下转场特效 405

实战319 单页卷入（纵深）-从右转场特效 406

实战320 单页卷入（纵深）-从右上转场特效....407

实战321 单页卷入（纵深）-从右下转场特效....408

实战322 单页卷入（纵深）-从左转场特效.......409

实战323 单页卷入（纵深）-从左上转场特效....410

实战324 单页卷入（纵深）-从左下转场特效....411

实战325 单页卷出（纵深）-向上转场特效 412

实战326 单页卷出（纵深）-向下转场特效 413

12.9 制作龙卷风转场效果 **414**

实战327 龙卷风卷入-向上1转场特效 414

实战328 龙卷风卷入-向上2转场特效 415

实战329 龙卷风卷入-向下1转场特效 416

实战330 龙卷风卷入-向下2转场特效 417

实战331 龙卷风卷出-向上1转场特效 418

实战332 龙卷风卷出-向上2转场特效 419

实战333 龙卷风卷出-向下1转场特效 420

实战334 龙卷风卷出-向下2转场特效 421

12.10 制作双页剥入转场效果 **422**

实战335 双页剥入-从上转场特效 422

实战336 双页剥入-从上和从下转场特效...........423

实战337 双页剥入-从下转场特效 424

实战338 双页剥入-从右转场特效 425

实战339 双页剥入-从右和从左转场特效 426

实战340 双页剥入-从左转场特效 427

实战341 双页剥入（减速）-从上转场特效 428

实战342 双页剥入（减速）-
从上和从下转场特效.............................429

实战343 双页剥入（减速）-从下转场特效 430

实战344 双页剥入（减速）-从右转场特效 431

实战345 双页剥入（减速）-
从右和从左转场特效.............................432

实战346 双页剥入（减速）-从左转场特效 433

12.11 制作双页剥离转场效果 **434**

实战347 双页剥离-向上转场特效 434

实战348 双页剥离-向上和向下转场特效..........435

实战349 双页剥离-向下转场特效 436

实战350 双页剥离-向右转场特效 437

实战351 双页剥离（加速）-向上转场特效 438

实战352 双页剥离（加速）-
向上和向下转场特效.............................439

实战353 双页剥离（加速）-向下转场特效 440

实战354 双页剥离（加速）-向右转场特效 441

实战355 双页剥离（加速）-
向右和向左转场特效 442

实战356 双页剥离（加速）-向左转场特效 ...443

12.12 制作双页剥合转场效果 444

实战357 双页剥合-从上转场特效 444

实战358 双页剥合-从上和从下转场特效 ...445

实战359 双页剥合-从下转场特效 446

实战360 双页剥合-从右转场特效 447

实战361 双页剥合-从右和从左转场特效 448

实战362 双页剥合-从左转场特效 449

12.13 制作双页剥开转场效果 450

实战363 双页剥开-向上转场特效 450

实战364 双页剥开-向上和向下转场特效 ...451

实战365 双页剥开-向下转场特效 452

实战366 双页剥开-向右转场特效 453

实战367 双页剥开-向右和向左转场特效 454

实战368 双页剥开-向左转场特效 455

12.14 制作双页卷边转场效果 456

实战369 双页卷入-从上转场特效 456

实战370 双页卷入-从上和从下转场特效 ...457

实战371 双页卷入-从下转场特效 458

实战372 双页卷入-从右转场特效 459

实战373 双页卷入-从右和从左转场特效 460

实战374 双页卷入-从左转场特效 461

实战375 双页卷出-向上转场特效 462

实战376 双页卷出-向上和向下转场特效 463

实战377 双页卷出-向下转场特效 464

实战378 双页卷出-向右转场特效 465

实战379 双页卷出-向右和向左转场特效 466

实战380 双页卷出-向左转场特效 467

12.15 制作回旋转场效果 468

实战381 回旋转入-逆时针转场特效 468

实战382 回旋转入-顺时针转场特效 469

实战383 回旋转出-逆时针转场特效 470

第13章
影视字幕特效的制作

13.1 标题字幕的添加 472

实战384 标题字幕的添加 472

实战385 多行标题字幕的添加 475

实战386 通过模板创建字幕 477

13.2 标题字幕属性的设置 478

实战387 标题字幕的变换 478

实战388 字幕间距的设置 480

实战389 字幕行距的设置 481

实战390 字体类型的设置 482

实战391 字号大小的设置 483

实战392 字幕方向的更改 484

实战393 文本下划线的添加 485

实战394 字幕时间长度的调整 486

13.3 标题字幕文件的基本操作 487

实战395 打开标题字幕 487

实战396 另存为标题字幕文件 489

实战397 复制粘贴标题字幕文件 489

13.4 在字幕窗口中插入对象 491

实战398 插入图像 491

实战399 插入矩形 493

实战400 插入椭圆形 494

实战401 插入圆形 496

实战402 插入等腰三角形 496

实战403 插入直角三角形 497

实战404 插入直线 498

13.5 制作"划像"字幕特效 499

实战405 制作"向上划像"运动效果 499

实战406 制作"向下划像"运动效果 500

实战407 制作"向右划像"运动效果 502

实战408 制作"向左划像"运动效果 503

13.6 制作"垂直划像"字幕特效 504

实战409 制作"垂直划像【中心->边缘】"
运动效果 504

实战410 制作"垂直划像【边缘->中心】"
运动效果 506

13.7 制作"柔化飞入"字幕特效 507

实战411 制作"向上软划像"运动效果 507

实战412 制作"向下软划像"运动效果 509

实战413 制作"向右软划像"运动效果 510

实战414 制作"向左软划像"运动效果 512

13.8 制作"水平划像"字幕特效 513

实战415 制作水平划像【中心->边缘】运动
效果 513

实战416 制作水平划像【边缘->中心】运动
效果 515

13.9 制作"淡入淡出"字幕特效 516

实战417 制作向上淡入淡出飞入A运动效果 516

实战418 制作向下淡入淡出飞入A运动效果 518

实战419 制作向右淡入淡出飞入A运动效果......519

实战420 制作向左淡入淡出飞入A运动效果......520

13.10 制作"激光"字幕特效 522

实战421 制作上面激光运动效果......522

实战422 制作下面激光运动效果......523

实战423 制作右面激光运动效果......524

实战424 制作左面激光运动效果......526

13.11 制作"软划像"字幕特效 527

实战425 制作向上软划像运动效果......527

实战426 制作向下软划像运动效果......529

实战427 制作向右软划像运动效果......530

实战428 制作向左软划像运动效果......531

13.12 制作"飞入A"字幕特效 532

实战429 制作向上飞入A运动效果......532

实战430 制作向下飞入A运动效果......534

实战431 制作向右飞入A运动效果......535

实战432 制作向左飞入A运动效果......536

13.13 制作标题字幕特殊效果 537

实战433 制作字幕纹理特效......537

实战434 制作字幕描边特效......540

实战435 制作字幕阴影特效......541

实战436 制作字幕镂空特效......543

实战437 制作字幕五彩特效......544

第14章
影视背景音效的制作

14.1 音频文件的添加与录制......548

实战438 通过命令添加音频文件......548

实战439 通过轨道添加音频文件......549

实战440 通过素材库添加音频文件......550

实战441 设置录音属性......552

实战442 将声音录进轨道......553

实战443 将声音录进素材库......555

实战444 在时间线面板中删除声音文件......557

实战445 删除录制的声音文件......557

14.2 音频文件的剪辑与调节......558

实战446 分割音频文件......558

实战447 通过区间修整音频......559

实战448 改变音频持续时间......560

实战449 改变音频播放速度......561

实战450 调整整个音频音量......562

实战451 使用调节线调整音量......564

实战452 设置音频文件静音......566

14.3 音频简单滤镜的应用 566

实战453 剪切出/入......566

实战454 剪切出/曲线入......568

实战455 剪切出/线性入......570

实战456 曲线出/入......571

实战457 曲线出/剪切入......573

实战458 线性出/入......574

实战459 线性出/剪切入......576

14.4 音频高级滤镜的应用 577

实战460 使用1kHz消除滤镜处理音频......577

实战461 使用低通滤波滤镜处理音频......579

实战462 参数平衡器滤镜处理音频......580

实战463 使用变调滤镜处理音频......582

实战464 使用图形均衡器处理音频......583

实战465 使用延迟滤镜处理音频......584

实战466 使用音调控制器滤镜处理音频......585

实战467 使用音量电位与均衡滤镜处理音频......586

实战468 使用高通滤波滤镜处理音频......588

精通篇

第15章
输出与刻录视频文件

15.1 输出视音频文件......................... 590

实战469 设置视频输出属性......590

实战470 输出AVI视频文件......591

实战471 输出MPEG视频文件......592

实战472 输出为静态图像......594

实战473 输出入出点间视频......595

实战474 批量输出视频文件......596

实战475 输出音频文件......598

15.2 输出视频文件......................... 600

实战476 渲染全部视频文件......600

实战477 渲染入点/出点......601

15.3 导出工程文件......................... 602

实战478 导出AAF文件......602

实战479 导出EDL文件......603

15.4 刻录光盘......................... 604

实战480 刻录DVD光盘......604

实战481 刻录蓝光光盘......609

第16章
成品视频分享网络

16.1 在优酷网站分享视频 613
实战482 输出适合优酷网站的视频尺寸 613

实战483 上传输出的视频至优酷网站 614

16.2 在新浪微博分享视频 616
实战484 输出适合新浪微博的高清视频尺寸 616

实战485 将成品分享至新浪微博 618

16.3 在QQ空间分享视频 619
实战486 输出适合的高清视频尺寸 619

实战487 将成品分享至QQ空间 621

实战篇

第17章
制作片头模板特效

17.1 广告片头——《彩爱钻戒》.................. 624
实战488 新建工程文件 624

实战489 打开广告文件夹 624

实战490 添加素材1至轨道 625

实战491 更改素材1的持续时间 626

实战492 添加素材2至轨道 627

实战493 设置素材2的视频布局 627

实战494 添加素材3至轨道 628

实战495 设置素材3的视频布局 629

实战496 添加素材4至轨道 630

实战497 设置素材4的视频布局 630

实战498 添加素材5至轨道 631

实战499 设置素材5的视频布局 632

实战500 设置广告字幕 633

实战501 制作广告字幕特效 634

实战502 制作广告背景音效 635

实战503 保存广告片头文件 635

17.2 栏目片头——《我是麦霸》.................. 636
实战504 新建工程文件 636

实战505 打开栏目文件夹 637

实战506 添加栏目素材 638

实战507 绘制栏目素材特效 639

实战508 设置栏目素材布局 640

实战509 添加字幕1 642

实战510 添加字幕2 644

实战511 制作字幕1特效 646

实战512 制作字幕2特效 647

实战513 制作栏目背景音效 650

第18章
制作公益宣传——《爱护环境》

18.1 效果欣赏 652
18.2 制作视频画面效果 653
实战514 添加文件 653

实战515 添加片头至轨道 653

实战516 新建色块 654

实战517 更改色块持续时间 655

实战518 添加素材1 656

实战519 更改素材1持续时间 656

实战520 添加素材2 657

实战521 更改素材2持续时间 657

实战522 添加素材3 658

实战523 添加素材4 659

实战524 添加其他素材 660

实战525 制作"Alpha自定义图像"转场效果 ...661

实战526 制作"卷页飞出"转场效果 662

实战527 制作"3D翻入-从左下"转场效果......663

实战528 制作"圆形"转场效果 664

实战529 制作"分割旋转转出-顺时针"
转场效果 664

实战530 制作"波浪(小)-向上"转场效果....665

实战531 制作"从内卷管(淡出.环转)-5"
转场效果 666

实战532 制作"横管出现(淡出.环转)-4"
转场效果 666

实战533 制作其他转场效果 667

实战534 添加素材15 至轨道 668

实战535 添加 "手绘遮罩"滤镜效果 668

实战536 设置"手绘遮罩"滤镜效果 669

实战537 设置视频布局 670

实战538 添加边框素材 673

实战539 更改边框素材持续时间 673

实战540 设置边框素材布局 674

实战541 添加素材16至轨道 676

实战542 制作素材16滤镜效果 677

实战543 制作素材16布局 678

目录

第20章
制作电视广告——《宇通汽车》

实战544 添加字幕轨道 680

实战545 添加字幕文件 681

实战546 添加"湘江"字幕 682

实战547 制作"湘江"字幕特效 683

实战548 添加"爱护环境"字幕 684

实战549 制作"爱护环境"字幕特效 684

实战550 添加"河床干涸"字幕 685

实战551 制作其他字幕特效 686

实战552 影视后期处理 688

20.1 效果欣赏 **722**

20.2 视频文件制作过程 **722**

实战575 导入电视广告素材 723

实战576 制作广告背景画面 723

实战577 制作广告素材1特效 725

实战578 制作广告素材2特效 726

实战579 制作主体字幕特效 728

实战580 制作字幕1特效 732

实战581 制作字幕2特效 733

实战582 制作字幕3特效 735

实战583 制作字幕4特效 737

实战584 制作字幕5特效 738

实战585 制作字幕6特效 739

实战586 制作字幕7特效 740

20.3 视频后期编辑与输出 **741**

实战587 制作广告背景音乐 742

实战588 输出电视广告视频 743

第19章
制作影视落幕——《真爱永恒》

19.1 效果欣赏 **692**

19.2 制作画面过程 **693**

实战553 导入影视落幕素材 693

实战554 制作黑色背景画面 694

实战555 删除3段音频素材 695

实战556 更改黑色背景持续时间 696

19.3 制作画面动态效果 **696**

实战557 新增视频轨道 696

实战558 添加画面1至轨道 697

实战559 更改画面1布局 698

实战560 添加画面2至轨道 699

实战561 更改画面2布局 700

实战562 添加画面3至轨道 701

实战563 更改画面3布局 702

实战564 制作画面4效果 702

实战565 制作画面5效果 704

19.4 制作动态字幕效果 **705**

实战566 制作字幕1特效 705

实战567 制作字幕2特效 708

实战568 制作字幕3特效 710

实战569 制作字幕4特效 711

实战570 制作字幕5特效 713

实战571 制作字幕6特效 714

实战572 制作字幕7特效 716

19.5 视频后期处理 **717**

实战573 制作影视背景音乐 717

实战574 输出影视落幕视频 719

第21章
制作专题剪辑——《绚烂焰火》

21.1 效果欣赏 **745**

21.2 视频文件制作过程 **745**

实战589 剪辑焰火视频画面 745

实战590 制作焰火视频画面 747

实战591 制作视频背景画面 749

实战592 制作素材焰火特效 751

实战593 制作转场运动特效 752

实战594 制作精彩运动特效 753

实战595 转场特效的精彩应用 755

实战596 转场特效的精彩应用1 756

实战597 制作视频边框效果 761

实战598 制作焰火文字效果 768

实战599 制作背景声音特效 773

实战600 输出绚烂焰火文件 776

入门篇

第 1 章

EDIUS 8 基础操作

本章导读

当用户在计算机中安装好 EDIUS 8 软件并掌握好 EDIUS 8 的工作界面后，在本章中将详细向读者介绍 EDIUS 8 的基本操作，主要包括启动与退出 EDIUS 8、工程文件基本操作、EDIUS 8 基本设置、在工程中添加轨道以及轨道的基本操作等内容，希望读者可以熟练掌握。

要点索引

● 启动与退出 EDIUS 8
● 基本操作工程文件
● 在工程文件中添加轨道
● 轨道的基本操作

Rcd 00:00:01:03

Rcd 00:00:01:09

Rcd 00:00:01:01

Rcd 00:00:01:10

1.1 启动与退出 EDIUS 8

　　用户将EDIUS 8应用软件安装到操作系统中后，即可使用该应用程序了，首先用户需要掌握启动与退出EDIUS 8软件的操作方法，这样才能在界面中编辑视频文件。

实战 001　启动EDIUS 8

▶ 实例位置：无
▶ 素材位置：无
▶ 视频位置：光盘 \ 视频 \ 第 1 章 \ 实战 001.mp4

● 实例介绍 ●

　　使用EDIUS 8剪辑与制作视频特效之前，首先需要启动EDIUS 8应用程序，下面介绍启动EDIUS 8应用程序的操作方法。

● 操作步骤 ●

STEP 01 安装好EDIUS 8软件后，在桌面上将会显示一个EDIUS 8程序图标，在桌面上的EDIUS 8程序图标上，单击鼠标右键，在弹出的快捷菜单中选择"打开"选项，如图1-1所示。

STEP 02 执行操作后，即可启动EDIUS 8应用程序，进入EDIUS 8欢迎界面，显示程序启动信息，如图1-2所示。

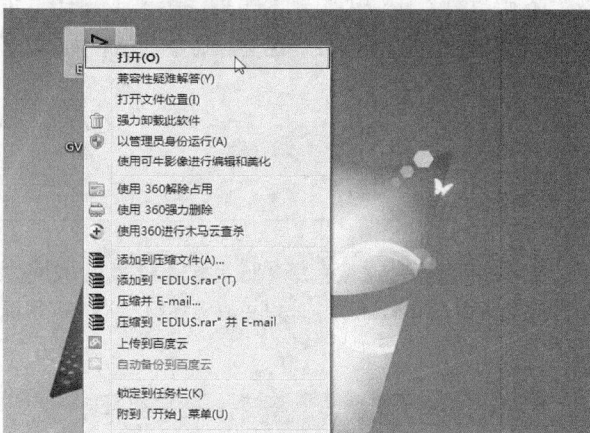

图1-1 选择"打开"选项

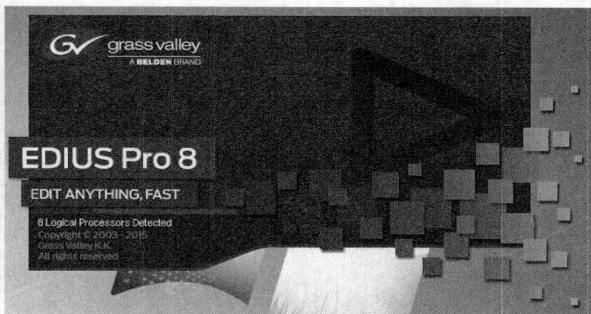

图1-2 显示程序启动信息

STEP 03 稍等片刻，弹出"初始化工程"对话框，在其中单击"新建工程"按钮，如图1-3所示。

STEP 04 弹出"工程设置"对话框，在"预设列表"选项区中，选择相应的预设模式，如图1-4所示。

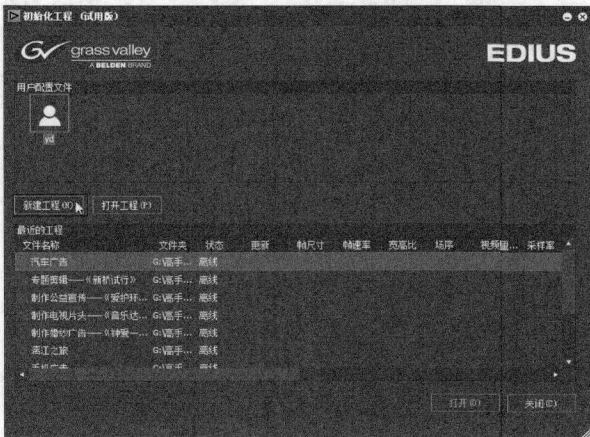

图1-3 单击"新建工程"按钮

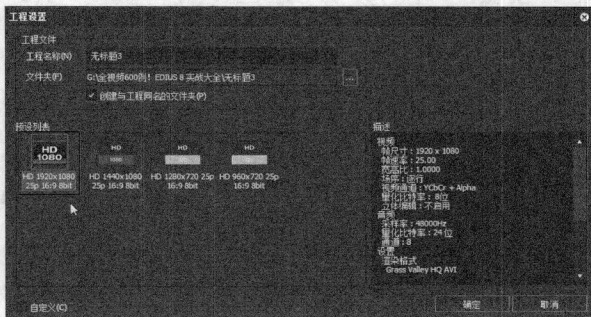

图1-4 选择相应的预设模式

知识拓展

用户还可以通过以下两种方法启动 EDIUS 8。

当用户将 EDIUS 8 软件安装至计算机后，在"开始"菜单的"所有程序"列表框中，也可以通过单击 EDIUS 8 命令，启动 EDIUS 8 应用软件。

用户可以通过在 Windows 文件夹中，双击 .ezp 格式的工程文件，来启动 EDIUS 8 应用软件。

STEP 05 单击"确定"按钮，即可启动EDIUS 8软件，进入EDIUS 8工作界面，如图1-5所示。

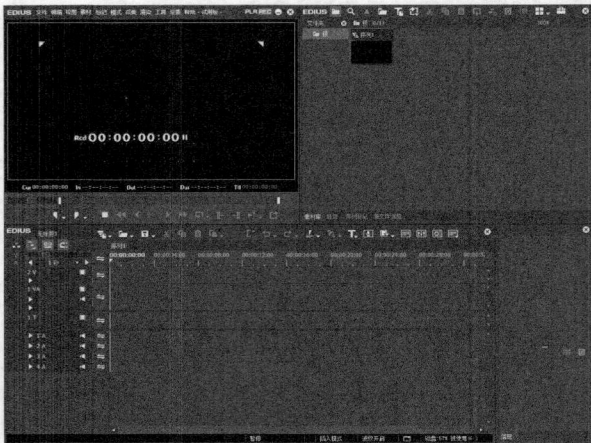

技巧点拨

在"工程设置"对话框中，用户可以在"工程名称"右侧的文本框中设置新建的工程名称；在"文件夹"右侧设置工程文件的保存位置等信息，当用户在"预设列表"选项区中选择相应的预设工程后，在对话框右侧将显示预设工程的具体信息。

图1-5 进入EDIUS 8工作界面

实战 002 退出EDIUS 8

▶ 实例位置：无
▶ 素材位置：无
▶ 视频位置：光盘\视频\第1章\实战002.mp4

● 实例介绍 ●

当用户运用EDIUS 8编辑完视频后，为了节约系统内存空间，提高系统运行速度，此时可以退出EDIUS 8应用程序。下面向读者介绍退出EDIUS 8应用程序的操作方法。

● 操作步骤 ●

STEP 01 在EDIUS 8工作界面中，编辑相应的视频素材，如图1-6所示。

STEP 02 视频素材编辑完成后，在菜单栏中，单击"文件"菜单，在弹出的菜单列表中单击"退出"命令，如图1-7所示。

图1-6 编辑相应的视频素材

图1-7 单击"退出"命令

STEP 03 执行上述操作后，即可退出EDIUS 8应用程序。

16

技巧点拨

用户还可以通过以下 5 种方法退出 EDIUS 8。

➢ 单击"文件"菜单，在弹出的菜单列表中按 X 键。

➢ 在菜单栏左侧的程序图标上，单击鼠标左键，在弹出的列表框中选择"关闭"按钮。

➢ 单击菜单栏右侧的"退出"按钮。

➢ 在 Windows 7 任务栏中 EDIUS 8 程序名称上，单击鼠标右键，在弹出的快捷菜单中选择"关闭窗口"选项。

➢ 按 Alt + F4 组合键。

1.2 基本操作工程文件

使用EDIUS 8对视频进行编辑时，会涉及一些工程文件的基本操作，如新建工程文件、新建序列文件、打开工程文件、保存工程文件、退出工程文件以及关闭序列文件等。本节主要介绍在EDIUS 8软件中工程文件的基本操作方法。

实战 003　新建工程文件

▶ **实例位置**：无
▶ **素材位置**：无
▶ **视频位置**：光盘 \ 视频 \ 第 1 章 \ 实战 003.mp4

● **实例介绍** ●

EDIUS 8中的工程文件是*.ezp格式的，它用来存放制作视频所需要的必要信息，包括视频素材、图像素材、背景音乐以及字幕和特效等。下面向读者介绍新建工程文件的操作方法。

● **操作步骤** ●

STEP 01 单击"文件"菜单，在弹出的菜单列表中单击"新建" | "工程"命令，如图1-8所示。

STEP 02 执行操作后，弹出"工程设置"对话框，在"预设列表"选项区中选择相应的工程预设模式，如图1-9所示，然后单击"确定"按钮，即可新建工程文件。

图1-8 单击"工程"命令

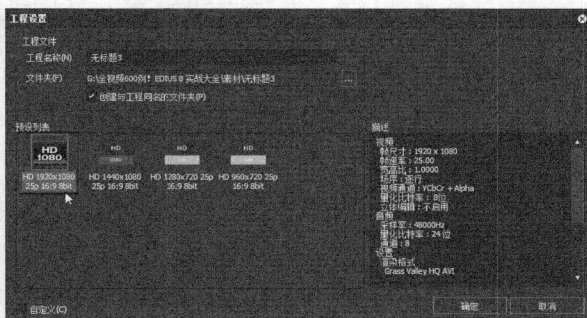

图1-9 选择相应的工程预设模式

技巧点拨

用户还可以通过以下两种方法新建工程文件。

➢ 在时间线面板的上方，单击"新建序列"右侧的下三角按钮，在弹出的列表框中选择"新建工程"选项。

➢ 按 Ctrl + N 组合键。

实战 004 新建序列文件

▶ 实例位置：无
▶ 素材位置：无
▶ 视频位置：光盘 \ 视频 \ 第 1 章 \ 实战 004.mp4

● 实例介绍 ●

在时间线面板中创建的多个视频、转场、字幕以及音频等对象，统称为一个序列文件，是一个整体。当用户制作完成多个序列文件后，可以将这些序列文件进行合成，常用于制作大型的电视节目与电视广告中。下面向读者介绍新建序列文件的操作方法。

● 操作步骤 ●

STEP 01 单击"文件"菜单，在弹出的菜单列表中单击"新建" | "序列"命令，如图1-10所示。

STEP 02 执行操作后，即可新建一个序列文件，显示在素材库面板中，以"序列2"表示，如图1-11所示。

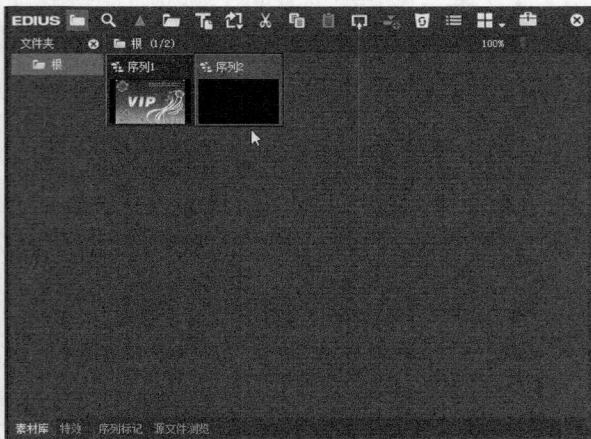

图1-10 单击"序列"命令

图1-11 新建一个序列文件

技巧点拨

在序列文件上，单击鼠标右键，在弹出的快捷菜单中选择"打开序列"选项，可以打开序列文件。

STEP 03 在时间轴面板上，程序将自动切换至新建的"序列2"文件，如图1-12所示。在时间线面板中用户通过手动拖曳序列的名称，可以随意调整序列的显示顺序。

知识拓展

用户还可以通过以下两种方法新建序列文件。
➢ 在时间线面板上方单击"新建序列"按钮。
➢ 按 Shift + Ctrl + N 组合键。

图1-12 切换至"序列2"文件

<table>
<tr><td rowspan="2">实战
005</td><td rowspan="2">打开工程文件</td><td>▶ 实例位置：无</td></tr>
</table>

实战 005　打开工程文件

▶ 实例位置：无
▶ 素材位置：光盘 \ 素材 \ 第 1 章 \ 实战 005.ezp
▶ 视频位置：光盘 \ 视频 \ 第 1 章 \ 实战 005.mp4

● 实例介绍 ●

　　若用户需要使用已经保存的工程文件，可以先将其打开，然后再在其中进行相应的视频编辑操作。下面向读者介绍打开工程文件的操作方法。

● 操作步骤 ●

STEP 01 单击"文件"菜单，在弹出的菜单列表中单击"打开工程"命令，如图 1-13 所示。

STEP 02 执行操作后，弹出"打开工程"对话框，在中间的列表框中选择需要打开的工程文件，如图 1-14 所示。

图 1-13 单击"打开工程"命令

图 1-14 选择需要打开的工程文件

STEP 03 单击"打开"按钮，即可打开工程文件，如图 1-15 所示。

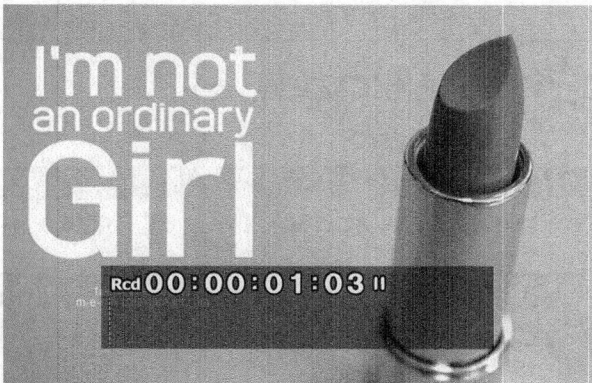

图 1-15 打开工程文件

实战 006　另存为工程文件

▶ 实例位置：光盘 \ 效果 \ 第 1 章 \ 实战 006.ezp
▶ 素材位置：无
▶ 视频位置：光盘 \ 视频 \ 第 1 章 \ 实战 006.mp4

● 实例介绍 ●

　　在保存工程文件的过程中，如果用户需要更改工程文件的保存位置，此时可以对工程文件进行另存为操作。下面向读者介绍另存为工程文件的操作方法。

● 操作步骤 ●

STEP 01 视频文件制作完成后，单击"文件"|"另存为"命令，如图 1-16 所示。

STEP 02 弹出"另存为"对话框，在中间的列表框中设置工程文件的保存位置与文件名称，如图 1-17 所示。

图1-16 单击"另存为"命令

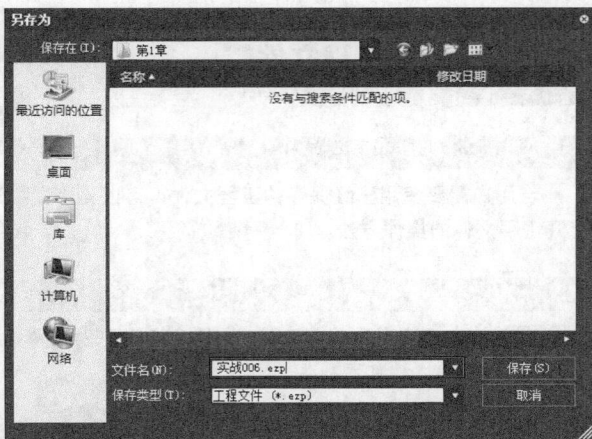

图1-17 设置保存位置与文件名称

STEP 03 单击"保存"按钮，即可另存为工程文件，在录制窗口中即可预览另存为的工程文件画面效果，如图1-18所示。

知识拓展

用户还可以通过以下两种方法另存工程文件。

➤ 在时间线面板的上方，单击"保存工程"右侧的下三角按钮，在弹出的列表框中选择"另存为"选项。

➤ 按 Shift + Ctrl + S 组合键。

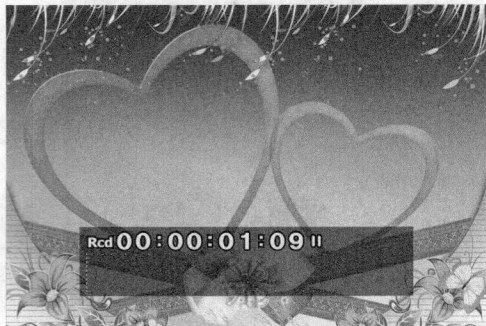

图1-18 预览工程文件画面效果

实战 007 退出工程文件

▶ 实例位置：光盘＼效果＼第1章＼实战007.ezp
▶ 素材位置：光盘＼素材＼第1章＼实战007.ezp
▶ 视频位置：光盘＼视频＼第1章＼实战007.mp4

● 实例介绍 ●

当用户运用EDIUS 8编辑完视频后，为了节约系统内存空间，提高系统运行速度，此时可以退出工程文件。

● 操作步骤 ●

STEP 01 在EDIUS 8工作界面中，编辑相应的视频素材，如图1-19所示。

STEP 02 单击"文件"｜"退出工程"命令，如图1-20所示，执行操作后，即可退出工程文件。

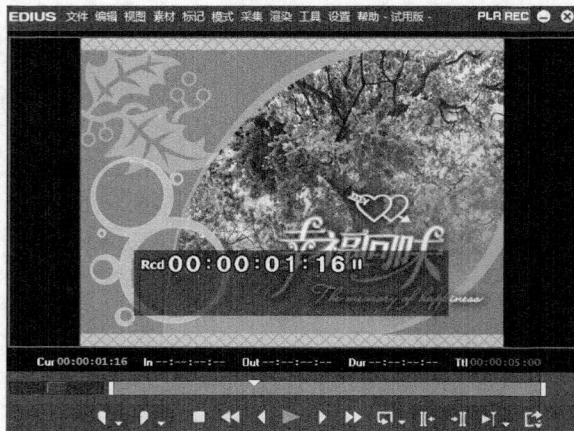

图1-19 编辑相应的视频素材

图1-20 单击"退出工程"命令

技巧点拨

在 EDIUS 8 中，单击"文件"菜单，在弹出的菜单列表中按 X 键，也可以快速执行"退出"命令，退出 EDIUS 8 工作界面。

**实战
008　导入序列文件**

▶ 实例位置：光盘 \ 效果 \ 第1章 \ 实战 008.ezp
▶ 素材位置：光盘 \ 素材 \ 第1章 \ 实战 008.ezp
▶ 视频位置：光盘 \ 视频 \ 第1章 \ 实战 008.mp4

● 实例介绍 ●

在EDIUS 8的工作界面中，用户不仅可以导入一张图片素材、一段视频素材以及一段音频素材，还可以导入整个序列文件。

● 操作步骤 ●

STEP 01 单击"文件"菜单，在弹出的菜单列表中单击"导入序列"命令，如图1-21所示。

STEP 02 弹出"导入序列"对话框，单击右侧的"浏览"按钮，如图1-22所示。

图1-21 单击"导入序列"命令

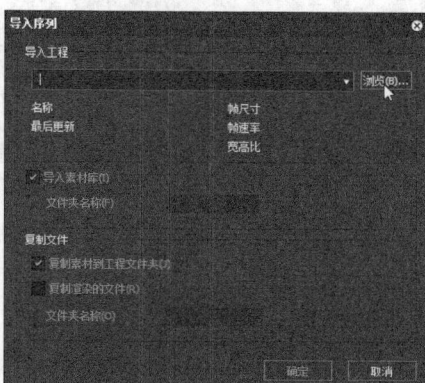

图1-22 单击"浏览"按钮

STEP 03 弹出"打开"对话框，在中间的列表框中，选择需要导入的序列文件，如图1-23所示。单击"打开"按钮，返回"导入序列"对话框，在"导入工程"选项区中显示需要导入的序列信息。

STEP 04 单击"确定"按钮，即可导入序列文件，在录制窗口中可预览导入的视频效果，如图1-24所示。

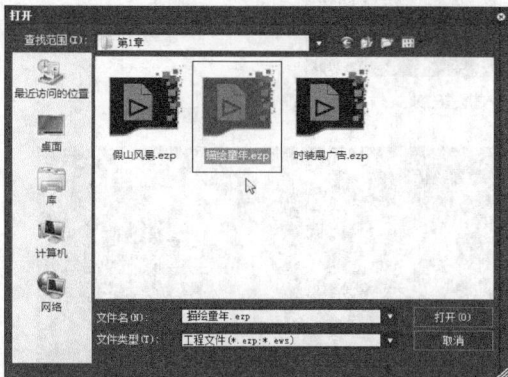

图1-23 选择需要导入的序列文件

图1-24 预览导入的视频效果

知识拓展

导入序列文件：

在时间线面板上方单击"打开工程"右侧的下三角按钮，在弹出的列表框中选择"导入序列"选项，也可以导入序列文件。用户还可以在菜单栏中单击"导入工程"命令，导入相应的工程文件；单击"导出工程"命令，导出相应的工程文件。

在"导入序列"对话框中，还包含了"导入素材库"与"复制文件"两个选项，"导入素材库"是指将序列文件导入到素材库后显示的名称信息，而"复制文件"是指用户是否对导入的序列文件进行复制操作，可以将该序列复制到工程文件夹中。

关闭序列文件：

在"序列 2"文件的右键菜单中，若用户选择"关闭其他所有序列"选项，则除了当前选择的序列文件外，其他的序列文件都将被关闭。

1.3 在工程文件中添加轨道

在 EDIUS 8 工作界面中，当用户需要剪辑、合成大型的视频文件时，此时需要在时间线面板中新建多条轨道，以符合用户的视频编辑需要。本节主要向读者介绍在工程文件中添加轨道的操作方法，希望读者可以熟练掌握本节内容。

实战 009 在上方添加视音频轨道

▶ 实例位置：无
▶ 素材位置：上一例素材
▶ 视频位置：光盘 \ 视频 \ 第 1 章 \ 实战 009.mp4

● 实例介绍 ●

在 EDIUS 8 的时间线面板中，视音频轨道是以 AV 轨道名称来代替的，表示在该轨道中既可以包含视频文件，也可以包含音频文件。

● 操作步骤 ●

STEP 01 在视音频轨道名称上，单击鼠标右键，在弹出的快捷菜单中选择"添加"|"在上方添加视音频轨道"选项，如图 1-25 所示。

STEP 02 执行操作后，即可弹出"添加轨道"对话框，在"数量"右侧的数值框中，用户可以输入需要新增的视音频轨道的数量，如图 1-26 所示。

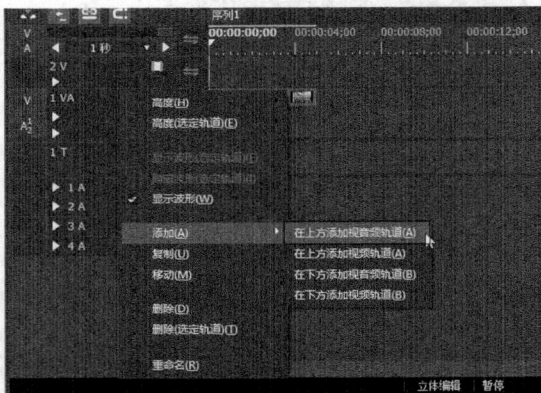

图1-25 选择相应选项

图1-26 输入轨道的数量

STEP 03 输入完成后，单击"确定"按钮，即可在当前 VA 视音频轨道的上方再新增一条或多条视音频轨道，轨道名称以 2VA 表示，如图 1-27 所示。

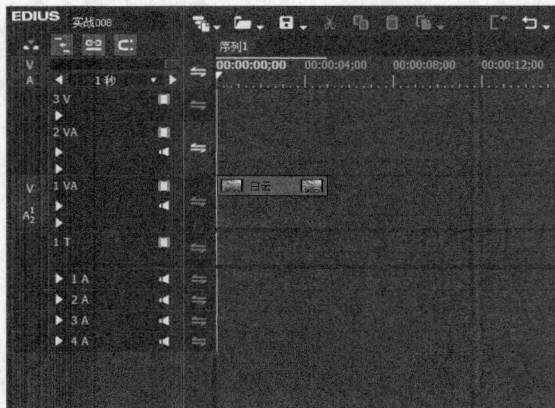

图1-27 新增一条视音频轨道

软件系统设置

在 EDIUS 8 工作界面中，单击"设置"|"系统设置"命令，即可弹出"系统设置"对话框，EDIUS 8 的系统设置主要包括应用设置、硬件设置、导入器/导出器设置、特效设置以及输入控制设备设置，可用来调整 EDIUS 8 的回放、采集、工作界面、导入导出以及外挂特效等各个方面。本节主要向读者介绍 EDIUS 8 系统设置的方法。

1. "应用"选项卡

在"系统设置"对话框中，单击"应用"选项前的下三角按钮，展开"应用"列表框，其中包括"SNFS QoS""回放""工程预设""文件输出""检查更新""渲染""源文件浏览""用户配置文件"以及"采集"等 9 个选项卡，如图 1-28 所示。

在"应用"列表框中，各选项卡的含义如下。

"回放"选项卡：在该选项卡中可以设置视频回放时的属性，取消选中"掉帧时停止回放"复选框，EDIUS 8 将在系统负担过大而无法进行实时播放时，通过掉帧来强行维护视频的播放操作。将"回放缓冲大小"右侧的数值设到最大，播放视频时画面会更加流畅；将"在回放前缓冲"右侧的数值设到最大，是指 EDIUS 8 会比用户看到的画面帧数提前 15 帧预读处理。

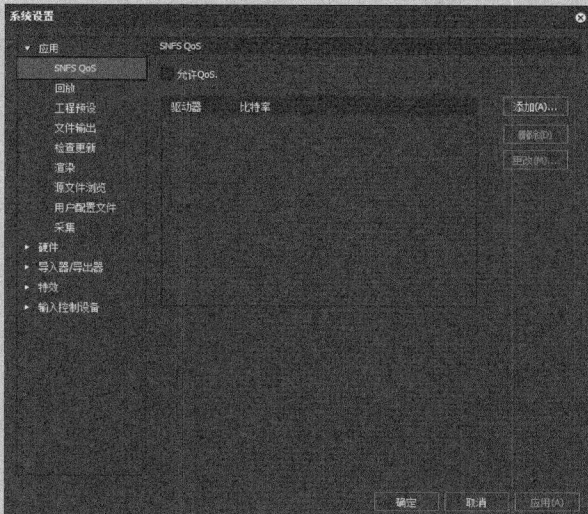

图1-28 "应用"选项卡

"工程预设"选项卡：在该选项卡中可以设置工程预设文件，在该选项卡中可以找到高清、标清、PAL、NTSC 或 24Hz 电影帧频等几乎所有播出级视频的预设，只需要设置一次，系统就会将当前设置保存为一个工程预设，每次新建工程或者调整工程设置时，只要选择需要的工程预设图标即可。

"文件输出"选项卡：在该选项卡中可以设置工程文件输出时的属性，在其中选中"输出 60p/50p 时以偶数帧结尾"复选框，则在输出 60p/50p 时，将以偶数帧作为结尾。

"检查更新"选项卡：该选项卡也是 EDIUS 8"系统设置"对话框中新增的选项设置，在其中若选中"检查 EDIUS 8 在线更新"复选框，则软件会自动检测 EDIUS 8 的在线更新信息。

"渲染"选项卡：在该选项卡中可以设置视频渲染时的属性，在"渲染选项"选项区中，可以设置工程项目需要渲染的内容，包括滤镜、转场、键特效、速度改变以及素材格式等内容。在下方还可以设置是否删除无效的、被渲染后的文件。

"源文件浏览"选项卡：在该选项卡中可以设置工程文件的保存路径，方便用户日后对 EDIUS 8 源文件进行打开操作。

"用户配置文件"选项卡：在该选项卡中可以设置用户的配置文件信息，包括对配置文件的新建、复制、删除、更改、预置以及共享等操作。

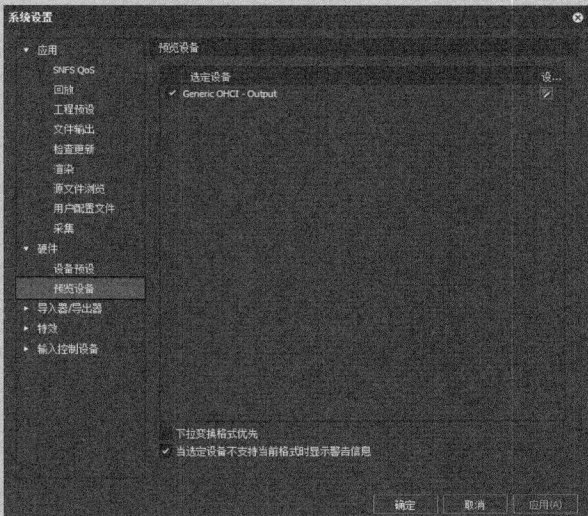

图1-29 "硬件"选项卡

"采集"选项卡：在该选项卡中可以设置视频采集时的属性，在其中可以设置采集时的视频边缘余量、采集时的文件名、采集自动侦测项目、分割文件以及采集后的录像机控制等，用户可以根据自己的视频采集习惯，进行相应的采集设置。

2. "硬件"选项卡

单击"硬件"选项前的下三角按钮，展开"硬件"列表框，其中包括"设备预设"和"预览设备"两个选项卡，如图 1-29 所示。

在"硬件"列表框中，各选项卡的含义如下。

① "设备预设"选项卡：在该选项卡中可以预设硬件的设备信息。单击选项卡下方的"新建"按钮，将弹出"预设向导"对话框，在其中可以设置硬件设备的名称和图标等信息，如图 1-30 所示；单击"下一步"按钮，在进入的页面中，可以设置硬件的接口、文件格式以及音频格式等信息。

② "预设设备"选项卡：在该选项卡中，可以选择已经预设好的硬件设备信息。

视频的实时播放能力归根结底与系统硬件配置密切相关，硬件配置越高，视频播放越流畅；反之，硬件配置越低，视频播放越不流畅。

3. "导入器/导出器"选项卡

在 EDIUS 8 系统设置的"导入器/导出器"列表框中，主要可以设置图像、视频或音频文件的导入与导出设置，如图 1-31 所示。

在"导入器/导出器"列表框中，各选项卡的含义如下。

AVCHD 选项卡：在该选项卡中可以设置关于 AVCHD 的属性。AVCHD 标准基于 MPEG-4 AVC/H.264 视讯编码，支持 480i、

图1-30 弹出"预设向导"对话框

图1-31 "导入器/导出器"列表框

720p、1080i、1080p 等格式，同时支持杜比数位 5.1 声道 AC-3 或线性 PCM 7.1 声道音频压缩。

GF 选项卡：在该选项卡中可以设置关于 GF 的属性，包括添加与删除设置。

GXF 选项卡：在该选项卡中可以设置 GXF 服务器的属性，包括添加、删除、更改、上移和下移等内容。

Infinity 选项卡：在该选项卡中可以设置关于 Infinity 的属性，包括添加与删除设置。

K2（FTP）选项卡：在该选项卡中可以设置 FTP 服务器与浏览器的属性，包括添加、删除以及修改等内容。

MPEG 选项卡：在该选项卡中可以设置关于 MPEG 视频获取的属性。

MXF 选项卡：在该选项卡中可以设置 FTP 服务器与解码器的属性，"解码器"选项卡中可以选择质量的高、中、低，以及下采样系数的比例等内容。

P2 选项卡：在该选项卡中可以设置浏览器的属性，包括添加与删除设置。

RED 选项卡：在该选项卡中可以设置 RED 的预览质量，在"预览质量"列表框中可以根据实际需要进行相应的设置。

XDCAM 选项卡：在该选项卡中可以设置 FTP 服务器、导入器以及浏览器的各种属性。

XDCAM EX 选项卡：在该选项卡中可以设置 XDCAM EX 的属性。

XF 选项卡：在该选项卡中可以设置 XF 的属性。

"可移动媒体"选项卡：在该选项卡中可以设置可移动媒体的属性。

"静态图像"选项卡：在该选项卡中，可以设置采集静态图像时的属性，包括偶数场、奇数场、滤镜、调整宽高比以及采集后保存的文件类型等。

"音频 CD/DVD"选项卡：在该选项卡中可以设置导入音频 CD/DVD 的选项，包括设置文件名、音频电位调整、DVD 视频设置以及DVD-VR 设置等内容。

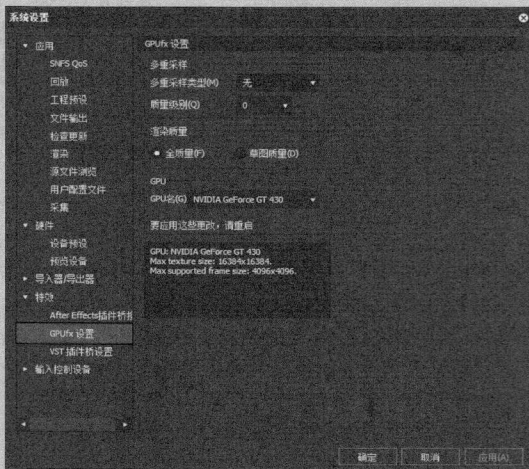

图1-32 "特效"选项卡

4. "特效"选项卡

在 EDIUS 8 系统设置的"特效"列表框中，各选项卡主要用来设置 GPUfx 以及添加 VST 插件等，如图 1-32 所示。

在"特效"列表框中，各选项卡的含义如下。

"GPUfx 设置"选项卡：在该选项卡中，用户可以设置 GPUfx 的属性，包括多重采样与渲染质量等内容。

"VST 插件桥设置"选项卡：在该选项卡中，可以添加 VST 插件至 EDIUS 8 软件中。

5. "输入控制设备"选项卡

在"输入控制设备"列表框中，包括"推子"和"旋钮设备"两个选项，在其中可以设置输入控制设备的各种属性。"推子"选项卡如图 1-33 所示，在其中可以选择相应的推子设备。

"旋钮设备"选项卡如图 1-34 所示，在其中用户可以选择相应的旋钮设备。

软件用户设置

在 EDIUS 8 工作界面中，单击"设置"|"用户设置"命令，即可弹出"用户设置"对话框，EDIUS 8 的用户设置主要包括应用设置、预览设置、用户界面设置、源文件设置以及输入控制设备设置，可用来设置 EDIUS 8 的时间线、帧属性、工程文件、回放、全

屏预览以及键盘快捷键等各个方面。本节主要向读者介绍
EDIUS 8 用户设置的方法。

1. "应用" 选项卡

在"用户设置"对话框中，单击"应用"选项前的下三
角按钮，展开"应用"列表框，其中包括"代理模式""其他""匹
配帧""后台任务""工程文件"以及"时间线"等 6 个选项卡，
如图 1-35 所示。

在"应用"列表框中，各选项卡的含义如下。

"代理模式"选项卡：在该选项卡中，包括"代理模式"
和"高分辨率模式"两个选项的设置，用户可根据实际需要
进行相应选择。

"其他"选项卡：在该选项卡中可以设置最近使用过的
文件，并且可以设置文件显示的数量。在下方还可以设置
播放窗口的格式。

"匹配帧"选项卡：在该选项卡中可以设置帧的搜索方
向、轨道的选择以及转场插入的素材帧位置等属性。

"后台任务"选项卡：在该选项卡中，若选中"在回放
时暂停后台任务"复选框，则在回放视频文件时，程序自动暂
停后台正在运行的其他任务。

图1-33　"推子"选项卡

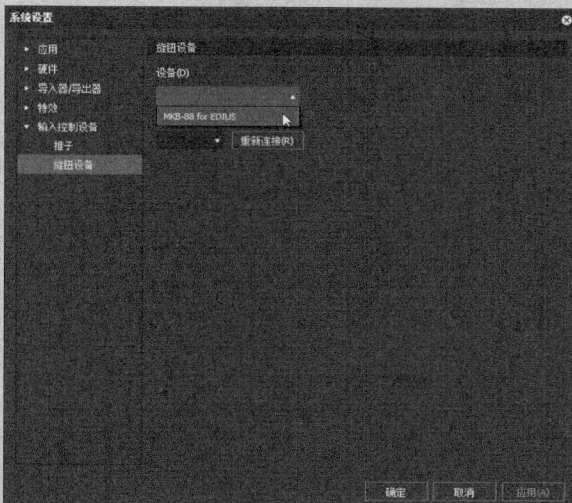
图1-34　"旋钮设备"选项卡

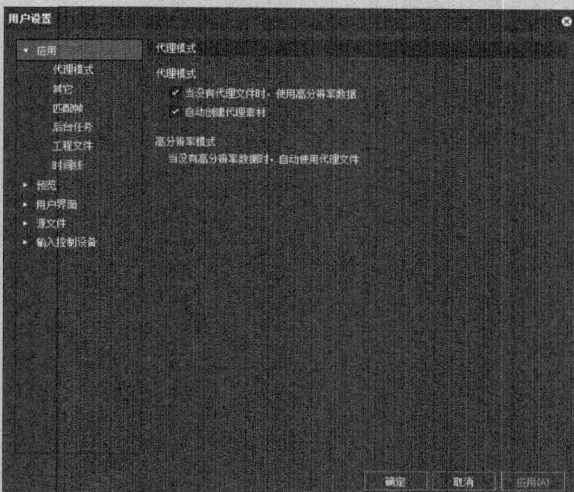
图1-35　"应用"选项卡

"工程文件"选项卡：在该选项卡中可以设置工程文件的
相关属性，在"工程文件"选项区中，可以设置工程文件的保
存位置和文件名称等信息；在"最近工程"选项区中可以设置
最近工程的文件显示个数；在"备份"选项区中可以对工程文
件进行备份操作；在"自动保存"选项区中可以设置工程文件
的自动保存个数和自动保存的时间间隔等属性。

"时间线"选项卡：在该选项卡中可以设置时间线的各属性，
包括素材转场、音频淡入淡出的插入，以及时间线的吸附选项、
同步模式、波纹模式以及素材时间码的设置等内容。

2. "预览" 选项卡

在"用户设置"对话框中，单击"预览"选项前的下三角按钮，
展开"预览"列表框，其中包括"全屏预览""叠加""回放"和"屏
幕显示" 4 个选项卡，如图 1-36 所示。

在"预览"列表框中，各选项卡的含义如下。

"全屏预览"选项卡：在该选项卡中可以设置显示内容为
无全屏预览、播放窗口 / 多机位源、录制窗口 / 选定机位及自

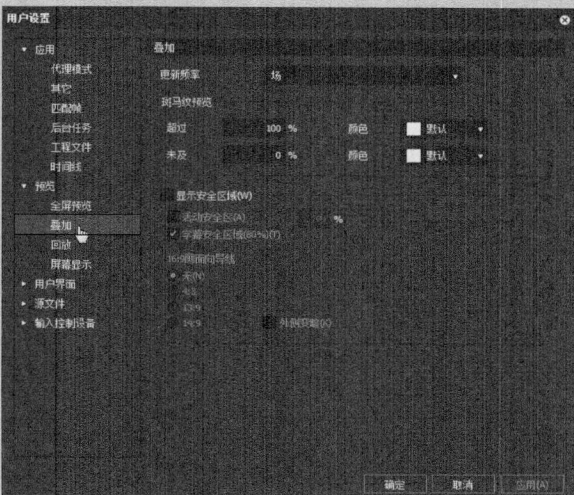
图1-36　"预览"选项卡

动的方式，通过"监视器检查"按钮可以进行显示测试。

"叠加"选项卡：在该选项卡中可以设置叠加的属性，包括更新频率、斑马纹预览以及是否显示安全区域等。

"回放"选项卡：在该选项卡中可以设置视频回放时的属性，用户可以根据实际需要选中相应的复选框，其中的预卷项默认可为 3 秒时长，还可以开启编辑时继续回放、修剪素材时继续回放、拖曳时显示正确的帧及组合滤镜层和轨道层项，在下方还可以设置项目输出时的时间码信息。

"屏幕显示"选项卡：在该选项卡中可以对常规编辑、裁剪以及输出进行显示设置，主要控制是否显示序列时间码及源文件信息，也可以设置电平显示的颜色及阈值，还可以对"视图"的位置、大小和背景进行设置。

3. "用户界面"选项卡

在"用户设置"对话框中，单击"用户界面"选项前的加号按钮，展开"用户界面"列表框，其中包括"按钮""控制""窗口颜色""素材库"以及"键盘快捷键"等 5 个选项卡，如图 1-37 所示。

在"用户界面"列表框中，各选项卡的含义如下。

"按钮"选项卡：在该选项卡中可以设置按钮的显示属性，包括按钮显示的位置、可用的按钮类别以及当前默认显示的按钮数目等。

"控制"选项卡：在该选项卡中可以控制界面显示，包括显示时间码、显示飞梭/滑块以及显示播放窗口和录制窗口中的按钮等。

"窗口颜色"选项卡：在该选项卡中可以设置 EDIUS 8 工作界面的窗口颜色，用户可以手动拖曳滑块调整界面的颜色，也可以在后面的数值框中，输入相应的数值来调整界面的颜色。

"素材库"选项卡：在该选项卡中可以设置素材库的属性，包括素材库的视图显示、文件夹类型以及素材库的其他属性设置。

"键盘快捷键"选项卡：在该选项卡中可以导入、导出、指定、复制以及删除 EDIUS 8 软件中各功能对应的快捷键设置。

在"键盘快捷键"选项卡中，单击"类别"右侧的下三角按钮，在弹出的列表框中用户可以选择键盘快捷键的类别，包括各项菜单类别、窗口类别以及素材的删除与选择类别等。

4. "源文件"选项卡

在"用户设置"对话框中，单击"源文件"选项前的下三角按钮，展开"源文件"列表框，其中包括"持续时间""自动校正""恢复离线素材"以及"部分传输"等 4 个选项卡，如图 1-38 所示。

在"源文件"列表框中，各选项卡的含义如下。

"恢复离线素材"选项卡：在该选项卡中可以对恢复离线素材进行设置。

"持续时间"选项卡：在该选项卡中可以设置静帧的持续时间、字幕的持续时间、V-静音的持续时间以及自动添加调节线中的关键帧数目等。

"自动校正"选项卡：在该选项卡中可以设置 RGB 素材色彩范围、YCₒCr 素材色彩范围、采样窗口大小以及素材边缘余量等。

"部分传输"选项卡：在该选项卡中可以对移动设备的传输进行设置。

5. 输入控制设备设置

在"用户设置"对话框中，单击"输入控制设备"选项前的加号按钮，展开"输入控制设备"列表框，其中包括 Behringer BCF2000 和 MKB-88 for EDIUS 8 两个选项，如图 1-39 所示。

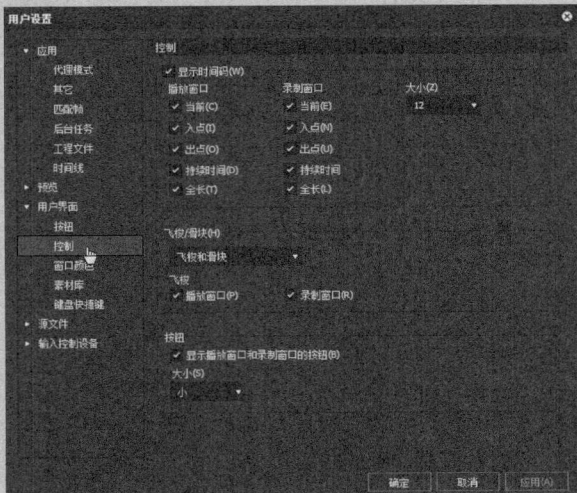

图1-37 "用户界面"选项卡

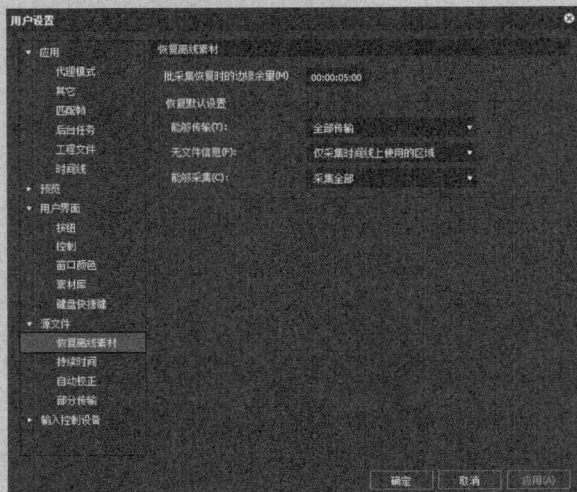

图1-38 "源文件"选项卡

图1-39 "输入控制设备"选项卡

在"输入控制设备"选项卡中，用户可以对 EDIUS 8 程序中的输入控制设备进行相应的设置，使操作习惯更符合用户的需求。

软件工程设置

在 EDIUS 8 中，工程设置主要针对工程预设中的视频、音频和设置进行查看和更改操作，使之更符合用户的操作习惯。

单击"设置"|"工程设置"命令，弹出"工程设置"对话框，其中显示了多种预设的工程列表，单击下方的"更改当前设置"按钮，如图1-40所示。

执行操作后，即可弹出"工程设置"对话框，如图 1-41 所示。

在"工程设置"对话框中，各主要选项含义如下。

"视频预设"列表框：在该列表框中可以选择视频预设的模式，用户可以根据实际需求进行相应选择。

"音频预设"列表框：在该列表框中可以选择音频预设的模式，包括 48kHz/8ch、48kHz/4ch、48kHz/2ch、44.1kHz/2ch 以及 32kHz/4ch 等选项。

"帧尺寸"列表框：在该列表框中可以选择帧的尺寸类型，若选择"自定义"选项，在右侧的数值框中，可以手动输入帧的尺寸数值。

"宽高比"列表框：在该列表框中可以选择视频画面的宽高比数值，包括 16∶9、4∶3、1∶1 等。

图1-40 单击"更改当前设置"按钮

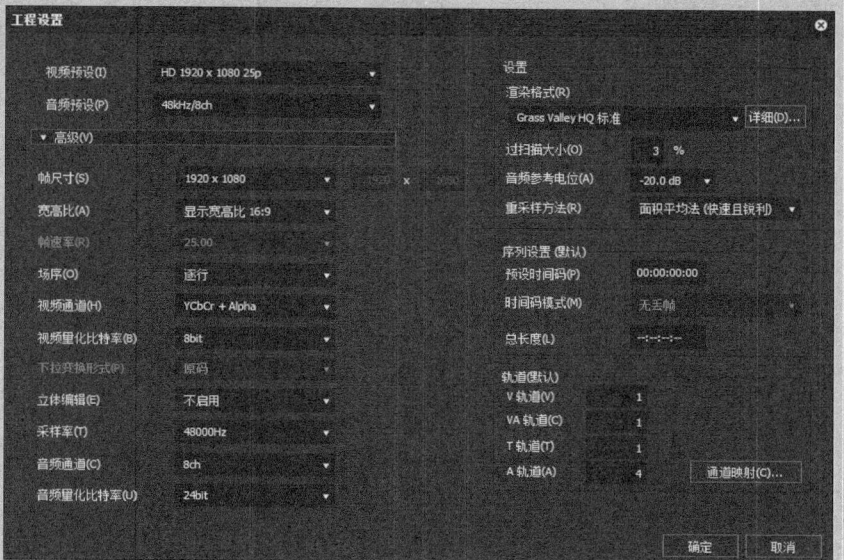

图1-41 弹出"工程设置"对话框

"帧速率"列表框：在该列表框中可以选择不同的视频帧速率，用户可以对帧速率进行编辑和修改操作。

"视频量化比特率"列表框：在该列表框中可以选择视频量化比特率，包括 10bit 和 8bit 两个选项，用户可以根据实际需要进行选择。

"立体编辑"列表框：用户可以设置是否启用立体编辑模式。

"采样率"列表框：在该列表框中可以选择不同的视频采样率，包括 48000Hz、44100Hz、32000Hz、24000Hz、22050Hz 以及 16000Hz 等选项。

"音频通道"列表框：在该列表框中可以选择不同的音频通道，包括 16ch、8ch、6ch、4ch 以及 2ch 等选项。

"渲染格式"列表框：在该列表框中可以选择用于渲染的默认编解码器，EDIUS 8 软件可以在软件内部处理和输出，实现完全的原码编辑，不用经过任何转换，也没有质量及时间上的损失。

"过扫描大小"数值框：过扫描的数值可以设置在 0% ~ 20% 之间，如果用户不使用扫描，则可以将数值设置为 0。

"重采样方法"列表框：在该列表框中可以选择视频采样的不同方法。

"预设时间码"数值框：在右侧的数值框中，可以设置时间线的初始时间码。

"时间码模式"列表框：如果在输出设备中选择了 NTSC 的话，就可以在"时间码模式"列表框中选择"无丢帧"或"丢帧"选项。

"总长度"数值框：在右侧的数值框中输入相应的数值，可以设置时间线的总长度。

"时间码模式"列表框中的"丢帧"选项，与画面无法实时播放引起的"丢帧"是不同的概念。

软件序列设置

在 EDIUS 8 工作界面中，软件序列设置主要针对序列文件的名称、时间码预设、时间码模式以及序列总长度进行设置。

在菜单栏中，单击"设置"|"序列设置"命令，执行操作后，即可弹出"序列设置"对话框，如图 1-42 所示。

图1-42 弹出"序列设置"对话框

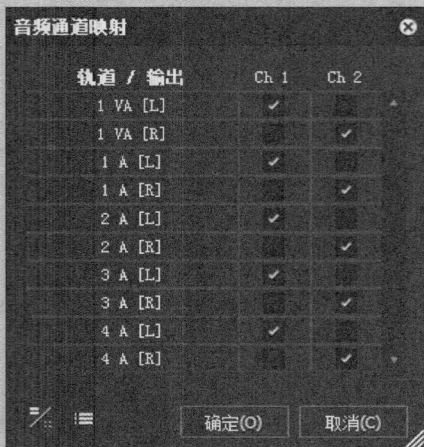

图1-43 "音频通道映射"对话框

在"序列设置"对话框中，各主要选项含义如下。

"序列名称"文本框：在该文本框中，用户可以设置当前序列的名称属性。

"时间码预设"数值框：在该数值框中，用户可以设置当前序列文件的时间码信息。

"时间码模式"列表框：在该列表框中，包含"丢帧"与"无丢帧"两个选项，用户可以根据需要进行相应选择与设置。

"总长度"数值框：在该数值框中，用户可以查看当前序列文件的总长度信息。

在"序列设置"对话框中，若用户单击下方的"通道映射"按钮，将弹出"音频通道映射"对话框，在其中用户可以设置音频通道映射的轨道与输出设备信息，如图1-43所示。

单击对话框下方的"预设"按钮，在弹出的列表框中可以执行保存、载入以及属性等操作。

更改用户配置文件

在 EDIUS 8 工作界面中，用户还可以更改当前工程文件的用户配置文件信息。在菜单栏中，单击"设置" | "更改配置文件"命令，如图 1-44 所示。

执行操作后，即可弹出"更改配置文件"对话框，在"用户配置文件"选项区中，显示了当前配置文件的图标，用户可以对其进行更改操作，从而做到多用户共用一套剪辑系统，如图 1-45 所示。

图1-44 单击"更改配置文件"命令

图1-45 "更改配置文件"对话框

实战 010　在下方添加视音频轨道

▶ 实例位置：无
▶ 素材位置：无
▶ 视频位置：光盘＼视频＼第 1 章＼实战 010.mp4

● 实例介绍 ●

下面将主要介绍在下方添加音频轨道的操作方法。

● 操作步骤 ●

STEP 01 在下方添加视音频轨道的操作方法与在上方添加视音频轨道的操作方法类似。在视音频轨道名称上，单击鼠标右键，在弹出的快捷菜单中选择"添加"｜"在下方添加视音频轨道"选项，如图1-46所示。

STEP 02 执行操作后，即可弹出"添加轨道"对话框，输入需要新增的视音频轨道的数量，输入完成后，单击"确定"按钮，即可在当前VA视音频轨道的下方再新增一条或多条视音频轨道，如图1-47所示。

图1-46　选择相应选项

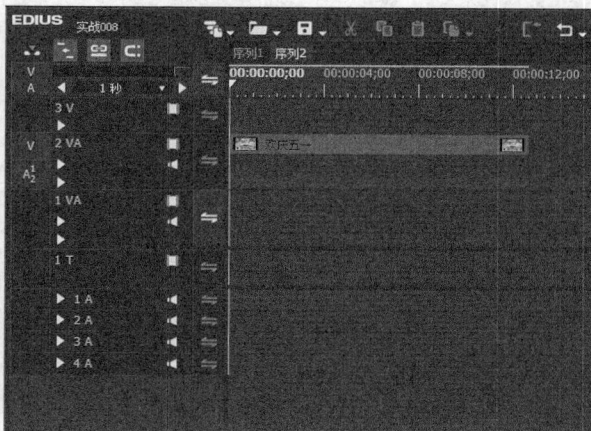

图1-47　在下方新增视音频轨道

技巧点拨

当用户在下方添加视音频轨道时，需要注意的是，轨道名称 2 AV 不会在 1 AV 的下方，而是在 1 AV 的上方，但原有的 1 AV 轨道中的素材文件将会显示在 2 AV 轨道上，下方新增的 1 AV 轨道是一条空白的视音频轨道。

实战 011　在上方添加视频轨道

▶ 实例位置：无
▶ 素材位置：无
▶ 视频位置：光盘＼视频＼第 1 章＼实战 011.mp4

● 实例介绍 ●

在EDIUS 8的时间线面板中，视频轨道是以V轨道名称来代替的，表示在该轨道中只包含视频文件，不包含音频文件。

● 操作步骤 ●

STEP 01 在视频轨道名称上，单击鼠标右键，在弹出的快捷菜单中选择"添加"｜"在上方添加视频轨道"选项，如图1-48所示。

STEP 02 执行操作后，即可弹出"添加轨道"对话框，输入需要新增的视频轨道的数量，这里输入2，输入完成后，单击"确定"按钮，即可在当前2V视频轨道上方再新增两条视频轨道，如图1-49所示，轨道名称分别以3V与4V表示。

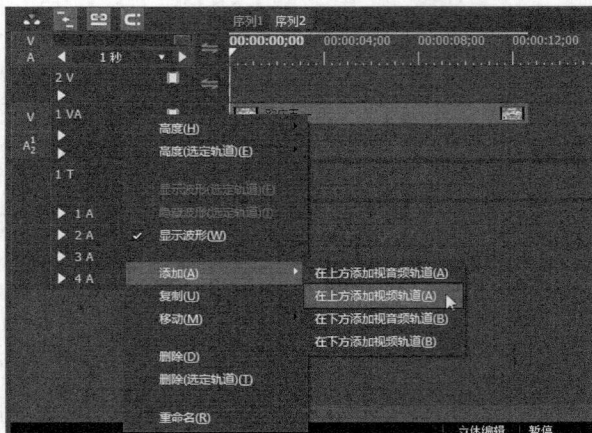

图1-48 选择"在上方添加视频轨道"选项

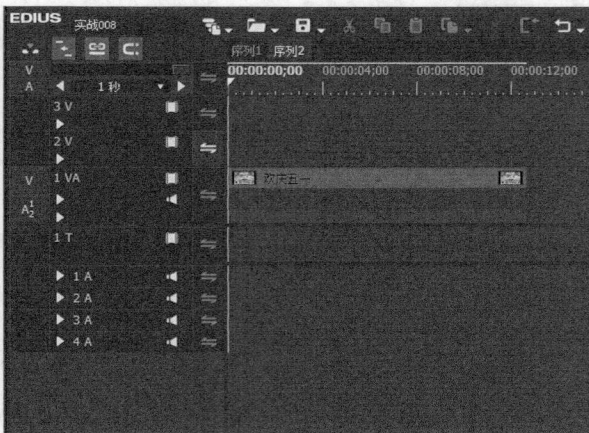

图1-49 新增两条视频轨道

实战 012 在下方添加视频轨道

▶ 实例位置：无
▶ 素材位置：无
▶ 视频位置：光盘 \ 视频 \ 第 1 章 \ 实战 012.mp4

● 实例介绍 ●

下面将主要介绍在下方添加视频轨道的操作方法。

● 操作步骤 ●

STEP 01 在视频轨道名称上，单击鼠标右键，在弹出的快捷菜单中选择"添加"|"在下方添加视频轨道"选项，如图1-50所示，执行操作后，即可在当前视频轨道的下方添加多条其他视频轨道。

STEP 02 与在下方添加视音频轨道的操作类似，在下方添加视频轨道时，名称上与在上方添加的视频轨道名称顺序是一样的，但在轨道中视频素材的显示顺序上会有变化，在下方添加视频轨道时，所有的素材将会显示在上方的视频轨道上。

图1-50 选择"在下方添加视频轨道"选项

实战 013 在上方添加字幕轨道

▶ 实例位置：无
▶ 素材位置：无
▶ 视频位置：光盘 \ 视频 \ 第 1 章 \ 实战 013.mp4

● 实例介绍 ●

在EDIUS 8的时间线面板中，字幕轨道是以T轨道名称来代替的，表示在该轨道中只包含字幕文件，而不包含视频与音频文件。

● 操作步骤 ●

STEP 01 在字幕轨道名称上，单击鼠标右键，在弹出的快捷菜单中选择"添加"|"在上方添加字幕轨道"选项，如图1-51所示。

STEP 02 执行操作后，即可弹出"添加轨道"对话框，输入需要新增的字幕轨道的数量，这里输入1，输入完成后，单击"确定"按钮，即可新增一条字幕轨道，轨道名称以2T表示，如图1-52所示。

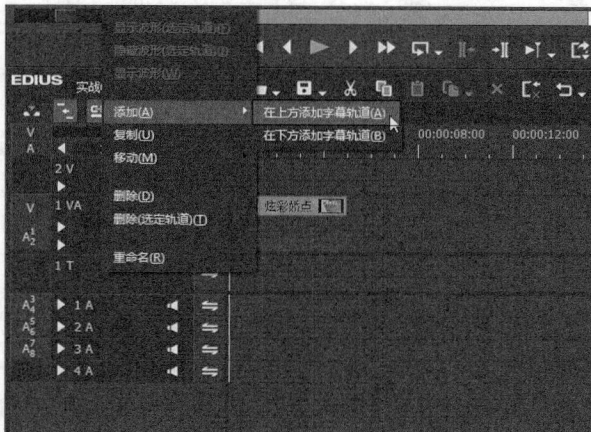

图1-51　选择"在上方添加字幕轨道"选项

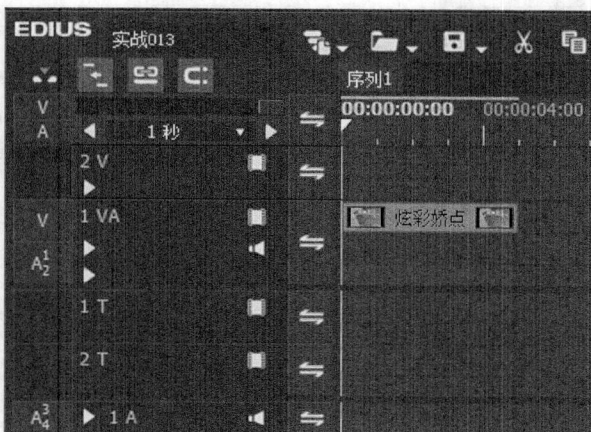

图1-52　添加的2T字幕轨道

技巧点拨

　　当用户添加字幕轨道时，值得用户注意的是，当用户选择"在上方添加字幕轨道"选项时，新建的字幕将显示在1T字幕轨道的下方，在顺序上，虽然显示在下方，但用户在轨道中创建字幕文件时，越在下方的轨道字幕越显示在最上面一层，最上一层的字幕将覆盖下面多个字幕轨道中的字幕文件。因此，显示在最下方的字幕轨道，创建的字幕内容则显示在最上方。

实战 014　在下方添加字幕轨道

▶ 实例位置：无
▶ 素材位置：无
▶ 视频位置：光盘 \ 视频 \ 第 1 章 \ 实战 014.mp4

● 实例介绍 ●

　　下面将主要介绍在下方添加字幕轨道的操作方法。

● 操作步骤 ●

STEP 01 在字幕轨道名称上，单击鼠标右键，在弹出的快捷菜单中选择"添加"|"在下方添加字幕轨道"选项，如图1-53所示。

STEP 02 执行操作后，即可弹出"添加轨道"对话框，输入需要新增的字幕轨道的数量，这里输入1，输入完成后，单击"确定"按钮，即可新增一条字幕轨道，如图1-54所示，轨道在字幕内容上的显示与在上方添加字幕轨道时是有区别的。

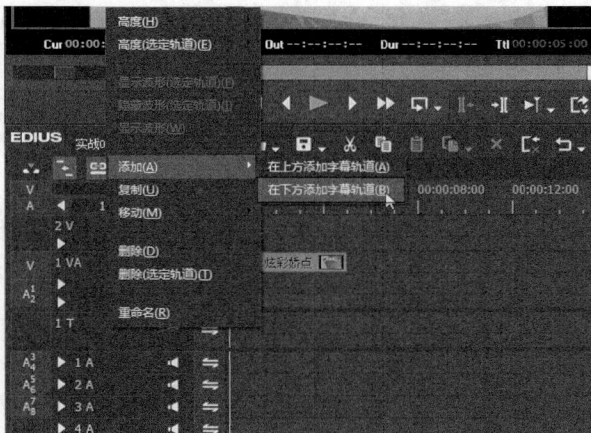

图1-53　选择"在下方添加字幕轨道"选项

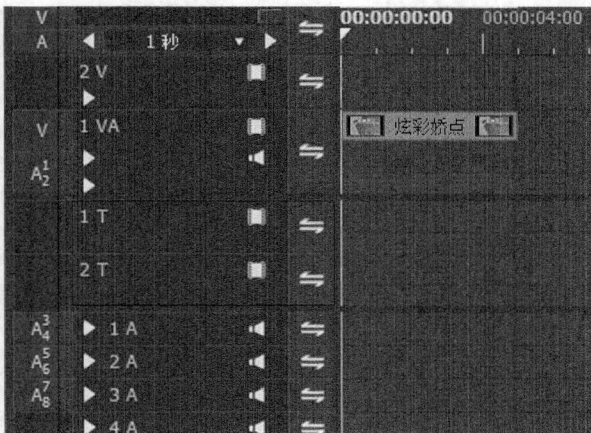

图1-54　在下方添加一条字幕轨道

实战 015 在上方添加音频轨道

▶ 实例位置：无
▶ 素材位置：无
▶ 视频位置：光盘 \ 视频 \ 第 1 章 \ 实战 015.mp4

● 实例介绍 ●

在EDIUS 8的时间线面板中，音频轨道是以A轨道名称来代替的，表示在该轨道中只包含音频文件，而不包含视频与字幕文件。默认情况下，当用户新建工程文件时，时间线面板中已经包含了4条音频轨道，在不够使用的情况下，用户可以在时间线面板中再添加多条音频轨道。

● 操作步骤 ●

STEP 01 在音频轨道名称上，单击鼠标右键，在弹出的快捷菜单中选择"添加"|"在上方添加音频轨道"选项，如图1-55所示。

STEP 02 执行操作后，即可弹出"添加轨道"对话框，输入需要新增的音频轨道的数量，这里输入2，输入完成后，单击"确定"按钮，即可新增两条音频轨道，轨道名称分别以5A和6A表示，如图1-56所示。

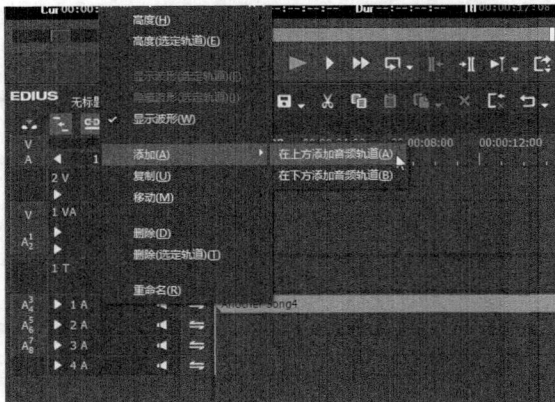

图1-55 选择"在上方添加音频轨道"选项

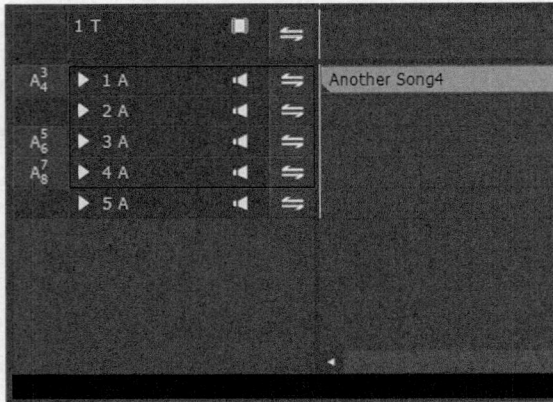

图1-56 添加两条音频轨道

实战 016 在下方添加音频轨道

▶ 实例位置：无
▶ 素材位置：上一例素材
▶ 视频位置：光盘 \ 视频 \ 第 1 章 \ 实战 016.mp4

● 实例介绍 ●

在下方添加音频轨道的操作，与在上方添加音频轨道的操作，除了在选项名称上会显示的不一样，一个为上，一个为下，其他的作用都是一样的，没有什么区别。

● 操作步骤 ●

STEP 01 在音频轨道名称上，单击鼠标右键，在弹出的快捷菜单中选择"添加"|"在下方添加音频轨道"选项，如图1-57所示。

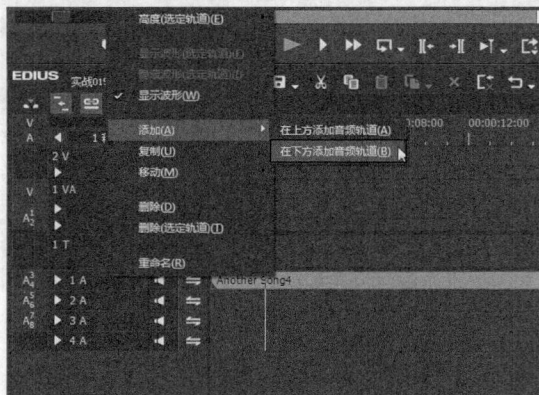

STEP 02 执行操作后，即可在时间线面板中添加两条音频轨道。

图1-57 选择"在下方添加音频轨道"选项

技巧点拨

当用户添加字幕轨道时，值得用户注意的是，当选择"在上方添加字幕轨道"选项时，新建的字幕将显示在 1T 字幕轨道的下方，在顺序上，虽然显示在下方，但用户在轨道中创建字幕文件时，越在下方的轨道字幕越显示在最上面一层，最上一层的字幕将覆盖下面多个字幕轨道中的字幕文件。因此，显示在最下方的字幕轨道，创建的字幕内容则显示在最上方。

在时间线面板中，用户还可以通过以下两种方法来添加音频轨道。

在音频轨道的名称上，单击鼠标右键，在弹出的快捷菜单中依次按 A、A 键，即可在上方添加音频轨道。

在音频轨道的名称上，单击鼠标右键，在弹出的快捷菜单中依次按 A、B 键，即可在下方添加音频轨道。

1.4 轨道的基本操作

在 EDIUS 8 中剪辑视频时，当用户新增的轨道过多时，此时需要对轨道进行管理操作，使轨道列表显示整洁。本节主要向读者介绍轨道的基本操作，包括复制轨道、移动轨道以及删除轨道等内容。

实战 017 复制选定的轨道

▶ **实例位置：**光盘＼效果＼第 1 章＼实战 017.ezp
▶ **素材位置：**光盘＼素材＼第 1 章＼实战 017.ezp
▶ **视频位置：**光盘＼视频＼第 1 章＼实战 017.mp4

● 实例介绍 ●

在 EDIUS 8 时间线面板中，如果用户需要制作多条相同轨道中的视频特效，如果一条一条制作视频特效显得比较麻烦，此时用户可以对相同的视频轨道、音频轨道或字幕轨道进行复制操作，这样可以提高工作效率，简化烦琐的重复的轨道视频编辑工作。下面向读者详细介绍复制选定轨道的操作方法。

● 操作步骤 ●

STEP 01 单击"文件"|"打开工程"命令，打开一个工程文件，如图 1-58 所示。

STEP 02 在时间线面板中，选择需要复制的轨道名称，如图 1-59 所示。

图 1-58 打开一个工程文件

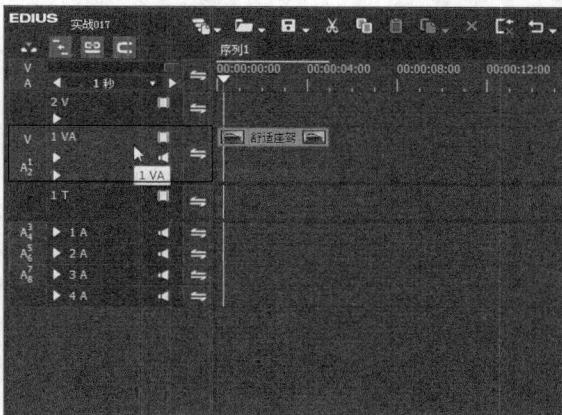

图 1-59 选择需要复制的轨道名称

STEP 03 单击鼠标右键，在弹出的快捷菜单中选择"复制"选项，如图 1-60 所示。

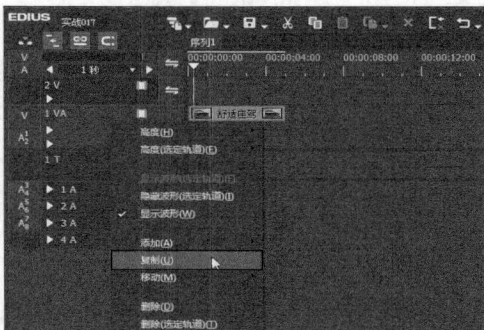

图 1-60 选择"复制"选项

STEP 04 执行操作后,即可在时间线面板中复制一条选定的轨道,连视频内容一起进行了复制操作,如图1-61所示。

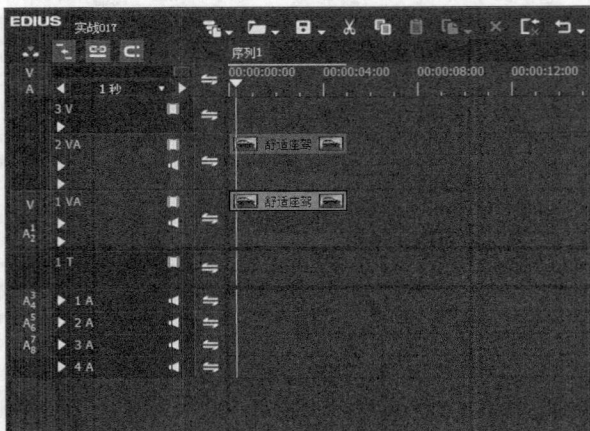

图1-61 复制选定的轨道

实战 018 向前移动轨道位置

▶ **实例位置:**光盘 \ 效果 \ 第 1 章 \ 实战 018.ezp
▶ **素材位置:**光盘 \ 素材 \ 第 1 章 \ 实战 018.ezp
▶ **视频位置:**光盘 \ 视频 \ 第 1 章 \ 实战 018.mp4

● 实例介绍 ●

在EDIUS 8中,如果轨道的位置设置不对,则制作的视频画面层次感也会错误,此时调整轨道的位置与顺序尤其重要。下面向读者介绍向前移动轨道位置的操作方法。

● 操作步骤 ●

STEP 01 单击"文件"丨"打开工程"命令,打开一个工程文件,如图1-62所示。

图1-62 打开一个工程文件

STEP 02 在时间线面板中,选择需要向前移动的视音频轨道,如图1-63所示。

图1-63 选择视音频轨道

STEP 03 在选择的轨道上,单击鼠标右键,在弹出的快捷菜单中选择"移动"丨"向前移动"选项,如图1-64所示。

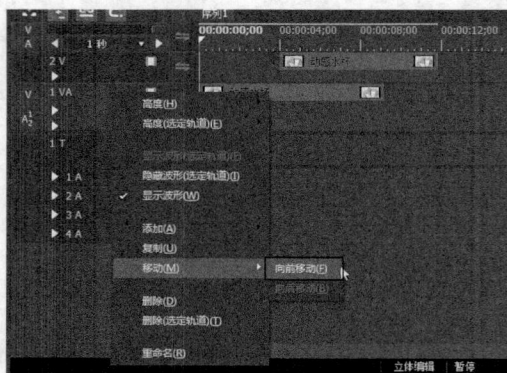

图1-64 选择"向前移动"选项

STEP 04 执行操作后，即可将选择的1 VA视音频轨道向前进行移动，轨道中的素材内容也将向前进行移动，如图1-65所示。

图1-65　向前移动选择的轨道

实战 019　向后移动轨道位置

▶ 实例位置：光盘 \ 效果 \ 第 1 章 \ 实战 019.ezp
▶ 素材位置：光盘 \ 素材 \ 第 1 章 \ 实战 019.ezp
▶ 视频位置：光盘 \ 视频 \ 第 1 章 \ 实战 019.mp4

● 实例介绍 ●

在视频剪辑与制作的过程中，如果用户需要调整画面中视频素材的前后关系，此时可以通过调整轨道前后顺序的方式来调整素材的前后关系。下面向读者介绍向后移动轨道位置的操作方法。

● 操作步骤 ●

STEP 01 单击"文件"|"打开工程"命令，打开一个工程文件，如图1-66所示。

STEP 02 在时间线面板中，选择需要向后移动的视频轨道，如图1-67所示。

图1-66 打开一个工程文件

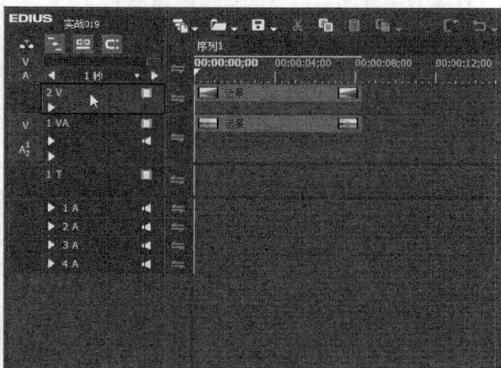

图1-67 选择需要向后移动的视频轨道

STEP 03 在选择的轨道上，单击鼠标右键，在弹出的快捷菜单中选择"移动"|"向后移动"选项，如图1-68所示，用户也可以依次按键盘上的M、B键，快速执行"向后移动"选项。

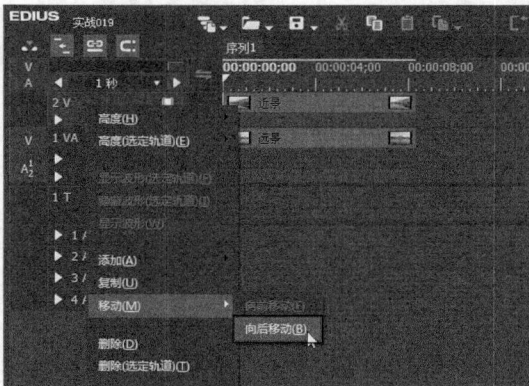

图1-68 选择"向后移动"选项

中文版 EDIUS 8 实战视频教程

STEP 04 执行操作后，即可将选择的2V视频轨道向后进行移动，轨道中的素材内容也将向后进行移动，2V视频轨道名称也已经被更改为1V视频轨道，如图1-69所示。

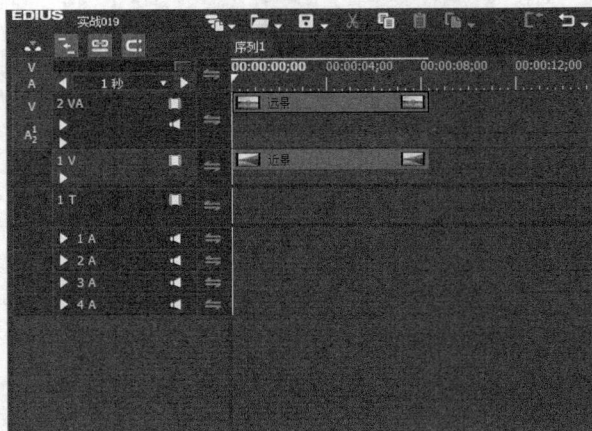

图1-69 向后移动视频轨道

STEP 05 单击"播放"按钮，预览调整视频轨道顺序后的视频画面效果，如图1-70所示。

图1-70 预览视频画面效果

实战 020 删除不需要的轨道

▶ 实例位置：光盘\效果\第1章\实战020.ezp
▶ 素材位置：光盘\素材\第1章\实战020.ezp
▶ 视频位置：光盘\视频\第1章\实战020.mp4

● 实例介绍 ●

在时间线面板中，如果用户添加的轨道过多，此时可以对不需要使用的轨道进行删除操作，保持时间线面板的整洁。下面向读者介绍删除不需要的轨道的操作方法。

● 操作步骤 ●

STEP 01 单击"文件"|"打开工程"命令，打开一个工程文件，如图1-71所示。

图1-71 打开一个工程文件

STEP 02 在时间线面板中，选择需要删除的2V视频轨道，如图1-72所示。

图1-72 选择2V视频轨道

技巧点拨

在选择的轨道上单击鼠标右键，在弹出的快捷菜单中按D键，也可以快速删除选择的轨道。

STEP 03 在选择的视频轨道上，单击鼠标右键，在弹出的快捷菜单中选择"删除"选项，如图1-73所示。

STEP 04 执行操作后，即可删除时间线面板中选择的2V视频轨道，如图1-74所示。

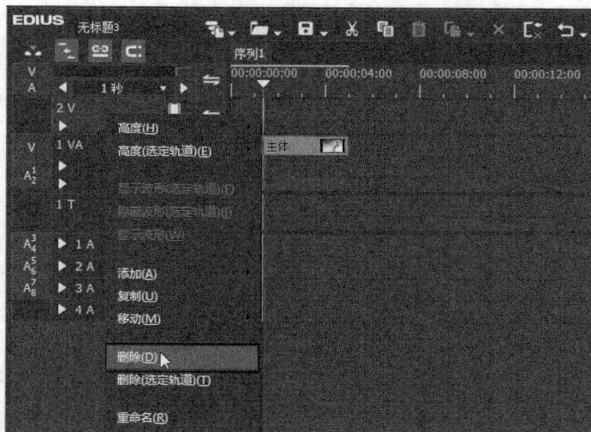

图1-73 选择"删除"选项

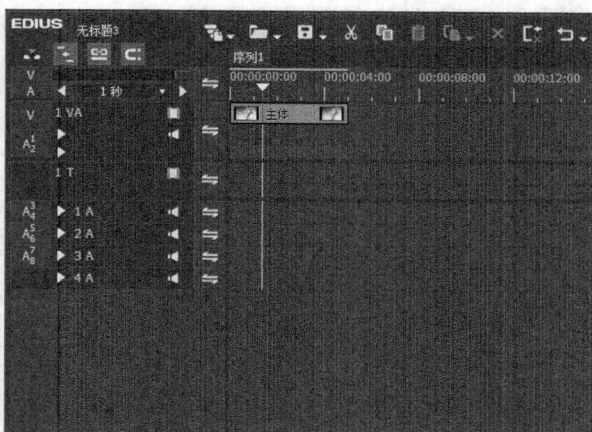

图1-74 删除选择的2V视频轨道

技巧点拨

当用户删除有视频素材或音频素材的轨道时，在执行"删除"选项时，软件将弹出提示信息框，提示用户是否确认删除选择的轨道，单击"确定"按钮，将删除选择的轨道；单击"取消"按钮，将不删除选择的轨道。

实战 021　删除当前的选定轨道

▶ 实例位置：光盘 \ 效果 \ 第 1 章 \ 实战 021.ezp
▶ 素材位置：光盘 \ 素材 \ 第 1 章 \ 实战 021.ezp
▶ 视频位置：光盘 \ 视频 \ 第 1 章 \ 实战 021.mp4

● 实例介绍 ●

在EDIUS 8时间线面板中，用户不仅可以删除一条轨道对象，还可以同时删除多条不需要使用的轨道。下面向读者介绍删除当前选定轨道的操作方法。

● 操作步骤 ●

STEP 01 单击"文件"|"打开工程"命令，打开一个工程文件，如图1-75所示。

STEP 02 在时间线面板中，按住Ctrl键的同时，选择2A、3A与4A音频轨道，使该3条音频轨道呈选中状态，如图1-76所示。

图1-75 打开一个工程文件

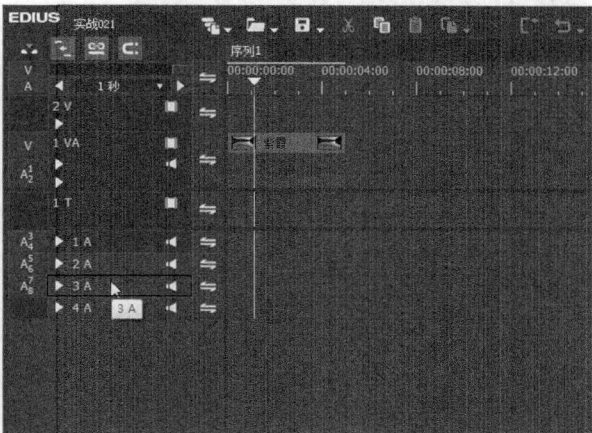

图1-76 选择3条音频轨道

STEP 03 在选择的音频轨道上，单击鼠标右键，在弹出的快捷菜单中选择"删除（选定轨道）"选项，如图1-77所示。

STEP 04 执行操作后，即可删除选择的3条音频轨道，如图1-78所示。

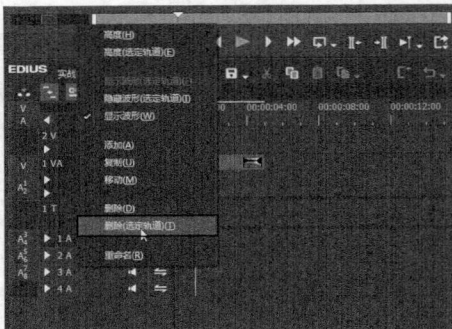

图1-77 选择"删除（选定轨道）"选项

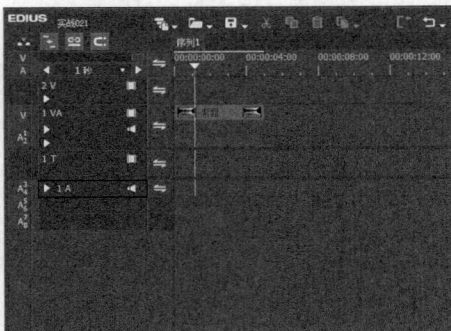

图1-78 删除选择的3条音频轨道

技巧点拨

　　时间线面板中的"删除"选项与"删除(选定轨道)"选项有什么区别呢？当用户执行"删除"选项时，最多只能删除一条轨道对象；而当用户执行"删除(选定轨道)"选项时，用户可以删除一条或多条选择的轨道对象。

实战 022　重命名轨道的名称

▶ 实例位置：光盘 \ 效果 \ 第 1 章 \ 实战 022.ezp
▶ 素材位置：光盘 \ 素材 \ 第 1 章 \ 实战 022.ezp
▶ 视频位置：光盘 \ 视频 \ 第 1 章 \ 实战 022.mp4

● 实例介绍 ●

　　在EDIUS 8时间线面板中，用户还可以对轨道进行重命名操作，使用户能很快分清各轨道对象。

● 操作步骤 ●

STEP 01 重命名轨道名称的操作方法很简单，用户在需要重命名的轨道上，单击鼠标右键，在弹出的快捷菜单中选择"重命名"选项，如图1-79所示。

STEP 02 执行操作后，轨道名称即可呈编辑状态，轨道名称为蓝色选中状态，如图1-80所示。

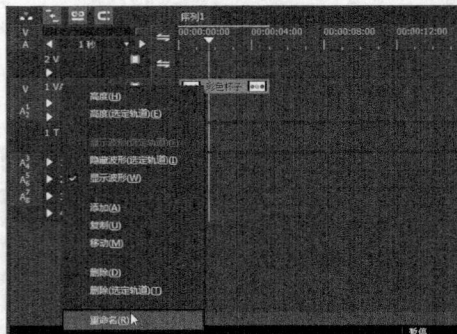

图1-79 选择"重命名"选项

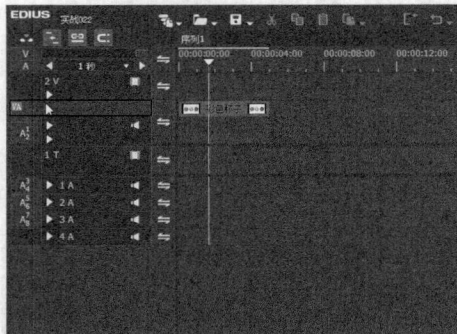

图1-80 轨道名称为蓝色选中状态

STEP 03 选择一种合适的输入法，重新输入新的名称，按【Enter】键确认，即可完成轨道名称的重命名操作，如图1-81所示。

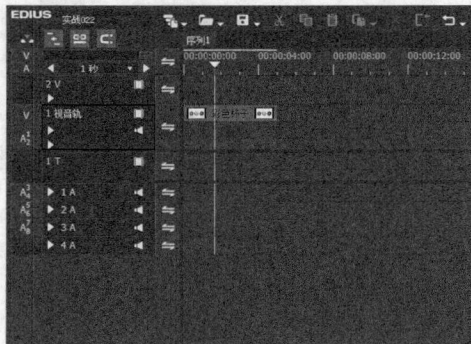

图1-81 完成轨道名称的重命名操作

第 2 章

调整软件的工作界面

本章导读

在使用 EDIUS 8 开始编辑视频之前，需要先了解该软件的窗口显示操作，如管理窗口模式、编辑窗口布局、设置窗口叠加显示以及设置播放暂停场等内容。熟练掌握各种窗口的基本操作，可以更好、更快地去编辑视频与音频文件。本章主要向读者介绍 EDIUS 8 窗口管理的方法。

要点索引
- 窗口模式的应用
- 窗口布局的编辑
- 窗口叠加显示的设置

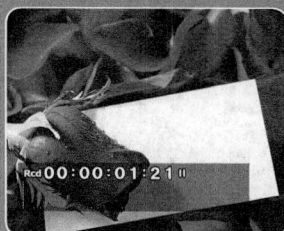

Rcd 00 : 00 : 01 : 10   Rcd 00 : 00 : 01 : 24   Rcd 00 : 00 : 01 : 21   Rcd 00 : 00 : 00 : 10

2.1 窗口模式的应用

在EDIUS 8工作界面中，向用户提供了3种窗口模式，如单窗口模式、双窗口模式以及全屏预览窗口模式等。本节主要针对这3种窗口模式向读者进行详细介绍。

实战 023 切换至单窗口模式

▶ 实例位置：光盘 \ 效果 \ 第 2 章 \ 实战 023.ezp
▶ 素材位置：光盘 \ 素材 \ 第 2 章 \ 实战 023.ezp
▶ 视频位置：光盘 \ 视频 \ 第 2 章 \ 实战 023.mp4

● 实例介绍 ●

单窗口模式是指在播放/录制窗口中只显示一个窗口，在单窗口中可以更好地预览视频效果。下面向读者介绍应用单窗口模式的操作方法。

● 操作步骤 ●

STEP 01 单击"文件"|"打开工程"命令，打开一个工程文件，如图2-1所示。

STEP 02 在录制窗口中，可以预览视频画面效果，如图2-2所示。

图2-1 打开一个工程文件

图2-2 预览视频画面效果

知识拓展

单窗口模式是将两个预览窗口合并为一个，在窗口右上角会出现 PLR/REC 的切换按钮。PLR 即播放窗口，REC 即录制窗口。

EDIUS 8 会根据用户在使用过程中的不同动作自动切换两个窗口，当用户在时间线面板中双击一个素材时，就会自动切换至播放窗口；当用户播放时间线面板中的视频画面时，将自动切换至录制窗口。

STEP 03 单击"视图"菜单，在弹出的菜单列表中单击"单窗口模式"命令，如图2-3所示。

STEP 04 执行操作后，即可以单窗口模式显示视频素材，如图2-4所示。

图2-3 单击"单窗口模式"命令

图2-4 以单窗口模式显示视频素材

在 EDIUS 8 工作界面中，单击"视图"菜单，在弹出的菜单列表中，按两次 S 键，也可以切换至"单窗口模式"命令，然后按 Enter 键确认，即可应用单窗口模式。

实战 024　切换至双窗口模式

▶ 实例位置：光盘 \ 效果 \ 第 2 章 \ 实战 024.ezp
▶ 素材位置：光盘 \ 素材 \ 第 2 章 \ 实战 024.ezp
▶ 视频位置：光盘 \ 视频 \ 第 2 章 \ 实战 024.mp4

● 实例介绍 ●

双窗口模式是指在播放/录制窗口中显示两个窗口，一个窗口用来播放视频当前画面，另一个窗口用来查看需要录制的窗口画面，下面向读者介绍应用双窗口模式的操作方法。

● 操作步骤 ●

STEP 01 单击"文件"|"打开工程"命令，打开一个工程文件，如图2-5所示。

STEP 02 在录制窗口中，可以预览视频画面效果，如图2-6所示。

图2-5 打开一个工程文件

图2-6 预览视频画面效果

技巧点拨

在 EDIUS 8 中单击"视图"菜单，在弹出的菜单列表中，按 D 键，也可以快速进入双窗口模式。

STEP 03 单击"视图"菜单，在弹出的菜单列表中单击"双窗口模式"命令，如图2-7所示。

STEP 04 执行操作后，即可以双窗口模式显示视频素材，如图2-8所示。

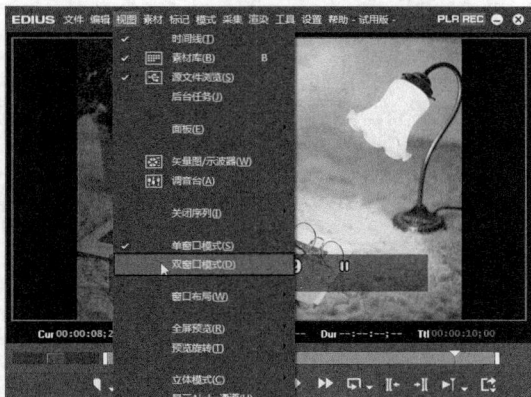
图2-7 单击"双窗口模式"命令

图2-8 以双窗口模式显示视频素材

知识拓展

在 EDIUS 8 工作界面中,双窗口模式比较适合一些双显示器的用户使用,在双显示器上,用户可以将播放窗口或者录制窗口拖放到另一显示器的显示区域中,使用时空间就会比较宽敞,方便用户对大型的影视文件进行编辑操作。

实战 025 **全屏预览窗口模式**

▶ **实例位置**:光盘 \ 效果 \ 第 2 章 \ 实战 025.ezp
▶ **素材位置**:光盘 \ 素材 \ 第 2 章 \ 实战 025.ezp
▶ **视频位置**:光盘 \ 视频 \ 第 2 章 \ 实战 025.mp4

● **实例介绍** ●

在 EDIUS 8 中,使用全屏预览窗口模式,可以更加清晰地预览视频的画面效果,下面向读者介绍全屏预览窗口的操作方法。

● **操作步骤** ●

STEP 01 单击"文件"|"打开工程"命令,打开一个工程文件,如图2-9所示。

STEP 02 单击"视图"菜单,在弹出的菜单列表中单击"全屏预览"|"所有"命令,如图2-10所示。

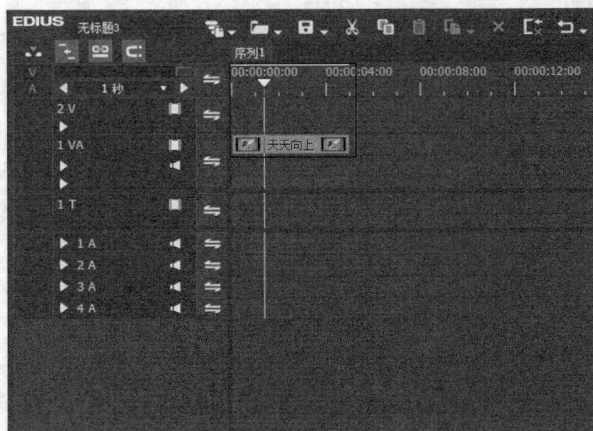

图2-9 打开一个工程文件

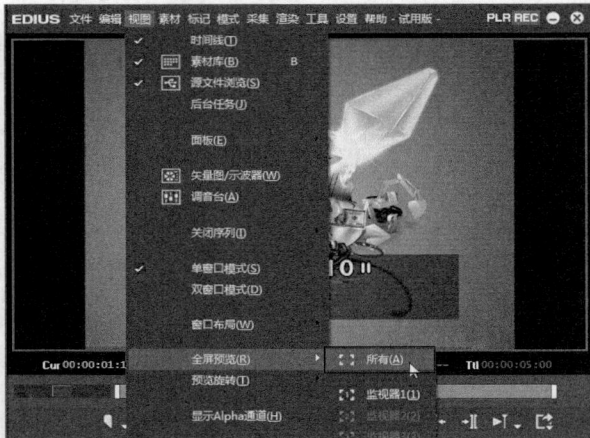

图2-10 单击"所有"命令

STEP 03 执行操作后,即可以全屏的方式预览整个窗口,如图2-11所示。

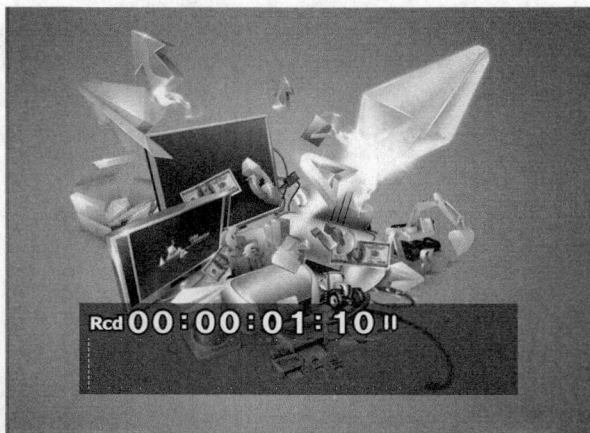

技巧点拨

在 EDIUS 8 工作界面的播放窗口或者录制窗口中,双击鼠标左键,即可快速以全屏模式预览视频素材的画面内容。

图2-11 以全屏的方式预览整个窗口

2.2 窗口布局的编辑

在 EDIUS 8 工作界面中,用户可以根据自己的操作习惯,随意调整窗口的整体布局,使其更符合用户的需求。本节主要向读者介绍编辑窗口布局的操作方法。

实战 026　常规布局的使用

▶ 实例位置：光盘 \ 效果 \ 第 2 章 \ 实战 026.ezp
▶ 素材位置：光盘 \ 素材 \ 第 2 章 \ 实战 026.ezp
▶ 视频位置：光盘 \ 视频 \ 第 2 章 \ 实战 026.mp44

● 实例介绍 ●

在EDIUS 8工作界面中，常规布局是软件的默认布局方式，在常规布局下，最基本、常用的面板都会显示在界面中。下面向读者介绍常规布局的使用的操作方法。

● 操作步骤 ●

STEP 01 单击"文件"|"打开工程"命令，打开一个工程文件，如图2-12所示。

STEP 02 单击"视图"菜单，在弹出的菜单列表中单击"窗口布局"|"常规"命令，如图2-13所示。

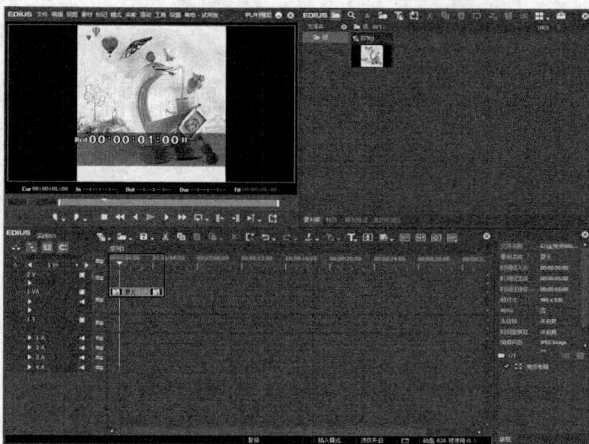

图2-12 打开一个工程文件

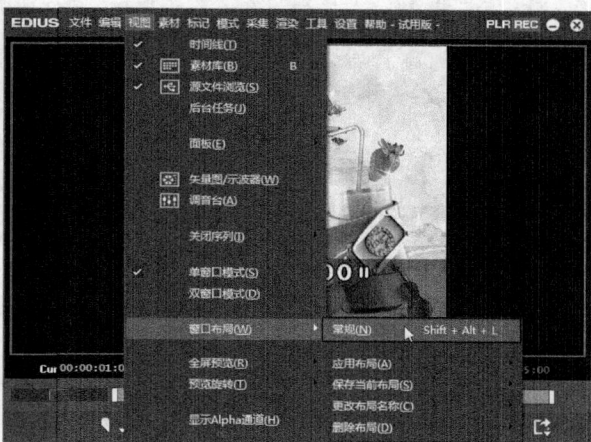

图2-13 单击"常规"命令

STEP 03 执行操作后，即可切换至常规布局，如图2-14所示。

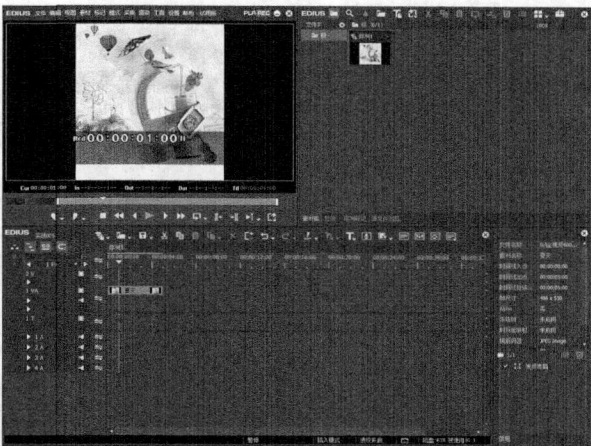

图2-14 切换至常规布局

技巧点拨

在EDIUS 8工作界面中，当用户切换至其他布局状态时，此时可以按Shift + Alt + L组合键，快速返回至常规布局。

实战 027　相应布局的应用

▶ 实例位置：光盘 \ 效果 \ 第 2 章 \ 实战 027.ezp
▶ 素材位置：光盘 \ 素材 \ 第 2 章 \ 实战 027.ezp
▶ 视频位置：光盘 \ 视频 \ 第 2 章 \ 实战 027.mp4

● 实例介绍 ●

在EDIUS 8工作界面中，如果用户保存了多种不同类型的窗口布局样式，此时可根据需要应用相应的布局样式来编辑视频文件。下面向读者介绍相应布局的应用样式的操作方法。

● 操作步骤 ●

STEP 01 单击"文件"|"打开工程"命令，打开一个工程文件，单击"视图"菜单，在弹出的菜单列表中单击"窗口布局"|"应用布局"命令，在弹出的子菜单中选择相应的界面布局方式，如图2-15所示。

STEP 02 执行操作后，即可更改至用户以前保存的界面布局样式，如图2-16所示。

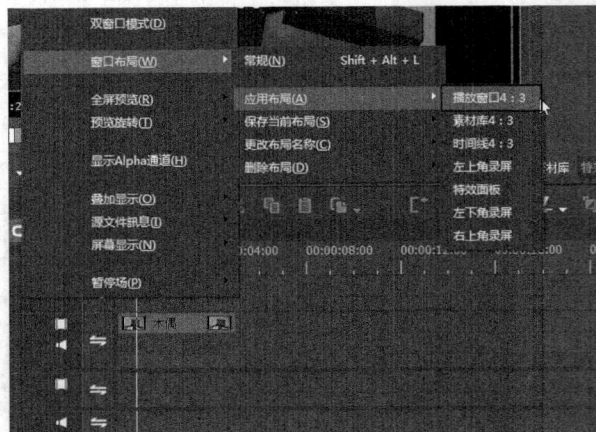
图2-15 选择相应的界面布局方式

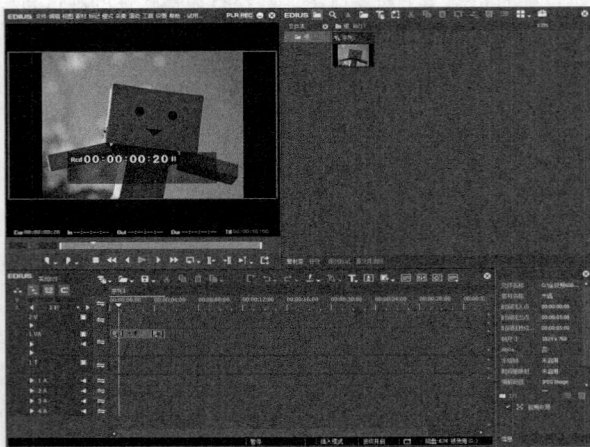
图2-16 应用相应布局样式

实战 028 当前布局的保存

▶ 实例位置：光盘\效果\第2章\实战028.ezp
▶ 素材位置：光盘\素材\第2章\实战028.jpg
▶ 视频位置：光盘\视频\第2章\实战028.mp4

● 实例介绍 ●

在EDIUS 8工作界面中，当用户经常使用某一种窗口布局时，可以将该窗口布局保存起来，方便日后直接调用该窗口布局。下面向读者介绍保存当前布局的操作方法。

● 操作步骤 ●

STEP 01 在EDIUS 8工作界面中，随意拖曳窗口布局，如图2-17所示。

STEP 02 单击"视图"菜单，在弹出的菜单列表中单击"窗口布局"|"保存当前布局"|"新建"命令，如图2-18所示。

图2-17 随意拖曳窗口布局

图2-18 单击"新建"命令

技巧点拨

单击"视图"菜单，在弹出的菜单列表中依次按W、W、Enter、S、N键，也可以快速弹出"保存当前布局"对话框。

STEP 03 执行操作后,弹出"保存当前布局"对话框,选择一种合适的输入法,在文本框中输入当前界面布局的名称,如图2-19所示。

保存当前布局

宽屏布局界面

确定   取消

图2-19 输入当前布局的名称

STEP 04 输入名称后,单击"确定"按钮,即可保存当前布局。

实战 029 布局名称的更改

▶ 实例位置:光盘 \ 效果 \ 第 2 章 \ 实战 029.ezp
▶ 素材位置:上一例素材
▶ 视频位置:光盘 \ 视频 \ 第 2 章 \ 实战 029.mp4

● 实例介绍 ●

如果用户对当前设置的布局名称不满意,此时可以对布局名称进行重命名操作。下面介绍更改布局名称的操作方法。

● 操作步骤 ●

STEP 01 单击"视图"|"窗口布局"|"更改布局名称"命令,在弹出的子菜单中,选择需要更改布局名称的选项,如图2-20所示。

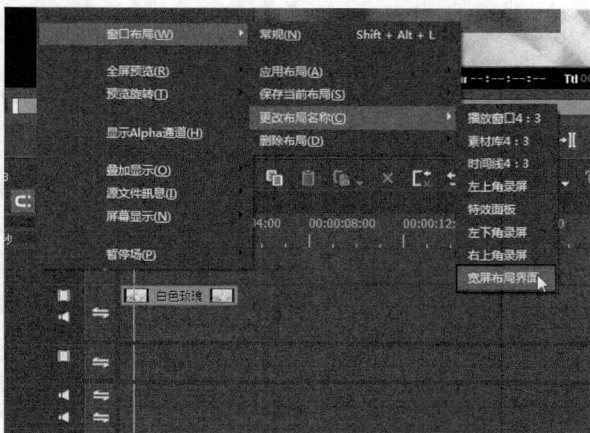

STEP 02 弹出"重命名"对话框,在其中为窗口布局设置新的名称,如图2-21所示。

图2-20 选择需要更改布局名称的选项

重命名

视频编辑界面

确定   取消

图2-21 为窗口布局设置新的名称

STEP 03 单击"确定"按钮,即可更改布局名称,在"更改布局名称"子菜单中,查看已经更改的布局名称,如图2-22所示。

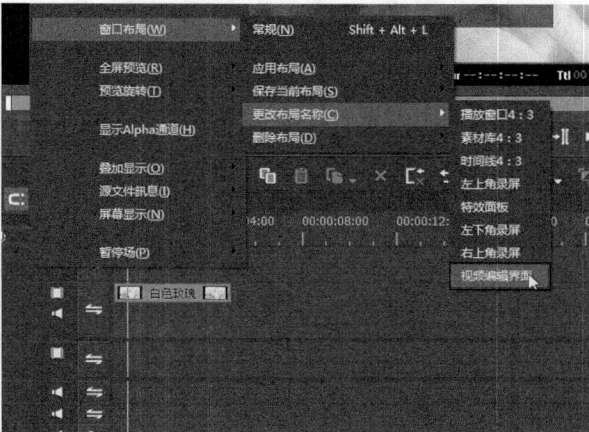

图2-22 查看已经更改的布局名称

<table>
<tr><td rowspan="2">实战
030</td><td rowspan="2">多余布局的删除</td><td>▶ 实例位置：光盘 \ 效果 \ 第 2 章 \ 实战 030.ezp</td></tr>
<tr><td>▶ 素材位置：无</td></tr>
<tr><td></td><td></td><td>▶ 视频位置：光盘 \ 视频 \ 第 2 章 \ 实战 030.mp4</td></tr>
</table>

● 实例介绍 ●

在EDIUS 8工作界面中，当用户保存的布局过多，对某些窗口布局样式不再需要时，此时可以对窗口布局进行删除操作。下面介绍删除多余窗口布局的操作方法。

● 操作步骤 ●

[STEP 01] 单击"视图"Ⅰ"窗口布局"Ⅰ"删除布局"命令，在弹出的子菜单中，选择需要删除的布局选项，如图2-23所示。

[STEP 02] 弹出信息提示框，提示用户是否确认删除选择的布局样式，如图2-24所示，单击"是"按钮，将删除该布局样式；单击"否"按钮，将不删除该布局样式，删除后的布局样式将不能恢复。

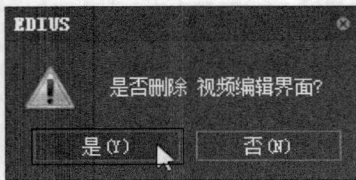

图2-23 选择需要删除的布局选项

图2-24 弹出信息提示框

技巧点拨

单击"视图"菜单，在弹出的菜单列表中依次按 W、W、Enter、D 键，在弹出的子菜单中选择相应的选项，也可快速删除相应的布局样式。

[STEP 03] 单击"是"按钮，执行操作后，即可删除选择的布局样式，在"删除布局"子菜单中，已经看不到已删除的布局样式，如图2-25所示。

图2-25 已经看不到已删除的布局样式

知识拓展

标准屏幕模式是 EDIUS 8 软件中默认的屏幕模式，在该屏幕模式中可以使用标准的预览方式预览视频素材。单击"视图"Ⅰ"预览旋转"Ⅰ"标准"命令，执行操作后，即可进入标准屏幕模式，如图 2-26 所示。

在"预览旋转"子菜单中，按数字键盘上的 0 键，可以快速进入标准屏幕模式。

图2-26 进入标准屏幕模式

实战 031　向右旋转90度

▶ 实例位置：光盘 \ 效果 \ 第 2 章 \ 实战 031.ezp
▶ 素材位置：光盘 \ 素材 \ 第 2 章 \ 实战 031.ezp
▶ 视频位置：光盘 \ 视频 \ 第 2 章 \ 实战 031.mp4

• 实例介绍 •

在EDIUS 8工作界面中，当用户需要对某些特别的视频进行查看时，需要对窗口进行旋转操作，使其更符合用户的需求。

• 操作步骤 •

STEP 01 在EDIUS 8工作界面中，运用"向右旋转90度"命令，可以将预览窗口向右旋转90度。单击"视图"|"预览旋转"|"向右旋转90度"命令，如图2-27所示。

STEP 02 执行操作后，即可看到向右旋转90度后的素材，如图2-28所示。

图2-27 单击"向右旋转90度"命令

图2-28 向右旋转90度后的素材

技巧点拨

单击"视图"菜单，在弹出的菜单列表中依次按 T、T、Enter、R 键，也可以快速将素材向右旋转 90 度。

实战 032　向左旋转90度

▶ 实例位置：光盘 \ 效果 \ 第 2 章 \ 实战 032.ezp
▶ 素材位置：上一例素材
▶ 视频位置：光盘 \ 视频 \ 第 2 章 \ 实战 032.mp4

• 实例介绍 •

在EDIUS 8工作界面中，"向左旋转90度"命令与"向右旋转90度"命令的功能刚好相反，该命令是指将预览窗口向左旋转90度。

STEP 01 单击"视图"|"预览旋转"|"向左旋转90度"命令，如图2-29所示。

STEP 02 执行操作后，即可看到向左旋转90度后的素材，如图2-30所示。

图2-29 单击"向左旋转90度"命令

图2-30 向左旋转90度后的素材

技巧点拨

单击"视图"菜单，在弹出的菜单列表中依次按 T、T、Enter、L 键，也可以快速将素材向左旋转 90 度。

2.3 窗口叠加显示的设置

在EDIUS 8工作界面中，窗口叠加显示是指在预览窗口中叠加在画面中的显示内容，如素材/设备、安全区域、中央十字线、标记以及斑马纹等对象，方便用户对视频进行编辑操作。本节主要向读者介绍窗口叠加显示的操作方法。

实战 033 显示素材/设备

▶ 实例位置：无
▶ 素材位置：光盘\素材\第2章\实战 033.ezp
▶ 视频位置：光盘\视频\第2章\实战 033.mp4

● 实例介绍 ●

在EDIUS 8工作界面中，显示素材/设备是指在播放窗口的上方，显示素材的名称信息。下面介绍显示素材/设备的操作方法。

● 操作步骤 ●

STEP 01 单击"文件"|"打开工程"命令，打开一个工程文件，如图2-31所示。

STEP 02 在视频轨1中，双击视频素材，即可打开播放窗口，如图2-32所示。

图2-31 打开一个工程文件

图2-32 打开播放窗口

STEP 03 单击"视图"|"叠加显示"|"素材/设备"命令，如图2-33所示。

图2-33 单击"素材/设备"命令

STEP 04 执行操作后，在播放窗口的左上方，显示了素材/设备信息，如素材的名称，如图2-34所示。

图2-34 显示了素材/设备信息

STEP 05 单击"播放"按钮，预览视频画面，效果如图2-35所示。

技巧点拨

单击"视图"菜单，在弹出的菜单列表中依次按O、D键，也可以快速显示素材／设备信息。

图2-35 预览视频画面

实战 034　显示安全区域

▶ 实例位置：光盘 \ 效果 \ 第 2 章 \ 实战 034.ezp
▶ 素材位置：光盘 \ 素材 \ 第 2 章 \ 实战 034.ezp
▶ 视频位置：光盘 \ 视频 \ 第 2 章 \ 实战 034.mp4

● 实例介绍 ●

在EDIUS 8预览窗口中，安全区域是指字幕活动的区域，超出安全区域的标题字幕在输出的视频中显示不出来。下面向读者介绍显示安全区域的操作方法，这样方便用户在创建与编辑字幕文件时，能很好地掌握字幕的摆放位置。

● 操作步骤 ●

STEP 01 单击"文件"|"打开工程"命令，打开一个工程文件，如图2-36所示。

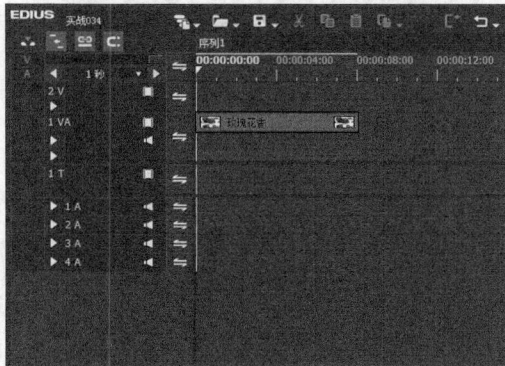

图2-36 打开一个工程文件

STEP 02 在视频轨1中，双击视频素材，即可打开播放窗口，如图2-37所示。

图2-37 打开播放窗口

STEP 03 单击"视图"|"叠加显示"|"安全区域"命令，如图2-38所示。

STEP 04 执行操作后，在播放窗口中将显示白色方框的安全区域，如图2-39所示。

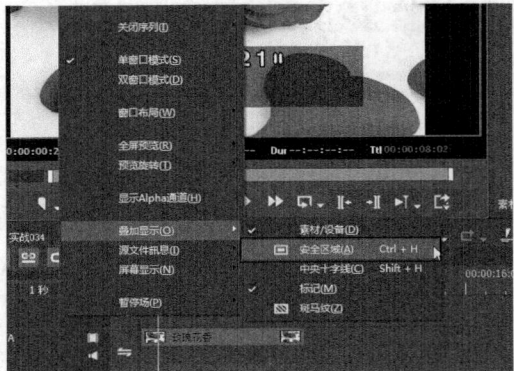

图2-38 单击"安全区域"命令

图2-39 显示白色方框的安全区域

STEP 05 单击"播放"按钮，预览视频画面，效果如图2-40所示。

技巧点拨

> 在 EDIUS 8工作界面中，按Ctrl + H组合键，也可以快速显示安全区域。

图2-40 预览视频画面

实战 035 显示中央十字线

▶ 实例位置：光盘\效果\第 2 章\实战 035.ezp
▶ 素材位置：光盘\素材\第 2 章\实战 035.ezp
▶ 视频位置：光盘\视频\第 2 章\实战 035.mp4

• 实例介绍 •

在EDIUS 8工作界面中，当用户制作画中画视频效果时，中央十字线能帮助用户很好地分布多个视频在画面中的显示位置。下面向读者介绍显示中央十字线的操作方法。

• 操作步骤 •

STEP 01 单击"文件"|"打开工程"命令，打开一个工程文件，如图2-41所示。

STEP 02 在视频轨1中，双击视频素材，即可打开播放窗口，如图2-42所示。

图2-41 打开一个工程文件

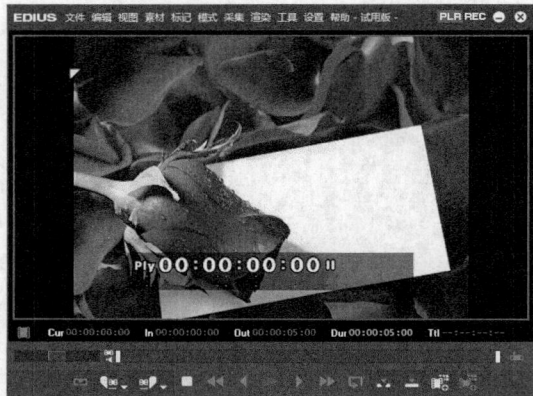

图2-42 打开播放窗口

STEP 03 单击"视图"|"叠加显示"|"中央十字线"命令，如图2-43所示。

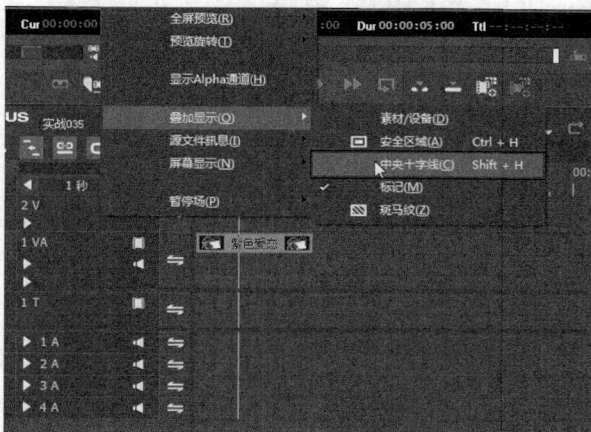

图2-43 单击"中央十字线"命令

STEP 04 执行操作后，在播放窗口中将显示白色的中央十字线，如图2-44所示。

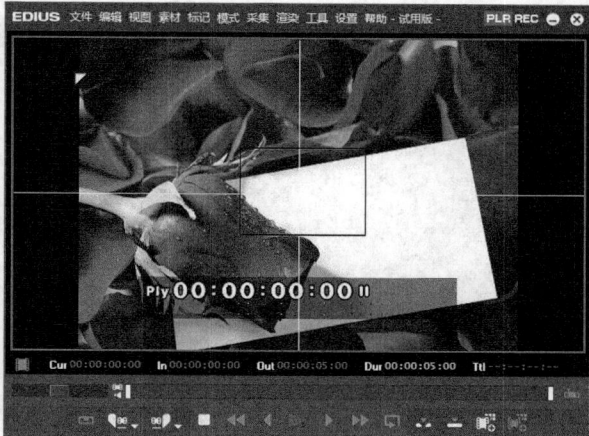

图2-44 显示白色中央十字线

STEP 05 单击"播放"按钮，预览视频画面，效果如图2-45所示。

技巧点拨

在 EDIUS 8 工作界面中，用户还可以通过以下两种方法显示中央十字线。

按 Shift + H 组合键，显示中央十字线。

单击"视图"菜单，在弹出的菜单列表中，依次按键盘上的O、C键，也可以快速显示中央十字线。

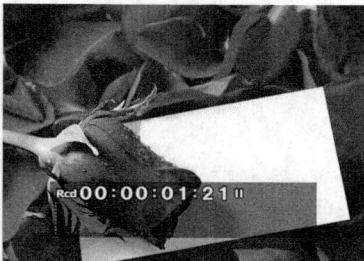

图2-45 预览视频画面

实战 036　显示屏幕状态

▶ **实例位置**：光盘＼效果＼第 2 章＼实战 036.ezp
▶ **素材位置**：光盘＼素材＼第 2 章＼实战 036.ezp
▶ **视频位置**：光盘＼视频＼第 2 章＼实战 036.mp4

· 实例介绍 ·

在EDIUS 8工作界面中，屏幕状态是指播放、录制以及编辑视频时的时间状态。下面向读者介绍显示屏幕状态的操作方法。

· 操作步骤 ·

STEP 01 单击"文件"|"打开工程"命令，打开一个工程文件，如图2-46所示。

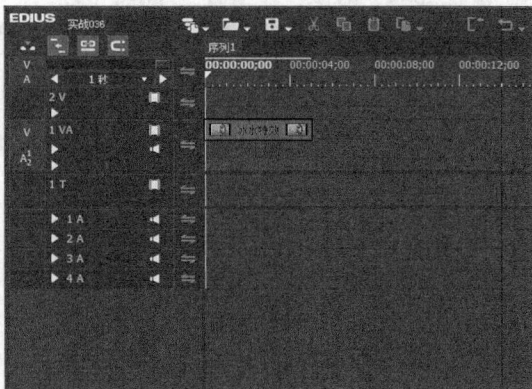

图2-46 打开一个工程文件

STEP 02 在视频轨1中，双击视频素材，即可打开播放窗口，如图2-47所示。

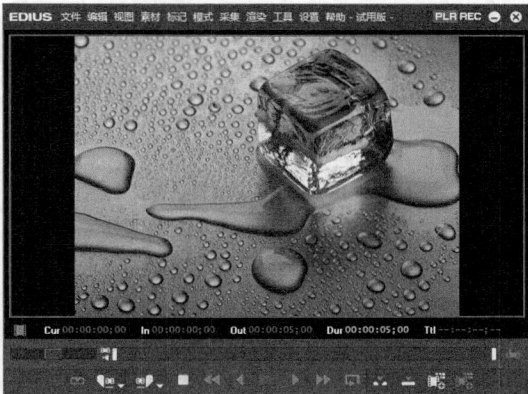

图2-47 打开播放窗口

STEP 03 单击 "视图" | "屏幕显示" | "状态" 命令，如图 2-48 所示。

STEP 04 执行操作后，在窗口下方即可显示屏幕状态信息，如图2-49所示。

图2-48 单击 "状态" 命令

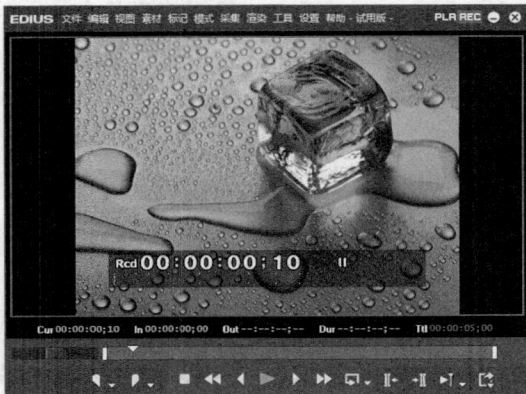

图2-49 显示屏幕状态信息

STEP 05 单击 "播放" 按钮，预览视频画面，效果如图2-50 所示。

技巧点拨

在 EDIUS 8 工作界面中，用户还可以通过以下两种方法显示屏幕状态。

按 Ctrl + G 组合键，显示屏幕状态。

单击 "视图" 菜单，在弹出的菜单列表中，依次按键盘上的 N、S 键，也可以快速显示屏幕状态。

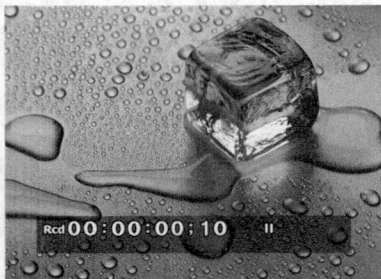

图2-50 预览视频画面

实战 037 显示屏幕标记

▶ 实例位置：光盘 \ 效果 \ 第 2 章 \ 实战 037.ezp
▶ 素材位置：光盘 \ 素材 \ 第 2 章 \ 实战 037.ezp
▶ 视频位置：光盘 \ 视频 \ 第 2 章 \ 实战 037.mp4

● 实例介绍 ●

在EDIUS 8录制窗口中，屏幕标记是指当用户在视频轨中为素材设置标记内容后，可以在预览窗口中滚动显示出标记的内容。下面向读者介绍显示屏幕标记的操作方法。

● 操作步骤 ●

STEP 01 单击 "文件" | "打开工程" 命令，打开一个工程文件，如图2-51所示。

STEP 02 单击 "播放" 按钮，预览视频画面效果，如图2-52所示。

图2-51 打开一个工程文件

图2-52 预览视频画面效果

STEP 03 单击"视图"|"叠加显示"|"标记"命令，如图 2-53所示。

STEP 04 执行操作后，单击"播放"按钮，当时间线播放至带有标记的帧位置时，在录制窗口中将显示标记的帧内容，如图2-54所示。

图2-53 单击"标记"命令

图2-54 显示标记的帧内容

STEP 05 在录制窗口中双击鼠标左键，即可放大预览视频画面效果，如图2-55所示。

技巧点拨

单击"视图"菜单，在弹出的菜单列表中，依次按键盘上的 O、M 键，也可以快速显示或隐藏标记内容。

图2-55 放大预览视频画面效果

实战 038 **显示斑马纹**

▶ 实例位置：无
▶ 素材位置：无
▶ 视频位置：光盘 \ 视频 \ 第 2 章 \ 实战 038.mp4

● **实例介绍** ●

在EDIUS 8工作界面中，用户还可以设置录制窗口或播放窗口中是否显示斑马纹。

● **操作步骤** ●

STEP 01 显示或隐藏斑马纹的方法很简单，用户只需在菜单栏中，单击"视图"|"叠加显示"|"斑马纹"命令，如图2-56所示。

STEP 02 执行操作后，即可显示斑马纹。若再次单击"视图"|"叠加显示"|"斑马纹"命令，即可隐藏斑马纹。

图2-56 单击"斑马纹"命令

知识拓展

显示与隐藏面板

在 EDIUS 8 工作界面中，用户根据自己的操作习惯，对于不常用的面板可以进行隐藏操作，这样可以使工作界面变得更加整洁，不杂乱。本节主要向读者介绍显示与隐藏面板的操作方法。

显示与隐藏时间线面板

用户在编辑视频的过程中，如果不小心将时间线面板关闭了，此时可以通过以下方法将时间线面板显示出来。

在菜单栏中，单击"视图"菜单，在弹出的菜单列表中单击"时间线"命令，如图 2-57 所示，执行操作后，即可将时间线面板进行显示操作。

若用户再次单击"视图"|"时间线"命令，即可将时间线面板进行隐藏操作。

单击"视图"菜单，在弹出的菜单列表中，按 T 键，也可以快速显示或隐藏时间线面板。

显示与隐藏素材库面板

在 EDIUS 8 工作界面中，素材库面板主要作用是导入素材、存放素材和管理素材，在其中显示了存放素材和缩略图的文件夹视图，可以根据个人需要通过隐藏文件夹视图和改变素材缩略图的类型来改变素材窗口的外观。

用户也可以根据自己的操作习惯，对素材库面板进行显示与隐藏操作。在菜单栏中，单击"视图"菜单，在弹出的菜单列表中单击"素材库"命令，如图 2-58 所示。

执行操作后，即可显示或切换至素材库面板。若用户再次单击"视图"|"素材库"命令，即可将素材库面板进行隐藏操作，右上角的界面区域中将显示为空白状态。

在 EDIUS 8 工作界面中，按 B 键，也可以快速显示或隐藏素材库面板。

显示与隐藏源文件浏览面板

在 EDIUS 8 的源文件浏览面板中，用户可以快速查找 DVD、GF、Infinity、K2、P2、可移动媒体、XDCAM EX、XF、XDCAM 等设备中的信息，便于提高查找素材的效率。

如果用户需要操作源文件浏览面板，而该面板没有在显示状态，此时用户可以通过以下方法切换至源文件浏览面板。在菜单栏中，单击"视图"菜单，在弹出的菜单列表中单击"源文件浏览"命令，如图 2-59 所示。

执行操作后，即可显示或切换至源文件浏览面板。若用户再次单击"视图"|"源文件浏览"命令，即可将源文件浏览面板进行隐藏操作，右上角的界面区域中将显示为空白状态。

单击"视图"菜单，在弹出的菜单列表中，按 S 键，也可以快速显示或隐藏源文件浏览面板。

显示与隐藏后台任务面板

在 EDIUS 8 中，还有许多面板是没有在界面中显示出来的，此时用户需要手动对这些需要操作的面板进行显示操作。后台任务面板中显示了软件在后台中运行的操作和程序，在菜单栏中，单击"视图"|"后台任务"命令，如图 2-60 所示。

执行操作后，即可显示后台任务面板，在其中用户可以查看后台正在运行的操作，如图 2-61 所示。

图2-57 单击"时间线"命令

图2-58 单击"素材库"命令

图2-59 单击"源文件浏览"命令

如果用户不需要再使用后台任务面板，此时可以在面板中单击"关闭"按钮，退出后台任务面板，还可以再次单击"视图"|"后台任务"命令，也可以快速关闭或隐藏后台任务面板。

单击"视图"菜单，在弹出的菜单列表中，按 J 键，也可以快速显示或隐藏后台任务面板。

显示与隐藏特效面板

在 EDIUS 8 工作界面中，特效面板中提供了系统预设、视频滤镜、音频滤镜、转场特效、音频淡入淡出特效、字幕混合特

图2-60 单击"后台任务"命令

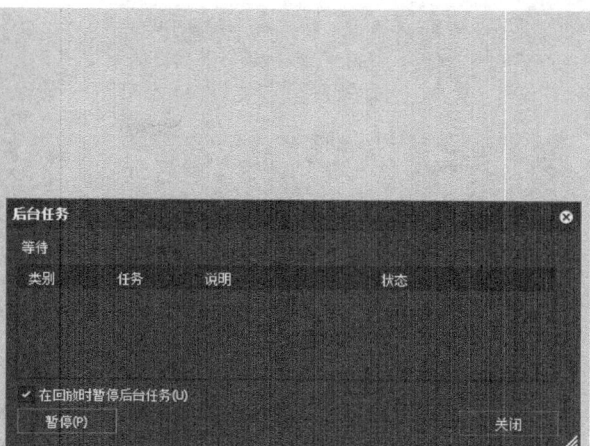

图2-61 显示后台任务面板

效以及键特效等设置，从而丰富剪辑作品的效果。

　　用户可以通过以下方法切换至特效面板，在菜单栏中，单击"视图"｜"面板"｜"特效面板"命令，如图 2-62 所示。

　　执行操作后，即可切换至特效面板，其中显示了多种视频特效，如图 2-63 所示。

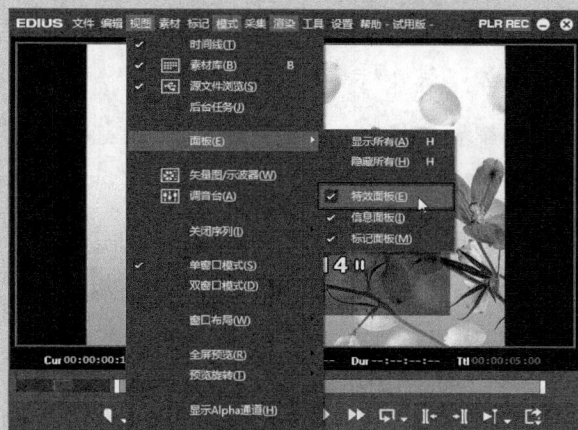

图2-62 单击"特效面板"命令

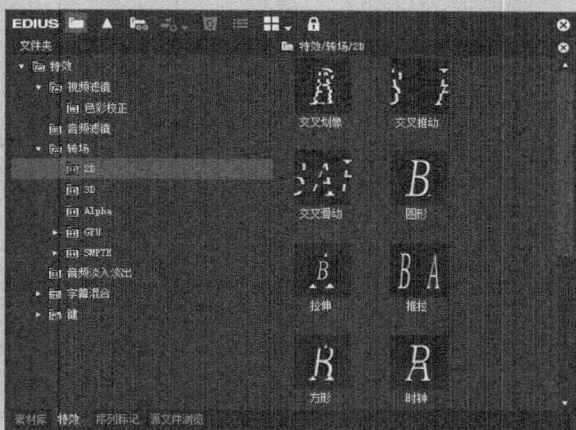

图2-63 显示了多种视频特效

　　单击"视图"菜单，在弹出的菜单列表中，依次按键盘上的 E、E 键，也可以快速显示或隐藏特效面板。

　　用户若要隐藏特效面板，只需再次单击"视图"｜"面板"｜"特效面板"命令，即可快速隐藏特效面板。

　　显示与隐藏信息面板

　　在 EDIUS 8 工作界面中，信息面板中主要有三部分内容，第一部分为选择剪辑素材的信息提示，其中有文件名称、素材名称、时间线入点、时间线出点、时间线持续时间、帧尺寸、Alpha、冻结帧、时间重映射、编解码器、宽高比、场序等信息；第二部分为视频布局，主要用于设置素材的裁剪、变换、2D、3D 和动画等信息；第三部分为显示已添加的特效，双击该特效会自动弹出相应的信息设置。如果用户要使用信息面板，则可以通过以下方法进行操作。

　　在菜单栏中，单击"视图"｜"面板"｜"信息面板"命令，如图 2-64 所示。

图2-64 单击"信息面板"命令

　　执行操作后，即可显示或切换至信息面板，如图 2-65 所示。
　　用户若要隐藏信息面板，只需再次单击"视图"｜"面板"｜"信息面板"命令，即可快速隐藏信息面板。
　　单击"视图"菜单，在弹出的菜单列表中，依次按键盘上的 E、I 键，也可以快速显示或隐藏信息面板。
　　显示与隐藏序列标记面板
　　在 EDIUS 8 工作界面中，序列标记面板可以显示用户在时间线上创建的标记信息，也就是在时间线上预先做个记号，也可以作为一个特殊的分段点，使用的快捷键为 V 键，还可以在时间线播放指针的位置创建或删除一个标记点。如果用户要使用序列标记面板，则可以通过以下方法进行操作。

在菜单栏中，单击"视图"｜"面板"｜"标记面板"命令，如图 2-66 所示。

图2-65 显示或切换至信息面板

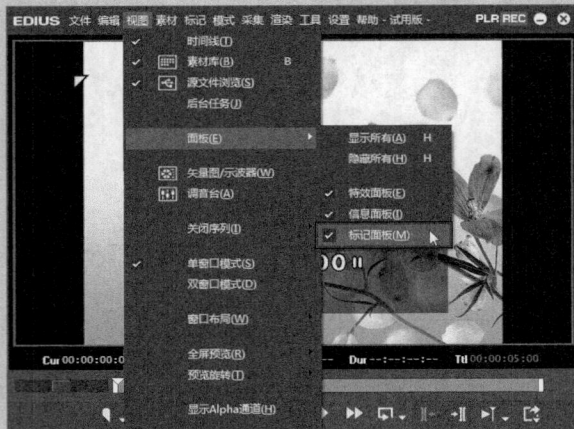

图2-66 单击"标记面板"命令

执行操作后，即可显示或切换至序列标记面板，如图 2-67 所示。

用户若要隐藏序列标记面板，只需再次单击"视图"｜"面板"｜"标记面板"命令，即可快速隐藏标记面板。

单击"视图"菜单，在弹出的菜单列表中，依次按键盘上的 E、M 键，也可以快速显示或隐藏序列标记面板。

显示与隐藏调音台面板

调音台又称调音控制台，它将多路输入信号进行放大、混合、分配、音质修饰和音响效果加工，是现代电台广播、舞台扩音、音响节目制作等系统中进行播送和录制节目的重要设备。在 EDIUS 8 软件中，调音台的功能也十分强大，用户可以使用调音台对视频中的背景音乐进行控制操作，使制作的音乐更加专业。

显示调音台面板的方法很简单，用户只需在菜单栏中，单击"视图"｜"调音台"命令，如图 2-68 所示。

图2-67 显示或切换至序列标记面板

图2-68 单击"调音台"命令

执行操作后，即可显示调音台面板，如图 2-69 所示。

用户若要隐藏调音台面板，只需再次单击"视图"｜"调音台"命令，即可快速隐藏调音台面板。

单击"视图"菜单，在弹出的菜单列表中，按 A 键，也可以快速显示或隐藏调音台面板。

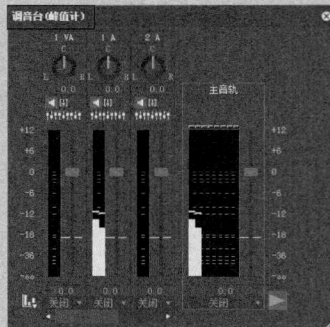

图2-69 显示调音台面板

第 **3** 章

视频素材的添加与编辑

本章导读

在 EDIUS 8 中，用户可以对素材进行添加和编辑操作，使制作的影片更为生动、美观。本章主要向读者介绍添加与编辑视频素材的操作方法，主要包括添加素材文件、创建素材文件、复制与粘贴素材文件、剪切素材文件以及组合与解组素材文件等内容。

要点索引

- 素材文件的添加
- 素材文件的创建
- 复制与粘贴素材文件
- 剪切素材文件
- 替换素材文件
- 组合与解组素材文件
- 定位编辑点位置
- 将素材更改为序列
- 撤销与恢复操作

Rcd 00:00:00:15 ‖

Rcd 00:00:00:07 ‖

Rcd 00:00:00:07 ‖

Rcd 00:00:07:04 ‖

3.1 素材文件的添加

在EDIUS 8工作界面中,用户可根据需要在时间线面板中导入图像素材、视频素材以及PSD素材等,使制作的影片更加符合用户的需求。本节主要向读者介绍添加素材文件的操作方法。

实战 039	添加静态图像	▶ 实例位置:光盘 \ 效果 \ 第3章 \ 实战039.ezp ▶ 素材位置:光盘 \ 素材 \ 第3章 \ 实战039.jpg ▶ 视频位置:光盘 \ 视频 \ 第3章 \ 实战039.mp4

● 实例介绍 ●

在EDIUS 8工作界面中,用户可以运用"文件"菜单下的"添加素材"命令来添加静态图像素材。下面向读者介绍添加静态图像的操作方法。

● 操作步骤 ●

STEP 01 按【Ctrl + N】组合键,新建一个工程文件,在视频轨中单击鼠标右键,在弹出的快捷菜单中选择"添加素材"选项,如图3-1所示。

STEP 02 执行操作后,弹出"打开"对话框,在中间的列表框中选择需要导入的静态图像,如图3-2所示。

图3-1 选择"添加素材"选项

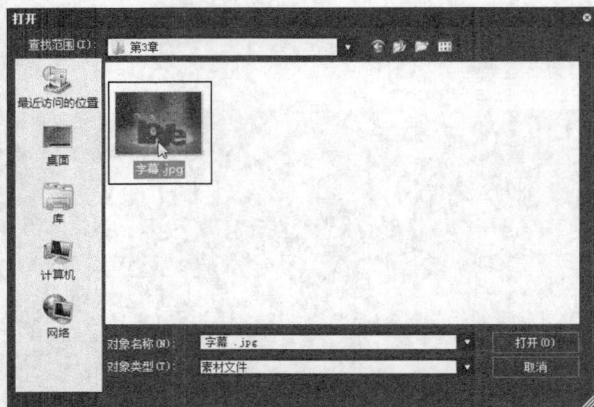

图3-2 选择需要导入的静态图像

STEP 03 单击"打开"按钮,执行操作后,即可将选择的静态图像导入至视频轨1中,在轨道面板中可以查看静态图像的缩略图,如图3-3所示。

STEP 04 单击"播放"按钮,预览图像画面效果,如图3-4所示。

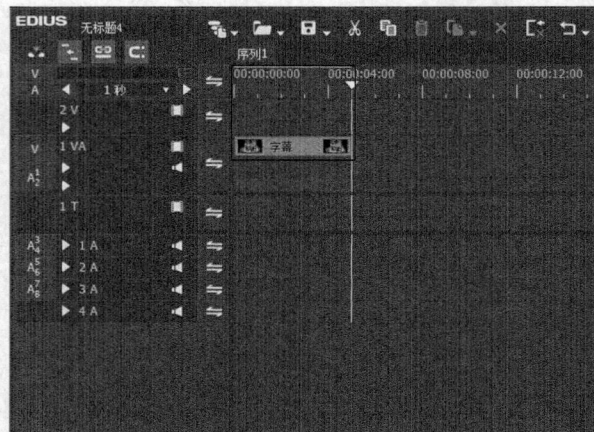

图3-3 查看静态图像缩略图

图3-4 预览图像画面效果

技巧点拨

> 在 EDIUS 8 工作界面中，按 Shift + Ctrl + O 组合键，也可以快速弹出"打开"对话框。

实战 040 添加视频文件

▶ **实例位置：** 光盘 \ 效果 \ 第 3 章 \ 实战 040.ezp
▶ **素材位置：** 光盘 \ 素材 \ 第 3 章 \ 实战 040.mpg
▶ **视频位置：** 光盘 \ 视频 \ 第 3 章 \ 实战 040.mp4

● 实例介绍 ●

在EDIUS 8中，用户可以直接将视频素材导入至视频轨中，也可以将视频素材先导入至素材库中，再将素材库中的视频文件添加至视频轨中。

● 操作步骤 ●

STEP 01 在素材库窗口中的空白位置上，单击鼠标右键，在弹出的快捷菜单中选择"添加文件"选项，如图3-5所示。

STEP 02 弹出"打开"对话框，选择需要导入的视频文件，如图3-6所示。

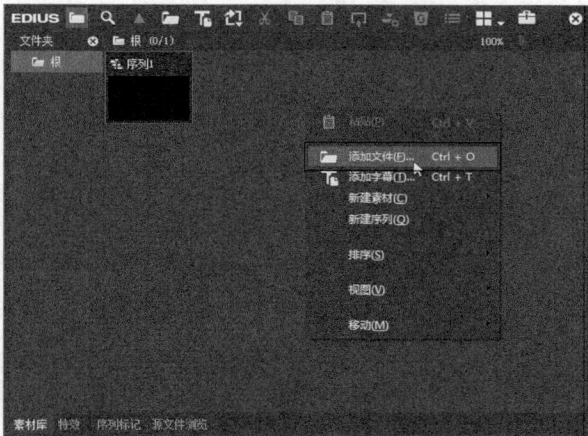

图3-5 选择"添加文件"选项

图3-6 选择需要导入的视频

STEP 03 单击"打开"按钮，即可将视频文件导入至素材库窗口中，如图3-7所示。

STEP 04 选择导入的视频文件，单击鼠标左键并拖曳至视频轨中的开始位置，释放鼠标左键，即可将视频文件添加至视频轨中，如图3-8所示。

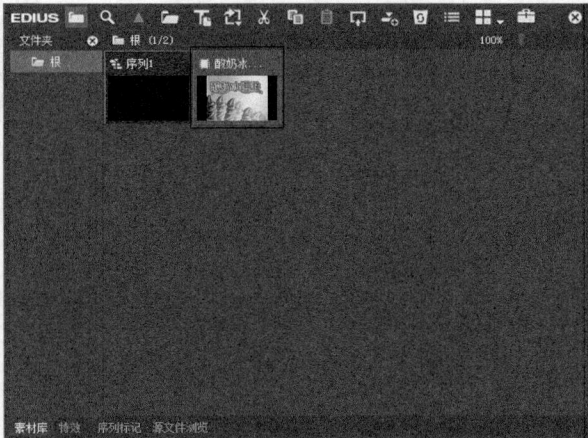

图3-7 将视频文件导入至素材库窗口中

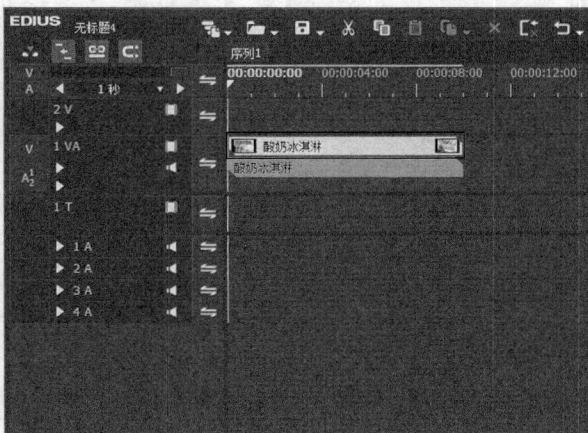

图3-8 将视频文件添加至视频轨中

STEP 05 单击录制窗口下方的 "播放" 按钮，预览视频画面效果，如图3-9所示。

图3-9 预览视频画面效果

技巧点拨

在 EDIUS 8 工作界面中，将鼠标定位至素材库窗口中，然后按 Ctrl + O 组合键，也可以快速弹出 "打开" 对话框。

实战 041	添加PSD素材	▶ 实例位置：光盘 \ 效果 \ 第3章 \ 实战041.psd
		▶ 素材位置：光盘 \ 素材 \ 第3章 \ 实战041.ezp
		▶ 视频位置：光盘 \ 视频 \ 第3章 \ 实战041.mp4

● 实例介绍 ●

PSD文件可以存储成RGB或CMYK模式，还能够自定义颜色数并加以存储，还可以保存Photoshop的层、通道、路径等信息，是目前唯一能够支持全部图像色彩模式的格式。

● 操作步骤 ●

STEP 01 按Ctrl + N组合键，新建一个工程文件；单击 "文件" 菜单，在弹出的菜单列表中单击 "添加素材" 命令，如图3-10所示。

STEP 02 弹出 "打开" 对话框，选择PSD格式的图像文件，如图3-11所示。

图3-10 单击 "添加素材" 命令

图3-11 选择PSD格式的图像

技巧点拨

在图 3-10 弹出的快捷菜单中，按键盘上的 A 键，也可以快速执行 "添加素材" 功能。

STEP 03 单击"打开"按钮，在播放窗口中将显示添加的图像，如图3-12所示。

STEP 04 在图像上单击鼠标左键并拖曳至视频轨中的开始位置，将PSD格式的图像添加至视频轨中，如图3-13所示。

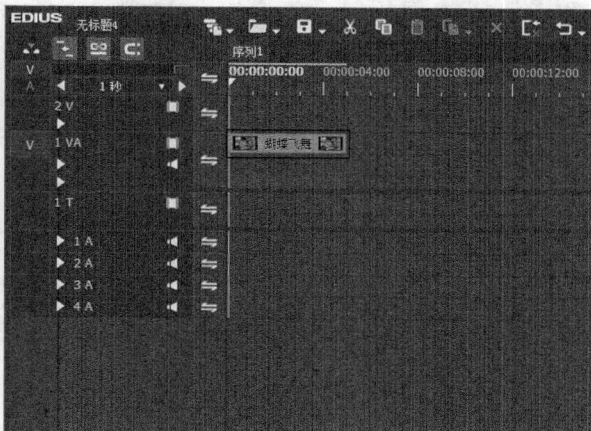

图3-12 在播放窗口中显示添加的图像

图3-13 将图像添加至视频轨

STEP 05 将时间线移至视频轨中的开始位置，单击录制窗口下方的"播放"按钮，预览图像画面效果，如图3-14所示。

图3-14 预览图像画面效果

3.2 素材文件的创建

用户在EDIUS 8中制作视频的过程中，也会用到彩条素材与色块素材，这两种素材用户可以在EDIUS 8软件中手动进行创建，色块的颜色也可以自行选择。本节主要向读者介绍创建素材文件的操作方法。

实战 042 创建彩条素材

▶ 实例位置：光盘 \ 效果 \ 第 3 章 \ 实战 042.ezp
▶ 素材位置：无
▶ 视频位置：光盘 \ 视频 \ 第 3 章 \ 实战 042.mp4

● 实例介绍 ●

彩条素材是指五颜六色的以条状为显示样式的素材，该素材常用于电视台的后期制作中。下面向读者介绍创建彩条素材的操作方法。

● 操作步骤 ●

STEP 01 在视频轨中的空白位置上，单击鼠标右键，在弹出的快捷菜单中选择"新建素材"|"彩条"选项，如图3-15所示。

STEP 02 弹出"彩条"对话框，在"彩条类型"列表框中选择合适的彩条类型，如图3-16所示。

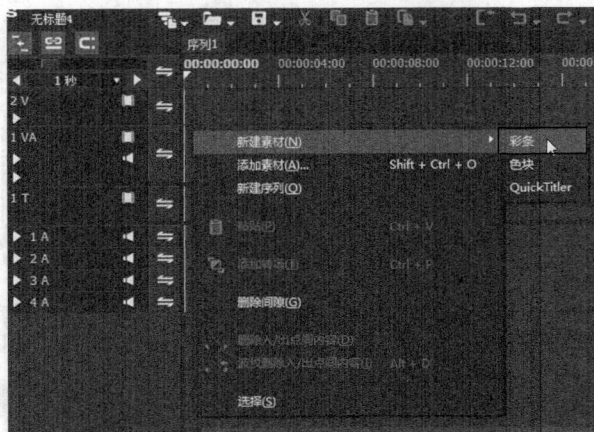

图3-15 选择"彩条"选项

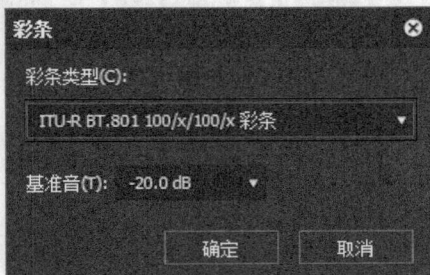

图3-16 选择合适的彩条类型

技巧点拨

在图 3-15 弹出的快捷菜单中，按键盘上的 N 键，也可以快速展开"新建素材"子菜单，在弹出的子菜单中再选择"彩色"选项。

STEP 03 单击"确定"按钮，即可在轨道面板中创建彩条素材，如图3-17所示，创建的彩条素材包含两部分，分别为视频画面与多种声音文件进行混合的部分。

STEP 04 在素材库窗口中，EDIUS 8软件也将会自动生成一个彩条序列1的文件，表示第一个序列文件为彩条素材类型，如图3-18所示。

图3-17 在轨道中创建彩条素材

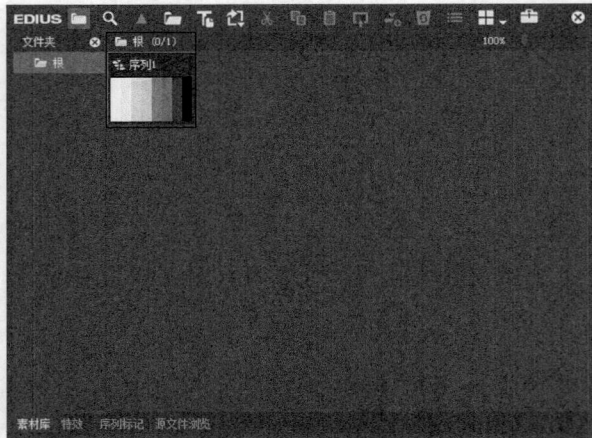

图3-18 生成一个彩条序列1的文件

知识拓展

在"彩条"对话框中，各主要选项含义如下。
"彩条类型"列表框：在该列表框中可以选择不同类型的彩条样式。
"基准音"数值框：在该数值框中可以设置彩条背景声音的基准音属性。
"确定"按钮：单击该按钮，可以确定用户的彩条设置，即可新建一个彩条素材。
"取消"按钮：单击该按钮，取消操作。

STEP 05 在录制窗口中，用户可以查看已经创建的彩条素材画面，如图3-19所示。

技巧点拨

用户还可以通过以下两种方法创建彩条素材。
单击"素材"｜"创建素材"｜"彩条"命令，即可创建彩条素材。
在素材库窗口中的空白位置上，单击鼠标右键，在弹出的快捷菜单中选择"新建素材"｜"彩条"命令，即可创建彩条素材。

图3-19 查看已经创建的彩条素材

实战 043　创建色块素材

▶ 实例位置：光盘 \ 效果 \ 第 3 章 \ 实战 043.ezp
▶ 素材位置：无
▶ 视频位置：光盘 \ 视频 \ 第 3 章 \ 实战 043.mp4

● 实例介绍 ●

在EDIUS 8中，色块素材是指以色块的方式存在的颜色素材，常用于视频画面的过渡场景中。

● 操作步骤 ●

STEP 01 在视频轨中的空白位置上，单击鼠标右键，在弹出的快捷菜单中选择"新建素材"|"色块"选项，如图3-20所示。

STEP 02 执行操作后，弹出"色块"对话框，如图3-21所示。

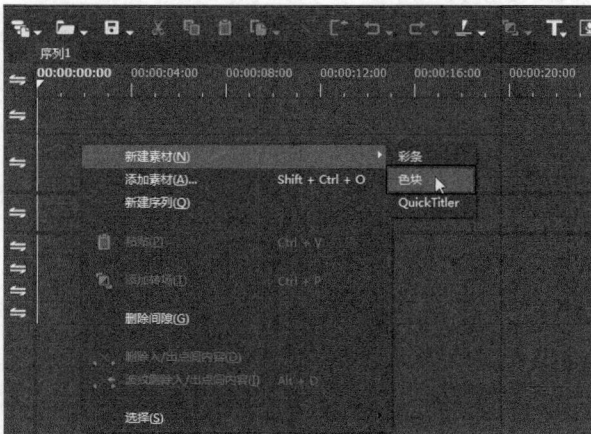

图3-20 选择"色块"选项

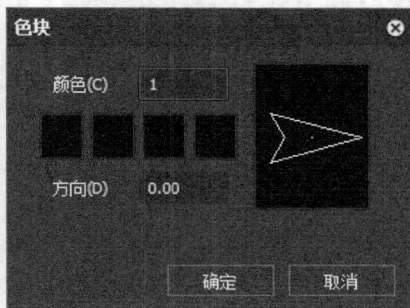

图3-21 弹出"色块"对话框

STEP 03 在其中设置"颜色"为4，然后用鼠标单击第1个色块，如图3-22所示。

STEP 04 执行操作后，弹出"色彩选择-709"对话框，在右侧设置"红"为183、"绿"为-51、"蓝"为171，如图3-23所示。

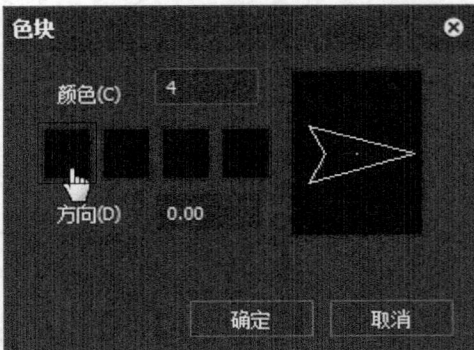
图3-22 用鼠标单击第1个色块

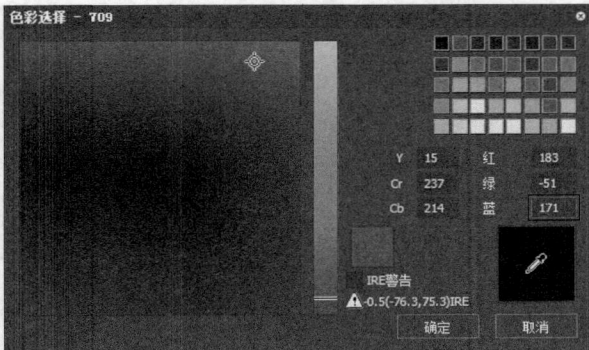
图3-23 设置各参数

STEP 05 单击"确定"按钮，执行操作后，返回"色块"对话框，即可设置第1个色块的颜色为紫色，如图3-24所示。

STEP 06 用与上同样的方法，在"色块"对话框中，设置第2个色块的颜色为黄色（"红"为255、"绿"为237、"蓝"为23）、第3个色块的颜色为红色（"红"为248、"绿"为33、"蓝"为0）、第4个色块的颜色为绿色（"红"为0、"绿"为216、"蓝"为0），如图3-25所示。

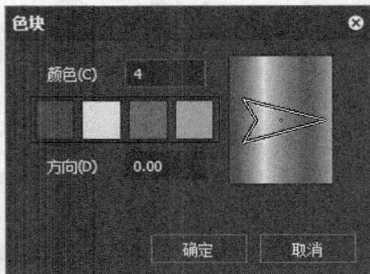
图3-24 设置第1个色块的颜色

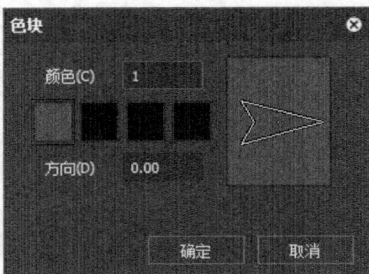
图3-25 设置其他色块的颜色

STEP 07 单击"确定"按钮，即可在视频轨中创建色块素材，如图3-26所示。

STEP 08 在素材库窗口中，自动生成一个色块序列1的文件，如图3-27所示。

图3-26 创建色块素材

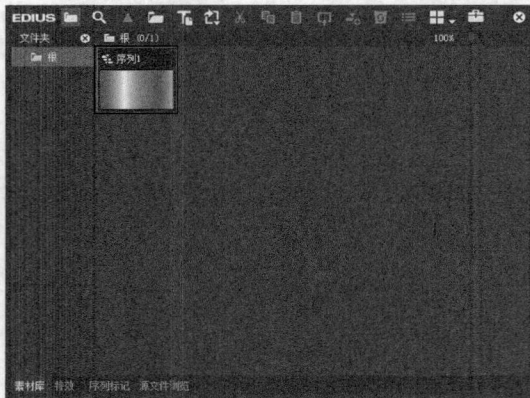
图3-27 生成一个色块序列1的文件

知识拓展

在"色块"对话框中，各主要选项含义如下。

"颜色"数值框：在该数值框中，输入相应参数可以设置色块的颜色数量，最多为4种颜色。

"方向"数值框：在该数值框中，输入相应参数，可以设置色块颜色的显示方式。

"方向"预览窗口：在该预览窗口中，手动拖曳旋转控制柄，可以手动控制色块的显示方向。

STEP 09 单击预览窗口中的"播放"按钮，预览创建的色块素材，如图3-28所示。

图3-28 预览创建的色块素材

知识拓展

用户还可以通过以下 3 种方法创建色块素材。
单击"素材" | "创建素材" | "色块"命令，即可创建色块素材。
在素材库窗口中的空白位置上，单击鼠标右键，在弹出的快捷菜单中选择"新建素材" | "色块"命令，即可创建色块素材。
在素材库的上方，单击"新建素材"按钮，在弹出的列表框中，选择"色块"选项，即可创建色块素材。

3.3 复制与粘贴素材文件

复制素材是在视频编辑软件中使用频率最高的操作之一，本节主要向读者介绍复制与粘贴素材文件的操作方法。

实战 044 复制素材文件

▶ 实例位置：无
▶ 素材位置：无
▶ 视频位置：光盘 \ 视频 \ 第 3 章 \ 实战 044.mp4

● 实例介绍 ●

在EDIUS 8中编辑视频效果时，如果一个素材需要使用多次，这时可以使用"复制"命令来实现，提高用户的工作效率。

● 操作步骤 ●

STEP 01 进入EDIUS 8工作界面，在视频轨中选择需要复制的素材文件，如图3-29所示。

STEP 02 在菜单栏上，单击"编辑" | "复制"命令，如图3-30所示，执行操作后，即可完成复制素材文件的操作。

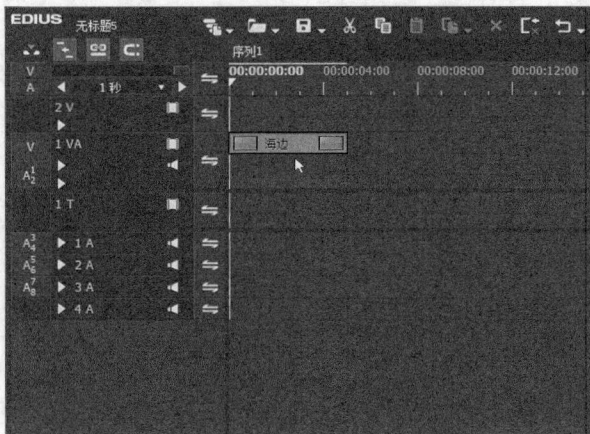

图3-29 选择需要复制的素材文件

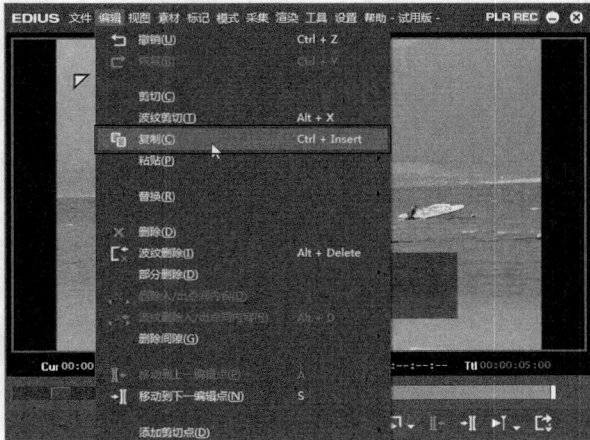

图3-30 单击"复制"命令

知识拓展

通过时间线复制素材

在时间线面板的视频轨中,选择需要复制的素材文件,单击鼠标右键,在弹出的快捷菜单中选择"复制"选项,如图 3-31 所示,执行操作后,即可复制素材文件。

通过素材库复制素材

在"素材库"面板中,选择需要复制的素材文件,单击鼠标右键,在弹出的快捷菜单中选择"复制"选项,如图 3-32 所示,执行操作后,即可复制素材。

图3-31 选择"复制"选项

图3-32 选择"复制"选项

通过快捷键复制素材

在视频轨或"素材库"面板中,选择需要复制的素材文件,按 Ctrl + Insert 组合键,执行操作后,即可复制素材文件。

实战 045 粘贴至指针位置

▶ **实例位置:**光盘 \ 效果 \ 第 3 章 \ 实战 045.ezp
▶ **素材位置:**光盘 \ 素材 \ 第 3 章 \ 实战 045.jpg
▶ **视频位置:**光盘 \ 视频 \ 第 3 章 \ 实战 045.mp4

● 实例介绍 ●

在EDIUS 8中,用户对于复制的素材文件,可以粘贴至视频轨中的指针位置。

● 操作步骤 ●

STEP 01 在视频轨1中,导入一张静态图像素材,如图 3-33所示。

STEP 02 在菜单栏中单击"编辑"|"复制"命令,复制素材文件,在视频轨中将时间线移至合适位置,如图3-34所示。

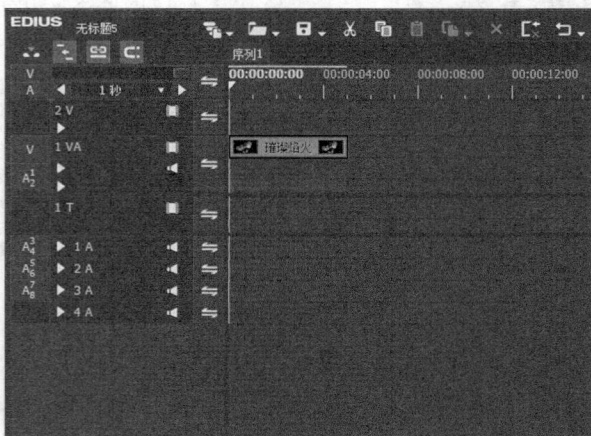

图3-33 导入一张静态图像素材

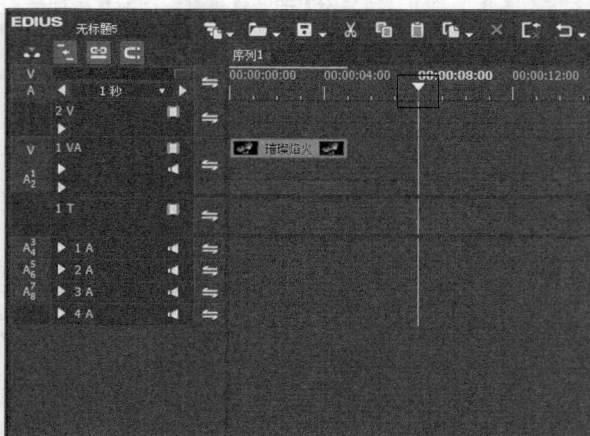

图3-34 将时间线移至适当位置

在时间线位置，单击鼠标右键，在弹出的快捷菜单中选择"粘贴"选项，也可以粘贴素材文件。

STEP 03 在菜单栏上，单击"编辑"菜单，在弹出的菜单列表中单击"粘贴"|"指针位置"命令，如图3-35所示。

STEP 04 执行操作后，即可将复制的素材文件粘贴至指针位置，如图3-36所示。

图3-35 单击"指针位置"命令

图3-36 将素材粘贴至指针位置

STEP 05 在录制窗口中，可以查看复制的素材文件画面效果，如图3-37所示。

在时间线位置，按Ctrl + V组合键，也可以快速将素材粘贴至时间线指针位置。

图3-37 查看复制的素材文件画面效果

实战 046 粘贴至入点位置

▶ 实例位置：无
▶ 素材位置：无
▶ 视频位置：光盘 \ 视频 \ 第 3 章 \ 实战 046.mp4

● 实例介绍 ●

在EDIUS 8中，用户不仅可以将素材文件粘贴至时间线指针位置，还可以将素材粘贴至其他素材文件的入点位置，使两段素材紧紧相连，中间不留缝隙。

● 操作步骤 ●

STEP 01 将素材粘贴至其他素材入点位置的方法很简单，用户首先复制相应素材文件，然后在菜单栏中单击"编辑"|"粘贴"|"素材入点"命令，如图3-38所示。

STEP 02 执行操作后，即可将复制的素材粘贴至其他素材的入点位置，如图3-39所示。

图3-38 单击"素材入点"命令

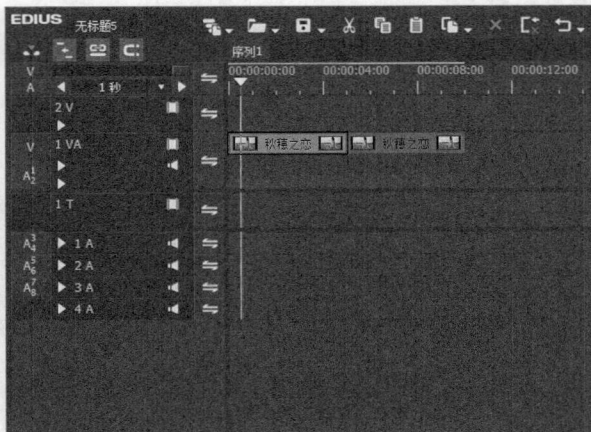
图3-39 粘贴至其他素材的入点位置

知识拓展

　　将素材粘贴至其他素材出点位置的操作与将素材粘贴至其他素材入点位置的操作类似,操作过后的效果刚好相反。用户首先复制素材文件,然后在菜单栏中单击"编辑"|"粘贴"|"素材出点"命令,如图 3-40 所示,即可将素材粘贴至素材出点位置。

图3-40 单击"素材出点"命令

3.4 剪切素材文件

　　剪切素材的操作在编辑视频的过程中也经常用到,如果某个画面不太符合用户的要求,此时用户可以通过剪切的方式将素材文件进行删除或移动操作。

　　本节主要向读者介绍剪切素材文件的操作方法,希望读者可以熟练掌握本节内容。

实战 047 剪切素材文件

▶ 实例位置:光盘\效果\第 3 章\实战 047.ezp
▶ 素材位置:光盘\素材\第 3 章\实战 047.ezp
▶ 视频位置:光盘\视频\第 3 章\实战 047.mp4

● 实例介绍 ●

　　在EDIUS 8中,用户通过"剪切"选项,可以对视频轨中的素材文件进行剪切操作。

● 操作步骤 ●

STEP 01 单击"文件"|"打开工程"命令,打开一个工程文件,在视频轨中,选择需要剪切的素材文件,如图3-41所示。

STEP 02 在素材文件上,单击鼠标右键,在弹出的快捷菜单中选择"剪切"选项,如图3-42所示。

图3-41 选择需要剪切的素材文件

图3-42 选择"剪切"选项

技巧点拨

在菜单栏中，单击"编辑"菜单，在弹出的菜单列表中单击"剪切"命令，也可以快速剪切视频轨中的素材文件。

STEP 03 执行操作后，即可剪切视频轨中的素材文件，被剪辑的素材位置处将显示一段空白，如图3-43所示。

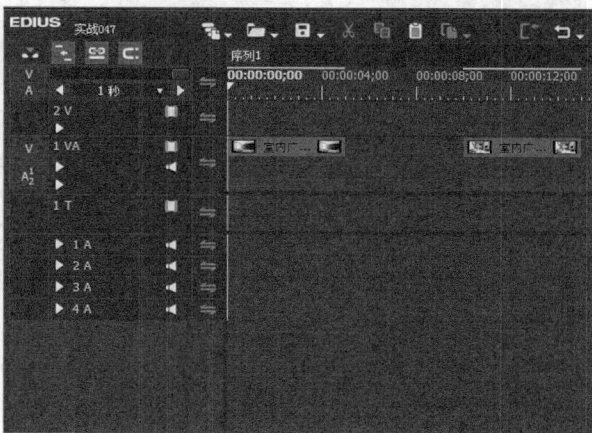

图3-43 剪切视频轨中的素材文件

STEP 04 在录制窗口中，可以预览剪辑后的视频画面效果，如图3-44所示。

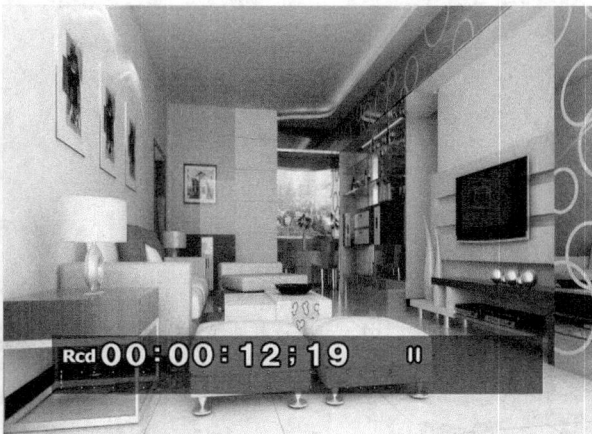

图3-44 预览剪辑后的视频画面效果

实战 048 波纹剪切素材文件

▶ **实例位置**：光盘 \ 效果 \ 第 3 章 \ 实战 048.ezp
▶ **素材位置**：光盘 \ 素材 \ 第 3 章 \ 实战 048.ezp
▶ **视频位置**：光盘 \ 视频 \ 第 3 章 \ 实战 048.mp4

● 实例介绍 ●

在EDIUS 8中，使用"剪切"命令一般只剪切所选的素材部分，而"波纹剪切"可以让被剪切部分后面的素材跟进紧贴前段素材，使剪切过后的视频画面更加流畅、自然，不留空隙，该功能常用于对大型视频片段进行编辑时使用。下面向读者介绍波纹剪切素材的操作方法。

● 操作步骤 ●

STEP 01 单击"文件"|"打开工程"命令，打开一个工程文件，在视频轨中，选择需要进行波纹剪切的素材文件，如图3-45所示。

STEP 02 在菜单栏中，单击"编辑"菜单，在弹出的菜单列表中单击"波纹剪切"命令，如图3-46所示。

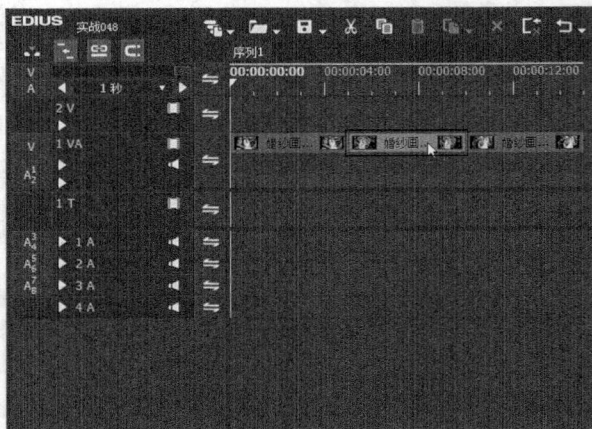

图3-45 选择需要进行波纹剪切的素材

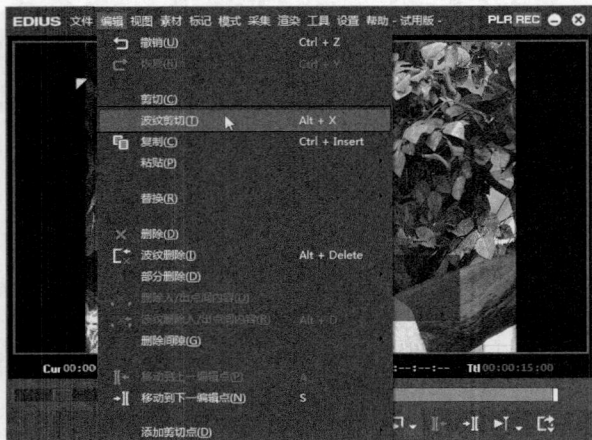

图3-46 单击"波纹剪切"命令

STEP 03 执行操作后，即可对视频轨中的素材文件进行波纹剪切操作，此时后段素材会贴紧前段素材文件，如图3-47所示。

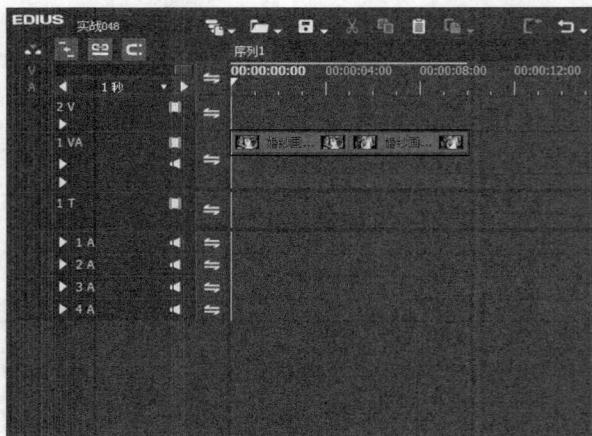

图3-47 对素材进行波纹剪切操作

STEP 04 在录制窗口中，可以预览波纹剪辑后的视频画面效果，如图3-48所示。

技巧点拨

用户还可以通过以下 3 种方法进行波纹剪切素材。
按 Ctrl + X 组合键，剪切素材。
按 Alt + X 组合键，剪切素材。
在轨道面板的上方，单击"剪切(波纹)"按钮，剪切素材。

图3-48 预览波纹剪辑后的视频画面

3.5 替换素材文件

在EDIUS 8中编辑视频时，用户可以根据需要对素材文件进行替换操作，使制作的视频更加符合用户的需求。本节将详细向读者介绍替换素材、替换滤镜、替换混合器效果以及替换素材和滤镜的操作方法。

实战 049 替换素材文件

▶ 实例位置：光盘 \ 效果 \ 第 3 章 \ 实战 049.ezp
▶ 素材位置：光盘 \ 素材 \ 第 3 章 \ 实战 049.ezp
▶ 视频位置：光盘 \ 视频 \ 第 3 章 \ 实战 049.mp4

● 实例介绍 ●

在EDIUS 8中，当用户对某些素材进行剪切操作后，此时可以对视频轨中的其他素材进行替换操作，使制作的视频更加完美。

● 操作步骤 ●

STEP 01 单击"文件"|"打开工程"命令，打开一个工程文件，在视频轨中，选择"美肤2"素材文件，如图3-49所示。

STEP 02 在菜单栏中，单击"编辑"|"剪切"命令，如图3-50所示。

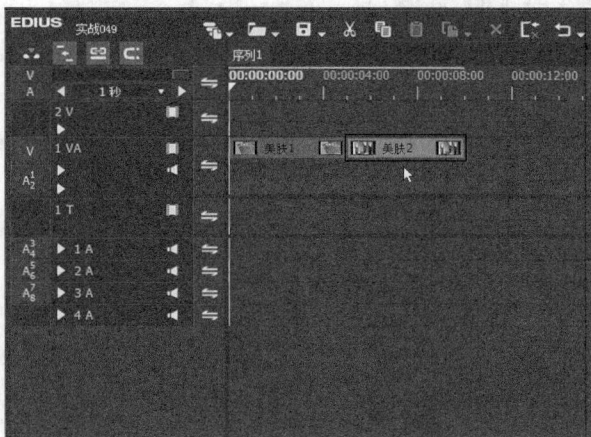

图3-49 选择素材文件

图3-50 单击"剪切"命令

STEP 03 执行操作后，即可剪切视频轨中的"美肤2"素材文件，此时只剩下"美肤1"素材文件，如图3-51所示。

STEP 04 在菜单栏中，单击"编辑"|"替换"|"素材"命令，如图3-52所示。

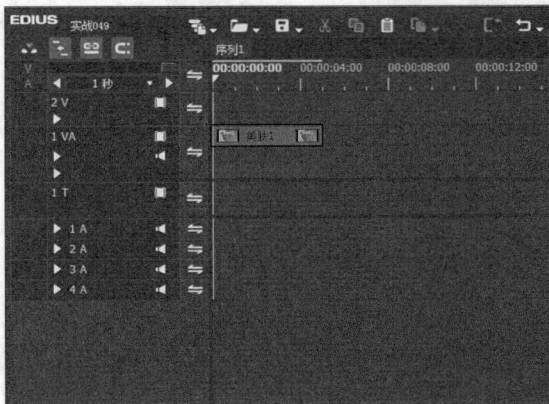

图3-51 剪切视频轨中的素材文件

图3-52 单击"素材"命令

技巧点拨

在视频轨中选择需要替换的素材文件，单击鼠标右键，在弹出的快捷菜单中选择"替换"|"素材"选项，也可以快速替换素材文件。

STEP 05 执行操作后，即可将视频轨中的"美肤1"素材文件替换之前被剪切的"美肤2"素材文件，如图3-53所示。

STEP 06 在预览窗口中，单击"播放"按钮，预览替换后的视频画面效果，如图3-54所示。

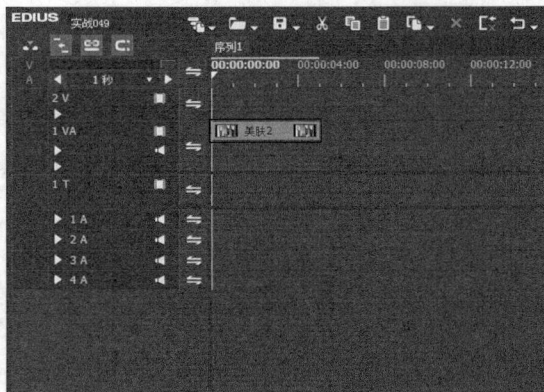

图3-53 替换素材文件

图3-54 预览替换后的视频画面效果

技巧点拨

按 Shift + R 组合键，也可以替换素材文件。

实战 050 替换滤镜效果

▶ **实例位置**：光盘 \ 效果 \ 第 3 章 \ 实战 050.ezp
▶ **素材位置**：光盘 \ 素材 \ 第 3 章 \ 实战 050.ezp
▶ **视频位置**：光盘 \ 视频 \ 第 3 章 \ 实战 050.mp4

● **实例介绍** ●

在EDIUS 8中，用户可以替换的不仅仅是素材文件本身，还可以替换素材文件中的滤镜效果，可以将剪切的素材文件中的滤镜效果应用于其他素材画面中。

● **操作步骤** ●

STEP 01 替换滤镜效果的方法很简单，在视频轨中剪切或者复制带有滤镜效果的素材文件，然后在菜单栏中单击"编辑"|"替换"|"滤镜"命令，如图3-55所示。

STEP 02 执行操作后，即可替换视频轨中素材文件中的滤镜效果，用户还可以将该滤镜效果替换至其他的素材文件中，可以多次使用。图3-56所示为将素材替换为"镜像"滤镜特效后的视频前后画面对比效果。

图3-55 单击"滤镜"命令

技巧点拨

在视频轨中选择需要替换的素材文件，单击鼠标右键，在弹出的快捷菜单中选择"替换"|"滤镜"选项，也可以快速替换素材滤镜特效。

图3-56 替换为"镜像"滤镜特效

知识拓展

替换混合器效果

在 EDIUS 8 中，混合器效果是指画面的叠加特效，用户可以将相同的混合器效果应用至视频轨中的其他素材文件中。

替换混合器效果的方法很简单，在视频轨中剪切或者复制带有混合器效果的素材文件，然后在菜单栏中单击"编辑"|"替换"|"混合器"命令，如图 3-57 所示，执行操作后，即可替换素材文件中的混合器效果。

图3-57 单击"混合器"命令

图3-58 单击"素材和滤镜"命令

在视频轨中选择需要替换混合器的素材文件，单击鼠标右键，在弹出的快捷菜单中选择"替换"|"混合器"选项，也可以替换素材中的混合器特效。

替换素材和滤镜

在 EDIUS 8 中，用户在替换素材文件的同时，可以连着素材本身的滤镜效果一起进行替换操作，这两者是可以同时进行替换操作的。

替换素材和滤镜的方法很简单，在视频轨中剪切或者复制带有滤镜效果的素材文件，然后在菜单栏中单击"编辑"|"替换"|"素材和滤镜"命令，如图 3-58 所示，执行操作后，即可替换素材文件和滤镜效果。

用户还可以通过以下 3 种方法替换素材文件和滤镜效果。

按 Shift + Alt + R 组合键，替换素材文件和滤镜效果。

在轨道面板上方单击"替换素材"按钮，在弹出的列表框中选择"素材和滤镜"选项，替换素材文件和滤镜效果。

在视频轨中选择需要替换的素材文件，单击鼠标右键，在弹出的快捷菜单中选择"替换"|"素材和滤镜"选项，替换素材文件和滤镜效果。

替换全部素材

在 EDIUS 8 中，用户不仅可以单独对视频轨中的素材、滤镜以及混合器进行替换操作，还可以对素材中的全部元素以及素材本身进行替换操作，该功能可以提高用户的操作效率。

替换全部素材的方法很简单，在视频轨中剪切或者复制素材文件，然后在菜单栏中单击"编辑"|"替换"|"全部"命令，如图 3-59 所示，执行操作后，即可替换全部素材文件。

图3-59 单击"全部"命令

用户还可以通过以下 3 种方法替换全部素材。

按 Ctrl + R 组合键，替换全部素材。

在轨道面板上方，单击"替换素材"按钮，在弹出的列表框中选择"所有"选项，即可替换全部素材。

在视频轨中选择需要替换的素材文件，单击鼠标右键，在弹出的快捷菜单中选择"替换"|"全部"选项，即可替换全部素材。

3.6 组合与解组素材文件

在EDIUS 8中编辑视频文件时，为了方便对视频文件的整体对象（包括背景音乐）进行编辑操作，用户可以对视频素材进行组合与解组操作，这样可以提高用户编辑视频的效率。

实战 051 将视频解锁分解

▶ 实例位置：光盘\效果\第3章\实战051.ezp
▶ 素材位置：光盘\素材\第3章\实战051.ezp
▶ 视频位置：光盘\视频\第3章\实战051.mp4

● 实例介绍 ●

在EDIUS 8中，用户可以将视频轨中的视频和音频文件进行解锁操作，以便单独对视频或者音频进行剪辑修改。下面向读者介绍将视频解锁的操作方法。

● 操作步骤 ●

STEP 01 单击"文件"|"打开工程"命令，打开一个工程文件，在视频轨中，选择需要分解的素材文件，如图3-60所示。

STEP 02 单击"素材"菜单，在弹出的菜单列表中单击"连接/组"|"解除连接"命令，如图3-61所示。

技巧点拨

选择需要分解的视频素材，单击鼠标右键，在弹出的快捷菜单中选择"连接/组"|"解锁"选项，也可以分解视频素材。

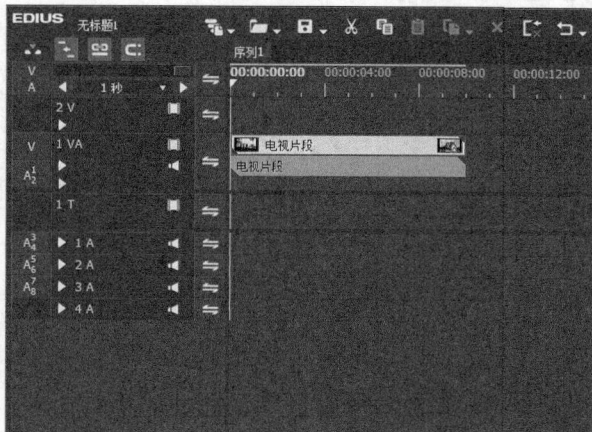

图3-60 选择需要分解的素材文件

图3-61 单击"解除连接"命令

STEP 03 执行操作后，即可对视频轨中的视频文件进行解锁操作，选择视频轨中被分解出来的音频文件，如图3-62所示。

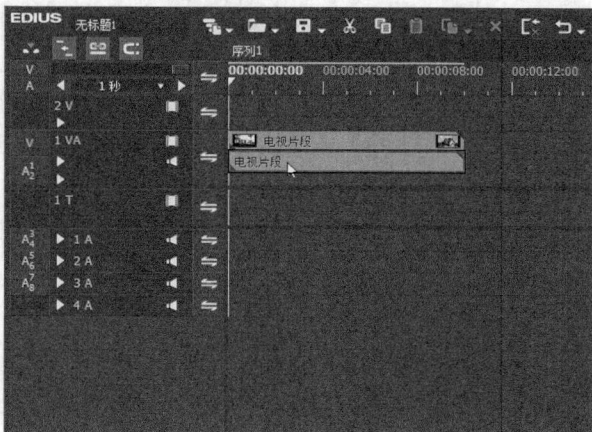

STEP 04 单击鼠标左键并向右拖曳，即可调整音频文件的位置，如图3-63所示。

图3-62 选择被分解出来的音频文件

图3-63 调整音频文件的位置

技巧点拨

选择需要分解的视频素材，按 Alt + Y 组合键，也可以快速分解视频素材。

STEP 05 单击录制窗口下方的"播放"按钮，预览分解后的视频画面效果，如图3-64所示。

图3-64 预览分解后的视频画面效果

实战 052 将素材进行组合

▶ 实例位置：光盘 \ 效果 \ 第 3 章 \ 实战 052.ezp
▶ 素材位置：光盘 \ 素材 \ 第 3 章 \ 实战 052.ezp
▶ 视频位置：光盘 \ 视频 \ 第 3 章 \ 实战 052.mp4

● 实例介绍 ●

在EDIUS 8中，用户不仅可以对视频轨中的文件进行解锁分解操作，还可以对分解后的视频或者多段不同的素材文件进行组合操作，方便用户对素材文件进行统一修改。下面向读者介绍将素材进行组合的操作方法。

● 操作步骤 ●

STEP 01 单击"文件"|"打开工程"命令，打开一个工程文件，如图3-65所示。

STEP 02 按住Ctrl键的同时，分别选择两段素材文件，在选择的素材文件上单击鼠标右键，在弹出的快捷菜单中选择"连接/组"|"设置组"选项，如图3-66所示。

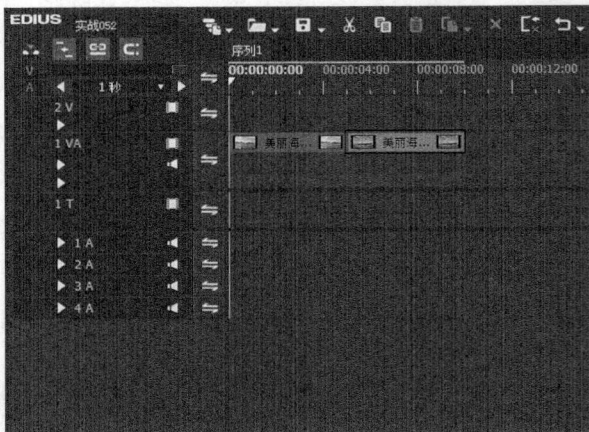

图3-65 打开一个工程文件

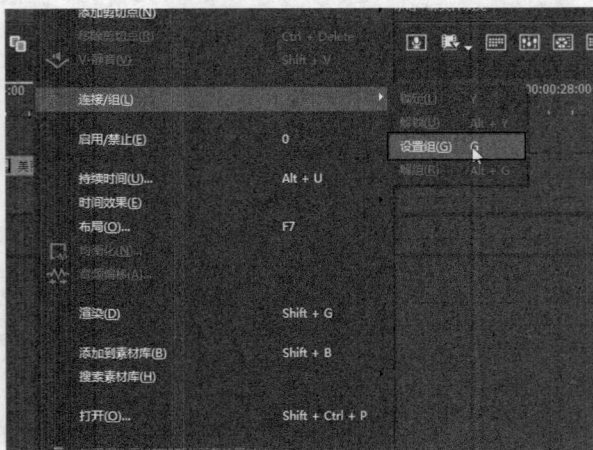

图3-66 选择"设置组"选项

技巧点拨

选择需要组合的视频素材，按 G 键，也可以快速组合视频素材。

STEP 03 即可对两段素材文件进行组合操作，在组合的素材文件上，单击鼠标左键并向右拖曳，此时组合的素材将被同时移动，如图3-67所示。

STEP 04 移至合适位置后，释放鼠标左键，即可同时移动被组合的素材文件，如图3-68所示。

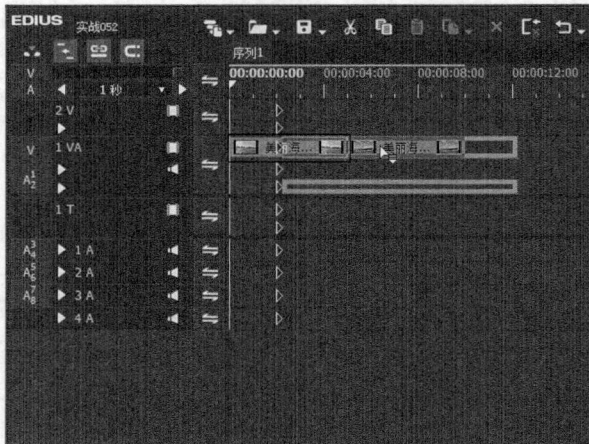

图3-67 组合的素材将被同时移动

图3-68 同时移动被组合的素材文件

STEP 05 单击录制窗口下方的"播放"按钮，预览被组合、移动后的素材画面效果，如图3-69所示。

图3-69 预览素材画面效果

技巧点拨

在 EDIUS 8 中选择需要组合的素材文件后，单击"素材"|"连接／组"|"设置组"命令，也可以快速将素材文件进行组合操作。

实战 053 将素材进行解组

▶ 实例位置：光盘＼效果＼第 3 章＼实战 053.ezp
▶ 素材位置：光盘＼素材＼第 3 章＼实战 053.ezp
▶ 视频位置：光盘＼视频＼第 3 章＼实战 053.mp4

● 实例介绍 ●

当用户对素材文件统一剪辑、修改后，此时可以对组合的素材文件进行解组操作。下面向读者介绍将素材进行解组的操作方法。

● 操作步骤 ●

STEP 01 单击"文件"|"打开工程"命令，打开一个工程文件，如图3-70所示。

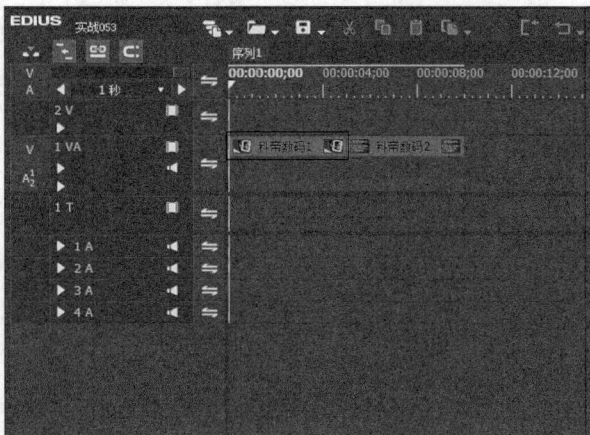

STEP 02 在视频轨中，选择需要进行解组的素材文件，单击"素材"菜单，在弹出的快捷菜单中选择"连接/组"|"解组"选项，如图3-71所示。

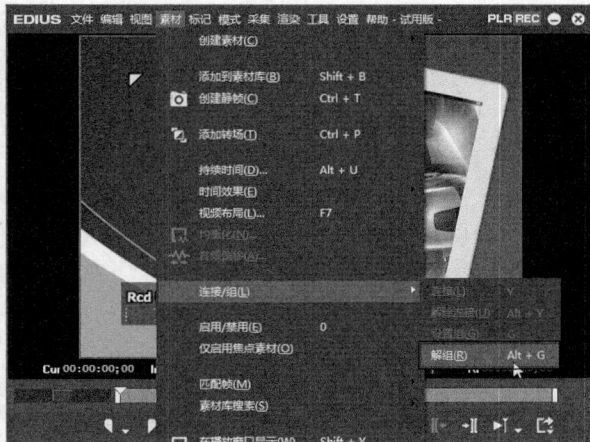

图3-70 打开一个工程文件

图3-71 选择"解组"选项

STEP 03 执行操作后，即可对两段素材文件进行解组操作，在解组的素材文件上，单击鼠标左键并向右拖曳，此时视频轨中的两段素材文件不会被同时移动，只有当前选择的素材才会被移动，如图3-72所示。

STEP 04 移动至合适位置后，释放鼠标左键，即可单独移动被解组后的素材文件，如图3-73所示。

图3-72 移动当前选择的素材

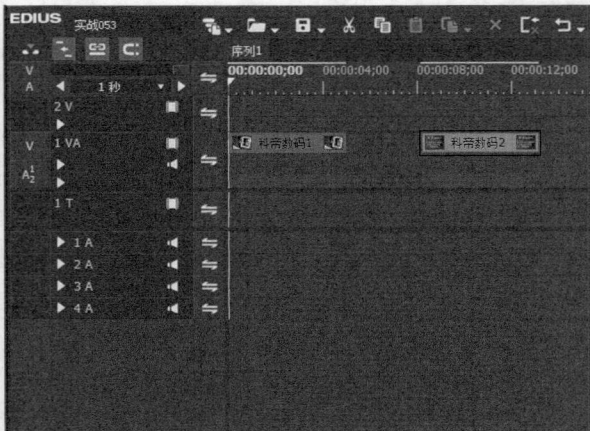

图3-73 单独移动被解组后的素材文件

STEP 05 单击录制窗口下方的 "播放" 按钮，预览被解组、移动后的素材画面效果，如图3-74所示。

图3-74 预览被解组后的素材画面效果

技巧点拨

在 EDIUS 8 中，用户还可以通过以下两种方法解组视频文件。

按 Alt + G 组合键，解组视频文件。

选择视频轨中的素材文件，单击"素材"菜单，在弹出的菜单列表中单击"连接 / 组"｜"解组"命令，解组视频文件。

3.7 定位编辑点位置

在EDIUS 8中，编辑点是指时间线的具体位置，用户可以通过"移动到上一编辑点"命令和"移动到下一编辑点"命令来具体定位编辑点的位置，方便用户对视频素材进行编辑操作。

实战 054 移动到上一编辑点

▶ 实例位置：光盘 \ 效果 \ 第 3 章 \ 实战 054.ezp
▶ 素材位置：光盘 \ 素材 \ 第 3 章 \ 实战 054.ezp
▶ 视频位置：光盘 \ 视频 \ 第 3 章 \ 实战 054.mp4

● 实例介绍 ●

下面向读者介绍将视频素材移动到上一编辑点的操作方法。

● 操作步骤 ●

STEP 01 在视频轨中，将时间线移到上一编辑点的方法很简单，用户只需在菜单栏中，单击"编辑"菜单，在弹出的菜单列表中单击"移动到上一编辑点"命令，如图3-75所示。

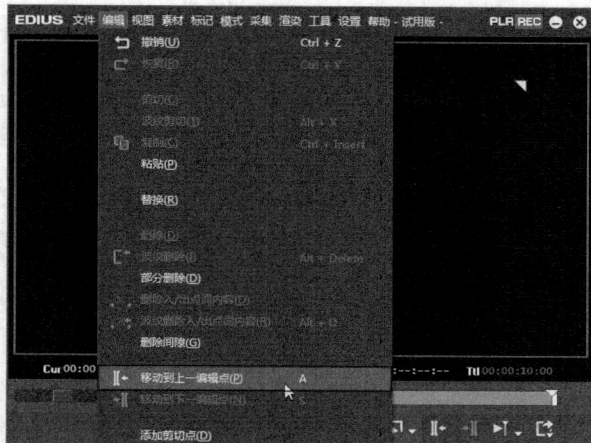

图3-75　单击"移动到上一编辑点"命令

技巧点拨

在 EDIUS 8 中，用户按 A 键，也可以快速将时间线定位到上一编辑点的位置。

STEP 02 执行操作后，即可将时间线移至上一编辑点，图3-76所示为编辑点调整之前与调整之后的对比效果。

编辑点调整之前的位置　　　　　　　　　编辑点调整之后的位置

图3-76　编辑点调整之前与之后的对比

实战 055　移动到下一编辑点

▶ 实例位置：光盘\效果\第 3 章\实战 055.ezp
▶ 素材位置：光盘\素材\第 3 章\实战 055.ezp
▶ 视频位置：光盘\视频\第 3 章\实战 055.mp4

● 实例介绍 ●

在EDIUS 8中，将时间线定位到下一编辑点与将时间线定位到上一编辑点的操作刚好相反，下面向读者介绍将视频素材移动到下一编辑点的操作方法。

● 操作步骤 ●

STEP 01 进入EDIUS 8中，单击"编辑"菜单，如图3-77所示。

STEP 02 在弹出的菜单列表中单击"移动到下一编辑点"命令，如图3-77-a所示。执行操作后，即可将时间线移至下一编辑点的位置。

技巧点拨

在 EDIUS 8 中，用户按 S 键，也可以快速将时间线定位到下一编辑点的位置。

图3-77 单击"编辑"菜单

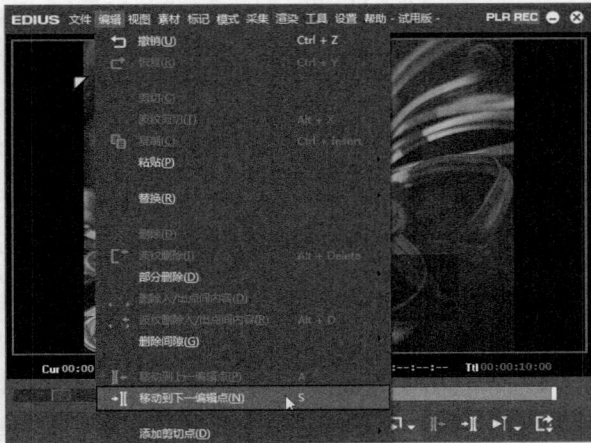

图3-77-a 单击"移动到下一编辑点"命令

3.8 将素材更改为序列

在EDIUS 8中，序列是指一个项目片段文件，用户可以将素材之间的不同部分作为序列添加至素材库中。本节主要向读者介绍将素材更改为序列的操作方法。

实战 056　**将入出点间内容转换为序列**

▶ 实例位置：光盘 \ 效果 \ 第 3 章 \ 实战 056.ezp
▶ 素材位置：光盘 \ 素材 \ 第 3 章 \ 实战 056.ezp
▶ 视频位置：光盘 \ 视频 \ 第 3 章 \ 实战 056.mp4

● 实例介绍 ●

当用户在视频轨中设置了素材的入点与出点后，如果用户想将入点与出点之间的视频片段单独作为一个文件进行存储，此时可以将入出点间的视频内容转换为序列，存放于"素材库"面板中，方便以后进行调用。

● 操作步骤 ●

STEP 01 在视频轨中，通过"标记"菜单下的"设置入点"与"设置出点"命令，设置素材的入点与出点部分，如图3-78所示。

STEP 02 在菜单栏中，单击"编辑"|"将入出点间内容转换为序列"命令，如图3-79所示。

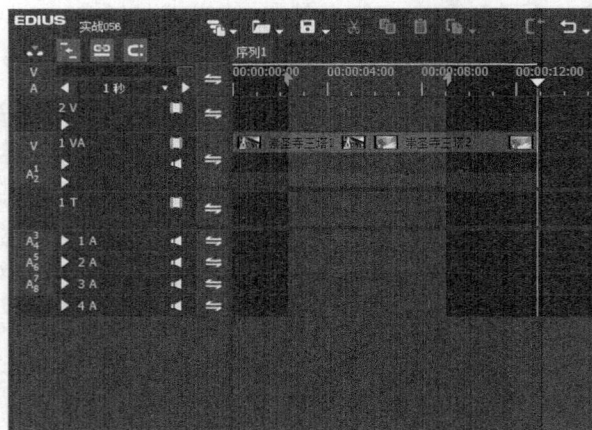

图3-78 设置素材的入点与出点部分

图3-79 单击相应命令

技巧点拨

在 EDIUS 8 中，单击"编辑"菜单，在弹出的菜单列表中按 O 键，也可以快速执行"将入出点间内容转换为序列"命令。

STEP 03 执行操作后，即可将素材文件中的入点与出点部分作为序列存放于"素材库"面板中，如图3-80所示。

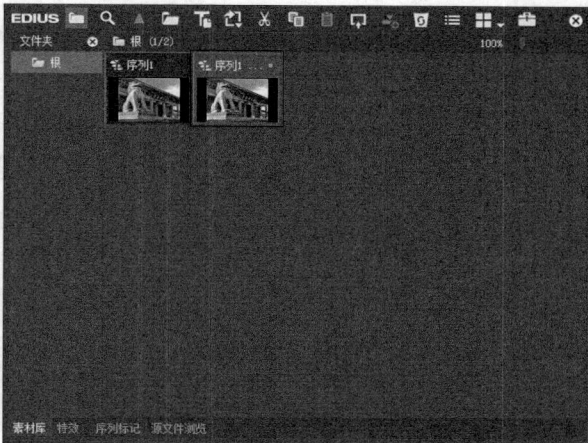

图3-80 序列存放于"素材库"面板中

知识拓展

将入出点间的视频内容作为序列

在编辑视频的过程中，用户可以将入出点间的视频内容作为序列添加到"素材库"面板中，方便应用于其他视频中间。

将入点与出点之间的视频内容作为序列添加至"素材库"面板的方法很简单，用户首先在视频轨中设置视频素材的入点与出点部分，然后在菜单栏中，单击"编辑"|"作为序列添加到素材库"|"入/出点"命令，如图 3-81 所示。执行操作后，可将入/出点间的视频作为序列添加到素材库中。

图3-81 单击"入/出点"命令

实战 057 将选定的素材作为序列

▶ **实例位置：**光盘\效果\第 3 章\实战 057.ezp
▶ **素材位置：**上一例素材
▶ **视频位置：**光盘\视频\第 3 章\实战 057.mp4

● **实例介绍** ●

在EDIUS 8中，用户可以将视频轨中选定的素材作为序列存放于"素材库"面板中，方便以后将该序列文件插入其他视频片段中。

● **操作步骤** ●

STEP 01 将选定的素材作为序列添加到素材库的方法很简单，用户首先在视频轨中选择需要作为序列添加到素材库中的视频文件，如图3-82所示。

STEP 02 在菜单栏中，单击"编辑"|"作为序列添加到素材库"|"选定素材"命令，如图3-83所示。

技巧点拨

在"作为序列添加到素材库"子菜单中，按 S 键，也可以快速执行"选定素材"命令。

图3-82 选择相应视频文件

图3-83 单击"选定素材"命令

STEP 03 执行操作后，即可将素材文件作为序列存放于"素材库"面板中，如图3-84所示。

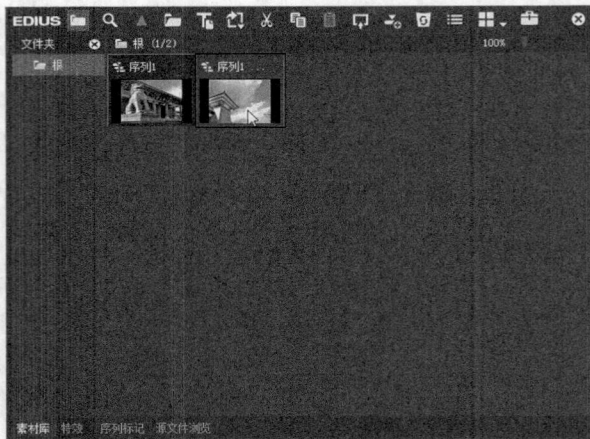

图3-84 将素材作为序列存放于素材库

知识拓展

将轨道中所有的素材作为序列

在 EDIUS 8 中，当用户剪辑与制作完一部分的视频文件后，此时可以将该部分的视频作为一个序列，存放于素材库中，作为序列的文件将是一个整体，不会是分散的单个文件。

将轨道中所有的素材作为序列添加至"素材库"面板的方法很简单，用户只需在菜单栏中，单击"编辑"|"作为序列添加到素材库"|"所有"命令，如图 3-85 所示。执行操作后，即可将轨道中所有的素材作为序列添加到素材库中。

在 EDIUS 8 中，选择素材是编辑素材的根本和前提，用户可以通过以下两种方法选择视频轨中的素材。

单击"编辑"|"选择"|"选定轨道"命令，可以选择选定轨道内的所有素材文件。

单击"编辑"|"选择"|"所有轨道"命令，可以选择时间线面板中所有轨道中的素材文件。

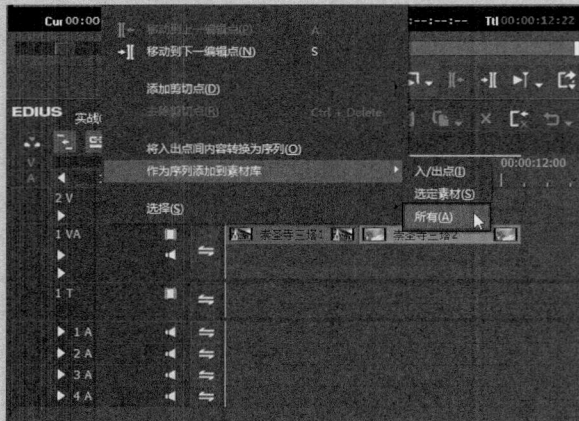

图3-85 单击"所有"命令

3.9 撤销与恢复操作

在EDIUS 8中编辑视频的过程中，用户可以对已完成的操作进行撤销和恢复操作，熟练地运用撤销和恢复功能将会给工作带来极大的方便。本节主要向读者介绍撤销和恢复的操作方法，希望读者可以熟练掌握。

实战	**撤销操作**
058	

▶ 实例位置：光盘 \ 效果 \ 第 3 章 \ 实战 058.ezp
▶ 素材位置：光盘 \ 素材 \ 第 3 章 \ 实战 058.ezp
▶ 视频位置：光盘 \ 视频 \ 第 3 章 \ 实战 058.mp4

● 实例介绍 ●

　　在EDIUS 8工作界面中，如果用户对视频素材进行了错误操作，此时可以对错误的操作进行撤销，还原至之前正确的状态。

● 操作步骤 ●

STEP 01 单击"文件"丨"打开工程"命令，打开一个工程文件，如图3-86所示。

STEP 02 在视频轨中将时间线移至合适位置，按Shift + C组合键，对视频素材进行剪切操作，如图3-87所示。

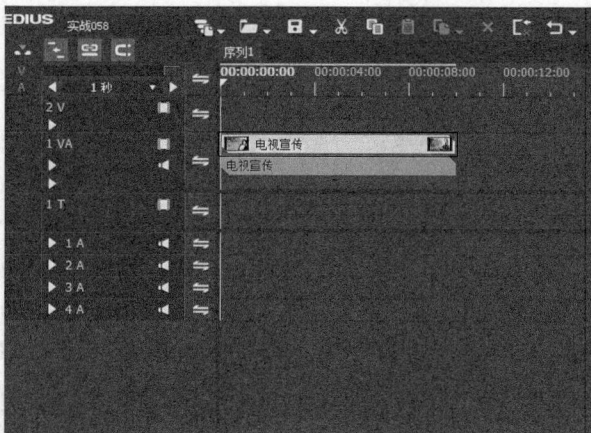

图3-86 打开一个工程文件

图3-87 对视频素材进行剪切操作

STEP 03 在菜单栏中，单击"编辑"丨"撤销"命令，如图3-88所示。

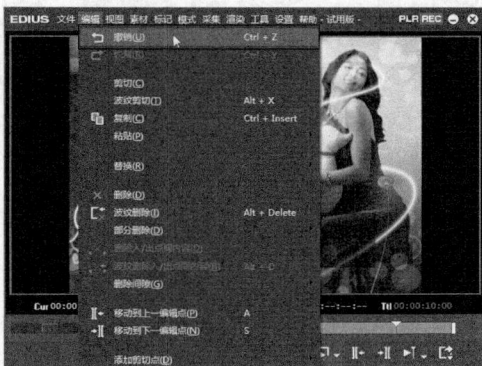

图3-88 单击"撤销"命令

STEP 04 执行操作后，即可对视频轨中的剪切操作进行撤销，还原至之前未进行剪切的状态，在录制窗口下方单击"播放"按钮，预览视频画面效果，如图3-89所示。

图3-89 预览视频画面效果

技巧点拨

在 EDIUS 8 工作界面中，按 Ctrl + Z 组合键，可以快速进行撤销操作。

实战 059 恢复操作

▶ **实例位置：**光盘 \ 效果 \ 第 3 章 \ 实战 059.ezp
▶ **素材位置：**上一例素材
▶ **视频位置：**光盘 \ 视频 \ 第 3 章 \ 实战 059.mp4

● 实例介绍 ●

在EDIUS 8工作界面中编辑视频时，用户可以对撤销的操作再次进行恢复操作，恢复至撤销之前的视频状态。

● 操作步骤 ●

STEP 01 恢复操作的方法很简单，用户在撤销文件的操作后，单击菜单栏中的"编辑"选项，如图3-90所示。

STEP 02 在弹出的菜单列表中选择"恢复"命令，如图3-91所示，即可恢复至撤销之前的视频状态。

图3-90 单击"编辑"选项

图3-91 单击"恢复"命令

技巧点拨

在 EDIUS 8 工作界面中，按 Ctrl + Y 组合键，可以快速进行恢复操作。

第4章

素材库文件的管理与应用

本章导读

在 EDIUS 8 工作界面中，素材库面板是用来存放各种素材文件的，主要包括图像素材、视频素材以及音频素材等。当素材库中的素材文件过多时，用户需要对素材文件进行管理操作，使用户能很好地区分各类素材。本章主要向读者介绍管理与应用素材库文件的操作方法，希望读者可以熟练掌握。

要点索引

- 基本操作素材库
- 搜索素材库中的文件
- 在素材库中管理序列文件
- 在素材库中管理素材文件

Rcd 00:00:01:04 ‖   Rcd 00:00:00:13 ‖   Rcd 00:00:01:04 ‖   Rcd 00:00:00:19 ‖

4.1 基本操作素材库

素材库面板是专门用来存放各类影视素材的，方便用户对大型视频文件进行制作与编辑操作。本节主要向读者介绍素材库面板的基本操作方法，主要包括新建素材库文件夹、打开素材库文件夹以及显示与隐藏素材库文件夹等，使用户能更好地管理素材库面板的布局显示以及应用素材文件。

实战 060 文件夹的新建

▶ 实例位置：无
▶ 素材位置：无
▶ 视频位置：光盘 \ 视频 \ 第 4 章 \ 实战 060.mp4

● 实例介绍 ●

在素材库面板中，用户可以根据需要新建多个不同的文件夹，用来管理不同的素材文件。

● 操作步骤 ●

STEP 01 新建文件夹的方法很简单，用户只需在素材库面板的左侧窗格中，单击鼠标右键，在弹出的快捷菜单中选择"新建文件夹"选项，如图4-1所示。

STEP 02 执行操作后，即可在"根"目录下新建一个素材库文件夹，用户选择一种合适的输入法，输入文件夹名称"视频文件"，然后按Enter键确认，即可完成文件夹的新建操作，如图4-2所示。

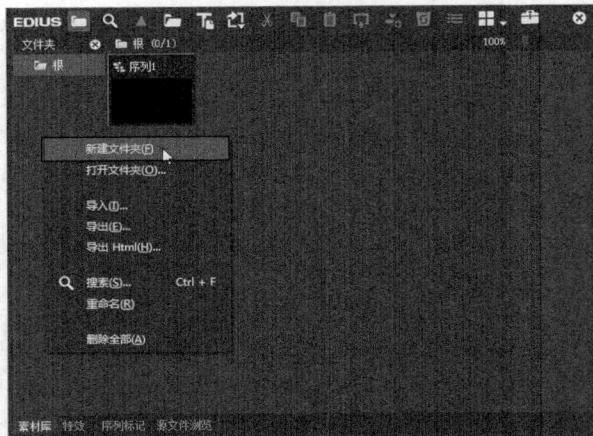

图4-1 选择"新建文件夹"选项

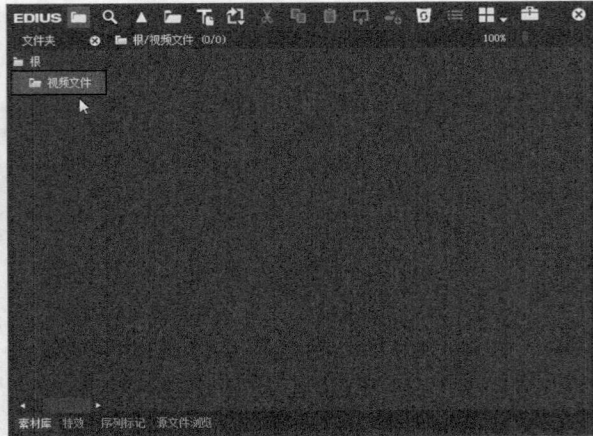

图4-2 完成文件夹的新建操作

STEP 03 用与上同样的方法，在素材库面板的"根"目录下，继续新建两个不同名称的素材库文件夹，如图4-3所示，用户即可方便地将不同的图像素材、视频素材以及音频素材放入相应的文件夹中，方便用户对素材文件进行管理操作。

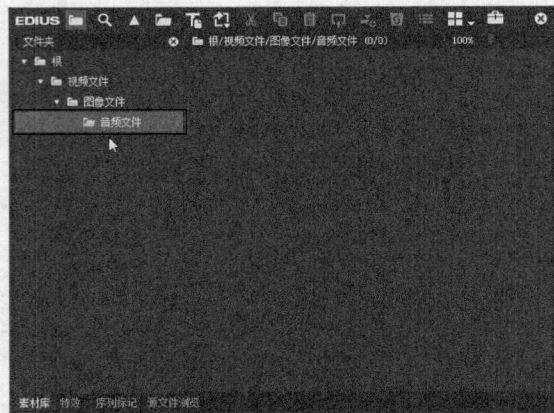

图4-3 继续新建其他文件夹

技巧点拨

在素材库面板中的左侧窗格中，单击鼠标右键，在弹出的快捷菜单中按 F 键，也可以快速新建一个素材库文件夹。

实战 061　文件夹的删除

▶ 实例位置：无
▶ 素材位置：无
▶ 视频位置：光盘\视频\第 4 章\实战 061.mp4

● 实例介绍 ●

当用户在素材库面板中新建的文件夹过多时，此时可以将不需要的文件夹进行删除操作，使素材库面板保持整洁。

● 操作步骤 ●

STEP 01 删除文件夹的方法很简单，用户首先选择需要删除的文件夹，在文件夹名称上单击鼠标右键，在弹出的快捷菜单中选择"删除"选项，如图4-4所示。

STEP 02 执行操作后，将弹出EDIUS 8提示信息框，提示用户是否确认删除该文件夹，如图4-5所示，单击"是"按钮，即可删除不需要的文件夹。

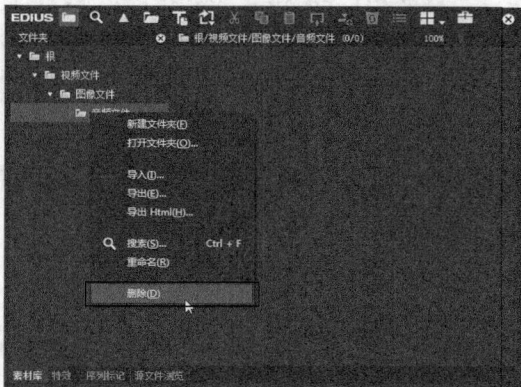

图4-4 选择"删除"选项

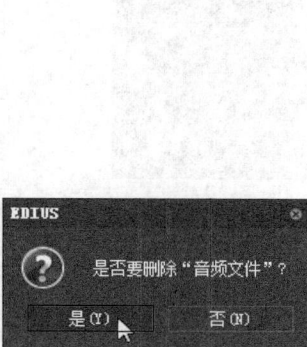

图4-5 提示用户是否确认删除该文件夹

技巧点拨

在素材库面板中的左侧窗格中，选择需要删除的文件夹，然后单击鼠标右键，在弹出的快捷菜单中按 D 键，也可以快速删除不需要的文件夹。

实战 062　文件夹的打开

▶ 实例位置：无
▶ 素材位置：无
▶ 视频位置：光盘\视频\第 4 章\实战 062.mp4

● 实例介绍 ●

在EDIUS 8工作界面中，用户通过素材库面板还可以打开计算机中已经存在的素材文件夹，连同素材文件会一起导入到EDIUS 8素材库面板中。

● 操作步骤 ●

STEP 01 打开文件夹的方法很简单，用户只需在素材库面板的左侧窗格中，单击鼠标右键，在弹出的快捷菜单中选择"打开文件夹"选项，如图4-6所示。

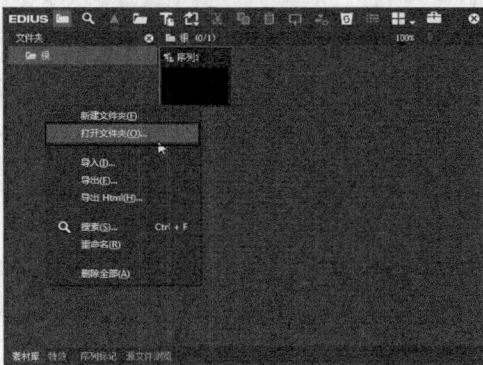

图4-6 选择"打开文件夹"选项

STEP 02 执行操作后，弹出"浏览文件夹"对话框，在中间的下拉列表框中，选择需要打开的文件夹对象，如图4-7所示。

STEP 03 选择文件夹后，单击"确定"按钮，即可在素材库面板中打开该文件夹，连同该文件夹中的素材文件一起导入到EDIUS 8的素材库面板中，如图4-8所示，完成文件夹的打开操作。

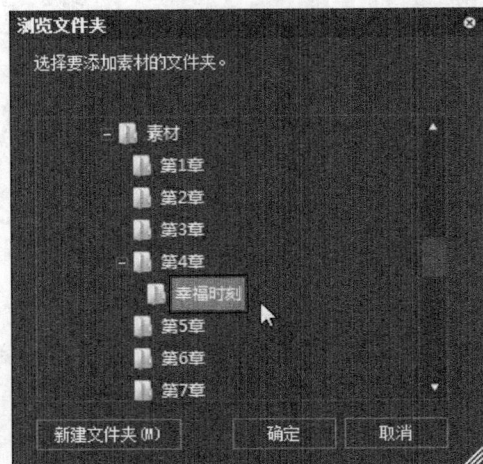

图4-7 选择需要打开的文件夹对象

图4-8 打开文件夹后的素材库面板

技巧点拨

在素材库面板中的左侧窗格中，单击鼠标右键，在弹出的快捷菜单中按 O 键，也可以快速弹出"浏览文件夹"对话框。

实战 063 显示与隐藏文件夹窗格

▶ 实例位置：无
▶ 素材位置：无
▶ 视频位置：光盘 \ 视频 \ 第 4 章 \ 实战 062.mp4

· 实例介绍 ·

在EDIUS 8的素材库面板中，如果用户想扩大显示导入的素材文件，此时可以将左侧的文件夹窗格进行隐藏操作，这样可以最大范围地显示导入的素材文件列表。

· 操作步骤 ·

STEP 01 隐藏文件夹窗格的方法很简单，用户只需在素材库面板上方，单击"文件夹"按钮，如图4-9所示。

STEP 02 执行操作后，即可隐藏左侧的文件夹窗格，使导入的各种素材文件最大范围地显示出来，如图4-10所示。

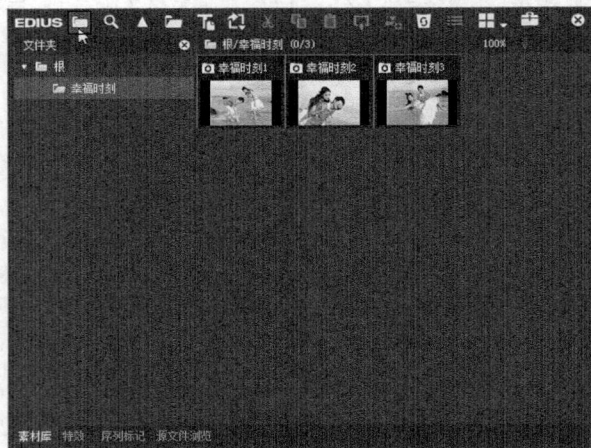

图4-9 单击"文件夹"按钮

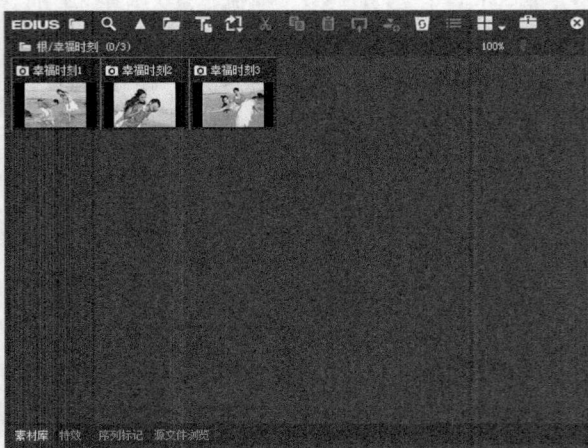

图4-10 隐藏左侧的文件夹窗格

STEP 03 如果用户需要显示文件夹窗格，此时只需在素材库面板上方，再次单击"文件夹"按钮，即可显示素材库中的文件夹窗格。

技巧点拨

在素材库面板中，按 Ctrl + R 组合键，也可以快速对文件夹窗格进行显示与隐藏操作。

4.2 搜索素材库中的文件

在EDIUS 8工作界面中，当素材库面板中的素材文件过多时，如果用户需要寻找其中的某一个素材文件，会比较困难。此时，用户可以通过EDIUS 8中提供的"搜索"功能来查找需要的素材文件。本节主要向读者介绍搜索素材文件的多种方法，包括按名称搜索、按时间码搜索以及按素材文件的大小搜索等。

实战 064 搜索相同名称的素材

▶ **实例位置**：光盘 \ 效果 \ 第 4 章 \ 实战 064.ezp
▶ **素材位置**：光盘 \ 素材 \ 第 4 章 \ 实战 064.ezp
▶ **视频位置**：光盘 \ 视频 \ 第 4 章 \ 实战 064.mp4

● 实例介绍 ●

在素材库面板中，用户可以按素材的名称搜索需要的素材文件。下面向读者介绍搜索相同名称的素材文件的方法。

● 操作步骤 ●

STEP 01 单击"文件" | "打开工程"命令，打开一个工程文件，素材库面板如图4-11所示。

STEP 02 在素材库面板的"根"目录上，单击鼠标右键，在弹出的快捷菜单中选择"搜索"选项，如图4-12所示。

图4-11 打开一个工程文件

图4-12 选择"搜索"选项

STEP 03 执行操作后，弹出"素材库搜索"对话框，单击"类别"右侧的下三角按钮，在弹出的列表框中选择"素材名称"选项，如图4-13所示，是指按素材名称搜索需要的素材文件。

STEP 04 在"文本"下方的文本框中，输入需要搜索的素材名称，这里输入"海边风光"文字，如图4-14所示。

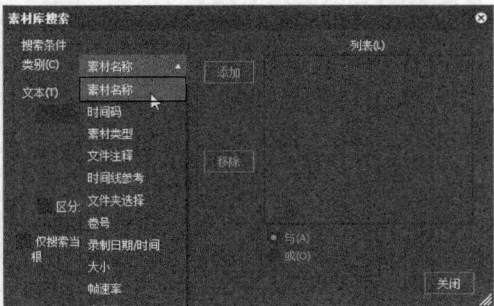

图4-13 选择"素材名称"选项

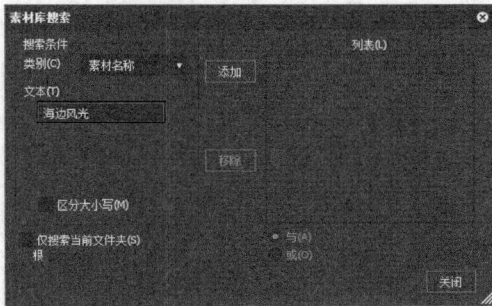

图4-14 输入"海边风光"文字

STEP 05 输入完成后，单击中间的"添加"按钮，将其添加到右侧的列表框中，如图4-15所示。

STEP 06 添加完成后，单击"关闭"按钮，关闭"素材库搜索"对话框，此时在素材库面板中显示一个"搜索结果"目录文件夹，其中显示了搜索出来的"海边风光"素材文件，如图4-16所示。

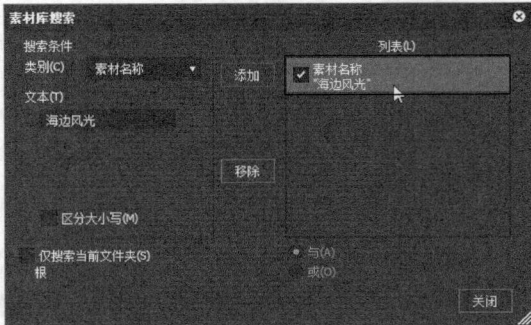

图4-15 添加到"列表"列表框中

图4-16 显示了搜索的素材文件

技巧点拨

在素材库面板中，按 Ctrl + F 组合键，也可以快速弹出"素材库搜索"对话框。

实战 065 搜索相同类型的素材

▶ 实例位置：光盘 \ 效果 \ 第 4 章 \ 实战 065.ezp
▶ 素材位置：上一例素材
▶ 视频位置：光盘 \ 视频 \ 第 4 章 \ 实战 065.mp4

● 实例介绍 ●

在EDIUS 8的素材库面板中，用户可以搜索相同类型的素材文件，比如视频素材、字幕素材以及静帧素材等。下面向读者介绍搜索相同类型的素材的方法。

● 操作步骤 ●

STEP 01 单击"文件"|"打开工程"命令，打开一个工程文件，单击素材库面板上方的"搜索"按钮，如图4-17所示。

STEP 02 执行操作后，弹出"素材库搜索"对话框，单击"类别"右侧的下三角按钮，在弹出的列表框中选择"素材类型"选项，如图4-18所示，是指按素材类型搜索需要的素材文件。

图4-17 单击"搜索"按钮

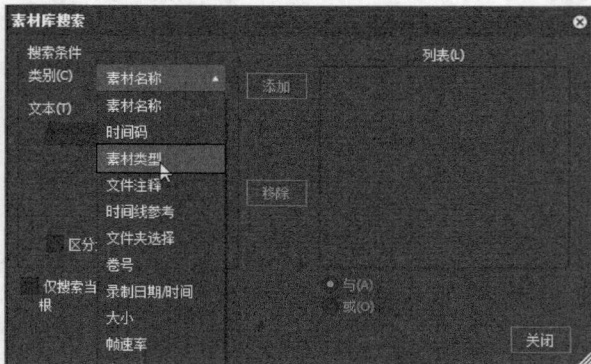

图4-18 选择"素材类型"选项

STEP 03 在"类型"下方的下拉列表框中，选择"视频"选项，如图4-19所示，是指搜索视频文件。

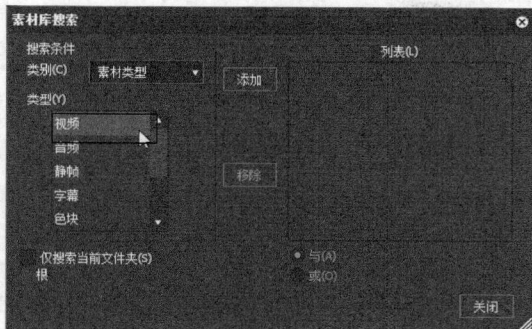

图4-19 选择"视频"选项

STEP 05 再次在"类型"下方的下拉列表框中，选择"字幕"选项，如图4-21所示，是指搜索所有字幕文件。

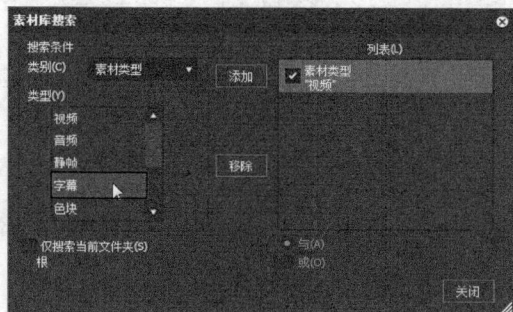

图4-21 选择"字幕"选项

STEP 07 添加完成后，单击"关闭"按钮，关闭"素材库搜索"对话框，此时在素材库面板中显示一个"搜索结果"目录文件夹，其中显示了搜索出来的视频素材与字幕素材，如图4-23所示。

STEP 04 单击中间的"添加"按钮，将其添加到右侧的"列表"列表框中，如图4-20所示。

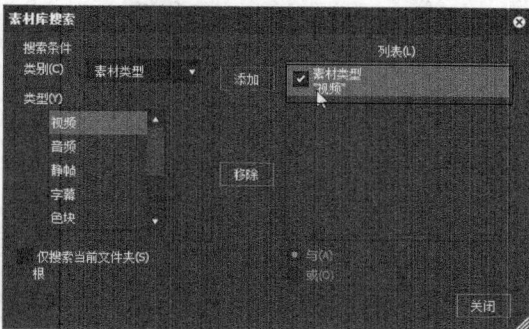

图4-20 添加到"列表"列表框中

STEP 06 单击中间的"添加"按钮，将其添加到右侧的"列表"列表框中，其中显示了用户需要搜索的视频与字幕素材类别，然后选中下方的"或"单选按钮，如图4-22所示。

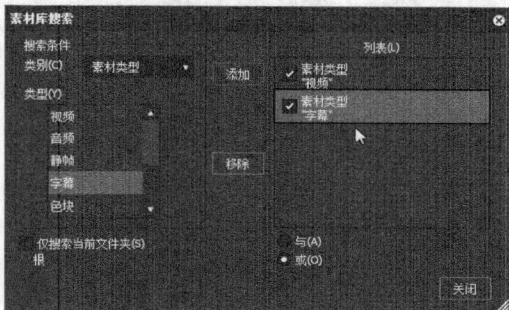

图4-22 设置要搜索的视频与字幕类别

图4-23 显示搜索的视频与字幕素材

实战 066　搜索相同时间码的素材

▶ 实例位置：光盘 \ 效果 \ 第 4 章 \ 实战 066.ezp
▶ 素材位置：上一例素材
▶ 视频位置：光盘 \ 视频 \ 第 4 章 \ 实战 066.mp4

● 实例介绍 ●

在EDIUS 8的素材库面板中，用户还可以搜索相同时间码的素材文件。下面向读者介绍搜索相同时间码的素材的方法。

● 操作步骤 ●

STEP 01 单击"文件"|"打开工程"命令，打开一个工程文件，在素材库面板的"根"目录上，单击鼠标右键，在弹出的快捷菜单中选择"搜索"选项，执行操作后，弹出"素材库搜索"对话框，单击"类别"右侧的下三角按钮，在弹出的列表框中选择"时间码"选项，如图4-24所示，是指按素材文件的时间码进行搜索。

STEP 02 设置"类型"为"持续时间"，在"选项"选项区中，选中"以下"单选按钮；在"时间"时间码中输入相应的时间码，这里输入00:00:10:00，如图4-25所示，是指搜索时间码在10秒以下素材文件。

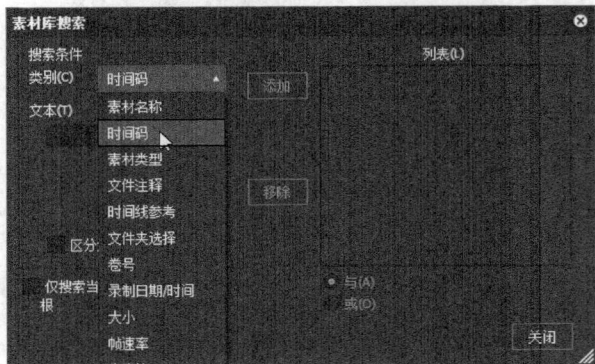

图4-24 选择"时间码"选项

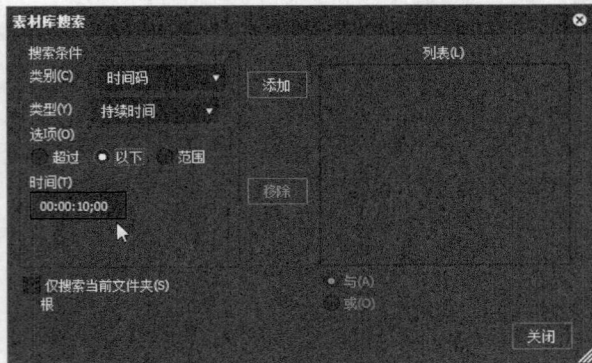

图4-25 输入相应的时间码信息

STEP 03 输入完成后，单击中间的"添加"按钮，将其添加到右侧的"列表"列表框中，如图4-26所示。

STEP 04 单击"关闭"按钮，关闭"素材库搜索"对话框，此时在素材库面板中显示一个"搜索结果"目录文件夹，其中显示了搜索出来的素材区间在00:00:10:00以下的素材文件，如图4-27所示。

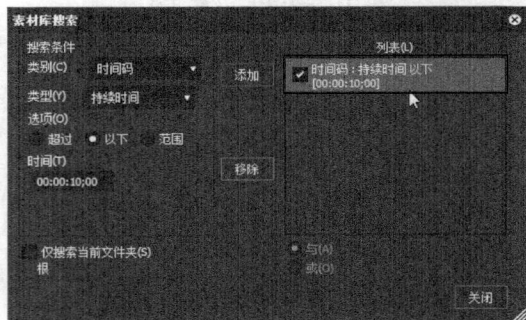

图4-26 添加到"列表"列表框中

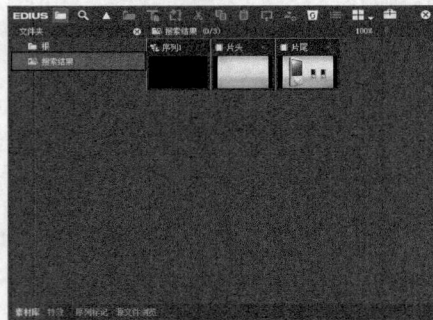

图4-27 显示搜索的素材文件

知识拓展

搜索相同帧速率的素材

在"素材库搜索"对话框中，用户还可以按相同帧速率的类型来搜索素材文件。

搜索相同帧速率的操作方法很简单，用户只需在"素材库搜索"对话框中，单击"类别"右侧的下三角按钮，在弹出的列表框中选择"帧速率"选项，然后在下方的"类型"下拉列表框中选择相应的帧速率类型即可，如图4-28所示，单击"添加"按钮，将其添加到右侧的"列表"列表框中，最后单击"关闭"按钮，关闭"素材库搜索"对话框，即可完成搜索相同帧速率素材的操作。

搜索相同采样率的素材

在 EDIUS 8 的素材库面板中，如果用户需要搜索特定采样率的音频素材，此时可以在"素材库搜索"对话框中设置音频

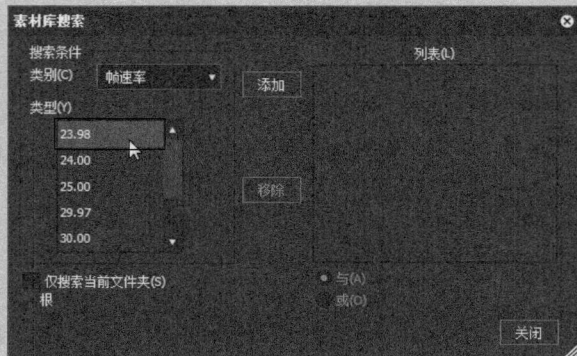

图4-28 选择相应的帧速率类型

的采样率，来搜索相同类型的音频素材文件。

　　搜索相同采样率的操作方法很简单，用户只需在"素材库搜索"对话框中，单击"类别"右侧的下三角按钮，在弹出的列表框中选择"采样率"选项，然后在下方的"值"列表框中选择相应的采样率选项即可，如图4-29所示，单击"添加"按钮，将其添加到右侧的"列表"列表框中，最后单击"关闭"按钮，关闭"素材库搜索"对话框，即可完成搜索相同音频采样率素材的操作。

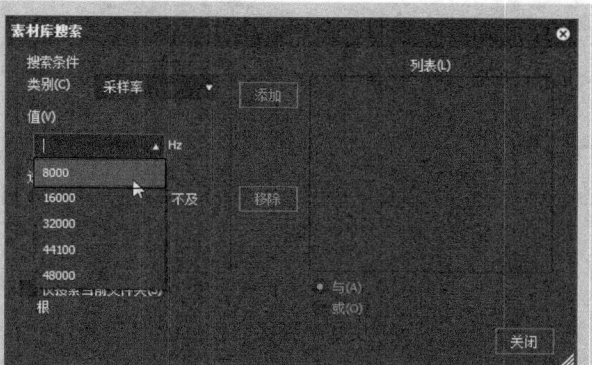

图4-29　选择相应的采样率选项

4.3　在素材库中管理序列文件

　　在EDIUS 8的素材库中，当用户创建的序列文件过多时，此时用户可以根据需要对序列文件进行管理操作，主要包括剪切、复制、粘贴以及删除序列文件等。

实战 067　剪切序列文件

▶ **实例位置**：光盘 \ 效果 \ 第 4 章 \ 实战 067.ezp
▶ **素材位置**：光盘 \ 素材 \ 第 4 章 \ 实战 067.ezp
▶ **视频位置**：光盘 \ 视频 \ 第 4 章 \ 实战 067.mp4

● 实例介绍 ●

　　在素材库面板中，用户可根据需要对序列文件进行剪切操作。下面向读者介绍剪切序列文件的操作方法。

● 操作步骤 ●

STEP 01　单击"文件"|"打开工程"命令，打开一个工程文件，如图4-30所示。

STEP 02　在素材库面板中，选择需要剪切的序列文件，如图4-31所示。

图4-30　打开一个工程文件

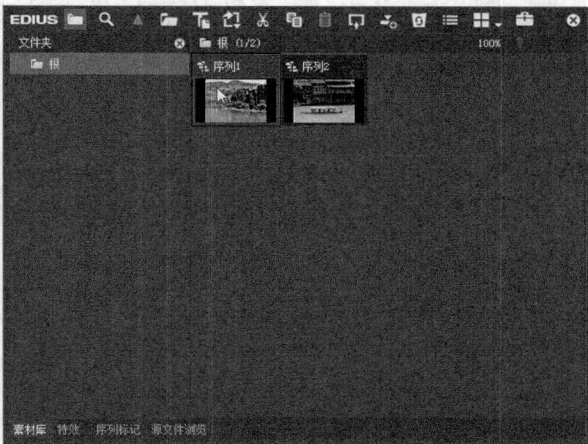

图4-31　选择需要剪切的序列文件

STEP 03　在选择的序列文件上，单击鼠标右键，在弹出的快捷菜单中选择"剪切"选项，如图4-32所示。

STEP 04　执行操作后，弹出信息提示框，提示用户是否确定删除该序列文件，单击"是"按钮，如图4-33所示。

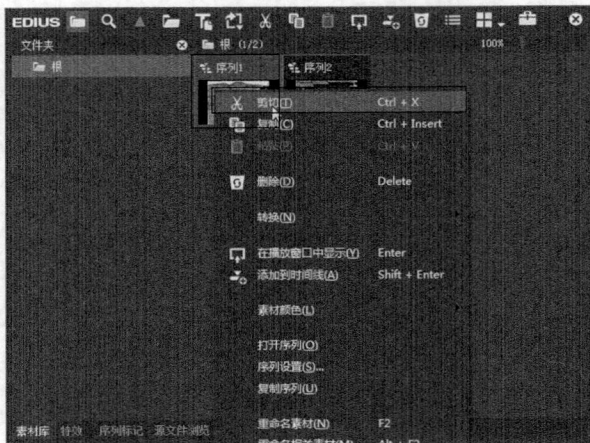

图4-32 选择"剪切"选项

图4-33 单击"是"按钮

STEP 05 剪切选择的序列文件，在素材库面板中的空白位置上，单击鼠标右键，在弹出的快捷菜单中选择"粘贴"选项，如图4-34所示。

STEP 06 执行操作后，即可将前面剪切的序列文件进行粘贴操作，如图4-35所示。

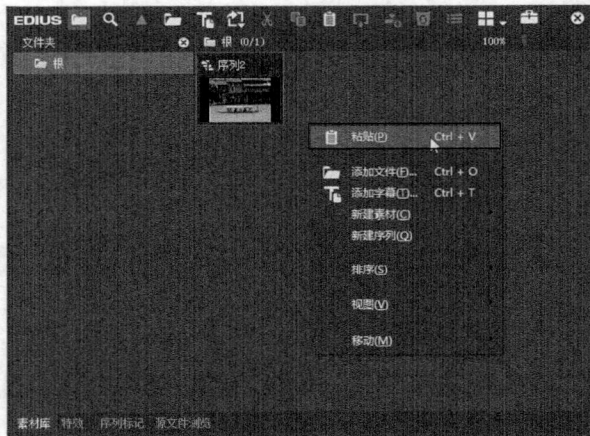

图4-34 选择"粘贴"选项

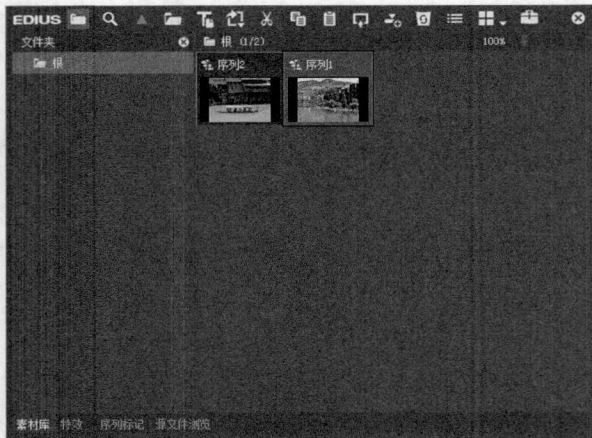

图4-35 粘贴剪切的序列文件

技巧点拨

在素材库面板中，选择需要剪切的序列文件，按 Ctrl + X 组合键，也可以快速对选择的序列文件进行剪切操作。

实战 068 复制序列文件

▶ 实例位置：光盘 \ 效果 \ 第 4 章 \ 实战 068.ezp
▶ 素材位置：光盘 \ 视频 \ 第 4 章 \ 实战 068.mp4
▶ 视频位置：光盘 \ 视频 \ 第 4 章 \ 实战 068.mp4

● 实例介绍 ●

当用户在EDIUS 8中制作大型视频广告时，此时需要制作多个序列文件，如果多个序列文件中有相同的部分，此时用户可以通过复制与粘贴的操作来提高视频制作效率，节约工作时间。下面向读者介绍复制序列文件的操作方法。

● 操作步骤 ●

STEP 01 单击"文件"|"打开工程"命令，打开一个工程文件，如图4-36所示。

STEP 02 在素材库面板中，选择需要复制的序列文件，单击鼠标右键，在弹出的快捷菜单中选择"复制"选项，如图4-37所示。

图4-36 打开一个工程文件

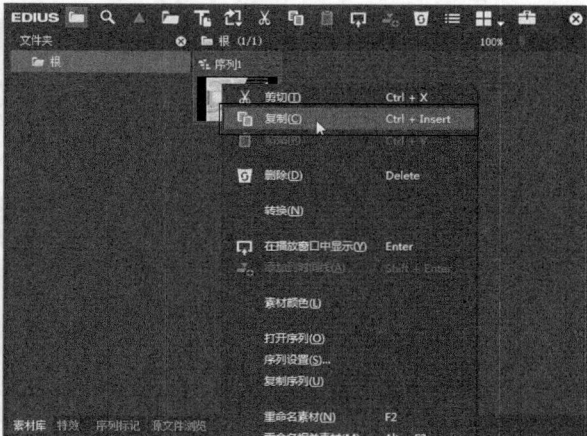

图4-37 选择"复制"选项

STEP 03 执行操作后，即可复制选择的序列文件，然后在素材库面板中的空白位置上，单击鼠标右键，在弹出的快捷菜单中选择"粘贴"选项，如图4-38所示。

STEP 04 执行操作后，即可对于复制的序列文件进行粘贴操作，此时在素材库面板中，显示了两个"序列1"文件，如图4-39所示。

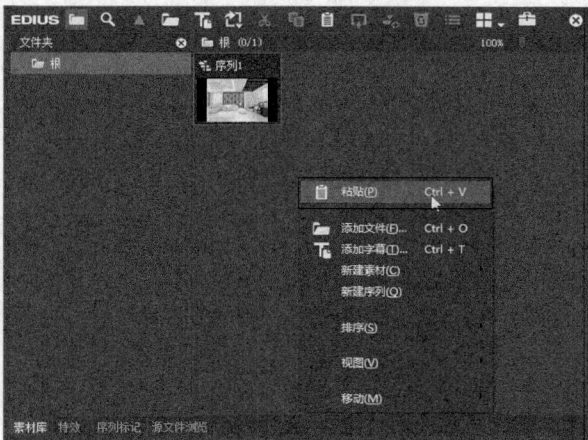

图4-38 选择"粘贴"选项

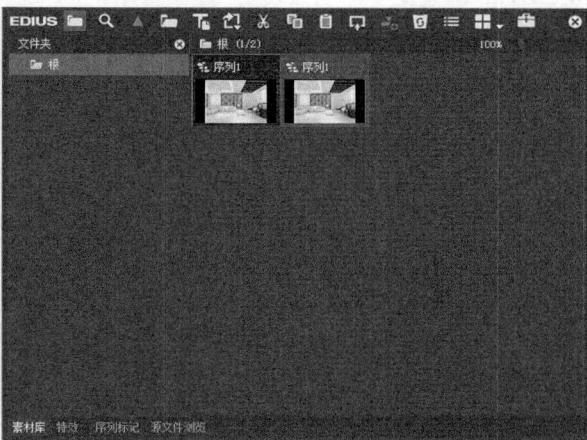

图4-39 复制与粘贴序列文件

技巧点拨

在素材库面板中，用户还可以通过以下快捷键对序列文件进行复制与粘贴操作。
按 Ctrl + Insert 组合键，可以复制素材库面板中的序列文件。
按 Ctrl + V 组合键，可以在素材库面板中粘贴序列文件。

实战 069 删除序列文件

▶ 实例位置：光盘 \ 效果 \ 第 4 章 \ 实战 069.ezp
▶ 素材位置：光盘 \ 素材 \ 第 4 章 \ 实战 069.ezp
▶ 视频位置：光盘 \ 视频 \ 第 4 章 \ 实战 069.mp4

● 实例介绍 ●

在素材库面板中，如果用户制作了多余的序列文件，此时可以将不需要的序列文件进行删除操作。下面向读者介绍删除序列文件的操作方法。

● 操作步骤 ●

STEP 01 单击"文件"|"打开工程"命令，打开一个工程文件，如图4-40所示。

STEP 02 在素材库面板中，选择需要删除的序列文件，单击鼠标右键，在弹出的快捷菜单中选择"删除"选项，如图4-41所示。

图4-40 打开一个工程文件

图4-41 选择"删除"选项

STEP 03 执行操作后，弹出信息提示框，提示用户是否确定删除该序列文件，单击"是"按钮，如图4-42所示。

STEP 04 执行操作后，即可删除不需要的序列文件，此时素材库面板如图4-43所示。

图4-42 单击"是"按钮

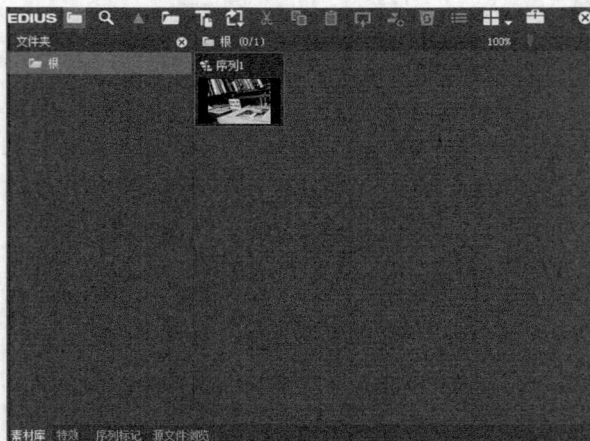

图4-43 删除序列文件后的素材库面板

技巧点拨

在素材库面板中，选择需要删除的序列文件，按 Delete 键，也可以快速对选择的序列文件进行删除操作。

实战 070 打开序列文件

▶ **实例位置**：光盘 \ 效果 \ 第 4 章 \ 实战 070.ezp
▶ **素材位置**：无
▶ **视频位置**：光盘 \ 视频 \ 第 4 章 \ 实战 070.mp4

● 实例介绍 ●

在EDIUS 8的素材库面板中，如果用户创建的序列文件过多时，此时可以通过打开序列文件的方式，打开需要编辑的序列文件。

● 操作步骤 ●

STEP 01 打开序列文件的方法很简单，用户只需在素材库面板中，选择需要打开的序列文件，单击鼠标右键，在弹出的快捷菜单中选择"打开序列"选项，如图4-44所示。

STEP 02 执行操作后，即可在时间线面板中打开选择的"序列1"文件，如图4-45所示，此时用户可以对打开的序列文件进行编辑与修改操作。

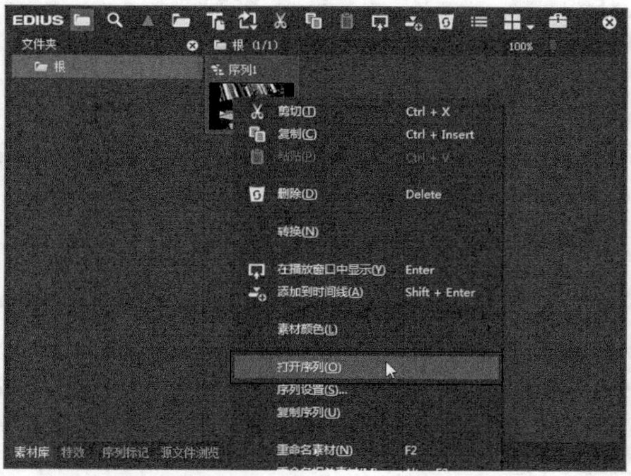

图4-44　选择"打开序列"选项

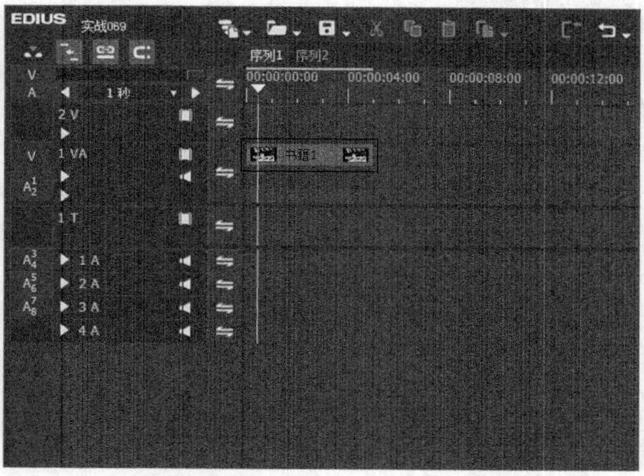

图4-45　打开"序列1"文件

技巧点拨

在素材库面板中，选择需要打开的序列文件，单击鼠标右键，在弹出的快捷菜单中按 O 键，也可以快速对选择的序列文件进行打开操作。

实战 071　设置序列文件的颜色

▶ **实例位置**：光盘 \ 效果 \ 第 4 章 \ 实战 071.ezp
▶ **素材位置**：无
▶ **视频位置**：光盘 \ 视频 \ 第 4 章 \ 实战 071.mp4

● 实例介绍 ●

在EDIUS 8的素材库面板中，为不同类型的序列文件设置不同的颜色，可以方便用户对序列文件进行很好的区分与管理。

● 操作步骤 ●

STEP 01 设置序列文件颜色的方法很简单，用户在素材库面板中选择需要设置颜色的序列文件，单击鼠标右键，在弹出的快捷菜单中选择"素材颜色"|"浅绿"选项，如图4-46所示。

STEP 02 执行操作后，即可设置序列文件的缩略图为浅绿色，在素材库面板中可以查看序列文件的缩略图颜色显示效果，如图4-47所示。

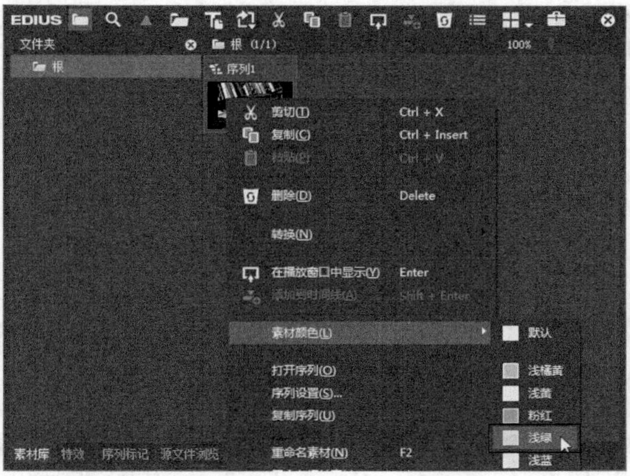

图4-46　选择"浅绿"选项

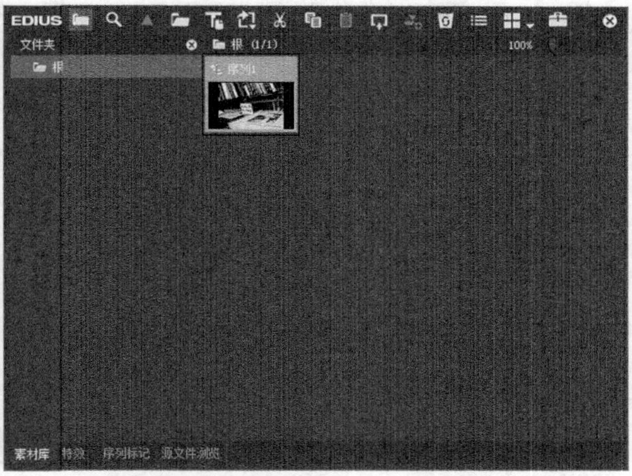

图4-47　查看序列文件的缩略图颜色显示效果

知识拓展

在素材库面板中设置序列文件缩略图颜色显示时，EDIUS 8 向读者提供了多达 14 种不同的颜色类型，用户可根据需要选择相应的颜色作为序列文件缩略图的主色调。

实战 072	重命名序列的名称	▶ 实例位置：光盘 \ 效果 \ 第 4 章 \ 实战 072.ezp
		▶ 素材位置：无
		▶ 视频位置：光盘 \ 视频 \ 第 4 章 \ 实战 072.mp4

● 实例介绍 ●

默认情况下，用户在EDIUS 8的素材库面板中新建序列文件时，序列名称都是以"序列1""序列2""序列3"来命名的，如果用户觉得名称不妥当，此时可以对序列文件的名称进行修改操作，使序列文件更加符合用户的要求。

● 操作步骤 ●

STEP 01 在EDIUS 8中重命名序列文件名称的方法很简单，用户首先在素材库面板中选择需要重命名的序列文件，单击鼠标右键，在弹出的快捷菜单中选择"重命名素材"选项，如图4-48所示。

STEP 02 执行操作后，序列文件的名称呈可编辑状态，选择一种合适的输入法，重新输入序列名称，这里输入"书籍"，然后按Enter键确认，即可完成序列文件的重命名操作，如图4-49所示。

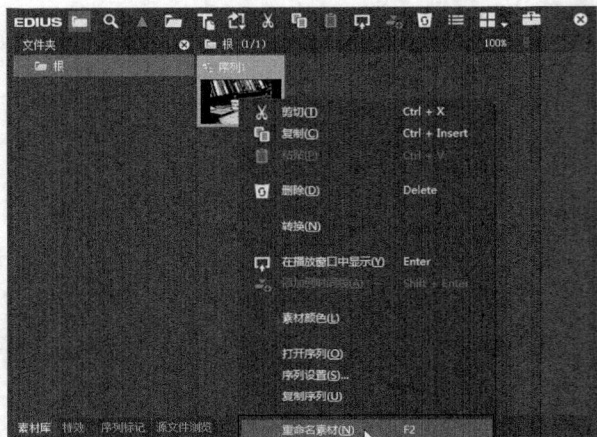

图4-48 选择"重命名素材"选项

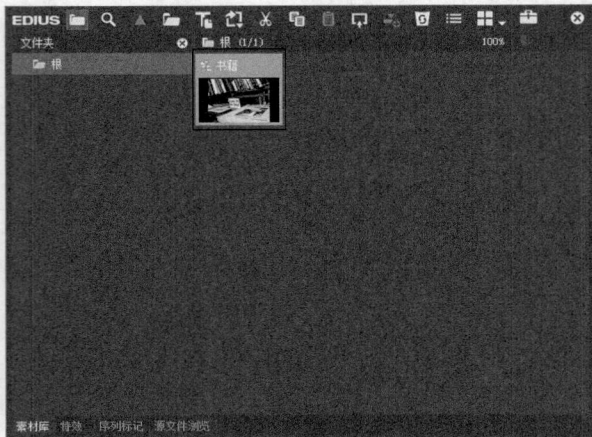

图4-49 完成序列文件的重命名操作

技巧点拨

在素材库面板中，选择需要重命名的序列文件，按 F2 键，也可以快速对选择的序列文件进行重命名操作。

4.4 在素材库中管理素材文件

在上一节中，向读者详细介绍了序列文件的基本操作，而在本节中主要向读者介绍素材文件的基本操作，使用户能更好地管理素材库面板中的各类素材文件。

实战 073	将素材文件设置为序列	▶ 实例位置：光盘 \ 效果 \ 第 4 章 \ 实战 073.ezp
		▶ 素材位置：光盘 \ 素材 \ 第 4 章 \ 实战 073.ezp
		▶ 视频位置：光盘 \ 视频 \ 第 4 章 \ 实战 073.mp4

● 实例介绍 ●

在EDIUS 8素材库面板中，用户可以将选择的素材文件设置为序列。下面向读者介绍将素材文件设置为序列的操作方法。

● 操作步骤 ●

STEP 01 单击"文件"|"打开工程"命令，打开一个工程文件，如图4-50所示。

STEP 02 在素材库面板中，选择两个需要创建为序列文件的素材，如图4-51所示。

图4-50 打开一个工程文件

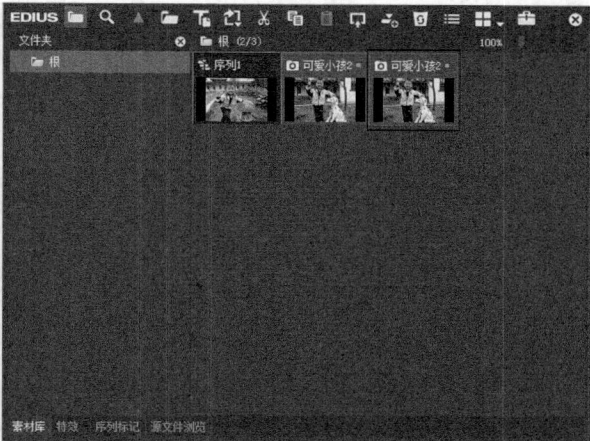
图4-51 选择两个素材文件

技巧点拨

在素材库面板中，在以下 3 种情况下用户不能将素材文件设置为序列。
单个的静帧素材不能设置为序列文件。
单个的视频素材不能设置为序列文件。
单个的静帧素材与单个的视频文件，不能设置为序列文件。

STEP 03 在选择的素材文件上，单击鼠标右键，在弹出的快捷菜单中选择"设置为序列"选项，如图4-52所示。

STEP 04 执行操作后，即可将选择的素材文件设置为序列文件，创建的序列文件名称以素材名称命名，如图4-53所示。

图4-52 选择"设置为序列"选项

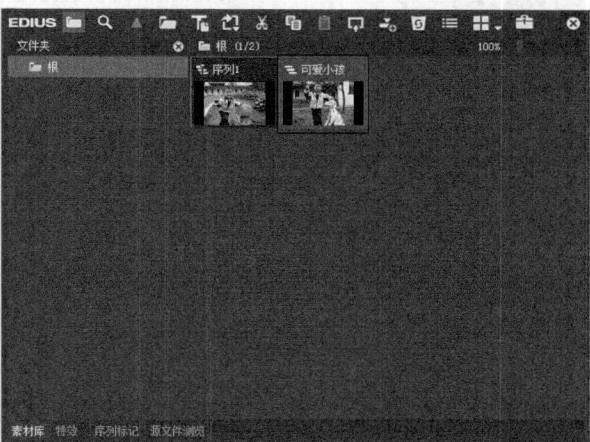
图4-53 将选择的素材设置为序列文件

技巧点拨

在素材库面板中，选择需要设置为序列的素材文件，单击鼠标右键，在弹出的快捷菜单中依次按 S、Enter 键，也可以快速将选择的多个素材文件设置为序列。

实战 074 将素材文件取消序列

▶ **实例位置**：光盘 \ 效果 \ 第 4 章 \ 实战 074.ezp
▶ **素材位置**：上一例素材
▶ **视频位置**：光盘 \ 视频 \ 第 4 章 \ 实战 074.mp4

● 实例介绍 ●

在素材库面板中，如果用户需要将序列文件中的素材作为单个文件存放于素材库面板中，此时用户可以取消序列文件的组合操作。

• 操作步骤 •

STEP 01 取消序列的方法很简单，用户只需在素材库面板中，选择需要取消序列的素材文件，单击鼠标右键，在弹出的快捷菜单中选择"取消序列"选项，如图4-54所示。

STEP 02 执行操作后，即可取消序列文件，序列文件中的素材以单个素材文件存在于素材库面板中，如图4-55所示。

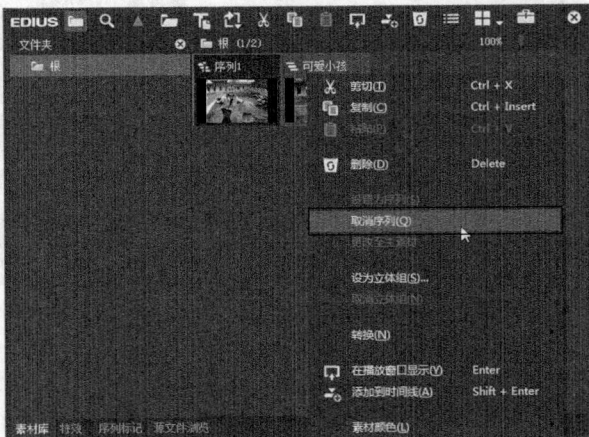
图4-54 选择"取消序列"选项

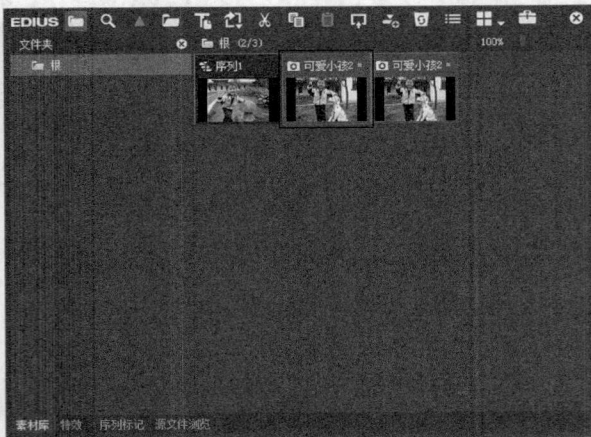
图4-55 取消序列后的素材显示状态

技巧点拨

在素材库面板中，选择需要取消序列的文件，单击鼠标右键，在弹出的快捷菜单中按 Q 键，也可以快速取消序列文件。

实战 075 在播放窗口显示素材

▶ 实例位置：光盘 \ 效果 \ 第 4 章 \ 实战 075.ezp
▶ 素材位置：光盘 \ 素材 \ 第 4 章 \ 实战 075.ezp
▶ 视频位置：光盘 \ 视频 \ 第 4 章 \ 实战 075.mp4

• 实例介绍 •

在素材库面板中，如果用户需要更好地预览素材文件的画面，此时可以在播放窗口中显示选择的素材文件。下面向读者介绍在播放窗口中显示素材画面的操作方法。

• 操作步骤 •

STEP 01 单击"文件"|"打开工程"命令，打开一个工程文件，如图4-56所示。

STEP 02 在素材库面板中，选择相应素材文件，如图4-57所示。

图4-56 打开一个工程文件

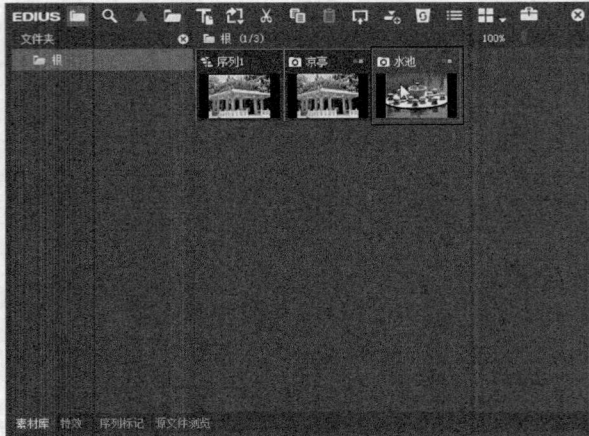
图4-57 选择相应素材文件

STEP 03 在素材文件上，单击鼠标右键，在弹出的快捷菜单中选择"在播放窗口显示"选项，如图4-58所示。

STEP 04 执行操作后，即可在播放窗口中显示选择的素材文件画面效果，如图4-59所示。

图4-58 选择"在播放窗口显示"选项

图4-59 在播放窗口中显示素材画面

实战 076　将素材添加到时间线

▶ 实例位置：光盘 \ 效果 \ 第 4 章 \ 实战 076.ezp
▶ 素材位置：光盘 \ 素材 \ 第 4 章 \ 实战 076.ezp
▶ 视频位置：光盘 \ 视频 \ 第 4 章 \ 实战 076.mp4

● 实例介绍 ●

　　当用户在素材库面板中导入多个素材文件时，此时可以将需要的素材文件单独添加到时间线面板中。在前面的章节中，向读者介绍了通过鼠标拖曳的方式将素材添加到时间线位置，而在本节中向读者介绍通过选项命令将素材添加到时间线的操作方法。

● 操作步骤 ●

STEP 01 单击"文件"丨"打开工程"命令，打开一个工程文件，如图4-60所示。

STEP 02 在时间线面板中，将时间线移至00:00:02:13的位置，此处是插入素材的位置，如图4-61所示。

图4-60 打开一个工程文件

图4-61 移动时间线的位置

STEP 03 在素材库面板中，选择需要插入到时间线位置的素材文件，如图4-62所示。

STEP 04 在选择的素材文件上，单击鼠标右键，在弹出的快捷菜单中选择"添加到时间线"选项，如图4-63所示。

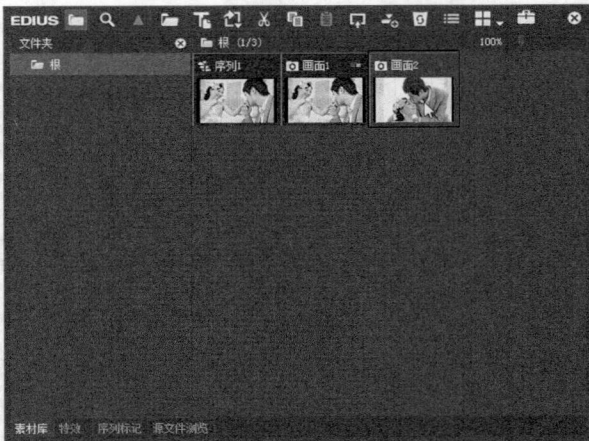

图4-62 选择素材文件

图4-63 选择"添加到时间线"选项

技巧点拨

　　在素材库面板中，选择需要插入到时间线位置的素材文件，然后按 Shift + Enter 组合键，也可以快速在时间线位置插入选择的素材文件。

STEP 05 执行操作后，即可将选择的素材文件插入时间线面板中的时间线位置，如图4-64所示。

STEP 06 单击录制窗口中的"播放"按钮，预览插入的素材画面效果，如图4-65所示。

图4-64 将素材插入时间线位置

图4-65 预览素材画面效果

实战 077 设置素材显示的颜色

▶ 实例位置：光盘 \ 效果 \ 第 4 章 \ 实战 077.ezp
▶ 素材位置：光盘 \ 素材 \ 第 4 章 \ 实战 077.ezp
▶ 视频位置：光盘 \ 视频 \ 第 4 章 \ 实战 077.mp4

● 实例介绍 ●

　　在EDIUS 8的素材库面板中，用户不仅可以设置序列文件缩略图的颜色，还可以设置素材文件缩略图的颜色，以区分各种不同的素材文件，方便用户管理素材。下面向读者介绍设置素材显示颜色的操作方法。

● 操作步骤 ●

STEP 01 单击"文件" | "打开工程"命令，打开一个工程文件，如图4-66所示。

STEP 02 在素材库面板中，选择需要设置颜色的素材缩略图，如图4-67所示。

图4-66 打开一个工程文件

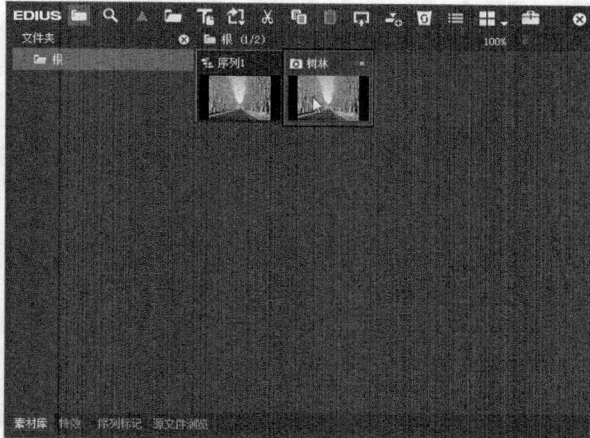

图4-67 选择需要设置颜色的素材

STEP 03 在选择的素材文件上，单击鼠标右键，在弹出的快捷菜单中选择"素材颜色"|"浅黄"选项，如图4-68所示。

STEP 04 执行操作后，即可将素材缩略图的颜色设置为浅黄色，如图4-69所示，完成素材缩略图颜色的设置。

图4-68 选择"浅黄"选项

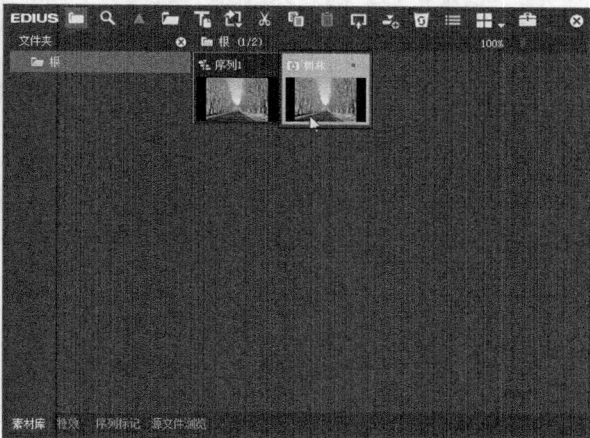

图4-69 设置素材缩略图的颜色

知识拓展

素材资源管理器

在素材库面板中，如果用户想知道某个素材存放在计算机中的哪个文件夹中，此时可以打开该素材文件的资源管理器，在计算机中查看素材文件的存储位置。

打开素材资源管理器的操作方法很简单，用户首先选择需要打开的素材文件，单击鼠标右键，在弹出的快捷菜单中选择"资源管理器"选项，如图 4-70 所示，执行操作后，即可打开素材文件的资源管理器，查看素材文件的存储位置。

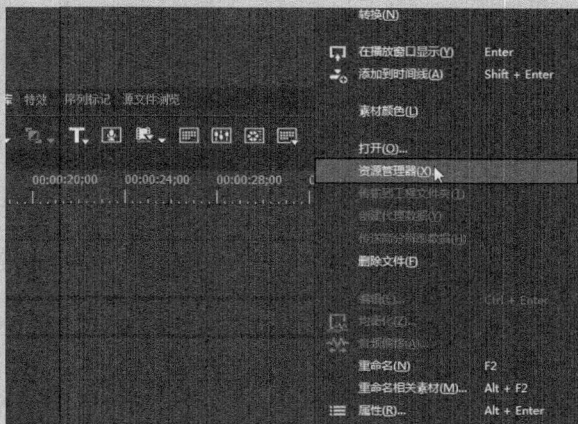

图4-70 选择"资源管理器"选项

▶ 实例位置：光盘 \ 效果 \ 第 4 章 \ 实战 078.ezp
▶ 素材位置：上一例素材
▶ 视频位置：光盘 \ 视频 \ 第 4 章 \ 实战 078.mp4

实战 078 重命名素材的名称

● 实例介绍 ●

在EDIUS 8素材库面板中，用户对于名称错误的素材文件，可以对其进行重命名操作。

● 操作步骤 ●

STEP 01 重命名素材文件的操作方法很简单，用户首先在素材库面板中选择需要重命名的素材，单击鼠标右键，在弹出的快捷菜单中选择"重命名"选项，如图4-71所示。

STEP 02 执行操作后，素材名称呈可编辑状态，选择一种合适的输入法，重新输入新的名称，按【Enter】键确认操作，如图4-72所示，即可完成素材重命名的操作。

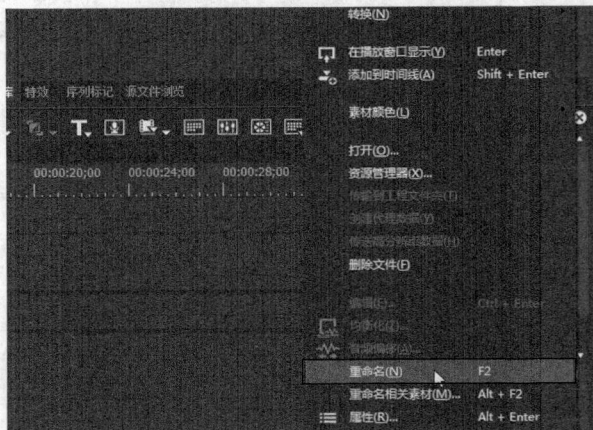

图4-71 选择"重命名"选项

图4-72 对素材进行重命名操作

第 **5** 章

素材剪辑模式的设置

本章导读

在 EDIUS 8 工作界面中，视频编辑模式是指编辑视频的方式，目前 EDIUS 8 软件提供了 3 种视频编辑模式，如常规模式、剪辑模式以及多机位模式，在不同的模式下编辑视频的功能各不相同。本章主要针对这 3 种视频模式进行详细介绍，希望读者可以熟练掌握视频素材的多种剪辑方法。

要点索引

- 视频常规模式的应用
- 视频剪辑模式的应用
- 多机位模式的应用
- 多机位查看方式

Rcd 00:00:00:19 Ⅱ　　Rcd 00:00:01:03 Ⅱ　　Rcd 00:00:08:03 Ⅱ

5.1 视频常规模式的应用

在EDIUS 8工作界面中，常规模式是软件默认的视频编辑模式，在常规模式中用户可以对视频进行一些常用的编辑操作。

实战 079	常规模式的了解	▶ 实例位置：光盘 \ 效果 \ 第 5 章 \ 实战 079.ezp ▶ 素材位置：光盘 \ 素材 \ 第 5 章 \ 实战 079.ezp ▶ 视频位置：光盘 \ 视频 \ 第 5 章 \ 实战 079.mp4

● 实例介绍 ●

下面将介绍常规模式。

● 操作步骤 ●

STEP 01 在菜单栏中单击"模式"菜单，在弹出的菜单列表中单击"常规模式"命令，如图5-1所示。

STEP 02 执行操作后，即可快速切换至常规模式，如图5-2所示。

图5-1 单击"常规模式"命令

图5-2 快速切换至常规模式

知识拓展

在常规模式下，功能按钮区域的各按钮含义如下。

"设置入点"按钮：单击该按钮可以设置视频中的入点位置，如图 5-3 所示。

"设置出点"按钮：单击该按钮可以设置视频中的出点位置，如图 5-4 所示。

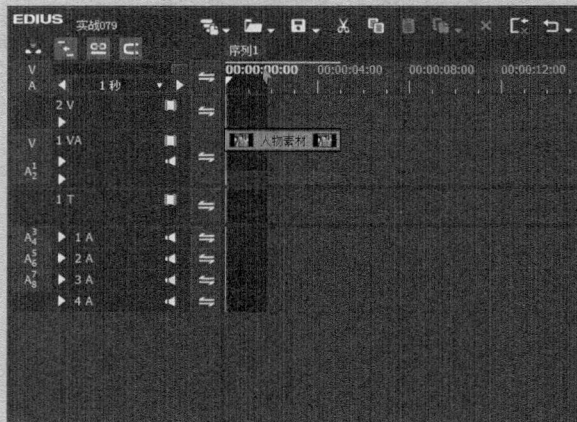

图5-3 设置视频中的入点位置

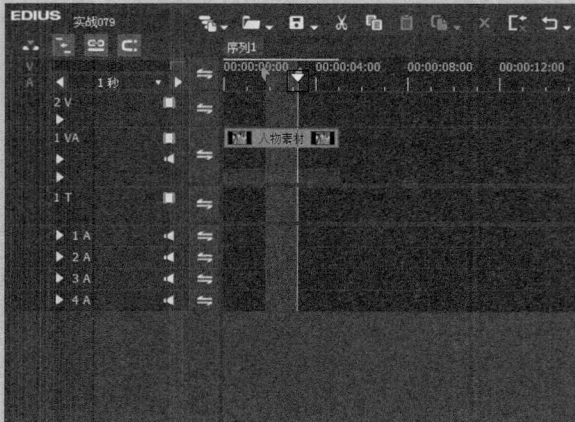

图5-4 设置视频中的出点位置

"停止"按钮：当用户播放视频时播放到一定位置时，单击该按钮，可以停止视频的播放操作，此时时间线将停在视频轨中间的位置，如图 5-5 所示。

"快退"按钮 ◀◀：单击该按钮，对视频进行快退操作。

"上一帧"按钮 ◀：单击该按钮，跳转到视频的上一帧位置处。

"播放"按钮 ▶：单击该按钮，开始播放视频文件，再次单击该按钮，即可以暂停视频的播放操作。

"下一帧"按钮 ▶：单击该按钮，跳转到视频的下一帧位置处。

"快进"按钮 ▶▶：单击该按钮，可以对视频文件进行快进操作。

"循环"按钮 ◻ ▾：单击该按钮，将弹出列表框，如图 5-6 所示，选择相应的选项，可以对轨道中的视频进行循环播放。

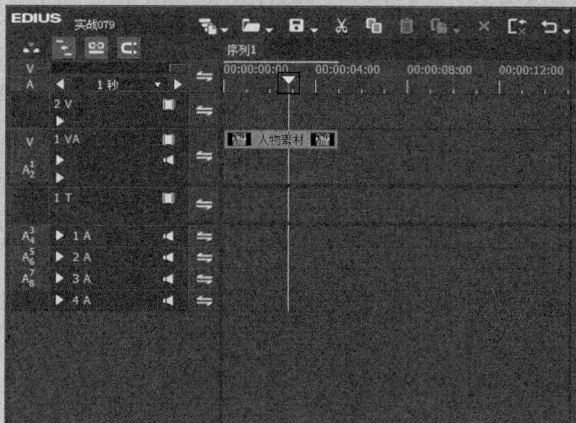

图5-5　时间线将停在视频轨中间的位置

图5-6　"循环"列表框

"上一编辑点"按钮 ◼◀：单击该按钮，可以跳转至素材的上一编辑点位置。

"下一编辑点"按钮 ▶◼：单击该按钮，可以跳转至素材的下一编辑点位置。

"播放指针区域"按钮 ▶ ▾：单击该按钮，将弹出列表框，如图 5-7 所示，选择相应的选择后，可以播放视频在指针区域的时间和位置。

"输出"按钮 ⬀：单击该按钮，将弹出列表框，如图 5-8 所示，选择相应的选项，可对当前时间线面板中的视频进行快速输出操作，用户可以选择输出到磁带、输出到文件或者批量输出视频文件等。

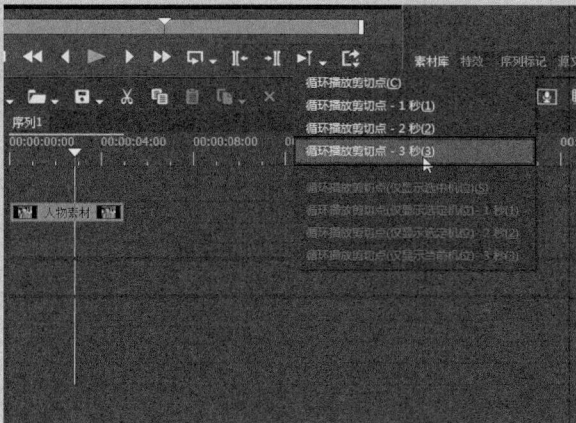

图5-7　"播放指针区域"列表框

图5-8　"输出"列表框

单击"输出"按钮右侧的下三角按钮，在弹出的列表框中，显示了 6 个选项，"输出到磁带"选项的右侧显示了相关快捷键提示，用户按对应的快捷键，也可以快速执行该命令。

实战 080　常规模式的应用

▶ 实例位置：光盘 \ 效果 \ 第 5 章 \ 实战 080.ezp
▶ 素材位置：光盘 \ 素材 \ 第 5 章 \ 实战 080.ezp
▶ 视频位置：光盘 \ 视频 \ 第 5 章 \ 实战 080.mp4

● 实例介绍 ●

在 EDIUS 8 工作界面中，通过"常规模式"命令，可以进入视频常规编辑模式。

● 操作步骤 ●

STEP 01 单击"文件"丨"打开工程"命令，打开一个工程
文件，如图5-9所示。

STEP 02 在菜单栏中，单击"模式"丨"常规模式"命令，
如图5-10所示。

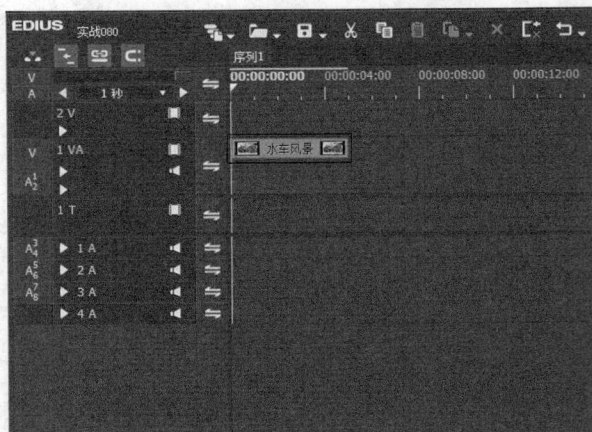

图5-9 打开一个工程文件

图5-10 单击"常规模式"命令

STEP 03 执行操作后，即可切换至常规模式状态，在录制
窗口下方显示了常规模式下的相应按钮，可供用户对素材进
行编辑操作，如图5-11所示。

STEP 04 单击"播放"按钮，预览常规模式下的视频画
面，效果如图5-12所示。

图5-11 切换至常规模式状态

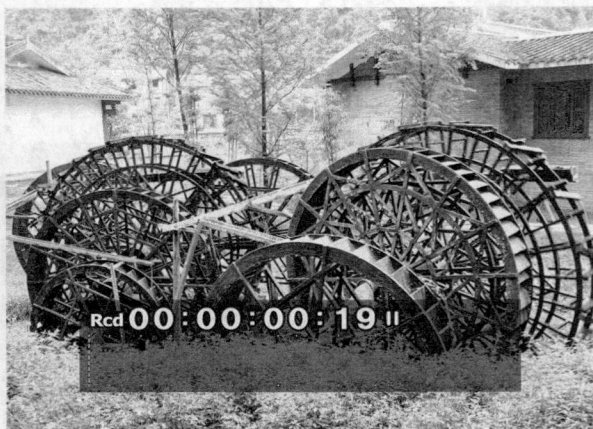

图5-12 预览常规模式下的视频画面

技巧点拨

在 EDIUS 8 工作界面中，按 F5 键，也可以快速进入常规编辑模式。

5.2 视频剪辑模式的应用

运用EDIUS 8编辑视频的过程中，用户大多数工作应该是素材镜头的整理和镜头间的组接，即剪辑工作，所以EDIUS 8
为用户提供了6种视频裁剪的方式。本节将针对这些剪辑模式进行详细介绍，希望读者可以熟练掌握本节内容，掌握好视频
剪辑的多种方法。

实战 081 剪辑模式的了解

▶ 实例位置：光盘 \ 效果 \ 第 5 章 \ 实战 081.ezp
▶ 素材位置：光盘 \ 素材 \ 第 5 章 \ 实战 081.ezp
▶ 视频位置：光盘 \ 视频 \ 第 5 章 \ 实战 081.mp4

● 实例介绍 ●

下面将介绍剪辑模式。

● 操作步骤 ●

STEP 01 在EDIUS 8工作界面中，单击"模式"菜单，在弹出的菜单列表中单击"剪辑模式"命令，如图5-13所示。

STEP 02 执行操作后，即可快速切换至剪辑模式，如图5-14所示。

图5-13 单击"剪辑模式"命令

图5-14 切换至剪辑模式

知识拓展

在剪辑模式下，功能按钮区域的各按钮含义如下。

"上一帧"按钮◀：单击该按钮，跳转到上一帧位置。

"播放"按钮▶：单击该按钮，开始播放视频文件，再次单击该按钮，即可以暂停视频的播放操作。

"下一帧"按钮▶：单击该按钮，跳转到视频的下一帧位置处。

"移到上一个编辑点"按钮▐◀：单击该按钮，可以跳转至素材的上一编辑点位置。

"裁剪-10帧"按钮-10：单击该按钮，可以将选择的视频素材整体增加10帧的长度。

"裁剪-1帧"按钮-1：单击该按钮，可以将选择的视频素材整体增加1帧的长度。

"播放事件区域"按钮▶：播放裁剪后的视频画面。

"裁剪1帧"按钮+1：单击该按钮，可以将选择的视频素材整体裁剪1帧的长度，缩短视频播放效果。

"裁剪10帧"按钮+10：单击该按钮，可以将选择的视频素材裁剪10帧的长度，缩短视频播放效果。

"移到下一个编辑点"按钮▶▌：单击该按钮，可以跳转至素材的下一编辑点位置。

"裁剪(入点)"按钮▢：单击该按钮，可以裁剪、改变放置在时间线上的素材入点的画面。

"裁剪(出点)"按钮▢：单击该按钮，可以裁剪、改变放置在时间线上的素材出点的画面。

"裁剪-滚动"按钮▐▌：单击该按钮，可以滚动改变素材的整体长度，调整视频的区间。

"裁剪-滑动"按钮▢：单击该按钮，通过滑动的方式改变素材的显示画面效果。

"裁剪-滑过"按钮▐▐：单击该按钮，可以改变放置在时间线上素材的位置，而不改变素材整体长度。

"剪辑模式(转场)"按钮▢：单击该按钮，可以剪辑视频中的转场特效。

在 EDIUS 8 工作界面中，当用户进入剪辑模式后，录制窗口的右下方会显示一个"切换为常规模式"按钮◩，单击该按钮，可以快速退出剪辑模式，进入常规编辑模式。

<table>
<tr><td rowspan="2">实战
082</td><td rowspan="2">裁剪（入点）模式</td><td>▶ 实例位置：光盘 \ 效果 \ 第 5 章 \ 实战 082.ezp</td></tr>
<tr><td>▶ 素材位置：光盘 \ 素材 \ 第 5 章 \ 实战 082.ezp
▶ 视频位置：光盘 \ 视频 \ 第 5 章 \ 实战 082.mp4</td></tr>
</table>

● 实例介绍 ●

运用裁剪（入点）剪辑模式，可以裁剪、改变放置在时间线上的素材入点，是最常用的一种裁剪方式。下面向读者介绍运用裁剪（入点）剪辑模式裁剪素材入点的操作方法。

● 操作步骤 ●

STEP 01 单击"文件"|"打开工程"命令，打开一个工程文件，如图5-15所示。

STEP 02 在菜单栏中，单击"模式"|"剪辑模式"命令，如图5-16所示。

图5-15 打开一个工程文件

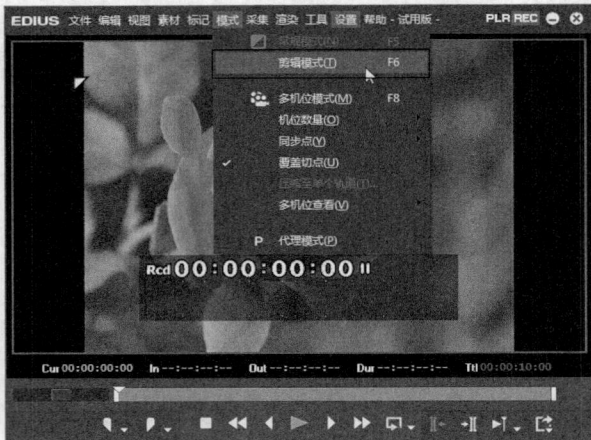

图5-16 单击"剪辑模式"命令

技巧点拨

在 EDIUS 8 工作界面中，按 F6 键，也可以快速进入剪辑模式。

STEP 03 执行操作后，即可进入剪辑模式，在剪辑模式中，单击下方的"裁剪（入点）"按钮，如图5-17所示。

STEP 04 选择第2段视频素材，将鼠标移至视频的入点位置，如图5-18所示。

图5-17 单击"裁剪（入点）"按钮

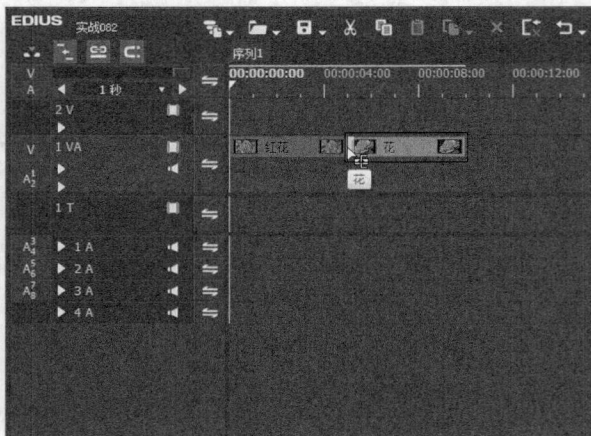

图5-18 移至入点位置

知识拓展

通过裁剪（入点）模式剪辑视频素材时，视频的整体区间长度将会发生变化。

STEP 05 单击鼠标左键并向左拖曳，即可调整视频的入点，如图5-19所示。

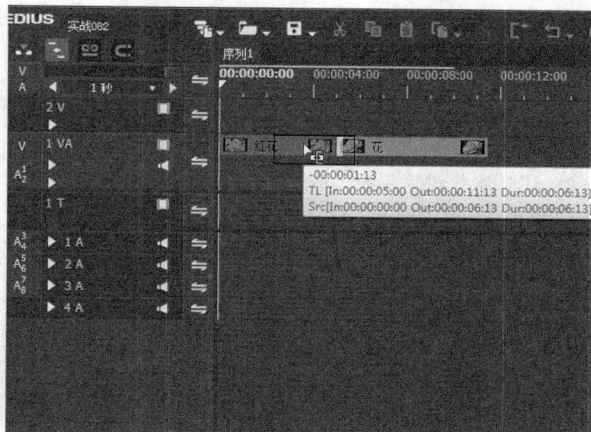

技巧点拨

在 EDIUS 8 工作界面中裁剪视频时，这种手动拖曳裁剪视频的方式，适合于对视频裁剪要求不高的影片，如果要进行精确裁剪的话，建议读者通过"持续时间"功能，裁剪视频素材。

图5-19 调整视频的入点

STEP 06 将时间线移至素材的开始位置，单击"播放"按钮，预览调整视频入点后的画面，如图5-20所示。

图5-20 预览调整视频入点后的画面

实战 083　裁剪（出点）模式

▶ 实例位置：光盘＼效果＼第 5 章＼实战 083.ezp
▶ 素材位置：光盘＼素材＼第 5 章＼实战 083.ezp
▶ 视频位置：光盘＼视频＼第 5 章＼实战 083.mp4

● 实例介绍 ●

裁剪（出点）剪辑模式与裁剪（入点）剪辑模式的操作类似，只是裁剪（出点）剪辑模式主要针对视频素材的出点进行调整，也是最常用的一种裁剪方式。

● 操作步骤 ●

STEP 01 单击"文件"｜"打开工程"命令，打开一个工程文件，如图5-21所示。

STEP 02 单击"模式"｜"剪辑模式"命令，执行操作后，即可进入剪辑模式，如图5-22所示。

图5-21 打开一个工程文件

图5-22 进入剪辑模式

STEP 03 在剪辑模式中，单击下方的"裁剪（出点）"按钮，如图5-23所示。

STEP 04 选择第2段视频素材，将鼠标移至视频的出点位置，如图5-24所示。

图5-23 单击"裁剪（出点）"按钮

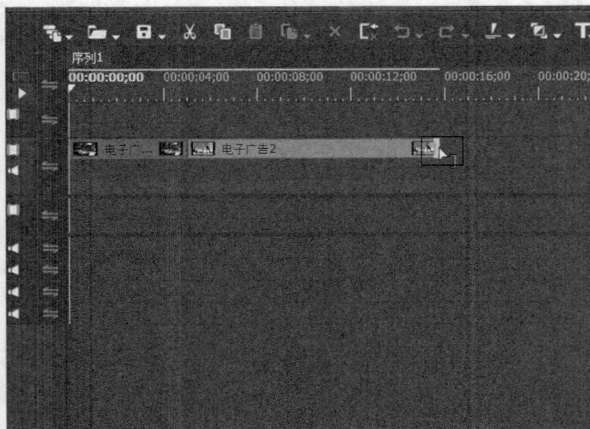

图5-24 移至视频的出点位置

STEP 05 单击鼠标左键并向左拖曳，即可调整视频的出点，如图5-25所示。

技巧点拨

当用户使用裁剪（出点）模式剪辑视频素材时，如果被剪辑的素材出点与下一段视频的入点连接在一起，则用户只会改变当前选择的素材的出点，而不会改变下一段视频素材的入点区间。

图5-25 调整视频的出点

STEP 06 将时间线移至素材的开始位置，单击"播放"按钮，即可预览调整视频出点后的视频画面效果，如图5-26所示。

图5-26 预览调整视频出点后的画面效果

实战 084　裁剪−滚动模式

▶ 实例位置：光盘 \ 效果 \ 第 5 章 \ 实战 084.ezp
▶ 素材位置：光盘 \ 素材 \ 第 5 章 \ 实战 084.ezp
▶ 视频位置：光盘 \ 视频 \ 第 5 章 \ 实战 084.mp4

● 实例介绍 ●

使用裁剪−滚动剪辑模式，可以改变相邻素材间的边缘，不改变两段素材的总长度，下面向读者介绍通过裁剪−滚动模式裁剪视频素材的方法。

● 操作步骤 ●

STEP 01 单击"文件"|"打开工程"命令，打开一个工程文件，如图5-27所示。

STEP 02 单击"模式"|"剪辑模式"命令，进入剪辑模式，单击下方的"裁剪−滚动"按钮，如图5-28所示。

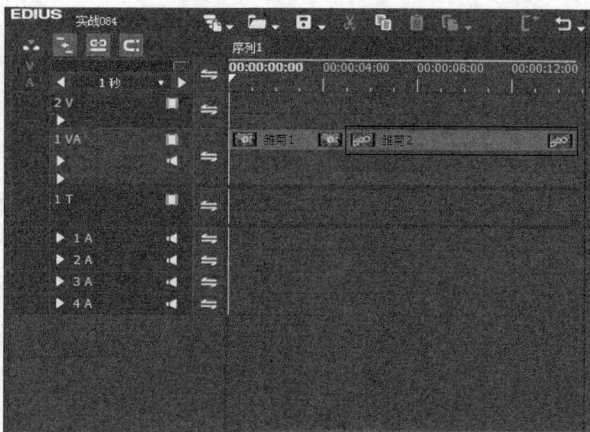
图5-27 打开一个工程文件

图5-28 单击"裁剪−滚动"按钮

技巧点拨

在 EDIUS 8 工作界面中剪辑视频时，当用户使用裁剪(入点)模式与"裁剪(出点)"模式剪辑视频素材后，素材的整体区间长度都会发生变化，而当用户使用裁剪−滚动模式剪辑视频素材时，素材的整体区间长度不会发生变化。

STEP 03 选择第1段视频素材，将鼠标移至视频的出点位置，如图5-29所示。

STEP 04 单击鼠标左键并向右拖曳，即可通过裁剪−滚动模式编辑视频素材，如图5-30所示。

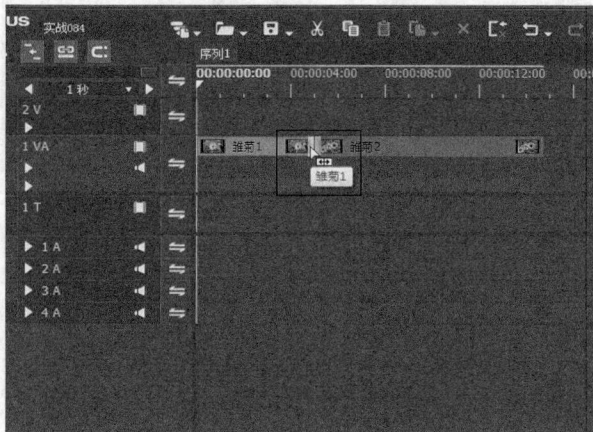
图5-29 移至视频的出点位置

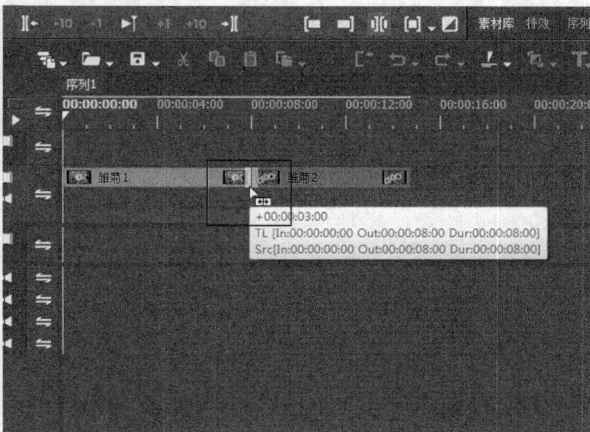
图5-30 编辑视频素材

STEP 05 将时间线移至素材的开始位置，单击"播放"按钮，预览裁剪后的视频画面效果，如图5-31所示。

图5-31 预览裁剪后的视频画面效果

实战 085 裁剪-滑动模式

▶ 实例位置：光盘 \ 效果 \ 第 5 章 \ 实战 085.ezp
▶ 素材位置：光盘 \ 素材 \ 第 5 章 \ 实战 085.ezp
▶ 视频位置：光盘 \ 视频 \ 第 5 章 \ 实战 085.mp4

● 实例介绍 ●

使用裁剪-滑动剪辑模式，仅改变选中素材中要使用的部分，不影响素材当前的位置和长度，下面向读者介绍通过裁剪-滑动模式裁剪视频素材的方法。

● 操作步骤 ●

STEP 01 单击"文件"|"打开工程"命令，打开一个工程文件，如图5-32所示。

STEP 02 单击"模式"|"剪辑模式"命令，进入剪辑模式，单击下方的"裁剪-滑动"按钮，如图5-33所示。

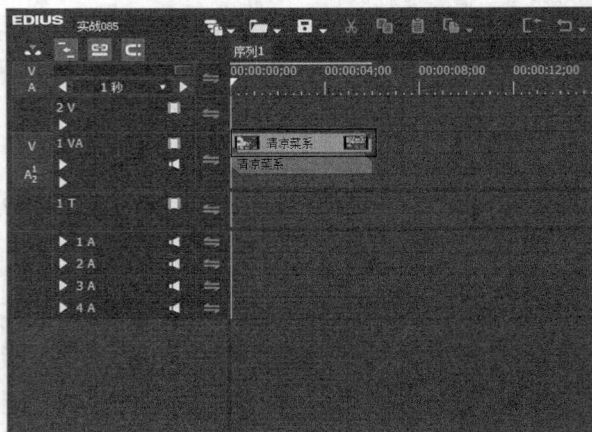

图5-32 打开一个工程文件

图5-33 单击"裁剪-滑动"按钮

技巧点拨

在 EDIUS 8 中使用裁剪-滑动模式时，方便用户对多个视频画面进行对比查看操作，而不会改变视频文件在视频轨中的位置。

STEP 03 将鼠标移至视频轨中的素材上方，单击鼠标左键并向左拖曳，如图5-34所示，即可通过裁剪-滑动模式编辑视频素材。

STEP 04 此时界面中自动切换到两个镜头画面，如图5-35所示，方便用户查看视频片段。

图5-34 单击鼠标左键并向左拖曳

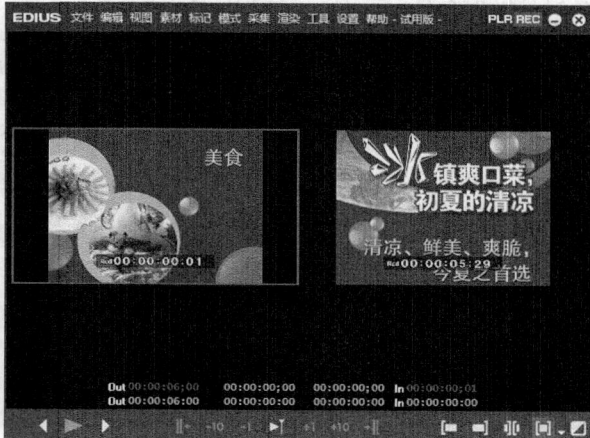

图5-35 自动切换到两个镜头画面

STEP 05 将时间线移至素材的开始位置，单击录制窗口中的"播放"按钮，即可预览裁剪后的视频画面效果，如图5-36 所示。

图5-36 预览裁剪后的视频画面效果

技巧点拨

在 EDIUS 8 工作界面中，裁剪－滑动模式主要对于编辑视频素材时有用，对于静态的图像素材是没有任何作用的。

实战 086　裁剪－滑过模式

▶ 实例位置：光盘 \ 效果 \ 第 5 章 \ 实战 086.ezp
▶ 素材位置：光盘 \ 素材 \ 第 5 章 \ 实战 086.ezp
▶ 视频位置：光盘 \ 视频 \ 第 5 章 \ 实战 086.mp4

● 实例介绍 ●

使用裁剪－滑过剪辑模式剪辑素材时，仅改变选中素材的位置，而不改变选中素材的长度，选中的素材只能在同一轨道上进行滑动操作。

下面向读者介绍使用裁剪－滑过模式编辑素材的操作方法。

● 操作步骤 ●

STEP 01 单击"文件"|"打开工程"命令，打开一个工程文件，如图5-37所示。

STEP 02 单击"模式"|"剪辑模式"命令，进入剪辑模式，单击下方的"裁剪－滑过"按钮，如图5-38所示。

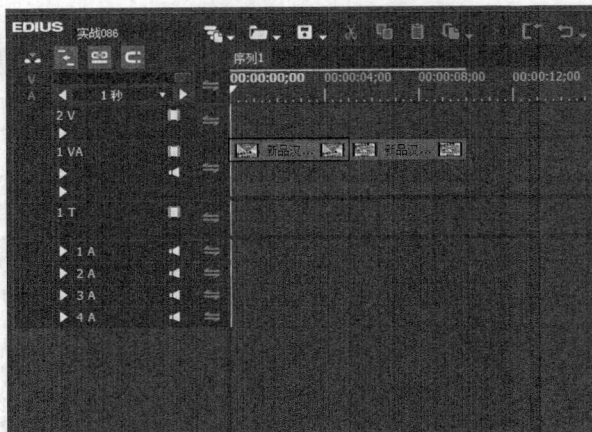

图5-37 打开一个工程文件

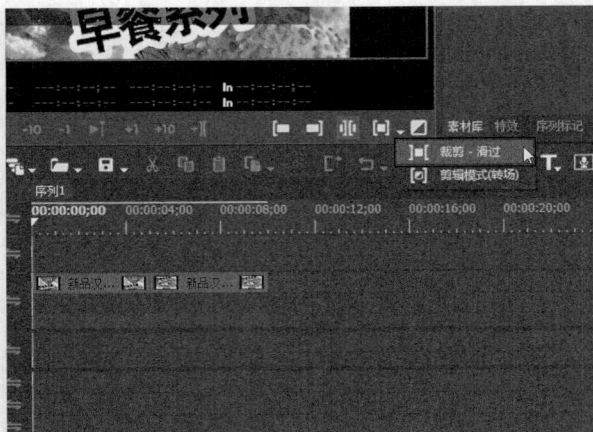

图5-38 单击"裁剪-滑过"按钮

知识拓展

使用裁剪–滑过模式剪辑视频素材时，如果被剪辑的视频素材前后都有其他素材画面，在滑过的过程中将会覆盖其他视频的区间长度。

STEP 03 在视频轨中，选择需要进行滑动剪辑的视频素材，使其呈选中状态，如图5-39所示。

STEP 04 单击鼠标左键并向右侧拖曳，至合适位置后释放鼠标左键，即可在同一轨道中对视频素材进行水平滑过，如图5-40所示。

图5-39 选择视频素材

图5-40 对视频素材进行水平滑过

STEP 05 将时间线移至素材的开始位置，单击录制窗口中的"播放"按钮，即可预览裁剪后的视频画面效果，如图5-41所示。

图5-41 预览裁剪后的视频画面效果

实战 087　剪辑模式（转场）

▶ 实例位置：光盘 \ 效果 \ 第 5 章 \ 实战 087.ezp
▶ 素材位置：光盘 \ 素材 \ 第 5 章 \ 实战 087.ezp
▶ 视频位置：光盘 \ 视频 \ 第 5 章 \ 实战 087.mp4

● 实例介绍 ●

　　在EDIUS 8工作界面中，前面介绍的5种视频剪辑模式都是针对视频素材本身进行的剪辑操作，而剪辑模式（转场）是针对视频中添加的转场特效进行的剪辑操作，用户可以修改转场中入点与出点的位置和转场整体的区间长度。

　　下面向读者介绍使用剪辑模式（转场）剪辑视频转场特效的操作方法。

● 操作步骤 ●

STEP 01　单击"文件"|"打开工程"命令，打开一个工程文件，如图5-42所示。

STEP 02　在菜单栏中，单击"视图"|"面板"|"特效面板"命令，执行操作后，即可打开特效面板，在其中展开"转场"素材库中的2D转场素材库，然后选择"圆形"转场效果，如图5-43所示。

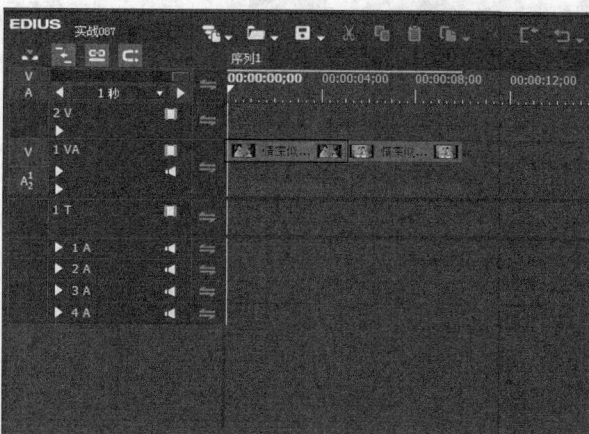

图5-42 打开一个工程文件

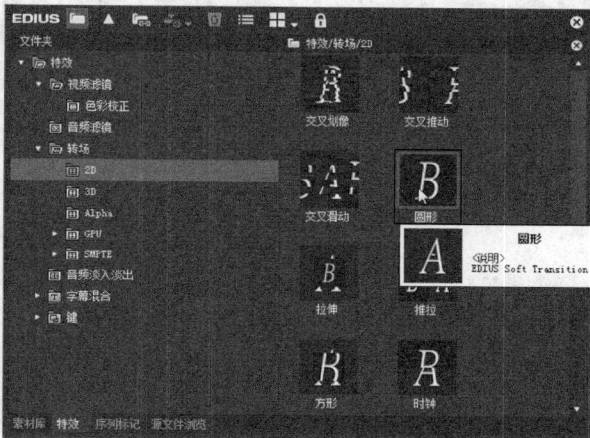

图5-43 选择"圆形"转场效果

STEP 03　在选择的转场效果上，单击鼠标左键并拖曳至视频轨中两幅图像素材之间，为其添加"圆形"转场效果，如图5-44所示。

STEP 04　在菜单栏中，单击"模式"|"剪辑模式"命令，如图5-45所示。

图5-44 添加"圆形"转场效果

图5-45 单击"剪辑模式"命令

STEP 05 执行操作后，进入剪辑模式，单击下方的"剪辑模式（转场）"按钮，如图5-46所示。

STEP 06 将鼠标指针移至视频轨中两幅图像素材中间的转场上，单击鼠标左键，此时转场的出点呈黄色显示，如图5-47所示。

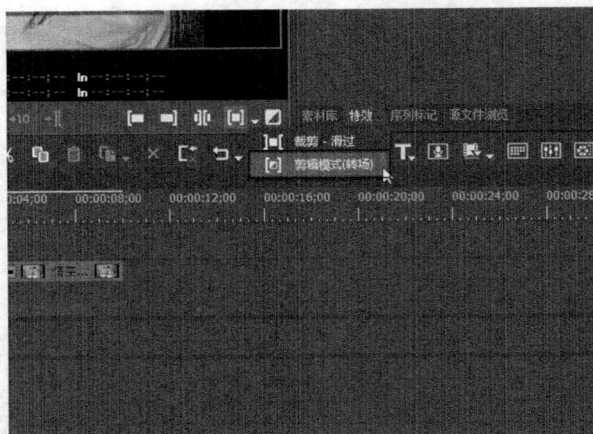

图5-46 单击"剪辑模式（转场）"按钮

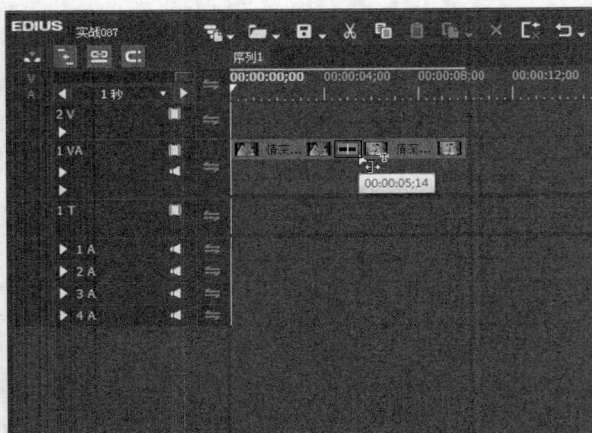

图5-47 选择转场的出点

STEP 07 在转场的入点位置上，单击鼠标左键并向右侧拖曳，调整转场的出入点位置，如图5-48所示。

图5-48 调整转场的出入点位置

STEP 08 单击录制窗口中的"播放"按钮，即可预览剪辑转场后的视频画面效果，如图5-49所示。

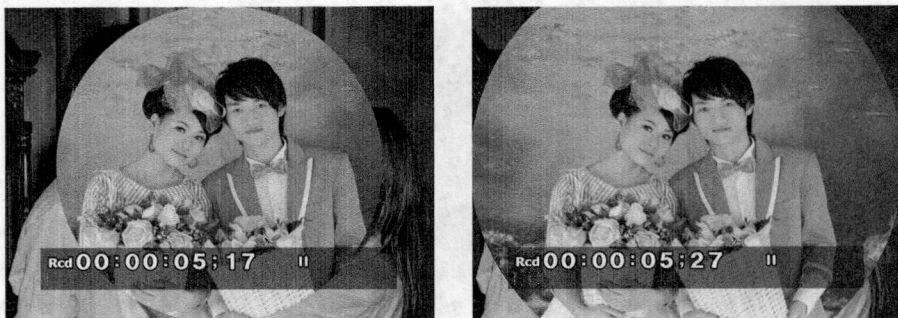

图5-49 预览剪辑转场后的视频画面效果

5.3 多机位模式的应用

　　某些大型活动的节目剪辑往往需要多角度切换，所以在活动现场一般有数台摄像机同时拍摄，可以为后期编辑人员提供多机位素材来使用。本节主要向读者详细介绍应用多机位模式剪辑视频素材的操作方法。

▶ 实例位置：光盘 \ 效果 \ 第 5 章 \ 实战 088.ezp
▶ 素材位置：光盘 \ 素材 \ 第 5 章 \ 实战 088
▶ 视频位置：光盘 \ 视频 \ 第 5 章 \ 实战 088.mp4

实战 088　进入多机位模式

● 实例介绍 ●

用户要使用多机位模式剪辑视频素材之前，首先需要进入多机位模式，下面向读者介绍进入多机位模式的操作方法。

● 操作步骤 ●

STEP 01 如果用户需要对3台摄像机素材进行同时剪辑操作，此时在时间线面板中需要3条视频轨道，用户可以通过在时间线面板中单击鼠标右键，在弹出的快捷菜单中选择"添加"|"在上方添加视频轨道"选项，如图5-50所示。

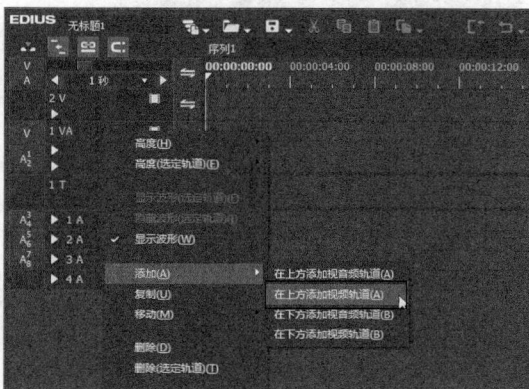

图5-50 选择"在上方添加视频轨道"选项

STEP 02 执行操作后，弹出"添加轨道"对话框，设置轨道数量为1，如图5-51所示。

图5-51 设置轨道数量为1

STEP 03 单击"确定"按钮，即可在时间线面板中添加第3条视频轨道，如图5-52所示。

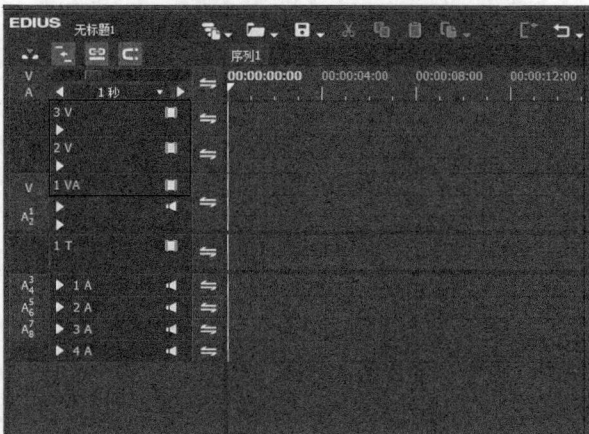

图5-52 添加第3条视频轨道

STEP 04 在时间线面板中的3条视频轨道上，分别添加不同的视频素材，如图5-53所示。

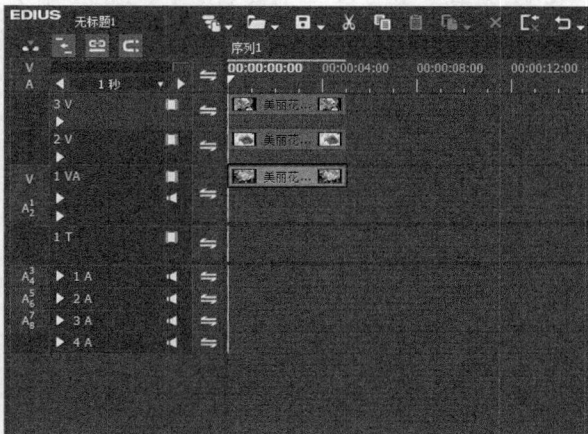

图5-53 添加不同的视频素材

STEP 05 在菜单栏中，单击"模式"|"多机位模式"命令，如图5-54所示。

STEP 06 执行操作后，即可进入多机位模式编辑状态，如图5-55所示。

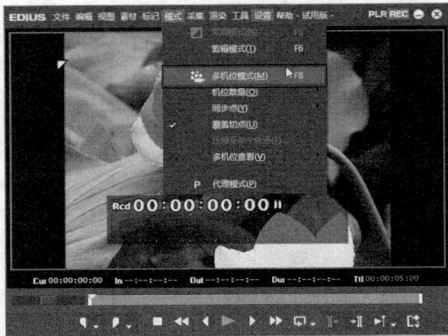

图5-54 单击"多机位模式"命令

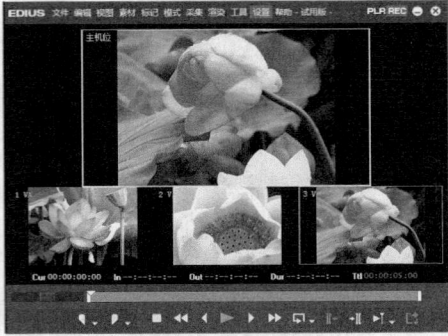

图5-55 进入多机位模式编辑状态

STEP 07 此时,录制窗口中划分出多个小窗口,默认状态下支持3台摄像机的素材,其中3个小窗口即是3个机位,大的"主机位"窗口即最后选择的机位,在时间线面板中轨道名称右侧出现了C1、C2、C3字样,它代表机位号,如图5-56所示。

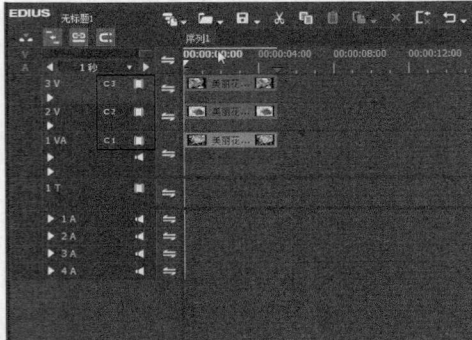

图5-56 数字代表机位号

实战 089 多种机位数量的应用

▶ 实例位置:无
▶ 素材位置:上一例素材
▶ 视频位置:光盘\视频\第5章\实战089.mp4

● 实例介绍 ●

在EDIUS 8中,提供了多机位模式来支持最多达16台摄像机素材同时剪辑。也就是说,用户可以使用的机位数量在16个机位窗口之内。

● 操作步骤 ●

STEP 01 如果用户需要新增机位窗口,只需在菜单栏中单击"模式"|"机位数量"命令,在弹出的子菜单中,用户可根据需要选择相应的机位数量所对应的选项即可,如图5-57所示。

STEP 02 在多机位窗口下,用户可以对不同的视频素材进行编辑和剪辑操作。下面向读者展示几种多机位窗口的显示方式,在菜单栏中,单击"模式"|"机位数量"|4命令,即可在预览窗口中显示4个机位窗口,如图5-58所示。

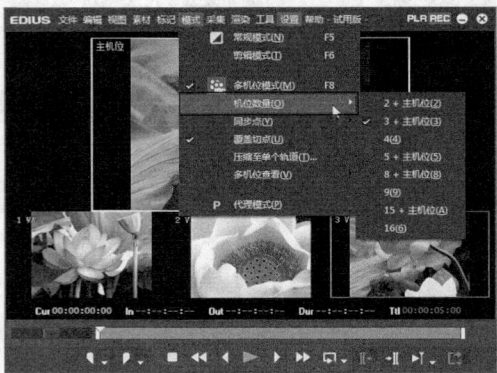

图5-57 选择相应的机位数量所对应的选项

图5-58 显示4个机位窗口

STEP 03 在菜单栏中，单击"模式"|"机位数量"|5 命令，即可在窗口中显示5个机位窗口，如图5-59所示。

图5-59 显示5个机位窗口

知识拓展

在菜单栏中，单击"模式"|"机位数量"|9 命令，即可在预览窗口中显示9个机位窗口，如图 5-60 所示。

设置同步点剪辑

在 EDIUS 8 中剪辑视频时，对于多机位剪辑非常重要的就是准确的时间对位，这在 EDIUS 8 中被称作"同步点"。同步点其实就是素材的对齐方式，对于演唱会的素材来讲，由于现场摄影机都已校正了时间，所以用户一般会选择"录制时间"选项，来对齐视频素材。

在菜单栏中，单击"模式"|"同步点"命令，在弹出的子菜单中，除了"无同步"命令以外，EDIUS 8 还提供了四种同步方式，分别为素材的"时间码""录制时间""素材入点"和"素材出点"，如图 5-61 所示。

图5-60 显示9个机位窗口

图5-61 "同步点"子菜单

本节主要向读者详细介绍设置多机位同步点剪辑的操作方法，希望读者可以熟练掌握本节介绍的内容。

设置同步到时间码

如果多个摄像机录制的时间码是一样的，则用户在使用多机位模式时，可以将这些素材同步到时间码，对视频进行准确的时间对位。

设置同步到时间码的方法很简单，用户只需在菜单栏中，单击"模式"|"同步点"|"时间码"命令，如图 5-62 所示，执行操作后，即可将多段视频的同步点设置为时间码。

设置同步到录制时间

如果摄影师在录制视频的过程中，已经校正了时间，则用户可以使用"录制时间"命令来对位多机位窗口中的视频素材。

设置同步到录制时间的方法很简单，用户只需在菜单栏中，单击"模式"|"同步点"|"录制时间"命令，如图 5-63 所示，执行操作后，

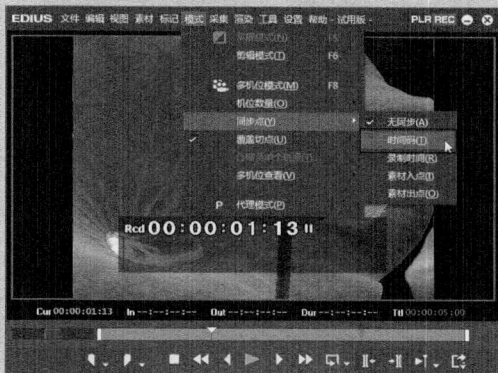

图5-62 单击"时间码"命令

121

即可将多段视频的同步点设置为录制时间。

设置同步到素材入点

在 EDIUS 8 中编辑视频时,设置同步到素材入点的方法很简单,用户只需在菜单栏中,单击"模式"|"同步点"|"素材入点"命令,如图 5-64 所示,执行操作后,即可将多段视频的同步点设置为素材入点。

图5-63 单击"录制时间"命令

图5-64 单击"素材入点"命令

设置同步到素材出点

在 EDIUS 8 中编辑视频时,设置同步到素材出点的方法很简单,用户只需在菜单栏中,单击"模式"|"同步点"|"素材出点"命令,如图 5-65 所示,执行操作后,即可将多段视频的同步点设置为素材出点。

取消素材的同步设置

在 EDIUS 8 的多机位模式中,如果用户不需要使用同步点来对齐视频文件,此时可以取消视频的同步点操作。

在菜单栏中,单击"模式"|"同步点"|"无同步"命令,如图 5-66 所示,执行操作后,即可取消多段视频的同步点操作。

图5-65 单击"素材出点"命令

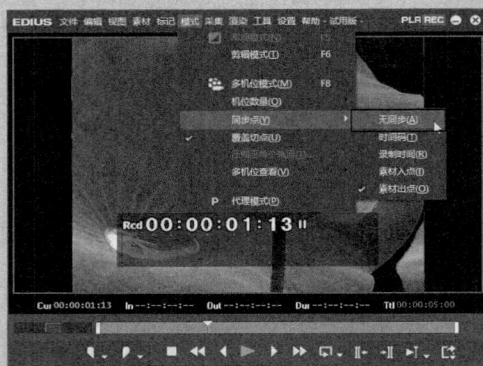

图5-66 单击"无同步"命令

5.4 多机位查看方式

在EDIUS 8的多机位模式中,用户可以设置多机位模式状态下的查看方式,可以查看视频素材的丢帧状态、视频滤镜、轨道名称以及全屏预览时仅显示选定机位中的视频画面等。本节主要向读者介绍多机位模式下的多种视频查看方式。

实战 090	查看视频滤镜	▶ 实例位置:无 ▶ 素材位置:上一例素材 ▶ 视频位置:光盘\视频\第5章\实战090.mp4

● 实例介绍 ●

在多机位模式下编辑视频时,用户可以决定是否查看制作的视频滤镜效果。默认情况下,滤镜效果在多机位模式下是会显示出来的,如果用户为了提高软件的运行速度,可以暂时将滤镜效果隐藏起来。

● 操作步骤 ●

STEP 01 单击"模式"|"多机位查看"|"应用视频滤镜"命令，如图5-67所示。

STEP 02 执行操作后，即可在多机位模式下显示或隐藏视频的滤镜效果。

技巧点拨

单击"模式"菜单，在弹出的菜单列表中依次按V、A键，也可以快速对多机位模式中的视频滤镜进行查看或隐藏操作。

图5-67 单击"应用视频滤镜"命令

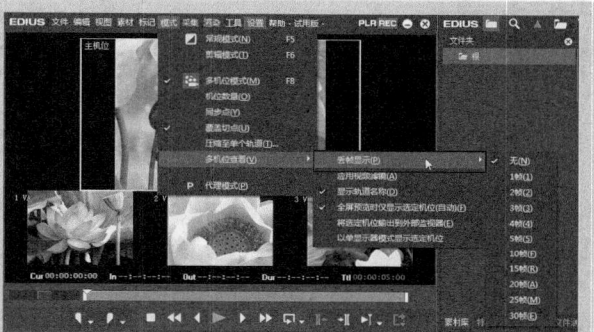

知识拓展

当用户使用多机位查看视频时，在播放时间线的过程中，如果用户感觉系统负担大无法流畅播放时，可以使用丢帧的方式来加速视频的播放效果。EDIUS 8将会先保证声音流畅播放，并丢帧播放各个小画面，以减轻系统的负担。

在 EDIUS 8 的多机位模式下，用户可以查看画面的丢帧信息。查看丢帧显示的操作很简单，用户在菜单栏中，单击"模式"|"多机位查看"|"丢帧显示"命令，在弹出的子菜单中，用户可以选择丢帧的具体帧数信息，如图 5-68 所示。

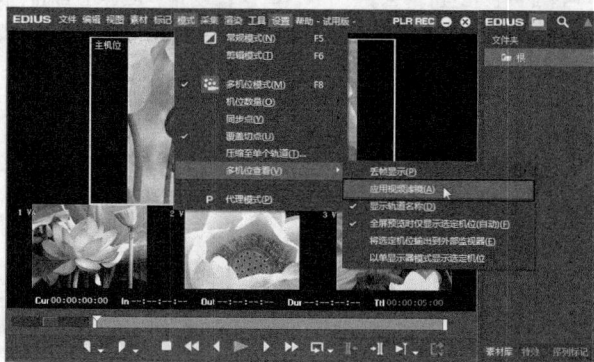

图5-68 选择丢帧的具体帧数信息

实战 091　查看轨道名称

▶ 实例位置：无
▶ 素材位置：上一例素材
▶ 视频位置：光盘\视频\第 5 章\实战 091.mp4

● 实例介绍 ●

在多机位模式下，用户还可以根据需要对轨道名称进行查看或隐藏操作。

● 操作步骤 ●

STEP 01 单击"模式"|"多机位查看"|"显示轨道名称"命令，如图5-69所示。

STEP 02 执行操作后，即可在多机位的小窗口左上角，显示相应的轨道名称，如图5-70所示。

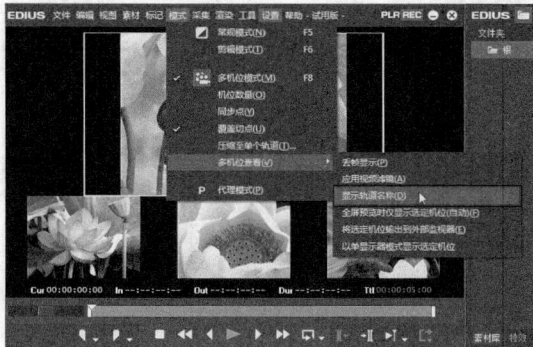

图5-69 单击"显示轨道名称"命令

图5-70 显示相应的轨道名称

STEP 03 如果用户不需要显示轨道的名称，只需再次单击"模式"|"多机位查看"|"显示轨道名称"命令，即可隐藏轨道的名称，如图5-71所示。

技巧点拨

单击"模式"菜单，在弹出的菜单列表中依次按 V、D 键，也可以快速对多机位模式中的轨道名称进行查看或隐藏操作。

图5-71 隐藏轨道的名称

实战 092	全屏预览时仅显示选定机位	▶ 实例位置：光盘 \ 效果 \ 第 5 章 \ 实战 092.ezp
		▶ 素材位置：上一例素材
		▶ 视频位置：光盘 \ 视频 \ 第 5 章 \ 实战 092.mp4

● **实例介绍** ●

在多机位模式的默认情况下，如果用户需要全屏预览视频画面，则会显示所有机位的视频画面预览图。在EDIUS 8中，用户可以选择在全屏预览时仅显示选定机位的视频画面，这样可以更好地观察视频的画面效果。

● **操作步骤** ●

STEP 01 在菜单栏中，单击"模式"|"多机位查看"|"全屏预览时仅显示选定机位"命令，如图5-72所示。

STEP 02 执行操作后，当用户全屏预览视频画面时，将只显示选定机位的视频画面，如图5-73所示。

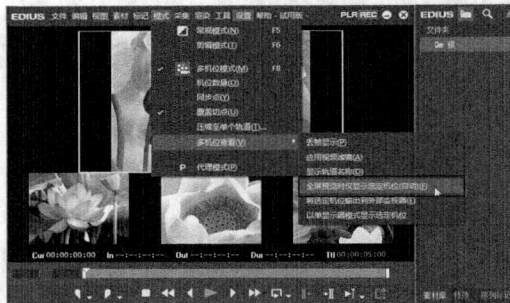

图5-72 单击相应命令

图5-73 只显示选定机位的视频画面

技巧点拨

单击"模式"菜单，在弹出的菜单列表中依次按 V、F 键，也可以快速对多机位模式中的单机位全屏预览进行设置。

STEP 03 如果用户需要查看全部机位的视频画面时，只需再次单击"模式"|"多机位查看"|"全屏预览时仅显示选定机位"命令，取消该命令前面的勾选状态，即可取消单机位的全屏预览，效果如图5-74所示。

图5-74 所有机位全屏预览时的效果

知识拓展

将选定机位输出到外部监视器

当用户使用 EDIUS 8 对视频素材进行多机位编辑时，如果用户使用了两台以上的监视器，此时用户可以将选定的机位输出到外部监视器，以更大的空间对视频画面进行预览操作。

将选定机位输出到外部监视器的方法很简单，用户只需单击"模式"｜"多机位查看"｜"将选定机位输出到外部监视器"命令，如图 5-75 所示，执行操作后，鼠标选定机位中的视频画面将会输出到外部的监视器。用户还可以在"模式"菜单下，依次按 V、E 键，也可以快速执行"将选定机位输出到外部监视器"命令。

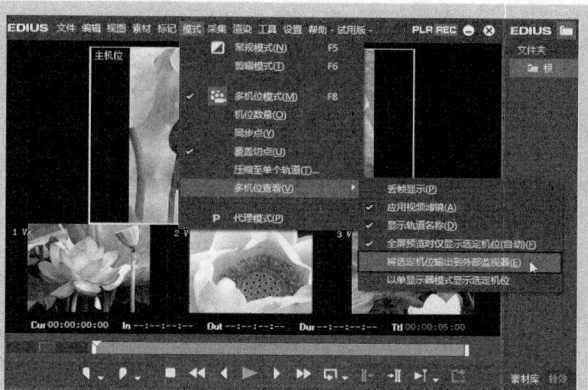

图5-75　单击相应的命令

实战 093　以单显示器模式显示选定机位

▶ **实例位置**：光盘＼效果＼第 5 章＼实战 093.ezp
▶ **素材位置**：上一例素材
▶ **视频位置**：光盘＼视频＼第 5 章＼实战 093.mp4

● **实例介绍** ●

在 EDIUS 8 的多机位模式中，用户也可以以单显示器的模式显示选定的机位。

● **操作步骤** ●

STEP 01 单击"模式"｜"多机位查看"｜"以单显示器模式显示选定机位"命令，如图5-76所示。

STEP 02 执行操作后，在录制窗口中即可以单显示器的模式显示选定的机位中的视频画面，如图5-77所示。

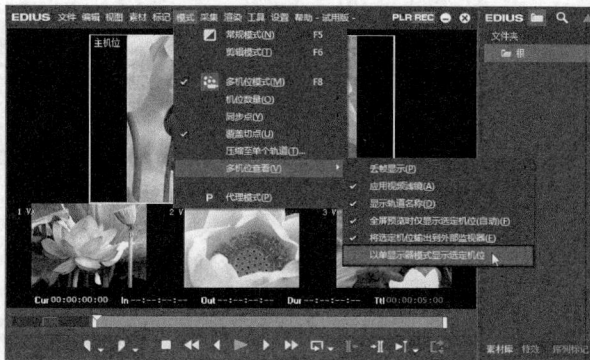

图5-76　单击相应命令

图5-77　单显示器的模式显示选定的机位

提高篇

第 **6** 章

剪辑与精修视频素材

本章导读

在 EDIUS 8 中，用户可以对添加的视频素材进行精确的剪辑与精修操作，并可以删除视频中指定的部分特效，使剪辑后的视频素材更符合用户的需求，使制作的视频画面更加具有吸引力。用户只要掌握好本章介绍的这些剪辑视频的方法，便可以制作出更为完美、流畅的视频画面效果。

要点索引

- 精确修整素材画面
- 精确剪辑素材对象
- 精确修整视频中的音频
- 预览剪辑的视频素材
- 精确删除素材对象
- 删除视频部分特效
- 删除视频素材间隙

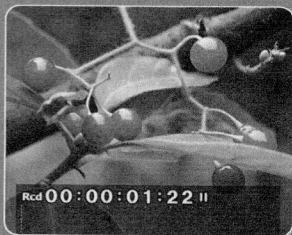

Rcd 00:00:01:22

Rcd 00:00:06:19

Rcd 00:00:05:01

Rcd 00:00:00:20

6.1 精确修整素材画面

在EDIUS 8工作界面中，用户可以对视频素材进行相应的修整操作，使制作的视频画面更加完美。本节主要向读者介绍精确修整视频素材的操作方法，主要包括设置素材持续时间、设置视频素材速度以及设置素材时间重映射等内容，希望读者可以熟练掌握本节内容。

实战 094 设置素材持续时间

▶ 实例位置：光盘 \ 效果 \ 第 6 章 \ 实战 094.ezp
▶ 素材位置：光盘 \ 素材 \ 第 6 章 \ 实战 094.ezp
▶ 视频位置：光盘 \ 视频 \ 第 6 章 \ 实战 094.mp4

● 实例介绍 ●

本例原始素材是一段视频素材，下面就通过在"持续时间"对话框中设置素材区间参数的方式，更改素材的整体时间长度。

● 操作步骤 ●

STEP 01 单击"文件"|"打开工程"命令，打开一个工程文件，在视频轨中，选择需要设置持续时间的素材文件，如图6-1所示。

STEP 02 单击"素材"菜单，在弹出的菜单列表中单击"持续时间"命令，如图6-2所示。

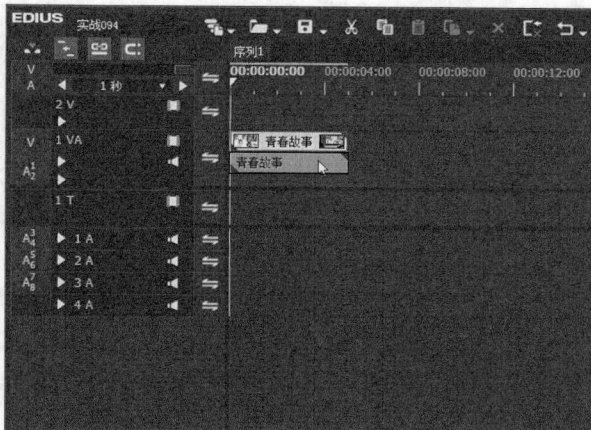

图6-1 选择素材文件

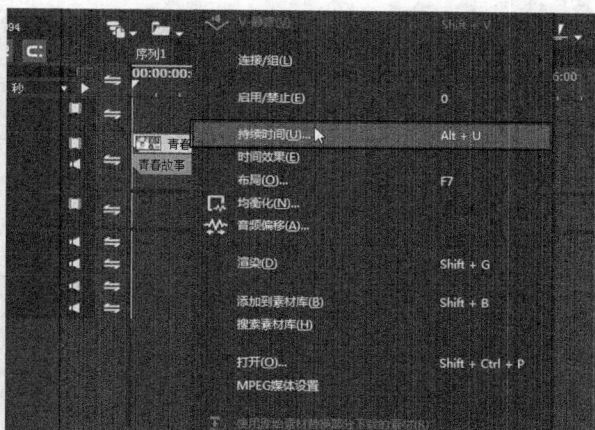

图6-2 单击"持续时间"命令

技巧点拨

在"素材"菜单下，按 D 键，也可以快速弹出"持续时间"对话框。

STEP 03 弹出"持续时间"对话框，在"持续时间"数值框中输入00:00:03:00，如图6-3所示。

STEP 04 设置完成后，单击"确定"按钮，即可调整素材文件的持续时间，如图6-4所示。

图6-3 输入00:00:03:00

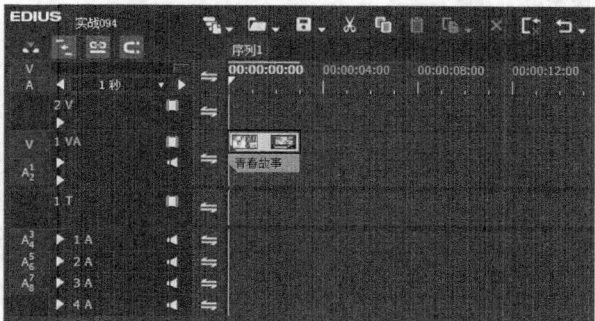

图6-4 调整素材的持续时间

知识拓展

在 EDIUS 8 的"持续时间"对话框中，各主要选项含义如下。

"持续时间"数值框：该数值框用于调整素材播放时间的长度，显示当前播放所选素材所需的时间，时间码上的数字代表"小时：分钟：秒：帧"，用户可以单击时间码上的数字，待数字处于闪烁状态时，输入新的数字后按 Enter 键确认，即可改变原来视频素材的播放时间长度。如图 6-3 所示为调整区间后的素材长度变化。

"关闭"按钮：单击该按钮，可以退出"持续时间"对话框。

STEP 05 单击录制窗口下方的"播放"按钮，预览调整持续时间后的素材画面，如图6-5所示。

图6-5 预览调整持续时间后的素材画面

技巧点拨

在 EDIUS 8 工作界面中，用户还可以通过以下两种方法调整素材的持续时间。

按 Alt + U 组合键，调整素材持续时间。

在菜单栏中，单击"素材"菜单，在弹出的菜单列表中单击"持续时间"命令，也可以快速调整素材持续时间。

在 EDIUS 8 工作界面中，单击"视图"菜单，在弹出的菜单列表中，按两次 S 键，也可以切换至"单窗口模式"命令，然后按 Enter 键确认，即可应用单窗口模式。

在 EDIUS 8 中，用户还可以在视频轨中，拖曳视频右侧的黄色控制柄，向左或向右拖曳，也可以调整素材的整体时间长度。图 6-6 所示为通过拖曳黄色控制柄调整持续时间后的前后对比效果。

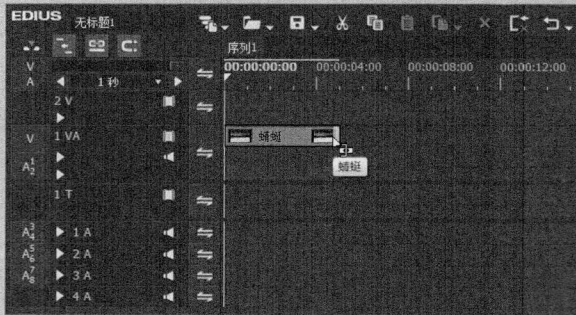

图6-6 拖曳黄色控制柄调整素材持续时间

实战 095 设置视频慢速度播放

▶ 实例位置：光盘 \ 效果 \ 第 6 章 \ 实战 095.ezp
▶ 素材位置：光盘 \ 素材 \ 第 6 章 \ 实战 095.ezp
▶ 视频位置：光盘 \ 视频 \ 第 6 章 \ 实战 095.mp4

● 实例介绍 ●

本例原始素材是一段视频素材，下面就通过在"素材速度"对话框中设置素材速度比率的方式，更改素材速度为慢动作播放特效。

● 操作步骤 ●

STEP 01 单击"文件"|"打开工程"命令，打开一个工程文件，在视频轨中，选择需要设置速度的素材文件，如图6-7所示。

STEP 02 单击鼠标右键，在弹出的快捷菜单中选择"时间效果"|"速度"选项，如图6-8所示。

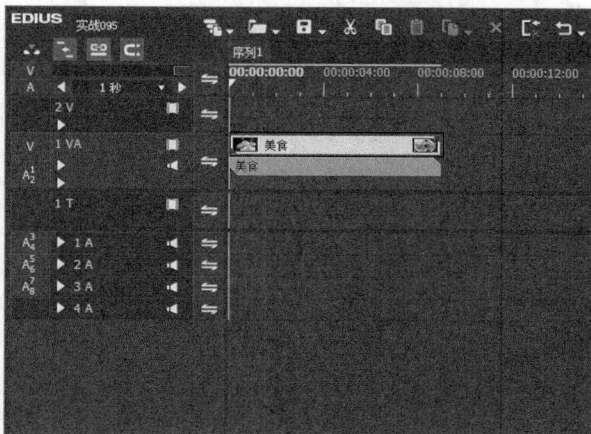

图6-7　选择需要设置速度的素材文件

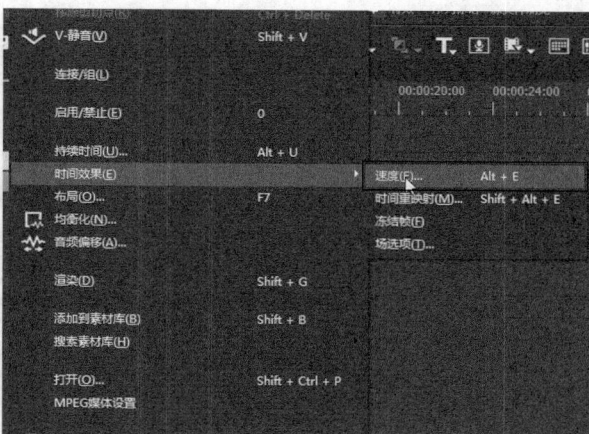

图6-8　单击"速度"选项

知识拓展

了解"素材速度"对话框

在 EDIUS 8 工作界面中，通过"素材速度"功能，可以对视频素材进行快动作或者慢动作的播放，实现视频中的某种特定画面特效。

在视频轨中需要调整速度的视频素材上，单击鼠标右键，在弹出的快捷菜单中选择"时间效果"|"速度"选项，即可弹出"素材速度"对话框，如图 6-9 所示。

在"素材速度"对话框中，各选项含义如下。

"正方向"单选按钮：选中该单选按钮，可以以正方向的方式调整视频素材的速度。

"逆方向"单选按钮：选中该单选按钮，在调整素材速度的同时，对视频素材进行反转操作，更改视频素材的播放顺序。

"比率"数值框：在右侧的数值框中，可以输入视频的速度比率。

"在时间线上改变素材长度"复选框：选中该复选框，可以在时间线上改变素材的长度。

"持续时间"数值框：在该数值框中，用户输入相应的视频区间数值，也可以更改素材的播放速度。

"场选项"按钮：单击该按钮，可以弹出"场选项"对话框，可以设置视频场景参数。

在对话框中，单击下方的"场选项"按钮，也可以快速弹出"场选项"对话框，如图 6-10 所示。

在"场选项"对话框中，各主要选项含义如下。

"当速度低于 100% 时去交错"单选按钮：选中该单选按钮，如果设置的素材速度低于 100% 时，软件自动去除视频素材中交错的部分。

"一直去交错"单选按钮：选中该单选按钮后，无论速度的比率为多少，均去除交错。

"无"单选按钮：选中该单选按钮后，无论速度的比率为多少，都不去除交错。

"使用最近邻帧"复选框：选中该复选框后，软件将使用最近邻帧进行相关操作。

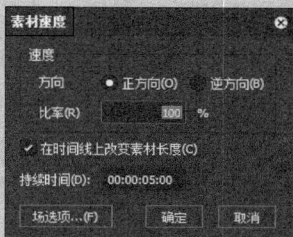

图6-9　弹出"素材速度"对话框

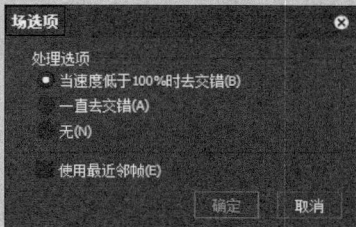

图6-10　弹出"场选项"对话框

STEP 03　弹出"素材速度"对话框，在"比率"右侧的数值框中输入50，如图6-11所示。

STEP 04　单击"确定"按钮，在视频轨中可以查看调整速度后的素材文件区间变化，如图6-12所示。

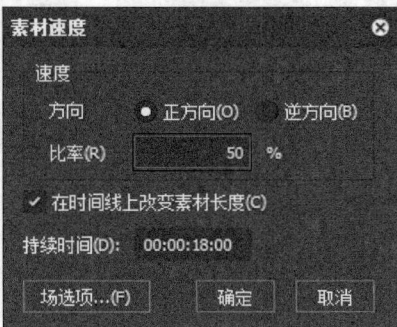

图6-11　在数值框中输入50

图6-12　查看调整速度后的素材区间变化

技巧点拨

单击"素材"｜"时间效果"｜"速度"命令，也可以快速弹出"素材速度"对话框。

STEP 05 单击录制窗口下方的"播放"按钮，预览调整速度后的视频画面效果，如图6-13所示。

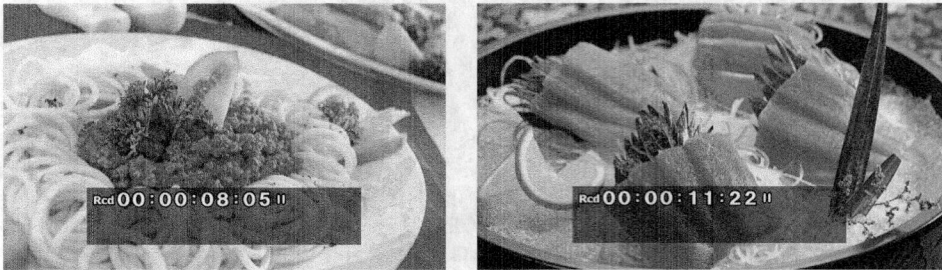

图6-13 预览调整速度后的视频画面效果

知识拓展

"持续时间"功能只能调整素材整体的区间长度，而不能更改视频画面播放的速度快或慢；而"素材速度"功能，虽然在调整速度比率的同时，素材区间也发生了变化，但同时也更改了视频画面播放的速度是快动作还是慢动作。

实战 096 设置视频快速度播放

▶ **实例位置：** 光盘 \ 效果 \ 第 6 章 \ 实战 096.ezp
▶ **素材位置：** 光盘 \ 素材 \ 第 6 章 \ 实战 096.ezp
▶ **视频位置：** 光盘 \ 视频 \ 第 6 章 \ 实战 096.mp4

● **实例介绍** ●

本例原始素材是一段视频素材，下面就通过在"素材速度"对话框中设置素材速度比率的方式，更改素材速度为快动作播放特效。

● **操作步骤** ●

STEP 01 在视频轨中，选择需要设置速度的素材文件，如图6-14所示。

STEP 02 单击"素材"菜单，弹出菜单列表，单击"时间效果"｜"速度"命令，如图6-15所示。

图6-14 选择素材文件

图6-15 单击"速度"命令

STEP 03 弹出"素材速度"对话框，在"比率"右侧的数值框中输入200，如图6-16所示。

STEP 04 单击"确定"按钮，执行操作后，此时在视频轨中可以查看调整速度后的素材文件区间变化，如图6-17所示。

技巧点拨

在 EDIUS 8 工作界面中，用户选择需要调整素材速度的视频素材后，按 Alt + E 组合键，也可以快速弹出"素材速度"对话框。

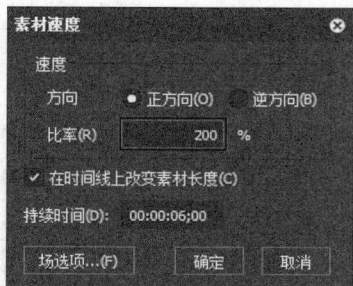

图6-16 在数值框中输入200

图6-17 查看调整速度后的素材区间变化

STEP 05 单击录制窗口下方的"播放"按钮，预览调整速度后的视频画面效果，如图6-18所示。

图6-18 预览调整速度后的视频画面

实战 097 设置素材时间重映射

▶ **实例位置**：光盘 \ 效果 \ 第 6 章 \ 实战 097.ezp
▶ **素材位置**：光盘 \ 素材 \ 第 6 章 \ 实战 097.ezp
▶ **视频位置**：光盘 \ 视频 \ 第 6 章 \ 实战 097.mp4

● 实例介绍 ●

在EDIUS 8工作界面中，时间重映射的实质就是用关键帧来控制素材的速度，下面向读者介绍运用时间重映射调整素材速度的操作方法。

● 操作步骤 ●

STEP 01 在视频轨中，选择需要设置时间重映射的素材文件，如图6-19所示。

STEP 02 在菜单栏中，单击"素材"|"时间效果"|"时间重映射"命令，如图6-20所示。

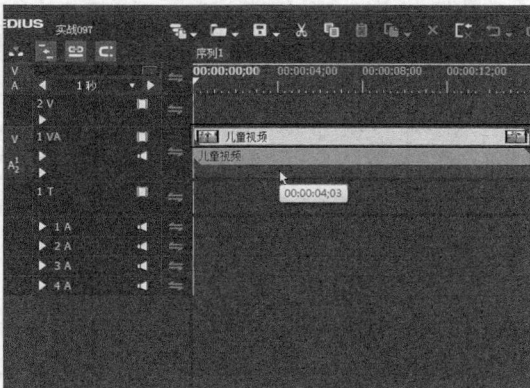

图6-19 选择素材文件

图6-20 单击"时间重映射"命令

技巧点拨

在选择的素材上，单击鼠标右键，在弹出的快捷菜单中选择"时间效果"｜"时间重映射"选项，也可以快速弹出"时间重映射"对话框。

STEP 03 执行操作后，弹出"时间重映射"对话框，在中间的时间轨中将时间线移至00:00:01:08的位置处，单击上方的"添加/删除关键帧"按钮，如图6-21所示。

图6-21 单击"添加/删除关键帧"按钮

STEP 04 执行操作后，即可在时间线位置添加一个关键帧，如图6-22所示。

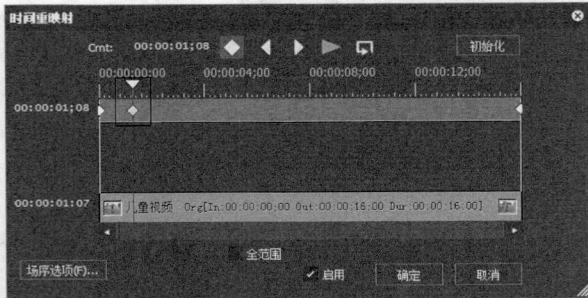

图6-22 在时间线位置添加一个关键帧

STEP 05 选择刚添加的关键帧，单击鼠标左键并向右拖曳关键帧的位置，设置第一部分的播放时间长于素材原速度，使第一部分的视频播放时间减速，如图6-23所示。

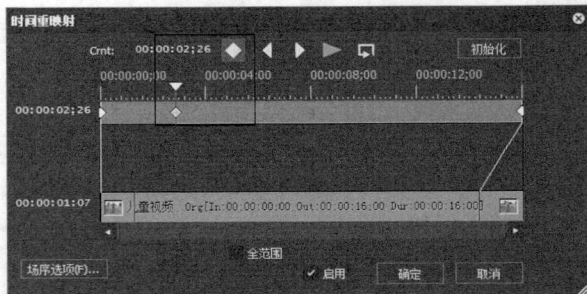

图6-23 向右拖曳关键帧的位置

STEP 06 继续将时间线移至00:00:04:24的位置处，单击"添加/删除关键帧"按钮，再次添加一个关键帧，如图6-24所示。

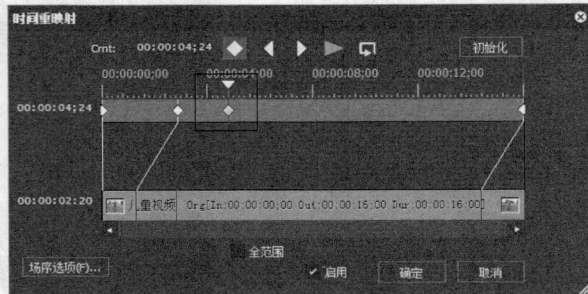

图6-24 再次添加一个关键帧

STEP 07 选择刚添加的关键帧，单击鼠标左键并向左拖曳关键帧的位置，设置第二部分的播放时间短于素材原速度，使第二部分的视频播放时间加速，如图6-25所示。

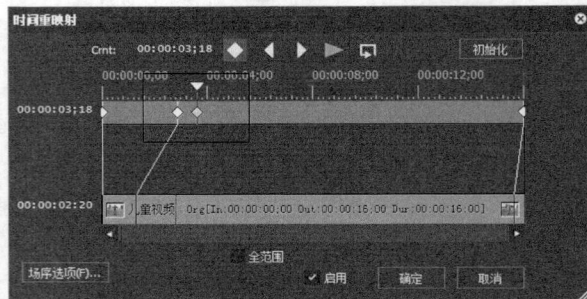

图6-25 向左拖曳关键帧的位置

STEP 08 用与上同样的方法，在00:00:10:03的位置处，再次添加一个关键帧，并设置播放时间长于素材原速度，如图6-26所示。

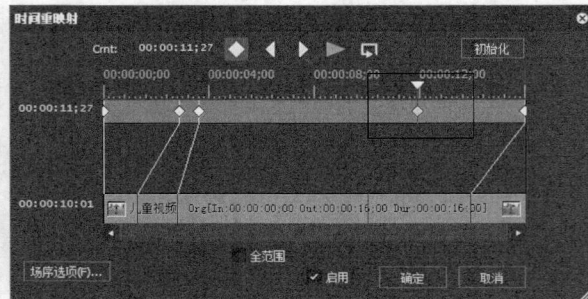

图6-26 设置播放时间长于素材原速度

STEP 09 设置完成后，单击"确定"按钮，返回EDIUS 8工作界面，完成视频素材时间重映射的操作，单击录制窗口下方的"播放"按钮，预览调整视频时间后的画面效果，如图6-27所示。

图6-27 预览调整视频时间后的画面效果

6.2 精确剪辑素材对象

在EDIUS 8工作界面中，用户可以将视频剪切成多个不同的片段，使制作的视频更加符合用户的需求。本节主要向读者介绍在视频文件中添加与去除剪切点的操作方法。

实战 098	运用剪切点剪辑视频

▶ **实例位置**：光盘 \ 效果 \ 第 6 章 \ 实战 098.ezp
▶ **素材位置**：光盘 \ 素材 \ 第 6 章 \ 实战 098.ezp
▶ **视频位置**：光盘 \ 视频 \ 第 6 章 \ 实战 098.mp4

● 实例介绍 ●

当用户在视频文件中添加剪切点后，可以对剪切后的多段视频分别进行编辑和删除操作，下面向读者介绍添加视频剪切点的操作方法。

● 操作步骤 ●

STEP 01 单击"文件"|"打开工程"命令，打开一个工程文件，如图6-28所示。

STEP 02 在轨道面板中，将时间线移至00:00:04:29的位置处，如图6-29所示。

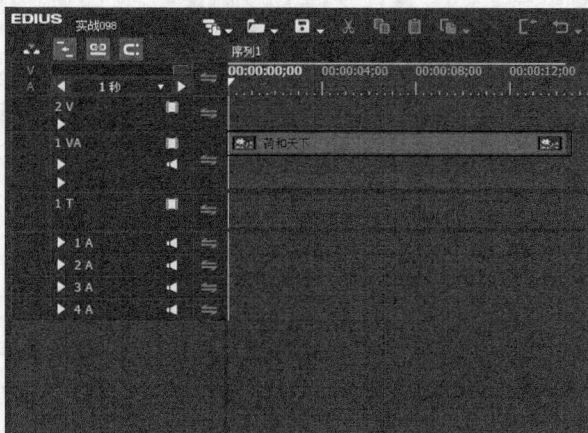

图6-28 打开一个工程文件

图6-29 移动时间线的位置

STEP 03 在菜单栏中单击"编辑"菜单，在弹出的菜单列表中单击"添加剪切点"|"选定轨道"命令，如图6-30所示。

STEP 04 执行操作后，即可在视频轨中的时间线位置添加剪切点，将视频文件剪切成两段，如图6-31所示。

图6-30 单击"选定轨道"命令

图6-31 将视频文件剪切成两段

STEP 05 用与上同样的方法，在视频轨中的00:00:09:25的位置处，添加第2个剪切点，再次将视频进行剪切操作，如图6-32所示。

STEP 06 剪切完成后，单击录制窗口下方的"播放"按钮，预览进行剪切后的视频画面效果，如图6-33所示。

图6-32 再次将视频进行剪切操作

图6-33 预览进行剪切后的视频画面效果

技巧点拨

在视频轨中，将时间线移至需要剪辑的视频帧位置处，按 C 键，也可以快速在时间线位置添加剪切点剪辑视频素材。

实战 099　去除视频剪切点

▶ 实例位置：光盘 \ 效果 \ 第 6 章 \ 实战 099.ezp
▶ 素材位置：光盘 \ 素材 \ 第 6 章 \ 实战 099.ezp
▶ 视频位置：光盘 \ 视频 \ 第 6 章 \ 实战 099.mp4

● 实例介绍 ●

在EDIUS 8工作界面中，如果用户希望去除视频中间的剪切点，将多段视频再合并成一段视频，此时可以运用"去除剪切点"命令进行操作。

● 操作步骤 ●

STEP 01 单击"文件"|"打开工程"命令，打开一个工程文件，在视频轨中选择第1段与第2段需要合并的视频，如图6-34所示。

STEP 02 单击"编辑"菜单，在弹出的菜单列表中单击"去除剪切点"命令，如图6-35所示。

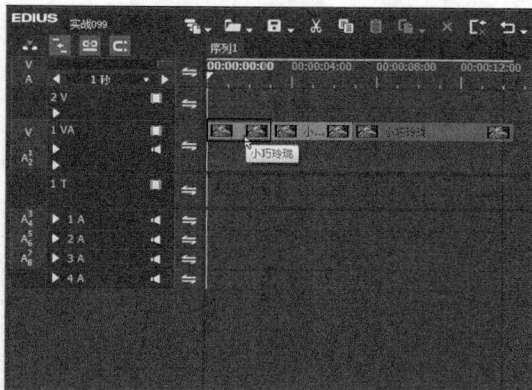
图6-34 选择要合并的视频

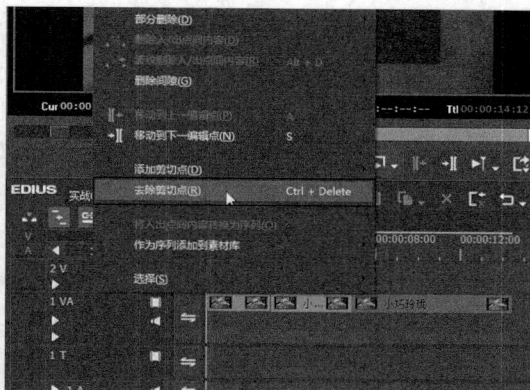
图6-35 单击"去除剪切点"命令

STEP 03 即可去除视频文件中的剪切点，将两段视频合为一段，如图6-36所示。

STEP 04 用与上同样的方法，去除视频文件中的其他剪切点，将所有视频合并成一段视频，如图6-37所示。

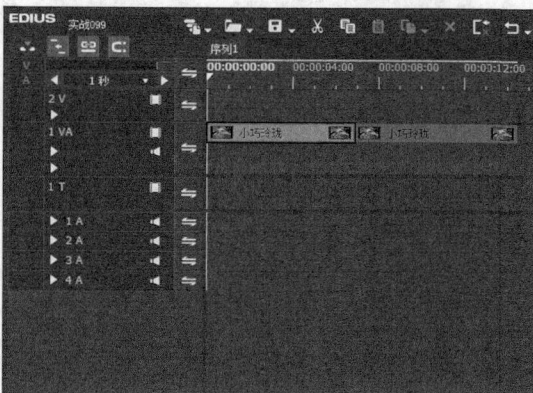
图6-36 将两段视频合为一段

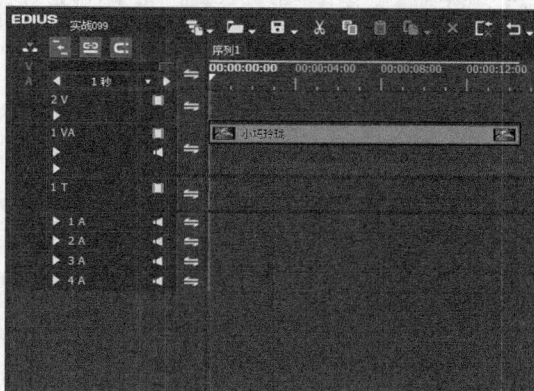
图6-37 将所有视频合并成一段视频

STEP 05 单击录制窗口下方的"播放"按钮，预览去除剪切点后的视频画面效果，如图6-38所示。

技巧点拨

在视频轨中，选择需要合并的视频素材，按 Ctrl + Delete 组合键，也可以快速将视频中的剪切点进行删除操作。

图6-38 预览去除剪切点后的视频画面

6.3 精确修整视频中的音频

在EDIUS 8工作界面中，用户可以通过单独编辑视频中的背景音乐，如调整音频的均衡化和音频偏移属性等，使制作的背景音乐更加符合视频的需要，达到用户制作的视频效果。

实战 100 调整视频中音频均衡化

▶ 实例位置：光盘 \ 效果 \ 第 6 章 \ 实战 100.ezp
▶ 素材位置：光盘 \ 素材 \ 第 6 章 \ 实战 100.ezp
▶ 视频位置：光盘 \ 视频 \ 第 6 章 \ 实战 100.mp4

● 实例介绍 ●

用户可以根据需要调整视频中的音频均衡化，轻松完成音量的均衡操作。

● 操作步骤 ●

STEP 01 在视频轨中选择需要调整的视频素材，如图6-39所示。

STEP 02 在选择的视频素材文件上，单击鼠标右键，弹出快捷菜单，选择"均衡化"选项，如图6-40所示。

图6-39 选择需要调整的视频素材

图6-40 选择"均衡化"选项

STEP 03 执行操作后，弹出"均衡化"对话框，如图6-41所示。

STEP 04 在该对话框中，更改"音量"右侧的数值为-30，如图6-42所示。

图6-41 弹出"均衡化"对话框

图6-42 更改"音量"右侧的数值

STEP 05 设置完成后，单击"确定"按钮，即可调整视频中的音频均衡化效果，单击录制窗口下方的"播放"按钮，预览视频画面效果，聆听音频的声音，如图6-43所示。

技巧点拨

在视频轨中，选择需要调整背景音乐的视频文件，在菜单栏中单击"素材"｜"均衡化"命令，也可以弹出"均衡化"对话框。

图6-43 预览视频画面效果

实战 101 调整视频中音频偏移

▶ 实例位置：光盘 \ 效果 \ 第 6 章 \ 实战 101.ezp
▶ 素材位置：光盘 \ 素材 \ 第 6 章 \ 实战 101.ezp
▶ 视频位置：光盘 \ 视频 \ 第 6 章 \ 实战 101.mp4

● 实例介绍 ●

在EDIUS 8工作界面中，用户可以根据需要调整视频中的音频偏移属性，轻松完成音量的偏移操作，下面介绍调整视频中音频偏移的操作方法。

● 操作步骤 ●

STEP 01 在视频轨中选择需要调整音频的视频素材，如图6-44所示。

STEP 02 在选择的视频素材文件上，单击鼠标右键，弹出快捷菜单，选择"音频偏移"选项，如图6-45所示。

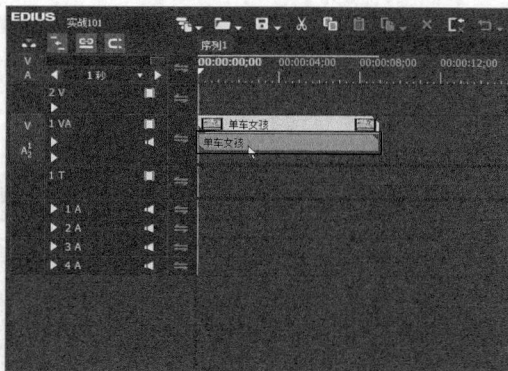

图6-44 选择视频素材

图6-45 选择"音频偏移"选项

STEP 03 执行操作后,弹出"音频偏移"对话框,在"方向"选项区中选中"向后"单选按钮;在"偏移"选项区中设置各时间参数,如图6-46所示。

STEP 04 设置完成后,单击"确认"按钮,返回EDIUS 8工作界面,此时视频轨中的素材文件将发生变化,如图6-47所示。

图6-46 设置各时间参数

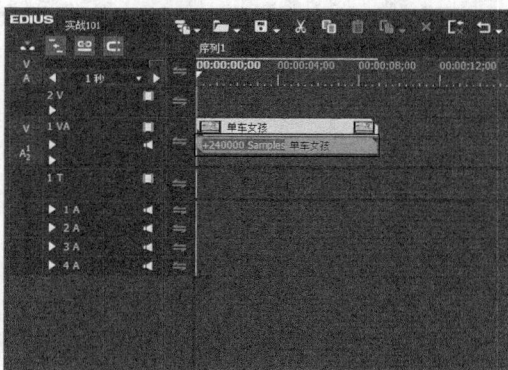

图6-47 素材文件将发生变化

STEP 05 单击"播放"按钮,预览调整后的视频画面效果,聆听音频的声音,如图6-48所示。

图6-48 预览调整后的视频画面效果

6.4 预览剪辑的视频素材

当用户对视频素材进行精确剪辑后,可以查看剪辑后的视频素材是否符合用户的需求。本节主要向读者介绍预览剪辑后视频素材的画面效果。

实战 102 在播放窗口中显示

▶ 实例位置:光盘 \ 效果 \ 第 6 章 \ 实战 102.ezp
▶ 素材位置:光盘 \ 素材 \ 第 6 章 \ 实战 102.ezp
▶ 视频位置:光盘 \ 视频 \ 第 6 章 \ 实战 102.mp4

● 实例介绍 ●

在EDIUS 8工作界面中,用户对于剪辑后的视频素材,可以在播放窗口中查看剪辑后的视频画面效果,查看是否符合要求。

● 操作步骤 ●

STEP 01 在菜单栏中单击"素材"|"在播放窗口显示"命令，如图6-49所示。

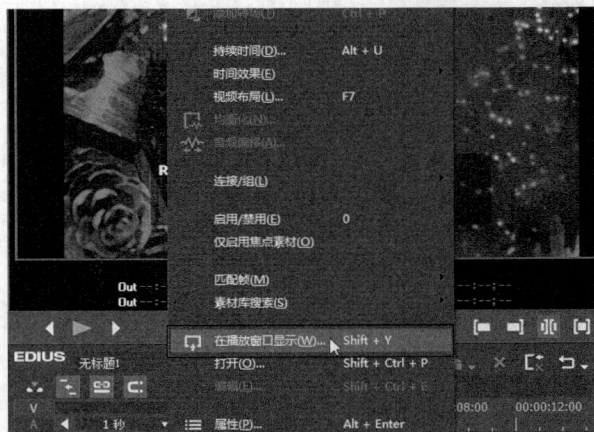

图6-49 单击"在播放窗口显示"命令

STEP 02 执行操作后，即可在播放窗口中显示剪辑后的视频画面效果，如图6-50所示。

图6-50 显示剪辑后的视频画面效果

技巧点拨

在 EDIUS 8 工作界面中，选择剪辑后的视频文件，按 Shift + Y 组合键，也可以快速在播放窗口中显示视频画面效果。

实战 103 查看剪辑的视频属性

▶ 实例位置：无
▶ 素材位置：上一例素材
▶ 视频位置：光盘 \ 视频 \ 第 6 章 \ 实战 103.mp4

● 实例介绍 ●

当用户对视频文件剪辑完成后，用户还可以查看视频源文件的相关属性信息，查看视频的属性是否符合用户的要求。

● 操作步骤 ●

STEP 01 在菜单栏中单击"素材"|"属性"命令，如图6-51所示。

技巧点拨

选择剪辑后的视频文件，按 Alt + Enter 组合键，也可快速弹出"素材属性"对话框。

STEP 02 执行操作后，即可弹出"素材属性"对话框，在"文件信息"选项卡中，可以查看素材文件的名称、路径、类型、大小以及创建时间等信息，如图6-52所示。

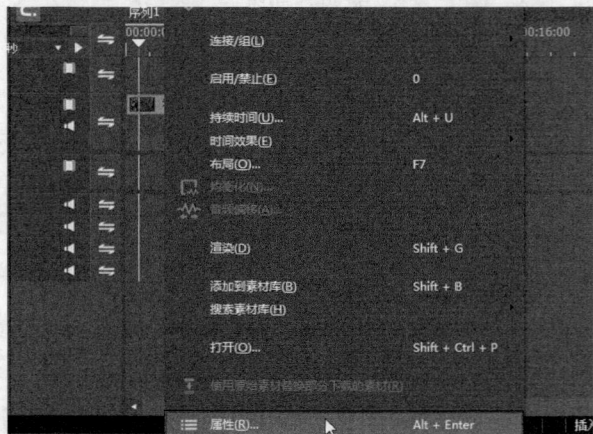

图6-51 单击"属性"命令

STEP 03 切换至"静帧信息"选项卡，在其中可以查看静态素材文件的格式、帧尺寸以及宽高比等信息，如图6-53所示。

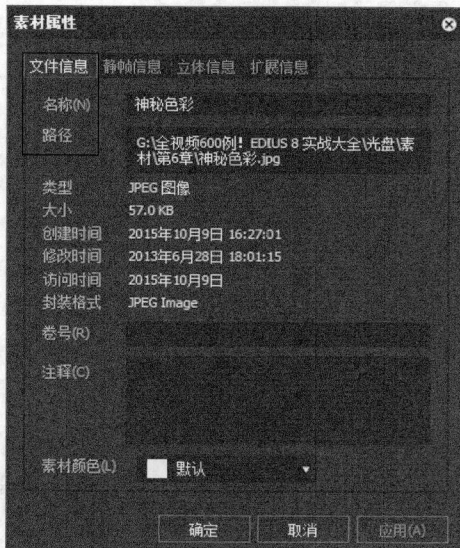

图6-52　"文件信息"选项卡

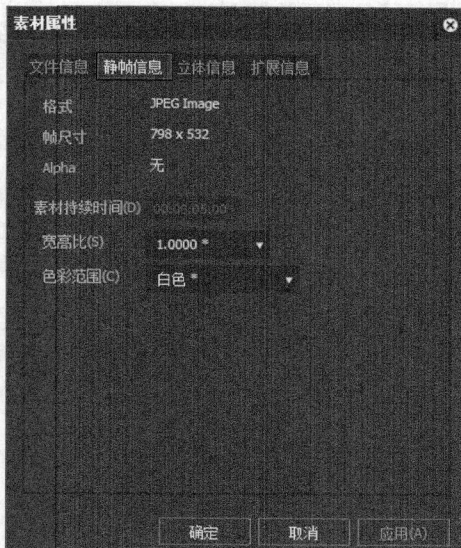

图6-53　查看静态素材的格式信息

知识拓展

　　如果用户查看的是视频素材,则"素材属性"对话框中的"静帧信息"选项卡将变为"视频信息"选项卡,在其中用户可以查看视频文件的录制日期、开始时间码、结束时间码、持续时间、帧尺寸、宽高比、色彩范围、场序以及帧速率等信息,如图 6-54 所示。

图6-54　查看视频文件的信息

6.5　精确删除素材对象

　　在EDIUS 8工作界面中,提供了精确删除视频素材的方法,包括直接删除视频素材、波纹删除视频素材以及删除入/出点间内容等,方便用户对视频素材进行更精确的剪辑操作,下面主要向读者介绍精确删除视频素材的操作方法。

实战 104　直接删除视频素材

▶ 实例位置:光盘 \ 效果 \ 第 6 章 \ 实战 104.ezp
▶ 素材位置:光盘 \ 素材 \ 第 6 章 \ 实战 104.ezp
▶ 视频位置:光盘 \ 视频 \ 第 6 章 \ 实战 104.mp4

● 实例介绍 ●

　　在编辑多段视频的过程中,如果中间某段视频无法达到用户的要求,此时用户可以对该段视频进行删除操作。

● 操作步骤 ●

STEP 01　单击"文件"|"打开工程"命令,打开一个工程文件,如图6-55所示。

图6-55 打开一个工程文件

STEP 02 在视频轨中，选择需要删除的视频片段，如图6-56所示。

技巧点拨

在 EDIUS 8 工作界面中，用户还可以通过以下 3 种方法删除视频素材。

选择需要删除的视频文件，按 Delete 键，即可删除视频。

选择需要删除的视频文件，在轨道面板的上方，单击"删除"按钮，删除视频素材。

选择需要删除的视频文件，单击"编辑"｜"删除"命令，删除视频素材。

图6-56 选择需要删除的视频片段

STEP 03 单击鼠标右键，在弹出的快捷菜单中选择"删除"选项，如图6-57所示。

STEP 04 执行操作后，删除视频轨中的视频素材，被删除的视频位置呈空白显示，如图6-58所示。

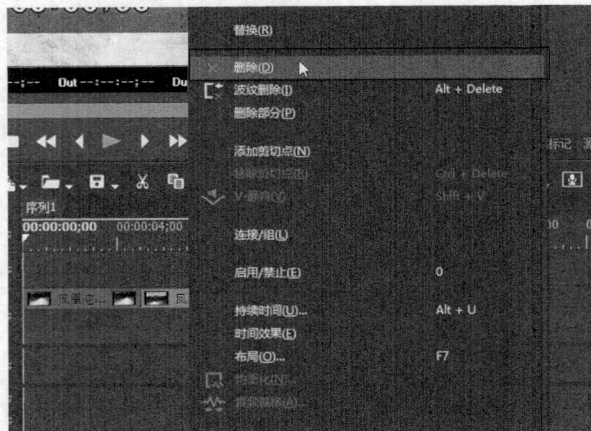

图6-57 选择"删除"选项

图6-58 被删除的视频位置呈空白显示

实战 105 波纹删除视频素材

▶ **实例位置：** 光盘＼效果＼第 6 章＼实战 105.ezp
▶ **素材位置：** 光盘＼素材＼第 6 章＼实战 105.ezp
▶ **视频位置：** 光盘＼视频＼第 6 章＼实战 105.mp4

● **实例介绍** ●

在EDIUS 8中使用波纹删除视频素材时，删除的后段视频将会贴紧前一段视频，使视频画面保持流畅。

STEP 01 单击"文件"|"打开工程"命令，打开一个工程文件，如图6-59所示。

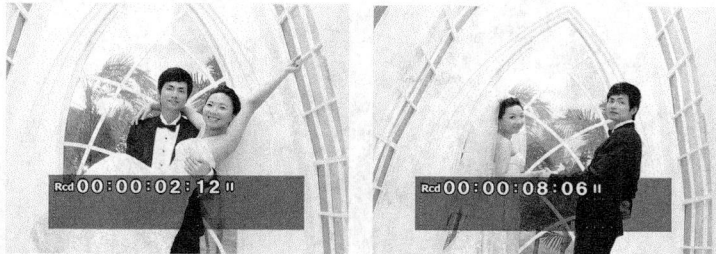

图6-59 打开一个工程文件

STEP 02 在视频轨中，选择需要波纹删除的视频片段，如图6-60所示。

技巧点拨

在 EDIUS 8 工作界面中，用户还可以通过以下 3 种方法使用波纹删除视频素材。

选择需要删除的视频文件，按 Alt + Delete 组合键，即可删除视频。

选择需要删除的视频文件，在轨道面板的上方，单击"波纹删除"按钮 ，删除视频素材。

选择需要删除的视频文件，单击"编辑"|"波纹删除"命令，删除视频素材。

图6-60 选择需要波纹删除的视频片段

STEP 03 单击鼠标右键，在弹出的快捷菜单中选择"波纹删除"选项，如图6-61所示。

STEP 04 执行操作后，即可使用波纹删除视频素材，被删除的后一段视频将会贴紧前一段视频文件，如图6-62所示。

图6-61 选择"波纹删除"选项

图6-62 波纹删除视频素材

实战 106　删除入/出点间的内容

▶ **实例位置：**光盘 \ 效果 \ 第 6 章 \ 实战 106.ezp
▶ **素材位置：**光盘 \ 素材 \ 第 6 章 \ 实战 106.ezp
▶ **视频位置：**光盘 \ 视频 \ 第 6 章 \ 实战 106.mp4

当用户在视频中标记了入点和出点时间后，此时用户可以对入点和出点间的视频内容进行删除操作，使制作的视频更符合用户的需求。

• 操作步骤 •

STEP 01 单击"文件"|"打开工程"命令，打开一个工程文件，如图6-63所示。

图6-63 打开一个工程文件

STEP 02 在视频轨中，选择已经设置好入点和出点的视频文件，如图6-64所示。

技巧点拨

在 EDIUS 8 工作界面中，用户还可以通过以下 3 种方法删除视频入 / 出点间的内容。

选择需要删除的视频文件，按 Alt + D 组合键，即可删除视频入 / 出点间的内容。

选择需要删除的视频文件，单击"编辑"|"波纹删除入 / 出点间内容"命令，即可删除视频入 / 出点间的内容。

选择需要删除的视频文件，单击"编辑"菜单，在弹出的菜单列表中依次按 D、D、D、Enter 键，也可以删除视频入 / 出点间的内容。

图6-64 选择视频文件

STEP 03 单击"编辑"|"删除入/出点间内容"命令，如图6-65所示。

图6-65 单击"删除入/出点间内容"命令

STEP 04 执行操作后，即可删除入点与出点之间的视频文件，如图6-66所示。

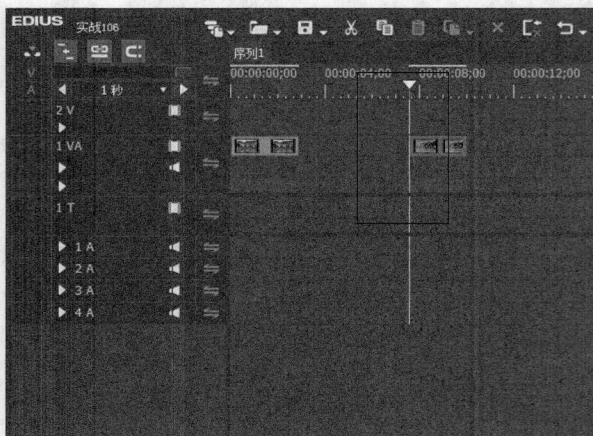

图6-66 删除入点与出点之间的视频文件

6.6 删除视频部分特效

在EDIUS 8中编辑视频文件时，用户可以对视频中的部分内容单独进行删除操作，如删除视频中的音频文件、转场效果、混合效果以及各种滤镜特效等属性。

实战 107　删除转场特效

▶ **实例位置:** 光盘 \ 效果 \ 第 6 章 \ 实战 107.ezp
▶ **素材位置:** 光盘 \ 素材 \ 第 6 章 \ 实战 107.ezp
▶ **视频位置:** 光盘 \ 视频 \ 第 6 章 \ 实战 107.mp4

● 实例介绍 ●

在EDIUS 8中，如果用户对视频中的转场特效不满意，此时用户可以使用EDIUS 8提供的部分删除功能，删除视频文件之间的转场特效。下面介绍删除转场特效的操作方法。

● 操作步骤 ●

STEP 01 单击"文件"|"打开工程"命令，打开一个工程文件，如图6-67所示。

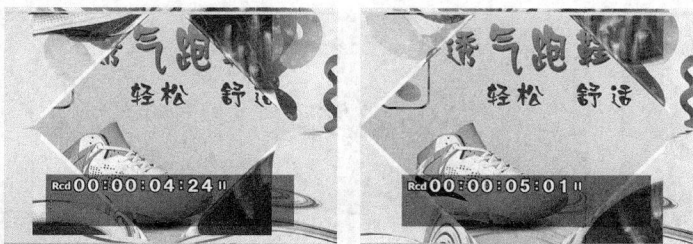

图6-67 打开一个工程文件

STEP 02 在视频轨中，用户可以查看已添加的视频转场效果，如图6-68所示。

技巧点拨

在 EDIUS 8 工作界面中，按 Shift + Alt + T 组合键，可以删除当前轨道中选择的转场效果；按 Ctrl + Alt + T 组合键，可以删除背景音乐中的淡入淡出特效。

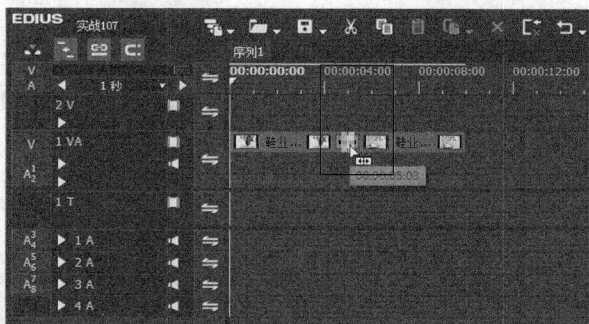

图6-68 查看已添加的视频转场效果

STEP 03 在菜单栏中，单击"编辑"|"部分删除"|"转场"|"所有"命令，如图6-69所示。

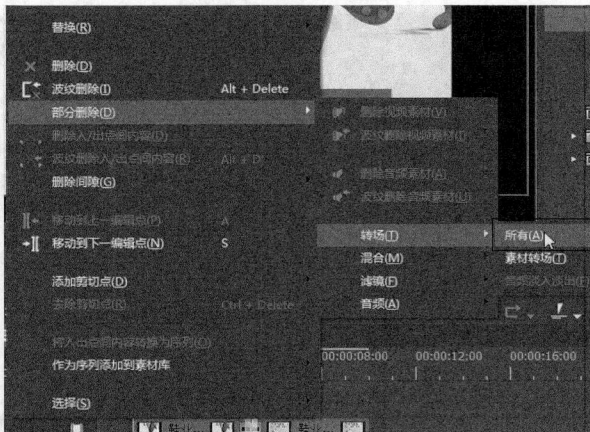

图6-69 单击"所有"命令

STEP 04 执行操作后，即可删除视频轨中所有的视频转场特效，如图6-70所示。

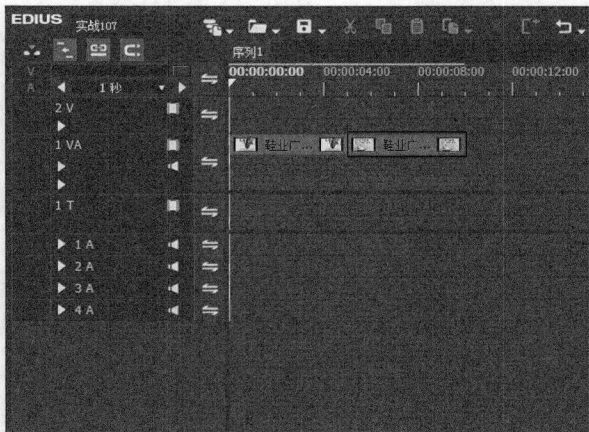

图6-70 删除所有的视频转场特效

技巧点拨

在 EDIUS 8 工作界面中，按 Alt + T 组合键，也可以快速删除视频轨中所有的转场效果。

实战 108 删除混合特效

▶ 实例位置：光盘 \ 效果 \ 第 6 章 \ 实战 108.ezp
▶ 素材位置：光盘 \ 素材 \ 第 6 章 \ 实战 108.ezp
▶ 视频位置：光盘 \ 视频 \ 第 6 章 \ 实战 108.mp4

● 实例介绍 ●

在EDIUS 8工作界面中，混合特效是指为素材添加的多层叠加效果，下面向读者介绍删除视频中混合特效的操作方法。

● 操作步骤 ●

STEP 01 单击"文件"|"打开工程"命令，打开一个工程文件，如图6-71所示。

STEP 02 选择当前视频轨中的素材文件，在"信息"面板中，可以查看已经添加的混合特效，如图6-72所示。

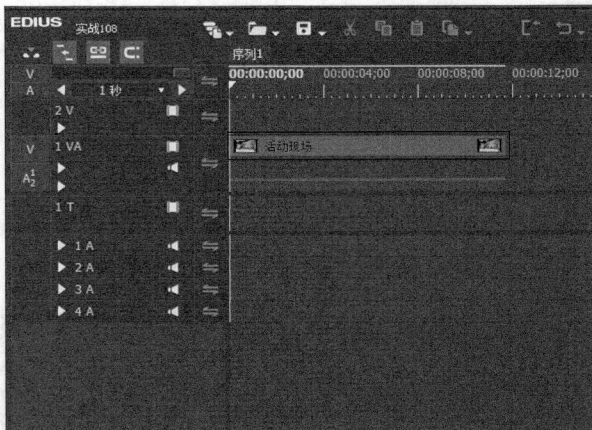

图6-71 打开一个工程文件

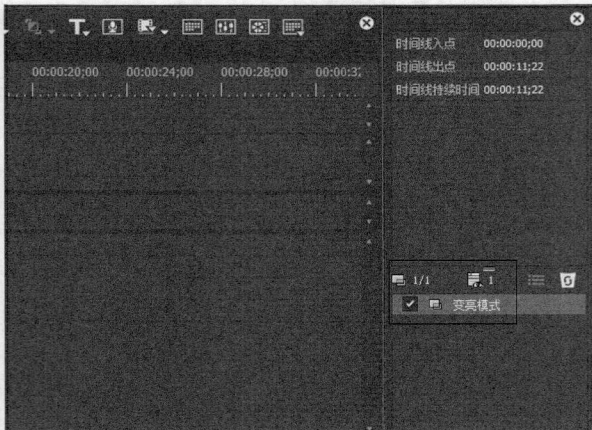

图6-72 查看已经添加的混合特效

技巧点拨

在 EDIUS 8 工作界面中，还有以下 3 种关于混合特效的部分删除操作。
单击"编辑"|"部分删除"|"混合"|"所有"命令，可以删除视频中已添加的所有混合特效。
单击"编辑"|"部分删除"|"混合"|"轨道转场"命令，可以删除当前选择的轨道中的所有转场特效。
单击"编辑"|"部分删除"|"混合"|"透明度"命令，可以删除视频中已添加的多个透明度混合特效。

STEP 03 在菜单栏中，单击"编辑"|"部分删除"|"混合"|"键"命令，如图6-73所示。

STEP 04 执行操作后，即可删除素材中的混合特效，在"信息"面板中，将不再显示素材的任何混合特效，如图6-74所示。

图6-73 单击"键"命令

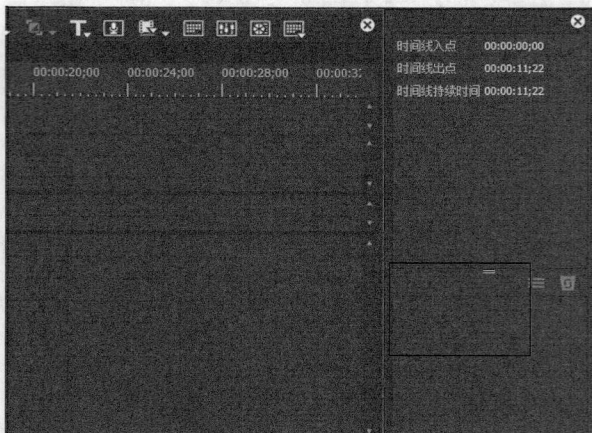

图6-74 不再显示素材的任何混合特效

STEP 05 在录制窗口中，单击"播放"按钮，预览删除混合特效后的视频画面效果，如图6-75所示。

图6-75 预览视频画面效果

技巧点拨

在 EDIUS 8 工作界面中，按 Ctrl + Alt + G 组合键，也可以快速删除视频轨中的键混合特效。

实战 109 删除滤镜特效

▶ 实例位置：光盘 \ 效果 \ 第 6 章 \ 实战 109.ezp
▶ 素材位置：光盘 \ 素材 \ 第 6 章 \ 实战 109.ezp
▶ 视频位置：光盘 \ 视频 \ 第 6 章 \ 实战 109.mp4

● 实例介绍 ●

在视频的后期剪辑中，视频滤镜特效应用比较频繁，很多视频文件中都增加了滤镜特效，如果用户不再需要某些滤镜特效，此时可以将其进行删除操作。下面介绍删除滤镜特效的操作方法。

● 操作步骤 ●

STEP 01 单击"文件" | "打开工程"命令，打开一个工程文件，如图6-76所示。在录制窗口中查看已经添加的滤镜特效。

STEP 02 在视频轨中，选择需要删除滤镜效果的视频文件，如图6-77所示。

图6-76 打开一个工程文件

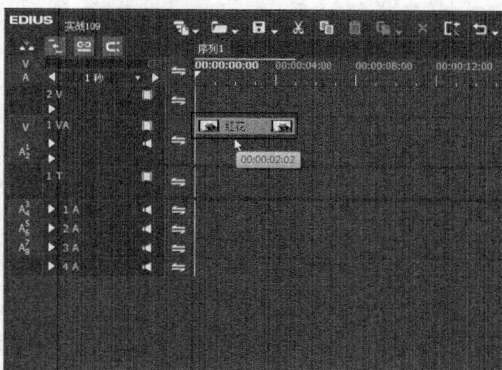

图6-77 选择视频文件

STEP 03 在"信息"面板中，查看已经添加的多个滤镜效果，如图6-78所示。

STEP 04 在菜单栏中，单击"编辑" | "部分删除" | "滤镜" | "所有"命令，如图6-79所示。

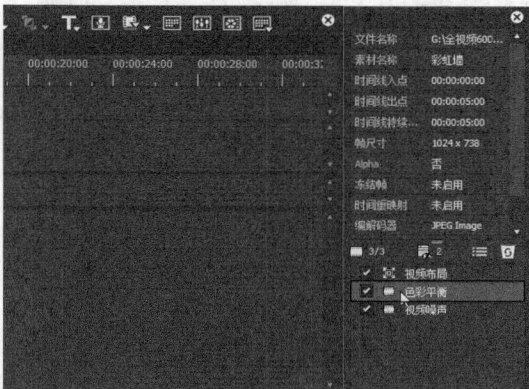

图6-78 查看已经添加的多个滤镜效果

图6-79 单击"所有"命令

STEP 05 执行操作后，即可删除所有视频文件中的滤镜特效，在"信息"面板中将不再显示任何视频滤镜特效，如图6-80所示。

STEP 06 删除视频滤镜特效后，在录制窗口中，单击"播放"按钮，预览删除滤镜特效后的视频画面效果，如图6-81所示。

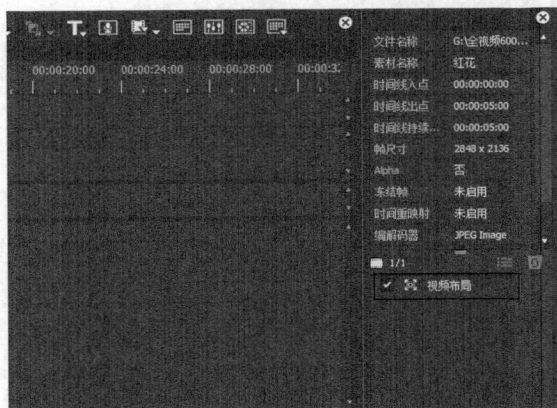

图6-80 不再显示任何视频滤镜特效

图6-81 预览视频画面效果

技巧点拨

在 EDIUS 8 工作界面中，还有以下 5 种关于滤镜特效的部分删除操作。

单击"编辑"|"部分删除"|"滤镜"|"视频"命令，将只删除当前选择的视频文件中的滤镜特效。

单击"编辑"|"部分删除"|"滤镜"|"音频"命令，将只删除当前选择的背景音乐文件中的滤镜特效。

按 Shift + Ctrl + Alt + F 组合键，可以快速删除所有视频文件中的滤镜特效。

按 Shift + Alt + F 组合键，可以快速删除当前选择的视频文件中的滤镜特效。

按 Ctrl + Alt + F 组合键，可以快速删除当前选择的背景音乐中的滤镜特效。

实战 110 删除背景音效

- 实例位置：光盘 \ 效果 \ 第 6 章 \ 实战 110.ezp
- 素材位置：光盘 \ 素材 \ 第 6 章 \ 实战 110.ezp
- 视频位置：光盘 \ 视频 \ 第 6 章 \ 实战 110.mp4

• 实例介绍 •

当用户在EDIUS 8中添加一段视频文件时，如果该视频文件中包含了音频文件，而用户又不需要视频中的音频文件时，此时可以使用部分删除功能，将视频文件中的背景音乐进行删除操作。下面向读者介绍删除视频文件中背景音效的操作方法。

• 操作步骤 •

STEP 01 单击"文件"|"打开工程"命令，打开一个工程文件，如图6-82所示。

STEP 02 在视频轨中，选择需要删除背景音乐的视频文件，如图6-83所示。

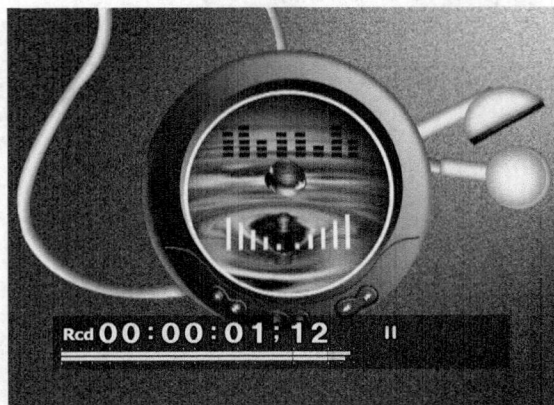

图6-82 打开一个工程文件

图6-83 选择视频文件

STEP 03 在选择的视频文件上，单击鼠标右键，在弹出的快捷菜单中选择"删除部分"|"波纹删除音频素材"选项，如图6-84所示。

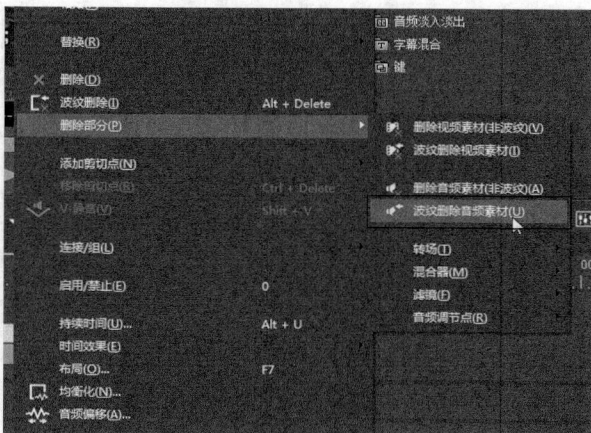

STEP 04 执行操作后，即可删除视频中的音频部分，使视频静音，如图6-85所示。

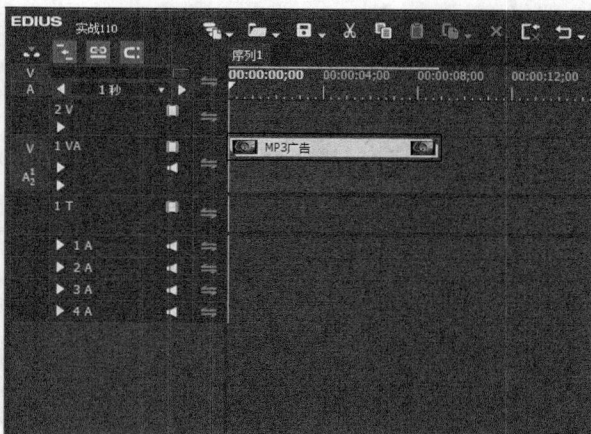

图6-84　选择"波纹删除音频素材"选项

图6-85　删除视频中的音频部分

实战 111　删除音频音量调节点

▶ 实例位置：光盘 \ 效果 \ 第 6 章 \ 实战 111.ezp
▶ 素材位置：光盘 \ 素材 \ 第 6 章 \ 实战 111.ezp
▶ 视频位置：光盘 \ 视频 \ 第 6 章 \ 实战 111.mp4

● 实例介绍 ●

在EDIUS 8中，当用户单独为音频轨道中的音频素材添加了音量调节点后，如果调节点的声音不符合用户的需求，此时用户可以使用部分删除功能将音频文件中的音量调节点进行删除操作。

● 操作步骤 ●

STEP 01 单击"文件"|"打开工程"命令，打开一个工程文件，如图6-86所示。

STEP 02 在视频轨中，选择需要删除音量调节点的背景音乐文件，如图6-87所示。

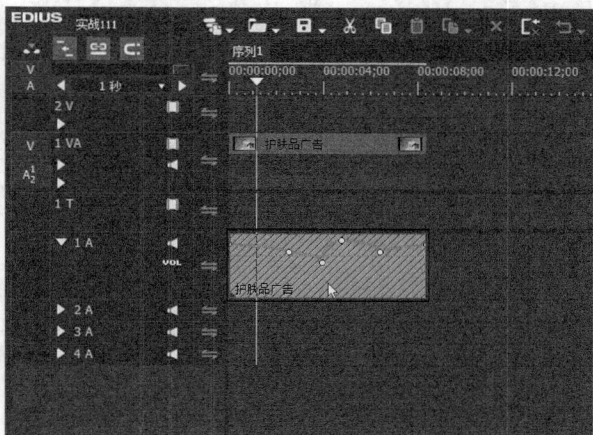

图6-86　打开一个工程文件

图6-87　选择背景音乐文件

技巧点拨

在 EDIUS 8 工作界面中，还有以下两种关于音频文件的部分删除操作。
按 Shift + Alt + H 组合键，可以快速删除背景音乐中的音量调节点。
按 Ctrl + Alt + H 组合键，可以快速删除背景音乐中的声相调节点。

STEP 03 在选择的背景音乐文件上，单击鼠标右键，在弹出的快捷菜单中选择"删除部分"|"音频调节点"|"音量"选项，如图6-88所示。

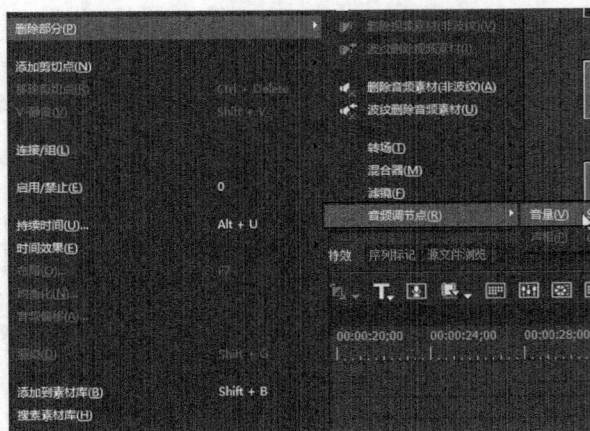

STEP 04 执行操作后，即可删除背景音乐文件中的音量调节点，使其恢复至最原始的音量状态，如图6-89所示。

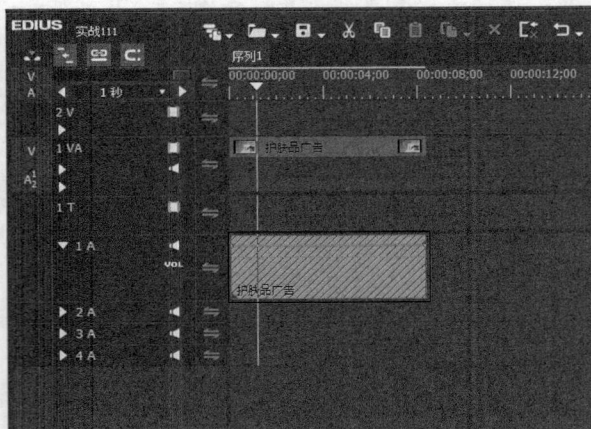

图6-88 选择"音量"选项

图6-89 删除音量调节点

技巧点拨

在 EDIUS 8 工作界面中，单击"编辑"|"部分删除"|"音频"|"音量"命令，也可以删除背景音乐中的音量调节点。

6.7 删除视频素材间隙

在EDIUS 8工作界面中，用户可以对视频轨中视频素材间的间隙进行删除操作，使制作的视频播放起来更加流畅、自然。

实战 112 删除指针位置的间隙

▶ **实例位置**：光盘 \ 效果 \ 第 6 章 \ 实战 112.ezp
▶ **素材位置**：光盘 \ 素材 \ 第 6 章 \ 实战 112.ezp
▶ **视频位置**：光盘 \ 视频 \ 第 6 章 \ 实战 112.mp4

● 实例介绍 ●

在EDIUS 8的时间线面板中，用户可以将鼠标指针定位到需要删除间隙的位置，然后通过删除间隙功能，删除鼠标指针位置的间隙。下面向读者介绍删除指针位置的间隙的操作方法。

● 操作步骤 ●

STEP 01 单击"文件"|"打开工程"命令，打开一个工程文件，如图6-90所示。

图6-90 打开一个工程文件

STEP 02 在视频轨中，将鼠标指针定位到需要删除间隙的位置，如图6-91所示。

图6-91 定位鼠标的位置

STEP 04 执行操作后，即可删除指针位置处的间隙，如图6-93所示。

技巧点拨

> 在 EDIUS 8 工作界面中，单击"编辑"|"删除间隙"|"指针位置"命令，也可以快速删除指针位置处的间隙部分。

STEP 03 在该位置上，单击鼠标右键，在弹出的快捷菜单中选择"删除间隙"选项，如图6-92所示。

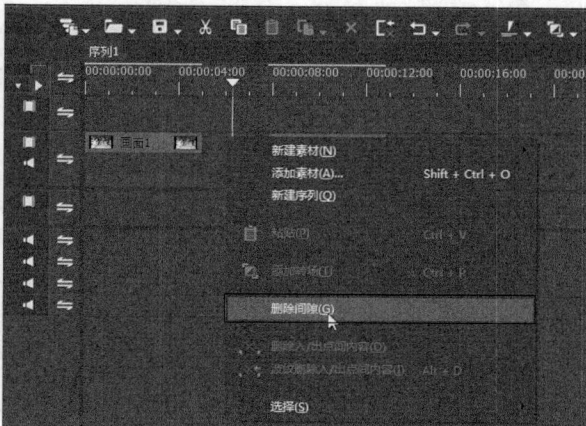

图6-92 选择"删除间隙"选项

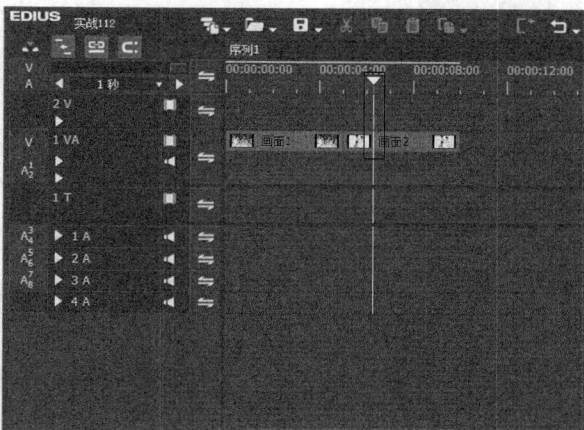

图6-93 删除指针位置处的间隙

实战 113 删除选定素材的间隙

> ▶ **实例位置**：光盘\效果\第6章\实战113.ezp
> ▶ **素材位置**：光盘\素材\第6章\实战113.ezp
> ▶ **视频位置**：光盘\视频\第6章\实战113.mp4

● **实例介绍** ●

在EDIUS 8的时间线面板中，用户还可以根据需要删除选定素材与前面素材之间的间隙部分。下面向读者介绍删除选定素材的间隙的操作方法。

● **操作步骤** ●

STEP 01 单击"文件"|"打开工程"命令，打开一个工程文件，如图6-94所示。

图6-94 打开一个工程文件

STEP 02 在视频轨中，选择需要删除间隙的素材文件，如图6-95所示。

图6-95 选择需要删除间隙的素材文件

技巧点拨

在 EDIUS 8 轨道面板中，选择需要删除间隙的素材后，按 Backspace 键，也可以快速删除素材文件之间的间隙部分。

STEP 03 单击"编辑"|"删除间隙"|"选定素材"命令，如图6-96所示。

图6-96 单击"选定素材"命令

STEP 04 执行操作后，即可删除选定素材之间的间隙，如图6-97所示。

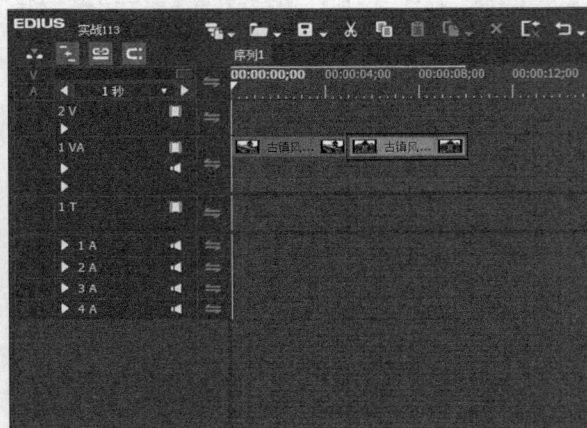

图6-97 删除选定素材之间的间隙

第 **7** 章

第 **7** 章

素材片段的精确标记

本章导读

在 EDIUS 8 工作界面中，用户可以在视频素材之间添加入点与出点，用于更精确地标记与剪辑视频素材，使输出后的视频文件更加符合用户的需求。本章主要向读者介绍精确标记素材片段的操作方法，主要包括设置视频入点与出点、设置音频入点与出点以及添加素材标记等内容。

要点索引

- 视频入点与出点设置
- 清除素材入点与出点
- 跳转入点与出点
- 为素材添加标记
- 编辑素材标记
- 导入与导出标记

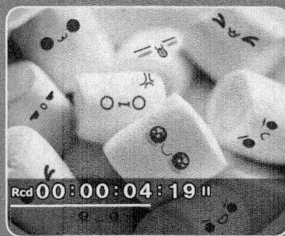

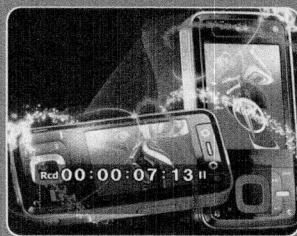

7.1 视频入点与出点设置

在EDIUS 8工作界面中，设置素材的入点与出点是为了更精确地剪辑视频素材。本节主要向读者介绍设置视频素材入点与出点的操作方法，希望读者熟练掌握本节内容。

实战 114 设置素材入点

▶ 实例位置：光盘 \ 效果 \ 第 7 章 \ 实战 114.ezp
▶ 素材位置：光盘 \ 素材 \ 第 7 章 \ 实战 114.ezp
▶ 视频位置：光盘 \ 视频 \ 第 7 章 \ 实战 114.mp4

● 实例介绍 ●

在EDIUS 8工作界面中，设置入点是指标记视频素材的开始位置，下面向读者介绍设置素材入点的操作方法。

● 操作步骤 ●

STEP 01 单击"文件"|"打开工程"命令，打开一个工程文件，如图7-1所示。

STEP 02 在视频轨中，将时间线移至00:00:02:00的位置处，如图7-2所示。

图7-1 打开一个工程文件

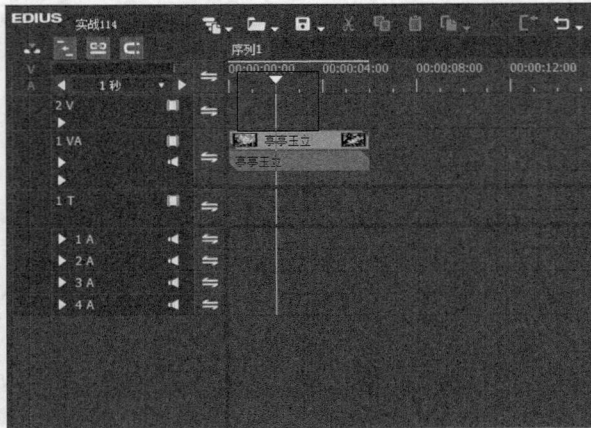

图7-2 将时间线移至00:00:02:00的位置

STEP 03 在菜单栏中，单击"标记"|"设置入点"命令，如图7-3所示。

STEP 04 执行操作后，即可设置视频素材的入点，被标记的入点后部分呈亮色，前部分呈灰色，如图7-4所示。

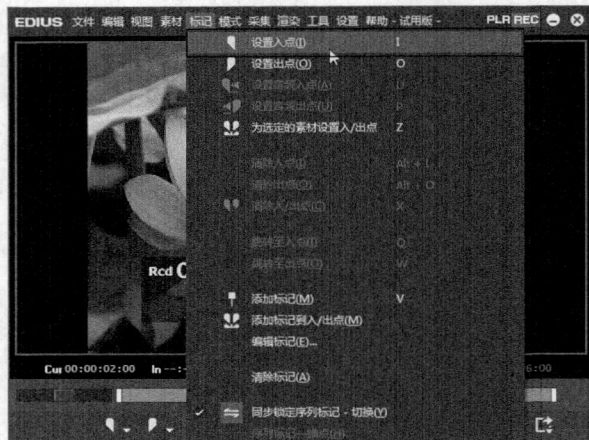

图7-3 单击"设置入点"命令

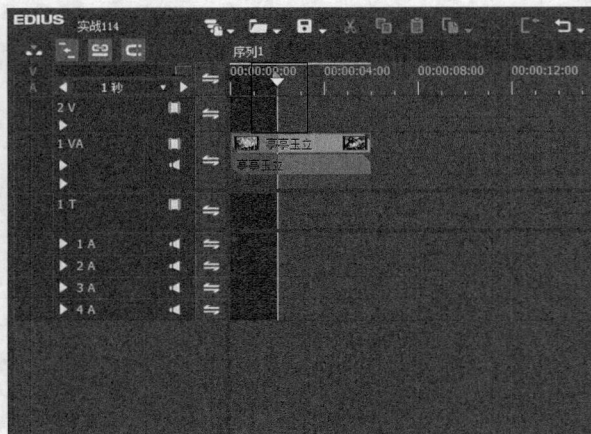

图7-4 设置视频素材的入点

技巧点拨

在 EDIUS 8 工作界面的视频轨道中，将时间线移至需要设置入点的位置，按 I 键，也可以快速在时间线位置设置素材入点。

STEP 05 单击录制窗口下方的"播放"按钮，预览设置入点后的视频画面效果，如图7-5所示。

Rcd 00:00:02:22

Rcd 00:00:04:11

图7-5 预览设置入点后的视频画面效果

实战 115　设置素材出点

▶ 实例位置：光盘＼效果＼第 7 章＼实战 115.ezp
▶ 素材位置：光盘＼素材＼第 7 章＼实战 115.ezp
▶ 视频位置：光盘＼视频＼第 7 章＼实战 115.mp4

● 实例介绍 ●

在EDIUS 8工作界面中，设置出点是指标记视频素材的结束位置，下面向读者介绍设置素材出点的操作方法。

● 操作步骤 ●

STEP 01 单击"文件"｜"打开工程"命令，打开一个工程文件，如图7-6所示。

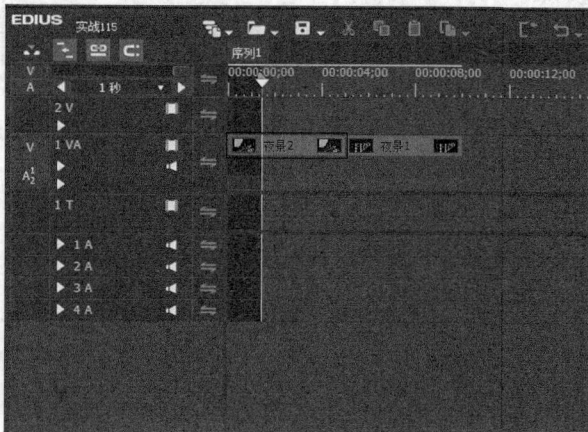

STEP 02 在视频轨中，将时间线移至00:00:08:19的位置处，如图7-7所示。

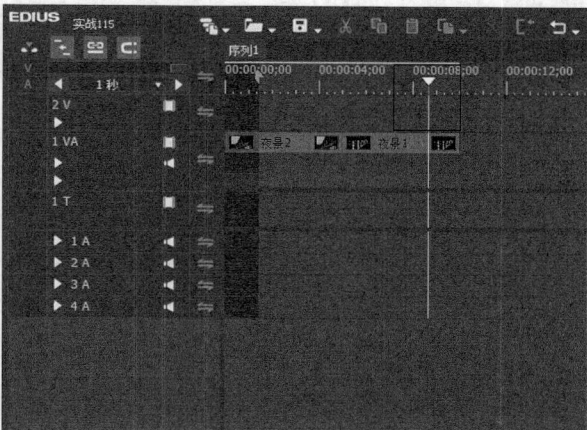

图7-6 打开一个工程文件

图7-7 移动时间线的位置

技巧点拨

在 EDIUS 8 工作界面的视频轨道中，将时间线移至需要设置出点的位置，按 O 键，也可以快速在时间线位置设置素材出点。

STEP 03 在菜单栏中，单击"标记"｜"设置出点"命令，如图7-8所示。

STEP 04 执行操作后，即可设置视频素材的出点，此时被标记入点与出点部分的视频呈亮色显示，其他没有被标记的视频呈灰色显示，如图7-9所示。

图7-8 设置 "设置出点" 命令

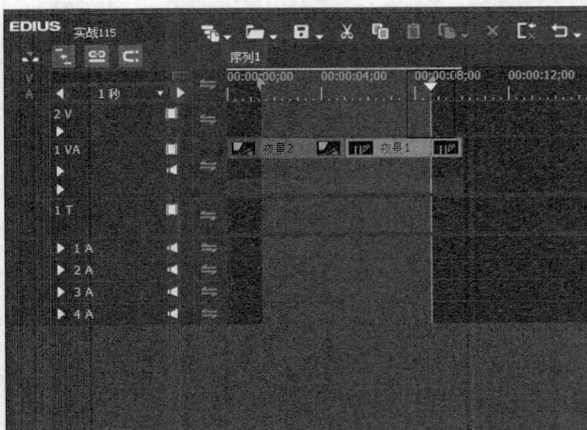

图7-9 设置视频素材的出点

STEP 05 单击录制窗口下方的 "播放" 按钮，预览设置出点后的视频画面效果，如图7-10所示。

图7-10 预览视频画面效果

技巧点拨

在 EDIUS 8 工作界面中，还有以下 4 种关于设置视频入点与出点的操作。

在录制窗口的下方，单击"设置入点"按钮，即可设置视频入点位置。

在录制窗口的下方，单击"设置出点"按钮，即可设置视频出点位置。

在时间线面板中需要设置视频入点的位置，单击鼠标右键，在弹出的快捷菜单中选择"设置入点"选项，即可设置视频入点位置。

在时间线面板中需要设置视频出点的位置，单击鼠标右键，在弹出的快捷菜单中选择"设置出点"选项，即可设置视频出点位置。

实战 116 为选定素材设置素材入点

▶ 实例位置：光盘 \ 效果 \ 第 7 章 \ 实战 116.ezp
▶ 素材位置：光盘 \ 素材 \ 第 7 章 \ 实战 116.ezp
▶ 视频位置：光盘 \ 视频 \ 第 7 章 \ 实战 116.mp4

● 实例介绍 ●

在 EDIUS 8 工作界面中，用户还可以为选定的素材设置入点与出点，下面向读者介绍为选定的素材设置入点与出点的操作方法。

● 操作步骤 ●

STEP 01 单击 "文件" | "打开工程" 命令，打开一个工程文件，如图7-11所示。

STEP 02 在视频轨中，选择需要设置入点与出点的素材文件，如图7-12所示。

图7-11 打开一个工程文件

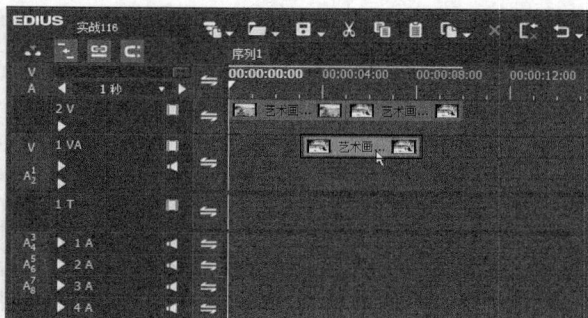

图7-12 选择素材文件

STEP 03 在菜单栏中，单击"标记"│"为选定的素材设置入/出点"命令，如图7-13所示。

STEP 04 执行操作后，即可为视频轨中选定的素材文件设置入点与出点，如图7-14所示。

图7-13 单击相应的命令

图7-14 为选定的素材文件设置入点与出点

STEP 05 单击录制窗口下方的"播放"按钮，预览设置入点与出点后的视频画面，如图7-15所示。

图7-15 预览视频画面效果

技巧点拨

在时间线面板中，用户选择相应视频后，按 Z 键，也可快速设置视频素材的入点与出点标记。

7.2 清除素材入点与出点

前面的内容主要向读者介绍了设置素材入点与出点的操作方法，而在本节中主要向读者介绍清除素材入点与出点的操作方法，希望读者可以熟练掌握本节内容，对素材的入点与出点能灵活运用。

实战 117 清除素材入点

▶ 实例位置：光盘 \ 效果 \ 第 7 章 \ 实战 117.ezp
▶ 素材位置：光盘 \ 素材 \ 第 7 章 \ 实战 117.ezp
▶ 视频位置：光盘 \ 视频 \ 第 7 章 \ 实战 117.mp4

● 实例介绍 ●

在EDIUS 8工作界面中，通过"清除入点"选项，可以清除素材中的入点标记。下面向读者介绍清除素材入点的操作方法。

● 操作步骤 ●

STEP 01 单击"文件"|"打开工程"命令，打开一个工程
文件，在时间线面板中可以查看设置了入点与出点的素材
文件，如图7-16所示。

STEP 02 在视频轨中，选择需要清除入点的视频素材，如
图7-17所示。

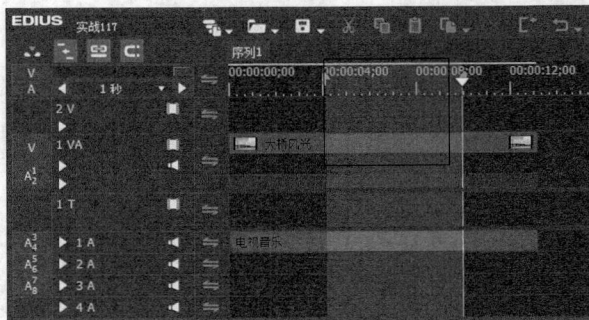

图7-16 查看设置了入点与出点的素材

图7-17 选择视频素材

STEP 03 在素材的入点标记上，单击鼠标右键，在弹出的
快捷菜单中选择"清除入点"选项，如图7-18所示。

STEP 04 执行操作后，即可清除视频素材中的入点标记，
此时在视频轨中只剩下素材的出点标记，如图7-19所示。

图7-18 选择"清除入点"选项

图7-19 清除视频素材中的入点标记

技巧点拨

在 EDIUS 8 工作界面中，用户还可以通过以下两种方法清除视频中的入点。
单击录制窗口下方的"设置入点"按钮右侧的下三角按钮，在弹出的列表框中选择"清除入点"选项，即可清除视频中的入点。
选择需要清除入点标记的素材文件，在菜单栏中单击"标记"|"清除入点"命令，即可清除视频中的入点。

STEP 05 在录制窗口中，单击"播放"按钮，预览清除入
点后的视频画面效果，如图7-20所示。

图7-20 预览清除入点后的视频画面效果

实战 118 清除素材出点

▶ 实例位置：光盘 \ 效果 \ 第 7 章 \ 实战 118.ezp
▶ 素材位置：光盘 \ 素材 \ 第 7 章 \ 实战 118.ezp
▶ 视频位置：光盘 \ 视频 \ 第 7 章 \ 实战 118.mp4

● 实例介绍 ●

如果用户不再需要视频中的出点标记，此时可以通过"清除出点"选项，将视频中的出点标记进行清除操作。下面向读者介绍清除视频素材出点标记的操作方法。

● 操作步骤 ●

STEP 01 单击"文件"|"打开工程"命令，打开一个工程文件，在时间线面板中可以查看设置了入点与出点的素材文件，如图7-21所示。

STEP 02 在视频轨中，选择需要清除出点的视频素材，如图7-22所示。

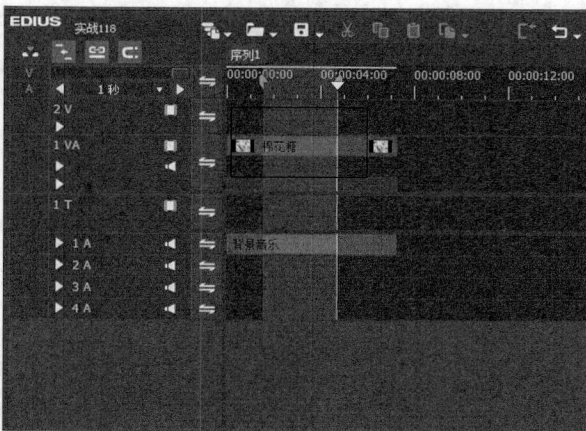

图7-21 查看素材文件入点与出点

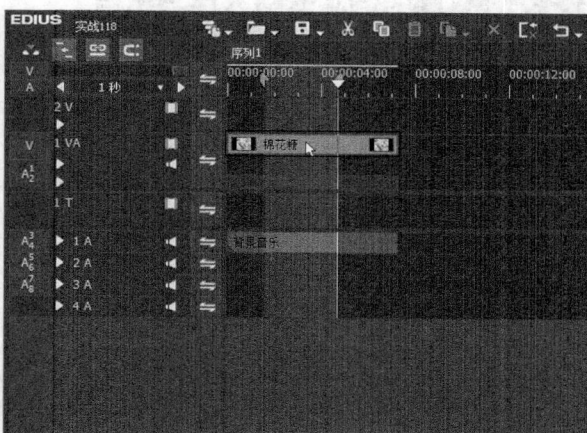

图7-22 选择视频素材

技巧点拨

在 EDIUS 8 工作界面中，用户还可以通过以下两种方法清除视频中的出点。
单击录制窗口下方的"设置出点"按钮右侧的下三角按钮，在弹出的列表框中选择"清除出点"选项，即可清除视频中的出点。
按 Alt + Q 组合键，也可以清除出点。

STEP 03 在素材的出点标记上，单击鼠标右键，在弹出的快捷菜单中选择"清除出点"选项，如图7-23所示。

STEP 04 执行操作后，即可清除视频素材中的出点标记，此时在视频轨中只剩下素材的入点标记，如图7-24所示。

图7-23 选择"清除出点"选项

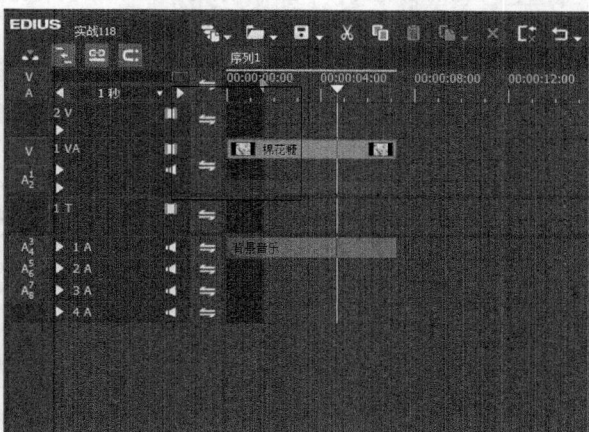

图7-24 清除视频素材中的出点标记

STEP 05 在录制窗口中，单击"播放"按钮，预览清除出点后的视频画面效果，如图7-25所示。

图7-25 预览视频画面效果

实战 119 同时清除素材入点与出点

▶ 实例位置：光盘 \ 效果 \ 第 7 章 \ 实战 119.ezp
▶ 素材位置：光盘 \ 素材 \ 第 7 章 \ 实战 119.ezp
▶ 视频位置：光盘 \ 视频 \ 第 7 章 \ 实战 119.mp4

● 实例介绍 ●

在EDIUS 8工作界面中，用户还提供了同时清除素材入点与出点的功能，使用该功能可以提高用户编辑视频的效率。下面向读者介绍同时清除素材入点与出点标记的操作方法。

● 操作步骤 ●

STEP 01 单击"文件"|"打开工程"命令，打开一个工程文件，如图7-26所示。

STEP 02 在视频轨中，将鼠标移至入点标记上，显示入点信息，如图7-27所示。

图7-26 打开一个工程文件

图7-27 显示入点信息

STEP 03 在入点标记上，单击鼠标右键，在弹出的快捷菜单中选择"清除入/出点"选项，如图7-28所示。

STEP 04 执行操作后，即可同时清除视频轨中的视频素材文件的入点与出点信息，如图7-29所示。

图7-28 选择"清除入/出点"选项

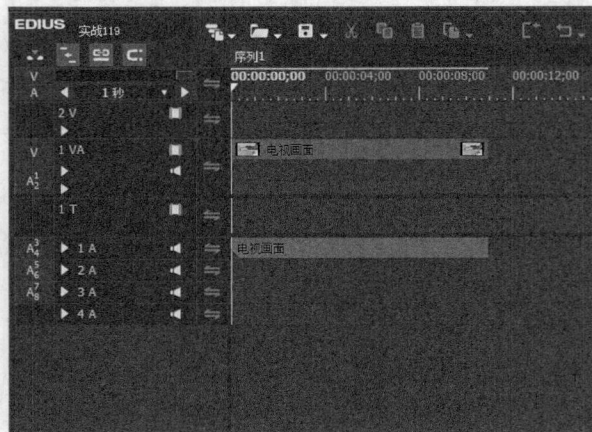
图7-29 清除素材入点与出点信息

STEP 05 单击录制窗口下方的"播放"按钮，即可预览清除入点与出点后的视频画面效果，如图7-30所示。

技巧点拨

在 EDIUS 8 工作界面中，用户还可以通过以下两种方法同时清除视频中的入点与出点。

按 X 键，同时清除视频入点与出点。

单击"标记"菜单，在弹出的菜单列表中单击"清除入/出点"命令，也可以同时清除视频中的入点与出点。

图7-30 预览视频画面效果

7.3 跳转入点与出点

在EDIUS 8工作界面中，用户可以使用软件中提供的"跳转至入点"与"跳转至出点"功能，快速跳转至视频中的入点与出点部分，然后对入点与出点进行编辑操作。

实战 120 跳转至视频入点

▶ 实例位置：光盘\效果\第 7 章\实战 120.ezp
▶ 素材位置：光盘\素材\第 7 章\实战 120.ezp
▶ 视频位置：光盘\视频\第 7 章\实战 120.mp4

● 实例介绍 ●

用户在编辑视频的过程中，有时需要对视频的入点进行编辑操作，此时通过EDIUS 8软件中的"跳转至入点"命令，可以快速将时间线定位到视频素材的入点标记位置。

● 操作步骤 ●

STEP 01 在菜单栏中，单击"标记"|"跳转至入点"命令，如图7-31所示，即可快速跳转至视频的入点标记。

STEP 02 用户还可以在视频轨中的标记上，单击鼠标右键，在弹出的快捷菜单中选择"跳至入点"选项，如图7-32所示，也可以快速跳转至视频的入点标记。

图7-31 单击"跳转至入点"命令

图7-32 选择"跳至入点"选项

STEP 03 当用户执行上述操作后，即可将时间线定位到入点标记的位置，如图7-33所示。

技巧点拨

在 EDIUS 8 工作界面中，用户还可以通过以下两种方法快速跳转至入点标记。

按 Q 键，跳转至入点标记的位置。

单击录制窗口下方的"设置入点"按钮右侧的下三角按钮，在弹出的列表框中选择"转至入点"选项，即可跳转至视频中的入点标记。

图7-33 定位时间线到入点标记

实战 121 跳转至视频出点

▶ 实例位置：光盘\效果\第 7 章\实战 121.ezp
▶ 素材位置：上一例素材
▶ 视频位置：光盘\视频\第 7 章\实战 121.mp4

● 实例介绍 ●

在EDIUS 8时间线面板中，跳转至视频出点的操作与跳转至视频入点的操作类似，下面向读者介绍跳转至视频出点的操作方法。

● 操作步骤 ●

STEP 01 在菜单栏中，单击"标记"|"跳转至出点"命令，如图7-34所示，即可快速跳转至视频的出点标记。

STEP 02 用户还可以在视频轨中的标记上，单击鼠标右键，在弹出的快捷菜单中选择"跳至出点"选项，如图7-35所示，也可以快速跳转至视频的出点标记。

图7-34 单击"跳转至出点"命令

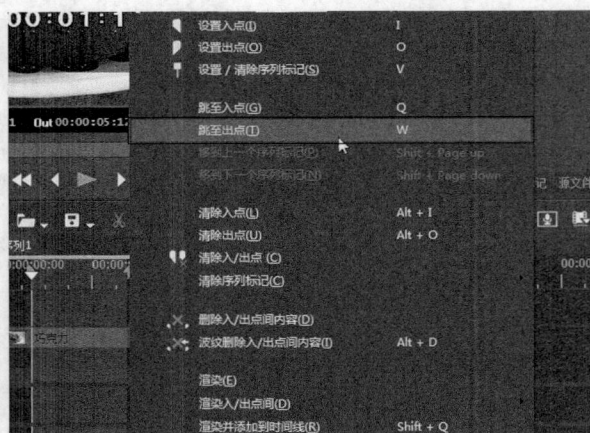

图7-35 选择"跳至出点"选项

STEP 03 当用户执行上述操作后，即可将时间线定位到出点标记的位置，如图7-36所示。

技巧点拨

在 EDIUS 8 工作界面中，用户还可以通过以下两种方法快速跳转至出点标记。

按 W 键，跳转至出点标记的位置。

单击录制窗口下方的"设置出点"按钮右侧的下三角按钮，在弹出的列表框中选择"转至出点"选项，即可快速跳转到视频中的出点标记。

图7-36 将时间线定位到出点标记的位置

7.4 为素材添加标记

在EDIUS 8工作界面中，用户可以为时间线上的视频素材添加标记点。在编辑视频的过程中，用户可以快速地跳到上一个或下一个标记点，来查看所标记的视频画面内容，并在视频标记点上添加注释信息，对当前的视频画面进行讲解。本节主要向读者介绍为素材添加标记的操作方法。

实战 122　添加标记

▶ 实例位置：光盘 \ 效果 \ 第 7 章 \ 实战 122.ezp
▶ 素材位置：光盘 \ 素材 \ 第 7 章 \ 实战 122.ezp
▶ 视频位置：光盘 \ 视频 \ 第 7 章 \ 实战 122.mp4

● 实例介绍 ●

在EDIUS 8工作界面中，标记主要用来记录视频中的某个画面或某种特效，使用户更加方便地对视频进行编辑。下面向读者介绍在视频文件中添加标记的操作方法。

● 操作步骤 ●

STEP 01 单击"文件" | "打开工程"命令，打开一个工程文件，如图7-37所示。

STEP 02 在视频轨中，将时间线移至00:00:08:00的位置处，如图7-38所示，该处是准备添加标记的位置。

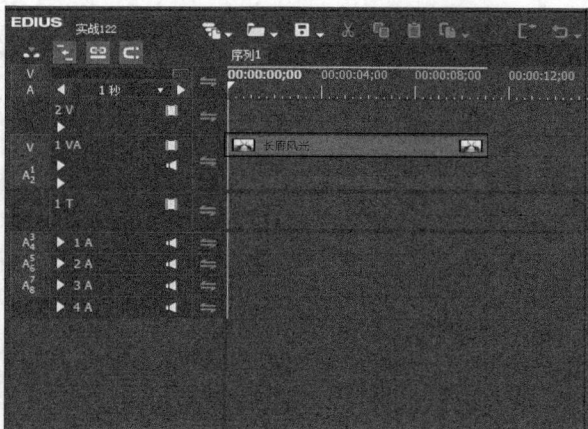

图7-37 打开一个工程文件

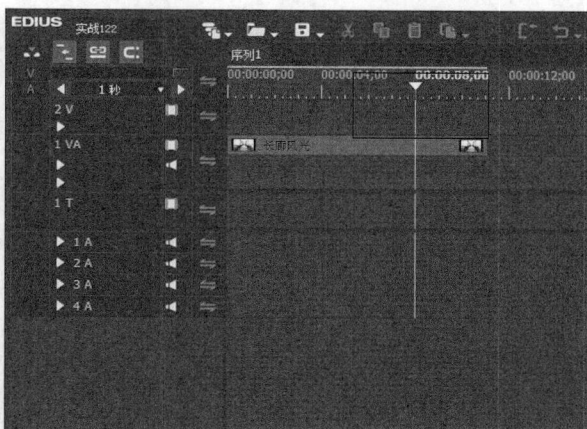

图7-38 移动时间线的位置

STEP 03 单击"标记"菜单，在弹出的菜单列表中单击"添加标记"命令，如图7-39所示。

STEP 04 执行操作后，即可在00:00:08:00的位置处添加素材标记，此时素材标记呈绿色显示，将鼠标移至素材标记上时，素材标记呈黄色显示，如图7-40所示。

图7-39 单击"添加标记"命令

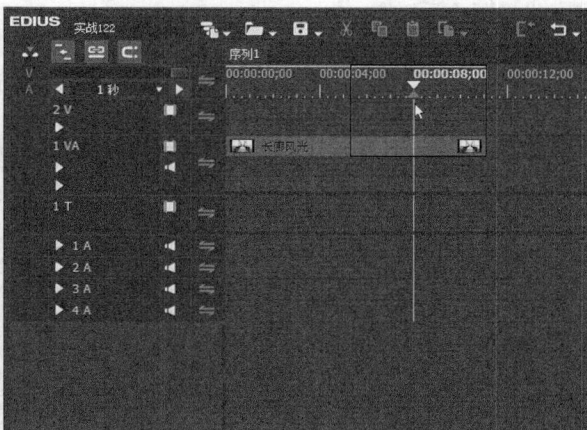

图7-40 素材标记呈黄色显示

STEP 05 将时间线移至素材的开始位置，单击录制窗口下方的"播放"按钮，预览添加标记后的视频画面效果，如图7-41所示。

技巧点拨

在 EDIUS 8工作界面中，用户还可以通过以下两种方法添加标记。

按 V 键，快速添加标记。

单击"标记"菜单，在弹出的菜单列表中依次按 M、Enter 键，也可以快速添加标记。

图7-41 预览视频画面效果

实战 123　添加标记到入点与出点

▶ 实例位置：光盘 \ 效果 \ 第 7 章 \ 实战 123.ezp
▶ 素材位置：光盘 \ 素材 \ 第 7 章 \ 实战 123.ezp
▶ 视频位置：光盘 \ 视频 \ 第 7 章 \ 实战 123.mp4

● 实例介绍 ●

在EDIUS 8工作界面中，用户可以在视频素材的入点与出点位置添加标记，下面向读者介绍添加标记到入点与出点的操作方法。

● 操作步骤 ●

STEP 01 单击"文件"|"打开工程"命令，打开一个工程文件，如图7-42所示。

STEP 02 在菜单栏中，单击"标记"|"添加标记到入/出点"命令，如图7-43所示。

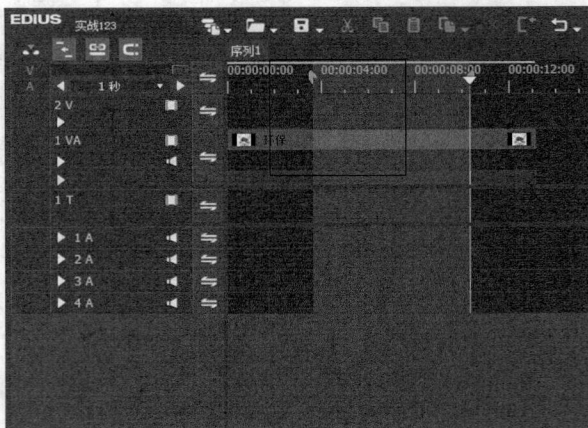

图7-42 打开一个工程文件

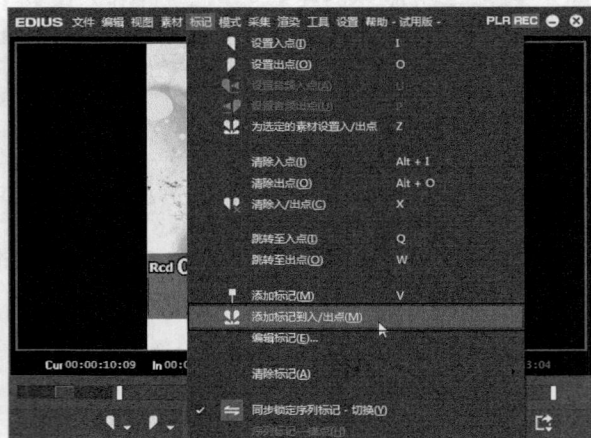

图7-43 单击"添加标记到入/出点"命令

STEP 03 执行操作后，在入点与出点之间添加素材标记，被标记的部分呈绿色显示，如图7-44所示。

STEP 04 单击录制窗口下方的"播放"按钮，预览视频画面效果，如图7-45所示。

图7-44 被标记的部分呈绿色显示

图7-45 预览视频画面效果

7.5 编辑素材标记

在EDIUS 8的时间线面板中，当用户为视频素材添加标记后，接下来用户可以根据需要对添加的标记对象进行编辑操作，使标记的内容更加符合用户的需求。本节主要向读者介绍编辑素材标记的操作方法。

实战 124 为标记添加注释内容

▶ 实例位置：光盘 \ 效果 \ 第 7 章 \ 实战 124.ezp
▶ 素材位置：光盘 \ 素材 \ 第 7 章 \ 实战 124.ezp
▶ 视频位置：光盘 \ 视频 \ 第 7 章 \ 实战 124.mp4

● 实例介绍 ●

在EDIUS 8工作界面中，用户可以为素材标记添加注释内容，用于对视频画面进行解说，下面向读者介绍添加注释内容的操作方法。

● 操作步骤 ●

STEP 01 单击"文件"|"打开工程"命令，打开一个工程文件，如图7-46所示。

STEP 02 在视频轨中，将时间线移至00:00:07:22的位置处，如图7-47所示。

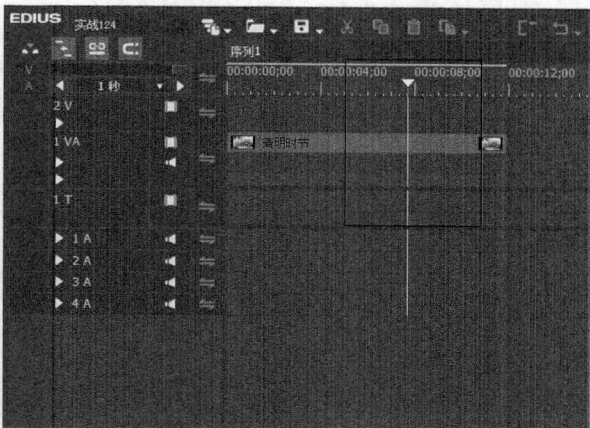

图7-46 打开一个工程文件

图7-47 移动时间线的位置

STEP 03 按键盘上的V键，在该时间线位置添加一个素材标记，如图7-48所示。

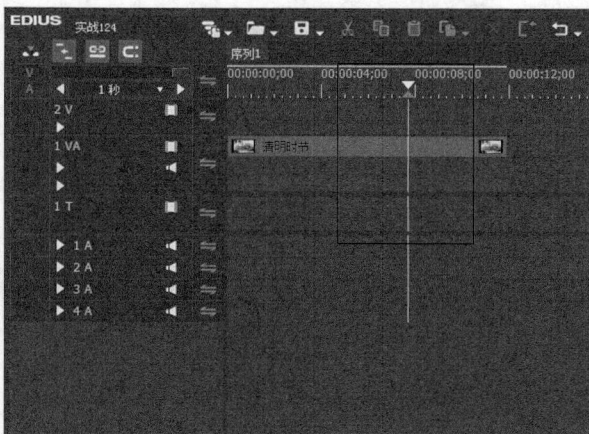

STEP 04 单击"标记"菜单，在弹出的菜单列表中单击"编辑标记"命令，如图7-49所示。

图7-48 添加一个素材标记

图7-49 单击"编辑标记"命令

技巧点拨

用户还可以在时间线面板中的视频标记上，单击鼠标右键，在弹出的快捷菜单中选择"编辑标记注释"选项，也将弹出"标记注释"对话框。

中文版 EDIUS 8 实战视频教程

STEP 05 执行操作后，弹出"标记注释"对话框，在"注释"文本框中输入相应注释内容，如图7-50所示。

STEP 06 单击"确定"按钮，即可添加标记注释内容，将时间线移至素材的开始位置，单击录制窗口下方的"播放"按钮，当播放到一定的帧位置时，将在录制窗口下方显示标记的内容，效果如图7-51所示。

图7-50 输入相应注释内容

图7-51 录制窗口中显示标记的内容

知识拓展

清除标记注释内容

在 EDIUS 8 时间线面板中，如果用户不再需要视频轨中的标记注释内容，此时可以将标记注释内容进行清除操作。

清除标记注释内容的方法很简单，用户只需在菜单栏中，单击"编辑标注"命令，弹出"标记注释"对话框，单击下方的"删除"按钮，如图 7-52 所示，执行操作后，即可清除标记注释内容。

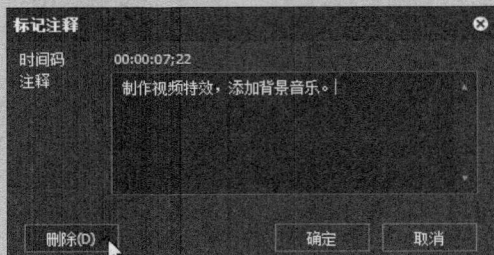

图7-52 单击"删除"按钮

技巧点拨

如果用户不需要在录制窗口下方显示轨道标记注释内容，此时可以单击"视图"|"叠加显示"|"标记"命令，即可隐藏录制窗口下方的标记注释内容。

实战 125 清除指针位置的标记

▶ 实例位置：光盘 \ 效果 \ 第 7 章 \ 实战 125.ezp
▶ 素材位置：光盘 \ 素材 \ 第 7 章 \ 实战 125.ezp
▶ 视频位置：光盘 \ 视频 \ 第 7 章 \ 实战 125.mp4

● 实例介绍 ●

在EDIUS 8时间线面板中，如果用户不再需要某个素材标记，此时可以将时间线移至某个标记上，通过"清除标记"功能，将鼠标指针位置的标记进行清除操作。

● 操作步骤 ●

STEP 01 单击"文件"|"打开工程"命令，打开一个工程文件，如图7-53所示。

STEP 02 在视频轨中，将时间线移至需要删除的素材标记上，如图7-54所示。

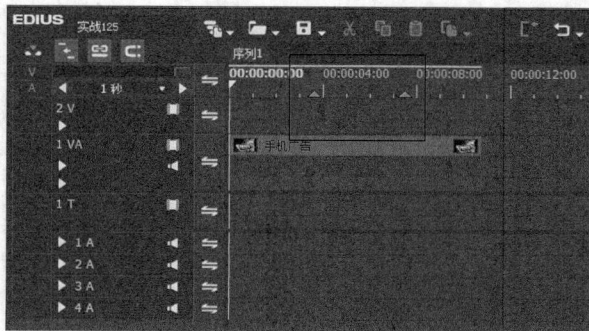

图7-53 打开一个工程文件

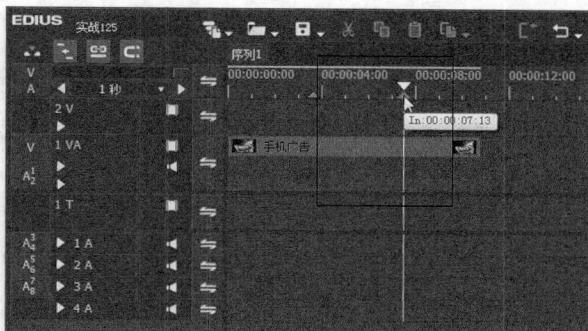

图7-54 移动时间线的位置

STEP 03 在菜单栏中，单击"标记"|"清除标记"|"指针位置"命令，如图7-55所示。

STEP 04 执行操作后，即可清除视频轨中指针位置的标记对象，如图7-56所示。

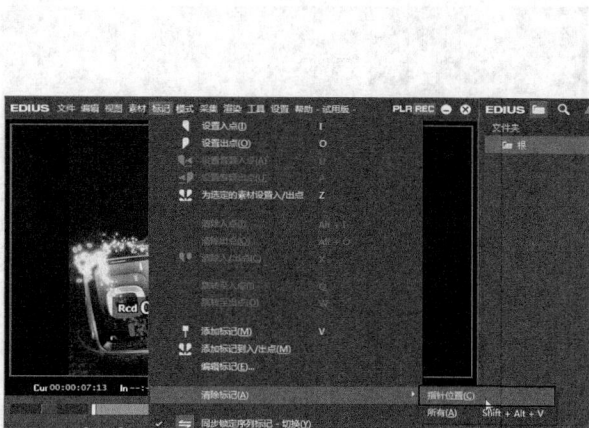

图7-55 单击"指针位置"命令

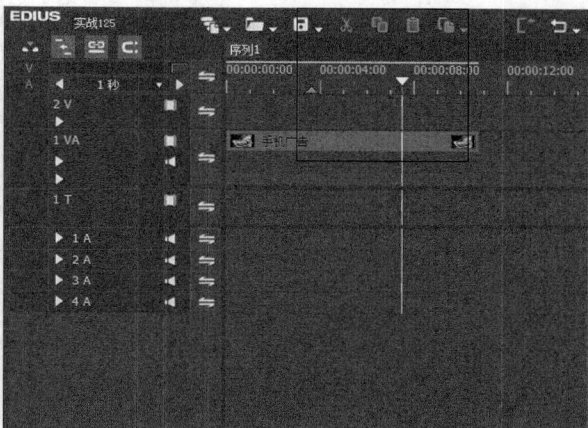

图7-56 清除视频轨中指针位置的标记对象

STEP 05 单击录制窗口下方的"播放"按钮，预览清除素材标记后的视频画面效果，如图7-57所示。

技巧点拨

　　用户还可以在菜单栏中，单击"标记"菜单，在弹出的菜单列表中依次按 A、C 键，快速清除鼠标指针位置的标记对象。

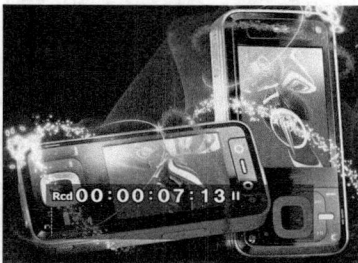

图7-57 预览视频画面效果

实战 126　清除所有标记对象

▶ 实例位置：光盘\效果\第 7 章\实战 126.ezp
▶ 素材位置：光盘\素材\第 7 章\实战 126.ezp
▶ 视频位置：光盘\视频\第 7 章\实战 126.mp4

● 实例介绍 ●

　　在EDIUS 8工作界面中，用户还可以一次性清除时间线面板中的所有标记对象。下面向读者介绍清除所有标记对象的操作方法。

● 操作步骤 ●

STEP 01 单击"文件"|"打开工程"命令，打开一个工程文件，如图7-58所示。

STEP 02 在视频轨中，选择需要删除的素材标记，如图7-59所示。

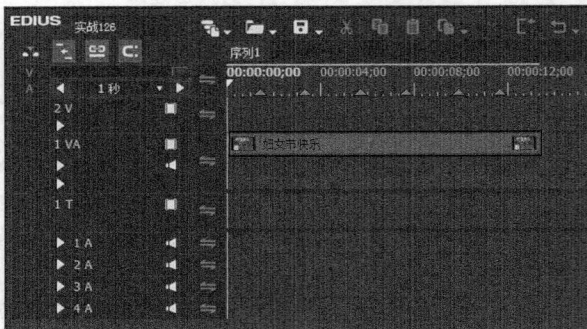

图7-58 打开一个工程文件

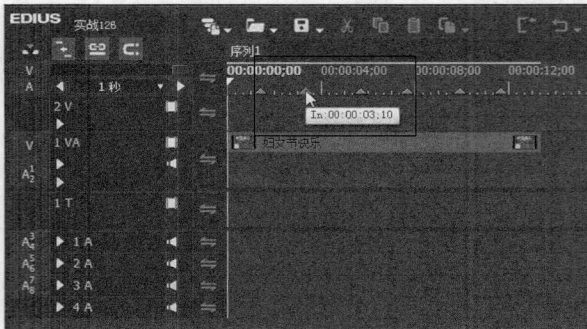

图7-59 选择需要删除的素材标记

STEP 03 在菜单栏中，单击"标记"|"清除标记"|"所有"命令，如图7-60所示。

STEP 04 执行操作后，即可清除视频轨中的所有标记，如图7-61所示。

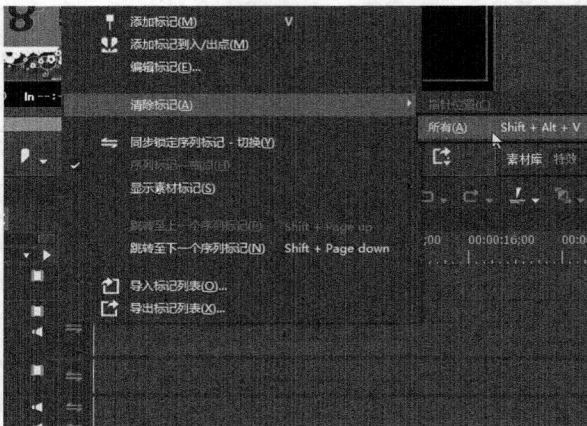

图7-60 单击"所有"命令

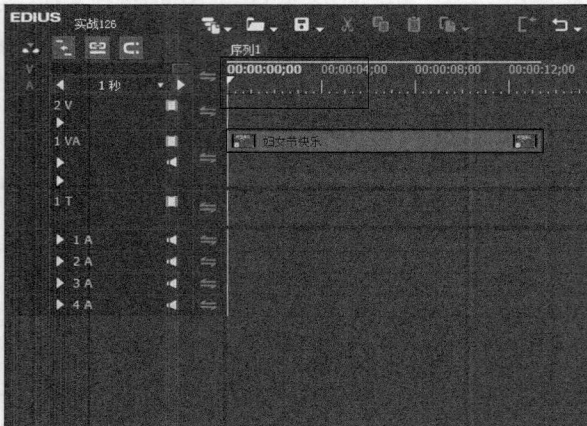

图7-61 清除视频轨中的所有标记

STEP 05 单击录制窗口下方的"播放"按钮，预览清除素材标记后的视频画面效果，如图7-62所示。

技巧点拨

在 EDIUS 8 工作界面中，用户还可以通过以下两种方法删除标记对象。

按 Delete 键，删除素材中的单个标记。

按 Shift + Alt + V 组合键，删除素材中的所有标记。

图7-62 预览视频画面效果

知识拓展

在 EDIUS 8 工作界面中，用户可以设置在播放窗口中显示标记。方法很简单，用户只需在菜单栏中，单击"标记"|"显示素材标记"|"播放窗口"命令，如图 7-63 所示，执行操作后，即可在播放窗口中显示素材标记对象。

图7-63 单击"播放窗口"命令

▶ 实例位置：光盘 \ 效果 \ 第 7 章 \ 实战 127.ezp
▶ 素材位置：光盘 \ 素材 \ 第 7 章 \ 实战 127.ezp
▶ 视频位置：光盘 \ 视频 \ 第 7 章 \ 实战 127.mp4

实战 127　在时间线位置显示标记

● 实例介绍 ●

在EDIUS 8工作界面中，用户可以设置在时间线中显示标记。

● 操作步骤 ●

STEP 01 在菜单栏中，单击"标记"|"显示素材标记"|"时间线"命令，如图7-64所示。

STEP 02 执行操作后，即可在时间线的位置显示素材标记对象，如图7-65所示。

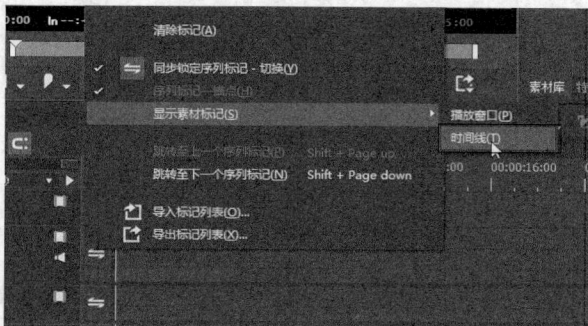
图7-64 单击"时间线"命令

图7-65 在时间线中显示素材标记对象

技巧点拨

用户还可以在菜单栏中，单击"标记"菜单，在弹出的菜单列表中依次按 S、T 键，快速在时间线位置显示素材标记。

▶ 实例位置：光盘 \ 效果 \ 第 7 章 \ 实战 128.ezp
▶ 素材位置：光盘 \ 素材 \ 第 7 章 \ 实战 128.ezp
▶ 视频位置：光盘 \ 视频 \ 第 7 章 \ 实战 128.mp4

实战 128　跳转至上一个序列标记

● 实例介绍 ●

在EDIUS 8的视频剪辑中，如果用户在时间线中添加的序列标记过多时，此时用户可以通过跳转至上一个序列标记的操作，来定位时间线的位置，使用户更好地编辑标记内容。

● 操作步骤 ●

STEP 01 在菜单栏中，单击"标记"|"跳转至上一个序列标记"命令，如图7-66所示。

STEP 02 执行操作后，即可将时间线快速跳转至上一个序列标记的位置。

技巧点拨

在 EDIUS 8 工作界面中，按 Shift + Page Up 组合键，也可以快速跳转至上一个序列标记。

图7-66 单击"跳转至上一个序列标记"命令

实战 129　跳转至下一个序列标记

▶ 实例位置：光盘 \ 效果 \ 第 7 章 \ 实战 129.ezp
▶ 素材位置：上一例素材
▶ 视频位置：光盘 \ 视频 \ 第 7 章 \ 实战 129.mp4

● 实例介绍 ●

在 EDIUS 8 工作界面中，用户还可以将时间线快速定位到下一个序列标记的位置。

● 操作步骤 ●

STEP 01 在菜单栏中，单击"标记"|"跳转至下一个序列标记"命令，如图7-67所示。

STEP 02 执行操作后，即可将时间线快速跳转至下一个序列标记的位置。

技巧点拨

在 EDIUS 8 工作界面中，按 Shift + Page Down 组合键，也可以将时间线快速跳转至下一个序列标记。

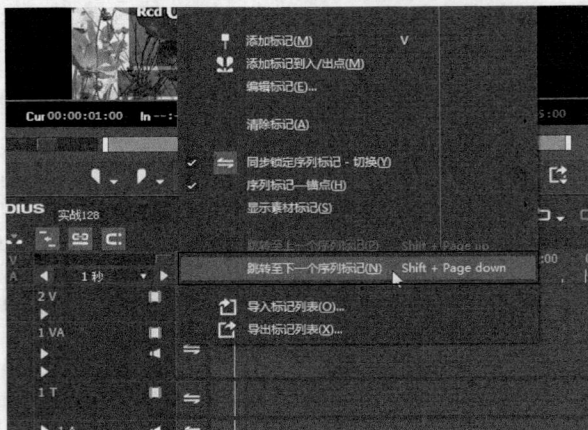
图7-67 单击"跳转至下一个序列标记"命令

7.6　导入与导出标记

在EDIUS 8工作界面中，用户可以对视频轨中的素材标记进行导入与导出操作，本节主要向读者介绍导入与导出素材标记的操作方法。

实战 130　导入标记列表

▶ 实例位置：光盘 \ 效果 \ 第 7 章 \ 实战 130.ezp
▶ 素材位置：光盘 \ 素材 \ 第 7 章 \ 实战 130.ezp
▶ 视频位置：光盘 \ 视频 \ 第 7 章 \ 实战 130.mp4

● 实例介绍 ●

在 EDIUS 8 工作界面中，用户可以将计算机中已经存在的标记列表导入到"序列标记"面板中，被导入的标记也会附于当前编辑的视频文件中。

● 操作步骤 ●

STEP 01 单击"文件"|"打开工程"命令，打开一个工程文件，如图7-68所示。

STEP 02 在"序列标记"面板中，单击"导入标记列表"按钮，如图7-69所示。

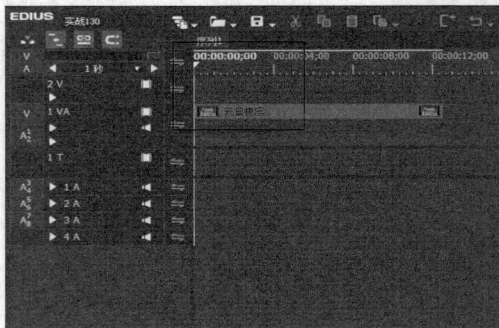
图7-68 打开一个工程文件

图7-69 单击"导入标记列表"按钮

STEP 03 执行操作后，弹出"打开"对话框，在其中用户可根据需要选择硬盘中已存储的标记列表文件，如图7-70所示。

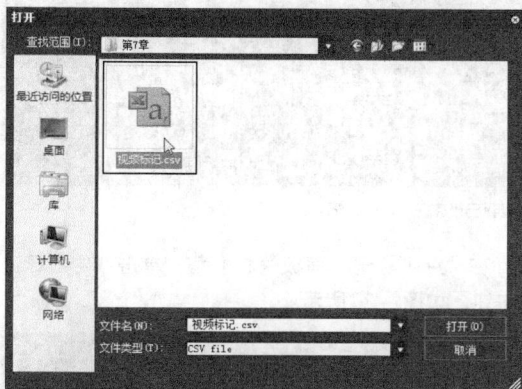

图7-70　选择标记列表文件

STEP 05 导入的标记列表直接应用于当前视频轨中的视频文件上，时间线上显示了多处素材标记，如图7-72所示。

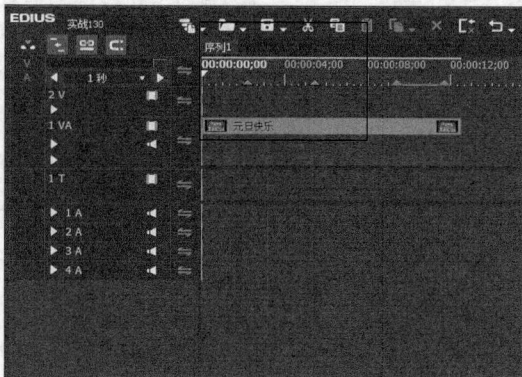

图7-72　时间线上显示了多处素材标记

STEP 04 单击"打开"按钮，即可导入到"序列标记"面板中，如图7-71所示。

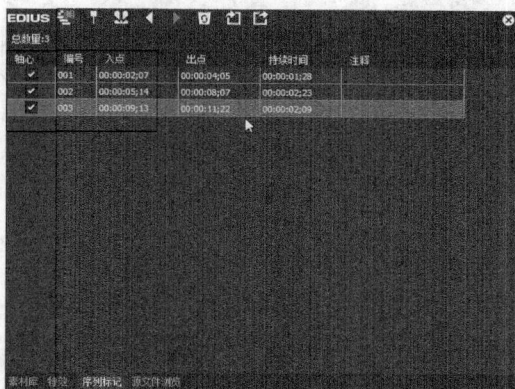

图7-71　导入到"序列标记"面板中

STEP 06 单击录制窗口下方的"播放"按钮，预览添加标记后的视频画面效果，如图7-73所示。

图7-73　预览视频画面效果

技巧点拨

在 EDIUS 8 工作界面中，用户还可以通过以下两种方法导入标记列表。
单击"标记"菜单，在弹出的菜单列表中单击"导入标记列表"命令，即可导入标记列表。
在视频轨中的时间线上，单击鼠标右键，在弹出的快捷菜单中选择"导入标记列表"选项，即可导入标记列表。

实战 131　导出标记列表

▶ 实例位置：光盘 \ 效果 \ 第 7 章 \ 实战 131.ezp
▶ 素材位置：光盘 \ 素材 \ 第 7 章 \ 实战 131.ezp
▶ 视频位置：光盘 \ 视频 \ 第 7 章 \ 实战 131.mp4

● 实例介绍 ●

在EDIUS 8工作界面中，用户可以导出视频中的标记列表，将标记列表存储于计算机中，方便日后对相同的素材进行相同标记操作。

● 操作步骤 ●

STEP 01 单击"文件"|"打开工程"命令，打开一个工程文件，如图7-74所示。

STEP 02 在时间线面板中，用户可以查看已经存在的序列标记，如图7-75所示。

图7-74 打开一个工程文件

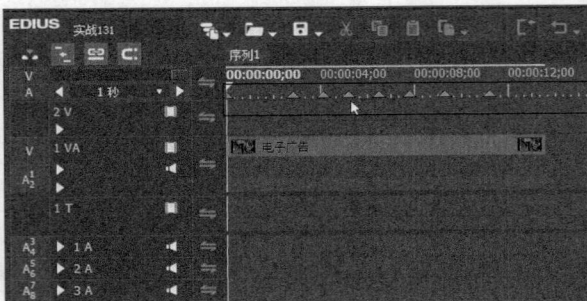

图7-75 查看已经存在的序列标记

STEP 03 在"序列标记"面板中，显示了多条创建的标记具体时间码，显示了入点与出点的具体时间，如图7-76所示。

STEP 04 在"序列标记"面板的右上角，单击"导出标记列表"按钮，如图7-77所示。

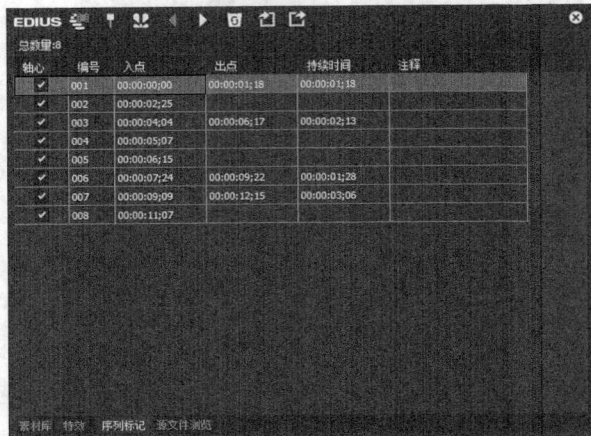

图7-76 显示了入点与出点的具体时间

图7-77 单击"导出标记列表"按钮

STEP 05 弹出"另存为"对话框，在其中设置文件的保存位置与文件名称，如图7-78所示。

STEP 06 单击"保存"按钮，即可保存标记列表文件，单击录制窗口下方的"播放"按钮，预览视频画面效果，如图7-79所示。

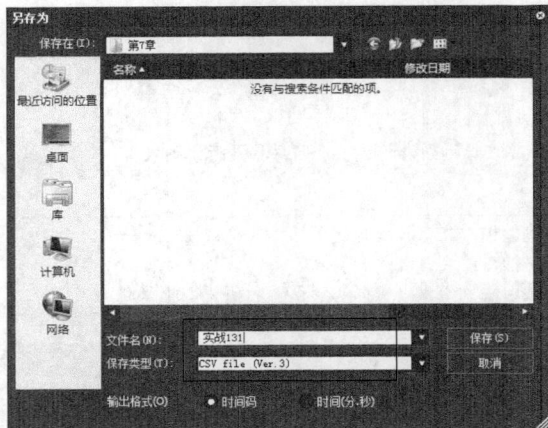

图7-78 设置文件的保存属性

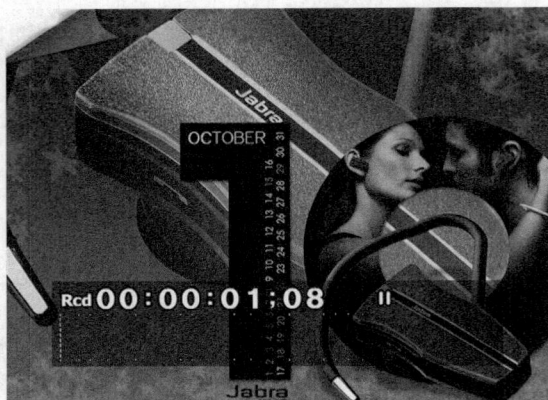

图7-79 预览视频画面效果

技巧点拨

在 EDIUS 8 工作界面中，用户还可以通过以下两种方法导出标记列表。

单击"标记"菜单，在弹出的菜单列表中单击"导出标记列表"命令，即可导出标记列表。

在视频轨中的时间线上，单击鼠标右键，在弹出的快捷菜单中选择"导出标记列表"选项，即可导出标记列表。

第8章

多层运动特效的制作

本章导读

在 EDIUS 8 视频特效制作中，关键帧可以帮助用户控制视频或音频特效的变化，并形成一个变化的过渡效果。本章主要向读者详细介绍运用关键帧制作影视画面多层运动特效的方法，主要包括制作二维裁剪动画、制作二维视频动画以及制作三维视频动画等内容。

要点索引

- 基本操作视频布局
- 制作动画特效
- 制作二维动画特效
- 制作三维动画特效

Rcd 00：00：04：14 ‖   Rcd 00：00：03：24 ‖   Rcd 00：00：04：08   ‖   Rcd 00：00：04：03 ‖

8.1 基本操作视频布局

在"视频布局"对话框中，主要是通过关键帧来制作视频的运动效果。

通过设置关键帧可以创建图层的位置、角度以及缩放动画，也可以创建视频效果的动画。为了在素材上设置关键帧，可以激活关键帧复选框，然后拖动时间线在不同的时间点设置不同的效果参数值，这样就可以创建效果动画了。

在EDIUS 8工作界面中，用户不仅可以设置滤镜参数的动画效果，更多的时候用户还需要设置图像的移动、旋转和缩放等动画，尤其是三维空间中的动画，这就是视频布局动画。本节主要向读者介绍视频布局的基本操作，主要包括进入2D动画界面、进入3D动画界面、调整视频布局百分比以及应用各类视频布局工具等内容。

实战 132　进入2D动画界面

▶ 实例位置：无
▶ 素材位置：光盘 \ 素材 \ 第 8 章 \ 实战 132.ezp
▶ 视频位置：光盘 \ 视频 \ 第 8 章 \ 实战 132.mp4

● 实例介绍 ●

下面将介绍进入2D动画界面的操作方法。

● 操作步骤 ●

STEP 01 在EDIUS 8工作界面中，单击"素材"菜单，在弹出的菜单列表中单击"视频布局"命令，如图8-1所示。

STEP 02 即可弹出"视频布局"对话框，默认情况下，对话框中直接显示2D动画界面，如图8-2所示。

图8-1 单击"视频布局"命令

图8-2 显示2D动画界面

知识拓展

在"视频布局"对话框中，各部分含义如下。

功能按钮：在"视频布局"对话框中，包含许多控制和功能的按钮，来决定图像不同的布局方式。比如，选择"裁剪"选项，图像只有裁剪功能可用，而 2D 模式、3D 模式和显示参考按钮变成灰色，不再可用。

预览窗口：预览窗口中显示源素材视频和在布局窗口中对图像所做的变换。在"显示比例"列表框中，用户可以选择预览窗口的尺寸。或按 Ctrl + 0 组合键，使预览窗口自动匹配布局窗口的尺寸。

效果控制面板：在效果控制面板中，用户可以指定布局参数的数值，并设置相应的参数关键帧。

"参数"面板：在"参数"面板中，显示了在布局窗口中与选择功能对应的可用的参数设置。

"预设"面板：在"预设"面板中，可以应用 EDIUS 8 软件中预设的多种功能来调整图像的布局。

技巧点拨

在"视频布局"对话框中，用户还可以单击对话框上方的"2D 模式"按钮，进入 2D 视频动画制作界面。

实战 133　进入3D动画界面

▶ 实例位置：无
▶ 素材位置：上一例素材
▶ 视频位置：光盘＼视频＼第 8 章＼实战 133.mp4

● 实例介绍 ●

　　在"视频布局"对话框中，如果用户需要制作视频的3D动画，则需要切换至3D动画制作界面。进入3D动画界面的方法很简单，下面将介绍进入3D动画界面的操作方法。

● 操作步骤 ●

STEP 01　在"视频布局"对话框上方，单击"3D模式"按钮，如图8-3所示。

STEP 02　执行操作后，即可从2D模式切换至3D模式，在3D模式中，将显示3个方向的参数设置，不仅只有X和Y轴，还有Z轴，用户可以三维立体设置视频的动画效果，如图8-4所示。

图8-3　单击"3D模式"按钮

图8-4　3D模式编辑界面

STEP 03　当用户进入3D模式编辑界面后，如果用户又需要切换至2D模式编辑界面时，软件将弹出提示信息框，提示用户如果切换至2D模式后需要重设3D设置，如图8-5所示。

STEP 04　单击"是"按钮，将切换至2D模式；单击"否"按钮，将不切换至2D模式。

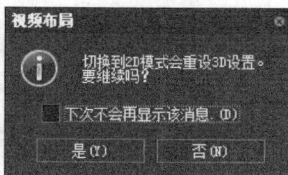

图8-5　弹出提示信息框

技巧点拨

　　在 EDIUS 8 工作界面中，用户还可以通过以下两种方法在 2D 模式与 3D 模式之间进行切换。

　　按 F2 键，将切换至 2D 模式。

　　按 F3 键，将切换至 3D 模式。

实战 134　显示指示线

▶ 实例位置：无
▶ 素材位置：上一例素材
▶ 视频位置：光盘＼视频＼第 8 章＼实战 134.mp4

● 实例介绍 ●

　　在"变换"选项卡中，用户可以根据需要设置预览窗口中是否显示指示线，指针线可以更好地分布画面的内容，使视频的摆放位置更加精确。

STEP 01 在"视频布局"对话框上方，单击 "显示指示线"按钮，如图8-6所示。

STEP 02 执行操作后，即可在左上方的预览窗口中，显示相应的指示线标记，如图8-7所示。

图8-6 选择"显示指示线"选项

图8-7 显示指示线

STEP 03 在"视频布局"对话框中，用户还可以拖曳对话框四周的控制柄，调整对话框的大小，当对话框缩放至合适大小时，向右折叠按钮列表框中的各功能选项将会显示在对话框上方，此时用户直接单击"显示指示线"按钮，如图8-8所示，也可以快速显示或隐藏指示线标记。

技巧点拨

在"视频布局"对话框中，用户按 Ctrl + H 组合键，也可对指示线进行快速显示或隐藏操作。

图8-8 单击"显示指示线"按钮

实战 135 调整视频布局百分比

▶ 实例位置：无
▶ 素材位置：上一例素材
▶ 视频位置：光盘 \ 视频 \ 第 8 章 \ 实战 135.mp4

● 实例介绍 ●

在"视频布局"对话框中，为了更好地预览设置前或设置后的视频动画效果，此时用户可以调整预览窗口中的百分比视图显示。

● 操作步骤 ●

STEP 01 在"视频布局"对话框中，单击百分比参数右侧的下拉按钮，在弹出的列表框中选择相应的百分比选项，如图8-9所示。

技巧点拨

在"视频布局"对话框中，用户按 Ctrl + 0 组合键，可以使预览窗口自动匹配布局窗口的尺寸，将视频画面调整至合适大小。

图8-9 选择相应的百分比选项

STEP 02 执行操作后，即可调整预览窗口中的百分比视图显示。图8-10所示为画面调整前（18.94%）与调整后75.00%）的百分比视图对比效果。

图8-10 百分比视图对比效果

知识拓展

应用选择工具

在"视频布局"对话框中，使用选择工具可以调整预览窗口中素材对象的摆放位置。选取选择工具的方法很简单，用户只需在"视频布局"对话框上方，单击"选择工具"按钮，如图8-11所示，执行操作后，即可选取选择工具。

在"视频布局"对话框中，用户按 V 键，也可以快速切换至选择工具。

选取选择工具后，用户在预览窗口中即可选择需要移动的素材对象，单击鼠标左键并随意拖曳，即可调整素材在预览窗口中的摆放位置。

图 8-12 所示为素材调整位置前与调整位置后的前后对比效果。

应用缩放工具

在"视频布局"对话框中，使用缩放工具可以放大或缩小预览窗口中素材对象的显示方式，或者对某一个区域的画面进行

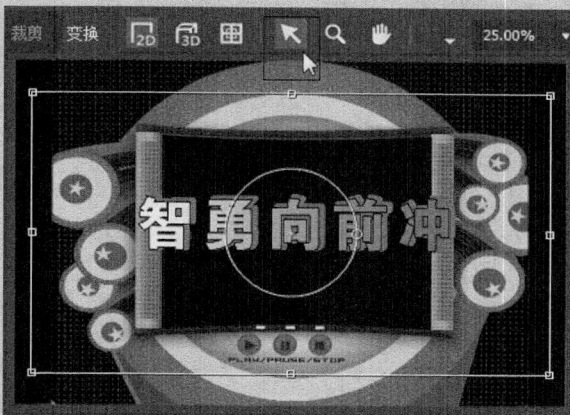

图8-11 单击"选择工具"按钮

图8-12 素材调整位置的前后对比效果

放大显示。

选取缩放工具的方法很简单，用户只需在"视频布局"对话框上方，单击"缩放工具"按钮，如图 8-13 所示，执行操作后，即可选取缩放工具。

在"视频布局"对话框中，用户按 Z 键，也可以快速切换至缩放工具。

选取缩放工具后，用户在预览窗口中即可单击鼠标左键并向左或向右拖曳，即可对预览窗口中的素材画面进行缩放操作。

在"视频布局"对话框中，用户按 Ctrl + Alt + 0 组合键，可以以图片中心点为基础，放大或缩小视频画面效果。

图 8-14 所示为预览窗口缩放前与缩放后的前后对比效果。

应用平移工具

在"视频布局"对话框中，当用户对素材画面缩放至相应大小时，可能预览窗口中只能显示一部分内容，而另一部分内容则无法显示出来，此时用户可以使用平移工具，调整素材画面在预览窗口中的显示位置。

选取平移工具的方法很简单，用户只需在"视频布局"对话框上方，单击"平移工具"按钮，如图 8-15 所示，执行操作后，即可选取平移工具。

在"视频布局"对话框中，用户按 H 键，也可以快速切换至平移工具。

选取平移工具后，此时鼠标指针呈手形，用户在预览窗口中即可单击鼠标左键并随意拖曳，即可对预览窗口中的素材画面进行平移操作，如图 8-16 所示。

图8-13 单击"缩放工具"按钮

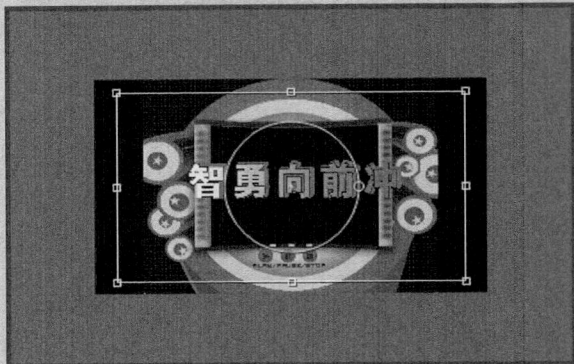
图8-14 预览窗口缩放前与缩放后的效果

图8-15 单击"平移工具"按钮

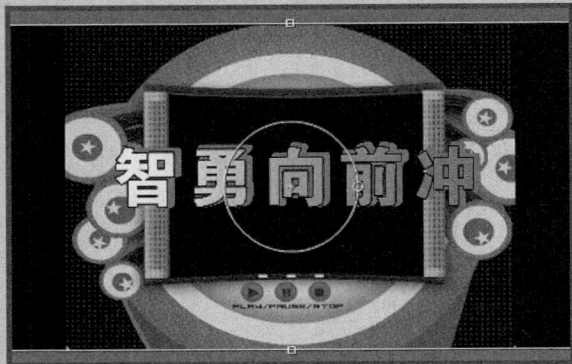
图8-16 对视频画面进行平移操作

8.2 制作动画特效

为了构图的需要，有时候用户需要重新裁剪素材的画面。单击"裁剪"选项卡，在预览窗口中直接拖曳裁剪控制框，就可以裁剪素材画面了，也可以在"参数"面板中设置"左""右""顶"和"底"的裁剪比例来裁剪图像画面。

在 EDIUS 8 工作界面中，除了裁剪素材外，对素材的操作大多都是变换操作。下面向读者介绍制作动画特效的操作方法。

实战
136 制作二维裁剪动画

▶ 实例位置：光盘＼效果＼第 8 章＼实战 136.ezp
▶ 素材位置：光盘＼素材＼第 8 章＼实战 136.ezp
▶ 视频位置：光盘＼视频＼第 8 章＼实战 136.mp4

● 实例介绍 ●

下面将介绍制作二维裁剪动画的操作方法。

● 操作步骤 ●

STEP 01 单击"文件"|"打开工程"命令，打开一个工程
文件，如图8-17所示。

STEP 02 在2V视频轨中，选择需要裁剪的视频素材，如图
8-18所示。

图8-17 打开一个工程文件

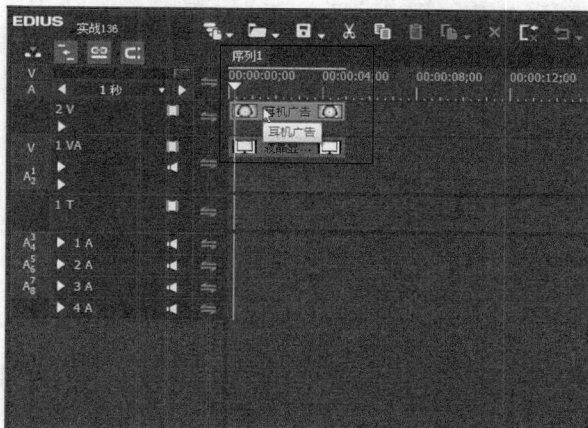

图8-18 选择需要裁剪的视频素材

STEP 03 在菜单栏中，单击"素材"|"视频布局"命令，
如图8-19所示。

STEP 04 弹出"视频布局"对话框，切换至"裁剪"选项
卡，如图8-20所示。

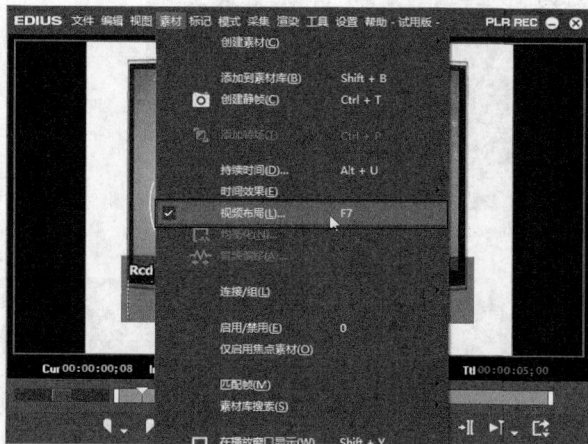

图8-19 单击"视频布局"命令

图8-20 切换至"裁剪"选项卡

STEP 05 在右侧"参数"选项卡的"源素材裁剪"选项区
中，设置"左"为32px、"右"为35.3 px、"顶"为30
px、"底"为26. px，如图8-21所示，裁剪素材画面。

STEP 06 在效果控制面板中，选中"源素材裁剪"复选
框，单击右侧的"添加/删除关键帧"按钮，添加一个关键
帧，如图8-22所示。

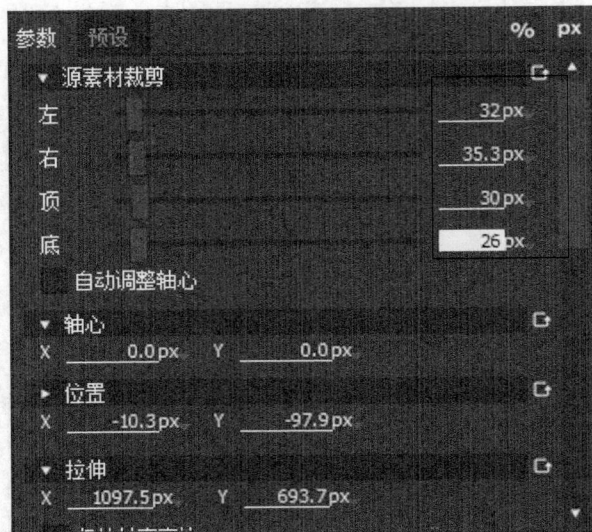

图8-21 设置"左"为32px

图8-22 添加一个关键帧

STEP 07 在效果控制面板中，将时间线移至00:00: 01:04的位置处，如图8-23所示。

STEP 08 在右侧"参数"选项卡的"源素材裁剪"选项区中，设置"左""右""顶"和"底"参数均为0px，如图8-24所示。

图8-23 移动时间线的位置

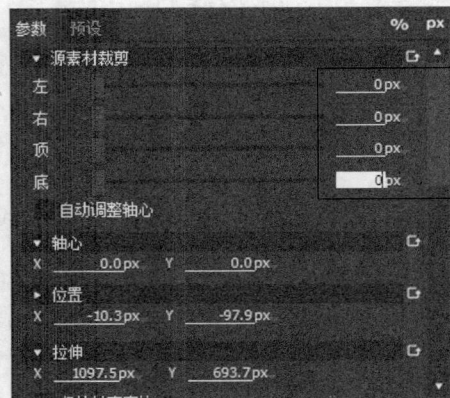

图8-24 设置各参数均为0%

STEP 09 执行操作后，在效果控制面板中，将自动在时间线位置添加一个关键帧，如图8-25所示。

图8-25 自动添加一个关键帧

STEP 10 裁剪动画制作完成后，单击"确定"按钮，返回EDIUS 8工作界面，单击录制窗口下方的"播放"按钮，预览制作的裁剪动画效果，如图8-26所示。

图8-26 预览制作的裁剪动画效果

<table>
<tr><td>实战
137</td><td>制作二维变换动画</td><td>▶ 实例位置：光盘 \ 效果 \ 第 8 章 \ 实战 137.ezp
▶ 素材位置：光盘 \ 素材 \ 第 8 章 \ 实战 137.ezp
▶ 视频位置：光盘 \ 视频 \ 第 8 章 \ 实战 137.mp4</td></tr>
</table>

● 实例介绍 ●

下面将介绍制作二维变换动画的操作方法。

● 操作步骤 ●

STEP 01 单击"文件"|"新建"|"工程"命令，新建一个工程文件，在视频轨中分别导入相应素材文件，如图8-27所示。

STEP 02 选择2V视频轨中的素材文件，单击"素材"|"视频布局"命令，如图8-28所示。

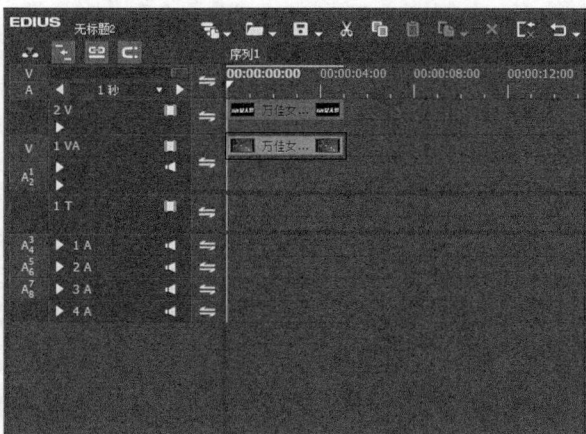

图8-27 分别导入相应素材文件

图8-28 单击"视频布局"命令

技巧点拨

在 EDIUS 8 工作界面中，按F7键，也可以快速弹出"视频布局"对话框。

STEP 03 执行操作后，弹出"视频布局"对话框，在上方单击"变换"标签，如图8-29所示，切换至"变换"选项卡。

STEP 04 在上方预览窗口中，通过拖曳素材方框四周的控制柄，手动调整素材的大小，变换素材，如图8-30所示。

图8-29 单击"变换"标签

图8-30 变换素材

STEP 05 设置完成后，单击"确定"按钮，返回EDIUS 8工作界面，单击录制窗口下方的"播放"按钮，预览二维变换后的视频画面，效果如图8-31所示。

技巧点拨

在 EDIUS 8 时间线中，选择需要制作视频布局特效的素材文件，在"信息"面板中的"视频布局"选项上，单击鼠标右键，在弹出的快捷菜单中选择"打开设置对话框"选项，执行操作后，也可以打开"视频布局"对话框。

图8-31 预览二维变换后的视频画面

8.3 制作二维动画特效

在EDIUS 8工作界面中，用户可以设置视频的二维视频动画效果，如移动位置动画、拉伸动画、旋转动画以及可见度和颜色动画等。本节主要向读者介绍制作二维视频动画的操作方法。

实战 138 制作移动位置动画

▶ 实例位置：光盘 \ 效果 \ 第 8 章 \ 实战 138.ezp
▶ 素材位置：光盘 \ 素材 \ 第 8 章 \ 实战 138.ezp
▶ 视频位置：光盘 \ 视频 \ 第 8 章 \ 实战 138.mp4

• 实例介绍 •

在EDIUS 8工作界面中，为插入的视频素材制作移动位置动画特效，可以使视频素材的画面更具有吸引力与欣赏力。下面向读者介绍制作视频移动位置动画的操作方法。

• 操作步骤 •

STEP 01 单击"文件" | "打开工程"命令，打开一个工程文件，如图8-32所示。

STEP 02 选择 2 V 视频轨中的素材文件，单击"素材" | "视频布局"命令，如图8-33所示。

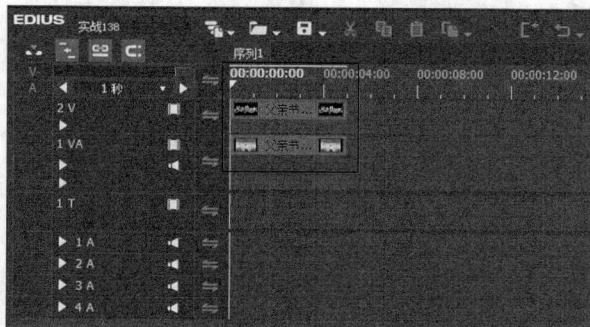

图8-32 打开一个工程文件

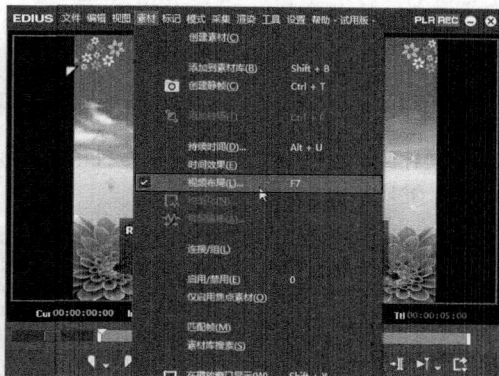

图8-33 单击"视频布局"命令

STEP 03 执行操作后，弹出"视频布局"对话框，如图8-34所示。

STEP 04 在左上方预览窗口中，选择需要调整位置的素材文件，如图8-35所示。

图8-34 弹出"视频布局"对话框

图8-35 选择素材文件

技巧点拨

在"信息"面板中，选择"视频布局"选项，单击中间的"打开设置对话框"按钮，也可以快速弹出"视频布局"对话框。

STEP 05 在右侧"参数"面板的"位置"选项区中，设置X为8.4px，如图8-36所示，调整素材的位置属性。

STEP 06 在下方效果控制面板中，选中"位置"复选框，激活关键帧复选框，然后单击右侧的"添加/删除关键帧"按钮，在开始位置添加一个关键帧，如图8-37所示。

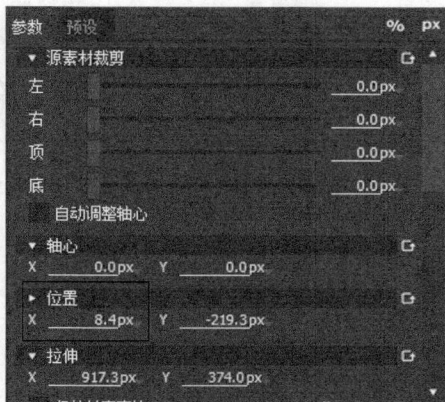

图8-36 调整素材的位置属性

图8-37 添加一个位置关键帧

技巧点拨

在"视频布局"对话框中，用户只能编辑当前视频轨道中选择的视频素材，对于其他轨道中的视频素材，虽然会显示在"视频布局"对话框的预览窗口中，但无法对其进行编辑和修改操作。

STEP 07 在效果控制面板中，将时间线移至00:00:03:04的位置处，如图8-38所示。

图8-38 移动时间线的位置

STEP 08 在"参数"面板的"位置"选项区中，设置X为155.5px，如图8-39所示，调整素材的位置属性。

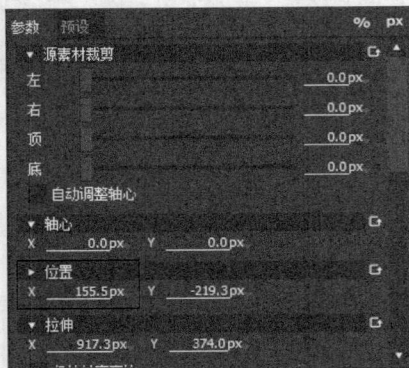

图8-39 调整素材的位置属性

STEP 09 此时，软件自动在00:00:03:04的位置处添加第2个位置关键帧，如图8-40所示。

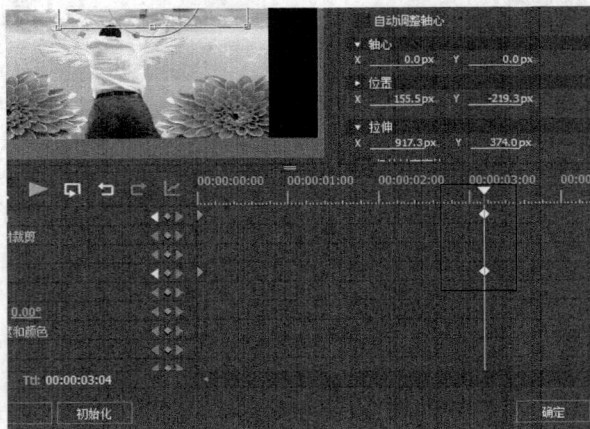

图8-40 添加第2个位置关键帧

STEP 10 运动效果制作完成后，单击"确定"按钮，返回EDIUS 8工作界面，在时间线面板中将时间线移至素材的开始位置，如图8-41所示。

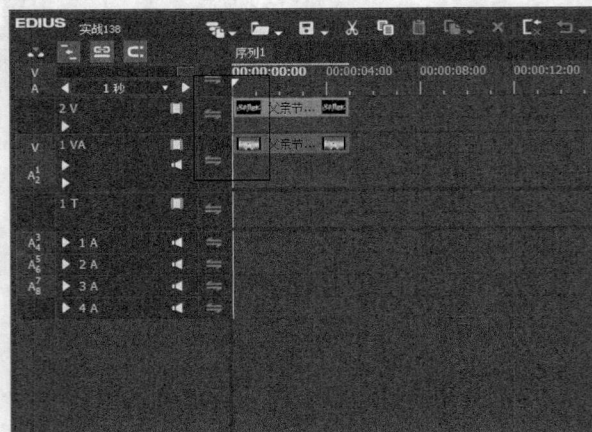

图8-41 将时间线移至素材的开始位置

技巧点拨

在效果控制面板中的关键帧上，单击鼠标右键，在弹出的快捷菜单中选择"删除"选项，即可删除相应关键帧。

STEP 11 单击录制窗口下方的"播放"按钮，预览位置关键帧运动特效，如图8-42所示。

图8-42 预览位置关键帧运动特效

<table>
<tr><td rowspan="2">**实战**
139</td><td rowspan="2">制作视频拉伸动画</td><td>▶ 实例位置：光盘 \ 效果 \ 第 8 章 \ 实战 139.ezp</td></tr>
<tr><td>▶ 素材位置：光盘 \ 素材 \ 第 8 章 \ 实战 139.ezp</td></tr>
</table>

▶ 视频位置：光盘 \ 视频 \ 第 8 章 \ 实战 139.mp4

● 实例介绍 ●

　　在EDIUS 8工作界面中，通过制作拉伸关键帧运动特效，可以改变视频画面的大小，这样可以让画面更加显眼，使整个画面更加协调。下面向读者介绍制作视频拉伸动画的操作方法。

● 操作步骤 ●

STEP 01 单击"文件"|"打开工程"命令，打开一个工程文件，如图8-43所示。

STEP 02 选择 2 V 视频轨中的素材文件，单击"素材"|"视频布局"命令，如图8-44所示。

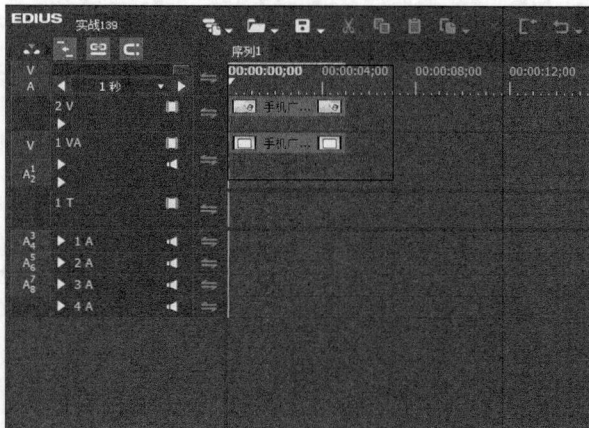

图8-43 打开一个工程文件

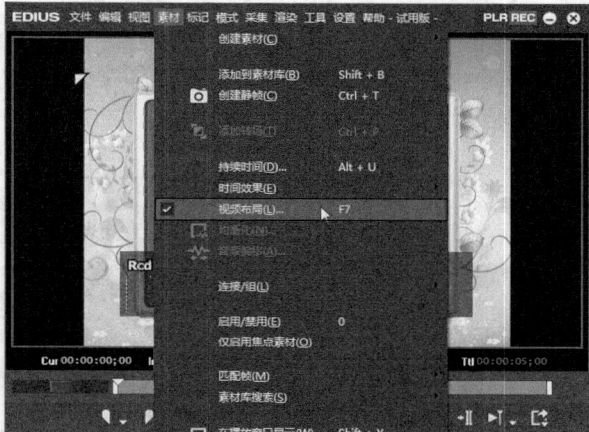

图8-44 单击"视频布局"命令

STEP 03 执行操作后，弹出"视频布局"对话框，如图8-45所示。

STEP 04 在左上方预览窗口中，选择需要调整拉伸属性的素材文件，如图8-46所示。

图8-45 弹出"视频布局"对话框

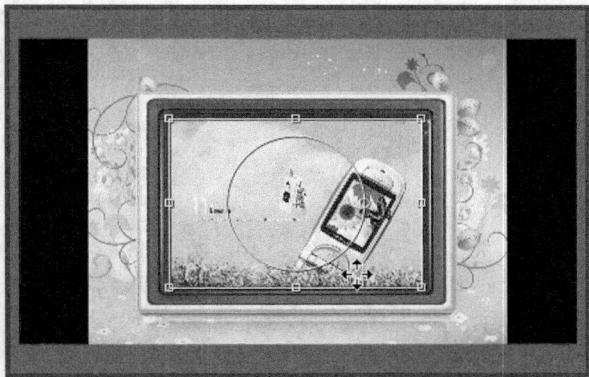

图8-46 选择素材文件

STEP 05 在右侧"参数"面板的"拉伸"选项区中，设置X为200px，如图8-47所示，调整素材的拉伸属性。

STEP 06 在下方效果控制面板中，选中"伸展"复选框，激活关键帧复选框，然后单击右侧的"添加/删除关键帧"按钮，在开始位置添加一个伸展关键帧，如图8-48所示。

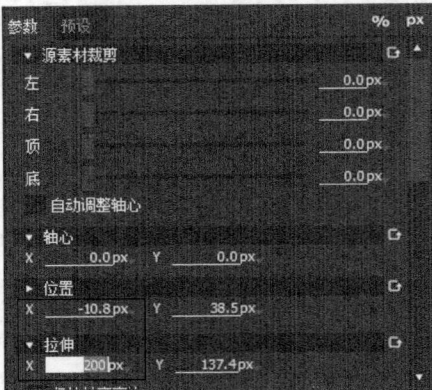
图8-47 调整素材的拉伸属性

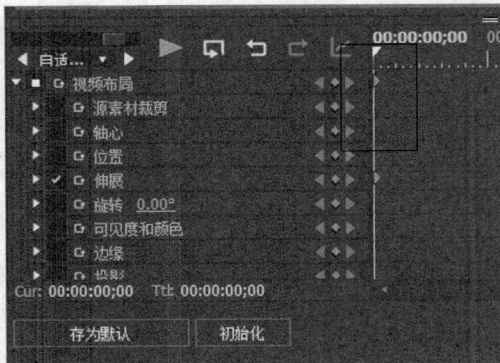
图8-48 添加一个伸展关键帧

STEP 07 在效果控制面板中，将时间线移至00:00:03:00的位置处，如图8-49所示。

STEP 08 在"参数"面板的"拉伸"选项区中，选中"保持帧宽高比"复选框，设置X为450px，如图8-50所示，调整素材的拉伸参数。

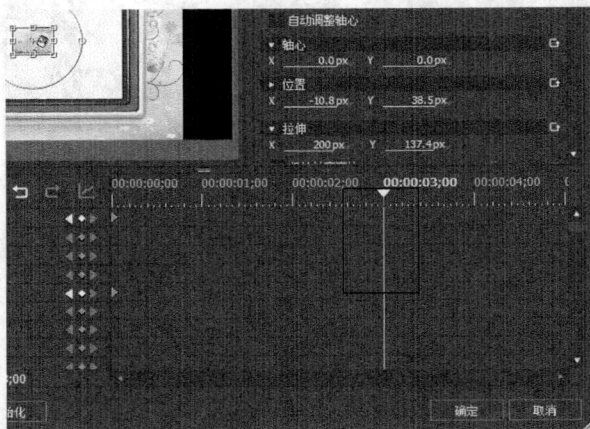
图8-49 移动时间线的位置

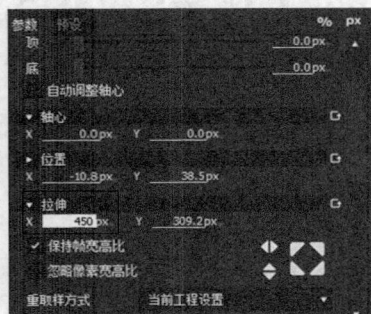
图8-50 调整素材的拉伸参数

STEP 09 此时，软件自动在00:00:03:00的位置处添加第2个拉伸关键帧，如图8-51所示。

STEP 10 拉伸效果制作完成后，单击"确定"按钮，返回EDIUS 8工作界面，在轨道面板中将时间线移至素材的开始位置，如图8-52所示。

图8-51 添加第2个拉伸关键帧

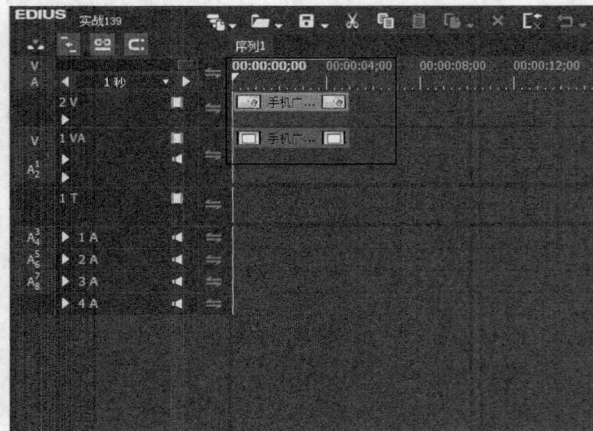
图8-52 移动时间线的位置

STEP 11 单击录制窗口下方的"播放"按钮，预览拉伸关键帧特效，如图8-53所示。

图8-53 预览拉伸关键帧运动特效

<table>
<tr><td>实战
140</td><td>制作视频旋转动画</td><td>▶ 实例位置：光盘 \ 效果 \ 第 8 章 \ 实战 140.ezp
▶ 素材位置：光盘 \ 素材 \ 第 8 章 \ 实战 140.ezp
▶ 视频位置：光盘 \ 视频 \ 第 8 章 \ 实战 140.mp4</td></tr>
</table>

● 实例介绍 ●

　　在EDIUS 8工作界面中，用户可以将视频画面设置为360度旋转，使制作的视频画面更加具有动感效果。下面向读者介绍制作旋转关键帧运动特效的操作方法。

● 操作步骤 ●

STEP 01 单击"文件"|"打开工程"命令，打开一个工程文件，如图8-54所示。

STEP 02 选择2V视频轨中的素材文件，在"信息"面板的"视频布局"选项上，单击鼠标右键，在弹出的快捷菜单中选择"打开设置对话框"选项，如图8-55所示。

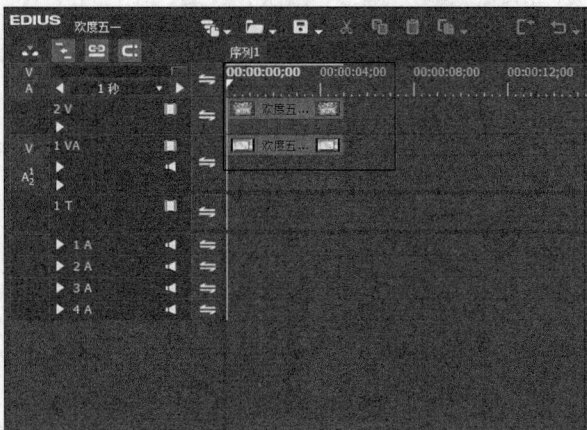

图8-54 打开一个工程文件

图8-55 选择"打开设置对话框"选项

技巧点拨

在视频轨中现有的素材文件上，单击鼠标右键，在弹出的快捷菜单中选择"布局"选项，也可以快速弹出"视频布局"对话框。

STEP 03 执行操作后，弹出"视频布局"对话框，如图8-56所示。

STEP 04 在左上方预览窗口中，选择需要调整旋转位置的素材文件，如图8-57所示。

图8-56 弹出"视频布局"对话框

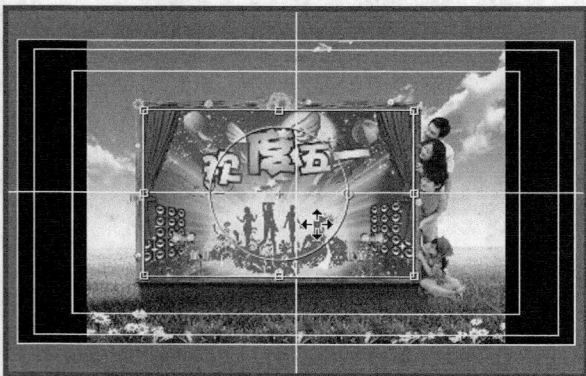

图8-57 选择素材文件

STEP 05 在右侧"参数"面板的"旋转"选项区中，设置"旋转"为360.00，如图8-58所示，调整素材的旋转属性。

STEP 06 在下方效果控制面板中，选中"旋转"复选框，激活关键帧复选框，然后单击右侧的"添加/删除关键帧"按钮，在开始位置添加一个旋转关键帧，如图8-59所示。

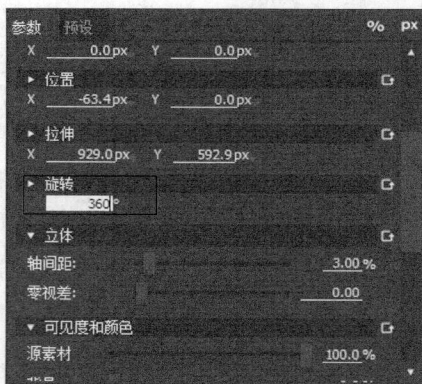

图8-58 调整素材的旋转属性

图8-59 添加一个旋转关键帧

技巧点拨

在效果控制面板中的关键帧上，单击鼠标右键，在弹出的快捷菜单中，用户可以执行以下 4 种操作。

删除：删除选择的关键帧参数对象。

剪切：剪切当前选择的关键帧对象。

复制：复制当前选择的关键帧对象。

粘贴：将复制的关键帧进行粘贴操作。

STEP 07 在效果控制面板中，将时间线移至00:00:04:00的位置处，如图8-60所示。

STEP 08 在"参数"面板的"旋转"选项区中，设置"旋转"为0，如图8-61所示，调整素材的旋转属性。

图8-60 移动时间线的位置

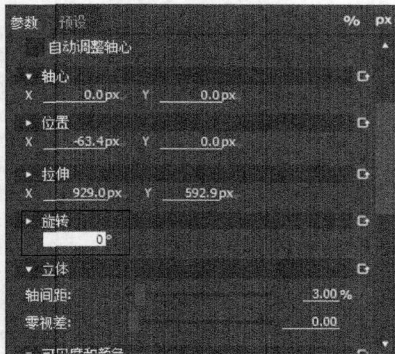

图8-61 设置"旋转"为0

STEP 09 此时，软件自动在00:00:04:00的位置处添加第2个旋转关键帧，如图8-62所示。

STEP 10 旋转效果制作完成后，单击"确定"按钮，返回EDIUS 8工作界面，在轨道面板中将时间线移至素材的开始位置，如图8-63所示。

图8-62 添加第2个旋转关键帧

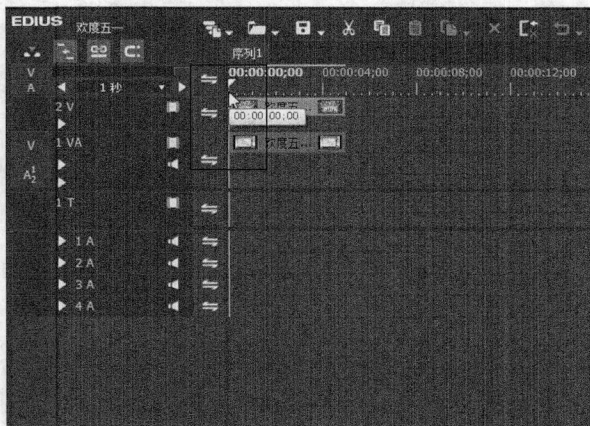

图8-63 移动时间线的位置

STEP 11 单击录制窗口下方的"播放"按钮，预览旋转关键帧运动特效，如图8-64所示。

图8-64 预览旋转关键帧运动特效

实战 141 制作视频可见度动画

▶ 实例位置：光盘 \ 效果 \ 第 8 章 \ 实战 141.ezp
▶ 素材位置：光盘 \ 素材 \ 第 8 章 \ 实战 141.ezp
▶ 视频位置：光盘 \ 视频 \ 第 8 章 \ 实战 141.mp4

● 实例介绍 ●

在EDIUS 8工作界面中，用户可以通过"可见度和颜色"功能，制作视频的淡入/淡出特效，使制作的视频画面播放更加流畅。

● 操作步骤 ●

STEP 01 单击"文件"|"打开工程"命令，打开一个工程文件，如图8-65所示。

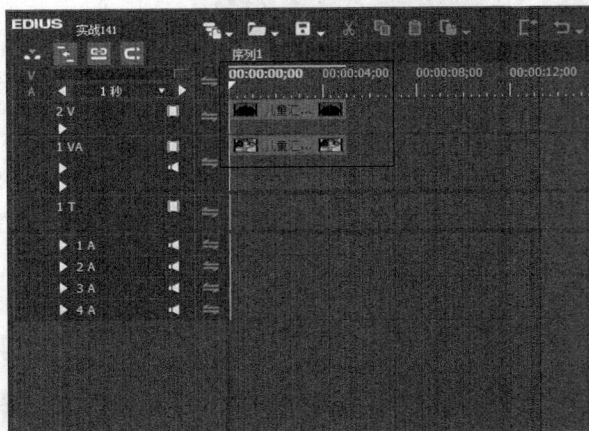

图8-65 打开一个工程文件

STEP 03 执行操作后，弹出"视频布局"对话框，如图8-67所示。

图8-67 弹出"视频布局"对话框

STEP 05 在右侧"参数"面板的"可见度和颜色"选项区中，设置"源素材"为0%，如图8-69所示，调整素材的可见度属性。

STEP 02 选择1VA视频轨中的素材文件，在"信息"面板的"视频布局"选项上，单击鼠标右键，在弹出的快捷菜单中选择"打开设置对话框"选项，如图8-66所示。

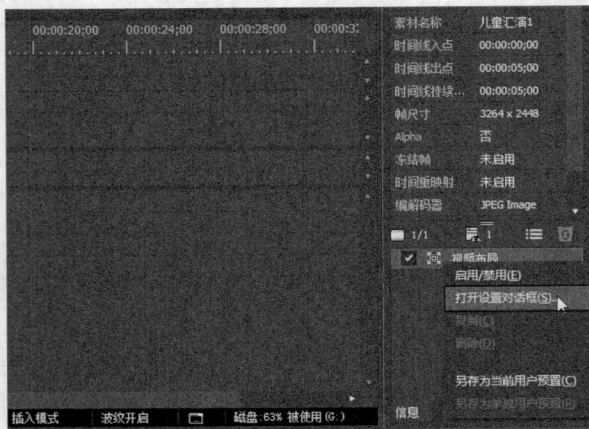

图8-66 选择"打开设置对话框"选项

STEP 04 在左上方预览窗口中，选择需要调整可见度和颜色的素材文件，如图8-68所示。

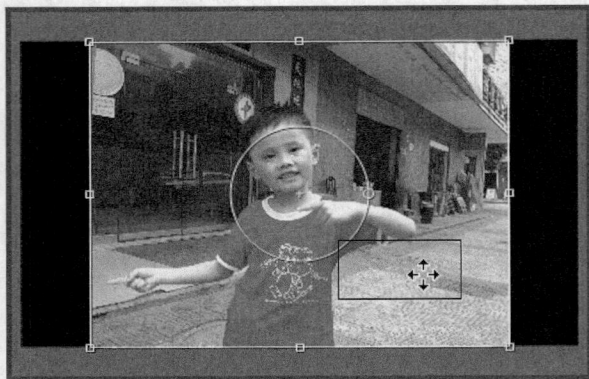

图8-68 选择素材文件

STEP 06 在下方效果控制面板中选中"可见度和颜色"复选框，激活关键帧复选框，然后单击右侧的"添加/删除关键帧"按钮，在开始位置添加一个可见度和颜色关键帧，如图8-70所示。

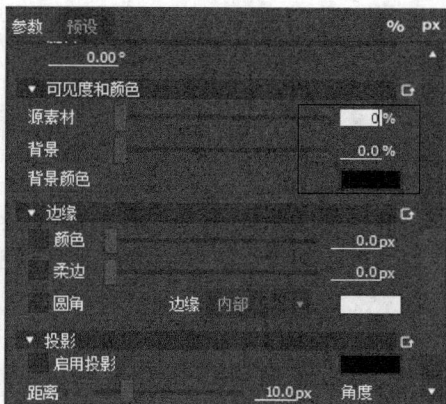

图8-69 设置"源素材"为0%

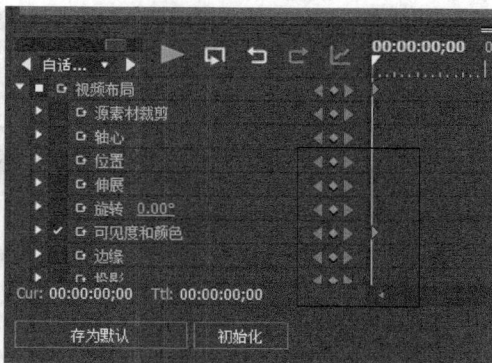

图8-70 添加一个可见度和颜色关键帧

STEP 07 在效果控制面板中，将时间线移至00:00:04:05的位置处，如图8-71所示。

STEP 08 在"参数"面板的"可见度和颜色"选项区中，设置"源素材"为100%，如图8-72所示，调整素材的可见度属性。

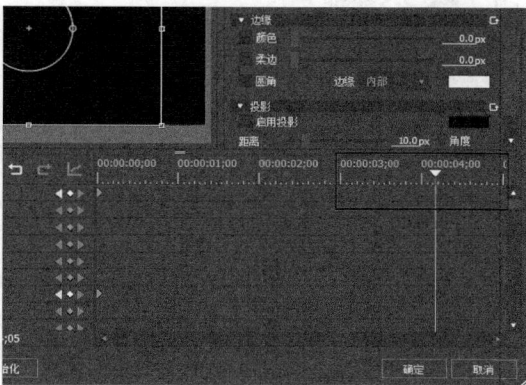

图8-71 移动时间线的位置

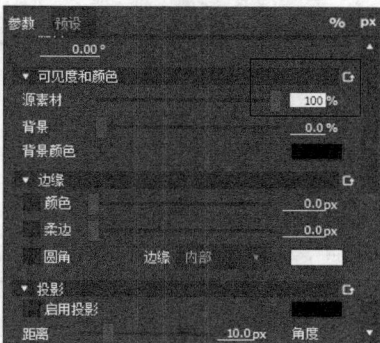

图8-72 设置"源素材"为100%

STEP 09 此时，软件自动在00:00:04:05的位置处添加第2个可见度和颜色关键帧，如图8-73所示。

STEP 10 运动效果制作完成后，单击"确定"按钮，返回EDIUS 8工作界面，在轨道面板中将时间线移至素材的开始位置，如图8-74所示。

图8-73 添加第2个关键帧

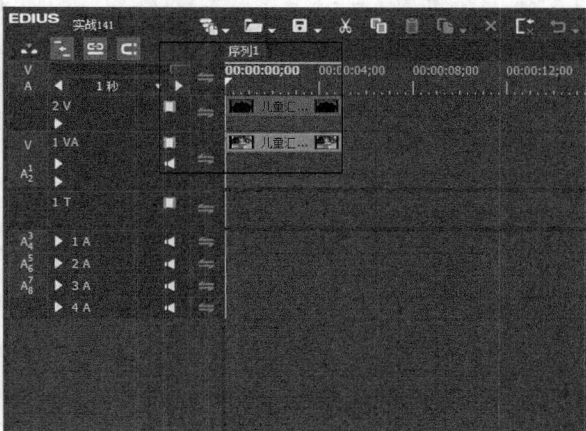

图8-74 将时间线移至开始位置

技巧点拨

　　用户使用键盘上的左右方向键，也可以具体将时间线精确定位到视频画面的某一帧上。

STEP 11 单击录制窗口下方的 "播放" 按钮，预览可见度和颜色关键帧运动特效，如图8-75所示。

Rcd 00:00:00;03

Rcd 00:00:00;22

Rcd 00:00:01;25

Rcd 00:00:04;07

图8-75 预览视频动画效果

8.4 制作三维动画特效

在EDIUS 8工作界面中，三维 变换相对于二维空间来说操作基本相似，只是在位置、轴心和旋转操作上增加了Z轴，具有3个维度供用户调整。本节主要向读者介绍在三维空间中制作视频动画的操作方法，希望读者可以熟练掌握。

实战 142 制作三维变换动画

▶ 实例位置：光盘 \ 效果 \ 第 8 章 \ 实战 142.ezp
▶ 素材位置：光盘 \ 素材 \ 第 8 章 \ 实战 142.ezp
▶ 视频位置：光盘 \ 视频 \ 第 8 章 \ 实战 142.mp4

• 实例介绍 •

在 "视频布局" 对话框中，单击 "3D模式" 按钮，激活三维空间，在预览窗口中可以看到图像的变换轴向与二维空间的不同，在该空间中可以对图像进行三维空间变换。

• 操作步骤 •

STEP 01 在视频轨中，导入两张静态图像，录制窗口中的画面效果，如图8-76所示。

STEP 02 在视频轨中，选择需要进行三维空间变换的素材，如图8-77所示。

图8-76 录制窗口中的画面效果

图8-77 选择需要进行三维空间变换的素材

STEP 03 单击"素材"|"视频布局"命令，弹出"视频布局"对话框，单击上方的"3D模式"按钮，如图8-78所示。

STEP 04 执行操作后，进入"3D模式"编辑界面，如图8-79所示。

图8-78 单击"3D模式"按钮

图8-79 进入"3D模式"编辑界面

STEP 05 在"参数"面板的各选项区中，设置相应参数，如图8-80所示。

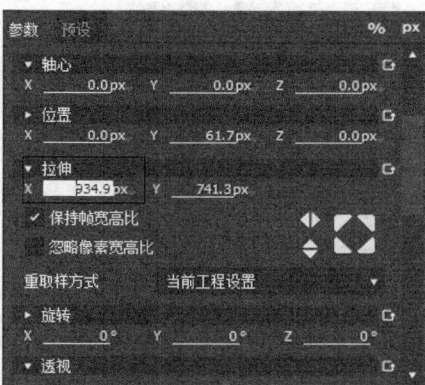

图8-80 设置相应参数

STEP 06 在"可见度和颜色"选项区中，设置"源素材"为0.0%，如图8-81所示，此时预览窗口中的素材将显示为透明状态，如图8-82所示。

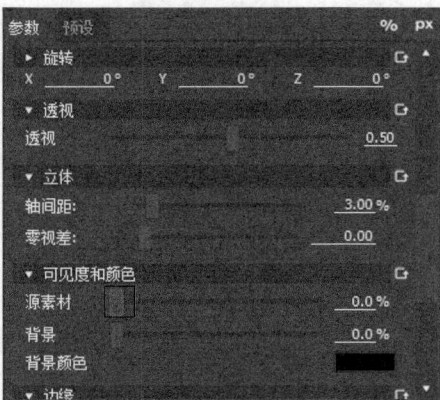

图8-81 设置"源素材"为0.0%

图8-82 显示为透明状态

STEP 07 在下方效果控制面板中，选中"可见度和颜色"复选框，然后单击右侧的"添加/删除关键帧"按钮，添加一个关键帧，如图8-83所示。

STEP 08 在效果控制面板中，将时间线移至00:00:04:15的位置处，如图8-84所示。

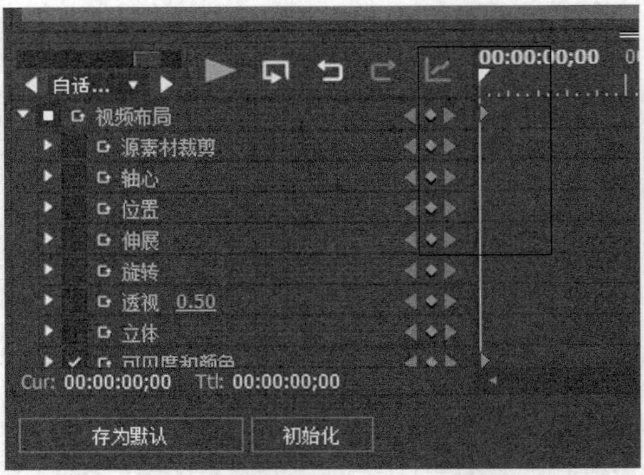

中文版 EDIUS 8 实战视频教程

图8-83 添加一个关键帧

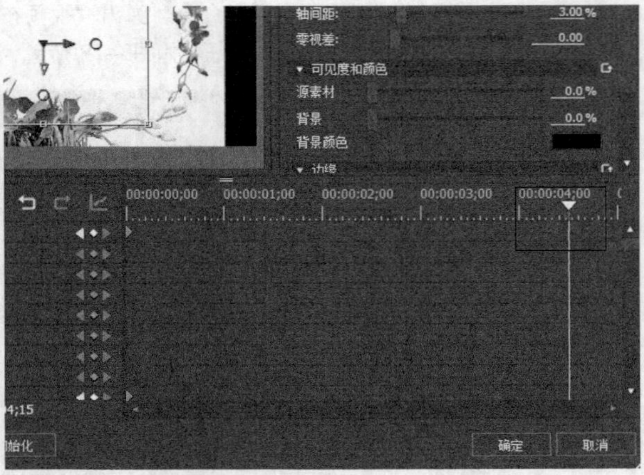

图8-84 移动时间线的位置

STEP 09 在"参数"面板的"可见度和颜色"选项区中，设置"源素材"为100.0%，如图8-85所示。

STEP 10 此时，软件自动在00:00:04:15的位置处，添加第2个关键帧，如图8-86所示。

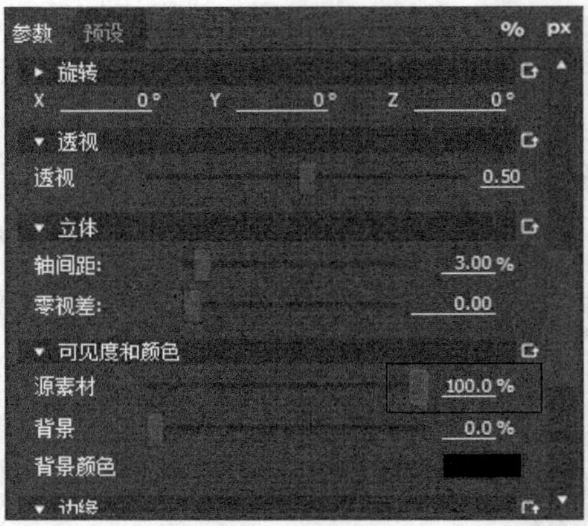

图8-85 设置"源素材"为100.0%

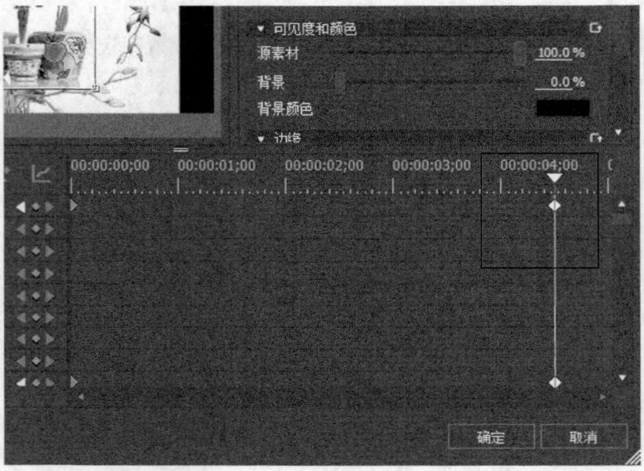

图8-86 添加第2个关键帧

技巧点拨

在效果控制面板中的关键帧上，单击鼠标左键并拖曳，可以移动关键帧所在的位置。

STEP 11 设置完成后，单击"确定"按钮，返回EDIUS 8工作界面，单击录制窗口下方的"播放"按钮，预览三维空间变换后的视频画面，效果如图8-87所示。

图8-87 预览三维空间变换后的视频画面

图8-87 预览三维空间变换后的视频画面（续）

实战 143 制作三维空间动画

▶ 实例位置：光盘＼效果＼第 8 章＼实战 143.ezp
▶ 素材位置：光盘＼素材＼第 8 章＼实战 143.ezp
▶ 视频位置：光盘＼视频＼第 8 章＼实战 143.mp4

● 实例介绍 ●

在"视频布局"对话框的"参数"面板中，各参数值的设置可以用来控制关键帧的动态效果，通过设置素材的位置、旋转以及拉伸参数，可以制作出三维空间动画特效。下面向读者介绍制作三维空间动画的操作方法。

● 操作步骤 ●

STEP 01 在视频轨中，导入两张静态图像，录制窗口中的画面效果如图8-88所示。

STEP 02 在视频轨中，选择需要制作三维空间动画的素材文件，如图8-89所示。

图8-88 录制窗口中的画面效果

图8-89 选择素材文件

STEP 03 在菜单栏中，单击"素材"｜"视频布局"命令，如图8-90所示。

STEP 04 执行操作后，弹出"视频布局"对话框，进入"2D模式"编辑界面，在"参数"面板的"位置"选项区中，设置相应参数，如图8-91所示。

图8-90 单击"视频布局"命令

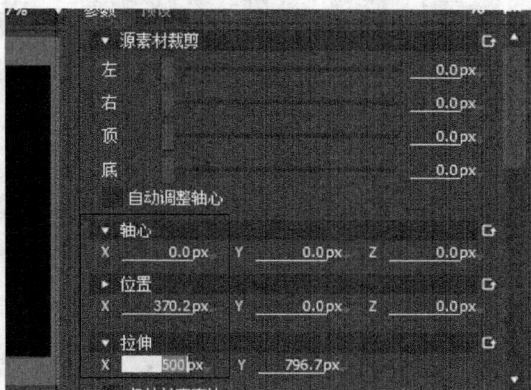

图8-91 设置各参数

STEP 05 在下方效果控制面板中，选中"位置"和"伸展"复选框，分别单击"添加/删除关键帧"按钮，分别添加一个关键帧，如图8-92所示。

STEP 06 在下方效果控制面板中，将时间线移至00:00:02:00的位置处，如图8-93所示。

图8-92 分别添加一个关键帧

图8-93 移动时间线的位置

STEP 07 在"参数"面板的各选项区中，设置相应参数，如图8-94所示。

STEP 08 软件自动在00:00:02:00的位置处，添加第2个"位置"和"伸展"关键帧，如图8-95所示。

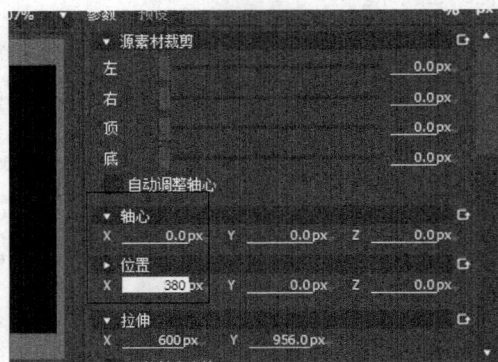

图8-94 设置各参数

图8-95 添加第2组关键帧

STEP 09 在下方效果控制面板中，将时间线移至00:00:04:00的位置处，如图8-96所示。

STEP 10 在"参数"面板的各选项区中，设置相应参数，如图8-97所示。

图8-96 移动时间线的位置

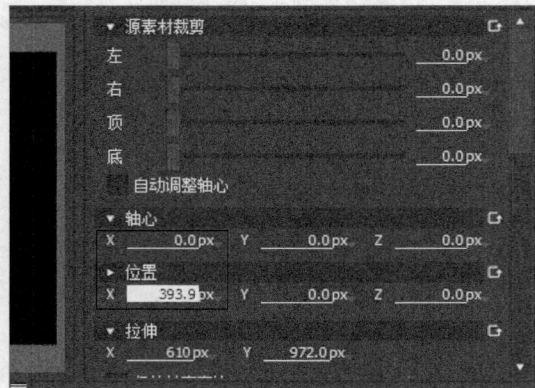

图8-97 设置各参数

STEP 11 软件自动在00:00:04:00的位置处，添加第3个"位置"和"伸展"关键帧，如图8-98所示。

STEP 12 三维空间动画效果制作完成后，单击"确定"按钮，返回EDIUS 8工作界面，在轨道面板中将时间线移至素材的开始位置，如图8-99所示。

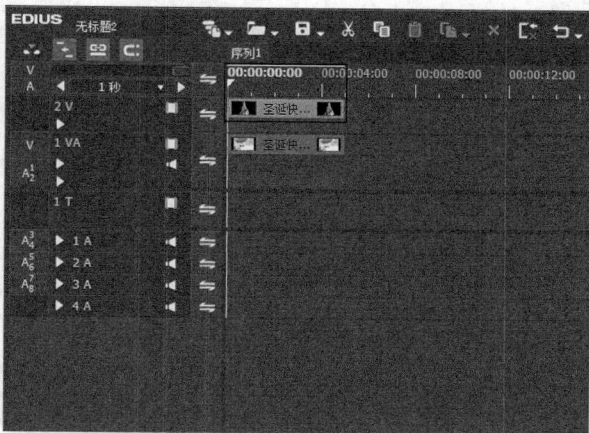

图8-98 添加第3组关键帧

图8-99 将时间线移至素材的开始位置

STEP 13 单击录制窗口下方的"播放"按钮，预览三维空间视频动画效果，如图8-100所示。

图8-100 预览三维空间视频动画效果

晋级篇

第 9 章

视频合成特效的制作

本章导读

在 EDIUS 8 工作界面中，用户可以将几个简单的视频画面合成为一个视频画面，使制作的视频内容更加丰富，更具有吸引力。本章主要向读者介绍合成视频画面特效的操作方法，主要包括运用抠像合成画面、运用遮罩合成画面以及运用混合模式合成画面等内容。

要点索引

- 抠像合成画面的运用
- 遮罩合成画面的运用
- 混合模式合成画面的运用

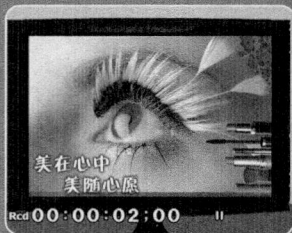

9.1 抠像合成画面的运用

在EDIUS 8工作界面中，通过指定一个特定的色彩进行抠像，对于一些虚拟演播室、虚拟背景的合成非常有用。本节主要向读者介绍运用抠像合成画面的操作方法。

实战 144	运用色度键合成画面

▶ 实例位置：光盘 \ 效果 \ 第 9 章 \ 实战 144.ezp
▶ 素材位置：光盘 \ 素材 \ 第 9 章 \ 实战 144.ezp
▶ 视频位置：光盘 \ 视频 \ 第 9 章 \ 实战 144.mp4

● 实例介绍 ●

在"特效"面板中，选择"键"特效组中的"色度键"特效，可以对图像进行色彩的抠像处理。下面介绍运用"色度键"特效抠取图像的操作方法。

● 操作步骤 ●

STEP 01 单击"文件"|"打开工程"命令，打开一个工程文件，如图9-1所示。

图9-1 打开一个工程文件

STEP 02 在"键"特效组中，选择"色度键"特效，如图9-2所示。

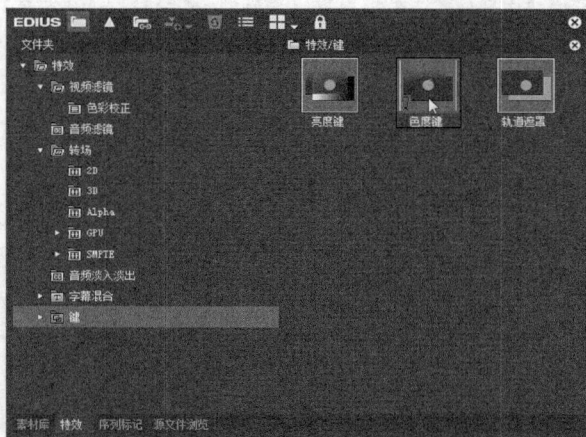
图9-2 选择"色度键"特效

STEP 03 在选择的特效上，单击鼠标左键并拖曳至视频轨中的素材上，如图9-3所示，为素材添加"色度键"特效。

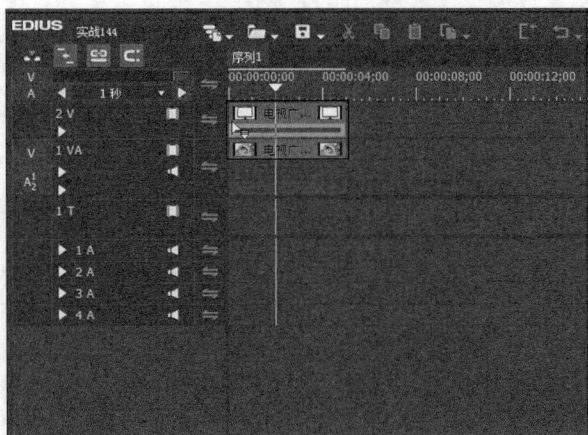
图9-3 拖曳至视频轨中的素材上

STEP 04 在"信息"面板中，选择"色度键"特效，单击鼠标右键，在弹出的快捷菜单中选择"打开设置对话框"选项，如图9-4所示。

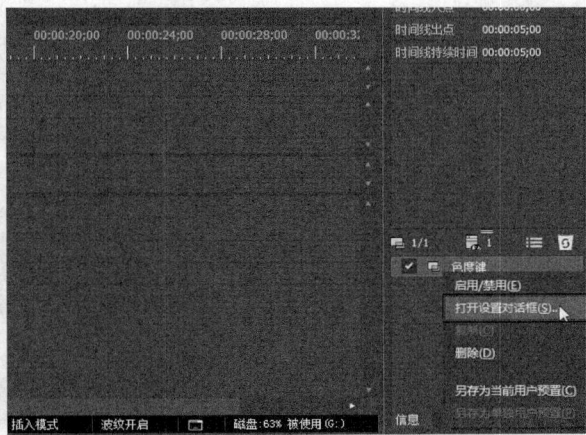
图9-4 选择"打开设置对话框"选项

STEP 05 执行操作后，弹出"色度键"对话框，如图9-5所示。

STEP 06 将鼠标移至对话框中的预览窗口内，在图像中的适当位置上，单击鼠标左键，获取图像颜色，在下方选中"柔边"复选框，如图9-6所示。

图9-5 弹出"色度键"对话框

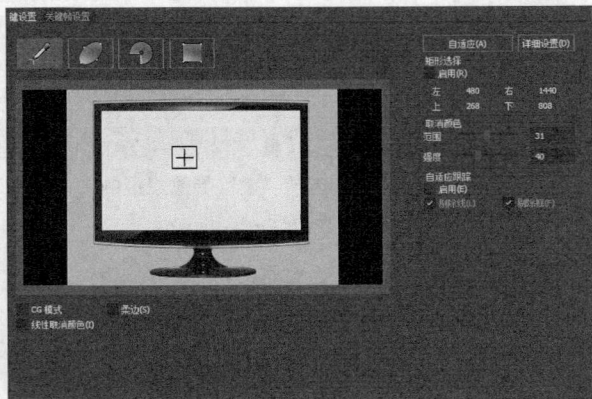

图9-6 获取图像颜色

STEP 07 单击"确定"按钮，完成图像的抠图操作，在录制窗口中可以预览抠取后的图像效果，如图9-7所示。

技巧点拨

当用户为视频素材添加"色度键"特效后，在"信息"面板中双击"色度键"特效，也可以快速弹出"色度键"对话框。

图9-7 预览抠取后的图像画面效果

实战 145　运用亮度键合成画面

▶ 实例位置：光盘\效果\第9章\实战145.ezp
▶ 素材位置：光盘\素材\第9章\实战145（1）.jpg、实战145（2）.jpg
▶ 视频位置：光盘\视频\第9章\实战145.mp4

● 实例介绍 ●

在EDIUS 8工作界面中，除了针对色彩抠像的"色度键"特效外，在某些场景中可能使用对象的亮度信息能得到更为清晰准确的遮罩范围。下面向读者介绍运用亮度键合成画面的操作方法。

● 操作步骤 ●

STEP 01 在视频轨中，分别导入两张静态图像，如图9-8所示。

图9-8 分别导入两张静态图像

STEP 02 在"键"特效组中，选择"亮度键"特效，如图9-9所示。

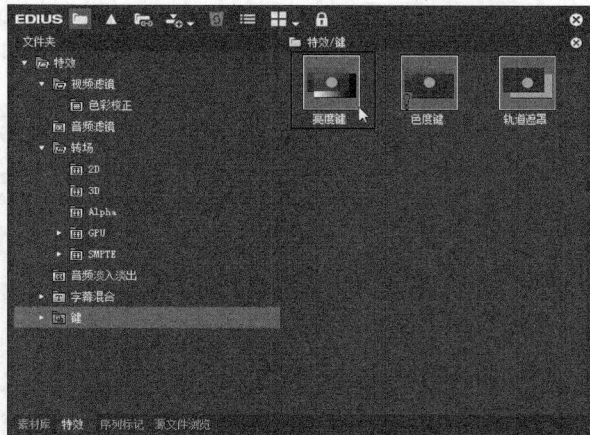

图9-9 选择"亮度键"特效

STEP 04 在"信息"面板中的"亮度键"特效上，双击鼠标左键，弹出"亮度键"对话框，在对话框的右侧，设置"亮度上限"为178、"过渡"为77，如图9-11所示。

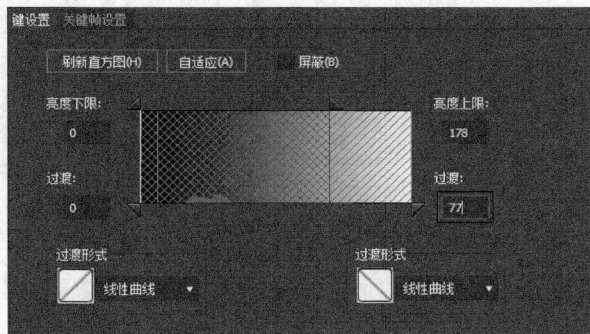

图9-11 设置各参数

STEP 03 单击鼠标左键并拖曳至视频轨中的素材上，如图9-10所示，为素材添加"亮度键"特效。

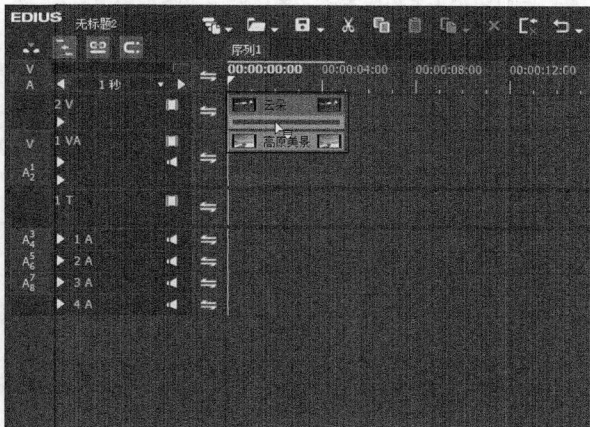

图9-10 拖曳至视频轨中的素材上

STEP 05 设置完成后，单击"确定"按钮，完成图像的抠图操作，在录制窗口中可以预览抠取的图像效果，如图9-12所示。

图9-12 预览抠取的图像效果

知识拓展

在"视频布局"对话框中，用户还可以单击对话框上方的"2D模式"按钮，进入2D视频动画制作界面。

在"亮度键"对话框的左侧预览窗口下方，有4个选项，如图9-13所示，各选项含义如下。

"启用矩形选择"复选框：设置亮度键的范围，范围以外的部分完全透明，选中该复选框后，仅在范围之内应用"亮度键"特效。

"反选"复选框：选中该复选框，将反转应用亮度键的范围，反转视频画面遮罩效果。

"全部计算"复选框：选中该复选框，将计算"矩形外部有效"指定范围以外的范围。

"自适应"按钮：单击该按钮，EDIUS 8 将对用户所设置的亮度范围自动做匹配和修饰。

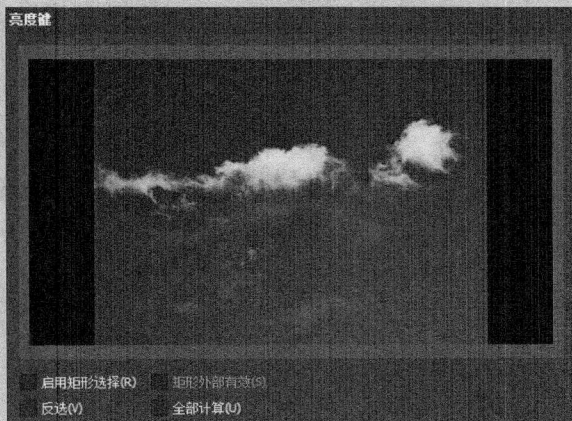

图9-13 "亮度键"对话框

9.2 遮罩合成画面的运用

在EDIUS 8工作界面中，手绘遮罩经常被用来以各种形状对视频或图像进行裁切操作，实现视频的叠加效果。手绘遮罩是常用的视频特效之一，在遮罩面板中包含多种绘制工具，可以绘制矩形、圆形以及自由形状的遮罩样式，设置遮罩的柔和边缘以及可见度等属性，可以实现视频的遮罩特效。

实战 146 遮罩的创建

▶ 实例位置：光盘 \ 效果 \ 第 9 章 \ 实战 146.ezp
▶ 素材位置：光盘 \ 素材 \ 第 9 章 \ 实战 146（1）.jpg、实战 146（2）.jpg
▶ 视频位置：光盘 \ 视频 \ 第 9 章 \ 实战 146.mp4

● 实例介绍 ●

在EDIUS 8工作界面中，主要通过"手绘遮罩"滤镜创建视频遮罩特效。下面向读者介绍创建遮罩效果的操作方法。

● 操作步骤 ●

STEP 01 在视频轨中，分别导入两张静态图像，如图9-14所示。

STEP 02 在"视频滤镜"滤镜组中，选择"手绘遮罩"滤镜效果，如图9-15所示。

图9-14 分别导入两张静态图像

图9-15 选择"手绘遮罩"滤镜

STEP 03 将该滤镜效果拖曳至视频轨中的素材上方，如图9-16所示，添加滤镜。

STEP 04 在"信息"面板中，选择添加的"手绘遮罩"滤镜效果，单击鼠标右键，在弹出的快捷菜单中选择"打开设置对话框"选项，如图9-17所示。

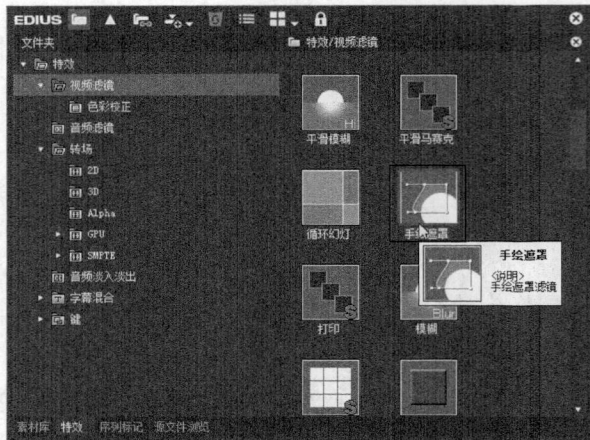

图9-16 添加视频滤镜效果

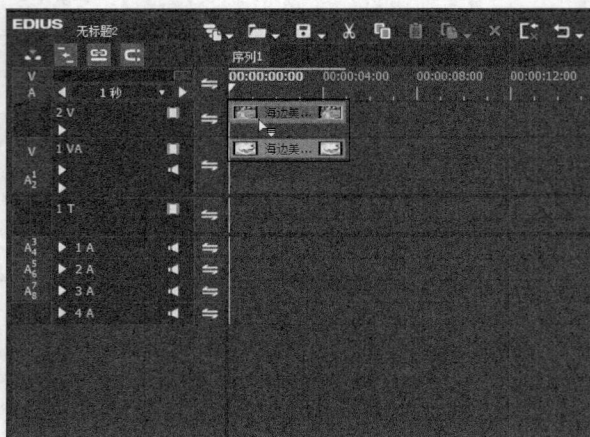

图9-17 选择"打开设置对话框"选项

STEP 05 弹出"手绘遮罩"对话框，单击"绘制椭圆"按钮，如图9-18所示。

STEP 06 在中间的预览窗口中，单击鼠标左键并拖曳，绘制一个椭圆遮罩形状，如图9-19所示。

图9-18 单击"绘制椭圆"按钮

图9-19 绘制一个椭圆遮罩形状

STEP 07 在右侧的"外部"选项区中，设置"可见度"为0%，选中"滤镜"复选框；在"边缘"选项区中，选中"柔化"复选框，设置"宽度"为120.0px，如图9-20所示。

STEP 08 设置完成后，单击"确定"按钮，返回EDIUS 8工作界面，在录制窗口中即可查看创建遮罩后的视频画面效果，如图9-21所示。

图9-20 设置各参数

图9-21 查看创建遮罩后的视频效果

实战 147　轨道遮罩

▶ 实例位置：光盘 \ 效果 \ 第 9 章 \ 实战 147.ezp
▶ 素材位置：光盘 \ 素材 \ 第 9 章 \ 实战 147（1）.jpg、实战 147（2）.jpg
▶ 视频位置：光盘 \ 视频 \ 第 9 章 \ 实战 147.mp4

● 实例介绍 ●

　　在EDIUS 8工作界面中，轨道遮罩也称之为轨道蒙版，其作用是为蒙版素材的亮度或者Alpha通道通过底层原始素材的Alpha通道来创建原始素材的遮罩蒙版效果。下面向读者介绍创建轨道蒙版遮罩效果的操作方法，希望读者可以熟练掌握。

● 操作步骤 ●

STEP 01 在视频轨中，分别导入两张静态图像，如图9-22所示。

图9-22 分别导入两张静态图像

技巧点拨

当用户为视频素材添加"轨道遮罩"特效后，若取消选中"轨道遮罩"前的复选框，则可以暂停"轨道遮罩"特效的应用。用户还可以在"轨道遮罩"特效上，双击鼠标左键，在弹出的"轨道遮罩"对话框中，用户可以设置轨道遮罩的相关属性。

STEP 02 在"键"特效组中，选择"轨道遮罩"特效，如图9-23所示。

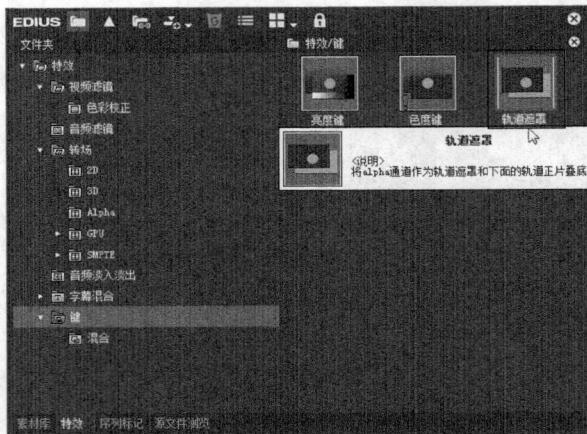

STEP 03 将该特效添加至视频轨中的素材上方，如图9-24所示。

图9-23 选择"轨道遮罩"特效

图9-24 添加特效至素材上方

STEP 04 在录制窗口中可以预览添加轨道蒙版后的视频遮罩效果，如图9-25所示。

图9-25 预览视频遮罩效果

9.3 混合模式合成画面的运用

在EDIUS 8工作界面中，用户可以使用一些特定的色彩混合算法将两个轨道的视频叠加在一起，这对于某些特效的合成来说非常有效。本节主要向读者介绍运用色彩混合模式制作各种视频特效等内容。

<table>
<tr><td rowspan="2">实战
148</td><td rowspan="2">用减色模式合成画面</td></tr>
</table>

| 实战
148 | 用减色模式合成画面 | ▶ 实例位置：光盘 \ 效果 \ 第 9 章 \ 实战 148.ezp
▶ 素材位置：光盘 \ 素材 \ 第 9 章 \ 实战 148（1）.jpg、实战 148（2）.jpg
▶ 视频位置：光盘 \ 视频 \ 第 9 章 \ 实战 148.mp4 |

● 实例介绍 ●

在EDIUS 8工作界面中，减色模式的主要效果是降低视频画面的亮度。下面向读者介绍运用减色模式合成画面的操作方法。

● 操作步骤 ●

STEP 01 在视频轨中，分别导入两张静态图像，如图9-26所示。

图9-26 分别导入两张静态图像

STEP 02 展开"特效"面板，选择"减色模式"特效，如图9-27所示。

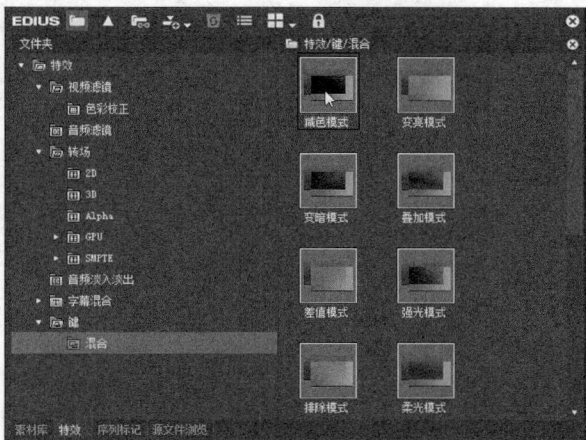

STEP 03 在选择的特效上，单击鼠标左键并拖曳至视频轨中的图像缩略图下方，如图9-28所示。

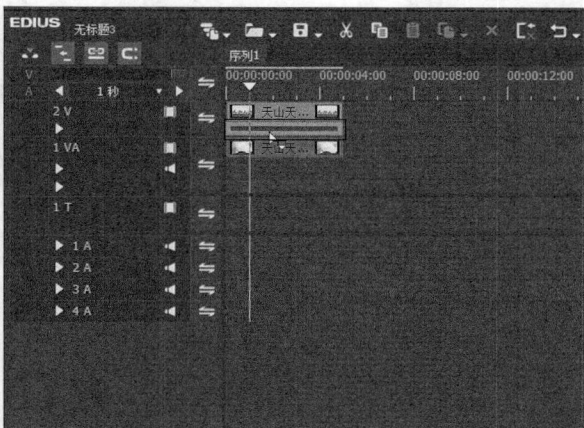

图9-27 选择"减色模式"特效

图9-28 拖曳至图像缩略图下方

STEP 04 释放鼠标左键，即可添加"减色模式"特效，在录制窗口中可以预览添加"减色模式"特效后的视频画面，效果如图9-29所示。

图9-29 添加特效后的视频画面

技巧点拨

　　当用户为视频素材添加"减色模式"特效后，如果觉得添加的特效不符合用户的要求，此时用户可以将添加的特效进行删除操作。

　　删除混合特效的方法很简单，用户只需在"信息"面板中，选择添加的混合特效，单击鼠标右键，在弹出的快捷菜单中选择"删除"选项，如图9-30所示，执行操作后，即可删除选择的混合特效。

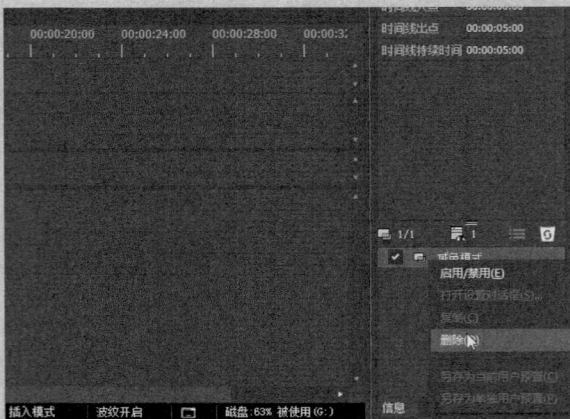

图9-30 选择"删除"选项

实战 149 用变亮模式合成画面

▶ 实例位置：光盘 \ 效果 \ 第9章 \ 实战149.ezp
▶ 素材位置：光盘 \ 素材 \ 第9章 \ 实战149.jpg（1）、实战149（2）.jpg
▶ 视频位置：光盘 \ 视频 \ 第9章 \ 实战149.mp4

● 实例介绍 ●

　　在EDIUS 8工作界面中，变亮模式是指将上下两像素进行比较后，取高值成为混合后的颜色，因而总的颜色灰度级升高，造成变亮的效果。用黑色合成图像时无作用，用白色时则仍为白色。

● 操作步骤 ●

STEP 01 在视频轨中，分别导入两张静态图像，如图9-31所示。

图9-31 分别导入两张静态图像

STEP 02 展开"特效"面板，选择"变亮模式"特效，如图9-32所示。

STEP 03 在选择的特效上，单击鼠标左键并拖曳至视频轨中的图像缩略图下方，如图9-33所示。

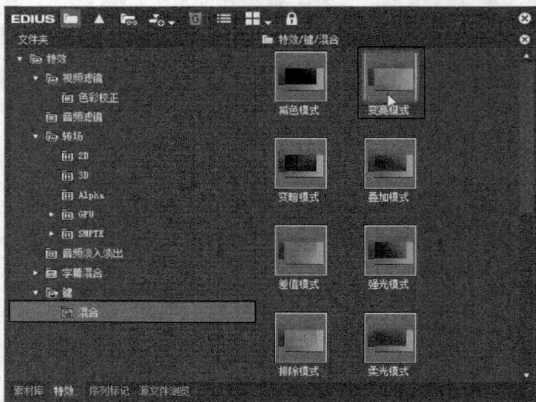

图9-32 选择"变亮模式"特效

图9-33 拖曳至图像缩略图下方

STEP 04 释放鼠标左键，即可添加"变亮模式"特效，在录制窗口中可以预览添加"变亮模式"特效后的视频画面，效果如图9-34所示。

图9-34 添加特效后的视频画面

实战 150	用变暗模式合成画面	▶ 实例位置：光盘 \ 效果 \ 第 9 章 \ 实战 150.ezp ▶ 素材位置：光盘 \ 素材 \ 第 9 章 \ 实战 150（1）.jpg、实战 150（2）.jpg ▶ 视频位置：光盘 \ 视频 \ 第 9 章 \ 实战 150.mp4

● 实例介绍 ●

在EDIUS 8工作界面中，变暗模式是指取上下两像素中较低的值成为混合后的颜色，总的颜色灰度级降低，造成变暗的效果。

● 操作步骤 ●

STEP 01 在视频轨中，分别导入两张静态图像，如图9-35所示。

图9-35 分别导入两张静态图像

STEP 02 展开"特效"面板，选择"变暗模式"特效，如图9-36所示。

STEP 03 在选择的特效上，单击鼠标左键并拖曳至视频轨中的图像缩略图下方，如图9-37所示。

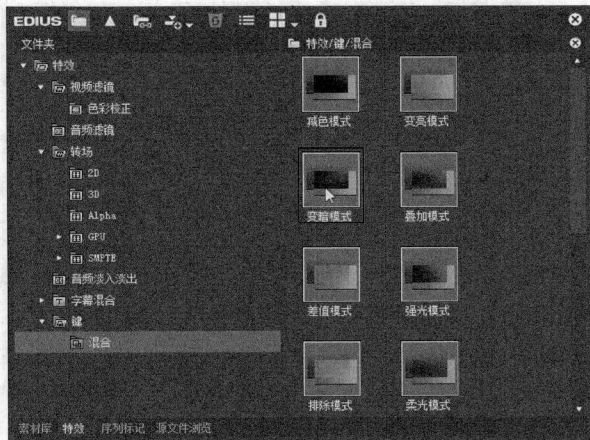

图9-36 选择"变暗模式"特效

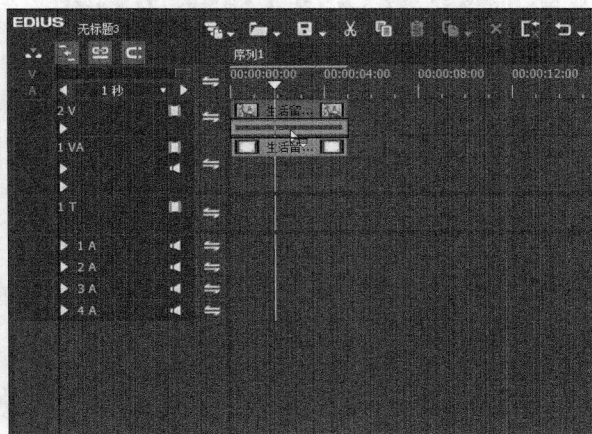

图9-37 拖曳至图像缩略图下方

STEP 04 释放鼠标左键，即可添加"变暗模式"特效，在
录制窗口中可以预览添加"变暗模式"特效后的视频画
面，效果如图9-38所示。

图9-38 添加特效后的视频画面

实战 151	用叠加模式合成画面	▶ 实例位置：光盘 \ 效果 \ 第 9 章 \ 实战 151.ezp ▶ 素材位置：光盘 \ 素材 \ 第 9 章 \ 实战 151（1）.jpg、实战 151（2）.jpg ▶ 视频位置：光盘 \ 视频 \ 第 9 章 \ 实战 151.mp4

● 实例介绍 ●

在EDIUS 8工作界面中，叠加视频与所指定的静态图像相比，视频画面中与图像相同的区域将变得透明。

● 操作步骤 ●

STEP 01 在视频轨中，分别导入两张
静态图像，如图9-39所示。

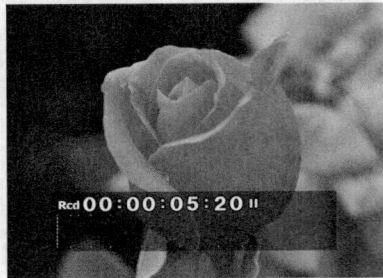

技巧点拨

在"信息"面板中选择添加的混
合特效，单击面板右侧的"删除"按钮，
可以快速删除添加的视频混合特效。

图9-39 导入两张静态图像

STEP 02 展开"特效"面板，选择"叠加模式"特效，如
图9-40所示。

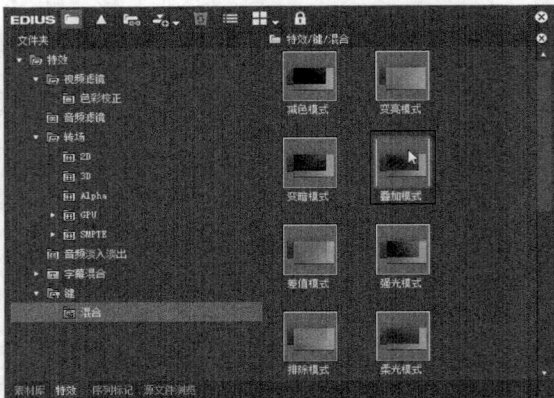

STEP 03 在选择的特效上，单击鼠标左键并拖曳至视频轨
中的图像缩略图下方，如图9-41所示。

图9-40 选择"叠加模式"特效

图9-41 拖曳至图像缩略图下方

STEP 04 释放鼠标左键，即可添加"叠加模式"特效，在录制窗口中可以预览添加"叠加模式"特效后的视频画面，效果如图9-42所示。

图9-42　添加特效后的视频画面

实战 152	用差值模式合成画面

▶ 实例位置：光盘 \ 效果 \ 第 9 章 \ 实战 152.ezp
▶ 素材位置：光盘 \ 素材 \ 第 9 章 \ 实战 152（1）.jpg、实战 152（2）.jpg
▶ 视频位置：光盘 \ 视频 \ 第 9 章 \ 实战 152.mp4

● 实例介绍 ●

在EDIUS 8工作界面中，差值模式是指将图像中上下两个像素相减后取绝对值，常用来创建类似负片的效果。

● 操作步骤 ●

STEP 01 在视频轨中，分别导入两张静态图像，如图9-43所示。

图9-43　分别导入两张静态图像

STEP 02 展开"特效"面板，选择"差值模式"特效，如图9-44所示。

STEP 03 在选择的特效上，单击鼠标左键并拖曳至视频轨中的图像缩略图下方，如图9-45所示。

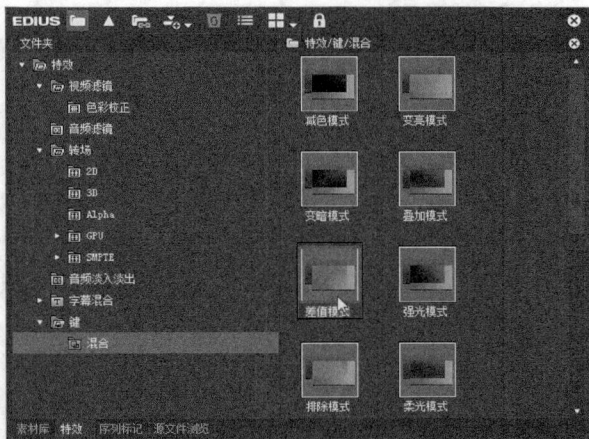

图9-44　选择"差值模式"特效

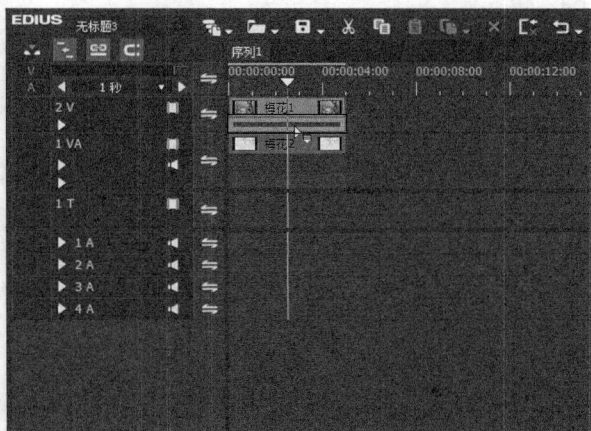

图9-45　拖曳至图像缩略图下方

STEP 04 释放鼠标左键，即可添加"差值模式"特效，在录制窗口中可以预览添加"差值模式"特效后的视频画面，效果如图9-46所示。

技巧点拨

在"信息"面板中选择添加的混合特效，单击面板右侧的"删除"按钮，可以快速删除添加的视频混合特效。

在"特效"面板中，选择"差值模式"混合特效后，在特效上单击鼠标右键，在弹出的快捷菜单中选择"添加到时间线"选项，也可以快速将选择的特效添加到素材文件上。

图9-46 添加特效后的视频画面

实战 153 用强光模式合成画面

▶ 实例位置：光盘 \ 效果 \ 第 9 章 \ 实战 153.ezp
▶ 素材位置：光盘 \ 素材 \ 第 9 章 \ 实战 153（1）.jpg、实战 153（2）.jpg
▶ 视频位置：光盘 \ 视频 \ 第 9 章 \ 实战 153.mp4

● 实例介绍 ●

在EDIUS 8工作界面中，强光模式会根据图像像素与中性灰的比较，进行提亮或变暗，幅度较大，效果很明显。

● 操作步骤 ●

STEP 01 在视频轨中，分别导入两张静态图像，如图9-47所示。

图9-47 分别导入两张静态图像

STEP 02 展开"特效"面板，选择"强光模式"特效，如图9-48所示。

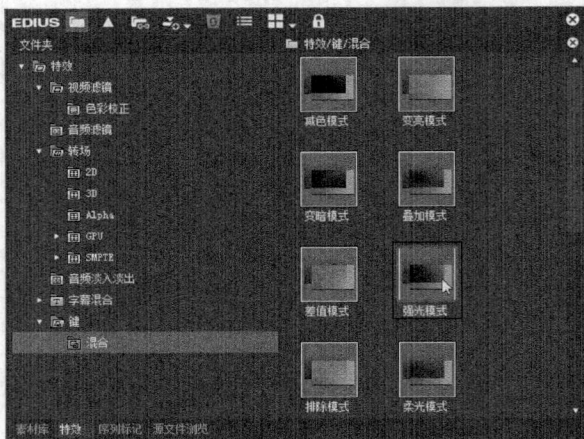

STEP 03 在选择的特效上，单击鼠标左键并拖曳至视频轨中的图像缩略图下方，如图9-49所示。

图9-48 选择"强光模式"特效

图9-49 拖曳至图像缩略图下方

STEP 04 释放鼠标左键，即可添加"强光模式"特效，在录制窗口中可以预览添加"强光模式"特效后的视频画面，效果如图9-50所示。

图9-50 添加特效后的视频画面

技巧点拨

在 EDIUS 8 工作界面中，用户还可以导入外部的特效插件，方法很简单，用户只需在"特效"面板中，单击鼠标右键，在弹出的快捷菜单中选择"导入"选项，在弹出的"导入"对话框中，选择相应的特效插件，单击"打开"按钮，即可将选择的外部特效添加至"特效"面板中。

实战 154 用排除模式合成画面

▶ 实例位置：光盘 \ 效果 \ 第9章 \ 实战 154.ezp
▶ 素材位置：光盘 \ 素材 \ 第9章 \ 实战 154（1）.jpg、实战 154（2）.jpg
▶ 视频位置：光盘 \ 视频 \ 第9章 \ 实战 154.mp4

● 实例介绍 ●

在EDIUS 8工作界面中，排除模式与差值模式的作用类似，但效果比较柔和，产生的图像对比度比较低。

● 操作步骤 ●

STEP 01 在视频轨中，分别导入两张静态图像，如图9-51所示。

图9-51 分别导入两张静态图像

STEP 02 展开"特效"面板，选择"排除模式"特效，如图9-52所示。

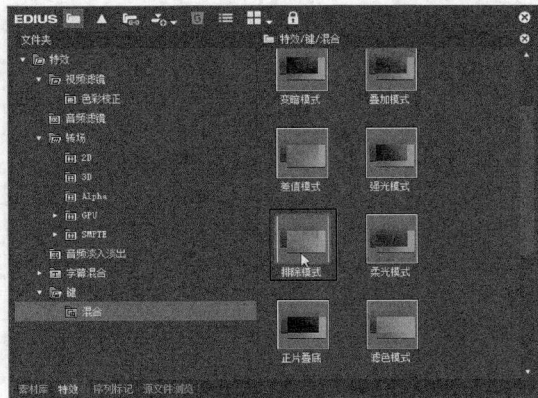

图9-52 选择"排除模式"特效

STEP 03 在选择的特效上，单击鼠标左键并拖曳至视频轨中的图像缩略图下方，如图9-53所示。

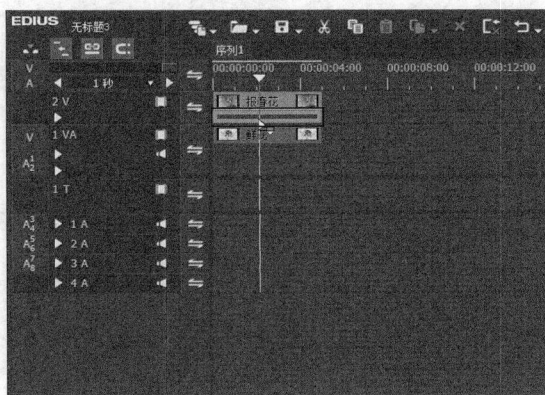

图9-53 拖曳至图像缩略图下方

STEP 04 释放鼠标左键，即可添加"排除模式"特效，在录制窗口中可以预览添加"排除模式"特效后的视频画面，效果如图9-54所示。

图9-54 添加特效后的视频画面

实战 155 用柔光模式合成画面

▶ 实例位置：光盘\效果\第9章\实战155.ezp
▶ 素材位置：光盘\素材\第9章\实战155（1）.jpg、实战155（2）.jpg
▶ 视频位置：光盘\视频\第9章\实战155.mp4

● 实例介绍 ●

在EDIUS 8工作界面中，柔光模式同样是以中性灰为中间点，大于中性灰，则提高背景图亮度；反之则变暗，中性灰不变。只不过无论提亮还是变暗的幅度都比较小，效果柔和，所以称为"柔光"。

● 操作步骤 ●

STEP 01 在视频轨中，分别导入两张静态图像，如图9-55所示。

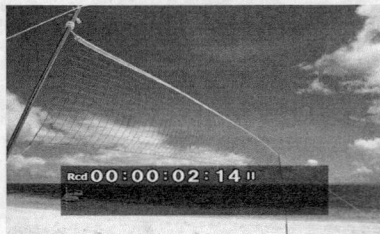

图9-55 分别导入两张静态图像

STEP 02 展开"特效"面板，选择"柔光模式"特效，如图9-56所示。

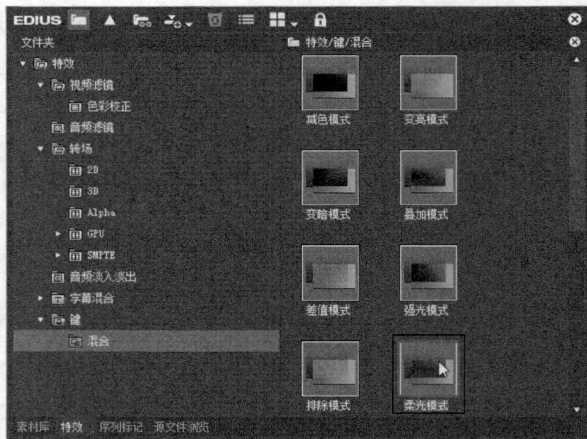

STEP 03 在选择的特效上，单击鼠标左键并拖曳至视频轨中的图像缩略图下方，如图9-57所示。

图9-56 选择"柔光模式"特效

图9-57 拖曳至图像缩略图下方

STEP 04 释放鼠标左键，即可添加"柔光模式"特效，在
录制窗口中可以预览添加"柔光模式"特效后的视频画
面，效果如图9-58所示。

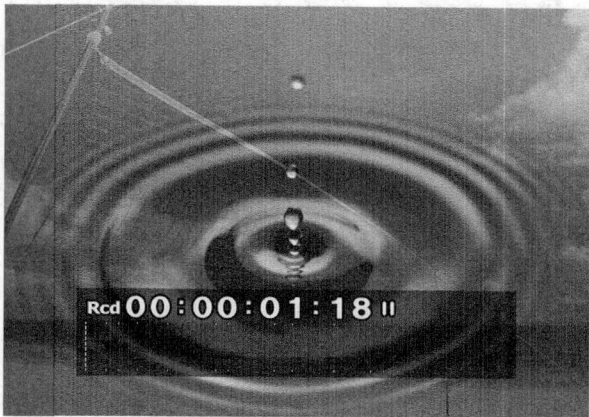

图9-58　添加特效后的视频画面

**实战
156**　**用滤色模式合成画面**

▶ **实例位置**：光盘 \ 效果 \ 第 9 章 \ 实战 156.ezp
▶ **素材位置**：光盘 \ 素材 \ 第 9 章 \ 实战 156（1）.jpg、实战 156（2）.jpg
▶ **视频位置**：光盘 \ 视频 \ 第 9 章 \ 实战 156.mp4

● **实例介绍** ●

在EDIUS 8工作界面中，滤色模式应用到一般画面上的主要效果是提高亮度。比较特殊的是，黑色与任何背景叠加
得到原背景，白色与任何背景叠加得到白色。

● **操作步骤** ●

STEP 01 在视频轨中，分别导入两张
静态图像，如图9-59所示。

图9-59　分别导入两张静态图像

STEP 02 展开"特效"面板，选择"滤色模式"特效，如
图9-60所示。

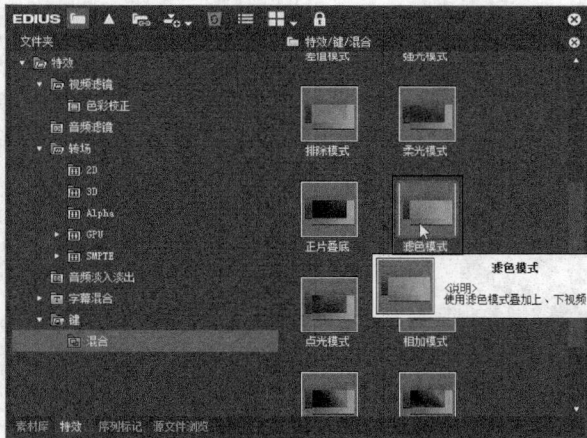

图9-60　选择"滤色模式"特效

STEP 03 在选择的特效上，单击鼠标左键并拖曳至视频轨
中的图像缩略图下方，如图9-61所示。

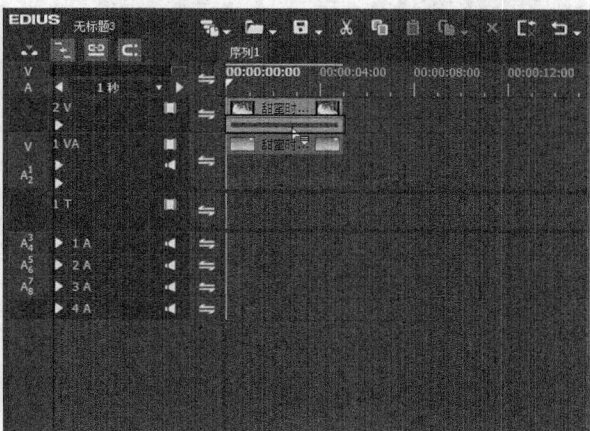

图9-61　拖曳至图像缩略图下方

STEP 04 释放鼠标左键，即可添加"滤色模式"特效，在录制窗口中可以预览添加"滤色模式"特效后的视频画面，效果如图9-62所示。

图9-62 添加特效后的视频画面

实战 157 用点光模式合成画面

▶ 实例位置：光盘 \ 效果 \ 第 9 章 \ 实战 157.ezp
▶ 素材位置：光盘 \ 素材 \ 第 9 章 \ 实战 157（1）.jpg、实战 157（2）.jpg
▶ 视频位置：光盘 \ 视频 \ 第 9 章 \ 实战 157.mp4

● 实例介绍 ●

在EDIUS 8工作界面中，点光模式与柔光、强光模式混合特效的原理相同，只是在图像效果程度上有些小差别。

● 操作步骤 ●

STEP 01 在视频轨中，分别导入两张静态图像，如图9-63所示。

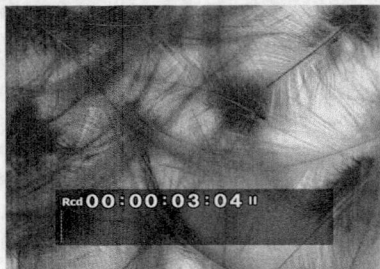

图9-63 分别导入两张静态图像

STEP 02 展开"特效"面板，选择"点光模式"特效，如图9-64所示。

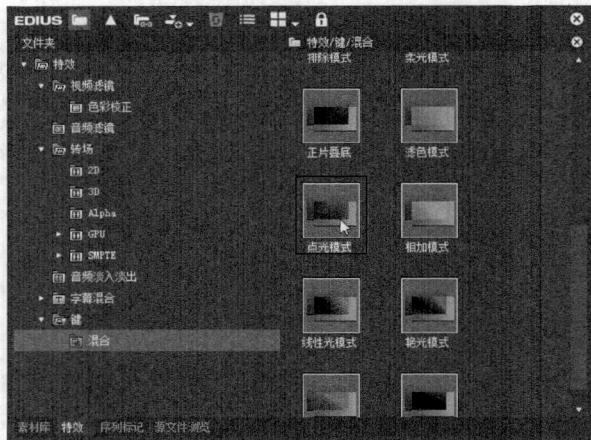

STEP 03 在选择的特效上，单击鼠标左键并拖曳至视频轨中的图像缩略图下方，如图9-65所示。

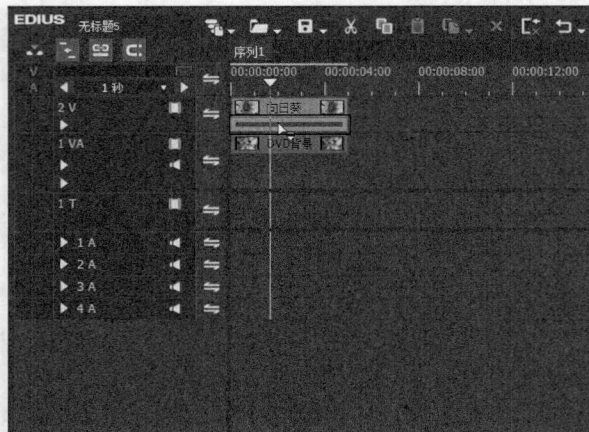

图9-64 选择"点光模式"特效

图9-65 拖曳至图像缩略图下方

STEP 04 释放鼠标左键，即可添加"点光模式"特效，在录制窗口中可以预览添加"点光模式"特效后的视频画面，效果如图9-66所示。

图9-66　添加特效后的视频画面

实战 158　用相加模式合成画面

▶ 实例位置：光盘 \ 效果 \ 第 9 章 \ 实战 158.ezp
▶ 素材位置：光盘 \ 素材 \ 第 9 章 \ 实战 158（1）.jpg、实战 158（2）.jpg
▶ 视频位置：光盘 \ 视频 \ 第 9 章 \ 实战 158.mp4

● 实例介绍 ●

在EDIUS 8工作界面中，相加模式是指将上下两个像素相加成为混合后的颜色，因而画面变亮的效果非常明显。

● 操作步骤 ●

STEP 01 在视频轨中，分别导入两张静态图像，如图9-67所示。

图9-67　分别导入两张静态图像

STEP 02 展开"特效"面板，选择"相加模式"特效，如图9-68所示。

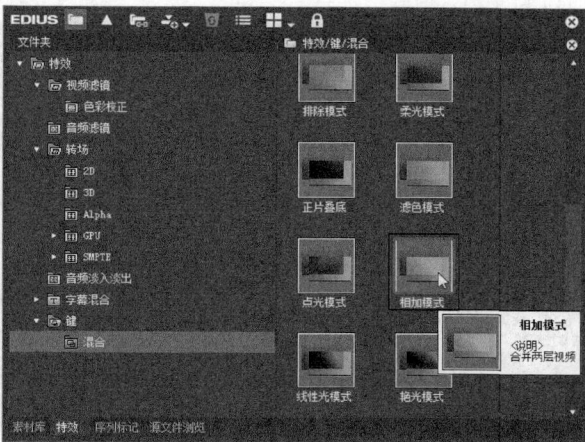

STEP 03 在选择的特效上，单击鼠标左键并拖曳至视频轨中的图像缩略图下方，如图9-69所示。

图9-68　选择"相加模式"特效

图9-69　拖曳至图像缩略图下方

STEP 04 释放鼠标左键，即可添加"相加模式"特效，在录制窗口中可以预览添加"相加模式"特效后的视频画面，效果如图9-70所示。

图9-70 添加特效后的视频画面

实战 159 用线性光模式合成画面

▶ 实例位置：光盘\效果\第9章\实战159.ezp
▶ 素材位置：光盘\素材\第9章\实战159（1）.jpg、实战159（2）.jpg
▶ 视频位置：光盘\视频\第9章\实战159.mp4

● 实例介绍 ●

在EDIUS 8工作界面中，线性光模式与柔光、强光、点光特效原理相同，只是在效果程度上有些许差别。

● 操作步骤 ●

STEP 01 在视频轨中，分别导入两张静态图像，如图9-71所示。

图9-71 分别导入两张静态图像

STEP 02 展开"特效"面板，选择"线性光模式"特效，如图9-72所示。

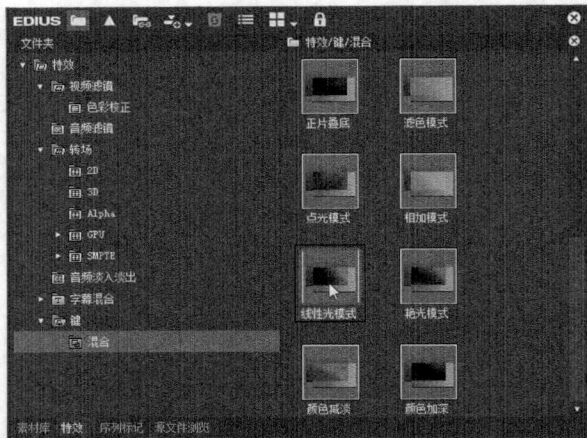

图9-72 选择"线性光模式"特效

STEP 03 在选择的特效上，单击鼠标左键并拖曳至视频轨中的图像缩略图下方，如图9-73所示。

图9-73 拖曳至图像缩略图下方

STEP 04 即可添加"线性光模式"特效，在录制窗口中可以预览添加"线性光模式"特效后的视频画面，效果如图9-74所示。

图9-74 添加特效后的视频画面

实战 160	用艳光模式合成画面

▶ 实例位置：光盘 \ 效果 \ 第 9 章 \ 实战 160.ezp
▶ 素材位置：光盘 \ 素材 \ 第 9 章 \ 实战 160（1）.jpg、实战 160（2）.jpg
▶ 视频位置：光盘 \ 视频 \ 第 9 章 \ 实战 160.mp4

● 实例介绍 ●

在EDIUS 8工作界面中，艳光模式仍然是根据图像像素与中性灰的比较进行提亮或变暗，与强光模式相比效果显得更为强烈和夸张。

● 操作步骤 ●

STEP 01 在视频轨中，分别导入两张静态图像，如图9-75所示。

图9-75 分别导入两张静态图像

STEP 02 展开"特效"面板，选择"艳光模式"特效，如图9-76所示。

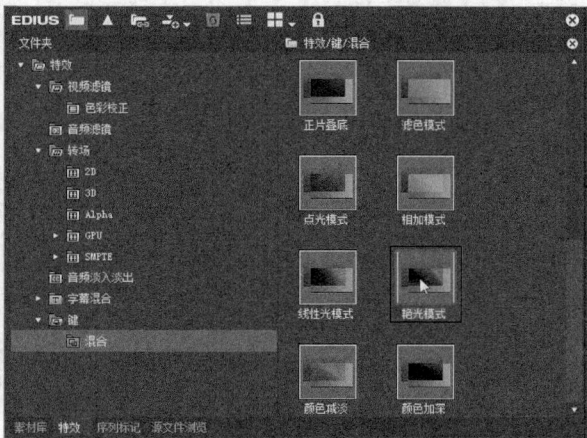

STEP 03 在选择的特效上，单击鼠标左键并拖曳至视频轨中的图像缩略图下方，如图9-77所示。

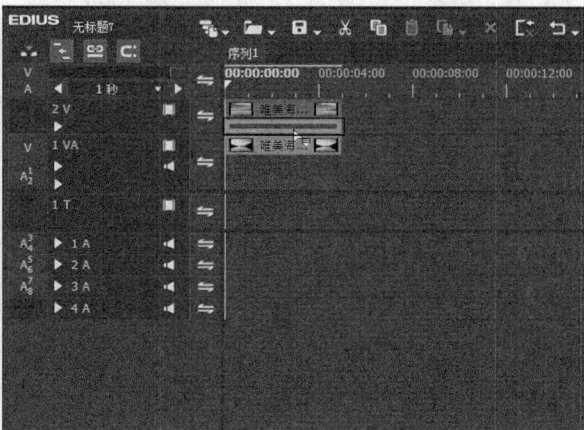

图9-76 选择"艳光模式"特效

图9-77 拖曳至图像缩略图下方

STEP 04 释放鼠标左键，即可添加"艳光模式"特效，在录制窗口中可以预览添加"艳光模式"特效后的视频画面，效果如图9-78所示。

图9-78 添加特效后的视频画面

实战 161 用颜色减淡合成画面

▶ 实例位置：光盘 \ 效果 \ 第 9 章 \ 实战 161.ezp
▶ 素材位置：上一例素材
▶ 视频位置：光盘 \ 视频 \ 第 9 章 \ 实战 161.mp4

● 实例介绍 ●

在EDIUS 8工作界面中，颜色减淡模式主要是减淡视频画面色彩。

● 操作步骤 ●

STEP 01 在视频轨中，分别导入两张静态图像，如图9-79所示。

图9-79 分别导入两张静态图像

STEP 02 展开"特效"面板，选择"颜色减淡"特效，如图9-80所示。

STEP 03 在选择的特效上，单击鼠标左键并拖曳至视频轨中的图像缩略图下方，如图9-81所示。

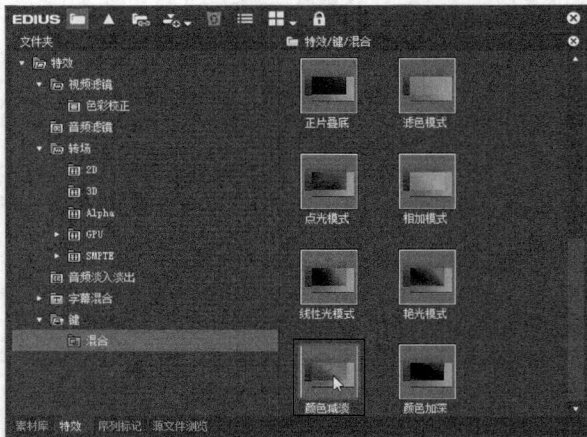

图9-80 选择"颜色减淡模式"特效

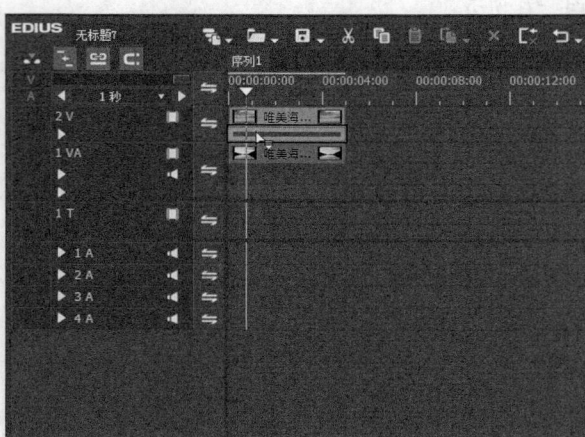

图9-81 拖曳至图像缩略图下方

STEP 04 释放鼠标左键，即可添加"颜色减淡"特效，在录制窗口中可以预览添加"颜色减淡"特效后的视频画面，效果如图9-82所示。

图9-82 添加特效后的视频画面

实战 162　用颜色加深合成画面

▶ 实例位置：光盘 \ 效果 \ 第 9 章 \ 实战 162.ezp
▶ 素材位置：上一例素材
▶ 视频位置：光盘 \ 视频 \ 第 9 章 \ 实战 162.mp4

● 实例介绍 ●

在EDIUS 8工作界面中，颜色加深模式与颜色减淡模式正好相反，主要是加深视频画面色彩。

● 操作步骤 ●

STEP 01 在视频轨中，分别导入两张静态图像，如图9-83所示。

图9-83 分别导入两张静态图像

STEP 02 展开"特效"面板，选择"颜色加深"特效，如图9-84所示。

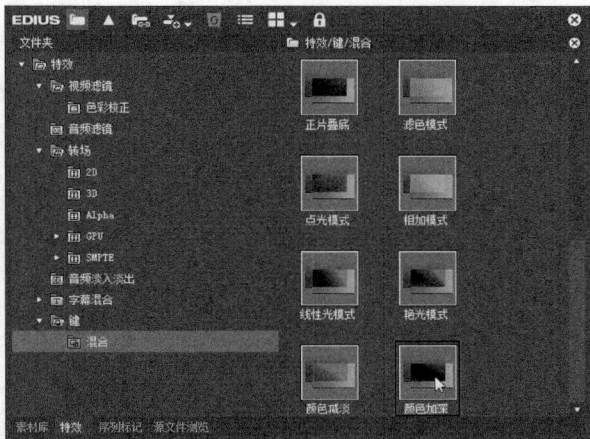

STEP 03 在选择的特效上，单击鼠标左键并拖曳至视频轨中的图像缩略图下方，如图9-85所示。

图9-84 选择"颜色加深"特效

图9-85 拖曳至图像缩略图下方

STEP 04 释放鼠标左键，即可添加"颜色加深"特效，在录制窗口中可以预览添加"颜色加深"特效后的视频画面，效果如图9-86所示。

图9-86 添加特效后的视频画面

第 **10** 章

调整画面色彩效果

本章导读

EDIUS 8 拥有多种强大的颜色调整功能，可以轻松调整图像的色相、饱和度、对比度和亮度，修正有色彩失衡、曝光不足或过度等缺陷的素材文件，甚至能为黑白素材上色，制作出更多特殊的影视画面效果。本章主要向读者介绍调整画面色彩特效的方法，希望读者可以熟练掌握本章内容。

要点索引
- 色彩控制视频画面
- 色彩校正滤镜的运用
- 运用 Photoshop 校正图像画面

蛋香奶茶 *Frumenty*
Rcd 00:00:00:15 ||

Rcd 00:00:02:00 ||

Happy Weddin

flower love
beautiful love

10.1 色彩控制视频画面

在视频制作过程中，由于电视系统能显示的亮度范围要小于计算机显示器的显示范围，一些在计算机屏幕上鲜亮的画面也许在电视机上将出现细节缺失等影响画质的问题，因此专业的制作人员必须知道应根据播出要求来控制画面的色彩。本节主要向读者介绍控制视频画面色彩的方法。

实战 163 通过命令启动矢量图与示波器

▶ 实例位置：光盘 \ 效果 \ 第 10 章 \ 实战 163.ezp
▶ 素材位置：光盘 \ 素材 \ 第 10 章 \ 实战 163.ezp
▶ 视频位置：光盘 \ 视频 \ 第 10 章 \ 实战 163.mp4

• 实例介绍 •

矢量图是一种检测色相和饱和度的工具，而示波器主要用于检测视频信号的幅度和单位时间内所有脉冲扫描图形，让用户看到当前画面亮度信号的分布情况。下面向读者介绍在EDIUS 8中通过命令启动矢量图与示波器的操作方法。

• 操作步骤 •

STEP 01 单击"文件"|"打开工程"命令，打开一个工程文件，如图10-1所示。

STEP 02 在菜单栏中，单击"视图"菜单，在弹出的菜单列表中单击"矢量图/示波器"命令，如图10-2所示。

图10-1 打开一个工程文件

图10-2 单击"矢量图/示波器"命令

STEP 03 执行操作后，即可弹出"矢量图/示波器"对话框，对话框的左侧是信息区，中间是矢量图，右侧是示波器，在其中用户可以查看和检测视频画面的颜色分布情况，如图10-3所示。

STEP 04 在矢量图下方，单击"线性"按钮，如图10-4所示。

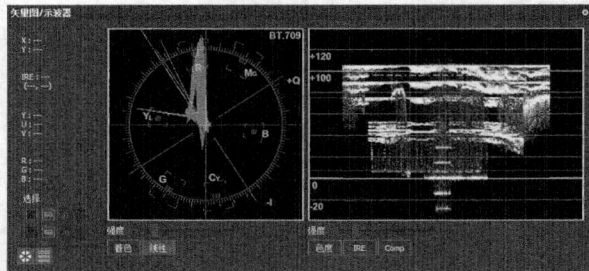
图10-3 "矢量图/示波器"对话框

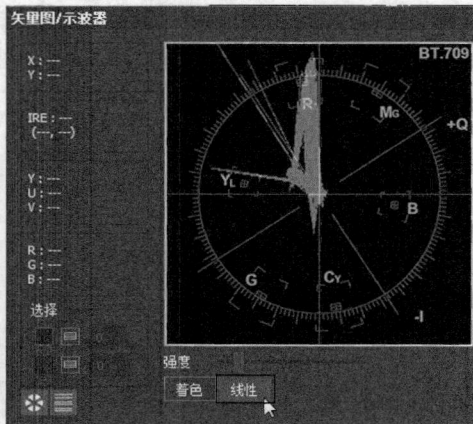
图10-4 单击"线性"按钮

STEP 05 执行操作后，矢量图将以线性的方式检测视频颜色，如图10-5所示。

STEP 06 在示波器下方，单击Comp按钮，如图10-6所示。

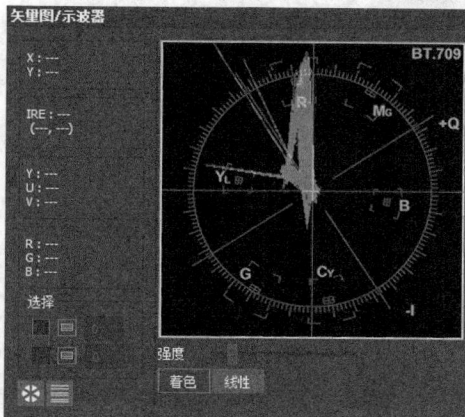

图10-5 以线性的方式检测视频颜色

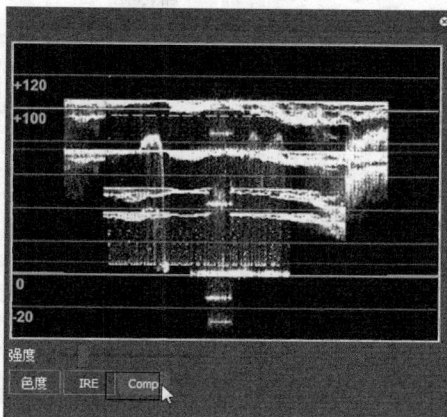

图10-6 单击Comp按钮

STEP 07 执行操作后，示波器将以白色波形显示颜色分布情况，如图10-7所示。

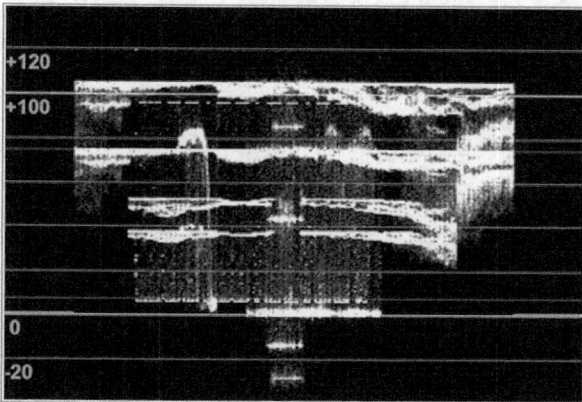

图10-7 以白色波形显示颜色分布情况

知识拓展

"矢量图与示波器"对话框

视频信号由亮度信号和色差信号编码而成，因此，示波器按功能可分为矢量示波器和波形示波器。在 EDIUS 8 中，"矢量图与示波器"对话框如图 10-8 所示。

面板上最左侧是信息区，然后向右依次是矢量图和示波器。

矢量图是一种检测色相和色彩饱和度的工具，它以极坐标的方式显示视频的色度信息。矢量图中矢量的大小，也就是某一点到坐标原点的距离，代表色彩饱和度。矢量的相位，即某一点和原点的连线与水平YL－B轴的夹角，代表色相。在矢量图中，R、G、B、MG、CY、YL 分别代表彩色电视信号中的红色、绿色、蓝色及其对应的补色青色、口红和黄色。

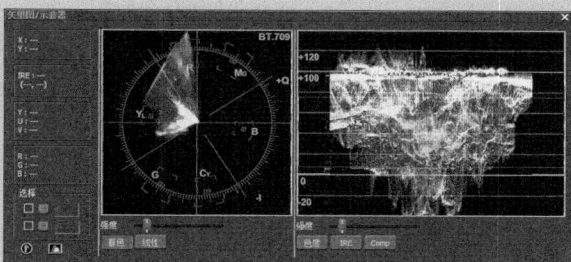

图10-8 "矢量图与示波器"对话框

圆心位置代表色彩饱和度为 0，因此黑白图像的色彩矢量都在圆心处，离圆心越远饱和度越高。矢量图上有一些"田"字格，广播标准彩条颜色都落在相应"田"字的中心。

如果饱和度向外超出相应"田"字的中心，就表示饱和度超标（广播安全播出标准），必须进行调整。对于一段视频来讲，只要色彩饱和度不超过由这些"田"字围成的区域，就可认为色彩符合播出标准。

波形示波器主要用于检测视频信号的幅度和单位时间内所有脉冲扫描图形，让用户看到当前画面亮度信号的分布，如图10-9所示。

波形示波器的横坐标表示当前帧的水平位置，纵坐标在 NTSC 制式下表示图像每一列的色彩密度，单位是 IRE；在 PAL 制式下则表示视频信号的电压值。在 NTSC 制式下，以消隐电平 0.3V 为 0IRE，将 0.3～1V 进行 10 等分，每一等分定义为 10IRE。

我国 PAL/D 制电视技术标准对视频信号的要求是，全电视信号幅度的标准值是 1.0V（p-p 值），以消隐电平为零基准电平，

图10-9 亮度信号的分布

其中同步脉冲幅度为向下的 $-0.3V$，图像信号峰值白电平为向上的 $0.7V$（即100%），允许突破但不能大于 $0.8V$（更准确地说，亮度信号的瞬间峰值电平 $\leqslant 0.77V$，全电视信号的最高峰值电平 $\leqslant 0.8V$）。

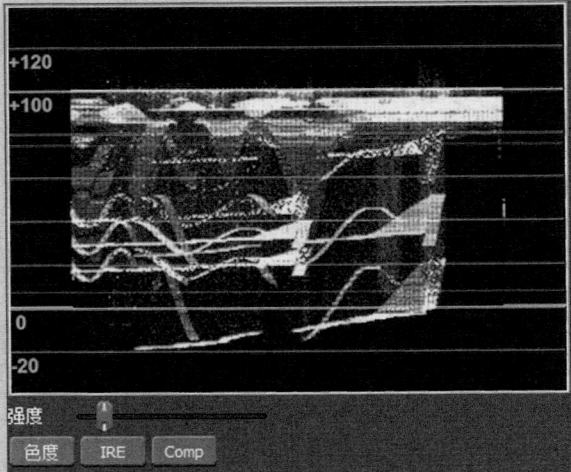

技巧点拨

在"视图"菜单下，依次按 W、Enter 键，也可以快速弹出"矢量图与示波器"对话框。

实战 164	通过按钮启动矢量图与示波器	▶ 实例位置：光盘 \ 效果 \ 第10章 \ 实战164.ezp ▶ 素材位置：光盘 \ 素材 \ 第10章 \ 实战164.ezp ▶ 视频位置：光盘 \ 视频 \ 第10章 \ 实战164.mp4

● 实例介绍 ●

在 EDIUS 8 工作界面中，用户不仅可以通过"矢量图/示波器"命令，启动"矢量图/示波器"对话框，还可以通过"切换矢量图/示波器显示"按钮来启动该功能。

● 操作步骤 ●

STEP 01 单击"文件"|"打开工程"命令，打开一个工程文件，如图10-10所示。

STEP 02 在轨道面板上方，单击"切换矢量图/示波器显示"按钮，如图10-11所示。

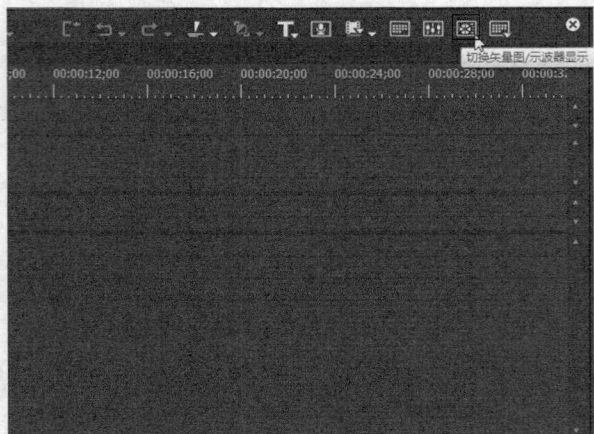

图10-10 打开一个工程文件

图10-11 单击"切换矢量图/示波器显示"按钮

STEP 03 执行操作后，即可弹出"矢量图/示波器"对话框，在其中用户可以查看和检测视频画面的颜色分布情况，如图10-12所示。

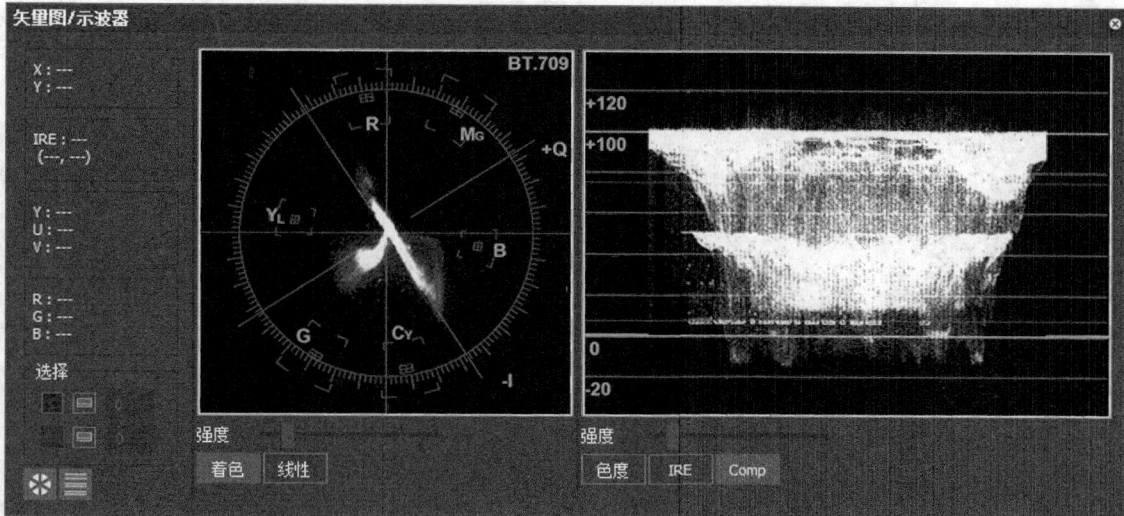

图10-12　查看画面颜色分布情况

技巧点拨

在"矢量图／示波器"对话框左下角，单击"矢量图"按钮或"示波器"按钮，可以隐藏或显示矢量图与示波器窗格。

10.2 色彩校正滤镜的运用

在视频后期制作过程中，制作人员常常需要对视频画面进行校色和调色操作，使制作的视频颜色更加符合电视播放的要求。本节主要向读者介绍使用滤镜校正画面颜色的方法和技巧，希望读者熟练掌握。

实战 165 运用YUV曲线校正素材

▶ 实例位置：光盘＼效果＼第 10 章＼实战 165.ezp
▶ 素材位置：光盘＼素材＼第 10 章＼实战 165.jpg
▶ 视频位置：光盘＼视频＼第 10 章＼实战 165.mp4

● 实例介绍 ●

在EDIUS 8中，YUV曲线滤镜的使用非常频繁，常用来校正视频画面色彩。下面向读者介绍运用YUV曲线滤镜校正素材画面色彩的操作方法。

● 操作步骤 ●

STEP 01 在视频轨中，导入一张静态图像，如图10-13所示。

STEP 02 在录制窗口中，可以查看导入的素材画面效果，如图10-14所示。

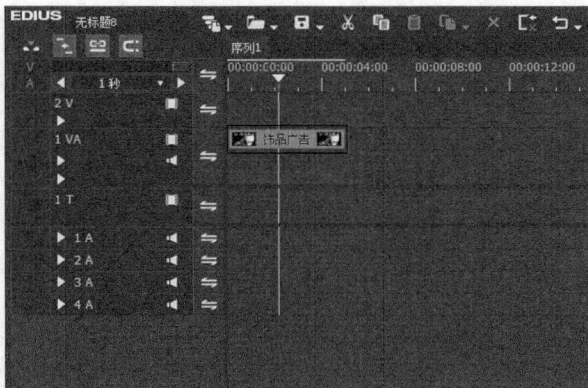

图10-13　导入一张静态图像

图10-14　查看导入的素材画面效果

STEP 03 展开特效面板，在"视频滤镜"下方的"色彩校正"滤镜组中，选择"YUV曲线"滤镜效果，如图10-15所示。

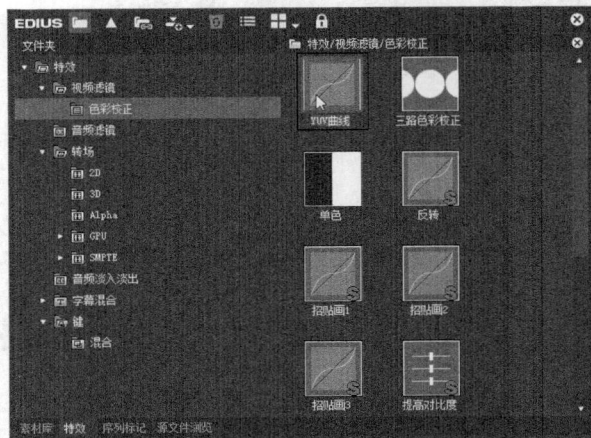

图10-15 选择"YUV曲线"滤镜

STEP 04 在选择的滤镜效果上，单击鼠标左键并拖曳至视频轨中的图像素材上方，如图10-16所示，释放鼠标左键，即可添加"YUV曲线"滤镜效果。

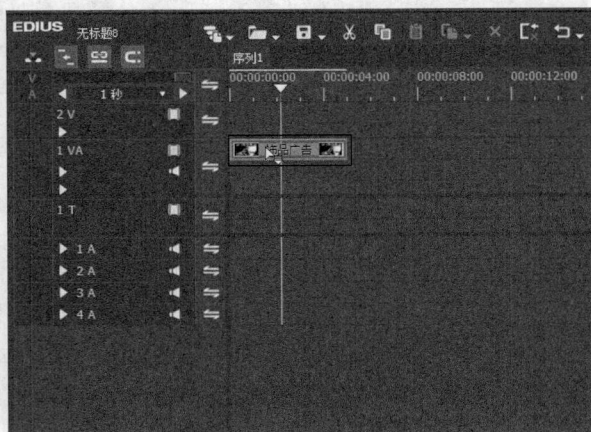

图10-16 拖曳至视频轨中的图像素材上方

STEP 05 在"信息"面板中，选择添加的"YUV曲线"滤镜，单击鼠标右键，在弹出的快捷菜单中选择"打开设置对话框"选项，如图10-17所示。

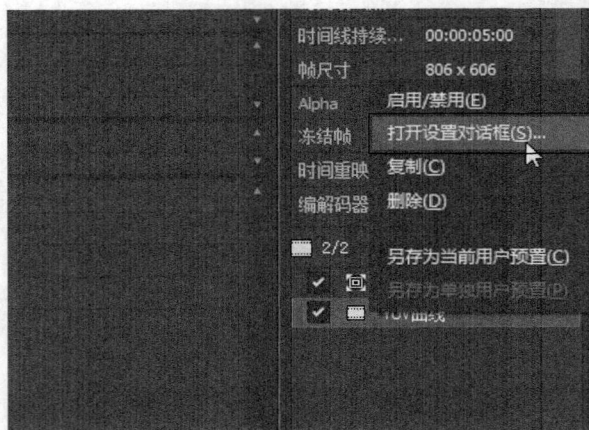

图10-17 选择"打开设置对话框"选项

STEP 06 执行操作后，弹出"YUV曲线"对话框，在上方第1个预览窗口中的斜线上，添加一个关键帧，并调整关键帧的位置，如图10-18所示，用来调整图像的颜色。

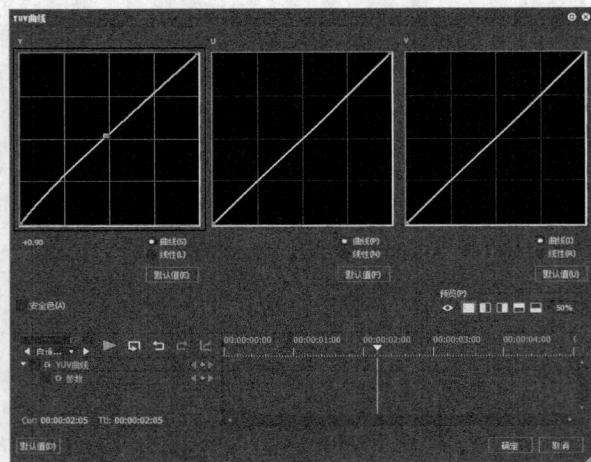

图10-18 调整关键帧的位置

知识拓展

在"YUV曲线"滤镜中，亮度信号被称作 Y，色度信号是由两个互相独立的信号组成。根据颜色系统和格式的不同，两种色度信号经常被称作 U 和 V、Pb 和 Pr，或 Cb 和 Cr。

STEP 07 用与上同样的方法，在第2个与第3个预览窗口中，分别添加关键帧，并调整关键帧的位置，如图10-19所示。

STEP 08 设置完成后，单击"确定"按钮，返回EDIUS 8工作界面，在录制窗口中可以查看添加"YUV曲线"滤镜后的视频画面效果，如图10-20所示。

知识拓展

在"YUV曲线"对话框中，选中"安全色"复选框后，计算机可自动调节过暗或过亮的颜色，保护颜色的可视安全性。

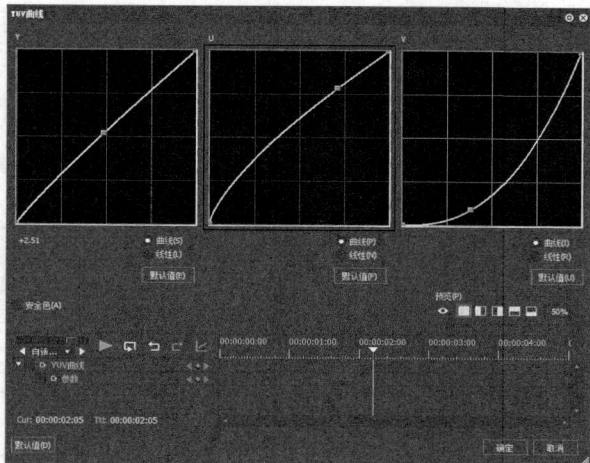

图10-19 调整关键帧的位置

图10-20 查看添加滤镜后的视频效果

技巧点拨

　　在 YUV 曲线中，U、V 曲线代表的是色差，U 和 V 是构成彩色的两个分量。与常见的 RGB 方式相比，YUV 曲线更适合广播电视，从而大大加快了运行和处理效率。

知识拓展

　　了解三路色彩校正

　　在"三路色彩校正"滤镜中，可以分别控制画面的高光、中间调和暗调区域的色彩。可以提供一次二级校色(多次运用该滤镜以实现多次二级校色)，是 EDIUS 8 中使用最频繁的校色滤镜之一。

　　图 10-21 所示为"三路色彩校正"对话框。

　　在"三路色彩校正"对话框中，各主要部分的含义介绍如下。

　　1."黑平衡"选项区

　　黑平衡是对影片暗调部分进行调整校正，只对影片中暗部区域进行红色调调整，效果如图 10-22 所示。

　　2."灰平衡"选项区

　　灰平衡是对影片中间调部分进行调整校正，效果如图 10-23 所示。

　　3."白平衡"选项区

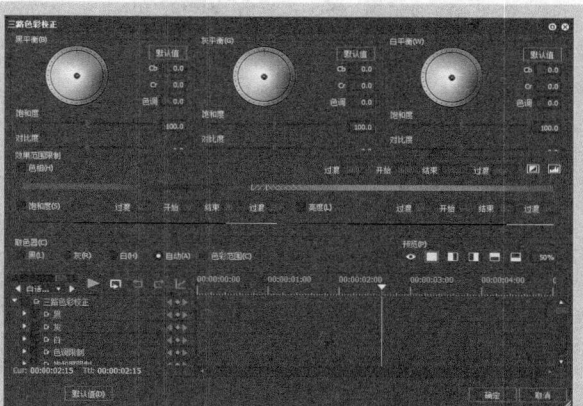

图10-21 "三路色彩校正"对话框

图10-22 黑平衡画面调整

　　白平衡是对影片中的高光部分进行调整校正，效果如图 10-24 所示。

　　4."效果范围限制"选项区

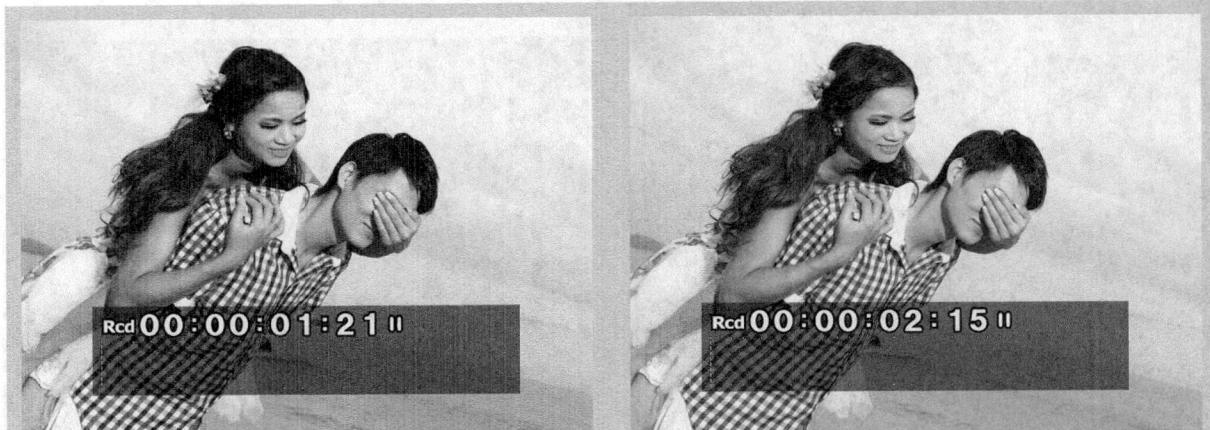

图10-23 灰平衡画面调整

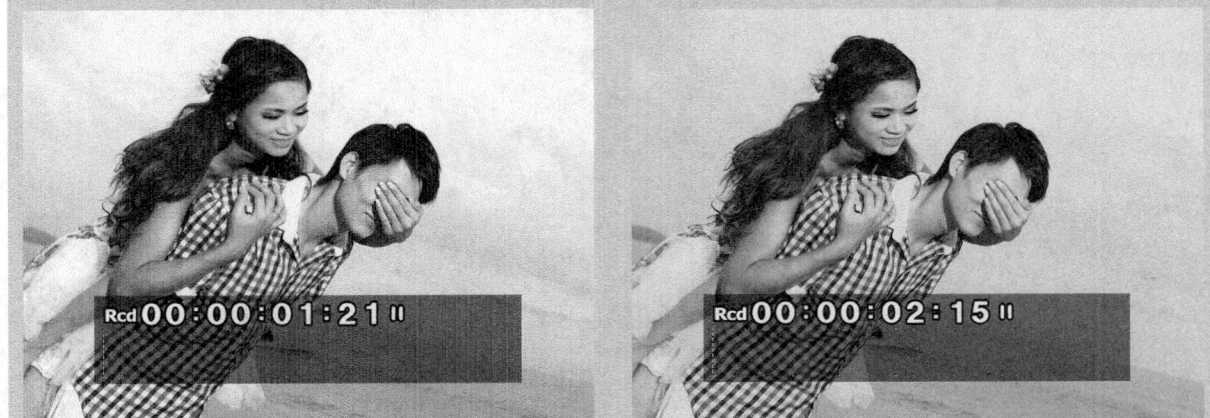

图10-24 白平衡画面调整

图10-25 调整图像亮度

  "效果范围限制"是指针对指定色彩范围进行限制，可以对影片进一步地调整校正，其中包括色相、饱和度、亮度、过渡的参数设置。

  色相：色相是指针对视频画面中指定的色彩范围进行除黑、白、灰以外的任何颜色的色相属性进行调整校正。

  饱和度：饱和度是指针对指定的色彩范围进行色彩鲜艳程度的调整校正。

  亮度：亮度是指针对色彩范围进行明暗的调整校正，如图10-25所示。

  显示键按钮：单击"显示键"按钮，可以显示所选色彩的范围，如图10-26所示。

  显示直方图按钮：单击"显示直方图"按钮，可以以柱形方式显示效果范围的信息。

图10-26　显示所选色彩的范围

实战
166　运用三路色彩校正素材

▶ 实例位置：光盘 \ 效果 \ 第 10 章 \ 实战 166.ezp
▶ 素材位置：光盘 \ 素材 \ 第 10 章 \ 实战 166.jpg
▶ 视频位置：光盘 \ 视频 \ 第 10 章 \ 实战 166.mp4

● 实例介绍 ●

前面详细介绍了三路色彩校正滤镜，下面向读者详细介绍运用三路色彩校正滤镜校正素材画面颜色的方法。

● 操作步骤 ●

STEP 01　在视频轨中，导入一张静态图像，如图10-27所示。

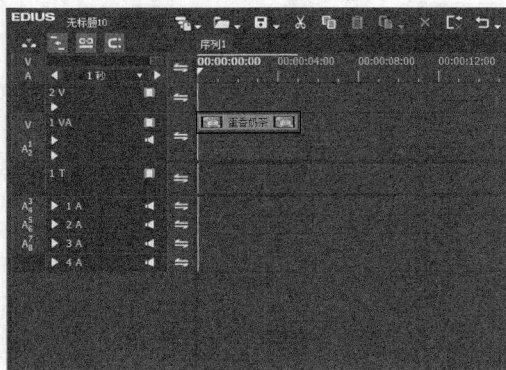

STEP 02　在录制窗口中，可以查看导入的素材画面效果，如图10-28所示。

图10-27　导入一张静态图像

图10-28　查看导入的素材画面效果

STEP 03　展开特效面板，在"视频滤镜"下方的"色彩校正"滤镜组中，选择"三路色彩校正"滤镜效果，如图10-29所示。

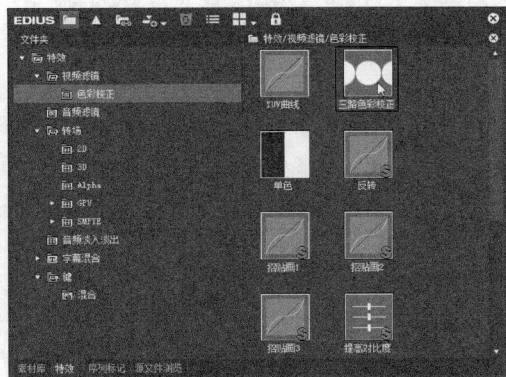

STEP 04　在选择的"三路色彩校正"滤镜效果上，单击鼠标左键并拖曳至视频轨中的图像素材上方，如图10-30所示，释放鼠标左键，即可添加"三路色彩校正"滤镜效果。

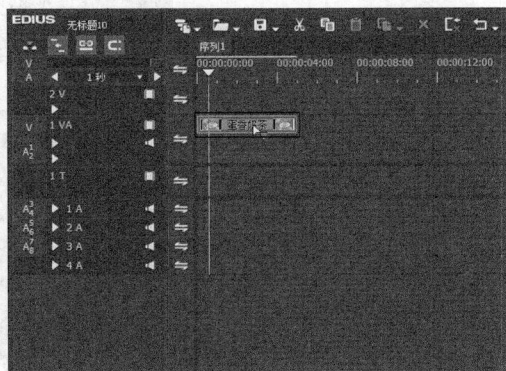

图10-29　选择"三路色彩校正"滤镜效果

图10-30　拖曳至视频轨中的图像素材上方

STEP 05 在"信息"面板中，选择刚添加的"三路色彩校正"滤镜效果，单击鼠标右键，在弹出的快捷菜单中选择"打开设置对话框"选项，如图10-31所示。

STEP 06 执行操作后，弹出"三路色彩校正"对话框，如图10-32所示。

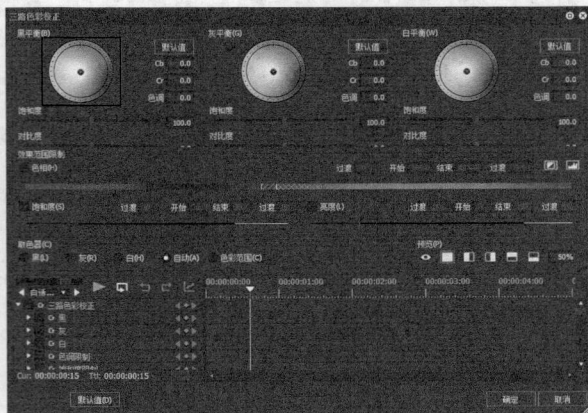

图10-31 选择"打开设置对话框"选项

图10-32 弹出"三路色彩校正"对话框

技巧点拨

在"信息"面板中，选择"三路色彩校正"滤镜，单击面板中的"打开设置对话框"按钮，也可以快速弹出"三路色彩校正"对话框。

STEP 07 在"黑平衡"选项区中，设置Cb为11.8、Cr为58.8，如图10-33所示。

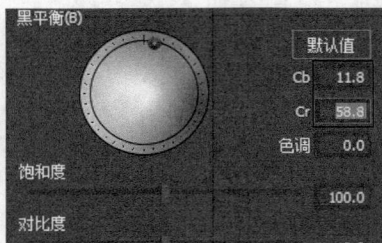

图10-33 设置黑平衡参数与效果欣赏

STEP 08 在"灰平衡"选项区中，设置Cb为-56.2、Cr为21.1，如图10-34所示。

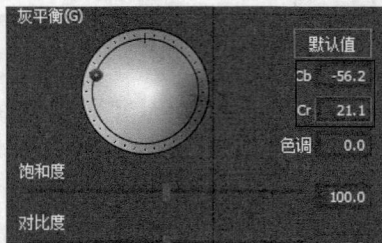

图10-34 设置灰平衡参数与效果欣赏

STEP 09 在"白平衡"选项区中，设置Cb为55、Cr为-23.9，如图10-35所示。

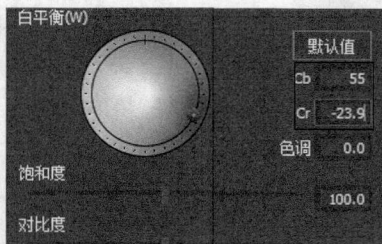

图10-35 设置白平衡参数与效果欣赏

STEP 10 设置完成后，单击"确定"按钮，即可运用"三路色彩校正"滤镜调整图像色彩，在录制窗口中单击"播放"按钮，预览视频的画面效果，如图10-36所示。

图10-36 查看素材的画面效果

实战 167 运用单色校正素材

▶ 实例位置：光盘 \ 效果 \ 第 10 章 \ 实战 167.ezp
▶ 素材位置：光盘 \ 素材 \ 第 10 章 \ 实战 167.jpg
▶ 视频位置：光盘 \ 视频 \ 第 10 章 \ 实战 167.mp4

● 实例介绍 ●

在EDIUS 8工作界面中，"单色"滤镜效果可以将视频画面调成某种单色效果，下面向读者介绍应用"单色"滤镜调整素材色彩的操作方法。

● 操作步骤 ●

STEP 01 在视频轨中，导入一张静态图像，如图10-37所示。

STEP 02 在录制窗口中，可以查看导入的素材画面效果，如图10-38所示。

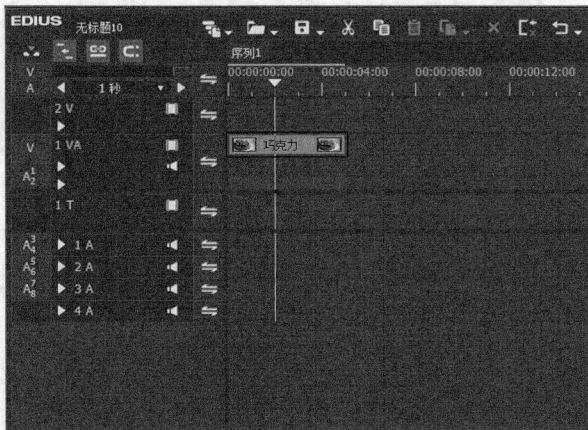

图10-37 导入一张静态图像

图10-38 查看导入的素材画面效果

技巧点拨

在后期的视频剪辑与特效制作中，单色滤镜一般在回忆某些画面和故事情节时，经常被使用，用得最多的一般是灰色。

STEP 03 展开特效面板，在"色彩校正"滤镜组中选择"单色"滤镜效果，如图10-39所示。

STEP 04 在选择的滤镜效果上，单击鼠标左键并拖曳至视频轨中的图像素材上方，释放鼠标左键，即可添加"单色"滤镜效果，此时素材画面如图10-40所示。

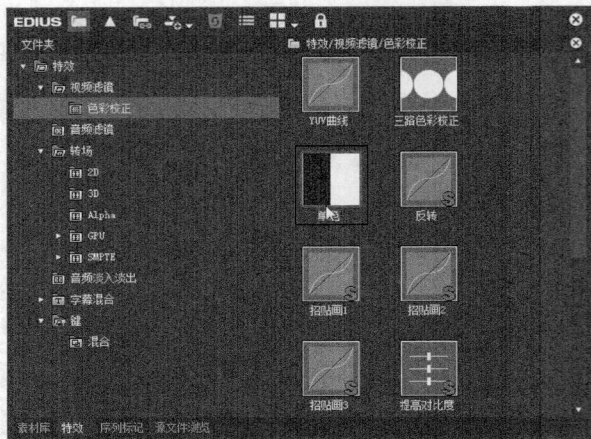

图10-39 选择"单色"滤镜效果

图10-40 添加"单色"滤镜效果

STEP 05 在"信息"面板中，选择刚添加的"单色"滤镜效果，单击鼠标右键，在弹出的快捷菜单中选择"打开设置对话框"选项，如图10-41所示。

STEP 06 执行操作后，弹出"单色"对话框，如图10-42所示。

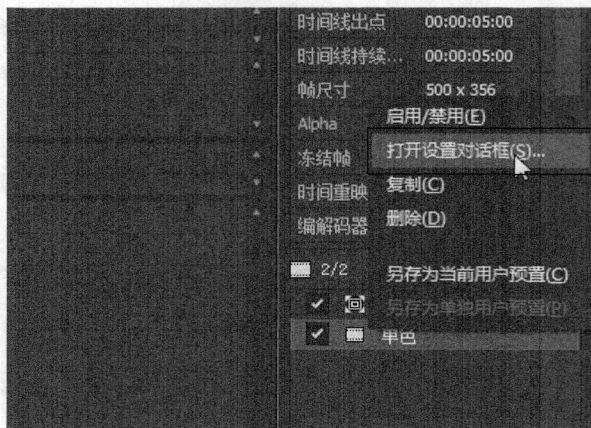

图10-41 选择"打开设置对话框"选项

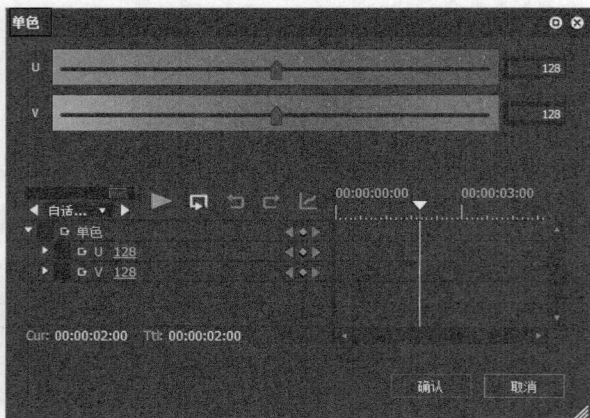

图10-42 弹出"单色"对话框

STEP 07 在对话框的上方，拖曳U右侧的滑块至159的位置处，拖曳V右侧的滑块至141的位置处，调整图像色调，如图10-43所示。

STEP 08 设置完成后，单击"确认"按钮，即可运用"单色"滤镜调整图像的色彩，在录制窗口中可以查看素材的画面效果，如图10-44所示。

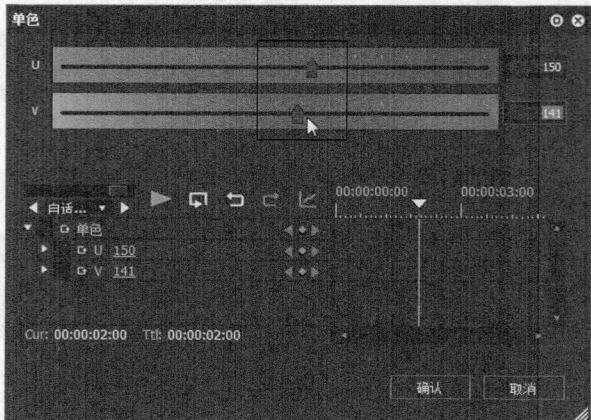

图10-43 调整图像色调

图10-44 预览素材的画面效果

实战
168 运用反转校正素材

▶ 实例位置：光盘 \ 效果 \ 第 10 章 \ 实战 168.ezp
▶ 素材位置：光盘 \ 素材 \ 第 10 章 \ 实战 168.jpg
▶ 视频位置：光盘 \ 视频 \ 第 10 章 \ 实战 168.mp4

● 实例介绍 ●

在EDIUS 8工作界面中，"反转"滤镜主要用于制作类似照片底片的效果，也就是将黑色变成白色，或者从扫描的黑白阴片中得到一个阳片。下面向读者介绍运用反转滤镜校正素材画面的方法。

● 操作步骤 ●

STEP 01 在视频轨中，导入一张静态图像，如图10-45所示。

STEP 02 在录制窗口中，可以查看导入的素材画面效果，如图10-46所示。

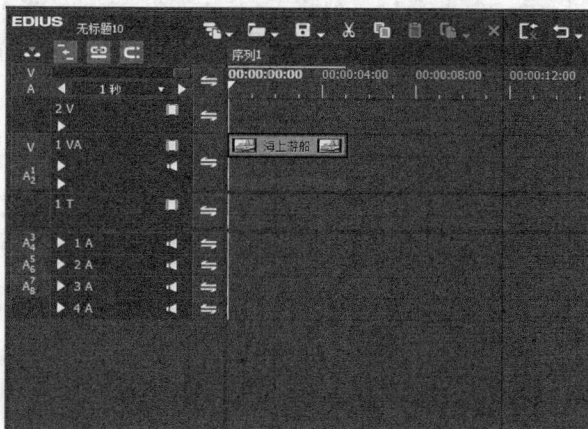

图10-45 导入一张静态图像

图10-46 查看素材画面效果

STEP 03 展开特效面板，在"色彩校正"滤镜组中选择"反转"滤镜效果，如图10-47所示。

STEP 04 在选择的滤镜效果上，单击鼠标左键并拖曳至视频轨中的图像素材上方，释放鼠标左键，即可添加"反转"滤镜效果，在"信息"面板中，可以查看添加的滤镜效果，如图10-48所示，由此可见，"反转"滤镜效果是由"YUV曲线"色彩滤镜设置转变而成的。

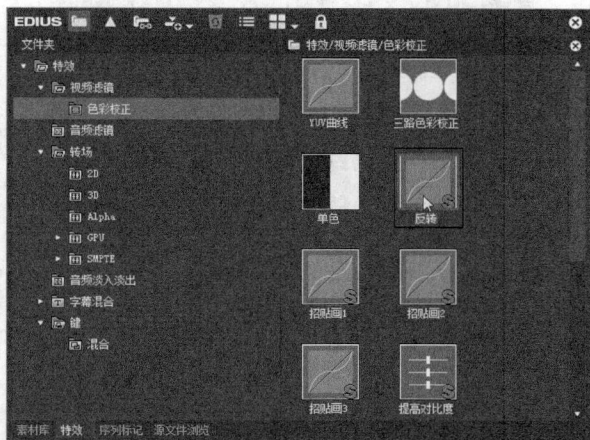

图10-47 选择"反转"滤镜效果

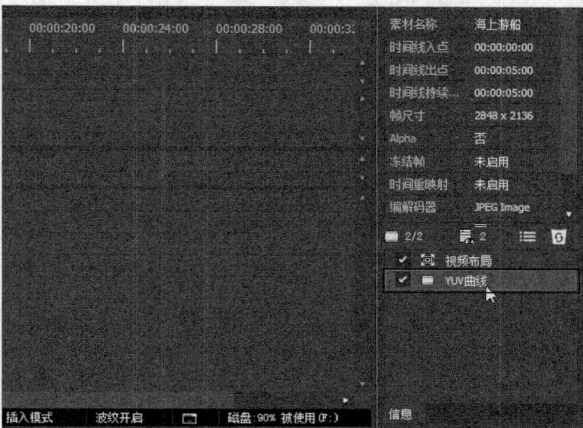

图10-48 查看素材画面效果

STEP 05 为图像素材添加"反转"滤镜后，在预览窗口中可以查看素材的画面效果，如图10-49所示。

图10-49 查看素材的画面效果

实战 169 运用招贴画1校正素材

▶ 实例位置：光盘\效果\第10章\实战169.ezp
▶ 素材位置：光盘\素材\第10章\实战169.jpg
▶ 视频位置：光盘\视频\第10章\实战169.mp4

● 实例介绍 ●

在EDIUS 8工作界面中，招贴画1颜色滤镜可以为素材制作类似招贴画的特效。下面向读者介绍运用招贴画1滤镜校正素材画面的方法。

● 操作步骤 ●

STEP 01 在视频轨中，导入一张静态图像，如图10-50所示。

STEP 02 在录制窗口中，可以查看导入的素材画面效果，如图10-51所示。

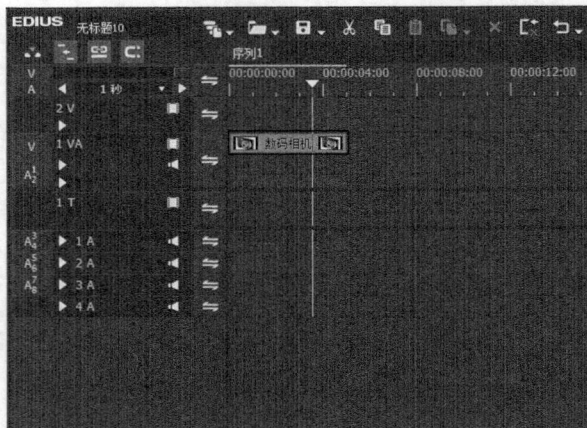

图10-50 导入一张静态图像

图10-51 查看素材画面效果

STEP 03 展开特效面板，在"色彩校正"滤镜组中选择"招贴画1"滤镜效果，如图10-52所示。

STEP 04 在选择的滤镜效果上，单击鼠标左键并拖曳至视频轨中的图像素材上方，释放鼠标左键，即可添加"招贴画1"滤镜效果，在"信息"面板中，可以查看添加的滤镜效果，如图10-53所示。由此可见，"招贴画1"滤镜效果是由"YUV曲线"色彩滤镜设置转变而成的。

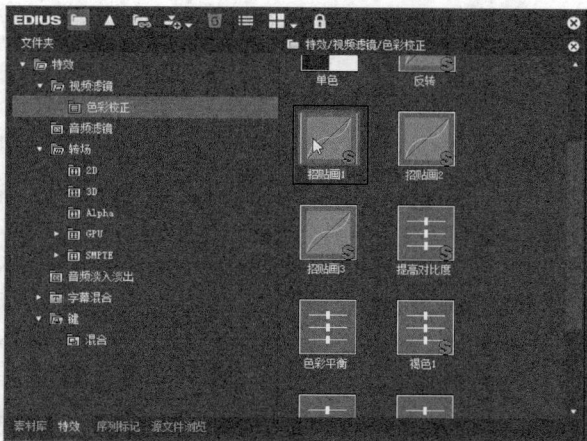

图10-52　选择"招贴画1"滤镜效果

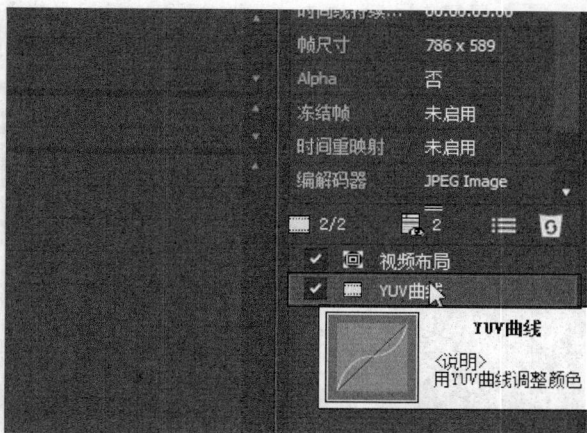

图10-53　查看添加的滤镜效果

STEP 05　为图像素材添加"招贴画1"滤镜后，在录制窗口中可以查看素材的效果，如图10-54所示。

图10-54　查看素材的画面效果

实战 170　运用招贴画2校正素材

▶ 实例位置：光盘 \ 效果 \ 第 10 章 \ 实战 170.ezp
▶ 素材位置：光盘 \ 素材 \ 第 10 章 \ 实战 170.jpg
▶ 视频位置：光盘 \ 视频 \ 第 10 章 \ 实战 170.mp4

● 实例介绍 ●

在EDIUS 8工作界面中，招贴画2的作用与招贴画1的作用类似，只是在图像画面上显得更加亮丽一些。下面向读者介绍运用招贴画2校正素材画面的操作方法。

● 操作步骤 ●

STEP 01　在视频轨中，导入一张静态图像，如图10-55所示。

STEP 02　在录制窗口中，可以查看导入的素材画面效果，如图10-56所示。

图10-55　导入一张静态图像

图10-56　查看素材画面效果

STEP 03 展开特效面板，在"色彩校正"滤镜组中选择"招贴画2"滤镜效果，如图10-57所示。

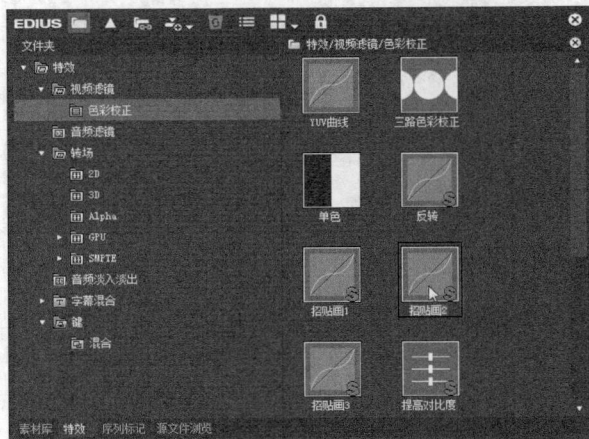

图10-57 选择"招贴画2"滤镜效果

STEP 04 在选择的滤镜效果上，单击鼠标右键，在弹出的快捷菜单中选择"添加到时间线"选项，如图10-58所示。

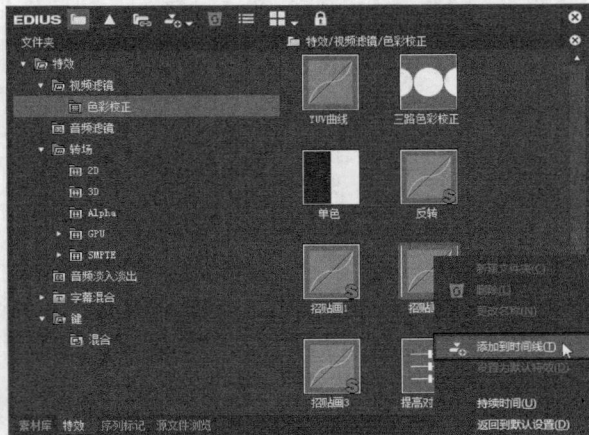

图10-58 选择"添加到时间线"选项

STEP 05 执行操作后，即可将选择的滤镜效果添加至素材上，在"信息"面板中，可以查看添加的滤镜效果，"招贴画2"滤镜效果是由"YUV曲线"色彩滤镜设置转变而成的，在"YUV曲线"滤镜效果上，单击鼠标右键，在弹出的快捷菜单中选择"打开设置对话框"选项，如图10-59所示。

STEP 06 执行操作后，弹出"YUV曲线"对话框，在上方曲线窗格中，通过拖曳的方式，调整关键帧的位置，如图10-60所示。

图10-59 选择"打开设置对话框"选项

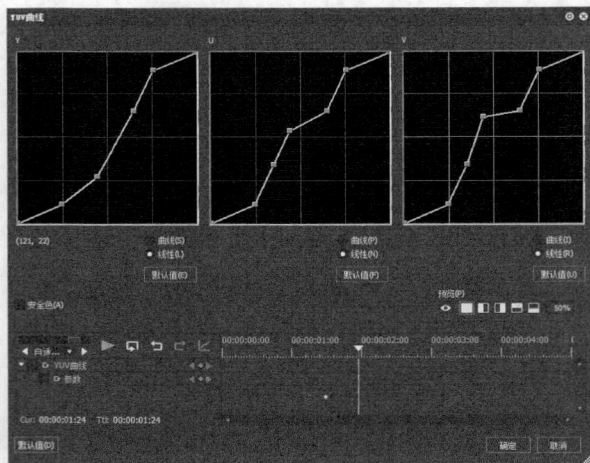

图10-60 调整关键帧的位置

STEP 07 设置完成后，单击"确定"按钮，即可运用"招贴画2"滤镜调整图像的色彩，在录制窗口中可以查看素材的画面效果，如图10-61所示。

图10-61 查看素材的画面效果

实战 171 运用招贴画3校正素材

▶ 实例位置：光盘 \ 效果 \ 第 10 章 \ 实战 171.ezp
▶ 素材位置：光盘 \ 素材 \ 第 10 章 \ 实战 171.jpg
▶ 视频位置：光盘 \ 视频 \ 第 10 章 \ 实战 171.mp4

• 实例介绍 •

在EDIUS 8工作界面中，招贴画3的效果没有招贴画2的效果那么亮，招贴画3调整出来的素材画面属于暖色调，色彩比较柔和。下面向读者介绍运用招贴画3校正素材画面的操作方法。

• 操作步骤 •

STEP 01 在视频轨中，导入一张静态图像，如图10-62所示。

STEP 02 在录制窗口中，可以查看导入的素材画面效果，如图10-63所示。

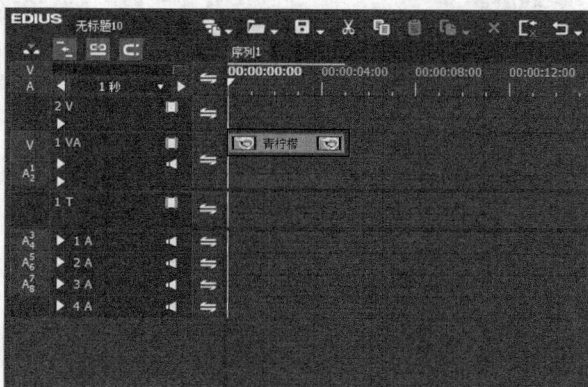

图10-62 导入一张静态图像

图10-63 查看素材画面效果

技巧点拨

当用户在"色彩校正"滤镜组中选择"招贴画 3"滤镜效果后，单击特效面板上方的"添加到时间线"按钮，也可以快速将"招贴画 3"滤镜效果添加到选择的素材文件上。

STEP 03 展开特效面板，在"色彩校正"滤镜组中选择"招贴画3"滤镜效果，如图10-64所示。

STEP 04 在选择的滤镜效果上，单击鼠标右键，在弹出的快捷菜单中选择"添加到时间线"选项，如图10-65所示。

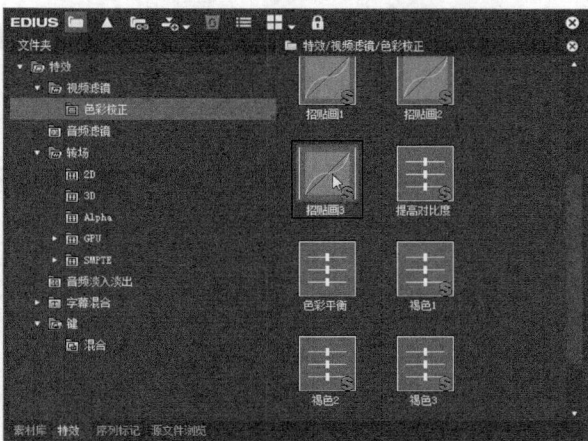

图10-64 选择"招贴画3"滤镜效果

图10-65 选择"添加到时间线"选项

STEP 05 执行操作后，即可将选择的滤镜效果添加至素材上，在"信息"面板中，可以查看添加的滤镜效果，"招贴画3"滤镜效果是由"YUV曲线"色彩滤镜设置转变而成的，选择"YUV曲线"滤镜效果，单击"打开设置对话框"按钮，如图10-66所示。

STEP 06 执行操作后，弹出"YUV曲线"对话框，在上方曲线窗格中，通过拖曳的方式，调整关键帧的位置，如图10-67所示。

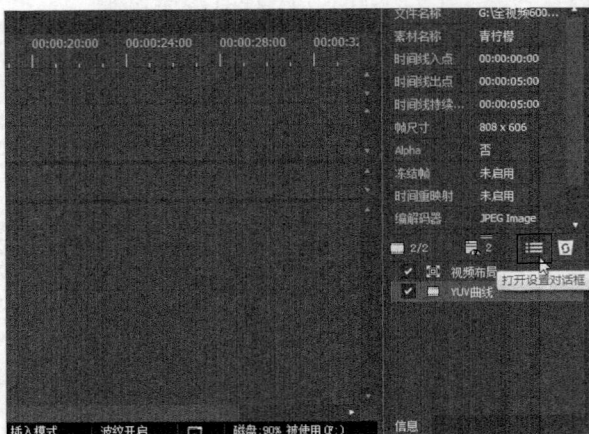

图10-66 单击"打开设置对话框"按钮

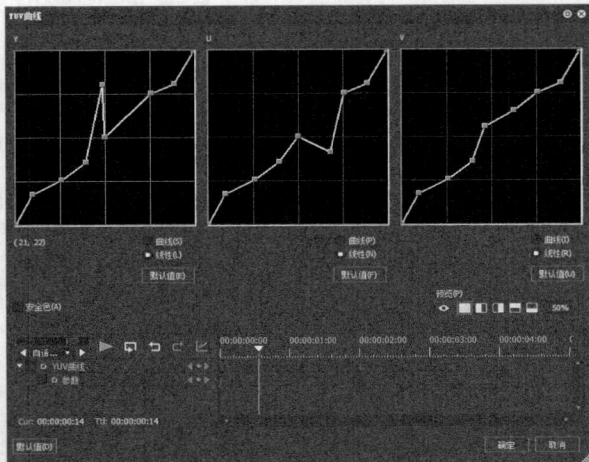

图10-67 调整关键帧的位置

STEP 07 设置完成后，单击"确定"按钮，即可运用"招贴画3"滤镜调整图像的色彩，在录制窗口中可以查看素材的画面效果，如图10-68所示。

图10-68 查看素材的画面效果

实战 172	运用提高对比度校正素材

▶ 实例位置：光盘 \ 效果 \ 第 10 章 \ 实战 172.ezp
▶ 素材位置：光盘 \ 素材 \ 第 10 章 \ 实战 172.jpg
▶ 视频位置：光盘 \ 视频 \ 第 10 章 \ 实战 172.mp4

● 实例介绍 ●

使用"提高对比度"滤镜可以对图像素材进行简单的对比度调整，该滤镜是由"色彩平衡"滤镜的参数设置转变而来的。下面向读者介绍运用提高对比度滤镜校正素材画面的操作方法。

● 操作步骤 ●

STEP 01 在视频轨中，导入一张静态图像，如图10-69所示。

STEP 02 在录制窗口中，可以查看导入的素材画面效果，如图10-70所示。

图10-69 导入一张静态图像

图10-70 查看素材画面效果

STEP 03 展开特效面板，在"色彩校正"滤镜组中选择"提高对比度"滤镜效果，如图10-71所示。

STEP 04 在选择的滤镜效果上，单击鼠标左键并拖曳至视频轨中的图像素材上方，释放鼠标左键，即可添加"提高对比度"滤镜效果，在"信息"面板中，可以查看添加的滤镜效果，如图10-72所示，由此可见，"提高对比度"滤镜效果是由"色彩平衡"色彩滤镜设置转变而成的。

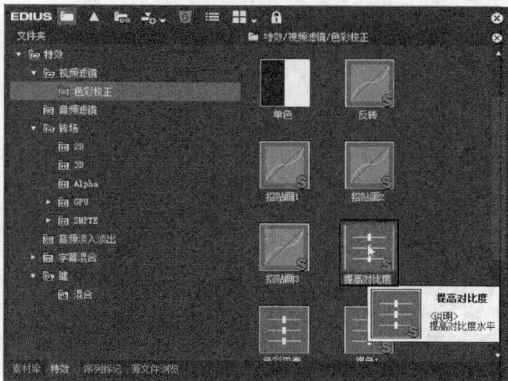

图10-71 选择"提高对比度"滤镜效果

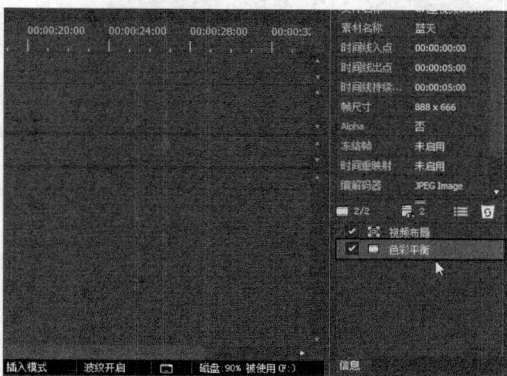

图10-72 查看添加的滤镜效果

STEP 05 为图像素材添加"提高对比度"滤镜后，在录制窗口中可以查看素材的画面效果，如图10-73所示。

图10-73 查看素材的画面效果

实战 173　运用色彩平衡校正素材

▶ 实例位置：光盘 \ 效果 \ 第 10 章 \ 实战 173.ezp
▶ 素材位置：光盘 \ 素材 \ 第 10 章 \ 实战 173.jpg
▶ 视频位置：光盘 \ 视频 \ 第 10 章 \ 实战 173.mp4

● 实例介绍 ●

在EDIUS 8的"色彩平衡"滤镜中，除了可以调整画面的色彩以外，还可以调节色度、亮度和对比度参数，也是EDIUS 8软件中使用最频繁的校色滤镜之一。下面向读者介绍运用色彩平衡滤镜校正素材画面的操作方法。

● 操作步骤 ●

STEP 01 在视频轨中，导入一张静态图像，如图10-74所示。

STEP 02 在录制窗口中，可以查看导入的素材画面效果，如图10-75所示。

图10-74 导入一张静态图像

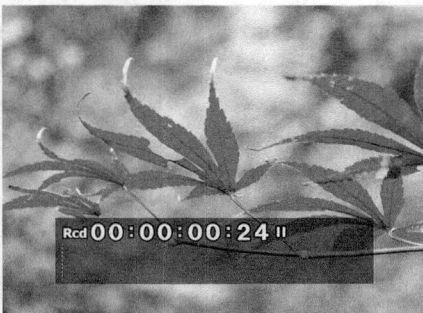

图10-75 查看素材画面效果

STEP 03 展开特效面板，在"色彩校正"滤镜组中选择"色彩平衡"滤镜效果，如图10-76所示。

STEP 04 在选择的滤镜效果上，单击鼠标左键并拖曳至视频轨中的图像素材上方，释放鼠标左键，即可添加"色彩平衡"滤镜效果，在"信息"面板中，选择"色彩平衡"滤镜效果，如图10-77所示。

图10-76 选择"色彩平衡"滤镜效果

图10-77 选择"色彩平衡"滤镜效果

STEP 05 在选择的滤镜效果上，双击鼠标左键，即可弹出"色彩平衡"对话框，在其中设置"色度"为17、"红"为−16、"绿"为−28、"蓝"为−35，调整色彩平衡参数值，如图10-78所示。

STEP 06 设置完成后，单击"确定"按钮，即可运用"色彩平衡"滤镜调整图像的色彩，在录制窗口中可以查看素材的画面效果，如图10-79所示。

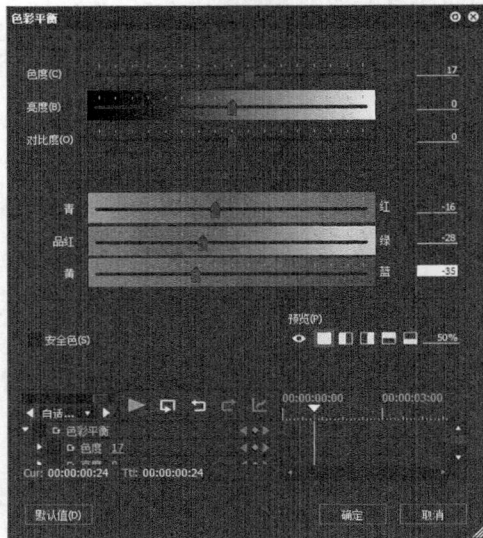

图10-78 调整色彩平衡参数值

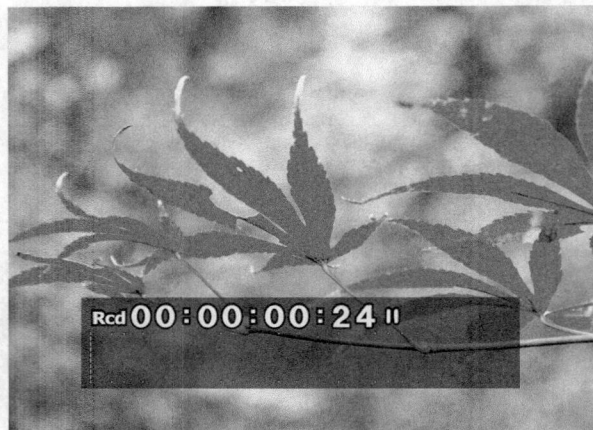

图10-79 查看素材的画面效果

技巧点拨

在"色彩平衡"对话框中，用户不仅可以通过手动拖曳的方式来调整各参数值，还可以通过手动输入数值的方式，输入相应的参数值。

实战 **174** 运用褐色1校正素材

▶ 实例位置：光盘\效果\第10章\实战174.ezp
▶ 素材位置：光盘\素材\第10章\实战174.jpg
▶ 视频位置：光盘\视频\第10章\实战174.mp4

● 实例介绍 ●

在EDIUS 8工作界面中，褐色1滤镜效果主要用于为素材画面添加褐色的色调，使素材画面显示出怀旧的画面。下面向读者介绍运用褐色1滤镜效果校正素材画面的操作方法。

● 操作步骤 ●

STEP 01 在视频轨中，导入一张静态图像，如图10-80所示。

STEP 02 在录制窗口中，可以查看导入的素材画面效果，如图10-81所示。

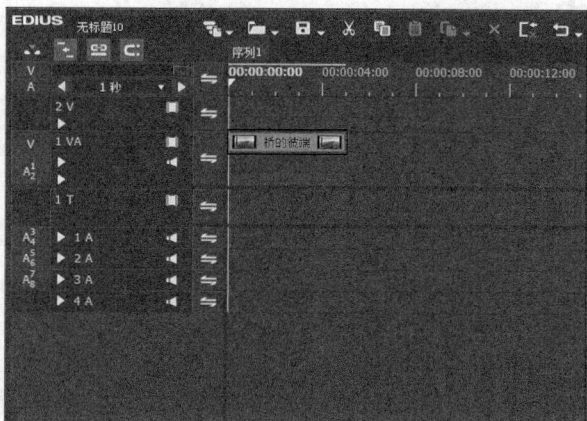

图10-80 导入一张静态图像

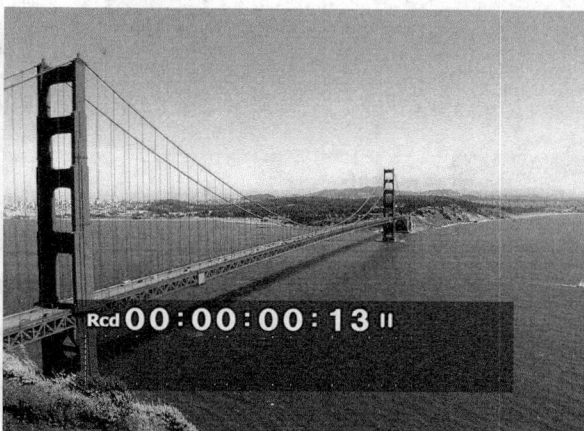

图10-81 查看素材画面效果

STEP 03 展开特效面板，在"色彩校正"滤镜组中选择"褐色1"滤镜效果，如图10-82所示。

STEP 04 在选择的滤镜效果上，单击鼠标左键并拖曳至视频轨中的图像素材上方，释放鼠标左键，即可添加"褐色1"滤镜效果，在"信息"面板中，可以查看添加的滤镜效果，如图10-83所示。由此可见，"褐色1"滤镜效果是由"色彩平衡"色彩滤镜设置转变而成的。

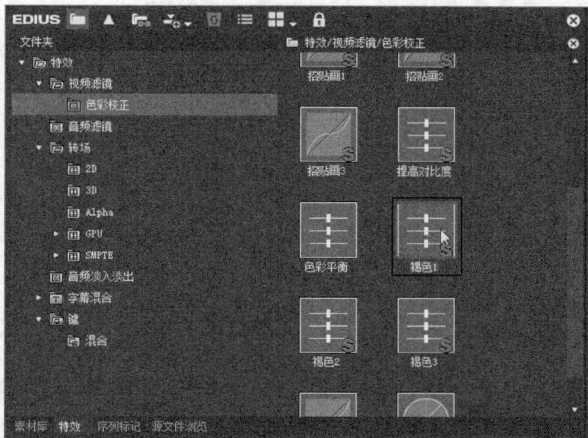

图10-82 选择"褐色1"滤镜效果

图10-83 查看添加的滤镜效果

STEP 05 为图像素材添加"褐色1"滤镜后，在录制窗口中可以查看画面的效果，如图10-84所示。

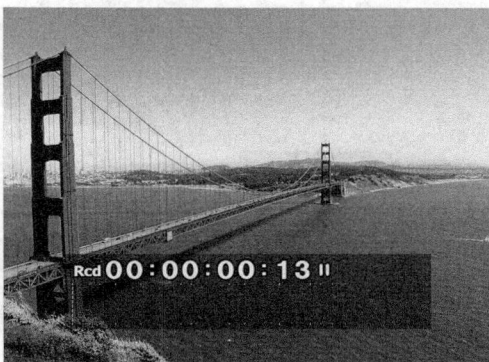

图10-84 查看画面的效果

知识拓展

用户将"褐色1"滤镜添加至素材上后,在"信息"面板中,也可以通过"色彩平衡"对话框设置褐色的相关色调。在"色彩平衡"对话框中,各主要选项含义如下。

色度:色度是指针对颜色的色调和饱和度进行调整校正,用于控制视频的颜色更加鲜艳或更加暗淡。

亮度:亮度是指针对视频颜色的明暗程度进行调整校正。

对比度:对比度是针对颜色黑白间的比值进行调整校正,比值越大,从黑到白的渐变层次就越多,从而色彩表现也就越丰富。

RGB:RGB是指对颜色的红、绿、蓝进行调整校正。

实战 175 运用褐色2校正素材

▶ 实例位置:光盘\效果\第10章\实战175.ezp
▶ 素材位置:光盘\素材\第10章\实战175.jpg
▶ 视频位置:光盘\视频\第10章\实战175.mp4

● **实例介绍** ●

褐色2在褐色1滤镜的基础上,颜色稍微亮丽和鲜艳一点。下面向读者介绍运用褐色2滤镜校正素材画面的操作方法。

● **操作步骤** ●

STEP 01 在视频轨中,导入一张静态图像,如图10-85所示。

STEP 02 在录制窗口中,可以查看导入的素材画面效果,如图10-86所示。

图10-85 导入一张静态图像

图10-86 查看导入的素材画面效果

STEP 03 展开特效面板,在"色彩校正"滤镜组中选择"褐色2"滤镜效果,如图10-87所示。

STEP 04 在选择的滤镜效果上,单击鼠标左键并拖曳至视频轨中的图像素材上方,释放鼠标左键,即可添加"褐色2"滤镜效果,在"信息"面板中,可以查看添加的滤镜效果,如图10-88所示。由此可见,"褐色2"滤镜效果是由"色彩平衡"色彩滤镜设置转变而成的。

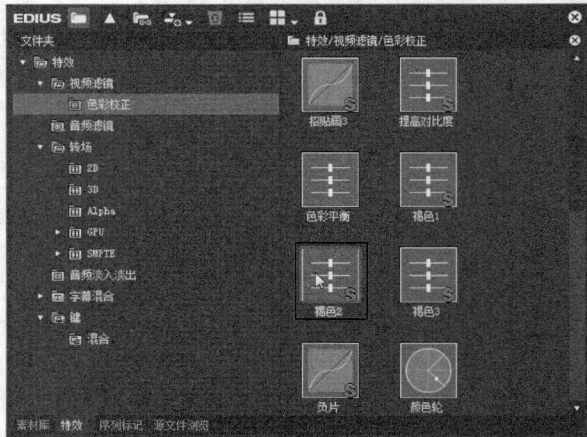

图10-87 选择"褐色2"滤镜效果

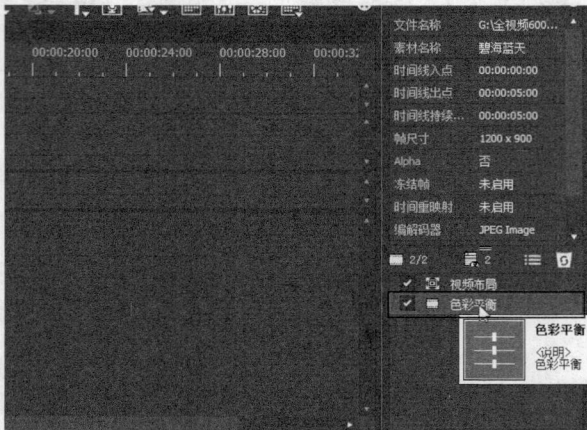

图10-88 查看添加的滤镜效果

STEP 05 为图像素材添加"褐色2"滤镜后，在录制窗口中可以查看画面的效果，如图10-89所示。

图10-89　查看画面的效果

实战 176　运用褐色3校正素材

▶ 实例位置：光盘 \ 效果 \ 第 10 章 \ 实战 176.ezp
▶ 素材位置：光盘 \ 素材 \ 第 10 章 \ 实战 176.jpg
▶ 视频位置：光盘 \ 视频 \ 第 10 章 \ 实战 176.mp4

● 实例介绍 ●

褐色3在褐色2滤镜的基础上，调整与校正出来的图像颜色又更加鲜艳一些。下面向读者介绍运用褐色3滤镜校正素材画面的操作方法。

● 操作步骤 ●

STEP 01 在视频轨中，导入一张静态图像，如图10-90所示。

STEP 02 在录制窗口中，可以查看导入的素材画面效果，如图10-91所示。

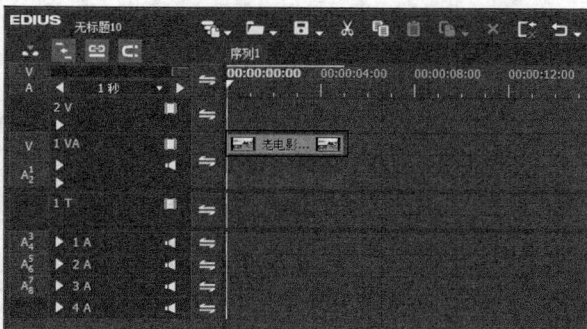

图10-90　导入一张静态图像

图10-91　查看素材画面效果

STEP 03 展开特效面板，在"色彩校正"滤镜组中选择"褐色3"滤镜效果，如图10-92所示。

STEP 04 在选择的滤镜效果上，单击鼠标左键并拖曳至视频轨中的图像素材上方，释放鼠标左键，即可添加"褐色3"滤镜效果，在"信息"面板中，可以查看添加的滤镜效果，如图10-93所示，由此可见，"褐色3"滤镜效果是由"色彩平衡"色彩滤镜设置转变而成的。

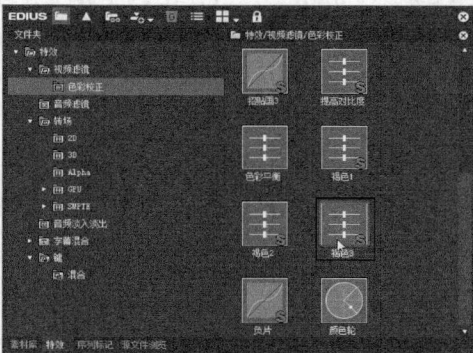

图10-92　选择"褐色3"滤镜效果

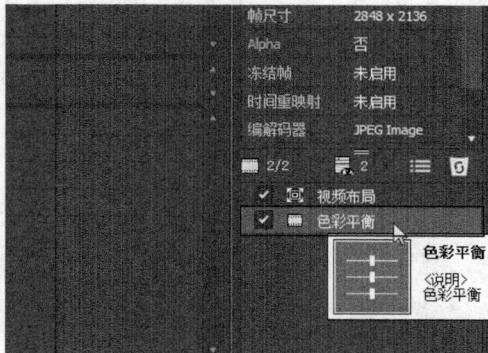

图10-93　查看添加的滤镜效果

STEP 05 为图像素材添加"褐色3"滤镜后，在录制窗口中可以查看画面的效果，如图10-94所示。

图10-94 查看画面的效果

实战 177　运用负片校正素材

▶ 实例位置：光盘 \ 效果 \ 第 10 章 \ 实战 177.ezp
▶ 素材位置：光盘 \ 素材 \ 第 10 章 \ 实战 177.jpg
▶ 视频位置：光盘 \ 视频 \ 第 10 章 \ 实战 177.mp4

● 实例介绍 ●

在EDIUS 8工作界面中，"负片"滤镜效果与"反转"滤镜效果的作用类似，下面向读者介绍运用"负片"滤镜调整素材色彩的操作方法。

● 操作步骤 ●

STEP 01 在视频轨中，导入一张静态图像，如图10-95所示。

图10-95 导入一张静态图像

STEP 02 在录制窗口中，可以查看导入的素材画面效果，如图10-96所示。

图10-96 查看素材画面效果

STEP 03 展开特效面板，在"色彩校正"滤镜组中选择"负片"滤镜效果，如图10-97所示。

STEP 04 在选择的滤镜效果上，单击鼠标左键并拖曳至视频轨中的图像素材上方，释放鼠标左键，即可添加"负片"滤镜效果，在"信息"面板中，可以查看添加的滤镜效果，如图10-98所示，由此可见，"负片"滤镜效果是由"YUV曲线"色彩滤镜设置转变而成的。

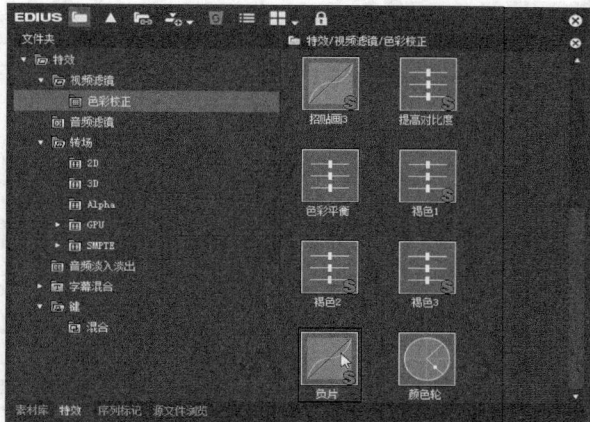

图10-97　选择"负片"滤镜效果

图10-98　查看添加的滤镜效果

STEP 05 为素材添加"负片"滤镜效果后，在录制窗口中可以查看素材的画面效果，如图10-99所示。

图10-99　查看素材的画面效果

实战 178　运用颜色轮校正素材

▶ 实例位置：光盘 \ 效果 \ 第 10 章 \ 实战 178.ezp
▶ 素材位置：光盘 \ 素材 \ 第 10 章 \ 实战 178.jpg
▶ 视频位置：光盘 \ 视频 \ 第 10 章 \ 实战 178.mp4

● 实例介绍 ●

在EDIUS 8的"颜色轮"滤镜中，提供色轮的功能，对于颜色的转换比较有用，下面向读者介绍运用"颜色轮"滤镜调整素材色彩的操作方法。

● 操作步骤 ●

STEP 01 在视频轨中，导入一张静态图像，如图10-100所示。

STEP 02 在录制窗口中，可以查看导入的素材画面效果，如图10-101所示。

图10-100　导入一张静态图像

图10-101　查看素材画面效果

STEP 03 展开特效面板，在"色彩校正"滤镜组中选择"颜色轮"滤镜效果，如图10-102所示。

STEP 04 在选择的滤镜效果上，单击鼠标左键并拖曳至视频轨中的图像素材上方，释放鼠标左键，即可添加"颜色轮"滤镜效果，在"信息"面板中，选择"颜色轮"滤镜效果，如图10-103所示。

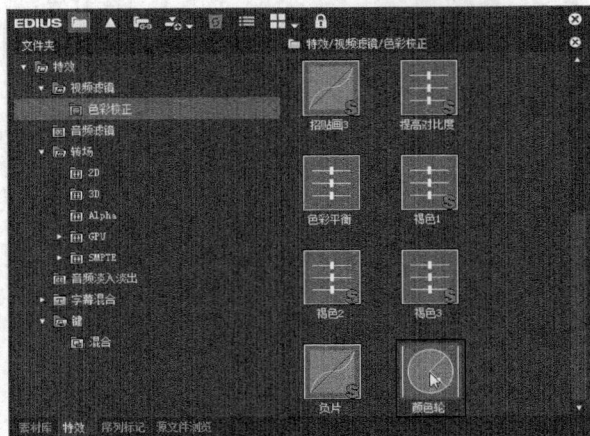

图10-102 选择"颜色轮"滤镜效果

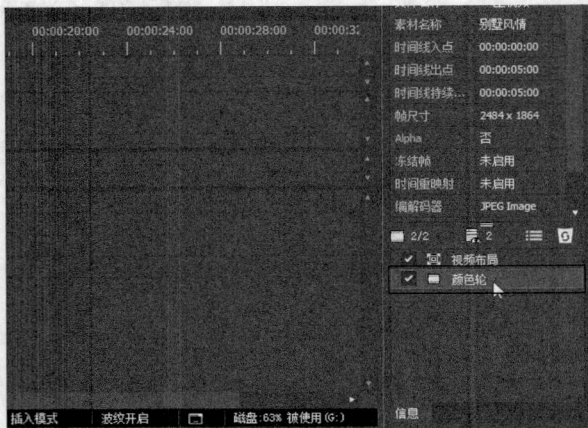

图10-103 选择"颜色轮"滤镜效果

STEP 05 在选择的滤镜效果上，双击鼠标左键，即可弹出"颜色轮"对话框，在其中设置"色调"为-34.68、"饱和度"为15，如图10-104所示。

STEP 06 设置完成后，单击"确定"按钮，即可运用"颜色轮"滤镜调整图像的色彩，在录制窗口中可以查看素材的画面效果，如图10-105所示。

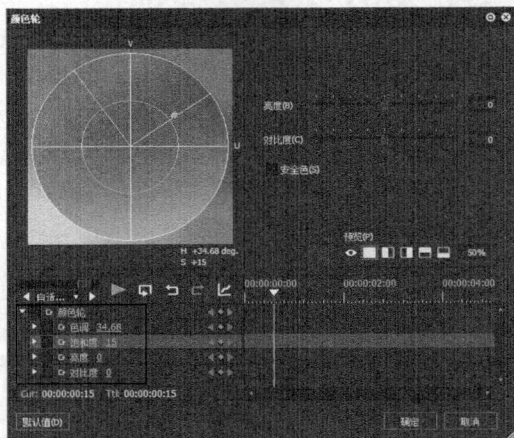

图10-104 设置各参数

图10-105 查看素材的画面效果

10.3 运用 Photoshop 校正图像画面

用户不仅可以运用EDIUS 8校正视频的画面，还可以运用非常专业的图像处理软件——Photoshop来校正图像的画面色彩。Photoshop拥有多种强大的颜色调整功能，使用"曲线""色阶"等命令可以轻松调整图像的色相、饱和度、对比度和亮度，修正有色彩平衡、曝光不足或过度等缺陷的图像。本节主要向读者介绍运用Photoshop校正图像画面的操作方法。

实战 179 使用自动颜色校正图像偏色

▶ 实例位置：光盘 \ 效果 \ 第 10 章 \ 实战 179.psd
▶ 素材位置：光盘 \ 素材 \ 第 10 章 \ 实战 179.jpg
▶ 视频位置：光盘 \ 视频 \ 第 10 章 \ 实战 179.mp4

● 实例介绍 ●

在Photoshop CC中，使用"自动颜色"命令，可以自动识别图像中的实际阴影、中间调和高光，从而自动更正图像的颜色。下面向读者介绍使用"自动颜色"命令校正图像偏色的操作方法。

STEP 01 在菜单栏中单击"图像"|"自动颜色"命令，如图10-106所示。

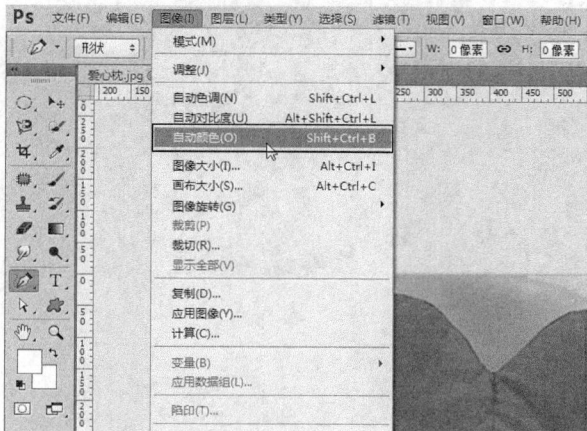

STEP 02 执行操作后，即可自动校正图像偏色，图10-107所示为使用"自动颜色"命令校正图像偏色后的前后对比效果。

图10-106 单击"自动颜色"命令

图10-107 使用"自动颜色"命令校正图像偏色后的前后对比效果

技巧点拨

按 Shift + Ctrl + B 组合键，也可以执行"自动颜色"命令调整图像颜色。

实战 180 使用自动色调调整图像明暗

▶ 实例位置：光盘 \ 效果 \ 第 10 章 \ 实战 180.psd
▶ 素材位置：光盘 \ 素材 \ 第 10 章 \ 实战 180.jpg
▶ 视频位置：光盘 \ 视频 \ 第 10 章 \ 实战 180.mp4

● 实例介绍 ●

在Photoshop CC中，"自动色调"命令根据图像整体颜色的明暗程度进行自动调整，使得亮部与暗部的颜色按一定的比例分布。

● 操作步骤 ●

STEP 01 在菜单栏中单击"图像"|"自动色调"命令，如图10-108所示。

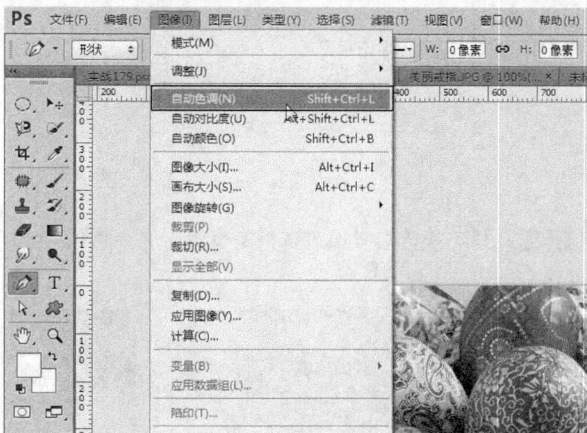

技巧点拨

按 Shift + Ctrl + L 组合键，也可以执行"自动色调"命令调整图像色彩。

图10-108 单击"自动色调"命令

STEP 02 执行操作后，即可自动调整图像明暗，图10-109所示为使用"自动色调"命令调整图像明暗后的前后对比效果。

图10-109 使用"自动色调"命令校正图像偏色后的前后对比效果

实战 181 使用自动对比度调整图像明暗

▶ 实例位置：光盘 \ 效果 \ 第 10 章 \ 实战 181.psd
▶ 素材位置：光盘 \ 素材 \ 第 10 章 \ 实战 181.jpg
▶ 视频位置：光盘 \ 视频 \ 第 10 章 \ 实战 181.mp4

● 实例介绍 ●

使用"自动对比度"命令可以让Photoshop自动调整图像中颜色的总体对比度和混合颜色，它将图像中最亮和最暗的像素映射为白色和黑色，使高光显得更亮而暗调显得更暗。

● 操作步骤 ●

STEP 01 在菜单栏中单击"图像"|"自动对比度"命令，如图10-110所示。

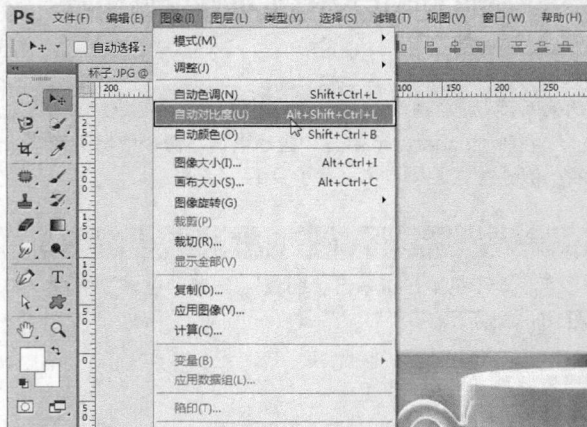

图10-110 单击"自动对比度"命令

STEP 02 执行操作后，即可调整图像对比度，图10-111所示为使用"自动对比度"命令调整图像对比度后的前后对比效果。

图10-111 使用"自动对比度"命令调整图像对比度后的前后对比效果

知识拓展

"曲线"命令是功能强大的图像校正命令,该命令可以在图像的整个色调范围内调整不同的色调,还可以对图像中的个别颜色通道进行精确的调整。

在菜单栏中,单击"图像"|"调整"|"曲线"命令,如图 10-112 所示。

执行操作后,即可弹出"曲线"对话框,如图 10-113 所示。

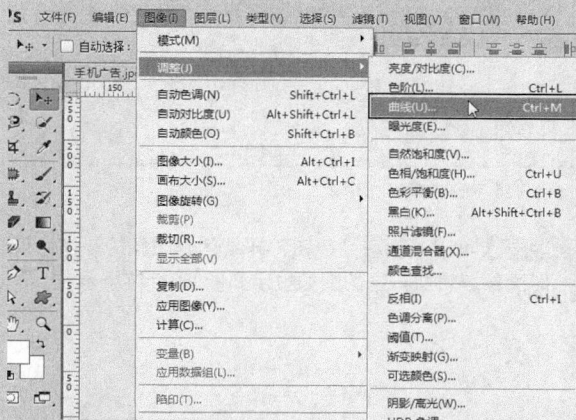

图10-112 单击"曲线"命令

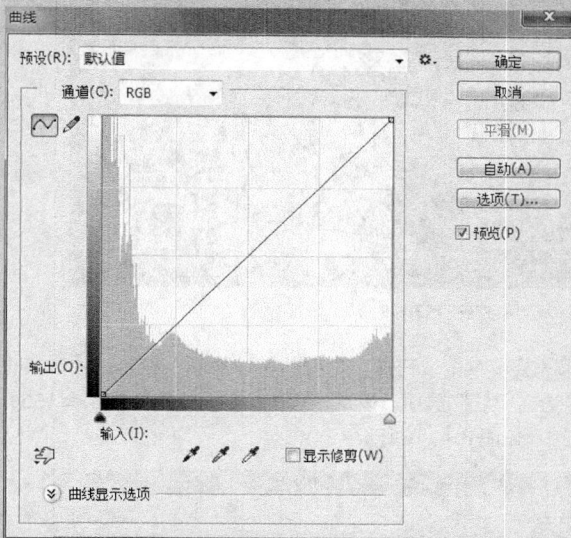

图10-113 弹出"曲线"对话框

曲线各项的含义如下。

预设:包含了 Photoshop 提供的各种预设调整文件,可以用于调整图像。

通道:在其列表框中可以选择要调整的通道,调整通道会改变图像的颜色。

编辑点以修改曲线 ⌒:该按钮为选中状态,此时在曲线中单击可以添加新的控制点,拖动控制点改变曲线形状即可调整图像。

通过绘制来修改曲线 ✏:单击该按钮后,可以绘制手绘效果的自由曲线。

输出/输入:"输入"色阶显示了调整前的像素值,"输出"色阶显示了调整后的像素值。

在图像上单击并拖动可以修改曲线 👆:单击该按钮后,将光标放在图像上,曲线上会出现一个圆形图形,它代表光标处的色调在曲线上的位置,在画面中单击并拖动鼠标可以添加控制点并调整相应的色调。

平滑:使用铅笔绘制曲线后,单击该按钮,可以对曲线进行平滑处理。

自动:单击该按钮,可以对图像应用"自动颜色""自动对比度"或"自动色调"校正。具体校正内容取决于"自动颜色校正选项"对话框中的设置。

选项:单击该按钮,可以打开"自动颜色校正选项"对话框。自动颜色校正选项用来控制由"色阶"和"曲线"中的"自动颜色""自动色调""自动对比度"和"自动"选项应用的色调和颜色校正。它允许指定"阴影"和"高光"剪切百分比,并为阴影、中间调和高光指定颜色值。

实战 182 使用曲线调整图像整体色调

▶ **实例位置**:光盘 \ 效果 \ 第 10 章 \ 实战 182.psd
▶ **素材位置**:光盘 \ 素材 \ 第 10 章 \ 实战 182.jpg
▶ **视频位置**:光盘 \ 视频 \ 第 10 章 \ 实战 182.mp4

● 实例介绍 ●

本例原始素材是一段手机广告画面,下面讲解通过"曲线"命令校正图像整体色调的操作方法。

● 操作步骤 ●

STEP 01 单击"文件"|"打开"命令,打开一幅素材图像,如图10-114所示。

STEP 02 单击"图像"|"调整"|"曲线"命令,弹出"曲线"对话框,如图10-115所示。

图10-114 打开一幅素材图像

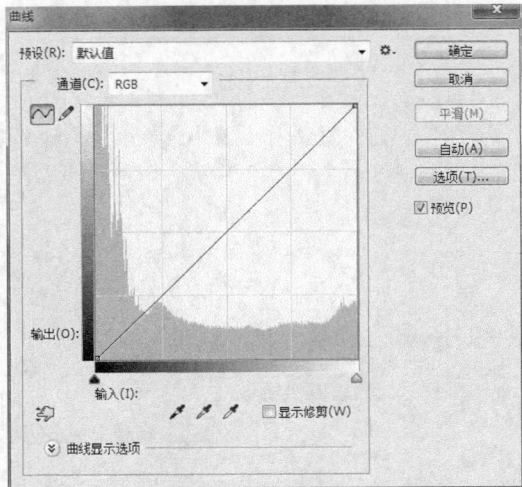
图10-115 弹出"曲线"对话框

STEP 03 单击"通道"右侧的下拉按钮,在弹出的列表框中选择"红"选项,设置"输出"和"输入"分别为150、120,如图10-116所示。

STEP 04 单击"确定"按钮,即可调整图像的整体色调,此时图像编辑窗口中的图像显示如图10-117所示。

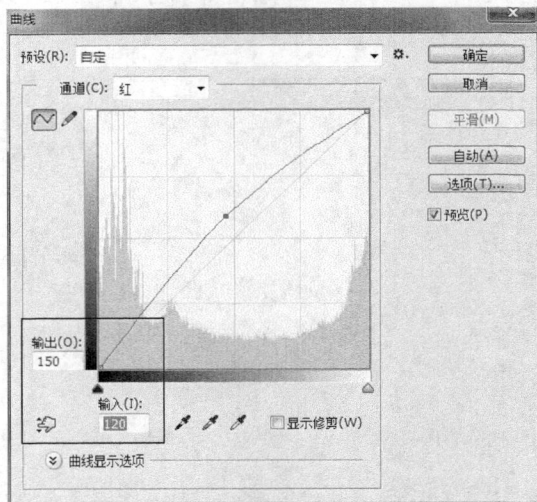
图10-116 设置"输出"和"输入"

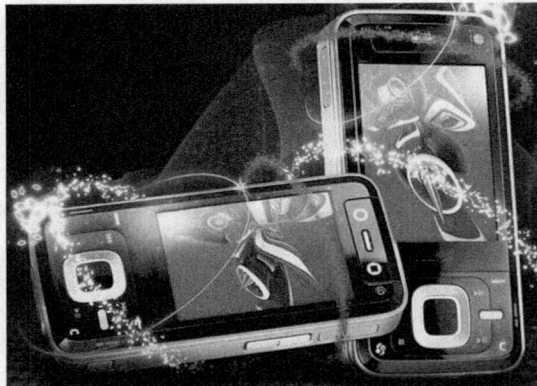
图10-117 调整图像的整体色调

技巧点拨

在"曲线"对话框中,若要使曲线网格显示得更精细,可按住 Alt 键的同时用鼠标单击网格,默认的 4×4 的网格将变成 10×10 的网格,在该网格上,再次按住 Alt 键的同时单击鼠标左键,即可恢复至默认的状态。另外,在 Photoshop 工作界面中,按 Ctrl + M 组合键,也可以快速弹出"曲线"对话框。

实战 183 使用色阶调整图像亮度范围

▶ 实例位置:光盘 \ 效果 \ 第 10 章 \ 实战 183.psd
▶ 素材位置:光盘 \ 素材 \ 第 10 章 \ 实战 183.jpg
▶ 视频位置:光盘 \ 视频 \ 第 10 章 \ 实战 183.mp4

● 实例介绍 ●

色阶是指图像中的颜色或颜色中的某一个组成部分的亮度范围。"色阶"命令通过调整图像的阴影、中间调和高光的强度级别,校正图像的色调范围和色彩平衡。

● 操作步骤 ●

STEP 01 在菜单栏中单击"图像"|"调整"|"色阶"命令，如图10-118所示。

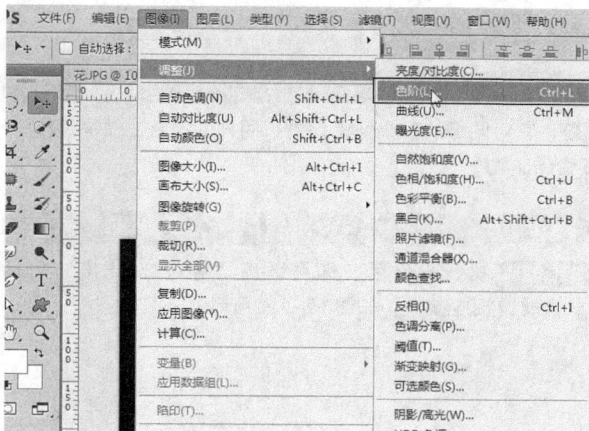

STEP 02 执行操作后，即可弹出"色阶"对话框，如图10-119所示。

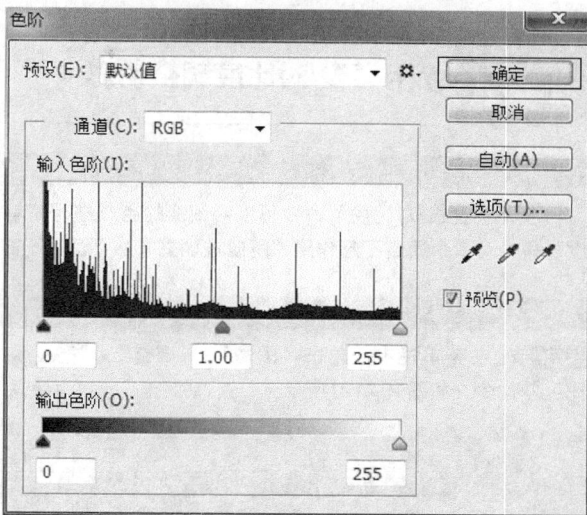

图10-118 单击"色阶"命令

图10-119 弹出"色阶"对话框

STEP 03 单击"自动"选项，即可使用"色阶"命令调整图像亮度范围，如图10-120所示。

图10-120 使用"色阶"命令调整图像亮度范围

知识拓展

预设：单击"预设选项"按钮，在弹出的列表框中，选择"存储预设"选项，可以将当前的调整参数保存为一个预设的文件。

通道：可以选择一个通道进行调整，调整通道会影响图像的颜色。

自动：单击该按钮，可以应用自动颜色校正，Photoshop 会以 0.5% 的比例自动调整图像色阶，使图像的亮度分布更加均匀。

选项：单击该按钮，可以打开"自动颜色校正选项"对话框，在该对话框中可以设置黑色像素和白色像素的比例。

在图像中取样以设置白场：使用该工具在图像中单击，可以将单击点的像素调整为白色，原图中比该点亮度值高的像素也都会变为白色。

输入色阶：用来调整图像的阴影、中间调和高光区域。

在图像中取样以设置灰场：使用该工具在图像中单击，可以根据单击点像素的亮度来调整其他中间色调的平均亮度，通常用来校正色偏。

在图像中取样以设置黑场：使用该工具在图像中单击，可以讲单击点的像素调整为黑色，原图中比该点暗的像素也变为黑色。

输出色阶：可以限制图像的亮度范围，从而降低对比度，使图像呈现褪色效果。

技巧点拨

在 Photoshop 工作界面中，按 Ctrl + L 组合键，也可以快速弹出"色阶"对话框，在其中设置色阶的相关参数，单击"确定"按钮，即可调整图像的亮度范围。

实战 184 使用亮度/对比度调整色彩

▶ 实例位置：光盘 \ 效果 \ 第 10 章 \ 实战 184.psd
▶ 素材位置：光盘 \ 素材 \ 第 10 章 \ 实战 184.jpg
▶ 视频位置：光盘 \ 视频 \ 第 10 章 \ 实战 184.mp4

● 实例介绍 ●

使用"亮度/对比度"命令可以对图像的色彩进行简单的调整，它对图像的每个像素均进行同样的调整。"亮度/对比度"命令对单个通道不起作用，所以该调整方法不适用于高精度输出。

● 操作步骤 ●

STEP 01 在菜单栏中，单击"图像" | "调整" | "亮度/对比度"命令，如图10-121所示。

STEP 02 执行操作后，即可弹出"亮度/对比度"对话框，设置相应参数，如图10-122所示。

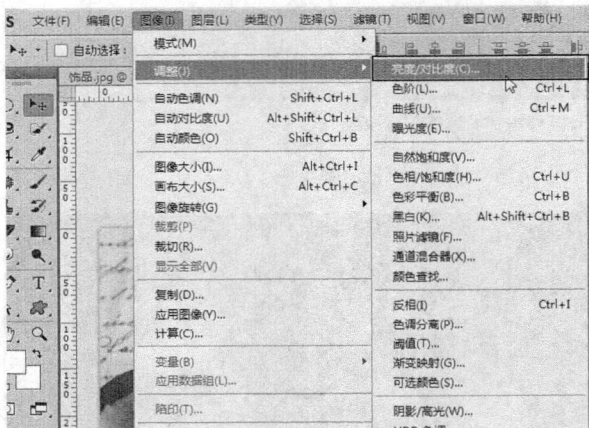

图10-121 单击"亮度/对比度"命令

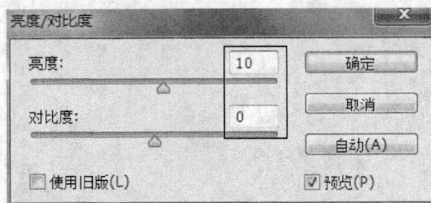

图10-122 设置相应参数

STEP 03 即可使用"亮度/对比度"命令调整图像亮度色彩，如图10-123所示。

图10-123 使用"亮度/对比度"命令调整图像亮度色彩

知识拓展

亮度：用于调整图像的亮度。该值为正时增加图像亮度，为负时降低亮度。
对比度：用于调整图像的对比度。正值时增加图像对比度，负值时降低对比度。

技巧点拨

使用"亮度／对比度"命令可以对图像的色调范围进行简单的调整，其与"曲线"和"色阶"命令不同，它对图像中的每个像素均进行同样的调整，而对单个通道不起作用，建议不要用于高端输出，以免引起图像中细节的丢失。

实战 185　使用色相/饱和度调整色相

▶ 实例位置：光盘＼效果＼第 10 章＼实战 185.psd
▶ 素材位置：光盘＼素材＼第 10 章＼实战 185.jpg
▶ 视频位置：光盘＼视频＼第 10 章＼实战 185.mp4

● **实例介绍** ●

"色相/饱和度"命令可以调整整幅图像或单个颜色分量的色相、饱和度和亮度值，还可以同步调整图像中所有的颜色。

● **操作步骤** ●

STEP 01 在菜单栏中，单击"图像"｜"调整"｜"色相／饱和度"命令，如图10-124所示。

STEP 02 执行操作后，即可弹出"色相/饱和度"对话框，设置相应参数，如图10-125所示。

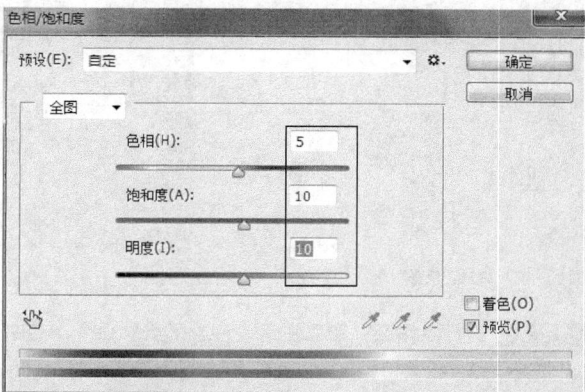

图10-124 单击"色相/饱和度"命令

图10-125 设置相应参数

STEP 03 即可使用"色相/饱和度"命令调整图像色相，如图10-126所示。

图10-126 使用"色相/饱和度"命令调整图像色相

知识拓展

预设：在"预设"列表框中提供了 8 种色相／饱和度预设。

通道：在"通道"列表框中可选择全图、红色、黄色、绿色、青色、蓝色和洋红通道进行调整。

着色：选中该复选框后，图像会整体偏向于单一的红色调。

在图像上单击并拖曳可修改饱和度：使用该工具在图像上单击设置取样点以后，向右拖曳鼠标可以增加图像的饱和度；向左拖曳鼠标可以降低图像的饱和度。

实战 186 使用色彩平衡调整图像偏色

▶ 实例位置：光盘 \ 效果 \ 第 10 章 \ 实战 186.psd
▶ 素材位置：光盘 \ 素材 \ 第 10 章 \ 实战 186.jpg
▶ 视频位置：光盘 \ 视频 \ 第 10 章 \ 实战 186.mp4

● 实例介绍 ●

"色彩平衡"命令通过增加或减少处于高光、中间调及阴影区域中的特定颜色，改变图像的整体色调。

● 操作步骤 ●

STEP 01 在菜单栏中，单击"图像"|"调整"|"色彩平衡"命令，如图10-127所示。

STEP 02 执行操作后，即可弹出"色彩平衡"对话框，设置相应参数，如图10-128所示。

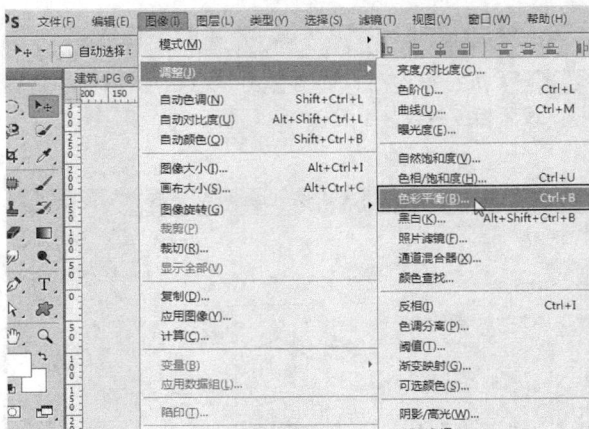

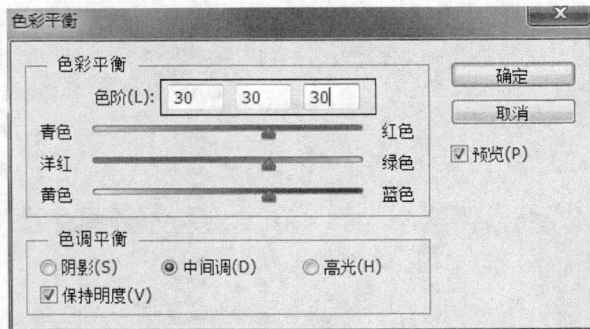

图10-127 单击"色彩平衡"命令

图10-128 弹出"色彩平衡"对话框

STEP 03 执行操作后，即可使用"色彩平衡"命令调整图像偏色，如图10-129所示。

图10-129 使用"色彩平衡"命令调整图像偏色

知识拓展

色彩平衡：分别显示了青色和红色、洋红和绿色、黄色和蓝色这 3 对互补的颜色，每一对颜色中间的滑块用于控制各主要色彩的增减。

色调平衡：分别选中该区域中的 3 个单选按钮，可以调整图像颜色的最暗处、中间度和最亮度。

保持明度：选中该复选框，图像像素的亮度值不变，只有颜色值发生变化。

技巧点拨

按 Ctrl + B 组合键，也可以弹出"色彩平衡"对话框。

实战 187　使用阴影/高光调整图像明暗

▶ 实例位置：光盘 \ 效果 \ 第 10 章 \ 实战 187.psd
▶ 素材位置：光盘 \ 素材 \ 第 10 章 \ 实战 187.jpg
▶ 视频位置：光盘 \ 视频 \ 第 10 章 \ 实战 187.mp4

● 实例介绍 ●

在Photoshop软件中，"阴影/高光"命令能快速调整图像曝光度或曝光不足区域的对比度，同时保持照片色彩的整体平衡。

● 操作步骤 ●

STEP 01 在菜单栏中，单击"图像"|"调整"|"阴影/高光"命令，如图10-130所示。

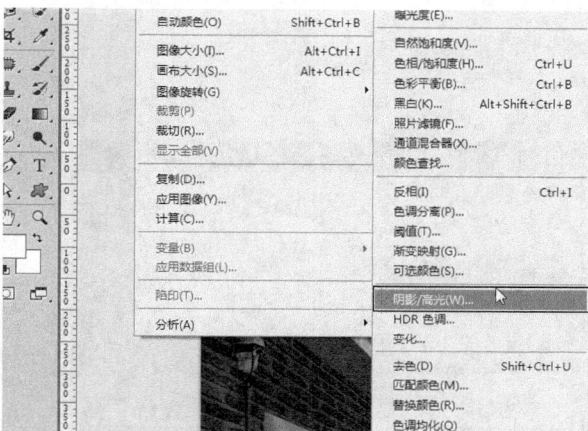

STEP 02 执行操作后，即可弹出"阴影/高光"对话框，设置相应参数，如图10-131所示。

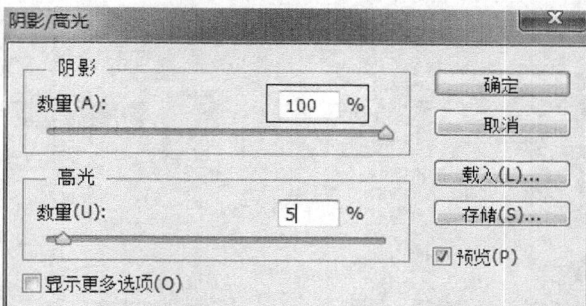

图10-130　单击"阴影/高光"命令

图10-131　设置相应参数

STEP 03 执行操作后，即可使用"阴影/高光"命令调整图像明暗，如图10-132所示。

图10-132　使用"阴影/高光"命令调整图像明暗

知识拓展

"阴影"选项区：在该选项区中，可以设置图像的阴影参数。

"高光"选项区：在该选项区中，可以设置图像的高光参数。

"显示更多选项"复选框：选中该复选框，可以在对话框中显示更多的参数设置。

技巧点拨

"阴影 / 高光"命令适用于校正由强逆光而形成阴影的照片，或者校正由于太接近相机闪光灯而有些发白的焦点。在 CMYK 颜色模式下的图像是不能使用该命令的。

▶ 实例位置：光盘 \ 效果 \ 第 10 章 \ 实战 188.psd
▶ 素材位置：光盘 \ 素材 \ 第 10 章 \ 实战 188.jpg
▶ 视频位置：光盘 \ 视频 \ 第 10 章 \ 实战 188.mp4

实战 188 使用照片滤镜过滤图像色调

● 实例介绍 ●

使用"照片滤镜"命令可以模仿镜头前面加彩色滤镜的效果，以便调整通过镜头传输的色彩平衡和色温。该命令还允许选择预设的颜色，以便为图像应用色相调整。

● 操作步骤 ●

STEP 01 在菜单栏中，单击"图像" | "调整" | "照片滤镜"命令，如图10-133所示。

STEP 02 执行操作后，即可弹出"照片滤镜"对话框，设置相应参数，如图10-134所示。

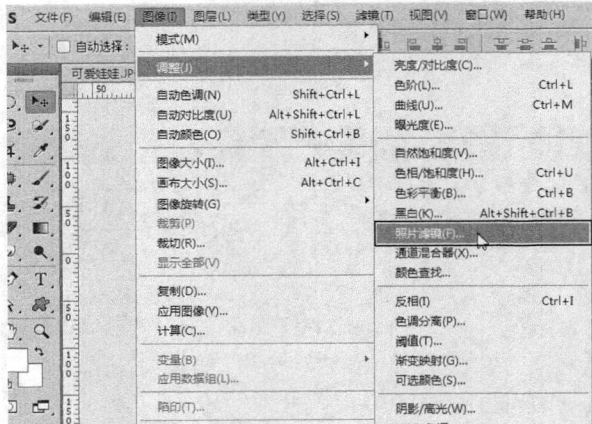

图10-133 单击"照片滤镜"命令

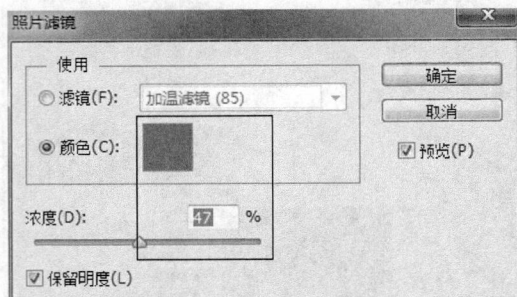

图10-134 弹出"照片滤镜"对话框

STEP 03 执行操作后，即可使用"照片滤镜"命令过滤图像色调，如图10-135所示。

图10-135 使用"照片滤镜"命令过滤图像色调

知识拓展

滤镜：包含 20 种预设选项，用户可以根据需要选择合适的选项，对图像进行调整。

颜色：单击该色块，在弹出的"拾色器"对话框中可以自定义一种颜色作为图像的色调。

浓度：用于调整应用于图像的颜色数量。该值越大，应用的颜色调越大。

保留明度：选中该复选框，在调整颜色的同时保持原图像的亮度。

● 实例介绍 ●

　　"可选颜色"命令主要校正图像的色彩不平衡和调整图像的色彩，它可以在高档扫描仪和分色程序中使用，并有选择性地修改主要颜色的印刷数量，不会影响到其他主要颜色。

● 操作步骤 ●

STEP 01　在菜单栏中，单击"图像"|"调整"|"可选颜色"命令，如图10-136所示。

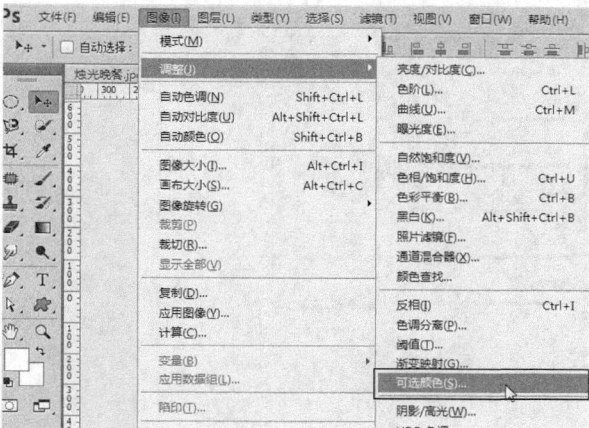

STEP 02　执行操作后，即可弹出"可选颜色"对话框，设置相应参数，如图10-137所示。

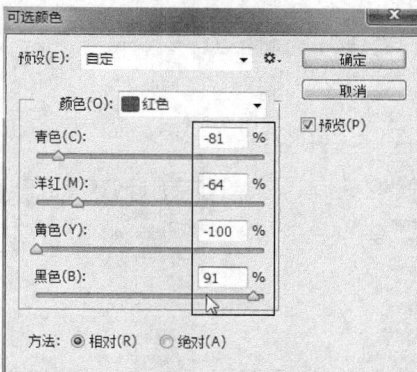

图10-136 单击"可选颜色"命令

图10-137 设置相应参数

STEP 03　执行操作后，即可使用"可选颜色"命令校正图像色调，如图10-138所示。

图10-138 使用"可选颜色"命令校正图像色调

知识拓展

　　预设：可以使用系统预设的参数对图像进行调整。
　　颜色：可以选择要改变的颜色，然后通过下方的"青色""洋红""黄色"和"黑色"滑块对选择的颜色进行调整。
　　方法：该选项区中包括"相对"和"绝对"两个单选按钮，选中"相对"单选按钮，表示设置的颜色为相对于原颜色的改变量，即在原颜色的基础上增加或减少某种印刷色的含量；选中"绝对"单选按钮，则直接将原颜色校正为设置的颜色。

实战 190 制作黑白单色效果

▶ 实例位置：光盘 \ 效果 \ 第 10 章 \ 实战 190.psd
▶ 素材位置：光盘 \ 素材 \ 第 10 章 \ 实战 190.jpg
▶ 视频位置：光盘 \ 视频 \ 第 10 章 \ 实战 190.mp4

● 实例介绍 ●

运用"黑白"命令可以将图像调整为具有艺术感的黑白效果图像，也可以调整出不同单色的艺术效果。

● 操作步骤 ●

STEP 01 在菜单栏中，单击"图像" | "调整" | "黑白"命令，如图10-139所示。

STEP 02 执行操作后，即可弹出"黑白"对话框，设置相应参数，如图10-140所示。

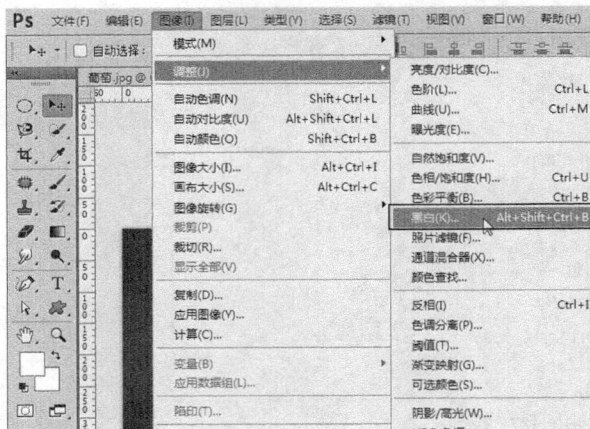

图10-139 单击"黑白"命令

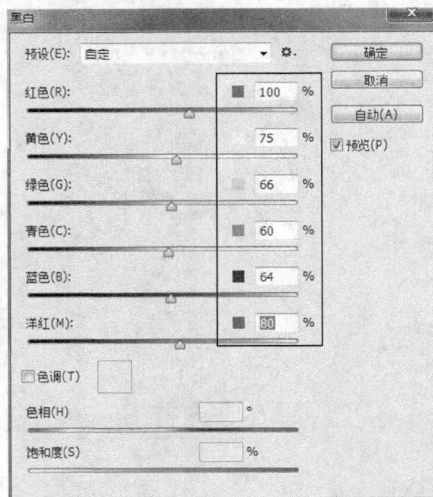

图10-140 弹出"黑白"对话框

STEP 03 执行操作后，即可使用"黑白"命令制作出图像为黑白的单色图像效果，如图10-141所示。

图10-141 图像单色效果

知识拓展

　　自动：单击该按钮，可以设置基于图像的颜色值的灰度混合，并使灰度值的分布最大化。

　　颜色滑块：软件中提供了红色、黄色、绿色、青色、蓝色、洋红 6 种不同的颜色色调，拖动各个颜色的滑块可以调整图像中特定颜色的灰色调，向左拖动灰色调变暗，向右拖动灰色调变亮。

　　色调：选中该复选框，可以为灰度着色，创建单色调效果，拖动"色相"和"饱和度"滑块进行调整，单击颜色块，可以打开"拾色器"对话框对颜色进行调整。

▶ 实例位置：光盘 \ 效果 \ 第 10 章 \ 实战 191.psd
▶ 素材位置：光盘 \ 素材 \ 第 10 章 \ 实战 191.jpg
▶ 视频位置：光盘 \ 视频 \ 第 10 章 \ 实战 191.mp4

实战 191 制作图像底片效果

● 实例介绍 ●

"反相"命令用于制作类似照片底片的效果，也就是将黑色变成白色，或者从扫描的黑白阴片中得到一个阳片。下面向读者介绍制作照片底片效果的操作方法。

● 操作步骤 ●

STEP 01 在菜单栏中单击"图像"|"调整"|"反相"命令，如图10-142所示。

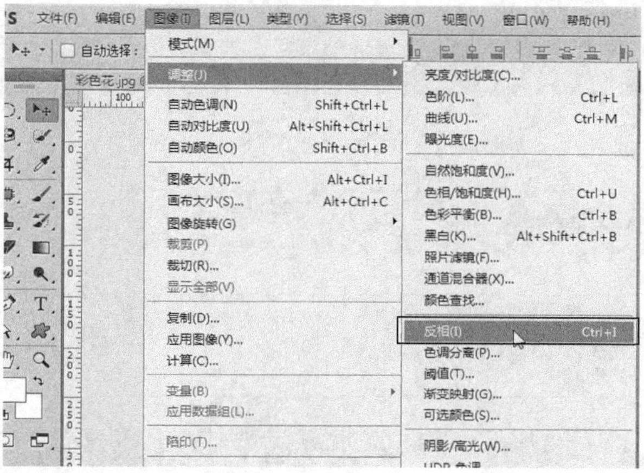

STEP 02 执行操作后，即可制作出照片底片效果，图10-143所示为使用"反相"命令制作的照片底片前后对比效果。

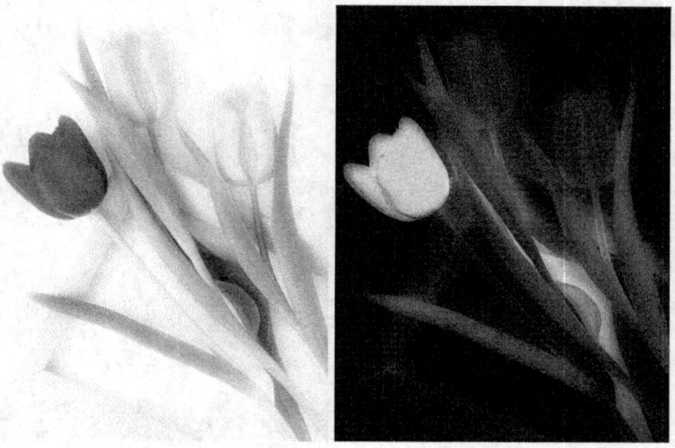

图10-142 单击"反相"命令

图10-143 制作出照片底片效果

技巧点拨

在 Photoshop 工作界面中，将图像反相时，通道中每个像素的亮度值都会被转换为 256 级颜色刻度上相反的值。

实战 192 制作图像灰度效果

▶ 实例位置：光盘 \ 效果 \ 第 10 章 \ 实战 192.psd
▶ 素材位置：光盘 \ 素材 \ 第 10 章 \ 实战 192.jpg
▶ 视频位置：光盘 \ 视频 \ 第 10 章 \ 实战 192.mp4

● 实例介绍 ●

在Photoshop软件中，"去色"命令可以将彩色的图像转换为灰度图像，同时图像的颜色模式保持不变。下面向读者介绍制作照片灰度效果的操作方法。

● 操作步骤 ●

STEP 01 在菜单栏中单击"图像"|"调整"|"去色"命令，如图10-144所示。

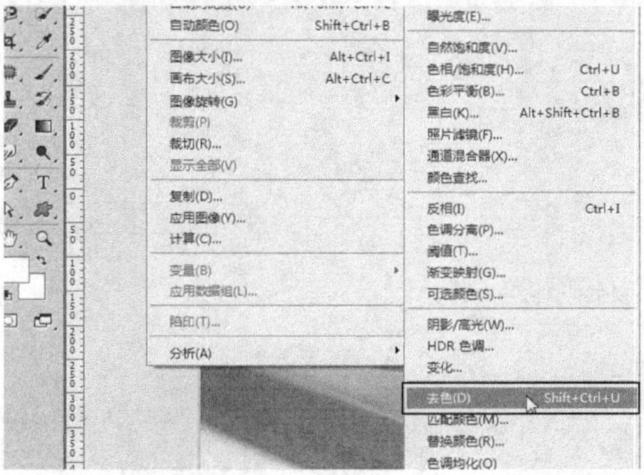

图10-144 单击"去色"命令

STEP 02 执行操作后，即可制作出照片灰度效果，图10-145所示为使用"去色"命令制作的照片灰度前后对比效果。

图10-145 制作出照片灰度效果

技巧点拨

按 Shift + Ctrl + U 组合键也可以将窗口中的图像去色，以制作黑白图像。

实战 193 **制作图像色彩效果**

▶ 实例位置：光盘 \ 效果 \ 第 10 章 \ 实战 193.psd
▶ 素材位置：光盘 \ 素材 \ 第 10 章 \ 实战 193.jpg
▶ 视频位置：光盘 \ 视频 \ 第 10 章 \ 实战 193.mp4

● 实例介绍 ●

"变化"命令是一个简单直观的图像调整工具，在调整图像的颜色平衡、对比度以及饱和度的同时，能看到图像调整前和调整后的缩览图，使调整更为简单、明了，使用该命令可以制作出照片的彩色画面效果。

● 操作步骤 ●

STEP 01 在菜单栏中，单击"图像"|"调整"|"变化"命令，如图10-146所示。

STEP 02 执行操作后，即可弹出"变化"对话框，设置相应参数，如图10-147所示。

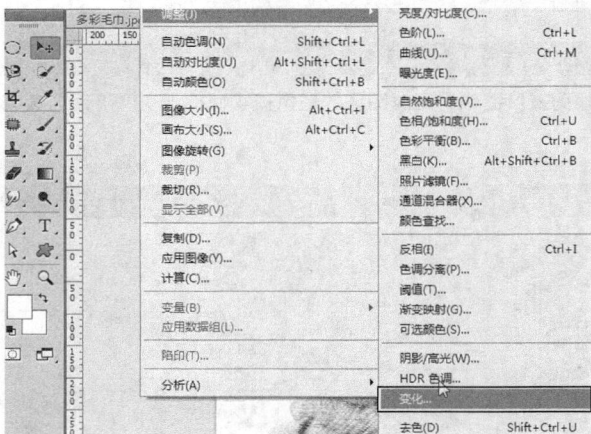

图10-146 单击"变化"命令

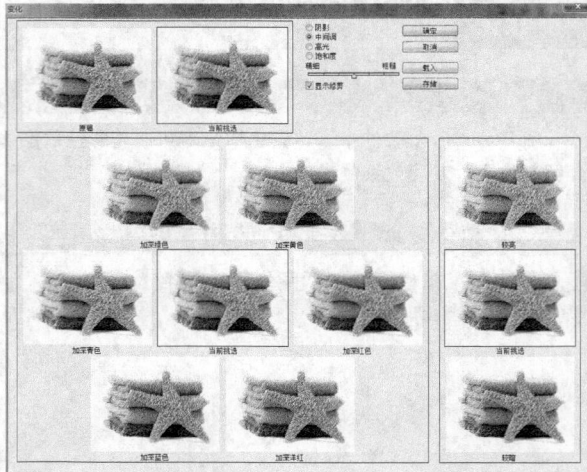

图10-147 设置相应参数

知识拓展

阴影 / 中间色调 / 高光：选择相应的选项，可以调整图像的阴影、中间调或高光的颜色。
饱和度："饱和度"选项用来调整颜色的饱和度。

原稿 / 当前挑选：在对话框顶部的"原稿"缩览图中显示了原始图像，"当前挑选"缩览图中显示了图像的调整结果。
精细 / 粗糙：用来控制每次的调整量，每移动一格滑块，可以使调整量双倍增加。
显示修剪：选中该复选框，如果出现溢色，颜色就会被修剪，以标识出溢色区域。

STEP 03 执行操作后，即可使用"变化"命令制作出照片彩色效果，如图10-148所示。

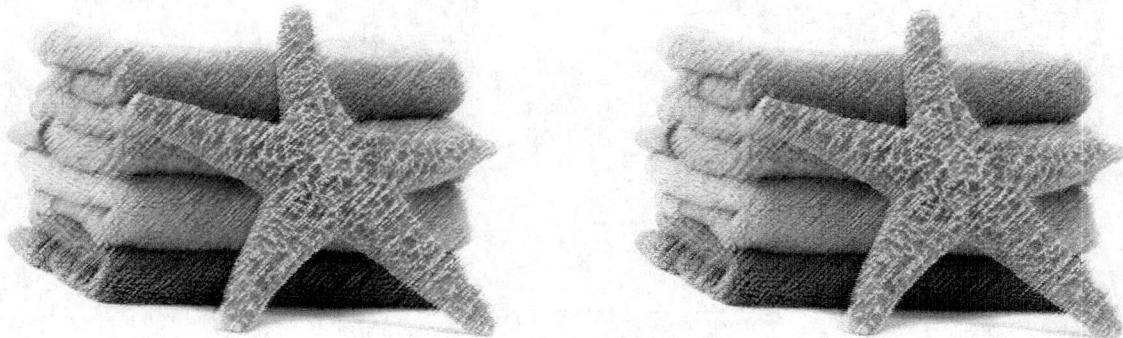

图10-148 使用"变化"命令制作照片彩色效果

技巧点拨

"变化"命令对于调整色调均匀并且不需要精确调整色彩的图像非常有用，但是不能用于索引图像或16位通道图像。

实战 194　制作HDR色调效果

▶ 实例位置：光盘 \ 效果 \ 第 10 章 \ 实战 194.psd
▶ 素材位置：光盘 \ 素材 \ 第 10 章 \ 实战 194.jpg
▶ 视频位置：光盘 \ 视频 \ 第 10 章 \ 实战 194.mp4

● 实例介绍 ●

HDR的全称是High Dynamic Range，即高动态范围，动态范围是指信号最高和最低值的对比值。"HDR色调"命令能使亮的地方非常亮；暗的地方非常暗；亮暗部的细节都很明显。

● 操作步骤 ●

STEP 01 在菜单栏中，单击"图像"|"调整"|"HDR色调"命令，如图10-149所示。

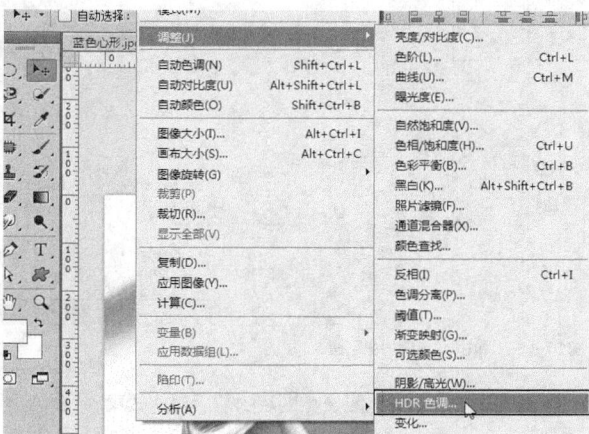

STEP 02 执行操作后，即可弹出"HDR色调"对话框，设置相应参数，如图10-150所示。

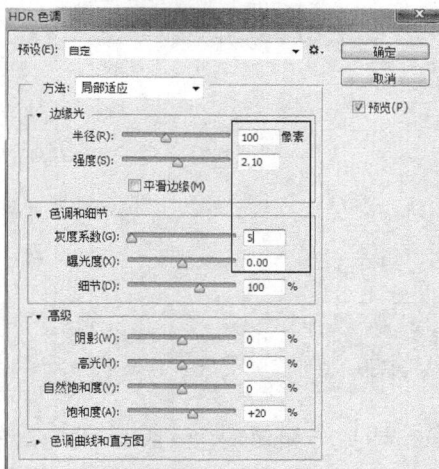

图10-149 单击"HDR色调"命令

图10-150 设置相应参数

STEP 03 执行操作后，即可使用 "HDR色调" 命令调整图像HDR色调，如图10-151所示。

图10-151 使用 "HDR色调" 命令调整图像HDR色调

知识拓展

预设：用于选择 Photoshop 的预设 HDR 色调调整选项。

方法：用于选择 HDR 色调应用图像的方法，可以对边缘光、色调和细节、颜色等选项进行精确的细节调整。单击"色调曲线和直方图"展开按钮，在下方调整"色调曲线和直方图"选项。

边缘光：在该选项区中，可以调整图像边缘色调的半径值和强度值，若选中"平滑边缘"复选框，即可平滑图像的边缘。

色调和细节：在该选项区中，可以调整图像的灰度系数、曝光度以及细节等参数。

高级：在该选项区中，可以调整图像的阴影、高光、自然饱和度以及饱和度等参数。

实战 195 均化图像中的亮度值

▶ **实例位置**：光盘 \ 效果 \ 第 10 章 \ 实战 195.psd
▶ **素材位置**：光盘 \ 素材 \ 第 10 章 \ 实战 195.jpg
▶ **视频位置**：光盘 \ 视频 \ 第 10 章 \ 实战 195.mp4

● **实例介绍** ●

使用 "色调均化" 命令可以重新分布像素的亮度值，将最亮的值调整为白色，最暗的值调整为黑色，中间的值分布在整个灰度范围中，使它们更均匀地呈现所有范围的亮度级别。

● **操作步骤** ●

STEP 01 在菜单栏中单击 "图像" | "调整" | "色调均化" 命令，如图10-152所示。

技巧点拨

运用"色调均化"命令，Photoshop 将尝试对亮度进行色调均化，也就是在整个灰度中均匀分布中间像素值。

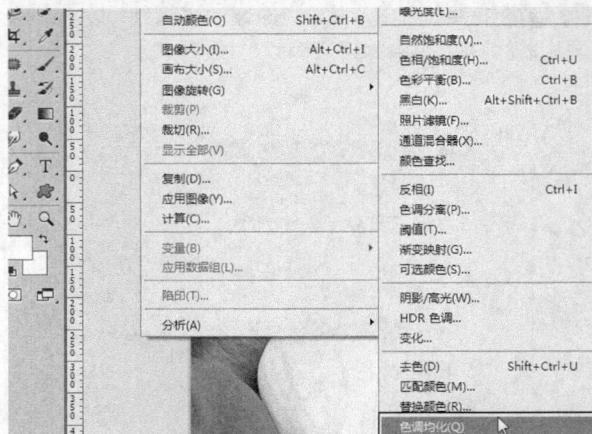

图10-152 单击 "色调均化" 命令

STEP 02 执行操作后，即可均化图像亮度，图10-153所示为使用 "色调均化" 命令均化图像亮度后的前后对比效果。

图10-153 使用"色调均化"命令均化图像亮度

实战 196 制作图像渐变效果

▶ 实例位置：光盘 \ 效果 \ 第 10 章 \ 实战 196.psd
▶ 素材位置：光盘 \ 素材 \ 第 10 章 \ 实战 196.jpg
▶ 视频位置：光盘 \ 视频 \ 第 10 章 \ 实战 196.mp4

● 实例介绍 ●

"渐变映射"命令的主要功能是将图像灰度范围映射到指定的渐变填充色。如果指定双色渐变作为映射渐变，图像中暗调像素将映射到渐变填充的一个端点颜色，高光像素将映射到另一个端点颜色，中间调映射到两个端点之间的过渡颜色。

● 操作步骤 ●

STEP 01 在菜单栏中，单击"图像"|"调整"|"渐变映射"命令，如图10-154所示。

STEP 02 执行操作后，即可弹出"渐变映射"对话框，单击"渐变颜色带"按钮，展开相应的面板，选择合适的颜色块，如图10-155所示。如果用户需要创建自定义渐变，则可以单击渐变条，打开"渐变编辑器"对话框进行设置。

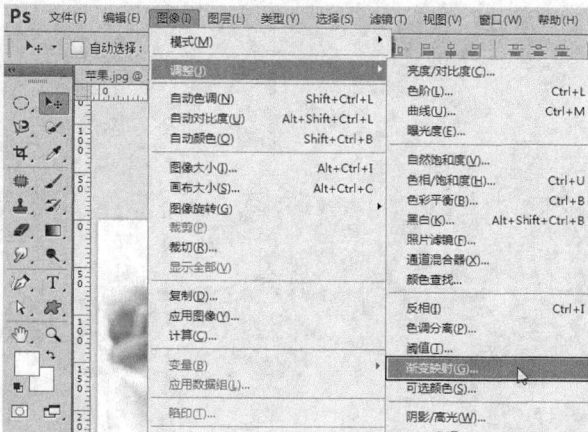

图10-154 单击"渐变映射"命令

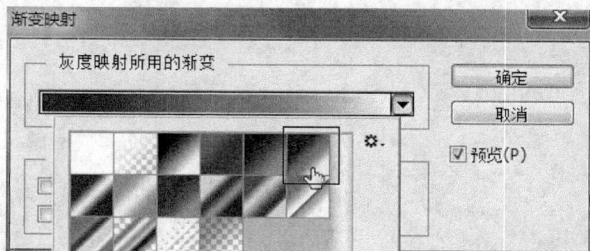

图10-155 选择合适的颜色块

STEP 03 设置完成后，单击"确定"按钮，即可制作图像彩色渐变效果，如图10-156所示。

图10-156 制作图像彩色渐变效果

11

第 章

视频滤镜特效的制作

本章导读

在 EDIUS 8 工作界面中，向用户提供了各种各样的滤镜特效，使用这些滤镜特效，用户无需耗费大量的时间和精力就可以快速地制作出如滚动、模糊、马赛克、手绘、浮雕以及各种混合滤镜效果等。本章主要向读者介绍应用各种滤镜效果的操作方法。

要点索引
- 应用视频滤镜
- 滤镜特效精彩应用

Rcd 00 : 00 : 00 : 14 ‖   Rcd 00 : 00 : 00 : 10 ‖   Rcd 00 : 00 : 00 : 10 ‖   Rcd 00 : 00 : 00 : 10 ‖

11.1 应用视频滤镜

视频滤镜是指可以应用到视频素材上的效果，它可以改变视频文件的外观和样式。本节主要向读者介绍添加与删除滤镜效果的操作方法，主要包括添加视频滤镜、添加多个视频滤镜以及删除视频滤镜等内容，希望读者可以熟练掌握。

实战 197　视频滤镜的添加

▶ 实例位置：光盘 \ 效果 \ 第 11 章 \ 实战 197.ezp
▶ 素材位置：光盘 \ 素材 \ 第 11 章 \ 实战 197.jpg
▶ 视频位置：光盘 \ 视频 \ 第 11 章 \ 实战 197.mp4

● 实例介绍 ●

在素材上添加相应的视频滤镜效果，可以制作出特殊的视频画面，下面向读者介绍添加视频滤镜的操作方法。

● 操作步骤 ●

STEP 01 在视频轨中，导入一张静态图像，如图11-1所示。

STEP 02 在录制窗口中，可以查看导入的素材画面效果，如图11-2所示。

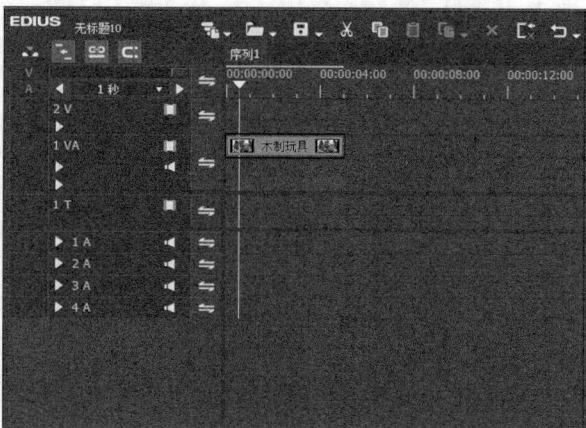

图11-1 导入一张静态图像

图11-2 查看素材画面效果

STEP 03 展开特效面板，在滤镜组中选择"铅笔画"滤镜，如图11-3所示。

STEP 04 单击鼠标左键并拖曳至视频轨中的静态图像上，如图11-4所示。

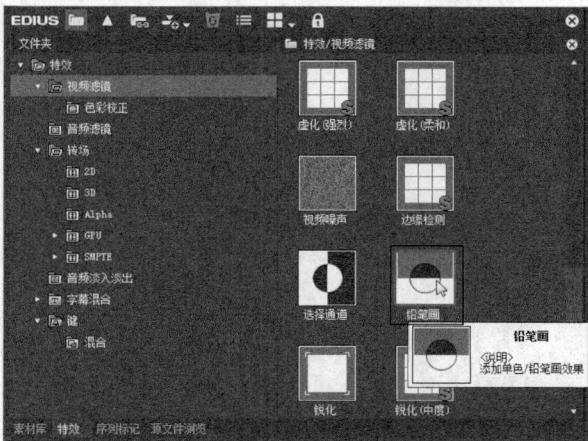

图11-3 选择"铅笔画"滤镜

图11-4 拖曳至静态图像上

STEP 05 释放鼠标左键，即可在素材上添加"铅笔画"滤镜效果，此时录制窗口中的素材画面，如图11-5所示。

STEP 06 在"信息"面板中的滤镜效果上，单击鼠标右键，在弹出的快捷菜单中选择"打开设置对话框"选项，如图11-6所示。

图11-5 录制窗口中的素材画面

图11-6 选择"打开设置对话框"选项

技巧点拨

在 EDIUS 8 工作界面中，用户可以对视频特效进行多次复制与粘贴操作，将视频特效粘贴至其他素材图像上，让制作的视频特效重复使用，提高效率。

STEP 07 弹出"铅笔画"对话框，在其中设置"密度"为7.63，如图11-7所示。

STEP 08 单击"确认"按钮设置滤镜属性，在录制窗口中可以查看添加"铅笔画"滤镜后的视频效果，如图11-8所示。

图11-7 设置"密度"为7.63

图11-8 预览"铅笔画"视频效果

知识拓展

了解视频滤镜

视频滤镜可以说是 EDIUS 8 影视编辑软件的一大亮点，越来越多的滤镜特效出现在各种电视节目中，它可以使美丽的画面更加生动、绚丽多彩，从而制作出非常神奇的、变幻莫测的甚至可以媲美好莱坞大片的视觉效果。本节主要向读者介绍视频滤镜的基础内容。

滤镜效果简介

对素材添加视频滤镜后，滤镜效果将会应用到视频素材的每一幅画面上，通过调整滤镜的属性，可以控制起始帧到结束帧之间的滤镜强度、效果及速度等。下面为添加了各种视频滤镜后的视频画面特效，如图 11-9 所示。

图11-9 "平滑马赛克"视频滤镜（a）

如果用户使用的是双窗口模式，则左侧的播放窗口中显示的是视频素材原画面，右侧的录制窗口中显示的是已经添加视频滤镜后的视频画面特效。

图11-9 "浮雕"视频滤镜（b）

图11-9 "混合"视频滤镜（c）

图11-9 "镜像"视频滤镜（d）

滤镜特效面板

在 EDIUS 8 工作界面中，提供了多种视频滤镜特效，都存在于特效面板中，如图 11-10 所示。在视频中合理地运用这些滤镜特效，可以模拟制作出各种艺术效果，对素材进行美化操作。

在 EDIUS 8 工作界面中，默认情况下没有显示特效面板，用户可以在界面的右上方窗格中，单击"素材库"右侧的"特效"标签，即可进入特效面板。

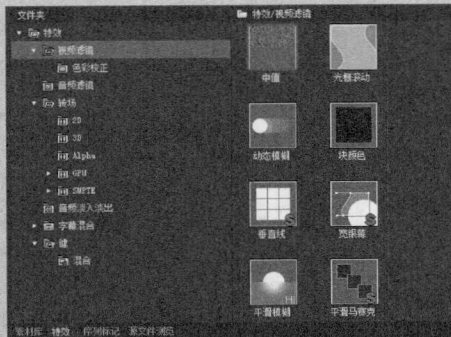

图11-10 特效面板

实战 198 多个视频滤镜的添加

▶ 实例位置：光盘 \ 效果 \ 第 11 章 \ 实战 198.ezp
▶ 素材位置：光盘 \ 素材 \ 第 11 章 \ 实战 198.jpg
▶ 视频位置：光盘 \ 视频 \ 第 11 章 \ 实战 198.mp4

● 实例介绍 ●

在 EDIUS 8 工作界面中，用户可以根据需要为素材图像添加多个视频滤镜效果，使素材画面效果更加丰富。下面向读者介绍添加多个视频滤镜的操作方法。

● 操作步骤 ●

STEP 01 在视频轨中，导入一张静态图像，如图11-11所示。

STEP 02 在录制窗口中，可以查看导入的素材画面效果，如图11-12所示。

图11-11 导入一张静态图像

图11-12 查看素材画面效果

STEP 03 展开特效面板，在"视频滤镜"滤镜组中选择"立体调整"滤镜，如图11-13所示。

STEP 04 单击鼠标左键并拖曳至视频轨中的图像上，释放鼠标左键，即可添加"立体调整"滤镜，在"视频滤镜"滤镜组中选择"老电影"滤镜，如图11-14所示。

图11-13 选择"立体调整"滤镜

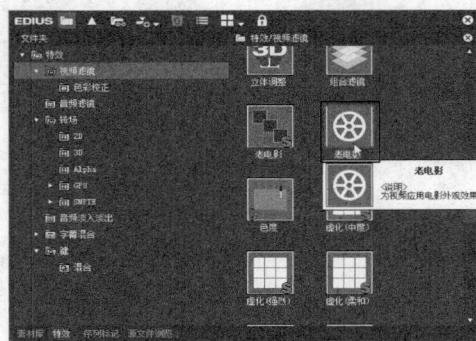

图11-14 选择"老电影"滤镜

STEP 05　单击鼠标左键并拖曳至视频轨中的图像上，释放鼠标左键，即可添加"老电影"滤镜，在"信息"面板中显示了添加的两个视频滤镜效果，如图11-15所示。

图11-15　添加的两个视频滤镜效果

STEP 06　在录制窗口中可以查看添加多个滤镜后的视频画面特效，如图11-16所示。

图11-16　查看多个滤镜视频特效

技巧点拨

在"信息"面板中，用户按住 Ctrl 键的同时，可以选择多个视频滤镜特效，在选择的多个滤镜效果上，单击鼠标右键，在弹出的快捷菜单中选择"启用／禁用"选项，可以启用或禁用设置的滤镜效果。

实战 199　删除视频滤镜

▶ 实例位置：光盘＼效果＼第 11 章＼实战 199.ezp
▶ 素材位置：光盘＼素材＼第 11 章＼实战 199.ezp
▶ 视频位置：光盘＼视频＼第 11 章＼实战 199.mp4

● 实例介绍 ●

如果用户在素材图像上添加滤镜效果后，发现所添加的滤镜效果不是自己需要的效果时，可以将该滤镜效果删除。下面向读者介绍删除视频滤镜的操作方法。

● 操作步骤 ●

STEP 01　单击"文件"｜"打开工程"命令，打开一个工程文件，如图11-17所示。

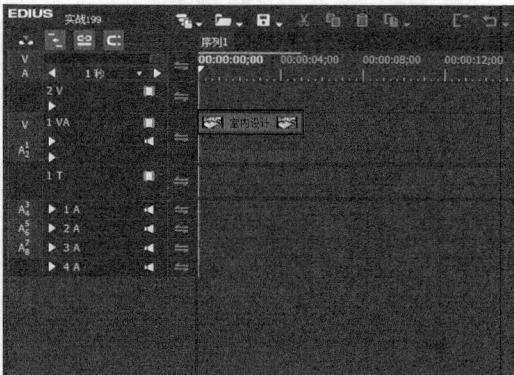

STEP 02　在录制窗口中，单击"播放"按钮，预览现有的视频滤镜画面特效，如图11-18所示。

图11-17　打开一个工程文件

图11-18　预览现有的视频滤镜画面特效

STEP 03 在"信息"面板中,选择需要删除的视频滤镜,这里选择"铅笔画"选项,然后单击右侧的"删除"按钮,如图11-19所示。

STEP 04 执行操作后,即可删除选择的视频滤镜特效,此时的"信息"面板如图11-20所示。

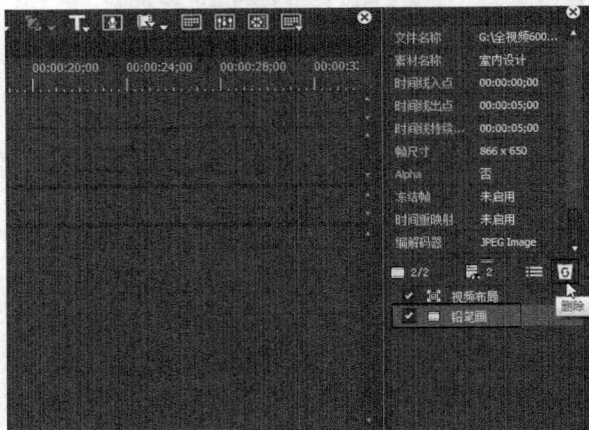

图11-19 单击"删除"按钮

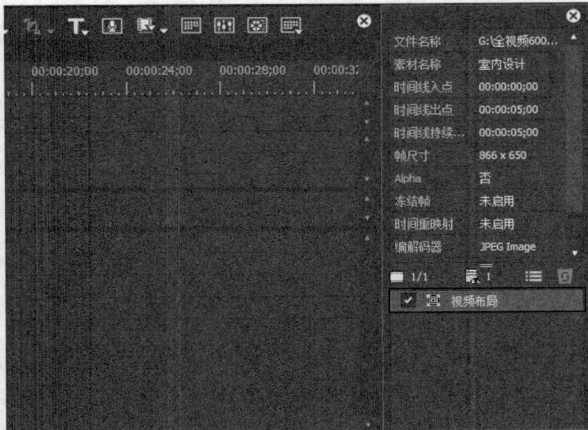

图11-20 删除滤镜后的"信息"面板

技巧点拨

在"信息"面板中,选择需要删除的滤镜效果后,单击鼠标右键,在弹出的快捷菜单中选择"删除"选项,也可以快速删除选择的视频滤镜效果。

技巧点拨

在"信息"面板中,选择需要删除的视频滤镜后,按Delete键,也可以快速删除视频滤镜。

STEP 05 在录制窗口中可以查看删除视频滤镜后的视频画面,如图11-21所示。

知识拓展

在"信息"面板中,"视频布局"选项是软件默认放在"信息"面板中的视频功能,该选项是不允许被用户所删除的,用户只能对"视频布局"功能进行相应布局动画设置。

图11-21 删除视频滤镜后的视频画面

11.2 滤镜特效精彩应用

在EDIUS 8工作界面中,为用户提供了大量的滤镜效果,主要包括"光栅滚动"滤镜、"动态模糊"滤镜、"块颜色"滤镜"浮雕"滤镜以及"老电影"滤镜等,用户可以根据需要应用这些滤镜效果,制作出精美的视频画面。本节主要向读者介绍应用视频滤镜制作视频特效的操作方法。

实战 200 中值滤镜

▶ 实例位置:光盘\效果\第11章\实战200.ezp
▶ 素材位置:光盘\素材\第11章\实战200.ezp
▶ 视频位置:光盘\视频\第11章\实战200.mp4

● 实例介绍 ●

在EDIUS 8工作界面中,中值滤镜可以平滑画面,保持画面清晰的同时,减小画面上微小的噪点。相比"模糊"类滤镜,它更适合来改善视频的画质。不过,如果用户使用较大阈值的话,会呈现出油画笔笔触般的效果。下面向读者介绍运用中值滤镜制作视频特效的操作方法。

STEP 01 单击"文件"|"打开工程"命令，打开一个工程
文件，如图11-22所示。

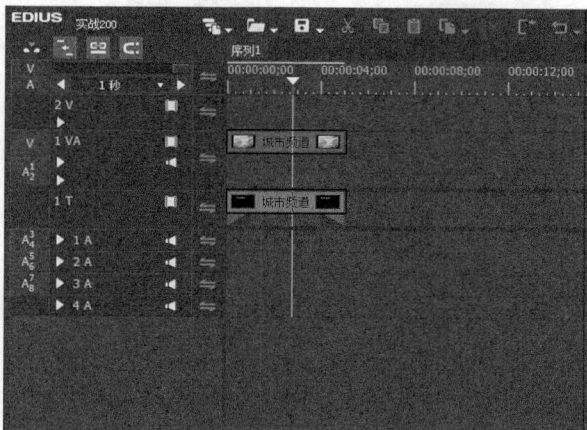

STEP 02 在录制窗口中，可以查看导入的素材画面效果，
如图11-23所示。

图11-22 打开一个工程文件

图11-23 查看素材画面效果

STEP 03 展开特效面板，在"视频滤镜"滤镜组中选择
"中值"滤镜效果，如图11-24所示。

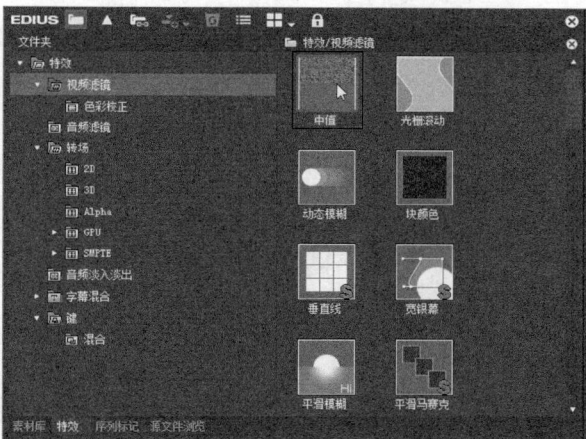

STEP 04 在选择的滤镜效果上，单击鼠标左键并拖曳至视
频轨中的图像素材上方，如图11-25所示，释放鼠标左
键，即可添加"中值"滤镜效果。

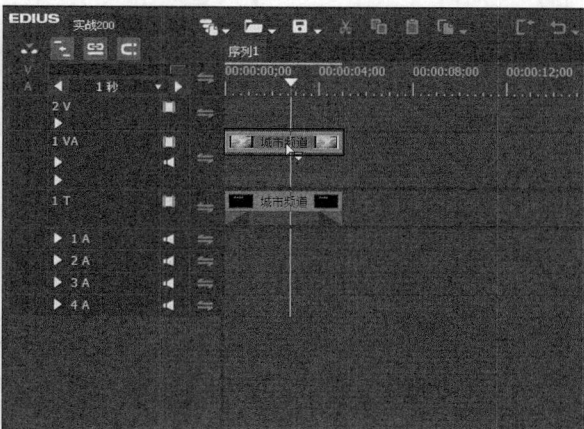

图11-24 选择"中值"滤镜效果

图11-25 拖曳至图像素材上方

STEP 05 在"信息"面板中，选择添加的"中值"滤镜效
果，如图11-26所示。

STEP 06 在选择的滤镜效果上，双击鼠标左键，弹出"中
值效果"对话框，在其中设置"域值"为255，如图
11-27所示。

图11-26 选择"中值"滤镜效果

图11-27 设置"域值"参数

STEP 07 设置完成后,单击"确定"按钮,此时素材上的部分噪点被消除了,单击录制窗口下方的"播放"按钮,预览添加"中值"滤镜后的视频画面效果,如图11-28所示。

图11-28 预览"中值"滤镜效果

实战 201 光栅滚动滤镜

▶ 实例位置:光盘 \ 效果 \ 第 11 章 \ 实战 201.ezp
▶ 素材位置:光盘 \ 素材 \ 第 11 章 \ 实战 201.jpg
▶ 视频位置:光盘 \ 视频 \ 第 11 章 \ 实战 201.mp4

● 实例介绍 ●

在EDIUS 8工作界面中,使用"光栅滚动"滤镜,可以创建视频画面的波浪扭动变形效果,可以为变形程度设置关键帧。下面向读者介绍运用光栅滚动滤镜制作视频特效的操作方法。

● 操作步骤 ●

STEP 01 在视频轨中,导入一张静态图像,如图11-29所示。

图11-29 导入一张静态图像

STEP 03 展开特效面板,在"视频滤镜"滤镜组中选择"光栅滚动"滤镜效果,如图11-31所示。

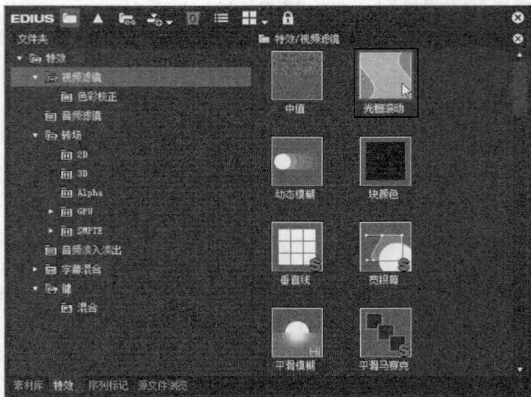

图11-31 选择"光栅滚动"滤镜效果

STEP 02 在录制窗口中,可以查看导入的素材画面效果,如图11-30所示。

图11-30 查看素材画面效果

STEP 04 在选择的滤镜效果上,单击鼠标左键并拖曳至视频轨中的图像素材上方,如图11-32所示,释放鼠标左键,即可添加"光栅滚动"滤镜效果。

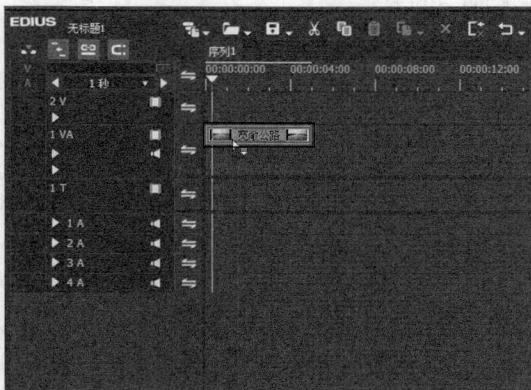

图11-32 拖曳至视频轨中的图像素材上方

STEP 05 添加"光栅滚动"滤镜后的素材画面效果如图
11-33所示。

图11-33 预览素材画面效果

STEP 06 在"信息"面板中，选择添加的"光栅滚动"滤
镜效果，如图11-34所示。

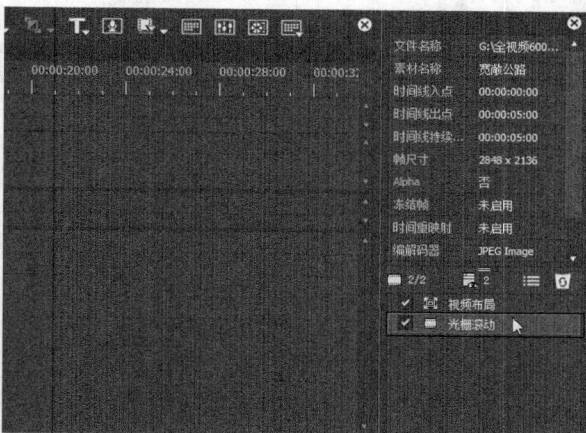

图11-34 选择"光栅滚动"滤镜效果

STEP 07 在选择的滤镜效果上，双击鼠标左键，弹出"光
栅滚动"对话框，在其中设置各参数，并在"波长"选项
区中添加3个关键帧，用来控制波浪的变形效果，如图
11-35所示。

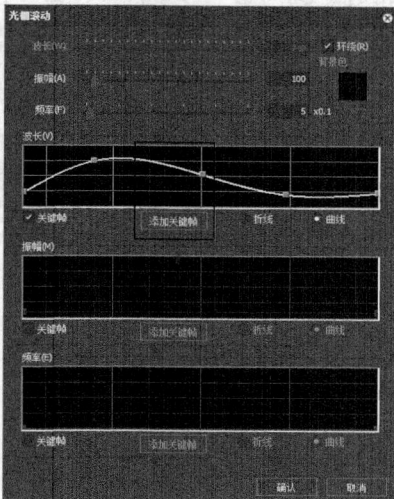

图11-35 设置各参数

STEP 08 设置完成后，单击"确认"按钮，单击录制窗口下方的"播放"按钮，预览添加"光栅滚动"滤镜后的视频画
面效果，如图11-36所示。

图11-36 预览"光栅滚动"滤镜效果

实战 202 块颜色滤镜

▶ 实例位置：光盘 \ 效果 \ 第 11 章 \ 实战 202.ezp
▶ 素材位置：光盘 \ 素材 \ 第 11 章 \ 实战 202.jpg
▶ 视频位置：光盘 \ 视频 \ 第 11 章 \ 实战 202.mp4

● 实例介绍 ●

在EDIUS 8工作界面中，块颜色滤镜可以将画面变成一个单色块，经常和其他滤镜联合使用。下面向读者介绍运用块颜色滤镜制作视频特效的操作方法。

● 操作步骤 ●

STEP 01 在视频轨中，导入一张静态图像，如图11-37所示。

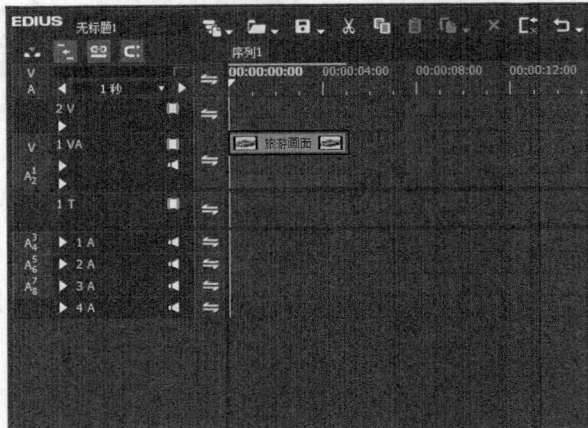

图11-37 导入一张静态图像

STEP 03 展开特效面板，在"视频滤镜"滤镜组中选择"块颜色"滤镜效果，如图11-39所示。

图11-39 选择"块颜色"滤镜效果

STEP 05 执行操作后，弹出"颜色块"对话框，在其中设置Y为112、U为237、V为2，设置颜色参数，如图11-41所示。

STEP 02 在录制窗口中，可以查看导入的素材画面效果，如图11-38所示。

图11-38 预览素材画面效果

STEP 04 在选择的滤镜效果上，单击鼠标左键并拖曳至视频轨中的图像素材上方，释放鼠标左键，即可添加"块颜色"滤镜效果，在"信息"面板中的"块颜色"选项上，单击鼠标右键，在弹出的快捷菜单中选择"打开设置对话框"选项，如图11-40所示。

图11-40 选择"打开设置对话框"选项

STEP 06 设置完成后，单击"确认"按钮，返回EDIUS 8工作界面，单击录制窗口下方的"播放"按钮，预览单色视频画面效果，如图11-42所示。

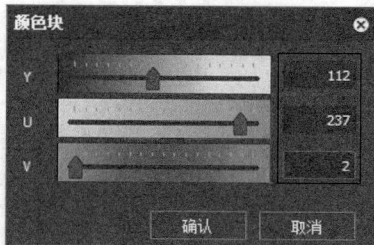

图11-41 设置颜色参数

图11-42 预览单色视频画面效果

实战 203　动态模糊滤镜

▶ **实例位置**：光盘 \ 效果 \ 第 11 章 \ 实战 203.ezp
▶ **素材位置**：光盘 \ 素材 \ 第 11 章 \ 实战 203.mpg
▶ **视频位置**：光盘 \ 视频 \ 第 11 章 \ 实战 203.mp4

● 实例介绍 ●

在EDIUS 8工作界面中，动态模糊滤镜可以为视频素材添加类似于"动态残影"的效果，对动态程度大的素材比较有效。下面向读者介绍应用动态模糊滤镜制作视频特效的操作方法。

● 操作步骤 ●

STEP 01 在视频轨中，导入一段视频素材，如图11-43所示。

图11-43 导入一段视频素材

STEP 02 在录制窗口中，单击"播放"按钮，预览导入的素材画面效果，如图11-44所示。

图11-44 预览素材画面效果

技巧点拨

用户在应用"动态模糊"滤镜效果时，虽然该滤镜可以为视频画面添加重影、残影的效果，但同时也会影响视频画面的清晰度，请用户慎用。

STEP 03 展开特效面板，在"视频滤镜"滤镜组中选择"动态模糊"滤镜效果，如图11-45所示。

STEP 04 在选择的滤镜效果上，单击鼠标左键并拖曳至视频轨中的视频素材上方，释放鼠标左键，即可添加"动态模糊"滤镜效果，在"信息"面板中可以查看添加的"动态模糊"滤镜效果，如图11-46所示。

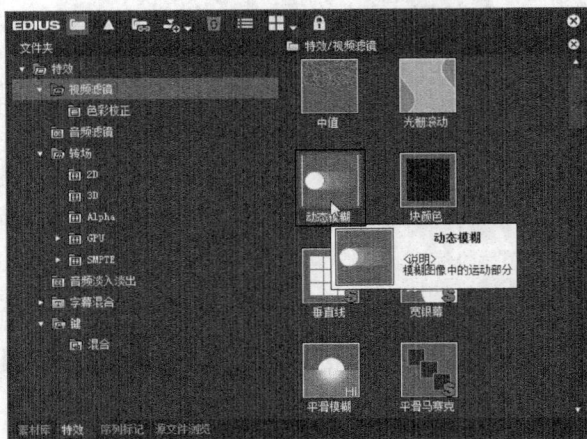

图11-45 选择"动态模糊"滤镜效果

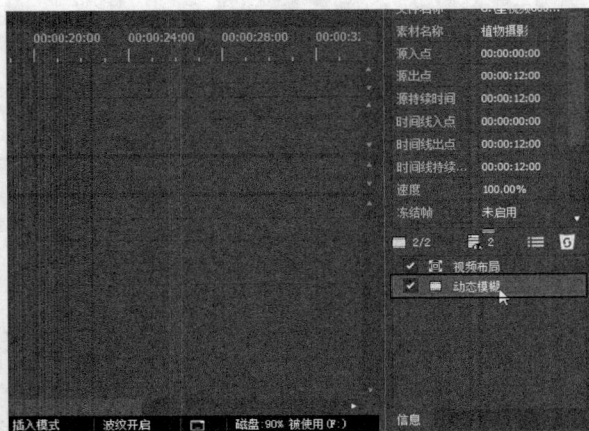

图11-46 查看添加的"动态模糊"滤镜效果

STEP 05 单击录制窗口下方的"播放"按钮，预览添加"动态模糊"滤镜后的视频画面效果，如图11-47所示。

图11-47 预览"动态模糊"滤镜效果

实战 204 宽银幕滤镜

▶ 实例位置：光盘 \ 效果 \ 第 11 章 \ 实战 204.ezp
▶ 素材位置：光盘 \ 素材 \ 第 11 章 \ 实战 204.jpg
▶ 视频位置：光盘 \ 视频 \ 第 11 章 \ 实战 204.mp4

● 实例介绍 ●

在EDIUS 8工作界面中，宽银幕滤镜可以让视频画面产生宽屏的尺寸大小。下面向读者介绍应用宽银幕滤镜制作视频特效的操作方法。

● 操作步骤 ●

STEP 01 在视频轨中，导入一张静态图像，如图11-48所示。

STEP 02 在录制窗口中，可以预览导入的素材画面效果，如图11-49所示。

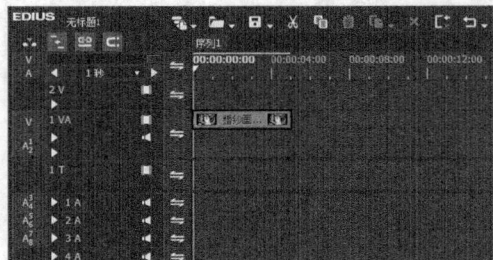

图11-48 导入一张静态图像

图11-49 预览素材画面效果

STEP 03 展开特效面板，在"视频滤镜"滤镜组中选择"宽银幕"滤镜效果，如图11-50所示。

STEP 04 在选择的滤镜效果上，单击鼠标左键并拖曳至视频轨中的图像素材上方，释放鼠标左键，即可添加"宽银幕"滤镜效果，在"信息"面板中可以查看添加的滤镜效果，如图11-51所示，由此可见，"宽银幕"滤镜效果是由"手绘遮罩"视频滤镜设置转变而成的。

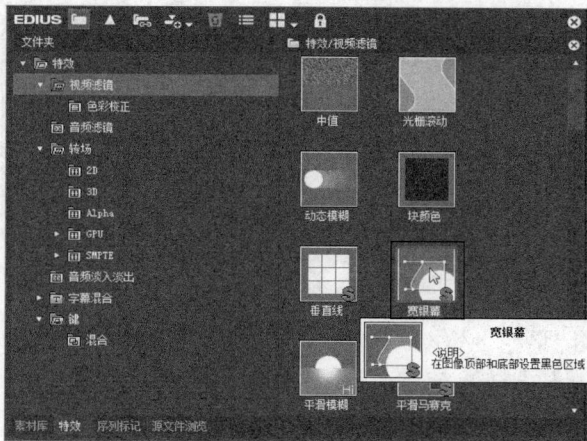

图11-50 选择"宽银幕"滤镜效果

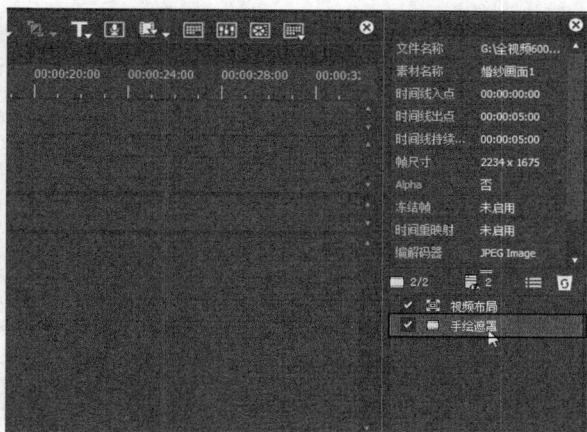

图11-51 查看添加的滤镜效果

STEP 05 单击录制窗口下方的"播放"按钮，预览添加"宽银幕"滤镜后的视频画面效果，如图11-52所示。

图11-52 预览"宽银幕"滤镜效果

实战 205 平滑模糊滤镜

▶ 实例位置：光盘 \ 效果 \ 第 11 章 \ 实战 205.ezp
▶ 素材位置：光盘 \ 素材 \ 第 11 章 \ 实战 205.jpg
▶ 视频位置：光盘 \ 视频 \ 第 11 章 \ 实战 205.mp4

● 实例介绍 ●

在EDIUS 8工作界面中，平滑模糊滤镜可以使视频画面产生模糊的效果。使用较大的模糊值时，平滑模糊更好，画面更柔和。下面向读者介绍应用平滑模糊滤镜制作视频特效的操作方法。

● 操作步骤 ●

STEP 01 在视频轨中，导入一张静态图像，如图11-53所示。

STEP 02 在录制窗口中，可以查看导入的素材画面效果，如图11-54所示。

图11-53 导入一张静态图像

图11-54 预览素材画面效果

STEP 03 展开特效面板,在"视频滤镜"滤镜组中选择"平滑模糊"滤镜效果,如图11-55所示。

STEP 04 在选择的滤镜效果上,单击鼠标左键并拖曳至视频轨中的图像素材上方,释放鼠标左键,即可添加"平滑模糊"滤镜效果。

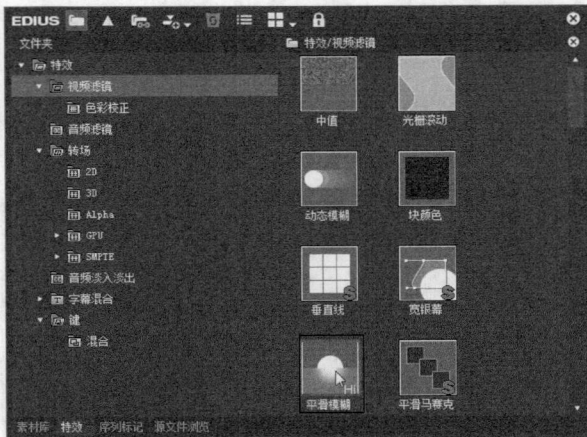

图11-55 选择"平滑模糊"滤镜效果

STEP 05 在"信息"面板中的"平滑模糊"选项上,单击鼠标右键,在弹出的快捷菜单中选择"打开设置对话框"选项,如图11-56所示。

STEP 06 执行操作后,弹出"平滑模糊"对话框,在其中设置"半径"为50,如图11-57所示。

图11-56 选择"打开设置对话框"选项

图11-57 设置"半径"为50

STEP 07 设置完成后,单击"确认"按钮,返回到EDIUS 8界面,单击录制窗口下方的"播放"按钮,预览添加"平滑模糊"滤镜后的视频画面效果,如图11-58所示。

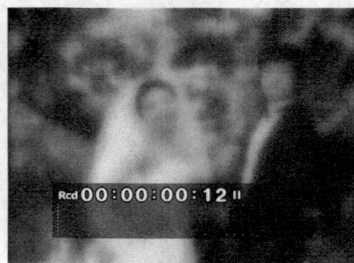

图11-58 预览"平滑模糊"滤镜效果

实战 206 平滑马赛克滤镜

▶ 实例位置:光盘 \ 效果 \ 第 11 章 \ 实战 206.ezp
▶ 素材位置:光盘 \ 素材 \ 第 11 章 \ 实战 206.jpg
▶ 视频位置:光盘 \ 视频 \ 第 11 章 \ 实战 206.mp4

● 实例介绍 ●

在EDIUS 8工作界面中,平滑马赛克滤镜可以使视频画面产生马赛克的效果。使用较大的马赛克值时,马赛克效果更好。下面向读者介绍应用平滑马赛克滤镜制作视频特效的操作方法。

STEP 01 在视频轨中，导入一张静态图像，如图11-59所示。

STEP 02 在录制窗口中，可以查看导入的素材画面效果，如图11-60所示。

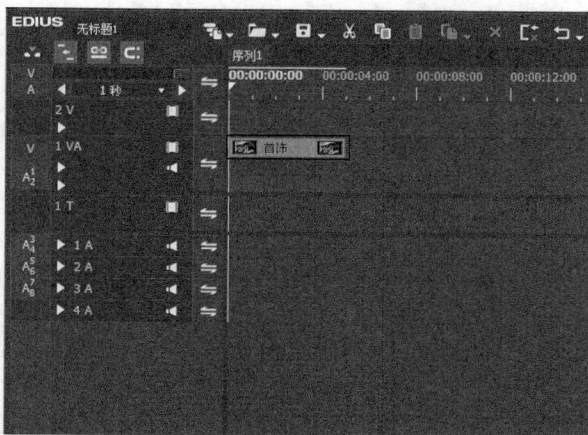

图11-59 导入一张静态图像

图11-60 预览素材画面效果

STEP 03 展开特效面板，在"视频滤镜"滤镜组中选择"平滑马赛克"滤镜，如图11-61所示。

STEP 04 将选择的滤镜添加至视频轨中的图像素材上，在"信息"面板中选择"马赛克"选项，单击"打开设置对话框"按钮，如图11-62所示。

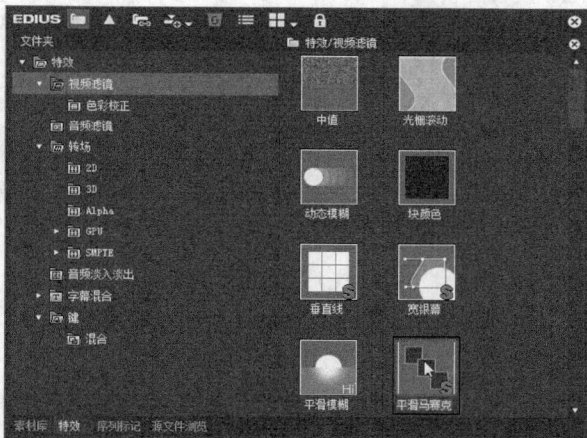

图11-61 选择"平滑马赛克"滤镜效果

图11-62 单击"打开设置对话框"按钮

STEP 05 执行操作后，弹出"马赛克"对话框，在其中设置"块大小"为20，如图11-63所示。

STEP 06 设置完成后，单击"确认"按钮，返回EDIUS 8工作界面，由此可见，"平滑马赛克"滤镜效果是由"马赛克"与"动态模糊"两种视频滤镜设置转变而成的，单击录制窗口下方的"播放"按钮，预览添加"平滑马赛克"滤镜后的视频画面效果，如图11-64所示。

图11-63 设置"块大小"为20

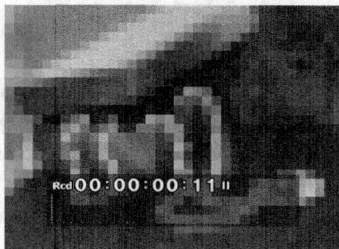

图11-64 预览"平滑马赛克"滤镜效果

技巧点拨

在"马赛克"对话框中，单击"块样式"选项右侧的下三角按钮，在弹出的列表框中，用户可以选择马赛克的样式与形状。

实战 207 循环幻灯滤镜

▶ 实例位置：光盘 \ 效果 \ 第 11 章 \ 实战 207.ezp
▶ 素材位置：光盘 \ 素材 \ 第 11 章 \ 实战 207.jpg
▶ 视频位置：光盘 \ 视频 \ 第 11 章 \ 实战 207.mp4

● 实例介绍 ●

在 EDIUS 8 工作界面中，循环幻灯滤镜可以使视频画面产生幻灯片循环播放的效果。下面向读者介绍应用循环幻灯滤镜制作视频特效的方法。

● 操作步骤 ●

STEP 01 在视频轨中，导入一张静态图像，如图11-65所示。

STEP 02 在录制窗口中，可以查看导入的素材画面效果，如图11-66所示。

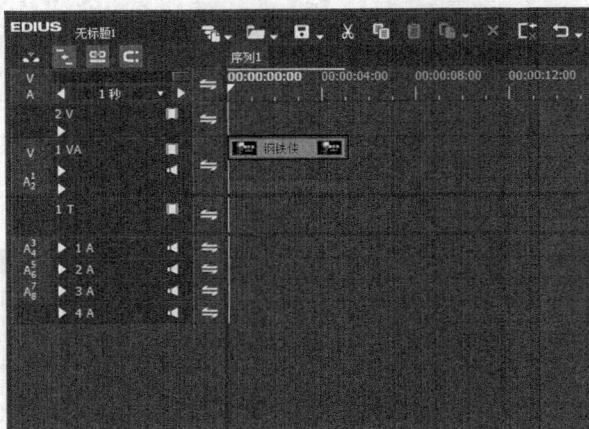

图11-65 导入一张静态图像

图11-66 查看素材画面效果

STEP 03 展开特效面板，在"视频滤镜"滤镜组中选择"循环幻灯"滤镜，如图11-67所示。

STEP 04 将选择的滤镜添加至视频轨中的图像素材上，在"信息"面板中选择"循环幻灯"选项，单击"打开设置对话框"按钮，如图11-68所示。

图11-67 选择"循环幻灯"滤镜

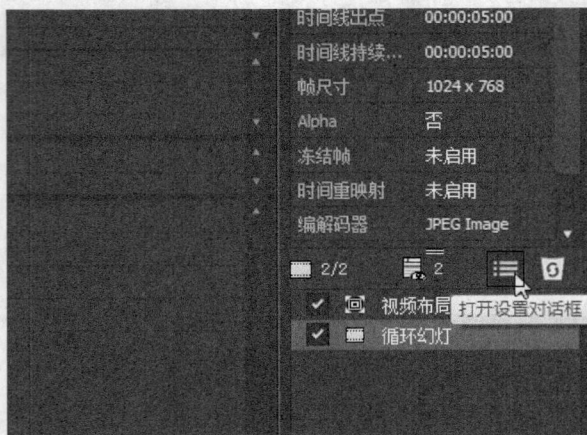

图11-68 单击"打开设置对话框"按钮

STEP 05 执行操作后，弹出"循环滑动"对话框，在其中设置各参数，如图11-69所示。

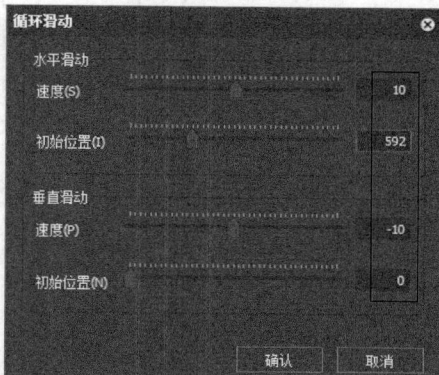

图11-69 设置各参数

STEP 06 执行操作后，单击"确认"按钮，返回EDIUS 8工作界面，单击录制窗口下方的"播放"按钮，预览添加"循环幻灯"滤镜后的视频画面效果，如图11-70所示。

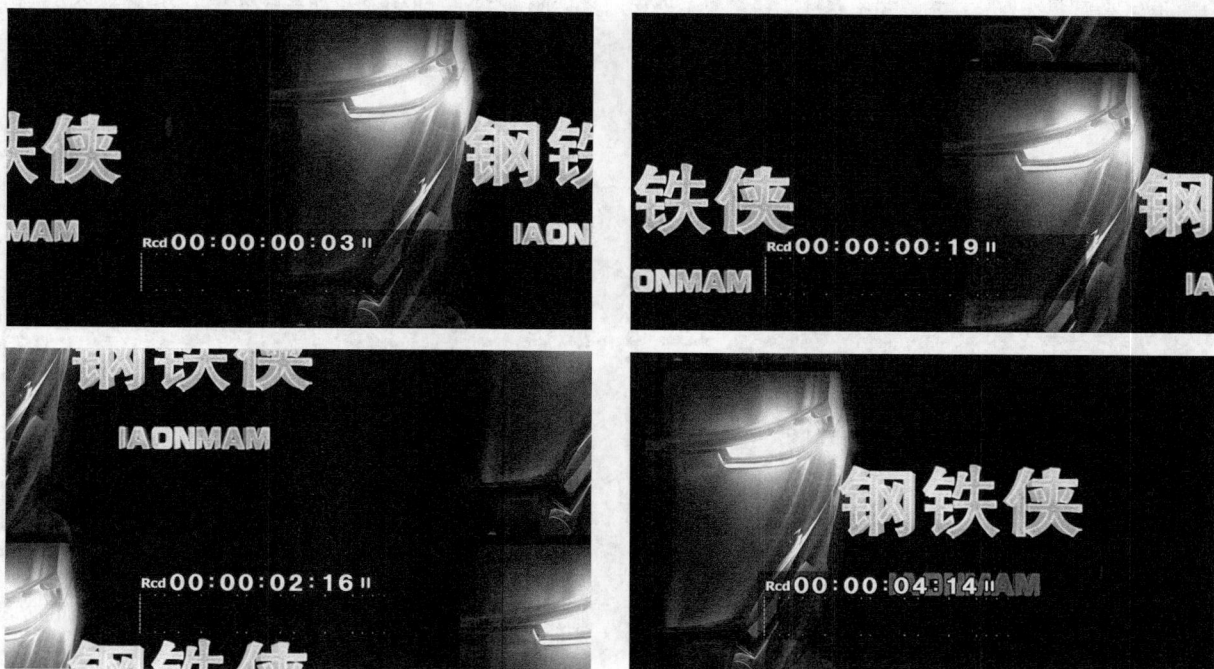

图11-70 预览"循环幻灯"滤镜效果

实战 208 焦点柔化滤镜

▶ 实例位置：光盘 \ 效果 \ 第 11 章 \ 实战 208.ezp
▶ 素材位置：光盘 \ 素材 \ 第 11 章 \ 实战 208.jpg
▶ 视频位置：光盘 \ 视频 \ 第 11 章 \ 实战 208.mp4

· 实例介绍 ·

在EDIUS 8工作界面中，焦点柔化滤镜类似于一个柔焦效果，可以为视频画面添加一层梦幻般的光晕特效。下面向读者介绍应用焦点柔化滤镜制作视频特效的方法。

· 操作步骤 ·

STEP 01 在视频轨中，导入一张静态图像，如图11-71所示。

STEP 02 在录制窗口中，可以查看导入的素材画面效果，如图11-72所示。

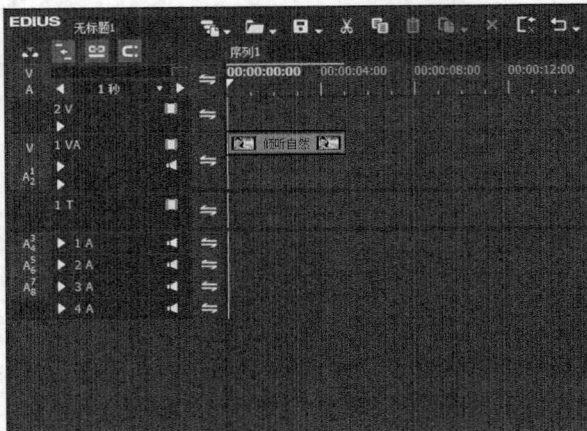

图11-71 导入一张静态图像

图11-72 查看素材画面效果

STEP 03 展开特效面板，在"视频滤镜"滤镜组中选择
"焦点柔化"滤镜，如图11-73所示。

STEP 04 将选择的滤镜添加至视频轨中的图像素材上，在
"信息"面板中选择"焦点柔化"选项，单击"打开设置
对话框"按钮，如图11-74所示。

图11-73 选择"焦点柔化"滤镜

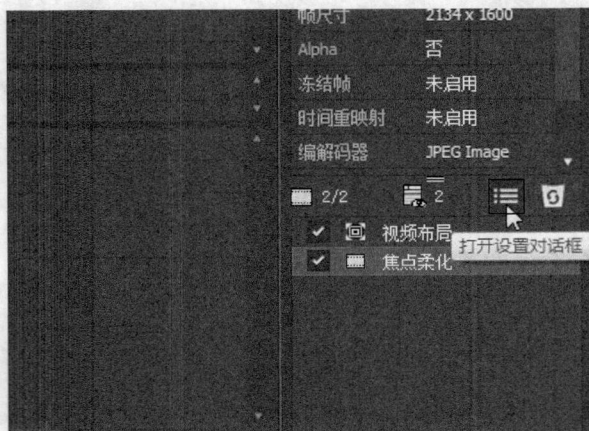

图11-74 单击"打开设置对话框"按钮

STEP 05 执行操作后，弹出"焦点柔化"对话框，在其中
设置各参数，如图11-75所示。

STEP 06 设置完成后，单击"确认"按钮，返回EDIUS 8
工作界面，单击录制窗口下方的"播放"按钮，预览添加
"焦点柔化"滤镜后的画面效果，如图11-76所示。

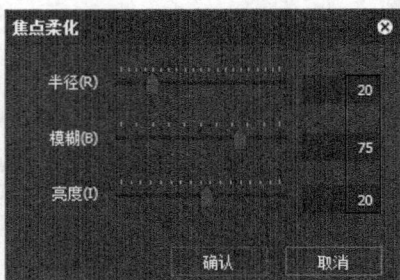

图11-75 设置各参数

图11-76 预览"焦点柔化"滤镜效果

技巧点拨

在"马赛克"对话框中，单击"块样式"选项右侧的下三角按钮，在弹出的列表框中，用户可以选择马赛克的样式与形状。

实战 209 镜像滤镜

▶ 实例位置：光盘 \ 效果 \ 第 11 章 \ 实战 209.ezp
▶ 素材位置：光盘 \ 素材 \ 第 11 章 \ 实战 209.jpg
▶ 视频位置：光盘 \ 视频 \ 第 11 章 \ 实战 209.mp4

● 实例介绍 ●

在EDIUS 8的"镜像"滤镜中，可以对视频画面进行垂直或者水平镜像操作。下面向读者介绍应用镜像滤镜制作视频特效的方法。

● 操作步骤 ●

STEP 01 在视频轨中，导入一张静态图像，如图11-77所示。

STEP 02 在录制窗口中，可以查看导入的素材画面效果，如图11-78所示。

图11-77 导入一张静态图像

图11-78 预览素材画面效果

STEP 03 展开特效面板，在"视频滤镜"滤镜组中选择"镜像"滤镜效果，如图11-79所示。

STEP 04 将选择的滤镜添加至视频轨中的图像素材上，在"信息"面板中查看添加的"镜像"滤镜效果，如图11-80所示。

图11-79 选择"镜像"滤镜效果

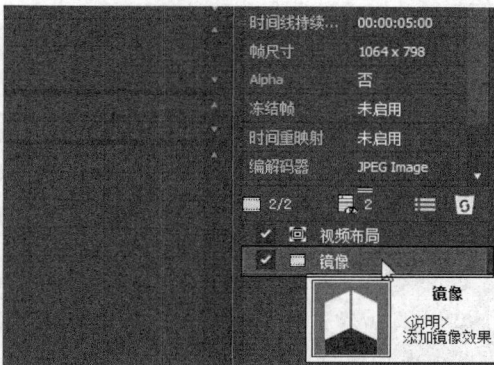
图11-80 查看"镜像"滤镜效果

STEP 05 单击录制窗口下方的"播放"按钮，预览添加"镜像"滤镜后的视频画面效果，如图11-81所示。

图11-81 预览"镜像"滤镜效果

实战 210 锐化滤镜

▶ 实例位置：光盘 \ 效果 \ 第 11 章 \ 实战 210.ezp
▶ 素材位置：光盘 \ 素材 \ 第 11 章 \ 实战 210.jpg
▶ 视频位置：光盘 \ 视频 \ 第 11 章 \ 实战 210.mp4

● 实例介绍 ●

在EDIUS 8工作界面中，锐化滤镜可以锐化对象的轮廓，让画面看起来更清晰，也会增加画面的颗粒感。下面向读者介绍应用锐化滤镜制作视频特效的方法。

● 操作步骤 ●

STEP 01 在视频轨中，导入一张静态图像，如图11-82所示。

STEP 02 在录制窗口中，可以查看导入的素材画面效果，如图11-83所示。

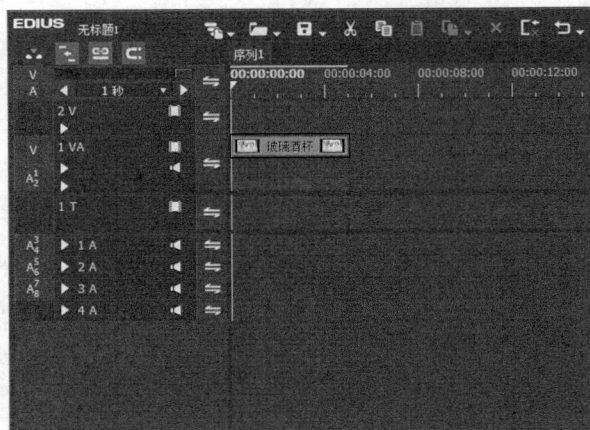

图11-82 导入一张静态图像

图11-83 查看素材画面效果

STEP 03 展开特效面板，在"视频滤镜"滤镜组中选择"锐化"滤镜效果，如图11-84所示。

STEP 04 将选择的滤镜添加至视频轨中的图像素材上，在"信息"面板中选择"锐化"选项，单击"打开设置对话框"按钮，如图11-85所示。

图11-84 选择"锐化"滤镜效果

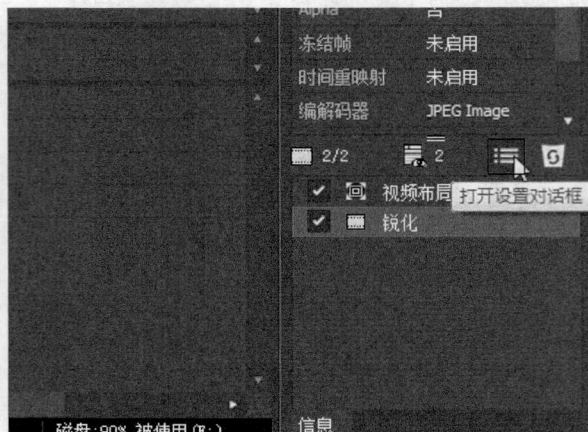

图11-85 单击"打开设置对话框"按钮

STEP 05 执行操作后，弹出"锐化"对话框，在其中设置"清晰度"为70，如图11-86所示。

STEP 06 设置完成后，单击"确认"按钮，返回EDIUS 8工作界面，单击录制窗口下方的"播放"按钮，预览添加"锐化"滤镜后的视频画面效果，如图11-87所示。

技巧点拨

在"锐化"对话框，"清晰度"参数越低，画面越柔和；"清晰度"参数越高，画面的噪点越多。

图3-86 设置"清晰度"为70

图11-87 预览"锐化"滤镜效果

实战 211　浮雕滤镜

▶ 实例位置：光盘 \ 效果 \ 第 11 章 \ 实战 211.ezp
▶ 素材位置：光盘 \ 素材 \ 第 11 章 \ 实战 211.jpg
▶ 视频位置：光盘 \ 视频 \ 第 11 章 \ 实战 211.mp4

● 实例介绍 ●

在EDIUS 8工作界面中，"浮雕"滤镜可以让图像立体感看起来像石版画。下面向读者介绍应用浮雕滤镜制作视频特效的方法。

● 操作步骤 ●

STEP 01 在视频轨中，导入一张静态图像，如图11-88所示。

STEP 02 在录制窗口中，可以查看导入的素材画面效果，如图11-89所示。

图11-88 导入一张静态图像

图11-89 查看素材画面效果

STEP 03 展开特效面板，在"视频滤镜"滤镜组中选择"浮雕"滤镜效果，如图11-90所示。

STEP 04 将选择的滤镜添加至视频轨中的图像素材上，在"信息"面板中选择"浮雕"选项，单击"打开设置对话框"按钮，如图11-91所示。

图11-90 选择"浮雕"滤镜效果

图11-91 单击"打开设置对话框"按钮

STEP 05 执行操作后，弹出"浮雕"对话框，在其中设置"深度"为3，如图11-92所示。

STEP 06 设置完成后，单击"确认"按钮，返回EDIUS 8 工作界面，单击录制窗口下方的"播放"按钮，预览添加"浮雕"滤镜后的视频画面效果，如图11-93所示。

图11-93 预览"浮雕"滤镜效果

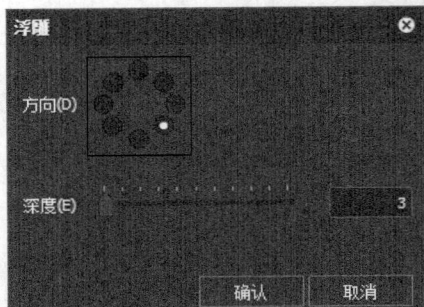

图11-92 设置"深度"为3

知识拓展

在"浮雕"对话框中，有一个"方向"选项区，右侧有 8 个圆圈按钮，单击相应的按钮，可以设置浮雕的方向，每个方向显示出来的浮雕效果会不一样。下面展示在相应"深度"参数下，不同方向下的浮雕特效，如图 11-94 所示。

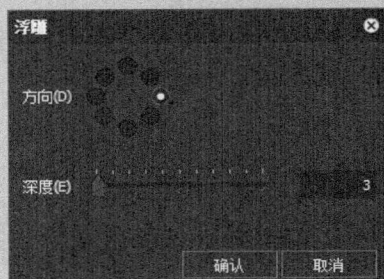
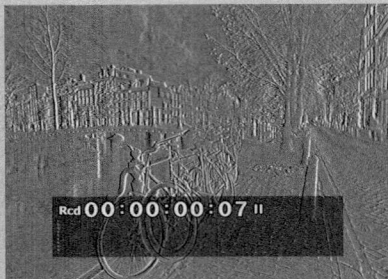

浮雕特效1

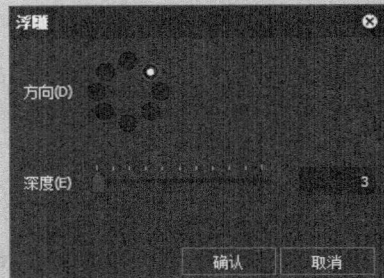

浮雕特效2

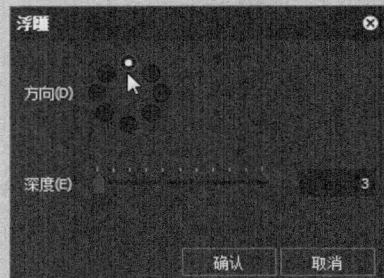
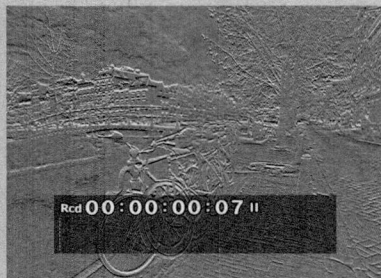

浮雕特效3

图11-94 不同方向下的浮雕特效

浮雕特效4

浮雕特效5

浮雕特效6

浮雕特效7

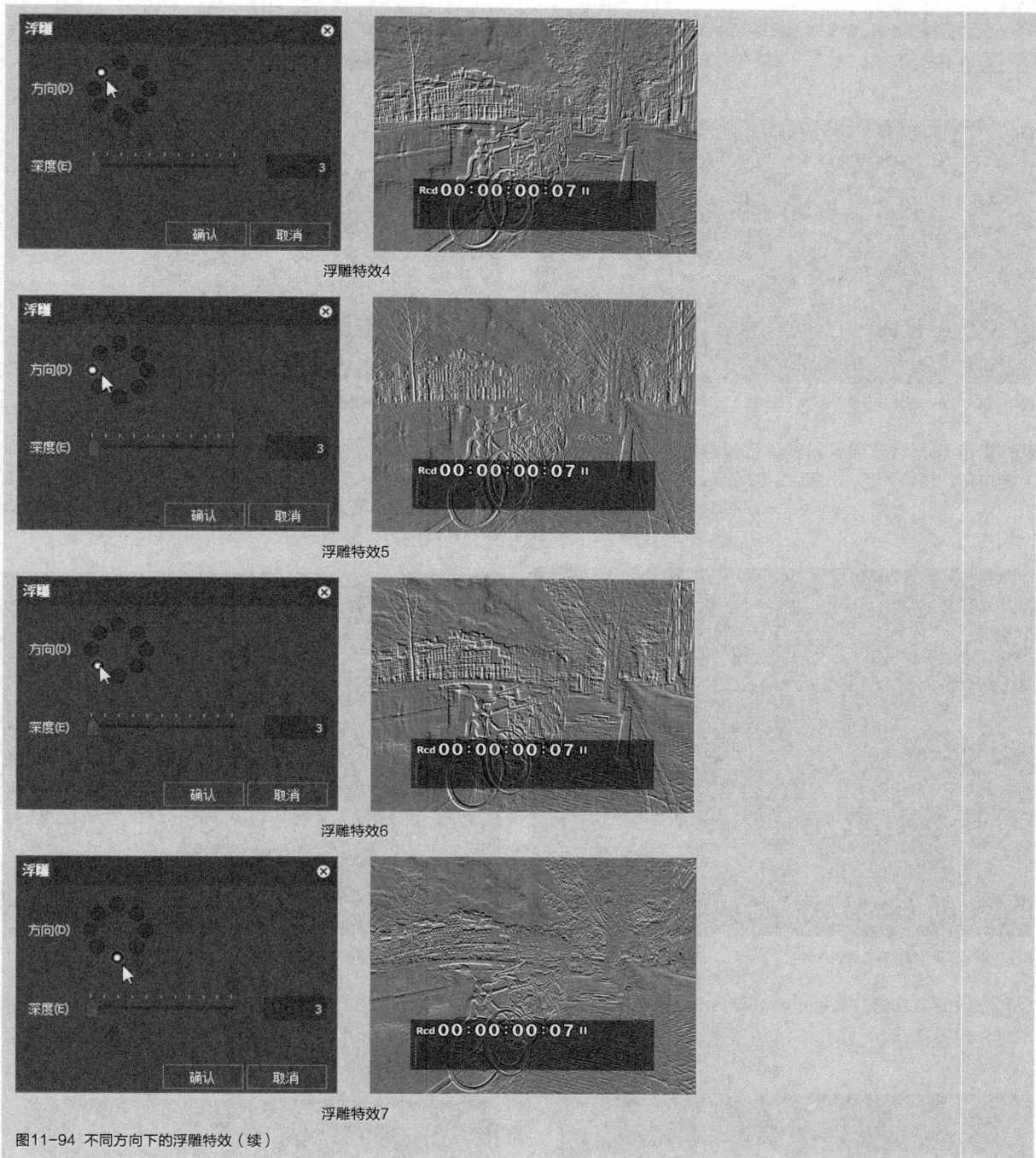

图11-94 不同方向下的浮雕特效（续）

实战 212 老电影滤镜

▶ **实例位置：**光盘 \ 效果 \ 第 11 章 \ 实战 212.ezp
▶ **素材位置：**光盘 \ 素材 \ 第 11 章 \ 实战 212.jpg
▶ **视频位置：**光盘 \ 视频 \ 第 11 章 \ 实战 212.mp4

●实例介绍●

在"老电影"滤镜中，惟妙惟肖地模拟了老电影中特有的帧跳动、落在胶片上的毛发杂物等效果，配合色彩校正使其变得泛黄或者黑白化，可能真的无法分辨出哪个才是真正的"老古董"，也是使用频率较高的一类特效。下面向读者介绍应用老电影滤镜制作视频特效的方法。

STEP 01 在视频轨中，导入一张静态图像，如图11-95所示。

STEP 02 在录制窗口中，可以查看导入的素材画面效果，如图11-96所示。

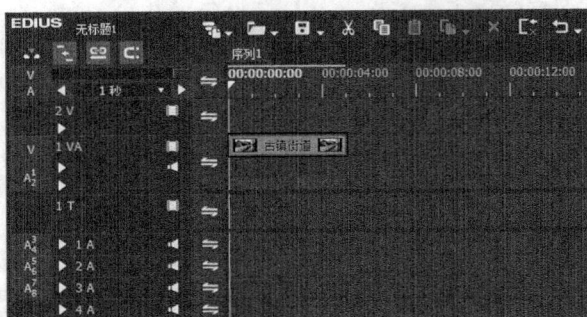

图11-95 导入一张静态图像

图11-96 查看素材画面效果

STEP 03 展开特效面板，在"视频滤镜"滤镜组中选择"老电影"滤镜效果，如图11-97所示。

STEP 04 在选择的滤镜效果上，单击鼠标左键并拖曳至"信息"面板下方，如图11-98所示，可以看到该"老电影"滤镜是由"色彩平衡"滤镜与"视频噪声"滤镜设置转变而成的。

图11-97 选择"老电影"滤镜效果

图11-98 拖曳至"信息"面板下方

STEP 05 再次在特效面板中，选择另一个"老电影"滤镜效果，如图11-99所示。

STEP 06 在选择的滤镜效果上，单击鼠标左键并拖曳至"信息"面板下方，再次添加一个"老电影"视频滤镜，如图11-100所示。

图11-99 选择另一个"老电影"滤镜

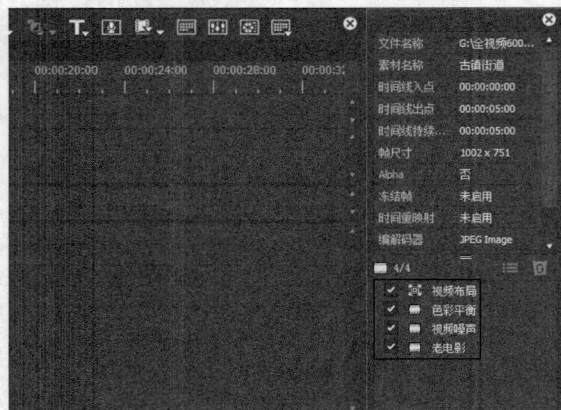

图11-100 再次添加"老电影"滤镜

STEP 07 在"信息"面板的"色彩平衡"滤镜上,单击鼠标右键,在弹出的快捷菜单中选择"打开设置对话框"选项,弹出"色彩平衡"对话框,在其中设置"色度"为−128、"红"为19、"绿"为4、"蓝"为−38,如图11−101所示。

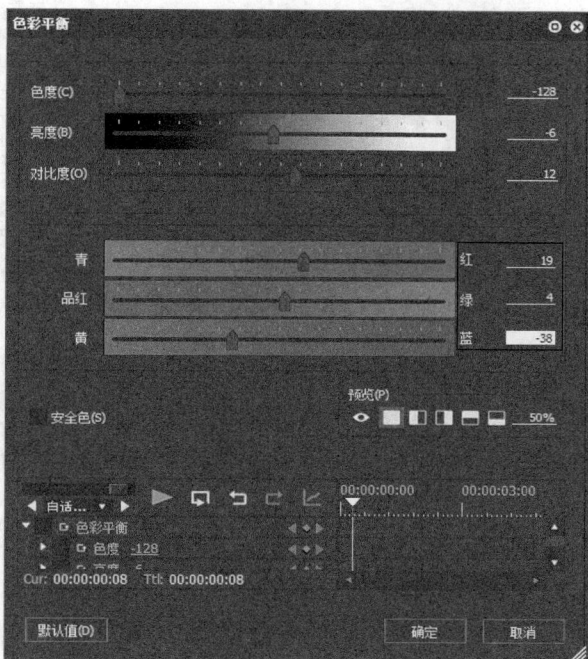

STEP 08 设置完成后,单击对话框下方的"确定"按钮,完成"色彩平衡"滤镜的设置,在"信息"面板的"老电影"滤镜上,双击鼠标左键,弹出"老电影"对话框,在"尘粒和毛发"选项区中,设置"毛发比率"为52、"大小"为48、"数量"为60、"亮度"为40、"持续时间"为8;在"刮痕和噪声"选项区中,设置"数量"为30、"亮度"为40、"移动性"为128、"持续时间"为80;在"帧跳动"选项区中,设置"偏移"为60、"概率"为10;在"闪烁"选项区中,设置"幅度"为16,如图11−102所示。

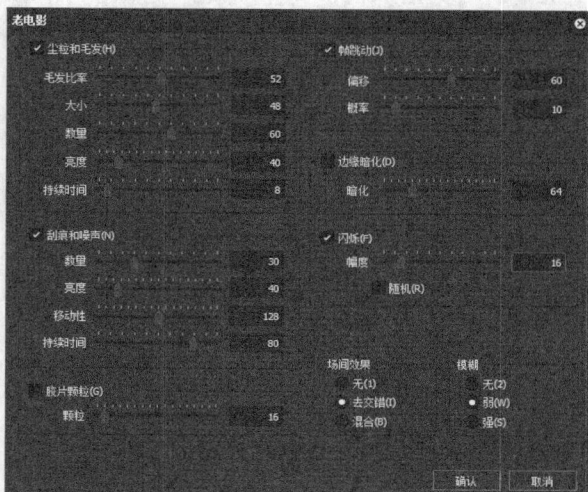

图11−101 设置"色彩平衡"各参数

图11−102 设置"老电影"各参数

STEP 09 设置完成后,单击"确认"按钮,完成对"老电影"滤镜效果的设置,在录制窗口中,单击"播放"按钮,即可预览添加"老电影"滤镜后的视频画面效果,如图11−103所示。

图11−103 预览"老电影"滤镜效果

技巧点拨

在 EDIUS 8 视频特效制作后,老电影滤镜配合色彩校正类滤镜的使用,可以使视频画面产生泛黄或者黑白化的特效。

实战 213　视频噪声滤镜

▶ 实例位置：光盘 \ 效果 \ 第 11 章 \ 实战 213.ezp
▶ 素材位置：光盘 \ 素材 \ 第 11 章 \ 实战 213.jpg
▶ 视频位置：光盘 \ 视频 \ 第 11 章 \ 实战 213.mp4

● 实例介绍 ●

在 EDIUS 8 工作界面中，视频噪声滤镜可以为视频添加杂点，适当的数值可以为画面增加胶片颗粒质感。下面向读者介绍应用视频噪声滤镜制作视频特效的方法。

● 操作步骤 ●

STEP 01 在视频轨中，导入一张静态图像，如图 11-104 所示。

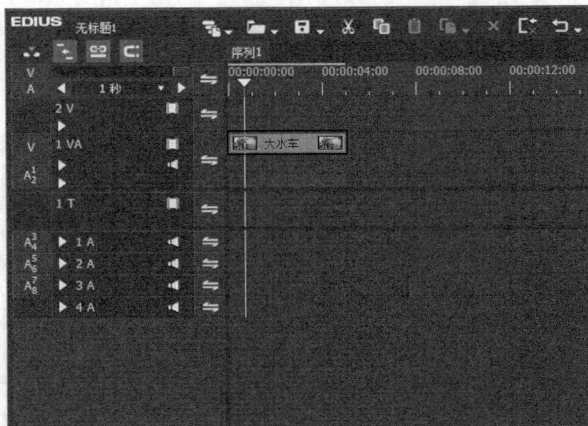

图 11-104　导入一张静态图像

STEP 02 在录制窗口中，可以查看导入的素材画面效果，如图 11-105 所示。

图 11-105　查看素材画面效果

STEP 03 展开特效面板，在"视频滤镜"滤镜组中选择"视频噪声"滤镜，如图 11-106 所示。

图 11-106　选择"视频噪声"滤镜

STEP 04 将选择的滤镜添加至视频轨中的图像素材上，在"信息"面板中选择"视频噪声"选项，单击上方的"打开设置对话框"按钮，如图 11-107 所示。

图 11-107　单击"打开设置对话框"按钮

STEP 05 执行操作后，弹出"视频噪声"对话框，在其中设置"比率"为 46，如图 11-108 所示。

STEP 06 设置完成后，单击"确认"按钮，返回 EDIUS 8 工作界面，单击录制窗口下方的"播放"按钮，预览添加"视频噪声"滤镜后的视频画面效果，如图 11-109 所示。

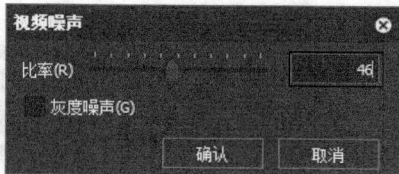

图11-108 设置"比率"为46

图11-109 预览"视频噪声"滤镜效果

实战 214 高斯模糊滤镜

▶ 实例位置：光盘 \ 效果 \ 第 11 章 \ 实战 214.ezp
▶ 素材位置：光盘 \ 素材 \ 第 11 章 \ 实战 214.jpg
▶ 视频位置：光盘 \ 视频 \ 第 11 章 \ 实战 214.mp4

● 实例介绍 ●

在EDIUS 8工作界面中，高斯模糊滤镜可以向图像中添加低频细节，使图像产生一种朦胧的模糊效果。下面向读者介绍应用高斯模糊滤镜制作视频特效的方法。

● 操作步骤 ●

STEP 01 在视频轨中，导入一张静态图像，如图11-110所示。

STEP 02 在录制窗口中，可以查看导入的素材画面效果，如图11-111所示。

图11-110 导入一张静态图像

图11-111 查看素材画面效果

STEP 03 展开特效面板，在"视频滤镜"滤镜组中选择"高斯模糊"滤镜，如图11-112所示。

STEP 04 将选择的滤镜添加至视频轨中的图像素材上，在"信息"面板中选择"高斯模糊"选项，单击上方的"打开设置对话框"按钮，如图11-113所示。

图11-112 选择"高斯模糊"滤镜

图11-113 单击"打开设置对话框"按钮

STEP 05 执行操作后，弹出"高斯模糊"对话框，在其中设置"水平模糊"与"垂直模糊"均为2%，如图11-114所示。

STEP 06 设置完成后，单击"确认"按钮，返回EDIUS 8工作界面，单击录制窗口下方的"播放"按钮，预览添加"高斯模糊"滤镜后的视频画面效果，如图11-115所示。

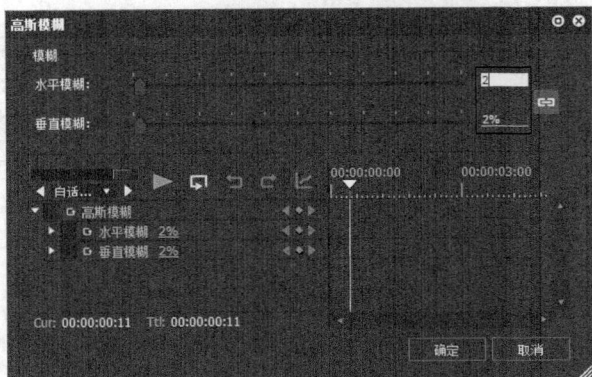

图11-114 设置"高斯模糊"参数

图11-115 预览"高斯模糊"滤镜效果

技巧点拨

在 EDIUS 8 的视频特效滤镜组中，还有一种滤镜是模糊滤镜，该滤镜也可以使视频画面产生模糊的效果，模糊参数越多，画面越模糊。

实战 215　混合滤镜

▶ 实例位置：光盘 \ 效果 \ 第 11 章 \ 实战 215.ezp
▶ 素材位置：光盘 \ 素材 \ 第 11 章 \ 实战 215.jpg
▶ 视频位置：光盘 \ 视频 \ 第 11 章 \ 实战 215.mp4

● 实例介绍 ●

在EDIUS 8工作界面中，混合滤镜是指将两个滤镜效果以百分比率混合，混合程度可以设置关键帧动画。虽然滤镜本身只提供两个效果的混合，但是需要混合多个效果的话，可以嵌套使用。下面向读者介绍应用混合滤镜制作视频特效的方法。

● 操作步骤 ●

STEP 01 在视频轨中，导入一张静态图像，如图11-116所示。

STEP 02 在录制窗口中，可以查看导入的素材画面效果，如图11-117所示。

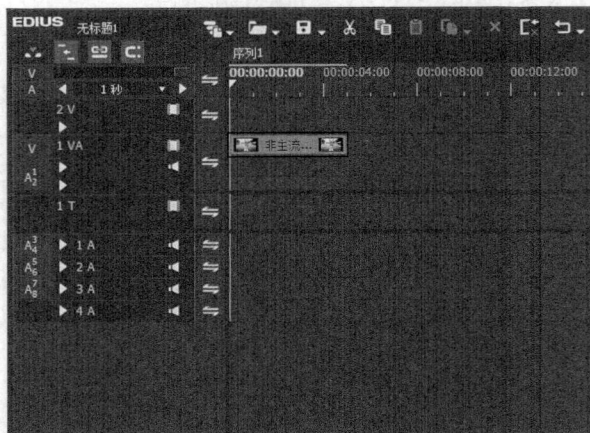

图11-116 导入一张静态图像

图11-117 查看素材画面效果

STEP 03 展开特效面板,在"视频滤镜"滤镜组中选择"混合滤镜"滤镜,如图11-118所示。

STEP 04 将选择的滤镜添加至视频轨中的图像素材上,在"信息"面板中选择"混合滤镜"选项,单击鼠标右键,在弹出的快捷菜单中选择"打开设置对话框"选项,如图11-119所示。

图11-118 选择"混合滤镜"滤镜

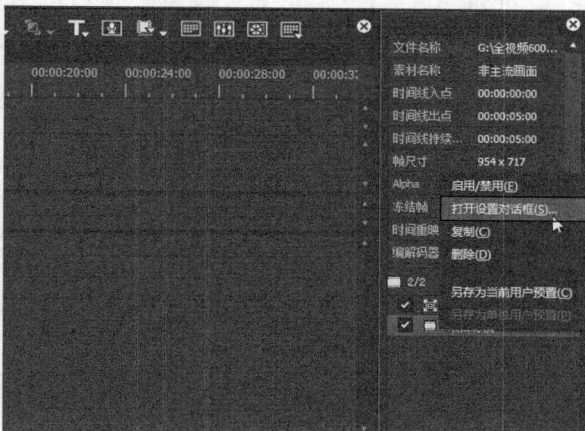

图11-119 选择"打开设置对话框"选项

STEP 05 弹出"混合滤镜设置"对话框,在其中设置"滤镜1"为"单色",单击右侧的"设置"按钮,如图11-120所示。

STEP 06 弹出"单色"对话框,在其中设置U为171、V为177,如图11-121所示,设置单色的颜色属性。

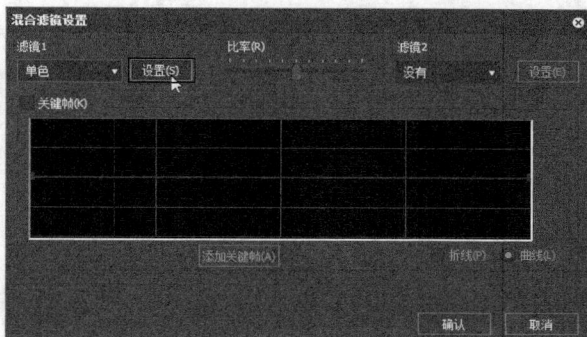

图11-120 单击"设置"按钮

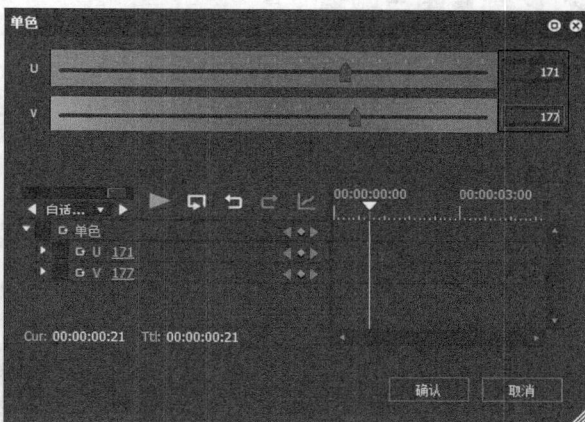

图11-121 设置单色参数

STEP 07 设置完成后,单击"确认"按钮,返回"混合滤镜设置"对话框,在其中设置"滤镜2"为"焦点柔化",并单击右侧的"设置"按钮,如图11-122所示。

STEP 08 执行操作后,弹出"焦点柔化"对话框,在其中设置"半径"为3、"模糊"为75、"亮度"为20,如图11-123所示,设置焦点柔化的参数。

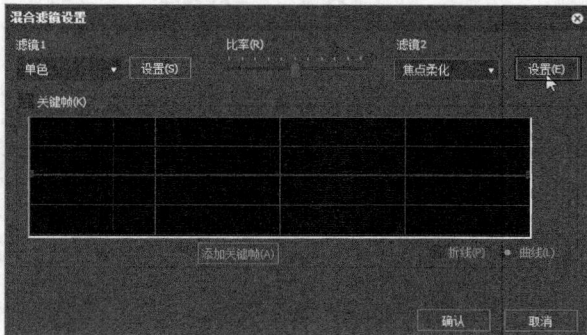

图11-122 单击"设置"按钮

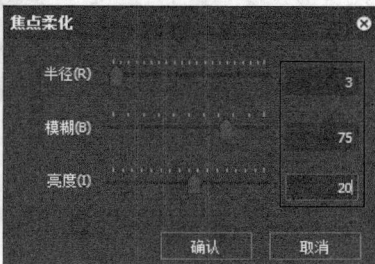

图11-123 设置焦点柔化的参数

知识拓展

在"焦点柔化"对话框中，各选项含义如下。
"半径"数值框：在该数值框中，输入相应参数，可以设置焦点柔化的半径大小，数值越大，画面越柔和；数值越小，画面越清晰。
"模糊"数值框：在该数值框中，输入相应参数，可以设置画面中焦点柔化的模糊程度。
"亮度"数值框：在该数值框中，输入相应参数，可以设置画面的明暗程度。

STEP 09 设置完成后，依次单击"确认"按钮，返回 EDIUS 8工作界面，单击录制窗口下方的"播放"按钮，预览制作的"混合滤镜"视频画面效果，如图11-124所示。

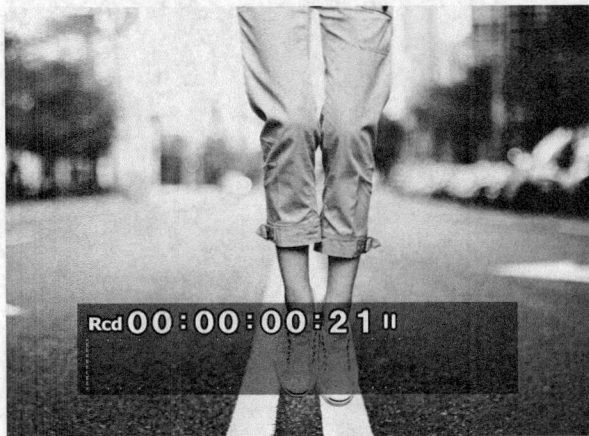

图11-124 预览"混合滤镜"视频效果

实战 216 组合滤镜

▶ 实例位置：光盘\效果\第11章\实战216.ezp
▶ 素材位置：光盘\素材\第11章\实战216.jpg
▶ 视频位置：光盘\视频\第11章\实战216.mp4

● 实例介绍 ●

在EDIUS 8工作界面中，组合滤镜可以同时设置5个不同的滤镜效果，该滤镜通过不同滤镜的组合应用，可以得到一个全新的视频滤镜效果。下面向读者介绍应用组合滤镜制作视频特效的方法。

● 操作步骤 ●

STEP 01 在视频轨中，导入一张静态图像，如图11-125所示。

STEP 02 在录制窗口中，可以查看导入的素材画面效果，如图11-126所示。

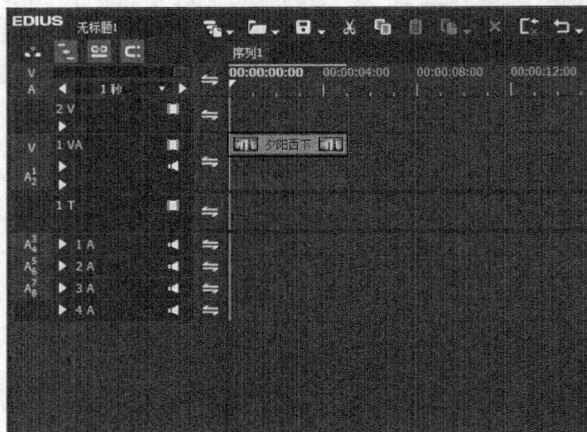

图11-125 导入一张静态图像

图11-126 查看素材画面效果

STEP 03 展开特效面板，在"视频滤镜"滤镜组中选择"组合滤镜"效果，如图11-127所示。

STEP 04 将选择的滤镜添加至视频轨中的图像素材上，在"信息"面板中选择"组合滤镜"选项，单击鼠标右键，在弹出的快捷菜单中选择"打开设置对话框"选项，如图11-128所示。

图11-127 选择"组合滤镜"滤镜效果

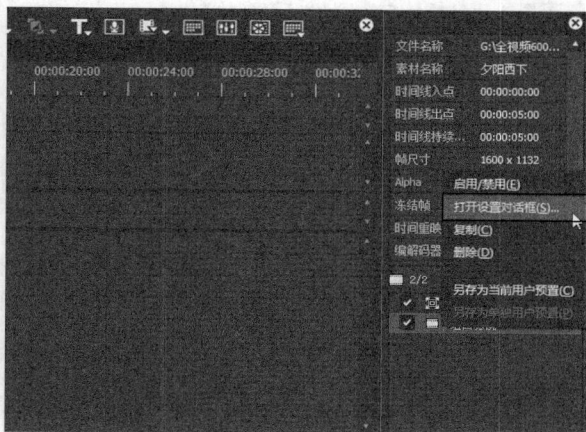

图11-128 选择"打开设置对话框"选项

STEP 05 执行操作后，弹出"组合滤镜"对话框，选中前面3个复选框，表示同时应用3个滤镜效果，如图11-129所示。

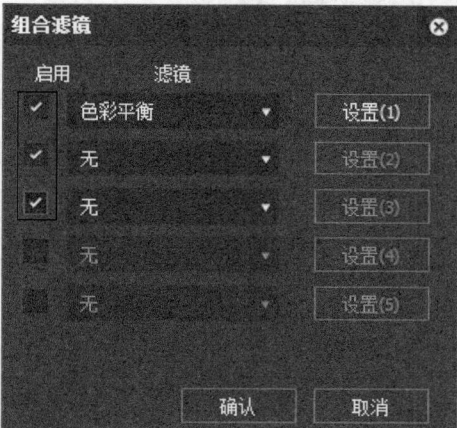

STEP 06 设置第1个滤镜为"色彩平衡"，单击右侧的"设置"按钮，如图11-130所示。

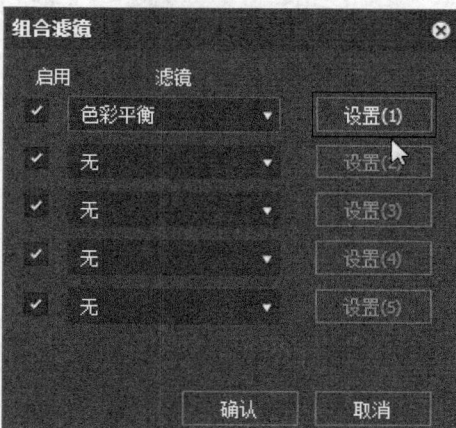

图11-129 选中前面3个复选框

图11-130 单击"设置"按钮

STEP 07 执行操作后，弹出"色彩平衡"对话框，在其中设置"红"为26、"绿"为-6、"蓝"为-17，如图11-131所示，设置色彩平衡滤镜参数。

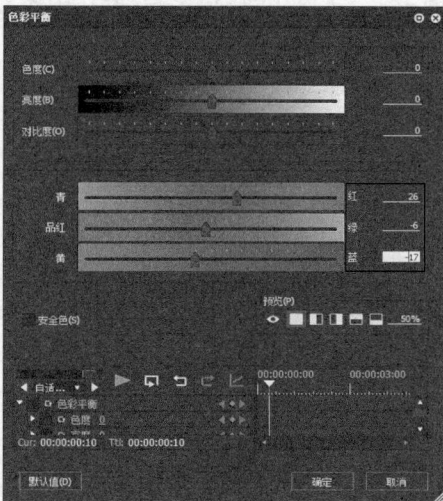

STEP 08 设置完成后，单击"确定"按钮，返回"组合滤镜"对话框，设置第2个滤镜为"颜色轮"，单击右侧的"设置"按钮，如图11-132所示。

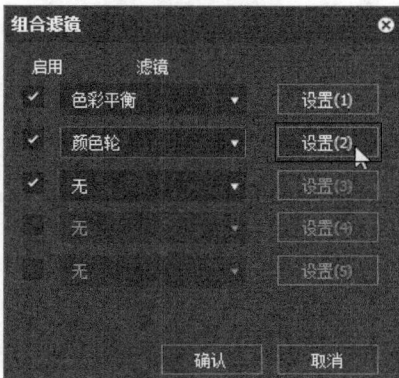

图11-131 设置色彩平衡滤镜参数

图11-132 单击"设置"按钮

STEP 09 执行操作后，弹出"颜色轮"对话框，在其中设置"色调"为8.52、"饱和度"为-16，如图11-133所示，设置颜色轮滤镜参数。

STEP 10 设置完成后，单击"确定"按钮，返回"组合滤镜"对话框，设置第3个滤镜为"锐化"，单击右侧的"设置"按钮，如图11-134所示。

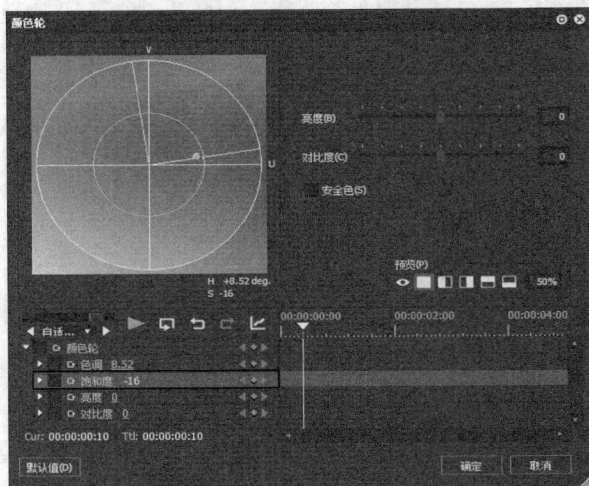

图11-133 设置颜色轮滤镜参数

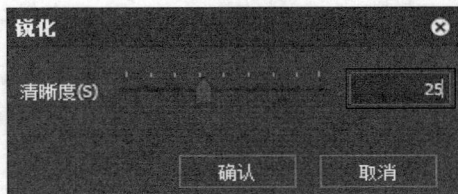

图11-134 单击"设置"按钮

STEP 11 执行操作后，弹出"锐化"对话框，在其中设置"清晰度"为25，如图11-135所示。

STEP 12 设置完成后，单击"确认"按钮，返回"组合滤镜"对话框，继续单击"确认"按钮，完成"组合滤镜"特效设置，单击录制窗口下方的"播放"按钮，预览添加"组合滤镜"滤镜后的画面效果，如图11-136所示。

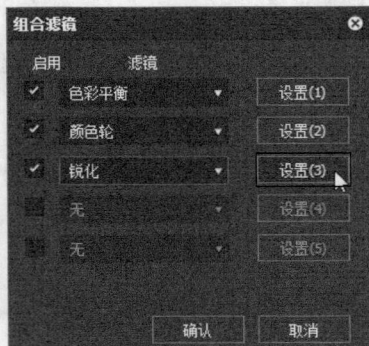

图11-135 设置"清晰度"为25

图11-136 预览"组合滤镜"滤镜效果

第 **12** 章

精彩转场特效的制作

本章导读

在影视后期特效制作中，转场主要利用一些特殊的效果，在素材与素材之间产生自然、平滑、美观以及流畅的过渡效果，让视频画面更富有表现力，合理的运用转场效果，可以制作出让人赏心悦目的视频影片。本章主要向读者介绍制作视频转场特效的操作方法，希望读者可以熟练掌握本章内容。

要点索引

- 转场效果的添加与编辑
- 转场边框与边缘效果的设置
- 转场效果精彩应用
- 制作 2D 转场效果
- 制作 3D 转场效果
- 创作 3D 翻动转场效果
- 制作单页剥离转场效果

- 制作其他精彩转场效果
- 制作龙卷风转场效果
- 制作双页剥入转场效果
- 制作双页剥离转场效果
- 制作双页剥合转场效果
- 制作双页剥开转场效果
- 制作双页卷边转场效果

- 制作回旋转场效果

Rcd 00:00:05:04

Rcd 00:00:05:03

Rcd 00:00:05:01

Rcd 00:00:05:03

12.1 转场效果的添加与编辑

　　视频是由镜头与镜头之间的连接组建起来的，因此在许多镜头与镜头之间的切换过程中，难免会显得过于僵硬。此时，用户可以在两个镜头之间添加转场效果，使镜头与镜头之间的画面过渡更为平滑。本节主要向读者介绍转场效果的添加与编辑的操作方法。

实战 217	手动添加转场

▶ 实例位置：光盘 \ 效果 \ 第 12 章 \ 实战 217.ezp
▶ 素材位置：光盘 \ 素材 \ 第 12 章 \ 实战 217（1）.jpg、实战 217（2）.jpg
▶ 视频位置：光盘 \ 视频 \ 第 12 章 \ 实战 217.mp4

● 实例介绍 ●

　　在EDIUS 8工作界面中，转场效果被放置在特效面板中，用户只需将转场效果拖入视频轨道中的两段素材之间，即可应用转场效果。下面向读者介绍手动添加转场效果的操作方法。

● 操作步骤 ●

STEP 01 在视频轨中的适当位置，导入两张静态图像，如图12-1所示。

STEP 02 单击"视图"|"面板"|"特效面板"命令，打开特效面板，如图12-2所示。

图12-1 导入两张静态图像

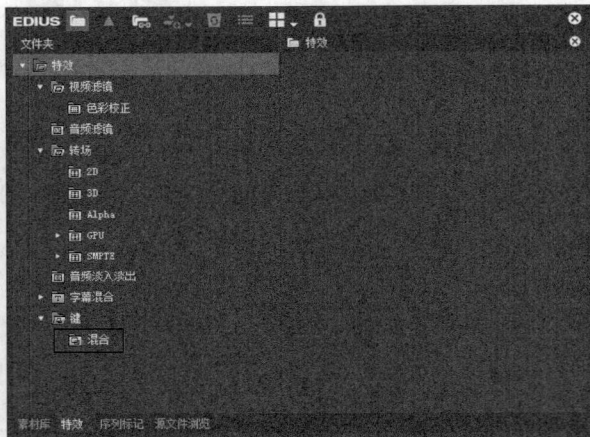

图12-2 打开特效面板

STEP 03 在左侧窗格中，依次展开"特效"|"转场"| GPU |"单页"|"3D翻动"选项，进入"3D翻动"转场组，在其中选择"3D翻入-从右下"转场效果，如图12-3所示。

STEP 04 在选择的转场效果上，单击鼠标左键并拖曳至视频轨中的两段素材文件之间，释放鼠标左键，即可添加"3D翻入-从右下"转场效果，如图12-4所示。

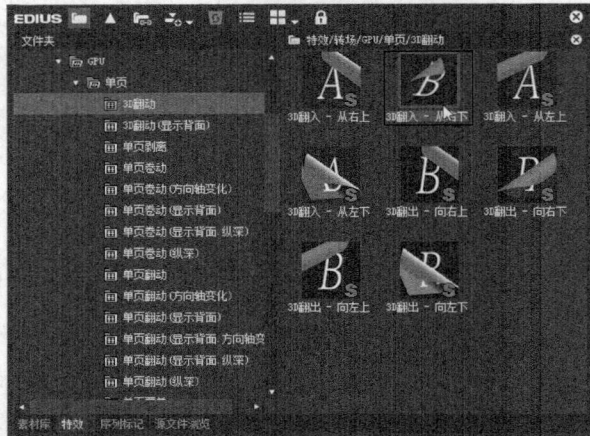

图12-3 选择转场效果

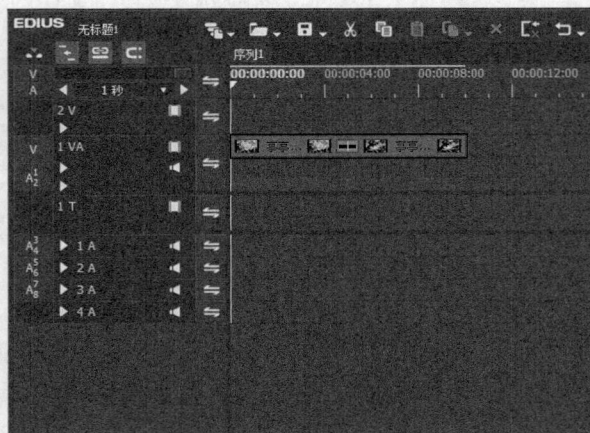

图12-4 添加转场效果

STEP 05 单击"播放"按钮，预览添加的"3D翻入-从右下"转场效果，如图12-5所示。

图12-5　预览转场效果

知识拓展

转场效果简介

在视频编辑工作中，素材与素材之间的连接称为切换。最常用的切换方法是一个素材与另一个素材紧密连接，使其直接过渡，这种方法称为"硬切换"；另一种方法称为"软切换"，它使用了一些特殊的效果，在素材与素材之间产生自然、流畅和平滑的过渡，如图 12-6 所示。

图12-6　"软切换"转场效果

转场特效面板

在 EDIUS 8 工作界面中，提供了多种转场效果，都存在于特效面板中，如图 12-7 所示。合理地运用这些转场效果，可以让素材之间的过渡更加生动、自然，从而制作出绚丽多姿的视频作品。

3D转场组　　"变换"转场组

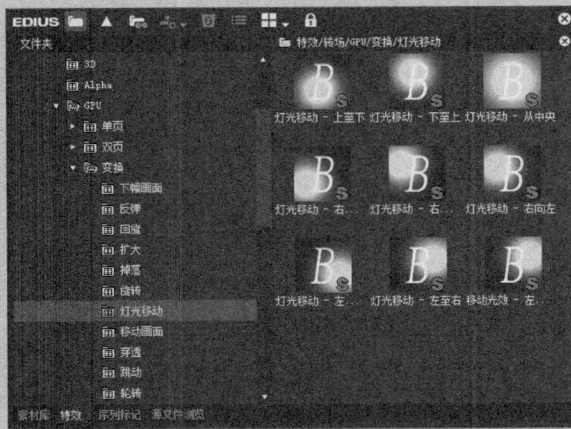

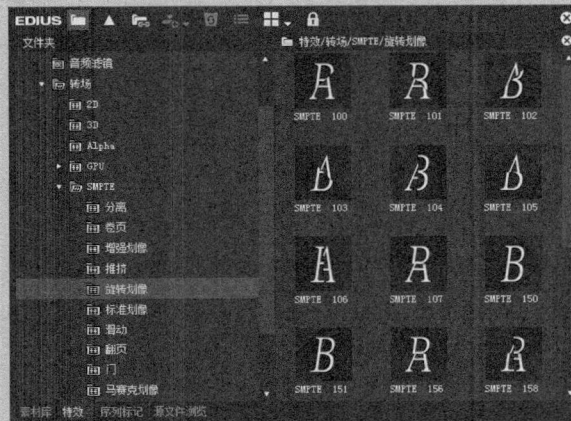

"旋转划像"转场组

图12-7 转场特效面板

技巧点拨

在电视节目与微电影的后期剪辑中，这种"软切换"的转场方式运用得比较多，特别是 Alpha 转场特效，希望读者可以熟练掌握此方法。

实战 218　设置默认添加转场

▶ 实例位置：光盘 \ 效果 \ 第 12 章 \ 实战 218.ezp
▶ 素材位置：光盘 \ 素材 \ 第 12 章 \ 实战 218（1）.jpg、实战 218（2）.jpg
▶ 视频位置：光盘 \ 视频 \ 第 12 章 \ 实战 218.mp4

● 实例介绍 ●

在EDIUS 8工作界面中，当用户需要在大量的静态照片之间加入转场效果时，此时设置默认转场效果最为方便。

● 操作步骤 ●

STEP 01 按Ctrl + N组合键，新建一个工程文件，在视频轨中的适当位置导入两张静态图像，如图12-8所示。

STEP 02 在轨道面板上方，单击"设置默认转场"按钮，在弹出的列表框中选择"添加到素材入点"选项，如图12-9所示。

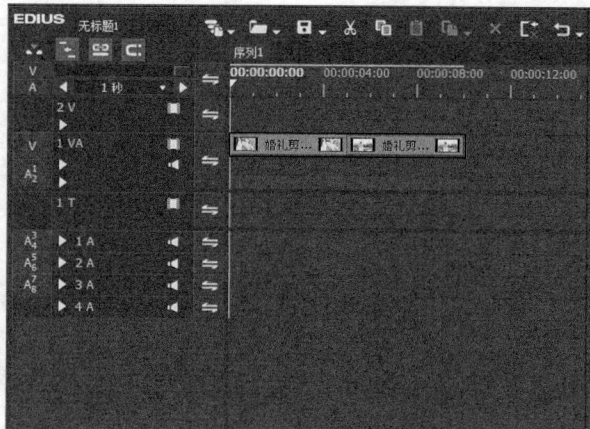

图12-8 导入两张静态图像

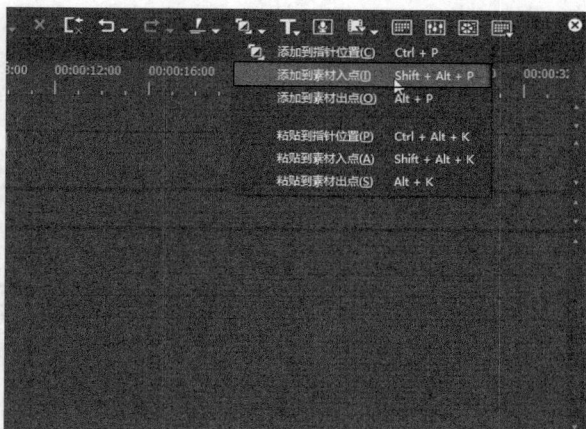

图12-9 选择"添加到素材入点"选项

STEP 03 执行操作后,即可在素材入点添加默认的转场效果,单击录制窗口下方的"播放"按钮,预览添加的默认转场效果,如图12-10所示。

图12-10 预览添加的默认转场效果

技巧点拨

用户可以在特效面板中选择常用的转场效果,单击鼠标右键,在弹出的快捷菜单中选择"设置为默认特效"选项,即可将某个转场设置为软件默认转场效果。

知识拓展

在 EDIUS 8 工作界面中，按 Ctrl + P 组合键，可以在指针位置添加默认转场效果；按 Shift + Alt + P 组合键，可以在素材入点位置添加默认转场效果；按 Alt + P 组合键，可以在素材出点位置添加默认转场效果。

实战 219 复制转场效果

▶ **实例位置：**光盘 \ 效果 \ 第 12 章 \ 实战 219.ezp
▶ **素材位置：**光盘 \ 素材 \ 第 12 章 \ 实战 219（1）.jpg、实战 219（2）.jpg、实战 219（3）.jpg
▶ **视频位置：**光盘 \ 视频 \ 第 12 章 \ 实战 219.mp4

● 实例介绍 ●

在 EDIUS 8 工作界面中，对于需要重复使用的转场效果，用户可以进行复制与粘贴操作，提高编辑视频的效率。下面向读者介绍复制转场的方法。

● 操作步骤 ●

STEP 01 在视频轨中的适当位置，导入 3 张静态图像，如图 12-11 所示。

STEP 02 在第 1 张与第 2 张静态图像之间，添加 3D 转场组中的"卷页飞出"转场效果，如图 12-12 所示。

图 12-11 导入 3 张静态图像

图 12-12 添加转场效果

STEP 03 选择添加的"卷页飞出"转场效果，单击鼠标右键，在弹出的快捷菜单中选择"复制"选项，复制转场效果，如图 12-13 所示。

STEP 04 在视频轨中，选择需要粘贴转场效果的素材文件，如图 12-14 所示。

图 12-13 选择"复制"选项

图 12-14 选择需要粘贴转场的素材文件

STEP 05 在轨道面板上方，单击"设置默认转场"按钮，在弹出的列表框中选择"粘贴到素材出点"选项，如图12-15所示。

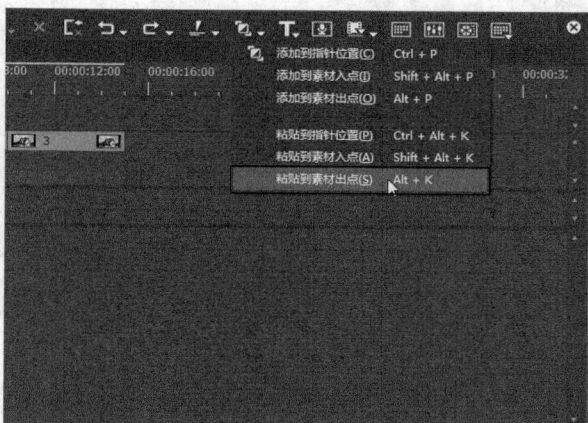

STEP 06 即可将转场效果粘贴至选择的素材出点位置，如图12-16所示。

图12-15 选择"粘贴到素材出点"选项

图12-16 粘贴转场效果

STEP 07 单击"播放"按钮，预览复制的转场效果，如图12-17所示。

图12-17 预览复制的转场效果

技巧点拨

　　在 EDIUS 8 工作界面中，按 Ctrl + Alt + K 组合键，可以将转场效果粘贴到指针位置；按 Shift + Alt + K 组合键，可以将转场效果粘贴到素材入点位置；按 Alt + K 组合键，可以将转场效果粘贴到素材出点位置。

实战 220　移动转场效果

▶ 实例位置：光盘\效果\第12章\实战220.ezp
▶ 素材位置：光盘\素材\第12章\实战220（1）.jpg、实战220（2）.jpg、实战220（3）.jpg
▶ 视频位置：光盘\视频\第12章\实战220.mp4

● 实例介绍 ●

在EDIUS 8工作界面中，用户可以根据实际需要对转场效果进行移动，将转场效果放置在合适的位置上。

● 操作步骤 ●

STEP 01 在视频轨中的适当位置，导入3张静态图像，如图12-18所示。

STEP 02 展开特效面板，在2D转场组中，选择"圆形"转场效果，如图12-19所示。

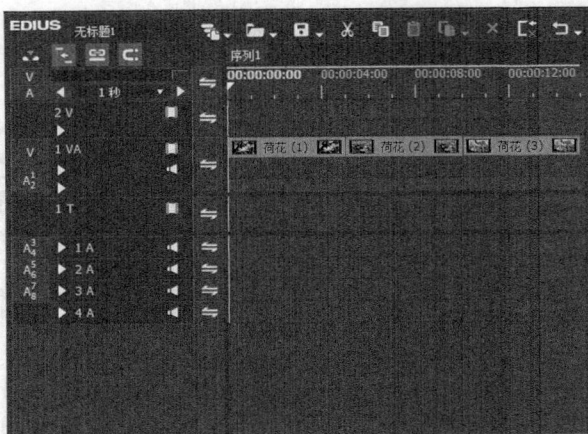
图12-18 导入3张静态图像

图12-19 选择"圆形"转场效果

STEP 03 在该转场效果上，单击鼠标左键并拖曳至视频轨中第一段素材与第二段素材中间，添加"圆形"转场效果，如图12-20所示。

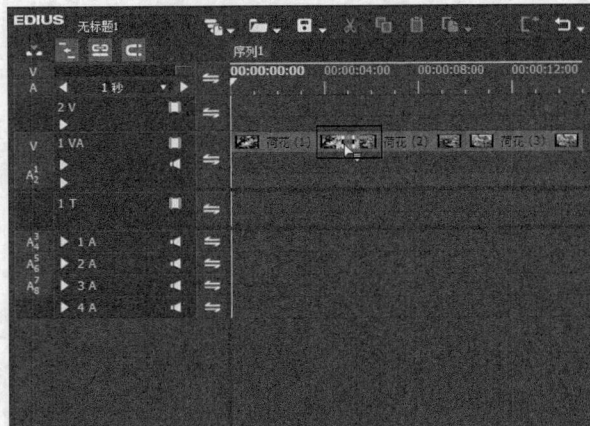
图12-20 添加"圆形"转场效果

STEP 04 在录制窗口中，单击"播放"按钮，预览添加的"圆形"转场效果，如图12-21所示。

图12-21 预览"圆形"转场效果

STEP 05 在视频轨中的转场效果上，单击鼠标右键，在弹出的快捷菜单中选择"剪切"选项，如图12-22所示。

STEP 06 执行操作后，即可剪切视频轨中的转场效果，将时间线移至第二段素材与第三段素材的中间，然后选择第二段素材，如图12-23所示。

图12-22 选择"剪切"选项

图12-23 选择第二段素材

STEP 07 在菜单栏中，单击"编辑"|"粘贴"|"指针位置"命令，如图12-24所示。

STEP 08 执行操作后，即可将剪切的转场效果粘贴至时间线面板中的指针位置，实现了移动转场效果的操作，如图12-25所示。

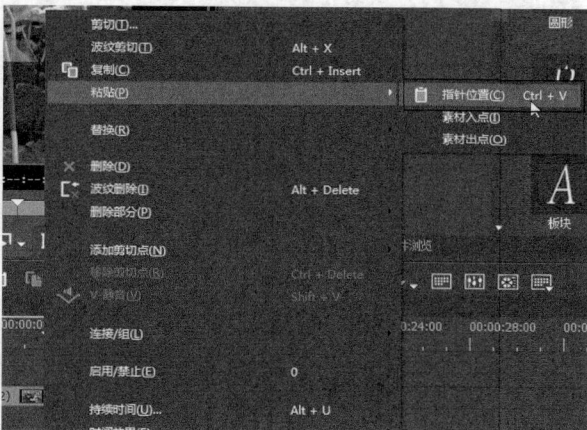
图12-24 单击"指针位置"命令

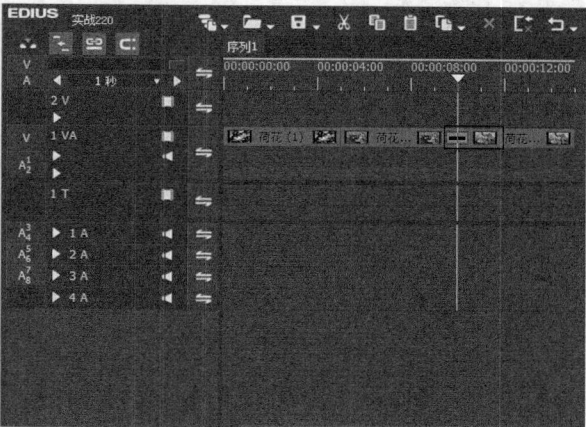
图12-25 移动转场效果

STEP 09 在录制窗口中，单击"播放"按钮，预览移动转场效果后的视频画面效果，如图12-26所示。

图12-26 预览视频画面效果

技巧点拨

在 EDIUS 8 工作界面中，选择需要剪切的转场效果，按 Ctrl + X 组合键，可以快速剪切转场效果；将时间线移至需要粘贴转场效果的位置，然后选择第二段素材，按 Ctrl + V 组合键，可以快速对剪辑的转场效果进行粘贴操作，实现转场效果的移动操作。

实战 **221** 替换转场效果

▶ 实例位置：光盘 \ 效果 \ 第 12 章 \ 实战 221.ezp
▶ 素材位置：光盘 \ 素材 \ 第 12 章 \ 实战 221（1）.jpg、实战 221（2）.jpg
▶ 视频位置：光盘 \ 视频 \ 第 12 章 \ 实战 221.mp4

● 实例介绍 ●

在 EDIUS 8 工作界面中，如果用户对当前添加的转场效果不满意，此时可以对转场效果进行替换操作，使视频画面更加符合用户的需求。下面向读者介绍替换转场效果的操作方法。

● 操作步骤 ●

STEP 01 在视频轨中的适当位置，导入两张静态图像，如图12-27所示。

STEP 02 展开特效面板，在2D转场组中，选择"条纹"转场效果，如图12-28所示。

图12-27 导入两张静态图像

图12-28 选择"条纹"转场效果

STEP 03 在视频轨中的素材之间，添加条纹转场效果，如图12-29所示。

图12-29 添加条纹转场效果

STEP 04 单击录制窗口下方的"播放"按钮，预览已经添加的视频转场效果，如图12-30所示。

图12-30 预览视频转场效果

STEP 05 在特效面板的3D素材库中，选择需要替换之后的转场效果，这里选择"双门"转场效果，如图12-31所示。

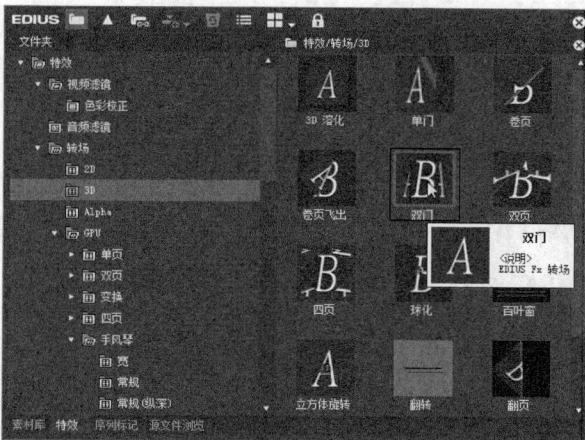

STEP 06 在该转场效果上，单击鼠标左键并拖曳至视频轨中已经添加的转场效果上方，如图12-32所示，释放鼠标左键，即可替换之前添加的转场效果。

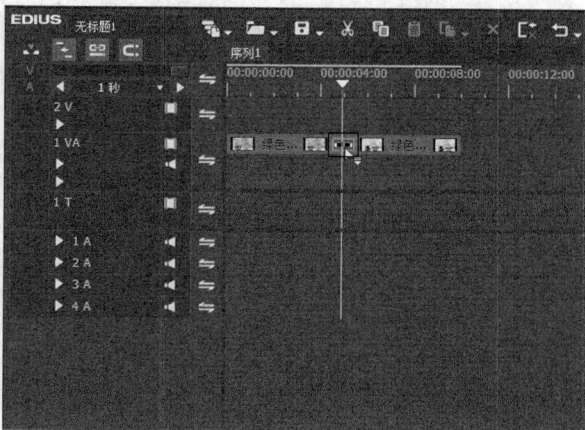

图12-31 选择"双门"转场效果

图12-32 拖曳至已经添加的转场效果上

STEP 07 单击"播放"按钮，预览替换之后的视频转场效果，如图12-33所示。

图12-33 预览替换之后的视频转场效果

实战 222　删除转场效果

▶ 实例位置：光盘＼效果＼第12章＼实战222.ezp
▶ 素材位置：光盘＼素材＼第12章＼实战222（1）.jpg、实战222（2）.jpg
▶ 视频位置：光盘＼视频＼第12章＼实战222.mp4

● 实例介绍 ●

在制作视频特效的过程中，如果用户对视频轨中添加的转场效果不满意，此时可以对转场效果进行删除操作。下面向读者介绍删除视频转场效果的操作方法。

● 操作步骤 ●

STEP 01 在视频轨中的适当位置，导入两张静态图像，如图12-34所示。

STEP 02 展开特效面板，在2D转场组中，选择"拉伸"转场效果，如图12-35所示。

技巧点拨

在EDIUS 8工作界面中，用户还可以通过以下3种方法删除视频转场效果。
在视频轨中选择需要删除的转场效果，单击"编辑"｜"删除"命令，可以删除当前选择的转场效果。
在视频轨中选择需要删除的转场效果，单击鼠标右键，在弹出的快捷菜单中选择"删除部分"｜"转场"｜"全部"或"素材转场"

选项，可以删除全部转场效果或当前选择的转场效果。

按 Delete 键，可以删除当前选择的转场效果。

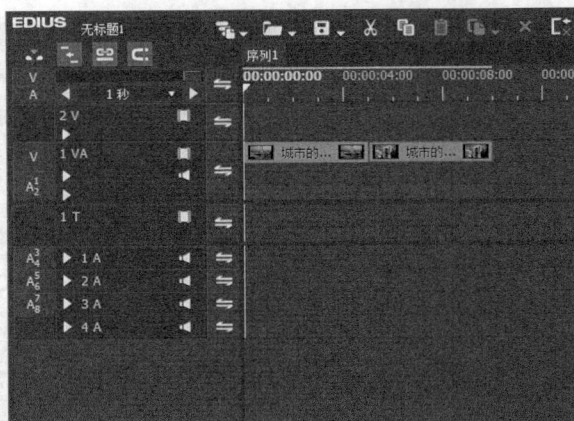

图12-34 导入两张静态图像

图12-35 选择"拉伸"转场效果

STEP 03 在视频轨中的素材之间，添加拉伸转场效果，如图12-36所示。

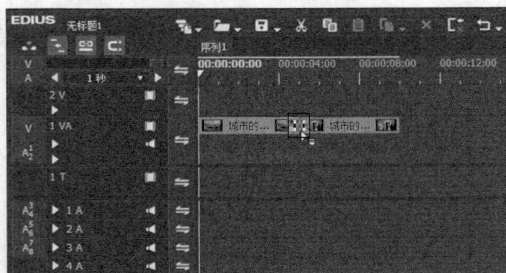

图12-36 添加拉伸转场效果

STEP 04 单击录制窗口下方的"播放"按钮，预览已经添加的视频转场效果，如图12-37所示。

图12-37 预览添加的视频转场效果

STEP 05 在视频轨中，选择需要删除的视频转场效果，如图12-38所示。

STEP 06 在转场效果上，单击鼠标右键，在弹出的快捷菜单中选择"删除"选项，如图12-39所示。

图12-38 选择需要删除的视频转场

图12-39 选择"删除"选项

STEP 07 执行操作后，即可删除视频
轨中的转场效果，单击"播放"按
钮，预览删除转场效果后的视频画
面，如图12-40所示。

图12-40 预览删除转场后的视频画面

12.2 转场边框与边缘效果的设置

在EDIUS 8工作界面中，在图像素材之间添加转场效果后，还可以设置转场效果的属性。本节主要向读者介绍设置转场
属性的操作方法，希望读者可以熟练掌握。

实战 223 设置转场边框特效

▶ 实例位置：光盘 \ 效果 \ 第 12 章 \ 实战 223.ezp
▶ 素材位置：光盘 \ 素材 \ 第 12 章 \ 实战 223（1）.jpg、实战 223（2）.jpg
▶ 视频位置：光盘 \ 视频 \ 第 12 章 \ 实战 223.mp4

● 实例介绍 ●

在EDIUS 8工作界面中，可以为转场效果设置相应的边框样式，从而为转场效果锦上添花，加强效果的审美度。下
面向读者介绍设置转场效果边框特效的操作方法。

● 操作步骤 ●

STEP 01 单击"文件" | "打开工程"命令，打开一个工程
文件，如图12-41所示。

图12-41 打开一个工程文件

STEP 02 在录制窗口中，单击"播
放"按钮，预览已经添加的转场效
果，如图12-42所示。

图12-42 预览已经添加的转场效果

STEP 03 在视频轨中，选择需要设置的转场效果，如图
12-43所示。

STEP 04 在该转场效果上，单击鼠标右键，在弹出的快捷
菜单中选择"设置"选项，如图12-44所示。

图12-43 选择需要设置的转场效果

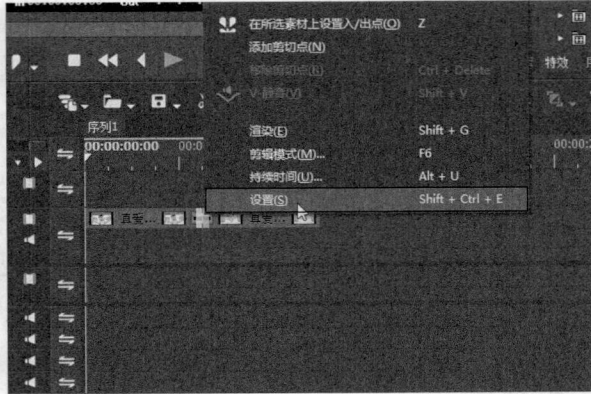

图12-44 选择"设置"选项

STEP 05 执行操作后,弹出"圆形"对话框,在"边框"选项区中,选中"颜色"复选框,在右侧设置"宽度"为3,如图12-45所示。

STEP 06 单击中间的白色色块,弹出"色彩选择-709"对话框,在右侧设置"红"为258、"绿"为537、"蓝"为23,如图12-46所示。

图12-45 设置"宽度"为3

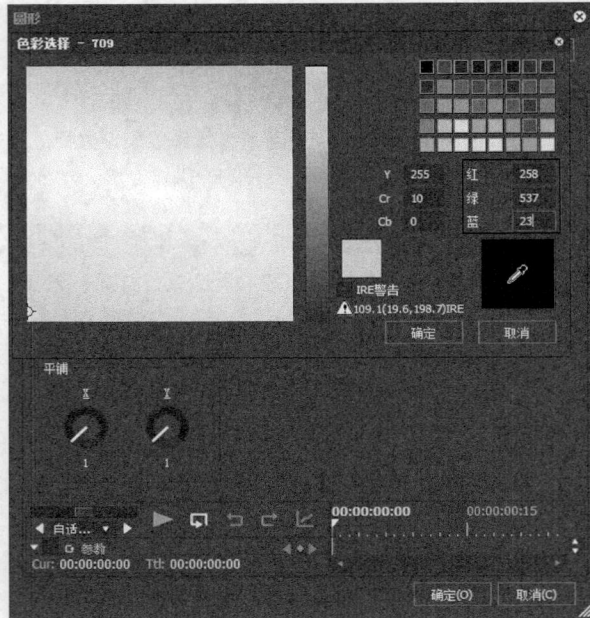

图12-46 设置边框的颜色值

技巧点拨

在 EDIUS 8 工作界面的"色彩选择-709"对话框中,颜色设置功能非常强大,用户不仅可以在左侧的预览窗口中通过手动拖曳的方式选择合适的色彩,还可以在右上方的色块中选择相应的色块颜色,还可以在下方的"红""绿""蓝"数值框中输入相应的数值,来设置色彩范围。

STEP 07 依次单击"确定"按钮,即可为转场添加边框特效,单击"播放"按钮,预览添加边框后的视频转场效果,如图12-47所示。

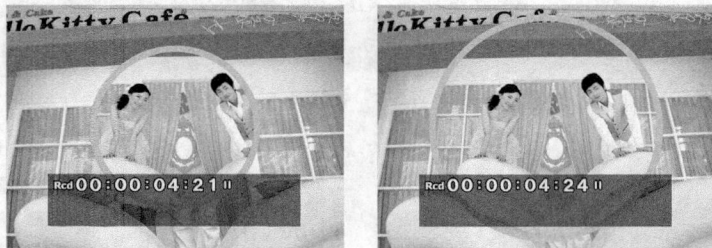

图12-47 预览添加边框后的视频转场效果

技巧点拨

在 EDIUS 8 工作界面中，选择需要设置的转场效果，按 Shift + Ctrl + E 组合键，也可以快速弹出"圆形"对话框。

实战 224 柔化转场的边缘

▶ 实例位置：光盘 \ 效果 \ 第 12 章 \ 实战 224.ezp
▶ 素材位置：光盘 \ 素材 \ 第 12 章 \ 实战 224（1）.jpg、实战 224（2）.jpg
▶ 视频位置：光盘 \ 视频 \ 第 12 章 \ 实战 224.mp4

● 实例介绍 ●

当用户为视频轨中的转场效果添加边框后，边框的边缘比较硬，不够柔软，此时用户可以设置转场边缘的柔化程度。

● 操作步骤 ●

STEP 01 单击"文件"|"打开工程"命令，打开一个工程文件，如图12-48所示。

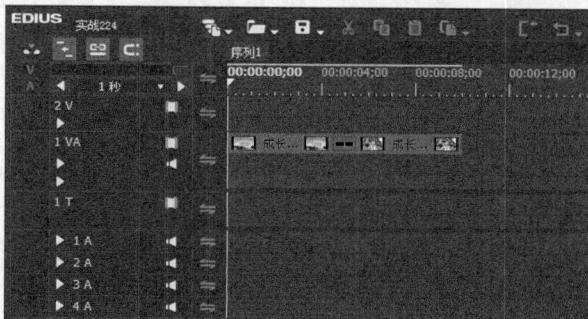
图12-48 打开一个工程文件

STEP 02 在录制窗口中，单击"播放"按钮，预览已经添加的转场效果，如图12-49所示。

图12-49 预览已经添加的转场效果

STEP 03 在视频轨中，选择需要设置柔化边缘的转场效果，如图12-50所示。

STEP 04 在该转场效果上，单击鼠标右键，在弹出的快捷菜单中选择"设置"选项，如图12-51所示。

图12-50 选择转场效果

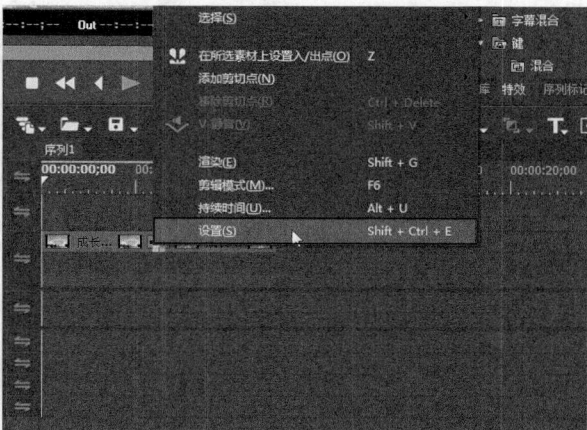
图12-51 选择"设置"选项

STEP 05 弹出"方形"对话框,在"边框"选项区中选中"柔化边框"复选框,如图12-52所示。

图12-52 选中"柔化边框"复选框

STEP 06 设置完成后,单击"确定"按钮,即可柔化转场的边缘,单击"播放"按钮,预览柔化边框后的视频转场效果,如图12-53所示。

图12-53 预览柔化边框后的视频转场效果

12.3 转场效果精彩应用

在EDIUS 8工作界面中,转场效果的种类繁多,某些转场效果独具特色,可以为视频添加非凡的视觉体验。本节主要向读者介绍制作视频精彩转场效果的操作方法。

实战 225 Alpha转场特效

▶ 实例位置:光盘 \ 效果 \ 第 12 章 \ 实战 225.ezp
▶ 素材位置:光盘 \ 素材 \ 第 12 章 \ 实战 225(1).jpg、实战 225(2).jpg
▶ 视频位置:光盘 \ 视频 \ 第 12 章 \ 实战 225.mp4

● 实例介绍 ●

Alpha转场组中只有一个"Alpha自定义图像"转场效果,是指通过载入一张自定义的图片作为Alpha信息控制转场的方式,它属于2D类的转场。

下面向读者介绍运用Alpha转场特效制作视频切换效果的操作方法。

● 操作步骤 ●

STEP 01 在视频轨中的适当位置,导入两张静态图像,如图12-54所示。

STEP 02 展开特效面板,在Alpha转场组中,选择"Alpha自定义图像"转场效果,如图12-55所示。

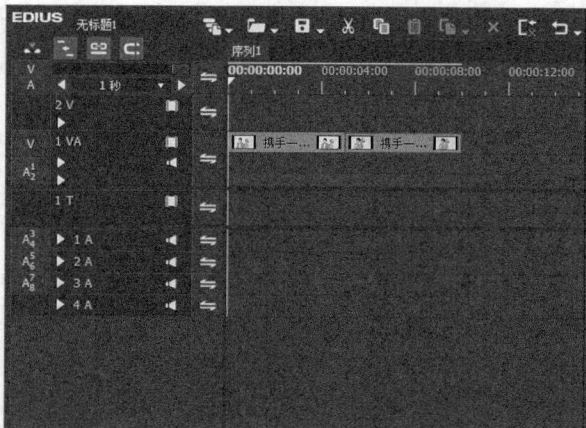

图12-54 导入两张静态图像

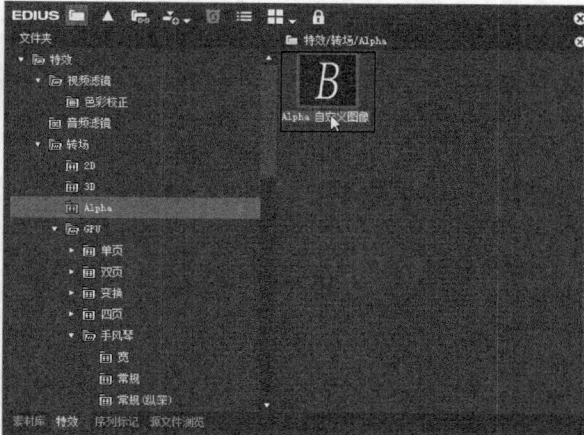

图12-55 选择转场效果

STEP 03 在选择的转场效果上，单击鼠标左键并拖曳至视频轨中的两段素材文件之间，释放鼠标左键，即可添加"Alpha自定义图像"转场效果，如图12-56所示。

STEP 04 在添加的转场效果上，单击鼠标右键，在弹出的快捷菜单中选择"设置"选项，如图12-57所示。

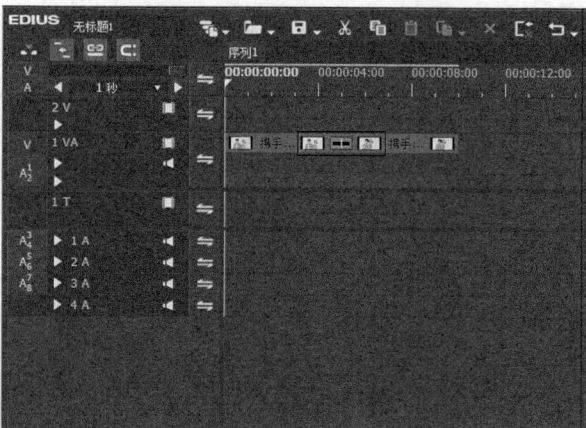

图12-56 添加转场效果

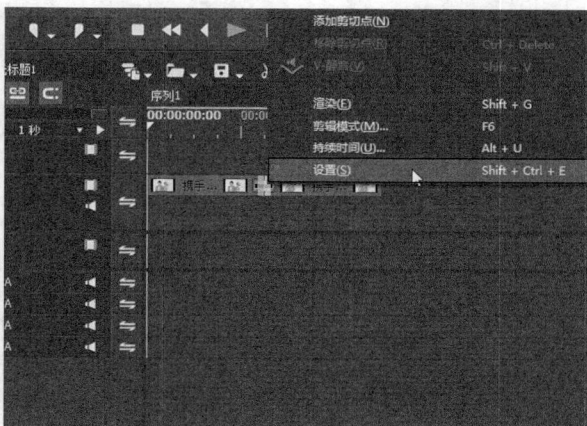

图12-57 选择"设置"选项

STEP 05 执行操作后，弹出"Alpha自定义图像"对话框，单击"Alpha位图"右侧的按钮，如图12-58所示。

STEP 06 执行操作后，弹出"打开"对话框，在其中选择bmp格式的位图图像，如图12-59所示。

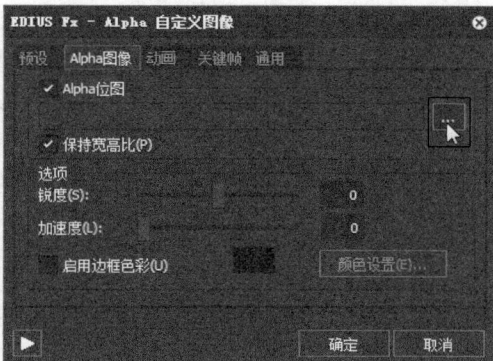

图12-58 单击右侧的按钮

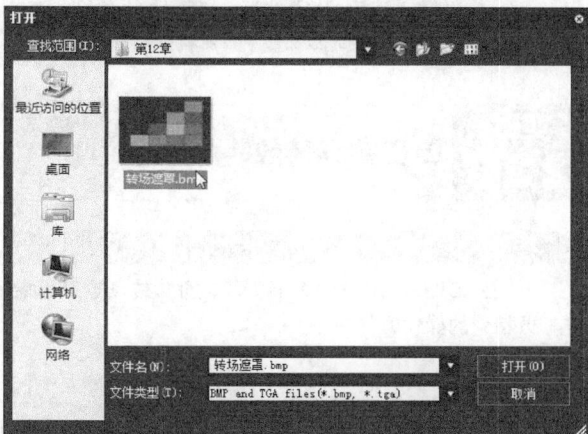

图12-59 选择bmp格式的位图图像

技巧点拨

在"Alpha 自定义图像"对话框的"Alpha 图像"选项卡中，用户可以载入一张位图图像，默认状态下，位图中纯黑色的部分将填充视频 B（目标视频），纯白色的部分将填充视频 A（源视频）。Alpha 转场的实质就是一张全白色的图（只有视频 A），可以根据用户指定图片的明暗信息，先将图片中暗色部分叠化出来（视频 B 从黑色部分显现出来），再将亮色部分叠化为黑色。

STEP 07 单击"打开"按钮，返回"Alpha自定义图像"对话框，在"Alpha位置"下方的文本框中，显示了刚选择的位图图像的源文件位置，如图12-60所示。

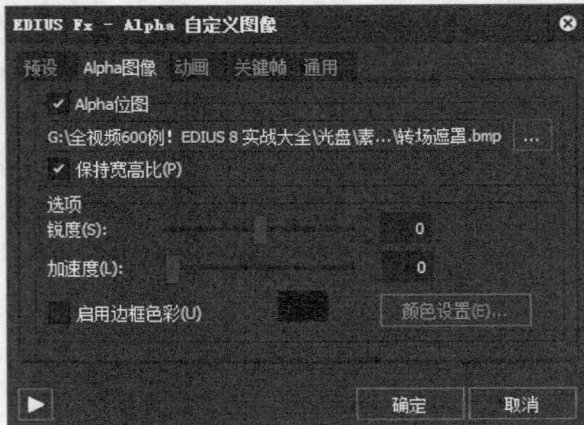

图12-60 显示源文件的位置

STEP 08 自定义图像完成后，单击"确定"按钮，返回EDIUS 8工作界面，在录制窗口中单击"播放"按钮，预览Alpha自定义图像转场效果，如图12-61所示。

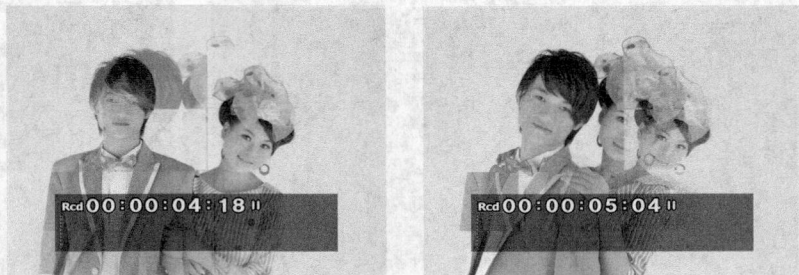

图12-61 预览Alpha自定义图像转场效果

知识拓展

在"Alpha 自定义图像"对话框的"Alpha 图像"选项卡中，各主要选项含义如下。

"Alpha 位图"文本框：在该文本框中，用户可以导入一张位图图像作为转场过渡方式。

"保持宽高比"复选框：选中该复选框，可以将导入的位图尺寸保持宽高比例。

"锐度"数值框：在该数值框中，可以设置 Alpha 位图明暗交界的锐度，锐度越小，明暗过渡的灰度越丰富，转场的效果越柔和。

"加速度"数值框：在该数值框中设置相应的参数，可以控制明暗过渡速度的变化程度，数值越大，变化程度越大。

"启用边框色彩"复选框：选中该复选框，可以设置转场切换时的边框色彩。

实战 226 单页转场特效

▶ 实例位置：光盘 \ 效果 \ 第 12 章 \ 实战 226.ezp
▶ 素材位置：光盘 \ 素材 \ 第 12 章 \ 实战 226（1）.jpg、实战 226（2）.jpg
▶ 视频位置：光盘 \ 视频 \ 第 12 章 \ 实战 226.mp4

● 实例介绍 ●

在EDIUS 8工作界面中，"单页"转场效果是指素材A以单页翻入或翻出的方式显示素材B，下面向读者介绍制作单页特效的操作方法。

● 操作步骤 ●

STEP 01 在视频轨中，导入两张静态图像，如图12-62所示。

STEP 02 展开特效面板，在"单页"|"3D翻动"转场组中，选择"3D翻入-从右上"转场效果，如图12-63所示。

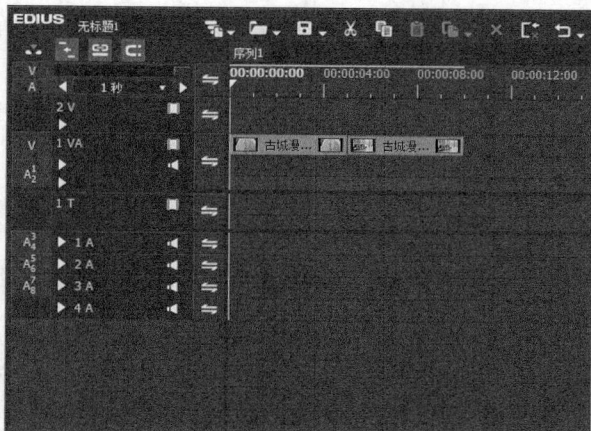

图12-62 导入两张静态图像

图12-63 选择转场效果

STEP 03 在该转场效果上，单击鼠标左键并拖曳至视频轨中的两幅图像素材之间，即可添加"3D翻入–从右上"转场效果，如图12-64所示。

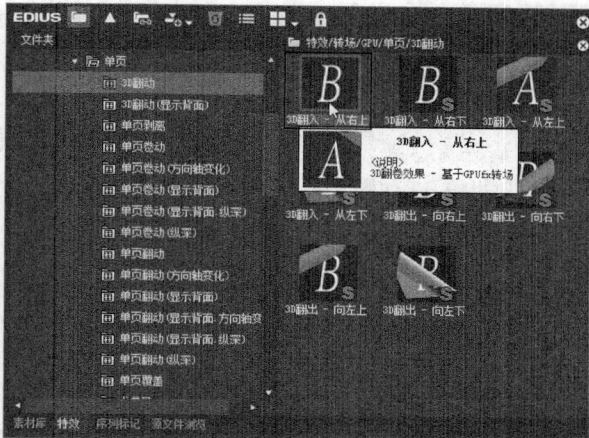

图12-64 添加转场效果

技巧点拨

在 EDIUS 8 工作界面中，如果用户对添加的"3D 翻入 – 从右上"转场效果的动态过渡不满意，此时可以选择该转场效果，单击鼠标右键，在弹出的快捷菜单中选择"设置"选项，弹出"翻转"对话框，在其中用户可以设置转场效果的属性。

STEP 04 在录制窗口中，单击"播放"按钮，预览"3D翻入–从右上"转场效果，如图12-65所示。

图12-65 预览转场效果

<table>
<tr><td rowspan="2">实战
227</td><td rowspan="2">双页转场特效</td><td>▶ 实例位置：光盘 \ 效果 \ 第 12 章 \ 实战 227.ezp</td></tr>
</table>

实战 227	双页转场特效	▶ 实例位置：光盘 \ 效果 \ 第 12 章 \ 实战 227.ezp
		▶ 素材位置：光盘 \ 素材 \ 第 12 章 \ 实战 227（1）.jpg、实战 227（2）.jpg
		▶ 视频位置：光盘 \ 视频 \ 第 12 章 \ 实战 227.mp4

● 实例介绍 ●

在EDIUS 8工作界面中，"双页"转场效果是指素材A以双页剥入或剥离的方式显示素材B。下面向读者介绍制作双页特效的操作方法。

● 操作步骤 ●

STEP 01 在视频轨中，导入两张静态图像，如图12-66所示。

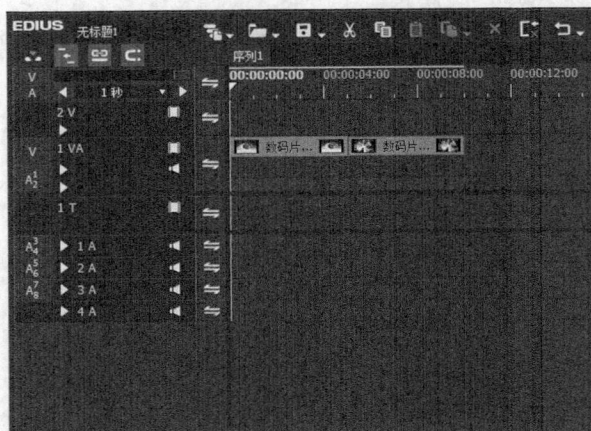

STEP 02 展开特效面板，在"双页"|"剥"转场组中，选择"双页剥入-从上"转场效果，如图12-67所示。

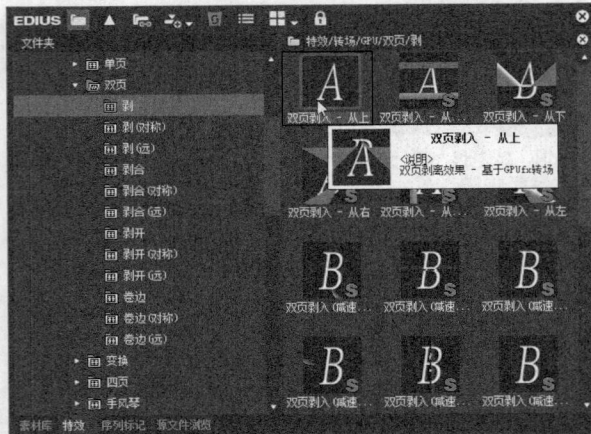

图12-66 导入两张静态图像

图12-67 选择转场效果

STEP 03 在该转场效果上，单击鼠标左键并拖曳至视频轨中的两幅图像素材之间，即可添加"双页剥入-从上"转场效果，如图12-68所示。

图12-68 添加转场效果

STEP 04 在录制窗口中，单击"播放"按钮，预览"双页剥入-从上"转场效果，如图12-69所示。

图12-69 预览转场效果

<table>
<tr><td rowspan="2">实战
228</td><td rowspan="2">**变换转场特效**</td><td>▶ 实例位置：光盘＼效果＼第 12 章＼实战 228.ezp</td></tr>
<tr><td>▶ 素材位置：光盘＼素材＼第 12 章＼实战 228（1）.jpg、实战 228（2）.jpg</td></tr>
</table>

▶ 视频位置：光盘＼视频＼第 12 章＼实战 228.mp4

● 实例介绍 ●

　　在EDIUS 8工作界面中，"变换"转场效果是指素材A以变换的方式显示素材B，下面向读者介绍制作变换转场特效的操作方法。

● 操作步骤 ●

STEP 01 在视频轨中，导入两张静态图像，如图12-70所示。

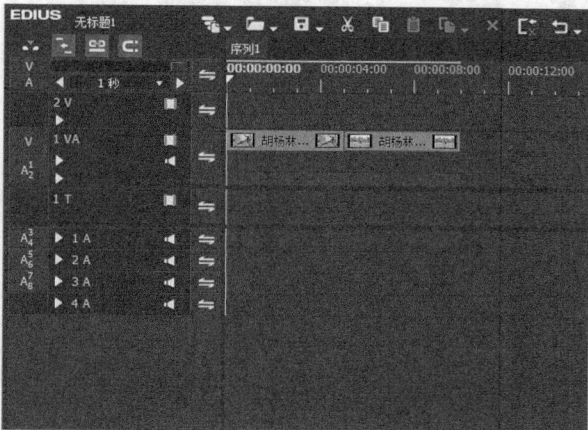

STEP 02 展开特效面板，在"变换"|"下幅画面"转场组中，选择"下幅画面-从上"转场效果，如图12-71所示。

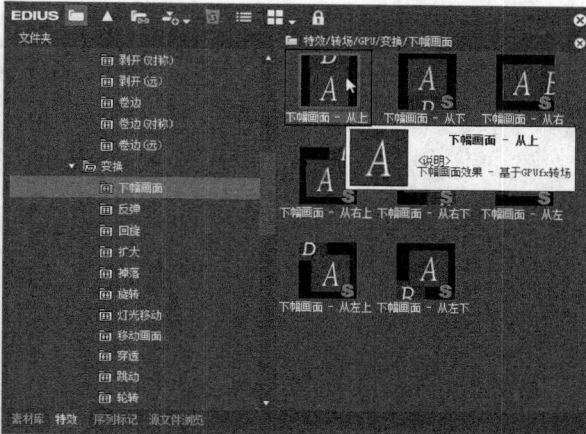

图12-70 导入两张静态图像

图12-71 选择转场效果

STEP 03 在该转场效果上，单击鼠标左键并拖曳至视频轨中的两幅图像素材之间，即可添加"下幅画面-从上"转场效果，如图12-72所示。

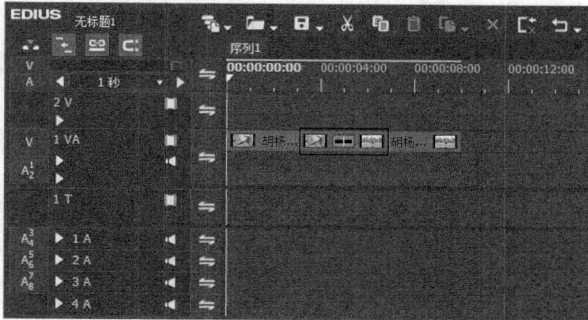

图12-72 添加转场效果

STEP 04 在录制窗口中，单击"播放"按钮，预览"下幅画面-从上"转场效果，如图12-73所示。

图12-73 预览转场效果

<table>
<tr><td rowspan="2">实战
229</td><td rowspan="2">四页转场特效</td><td>▶ 实例位置：光盘 \ 效果 \ 第 12 章 \ 实战 229.ezp</td></tr>
</table>

实战 229	四页转场特效	▶ 实例位置：光盘 \ 效果 \ 第 12 章 \ 实战 229.ezp
		▶ 素材位置：光盘 \ 素材 \ 第 12 章 \ 实战 229（1）.jpg、实战 229（2）.jpg
		▶ 视频位置：光盘 \ 视频 \ 第 12 章 \ 实战 229.mp4

● 实例介绍 ●

在EDIUS 8工作界面中，"四页"转场效果是指素材A以四页卷动或剥离的方式显示素材B，下面向读者介绍制作四页特效的操作方法。

● 操作步骤 ●

STEP 01 在视频轨中，导入两张静态图像，如图12-74所示。

STEP 02 展开特效面板，在"四页"|"剥离"转场组中，选择"四页剥离"转场效果，如图12-75所示。

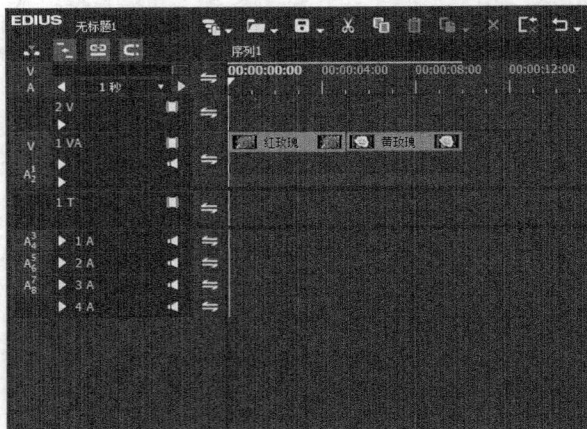

图12-74 导入两张静态图像

图12-75 选择转场效果

STEP 03 在该转场效果上，单击鼠标左键并拖曳至视频轨中的两幅图像素材之间，即可添加"四页剥离"转场效果，如图12-76所示。

图12-76 添加转场效果

STEP 04 在录制窗口中，单击"播放"按钮，预览"四页剥离"转场效果，如图12-77所示。

图12-77 预览转场效果

实战 230　**手风琴转场特效**

▶ 实例位置：光盘＼效果＼第 12 章＼实战 230.ezp
▶ 素材位置：光盘＼素材＼第 12 章＼实战 230（1）.jpg、实战 230（2）.jpg
▶ 视频位置：光盘＼视频＼第 12 章＼实战 230.mp4

● 实例介绍 ●

在EDIUS 8工作界面中，"手风琴"转场效果是指素材A以手风琴拉伸与闭合的方式显示素材B，下面向读者介绍制作手风琴特效的操作方法。

● 操作步骤 ●

STEP 01　在视频轨中，导入两张静态图像，如图12-78所示。

STEP 02　展开特效面板，在"手风琴"｜"宽"转场组中，选择"手风琴转入（宽）-从上"转场效果，如图12-79所示。

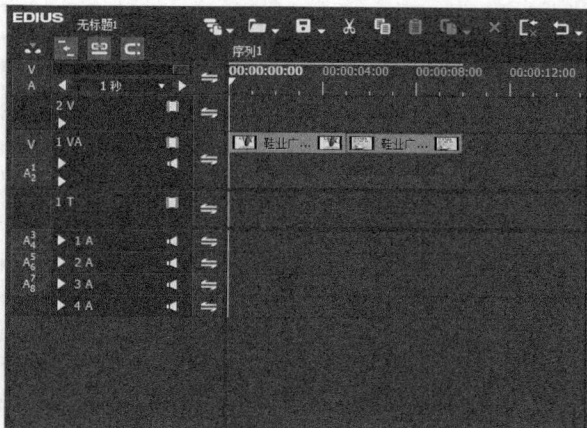

图12-78　导入两张静态图像

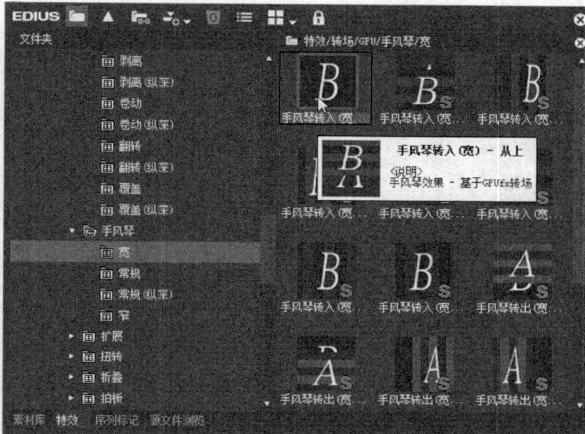

图12-79　选择转场效果

STEP 03　在该转场效果上，单击鼠标左键并拖曳至视频轨中的两幅图像素材之间，即可添加"手风琴转入（宽）-从上"转场效果，如图12-80所示。

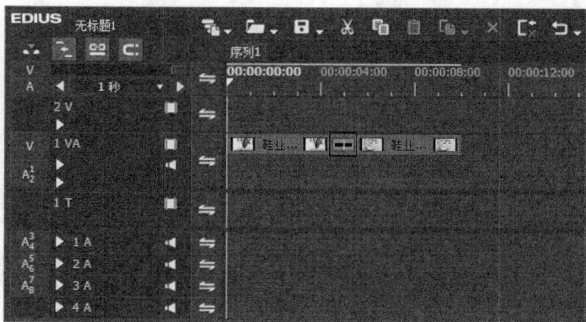

图12-80　添加转场效果

STEP 04　在录制窗口中，单击"播放"按钮，预览"手风琴转入（宽）-从上"转场效果，如图12-81所示。

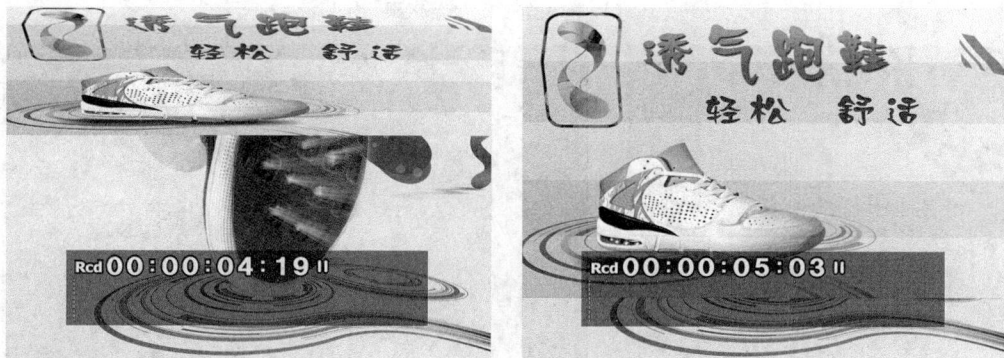

图12-81　预览转场效果

实战 231 扭转转场特效

▶ 实例位置：光盘 \ 效果 \ 第 12 章 \ 实战 231.ezp
▶ 素材位置：光盘 \ 素材 \ 第 12 章 \ 实战 231（1）.jpg、实战 231（2）.jpg
▶ 视频位置：光盘 \ 视频 \ 第 12 章 \ 实战 231.mp4

● 实例介绍 ●

在 EDIUS 8 工作界面中，"扭转"转场效果是指素材 A 以各种扭转的方式显示素材 B，下面向读者介绍制作扭转特效的操作方法。

● 操作步骤 ●

STEP 01 在视频轨中，导入两张静态图像，如图 12-82 所示。

图 12-82 导入两张静态图像

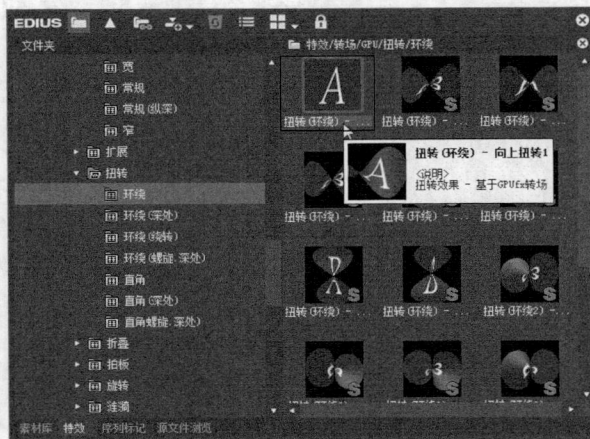

STEP 03 在该转场效果上，单击鼠标左键并拖曳至视频轨中的两幅图像素材之间，即可添加"扭转（环绕）-向上扭转 1"转场效果，如图 12-84 所示。

STEP 02 展开特效面板，在"扭转" | "环绕"转场组中，选择"扭转（环绕）-向上扭转 1"转场效果，如图 12-83 所示。

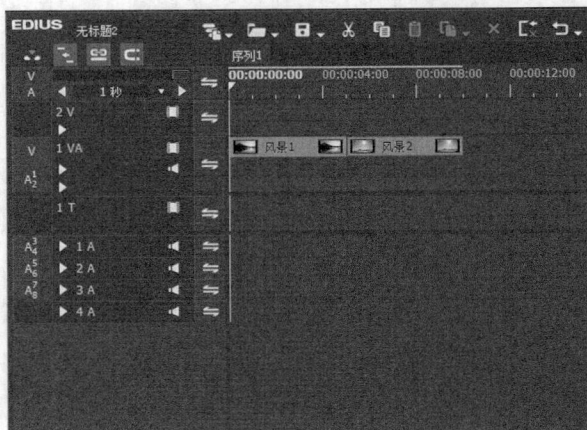

图 12-83 选择转场效果

图 12-84 添加转场效果

STEP 04 在录制窗口中，单击"播放"按钮，预览"扭转（环绕）-向上扭转 1"转场效果，如图 12-85 所示。

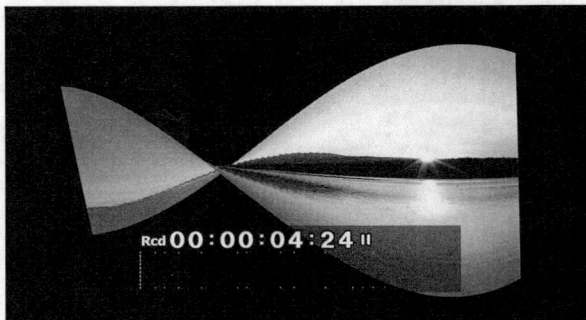

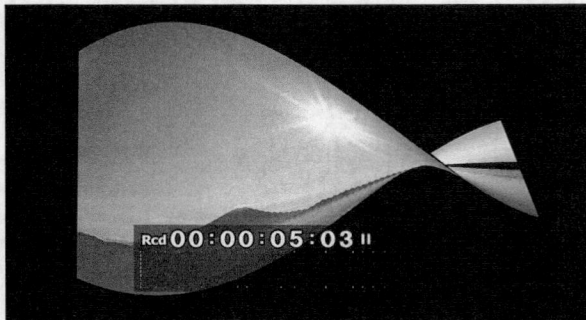

图 12-85 预览转场效果

<table>
<tr><td>实战
232</td><td>旋转转场特效</td><td>▶ 实例位置：光盘 \ 效果 \ 第 12 章 \ 实战 232.ezp
▶ 素材位置：光盘 \ 素材 \ 第 12 章 \ 实战 232（1）.jpg、实战 232（2）.jpg
▶ 视频位置：光盘 \ 视频 \ 第 12 章 \ 实战 232.mp4</td></tr>
</table>

● 实例介绍 ●

在EDIUS 8工作界面中，"旋转"转场效果是指素材A以各种旋转运动的方式显示素材B，下面向读者介绍制作旋转特效的操作方法。

● 操作步骤 ●

STEP 01 在视频轨中，导入两张静态图像，如图12-86所示。

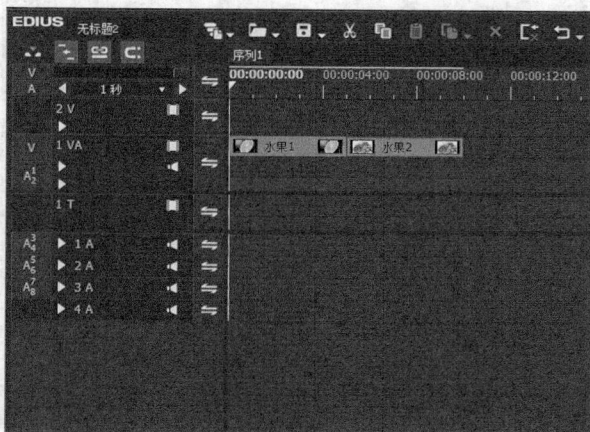

图12-86 导入两张静态图像

STEP 02 展开特效面板，在"旋转"|"分割"转场组中，选择"分割旋转转入-逆时针"转场效果，如图12-87所示。

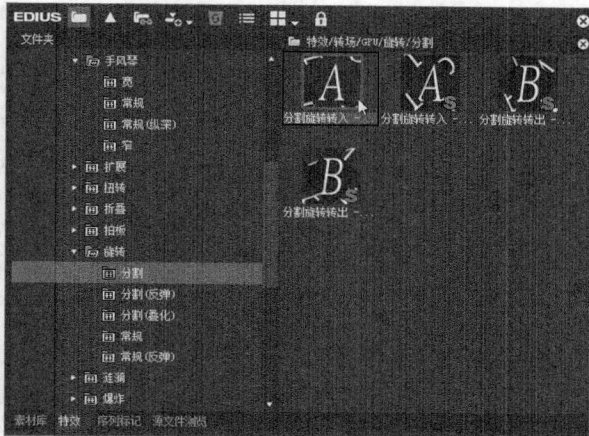

图12-87 选择转场效果

STEP 03 在该转场效果上，单击鼠标左键并拖曳至视频轨中的两幅图像素材之间，即可添加"分割旋转转入-逆时针"转场效果，如图12-88所示。

图12-88 添加转场效果

STEP 04 在录制窗口中，单击"播放"按钮，预览"分割旋转转入-逆时针"转场效果，如图12-89所示。

图12-89 预览转场效果

▶ 实例位置：光盘 \ 效果 \ 第 12 章 \ 实战 233.ezp
▶ 素材位置：光盘 \ 素材 \ 第 12 章 \ 实战 233（1）.jpg、实战 233（2）.jpg
▶ 视频位置：光盘 \ 视频 \ 第 12 章 \ 实战 233.mp4

实战 233 球化转场特效

● 实例介绍 ●

在EDIUS 8工作界面中，"球化"转场效果是指素材A以各种球形旋转运动的方式显示素材B，下面向读者介绍制作球化特效的操作方法。

● 操作步骤 ●

STEP 01 在视频轨中，导入两张静态图像，如图12-90所示。

STEP 02 展开特效面板，在"球化"|"弹球"转场组中，选择"弹球转入-1"转场效果，如图12-91所示。

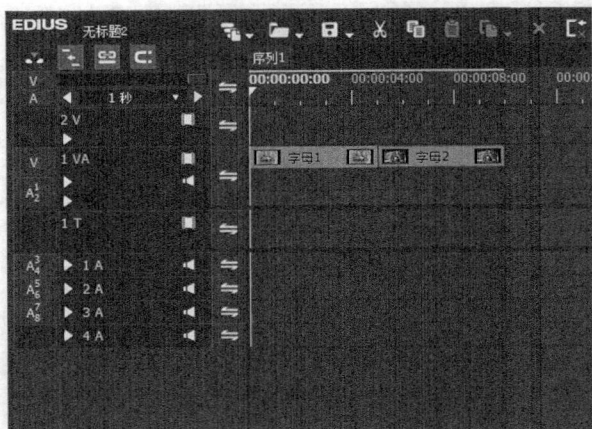

图12-90 导入两张静态图像

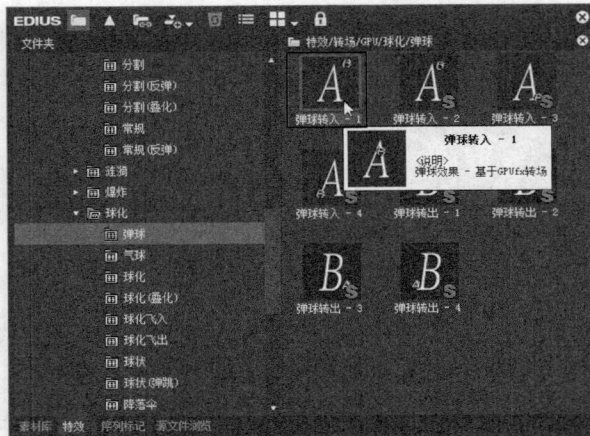

图12-91 选择转场效果

STEP 03 在该转场效果上，单击鼠标左键并拖曳至视频轨中的两幅图像素材之间，即可添加"弹球转入-1"转场效果，如图12-92所示。

图12-92 添加转场效果

STEP 04 在录制窗口中，单击"播放"按钮，预览"弹球转入-1"转场效果，如图12-93所示。

图12-93 预览转场效果

<table>
<tr><td rowspan="4">实战
234</td><td rowspan="4">**百叶窗波浪转场特效**</td><td>▶ 实例位置：光盘 \ 效果 \ 第 12 章 \ 实战 234.ezp</td></tr>
<tr><td>▶ 素材位置：光盘 \ 素材 \ 第 12 章 \ 实战 234（1）.jpg、实战 234（2）.jpg</td></tr>
<tr><td>▶ 视频位置：光盘 \ 视频 \ 第 12 章 \ 实战 234.mp4</td></tr>
</table>

● 实例介绍 ●

在EDIUS 8工作界面中，"百叶窗波浪"转场效果是指素材A以各种百叶窗波浪的运动方式显示素材B的画面，下面向读者介绍制作百叶窗波浪特效的操作方法。

● 操作步骤 ●

STEP 01 在视频轨中，导入两张静态图像，如图12-94所示。

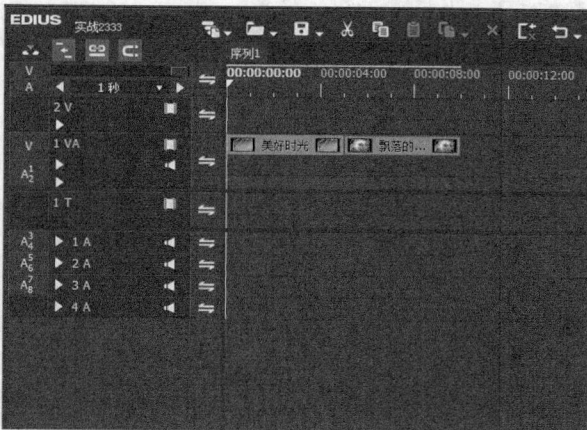

STEP 02 展开特效面板，在"百叶窗波浪"|"波浪"组中，选择"垂直波浪-从上"转场效果，如图12-95所示。

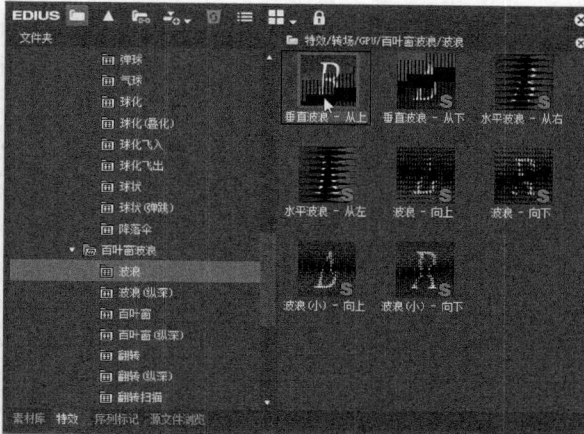

图12-94 导入两张静态图像

图12-95 选择转场效果

STEP 03 在该转场效果上，单击鼠标左键并拖曳至视频轨中的两幅图像素材之间，即可添加"垂直波浪-从上"转场效果，如图12-96所示。

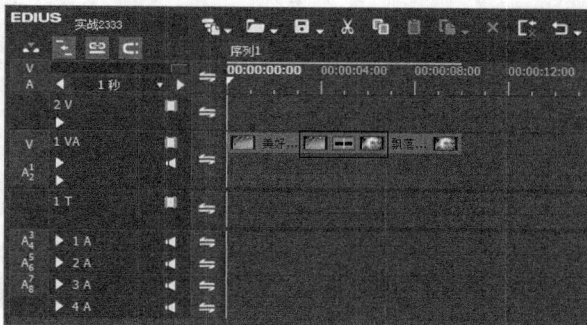

图12-96 添加转场效果

STEP 04 在录制窗口中，单击"播放"按钮，预览"垂直波浪-从上"转场效果，如图12-97所示。

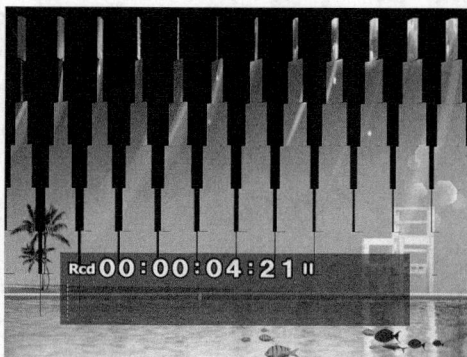

图12-97 预览转场效果

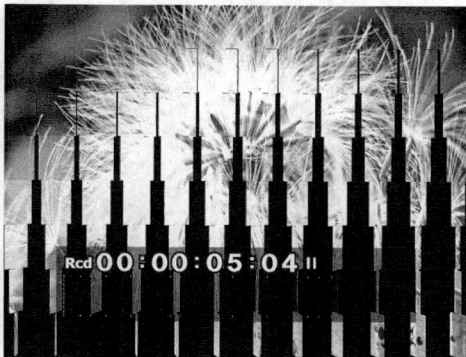

实战 235　SMPTE转场特效

▶ 实例位置：光盘 \ 效果 \ 第 12 章 \ 实战 235.ezp
▶ 素材位置：光盘 \ 素材 \ 第 12 章 \ 实战 235（1）.jpg、实战 235（2）.jpg
▶ 视频位置：光盘 \ 视频 \ 第 12 章 \ 实战 235.mp4

● 实例介绍 ●

在EDIUS 8中，SMPTE转场效果的样式非常丰富，而且转场的使用也非常简单，因为它们没有任何设置选项。在SMPTE转场组中，包括10个转场特效素材库，每个特效素材库中又包含多个转场特效，用户可根据实际需要进行相应选择。

● 操作步骤 ●

STEP 01　在视频轨中，导入两张静态图像，如图12-98所示。

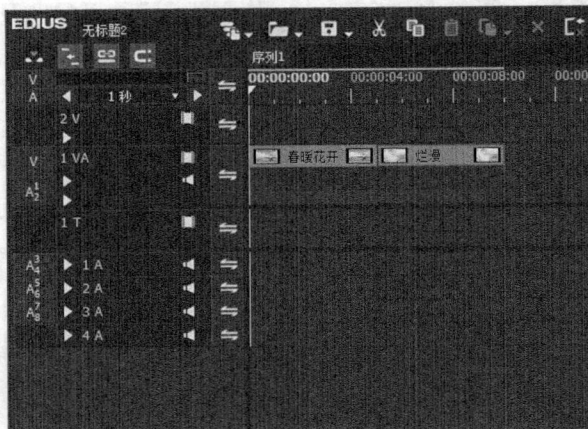

图12-98　导入两张静态图像

STEP 02　展开特效面板，在SMPTE丨"分离"转场组中，选择SMPTE 1008转场效果，如图12-99所示。

图12-99　选择转场效果

STEP 03　在该转场效果上，单击鼠标左键并拖曳至视频轨中的两幅图像素材之间，即可添加SMPTE 1008转场效果，如图12-100所示。

图12-100　添加转场效果

STEP 04　在录制窗口中，单击"播放"按钮，预览SMPTE 1008转场效果，如图12-101所示。

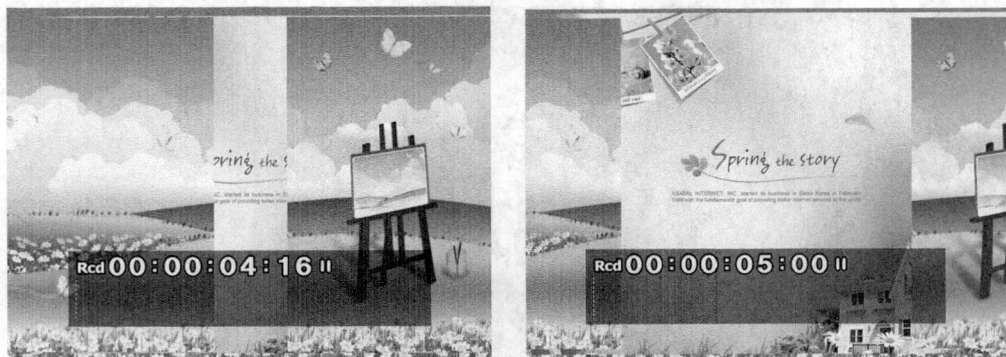

图12-101　预览转场效果

12.4 制作 2D 转场效果

本节主要向读者介绍制作2D转场效果的操作方法。

实战 236 交叉划像转场特效

▶ 实例位置：光盘 \ 效果 \ 第 12 章 \ 实战 236.ezp
▶ 素材位置：光盘 \ 素材 \ 第 12 章 \ 实战 236（1）.jpg、实战 236（2）.jpg
▶ 视频位置：光盘 \ 视频 \ 第 12 章 \ 实战 236.mp4

● 实例介绍 ●

下面将介绍交叉划像转场特效的操作方法。

● 操作步骤 ●

STEP 01 在视频轨中，导入两张静态图像，如图12-102所示。

STEP 02 展开特效面板，在转场 | "2D"转场组中，选择交叉划像转场效果，如图12-103所示。

图12-102 导入两张静态图像

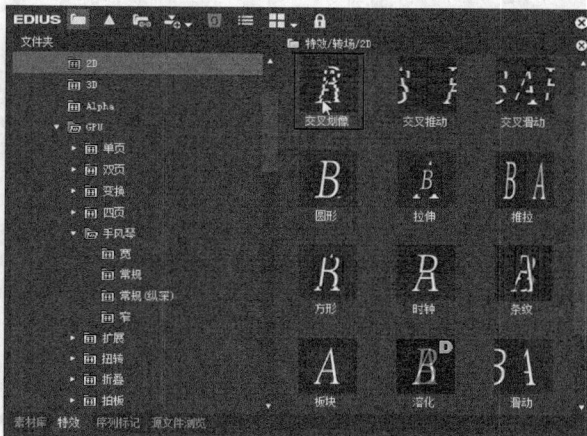

图12-103 选择转场效果

STEP 03 在该转场效果上，单击鼠标左键并拖曳至视频轨中的两幅图像素材之间，即可添加交叉划像转场效果，如图12-104所示。

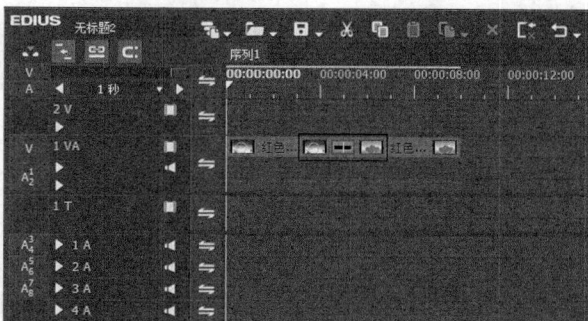

图12-104 添加转场效果

STEP 04 在录制窗口中，单击"播放"按钮，预览交叉划像转场效果，如图12-105所示。

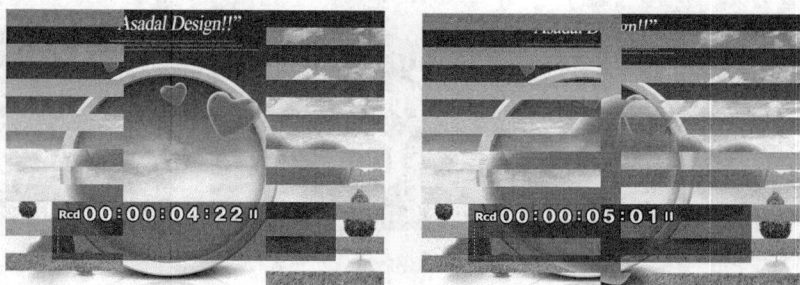

图12-105 预览转场效果

实战 237 交叉推动转场特效

▶ 实例位置：光盘 \ 效果 \ 第 12 章 \ 实战 237.ezp
▶ 素材位置：光盘 \ 素材 \ 第 12 章 \ 实战 237（1）.jpg、实战 237（2）.jpg
▶ 视频位置：光盘 \ 视频 \ 第 12 章 \ 实战 237.mp4

● 实例介绍 ●

下面将介绍交叉推动转场特效的操作方法。

● 操作步骤 ●

STEP 01 在视频轨中，导入两张静态图像，如图12-106
所示。

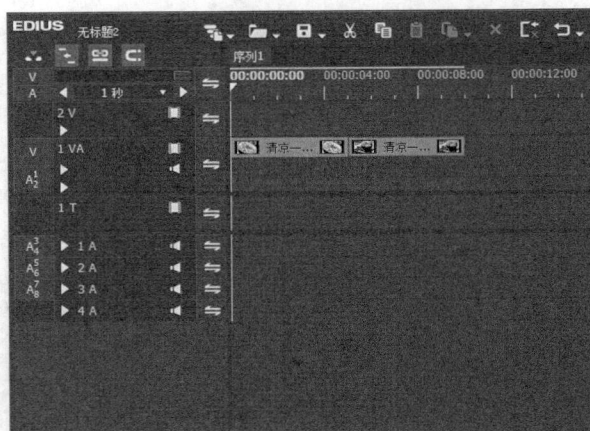

STEP 02 展开特效面板，在转场 |"2D"转场组中，选择
交叉推动转场效果，如图12-107所示。

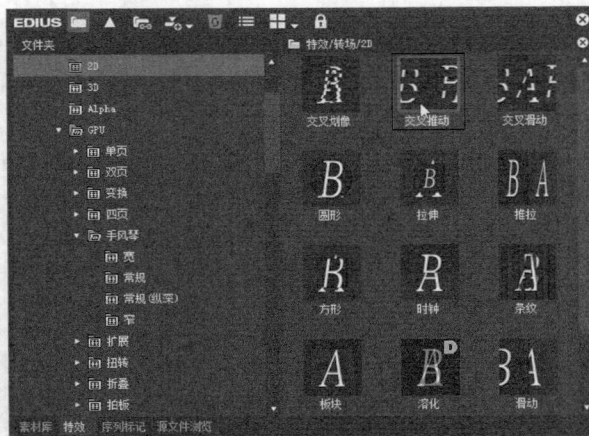

图12-106 导入两张静态图像

图12-107 选择转场效果

STEP 03 在该转场效果上，单击鼠标左键并拖曳至视频轨
中的两幅图像素材之间，即可添加交叉推动转场效果，如
图12-108所示。

图12-108 添加转场效果

STEP 04 在录制窗口中，单击"播放"按钮，预览交叉推动转场效果，如图12-109所示。

图12-109 预览转场效果

<table><tr><td>实战
238</td><td>交叉滑动转场特效</td><td>▶ 实例位置：光盘 \ 效果 \ 第 12 章 \ 实战 238.ezp
▶ 素材位置：光盘 \ 素材 \ 第 12 章 \ 实战 238（1）.jpg、实战 238（2）.jpg
▶ 视频位置：光盘 \ 视频 \ 第 12 章 \ 实战 238.mp4</td></tr></table>

● 实例介绍 ●

下面将介绍交叉滑动转场特效的操作方法。

● 操作步骤 ●

STEP 01 在视频轨中，导入两张静态图像，如图12-110
所示。

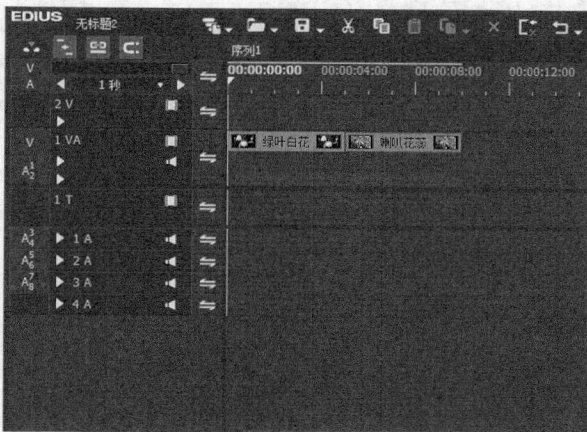

STEP 02 展开特效面板，在转场Ⅰ"2D"转场组中，选择
交叉滑动转场效果，如图12-111所示。

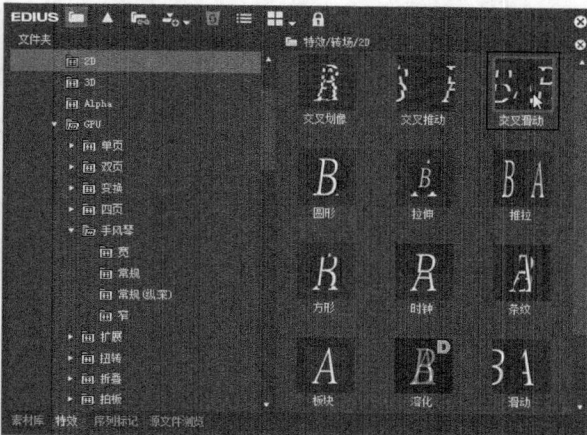

图12-110 导入两张静态图像

图12-111 选择转场效果

STEP 03 在该转场效果上，单击鼠标左键并拖曳至视频轨
中的两幅图像素材之间，即可添加交叉滑动转场效果，如
图12-112所示。

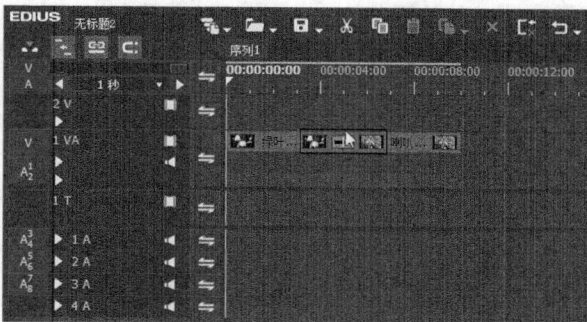

图12-112 添加转场效果

STEP 04 在录制窗口中，单击"播放"按钮，预览交叉滑动转场效果，如图12-113所示。

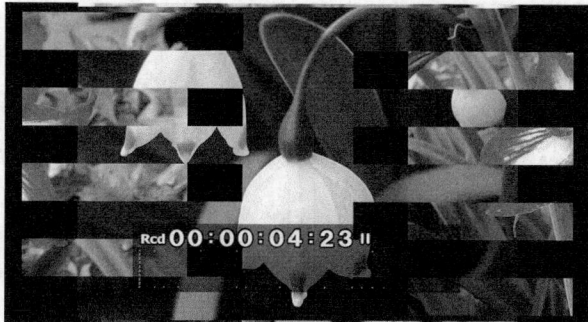

图12-113 预览转场效果

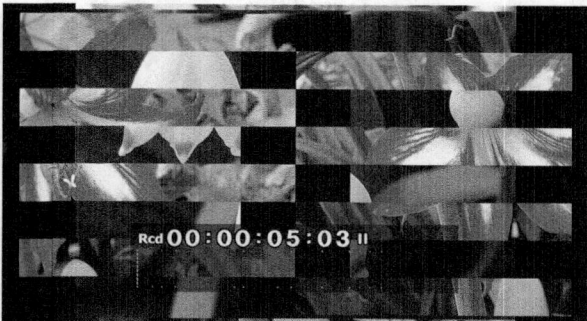

325

实战 239　圆形转场特效

▶ 实例位置：光盘 \ 效果 \ 第 12 章 \ 实战 239.ezp
▶ 素材位置：光盘 \ 素材 \ 第 12 章 \ 实战 239（1）.jpg、实战 239（2）.jpg
▶ 视频位置：光盘 \ 视频 \ 第 12 章 \ 实战 239.mp4

● 实例介绍 ●

下面将介绍圆形转场特效的操作方法。

● 操作步骤 ●

STEP 01 在视频轨中，导入两张静态图像，如图12-114
所示。

STEP 02 展开特效面板，在转场 | "2D"转场组中，选择
圆形转场效果，如图12-115所示。

图12-114 导入两张静态图像

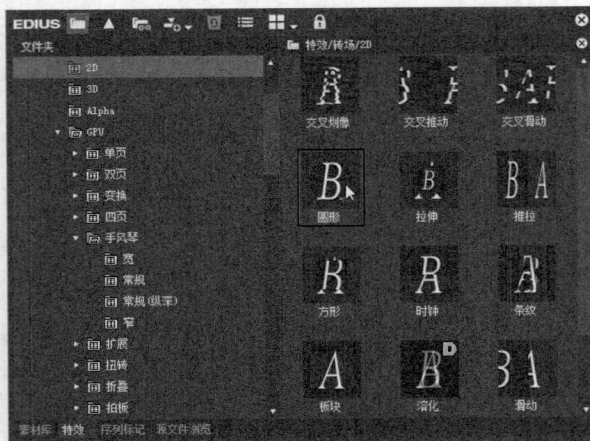

图12-115 选择转场效果

STEP 03 在该转场效果上，单击鼠标左键并拖曳至视频轨
中的两幅图像素材之间，即可添加圆形转场效果，如图12-
116所示。

图12-116 添加转场效果

STEP 04 在录制窗口中，单击"播放"按钮，预览圆形转场效果，如图12-117所示。

图12-117 预览转场效果

实战	拉伸转场特效	▶ 实例位置：光盘 \ 效果 \ 第 12 章 \ 实战 240.ezp
240		▶ 素材位置：光盘 \ 素材 \ 第 12 章 \ 实战 240（1）.jpg、实战 240（2）.jpg
		▶ 视频位置：光盘 \ 视频 \ 第 12 章 \ 实战 240.mp4

● 实例介绍 ●

下面将介绍拉伸转场特效的操作方法。

● 操作步骤 ●

STEP 01 在视频轨中，导入两张静态图像，如图12-118
所示。

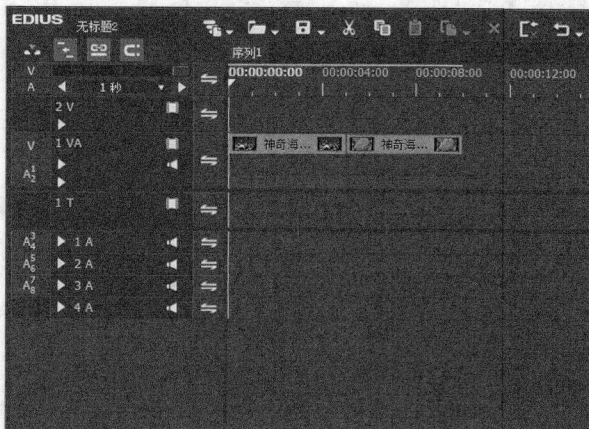

STEP 02 展开特效面板，在转场 | "2D" 转场组中，选择
拉伸转场效果，如图12-119所示。

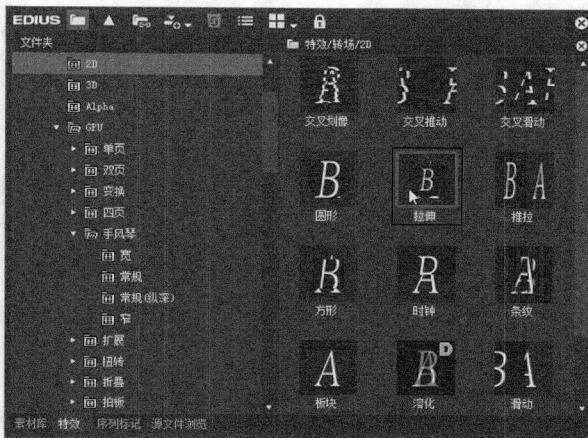

图12-118 导入两张静态图像

图12-119 选择转场效果

STEP 03 在该转场效果上，单击鼠标左键并拖曳至视频轨
中的两幅图像素材之间，即可添加拉伸转场效果，如图12-
120所示。

图12-120 添加转场效果

STEP 04 在录制窗口中，单击 "播放" 按钮，预览拉伸转场效果，如图12-121所示。

图12-121 预览转场效果

实战 241 推拉转场特效

> ▶ 实例位置：光盘 \ 效果 \ 第 12 章 \ 实战 241.ezp
> ▶ 素材位置：光盘 \ 素材 \ 第 12 章 \ 实战 241（1）.jpg、实战 241（2）.jpg
> ▶ 视频位置：光盘 \ 视频 \ 第 12 章 \ 实战 241.mp4

• 实例介绍 •

下面将介绍推拉转场特效的操作方法。

• 操作步骤 •

STEP 01 在视频轨中，导入两张静态图像，如图12-122 所示。

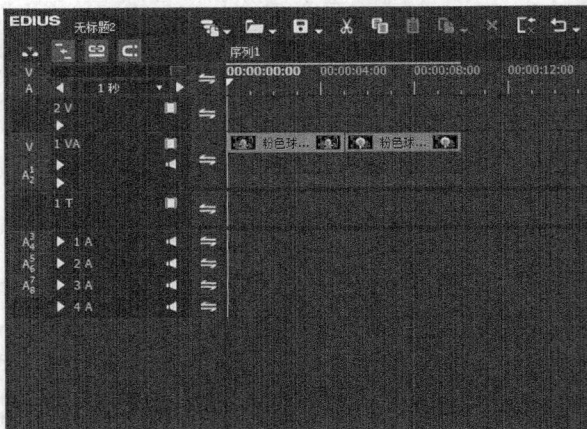

图12-122 导入两张静态图像

STEP 02 展开特效面板，在转场｜"2D"转场组中，选择推拉转场效果，如图12-123所示。

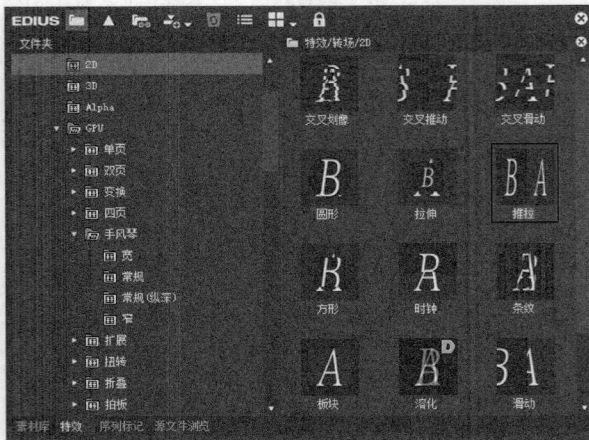

图12-123 选择转场效果

STEP 03 在该转场效果上，单击鼠标左键并拖曳至视频轨中的两幅图像素材之间，即可添加推拉转场效果，如图12-124所示。

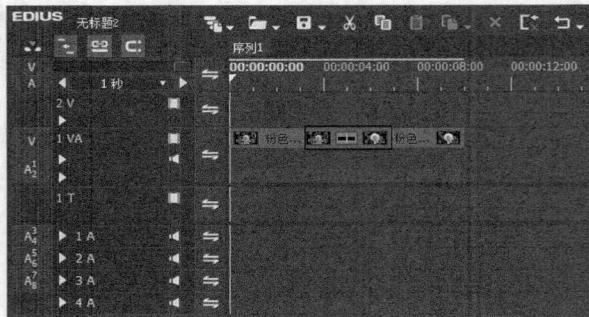

图12-124 添加转场效果

STEP 04 在录制窗口中，单击"播放"按钮，预览推拉转场效果，如图12-125所示。

图12-125 预览转场效果

<table>
<tr><td rowspan="3">**实战
242**</td><td rowspan="3">**方形转场特效**</td><td>▶ **实例位置：**光盘 \ 效果 \ 第 12 章 \ 实战 242.ezp</td></tr>
<tr><td>▶ **素材位置：**光盘 \ 素材 \ 第 12 章 \ 实战 242（1）.jpg、实战 242（2）.jpg</td></tr>
<tr><td>▶ **视频位置：**光盘 \ 视频 \ 第 12 章 \ 实战 242.mp4</td></tr>
</table>

● 实例介绍 ●

下面将介绍方形转场特效的操作方法。

● 操作步骤 ●

STEP 01 在视频轨中，导入两张静态图像，如图12-126 所示。

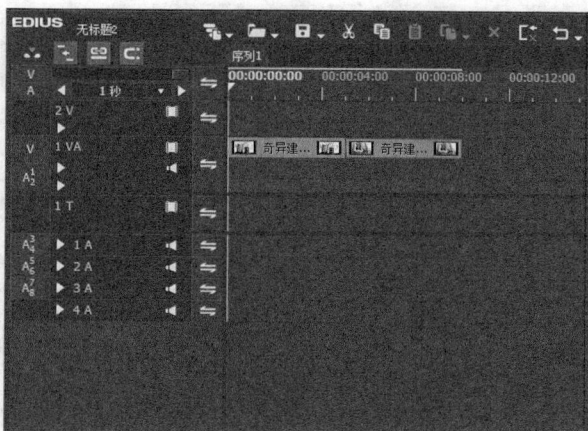

图12-126 导入两张静态图像

STEP 02 展开特效面板，在转场丨"2D"转场组中，选择 方形转场效果，如图12-127所示。

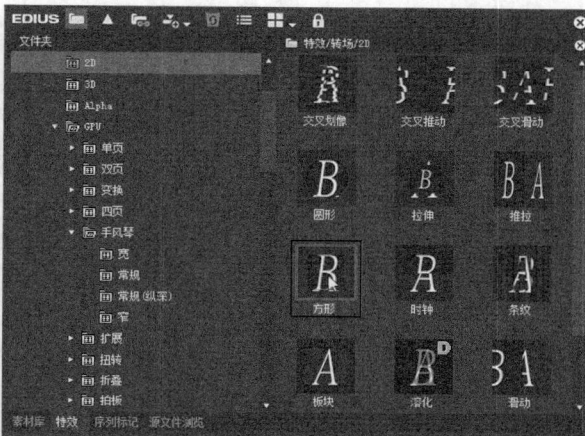

图12-127 选择转场效果

STEP 03 在该转场效果上，单击鼠标左键并拖曳至视频轨 中的两幅图像素材之间，即可添加方形转场效果，如图12-128所示。

图12-128 添加转场效果

STEP 04 在录制窗口中，单击"播放"按钮，预览方形转场效果，如图12-129所示。

图12-129 预览转场效果

实战 243 时钟转场特效

▶ 实例位置：光盘\效果\第 12 章\实战 243.ezp
▶ 素材位置：光盘\素材\第 12 章\实战 243（1）.jpg、实战 243（2）.jpg
▶ 视频位置：光盘\视频\第 12 章\实战 243.mp4

● 实例介绍 ●

下面将介绍时钟转场特效的操作方法。

● 操作步骤 ●

STEP 01 在视频轨中，导入两张静态图像，如图12-130所示。

图12-130 导入两张静态图像

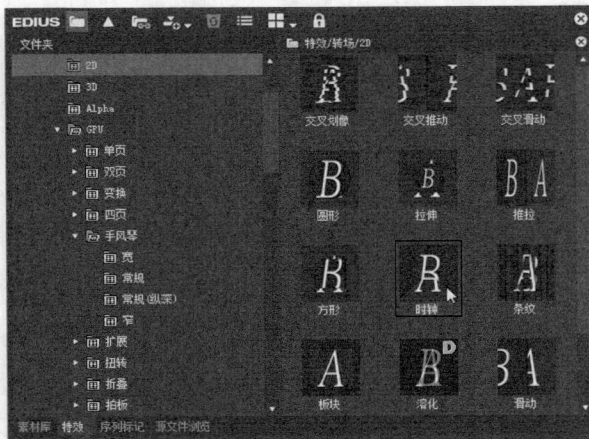

STEP 03 在该转场效果上，单击鼠标左键并拖曳至视频轨中的两幅图像素材之间，即可添加时钟转场效果，如图12-132所示。

STEP 02 展开特效面板，在转场 | "2D"转场组中，选择时钟转场效果，如图12-131所示。

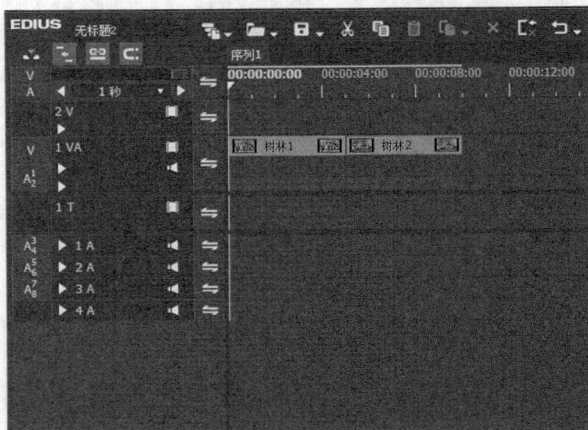

图12-131 选择转场效果

图12-132 添加转场效果

STEP 04 在录制窗口中，单击"播放"按钮，预览时钟转场效果，如图12-133所示。

图12-133 预览转场效果

实战 244 板块转场特效

▶ 实例位置：光盘 \ 效果 \ 第 12 章 \ 实战 244.ezp
▶ 素材位置：光盘 \ 素材 \ 第 12 章 \ 实战 244（1）.jpg、实战 244（2）.jpg
▶ 视频位置：光盘 \ 视频 \ 第 12 章 \ 实战 244.mp4

● 实例介绍 ●

下面将介绍板块转场特效的操作方法。

● 操作步骤 ●

STEP 01 在视频轨中，导入两张静态图像，如图12-134 所示。

STEP 02 展开特效面板，在转场 | "2D" 转场组中，选择板块转场效果，如图12-135所示。

图12-134 导入两张静态图像

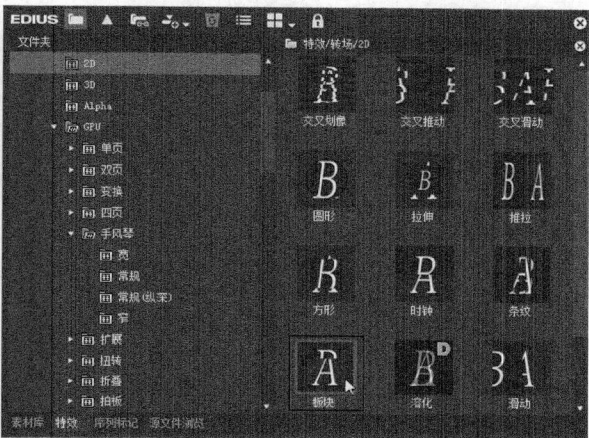

图12-135 选择转场效果

STEP 03 在该转场效果上，单击鼠标左键并拖曳至视频轨中的两幅图像素材之间，即可添加板块转场效果，如图12-136所示。

图12-136 添加转场效果

STEP 04 在录制窗口中，单击"播放"按钮，预览板块转场效果，如图12-137所示。

图12-137 预览转场效果

实战 245	溶化转场特效	▶ 实例位置：光盘 \ 效果 \ 第 12 章 \ 实战 245.ezp ▶ 素材位置：光盘 \ 素材 \ 第 12 章 \ 实战 245（1）.jpg、实战 245（2）.jpg ▶ 视频位置：光盘 \ 视频 \ 第 12 章 \ 实战 245.mp4

● 实例介绍 ●

下面将介绍溶化转场特效的操作方法。

● 操作步骤 ●

STEP 01 在视频轨中，导入两张静态图像，如图12-138 所示。

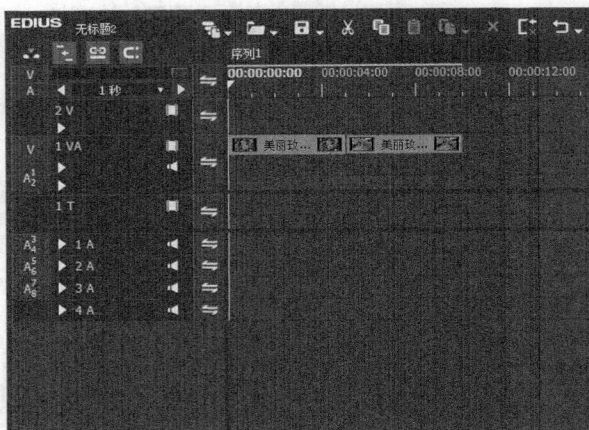

STEP 02 展开特效面板，在转场 | "2D" 转场组中，选择溶化转场效果，如图12-139所示。

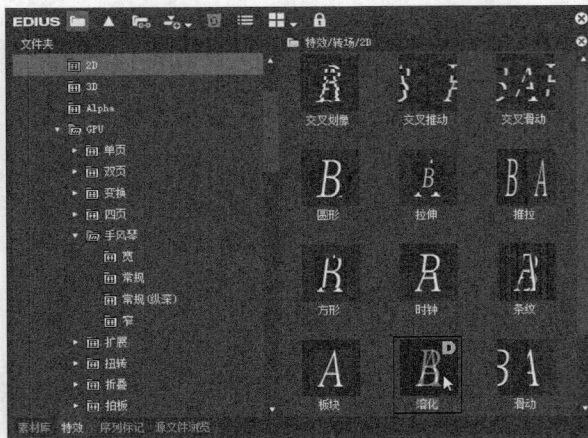

图12-138 导入两张静态图像

图12-139 选择转场效果

STEP 03 在该转场效果上，单击鼠标左键并拖曳至视频轨中的两幅图像素材之间，即可添加溶化转场效果，如图12-140所示。

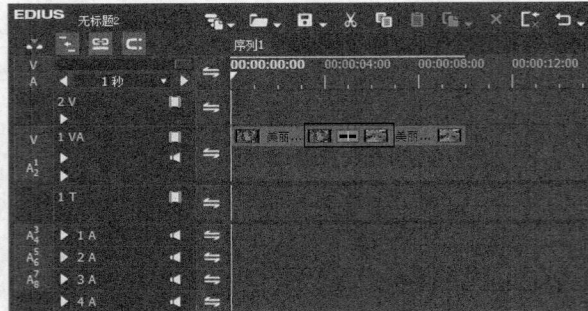

图12-140 添加转场效果

STEP 04 在录制窗口中，单击"播放"按钮，预览溶化转场效果，如图12-141所示。

图12-141 预览转场效果

实战 246　滑动转场特效

▶ 实例位置：光盘 \ 效果 \ 第 12 章 \ 实战 246.ezp
▶ 素材位置：光盘 \ 素材 \ 第 12 章 \ 实战 246（1）.jpg、实战 246（2）.jpg
▶ 视频位置：光盘 \ 视频 \ 第 12 章 \ 实战 246.mp4

● 实例介绍 ●

下面将介绍滑动转场特效的操作方法。

● 操作步骤 ●

STEP 01 在视频轨中，导入两张静态图像，如图12-142所示。

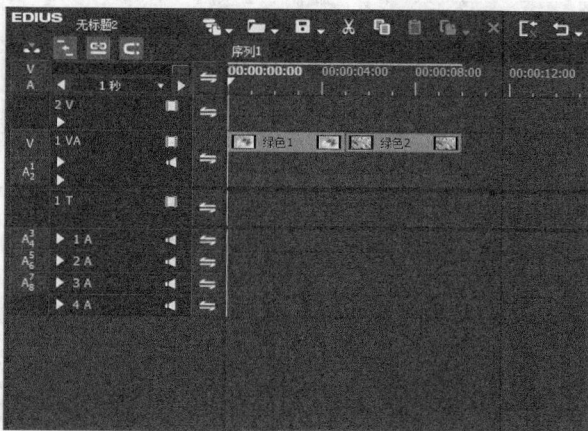

STEP 02 展开特效面板，在转场｜"2D"转场组中，选择滑动转场效果，如图12-143所示。

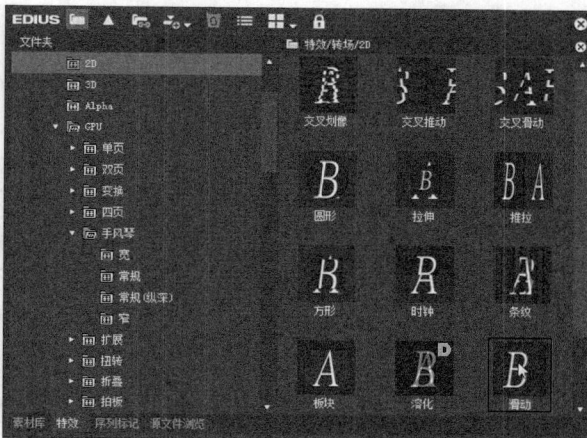

图12-142 导入两张静态图像

图12-143 选择转场效果

STEP 03 在该转场效果上，单击鼠标左键并拖曳至视频轨中的两幅图像素材之间，即可添加滑动转场效果，如图12-144所示。

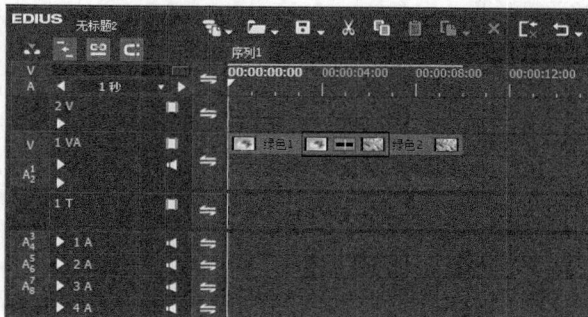

图12-144 添加转场效果

STEP 04 在录制窗口中，单击"播放"按钮，预览滑动转场效果，如图12-145所示。

图12-145 预览转场效果

实战 247 边缘划像转场特效

▶ 实例位置：光盘 \ 效果 \ 第 12 章 \ 实战 247.ezp
▶ 素材位置：光盘 \ 素材 \ 第 12 章 \ 实战 247（1）.jpg、实战 247（2）.jpg
▶ 视频位置：光盘 \ 视频 \ 第 12 章 \ 实战 247.mp4

● 实例介绍 ●

下面将介绍边缘划像转场特效的操作方法。

● 操作步骤 ●

STEP 01 在视频轨中，导入两张静态图像，如图12-146
所示。

图12-146 导入两张静态图像

STEP 02 展开特效面板，在转场丨"2D"转场组中，选择
边缘划像转场效果，如图12-147所示。

图12-147 选择转场效果

STEP 03 在该转场效果上，单击鼠标左键并拖曳至视频轨
中的两幅图像素材之间，即可添加边缘划像效果，如图12-
148所示。

图12-148 添加转场效果

STEP 04 在录制窗口中，单击"播放"按钮，预览边缘划像转场效果，如图12-149所示。

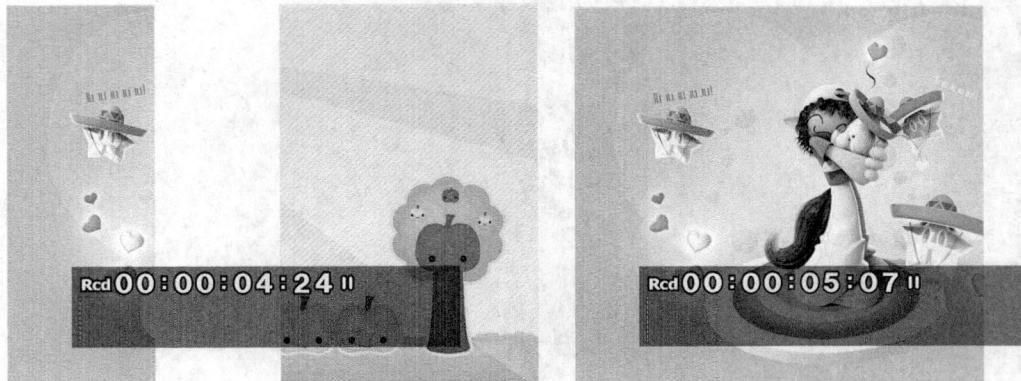

图12-149 预览转场效果

12.5 制作 3D 转场效果

本节主要向读者介绍制作3D转场效果的操作方法。

实战 248　3D溶化转场特效

▶ 实例位置：光盘 \ 效果 \ 第 12 章 \ 实战 248.ezp
▶ 素材位置：光盘 \ 素材 \ 第 12 章 \ 实战 248（1）.jpg、实战 248（2）.jpg
▶ 视频位置：光盘 \ 视频 \ 第 12 章 \ 实战 248.mp4

● 实例介绍 ●

下面将介绍3D溶化转场特效的操作方法。

● 操作步骤 ●

STEP 01 在视频轨中，导入两张静态图像，如图12-150所示。

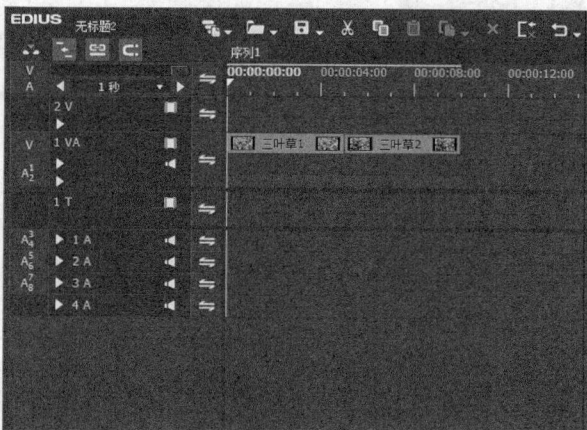

图12-150 导入两张静态图像

STEP 02 展开特效面板，在转场 | "3D"转场组中，选择3D溶化转场效果，如图12-151所示。

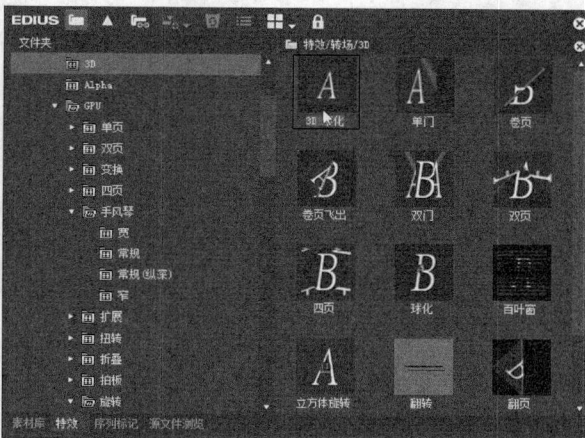

图12-151 选择转场效果

STEP 03 在该转场效果上，单击鼠标左键并拖曳至视频轨中的两幅图像素材之间，即可添加3D溶化转场效果，如图12-152所示。

图12-152 添加转场效果

STEP 04 在录制窗口中，单击"播放"按钮，预览3D溶化转场效果，如图12-153所示。

图12-153 预览转场效果

实战 249 单门转场特效

▶ 实例位置：光盘 \ 效果 \ 第 12 章 \ 实战 249.ezp
▶ 素材位置：光盘 \ 素材 \ 第 12 章 \ 实战 249（1）.jpg、实战 249（2）.jpg
▶ 视频位置：光盘 \ 视频 \ 第 12 章 \ 实战 249.mp4

● 实例介绍 ●

下面将介绍单门转场特效的操作方法。

● 操作步骤 ●

STEP 01 在视频轨中，导入两张静态图像，如图 12-154 所示。

图 12-154 导入两张静态图像

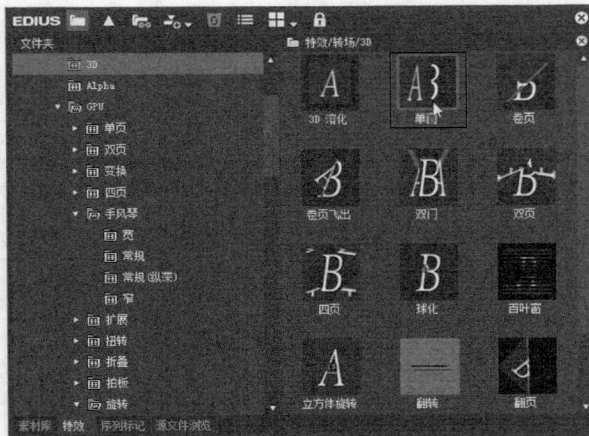

STEP 03 在该转场效果上，单击鼠标左键并拖曳至视频轨中的两幅图像素材之间，即可添加单门转场效果，如图 12-156 所示。

STEP 02 展开特效面板，在转场 | "3D" 转场组中，选择单门转场效果，如图 12-155 所示。

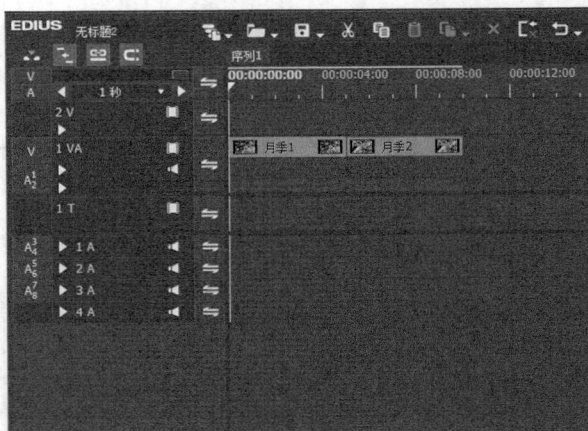

图 12-155 选择转场效果

图 12-156 添加转场效果

STEP 04 在录制窗口中，单击 "播放" 按钮，预览单门转场效果，如图 12-157 所示。

图 12-157 预览转场效果

实战
250　卷页转场特效

▶ 实例位置：光盘 \ 效果 \ 第 12 章 \ 实战 250.ezp
▶ 素材位置：光盘 \ 素材 \ 第 12 章 \ 实战 250（1）.jpg、实战 250（2）.jpg
▶ 视频位置：光盘 \ 视频 \ 第 12 章 \ 实战 250.mp4

● 实例介绍 ●

下面将介绍卷页转场特效的操作方法。

● 操作步骤 ●

STEP 01 在视频轨中，导入两张静态图像，如图12-158 所示。

STEP 02 展开特效面板，在转场丨"3D"转场组中，选择卷页转场效果，如图12-159所示。

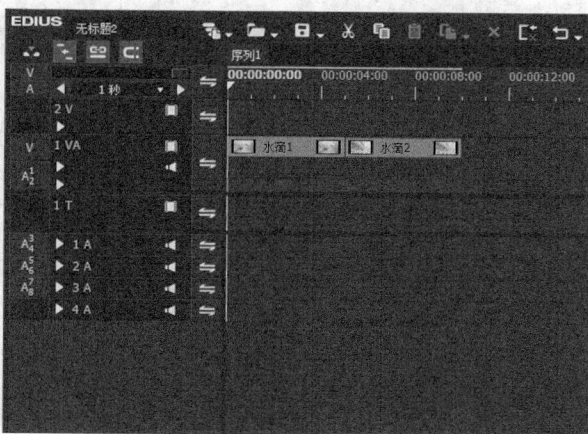

图12-158　导入两张静态图像

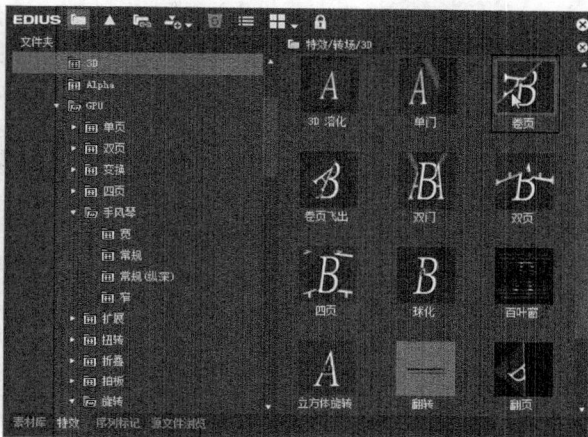

图12-159　选择转场效果

STEP 03 在该转场效果上，单击鼠标左键并拖曳至视频轨中的两幅图像素材之间，即可添加卷页转场效果，如图12-160所示。

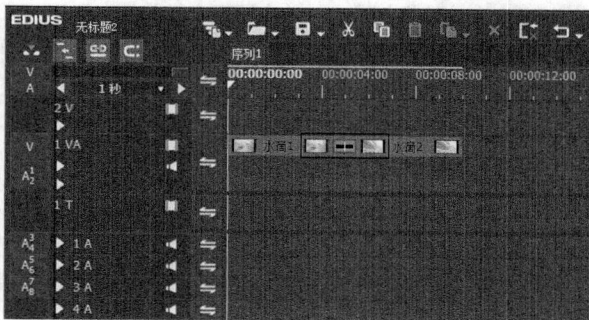

图12-160　添加转场效果

STEP 04 在录制窗口中，单击"播放"按钮，预览卷页转场效果，如图12-161所示。

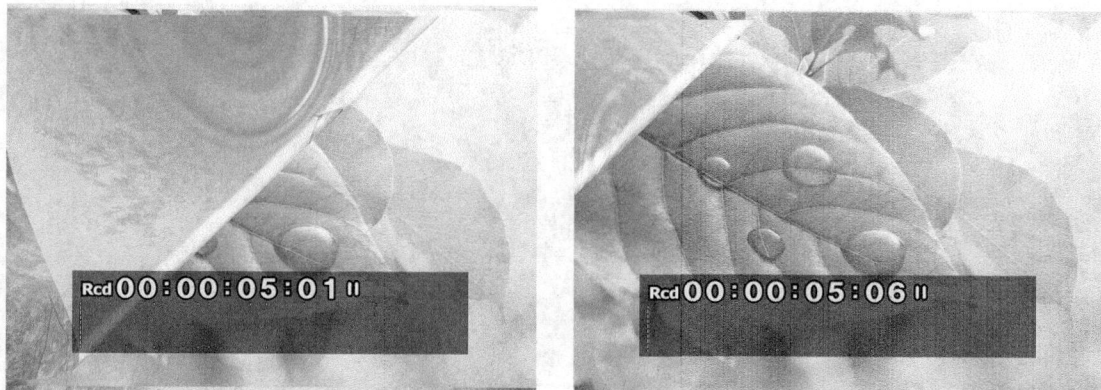

图12-161　预览转场效果

实战 251 卷页飞出转场特效

▶ 实例位置：光盘 \ 效果 \ 第 12 章 \ 实战 251.ezp
▶ 素材位置：光盘 \ 素材 \ 第 12 章 \ 实战 251（1）.jpg、实战 251（2）.jpg
▶ 视频位置：光盘 \ 视频 \ 第 12 章 \ 实战 251.mp4

● 实例介绍 ●

下面将介绍卷页飞出转场特效的操作方法。

● 操作步骤 ●

STEP 01 在视频轨中，导入两张静态图像，如图12-162
所示。

STEP 02 展开特效面板，在转场 | "3D" 转场组中，选择
卷页飞出转场效果，如图12-163所示。

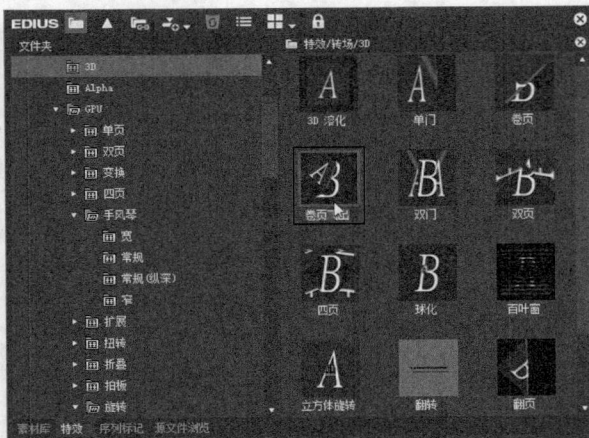

图12-162 导入两张静态图像

图12-163 选择转场效果

STEP 03 在该转场效果上，单击鼠标左键并拖曳至视频轨
中的两幅图像素材之间，即可添加卷页飞出转场效果，如
图12-164所示。

图12-164 添加转场效果

STEP 04 在录制窗口中，单击"播放"按钮，预览卷页飞出转场效果，如图12-165所示。

图12-165 预览转场效果

实战 252 双门转场特效

▶ 实例位置：光盘 \ 效果 \ 第 12 章 \ 实战 252.ezp
▶ 素材位置：光盘 \ 素材 \ 第 12 章 \ 实战 252（1）.jpg、实战 252（2）.jpg
▶ 视频位置：光盘 \ 视频 \ 第 12 章 \ 实战 252.mp4

● 实例介绍 ●

下面将介绍双门转场特效的操作方法。

● 操作步骤 ●

STEP 01 在视频轨中，导入两张静态图像，如图12-166 所示。

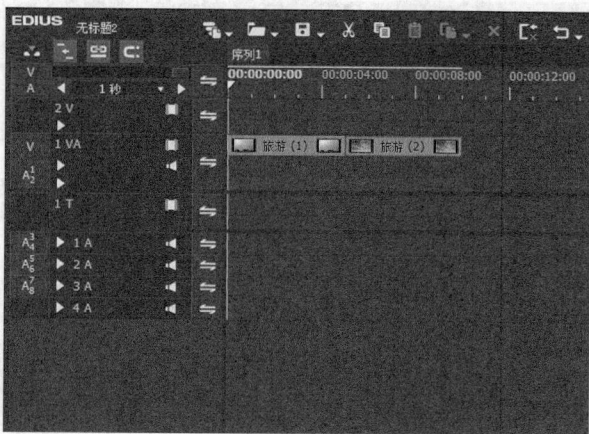
图12-166 导入两张静态图像

STEP 02 展开特效面板，在转场 | "3D" 转场组中，选择双门转场效果，如图12-167所示。

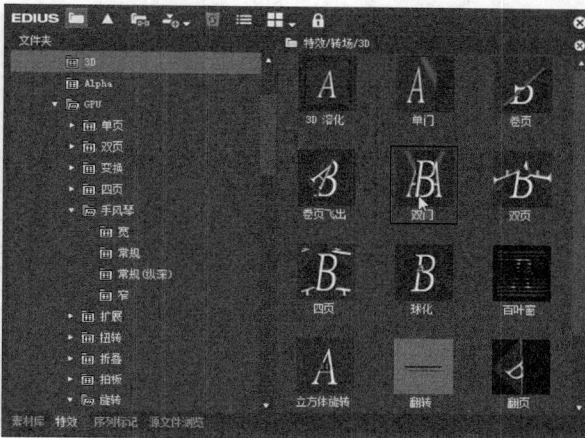
图12-167 选择转场效果

STEP 03 在该转场效果上，单击鼠标左键并拖曳至视频轨中的两幅图像素材之间，即可添加双门转场效果，如图12-168所示。

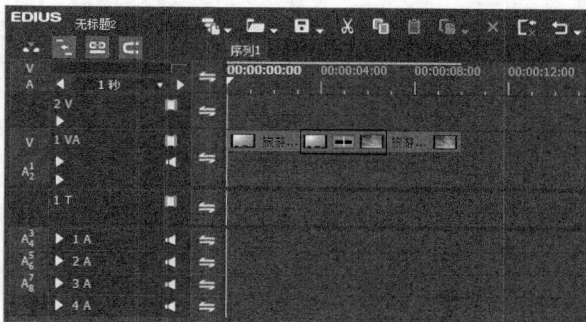
图12-168 添加转场效果

STEP 04 在录制窗口中，单击"播放"按钮，预览双门转场效果，如图12-169所示。

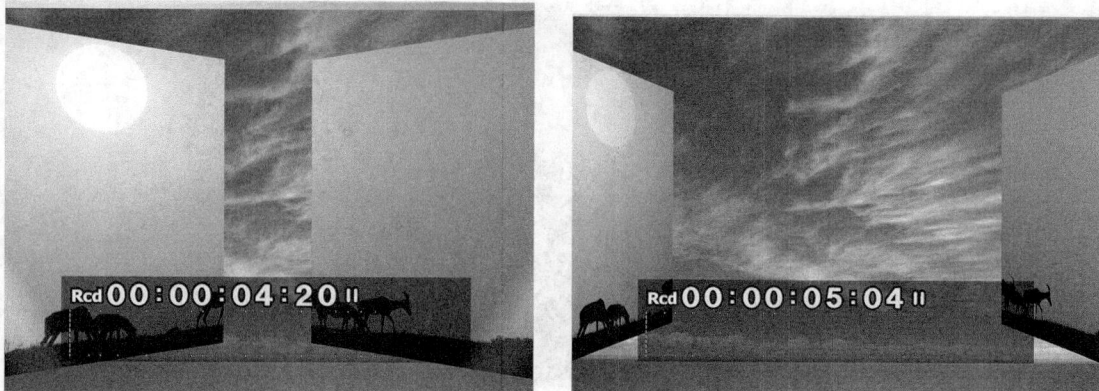
图12-169 预览转场效果

实战 253 立方体旋转转场特效

▶ 实例位置：光盘 \ 效果 \ 第 12 章 \ 实战 253.ezp
▶ 素材位置：光盘 \ 素材 \ 第 12 章 \ 实战 253（1）.jpg、实战 253（2）.jpg
▶ 视频位置：光盘 \ 视频 \ 第 12 章 \ 实战 253.mp4

● 实例介绍 ●

下面将介绍立方体旋转转场特效的操作方法。

● 操作步骤 ●

STEP 01 在视频轨中，导入两张静态图像，如图12-170 所示。

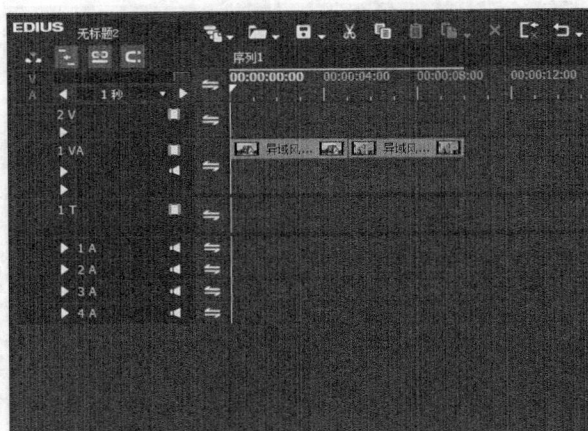

图12-170 导入两张静态图像

STEP 02 展开特效面板，在转场 | "3D"转场组中，选择立方体旋转转场效果，如图12-171所示。

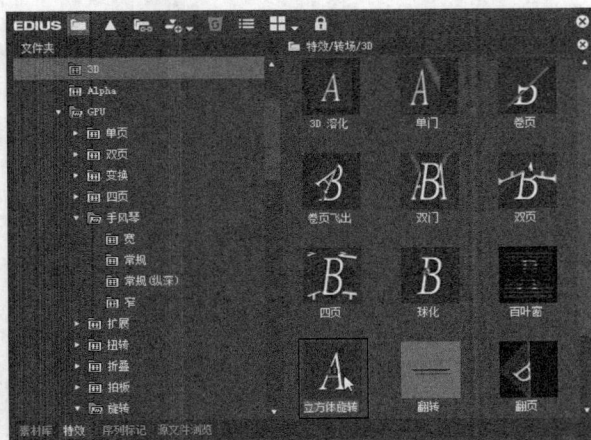

图12-171 选择转场效果

STEP 03 在该转场效果上，单击鼠标左键并拖曳至视频轨中的两幅图像素材之间，即可添加立方体旋转转场效果，如图12-172所示。

图12-172 添加转场效果

STEP 04 在录制窗口中，单击"播放"按钮，预览立方体旋转转场效果，如图12-173所示。

图12-173 预览转场效果

<table>
<tr><td rowspan="2">实战
254</td><td rowspan="2">翻转转场特效</td><td>▶ 实例位置：光盘 \ 效果 \ 第 12 章 \ 实战 254.ezp</td></tr>
<tr><td>▶ 素材位置：光盘 \ 素材 \ 第 12 章 \ 实战 254（1）.jpg、实战 254（2）.jpg</td></tr>
<tr><td></td><td></td><td>▶ 视频位置：光盘 \ 视频 \ 第 12 章 \ 实战 254.mp4</td></tr>
</table>

● 实例介绍 ●

下面将介绍翻转转场特效的操作方法。

● 操作步骤 ●

STEP 01 在视频轨中，导入两张静态图像，如图12-174 所示。

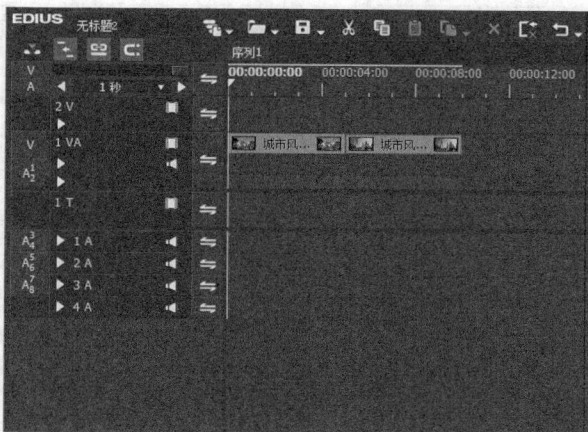

STEP 02 展开特效面板，在转场丨"3D"转场组中，选择翻转转场效果，如图12-175所示。

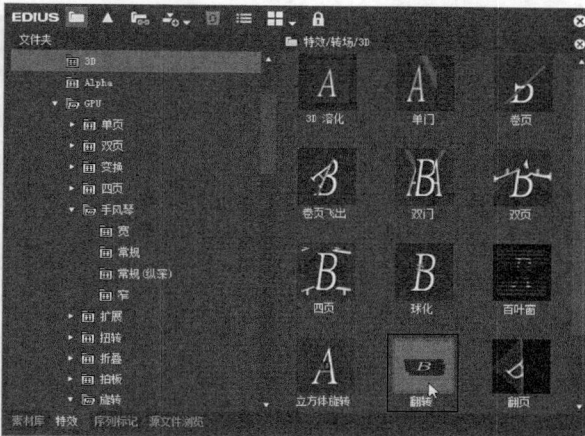

图12-174 导入两张静态图像

图12-175 选择转场效果

STEP 03 在该转场效果上，单击鼠标左键并拖曳至视频轨中的两幅图像素材之间，即可添加翻转转场效果，如图12-176所示。

图12-176 添加转场效果

STEP 04 在录制窗口中，单击"播放"按钮，预览翻转转场效果，如图12-177所示。

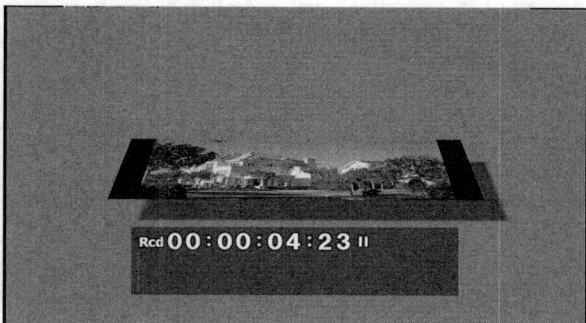

图12-177 预览转场效果

实战 255 翻页转场特效

▶ 实例位置：光盘 \ 效果 \ 第 12 章 \ 实战 255.ezp
▶ 素材位置：光盘 \ 素材 \ 第 12 章 \ 实战 255（1）.jpg、实战 255（2）.jpg
▶ 视频位置：光盘 \ 视频 \ 第 12 章 \ 实战 255.mp4

● 实例介绍 ●

下面将介绍翻页转场特效的操作方法。

● 操作步骤 ●

STEP 01 在视频轨中，导入两张静态图像，如图12-178
所示。

图12-178 导入两张静态图像

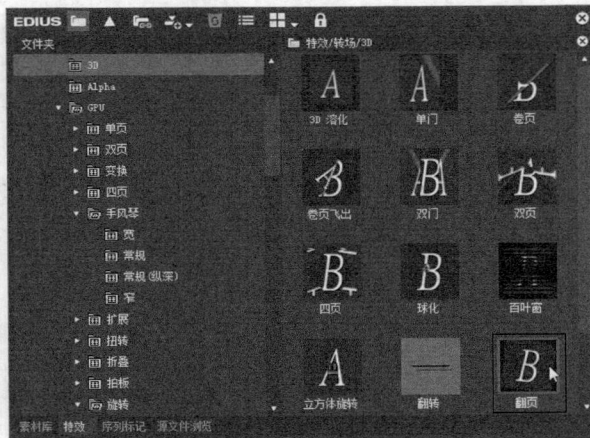

STEP 03 在该转场效果上，单击鼠标左键并拖曳至视频轨
中的两幅图像素材之间，即可添加翻页转场效果，如图12-
180所示。

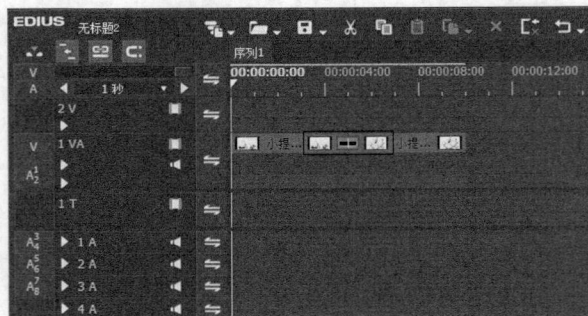

STEP 02 展开特效面板，在转场 | "3D" 转场组中，选择
翻页转场效果，如图12-179所示。

图12-179 选择转场效果

图12-180 添加转场效果

STEP 04 在录制窗口中，单击"播放"按钮，预览翻页转场效果，如图12-181所示。

图12-181 预览转场效果

实战 256　飞出转场特效

▶ 实例位置：光盘 \ 效果 \ 第 12 章 \ 实战 256.ezp
▶ 素材位置：光盘 \ 素材 \ 第 12 章 \ 实战 256（1）.jpg、实战 256（2）.jpg
▶ 视频位置：光盘 \ 视频 \ 第 12 章 \ 实战 256.mp4

● 实例介绍 ●

下面将介绍飞出转场特效的操作方法。

● 操作步骤 ●

STEP 01 在视频轨中，导入两张静态图像，如图12-182所示。

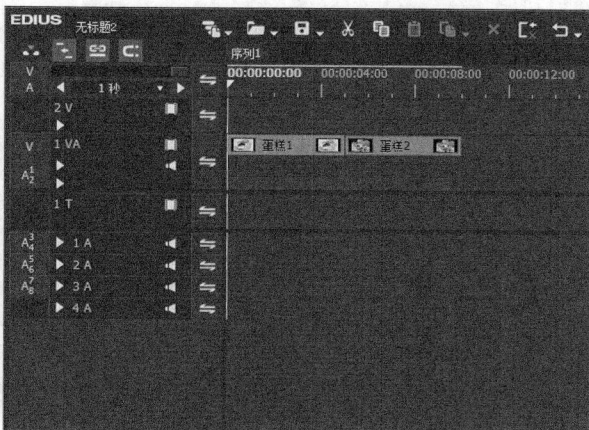

图12-182　导入两张静态图像

STEP 03 在该转场效果上，单击鼠标左键并拖曳至视频轨中的两幅图像素材之间，即可添加飞出转场效果，如图12-184所示。

STEP 02 展开特效面板，在转场Ⅰ"3D"转场组中，选择飞出转场效果，如图12-183所示。

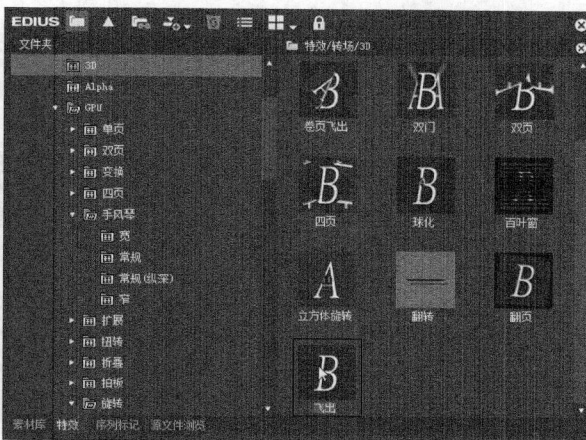

图12-183　选择转场效果

图12-184　添加转场效果

STEP 04 在录制窗口中，单击"播放"按钮，预览飞出转场效果，如图12-185所示。

图12-185　预览转场效果

12.6 制作 3D 翻动转场效果

本节主要向读者介绍制作3D翻动转场效果的操作方法。

实战 257 **3D翻入–从右下转场特效**

▶ 实例位置：光盘＼效果＼第 12 章＼实战 257.ezp
▶ 素材位置：光盘＼素材＼第 12 章＼实战 257（1）.jpg、实战 257（2）.jpg
▶ 视频位置：光盘＼视频＼第 12 章＼实战 257.mp4

● 实例介绍 ●

下面将介绍3D翻入–从右下转场特效的操作方法。

● 操作步骤 ●

STEP 01 在视频轨中，导入两张静态图像，如图12-186
所示。

STEP 02 展开特效面板，在单页｜"3D翻动"转场组
中，选择3D翻入–从右下转场效果，如图12-187所示。

图12-186 导入两张静态图像

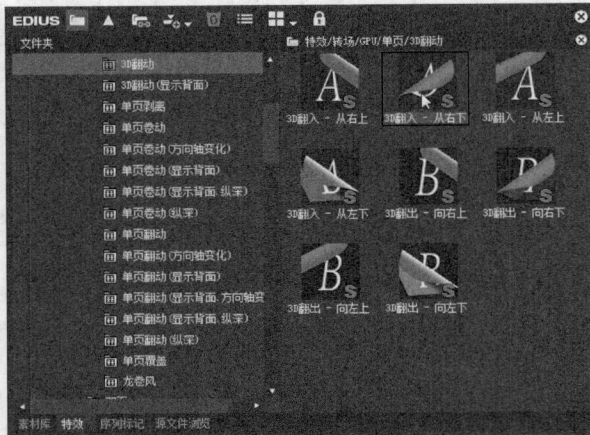

图12-187 选择转场效果

STEP 03 在该转场效果上，单击鼠标左键并拖曳至视频轨
中的两幅图像素材之间，即可添加3D翻入–从右下转场效
果，如图12-188所示。

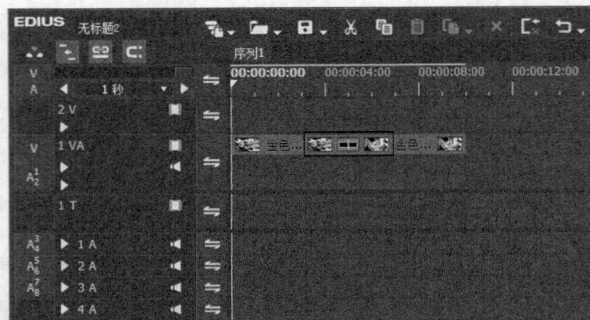

图12-188 添加转场效果

STEP 04 在录制窗口中，单击"播放"
按钮，预览3D翻入–从右下转场效果，如
图12-189所示。

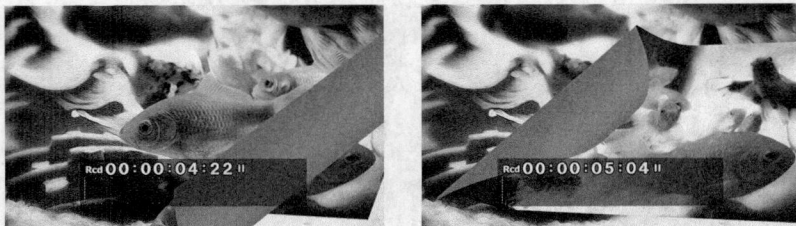

图12-189 预览转场效果

实战 258 3D翻入–从左下转场特效

▶实例位置：光盘＼效果＼第12章＼实战258.ezp
▶素材位置：光盘＼素材＼第12章＼实战258（1）.jpg、实战258（2）.jpg
▶视频位置：光盘＼视频＼第12章＼实战258.mp4

● 实例介绍 ●

下面将介绍3D翻入–从左下转场特效的操作方法。

● 操作步骤 ●

STEP 01 在视频轨中，导入两张静态图像，如图12-190所示。

STEP 02 展开特效面板，在单页｜"3D翻动"转场组中，选择3D翻入–从左下转场效果，如图12-191所示。

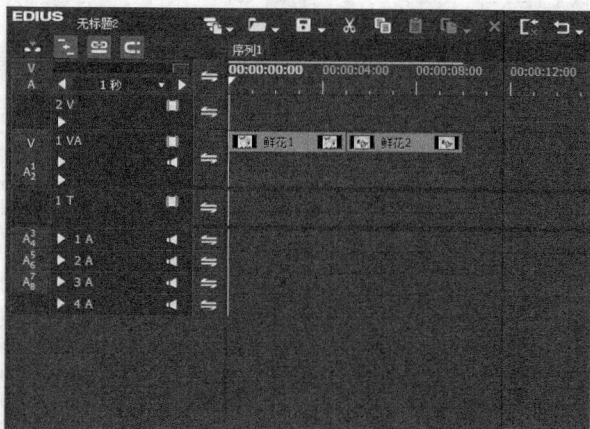

图12-190 导入两张静态图像

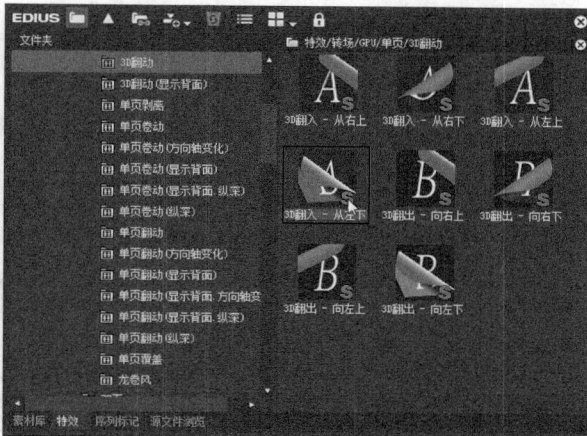

图12-191 选择转场效果

STEP 03 在该转场效果上，单击鼠标左键并拖曳至视频轨中的两幅图像素材之间，即可添加3D翻入–从左下转场效果，如图12-192所示。

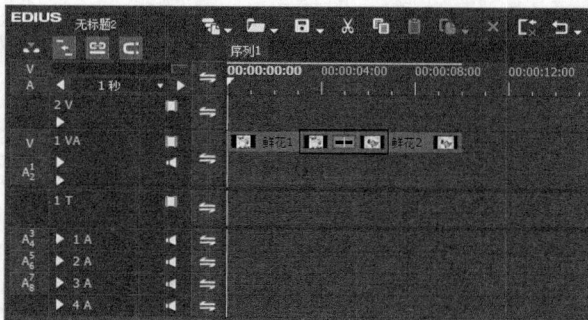

图12-192 添加转场效果

STEP 04 在录制窗口中，单击"播放"按钮，预览3D翻入–从左下转场效果，如图12-193所示。

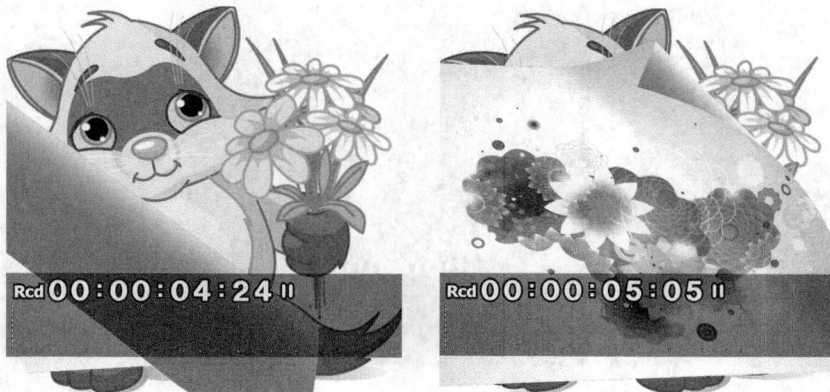

图12-193 预览转场效果

<table>
<tr><td rowspan="2">实战
259</td><td rowspan="2">**3D翻出-向右上转场特效**</td><td>▶ **实例位置**：光盘 \ 效果 \ 第 12 章 \ 实战 259.ezp</td></tr>
</table>

实战 259	3D翻出-向右上转场特效	▶ **实例位置**：光盘 \ 效果 \ 第 12 章 \ 实战 259.ezp
		▶ **素材位置**：光盘 \ 素材 \ 第 12 章 \ 实战 259（1）.jpg、实战 259（2）.jpg
		▶ **视频位置**：光盘 \ 视频 \ 第 12 章 \ 实战 259.mp4

● 实例介绍 ●

下面将介绍3D翻出-向右上转场特效的操作方法。

● 操作步骤 ●

STEP 01 在视频轨中，导入两张静态图像，如图12-194 所示。

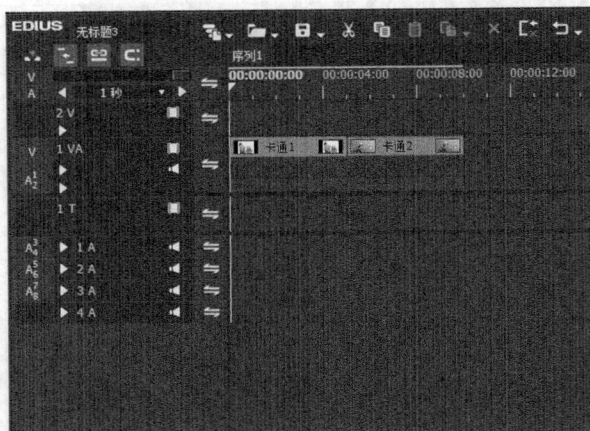

STEP 02 展开特效面板，在单页 | "3D翻动"转场组中，选择3D翻出-向右上转场效果，如图12-195所示。

图12-194 导入两张静态图像

图12-195 选择转场效果

STEP 03 在该转场效果上，单击鼠标左键并拖曳至视频轨中的两幅图像素材之间，即可添加3D翻出-向右上转场效果，如图12-196所示。

图12-196 添加转场效果

STEP 04 在录制窗口中，单击"播放"按钮，预览3D翻出-向右上转场效果，如图12-197所示。

图12-197 预览转场效果

实战 260	3D翻出－向右下转场特效	▶ 实例位置：光盘 \ 效果 \ 第 12 章 \ 实战 260.ezp ▶ 素材位置：光盘 \ 素材 \ 第 12 章 \ 实战 260（1）.jpg、实战 260（2）.jpg ▶ 视频位置：光盘 \ 视频 \ 第 12 章 \ 实战 260.mp4

● 实例介绍 ●

下面将介绍3D翻出－向右下转场特效的操作方法。

● 操作步骤 ●

STEP 01 在视频轨中，导入两张静态图像，如图12-198
所示。

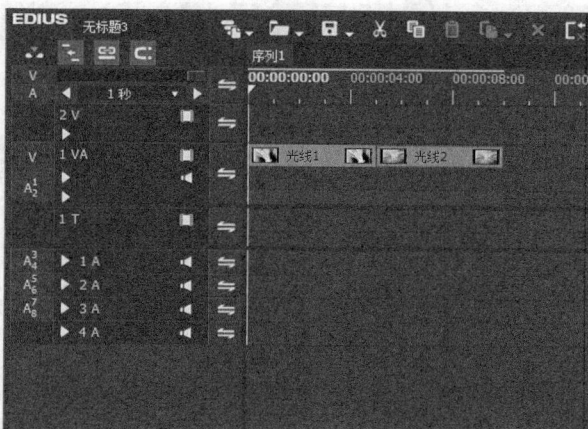

STEP 02 展开特效面板，在单页｜"3D翻动"转场组中，
选择3D翻出－向右下转场效果，如图12-199所示。

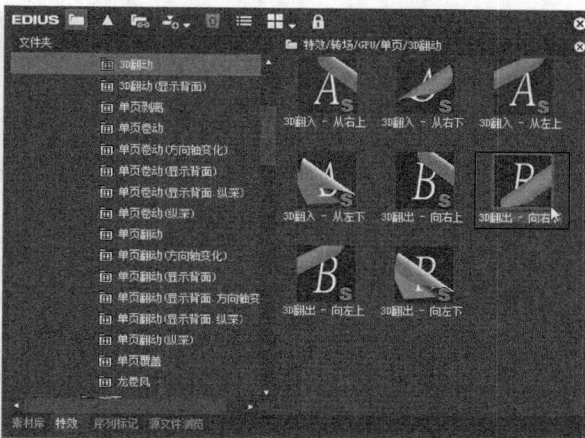

图12-198 导入两张静态图像

图12-199 选择转场效果

STEP 03 在该转场效果上，单击鼠标左键并拖曳至视频轨
中的两幅图像素材之间，即可添加3D翻出－向右下转场效
果，如图12-200所示。

图12-200 添加转场效果

STEP 04 在录制窗口中，单击"播放"按钮，预览3D翻出－向右下转场效果，如图12-201所示。

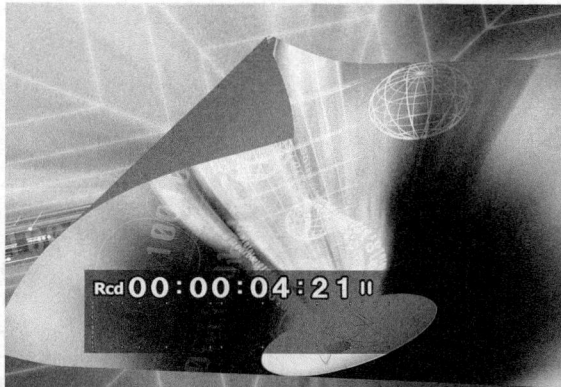

图12-201 预览转场效果

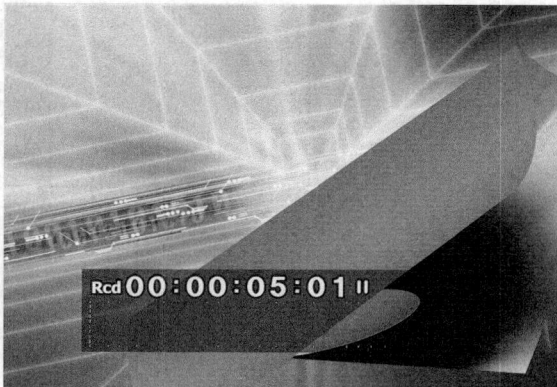

实战 261　3D翻出-向左上转场特效

▶ **实例位置**：光盘 \ 效果 \ 第 12 章 \ 实战 261.ezp
▶ **素材位置**：光盘 \ 素材 \ 第 12 章 \ 实战 261（1）.jpg、实战 261（2）.jpg
▶ **视频位置**：光盘 \ 视频 \ 第 12 章 \ 实战 261.mp4

● 实例介绍 ●

下面将介绍3D翻出-向左上转场特效的操作方法。

● 操作步骤 ●

STEP 01 在视频轨中，导入两张静态图像，如图12-202
所示。

图12-202 导入两张静态图像

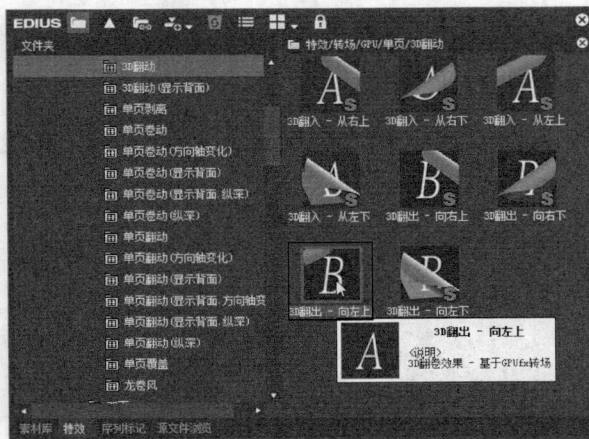

STEP 03 在该转场效果上，单击鼠标左键并拖曳至视频轨
中的两幅图像素材之间，即可添加3D翻出-向左上转场效
果，如图12-204所示。

STEP 02 展开特效面板，在单页 | "3D翻动"转场组中，
选择3D翻出-向左上转场效果，如图12-203所示。

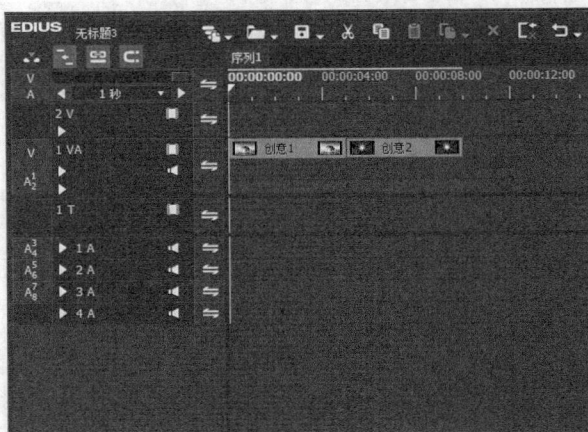

图12-203 选择转场效果

图12-204 添加转场效果

STEP 04 在录制窗口中，单击"播放"按钮，预览3D翻出-向左上转场效果，如图12-205所示。

图12-205 预览转场效果

<table>
<tr><td rowspan="2">实战
262</td><td rowspan="2">3D翻出-向左下转场特效</td><td>▶ 实例位置：光盘 \ 效果 \ 第 12 章 \ 实战 262.ezp</td></tr>
<tr><td>▶ 素材位置：光盘 \ 素材 \ 第 12 章 \ 实战 262（1）.jpg、实战 262（2）.jpg</td></tr>
</table>

▶ 视频位置：光盘 \ 视频 \ 第 12 章 \ 实战 262.mp4

• 实例介绍 •

下面将介绍3D翻出-向左下转场特效的操作方法。

• 操作步骤 •

STEP 01 在视频轨中，导入两张静态图像，如图12-206所示。

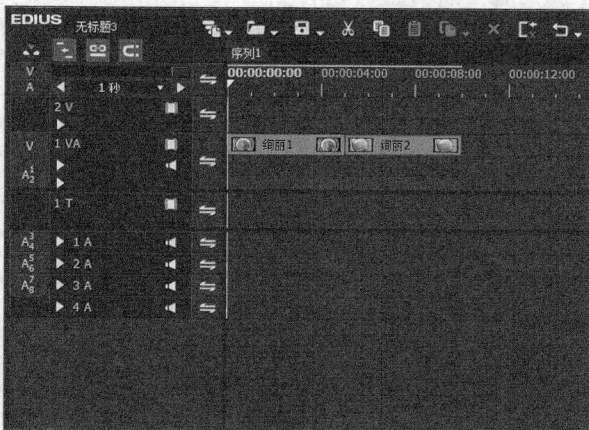

STEP 02 展开特效面板，在单页丨"3D翻动"转场组中，选择3D翻出-向左下转场效果，如图12-207所示。

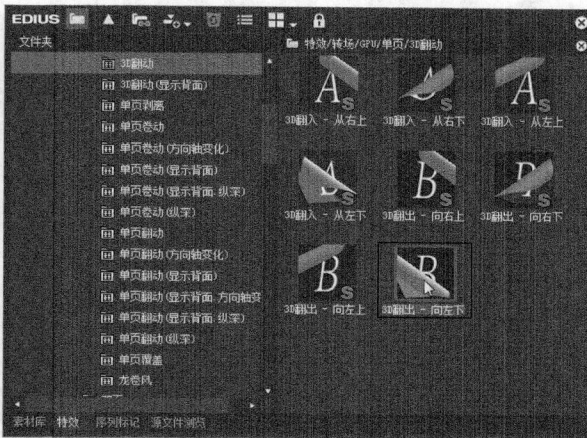

图12-206 导入两张静态图像

图12-207 选择转场效果

STEP 03 在该转场效果上，单击鼠标左键并拖曳至视频轨中的两幅图像素材之间，即可添加3D翻出-向左下转场效果，如图12-208所示。

图12-208 添加转场效果

STEP 04 在录制窗口中，单击"播放"按钮，预览3D翻出-向左下转场效果，如图12-209所示。

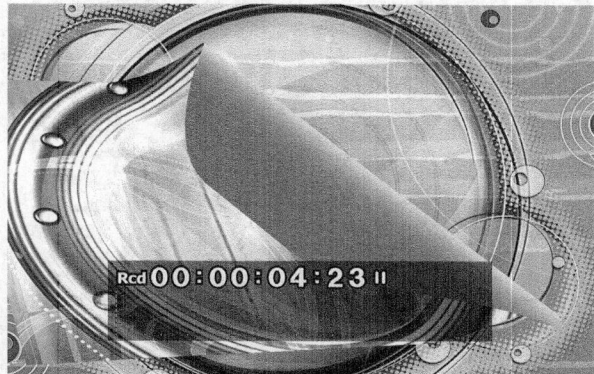

图12-209 预览转场效果

实战 263　3D翻入–从左上转场特效

▶ 实例位置：光盘 \ 效果 \ 第 12 章 \ 实战 263.ezp
▶ 素材位置：光盘 \ 素材 \ 第 12 章 \ 实战 263（1）.jpg、实战 263（2）.jpg
▶ 视频位置：光盘 \ 视频 \ 第 12 章 \ 实战 263.mp4

● 实例介绍 ●

下面将介绍3D翻入–从左上转场特效的操作方法。

● 操作步骤 ●

STEP 01 在视频轨中，导入两张静态图像，如图12–210 所示。

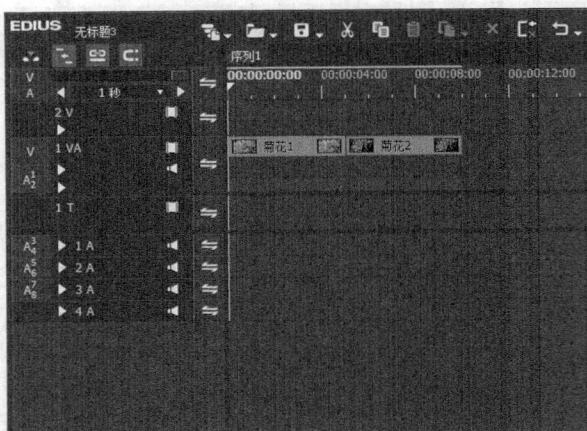

STEP 02 展开特效面板，在单页 | "3D翻动"转场组中，选择3D翻入–从左上转场效果，如图12–211所示。

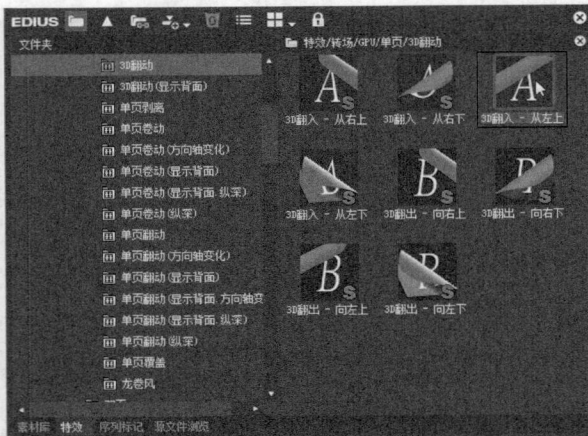

图12-210 导入两张静态图像

图12-211 选择转场效果

STEP 03 在该转场效果上，单击鼠标左键并拖曳至视频轨中的两幅图像素材之间，即可添加3D翻入–从左上转场效果，如图12–212所示。

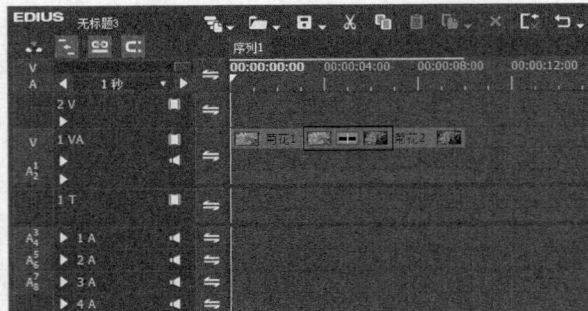

图12-212 添加转场效果

STEP 04 在录制窗口中，单击"播放"按钮，预览3D翻入–从左上转场效果，如图12–213所示。

图12-213 预览转场效果

<table>
<tr><td rowspan="2">实战
264</td><td rowspan="2">3D翻入（显示背面）–从
右下转场特效</td><td>▶ 实例位置：光盘＼效果＼第12章＼实战264.ezp</td></tr>
<tr><td>▶ 素材位置：光盘＼素材＼第12章＼实战264（1）.jpg、实战264（2）.jpg
▶ 视频位置：光盘＼视频＼第12章＼实战264.mp4</td></tr>
</table>

• 实例介绍 •

下面将介绍3D翻入（显示背面）–从右下转场特效的操作方法。

• 操作步骤 •

STEP 01 在视频轨中，导入两张静态图像，如图12-214
所示。

STEP 02 展开特效面板，在单页｜"3D翻动（显示背
面）"转场组中，选择3D翻入（显示背面）–从右下转场
效果，如图12-215所示。

图12-214 导入两张静态图像

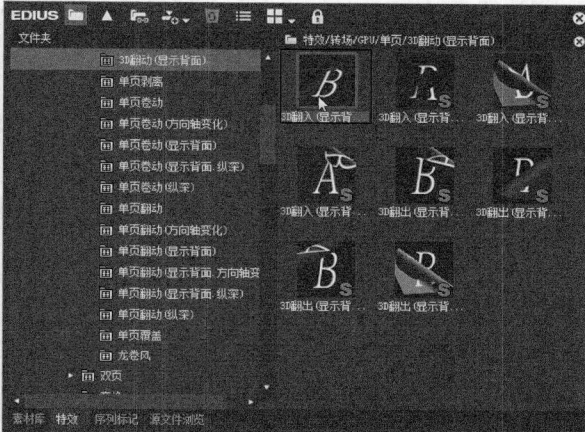

图12-215 选择转场效果

STEP 03 在该转场效果上，单击鼠标左键并拖曳至视频轨
中的两幅图像素材之间，即可添加3D翻入（显示背面）–
从右下转场效果，如图12-216所示。

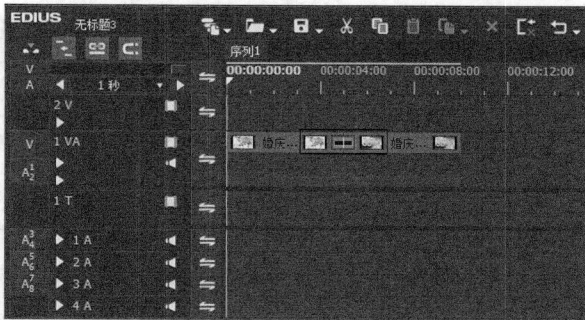

图12-216 添加转场效果

STEP 04 在录制窗口中，单击"播放"按钮，预览3D翻入（显示背面）–从右下转场效果，如图12-217所示。

图12-217 预览转场效果

351

实战 265　3D翻入（显示背面）-从左上转场特效

▶ 实例位置：光盘 \ 效果 \ 第12章 \ 实战265.ezp
▶ 素材位置：光盘 \ 素材 \ 第12章 \ 实战265（1）.jpg、实战265（2）.jpg
▶ 视频位置：光盘 \ 视频 \ 第12章 \ 实战265.mp4

● 实例介绍 ●

下面将介绍3D翻入（显示背面）-从左上转场特效的操作方法。

● 操作步骤 ●

STEP 01 在视频轨中，导入两张静态图像，如图12-218所示。

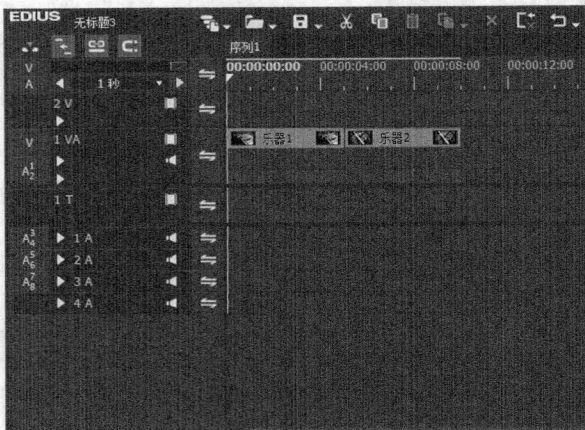

STEP 02 展开特效面板，在单页 I "3D翻动（显示背面）"转场组中，选择3D翻入（显示背面）-从左上转场效果，如图12-219所示。

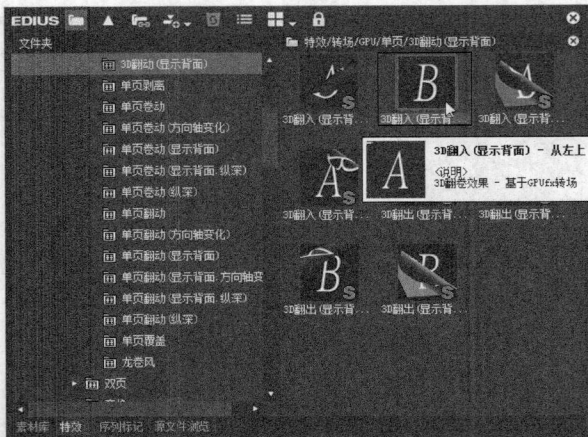

图12-218 导入两张静态图像

图12-219 选择转场效果

STEP 03 在该转场效果上，单击鼠标左键并拖曳至视频轨中的两幅图像素材之间，即可添加3D翻入（显示背面）-从左上转场效果，如图12-220所示。

图12-220 添加转场效果

STEP 04 在录制窗口中，单击"播放"按钮，预览3D翻入（显示背面）-从左上转场效果，如图12-221所示。

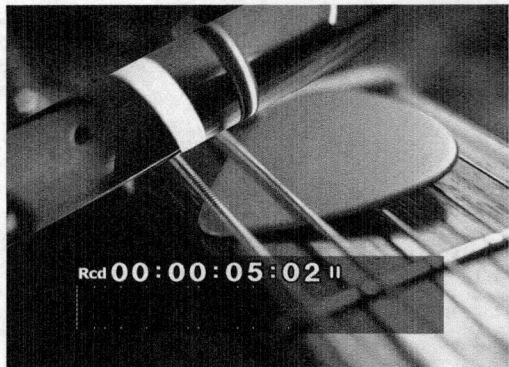

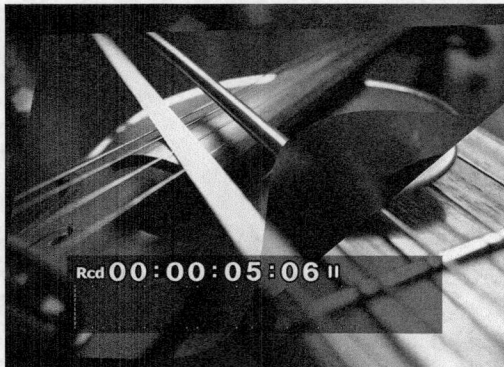

图12-221 预览转场效果

<table>
<tr><td>实战
266</td><td>3D翻入（显示背面）–从
左下转场特效</td><td>▶ 实例位置：光盘 \ 效果 \ 第 12 章 \ 实战 266.ezp
▶ 素材位置：光盘 \ 素材 \ 第 12 章 \ 实战 266（1）.jpg、实战 266（2）.jpg
▶ 视频位置：光盘 \ 视频 \ 第 12 章 \ 实战 266.mp4</td></tr>
</table>

● 实例介绍 ●

下面将介绍3D翻入（显示背面）–从左下转场特效的操作方法。

● 操作步骤 ●

STEP 01 在视频轨中，导入两张静态图像，如图12-222所示。

STEP 02 展开特效面板，在单页 | "3D翻动（显示背面）"转场组中，选择3D翻入（显示背面）–从左下转场效果，如图12-223所示。

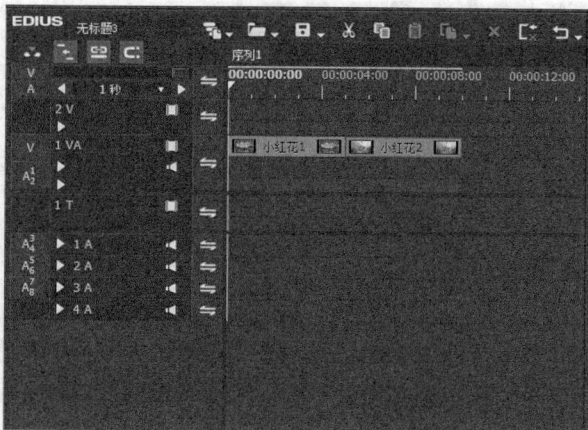

图12-222 导入两张静态图像

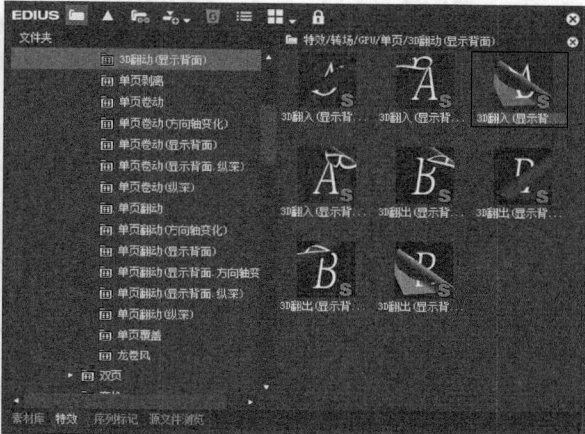

图12-223 选择转场效果

STEP 03 在该转场效果上，单击鼠标左键并拖曳至视频轨中的两幅图像素材之间，即可添加3D翻入（显示背面）–从左下转场效果，如图12-224所示。

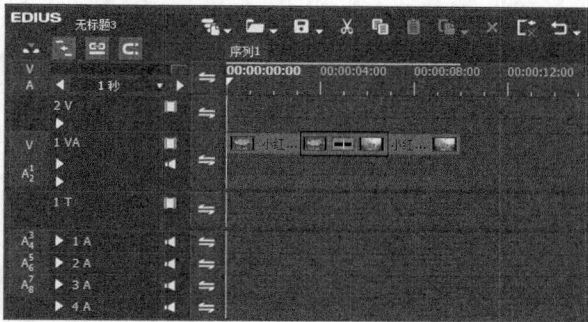

图12-224添加转场效果

STEP 04 在录制窗口中，单击"播放"按钮，预览3D翻入（显示背面）–从左下转场效果，如图12-225所示。

图12-225 预览转场效果

实战 267 3D翻入（显示背面）–向右上转场特效

▶ 实例位置：光盘 \ 效果 \ 第 12 章 \ 实战 267.ezp
▶ 素材位置：光盘 \ 素材 \ 第 12 章 \ 实战 267（1）.jpg、实战 267（2）.jpg
▶ 视频位置：光盘 \ 视频 \ 第 12 章 \ 实战 267.mp4

● 实例介绍 ●

下面将介绍3D翻入（显示背面）–向右上转场特效的操作方法。

● 操作步骤 ●

STEP 01 在视频轨中，导入两张静态图像，如图12–226所示。

STEP 02 展开特效面板，在单页 I "3D翻动（显示背面）"转场组中，选择3D翻入（显示背面）–向右上转场效果，如图12–227所示。

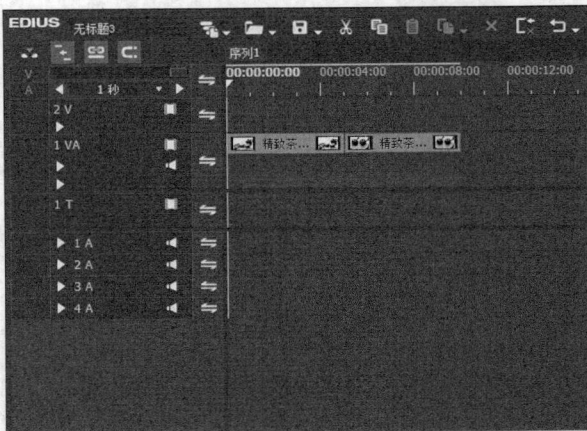

图12–226 导入两张静态图像

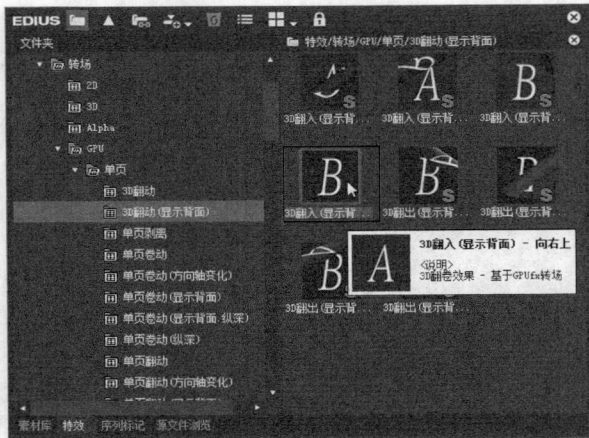

图12–227 选择转场效果

STEP 03 在该转场效果上，单击鼠标左键并拖曳至视频轨中的两幅图像素材之间，即可添加3D翻入（显示背面）–向右上转场效果，如图12–228所示。

图12–228 添加转场效果

STEP 04 在录制窗口中，单击"播放"按钮，预览3D翻入（显示背面）–向右上转场效果，如图12–229所示。

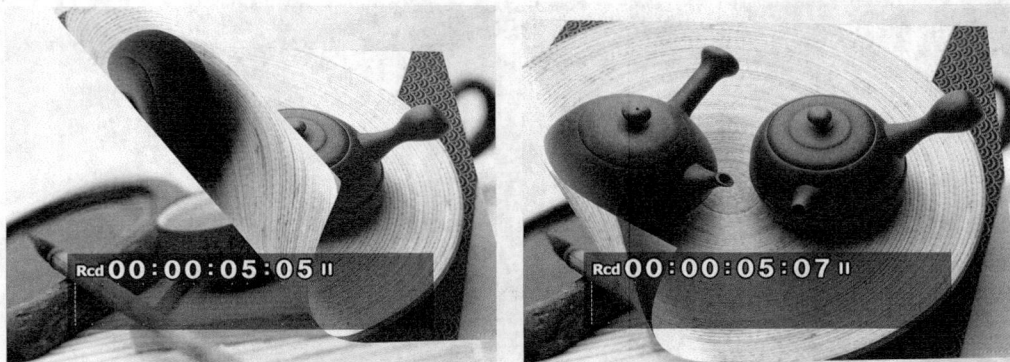

图12–229 预览转场效果

实战 268　3D翻出（显示背面）–从右上转场特效

▶ 实例位置：光盘＼效果＼第 12 章＼实战 268.ezp
▶ 素材位置：光盘＼素材＼第 12 章＼实战 268（1）.jpg、实战 268（2）.jpg
▶ 视频位置：光盘＼视频＼第 12 章＼实战 268.mp4

● 实例介绍 ●

下面将介绍3D翻出（显示背面）–从右上转场特效的操作方法。

● 操作步骤 ●

STEP 01 在视频轨中，导入两张静态图像，如图12-230 所示。

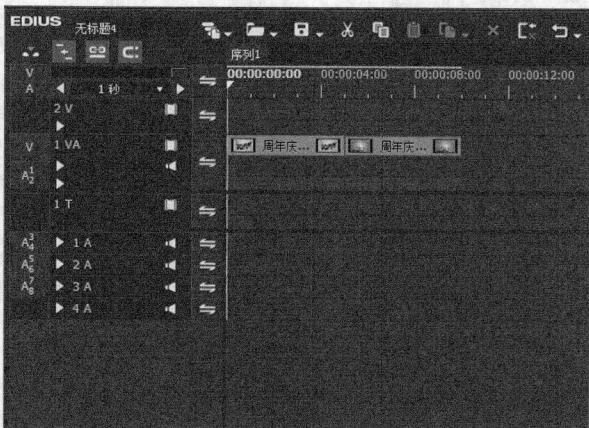

STEP 02 展开特效面板，在单页｜"3D翻动（显示背面）"转场组中，选择3D翻出（显示背面）–从右上转场效果，如图12-231所示。

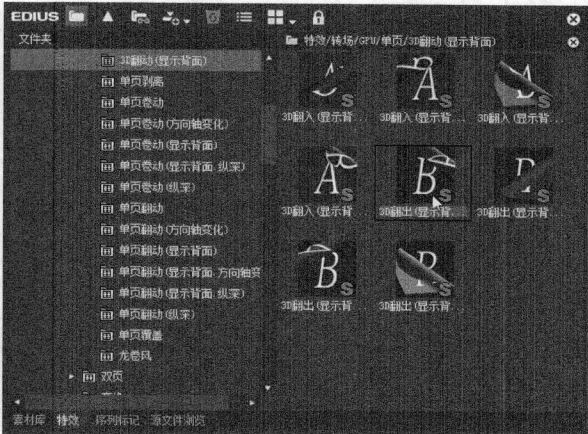

图12-230　导入两张静态图像

图12-231 选择转场效果

STEP 03 在该转场效果上，单击鼠标左键并拖曳至视频轨中的两幅素材图像之间，即可添加3D翻出（显示背面）–从右上转场效果，如图12-232所示。

图12-232添加转场效果

STEP 04 在录制窗口中，单击"播放"按钮，预览3D翻出（显示背面）–从右上转场效果，如图12-233所示。

图12-233 预览转场效果

实战 269 3D翻出（显示背面）– 向右下转场特效

▶ 实例位置：光盘 \ 效果 \ 第 12 章 \ 实战 269.ezp
▶ 素材位置：光盘 \ 素材 \ 第 12 章 \ 实战 269（1）.jpg、实战 269（2）.jpg
▶ 视频位置：光盘 \ 视频 \ 第 12 章 \ 实战 269.mp4

● 实例介绍 ●

下面将介绍3D翻出（显示背面）–向右下转场特效的操作方法。

● 操作步骤 ●

STEP 01 在视频轨中，导入两张静态图像，如图12-234所示。

STEP 02 展开特效面板，在单页｜"3D翻动（显示背面）"转场组中，选择3D翻出（显示背面）–向右下转场效果，如图12-235所示。

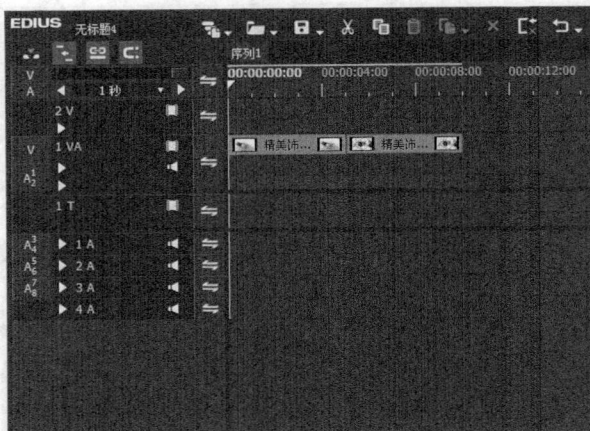

图12-234 导入两张静态图像

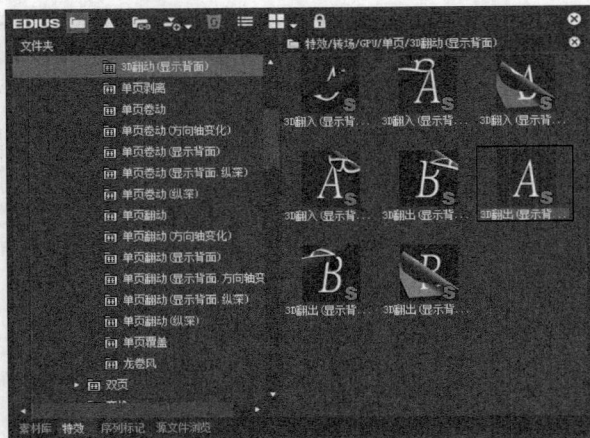

图12-235 选择转场效果

STEP 03 在该转场效果上，单击鼠标左键并拖曳至视频轨中的两幅图像素材之间，即可添加3D翻出（显示背面）–向右下转场效果，如图12-236所示。

图12-236 添加转场效果

STEP 04 在录制窗口中，单击"播放"按钮，预览3D翻出（显示背面）–向右下转场效果，如图12-237所示。

图12-237 预览转场效果

<table>
<tr><td rowspan="2">实战
270</td><td rowspan="2">3D翻出（显示背面）–
向左上转场特效</td><td>▶ 实例位置：光盘 \ 效果 \ 第 12 章 \ 实战 270.ezp</td></tr>
<tr><td>▶ 素材位置：光盘 \ 素材 \ 第 12 章 \ 实战 270（1）.jpg、实战 270（2）.jpg
▶ 视频位置：光盘 \ 视频 \ 第 12 章 \ 实战 270.mp4</td></tr>
</table>

● 实例介绍 ●

下面将介绍3D翻出（显示背面）–向左上转场特效的操作方法。

● 操作步骤 ●

STEP 01 在视频轨中，导入两张静态图像，如图12-238所示。

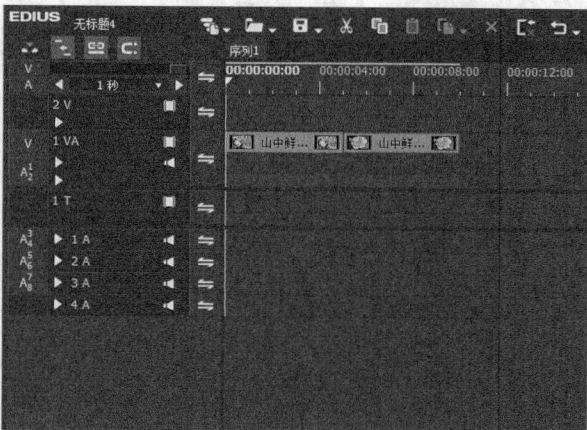

STEP 02 展开特效面板，在单页丨"3D翻动（显示背面）"转场组中，选择3D翻出（显示背面）–向左上转场效果，如图12-239所示。

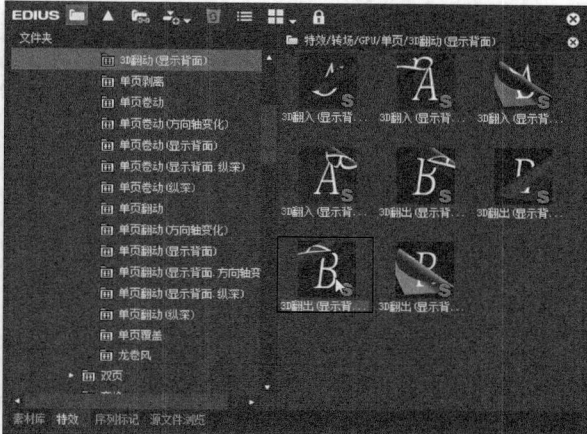

图12-238 导入两张静态图像

图12-239 选择转场效果

STEP 03 在该转场效果上，单击鼠标左键并拖曳至视频轨中的两幅图像素材之间，即可添加3D翻出（显示背面）–向左上转场效果，如图12-240所示。

图12-240 添加转场效果

STEP 04 在录制窗口中，单击"播放"按钮，预览3D翻出（显示背面）–向左上转场效果，如图12-241所示。

图12-241 预览转场效果

实战 271 3D翻出（显示背面）– 向左下转场特效

▶ 实例位置：光盘 \ 效果 \ 第 12 章 \ 实战 271.ezp
▶ 素材位置：光盘 \ 素材 \ 第 12 章 \ 实战 271（1）.jpg、实战 271（2）.jpg
▶ 视频位置：光盘 \ 视频 \ 第 12 章 \ 实战 271.mp4

● 实例介绍 ●

下面将介绍3D翻出（显示背面）–向左下转场特效的操作方法。

● 操作步骤 ●

STEP 01 在视频轨中，导入两张静态图像，如图12-242 所示。

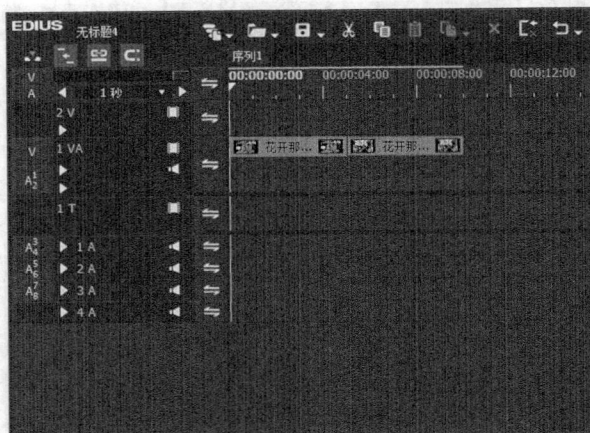

STEP 02 展开特效面板，在单页 | "3D翻动（显示背面）"转场组中，选择3D翻出（显示背面）–向左下转场效果，如图12-243所示。

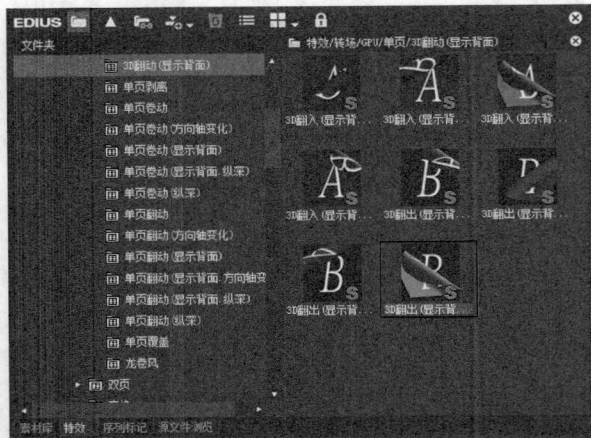

图12-242 导入两张静态图像

图12-243 选择转场效果

STEP 03 在该转场效果上，单击鼠标左键并拖曳至视频轨中的两幅图像素材之间，即可添加3D翻出（显示背面）–向左下转场效果，如图12-244所示。

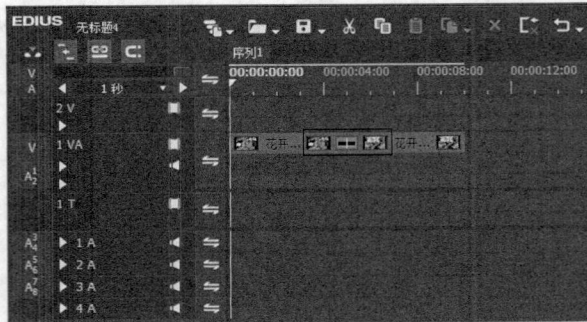

图12-244 添加转场效果

STEP 04 在录制窗口中，单击"播放"按钮，预览3D翻出（显示背面）–向左下转场效果，如图12-245所示。

图12-245 预览转场效果

12.7 制作单页剥离转场效果

本节主要向读者介绍制作单页剥离转场效果的操作方法。

实战 272　单页剥离–向前1转场特效

▶ 实例位置：光盘 \ 效果 \ 第 12 章 \ 实战 272.ezp
▶ 素材位置：光盘 \ 素材 \ 第 12 章 \ 实战 272（1）.jpg、实战 272（2）.jpg
▶ 视频位置：光盘 \ 视频 \ 第 12 章 \ 实战 272.mp4

● 实例介绍 ●

下面将介绍单页剥离–向前1转场特效的操作方法。

● 操作步骤 ●

STEP 01 在视频轨中，导入两张静态图像，如图12-246所示。

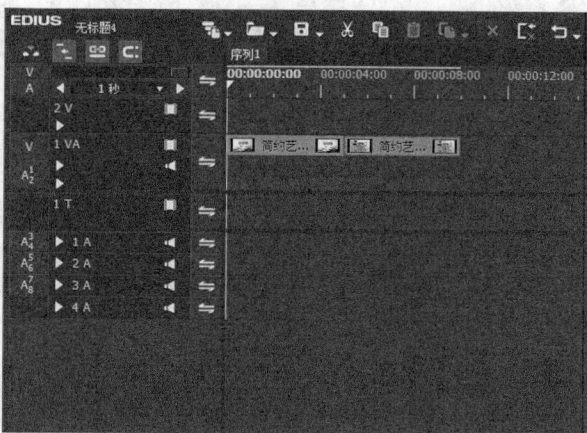

图12-246 导入两张静态图像

STEP 03 在该转场效果上，单击鼠标左键并拖曳至视频轨中的两幅图像素材之间，即可添加单页剥离–向前1转场效果，如图12-248所示。

STEP 02 展开特效面板，在单页 | "单页剥离"转场组中，选择单页剥离–向前1转场效果，如图12-247所示。

图12-247 选择转场效果

图12-248 添加转场效果

STEP 04 在录制窗口中，单击"播放"按钮，预览单页剥离–向前1转场效果，如图12-249所示。

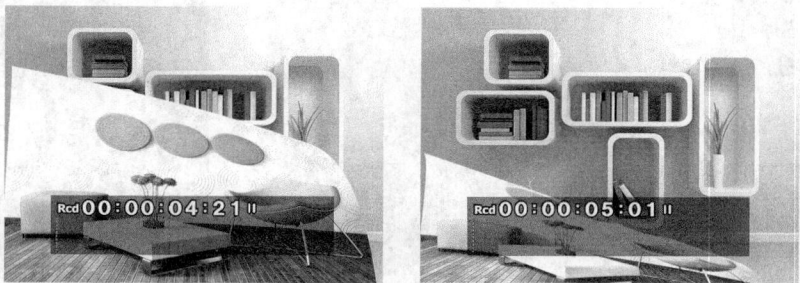

图12-249 预览转场效果

实战 273 单页剥离-向前2转场特效

▶ 实例位置：光盘 \ 效果 \ 第 12 章 \ 实战 273.ezp
▶ 素材位置：光盘 \ 素材 \ 第 12 章 \ 实战 273（1）.jpg、实战 273（2）.jpg
▶ 视频位置：光盘 \ 视频 \ 第 12 章 \ 实战 273.mp4

● 实例介绍 ●

下面将介绍单页剥离-向前2转场特效的操作方法。

● 操作步骤 ●

STEP 01 在视频轨中，导入两张静态图像，如图12-250所示。

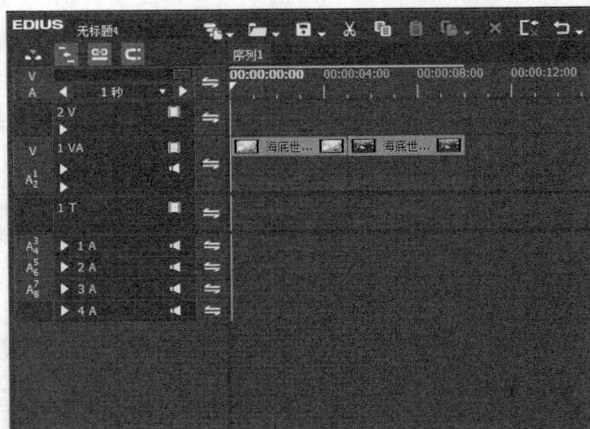

STEP 02 展开特效面板，在单页 | "单页剥离" 转场组中，选择单页剥离-向前2转场效果，如图12-251所示。

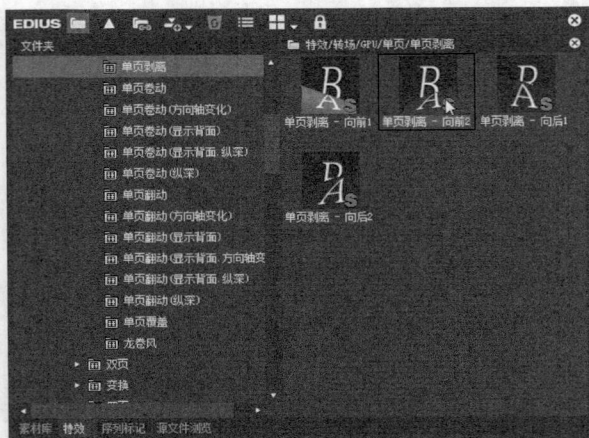

图12-250 导入两张静态图像

图12-251 选择转场效果

STEP 03 在该转场效果上，单击鼠标左键并拖曳至视频轨中的两幅图像素材之间，即可添加单页剥离-向前2转场效果，如图12-252所示。

图12-252 添加转场效果

STEP 04 在录制窗口中，单击"播放"按钮，预览单页剥离-向前2转场效果，如图12-253所示。

图12-253 预览转场效果

<table>
<tr><td rowspan="2">实战
274</td><td rowspan="2">**单页剥离-向后1转场特效**</td><td>▶ 实例位置：光盘 \ 效果 \ 第 12 章 \ 实战 274.ezp</td></tr>
<tr><td>▶ 素材位置：光盘 \ 素材 \ 第 12 章 \ 实战 274（1）.jpg、实战 274（2）.jpg
▶ 视频位置：光盘 \ 视频 \ 第 12 章 \ 实战 274.mp4</td></tr>
</table>

● 实例介绍 ●

下面将介绍单页剥离-向后1转场特效的操作方法。

● 操作步骤 ●

STEP 01 在视频轨中，导入两张静态图像，如图12-254所示。

STEP 02 展开特效面板，在单页 | "单页剥离"转场组中，选择单页剥离-向后1转场效果，如图12-255所示。

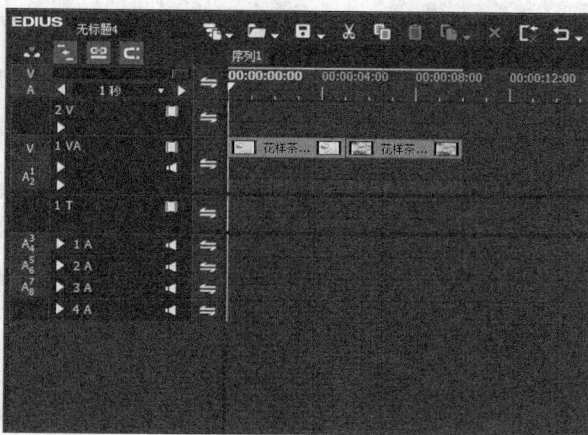

图12-254 导入两张静态图像

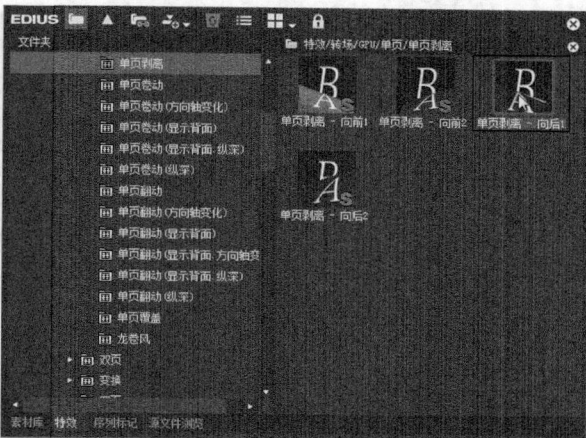

图12-255 选择转场效果

STEP 03 在该转场效果上，单击鼠标左键并拖曳至视频轨中的两幅图像素材之间，即可添加单页剥离-向后1转场效果，如图12-256所示。

图12-256 添加转场效果

STEP 04 在录制窗口中，单击"播放"按钮，预览单页剥离-向后1转场效果，如图12-257所示。

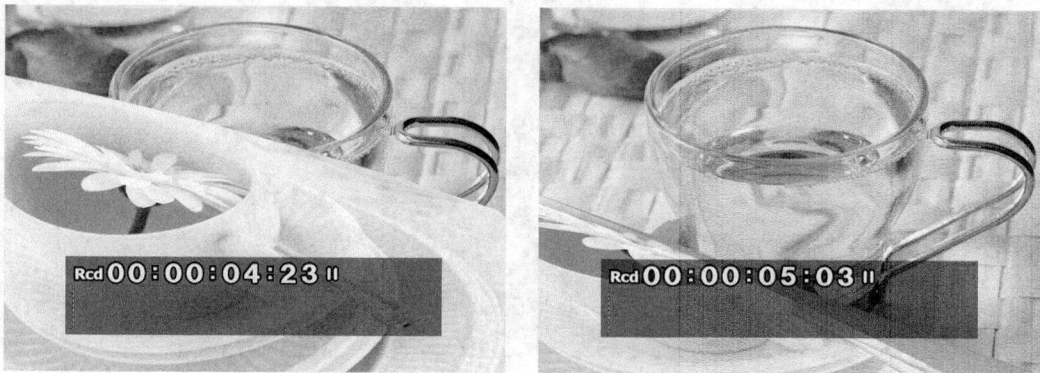

图12-257 预览转场效果

实战 275　单页剥离–向后2转场特效

▶ **实例位置：** 光盘 \ 效果 \ 第 12 章 \ 实战 275.ezp
▶ **素材位置：** 光盘 \ 素材 \ 第 12 章 \ 实战 275（1）.jpg、实战 275（2）.jpg
▶ **视频位置：** 光盘 \ 视频 \ 第 12 章 \ 实战 275.mp4

● 实例介绍 ●

下面将介绍单页剥离–向后2转场特效的操作方法。

● 操作步骤 ●

STEP 01 在视频轨中，导入两张静态图像，如图12-258 所示。

STEP 02 展开特效面板，在单页丨"单页剥离"转场组中，选择单页剥离–向后2转场效果，如图12-259所示。

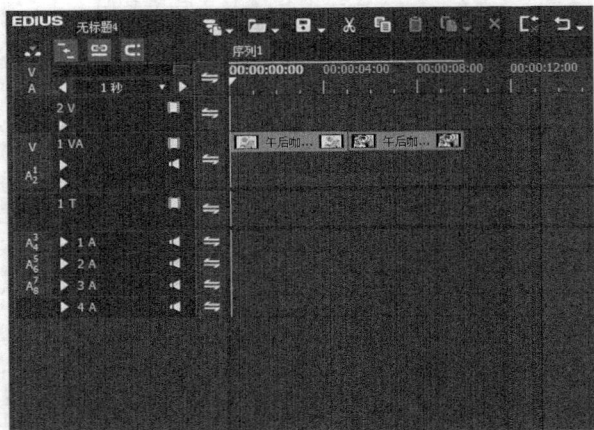
图12-258　导入两张静态图像

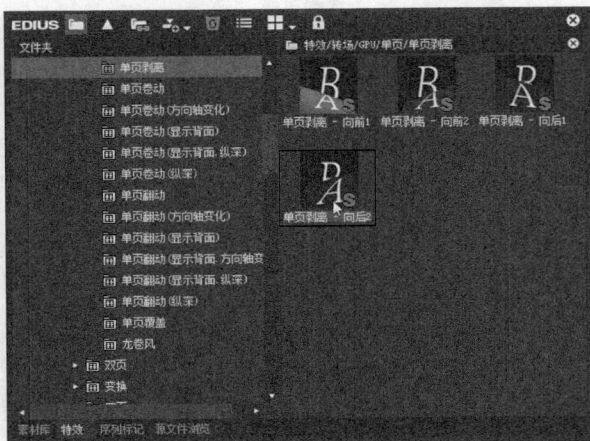
图12-259　选择转场效果

STEP 03 在该转场效果上，单击鼠标左键并拖曳至视频轨中的两幅图像素材之间，即可添加单页剥离–向后2转场效果，如图12-260所示。

图12-260　添加转场效果

STEP 04 在录制窗口中，单击"播放"按钮，预览单页剥离–向后2转场效果，如图12-261所示。

图12-261　预览转场效果

12.8 制作其他精彩转场效果

本节主要向读者介绍制作其他精彩转场效果的操作方法。

实战 276 单页卷入–从上转场特效

▶ 实例位置：光盘 \ 效果 \ 第 12 章 \ 实战 276.ezp
▶ 素材位置：光盘 \ 素材 \ 第 12 章 \ 实战 276（1）.jpg、实战 276（2）.jpg
▶ 视频位置：光盘 \ 视频 \ 第 12 章 \ 实战 276.mp4

● 实例介绍 ●

下面将介绍单页卷入–从上转场特效的操作方法。

● 操作步骤 ●

STEP 01 在视频轨中，导入两张静态图像，如图12-262所示。

STEP 02 展开特效面板，在单页丨"单页卷动"转场组中，选择单页卷入–从上转场效果，如图12-263所示。

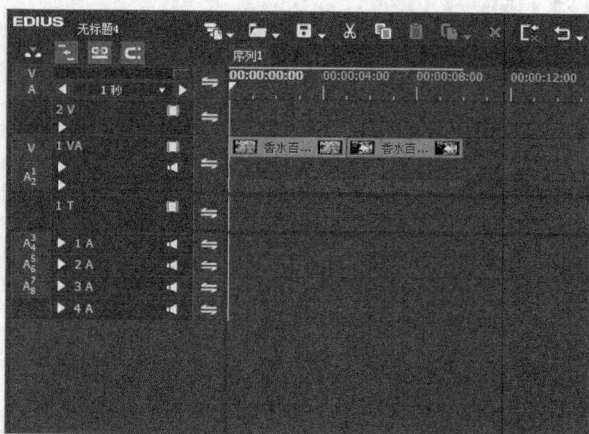

图12-262 导入两张静态图像

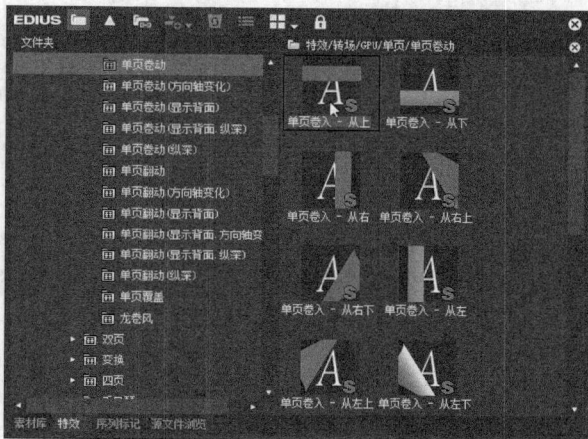

图12-263 选择转场效果

STEP 03 在该转场效果上，单击鼠标左键并拖曳至视频轨中的两幅图像素材之间，即可添加单页卷入–从上转场效果，如图12-264所示。

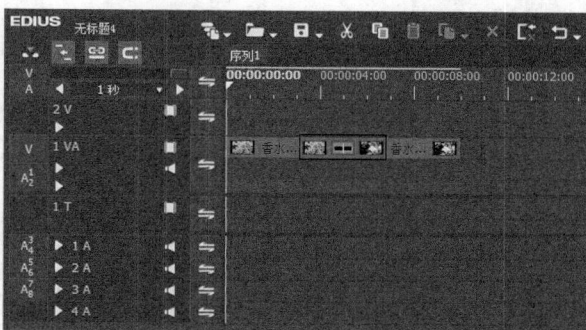

图12-264 添加转场效果

STEP 04 在录制窗口中，单击"播放"按钮，预览单页卷入–从上转场效果，如图12-265所示。

图12-265 预览转场效果

实战 277　单页卷入–从下转场特效

▶ 实例位置：光盘 \ 效果 \ 第 12 章 \ 实战 277. ezp
▶ 素材位置：光盘 \ 素材 \ 第 12 章 \ 实战 277（1）. jpg、实战 277（2）. jpg
▶ 视频位置：光盘 \ 视频 \ 第 12 章 \ 实战 277. mp4

● 实例介绍 ●

下面将介绍单页卷入–从下转场特效的操作方法。

● 操作步骤 ●

STEP 01 在视频轨中，导入两张静态图像，如图12-266 所示。

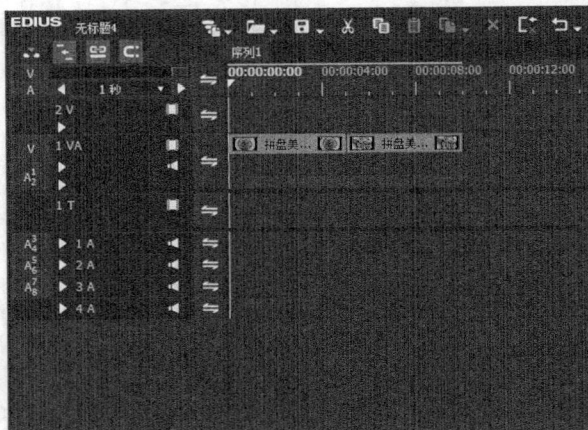

图12-266 导入两张静态图像

STEP 03 在该转场效果上，单击鼠标左键并拖曳至视频轨中的两幅图像素材之间，即可添加单页卷入–从下转场效果，如图12-268所示。

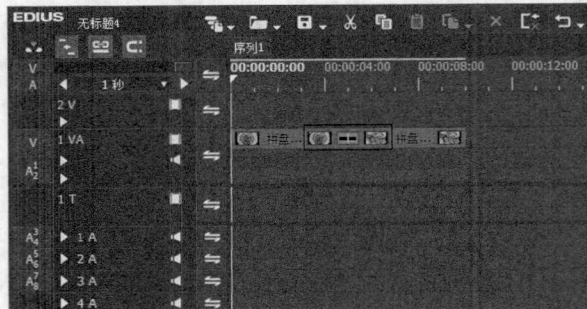

STEP 02 展开特效面板，在单页丨"单页卷动"转场组中，选择单页卷入–从下转场效果，如图12-267所示。

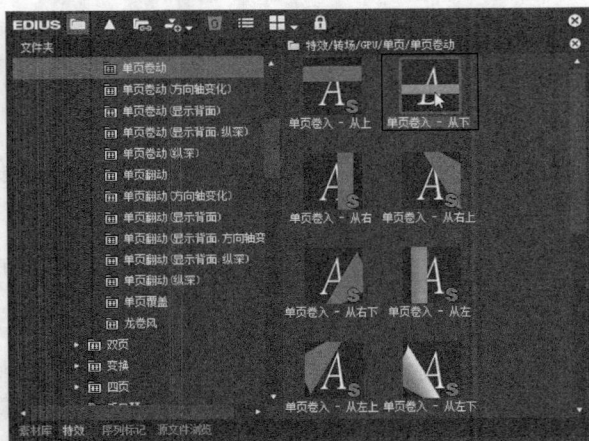

图12-267 选择转场效果

图12-268 添加转场效果

STEP 04 在录制窗口中，单击"播放"按钮，预览单页卷入–从下转场效果，如图12-269所示。

图12-269 预览转场效果

<table>
<tr><td rowspan="3">实战
278</td><td rowspan="3">单页卷入-从右转场特效</td><td>▶ 实例位置：光盘 \ 效果 \ 第 12 章 \ 实战 278.ezp</td></tr>
<tr><td>▶ 素材位置：光盘 \ 素材 \ 第 12 章 \ 实战 278（1）.jpg、实战 278（2）.jpg</td></tr>
<tr><td>▶ 视频位置：光盘 \ 视频 \ 第 12 章 \ 实战 278.mp4</td></tr>
</table>

● 实例介绍 ●

下面将介绍单页卷入-从右转场特效的操作方法。

● 操作步骤 ●

STEP 01 在视频轨中，导入两张静态图像，如图12-270所示。

STEP 02 展开特效面板，在单页 | "单页卷动"转场组中，选择单页卷入-从右转场效果，如图12-271所示。

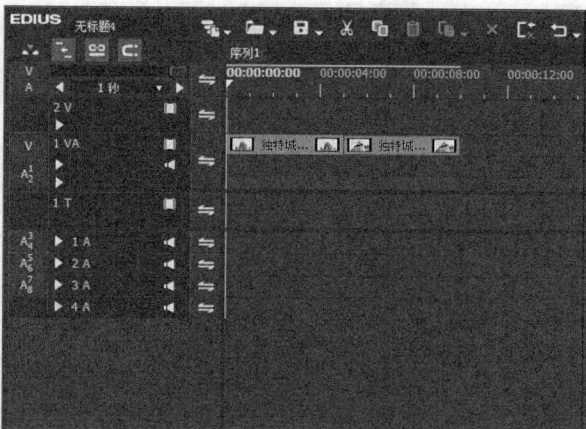

图12-270 导入两张静态图像

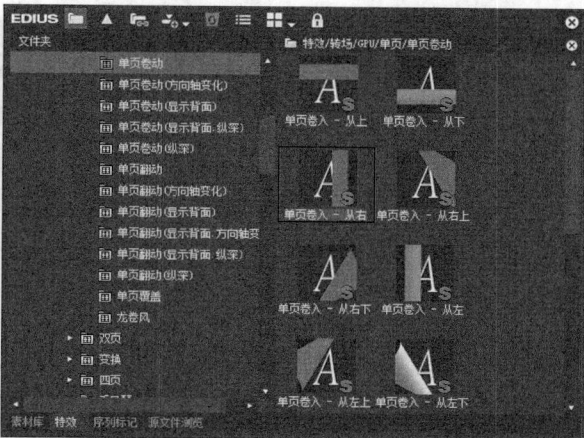

图12-271 选择转场效果

STEP 03 在该转场效果上，单击鼠标左键并拖曳至视频轨中的两幅图像素材之间，即可添加单页卷入-从右转场效果，如图12-272所示。

图12-272 添加转场效果

STEP 04 在录制窗口中，单击"播放"按钮，预览单页卷入-从右转场效果，如图12-273所示。

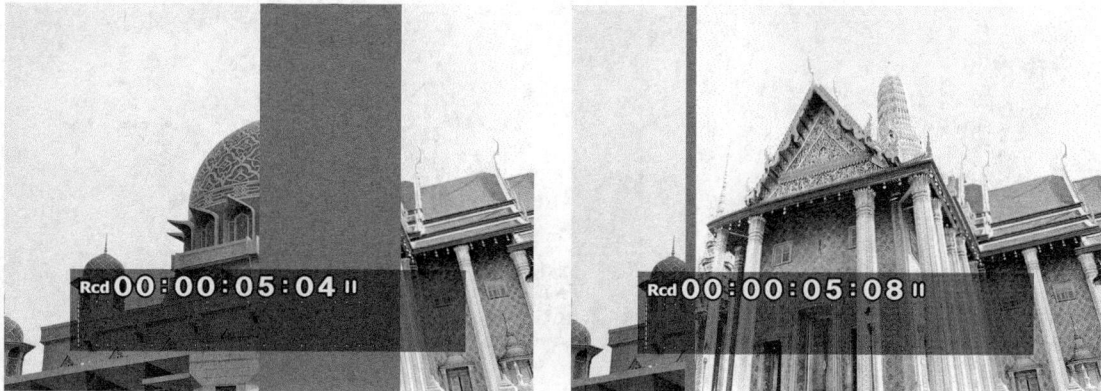

图12-273 预览转场效果

实战 279 单页卷入–从右上转场特效

▶ 实例位置：光盘 \ 效果 \ 第 12 章 \ 实战 279.ezp
▶ 素材位置：光盘 \ 素材 \ 第 12 章 \ 实战 279（1）.jpg、实战 279（2）.jpg
▶ 视频位置：光盘 \ 视频 \ 第 12 章 \ 实战 279.mp4

● 实例介绍 ●

下面将介绍单页卷入–从右上转场特效的操作方法。

● 操作步骤 ●

STEP 01 在视频轨中，导入两张静态图像，如图12-274所示。

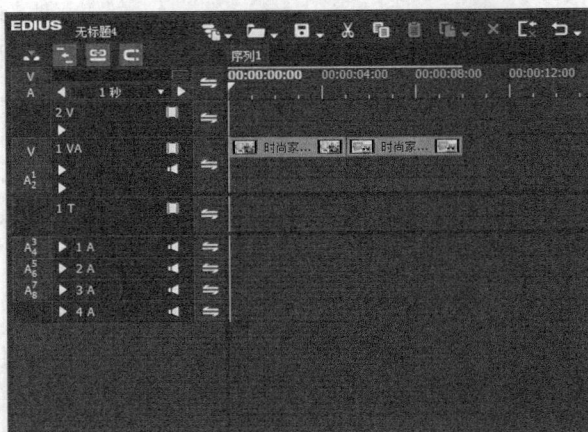

图12-274 导入两张静态图像

STEP 03 在该转场效果上，单击鼠标左键并拖曳至视频轨中的两幅图像素材之间，即可添加单页卷入–从右上转场效果，如图12-276所示。

STEP 02 展开特效面板，在单页 | "单页卷动"转场组中，选择单页卷入–从右上转场效果，如图12-275所示。

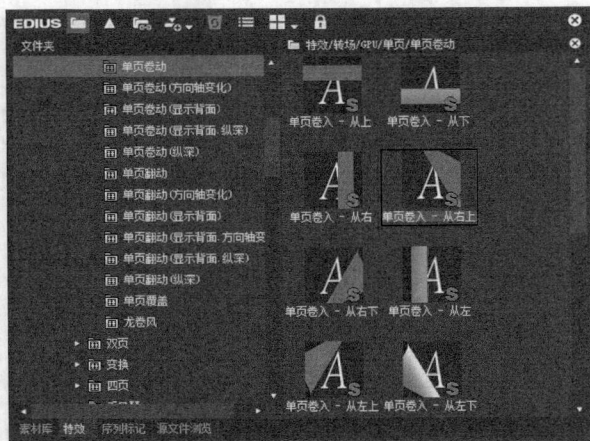

图12-275 选择转场效果

图12-276 添加转场效果

STEP 04 在录制窗口中，单击"播放"按钮，预览单页卷入–从右上转场效果，如图12-277所示。

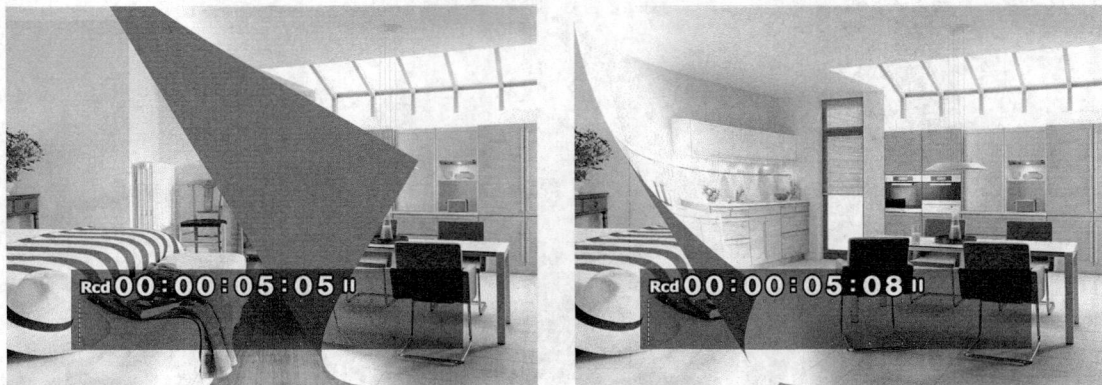

图12-277 预览转场效果

实战 280　单页卷入–从右下转场特效

▶ **实例位置**：光盘 \ 效果 \ 第 12 章 \ 实战 280.ezp
▶ **素材位置**：光盘 \ 素材 \ 第 12 章 \ 实战 280（1）.jpg、实战 280（2）.jpg
▶ **视频位置**：光盘 \ 视频 \ 第 12 章 \ 实战 280.mp4

● **实例介绍** ●

下面将介绍单页卷入–从右下转场特效的操作方法。

● **操作步骤** ●

STEP 01 在视频轨中，导入两张静态图像，如图12–278 所示。

图12-278 导入两张静态图像

STEP 02 展开特效面板，在单页 ┃ "单页卷动"转场组中，选择单页卷入–从右下转场效果，如图12-279所示。

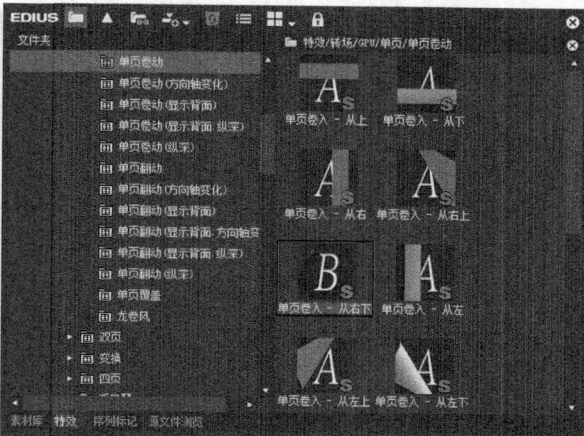

图12-279 选择转场效果

STEP 03 在该转场效果上，单击鼠标左键并拖曳至视频轨中的两幅图像素材之间，即可添加单页卷入–从右下转场效果，如图12–280所示。

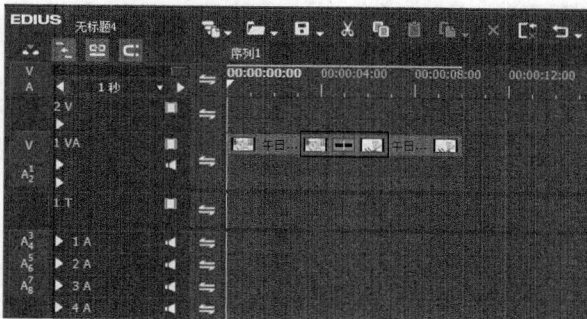

图12-280 添加转场效果

STEP 04 在录制窗口中，单击"播放"按钮，预览单页卷入–从右下转场效果，如图12–281所示。

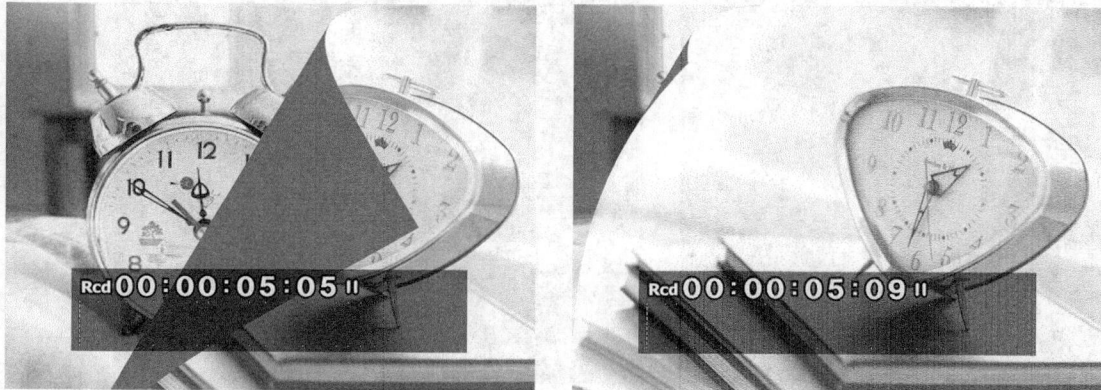

图12-281 预览转场效果

实战 281　单页卷入–从左转场特效

▶ 实例位置：光盘 \ 效果 \ 第 12 章 \ 实战 281.ezp
▶ 素材位置：光盘 \ 素材 \ 第 12 章 \ 实战 281（1）.jpg、实战 281（2）.jpg
▶ 视频位置：光盘 \ 视频 \ 第 12 章 \ 实战 281.mp4

• 实例介绍 •

下面将介绍单页卷入–从左转场特效的操作方法。

• 操作步骤 •

STEP 01 在视频轨中，导入两张静态图像，如图12-282所示。

STEP 02 展开特效面板，在单页 | "单页卷动"转场组中，选择单页卷入–从左转场效果，如图12-283所示。

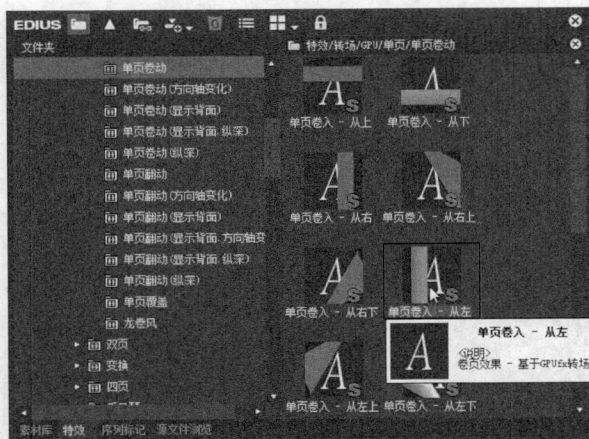

图12-282 导入两张静态图像

图12-283 选择转场效果

STEP 03 在该转场效果上，单击鼠标左键并拖曳至视频轨中的两幅图像素材之间，即可添加单页卷入–从左转场效果，如图12-284所示。

图12-284 添加转场效果

STEP 04 在录制窗口中，单击"播放"按钮，预览单页卷入–从左转场效果，如图12-285所示。

图12-285 预览转场效果

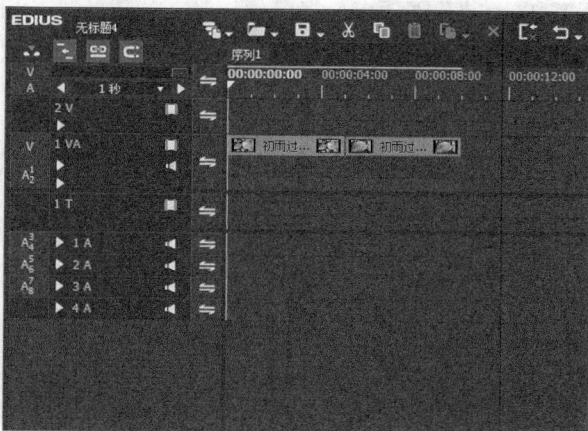

实战 282　单页卷入–从左上转场特效

▶ 实例位置：光盘 \ 效果 \ 第 12 章 \ 实战 282.ezp
▶ 素材位置：光盘 \ 素材 \ 第 12 章 \ 实战 282（1）.jpg、实战 282（2）.jpg
▶ 视频位置：光盘 \ 视频 \ 第 12 章 \ 实战 282.mp4

● 实例介绍 ●

下面将介绍单页卷入–从左上转场特效的操作方法。

● 操作步骤 ●

STEP 01 在视频轨中，导入两张静态图像，如图12-286所示。

STEP 02 展开特效面板，在单页 | "单页卷动"转场组中，选择单页卷入–从左上转场效果，如图12-287所示。

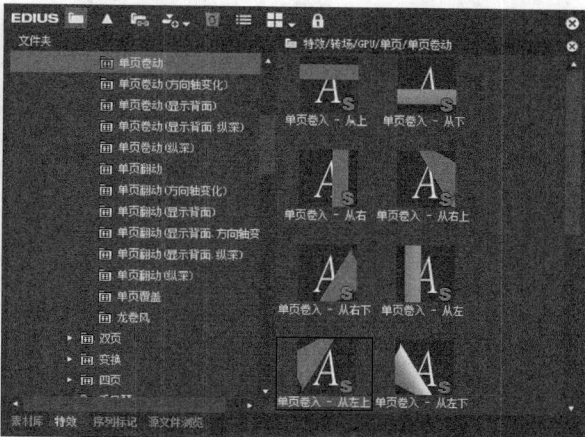

图12-286 导入两张静态图像

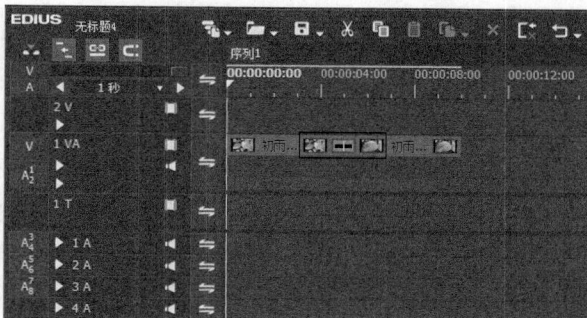

图12-287 选择转场效果

STEP 03 在该转场效果上，单击鼠标左键并拖曳至视频轨中的两幅图像素材之间，即可添加单页卷入–从左上转场效果，如图12-288所示。

图12-288 添加转场效果

STEP 04 在录制窗口中，单击"播放"按钮，预览单页卷入–从左上转场效果，如图12-289所示。

图12-289 预览转场效果

实战 283	单页卷入-从左下转场特效	▶ 实例位置：光盘 \ 效果 \ 第 12 章 \ 实战 283.ezp ▶ 素材位置：光盘 \ 素材 \ 第 12 章 \ 实战 283（1）.jpg、实战 283（2）.jpg ▶ 视频位置：光盘 \ 视频 \ 第 12 章 \ 实战 283.mp4

● 实例介绍 ●

下面将介绍单页卷入-从左下转场特效的操作方法。

● 操作步骤 ●

STEP 01 在视频轨中，导入两张静态图像，如图12-290 所示。

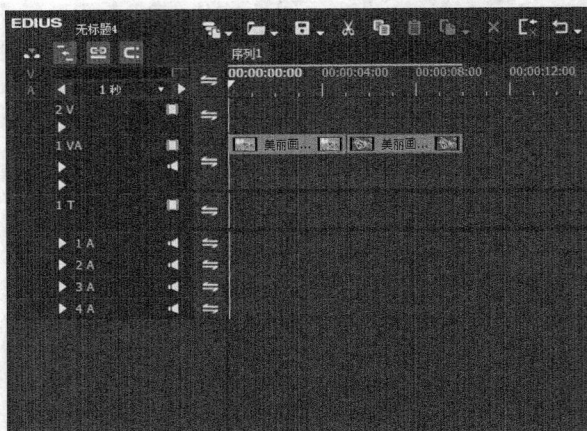

图12-290 导入两张静态图像

STEP 03 在该转场效果上，单击鼠标左键并拖曳至视频轨中的两幅图像素材之间，即可添加单页卷入-从左下转场效果，如图12-292所示。

STEP 02 展开特效面板，在单页｜"单页卷动"转场组中，选择单页卷入-从左下转场效果，如图12-291所示。

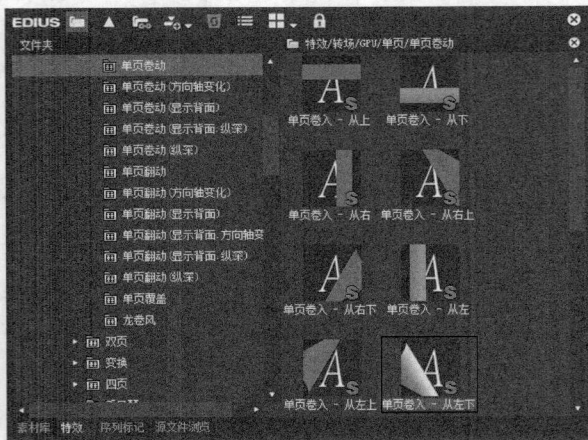

图12-291 选择转场效果

图12-292 添加转场效果

STEP 04 在录制窗口中，单击"播放"按钮，预览单页卷入-从左下转场效果，如图12-293所示。

图12-293 预览转场效果

▶ 实例位置：光盘 \ 效果 \ 第 12 章 \ 实战 284.ezp
▶ 素材位置：光盘 \ 素材 \ 第 12 章 \ 实战 284（1）.jpg、实战 284（2）.jpg
▶ 视频位置：光盘 \ 视频 \ 第 12 章 \ 实战 284.mp4

实战 284 单页卷出-向上转场特效

● 实例介绍 ●

下面将介绍单页卷出-向上转场特效的操作方法。

● 操作步骤 ●

STEP 01 在视频轨中，导入两张静态图像，如图12-294 所示。

STEP 02 展开特效面板，在单页丨"单页卷动"转场组中，选择单页卷出-向上转场效果，如图12-295所示。

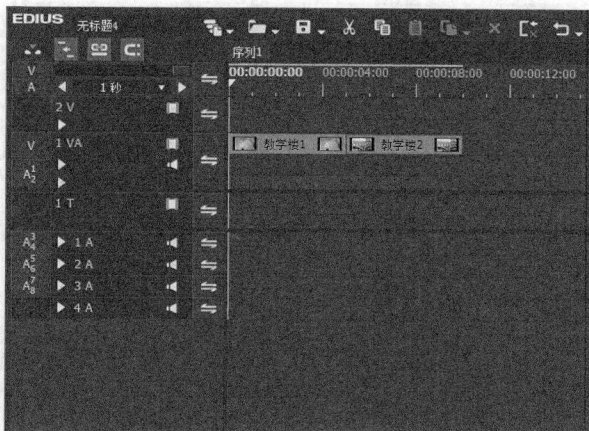

图12-294 导入两张静态图像

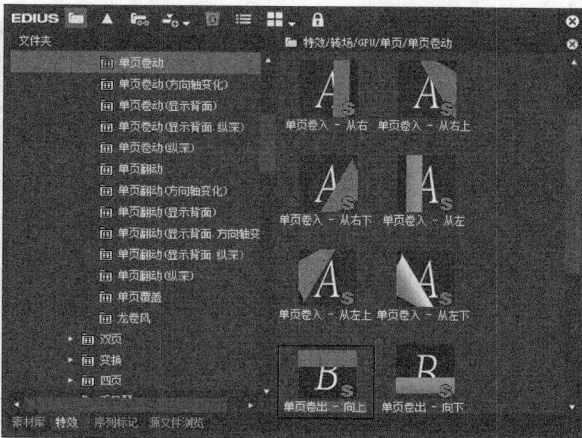

图12-295 选择转场效果

STEP 03 在该转场效果上，单击鼠标左键并拖曳至视频轨中的两幅图像素材之间，即可添加单页卷出-向上转场效果，如图12-296所示。

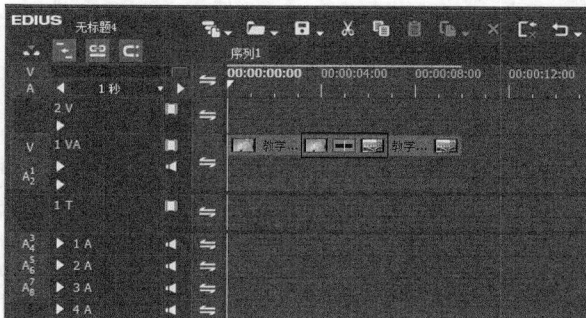

图12-296 添加转场效果

STEP 04 在录制窗口中，单击"播放"按钮，预览单页卷出-向上转场效果，如图12-297所示。

图12-297 预览转场效果

实战 285 单页卷出-向下转场特效

▶ 实例位置：光盘 \ 效果 \ 第 12 章 \ 实战 285.ezp
▶ 素材位置：光盘 \ 素材 \ 第 12 章 \ 实战 285（1）.jpg、实战 285（2）.jpg
▶ 视频位置：光盘 \ 视频 \ 第 12 章 \ 实战 285.mp4

● 实例介绍 ●

下面将介绍单页卷出-向下转场特效的操作方法。

● 操作步骤 ●

STEP 01 在视频轨中，导入两张静态图像，如图12-298 所示。

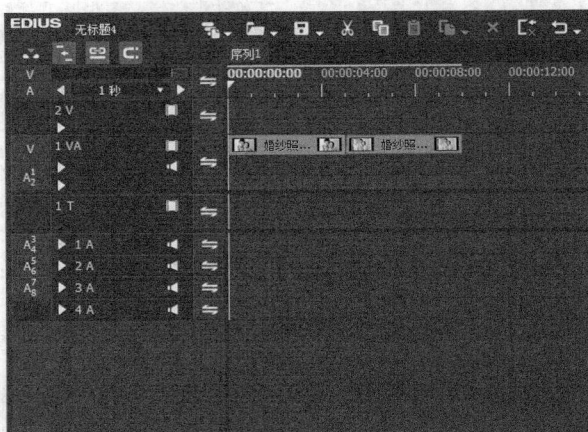

图12-298 导入两张静态图像

STEP 02 展开特效面板，在单页｜"单页卷动"转场组中，选择单页卷出-向下转场效果，如图12-299所示。

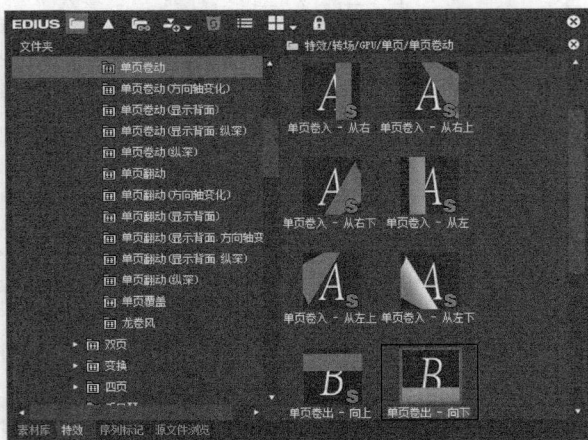

图12-299 选择转场效果

STEP 03 在该转场效果上，单击鼠标左键并拖曳至视频轨中的两幅图像素材之间，即可添加单页卷出-向下转场效果，如图12-300所示。

图12-300 添加转场效果

STEP 04 在录制窗口中，单击"播放"按钮，预览单页卷出-向下转场效果，如图12-301所示。

图12-301 预览转场效果

实战
286
单页卷出-向右转场特效

▶ 实例位置：光盘 \ 效果 \ 第 12 章 \ 实战 286.ezp
▶ 素材位置：光盘 \ 素材 \ 第 12 章 \ 实战 286（1）.jpg、实战 286（2）.jpg
▶ 视频位置：光盘 \ 视频 \ 第 12 章 \ 实战 286.mp4

● 实例介绍 ●

下面将介绍单页卷出-向右转场特效的操作方法。

● 操作步骤 ●

STEP 01 在视频轨中，导入两张静态图像，如图12-302
所示。

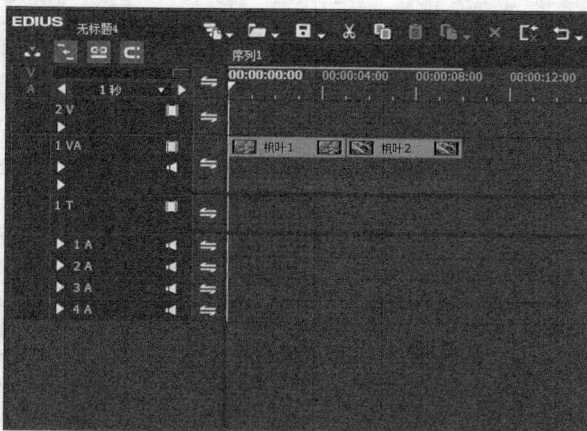

STEP 02 展开特效面板，在单页 |"单页卷动"转场组
中，选择单页卷出-向右转场效果，如图12-303所示。

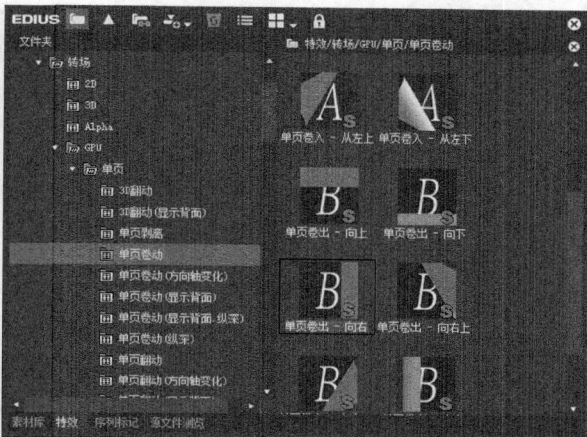

图12-302 导入两张静态图像

图12-303 选择转场效果

STEP 03 在该转场效果上，单击鼠标左键并拖曳至视频轨
中的两幅图像素材之间，即可添加单页卷出-向右转场效
果，如图12-304所示。

图12-304 添加转场效果

STEP 04 在录制窗口中，单击"播放"按钮，预览单页卷出-向右转场效果，如图12-305所示。

图12-305 预览转场效果

实战 287 单页卷出-向右上转场特效

▶ 实例位置：光盘 \ 效果 \ 第 12 章 \ 实战 287.ezp
▶ 素材位置：光盘 \ 素材 \ 第 12 章 \ 实战 287（1）.jpg、实战 287（2）.jpg
▶ 视频位置：光盘 \ 视频 \ 第 12 章 \ 实战 287.mp4

● 实例介绍 ●

下面将介绍单页卷出-向右上转场特效的操作方法。

● 操作步骤 ●

STEP 01 在视频轨中，导入两张静态图像，如图12-306 所示。

图12-306 导入两张静态图像

STEP 02 展开特效面板，在单页 | "单页卷动"转场组中，选择单页卷出-向右上转场效果，如图12-307所示。

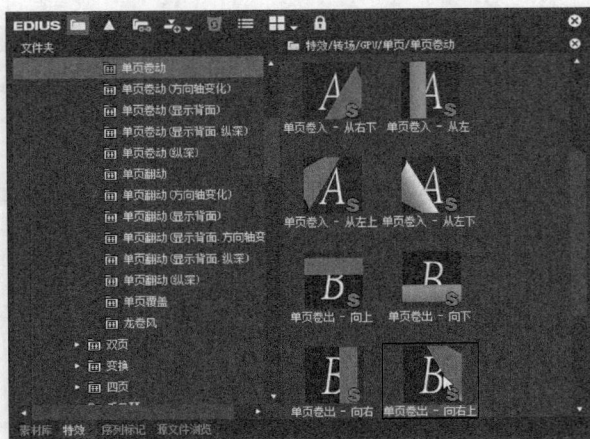

图12-307 选择转场效果

STEP 03 在该转场效果上，单击鼠标左键并拖曳至视频轨中的两幅图像素材之间，即可添加单页卷出-向右上转场效果，如图12-308所示。

图12-308 添加转场效果

STEP 04 在录制窗口中，单击"播放"按钮，预览单页卷出-向右上转场效果，如图12-309所示。

图12-309 预览转场效果

实战
288　单页卷出—向左转场特效

▶ 实例位置：光盘 \ 效果 \ 第 12 章 \ 实战 288.ezp
▶ 素材位置：光盘 \ 素材 \ 第 12 章 \ 实战 288（1）.jpg、实战 288（2）.jpg
▶ 视频位置：光盘 \ 视频 \ 第 12 章 \ 实战 288.mp4

• 实例介绍 •

下面将介绍单页卷出—向左转场特效的操作方法。

• 操作步骤 •

STEP 01 在视频轨中，导入两张静态图像，如图12-310
所示。

STEP 02 展开特效面板，在单页 |"单页卷动"转场组
中，选择单页卷出—向左转场效果，如图12-311所示。

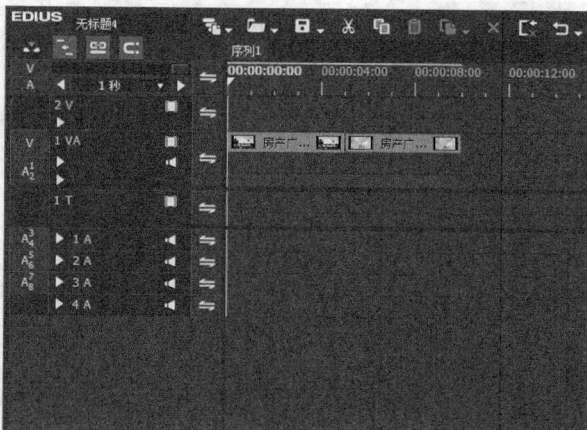

图12-310 导入两张静态图像

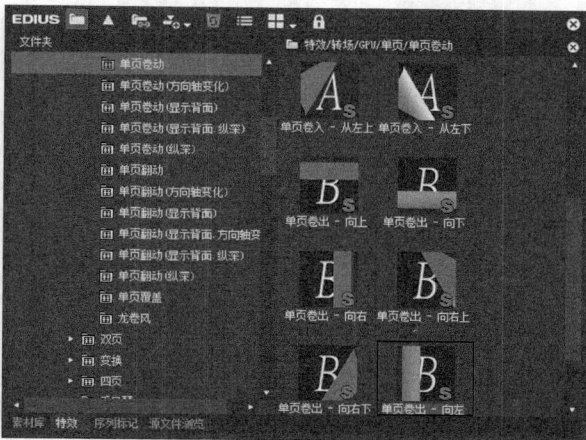

图12-311 选择转场效果

STEP 03 在该转场效果上，单击鼠标左键并拖曳至视频轨
中的两幅图像素材之间，即可添加单页卷出—向左转场效
果，如图12-312所示。

图12-312 添加转场效果

STEP 04 在录制窗口中，单击"播放"按钮，预览单页卷出—向左转场效果，如图12-313所示。

图12-313 预览转场效果

实战 289 单页卷出–向左上转场特效

▶ 实例位置：光盘 \ 效果 \ 第 12 章 \ 实战 289.ezp
▶ 素材位置：光盘 \ 素材 \ 第 12 章 \ 实战 289（1）.jpg、实战 289（2）.jpg
▶ 视频位置：光盘 \ 视频 \ 第 12 章 \ 实战 289.mp4

· 实例介绍 ·

下面将介绍单页卷出–向左上转场特效的操作方法。

· 操作步骤 ·

STEP 01 在视频轨中，导入两张静态图像，如图12-314 所示。

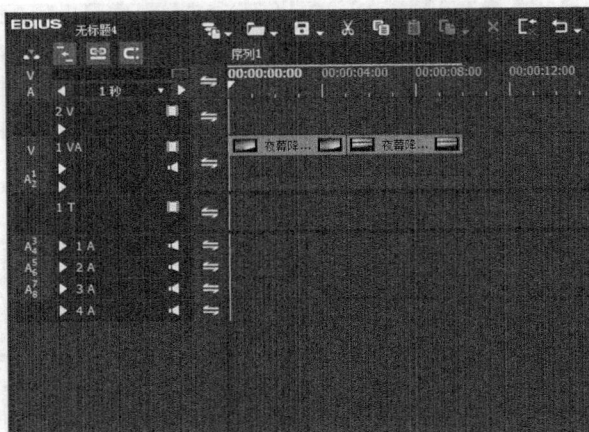

STEP 02 展开特效面板，在单页 | "单页卷动"转场组 中，选择单页卷出–向左上转场效果，如图12-315所示。

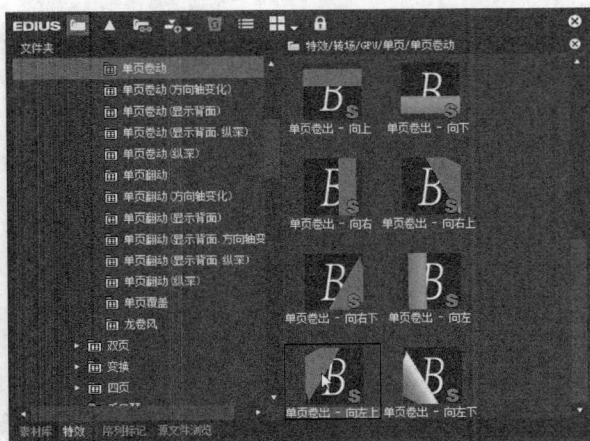

图12-314 导入两张静态图像

图12-315 选择转场效果

STEP 03 在该转场效果上，单击鼠标左键并拖曳至视频轨 中的两幅图像素材之间，即可添加单页卷出–向左上转场效 果，如图12-316所示。

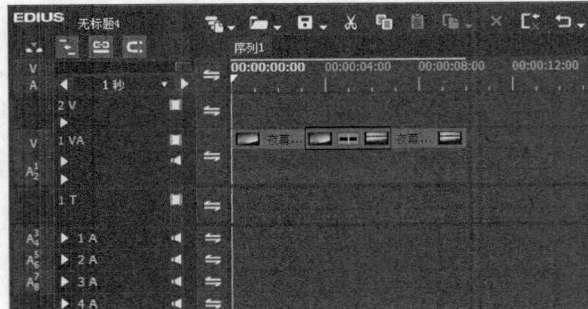

图12-316 添加转场效果

STEP 04 在录制窗口中，单击"播放"按钮，预览单页卷出–向左上转场效果，如图12-317所示。

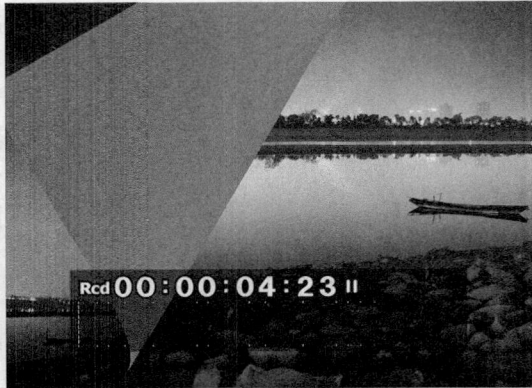

图12-317 预览转场效果

实战 290　单页卷出–向左下转场特效

▶ 实例位置：光盘＼效果＼第 12 章＼实战 290.ezp
▶ 素材位置：光盘＼素材＼第 12 章＼实战 290（1）.jpg、实战 290（2）.jpg
▶ 视频位置：光盘＼视频＼第 12 章＼实战 290.mp4

● 实例介绍 ●

下面将介绍单页卷出–向左下转场特效的操作方法。

● 操作步骤 ●

STEP 01 在视频轨中，导入两张静态图像，如图12-318所示。

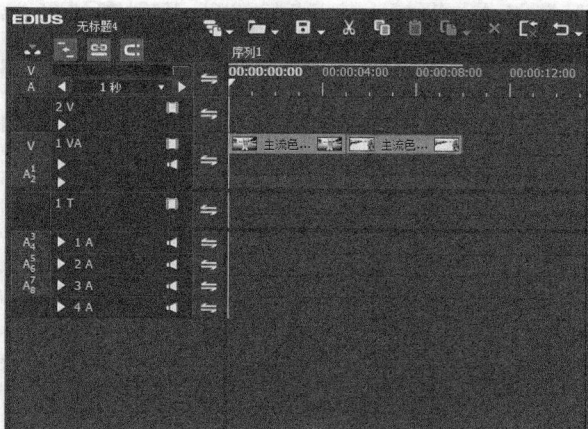

STEP 02 展开特效面板，在单页｜"单页卷动"转场组中，选择单页卷出–向左下转场效果，如图12-319所示。

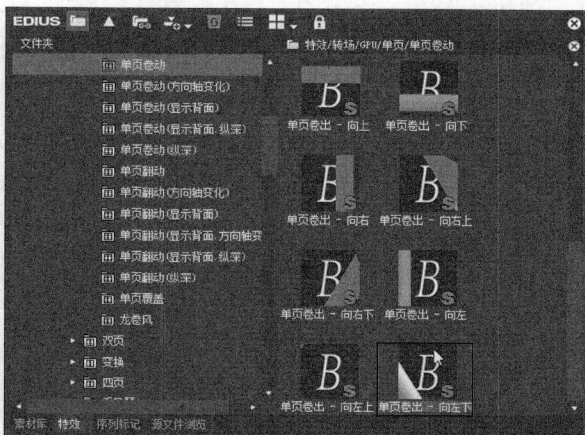

图12-318 导入两张静态图像

图12-319 选择转场效果

STEP 03 在该转场效果上，单击鼠标左键并拖曳至视频轨中的两幅图像素材之间，即可添加单页卷出–向左下转场效果，如图12-320所示。

图12-320 添加转场效果

STEP 04 在录制窗口中，单击"播放"按钮，预览单页卷出–向左下转场效果，如图12-321所示。

图12-321 预览转场效果

实战 291　单页卷出-向右下转场特效

▶ 实例位置：光盘＼效果＼第 12 章＼实战 291.ezp
▶ 素材位置：光盘＼素材＼第 12 章＼实战 291（1）.jpg、实战 291（2）.jpg
▶ 视频位置：光盘＼视频＼第 12 章＼实战 291.mp4

● 实例介绍 ●

下面将介绍单页卷出-向右下转场特效的操作方法。

● 操作步骤 ●

STEP 01 在视频轨中，导入两张静态图像，如图 12-322l 所示。

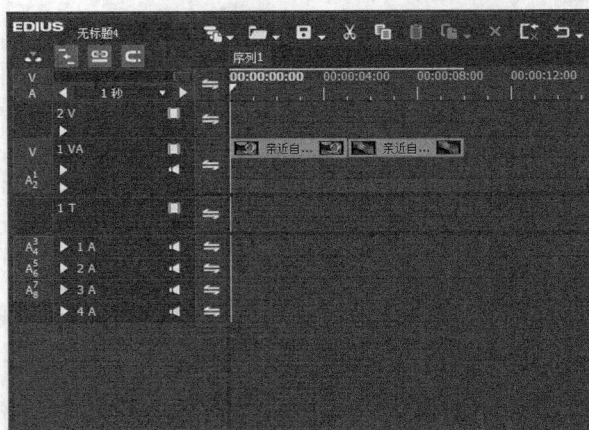

图 12-322　导入两张静态图像

STEP 02 展开特效面板，在单页｜"单页卷动"转场组中，选择单页卷出-向右下转场效果，如图 12-323 所示。

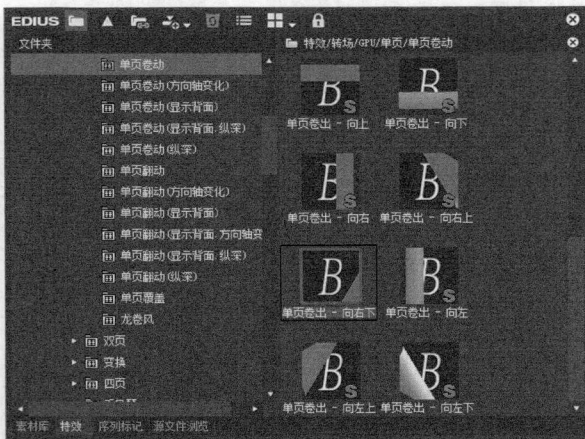

图 12-323　选择转场效果

STEP 03 在该转场效果上，单击鼠标左键并拖曳至视频轨中的两幅图像素材之间，即可添加单页卷出-向右下转场效果，如图 12-324 所示。

图 12-324　添加转场效果

STEP 04 在录制窗口中，单击"播放"按钮，预览单页卷出-向右下转场效果，如图 12-325 所示。

图 12-325　预览转场效果

<table>
<tr><td rowspan="2">**实战 292**</td><td rowspan="2">单页卷入（方向轴
变化）-从右上转场特效</td><td>▶ 实例位置：光盘 \ 效果 \ 第 12 章 \ 实战 292.ezp</td></tr>
<tr><td>▶ 素材位置：光盘 \ 素材 \ 第 12 章 \ 实战 292（1）.jpg、实战 292（2）.jpg
▶ 视频位置：光盘 \ 视频 \ 第 12 章 \ 实战 292.mp4</td></tr>
</table>

● 实例介绍 ●

下面将介绍单页卷入（方向轴变化）-从右上转场特效的操作方法。

● 操作步骤 ●

STEP 01 在视频轨中，导入两张静态图像，如图12-326 所示。

STEP 02 展开特效面板，在单页Ⅰ"单页卷动（方向轴变化）"转场组中，选择单页卷入（方向轴变化）-从右上转场效果，如图12-327所示。

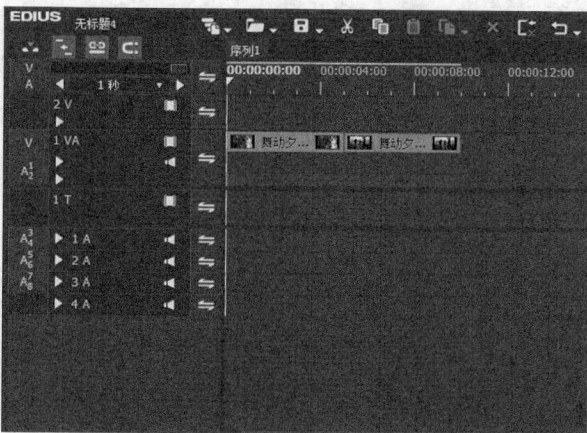

图12-326　导入两张静态图像

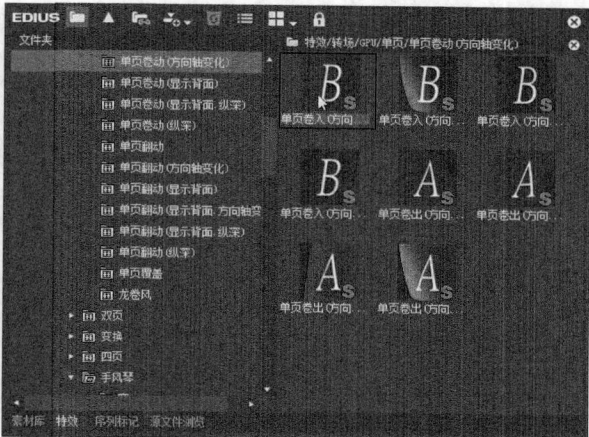

图12-327　选择转场效果

STEP 03 在该转场效果上，单击鼠标左键并拖曳至视频轨中的两幅图像素材之间，即可添加单页卷入（方向轴变化）-从右上转场效果，如图12-328所示。

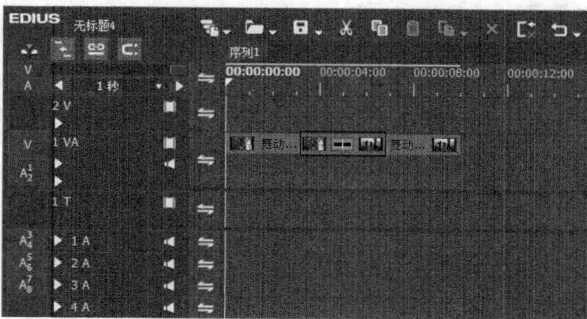

图12-328　添加转场效果

STEP 04 在录制窗口中，单击"播放"按钮，预览单页卷入（方向轴变化）-从右上转场效果，如图12-329所示。

图12-329　预览转场效果

实战 293 单页卷入（方向轴变化）-从右下转场特效

▶ 实例位置：光盘\效果\第 12 章\实战 293.ezp
▶ 素材位置：光盘\素材\第 12 章\实战 293（1）.jpg、实战 293（2）.jpg
▶ 视频位置：光盘\视频\第 12 章\实战 293.mp4

● 实例介绍 ●

下面将介绍单页卷入（方向轴变化）-从右下转场特效的操作方法。

● 操作步骤 ●

STEP 01 在视频轨中，导入两张静态图像，如图12-330 所示。

STEP 02 展开特效面板，在单页 | "单页卷动（方向轴变化）"转场组中，选择单页卷入（方向轴变化）-从右下转场效果，如图12-331所示。

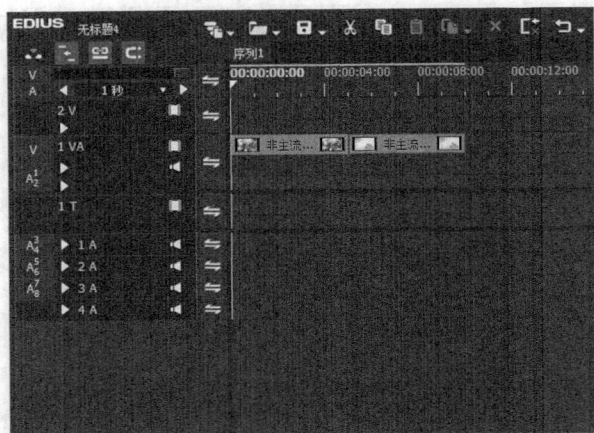

图12-330 导入两张静态图像

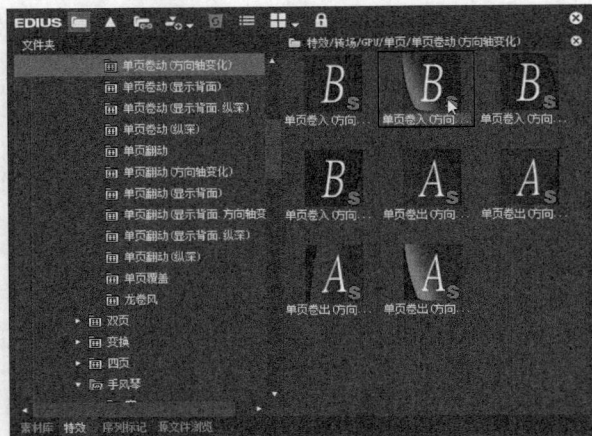

图12-331 选择转场效果

STEP 03 在该转场效果上，单击鼠标左键并拖曳至视频轨中的两幅图像素材之间，即可添加单页卷入（方向轴变化）-从右下转场效果，如图12-332所示。

图12-332 添加转场效果

STEP 04 在录制窗口中，单击"播放"按钮，预览单页卷入（方向轴变化）-从右下转场效果，如图12-333所示。

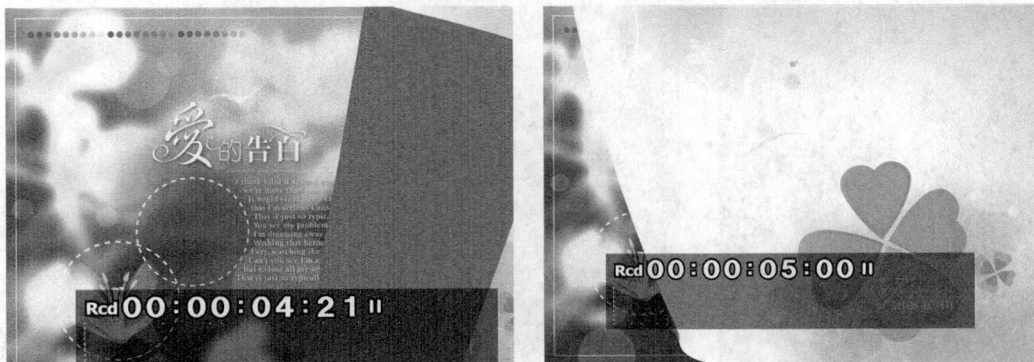

图12-333 预览转场效果

<table>
<tr><td>实战
294</td><td>单页卷入（方向轴
变化）–从左上转场特效</td><td>▶ 实例位置：光盘 \ 效果 \ 第 12 章 \ 实战 294.ezp
▶ 素材位置：光盘 \ 素材 \ 第 12 章 \ 实战 294（1）.jpg、实战 294（2）.jpg
▶ 视频位置：光盘 \ 视频 \ 第 12 章 \ 实战 294.mp4</td></tr>
</table>

● 实例介绍 ●

下面将介绍单页卷入（方向轴变化）–从左上转场特效的操作方法。

● 操作步骤 ●

STEP 01 在视频轨中，导入两张静态图像，如图12-334
所示。

STEP 02 展开特效面板，在单页 |"单页卷动（方向轴变
化）"转场组中，选择单页卷入（方向轴变化）–从左上
转场效果，如图12-335所示。

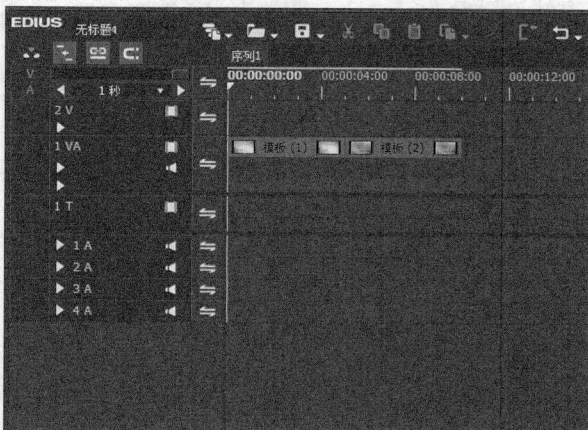

图12-334 导入两张静态图像

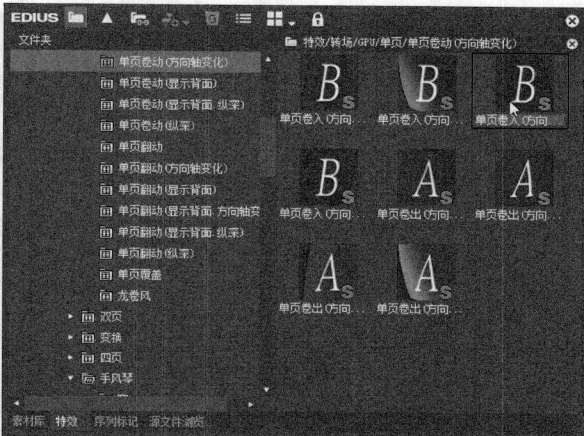

图12-335 选择转场效果

STEP 03 在该转场效果上，单击鼠标左键并拖曳至视频轨
中的两幅图像素材之间，即可添加单页卷入（方向轴变
化）–从左上转场效果，如图12-336所示。

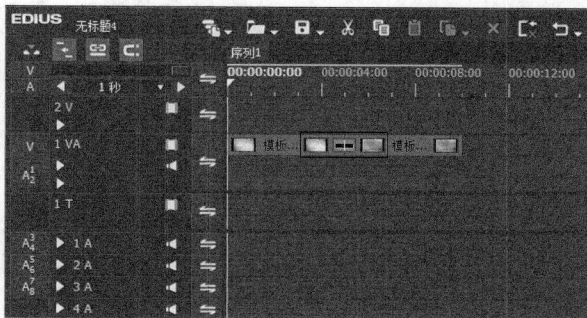

图12-336 添加转场效果

STEP 04 在录制窗口中，单击"播放"按钮，预览单页卷入（方向轴变化）–从左上转场效果，如图12-337所示。

图12-337 预览转场效果

实战 295

单页卷入（方向轴变化）–从左下转场特效

▶ 实例位置：光盘 \ 效果 \ 第 12 章 \ 实战 295.ezp
▶ 素材位置：光盘 \ 素材 \ 第 12 章 \ 实战 295（1）.jpg、实战 295（2）.jpg
▶ 视频位置：光盘 \ 视频 \ 第 12 章 \ 实战 295.mp4

● 实例介绍 ●

下面将介绍单页卷入（方向轴变化）–从左下转场特效的操作方法。

● 操作步骤 ●

STEP 01 在视频轨中，导入两张静态图像，如图12-338所示。

STEP 02 展开特效面板，在单页 | "单页卷动（方向轴变化）"转场组中，选择单页卷入（方向轴变化）–从左下转场效果，如图12-339所示。

图12-338 导入两张静态图像

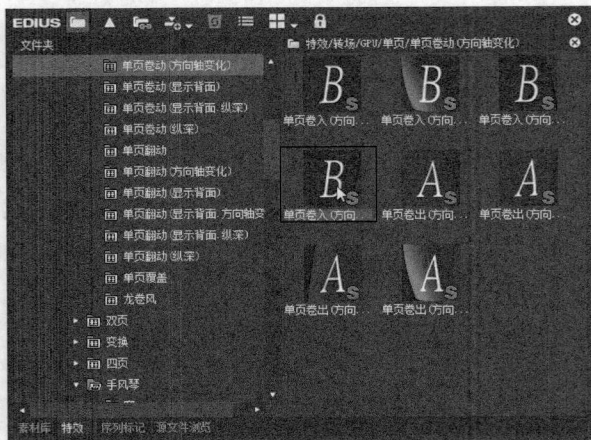

图12-339 选择转场效果

STEP 03 在该转场效果上，单击鼠标左键并拖曳至视频轨中的两幅图像素材之间，即可添加单页卷入（方向轴变化）–从左下转场效果，如图12-340所示。

图12-340 添加转场效果

STEP 04 在录制窗口中，单击"播放"按钮，预览单页卷入（方向轴变化）–从左下转场效果，如图12-341所示。

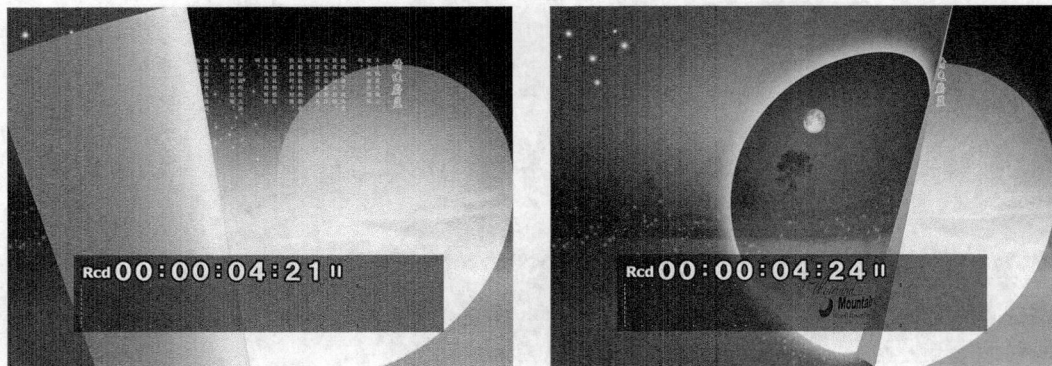

图12-341 预览转场效果

<table>
<tr><td>实战
296</td><td>单页卷出（方向轴
变化）-从右上转场特效</td><td>▶ 实例位置：光盘 \ 效果 \ 第 12 章 \ 实战 296.ezp
▶ 素材位置：光盘 \ 素材 \ 第 12 章 \ 实战 296（1）.jpg、实战 296（2）.jpg
▶ 视频位置：光盘 \ 视频 \ 第 12 章 \ 实战 296.mp4</td></tr>
</table>

● 实例介绍 ●

下面将介绍单页卷出（方向轴变化）-从右上转场特效的操作方法。

● 操作步骤 ●

STEP 01 在视频轨中，导入两张静态图像，如图12-342
所示。

STEP 02 展开特效面板，在单页 |"单页卷动（方向轴变
化）"转场组中，选择单页卷出（方向轴变化）-从右上
转场效果，如图12-343所示。

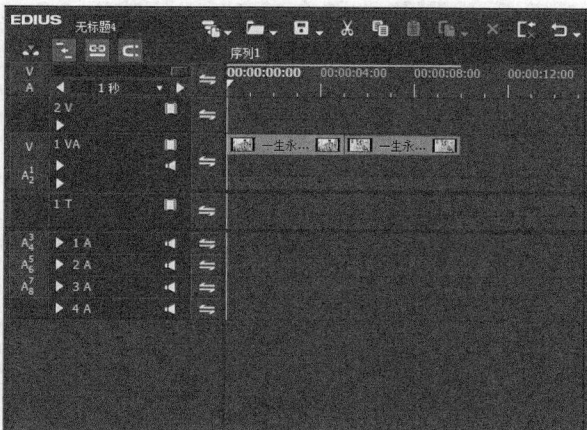

图12-342　导入两张静态图像

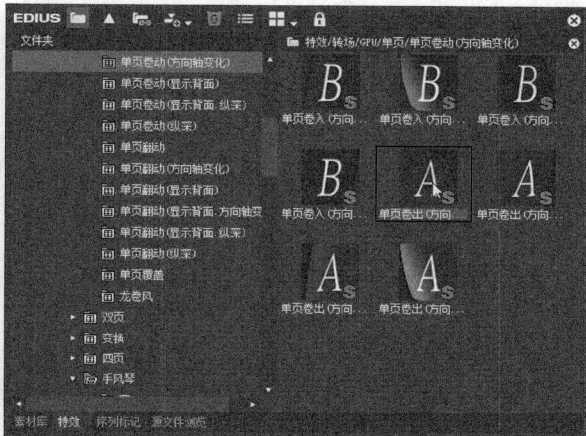

图12-343　选择转场效果

STEP 03 在该转场效果上，单击鼠标左键并拖曳至视频轨
中的两幅图像素材之间，即可添加单页卷出（方向轴变
化）-从右上转场效果，如图12-344所示。

图12-344　添加转场效果

STEP 04 在录制窗口中，单击"播放"按钮，预览单页卷出（方向轴变化）-从右上转场效果，如图12-345所示。

图12-345　预览转场效果

<table>
<tr><td rowspan="2">**实战**
297</td><td rowspan="2">单页卷出（方向轴
变化）–从右下转场特效</td><td>▶ 实例位置：光盘＼效果＼第 12 章＼实战 297.ezp</td></tr>
<tr><td>▶ 素材位置：光盘＼素材＼第 12 章＼实战 297（1）.jpg、实战 297（2）.jpg
▶ 视频位置：光盘＼视频＼第 12 章＼实战 297.mp4</td></tr>
</table>

● 实例介绍 ●

下面将介绍单页卷出（方向轴变化）–从右下转场特效的操作方法。

● 操作步骤 ●

STEP 01 在视频轨中，导入两张静态图像，如图12-346 所示。

STEP 02 展开特效面板，在单页 | "单页卷动（方向轴变化）" 转场组中，选择单页卷出（方向轴变化）–从右下转场效果，如图12-347所示。

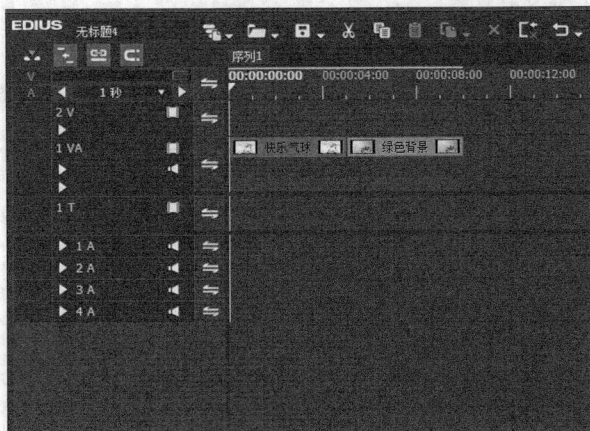

图12-346 导入两张静态图像

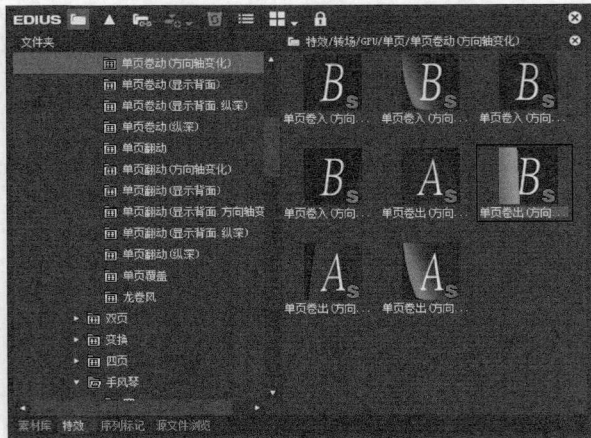

图12-347 选择转场效果

STEP 03 在该转场效果上，单击鼠标左键并拖曳至视频轨中的两幅图像素材之间，即可添加单页卷出（方向轴变化）–从右下转场效果，如图12-348所示。

图12-348 添加转场效果

STEP 04 在录制窗口中，单击"播放"按钮，预览单页卷出（方向轴变化）–从右下转场效果，如图12-349所示。

图12-349 预览转场效果

实战 298　单页卷出（方向轴变化）-从左上转场特效

▶ 实例位置：光盘 \ 效果 \ 第 12 章 \ 实战 298.ezp
▶ 素材位置：光盘 \ 素材 \ 第 12 章 \ 实战 298（1）.jpg、实战 298（2）.jpg
▶ 视频位置：光盘 \ 视频 \ 第 12 章 \ 实战 298.mp4

● 实例介绍 ●

下面将介绍单页卷出（方向轴变化）-从左上转场特效的操作方法。

● 操作步骤 ●

STEP 01 在视频轨中，导入两张静态图像，如图12-350所示。

STEP 02 展开特效面板，在单页 |"单页卷动（方向轴变化）"转场组中，选择单页卷出（方向轴变化）-从左上转场效果，如图12-351所示。

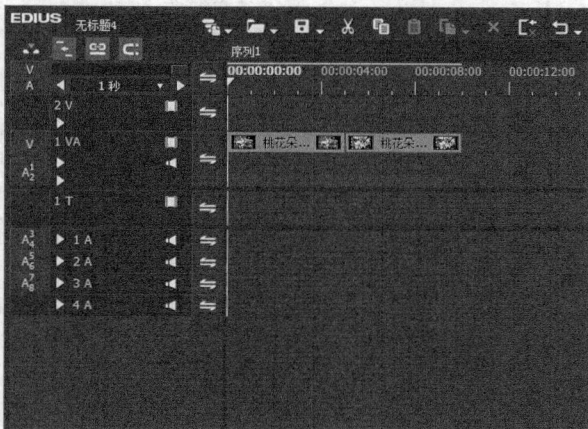

图12-350 导入两张静态图像

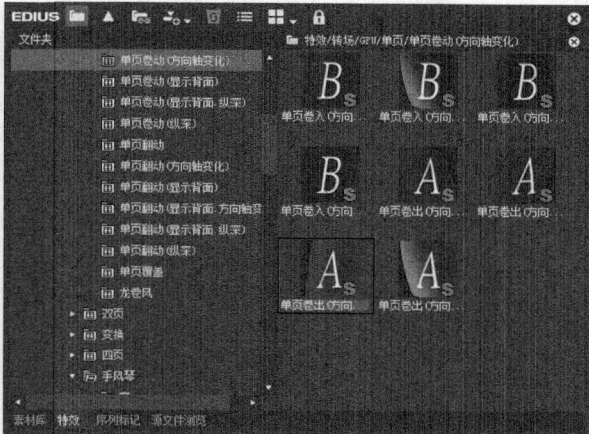

图12-351 选择转场效果

STEP 03 在该转场效果上，单击鼠标左键并拖曳至视频轨中的两幅图像素材之间，即可添加单页卷出（方向轴变化）-从左上转场效果，如图12-352所示。

图12-352 添加转场效果

STEP 04 在录制窗口中，单击"播放"按钮，预览单页卷出（方向轴变化）-从左上转场效果，如图12-353所示。

图12-353 预览转场效果

实战 299 单页卷出（方向轴变化）–从左下转场特效

▶ 实例位置：光盘 \ 效果 \ 第 12 章 \ 实战 299.ezp
▶ 素材位置：光盘 \ 素材 \ 第 12 章 \ 实战 299（1）.jpg、实战 299（2）.jpg
▶ 视频位置：光盘 \ 视频 \ 第 12 章 \ 实战 299.mp4

● 实例介绍 ●

下面将介绍单页卷出（方向轴变化）–从左下转场特效的操作方法。

● 操作步骤 ●

STEP 01 在视频轨中，导入两张静态图像，如图12-354 所示。

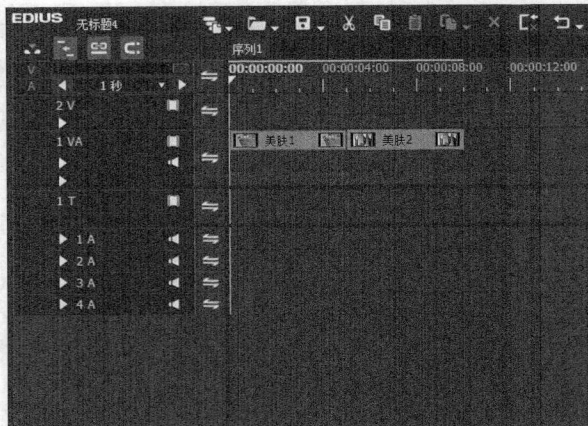

STEP 02 展开特效面板，在单页 | "单页卷动（方向轴变化）"转场组中，选择单页卷出（方向轴变化）–从左下转场效果，如图12-355所示。

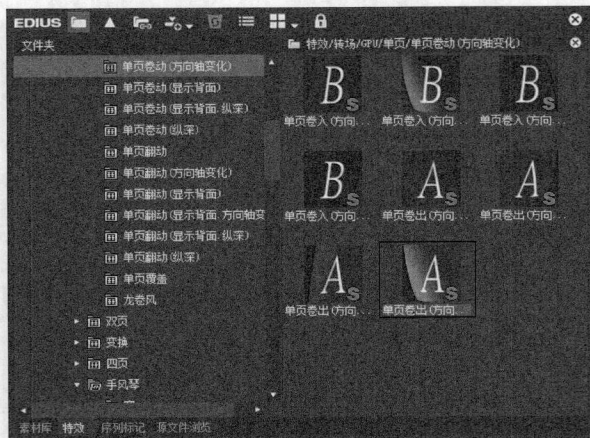

图12-354 导入两张静态图像

图12-355 选择转场效果

STEP 03 在该转场效果上，单击鼠标左键并拖曳至视频轨中的两幅图像素材之间，即可添加单页卷出（方向轴变化）–从左下转场效果，如图12-356所示。

图12-356 添加转场效果

STEP 04 在录制窗口中，单击"播放"按钮，预览单页卷出（方向轴变化）–从左下转场效果，如图12-357所示。

图12-357 预览转场效果

实战 300	单页卷入（显示背面）–从上转场特效	▶ 实例位置：光盘 \ 效果 \ 第 12 章 \ 实战 300.ezp ▶ 素材位置：光盘 \ 素材 \ 第 12 章 \ 实战 300（1）.jpg、实战 300（2）.jpg ▶ 视频位置：光盘 \ 视频 \ 第 12 章 \ 实战 300.mp4

● 实例介绍 ●

下面将介绍单页卷入（显示背面）–从上转场特效的操作方法。

● 操作步骤 ●

STEP 01 在视频轨中，导入两张静态图像，如图12-358 所示。

STEP 02 展开特效面板，在单页 | "单页卷动（显示背面）"转场组中，选择单页卷入（显示背面）–从上转场效果，如图12-359所示。

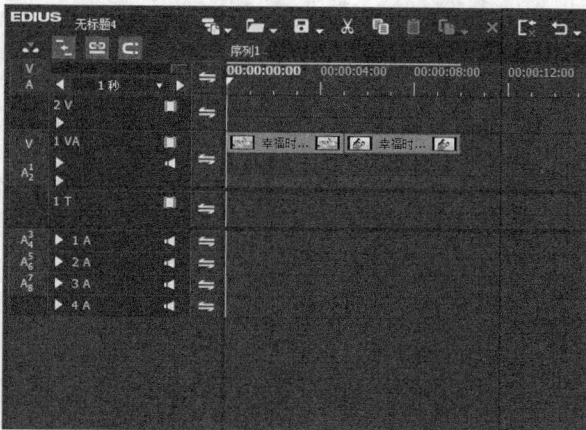

图12-358 导入两张静态图像

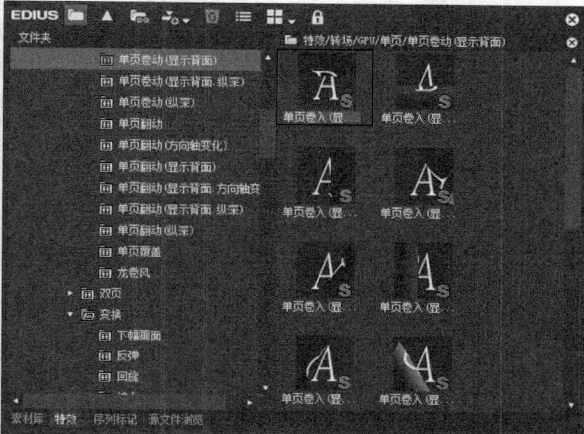

图12-359 选择转场效果

STEP 03 在该转场效果上，单击鼠标左键并拖曳至视频轨中的两幅图像素材之间，即可添加单页卷入（显示背面）–从上转场效果，如图12-360所示。

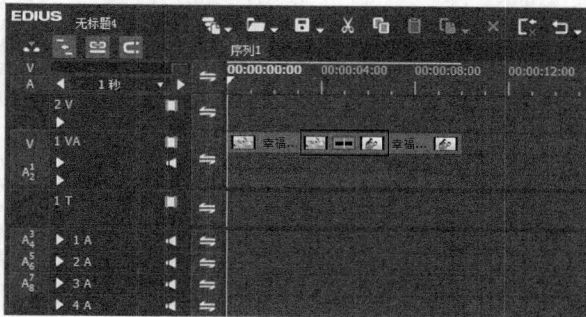

图12-360 添加转场效果

STEP 04 在录制窗口中，单击"播放"按钮，预览单页卷入（显示背面）–从上转场效果，如图12-361所示。

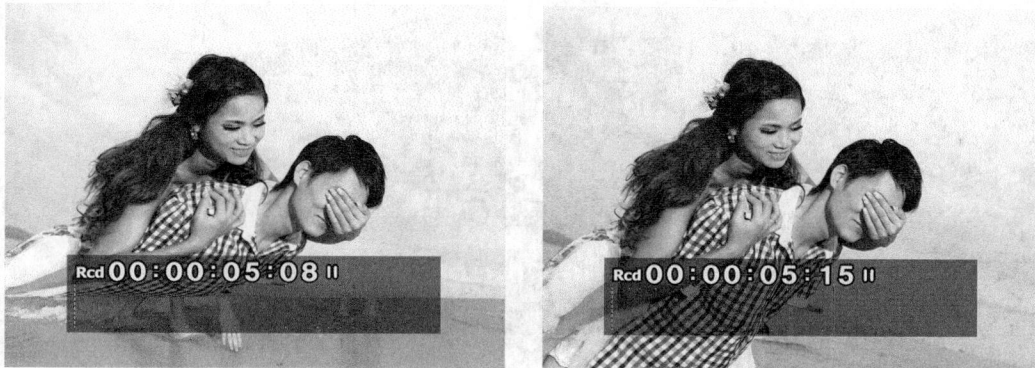

图12-361 预览转场效果

实战 301 单页卷入（显示背面）–从下转场特效

▶ 实例位置：光盘 \ 效果 \ 第 12 章 \ 实战 301.ezp
▶ 素材位置：光盘 \ 素材 \ 第 12 章 \ 实战 301（1）.jpg、实战 301（2）.jpg
▶ 视频位置：光盘 \ 视频 \ 第 12 章 \ 实战 301.mp4

• 实例介绍 •

下面将介绍单页卷入（显示背面）–从下转场特效的操作方法。

• 操作步骤 •

STEP 01 在视频轨中，导入两张静态图像，如图12-362 所示。

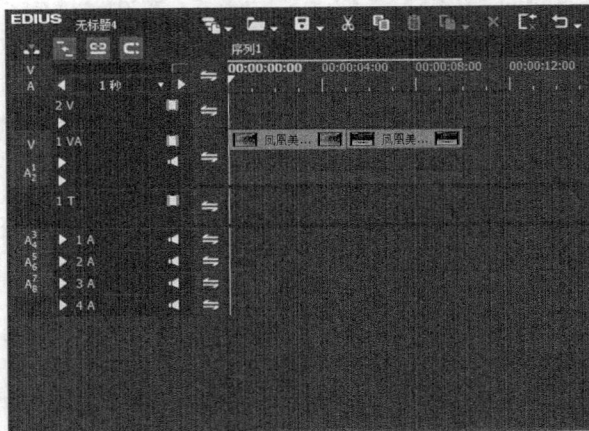

图12-362 导入两张静态图像

STEP 03 在该转场效果上，单击鼠标左键并拖曳至视频轨中的两幅图像素材之间，即可添加单页卷入（显示背面）–从下转场效果，如图12-364所示。

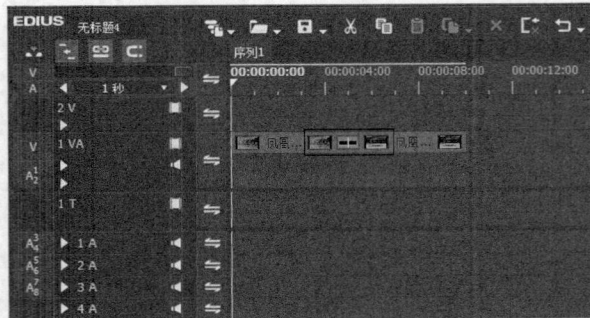

STEP 02 展开特效面板，在单页 I "单页卷动（显示背面）"转场组中，选择单页卷入（显示背面）–从下转场效果，如图12-363所示。

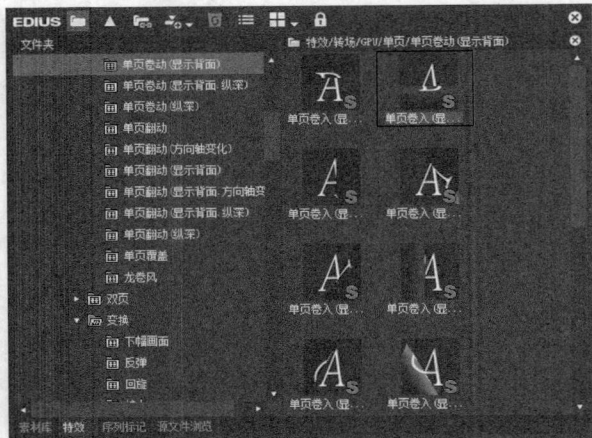

图12-363 选择转场效果

图12-364 添加转场效果

STEP 04 在录制窗口中，单击"播放"按钮，预览单页卷入（显示背面）–从下转场效果，如图12-365所示。

图12-365 预览转场效果

实战 302 单页卷入（显示背面）-从右转场特效

▶ 实例位置：光盘 \ 效果 \ 第 12 章 \ 实战 302.ezp
▶ 素材位置：光盘 \ 素材 \ 第 12 章 \ 实战 302（1）.jpg、实战 302（2）.jpg
▶ 视频位置：光盘 \ 视频 \ 第 12 章 \ 实战 302.mp4

● 实例介绍 ●

下面将介绍单页卷入（显示背面）-从右转场特效的操作方法。

● 操作步骤 ●

STEP 01 在视频轨中，导入两张静态图像，如图12-366所示。

STEP 02 展开特效面板，在单页 | "单页卷动（显示背面）"转场组中，选择单页卷入（显示背面）-从右转场效果，如图12-367所示。

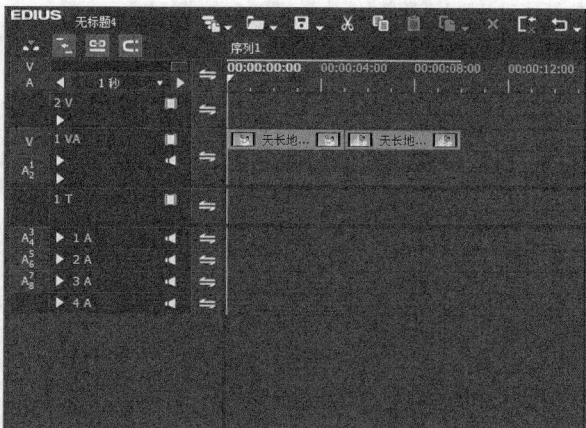

图12-366 导入两张静态图像

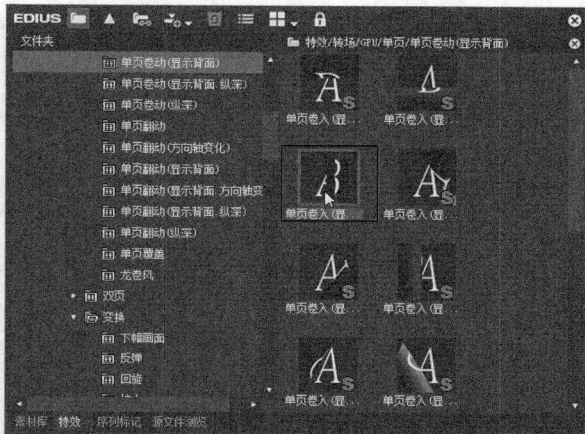

图12-367 选择转场效果

STEP 03 在该转场效果上，单击鼠标左键并拖曳至视频轨中的两幅图像素材之间，即可添加单页卷入（显示背面）-从右转场效果，如图12-368所示。

图12-368 添加转场效果

STEP 04 在录制窗口中，单击"播放"按钮，预览单页卷入（显示背面）-从右转场效果，如图12-369所示。

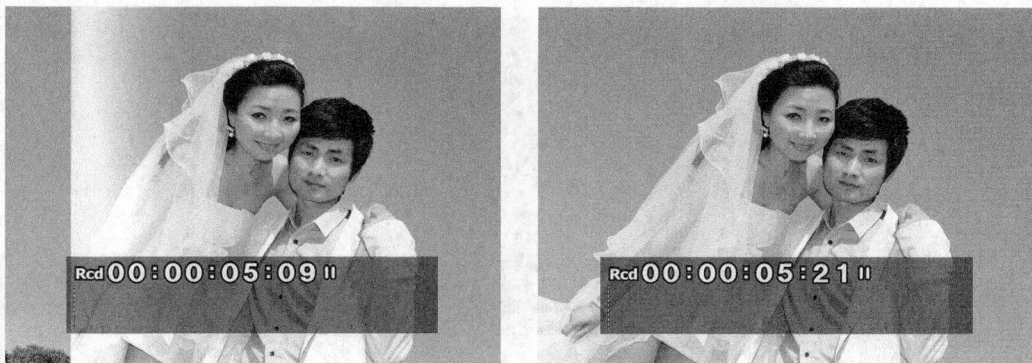

图12-369 预览转场效果

<table>
<tr><td rowspan="2">实战
303</td><td rowspan="2">单页卷入（显示
背面）–从右上转场特效</td><td>▶ 实例位置：光盘 \ 效果 \ 第 12 章 \ 实战 303.ezp</td></tr>
<tr><td>▶ 素材位置：光盘 \ 素材 \ 第 12 章 \ 实战 303（1）.jpg、实战 303（2）.jpg
▶ 视频位置：光盘 \ 视频 \ 第 12 章 \ 实战 303.mp4</td></tr>
</table>

● 实例介绍 ●

下面将介绍单页卷入（显示背面）–从右上转场特效的操作方法。

● 操作步骤 ●

STEP 01 在视频轨中，导入两张静态图像，如图12-370
所示。

图12-370 导入两张静态图像

STEP 03 在该转场效果上，单击鼠标左键并拖曳至视频轨
中的两幅图像素材之间，即可添加单页卷入（显示背面）–
从右上转场效果，如图12-372所示。

STEP 02 展开特效面板，在单页 |"单页卷动（显示背
面）"转场组中，选择单页卷入（显示背面）–从右上转
场效果，如图12-371所示。

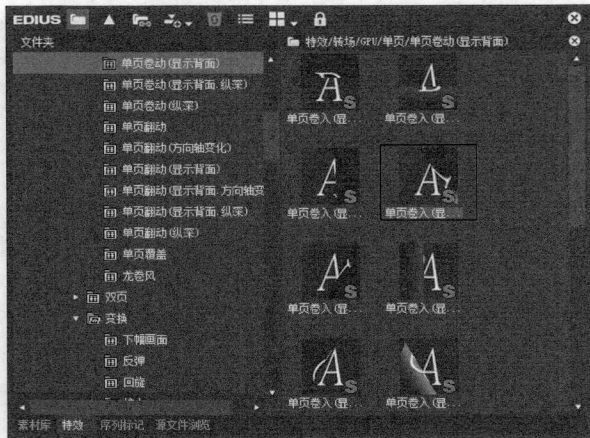

图12-371 选择转场效果

图12-372 添加转场效果

STEP 04 在录制窗口中，单击"播放"按钮，预览单页卷入（显示背面）–从右上转场效果，如图12-373所示。

图12-373 预览转场效果

实战 304	单页卷入（显示背面）– 从右下转场特效	▶ 实例位置：光盘 \ 效果 \ 第 12 章 \ 实战 304.ezp ▶ 素材位置：光盘 \ 素材 \ 第 12 章 \ 实战 304（1）.jpg、实战 304（2）.jpg ▶ 视频位置：光盘 \ 视频 \ 第 12 章 \ 实战 304.mp4

● 实例介绍 ●

下面将介绍单页卷入（显示背面）–从右下转场特效的操作方法。

● 操作步骤 ●

STEP 01 在视频轨中，导入两张静态图像，如图12-374
所示。

STEP 02 展开特效面板，在单页 | "单页卷动（显示背
面）"转场组中，选择单页卷入（显示背面）–从右下转
场效果，如图12-375所示。

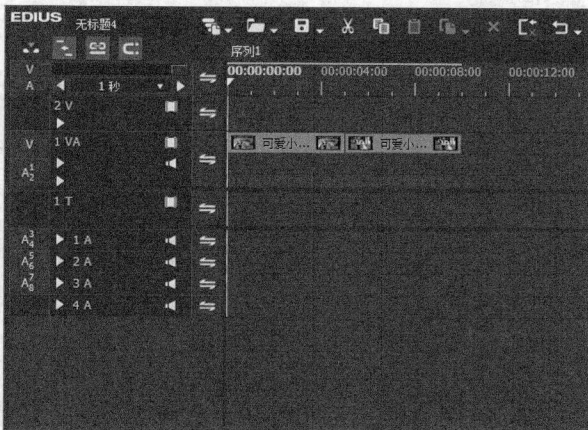

图12-374 导入两张静态图像

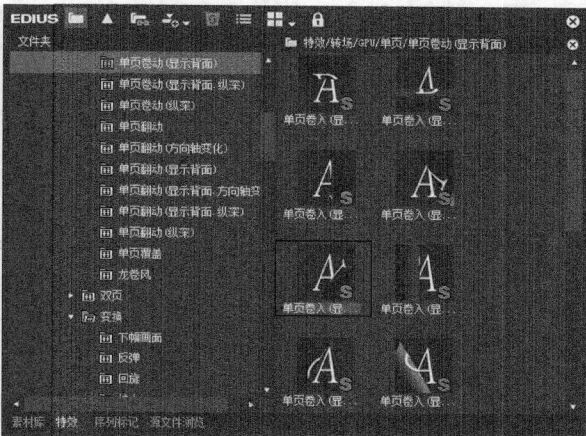

图12-375 选择转场效果

STEP 03 在该转场效果上，单击鼠标左键并拖曳至视频轨
中的两幅图像素材之间，即可添加单页卷入（显示背面）–
从右下转场效果，如图12-376所示。

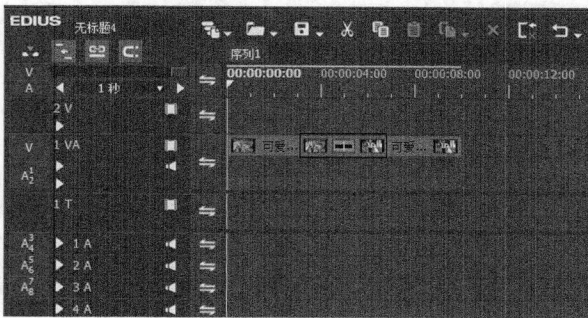

图12-376 添加转场效果

STEP 04 在录制窗口中，单击"播放"按钮，预览单页卷入（显示背面）–从右下转场效果，如图12-377所示。

图12-377 预览转场效果

实战 305 单页卷入（显示背面）–从左转场特效

▶ 实例位置：光盘 \ 效果 \ 第 12 章 \ 实战 305.ezp
▶ 素材位置：光盘 \ 素材 \ 第 12 章 \ 实战 305（1）.jpg、实战 305（2）.jpg
▶ 视频位置：光盘 \ 视频 \ 第 12 章 \ 实战 305.mp4

● 实例介绍 ●

下面将介绍单页卷入（显示背面）–从左转场特效的操作方法。

● 操作步骤 ●

STEP 01 在视频轨中，导入两张静态图像，如图12-378 所示。

STEP 02 展开特效面板，在单页 | "单页卷动（显示背面）"转场组中，选择单页卷入（显示背面）–从左转场效果，如图12-379所示。

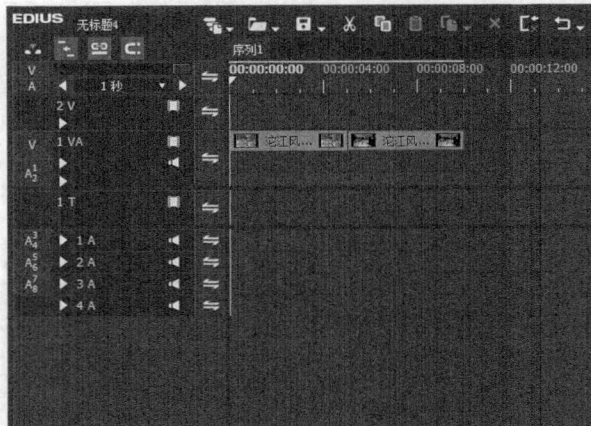

图12-378 导入两张静态图像

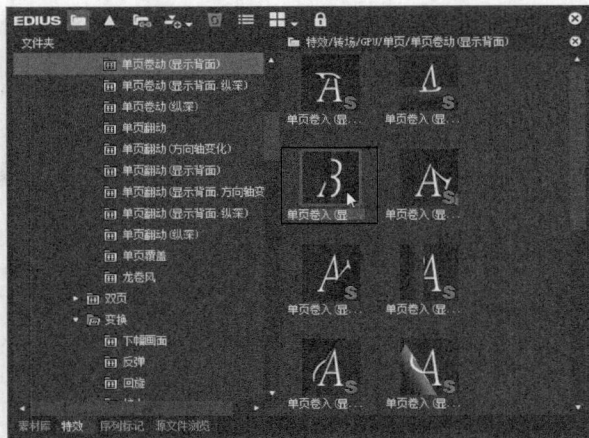

图12-379 选择转场效果

STEP 03 在该转场效果上，单击鼠标左键并拖曳至视频轨中的两幅图像素材之间，即可添加单页卷入（显示背面）–从左转场效果，如图12-380所示。

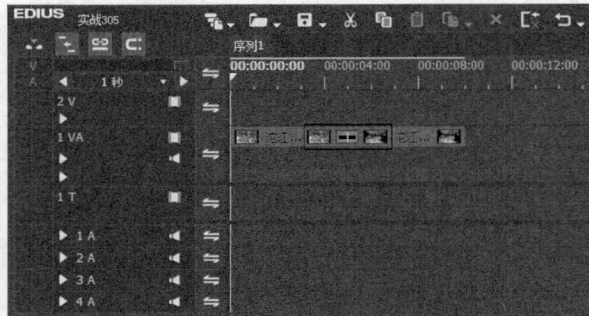

图12-380 添加转场效果

STEP 04 在录制窗口中，单击"播放"按钮，预览单页卷入（显示背面）–从左转场效果，如图12-381所示。

图12-381 预览转场效果

实战 306　单页卷入（显示背面）–从左上转场特效

▶ 实例位置：光盘 \ 效果 \ 第 12 章 \ 实战 306.ezp
▶ 素材位置：光盘 \ 素材 \ 第 12 章 \ 实战 306（1）.jpg、实战 306（2）.jpg
▶ 视频位置：光盘 \ 视频 \ 第 12 章 \ 实战 306.mp4

● 实例介绍 ●

下面将介绍单页卷入（显示背面）–从左上转场特效的操作方法。

● 操作步骤 ●

STEP 01 在视频轨中，导入两张静态图像，如图12-382所示。

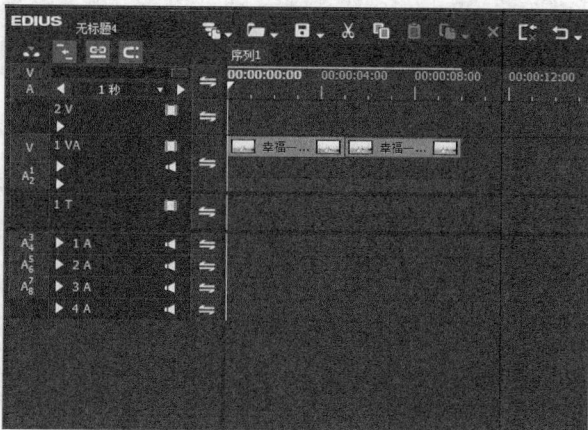

STEP 02 展开特效面板，在单页丨"单页卷动（显示背面）"转场组中，选择单页卷入（显示背面）–从左上转场效果，如图12-383所示。

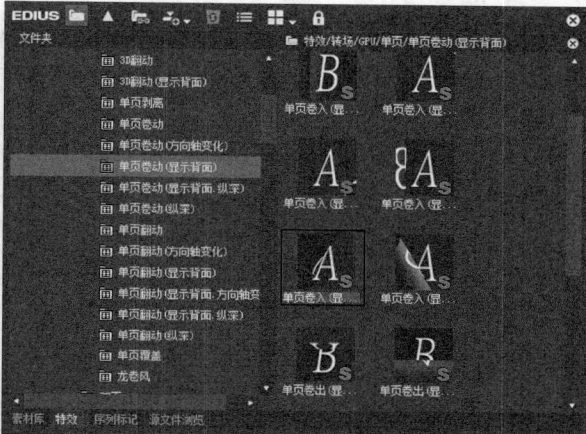

图12-382 导入两张静态图像

图12-383 选择转场效果

STEP 03 在该转场效果上，单击鼠标左键并拖曳至视频轨中的两幅图像素材之间，即可添加单页卷入（显示背面）–从左上转场效果，如图12-384所示。

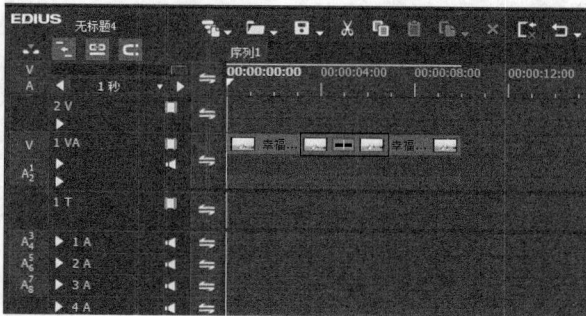

图12-384 添加转场效果

STEP 04 在录制窗口中，单击"播放"按钮，预览单页卷入（显示背面）–从左上转场效果，如图12-385所示。

图12-385 预览转场效果

实战 307 单页卷入（显示背面）– 从左下转场特效

▶ 实例位置：光盘 \ 效果 \ 第 12 章 \ 实战 307.ezp
▶ 素材位置：光盘 \ 素材 \ 第 12 章 \ 实战 307（1）.jpg、实战 307（2）.jpg
▶ 视频位置：光盘 \ 视频 \ 第 12 章 \ 实战 307.mp4

• 实例介绍 •

下面将介绍单页卷入（显示背面）–从左下转场特效的操作方法。

• 操作步骤 •

STEP 01 在视频轨中，导入两张静态图像，如图12-386所示。

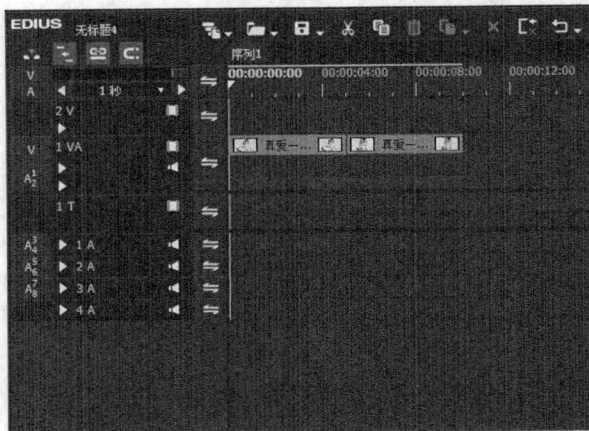

STEP 02 展开特效面板，在单页 |"单页卷动（显示背面）"转场组中，选择单页卷入（显示背面）–从左下转场效果，如图12-387所示。

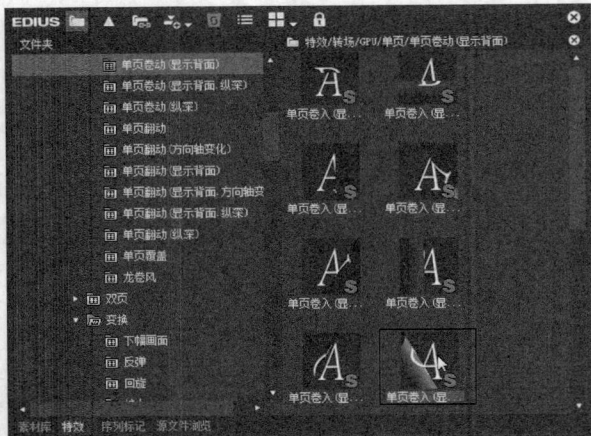

图12-386 导入两张静态图像

图12-387 选择转场效果

STEP 03 在该转场效果上，单击鼠标左键并拖曳至视频轨中的两幅图像素材之间，即可添加单页卷入（显示背面）–从左下转场效果，如图12-388所示。

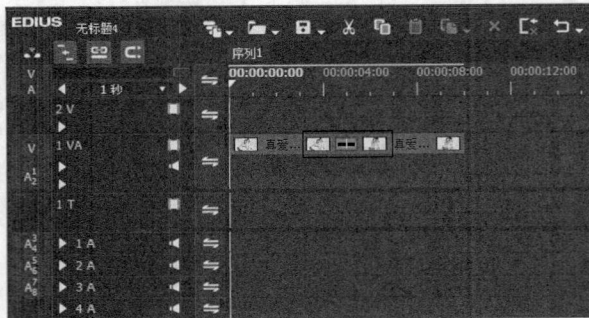

图12-388 添加转场效果

STEP 04 在录制窗口中，单击"播放"按钮，预览添加单页卷入（显示背面）–从左下转场效果，如图12-389所示。

图12-389 预览转场效果

实战 308　单页卷出（显示背面）－向上转场特效

▶ 实例位置：光盘 \ 效果 \ 第 12 章 \ 实战 308.ezp
▶ 素材位置：光盘 \ 素材 \ 第 12 章 \ 实战 308（1）.jpg、实战 308（2）.jpg
▶ 视频位置：光盘 \ 视频 \ 第 12 章 \ 实战 308.mp4

● 实例介绍 ●

下面将介绍单页卷出（显示背面）－向上转场特效的操作方法。

● 操作步骤 ●

STEP 01 在视频轨中，导入两张静态图像，如图12-390 所示。

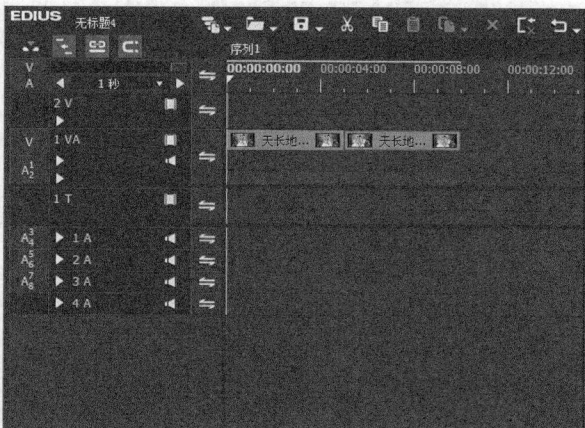

STEP 02 展开特效面板，在单页 |"单页卷动（显示背面）"转场组中，选择单页卷出（显示背面）－向上转场效果，如图12-391所示。

图12-390 导入两张静态图像

图12-391 选择转场效果

STEP 03 在该转场效果上，单击鼠标左键并拖曳至视频轨中的两幅图像素材之间，即可添加单页卷出（显示背面）－向上转场效果，如图12-392所示。

图12-392 添加转场效果

STEP 04 在录制窗口中，单击"播放"按钮，预览单页卷出（显示背面）－向上转场效果，如图12-393所示。

图12-393 预览转场效果

实战 309 单页卷出（显示背面）– 向下转场特效

▶ 实例位置：光盘 \ 效果 \ 第 12 章 \ 实战 309.ezp
▶ 素材位置：光盘 \ 素材 \ 第 12 章 \ 实战 309（1）.jpg、实战 309（2）.jpg
▶ 视频位置：光盘 \ 视频 \ 第 12 章 \ 实战 309.mp4

● 实例介绍 ●

下面将介绍单页卷出（显示背面）–向下转场特效的操作方法。

● 操作步骤 ●

STEP 01 在视频轨中，导入两张静态图像，如图12-394 所示。

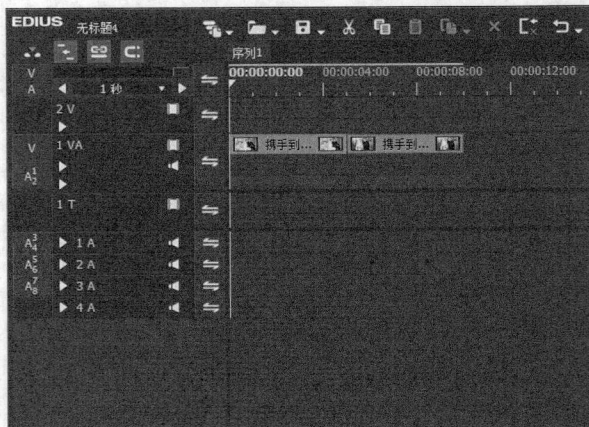

STEP 02 展开特效面板，在单页 | "单页卷动（显示背面）"转场组中，选择单页卷出（显示背面）–向下转场效果，如图12-395所示。

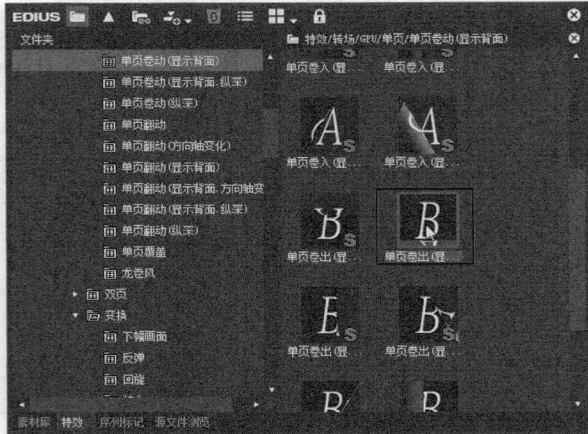

图12-394 导入两张静态图像

图12-395 选择转场效果

STEP 03 在该转场效果上，单击鼠标左键并拖曳至视频轨中的两幅图像素材之间，即可添加单页卷出（显示背面）–向下转场效果，如图12-396所示。

图12-396 添加转场效果

STEP 04 在录制窗口中，单击"播放"按钮，预览单页卷出（显示背面）–向下转场效果，如图12-397所示。

图12-397 预览转场效果

<table>
<tr><td rowspan="2">实战
310</td><td rowspan="2">单页卷出（显示背面）－
向右转场特效</td><td>▶ 实例位置：光盘 \ 效果 \ 第 12 章 \ 实战 310.ezp</td></tr>
<tr><td>▶ 素材位置：光盘 \ 素材 \ 第 12 章 \ 实战 310（1）.jpg，实战 310（2）.jpg</td></tr>
</table>

▶ 视频位置：光盘 \ 视频 \ 第 12 章 \ 实战 310.mp4

● 实例介绍 ●

下面将介绍单页卷出（显示背面）－向右转场特效的操作方法。

● 操作步骤 ●

STEP 01 在视频轨中，导入两张静态图像，如图12-398 所示。

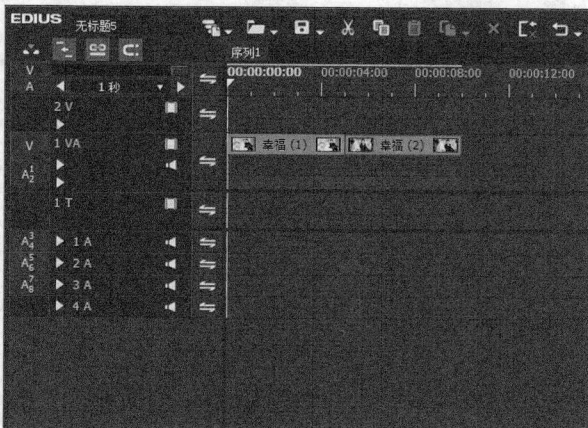

STEP 02 展开特效面板，在单页｜"单页卷动（显示背面）"转场组中，选择单页卷出（显示背面）－向右转场效果，如图12-399所示。

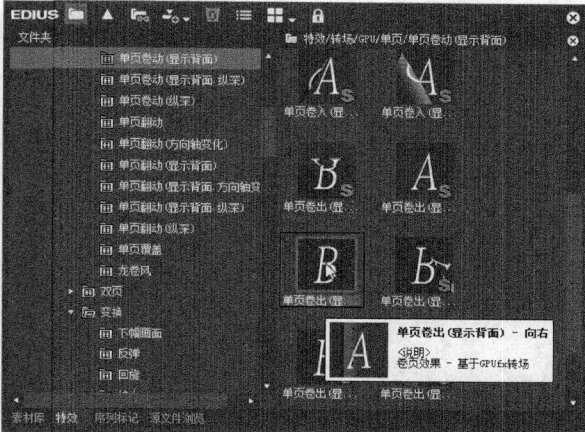

图12-398　导入两张静态图像

图12-399　选择转场效果

STEP 03 在该转场效果上，单击鼠标左键并拖曳至视频轨中的两幅图像素材之间，即可添加单页卷出（显示背面）－向右转场效果，如图12-400所示。

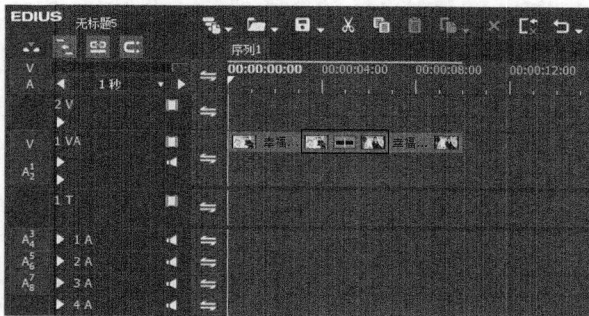

图12-400　添加转场效果

STEP 04 在录制窗口中，单击"播放"按钮，预览单页卷出（显示背面）－向右转场效果，如图12-401所示。

图12-401　预览转场效果

实战 311 单页卷出（显示背面）– 向右上转场特效

▶ 实例位置：光盘 \ 效果 \ 第 12 章 \ 实战 311.ezp
▶ 素材位置：光盘 \ 素材 \ 第 12 章 \ 实战 311（1）.jpg、实战 311（2）.jpg
▶ 视频位置：光盘 \ 视频 \ 第 12 章 \ 实战 311.mp4

● 实例介绍 ●

下面将介绍单页卷出（显示背面）–向右上转场特效的操作方法。

● 操作步骤 ●

STEP 01 在视频轨中，导入两张静态图像，如图12-402所示。

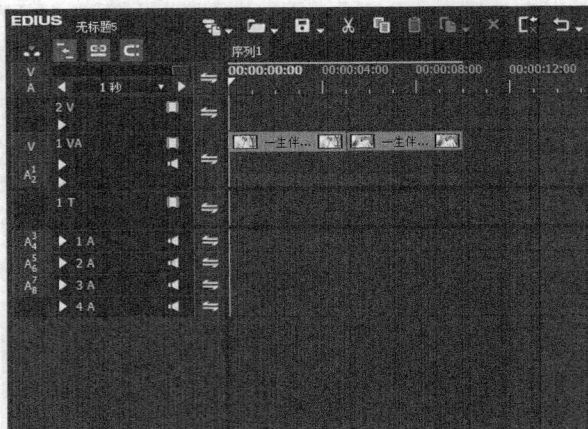

STEP 02 展开特效面板，在单页 |"单页卷动（显示背面）"转场组中，选择单页卷出（显示背面）–向右上转场效果，如图12-403所示。

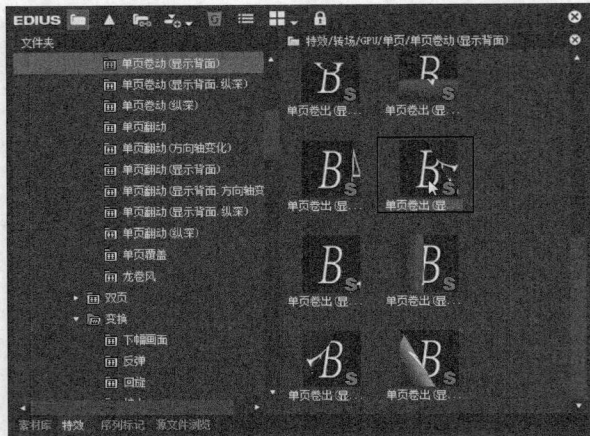

图12-402 导入两张静态图像

图12-403 选择转场效果

STEP 03 在该转场效果上，单击鼠标左键并拖曳至视频轨中的两幅图像素材之间，即可添加单页卷出（显示背面）–向右上转场效果，如图12-404所示。

图12-404 添加转场效果

STEP 04 在录制窗口中，单击"播放"按钮，预览单页卷出（显示背面）–向右上转场效果，如图12-405所示。

图12-405 预览转场效果

实战 312	单页卷出（显示背面）－ 向右下转场特效	▶ 实例位置：光盘 \ 效果 \ 第 12 章 \ 实战 312.ezp ▶ 素材位置：光盘 \ 素材 \ 第 12 章 \ 实战 312（1）.jpg、实战 312（2）.jpg ▶ 视频位置：光盘 \ 视频 \ 第 12 章 \ 实战 312.mp4

● 实例介绍 ●

下面将介绍单页卷出（显示背面）－向右下转场特效的操作方法。

● 操作步骤 ●

STEP 01 在视频轨中，导入两张静态图像，如图12-406 所示。

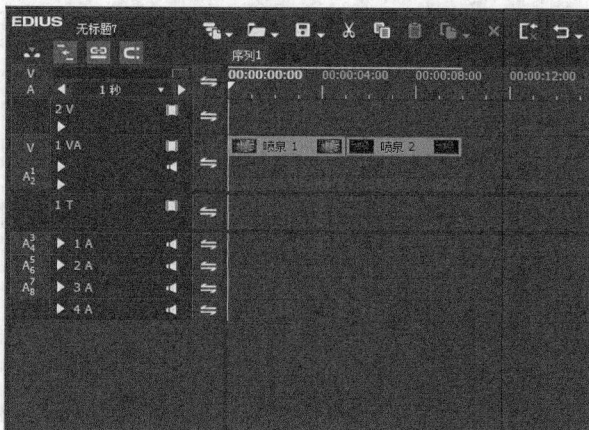

STEP 02 展开特效面板，在单页 l "单页卷动（显示背面）"转场组中，选择单页卷出（显示背面）－向右下转场效果，如图12-407所示。

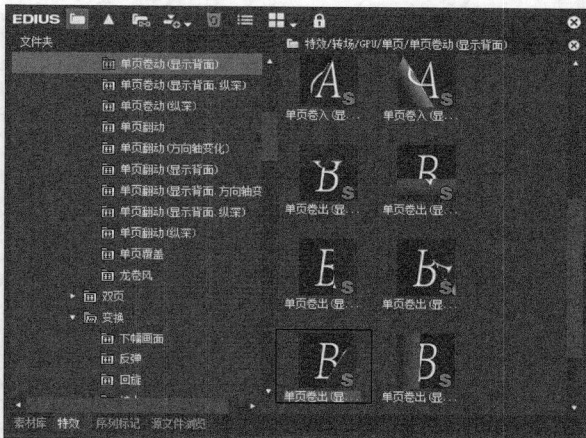

图12-406 导入两张静态图像

图12-407 选择转场效果

STEP 03 在该转场效果上，单击鼠标左键并拖曳至视频轨中的两幅图像素材之间，即可添加单页卷出（显示背面）－向右下转场效果，如图12-408所示。

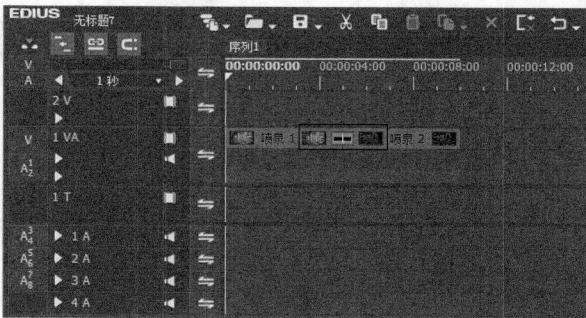

图12-408 添加转场效果

STEP 04 在录制窗口中，单击"播放"按钮，预览单页卷出（显示背面）－向右下转场效果，如图12-409所示。

图12-409 预览转场效果

| 实战 313 | 单页卷出（显示背面）- 向左转场特效 | ▶ 实例位置：光盘 \ 效果 \ 第 12 章 \ 实战 313.ezp
▶ 素材位置：光盘 \ 素材 \ 第 12 章 \ 实战 313（1）.jpg、实战 313（2）.jpg
▶ 视频位置：光盘 \ 视频 \ 第 12 章 \ 实战 313.mp4 |

● 实例介绍 ●

下面将介绍单页卷出（显示背面）-向左转场特效的操作方法。

● 操作步骤 ●

STEP 01 在视频轨中，导入两张静态图像，如图12-410所示。

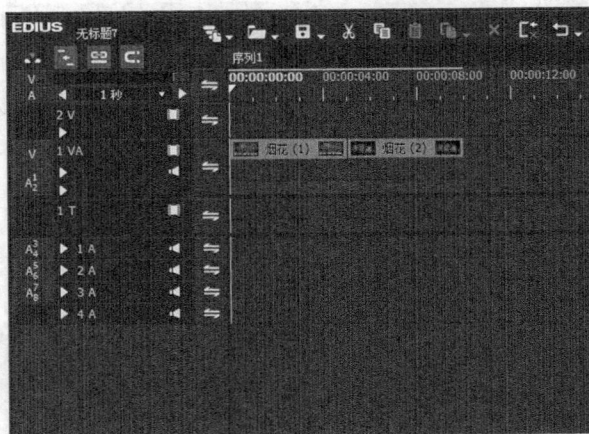

STEP 02 展开特效面板，在单页 | "单页卷动（显示背面）"转场组中，选择单页卷出（显示背面）-向左转场效果，如图12-411所示。

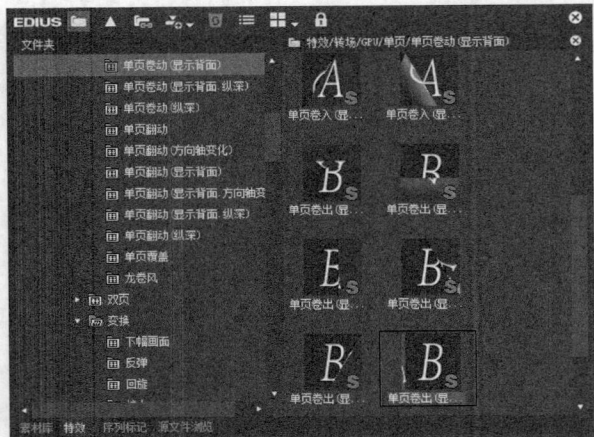

图12-410 导入两张静态图像

图12-411 选择转场效果

STEP 03 在该转场效果上，单击鼠标左键并拖曳至视频轨中的两幅图像素材之间，即可添加单页卷出（显示背面）-向左转场效果，如图12-412所示。

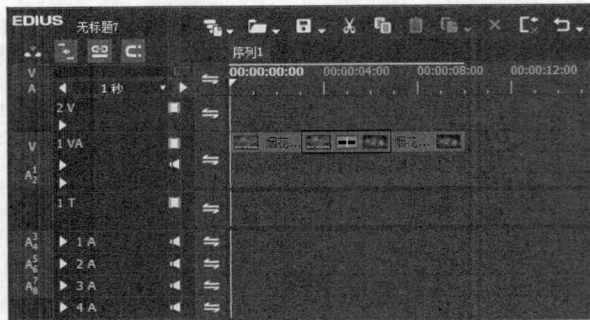

图12-412 添加转场效果

STEP 04 在录制窗口中，单击"播放"按钮，预览单页卷出（显示背面）-向左转场效果，如图12-413所示。

图12-413 预览转场效果

实战 **314** 回旋转出-顺时针转场特效

▶ 实例位置：光盘 \ 效果 \ 第 12 章 \ 实战 314.ezp
▶ 素材位置：光盘 \ 素材 \ 第 12 章 \ 实战 314（1）.jpg、实战 314（2）.jpg
▶ 视频位置：光盘 \ 视频 \ 第 12 章 \ 实战 314.mp4

● 实例介绍 ●

下面将介绍回旋转出-顺时针转场特效的操作方法。

● 操作步骤 ●

STEP 01 在视频轨中，导入两张静态图像，如图12-414所示。

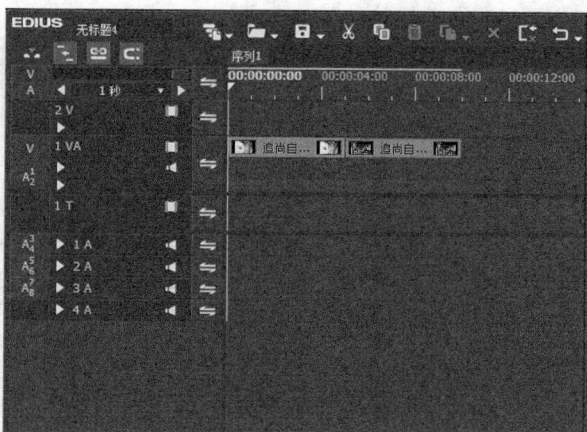

STEP 02 展开特效面板，在变换｜"回旋"转场组中，即可选择回旋转出-顺时针转场效果，如图12-415所示。

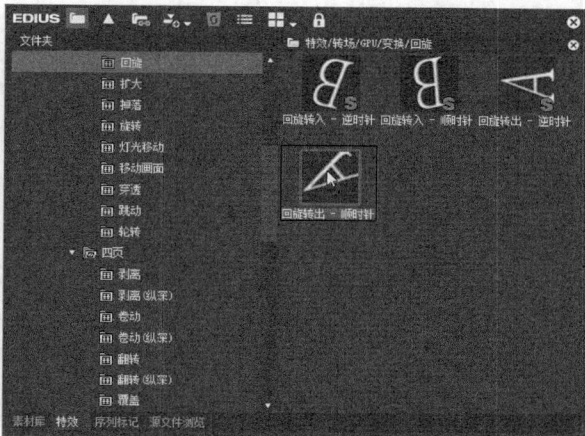

图12-414 导入两张静态图像

图12-415 选择转场效果

STEP 03 在该转场效果上，单击鼠标左键并拖曳至视频轨中的两幅图像素材之间，即可添加回旋转出-顺时针转场效果，如图12-416所示。

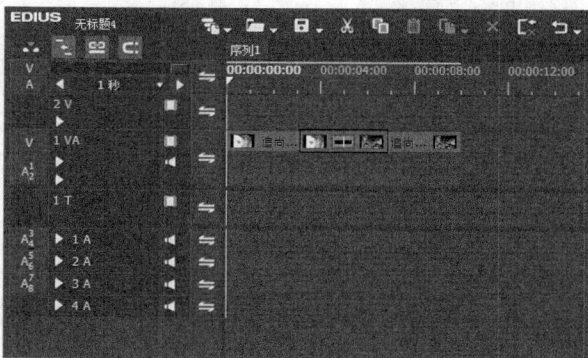

图12-416 添加转场效果

STEP 04 在录制窗口中，单击"播放"按钮，即可预览回旋转出-顺时针转场效果，如图12-417所示。

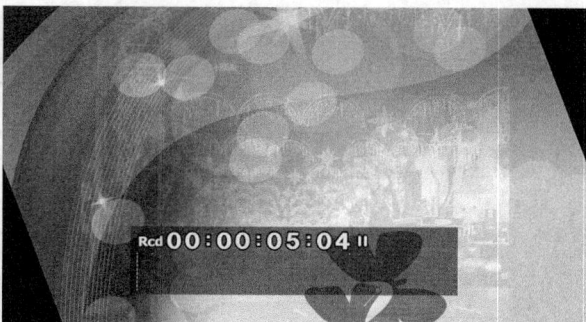

图12-417 预览转场效果

实战 315 单页卷出（显示背面）– 向左上转场特效

▶ 实例位置：光盘 \ 效果 \ 第 12 章 \ 实战 315.ezp
▶ 素材位置：光盘 \ 素材 \ 第 12 章 \ 实战 315（1）.jpg、实战 315（2）.jpg
▶ 视频位置：光盘 \ 视频 \ 第 12 章 \ 实战 315.mp4

● 实例介绍 ●

下面将介绍单页卷出（显示背面）–向左上转场特效的操作方法。

● 操作步骤 ●

STEP 01 在视频轨中，导入两张静态图像，如图12-418 所示。

STEP 02 展开特效面板，在单页 | "单页卷动（显示背面）"转场组中，选择单页卷出（显示背面）–向左上转场效果，如图12-419所示。

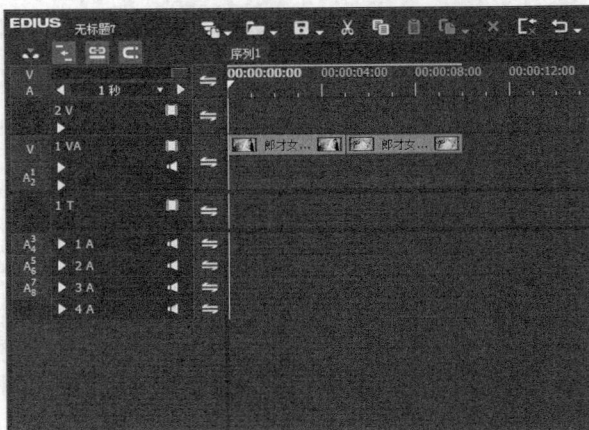

图12-418 导入两张静态图像

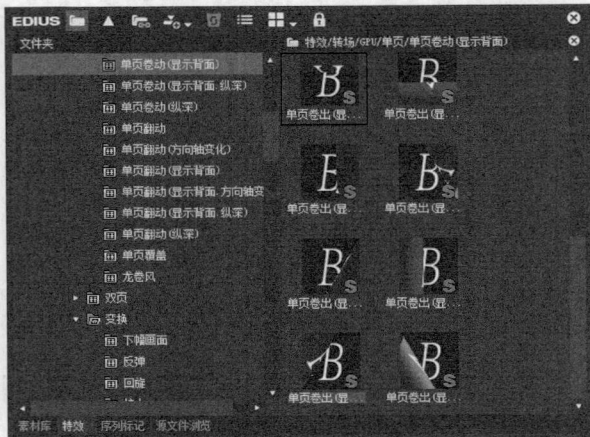

图12-419 选择转场效果

STEP 03 在该转场效果上，单击鼠标左键并拖曳至视频轨中的两幅图像素材之间，即可添加单页卷出（显示背面）–向左上转场效果，如图12-420所示。

图12-420 添加转场效果

STEP 04 在录制窗口中，单击"播放"按钮，预览单页卷出（显示背面）–向左上转场效果，如图12-421所示。

图12-421 预览转场效果

<table>
<tr><td rowspan="2">实战
316</td><td rowspan="2">单页卷出（显示背面）－
向左下转场特效</td><td>▶ 实例位置：光盘 \ 效果 \ 第 12 章 \ 实战 316.ezp</td></tr>
<tr><td>▶ 素材位置：光盘 \ 素材 \ 第 12 章 \ 实战 316（1）.jpg、实战 316（2）.jpg
▶ 视频位置：光盘 \ 视频 \ 第 12 章 \ 实战 316.mp4</td></tr>
</table>

● 实例介绍 ●

下面将介绍单页卷出（显示背面）－向左下转场特效的操作方法。

● 操作步骤 ●

STEP 01 在视频轨中，导入两张静态图像，如图12-422 所示。

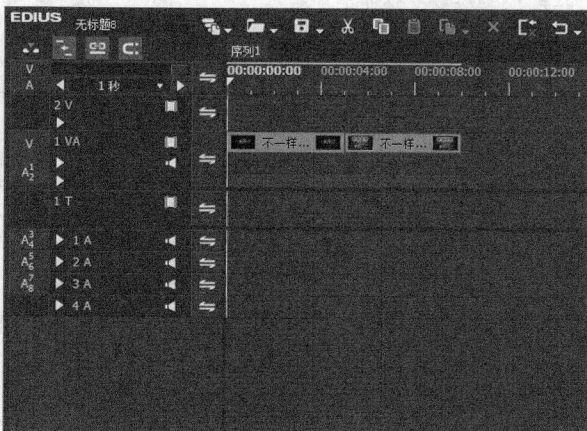

STEP 02 展开特效面板，在单页 |"单页卷动（显示背面）"转场组中，选择单页卷出（显示背面）－向左下转场效果，如图12-423所示。

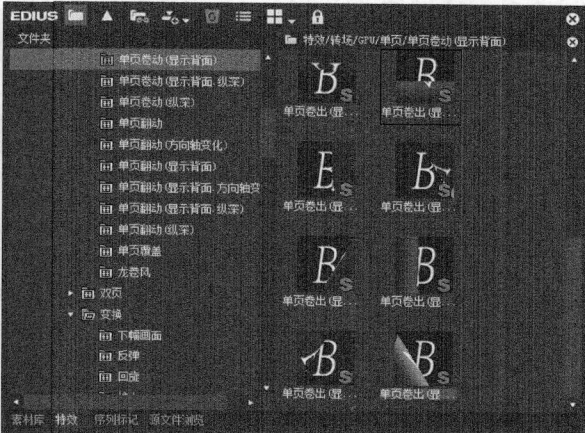

图12-422 导入两张静态图像

图12-423 选择转场效果

STEP 03 在该转场效果上，单击鼠标左键并拖曳至视频轨中的两幅图像素材之间，即可添加单页卷出（显示背面）－向左下转场效果，如图12-424所示。

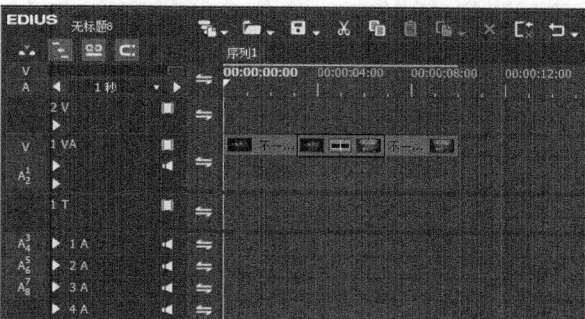

图12-424 添加转场效果

STEP 04 在录制窗口中，单击"播放"按钮，预览单页卷出（显示背面）－向左下转场效果，如图12-425所示。

图12-425 预览转场效果

实战 317 单页卷入（纵深）– 从上转场特效

▶ 实例位置：光盘 \ 效果 \ 第 12 章 \ 实战 317.ezp
▶ 素材位置：光盘 \ 素材 \ 第 12 章 \ 实战 317（1）.jpg、实战 317（2）.jpg
▶ 视频位置：光盘 \ 视频 \ 第 12 章 \ 实战 317.mp4

● 实例介绍 ●

下面将介绍单页卷入（纵深）–从上转场特效的操作方法。

● 操作步骤 ●

STEP 01 在视频轨中，导入两张静态图像，如图12-426 所示。

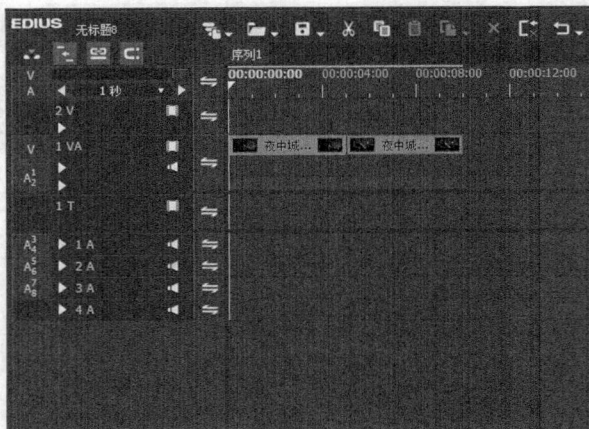

STEP 02 展开特效面板，在单页 | "单页卷动（纵深）" 转场组中，选择单页卷入（纵深）–从上转场效果，如图 12-427所示。

图12-426 导入两张静态图像

图12-427 选择转场效果

STEP 03 在该转场效果上，单击鼠标左键并拖曳至视频轨中的两幅图像素材之间，即可添加单页卷入（纵深）–从上转场效果，如图12-428所示。

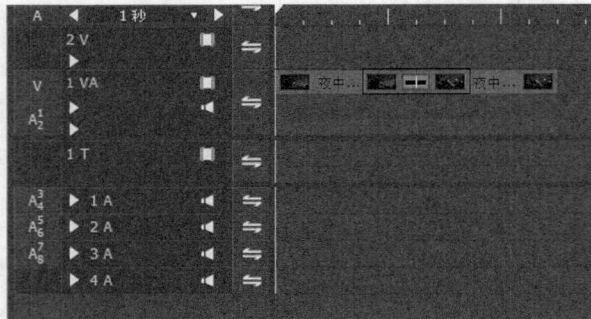

图12-428 添加转场效果

STEP 04 在录制窗口中，单击"播放"按钮，即可预览单页卷入（纵深）–从上转场效果，如图12-429所示。

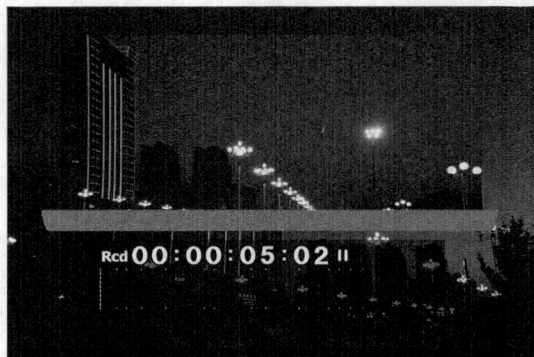

图12-429 预览转场效果

实战 318　单页卷入（纵深）– 从下转场特效

▶ 实例位置：光盘 \ 效果 \ 第 12 章 \ 实战 318.ezp
▶ 素材位置：光盘 \ 素材 \ 第 12 章 \ 实战 318（1）.jpg、实战 318（2）.jpg
▶ 视频位置：光盘 \ 视频 \ 第 12 章 \ 实战 318.mp4

● 实例介绍 ●

下面将介绍单页卷入（纵深）–从下转场特效的操作方法。

● 操作步骤 ●

STEP 01 在视频轨中，导入两张静态图像，如图12–430所示。

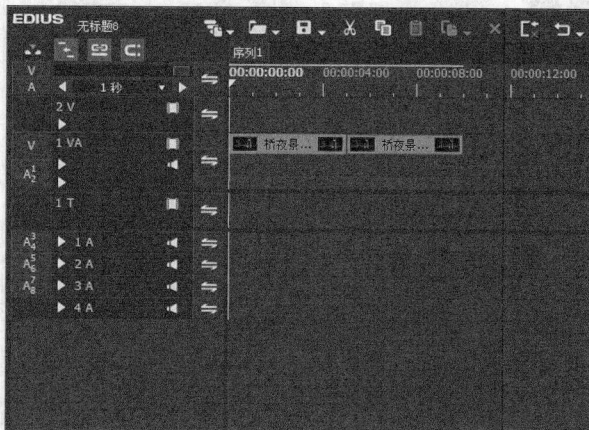

STEP 02 展开特效面板，在单页｜"单页卷动（纵深）"转场组中，选择单页卷入（纵深）–从下转场效果，如图12–431所示。

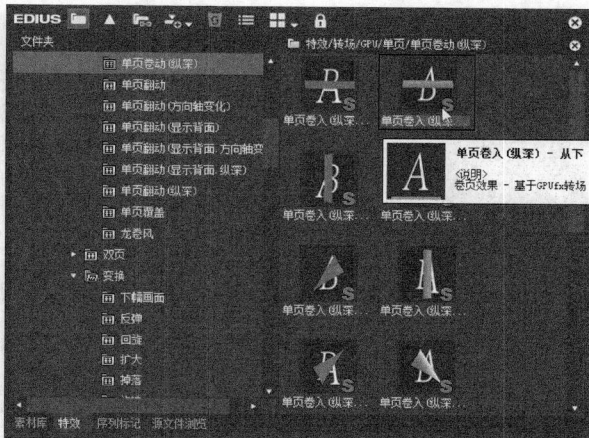

图12-430 导入两张静态图像

图12-431 选择转场效果

STEP 03 在该转场效果上，单击鼠标左键并拖曳至视频轨中的两幅图像素材之间，即可添加单页卷入（纵深）–从下转场效果，如图12–432所示。

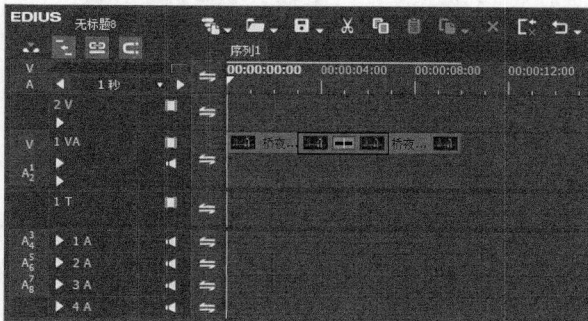

图12-432 添加转场效果

STEP 04 在录制窗口中，单击"播放"按钮，即可预览单页卷入（纵深）–从下转场效果，如图12–433所示。

图12-433 预览转场效果

实战 319	单页卷入（纵深）-从右转场特效	▶ 实例位置：光盘 \ 效果 \ 第 12 章 \ 实战 319.ezp ▶ 素材位置：光盘 \ 素材 \ 第 12 章 \ 实战 319（1）.jpg、实战 319（2）.jpg ▶ 视频位置：光盘 \ 视频 \ 第 12 章 \ 实战 319.mp4

● 实例介绍 ●

下面将介绍单页卷入（纵深）-从右转场特效的操作方法。

● 操作步骤 ●

STEP 01 在视频轨中，导入两张静态图像，如图12-434所示。

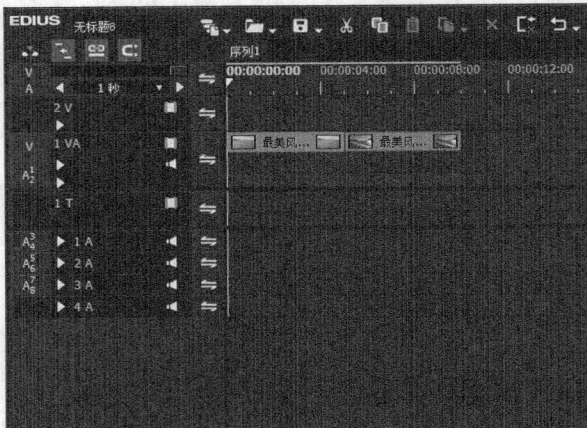

STEP 02 展开特效面板，在单页 I "单页卷动（纵深）"转场组中，选择单页卷入（纵深）-从右转场效果，如图12-435所示。

图12-434 导入两张静态图像

图12-435 选择转场效果

STEP 03 在该转场效果上，单击鼠标左键并拖曳至视频轨中的两幅图像素材之间，即可添加单页卷入（纵深）-从右转场效果，如图12-436所示。

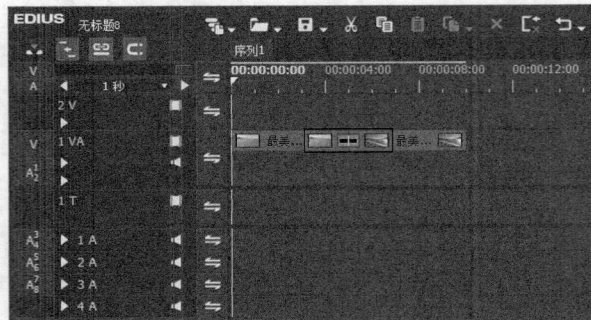

图12-436 添加转场效果

STEP 04 在录制窗口中，单击"播放"按钮，即可预览单页卷入（纵深）-从右转场效果，如图12-437所示。

图12-437 预览转场效果

实战 320	单页卷入（纵深）–从右上转场特效	▶ 实例位置：光盘 \ 效果 \ 第 12 章 \ 实战 320.ezp ▶ 素材位置：光盘 \ 素材 \ 第 12 章 \ 实战 320（1）.jpg、实战 320（2）.jpg ▶ 视频位置：光盘 \ 视频 \ 第 12 章 \ 实战 320.mp4

● 实例介绍 ●

下面将介绍单页卷入（纵深）–从右上转场特效的操作方法。

● 操作步骤 ●

STEP 01 在视频轨中，导入两张静态图像，如图12-438所示。

STEP 02 展开特效面板，在单页 |“单页卷动（纵深）”转场组中，选择单页卷入（纵深）–从右上转场效果，如图12-439所示。

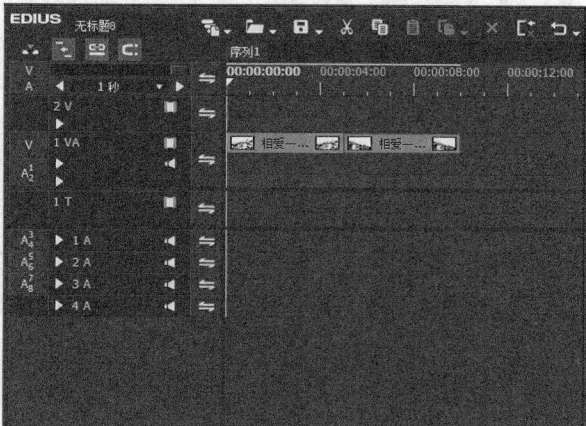

图12-438 导入两张静态图像

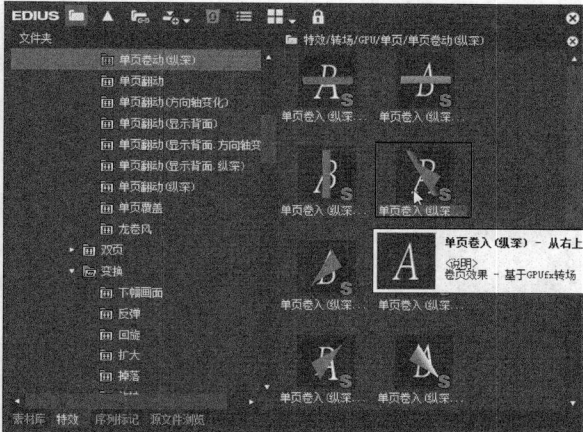

图12-439 选择转场效果

STEP 03 在该转场效果上，单击鼠标左键并拖曳至视频轨中的两幅图像素材之间，即可添加单页卷入（纵深）–从右上转场效果，如图12-440所示。

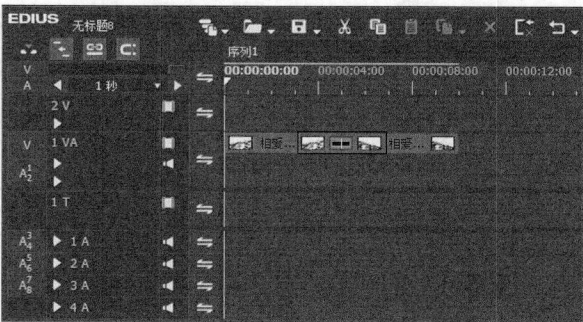

图12-440 添加转场效果

STEP 04 在录制窗口中，单击“播放”按钮，即可预览单页卷入（纵深）–从右上转场效果，如图12-441所示。

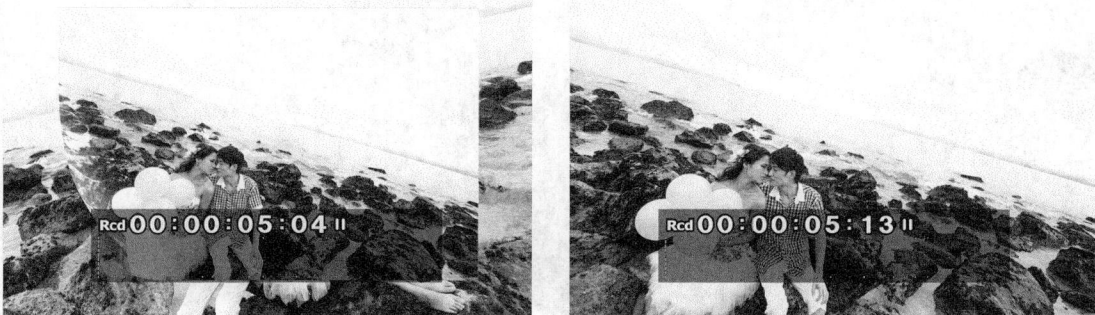

图12-441 预览转场效果

实战 321	单页卷入（纵深）–从右下转场特效	▶ 实例位置：光盘 \ 效果 \ 第 12 章 \ 实战 321.ezp ▶ 素材位置：光盘 \ 素材 \ 第 12 章 \ 实战 321（1）.jpg、实战 321（2）.jpg ▶ 视频位置：光盘 \ 视频 \ 第 12 章 \ 实战 321.mp4

● 实例介绍 ●

下面将介绍单页卷入（纵深）–从右下转场特效的操作方法。

● 操作步骤 ●

STEP 01 在视频轨中，导入两张静态图像，如图12-442所示。

STEP 02 展开特效面板，在单页 |"单页卷动（纵深）"转场组中，选择单页卷入（纵深）–从右下转场效果，如图12-443所示。

图12-442 导入两张静态图像

图12-443 选择转场效果

STEP 03 在该转场效果上，单击鼠标左键并拖曳至视频轨中的两幅图像素材之间，即可添加单页卷入（纵深）–从右下转场效果，如图12-444所示。

图12-444 添加转场效果

STEP 04 在录制窗口中，单击"播放"按钮，即可预览单页卷入（纵深）–从右下转场效果，如图12-445所示。

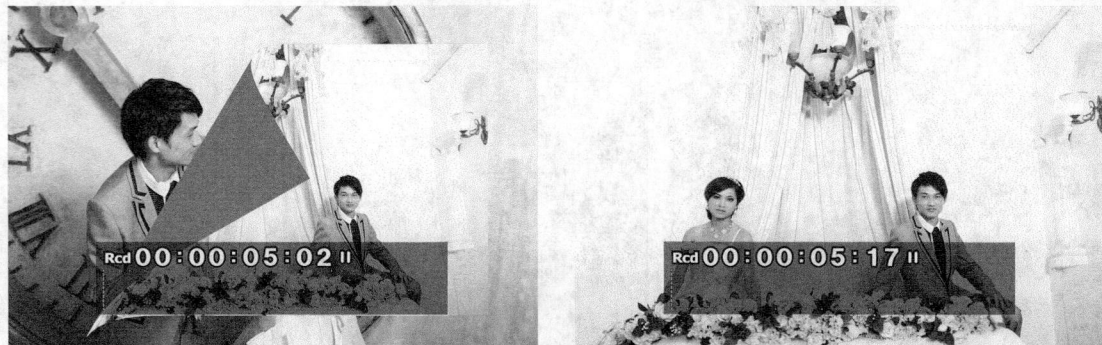

图12-445 预览转场效果

实战 322 单页卷入（纵深）－从左转场特效

▶ 实例位置：光盘 \ 效果 \ 第 12 章 \ 实战 322.ezp
▶ 素材位置：光盘 \ 素材 \ 第 12 章 \ 实战 322（1）.jpg、实战 322（2）.jpg
▶ 视频位置：光盘 \ 视频 \ 第 12 章 \ 实战 322.mp4

● 实例介绍 ●

下面将介绍单页卷入（纵深）－从左转场特效的操作方法。

● 操作步骤 ●

STEP 01 在视频轨中，导入两张静态图像，如图12-446所示。

STEP 02 展开特效面板，在单页 | "单页卷动（纵深）"转场组中，选择单页卷入（纵深）－从左转场效果，如图12-447所示。

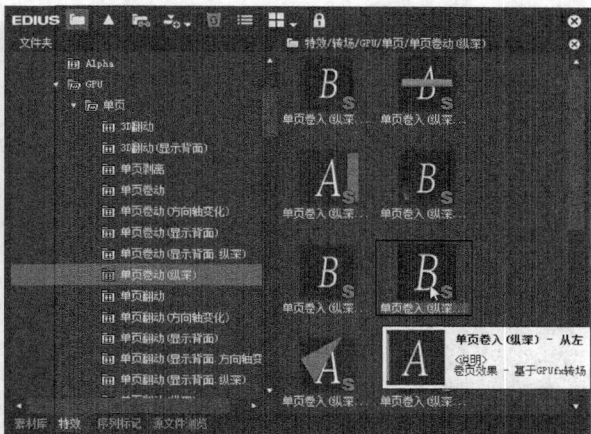

图12-446 导入两张静态图像

图12-447 选择转场效果

STEP 03 在该转场效果上，单击鼠标左键并拖曳至视频轨中的两幅图像素材之间，即可添加单页卷入（纵深）－从左转场效果，如图12-448所示。

图12-448 添加转场效果

STEP 04 在录制窗口中，单击"播放"按钮，即可预览单页卷入（纵深）－从左转场效果，如图12-449所示。

图12-449 预览转场效果

实战 323　单页卷入（纵深）-从左上转场特效

▶ 实例位置：光盘 \ 效果 \ 第 12 章 \ 实战 323.ezp
▶ 素材位置：光盘 \ 素材 \ 第 12 章 \ 实战 323（1）.jpg、实战 323（2）.jpg
▶ 视频位置：光盘 \ 视频 \ 第 12 章 \ 实战 323.mp4

● 实例介绍 ●

下面将介绍单页卷入（纵深）-从左上转场特效的操作方法。

● 操作步骤 ●

STEP 01 在视频轨中，导入两张静态图像，如图12-450所示。

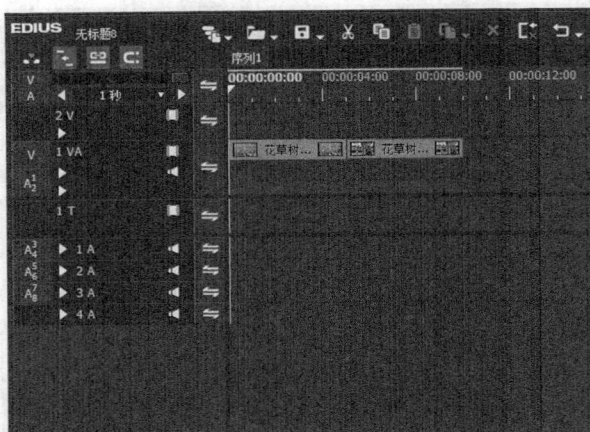

STEP 02 展开特效面板，在单页 | "单页卷动（纵深）"转场组中，选择单页卷入（纵深）-从左上转场效果，如图12-451所示。

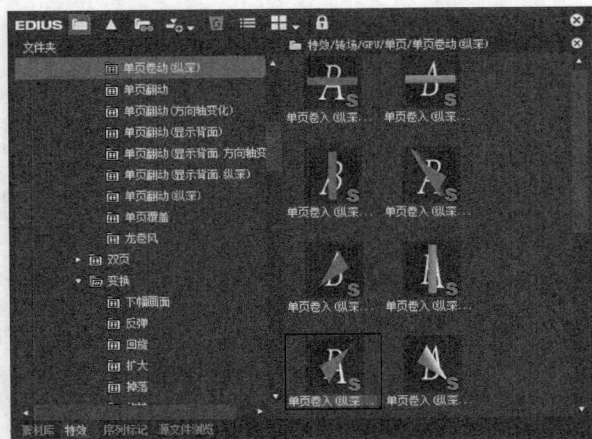

图12-450 导入两张静态图像

图12-451 选择转场效果

STEP 03 在该转场效果上，单击鼠标左键并拖曳至视频轨中的两幅图像素材之间，即可添加单页卷入（纵深）-从左上转场效果，如图12-452所示。

图12-452 添加转场效果

STEP 04 在录制窗口中，单击"播放"按钮，即可预览单页卷入（纵深）-从左上转场效果，如图12-453所示。

图12-453 预览转场效果

<table>
<tr><td>实战
324</td><td>单页卷入（纵深）–从左
下转场特效</td><td>▶ 实例位置：光盘 \ 效果 \ 第 12 章 \ 实战 324.ezp
▶ 素材位置：光盘 \ 素材 \ 第 12 章 \ 实战 324（1）.jpg、实战 324（2）.jpg
▶ 视频位置：光盘 \ 视频 \ 第 12 章 \ 实战 324.mp4</td></tr>
</table>

● 实例介绍 ●

下面将介绍单页卷入（纵深）–从左下转场特效的操作方法。

● 操作步骤 ●

STEP 01 在视频轨中，导入两张静态图像，如图12-454 所示。

STEP 02 展开特效面板，在单页 |"单页卷动（纵深）"转场组中，选择单页卷入（纵深）–从左下转场效果，如图12-455所示。

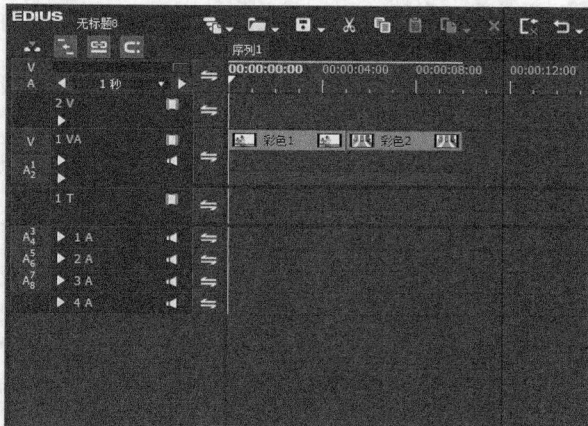

图12-454 导入两张静态图像

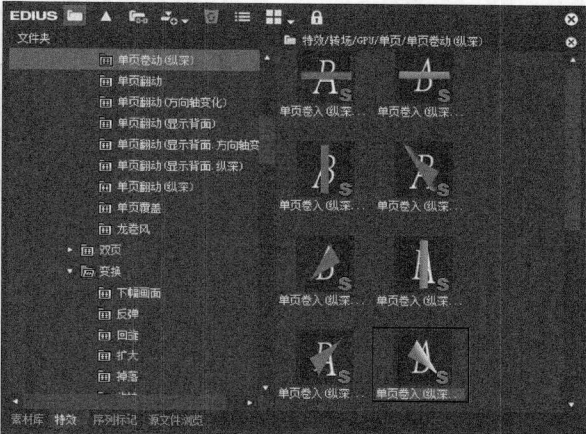

图12-455 选择转场效果

STEP 03 在该转场效果上，单击鼠标左键并拖曳至视频轨中的两幅图像素材之间，即可添加单页卷入（纵深）–从左下转场效果，如图12-456所示。

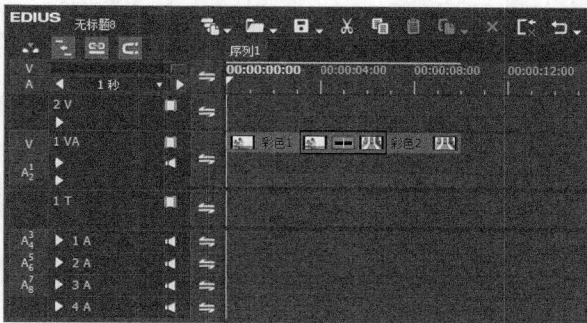

图12-456 添加转场效果

STEP 04 在录制窗口中，单击"播放"按钮，即可预览单页卷入（纵深）–从左下转场效果，如图12-457所示。

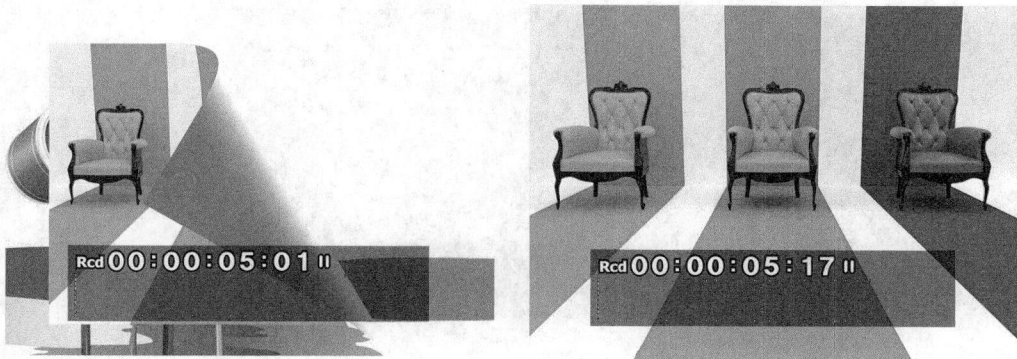

图12-457 预览转场效果

<table>
<tr><td>实战
325</td><td>单页卷出（纵深）-向上
转场特效</td><td>▶ 实例位置：光盘 \ 效果 \ 第 12 章 \ 实战 325.ezp
▶ 素材位置：光盘 \ 素材 \ 第 12 章 \ 实战 325（1）.jpg、实战 325（2）.jpg
▶ 视频位置：光盘 \ 视频 \ 第 12 章 \ 实战 325.mp4</td></tr>
</table>

• 实例介绍 •

下面将介绍单页卷出（纵深）-向上转场特效的操作方法。

• 操作步骤 •

STEP 01 在视频轨中，导入两张静态图像，如图12-458
所示。

STEP 02 展开特效面板，在单页丨"单页卷动（纵深）"
转场组中，选择单页卷出（纵深）-向上转场效果，如图
12-459所示。

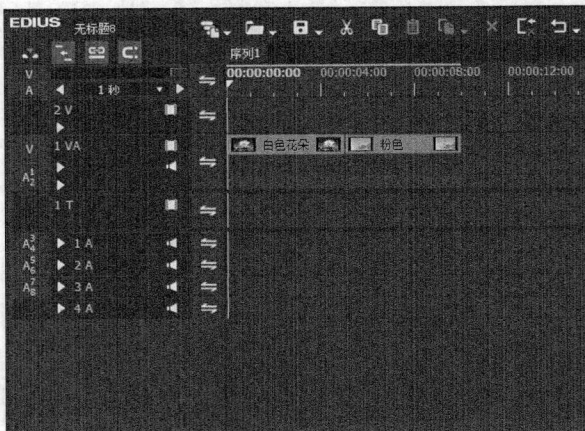

图12-458 导入两张静态图像

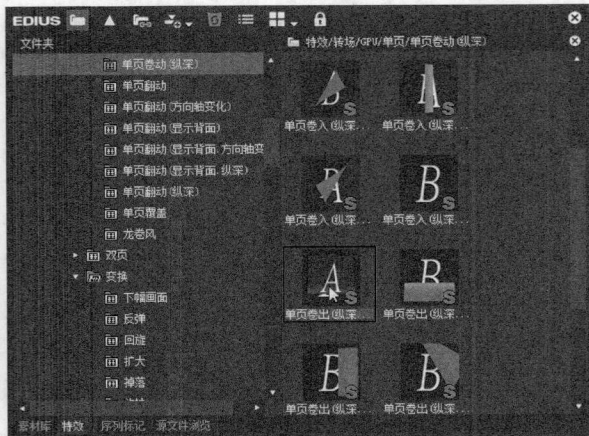

图12-459 选择转场效果

STEP 03 在该转场效果上，单击鼠标左键并拖曳至视频轨
中的两幅图像素材之间，即可添加单页卷出（纵深）-向上
转场效果，如图12-460所示。

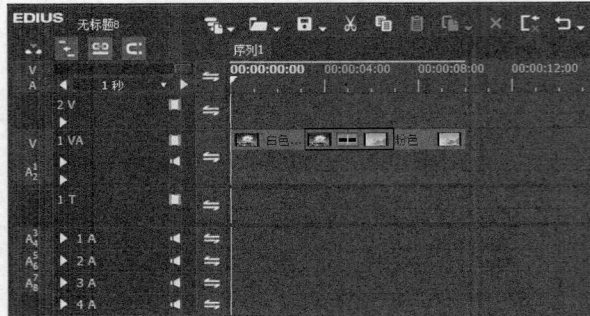

图12-460 添加转场效果

STEP 04 在录制窗口中，单击"播放"按钮，即可预览单页卷出（纵深）-向上转场效果，如图12-461所示。

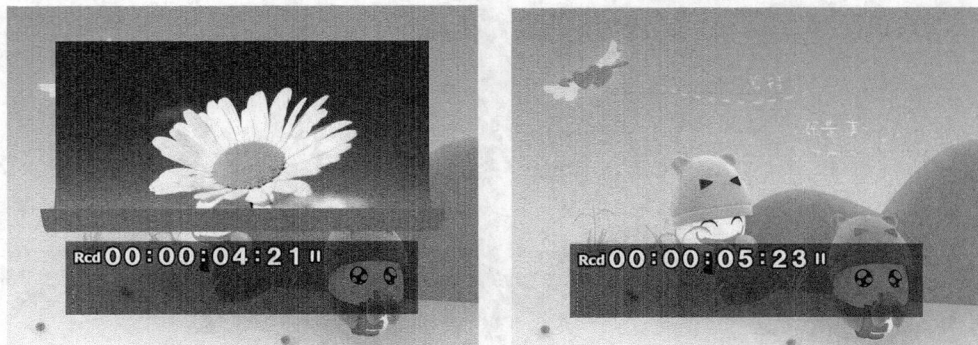

图12-461 预览转场效果

**单页卷入（纵深）–向下
转场特效**

▶ **实例位置：**光盘 \ 效果 \ 第 12 章 \ 实战 326.ezp
▶ **素材位置：**光盘 \ 素材 \ 第 12 章 \ 实战 326（1）.jpg、实战 326（2）.jpg
▶ **视频位置：**光盘 \ 视频 \ 第 12 章 \ 实战 326.mp4

● **实例介绍** ●

下面将介绍单页卷出（纵深）–向下转场特效的操作方法。

● **操作步骤** ●

STEP 01 在视频轨中，导入两张静态图像，如图12-462
所示。

STEP 02 展开特效面板，在单页 |"单页卷动（纵深）"转
场组中，选择单页卷出（纵深）–向下转场效果，如图12-
463所示。

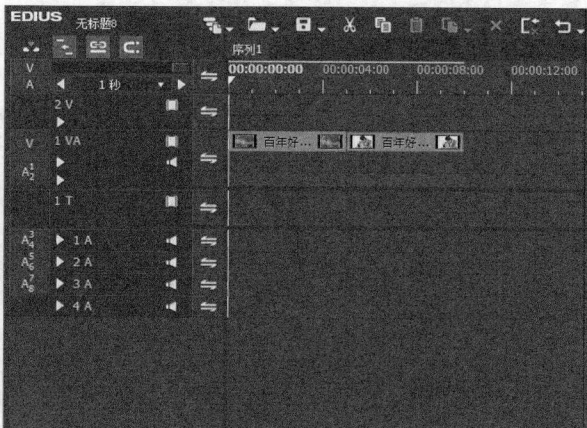

图12-462 导入两张静态图像

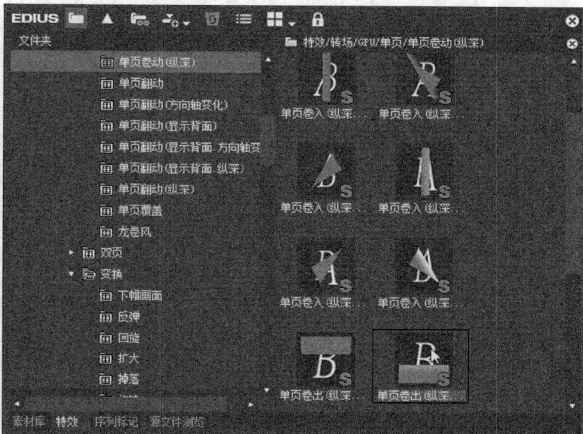

图12-463 选择转场效果

STEP 03 在该转场效果上，单击鼠标左键并拖曳至视频轨
中的两幅图像素材之间，即可添加单页卷出（纵深）–向下
转场效果，如图12-464所示。

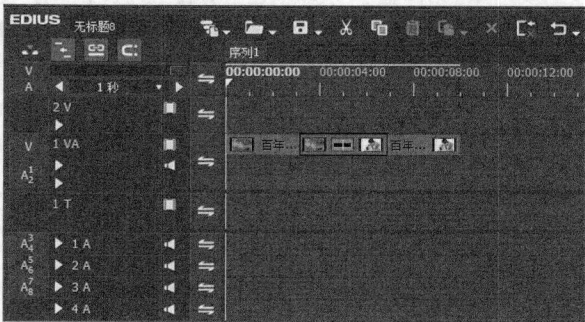

图12-464 添加转场效果

STEP 04 在录制窗口中，单击"播放"按钮，即可预览单页卷出（纵深）–向下转场效果，如图12-465所示。

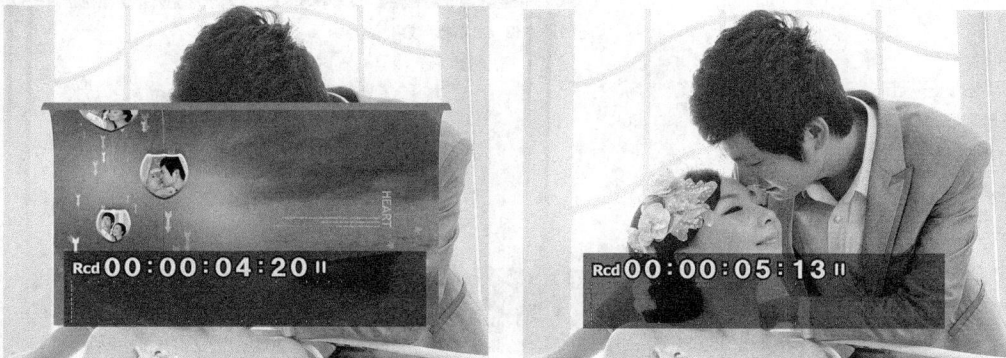

图12-465 预览转场效果

413

12.9 制作龙卷风转场效果

本节主要向读者介绍制作龙卷风转场效果的操作方法。

实战 327	龙卷风卷入–向上1转场特效

▶ 实例位置：光盘 \ 效果 \ 第 12 章 \ 实战 327.ezp
▶ 素材位置：光盘 \ 素材 \ 第 12 章 \ 实战 327（1）.jpg、实战 327（2）.jpg
▶ 视频位置：光盘 \ 视频 \ 第 12 章 \ 实战 327.mp4

● 实例介绍 ●

下面将介绍龙卷风卷入–向上1转场特效的操作方法。

● 操作步骤 ●

STEP 01 在视频轨中，导入两张静态图像，如图12-466所示。

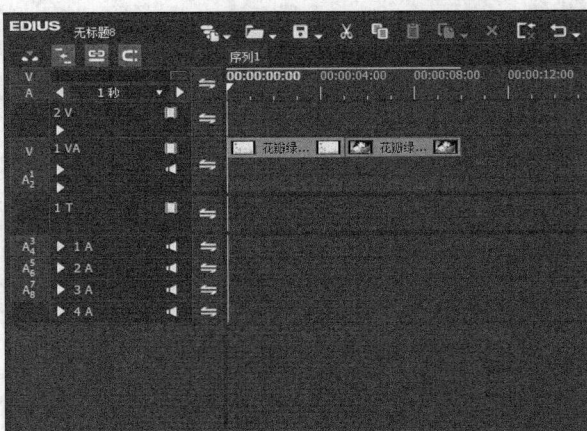

图12-466 导入两张静态图像

STEP 02 展开特效面板，在单页 |"龙卷风"转场组中，选择龙卷风卷入–向上1转场效果，如图12-467所示。

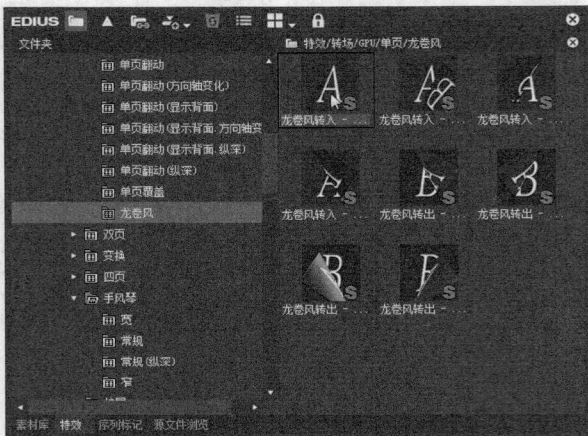

图12-467 选择转场效果

STEP 03 在该转场效果上，单击鼠标左键并拖曳至视频轨中的两幅图像素材之间，即可添加龙卷风卷入–向上1转场效果，如图12-468所示。

图12-468 添加转场效果

STEP 04 在录制窗口中，单击"播放"按钮，即可预览龙卷风卷入–向上转场效果，如图12-469所示。

图12-469 预览转场效果

实战 328　龙卷风卷入-向上2转场特效

- 实例位置：光盘 \ 效果 \ 第 12 章 \ 实战 328.ezp
- 素材位置：光盘 \ 素材 \ 第 12 章 \ 实战 328（1）.jpg、实战 328（2）.jpg
- 视频位置：光盘 \ 视频 \ 第 12 章 \ 实战 328.mp4

● 实例介绍 ●

下面将介绍龙卷风卷入-向上2转场特效的操作方法。

● 操作步骤 ●

STEP 01 在视频轨中，导入两张静态图像，如图12-470所示。

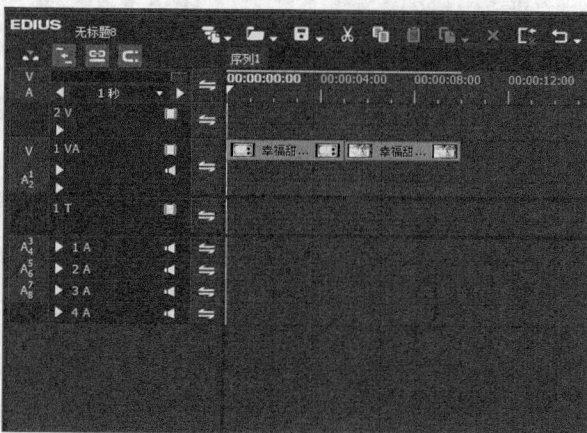

STEP 02 展开特效面板，在单页丨"龙卷风"转场组中，选择龙卷风卷入-向上2转场效果，如图12-471所示。

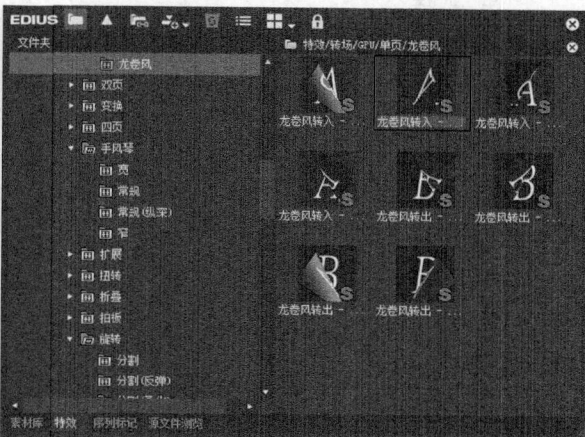

图12-470 导入两张静态图像

图12-471 选择转场效果

STEP 03 在该转场效果上，单击鼠标左键并拖曳至视频轨中的两幅图像素材之间，即可添加龙卷风卷入-向上2转场效果，如图12-472所示。

图12-472 添加转场效果

STEP 04 在录制窗口中，单击"播放"按钮，预览龙卷风卷入-向上2转场效果，如图12-473所示。

图12-473 预览转场效果

实战 329 龙卷风卷入–向下1转场特效

▶ 实例位置：光盘 \ 效果 \ 第12章 \ 实战 329.ezp
▶ 素材位置：光盘 \ 素材 \ 第12章 \ 实战 329（1）.jpg、实战 329（2）.jpg
▶ 视频位置：光盘 \ 视频 \ 第12章 \ 实战 329.mp4

● 实例介绍 ●

下面将介绍龙卷风卷入–向下1转场特效的操作方法。

● 操作步骤 ●

STEP 01 在视频轨中，导入两张静态图像，如图12-474所示。

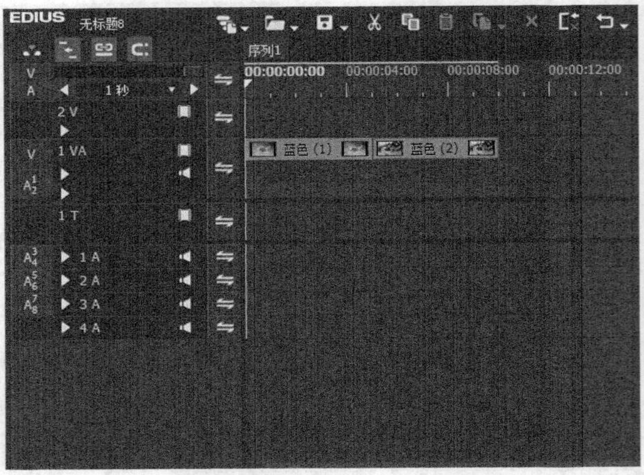

图12-474 导入两张静态图像

STEP 02 展开特效面板，在单页｜"龙卷风"转场组中，选择龙卷风卷入–向下1转场效果，如图12-475所示。

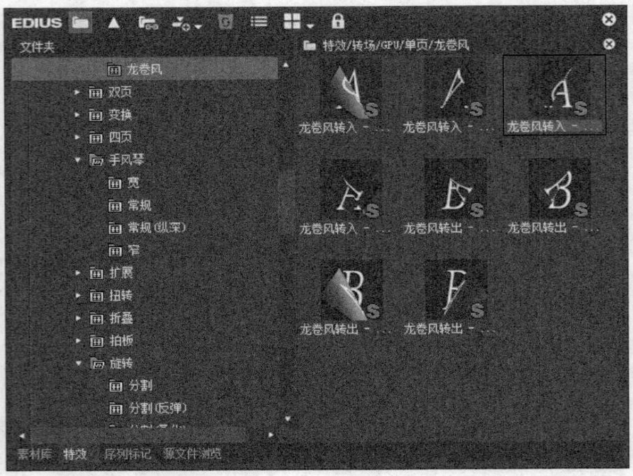

图12-475 选择转场效果

STEP 03 在该转场效果上，单击鼠标左键并拖曳至视频轨中的两幅图像素材之间，即可添加龙卷风卷入–向下1转场效果，如图12-476所示。

图12-476 添加转场效果

STEP 04 在录制窗口中，单击"播放"按钮，预览龙卷风卷入–向下1转场效果，如图12-477所示。

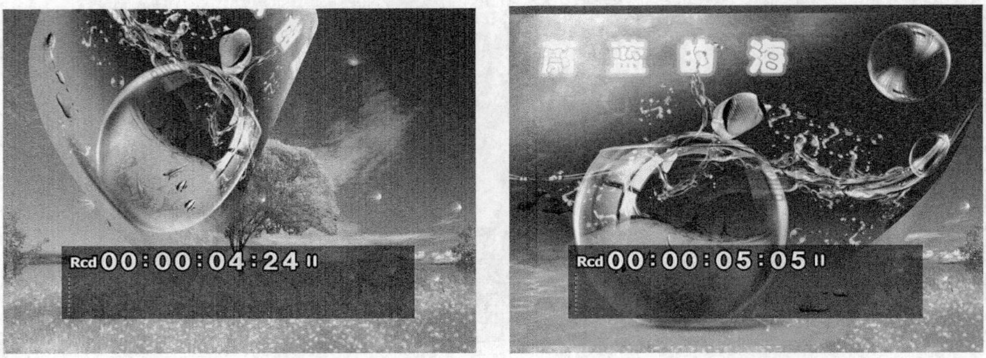

图12-477 预览转场效果

实战 330 龙卷风卷入-向下2转场特效

▶ 实例位置：光盘 \ 效果 \ 第 12 章 \ 实战 330.ezp
▶ 素材位置：光盘 \ 素材 \ 第 12 章 \ 实战 330（1）.jpg、实战 330（2）.jpg
▶ 视频位置：光盘 \ 视频 \ 第 12 章 \ 实战 330.mp4

● 实例介绍 ●

下面将介绍龙卷风卷入-向下2转场特效的操作方法。

● 操作步骤 ●

STEP 01 在视频轨中，导入两张静态图像，如图12-478 所示。

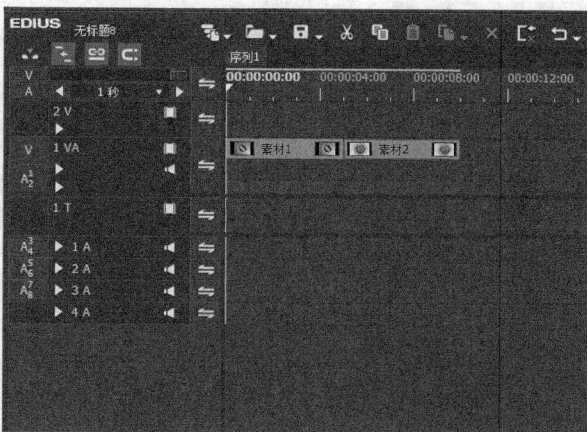

STEP 02 展开特效面板，在单页 | "龙卷风"转场组中，选择龙卷风卷入-向下2转场效果，如图12-479所示。

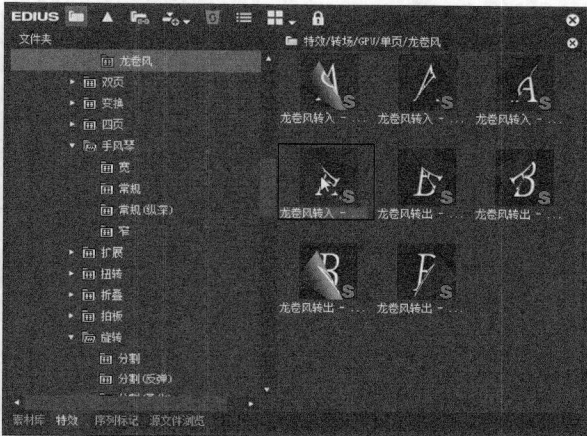

图12-478 导入两张静态图像

图12-479 选择转场效果

STEP 03 在该转场效果上，单击鼠标左键并拖曳至视频轨中的两幅图像素材之间，即可添加龙卷风卷入-向下2转场效果，如图12-480所示。

图12-480 添加转场效果

STEP 04 在录制窗口中，单击"播放"按钮，预览龙卷风卷入-向下2转场效果，如图12-481所示。

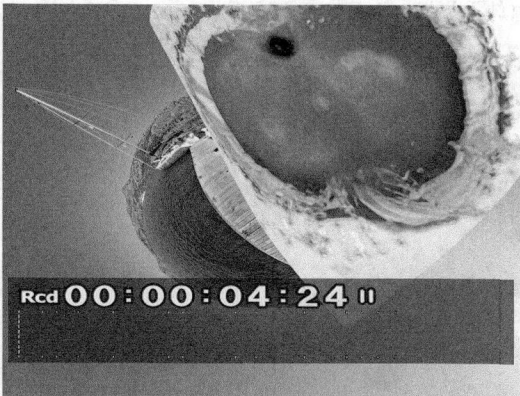

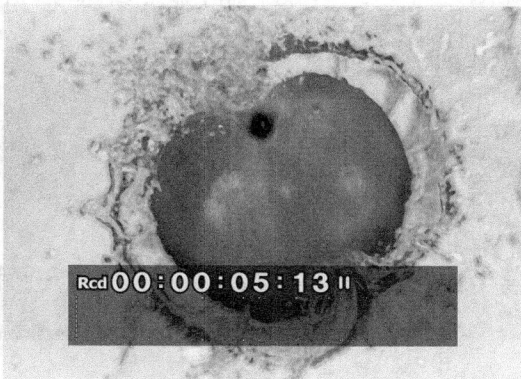

图12-481 预览转场效果

实战 331 龙卷风卷出–向上1转场特效

▶ 实例位置：光盘 \ 效果 \ 第 12 章 \ 实战 331.ezp
▶ 素材位置：光盘 \ 素材 \ 第 12 章 \ 实战 331（1）.jpg、实战 331（2）.jpg
▶ 视频位置：光盘 \ 视频 \ 第 12 章 \ 实战 331.mp4

● 实例介绍 ●

下面将介绍龙卷风卷出–向上1转场特效的操作方法。

● 操作步骤 ●

STEP 01 在视频轨中，导入两张静态图像，如图12-482所示。

STEP 02 展开特效面板，在单页 | "龙卷风"转场组中，选择龙卷风卷出–向上1转场效果，如图12-483所示。

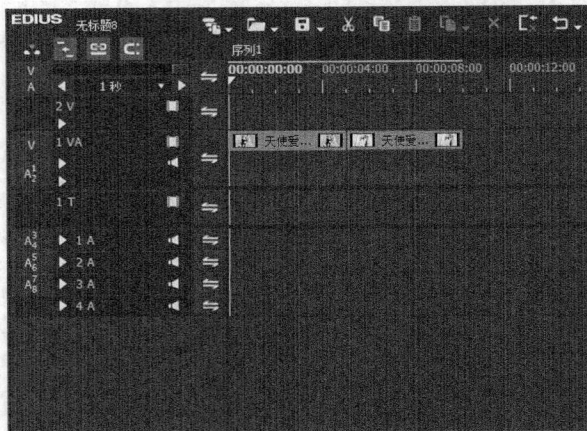

图12-482 导入两张静态图像

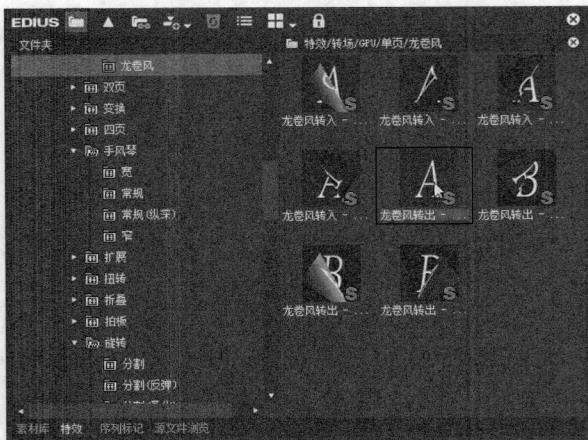

图12-483 选择转场效果

STEP 03 在该转场效果上，单击鼠标左键并拖曳至视频轨中的两幅图像素材之间，即可添加龙卷风卷出–向上1转场效果，如图12-484所示。

图12-484 添加转场效果

STEP 04 在录制窗口中，单击"播放"按钮，预览龙卷风卷出–向上1转场效果，如图12-485所示。

图12-485 预览转场效果

<table>
<tr><td rowspan="2">实战
332</td><td rowspan="2">龙卷风卷出-向上2转场
特效</td><td>▶ 实例位置：光盘 \ 效果 \ 第 12 章 \ 实战 332.ezp</td></tr>
<tr><td>▶ 素材位置：光盘 \ 素材 \ 第 12 章 \ 实战 332（1）.jpg、实战 332（2）.jpg</td></tr>
</table>

▶ 视频位置：光盘 \ 视频 \ 第 12 章 \ 实战 332.mp4

● 实例介绍 ●

下面将介绍龙卷风卷出-向上2转场特效的操作方法。

● 操作步骤 ●

STEP 01 在视频轨中，导入两张静态图像，如图12-486
所示。

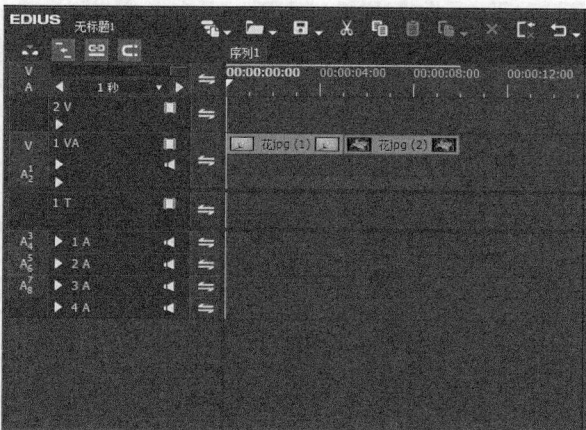

STEP 02 展开特效面板，在单页｜"龙卷风"转场组中，选
择龙卷风卷出-向上2转场效果，如图12-487所示。

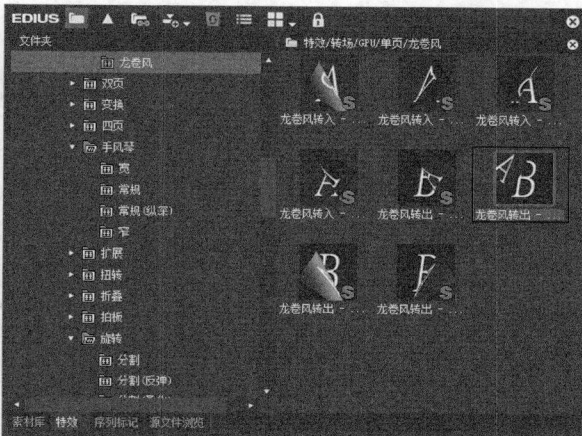

图12-486 导入两张静态图像

图12-487 选择转场效果

STEP 03 在该转场效果上，单击鼠标左键并拖曳至视频轨
中的两幅图像素材之间，即可添加龙卷风卷出-向上2转场
效果，如图12-488所示。

图12-488 添加转场效果

STEP 04 在录制窗口中，单击"播放"按钮，预览龙卷风卷出-向上2转场效果，如图12-489所示。

图12-489 预览转场效果

333 龙卷风卷出–向下1转场
特效

▶ 实例位置：光盘 \ 效果 \ 第 12 章 \ 实战 333.ezp
▶ 素材位置：光盘 \ 素材 \ 第 12 章 \ 实战 333（1）.jpg、实战 333（2）.jpg
▶ 视频位置：光盘 \ 视频 \ 第 12 章 \ 实战 333.mp4

● 实例介绍 ●

下面将介绍龙卷风卷出–向下1转场特效的操作方法。

● 操作步骤 ●

STEP 01 在视频轨中，导入两张静态图像，如图12-490
所示。

图12-490 导入两张静态图像

STEP 03 在该转场效果上，单击鼠标左键并拖曳至视频轨
中的两幅图像素材之间，即可添加龙卷风卷出–向下1转场
效果，如图12-492所示。

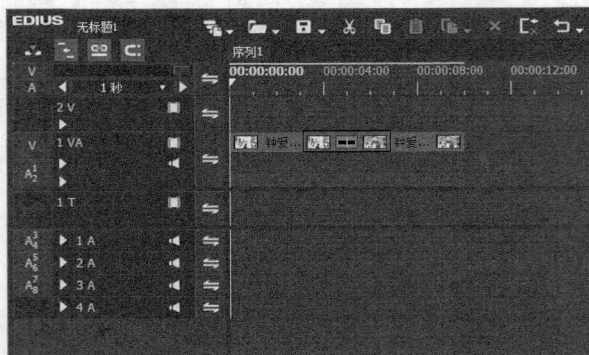

STEP 02 展开特效面板，在单页 | "龙卷风"转场组中，
选择龙卷风卷出–向下1转场效果，如图12-491所示。

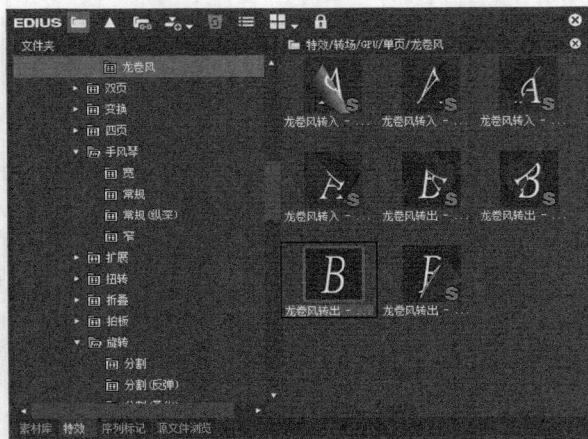

图12-491 选择转场效果

图12-492 添加转场效果

STEP 04 在录制窗口中，单击"播放"按钮，预览龙卷风卷出–向下1转场效果，如图12-493所示。

图12-493 预览转场效果

实战 334　龙卷风卷出–向下2转场特效

▶ 实例位置：光盘 \ 效果 \ 第 12 章 \ 实战 334.ezp
▶ 素材位置：上一例素材
▶ 视频位置：光盘 \ 视频 \ 第 12 章 \ 实战 334.mp4

● 实例介绍 ●

下面将介绍龙卷风卷出–向下2转场特效的操作方法。

● 操作步骤 ●

STEP 01 在视频轨中，导入两张静态图像，如图12-494所示。

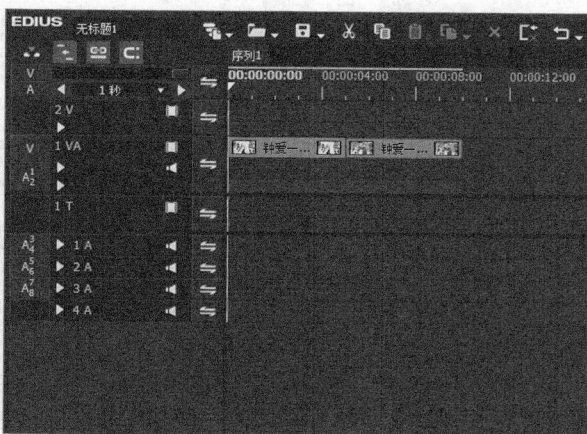

图12-494　导入两张静态图像

STEP 02 展开特效面板，在单页 | "龙卷风"转场组中，选择龙卷风卷出–向下2转场效果，如图12-495所示。

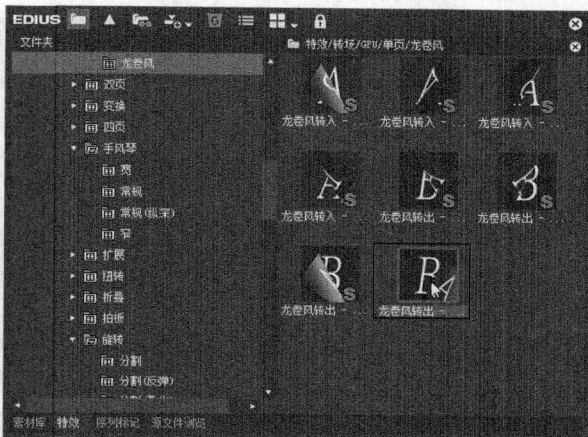

图12-495　选择转场效果

STEP 03 在该转场效果上，单击鼠标左键并拖曳至视频轨中的两幅图像素材之间，即可添加龙卷风卷出–向下2转场效果，如图12-496所示。

图12-496　添加转场效果

STEP 04 在录制窗口中，单击"播放"按钮，预览龙卷风卷出–向下2转场效果，如图12-497所示。

图12-497　预览转场效果

12.10 制作双页剥入转场效果

本节主要向读者介绍制作双页剥入转场效果的操作方法。

实战 335 双页剥入-从上转场特效

▶ 实例位置：光盘 \ 效果 \ 第 12 章 \ 实战 335.ezp
▶ 素材位置：光盘 \ 素材 \ 第 12 章 \ 实战 335（1）.jpg、实战 335（2）.jpg
▶ 视频位置：光盘 \ 视频 \ 第 12 章 \ 实战 335.mp4

● 实例介绍 ●

下面将介绍双页剥入-从上转场特效的操作方法。

● 操作步骤 ●

STEP 01 在视频轨中，导入两张静态图像，如图12-498 所示。

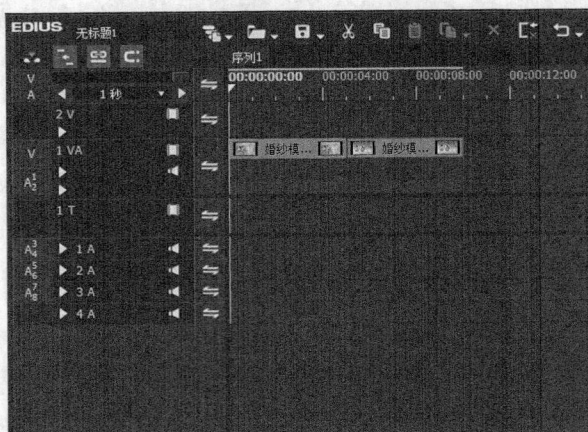

STEP 02 展开特效面板，在双页丨"剥"转场组中，选择双页剥入-从上转场效果，如图12-499所示。

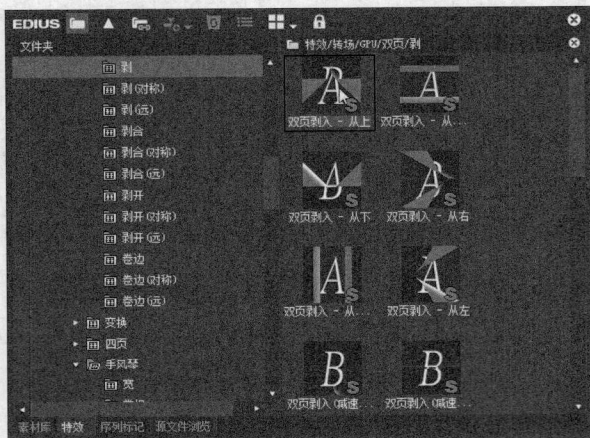

图12-498 导入两张静态图像

图12-499 选择转场效果

STEP 03 在该转场效果上，单击鼠标左键并拖曳至视频轨中的两幅图像素材之间，即可添加双页剥入-从上转场效果，如图12-500所示。

图12-500 添加转场效果

STEP 04 在录制窗口中，单击"播放"按钮，预览双页剥入-从上转场效果，如图12-501所示。

图12-501 预览转场效果

实战
336
双页剥入–从上和从下转场特效

▶ 实例位置：光盘 \ 效果 \ 第 12 章 \ 实战 336.ezp
▶ 素材位置：上一例素材
▶ 视频位置：光盘 \ 视频 \ 第 12 章 \ 实战 336.mp4

● 实例介绍 ●

下面将介绍双页剥入–从上和从下转场特效的操作方法。

● 操作步骤 ●

STEP 01 在视频轨中，导入两张静态图像，如图12-502所示。

图12-502 导入两张静态图像

STEP 02 展开特效面板，在双页 | "剥"转场组中，选择双页剥入–从上和从下转场效果，如图12-503所示。

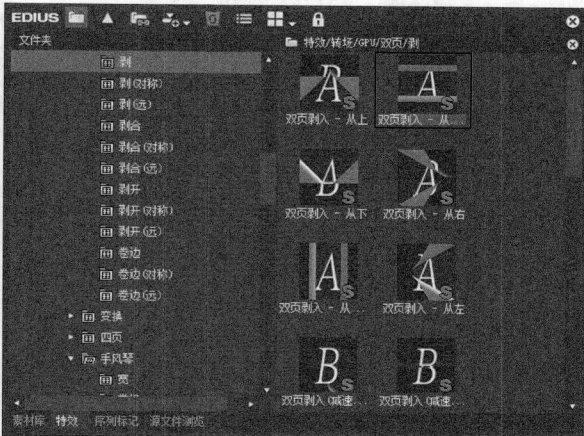

图12-503 选择转场效果

STEP 03 在该转场效果上，单击鼠标左键并拖曳至视频轨中的两幅图像素材之间，即可添加双页剥入–从上和从下转场效果，如图12-504所示。

图12-504 添加转场效果

STEP 04 在录制窗口中，单击"播放"按钮，预览双页剥入–从上和从下转场效果，如图12-505所示。

图12-505 预览转场效果

<table>
<tr><td rowspan="2">实战
337</td><td rowspan="2">双页剥入-从下转场特效</td><td>▶ 实例位置：光盘 \ 效果 \ 第 12 章 \ 实战 337.ezp</td></tr>
</table>

实战 337　双页剥入-从下转场特效

▶ 实例位置：光盘 \ 效果 \ 第 12 章 \ 实战 337.ezp
▶ 素材位置：光盘 \ 素材 \ 第 12 章 \ 实战 337（1）.jpg、实战 337（2）.jpg
▶ 视频位置：光盘 \ 视频 \ 第 12 章 \ 实战 337.mp4

● 实例介绍 ●

下面将介绍双页剥入-从下转场特效的操作方法。

● 操作步骤 ●

STEP 01 在视频轨中，导入两张静态图像，如图12-506 所示。

STEP 02 展开特效面板，在双页丨"剥"转场组中，选择双页剥入-从下转场效果，如图12-507所示。

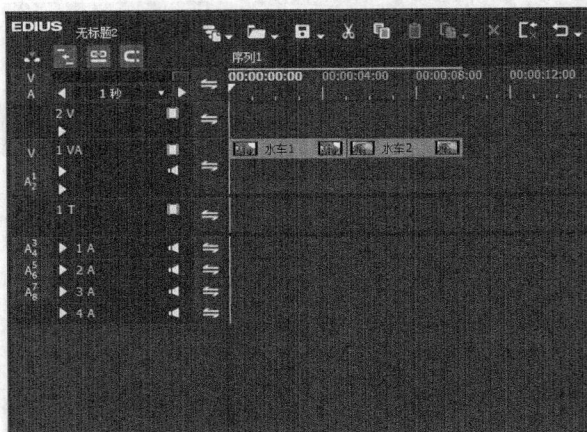

图12-506　导入两张静态图像

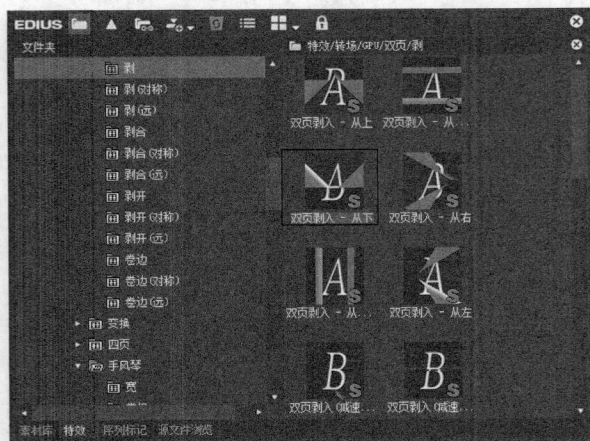

图12-507　选择转场效果

STEP 03 在该转场效果上，单击鼠标左键并拖曳至视频轨中的两幅图像素材之间，即可添加双页剥入-从下转场效果，如图12-508所示。

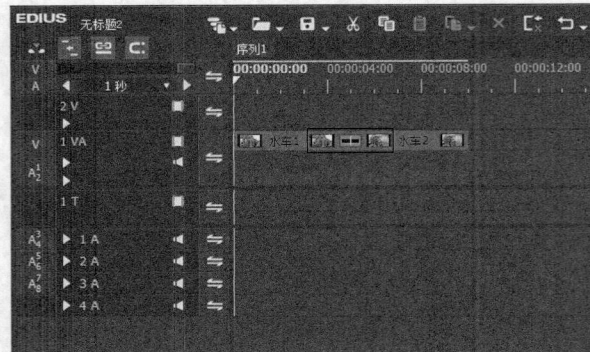

图12-508　添加转场效果

STEP 04 在录制窗口中，单击"播放"按钮，预览双页剥入-从下转场效果，如图12-509所示。

图12-509　预览转场效果

实战
338
双页剥入–从右转场特效

▶ 实例位置：光盘 \ 效果 \ 第 12 章 \ 实战 338.ezp
▶ 素材位置：上一例素材
▶ 视频位置：光盘 \ 视频 \ 第 12 章 \ 实战 338.mp4

● 实例介绍 ●

下面将介绍双页剥入–从右转场特效的操作方法。

● 操作步骤 ●

STEP 01 在视频轨中，导入两张静态图像，如图12–510所示。

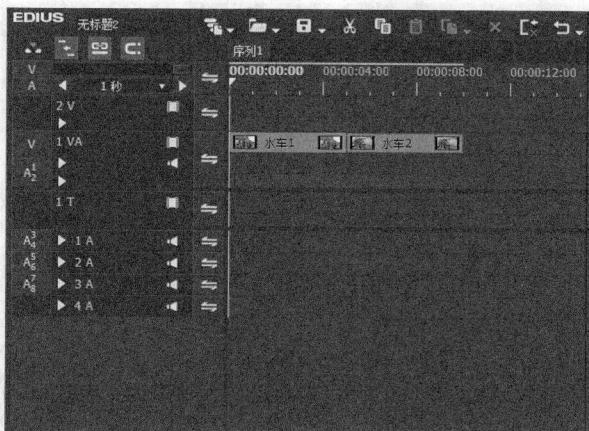

图12–510 导入两张静态图像

STEP 02 展开特效面板，在双页 |"剥"转场组中，选择双页剥入–从右转场效果，如图12–511所示。

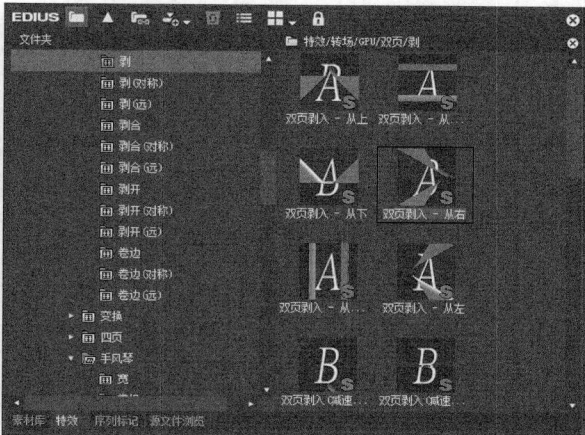

图12–511 选择转场效果

STEP 03 在该转场效果上，单击鼠标左键并拖曳至视频轨中的两幅图像素材之间，即可添加双页剥入–从右转场效果，如图12–512所示。

图12–512 添加转场效果

STEP 04 在录制窗口中，单击"播放"按钮，预览双页剥入–从右转场效果，如图12–513所示。

图12–513 预览转场效果

425

实战 339 双页剥入–从右和从左转场特效

▶ 实例位置：光盘 \ 效果 \ 第 12 章 \ 实战 339.ezp
▶ 素材位置：光盘 \ 素材 \ 第 12 章 \ 实战 339（1）.jpg、实战 339（2）.jpg
▶ 视频位置：光盘 \ 视频 \ 第 12 章 \ 实战 339.mp4

● 实例介绍 ●

下面将介绍双页剥入–从右和从左转场特效的操作方法。

● 操作步骤 ●

STEP 01 在视频轨中，导入两张静态图像，如图12-514所示。

STEP 02 展开特效面板，在双页 | "剥"转场组中，选择双页剥入–从右和从左转场效果，如图12-515所示。

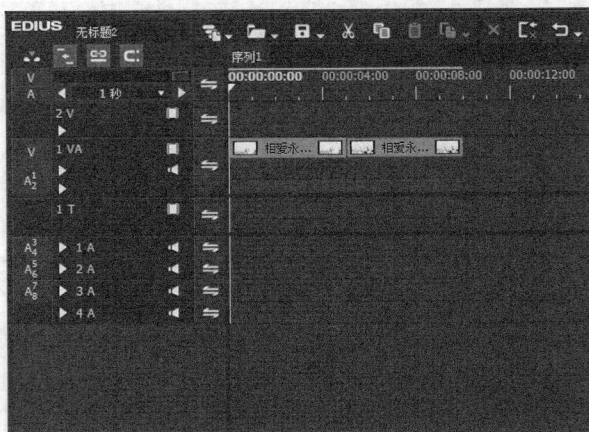

图12-514 导入两张静态图像

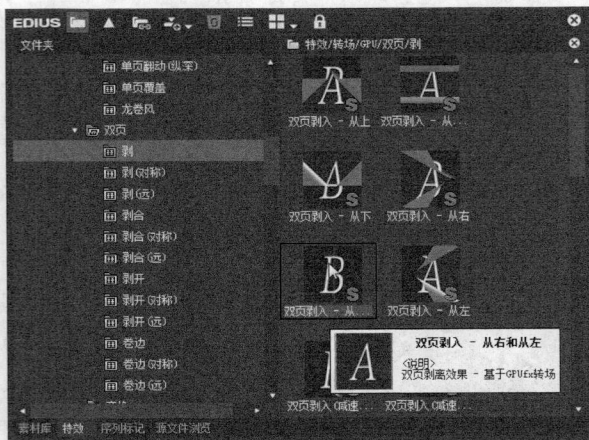

图12-515 选择转场效果

STEP 03 在该转场效果上，单击鼠标左键并拖曳至视频轨中的两幅图像素材之间，即可添加双页剥入–从右和从左转场效果，如图12-516所示。

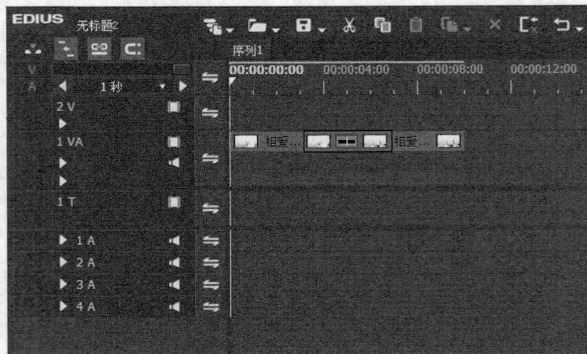

图12-516 添加转场效果

STEP 04 在录制窗口中，单击"播放"按钮，预览双页剥入–从右和从左转场效果，如图12-517所示。

图12-517 预览转场效果

<table>
<tr><td>实战
340</td><td>双页剥入–从左转场特效</td><td>▶ 实例位置：光盘＼效果＼第 12 章＼实战 340.ezp
▶ 素材位置：上一例素材
▶ 视频位置：光盘＼视频＼第 12 章＼实战 340.mp4</td></tr>
</table>

● 实例介绍 ●

下面将介绍双页剥入–从左转场特效的操作方法。

● 操作步骤 ●

STEP 01 在视频轨中，导入两张静态图像，如图12-518 所示。

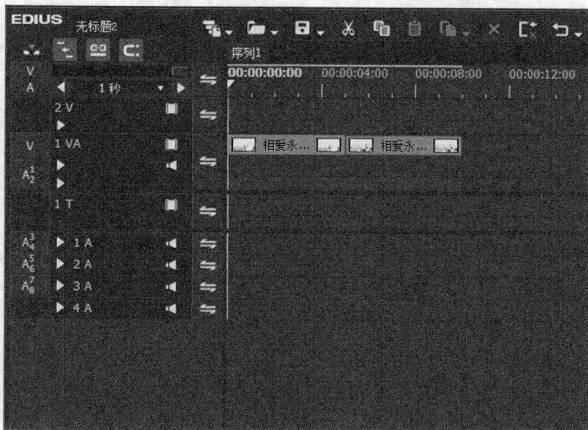

图12-518 导入两张静态图像

STEP 02 展开特效面板，在双页 | "剥"转场组中，选择双页剥入–从左转场效果，如图12-519所示。

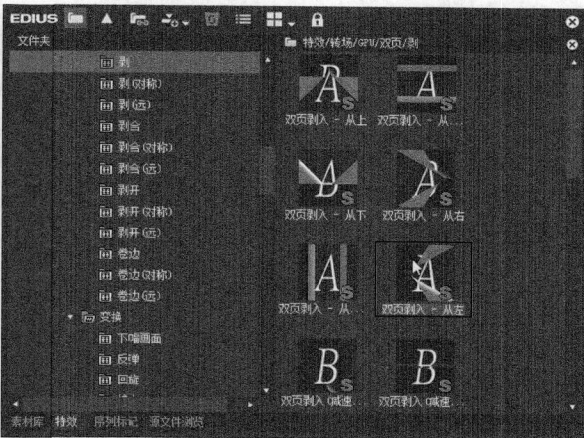

图12-519 选择转场效果

STEP 03 在该转场效果上，单击鼠标左键并拖曳至视频轨中的两幅图像素材之间，即可添加双页剥入–从左转场效果，如图12-520所示。

图12-520 添加转场效果

STEP 04 在录制窗口中，单击"播放"按钮，预览双页剥入–从左转场效果，如图12-521所示。

图12-521 预览转场效果

<table>
<tr><td rowspan="2">实战
341</td><td rowspan="2">双页剥入（减速）-从上
转场特效</td><td>▶ 实例位置：光盘 \ 效果 \ 第 12 章 \ 实战 341.ezp</td></tr>
<tr><td>▶ 素材位置：光盘 \ 素材 \ 第 12 章 \ 实战 341（1）.jpg、实战 341（2）.jpg
▶ 视频位置：光盘 \ 视频 \ 第 12 章 \ 实战 341.mp4</td></tr>
</table>

● 实例介绍 ●

下面将介绍双页剥入（减速）-从上转场特效的操作方法。

● 操作步骤 ●

STEP 01 在视频轨中，导入两张静态图像，如图12-522 所示。

STEP 02 展开特效面板，在双页 | "剥"转场组中，选择双页剥入（减速）-从上转场效果，如图12-523所示。

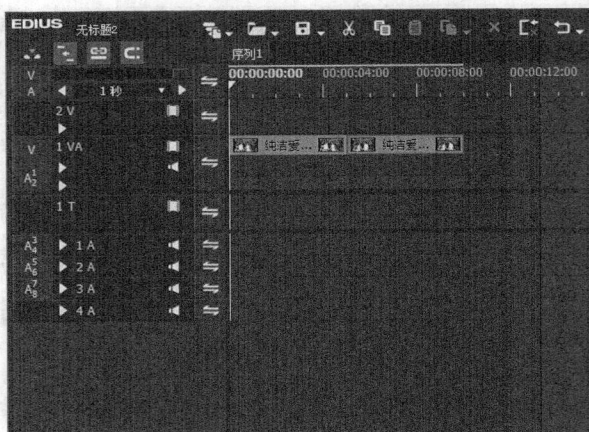

图12-522 导入两张静态图像

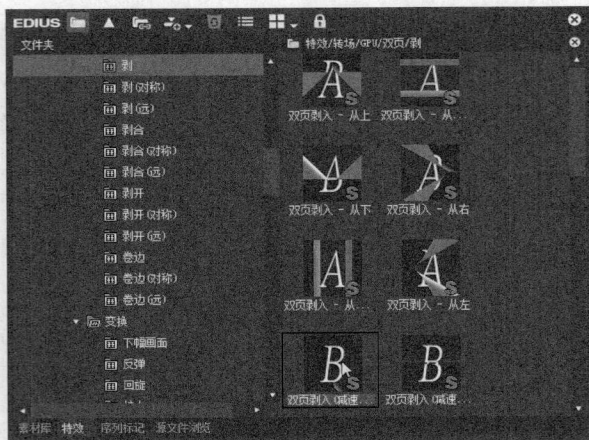

图12-523 选择转场效果

STEP 03 在该转场效果上，单击鼠标左键并拖曳至视频轨中的两幅图像素材之间，即可添加双页剥入（减速）-从上转场效果，如图12-524所示。

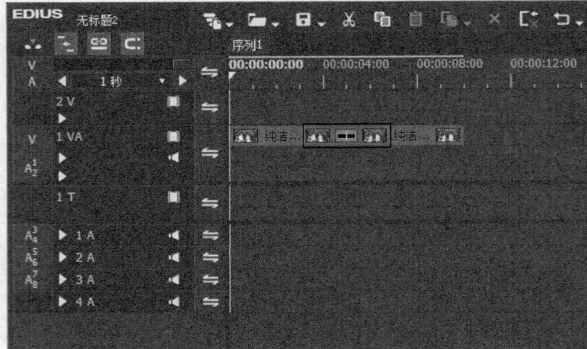

图12-524 添加转场效果

STEP 04 在录制窗口中，单击"播放"按钮，即可预览双页剥入（减速）-从上转场效果，如图12-525所示。

图12-525 预览转场效果

<table>
<tr><td rowspan="2">实战
342</td><td rowspan="2">双页剥入（减速）−从上和从下转场特效</td><td>▶ 实例位置：光盘 \ 效果 \ 第 12 章 \ 实战 342.ezp</td></tr>
<tr><td>▶ 素材位置：上一例素材</td></tr>
<tr><td></td><td></td><td>▶ 视频位置：光盘 \ 视频 \ 第 12 章 \ 实战 342.mp4</td></tr>
</table>

● 实例介绍 ●

下面将介绍双页剥入（减速）−从上和从下转场特效的操作方法。

● 操作步骤 ●

STEP 01 在视频轨中，导入两张静态图像，如图12−526 所示。

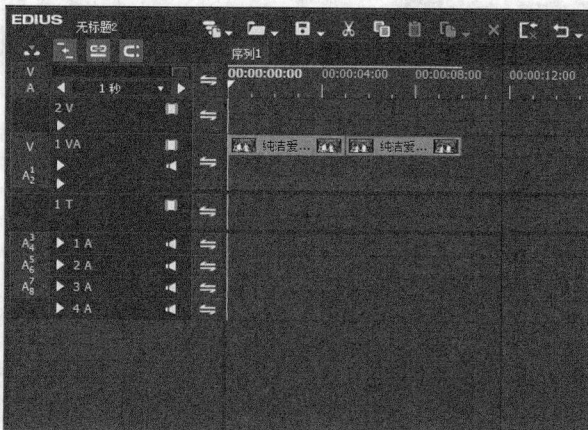

STEP 02 展开特效面板，在双页丨"剥"转场组中，选择双页剥入（减速）−从上和从下转场效果，如图12−527所示。

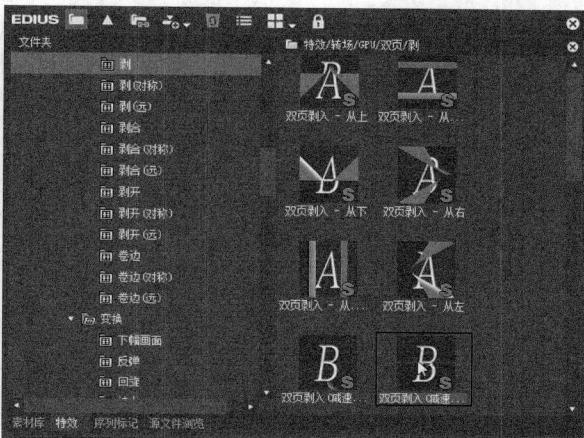

图12−526 导入两张静态图像

图12−527 选择转场效果

STEP 03 在该转场效果上，单击鼠标左键并拖曳至视频轨中的两幅图像素材之间，即可添加双页剥入（减速）−从上和从下转场效果，如图12−528所示。

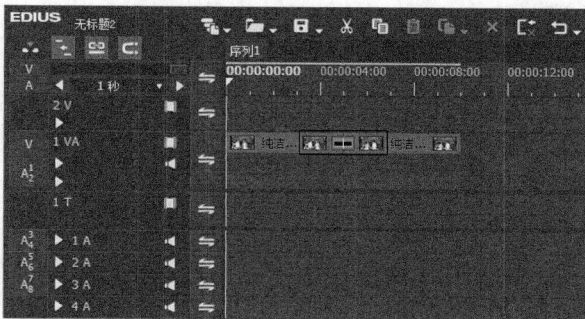

图12−528 添加转场效果

STEP 04 在录制窗口中，单击"播放"按钮，即可预览双页剥入（减速）−从上和从下转场效果，如图12−529所示。

图12−529 预览转场效果

实战 343 双页剥入（减速）-从下转场特效

▶ 实例位置：光盘 \ 效果 \ 第 12 章 \ 实战 343.ezp
▶ 素材位置：光盘 \ 素材 \ 第 12 章 \ 实战 343（1）.jpg、实战 343（2）.jpg
▶ 视频位置：光盘 \ 视频 \ 第 12 章 \ 实战 343.mp4

● 实例介绍 ●

下面将介绍双页剥入（减速）-从下转场特效的操作方法。

● 操作步骤 ●

STEP 01 在视频轨中，导入两张静态图像，如图12-530所示。

STEP 02 展开特效面板，在双页 | "剥"转场组中，选择双页剥入（减速）-从下转场效果，如图12-531所示。

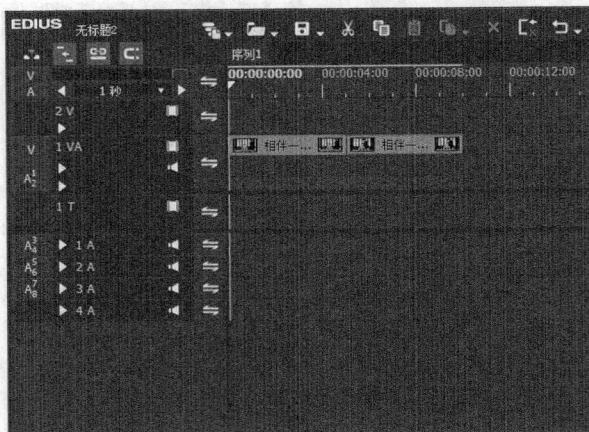

图12-530 导入两张静态图像

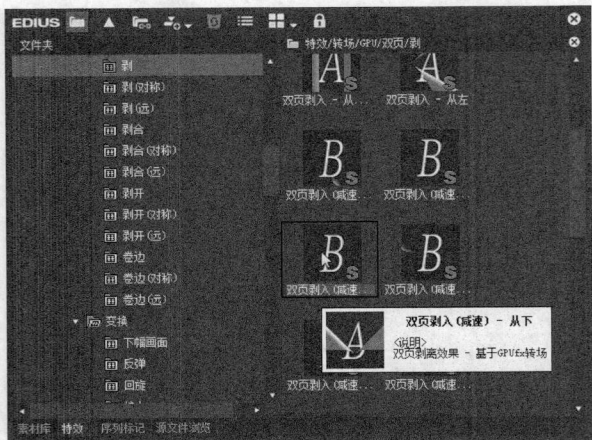

图12-531 选择转场效果

STEP 03 在该转场效果上，单击鼠标左键并拖曳至视频轨中的两幅图像素材之间，即可添加双页剥入（减速）-从下转场效果，如图12-532所示。

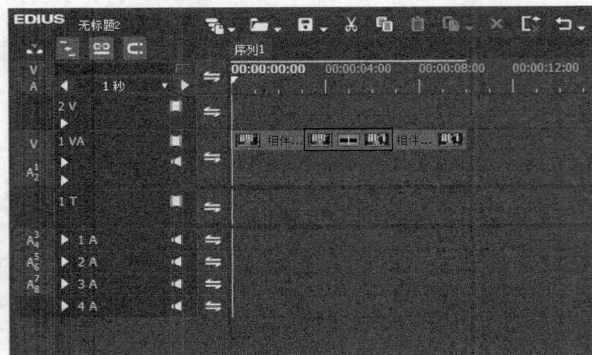

图12-532 添加转场效果

STEP 04 在录制窗口中，单击"播放"按钮，即可预览双页剥入（减速）-从下转场效果，如图12-533所示。

图12-533 预览转场效果

实战	▶ 实例位置：光盘 \ 效果 \ 第 12 章 \ 实战 344.ezp
344 双页剥入（减速）–从右转场特效	▶ 素材位置：上一例素材
	▶ 视频位置：光盘 \ 视频 \ 第 12 章 \ 实战 344.mp4

● 实例介绍 ●

下面将介绍双页剥入（减速）–从右转场特效的操作方法。

● 操作步骤 ●

STEP 01 在视频轨中，导入两张静态图像，如图12-534所示。

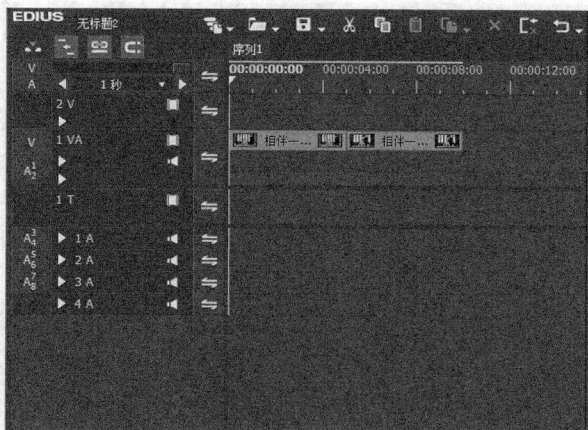

STEP 02 展开特效面板，在双页 | "剥"转场组中，选择双页剥入（减速）–从右转场效果，如图12-535所示。

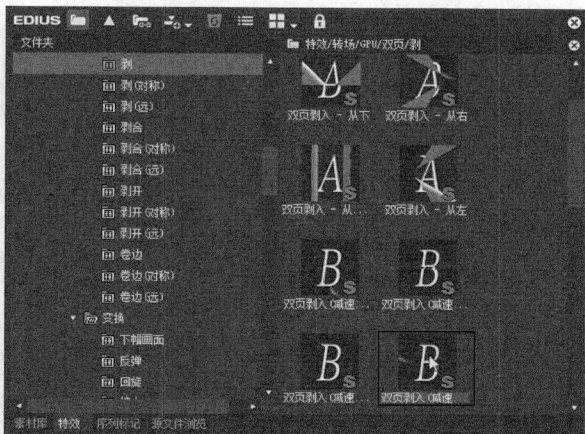

图12-534 导入两张静态图像

图12-535 选择转场效果

STEP 03 在该转场效果上，单击鼠标左键并拖曳至视频轨中的两幅图像素材之间，即可添加双页剥入（减速）–从右转场效果，如图12-536所示。

图12-536 添加转场效果

STEP 04 在录制窗口中，单击"播放"按钮，即可预览双页剥入（减速）–从右转场效果，如图12-537所示。

图12-537 预览转场效果

<table>
<tr><td rowspan="2">实战
345</td><td rowspan="2">双页剥入（减速）-从右
和从左转场特效</td><td>▶实例位置：光盘\效果\第12章\实战345.ezp</td></tr>
<tr><td>▶素材位置：光盘\素材\第12章\实战345（1）.jpg、实战345（2）.jpg
▶视频位置：光盘\视频\第12章\实战345.mp4</td></tr>
</table>

● 实例介绍 ●

下面将介绍双页剥入（减速）-从右和从左转场特效的操作方法。

● 操作步骤 ●

STEP 01 在视频轨中，导入两张静态图像，如图12-538所示。

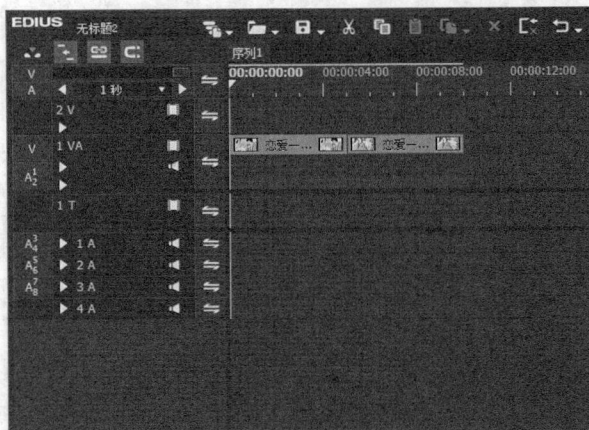

STEP 02 展开特效面板，在双页 | "剥"转场组中，选择双页剥入（减速）-从右和从左转场效果，如图12-539所示。

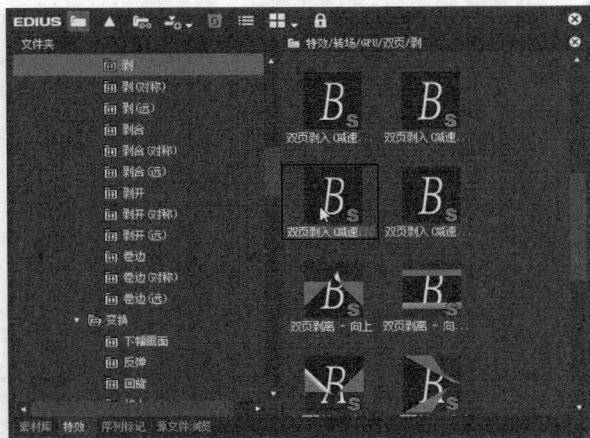

图12-538 导入两张静态图像

图12-539 选择转场效果

STEP 03 在该转场效果上，单击鼠标左键并拖曳至视频轨中的两幅图像素材之间，即可添加双页剥入（减速）-从右和从左转场效果，如图12-540所示。

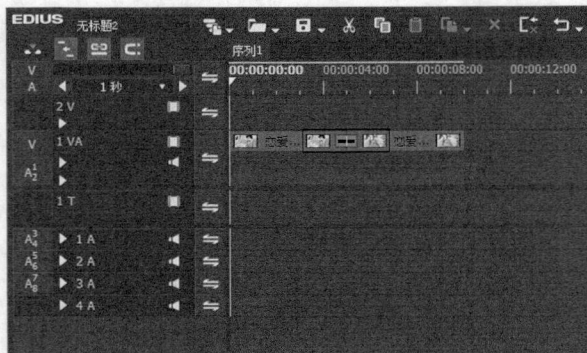

图12-540 添加转场效果

STEP 04 在录制窗口中，单击"播放"按钮，即可预览双页剥入（减速）-从右和从左转场效果，如图12-541所示。

图12-541 预览转场效果

<table>
<tr><td>实战
346</td><td>双页剥入（减速）-从左转场特效</td><td>▶ 实例位置：光盘 \ 效果 \ 第 12 章 \ 实战 346.ezp
▶ 素材位置：上一例素材
▶ 视频位置：光盘 \ 视频 \ 第 12 章 \ 实战 346.mp4</td></tr>
</table>

● 实例介绍 ●

下面将介绍双页剥入（减速）-从左转场特效的操作方法。

● 操作步骤 ●

STEP 01 在视频轨中，导入两张静态图像，如图12-542
所示。

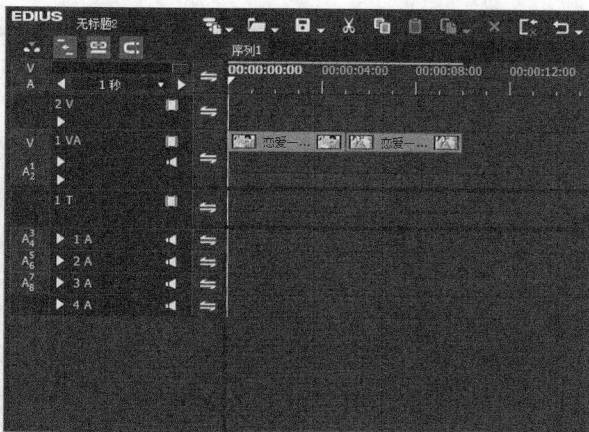

STEP 02 展开特效面板，在双页 |"剥"转场组中，选择双
页剥入（减速）-从左转场效果，如图12-543所示。

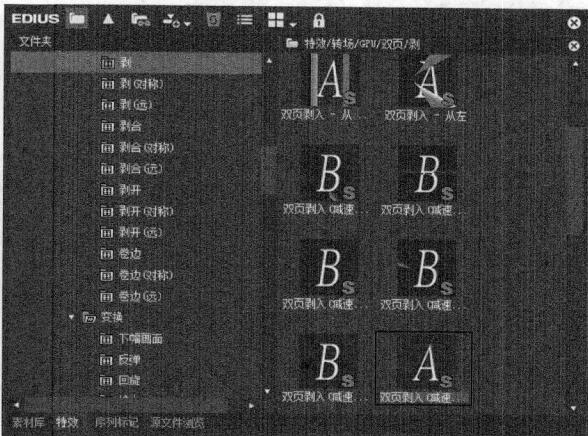

图12-542 导入两张静态图像

图12-543 选择转场效果

STEP 03 在该转场效果上，单击鼠标左键并拖曳至视频轨
中的两幅图像素材之间，即可添加双页剥入（减速）-从左
转场效果，如图12-544所示。

图12-544 添加转场效果

STEP 04 在录制窗口中，单击"播放"按钮，即可预览双页剥入（减速）-从左转场效果，如图12-545所示。

图12-545 预览转场效果

12.11 制作双页剥离转场效果

本节主要向读者介绍制作双页剥离转场效果的操作方法。

实战 347 双页剥离–向上转场特效

▶ 实例位置：光盘 \ 效果 \ 第 12 章 \ 实战 347.ezp
▶ 素材位置：光盘 \ 素材 \ 第 12 章 \ 实战 347（1）.jpg、实战 347（2）.jpg
▶ 视频位置：光盘 \ 视频 \ 第 12 章 \ 实战 347.mp4

● 实例介绍 ●

下面将介绍双页剥离–向上转场特效的操作方法。

● 操作步骤 ●

STEP 01 在视频轨中，导入两张静态图像，如图12-546所示。

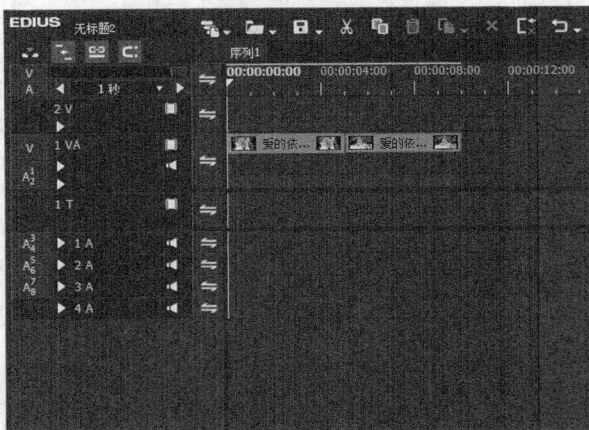

图12-546 导入两张静态图像

STEP 03 在该转场效果上，单击鼠标左键并拖曳至视频轨中的两幅图像素材之间，即可添加双页剥离–向上转场效果，如图12-548所示。

STEP 02 展开特效面板，在双页 | "剥" 转场组中，选择双页剥离–向上转场效果，如图12-547所示。

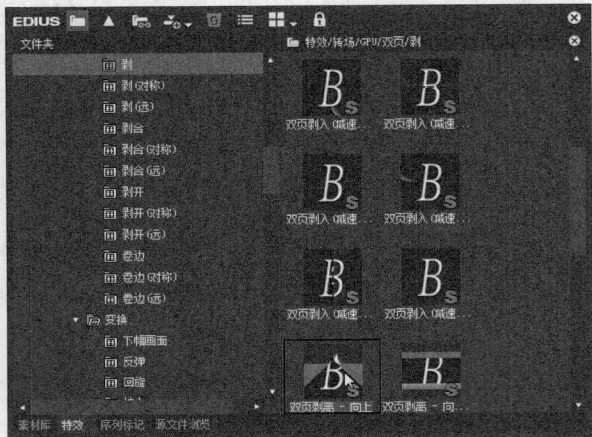

图12-547 选择转场效果

图12-548 添加转场效果

STEP 04 在录制窗口中，单击"播放"按钮，即可预览双页剥离–向上转场效果，如图12-549所示。

图12-549 预览转场效果

实战 348　双页剥离–向上和向下转场特效

▶ 实例位置：光盘 \ 效果 \ 第 12 章 \ 实战 348.ezp
▶ 素材位置：上一例素材
▶ 视频位置：光盘 \ 视频 \ 第 12 章 \ 实战 348.mp4

● 实例介绍 ●

下面将介绍双页剥离–向上和向下转场特效的操作方法。

● 操作步骤 ●

STEP 01 在视频轨中，导入两张静态图像，如图12-550所示。

STEP 02 展开特效面板，在双页 l "剥"转场组中，选择双页剥离–向上和向下转场效果，如图12-551所示。

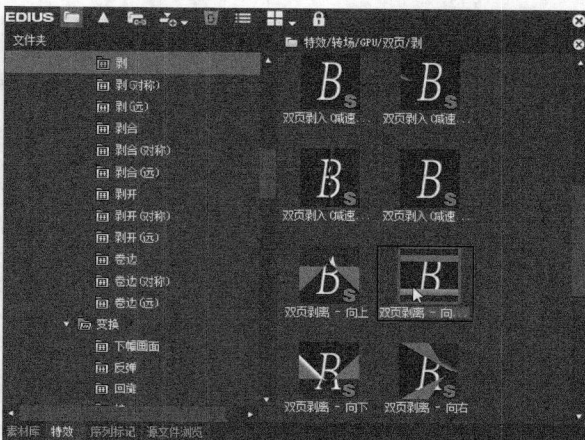

图12-550　导入两张静态图像

图12-551　选择转场效果

STEP 03 在该转场效果上，单击鼠标左键并拖曳至视频轨中的两幅图像素材之间，即可添加双页剥离–向上和向下转场效果，如图12-552所示。

图12-552　添加转场效果

STEP 04 在录制窗口中，单击"播放"按钮，即可预览双页剥离–向上和向下转场效果，如图12-553所示。

图12-553　预览转场效果

实战 349　双页剥离-向下转场特效

▶ 实例位置：光盘 \ 效果 \ 第 12 章 \ 实战 349.ezp
▶ 素材位置：光盘 \ 素材 \ 第 12 章 \ 实战 349（1）.jpg、实战 349（2）.jpg
▶ 视频位置：光盘 \ 视频 \ 第 12 章 \ 实战 349.mp4

● 实例介绍 ●

下面将介绍双页剥离-向下转场特效的操作方法。

● 操作步骤 ●

STEP 01　在视频轨中，导入两张静态图像，如图12-554所示。

图12-554　导入两张静态图像

STEP 03　在该转场效果上，单击鼠标左键并拖曳至视频轨中的两幅图像素材之间，即可添加双页剥离-向下转场效果，如图12-556所示。

STEP 02　展开特效面板，在双页 | "剥"转场组中，选择双页剥离-向下转场效果，如图12-555所示。

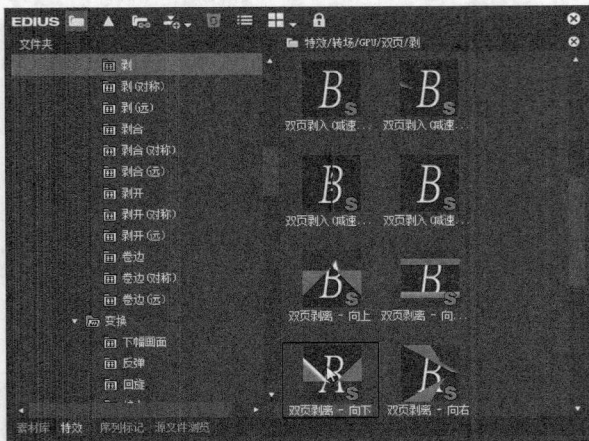

图12-555　选择转场效果

图12-556　添加转场效果

STEP 04　在录制窗口中，单击"播放"按钮，即可预览双页剥离-向下转场效果，如图12-557所示。

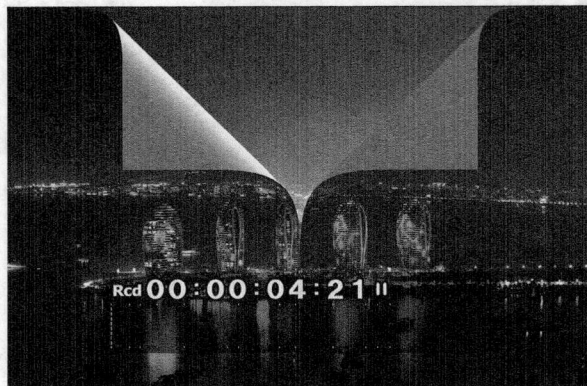

图12-557　预览转场效果

<table>
<tr><td rowspan="2">实战
350</td><td rowspan="2">**双页剥离-向右转场特效**</td><td>▶ 实例位置：光盘 \ 效果 \ 第 12 章 \ 实战 350.ezp</td></tr>
<tr><td>▶ 素材位置：上一例素材
▶ 视频位置：光盘 \ 视频 \ 第 12 章 \ 实战 350.mp4</td></tr>
</table>

● 实例介绍 ●

下面将介绍双页剥离-向右转场特效的操作方法。

● 操作步骤 ●

STEP 01 在视频轨中，导入两张静态图像，如图12-558 所示。

图12-558 导入两张静态图像

STEP 03 在该转场效果上，单击鼠标左键并拖曳至视频轨中的两幅图像素材之间，即可添加双页剥离-向右转场效果，如图12-560所示。

STEP 02 展开特效面板，在双页 | "剥"转场组中，选择双页剥离-向右转场效果，如图12-559所示。

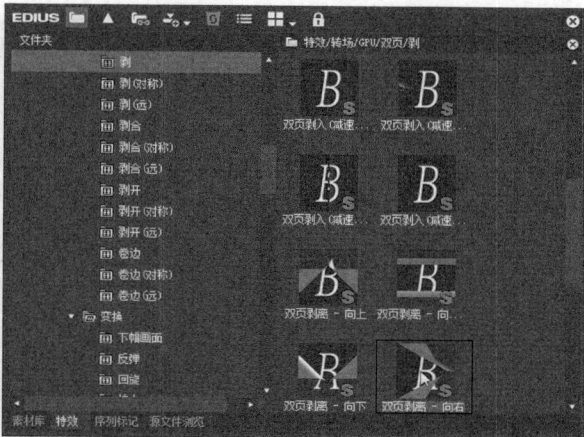

图12-559 选择转场效果

图12-560 添加转场效果

STEP 04 在录制窗口中，单击"播放"按钮，即可预览双页剥离-向右转场效果，如图12-561所示。

图12-561 预览转场效果

实战 351　双页剥离（加速）-向上转场特效

▶ 实例位置：光盘 \ 效果 \ 第 12 章 \ 实战 351.ezp
▶ 素材位置：光盘 \ 素材 \ 第 12 章 \ 实战 351（1）.jpg、实战 351（2）.jpg
▶ 视频位置：光盘 \ 视频 \ 第 12 章 \ 实战 351.mp4

● 实例介绍 ●

下面将介绍双页剥离（加速）-向上转场特效的操作方法。

● 操作步骤 ●

STEP 01 在视频轨中，导入两张静态图像，如图12-562所示。

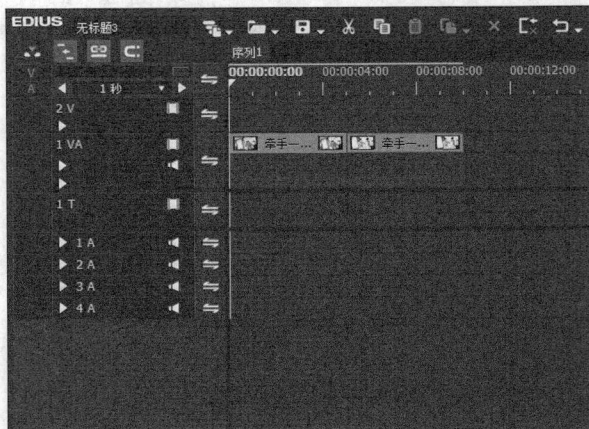

STEP 02 展开特效面板，在双页 | "剥"转场组中，选择双页剥离（加速）-向上转场效果，如图12-563所示。

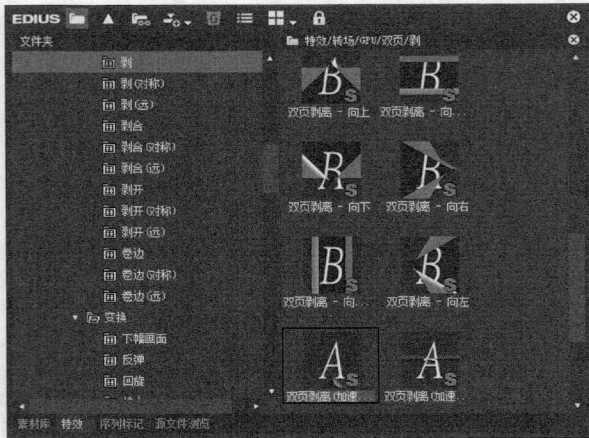

图12-562 导入两张静态图像

图12-563 选择转场效果

STEP 03 在该转场效果上，单击鼠标左键并拖曳至视频轨中的两幅图像素材之间，即可添加双页剥离（加速）-向上转场效果，如图12-564所示。

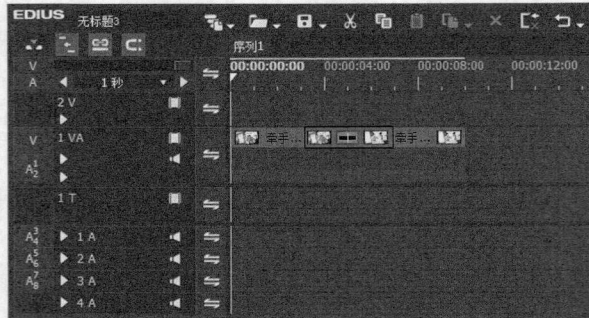

图12-564 添加转场效果

STEP 04 在录制窗口中，单击"播放"按钮，即可预览双页剥离（加速）-向上转场效果，如图12-565所示。

图12-565 预览转场效果

实战 352 双页剥离（加速）-向上和向下转场特效

▶ 实例位置：光盘 \ 效果 \ 第 12 章 \ 实战 352.ezp
▶ 素材位置：上一例素材
▶ 视频位置：光盘 \ 视频 \ 第 12 章 \ 实战 352.mp4

● 实例介绍 ●

下面将介绍双页剥离（加速）-向上和向下转场特效的操作方法。

● 操作步骤 ●

STEP 01 在视频轨中，导入两张静态图像，如图12-566所示。

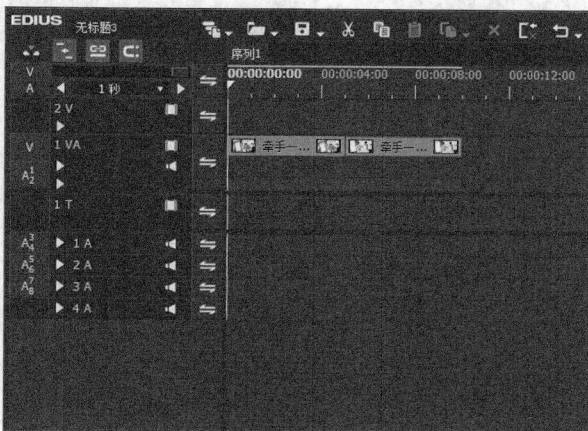

STEP 02 展开特效面板，在双页｜"剥"转场组中，选择双页剥离（加速）-向上和向下转场效果，如图12-567所示。

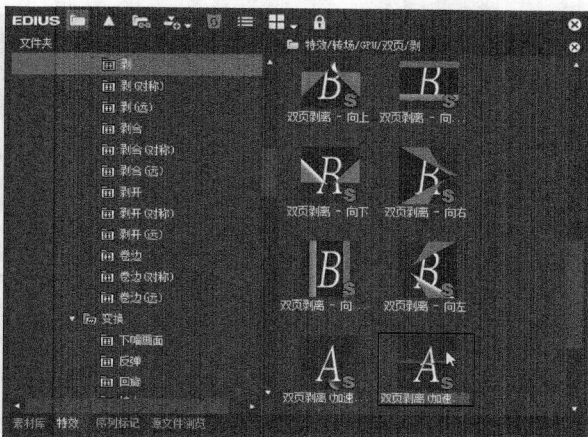

图12-566 导入两张静态图像

图12-567 选择转场效果

STEP 03 在该转场效果上，单击鼠标左键并拖曳至视频轨中的两幅图像素材之间，即可添加双页剥离（加速）-向上和向下转场效果，如图12-568所示。

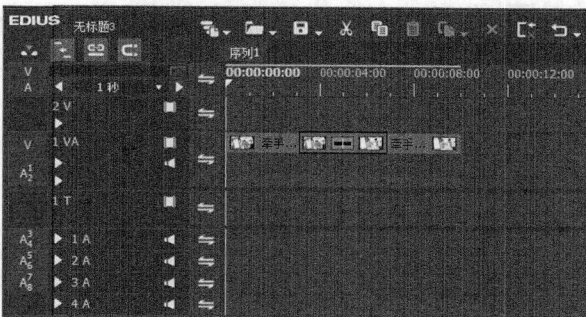

图12-568 添加转场效果

STEP 04 在录制窗口中，单击"播放"按钮，即可预览双页剥离（加速）-向上和向下转场效果，如图12-569所示。

图12-569 预览转场效果

实战 353 双页剥离（加速）– 向下转场特效

▶ **实例位置：** 光盘 \ 效果 \ 第 12 章 \ 实战 353.ezp
▶ **素材位置：** 光盘 \ 素材 \ 第 12 章 \ 实战 353（1）.jpg、实战 353（2）.jpg
▶ **视频位置：** 光盘 \ 视频 \ 第 12 章 \ 实战 353.mp4

● 实例介绍 ●

下面将介绍双页剥离（加速）–向下转场特效的操作方法。

● 操作步骤 ●

STEP 01 在视频轨中，导入两张静态图像，如图12-570 所示。

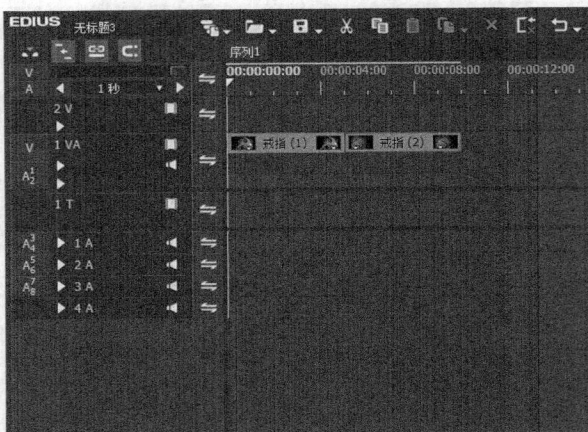

STEP 02 展开特效面板，在双页 | "剥" 转场组中，选择双页剥离（加速）–向下转场效果，如图12-571所示。

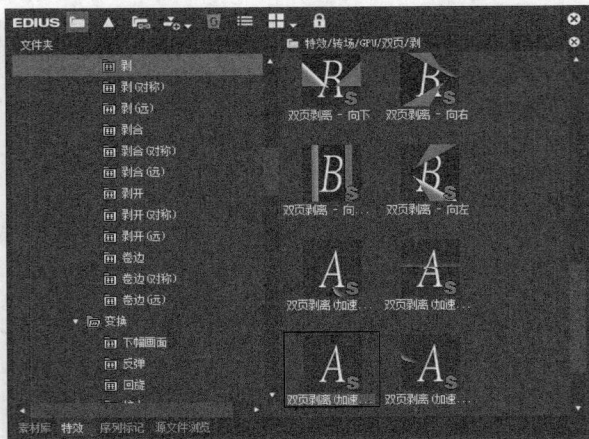

图12-570 导入两张静态图像

图12-571 选择转场效果

STEP 03 在该转场效果上，单击鼠标左键并拖曳至视频轨中的两幅图像素材之间，即可添加双页剥离（加速）–向下转场效果，如图12-572所示。

图12-572 添加转场效果

STEP 04 在录制窗口中，单击"播放"按钮，即可预览双页剥离（加速）–向下转场效果，如图12-573所示。

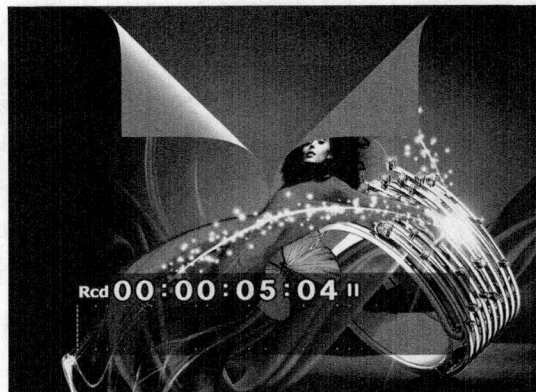

图12-573 预览转场效果

▶ **实例位置**：光盘 \ 效果 \ 第 12 章 \ 实战 354.ezp
▶ **素材位置**：上一例素材
▶ **视频位置**：光盘 \ 视频 \ 第 12 章 \ 实战 354.mp4

实战 354　双页剥离（加速)-向右转场特效

● 实例介绍 ●

下面将介绍双页剥离（加速）-向右转场特效的操作方法。

● 操作步骤 ●

STEP 01 在视频轨中，导入两张静态图像，如图12-574所示。

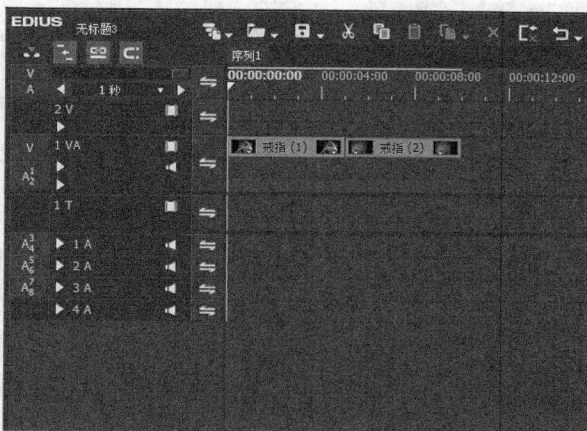

图12-574 导入两张静态图像

STEP 03 在该转场效果上，单击鼠标左键并拖曳至视频轨中的两幅图像素材之间，即可添加双页剥离（加速）-向右转场效果，如图12-576所示。

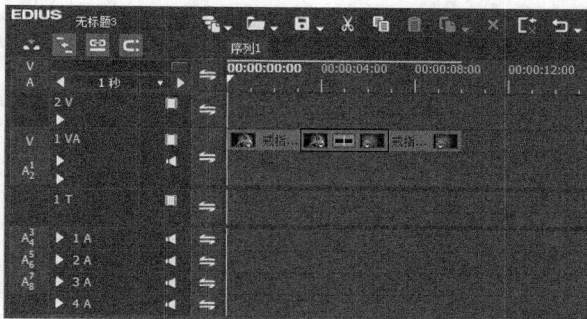

STEP 02 展开特效面板，在双页 | "剥"转场组中，选择双页剥离（加速）-向右转场效果，如图12-575所示。

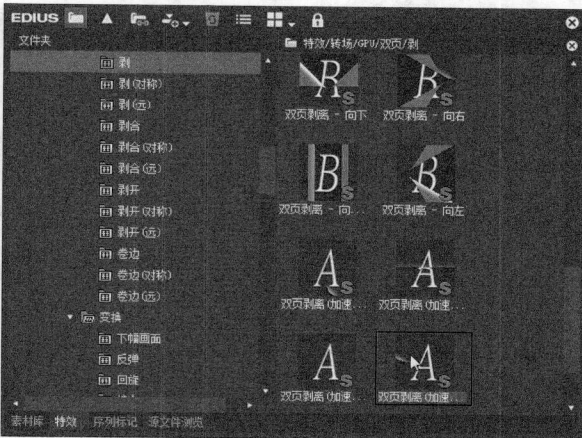

图12-575 选择转场效果

图12-576 添加转场效果

STEP 04 在录制窗口中，单击"播放"按钮，即可预览双页剥离（加速）-向右转场效果，如图12-577所示。

图12-577 预览转场效果

441

实战 355 双页剥离（加速）- 向右和向左转场特效

▶ 实例位置：光盘 \ 效果 \ 第12章 \ 实战355.ezp
▶ 素材位置：光盘 \ 素材 \ 第12章 \ 实战355（1）.jpg、实战355（2）.jpg
▶ 视频位置：光盘 \ 视频 \ 第12章 \ 实战355.mp4

• 实例介绍 •

下面将介绍双页剥离（加速）-向右和向左转场特效的操作方法。

• 操作步骤 •

STEP 01 在视频轨中，导入两张静态图像，如图12-578所示。

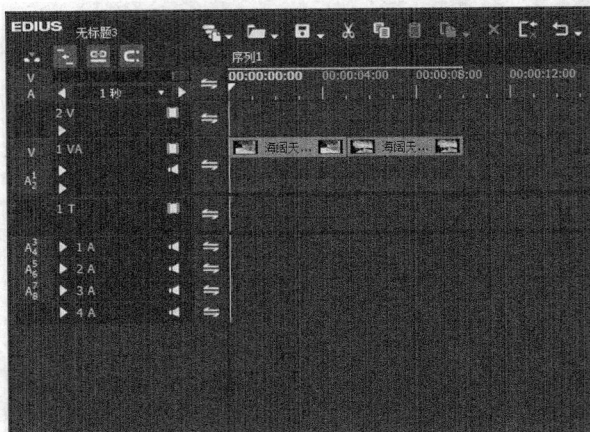
图12-578 导入两张静态图像

STEP 02 展开特效面板，在双页 I "剥"转场组中，选择双页剥离（加速）-向右和向左转场效果，如图12-579所示。

图12-579 选择转场效果

STEP 03 在该转场效果上，单击鼠标左键并拖曳至视频轨中的两幅图像素材之间，即可添加双页剥离（加速）-向右和向左转场效果，如图12-580所示。

图12-580 添加转场效果

STEP 04 在录制窗口中，单击"播放"按钮，即可预览双页剥离（加速）-向右和向左转场效果，如图12-581所示。

图12-581 预览转场效果

实战 356　双页剥离（加速)-向左转场特效

▶ 实例位置：光盘 \ 效果 \ 第 12 章 \ 实战 356.ezp
▶ 素材位置：上一例素材
▶ 视频位置：光盘 \ 视频 \ 第 12 章 \ 实战 356.mp4

● 实例介绍 ●

下面将介绍双页剥离（加速）-向左转场特效的操作方法。

● 操作步骤 ●

STEP 01 在视频轨中，导入两张静态图像，如图12-582所示。

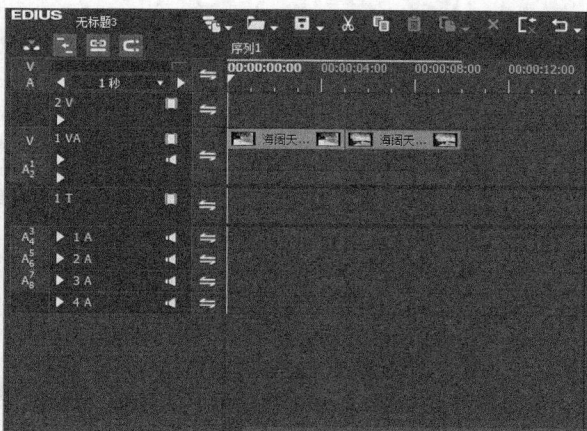

图12-582 导入两张静态图像

STEP 03 在该转场效果上，单击鼠标左键并拖曳至视频轨中的两幅图像素材之间，即可添加双页剥离（加速）-向左转场效果，如图12-584所示。

STEP 02 展开特效面板，在双页 | "剥"转场组中，选择双页剥离（加速）-向左转场效果，如图12-583所示。

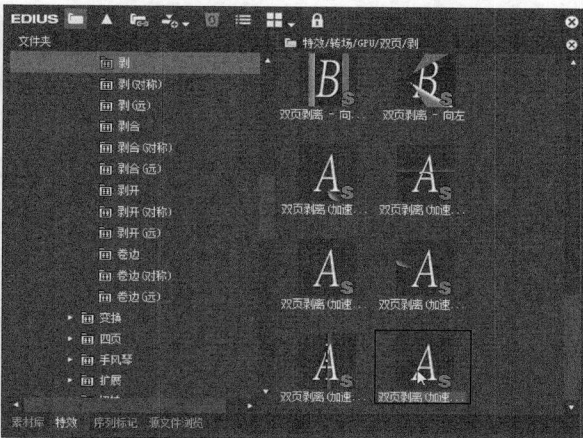

图12-583 选择转场效果

图12-584 添加转场效果

STEP 04 在录制窗口中，单击"播放"按钮，即可预览双页剥离（加速）-向左转场效果，如图12-585所示。

图12-585 预览转场效果

12.12 制作双页剥合转场效果

本节主要向读者介绍制作双页剥合转场效果的操作方法。

实战 357 双页剥合-从上转场特效

▶ 实例位置：光盘 \ 效果 \ 第 12 章 \ 实战 357.ezp
▶ 素材位置：光盘 \ 素材 \ 第 12 章 \ 实战 357（1）.jpg、实战 357（2）.jpg
▶ 视频位置：光盘 \ 视频 \ 第 12 章 \ 实战 357.mp4

● 实例介绍 ●

下面将介绍双页剥合-从上转场特效的操作方法。

● 操作步骤 ●

STEP 01 在视频轨中，导入两张静态图像，如图12-586所示。

图12-586 导入两张静态图像

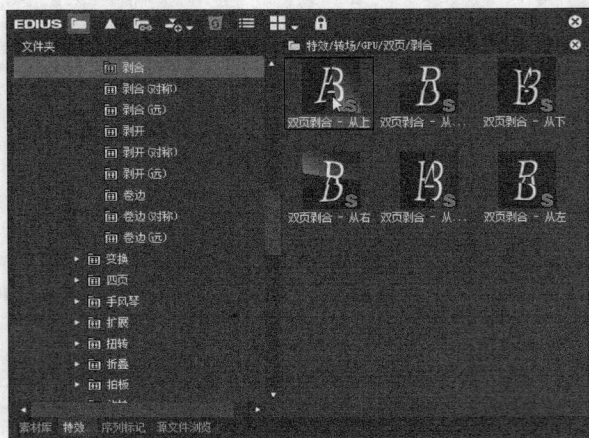

STEP 02 展开特效面板，在双页 | "剥合"转场组中，选择双页剥合-从上转场效果，如图12-587所示。

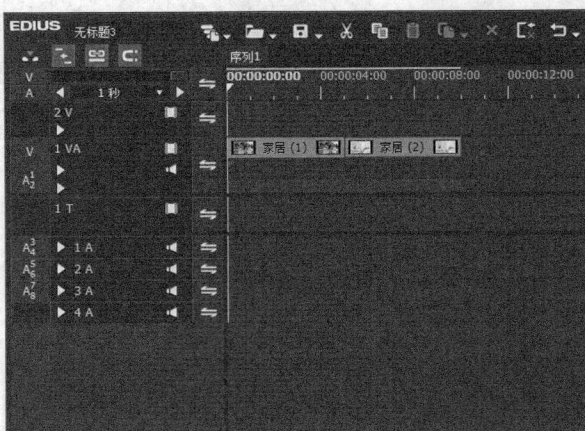

图12-587 选择转场效果

STEP 03 在该转场效果上，单击鼠标左键并拖曳至视频轨中的两幅图像素材之间，即可添加双页剥合-从上转场效果，如图12-588所示。

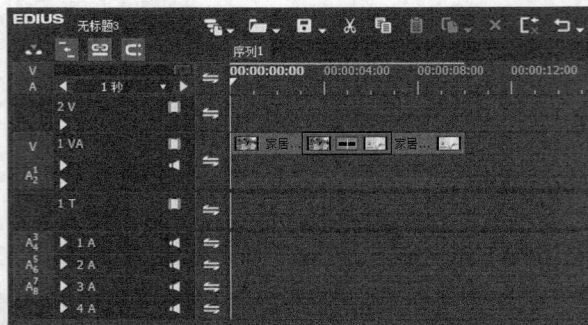

图12-588 添加转场效果

STEP 04 在录制窗口中，单击"播放"按钮，即可预览双页剥合-从上转场效果，如图12-589所示。

图12-589 预览转场效果

实战 358 双页剥合–从上和从下转场特效

▶ 实例位置：光盘 \ 效果 \ 第 12 章 \ 实战 358.ezp
▶ 素材位置：上一例素材
▶ 视频位置：光盘 \ 视频 \ 第 12 章 \ 实战 358.mp4

● 实例介绍 ●

下面将介绍双页剥合–从上和从下转场特效的操作方法。

● 操作步骤 ●

STEP 01 在视频轨中，导入两张静态图像，如图12-590 所示。

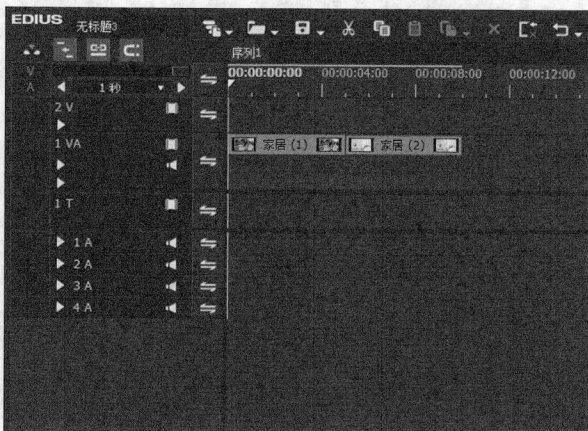

图12-590 导入两张静态图像

STEP 02 展开特效面板，在双页 l "剥合"转场组中，选择双页剥合–从上和从下转场效果，如图12-591所示。

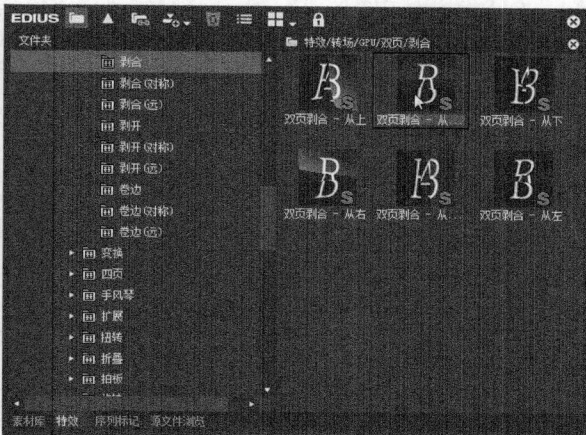

图12-591 选择转场效果

STEP 03 在该转场效果上，单击鼠标左键并拖曳至视频轨中的两幅图像素材之间，即可添加双页剥合–从上和从下转场效果，如图12-592所示。

图12-592 添加转场效果

STEP 04 在录制窗口中，单击"播放"按钮，即可预览双页剥合–从上和从下转场效果，如图12-593所示。

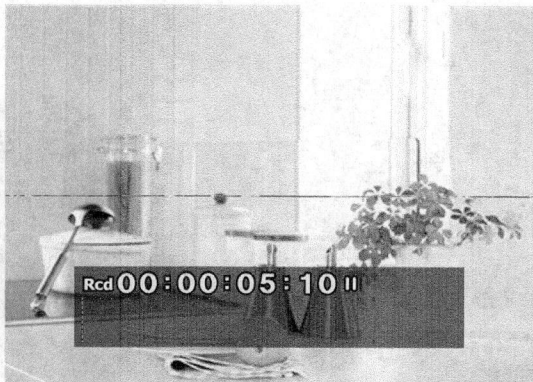

图12-593 预览转场效果

<table>
<tr><td>实战
359</td><td>双页剥合–从下转场特效</td><td>▶ 实例位置：光盘 \ 效果 \ 第 12 章 \ 实战 359.ezp
▶ 素材位置：光盘 \ 素材 \ 第 12 章 \ 实战 359（1）.jpg、实战 359（2）.jpg
▶ 视频位置：光盘 \ 视频 \ 第 12 章 \ 实战 359.mp4</td></tr>
</table>

● 实例介绍 ●

下面将介绍双页剥合–从下转场特效的操作方法。

● 操作步骤 ●

STEP 01 在视频轨中，导入两张静态图像，如图12-594所示。

STEP 02 展开特效面板，在双页｜"剥合"转场组中，即可选择双页剥合–从下转场效果，如图12-595所示。

图12-594 导入两张静态图像

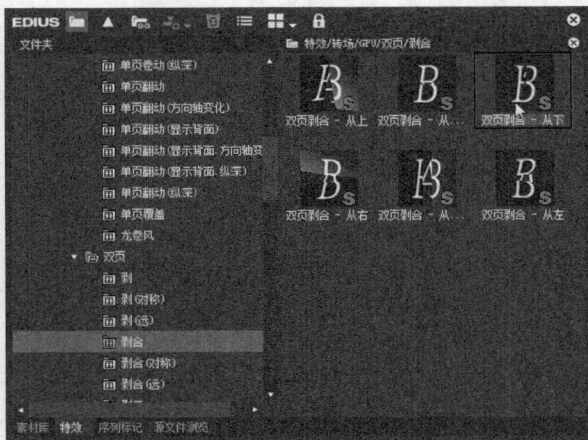

图12-595 选择转场效果

STEP 03 在该转场效果上，单击鼠标左键并拖曳至视频轨中的两幅图像素材之间，即可添加双页剥合–从下转场效果，如图12-596所示。

图12-596 添加转场效果

STEP 04 在录制窗口中，单击"播放"按钮，即可预览双页剥合–从下转场效果，如图12-597所示。

图12-597 预览转场效果

<table>
<tr><td rowspan="2">实战
360</td><td rowspan="2">双页剥合–从右转场特效</td><td>▶ 实例位置：光盘 \ 效果 \ 第 12 章 \ 实战 360.ezp</td></tr>
<tr><td>▶ 素材位置：上一例素材</td></tr>
<tr><td></td><td></td><td>▶ 视频位置：光盘 \ 视频 \ 第 12 章 \ 实战 360.mp4</td></tr>
</table>

● 实例介绍 ●

下面将介绍双页剥合–从右转场特效的操作方法。

● 操作步骤 ●

STEP 01 在视频轨中，导入两张静态图像，如图12-598 所示。

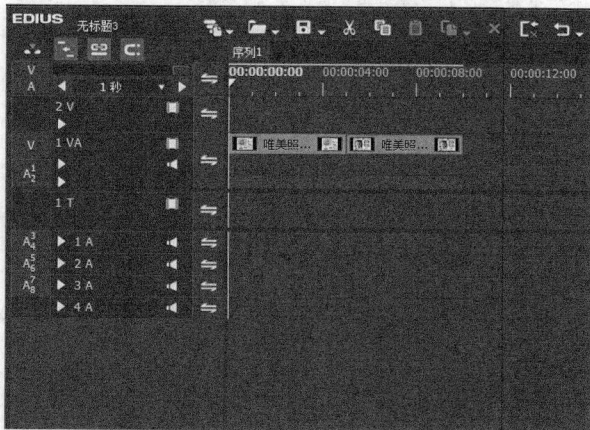

STEP 02 展开特效面板，在双页 I "剥合"转场组中，即可选择双页剥合–从右转场效果，如图12-599所示。

图12-598 导入两张静态图像

图12-599 选择转场效果

STEP 03 在该转场效果上，单击鼠标左键并拖曳至视频轨中的两幅图像素材之间，即可添加双页剥合–从右转场效果，如图12-600所示。

图12-600 添加转场效果

STEP 04 在录制窗口中，单击"播放"按钮，即可预览双页剥合–从右转场效果，如图12-601所示。

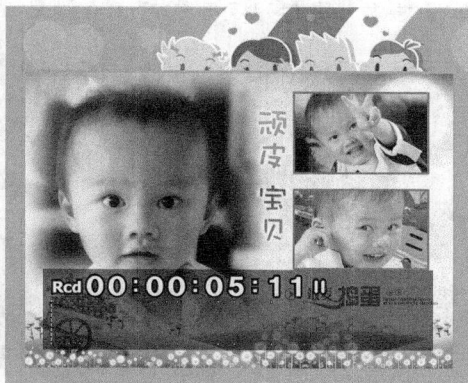

图12-601 预览转场效果

<table>
<tr><td rowspan="2">**实战**
361</td><td rowspan="2">**双页剥合-从右和从
左转场特效**</td><td>▶ 实例位置：光盘 \ 效果 \ 第 12 章 \ 实战 361.ezp</td></tr>
<tr><td>▶ 素材位置：光盘 \ 素材 \ 第 12 章 \ 实战 361（1）.jpg、实战 361（2）.jpg
▶ 视频位置：光盘 \ 视频 \ 第 12 章 \ 实战 361.mp4</td></tr>
</table>

• 实例介绍 •

下面将介绍双页剥合-从右和从左转场特效的操作方法。

• 操作步骤 •

STEP 01 在视频轨中，导入两张静态图像，如图12-602 所示。

图12-602 导入两张静态图像

STEP 03 在该转场效果上，单击鼠标左键并拖曳至视频轨 中的两幅图像素材之间，即可添加双页剥合-从右和从左转 场效果，如图12-604所示。

STEP 02 展开特效面板，在双页 |"剥合"转场组中，即可 选择双页剥合-从右和从左转场效果，如图12-603所示。

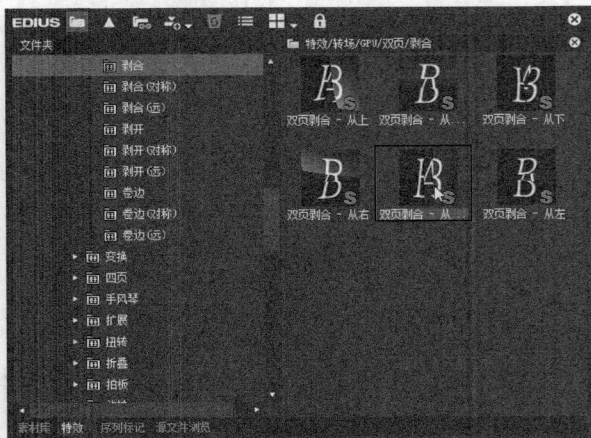

图12-603 选择转场效果

图12-604 添加转场效果

STEP 04 在录制窗口中，单击"播放"按钮，即可预览双页剥合-从右和从左转场效果，如图12-605所示。

图12-605 预览转场效果

实战 362　双页剥合−从左转场特效

▶ 实例位置：光盘 \ 效果 \ 第 12 章 \ 实战 362.ezp
▶ 素材位置：上一例素材
▶ 视频位置：光盘 \ 视频 \ 第 12 章 \ 实战 362.mp4

● 实例介绍 ●

下面将介绍双页剥合−从左转场特效的操作方法。

● 操作步骤 ●

STEP 01 在视频轨中，导入两张静态图像，如图12-606所示。

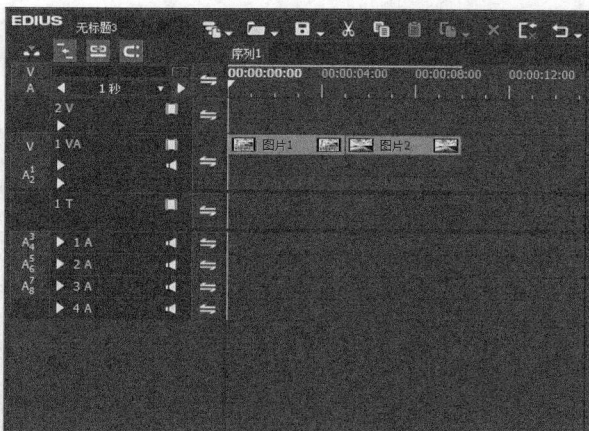

图12-606 导入两张静态图像

STEP 03 在该转场效果上，单击鼠标左键并拖曳至视频轨中的两幅图像素材之间，即可添加双页剥合−从左转场效果，如图12-608所示。

STEP 02 展开特效面板，在双页 | "剥合"转场组中，即可选择双页剥合−从左转场效果，如图12-607所示。

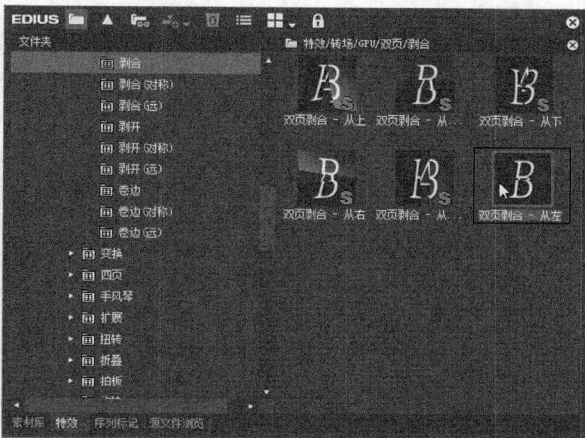

图12-607 选择转场效果

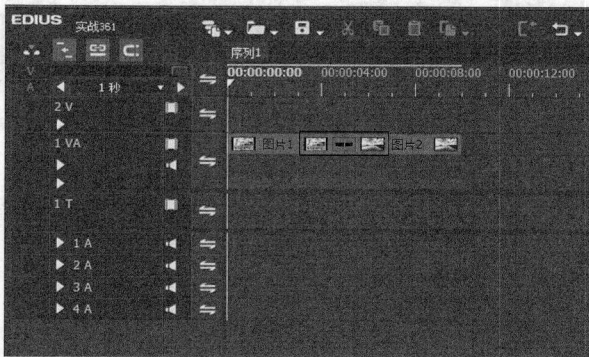

图12-608 添加转场效果

STEP 04 在录制窗口中，单击"播放"按钮，即可预览双页剥合−从左转场效果，如图12-609所示。

图12-609 预览转场效果

12.13 制作双页剥开转场效果

本节主要向读者介绍制作双页剥开转场效果的操作方法。

实战 363 双页剥开-向上转场特效

▶ 实例位置：光盘 \ 效果 \ 第 12 章 \ 实战 363.ezp
▶ 素材位置：光盘 \ 素材 \ 第 12 章 \ 实战 363（1）.jpg、实战 363（2）.jpg
▶ 视频位置：光盘 \ 视频 \ 第 12 章 \ 实战 363.mp4

● 实例介绍 ●

下面将介绍双页剥开-向上转场特效的操作方法。

● 操作步骤 ●

STEP 01 在视频轨中，导入两张静态图像，如图12-610所示。

STEP 02 展开特效面板，在双页｜"剥开"转场组中，即可选择双页剥开-向上转场效果，如图12-611所示。

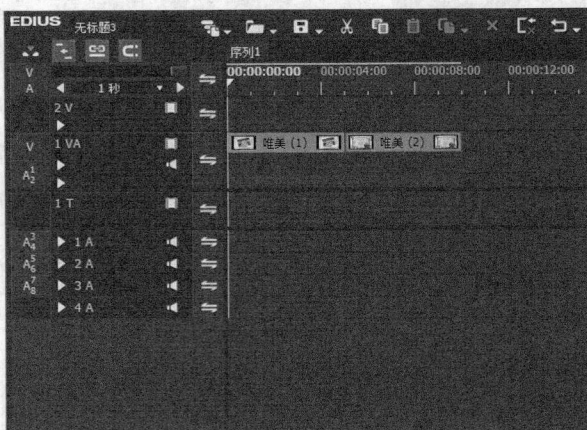

图12-610 导入两张静态图像

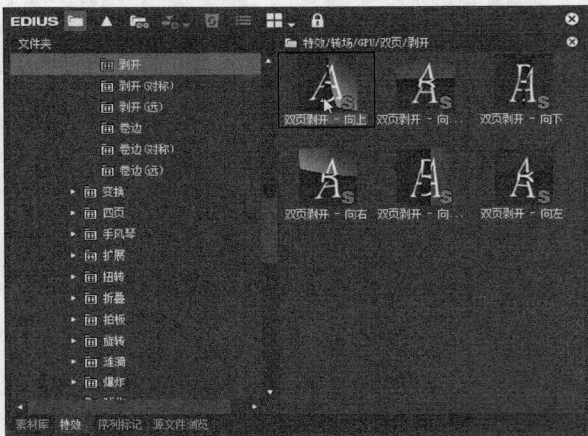

图12-611 选择转场效果

STEP 03 在该转场效果上，单击鼠标左键并拖曳至视频轨中的两幅图像素材之间，即可添加双页剥开-向上转场效果，如图12-612所示。

图12-612 添加转场效果

STEP 04 在录制窗口中，单击"播放"按钮，即可预览双页剥开-向上转场效果，如图12-613所示。

图12-613 预览转场效果

实战 364 双页剥开-向上和向下转场特效

▶ 实例位置：光盘＼效果＼第 12 章＼实战 364.ezp
▶ 素材位置：上一例素材
▶ 视频位置：光盘＼视频＼第 12 章＼实战 364.mp4

● 实例介绍 ●

下面将介绍双页剥开-向上和向下转场特效的操作方法。

● 操作步骤 ●

STEP 01 在视频轨中，导入两张静态图像，如图12-614所示。

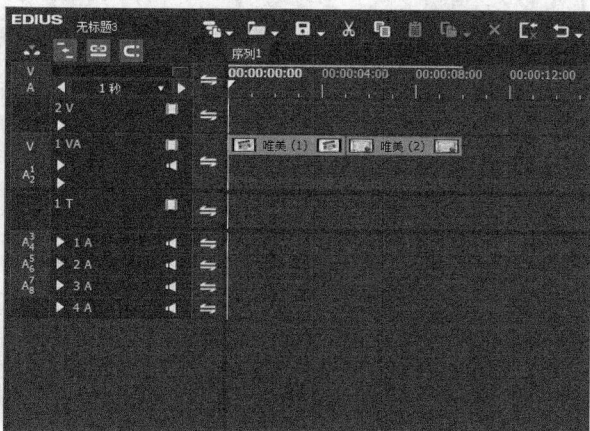

图12-614 导入两张静态图像

STEP 02 展开特效面板，在双页｜"剥开"转场组中，即可选择双页剥开-向上和向下转场效果，如图12-615所示。

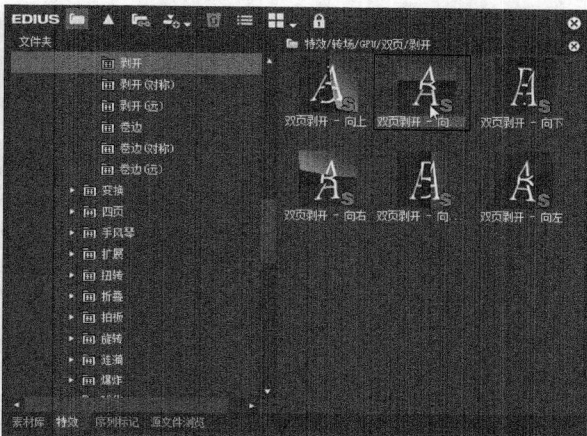

图12-615 选择转场效果

STEP 03 在该转场效果上，单击鼠标左键并拖曳至视频轨中的两幅图像素材之间，即可添加双页剥开-向上和向下转场效果，如图12-616所示。

图12-616 添加转场效果

STEP 04 在录制窗口中，单击"播放"按钮，即可预览双页剥开-向上和向下转场效果，如图12-617所示。

图12-617 预览转场效果

▶ 实例位置：光盘 \ 效果 \ 第 12 章 \ 实战 365.ezp
▶ 素材位置：光盘 \ 素材 \ 第 12 章 \ 实战 365（1）.jpg、实战 365（2）.jpg
▶ 视频位置：光盘 \ 视频 \ 第 12 章 \ 实战 365.mp4

实战 365 双页剥开–向下转场特效

● 实例介绍 ●

下面将介绍双页剥开–向下转场特效的操作方法。

● 操作步骤 ●

STEP 01 在视频轨中，导入两张静态图像，如图12-618 所示。

STEP 02 展开特效面板，在双页 | "剥开"转场组中，即可选择双页剥开–向下转场效果，如图12-619所示。

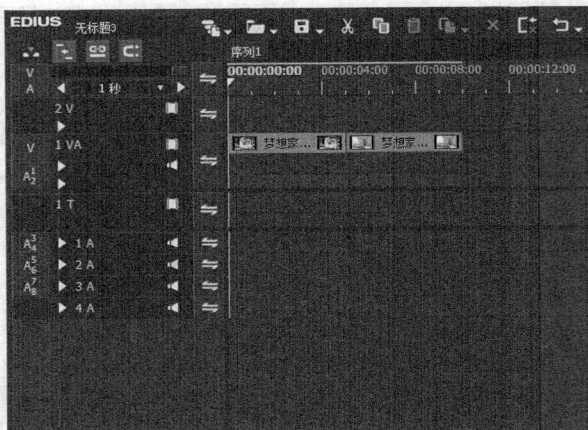

图12-618 导入两张静态图像

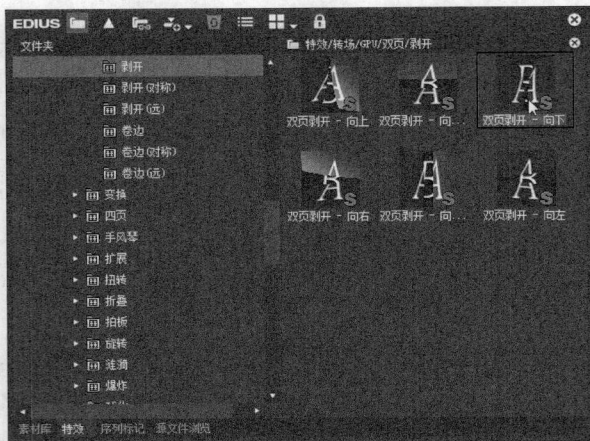

图12-619 选择转场效果

STEP 03 在该转场效果上，单击鼠标左键并拖曳至视频轨中的两幅图像素材之间，即可添加双页剥开–向下转场效果，如图12-620所示。

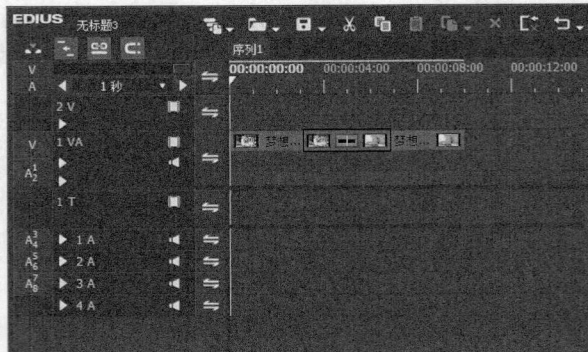

图12-620 添加转场效果

STEP 04 在录制窗口中，单击"播放"按钮，即可预览双页剥开–向下转场效果，如图12-621所示。

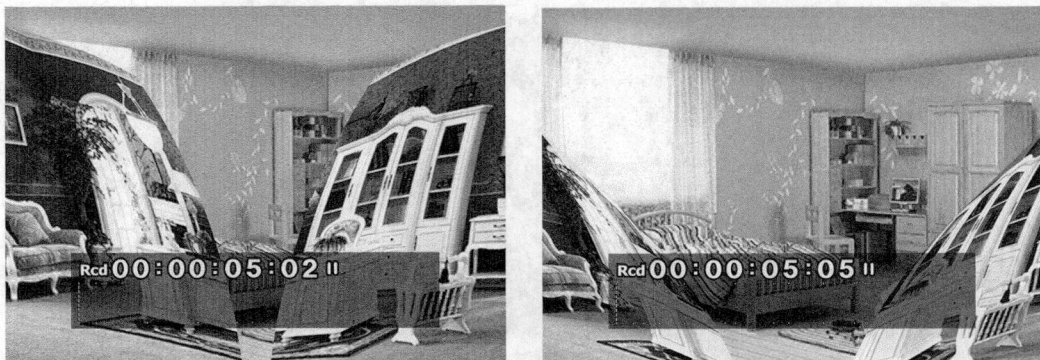

图12-621 预览转场效果

<table>
<tr><td>实战
366</td><td>双页剥开–向右转场特效</td><td>▶ 实例位置：光盘 \ 效果 \ 第 12 章 \ 实战 366.ezp
▶ 素材位置：上一例素材
▶ 视频位置：光盘 \ 视频 \ 第 12 章 \ 实战 366.mp4</td></tr>
</table>

● 实例介绍 ●

下面将介绍双页剥开–向右转场特效的操作方法。

● 操作步骤 ●

STEP 01 在视频轨中，导入两张静态图像，如图12-622所示。

STEP 02 展开特效面板，在双页 | "剥开"转场组中，即可选择双页剥开–向右转场效果，如图12-623所示。

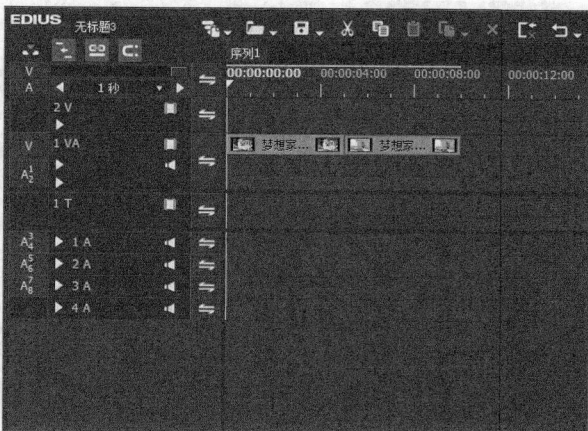

图12-622 导入两张静态图像

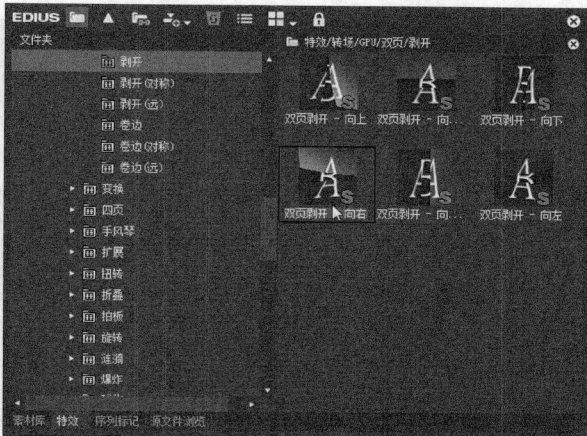

图12-623 选择转场效果

STEP 03 在该转场效果上，单击鼠标左键并拖曳至视频轨中的两幅图像素材之间，即可添加双页剥开–向右转场效果，如图12-624所示。

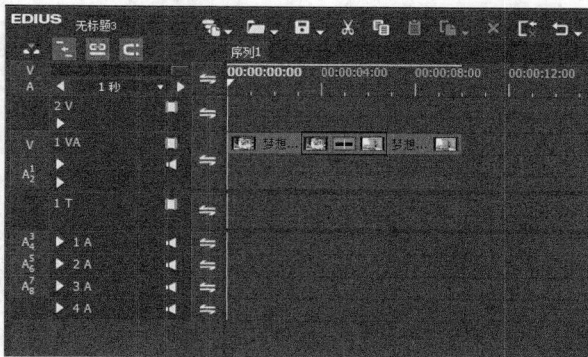

图12-624 添加转场效果

STEP 04 在录制窗口中，单击"播放"按钮，即可预览双页剥开–向右转场效果，如图12-625所示。

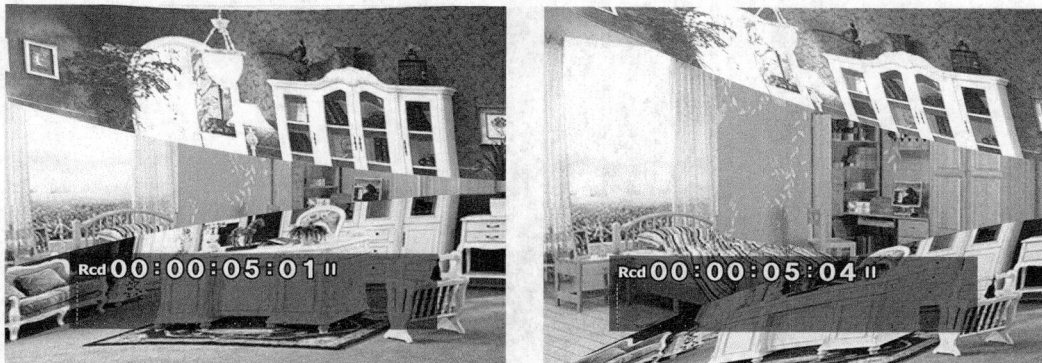

图12-625 预览转场效果

实战 367	双页剥开–向右和向左 转场特效	▶ 实例位置：光盘 \ 效果 \ 第 12 章 \ 实战 367.ezp ▶ 素材位置：光盘 \ 素材 \ 第 12 章 \ 实战 367（1）.jpg、实战 367（2）.jpg ▶ 视频位置：光盘 \ 视频 \ 第 12 章 \ 实战 367.mp4

● 实例介绍 ●

下面将介绍双页剥开–向右和向左转场特效的操作方法。

● 操作步骤 ●

STEP 01 在视频轨中，导入两张静态图像，如图12-626
所示。

STEP 02 展开特效面板，在双页 |"剥开"转场组中，即可
选择双页剥开–向右和向左转场效果，如图12-627所示。

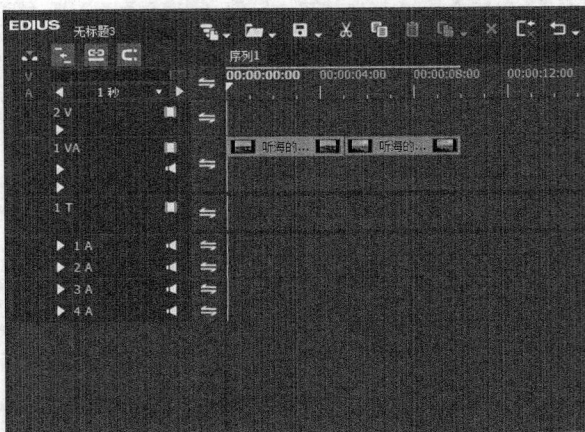

图12-626 导入两张静态图像

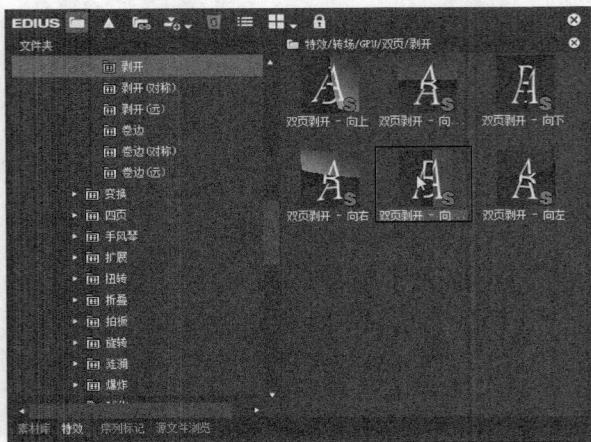

图12-627 选择转场效果

STEP 03 在该转场效果上，单击鼠标左键并拖曳至视频轨
中的两幅图像素材之间，即可添加双页剥开–向右和向左
转场效果，如图12-628所示。

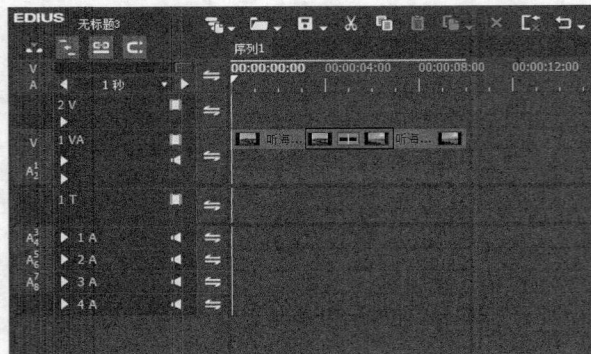

图12-628 添加转场效果

STEP 04 在录制窗口中，单击"播放"按钮，即可预览双页剥开–向右和向左转场效果，如图12-629所示。

图12-629 预览转场效果

实战
368 双页剥开–向左转场特效

▶ 实例位置：光盘 \ 效果 \ 第 12 章 \ 实战 368.ezp
▶ 素材位置：上一例素材
▶ 视频位置：光盘 \ 视频 \ 第 12 章 \ 实战 368.mp4

● 实例介绍 ●

下面将介绍双页剥开–向左转场特效的操作方法。

● 操作步骤 ●

STEP 01 在视频轨中，导入两张静态图像，如图12-630 所示。

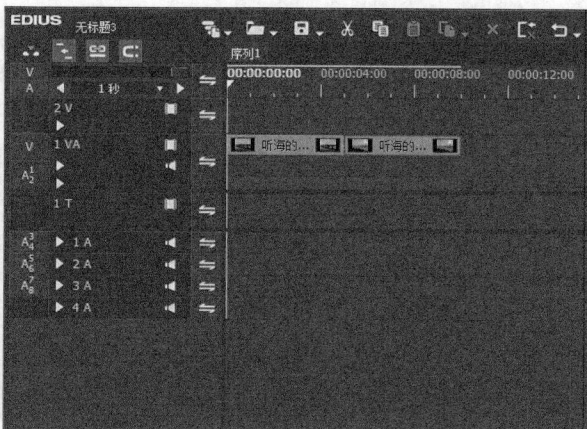

STEP 02 展开特效面板，在双页 | "剥开"转场组中，即可选择双页剥开–向左转场效果，如图12-631所示。

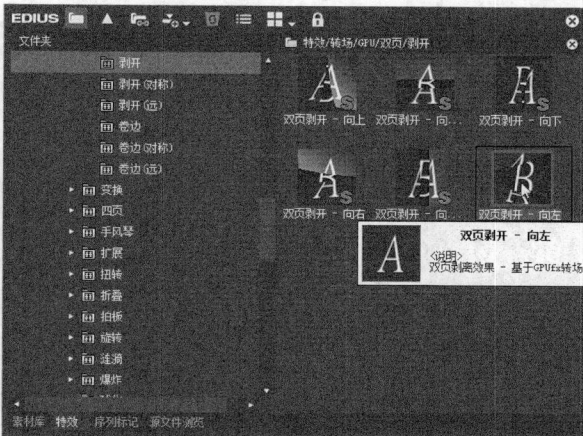

图12-630 导入两张静态图像

图12-631 选择转场效果

STEP 03 在该转场效果上，单击鼠标左键并拖曳至视频轨中的两幅图像素材之间，即可添加双页剥开–向左转场效果，如图12-632所示。

图12-632 添加转场效果

STEP 04 在录制窗口中，单击"播放"按钮，即可预览双页剥开–向左转场效果，如图12-633所示。

图12-633 预览转场效果

12.14 制作双页卷边转场效果

本节主要向读者介绍制作双页卷边转场效果的操作方法。

实战 369 双页卷入-从上转场特效

▶ 实例位置：光盘 \ 效果 \ 第 12 章 \ 实战 369.ezp
▶ 素材位置：光盘 \ 素材 \ 第 12 章 \ 实战 369（1）.jpg、实战 369（2）.jpg
▶ 视频位置：光盘 \ 视频 \ 第 12 章 \ 实战 369.mp4

● 实例介绍 ●

下面将介绍双页卷入-从上转场特效的操作方法。

● 操作步骤 ●

STEP 01 在视频轨中，导入两张静态图像，如图12-634所示。

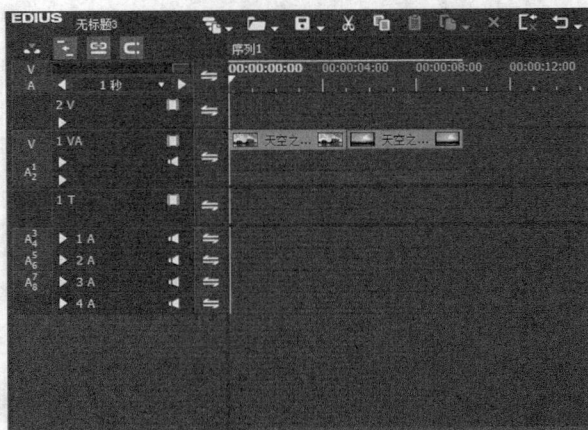

图12-634 导入两张静态图像

STEP 02 展开特效面板，在双页｜"卷边"转场组中，即可选择双页卷入-从上转场效果，如图12-635所示。

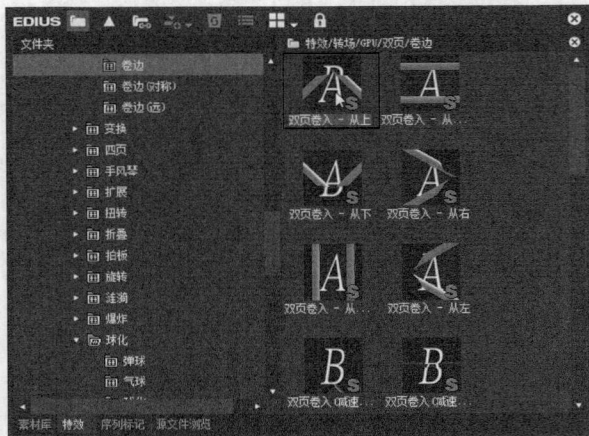

图12-635 选择转场效果

STEP 03 在该转场效果上，单击鼠标左键并拖曳至视频轨中的两幅图像素材之间，即可添加双页卷入-从上转场效果，如图12-636所示。

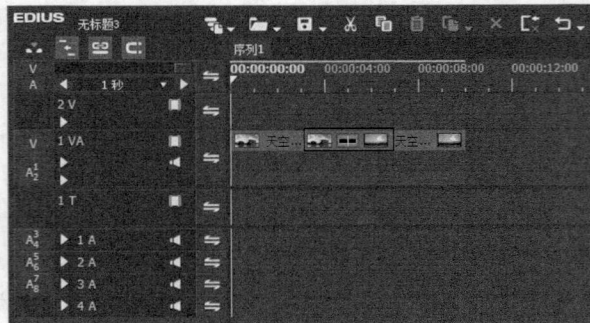

图12-636 添加转场效果

STEP 04 在录制窗口中，单击"播放"按钮，即可预览双页卷入-从上转场效果，如图12-637所示。

图12-637 预览转场效果

实战 370	**双页卷入–从上和从下转场特效**

▶ 实例位置：光盘 \ 效果 \ 第 12 章 \ 实战 370.ezp
▶ 素材位置：上一例素材
▶ 视频位置：光盘 \ 视频 \ 第 12 章 \ 实战 370.mp4

● 实例介绍 ●

下面将介绍双页卷入–从上和从下转场特效的操作方法。

● 操作步骤 ●

STEP 01 在视频轨中，导入两张静态图像，如图12-638所示。

STEP 02 展开特效面板，在双页｜"卷边"转场组中，即可选择双页卷入–从上和从下转场效果，如图12-639所示。

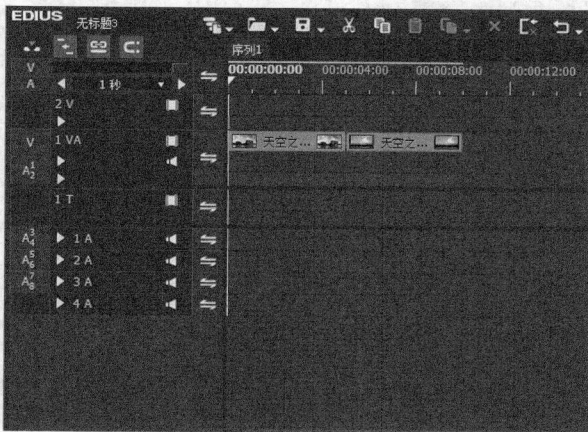

图12-638 导入两张静态图像

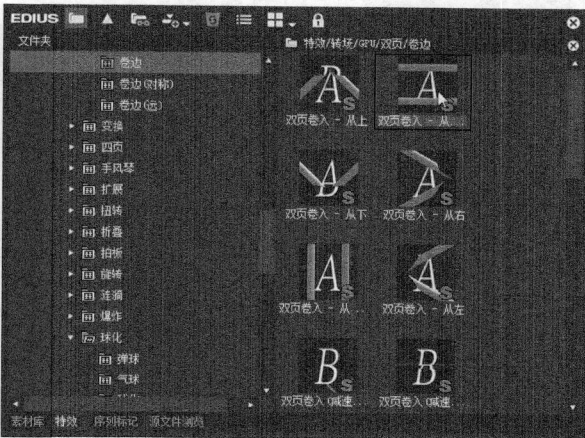

图12-639 选择转场效果

STEP 03 在该转场效果上，单击鼠标左键并拖曳至视频轨中的两幅图像素材之间，即可添加双页卷入–从上和从下转场效果，如图12-640所示。

图12-640 添加转场效果

STEP 04 在录制窗口中，单击"播放"按钮，即可预览双页卷入–从上和从下转场效果，如图12-641所示。

图12-641 预览转场效果

▶ 实例位置：光盘 \ 效果 \ 第 12 章 \ 实战 371.ezp
▶ 素材位置：光盘 \ 素材 \ 第 12 章 \ 实战 371（1）.jpg、实战 371（2）.jpg
▶ 视频位置：光盘 \ 视频 \ 第 12 章 \ 实战 371.mp4

● 实例介绍 ●

下面将介绍双页卷入–从下转场特效的操作方法。

● 操作步骤 ●

STEP 01 在视频轨中，导入两张静态图像，如图12-642所示。

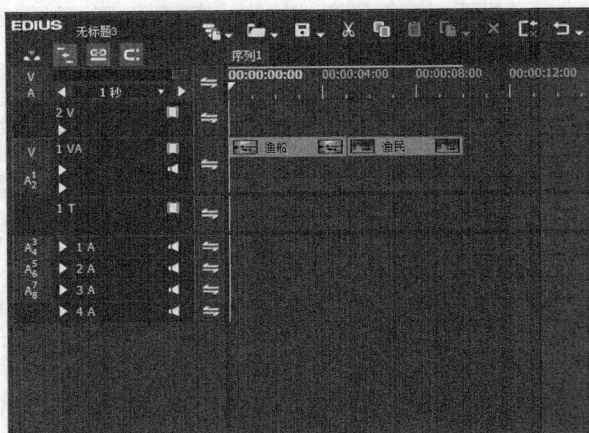

STEP 02 展开特效面板，在双页 |"卷边"转场组中，即可选择双页卷入–从下转场效果，如图12-643所示。

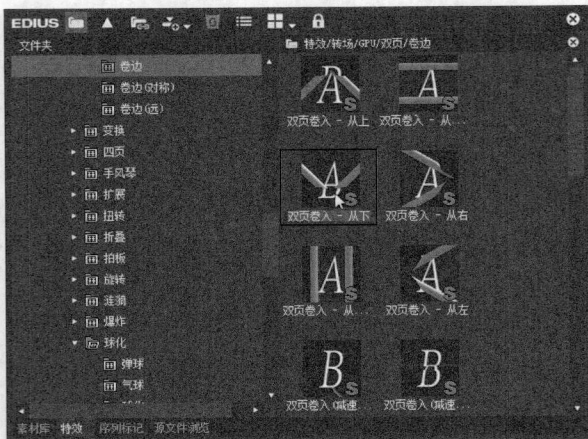

图12-642 导入两张静态图像

图12-643 选择转场效果

STEP 03 在该转场效果上，单击鼠标左键并拖曳至视频轨中的两幅图像素材之间，即可添加双页卷入–从下转场效果，如图12-644所示。

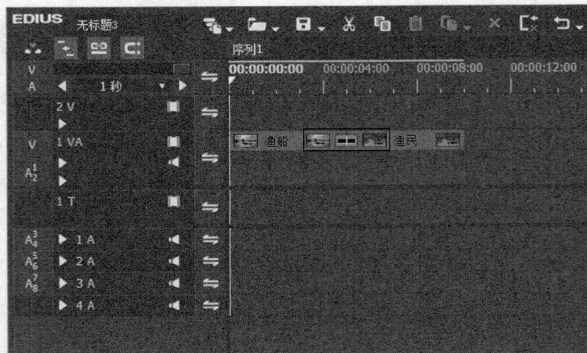

图12-644 添加转场效果

STEP 04 在录制窗口中，单击"播放"按钮，即可预览双页卷入–从下转场效果，如图12-645所示。

图12-645 预览转场效果

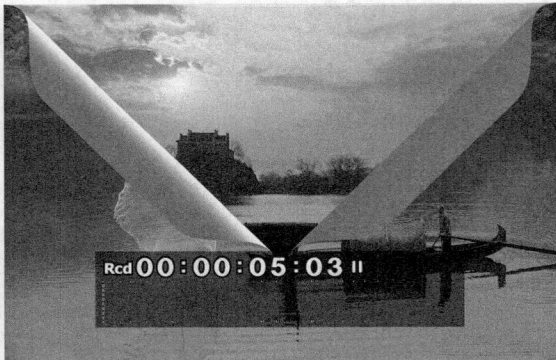

<table>
<tr><td rowspan="2">实战
372</td><td rowspan="2">双页卷入−从右转场特效</td><td>▶ 实例位置：光盘 \ 效果 \ 第 12 章 \ 实战 372.ezp</td></tr>
<tr><td>▶ 素材位置：上一例素材
▶ 视频位置：光盘 \ 视频 \ 第 12 章 \ 实战 372.mp4</td></tr>
</table>

● 实例介绍 ●

下面将介绍双页卷入−从右转场特效的操作方法。

● 操作步骤 ●

STEP 01 在视频轨中，导入两张静态图像，如图12-646 所示。

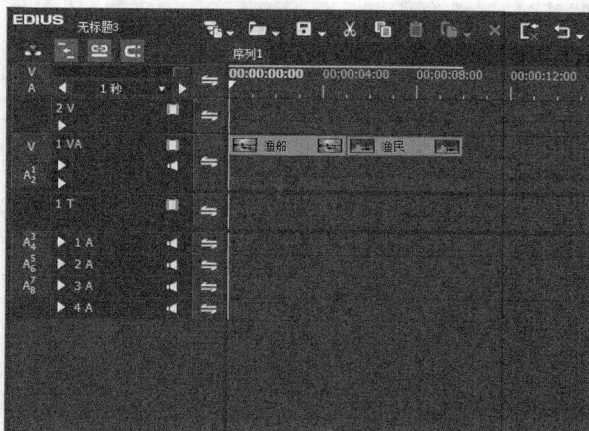

图12-646 导入两张静态图像

STEP 03 在该转场效果上，单击鼠标左键并拖曳至视频轨 中的两幅图像素材之间，即可添加双页卷入−从右转场效 果，如图12-648所示。

STEP 02 展开特效面板，在双页 | "卷边"转场组中，即可 选择双页卷入−从右转场效果，如图12-647所示。

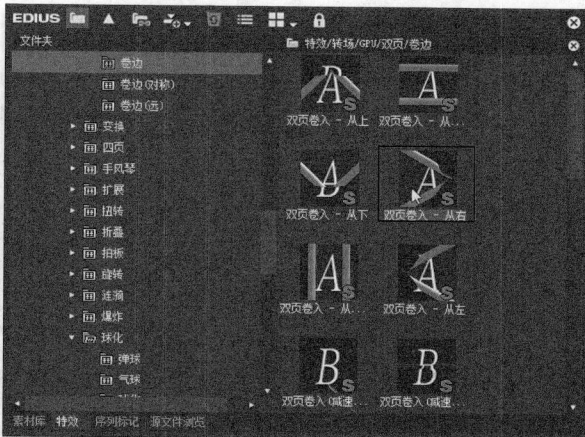

图12-647 选择转场效果

图12-648 添加转场效果

STEP 04 在录制窗口中，单击"播放"按钮，即可预览双页卷入−从右转场效果，如图12-649所示。

图12-649 预览转场效果

实战 373 双页卷入−从右和从左转场特效

▶ 实例位置：光盘 \ 效果 \ 第 12 章 \ 实战 373.ezp
▶ 素材位置：光盘 \ 素材 \ 第 12 章 \ 实战 373（1）.jpg、实战 373（2）.jpg
▶ 视频位置：光盘 \ 视频 \ 第 12 章 \ 实战 373.mp4

● 实例介绍 ●

下面将介绍双页卷入−从右和从左转场特效的操作方法。

● 操作步骤 ●

STEP 01 在视频轨中，导入两张静态图像，如图12-650所示。

STEP 02 展开特效面板，在双页 | "卷边" 转场组中，即可选择双页卷入−从右和从左转场效果，如图12-651所示。

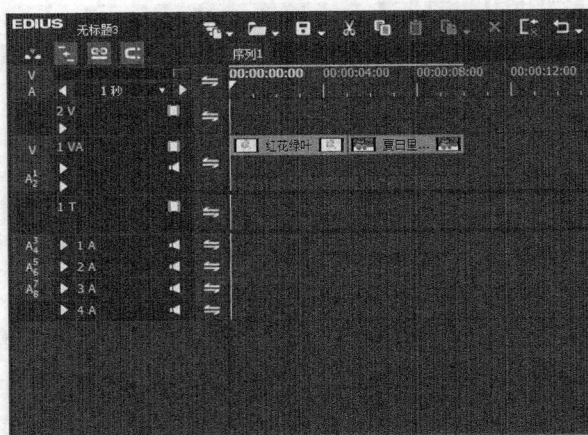

图12-650 导入两张静态图像

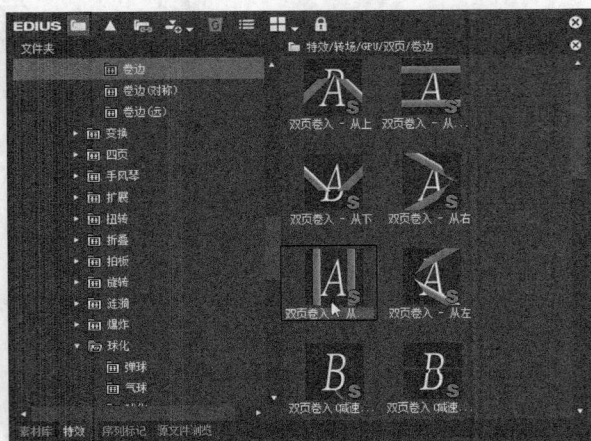

图12-651 选择转场效果

STEP 03 在该转场效果上，单击鼠标左键并拖曳至视频轨中的两幅图像素材之间，即可添加双页卷入−从右和从左转场效果，如图12-652所示。

图12-652 添加转场效果

STEP 04 在录制窗口中，单击"播放"按钮，即可预览双页卷入−从右和从左转场效果，如图12-653所示。

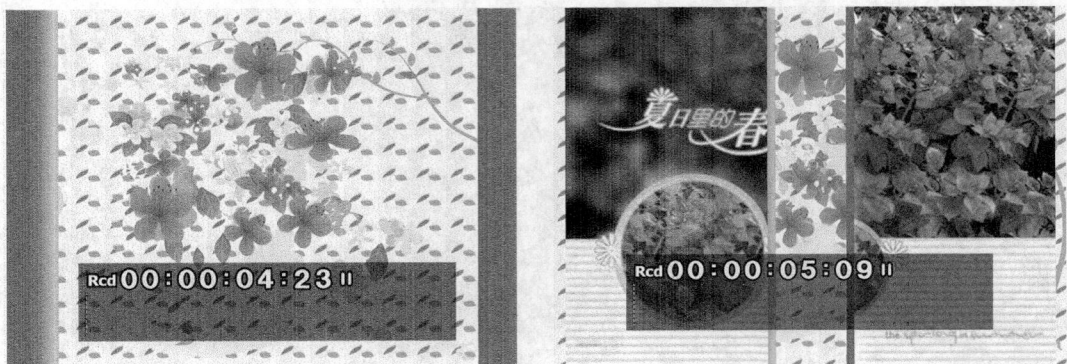

图12-653 预览转场效果

<table>
<tr><td rowspan="2">实战
374</td><td rowspan="2">**双页卷入–从左转场特效**</td><td>▶ 实例位置：光盘 \ 效果 \ 第 12 章 \ 实战 374.ezp</td></tr>
<tr><td>▶ 素材位置：上一例素材</td></tr>
<tr><td></td><td></td><td>▶ 视频位置：光盘 \ 视频 \ 第 12 章 \ 实战 374.mp4</td></tr>
</table>

● 实例介绍 ●

下面将介绍双页卷入–从左转场特效的操作方法。

● 操作步骤 ●

STEP 01 在视频轨中，导入两张静态图像，如图12-654 所示。

STEP 02 展开特效面板，在双页 | "卷边"转场组中，即可选择双页卷入–从左转场效果，如图12-655所示。

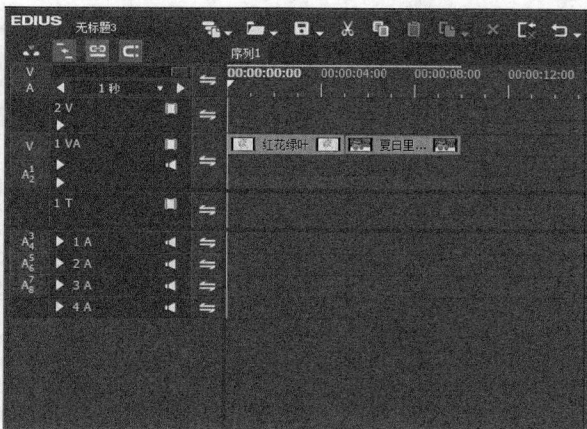

图12-654 导入两张静态图像

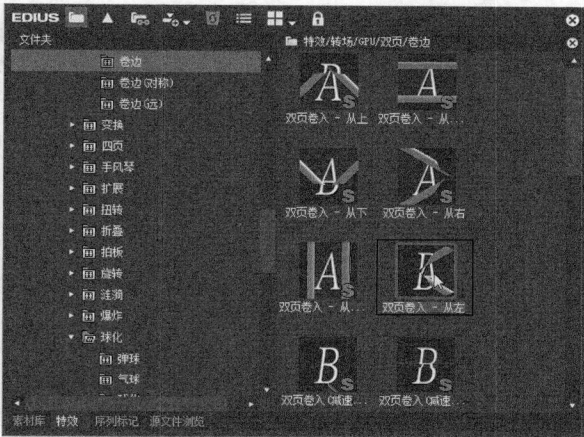

图12-655 选择转场效果

STEP 03 在该转场效果上，单击鼠标左键并拖曳至视频轨中的两幅图像素材之间，即可添加双页卷入–从左转场效果，如图12-656所示。

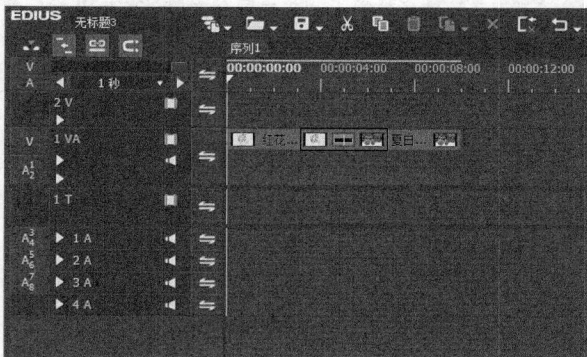

图12-656 添加转场效果

STEP 04 在录制窗口中，单击"播放"按钮，即可预览双页卷入–从左转场效果，如图12-657所示。

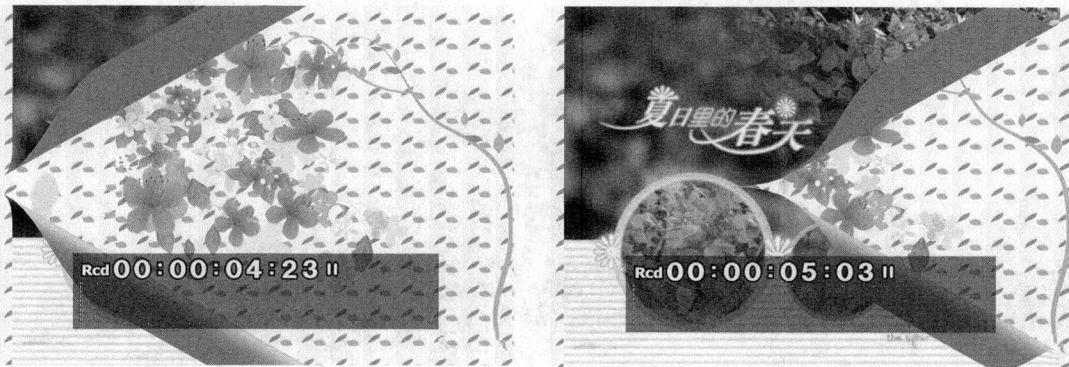

图12-657 预览转场效果

实战 375　双页卷出-向上转场特效

▶ 实例位置：光盘 \ 效果 \ 第 12 章 \ 实战 375.ezp
▶ 素材位置：光盘 \ 素材 \ 第 12 章 \ 实战 375（1）.jpg，实战 375（2）.jpg
▶ 视频位置：光盘 \ 视频 \ 第 12 章 \ 实战 375.mp4

● 实例介绍 ●

下面将介绍双页卷出-向上转场特效的操作方法。

● 操作步骤 ●

STEP 01 在视频轨中，导入两张静态图像，如图12-658 所示。

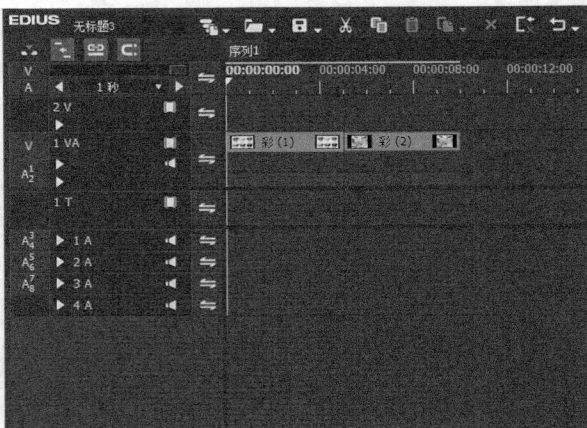

图12-658 导入两张静态图像

STEP 02 展开特效面板，在双页 | "卷边"转场组中，即可选择双页卷出-向上转场效果，如图12-659所示。

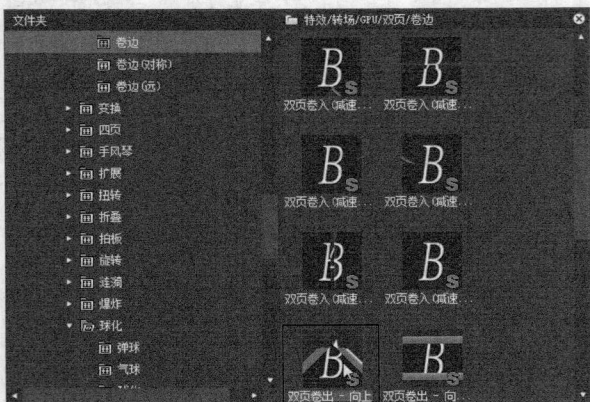

图12-659 选择转场效果

STEP 03 在该转场效果上，单击鼠标左键并拖曳至视频轨中的两幅图像素材之间，即可添加双页卷出-向上转场效果，如图12-660所示。

图12-660 添加转场效果

STEP 04 在录制窗口中，单击"播放"按钮，即可预览双页卷出-向上转场效果，如图12-661所示。

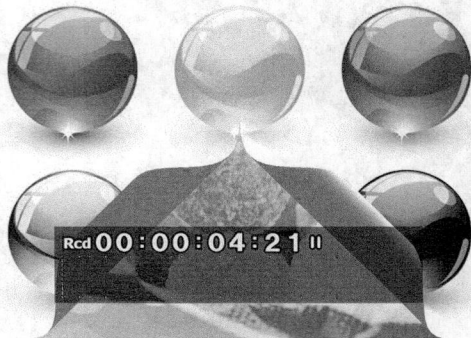

图12-661 预览转场效果

<table>
<tr><td rowspan="2">**实战 376**</td><td rowspan="2">**双页卷出–向上和向下 转场特效**</td><td>▶ 实例位置：光盘 \ 效果 \ 第 12 章 \ 实战 376.ezp</td></tr>
<tr><td>▶ 素材位置：光盘 \ 素材 \ 第 12 章 \ 实战 376 (1).jpg、实战 376 (2).jpg
▶ 视频位置：光盘 \ 视频 \ 第 12 章 \ 实战 376.mp4</td></tr>
</table>

● 实例介绍 ●

下面将介绍双页卷出–向上和向下转场特效的操作方法。

● 操作步骤 ●

STEP 01 在视频轨中，导入两张静态图像，如图12-662 所示。

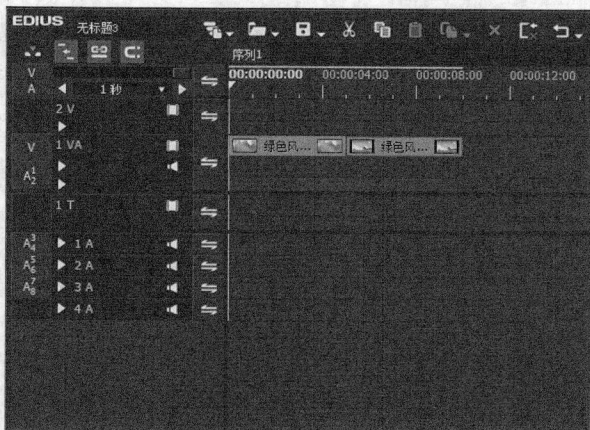

图12-662 导入两张静态图像

STEP 03 在该转场效果上，单击鼠标左键并拖曳至视频轨中的两幅图像素材之间，即可添加双页卷出–向上和向下转场效果，如图12-664所示。

STEP 02 展开特效面板，在双页 | "卷边"转场组中，即可选择双页卷出–向上和向下转场效果，如图12-663所示。

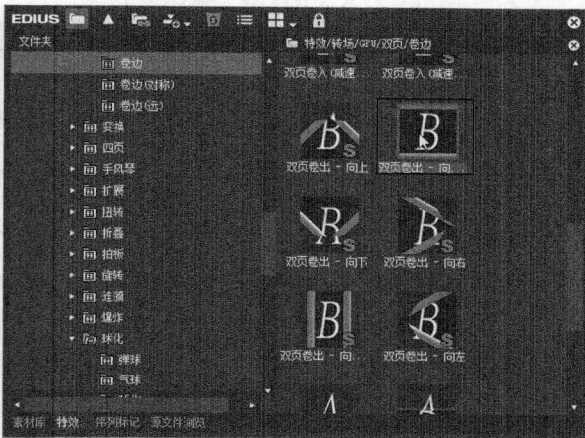

图12-663 选择转场效果

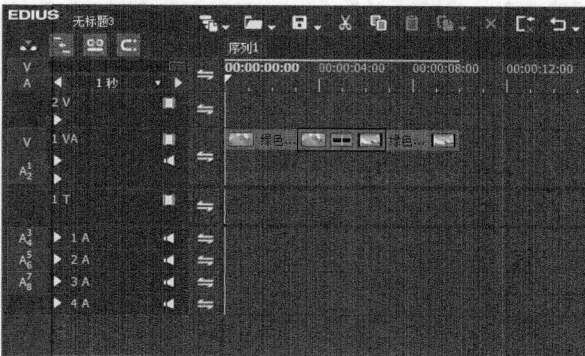

图12-664 添加转场效果

STEP 04 在录制窗口中，单击"播放"按钮，即可预览双页卷出–向上和向下转场效果，如图12-665所示。

图12-665 预览转场效果

实战 377 双页卷出–向下转场特效

▶ 实例位置：光盘 \ 效果 \ 第 12 章 \ 实战 377.ezp
▶ 素材位置：上一例素材
▶ 视频位置：光盘 \ 视频 \ 第 12 章 \ 实战 377.mp4

● 实例介绍 ●

下面将介绍双页卷出–向下转场特效的操作方法。

● 操作步骤 ●

STEP 01 在视频轨中，导入两张静态图像，如图12-666 所示。

图12-666 导入两张静态图像

STEP 02 展开特效面板，在双页 | "卷边"转场组中，即可选择双页卷出–向下转场效果，如图12-667所示。

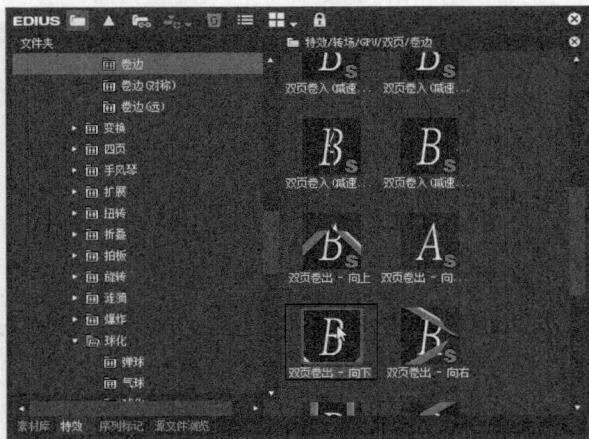

图12-667 选择转场效果

STEP 03 在该转场效果上，单击鼠标左键并拖曳至视频轨中的两幅图像素材之间，即可添加双页卷出–向下转场效果，如图12-668所示。

图12-668 添加转场效果

STEP 04 在录制窗口中，单击"播放"按钮，即可预览双页卷出–向下转场效果，如图12-669所示。

图12-669 预览转场效果

实战
378　双页卷出-向右转场特效

▶ 实例位置：光盘＼效果＼第 12 章＼实战 378.ezp
▶ 素材位置：光盘＼素材＼第 12 章＼实战 378（1）.jpg、实战 378（2）.jpg
▶ 视频位置：光盘＼视频＼第 12 章＼实战 378.mp4

● 实例介绍 ●

下面将介绍双页卷出-向右转场特效的操作方法。

● 操作步骤 ●

STEP 01 在视频轨中，导入两张静态图像，如图12-670所示。

STEP 02 展开特效面板，在双页｜"卷边"转场组中，即可选择双页卷出-向右转场效果，如图12-671所示。

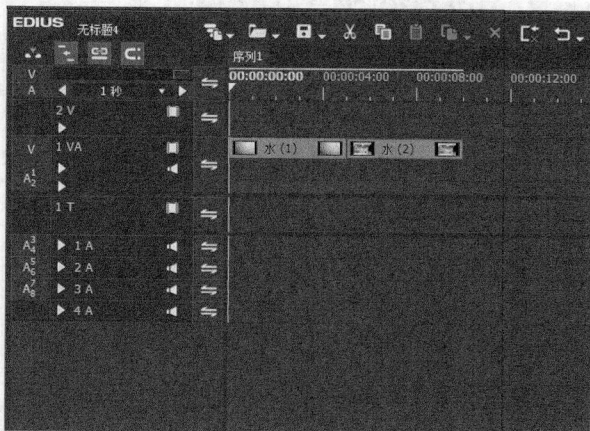

图12-670 导入两张静态图像

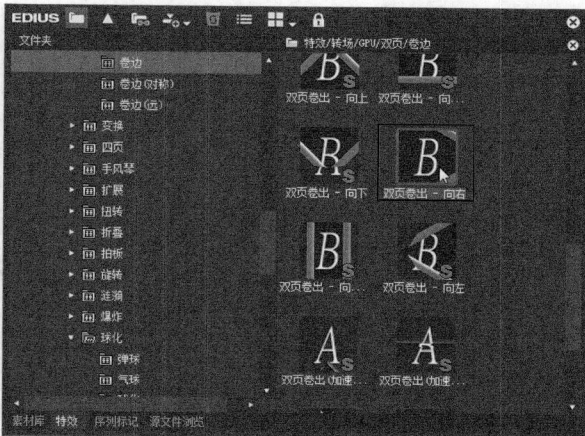

图12-671 选择转场效果

STEP 03 在该转场效果上，单击鼠标左键并拖曳至视频轨中的两幅图像素材之间，即可添加双页卷出-向右转场效果，如图12-672所示。

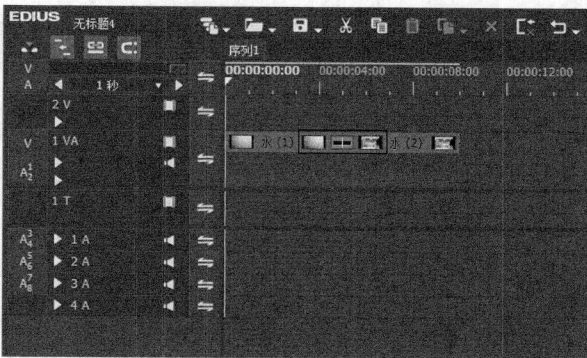

图12-672 添加转场效果

STEP 04 在录制窗口中，单击"播放"按钮，即可预览双页卷出-向右转场效果，如图12-673所示。

图12-673 预览转场效果

<table>
<tr><td>实战
379</td><td>双页卷出–向右和向左转场特效</td><td>▶ 实例位置：光盘 \ 效果 \ 第 12 章 \ 实战 379.ezp
▶ 素材位置：上一例素材
▶ 视频位置：光盘 \ 视频 \ 第 12 章 \ 实战 379.mp4</td></tr>
</table>

● 实例介绍 ●

下面将介绍双页卷出–向右和向左转场特效的操作方法。

● 操作步骤 ●

STEP 01 在视频轨中，导入两张静态图像，如图12-674 所示。

STEP 02 展开特效面板，在双页 | "卷边"转场组中，即可选择双页卷出–向右和向左转场效果，如图12-675所示。

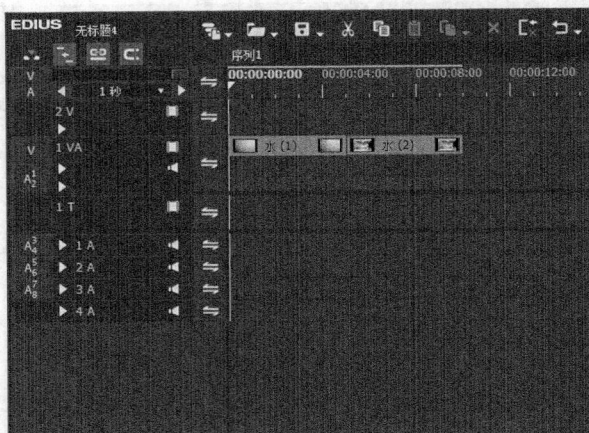

图12-674 导入两张静态图像

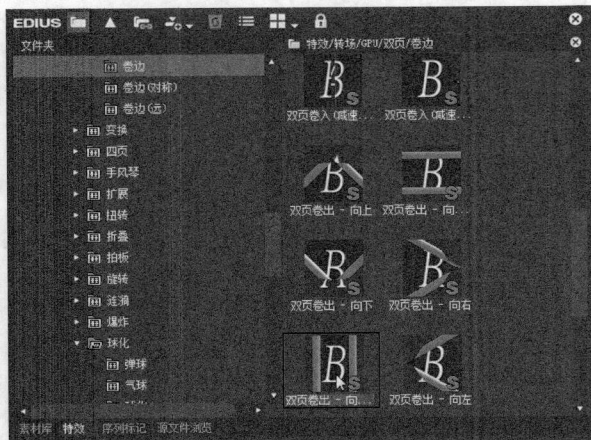

图12-675 选择转场效果

STEP 03 在该转场效果上，单击鼠标左键并拖曳至视频轨中的两幅图像素材之间，即可添加双页卷出–向右和向左转场效果，如图12-676所示。

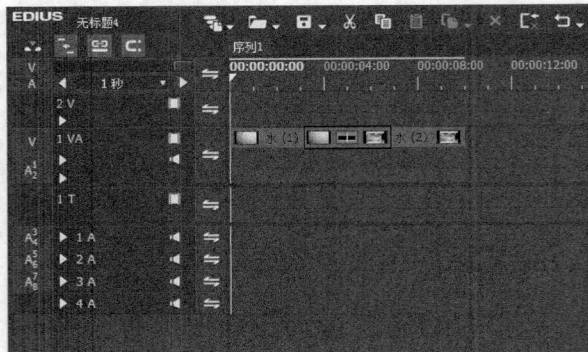

图12-676 添加转场效果

STEP 04 在录制窗口中，单击"播放"按钮，即可预览双页卷出–向右和向左转场效果，如图12-677所示。

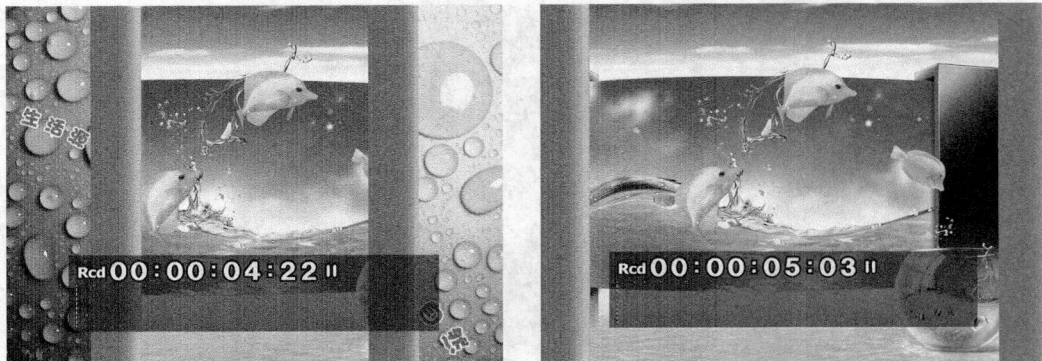

图12-677 预览转场效果

实战 380　双页卷出-向左转场特效

▶ 实例位置：光盘 \ 效果 \ 第 12 章 \ 实战 380.ezp
▶ 素材位置：光盘 \ 素材 \ 第 12 章 \ 实战 380（1）.jpg、实战 380（2）.jpg
▶ 视频位置：光盘 \ 视频 \ 第 12 章 \ 实战 380.mp4

● 实例介绍 ●

下面将介绍双页卷出-向左转场特效的操作方法。

● 操作步骤 ●

STEP 01 在视频轨中，导入两张静态图像，如图12-678所示。

STEP 02 展开特效面板，在双页 | "卷边" 转场组中，即可选择双页卷出-向左转场效果，如图12-679所示。

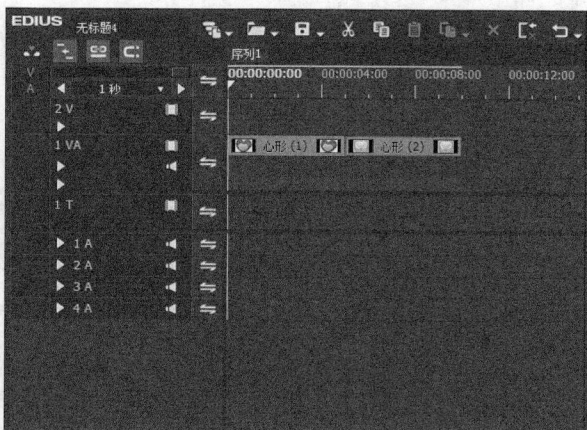

图12-678 导入两张静态图像

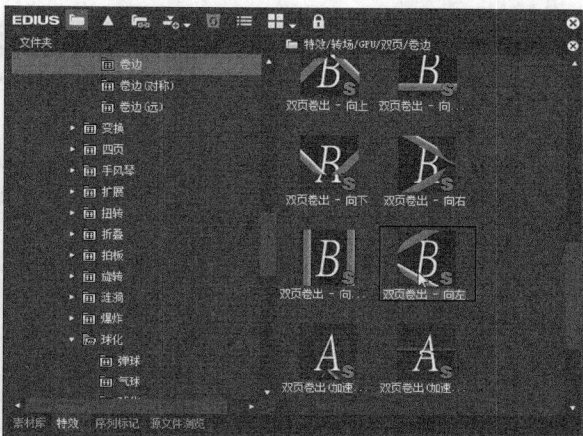

图12-679 选择转场效果

STEP 03 在该转场效果上，单击鼠标左键并拖曳至视频轨中的两幅图像素材之间，即可添加双页卷出-向左转场效果，如图12-680所示。

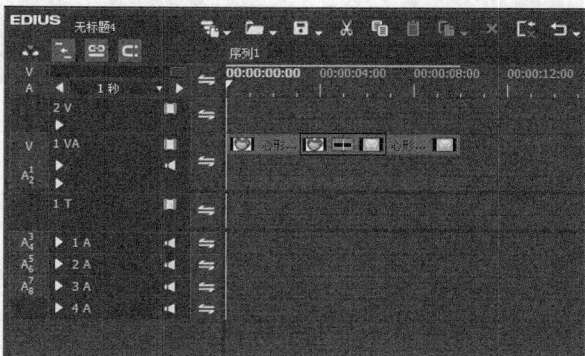

图12-680 添加转场效果

STEP 04 在录制窗口中，单击 "播放" 按钮，即可预览双页卷出-向左转场效果，如图12-681所示。

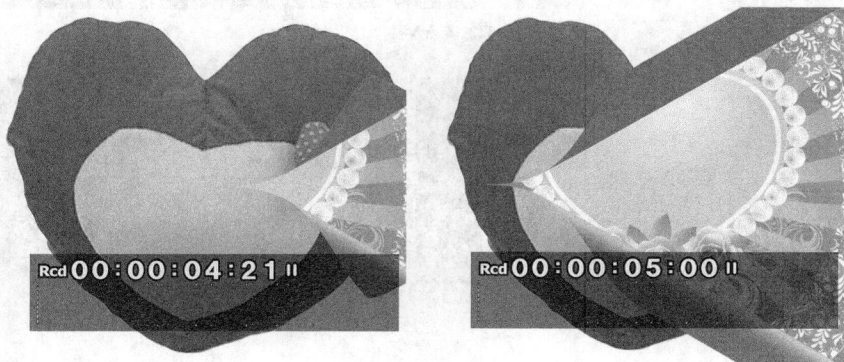

图12-681 预览转场效果

12.15 制作回旋转场效果

本节主要向读者介绍制作回旋转场效果的操作方法。

实战 381 回旋转入–逆时针转场特效

▶ 实例位置：光盘 \ 效果 \ 第 12 章 \ 实战 381.ezp
▶ 素材位置：上一例素材
▶ 视频位置：光盘 \ 视频 \ 第 12 章 \ 实战 381.mp4

● 实例介绍 ●

下面将介绍回旋转入–逆时针转场特效的操作方法。

● 操作步骤 ●

STEP 01 在视频轨中，导入两张静态图像，如图12-682所示。

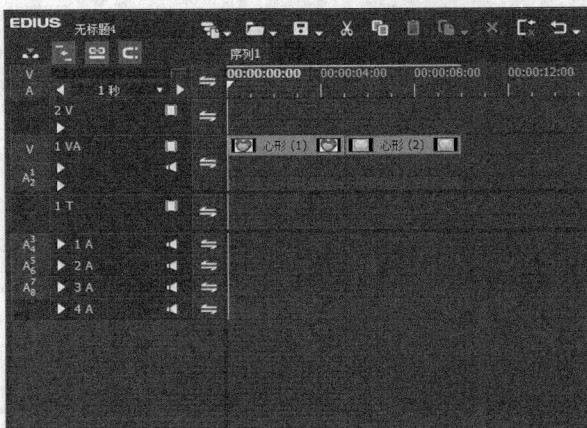

STEP 02 展开特效面板，在变换 | "回旋"转场组中，即可选择回旋转入–逆时针转场效果，如图12-683所示。

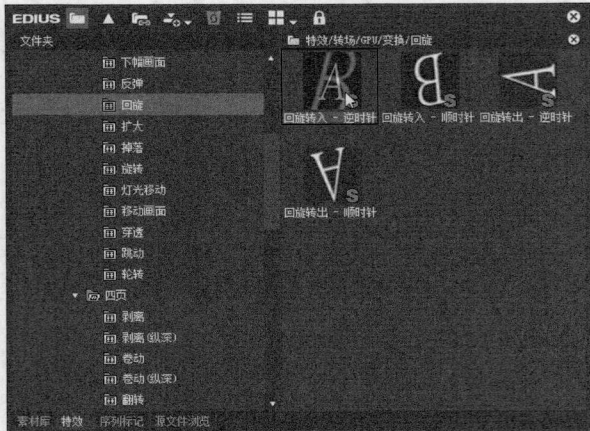

图12-682 导入两张静态图像

图12-683 选择转场效果

STEP 03 在该转场效果上，单击鼠标左键并拖曳至视频轨中的两幅图像素材之间，即可添加回旋转入–逆时针转场效果，如图12-684所示。

图12-684 添加转场效果

STEP 04 在录制窗口中，单击"播放"按钮，即可预览回旋转入–逆时针转场效果，如图12-685所示。

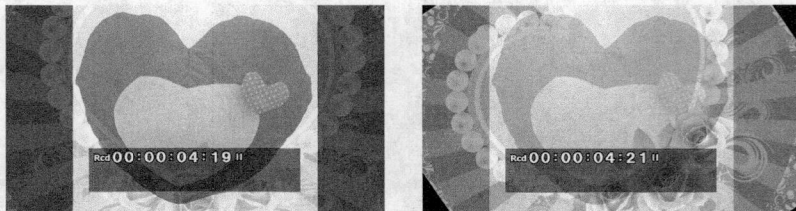

图12-685 预览转场效果

<table>
<tr><td>实战
382</td><td>回旋转入–顺时针转场
特效</td><td>▶ 实例位置：光盘 \ 效果 \ 第 12 章 \ 实战 382.ezp
▶ 素材位置：光盘 \ 素材 \ 第 12 章 \ 实战 382（1）.jpg、实战 382（2）.jpg
▶ 视频位置：光盘 \ 视频 \ 第 12 章 \ 实战 382.mp4</td></tr>
</table>

● 实例介绍 ●

下面将介绍回旋转入–顺时针转场特效的操作方法。

● 操作步骤 ●

STEP 01 在视频轨中，导入两张静态图像，如图12-686 所示。

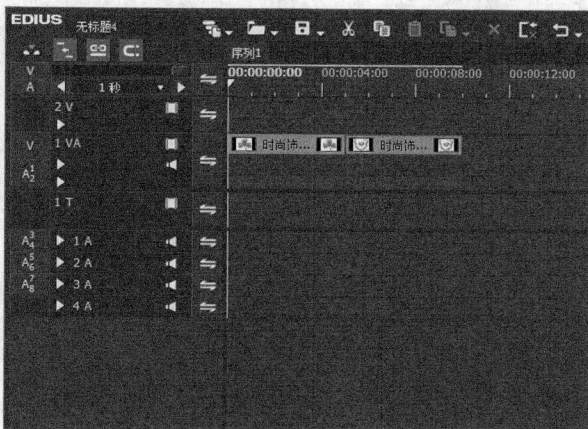

图12-686 导入两张静态图像

STEP 02 展开特效面板，在变换 | "回旋"转场组中，即可选择回旋转入–顺时针转场效果，如图12-687所示。

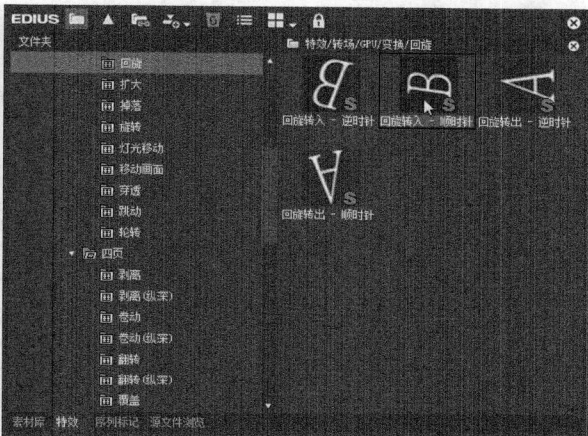

图12-687 选择转场效果

STEP 03 在该转场效果上，单击鼠标左键并拖曳至视频轨中的两幅图像素材之间，即可添加回旋转入–顺时针转场效果，如图12-688所示。

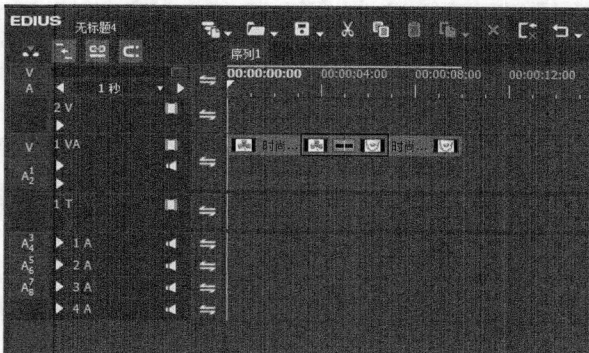

图12-688 添加转场效果

STEP 04 在录制窗口中，单击"播放"按钮，即可预览回旋转入–顺时针转场效果，如图12-689所示。

图12-689 预览转场效果

469

实战 383 回旋转出–逆时针转场特效

▶ 实例位置：光盘 \ 效果 \ 第 12 章 \ 实战 383.ezp
▶ 素材位置：上一例素材
▶ 视频位置：光盘 \ 视频 \ 第 12 章 \ 实战 383.mp4

● 实例介绍 ●

下面将介绍回旋转出–逆时针转场特效的操作方法。

● 操作步骤 ●

STEP 01 在视频轨中，导入两张静态图像，如图12–690所示。

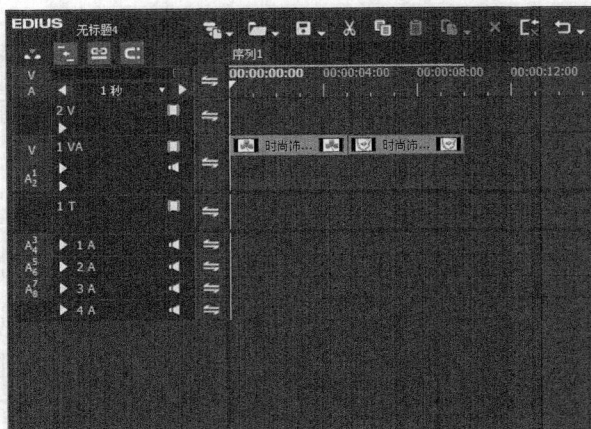

STEP 02 展开特效面板，在变换 | "回旋"转场组中，即可选择回旋转出–逆时针转场效果，如图12–691所示。

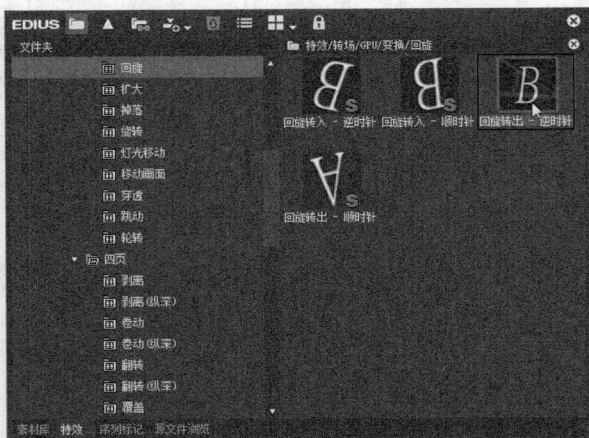

图12–690 导入两张静态图像

图12–691 选择转场效果

STEP 03 在该转场效果上，单击鼠标左键并拖曳至视频轨中的两幅图像素材之间，即可添加回旋转出–逆时针转场效果，如图12–692所示。

图12–692 添加转场效果

STEP 04 在录制窗口中，单击"播放"按钮，即可预览回旋转出–逆时针转场效果，如图12–693所示。

图12–693 预览转场效果

第 **13** 章

影视字幕特效的制作

本章导读

字幕是以各种字体、浮雕和动画等形式出现在画面中的文字总称，字幕设计与书写是影视造型的艺术手段之一。在各种各样的影视广告中，字幕的应用越来越频繁，这些精美的字幕不仅能够起到为影视增色的目的，还能够直接向观众传递影视信息或制作理念。本章主要介绍制作影视字幕的方法。

要点索引

- 标题字幕的添加
- 标题字幕属性的设置
- 标题字幕文件的基本操作
- 在字幕窗口中插入对象
- 制作"划像"字幕特效
- 制作"垂直划像"字幕特效
- 制作"柔化飞入"字幕特效

- 制作"水平划像"字幕特效
- 制作"淡入淡出"字幕特效
- 制作"激光"字幕特效
- 制作"软划像"字幕特效
- 制作"飞入 A"字幕特效
- 制作标题字幕特殊效果

生活的味道

Rcd 00:00:02:19

海底世界
Summer Tim

Rcd 00:00:00:22

城市炫舞

Rcd 00:00:02:12

旺 大厦
商务先锋 引领时尚潮流

Rcd 00:00:02:15

13.1 标题字幕的添加

字幕是现代影片中的重要组成部分,其用途是向用户传递一些视频画面所无法表达或难以表现的内容,以便观众们能够更好地理解影片的含义。本节首先向读者介绍字幕窗口,然后详细介绍添加标题字幕的操作方法。

实战 384 标题字幕的添加

▶ **实例位置:**光盘 \ 效果 \ 第 13 章 \ 实战 384.ezp
▶ **素材位置:**光盘 \ 素材 \ 第 13 章 \ 实战 384.jpg
▶ **视频位置:**光盘 \ 视频 \ 第 13 章 \ 实战 384.mp4

• 实例介绍 •

在各种影视画面中,标题字幕起着解释画面、补充内容的作用,有画龙点睛之效。下面向读者介绍添加标题字幕的操作方法。

• 操作步骤 •

STEP 01 在视频轨中,导入一张静态图像,如图13-1所示。

STEP 02 在轨道面板上方,单击"创建字幕"按钮,在弹出的列表框中选择"在1T轨道上创建字幕"选项,如图13-2所示。

图13-1 导入一张静态图像

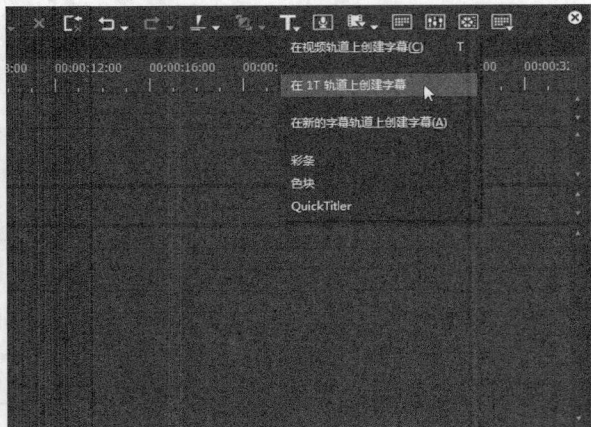

图13-2 选择"在1T轨道上创建字幕"选项

STEP 03 执行操作后,即可打开字幕窗口,如图13-3所示。

STEP 04 在左侧的工具箱中,选择横向文本工具,如图13-4所示。

图13-3 打开字幕窗口

图13-4 选取横向文本工具

STEP 05 在预览窗口中的适当位置，双击鼠标左键，定位光标位置，然后输入相应文本内容，如图13-5所示。

STEP 06 在"文本属性"面板中，根据需要设置文本的相应属性，如图13-6所示。

图13-5 输入相应文本内容

图13-6 设置文本属性

技巧点拨

如果用户需要编辑字幕文件，此时可以通过以下 3 种方法打开字幕窗口。

按 Ctrl + Enter 组合键，即可快速打开字幕窗口。

在 1T 字幕轨道中，双击需要编辑的字幕对象，即可快速打开字幕窗口。

在"素材库"面板中，选择需要编辑的标题字幕，单击鼠标右键，在弹出的快捷菜单中选择"编辑"选项，即可快速打开字幕窗口。

STEP 07 在字幕窗口上方，单击"文件"|"保存"命令，如图13-7所示。

STEP 08 执行操作后，即可保存字幕并退出字幕窗口，此时在1T字幕轨道中，可以查看创建的字幕文件，如图13-8所示。

图13-7 单击"保存"命令

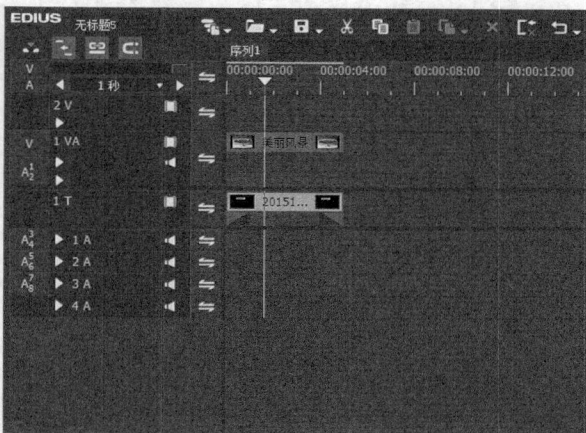

图13-8 查看创建的字幕文件

知识拓展

在 EDIUS 8的字幕窗口中，单击"文件" | "另存为"命令，可对创建的标题字幕进行另存为操作。

技巧点拨

在 EDIUS 8的字幕窗口中，编辑完标题字幕后，按 Ctrl + S组合键，也可以快速保存字幕文件并退出字幕窗口。

STEP 09 在录制窗口中，单击"播放"按钮，即可预览制作的标题字幕效果，如图13-9所示。

图13-9 预览制作的标题字幕效果

知识拓展

了解字幕窗口

在 EDIUS 8工作界面中，字幕是一个独立的文件，当用户创建字幕文件后，该字幕的源文件会存在于用户的计算机磁盘中。默认的 EDIUS 8工作界面中并没有打开字幕窗口。此时，用户需要在时间线面板上方，单击"创建字幕"按钮，在弹出的列表框中选择"在 1T 轨道上创建字幕"选项，如图 13-10 所示。

执行操作后，即可打开字幕窗口，如图 13-11 所示。

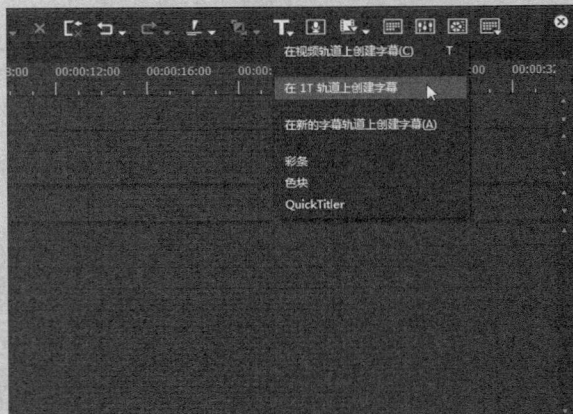

图13-10 选择"在1T轨道上创建字幕"选项

图13-11 字幕窗口

在字幕窗口中，主要由标题栏、菜单栏、工具栏、工具箱、样式面板和属性面板 6 个部分组成，各部分的主要含义如下。

标题栏：标题栏位于字幕窗口的最上方，显示当前字幕文件的具体名称，右侧显示了字幕窗口的控制按钮，包括"最小化"按钮、"最大化"按钮以及"关闭"按钮等。

菜单栏：菜单栏位于标题栏的下方，由文件、编辑、视图、插入、样式、布局以及帮助 7 个菜单命令组成，单击任意一个菜单项，都会弹出其包含的命令，字幕窗口中的绝大部分功能和操作都可以利用菜单栏中的命令来实现。

工具栏：工具栏位于菜单栏的下方，其中显示了编辑字幕最常用的按钮，如"文件"按钮、"打开"按钮、"保存"按钮、"自动另存为"按钮、"剪切"按钮以及"复制"按钮等。

工具箱：工具箱位于字幕窗口的最左侧，其中显示了各种编辑字幕的工具，如选择对象工具、横向文本工具、纵向文本工具、图像工具、矩形工具、椭圆形工具以及等腰三角形工具等。

样式面板：样式面板位于字幕窗口的最下方，其中包含多种预设的字幕样式，选择相应的预设样式，即可创建相应的字幕特效。

属性面板：在属性面板中，用户可以设置字幕的相应属性，包括字幕的位置、字体、大小、间距、颜色、阴影以及边缘色彩等属性。

在 EDIUS 8 工作界面中，将鼠标定位于素材库面板中，然后按 Ctrl + T 组合键，也可以快速打开字幕窗口。

实战 385　多行标题字幕的添加

▶ 实例位置：光盘 \ 效果 \ 第 13 章 \ 实战 385.ezp
▶ 素材位置：光盘 \ 素材 \ 第 13 章 \ 实战 385.jpg
▶ 视频位置：光盘 \ 视频 \ 第 13 章 \ 实战 385.mp4

● 实例介绍 ●

　　在EDIUS 8工作界面中，用户可以根据需要在字幕轨道中创建多个标题字幕，使制作的字幕效果更加符合用户的需求。下面向读者介绍添加多行标题字幕的操作方法。

● 操作步骤 ●

STEP 01 在视频轨中，导入一张静态图像，如图13-12所示。

STEP 02 在轨道面板上方，单击"创建字幕"按钮，在弹出的列表框中选择"在1T轨道上创建字幕"选项，如图13-13所示。

图13-12 导入一张静态图像

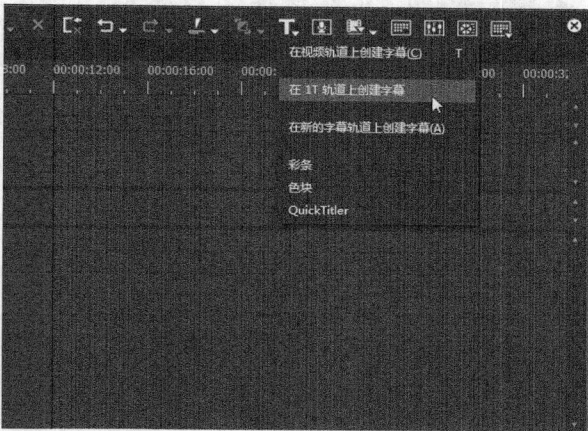

图13-13 选择"在1T轨道上创建字幕"选项

STEP 03 执行操作后，打开字幕窗口，选取工具箱中的横向文本工具，在预览窗口中的适当位置输入相应文本内容，在"文本属性"面板的"变换"选项区中，设置X为432、Y为107；在"字体"选项区中，设置"字体"为"方正小标宋简体"、"字号"为85；在"填充颜色"选项区中，设置"颜色"为黑色，取消选中"边缘"复选框，设置完成后，此时字幕窗口中的字幕效果如图13-14所示。

STEP 04 在菜单栏中，单击"文件"|"保存"命令，保存字幕效果并退出字幕窗口，在1T字幕轨道中，显示了刚创建的标题字幕，如图13-15所示。

图13-14 字幕窗口中的字幕效果

图13-15 显示了刚创建的标题字幕

技巧点拨

用户还可以通过以下两种方法新建字幕文件。
在素材库面板中，单击鼠标右键，在弹出的快捷菜单中选择"添加字幕"选项，新建字幕。
在素材库面板上方，单击"创建字幕"按钮，新建字幕。

STEP 05 确定时间线在视频轨中的开始位置，在轨道面板上方单击"创建字幕"按钮，在弹出的列表框中选择"在新的字幕轨道上创建字幕"选项，如图13-16所示。

STEP 06 打开字幕窗口，运用横向文本工具，在预览窗口中的适当位置输入相应文本内容，在"文本属性"面板中，设置文本的相应属性，此时字幕窗口中的文本效果如图13-17所示。

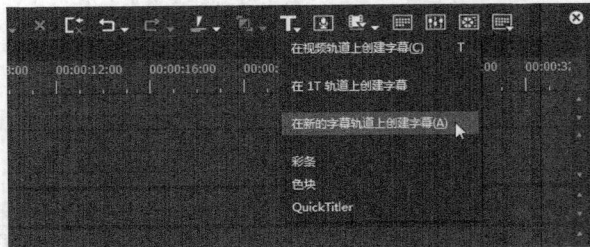

图13-16 选择相应的选项

图13-17 设置文本的相应属性

STEP 07 在菜单栏中，单击"文件"|"保存"命令，保存字幕效果并退出字幕窗口，在2T字幕轨道中，显示了刚创建的第2个标题字幕，如图13-18所示。

STEP 08 在"素材库"面板中，显示了创建的两个标题字幕文件，如图13-19所示。

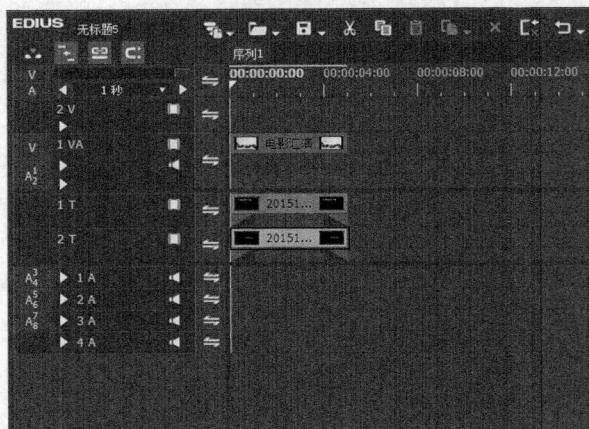

图13-18 创建的第2个标题字幕

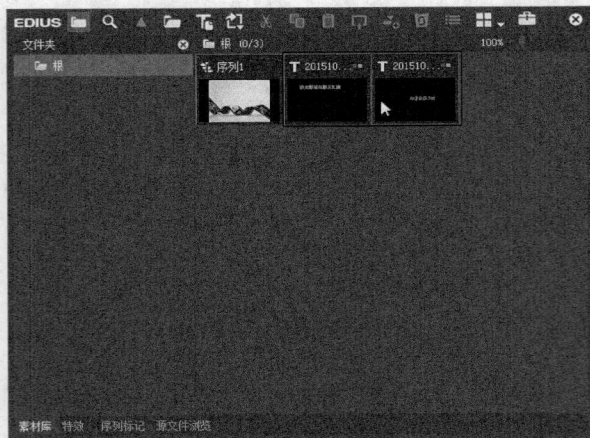

图13-19 显示创建的两个标题字幕

技巧点拨

在字幕窗口中，当用户创建完字幕文件后，在工具栏中单击"保存"按钮或"另存为"按钮，也可以快速对字幕文件进行保存操作。

STEP 09 单击"播放"按钮，即可预览创建的多个标题字幕，效果如图13-20所示。

图13-20 预览创建的多个标题字幕

实战 386　通过模板创建字幕

▶ 实例位置：光盘 \ 效果 \ 第 13 章 \ 实战 386.ezp
▶ 素材位置：光盘 \ 素材 \ 第 13 章 \ 实战 386.ezp
▶ 视频位置：光盘 \ 视频 \ 第 13 章 \ 实战 386.mp4

● 实例介绍 ●

在 EDIUS 8 的字幕窗口中，提供了丰富的预设标题样式，用户可以直接应用现成的标题模板样式创建各种标题字幕。下面向读者介绍通过模板创建字幕文件的操作方法。

● 操作步骤 ●

STEP 01 单击"文件"|"打开工程"命令，打开一个工程文件，如图 13-21 所示。

图 13-21　打开一个工程文件

STEP 02 展开"素材库"面板，在其中选择需要创建模板标题的字幕对象，如图 13-22 所示。

图 13-22　选择字幕对象

知识拓展

在字幕窗口工具箱中的部分工具含义如下。

选择对象工具：使用该工具，可以选择预览窗口中的字幕对象。

横向文本工具：使用该工具，可以在预览窗口中的适当位置创建横向文本内容。

图像工具：使用该工具，可以在预览窗口中创建各种类型的图形对象，丰富视频画面。

矩形工具：使用该工具，可以在预览窗口中创建矩形图形。

椭圆形工具：使用该工具，可以在预览窗口中创建椭圆形图形。

等腰三角形工具：使用该工具，可以在预览窗口中创建等腰三角形。

线性工具：使用该工具，可以在预览窗口中创建相应线性图形。

STEP 03 在选择的字幕对象上，双击鼠标左键，打开字幕窗口，在左侧的工具箱中选取选择对象工具，在预览窗口中选择相应文本对象，如图 13-23 所示。

图 13-23　选择文本对象

STEP 04 在字幕窗口的下方，选择需要应用的标题字幕模板，在选择的模板上双击鼠标左键，如图 13-24 所示，应用标题字幕模板。

图 13-24　双击鼠标左键

在轨道面板上方，单击"创建字幕"按钮，在弹出的列表框中选择"在视频轨道上创建字幕"选项，即可在视频轨道上创建字幕，而不是在 1T 轨道上创建字幕。

STEP 05 在预览窗口中，拖曳标题字幕四周的控制柄，调整标题大小，并调整标题字幕的位置，如图13-25所示。

STEP 06 设置完成后，在菜单栏中单击"文件"|"保存"命令，如图13-26所示，保存字幕并退出字幕窗口。

图13-25 调整文本大小与位置

图13-26 单击"保存"命令

STEP 07 在录制窗口中，即可预览应用标题字幕模板后的画面效果，如图13-27所示。

图13-27 预览字幕模板画面效果

13.2 标题字幕属性的设置

EDIUS 8中的字幕编辑功能与Word等文字处理软件相似，它提供了较为完善的字幕编辑和设置功能，用户可以对字幕对象进行编辑和美化操作。本节主要向读者介绍编辑标题字幕属性的各种操作方法，使用户制作的字幕更加美观。

实战 387 标题字幕的变换

▶ 实例位置：光盘\效果\第13章\实战387.ezp
▶ 素材位置：光盘\素材\第13章\实战387.ezp
▶ 视频位置：光盘\视频\第13章\实战387.mp4

● 实例介绍 ●

在字幕窗口中，变换标题字幕是指调整标题字幕在视频中的X轴和Y轴的位置，以及调整字幕的宽度与高度等属性。

● 操作步骤 ●

STEP 01 单击"文件"|"打开工程"命令，打开一个工程文件，如图13-28所示。

STEP 02 在1T字幕轨道中，选择需要变换的标题字幕，如图13-29所示。

图13-28 打开一个工程文件

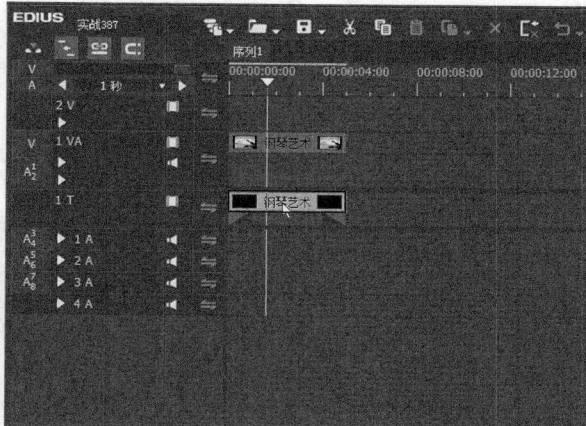

图13-29 选择标题字幕

STEP 03 在选择的标题字幕上，双击鼠标左键，打开字幕编辑窗口，运用选择对象工具，在预览窗口中选择需要变换的标题字幕内容，如图13-30所示。

STEP 04 在"文本属性"面板的"变换"选项区中，设置X为876、Y为173，如图13-31所示，变换文本内容。

图13-30 选择标题字幕

图13-31 设置位置参数

STEP 05 单击字幕窗口上方的"保存"按钮，保存更改后的标题字幕，退出字幕窗口，将时间线移至素材的开始位置，单击"播放"按钮，预览变换标题字幕后的视频效果，如图13-32所示。

图13-32 预览变换标题字幕后的视频效果

知识拓展

在字幕窗口的预览窗口中，用户还可以运用选择对象工具，通过鼠标拖曳的方式，变换标题字幕的摆放位置，使制作的标题字幕更加美观。

实战 388 字幕间距的设置

▶ 实例位置：光盘 \ 效果 \ 第 13 章 \ 实战 388.ezp
▶ 素材位置：光盘 \ 素材 \ 第 13 章 \ 实战 388.ezp
▶ 视频位置：光盘 \ 视频 \ 第 13 章 \ 实战 388.mp4

● 实例介绍 ●

在EDIUS 8工作界面中，如果制作的标题字幕太过紧凑，影响了视频的美观程度，此时可以通过调整字幕的间距，使制作的标题字幕变得宽松。下面向读者介绍设置字幕间距的操作方法。

● 操作步骤 ●

STEP 01 单击"文件"|"打开工程"命令，打开一个工程文件，如图13-33所示。

STEP 02 在1T字幕轨道中，选择需要设置间距的标题字幕，如图13-34所示。

图13-33 打开一个工程文件

图13-34 选择标题字幕

STEP 03 在选择的标题字幕上，双击鼠标左键，打开字幕窗口，运用选择对象工具，在预览窗口中选择需要设置间距的标题字幕内容，如图13-35所示。

STEP 04 在"文本属性"面板中，设置"字距"为100，如图13-36所示。

图13-35 选择字幕内容

图13-36 设置"字距"为100

知识拓展

在轨道面板中创建的字幕效果，EDIUS 8都会为字幕效果默认添加淡入淡出特效，使制作的字幕效果与视频更加融合在一起，保持画面的流畅程度。

STEP 05 设置完成后,单击"保存"按钮,退出字幕窗口,单击"播放"按钮,预览设置标题字幕间距后的视频效果,如图13-37所示。

图13-37 预览设置标题字幕效果

实战 389 字幕行距的设置

▶ 实例位置:光盘 \ 效果 \ 第 13 章 \ 实战 389.ezp
▶ 素材位置:光盘 \ 素材 \ 第 13 章 \ 实战 389.ezp
▶ 视频位置:光盘 \ 视频 \ 第 13 章 \ 实战 389.mp4

● 实例介绍 ●

在EDIUS 8工作界面中,用户可以根据需要调整字幕的行距,使制作的字幕更加美观,下面向读者介绍设置字幕行距的操作方法。

● 操作步骤 ●

STEP 01 单击"文件"|"打开工程"命令,打开一个工程文件,如图13-38所示。

STEP 02 在1T字幕轨道中,选择需要设置行距的标题字幕,如图13-39所示。

图13-38 打开一个工程文件

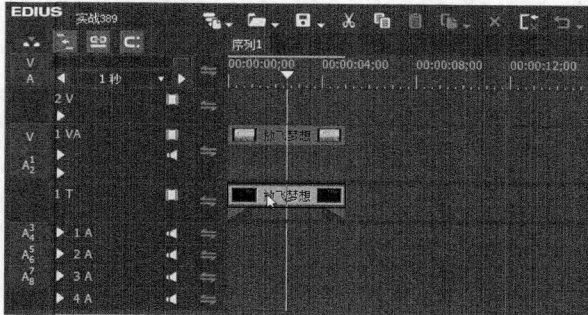

图13-39 选择需要设置的标题字幕

STEP 03 在选择的标题字幕上,双击鼠标左键,打开字幕窗口,运用选择对象工具,在预览窗口中选择需要设置行距的标题字幕内容,如图13-40所示。

STEP 04 在"文本属性"面板中,设置"行距"为60,如图13-41所示。

图13-40 选择标题字幕内容

图13-41 设置"行距"为60

STEP 05 设置完成后,单击"保存"按钮,退出字幕窗口,单击"播放"按钮,预览设置标题字幕行距后的视频效果,如图13-42所示。

图13-42 预览标题字幕效果

实战 390　字体类型的设置

▶ 实例位置:光盘 \ 效果 \ 第 13 章 \ 实战 390.ezp
▶ 素材位置:光盘 \ 素材 \ 第 13 章 \ 实战 390.ezp
▶ 视频位置:光盘 \ 视频 \ 第 13 章 \ 实战 390.mp4

● 实例介绍 ●

创建的字幕效果默认字体类型为宋体,如果用户觉得创建的字体类型不美观,或者不能满足用户的需求,此时用户可以对字体类型进行修改,使制作的标题字幕更符合要求。

● 操作步骤 ●

STEP 01 单击"文件"|"打开工程"命令,打开一个工程文件,如图13-43所示。

STEP 02 在1T字幕轨道中,选择需要设置字体类型的标题字幕,如图13-44所示。

图13-43 打开一个工程文件

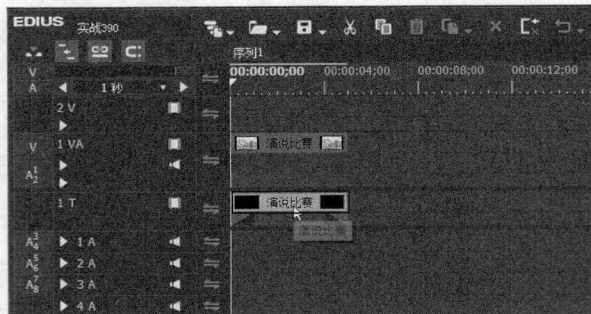

图13-44 选择需要设置的标题字幕

STEP 03 在选择的标题字幕上,双击鼠标左键,打开字幕窗口,运用选择对象工具,在预览窗口中选择需要设置字体类型的标题字幕内容,如图13-45所示。

STEP 04 在"文本属性"面板中,单击"字体"右侧的下三角按钮,在弹出的列表框中选择"方正小标宋简体"选项,如图13-46所示,设置标题字幕的字体类型。

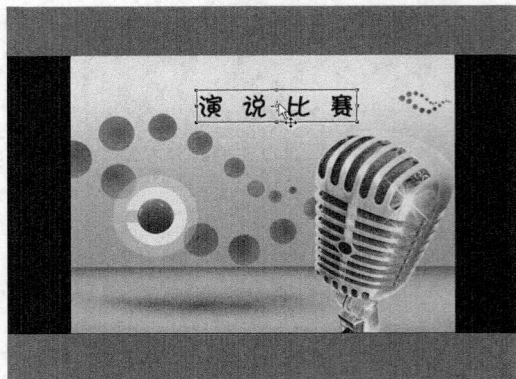

图13-45 选择标题字幕内容

图13-46 选择"方正小标宋简体"选项

STEP 05 设置完成后，单击"保存"按钮，退出字幕窗口，单击"播放"按钮，预览设置标题字幕字体类型后的视频画面效果，如图13-47所示。

图13-47　预览标题字幕效果

知识拓展

> 在 EDIUS 8 工作界面中，有些文本中既包含中文汉字又包含英文字母，系统默认状态下，当用户选择一种西文字体并改变其字体时，只改变选定文本中的西文字符；选择一种中文字体改变字体后，则中文和英文都会发生改变。

实战 391	字号大小的设置

▶ 实例位置：光盘 \ 效果 \ 第 13 章 \ 实战 391.ezp
▶ 素材位置：光盘 \ 素材 \ 第 13 章 \ 实战 391.ezp
▶ 视频位置：光盘 \ 视频 \ 第 13 章 \ 实战 391.mp4

● 实例介绍 ●

在EDIUS 8工作界面中，字号是指文本的大小，不同的字体大小对视频的美观程度有一定的影响。下面向读者介绍设置文本字号大小的操作方法。

● 操作步骤 ●

STEP 01 单击"文件"|"打开工程"命令，打开一个工程文件，如图13-48所示。

图13-48　打开一个工程文件

STEP 03 在选择的标题字幕上，双击鼠标左键，打开字幕窗口，运用选择对象工具 ▶，在预览窗口中选择需要设置字号大小的标题字幕内容，如图13-50所示。

图13-50　选择标题字幕内容

STEP 02 在1T字幕轨道中，选择需要设置字号大小的标题字幕，如图13-49所示。

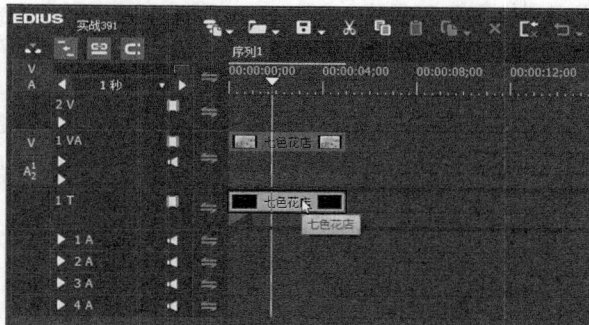

图13-49　选择需要设置的标题字幕

STEP 04 在"文本属性"面板中，设置"字号"为85，如图13-51所示，设置标题字幕的字号大小。

图13-51　设置"字号"为85

STEP 05 设置完成后，单击"保存"按钮，退出字幕窗口，单击"播放"按钮，预览设置标题字幕字号大小后的视频效果，如图13-52所示。

技巧点拨

在字幕窗口的预览窗口中，用户还可以运用选择对象工具，拖曳字幕内容四周的控制柄，手动调整标题字幕的大小，或变形字幕内容。

图13-52 预览标题字幕效果

实战 392 字幕方向的更改

▶ 实例位置：光盘\效果\第13章\实战392.ezp
▶ 素材位置：光盘\素材\第13章\实战392.ezp
▶ 视频位置：光盘\视频\第13章\实战392.mp4

● 实例介绍 ●

在EDIUS 8字幕窗口中，用户可以根据视频的要求，随意更改文本的显示方向，下面向读者介绍更改字幕方向的操作方法。

● 操作步骤 ●

STEP 01 单击"文件"|"打开工程"命令，打开一个工程文件，如图13-53所示。

STEP 02 在1T字幕轨道中，选择需要设置显示方向的标题字幕，如图13-54所示。

图13-53 打开一个工程文件

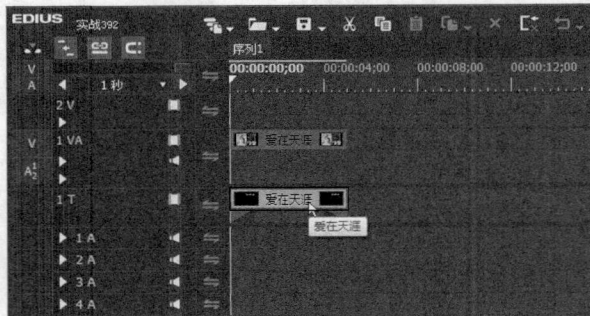

图13-54 选择需要设置的标题字幕

STEP 03 打开字幕窗口，在预览窗口中选择标题字幕内容，如图13-55所示。

STEP 04 在"文本属性"面板中，选中"纵向"单选按钮，如图13-56所示。

图13-55 选择标题字幕内容

图13-56 选中"纵向"单选按钮

STEP 05 设置完成后，单击"保存"按钮，退出字幕窗口，单击"播放"按钮，预览设置标题字幕方向后的视频效果，如图13-57所示。

知识拓展

　　如果用户需要将纵向的文本变为横向的文本，此时只需在字幕窗口的"文本属性"面板中，选中"横向"单选按钮即可。

图13-57 预览标题字幕效果

实战 393　文本下划线的添加

▶ **实例位置**：光盘 \ 效果 \ 第 13 章 \ 实战 393.ezp
▶ **素材位置**：光盘 \ 素材 \ 第 13 章 \ 实战 393.ezp
▶ **视频位置**：光盘 \ 视频 \ 第 13 章 \ 实战 393.mp4

● **实例介绍** ●

　　在影视广告中，如果用户需要突出标题字幕的显示效果，此时可以为标题字幕添加下划线，以此来突出显示文本内容。下面向读者介绍添加文本下划线的操作方法。

● **操作步骤** ●

STEP 01 单击"文件"|"打开工程"命令，打开一个工程文件，如图13-58所示。

STEP 02 在1T字幕轨道中，选择需要添加下划线的标题字幕，如图13-59所示。

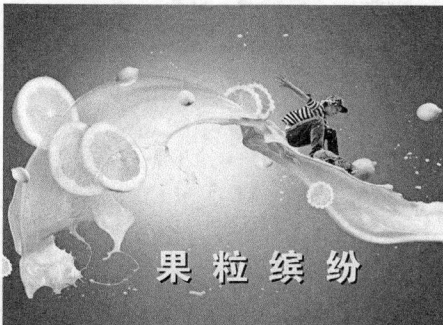

图13-58 打开一个工程文件

图13-59 选择需要设置的标题字幕

STEP 03 打开字幕窗口，在预览窗口中选择标题字幕内容，如图13-60所示。

STEP 04 在"文本属性"面板中，单击"下划线"按钮，如图13-61所示，即可为标题字幕添加下划线效果。

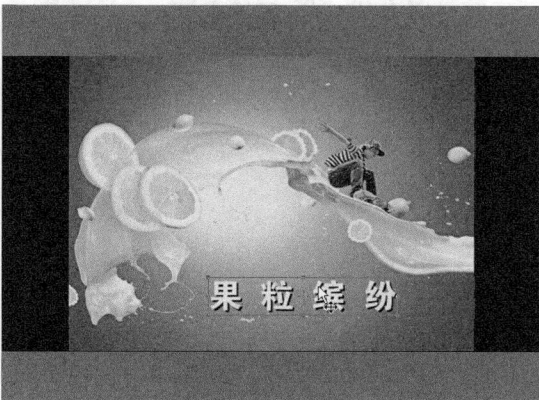

图13-60 选择标题字幕内容

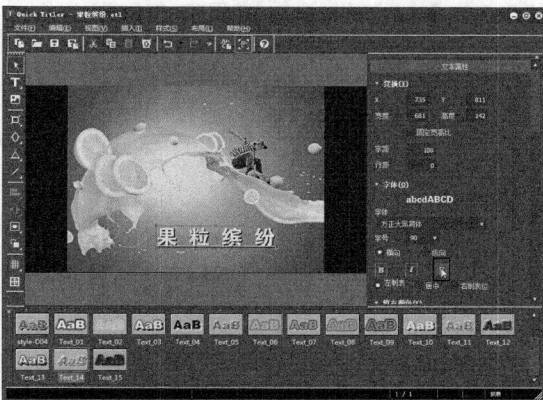

图13-61 单击"下划线"按钮

STEP 05 设置完成后，单击"保存"按钮，退出字幕窗口，单击"播放"按钮，预览添加文本下划线后的视频效果，如图13-62所示。

知识拓展

如果用户需要取消标题字幕的下划线效果，此时在字幕窗口中，选择需要取消下划线的标题字幕，在"文本属性"面板中，单击"下划线"按钮，即可取消文本下划线的操作。

图13-62 预览添加下划线后的效果

实战 394 字幕时间长度的调整

▶ 实例位置：光盘 \ 效果 \ 第 13 章 \ 实战 394.ezp
▶ 素材位置：光盘 \ 素材 \ 第 13 章 \ 实战 394.ezp
▶ 视频位置：光盘 \ 视频 \ 第 13 章 \ 实战 394.mp4

● 实例介绍 ●

在EDIUS 8工作界面中，当用户在轨道面板中添加相应的标题字幕后，可以调整标题的时间长度，以控制标题文本的播放时间。下面向读者介绍调整字幕时间长度的操作方法。

● 操作步骤 ●

STEP 01 单击"文件"|"打开工程"命令，打开一个工程文件，如图13-63所示。

图13-63 打开一个工程文件

STEP 02 在1T字幕轨道中，选择需要调整时间长度的标题字幕，如图13-64所示。

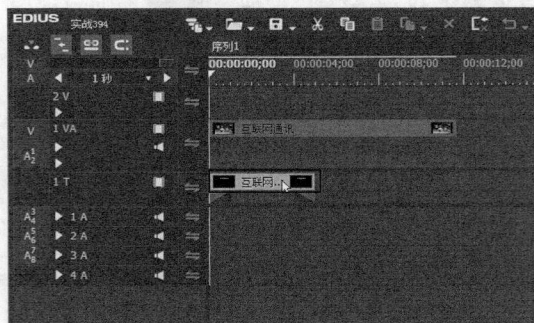

图13-64 选择标题字幕

STEP 03 在选择的标题字幕上，单击鼠标右键，在弹出的快捷菜单中选择"持续时间"选项，如图13-65所示。

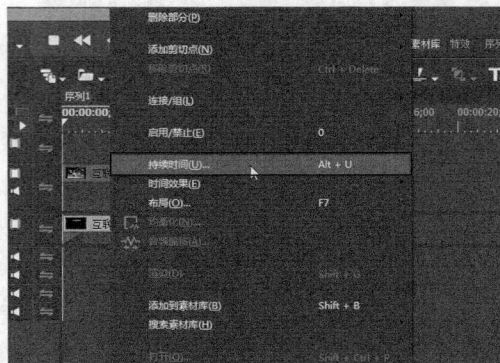

图13-65 选择"持续时间"选项

STEP 04 弹出"持续时间"对话框，在其中设置"持续时间"为00:00:11:20，如图13-66所示。

图13-66 设置素材持续时间

STEP 05 设置完成后，单击"确定"按钮，返回EDIUS 8工作界面，此时1T字幕轨道中的标题字幕时间长度将发生变化，如图13-67所示。

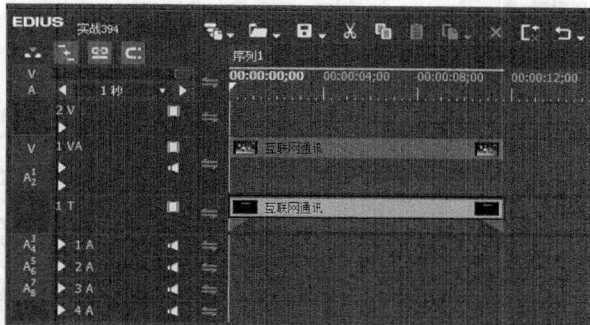
图13-67 时间长度发生变化

STEP 06 单击"播放"按钮，预览设置标题字幕时间长度后的视频画面效果，如图13-68所示。

图13-68 预览视频画面效果

13.3 标题字幕文件的基本操作

在EDIUS 8的字幕窗口中，用户还可以对字幕文件进行"打开""另存为""复制"与"粘贴"操作，用户可以将外部已经存在的字幕文件添加至EDIUS 8的字幕窗口中。本节主要向读者介绍标题字幕文件的基本操作方法，希望读者可以熟练掌握本节内容。

实战 395 打开标题字幕

▶ 实例位置：光盘 \ 效果 \ 第 13 章 \ 实战 395.ezp
▶ 素材位置：光盘 \ 素材 \ 第 13 章 \ 实战 395.ezp
▶ 视频位置：光盘 \ 视频 \ 第 13 章 \ 实战 395.mp4

● 实例介绍 ●

在字幕窗口中，用户还可以导入已经保存的字幕文件，该操作可以提高用户的工作效率，在视频制作中重复使用同样的字幕文件。下面向读者介绍打开标题字幕文件的操作方法。

● 操作步骤 ●

STEP 01 在视频轨中，导入一张静态图像，如图13-69所示。

STEP 02 在素材库面板中的空白位置上，单击鼠标右键，在弹出的快捷菜单中选择"添加字幕"选项，如图13-70所示。

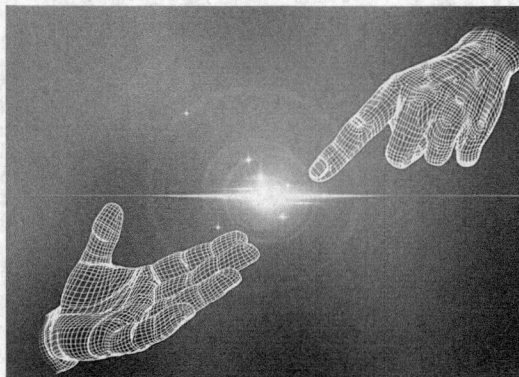
图13-69 导入一张静态图像

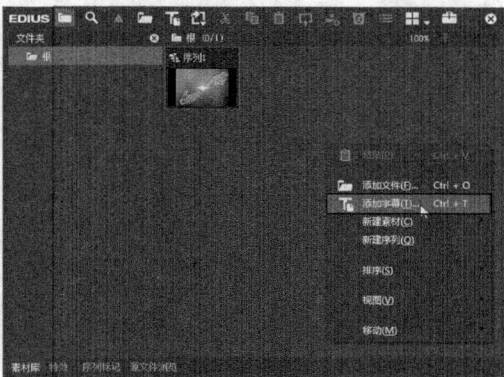
图13-70 选择"添加字幕"选项

STEP 03 在菜单栏中，单击"文件"|"打开"命令，如图13-71所示。

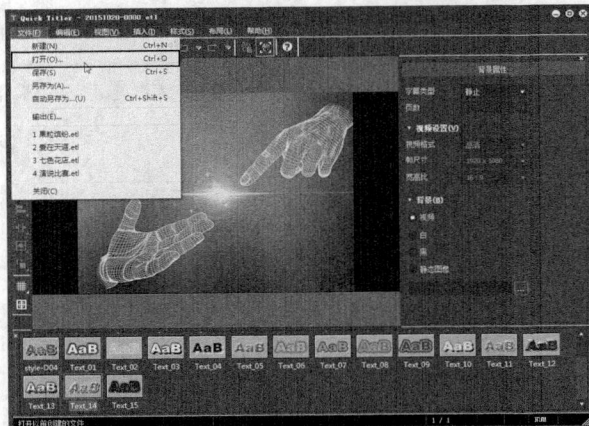

图13-71 单击"打开"命令

STEP 04 执行操作后，弹出"打开"对话框，在其中选择需要打开的标题字幕文件，如图13-72所示。

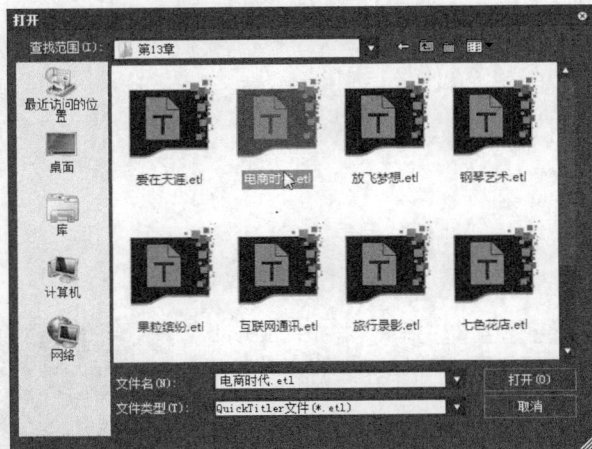

图13-72 选择需要打开的标题字幕

STEP 05 单击"打开"按钮，此时标题字幕内容将显示在字幕窗口中，如图13-73所示。

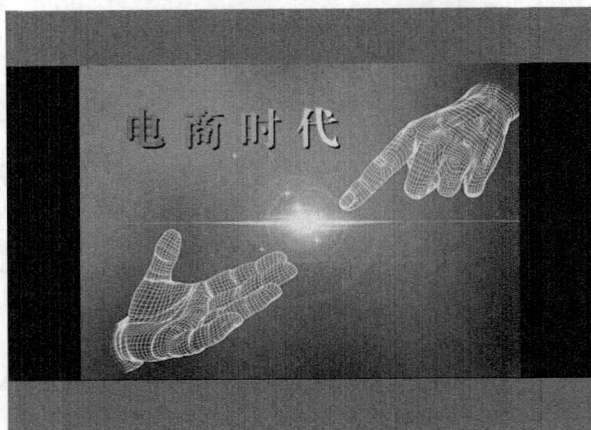

图13-73 显示在字幕窗口中

STEP 06 在菜单栏中，单击"文件"|"保存"命令，如图13-74所示。

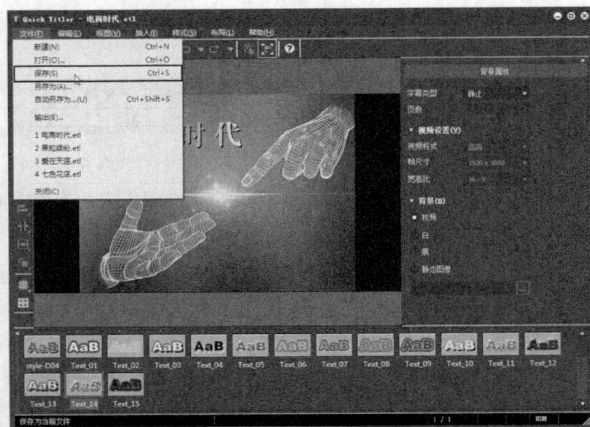

图13-74 单击"保存"命令

STEP 07 执行操作后，保存并退出字幕窗口，此时在素材库面板中将显示添加的字幕文件，如图13-75所示。

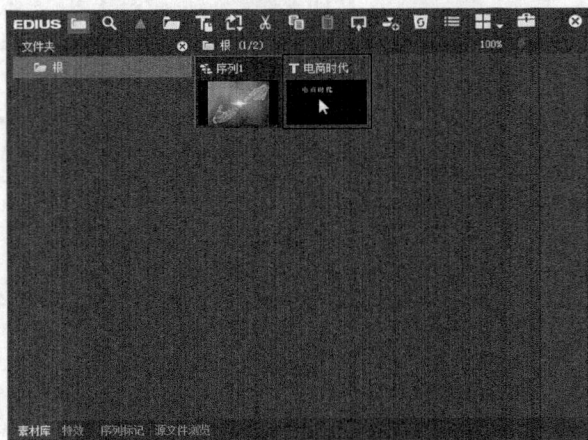

图13-75 显示添加的字幕文件

STEP 08 将添加的字幕文件，拖曳至时间线面板中的1T字幕轨道中，如图13-76所示。

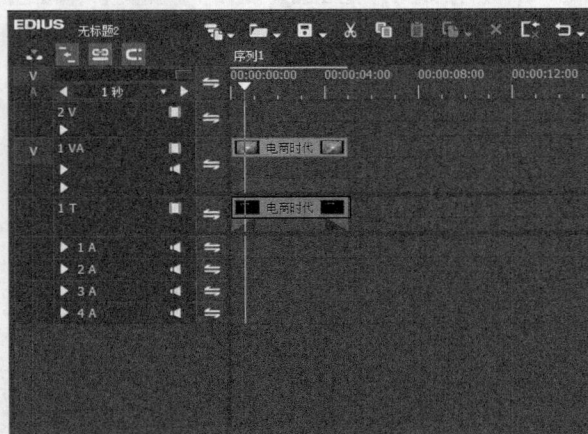

图13-76 拖曳至字幕轨道中

STEP 09 在录制窗口中单击 "播放" 按钮，预览添加标题字幕后的视频效果，如图13-77所示。

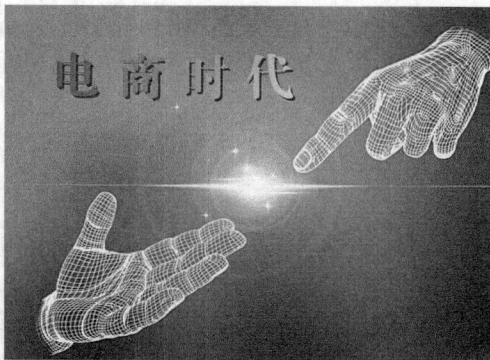

图13-77　预览添加标题字幕后的效果

实战 396　另存为标题字幕文件

▶ **实例位置**：光盘 \ 效果 \ 第 13 章 \ 实战 396.etl
▶ **素材位置**：上一例素材
▶ **视频位置**：光盘 \ 视频 \ 第 13 章 \ 实战 396.mp4

● 实例介绍 ●

在字幕窗口中，用户新建的字幕文件会默认保存在用户最开始设置的项目文件夹中，如果用户需要更改标题字幕的保存位置，此时可以使用 "另存为" 命令对字幕文件进行另存为操作。

● 操作步骤 ●

STEP 01 在字幕窗口的菜单栏中，单击 "文件" 菜单，在弹出的菜单列表中单击 "另存为" 命令，如图13-78所示。

STEP 02 执行操作后，即可弹出 "另存为" 对话框，在其中用户可以根据需要设置字幕文件的名称与保存位置，如图13-79所示，单击 "保存" 按钮，即可对字幕文件进行另存为操作。

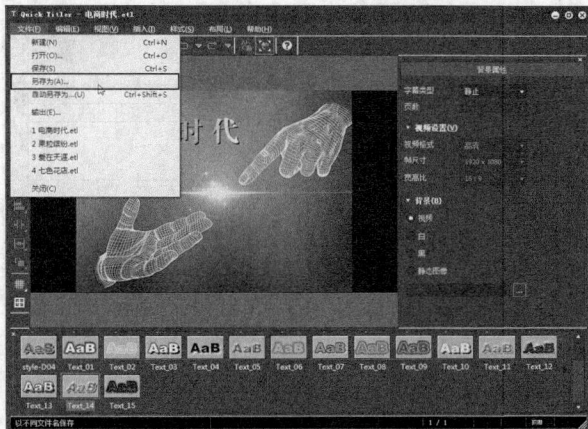

图13-78　单击 "另存为" 命令

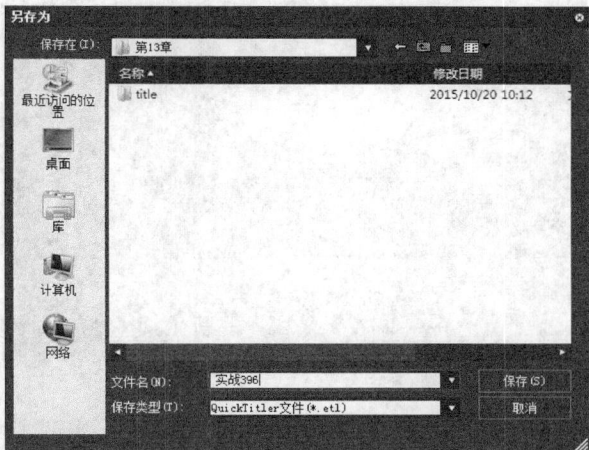

图13-79　设置字幕名称与保存位置

技巧点拨

除了上述方法可以弹出 "另存为" 对话框外，用户在字幕窗口中，依次按 Alt、F、A 键，也可以快速弹出该对话框。

实战 397　复制粘贴标题字幕文件

▶ **实例位置**：光盘 \ 效果 \ 第 13 章 \ 实战 397.ezp
▶ **素材位置**：光盘 \ 素材 \ 第 13 章 \ 实战 397.ezp
▶ **视频位置**：光盘 \ 视频 \ 第 13 章 \ 实战 397.mp4

● 实例介绍 ●

在字幕窗口中，用户对于需要重复使用的字幕文件，还可以进行复制与粘贴操作，提高编辑字幕的效率。

· 操作步骤 ·

STEP 01 在字幕窗口中，运用选择对象工具选择需要复制的字幕，如图13-80所示。

STEP 02 在菜单栏中，单击"编辑"菜单，在弹出的菜单列表中单击"复制"命令，如图13-81所示。

图13-80 选择需要复制的字幕

图13-81 单击"复制"命令

STEP 03 复制字幕文件，然后单击"编辑"|"粘贴"命令，如图13-82所示。

STEP 04 执行操作后，即可对复制的标题字幕进行粘贴操作，运用选择对象工具移动粘贴后的字幕文件，此时字幕窗口中即可显示两个相同的标题字幕，如图13-83所示，完成对字幕文件的复制与粘贴操作。

图13-82 单击"粘贴"命令

图13-83 粘贴字幕后的效果

知识拓展

剪切标题字幕文件

在字幕窗口中，用户可以根据需要对标题字幕文件进行剪切操作。剪切字幕文件的方法很简单，用户首先选择需要剪切的标题字幕，然后单击"编辑"|"剪切"命令，如图13-84所示，执行操作后，即可剪切选择的标题字幕文件。

选择需要剪切的标题字幕文件，按Ctrl + X组合键，也可以快速对字幕文件进行剪切操作。

删除标题字幕文件

在字幕窗口中，用户对于不再使用的标题字幕内容可以进行删除操作，使视频画面保持整洁。删除字幕文件的方法很简单，用户首先选择需要删除的标题字幕文件，然后单击"编辑"|"删除"命令，如图13-85所示，执行操作后，即可删除选择的标题字幕文件。

图13-84 单击"剪切"命令

选择需要删除的标题字幕文件，按 Delete 键，也可以快速对字幕文件进行删除操作。用户还可以通过剪切的方式，在字幕窗口中剪切不需要使用的字幕文件。

图 13-85　单击"删除"命令

13.4　在字幕窗口中插入对象

在字幕窗口中，用户还可以插入其他对象，如插入图像、矩形、椭圆形、圆形以及三角形等图形与图像，使视频画面内容更加丰富多彩。本节主要向读者介绍插入字幕对象的操作方法。

实战 398　插入图像

▶ 实例位置：光盘 \ 效果 \ 第 13 章 \ 实战 398.ezp
▶ 素材位置：光盘 \ 素材 \ 第 13 章 \ 实战 398.jpg
▶ 视频位置：光盘 \ 视频 \ 第 13 章 \ 实战 398.mp4

● 实例介绍 ●

在制作字幕效果前，用户可以为字幕插入相应的背景图像，使视频画面的整体感更加协调。下面向读者介绍插入图像的操作方法。

● 操作步骤 ●

STEP 01 在视频轨中，导入一张静态图像，如图 13-86 所示。

STEP 02 在轨道面板上方，单击"创建字幕"按钮，在弹出的列表框中选择"在1T轨道上创建字幕"选项，如图 13-87 所示。

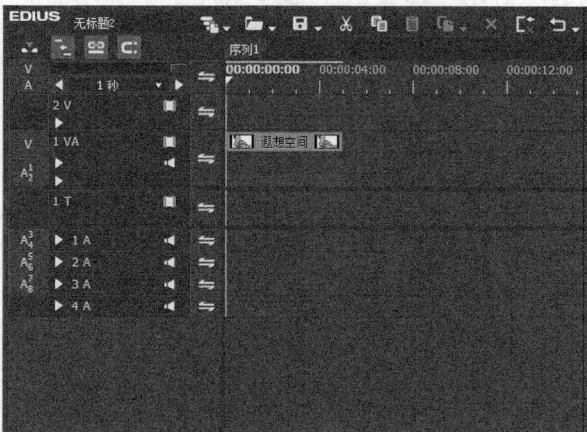

图 13-86　导入一张静态图像

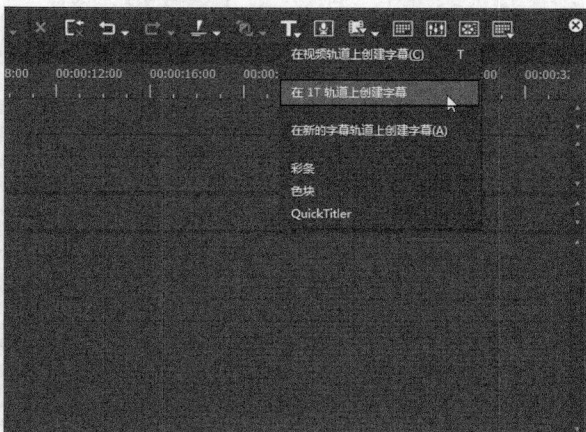

图 13-87　选择相应的选项

STEP 03 执行操作后，打开字幕窗口，在工具箱中选取图像工具，在下方模板库中选择 style-05 图像对象，如图 13-88 所示。

STEP 04 在预览窗口中的适当位置，单击鼠标左键并拖曳，绘制一个合适大小的图像对象，如图 13-89 所示。

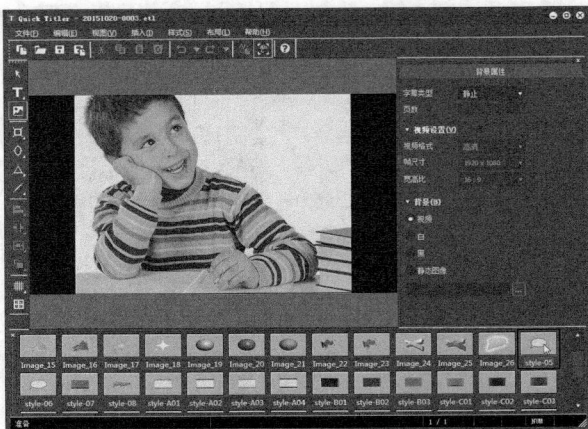
图13-88 选择style-05图像对象

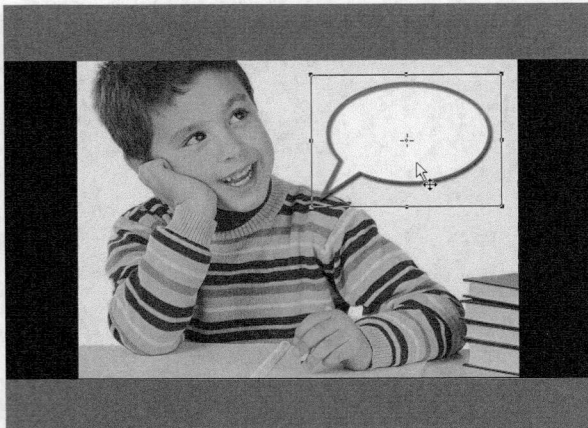
图13-89 绘制一个合适大小的图像

STEP 05 图像绘制完成后，在工具箱中选取横向文本工具，如图13-90所示。

STEP 06 将鼠标光标定位于图像上，此时光标呈闪烁的状态，如图13-91所示。

图13-90 选取横向文本工具

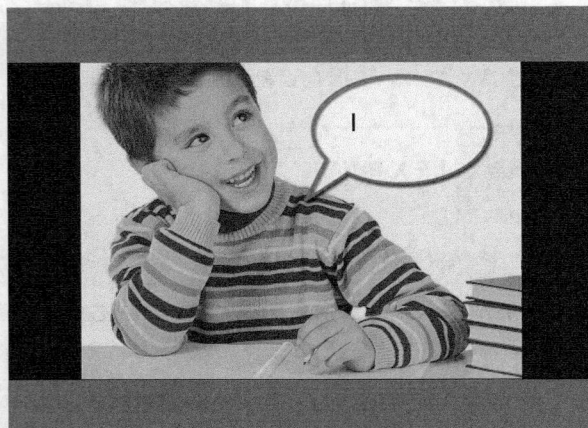
图13-91 光标呈闪烁的状态

STEP 07 选择一种合适的输入法，输入相应文本内容，在"文本属性"面板中设置文本的字体和大小等属性，取消选中"边缘"复选框，字幕效果如图13-92所示。

STEP 08 在工具栏上单击"保存"按钮，保存字幕并退出字幕窗口，将时间线移至视频轨中的开始位置，单击"播放"按钮，预览字幕效果，如图13-93所示。

图13-92 输入相应文本内容

图13-93 预览字幕效果

实战
399　插入矩形

▶ 实例位置：光盘 \ 效果 \ 第 13 章 \ 实战 399.ezp
▶ 素材位置：光盘 \ 素材 \ 第 13 章 \ 实战 399.jpg
▶ 视频位置：光盘 \ 视频 \ 第 13 章 \ 实战 399.mp4

● 实例介绍 ●

在EDIUS 8的字幕窗口中，用户不仅可以插入图像对象，还可以插入矩形对象。下面向读者介绍插入矩形对象的操作方法。

● 操作步骤 ●

STEP 01 在视频轨中，导入一张静态图像，如图13-94所示。

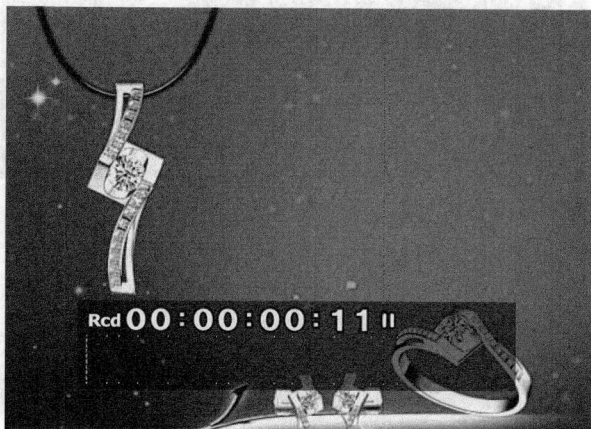
图13-94 导入一张静态图像

STEP 02 在轨道面板上方，单击"创建字幕"按钮，在弹出的列表框中选择"在1T轨道上创建字幕"选项，打开字幕窗口，在工具箱中选取矩形工具，如图13-95所示。

图13-95 选取矩形工具

STEP 03 在下方模板库中选择Rectangle_02矩形对象，如图13-96所示。

图13-96 选择Rectangle_02矩形对象

STEP 04 将鼠标移至预览窗口中的适当位置，单击鼠标左键并拖曳，即可绘制一个合适大小的矩形对象，如图13-97所示。

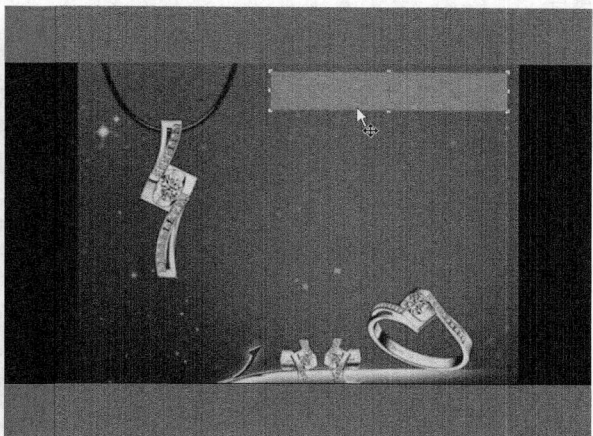
图13-97 绘制矩形对象

技巧点拨

在工具箱中按住矩形工具不放，在弹出的工具面板中，用户还可以选择圆角矩形图形。

STEP 05 矩形绘制完成后，在工具箱中选取横向文本工具，将鼠标光标定位于矩形对象上，此时光标呈闪烁的状态，如图13-98所示。

STEP 06 选择一种合适的输入法，输入相应文本内容，在"文本属性"面板中设置文本的相应属性，在工具栏上单击"保存"按钮，保存字幕并退出字幕窗口，将时间线移至视频轨中的开始位置，单击"播放"按钮，预览字幕效果，如图13-99所示。

技巧点拨

在字幕窗口下方的模板库中，向用户提供了 16 种不同类型和不同样式的矩形对象，用户可以根据实际需要选择相应的矩形图形。

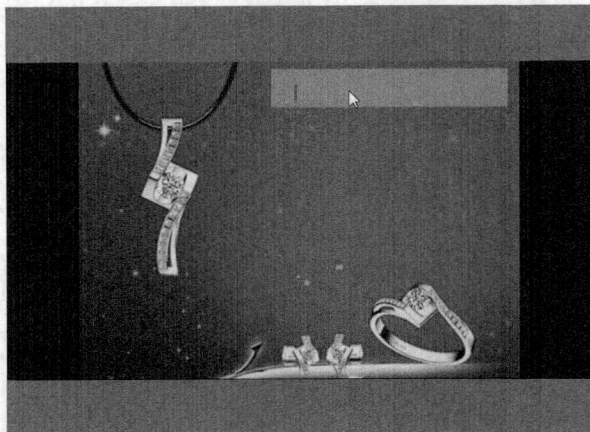

图13-98 光标呈闪烁的状态

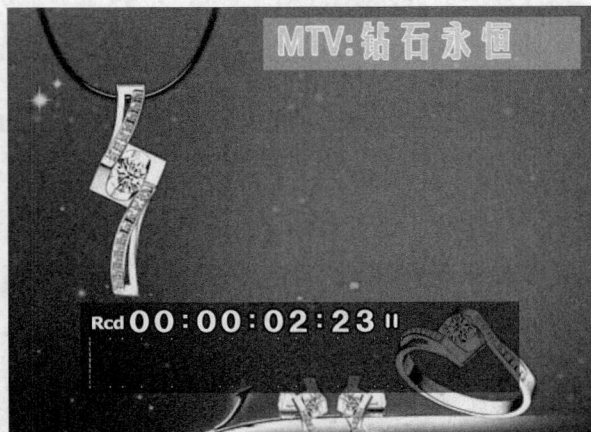

图13-99 预览字幕效果

实战 400 插入椭圆形

▶ 实例位置：光盘 \ 效果 \ 第 13 章 \ 实战 400.ezp
▶ 素材位置：光盘 \ 素材 \ 第 13 章 \ 实战 400.jpg
▶ 视频位置：光盘 \ 视频 \ 第 13 章 \ 实战 400.mp4

● 实例介绍 ●

用户在制作字幕文件时，有时为了配合背景视频画面，需要绘制相应的椭圆图形。下面向读者介绍绘制椭圆图形的操作方法。

● 操作步骤 ●

STEP 01 在视频轨中，导入一张静态图像，如图13-100所示。

STEP 02 在轨道面板上方，单击"创建字幕"按钮，在弹出的列表框中选择"在1T轨道上创建字幕"选项，打开字幕窗口，在工具箱中选取椭圆形工具，如图13-101所示。

图13-100 导入一张静态图像

图13-101 选取椭圆形工具

STEP 03 在下方模板库中选择Ellipse_02椭圆形对象，如图13-102所示。

STEP 04 将鼠标移至预览窗口中的适当位置，单击鼠标左键并拖曳，即可绘制一个合适大小的椭圆形对象，如图13-103所示。

图13-102　选择Ellipse_02椭圆形对象

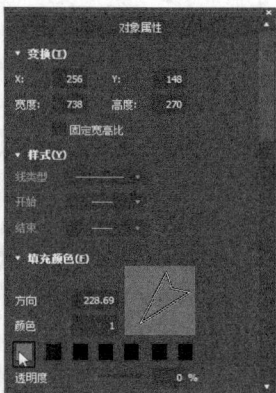

图13-103　绘制椭圆形对象

STEP 05 在"对象属性"面板的"填充颜色"选项区中，单击"颜色"下方的第一个色块，如图13-104所示。

STEP 06 执行操作后，弹出"色彩选择-709"对话框，在其中设置颜色为绿色（RGB参数值分别为-10、108、-3），如图13-105所示。

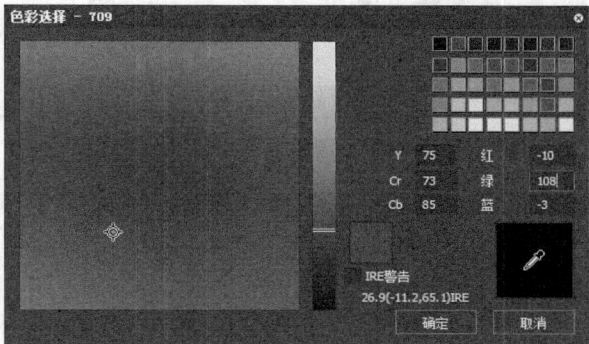

图13-104　单击第一个色块

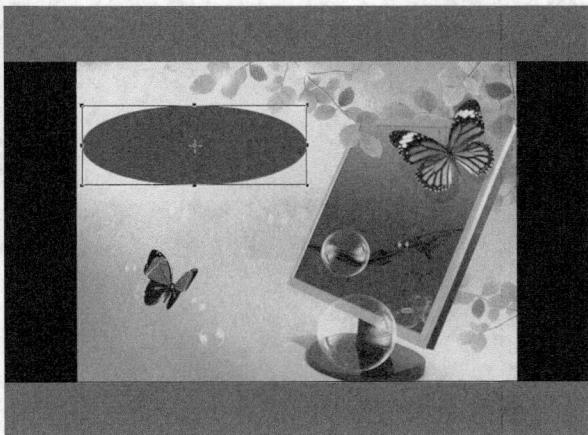

图13-105　设置颜色为绿色

STEP 07 设置完成后，单击"确定"按钮，即可将颜色更改为绿色，如图13-106所示。

STEP 08 在工具箱中选取横向文本工具，将鼠标光标定位于椭圆形对象上，此时光标呈闪烁的状态，如图13-107所示。

图13-106　将颜色更改为绿色

图13-107　光标呈闪烁的状态

STEP 09 选择一种合适的输入法，输入相应文本内容，在"文本属性"面板中设置文本的相应属性，如图13-108所示。

STEP 10 单击"保存"按钮，保存字幕并退出字幕窗口，将时间线移至视频轨中的开始位置，单击"播放"按钮，预览字幕效果，如图13-109所示。

图13-108 输入相应文本内容

图13-109 预览字幕效果

实战 401 插入圆形

▶ **实例位置**：光盘 \ 效果 \ 第 13 章 \ 实战 401.ezp
▶ **素材位置**：光盘 \ 素材 \ 第 13 章 \ 实战 401.jpg
▶ **视频位置**：光盘 \ 视频 \ 第 13 章 \ 实战 401.mp4

● 实例介绍 ●

在EDIUS 8的字幕窗口中，通过圆形工具可以在字幕窗口中绘制圆形对象。

● 操作步骤 ●

STEP 01 在工具箱中选取圆形工具，如图13-110所示。

STEP 02 在下方模板库中选择相应的圆形对象，将鼠标移至预览窗口中的适当位置，单击鼠标左键并拖曳，即可绘制一个合适大小的圆形对象，如图13-111所示。

图13-110 选取圆形工具

图13-111 绘制一个合适大小的圆形

实战 402 插入等腰三角形

▶ **实例位置**：光盘 \ 效果 \ 第 13 章 \ 实战 402.ezp
▶ **素材位置**：上一例素材
▶ **视频位置**：光盘 \ 视频 \ 第 13 章 \ 实战 402.mp4

● 实例介绍 ●

在EDIUS 8的字幕窗口中，通过等腰三角形工具可以在字幕窗口中绘制等腰三角形对象。

STEP 01　在工具箱中选取等腰三角形工具，如图13-112所示。

STEP 02　在下方模板库中选择相应的等腰三角形对象，将鼠标移至预览窗口中的适当位置，单击鼠标左键并拖曳，即可绘制一个合适大小的等腰三角形对象，如图13-113所示。

图13-112　选取等腰三角形工具

图13-113　绘制等腰三角形对象

STEP 03　在下方模板库中选择不同的等腰三角形，可以绘制出不同样式的等腰三角形对象，如图13-114所示。

图13-114　绘制不同样式的等腰三角形

实战 403　插入直角三角形

▶ 实例位置：光盘 \ 效果 \ 第 13 章 \ 实战 403.ezp
▶ 素材位置：上一例素材
▶ 视频位置：光盘 \ 视频 \ 第 13 章 \ 实战 403.mp4

• 实例介绍 •

在EDIUS 8的字幕窗口中，通过直角三角形工具可以在字幕窗口中绘制直角三角形对象。

• 操作步骤 •

STEP 01　在工具箱中选取直角三角形工具，如图13-115所示。

STEP 02　在下方模板库中选择相应的直角三角形对象，将鼠标移至预览窗口中的适当位置，单击鼠标左键并拖曳，即可绘制一个合适大小的直角三角形对象，如图13-116所示。

图13-115 选取直角三角形工具

图13-116 绘制直角三角形

实战 404 插入直线

▶ 实例位置：光盘 \ 效果 \ 第 13 章 \ 实战 404.ezp
▶ 素材位置：上一例素材
▶ 视频位置：光盘 \ 视频 \ 第 13 章 \ 实战 404.mp4

● 实例介绍 ●

在EDIUS 8的字幕窗口中，通过线工具可以在字幕窗口中绘制直线形对象。EDIUS 8向用户提供了16种不同类型、不同样式的线型图形供用户进行选择。

● 操作步骤 ●

STEP 01 用户首先需要在工具箱中选取线工具，如图13-117所示。

STEP 02 在下方模板库中选择相应的线型对象，将鼠标移至预览窗口中的适当位置，单击鼠标左键并拖曳，即可绘制出一个合适大小的线型对象，如图13-118所示。

图13-117 选取线工具

图13-118 绘制线型对象

STEP 03 在下方模板库中选择不同的线型图形，可以绘制出不同样式的线型对象，如图13-119所示。

图13-119 绘制不同样式的线型对象

13.5 制作"划像"字幕特效

如果说转场是专为视频准备的出入屏方式,那么字幕混合特效就是为字幕轨道准备的出入屏方式。在"字幕混合"特效组中,向读者提供了划像运动效果,其中包括多种不同的划像特效,如向上划像、向下划像以及向右划像等,本节主要向读者详细介绍划像运动效果的制作方法。

实战 405	制作 "向上划像" 运动效果

▶ 实例位置:光盘 \ 效果 \ 第 13 章 \ 实战 405.ezp
▶ 素材位置:光盘 \ 素材 \ 第 13 章 \ 实战 405.ezp
▶ 视频位置:光盘 \ 视频 \ 第 13 章 \ 实战 405.mp4

● 实例介绍 ●

在EDIUS 8工作界面中,向上划像是指从下往上慢慢显示字幕,待字幕播放结束时,再从下往上慢慢消失字幕的运动效果。下面向读者介绍制作字幕向上划像运动效果的操作方法。

● 操作步骤 ●

STEP 01 单击 "文件" | "打开工程" 命令,打开一个工程文件,如图13–120所示。

STEP 02 展开特效面板,在 "划像" 特效组中,选择 "向上划像" 运动效果,如图13–121所示。

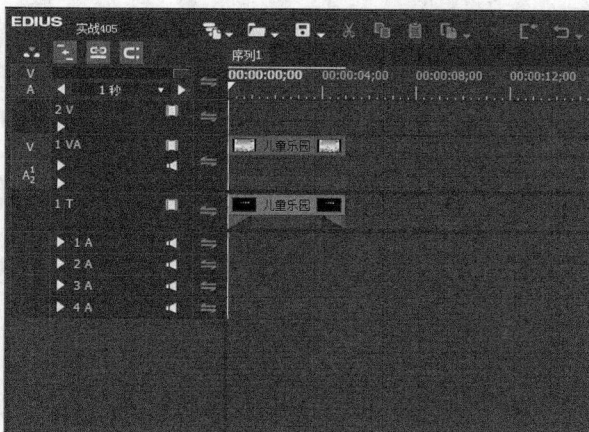

图13-120 打开一个工程文件

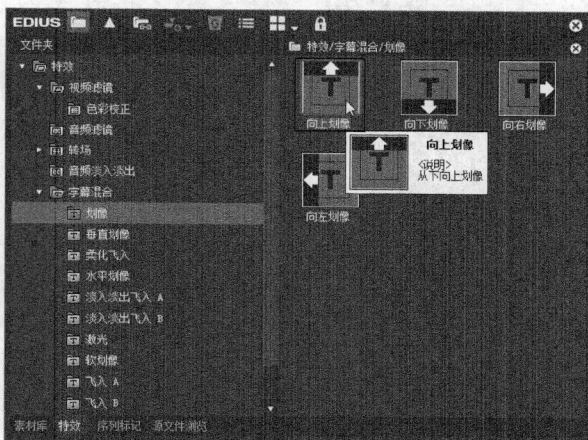

图13-121 选择 "向上划像" 运动效果

STEP 03 在选择的运动效果上,单击鼠标左键并拖曳至1T字幕轨道中的字幕文件上,释放鼠标左键,添加 "向上划像" 运动效果,如图13–122所示。

STEP 04 展开 "信息" 面板,在其中可以查看添加的 "向上划像" 运动效果,如图13–123所示。

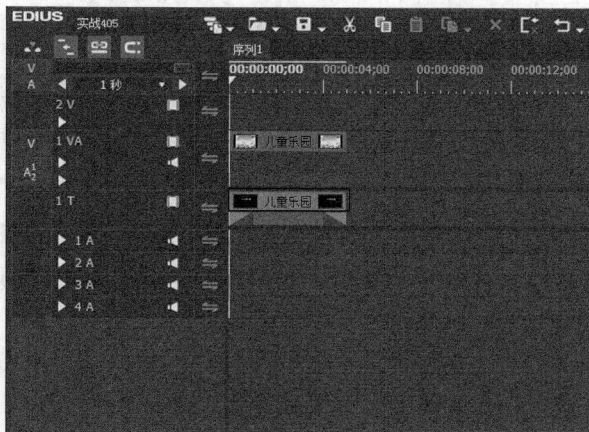

图13-122 拖曳至字幕文件上

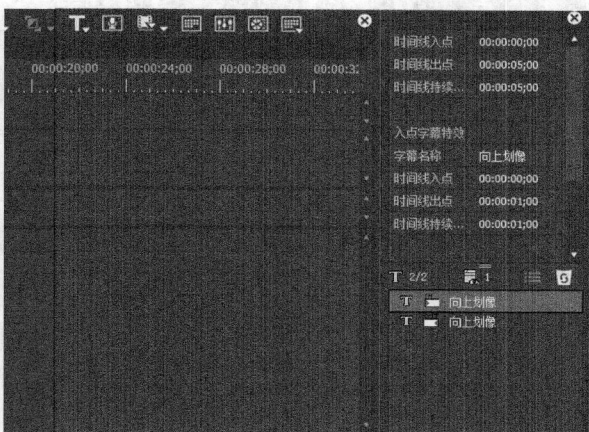

图13-123 查看运动效果

技巧点拨

在"字幕混合"特效组中，选择相应的字幕特效后，单击鼠标右键，在弹出的快捷菜单中选择"添加到时间线"｜"全部"｜"中心"选项，即可将选择的字幕特效添加至1T字幕轨道中的字幕文件上。

STEP 05 将时间线移至轨道面板中的开始位置，单击"播放"按钮，预览添加"向上划像"运动效果后的标题字幕，效果如图13-124所示。

图13-124 预览字幕运动效果

实战 406 制作"向下划像"运动效果

▶ 实例位置：光盘＼效果＼第13章＼实战406.ezp
▶ 素材位置：光盘＼素材＼第13章＼实战406.ezp
▶ 视频位置：光盘＼视频＼第13章＼实战406.mp4

● 实例介绍 ●

在EDIUS 8工作界面中，向下划像是指从上往下慢慢地显示或消失字幕的运动效果。下面向读者介绍制作字幕向下划像的运动效果。

● 操作步骤 ●

STEP 01 单击"文件"｜"打开工程"命令，打开一个工程文件，如图13-125所示。

STEP 02 展开特效面板，在"划像"特效组中，选择"向下划像"运动效果，如图13-126所示。

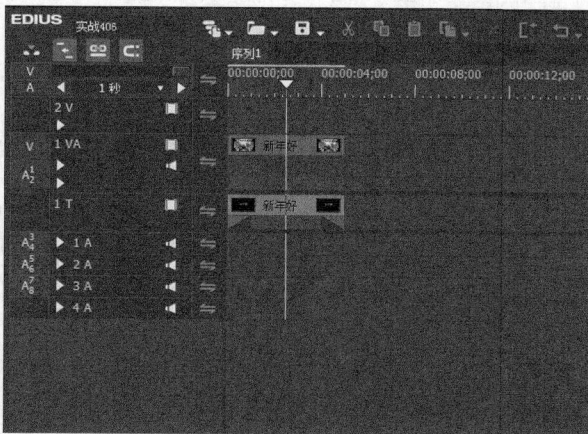

图13-125 打开一个工程文件

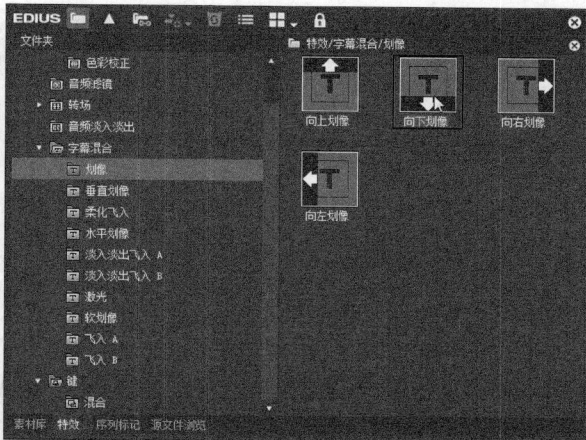

图13-126 选择"向下划像"运动效果

STEP 03 将选择的运动效果拖曳至1T字幕轨道中的字幕文件上,释放鼠标左键,即可添加运动效果,单击"播放"按钮,预览添加"向下划像"运动效果后的标题字幕,效果如图13-127所示。

图13-127 预览"向下划像"运动效果

技巧点拨

在 EDIUS 8 工作界面中,用户可以通过以下 3 种方法,删除字幕运动效果。

在"信息"面板中选择要删除的运动效果,按 Delete 键,即可删除运动效果。

在 1T 轨道面板中选择已添加的运动效果,按 Delete 键,即可删除运动效果。

在"信息"面板中,单击"删除"按钮,即可删除运动效果。

实战 407 制作"向右划像"运动效果

▶ 实例位置：光盘 \ 效果 \ 第 13 章 \ 实战 407.ezp
▶ 素材位置：上一例素材
▶ 视频位置：光盘 \ 视频 \ 第 13 章 \ 实战 407.mp4

● 实例介绍 ●

在EDIUS 8工作界面中，向右划像是指从左往右慢慢地显示或消失字幕的运动效果。

● 操作步骤 ●

STEP 01 单击"文件"|"打开工程"命令，打开一个工程文件，如图13-128所示。

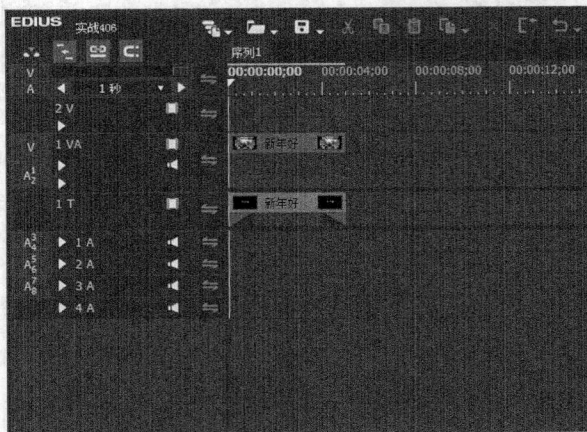

图13-128 打开一个工程文件

STEP 03 在选择的运动效果上，单击鼠标左键并拖曳至1T字幕轨道中的字幕文件上，释放鼠标左键，添加"向右划像"运动效果，如图13-130所示。

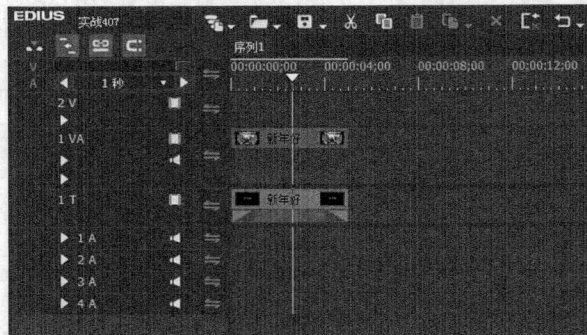

图13-130 拖曳至字幕文件上

STEP 05 将时间线移至轨道面板中的开始位置，单击"播放"按钮，预览添加"向右划像"运动效果后的标题字幕，效果如图13-132所示。

STEP 02 展开特效面板，在"划像"特效组中，选择"向右划像"运动效果，如图13-129所示。

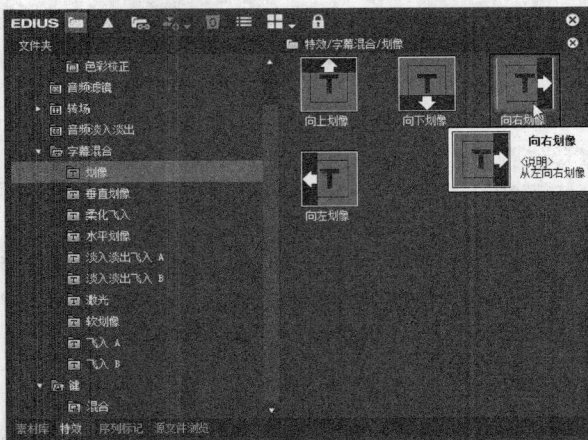

图13-129 选择"向右划像"运动效果

STEP 04 展开"信息"面板，在其中可以查看添加的"向右划像"运动效果，如图13-131所示。

图13-131 查看运动效果

图13-132 预览字幕运动效果

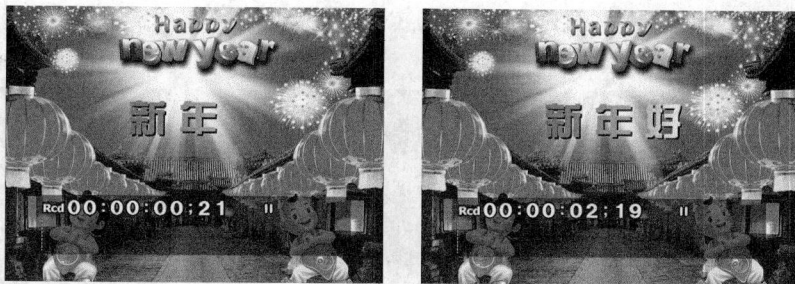

图13-132 预览字幕运动效果（续）

实战 408　制作"向左划像"运动效果

▶ 实例位置：光盘 \ 效果 \ 第 13 章 \ 实战 408.ezp
▶ 素材位置：光盘 \ 素材 \ 第 13 章 \ 实战 408.ezp
▶ 视频位置：光盘 \ 视频 \ 第 13 章 \ 实战 408.mp4

● 实例介绍 ●

在EDIUS 8工作界面中，向左划像是指从右往左慢慢地显示或消失字幕的运动效果。

● 操作步骤 ●

STEP 01 单击"文件"|"打开工程"命令，打开一个工程文件，如图13-133所示。

STEP 02 展开特效面板，在"划像"特效组中，选择"向左划像"运动效果，如图13-134所示。

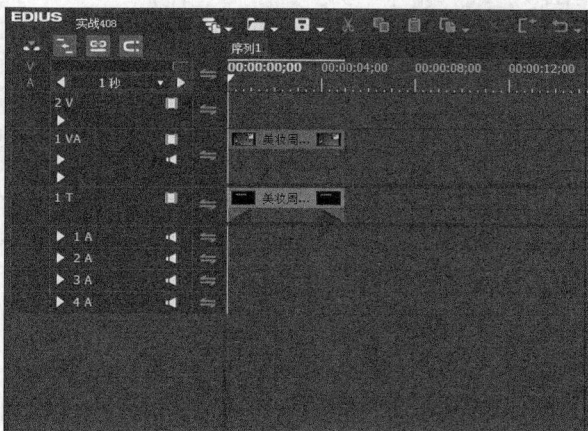

图13-133 打开一个工程文件

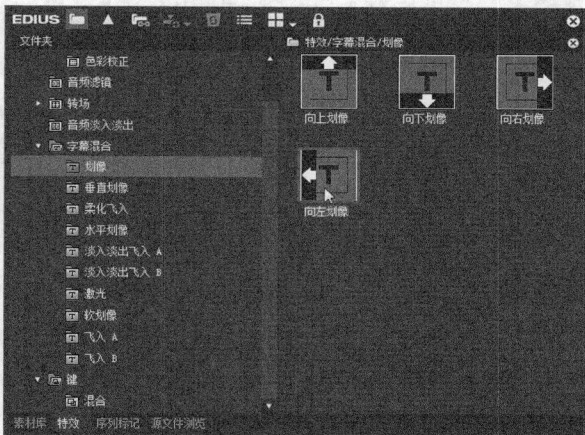

图13-134 选择"向右划像"运动效果

STEP 03 在选择的运动效果上，单击鼠标左键并拖曳至1T字幕轨道中的字幕文件上，释放鼠标左键，添加"向左划像"运动效果，如图13-135所示。

STEP 04 展开"信息"面板，在其中可以查看添加的"向左划像"运动效果，如图13-136所示。

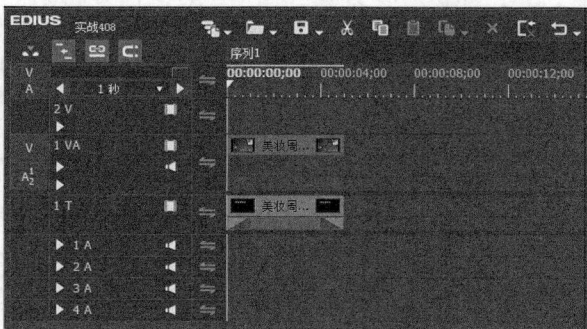

图13-135 拖曳至字幕文件上

图13-136 查看运动效果

503

STEP 05 将时间线移至轨道面板中的开始位置，单击"播放"按钮，预览添加"向左划像"运动效果后的标题字幕，效果如图13-137所示。

图13-137 预览字幕运动效果

13.6 制作"垂直划像"字幕特效

在EDIUS 8工作界面中，垂直划像是指以垂直运动的方式慢慢地显示或消失字幕，下面向读者介绍制作字幕垂直划像的运动效果。

实战 409	制作"垂直划像【中心–>边缘】"运动效果

▶ 实例位置：光盘 \ 效果 \ 第 13 章 \ 实战 409.ezp
▶ 素材位置：光盘 \ 素材 \ 第 13 章 \ 实战 409.ezp
▶ 视频位置：光盘 \ 视频 \ 第 13 章 \ 实战 409.mp4

● 实例介绍 ●

在EDIUS 8工作界面中，垂直划像【中心–>边缘】是指以垂直运动的方式从中心向边缘慢慢地显示或消失字幕的运动效果。下面向读者介绍制作字幕垂直划像【中心–>边缘】的运动效果。

● 操作步骤 ●

STEP 01 单击"文件"|"打开工程"命令，打开一个工程文件，如图13-138所示。

STEP 02 展开特效面板，在"垂直划像"特效组中，选择"垂直划像【中心–>边缘】"运动效果，如图13-139所示。

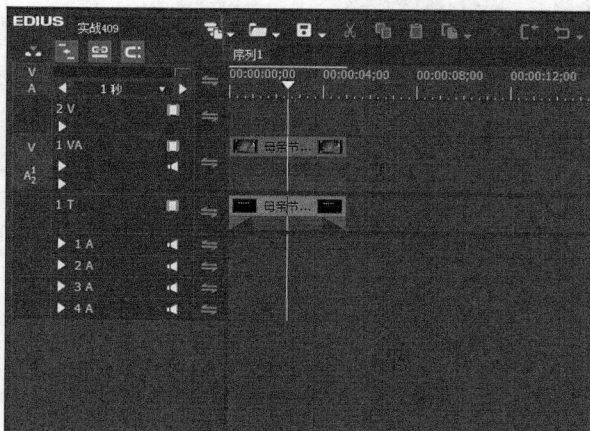

图13-138 打开一个工程文件

图13-139 选择"垂直划像【中心->边缘】"运动效果

STEP 03 在选择的运动效果上,单击鼠标左键并拖曳至1T字幕轨道中的字幕文件上,释放鼠标左键,添加"垂直划像【中心->边缘】"运动效果,如图13-140所示。

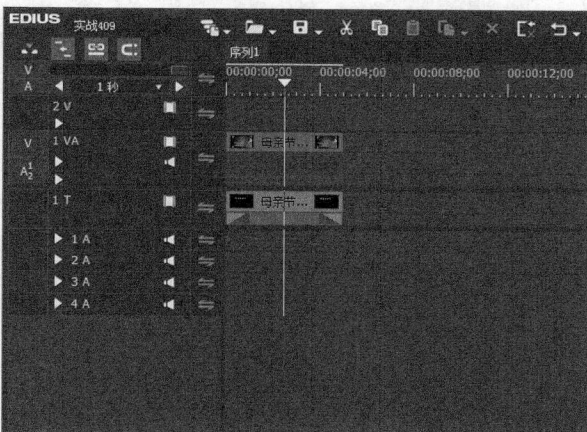

STEP 04 展开"信息"面板,在其中可以查看添加的"垂直划像【中心->边缘】"运动效果,如图13-141所示。

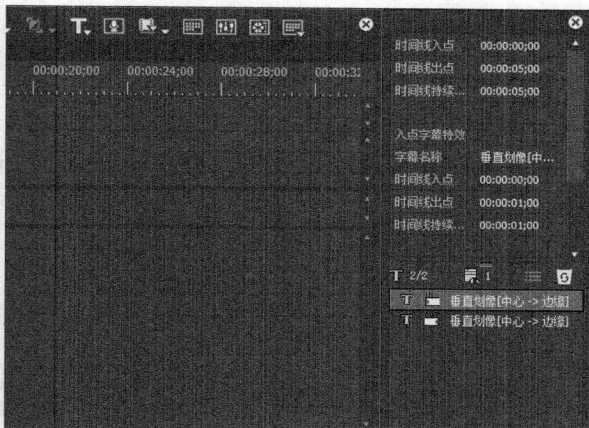

图13-140 拖曳至字幕文件上

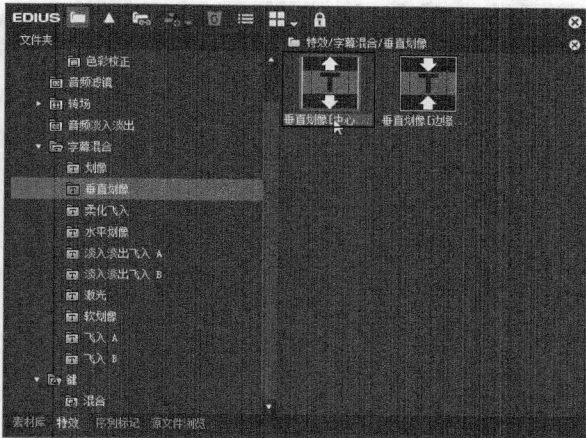

图13-141 查看运动效果

STEP 05 将时间线移至轨道面板中的开始位置,单击"播放"按钮,预览添加"垂直划像【中心->边缘】"运动效果后的标题字幕,效果如图13-142所示。

图13-142 预览字幕运动效果

图13-142 预览字幕运动效果（续）

实战 410 制作"垂直划像【边缘->中心】"运动效果

▶ 实例位置：光盘 \ 效果 \ 第 13 章 \ 实战 410.ezp
▶ 素材位置：光盘 \ 素材 \ 第 13 章 \ 实战 410.ezp
▶ 视频位置：光盘 \ 视频 \ 第 13 章 \ 实战 410.mp4

● 实例介绍 ●

在EDIUS 8工作界面中，垂直划像【边缘->中心】是指以垂直运动的方式从中心向边缘慢慢地显示或消失字幕的运动效果。下面向读者介绍制作字幕垂直划像【边缘->中心】的运动效果。

● 操作步骤 ●

STEP 01 单击"文件"|"打开工程"命令，打开一个工程文件，如图13-143所示。

STEP 02 展开特效面板，在"垂直划像"特效组中，选择"垂直划像【边缘->中心】"运动效果，如图13-144所示。

图13-143 打开一个工程文件

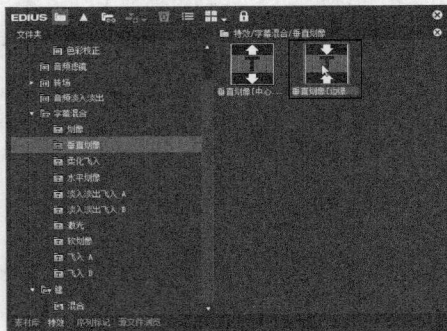

图13-144 选择"垂直划像【边缘->中心】"运动效果

STEP 03 在选择的运动效果上，单击鼠标左键并拖曳至1T字幕轨道中的字幕文件上，释放鼠标左键，添加"垂直划像【边缘->中心】"运动效果，如图13-145所示。

STEP 04 展开"信息"面板，在其中可以查看添加的"垂直划像【边缘->中心】"运动效果，如图13-146所示。

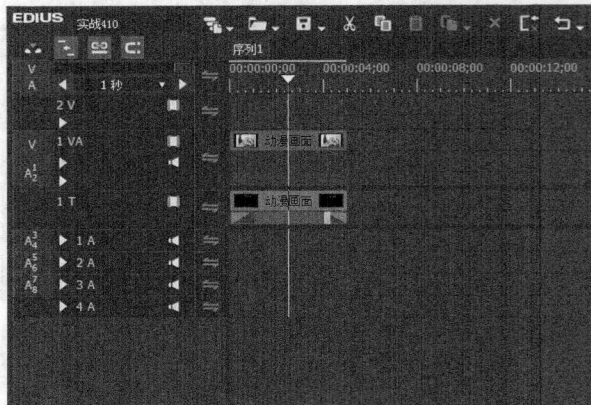

图13-145 拖曳至字幕文件上

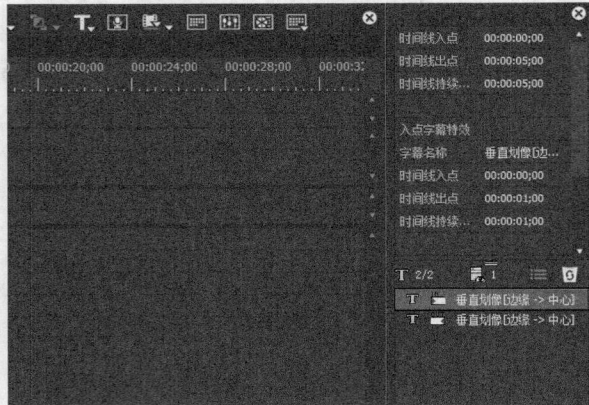

图13-146 查看运动效果

STEP 05 将时间线移至轨道面板中的开始位置，单击"播放"按钮，预览添加"垂直划像【边缘->中心】"运动效果后的标题字幕，效果如图13-147所示。

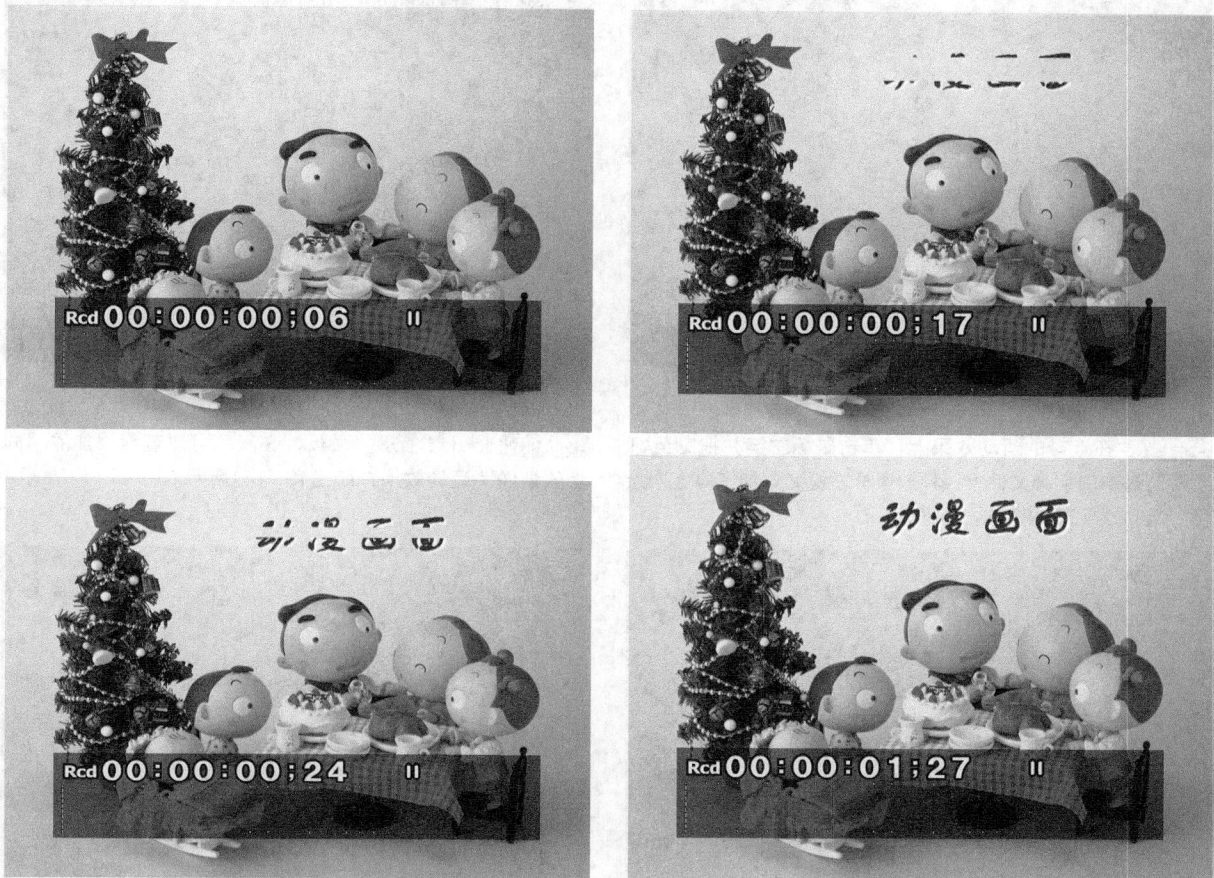

图13-147 预览字幕运动效果

13.7 制作"柔化飞入"字幕特效

在EDIUS 8工作界面中，柔化飞入的运动效果与划像的运动效果基本相同，只是边缘做了柔化处理。在"柔化飞入"特效组中，一共包含4种不同的柔化飞入动画效果，用户可以根据实际需要进行相应选择。

本节主要向读者介绍制作柔化飞入运动效果的操作方法，希望读者可以熟练掌握。

实战 411	制作"向上软划像"运动效果	▶ 实例位置：光盘 \ 效果 \ 第 13 章 \ 实战 411.ezp ▶ 素材位置：光盘 \ 素材 \ 第 13 章 \ 实战 411.ezp ▶ 视频位置：光盘 \ 视频 \ 第 13 章 \ 实战 411.mp4

● 实例介绍 ●

在EDIUS 8工作界面中，向上软划像是指从下往上慢慢浮入显示字幕的运动效果，下面向读者介绍制作字幕向上软划像的运动效果。

● 操作步骤 ●

STEP 01 单击"文件"|"打开工程"命令，打开一个工程文件，如图13-148所示。

STEP 02 展开特效面板，在"柔化飞入"特效组中，选择"向上软划像"运动效果，如图13-149所示。

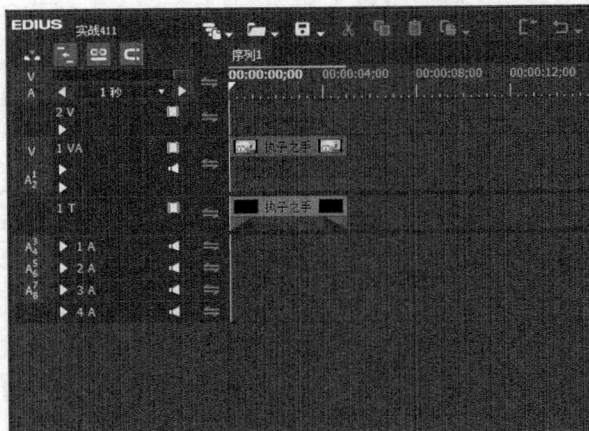

图13-148 打开一个工程文件

图13-149 选择"向上软划像"运动效果

STEP 03 在选择的运动效果上，单击鼠标左键并拖曳至1T字幕轨道中的字幕文件上，释放鼠标左键，添加"向上软划像"运动效果，如图13-150所示。

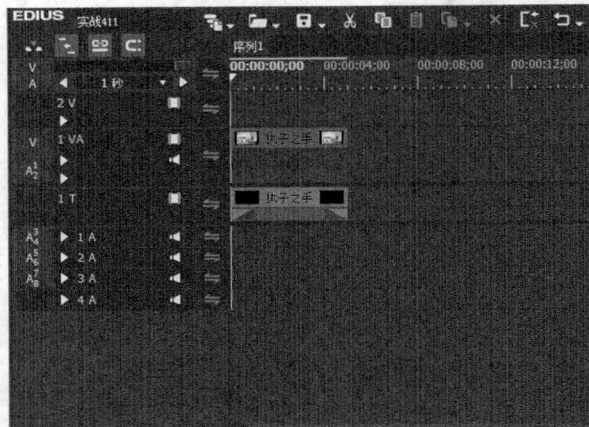

STEP 04 展开"信息"面板，在其中可以查看添加的"向上软划像"运动效果，如图13-151所示。

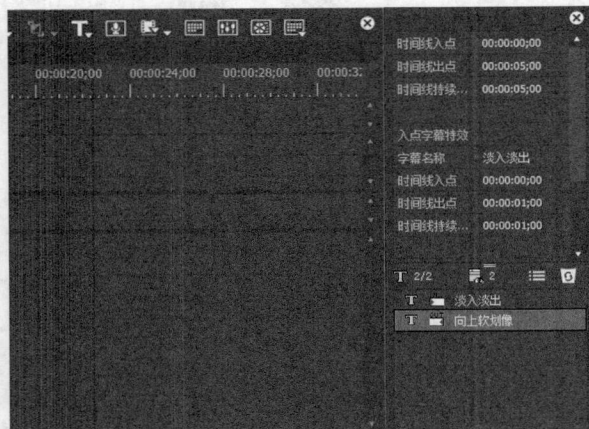

图13-150 拖曳至字幕文件上

图13-151 查看运动效果

STEP 05 将时间线移至轨道面板中的开始位置，单击"播放"按钮，预览添加"向上软划像"运动效果后的标题字幕，效果如图13-152所示。

图13-152 预览字幕运动效果

图13-152 预览字幕运动效果（续）

实战 412 制作"向下软划像"运动效果

▶ 实例位置：光盘 \ 效果 \ 第 13 章 \ 实战 412.ezp
▶ 素材位置：光盘 \ 素材 \ 第 13 章 \ 实战 412.ezp
▶ 视频位置：光盘 \ 视频 \ 第 13 章 \ 实战 412.mp4

● 实例介绍 ●

在EDIUS 8工作界面中，向下软划像是指从上往下慢慢浮入显示字幕的运动效果，下面向读者介绍制作字幕向下软划像的运动效果。

● 操作步骤 ●

STEP 01 单击"文件"|"打开工程"命令，打开一个工程文件，如图13-153所示。

STEP 02 展开特效面板，在"柔化飞入"特效组中，选择"向下软划像"运动效果，如图13-154所示。

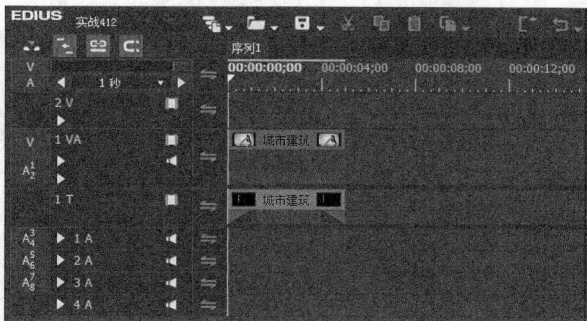

图13-153 打开一个工程文件

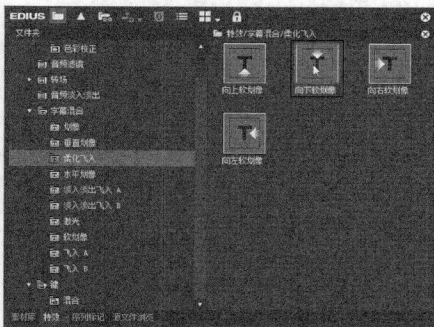

图13-154 选择"向下软划像"运动效果

STEP 03 在选择的运动效果上，单击鼠标左键并拖曳至1T字幕轨道中的字幕文件上，释放鼠标左键，添加"向下软划像"运动效果，如图13-155所示。

STEP 04 展开"信息"面板，在其中可以查看添加的"向下软划像"运动效果，如图13-156所示。

图13-155 拖曳至字幕文件上

图13-156 查看运动效果

STEP 05 将时间线移至轨道面板中的开始位置，单击"播放"按钮，预览添加"向下软划像"运动效果后的标题字幕，效果如图13-157所示。

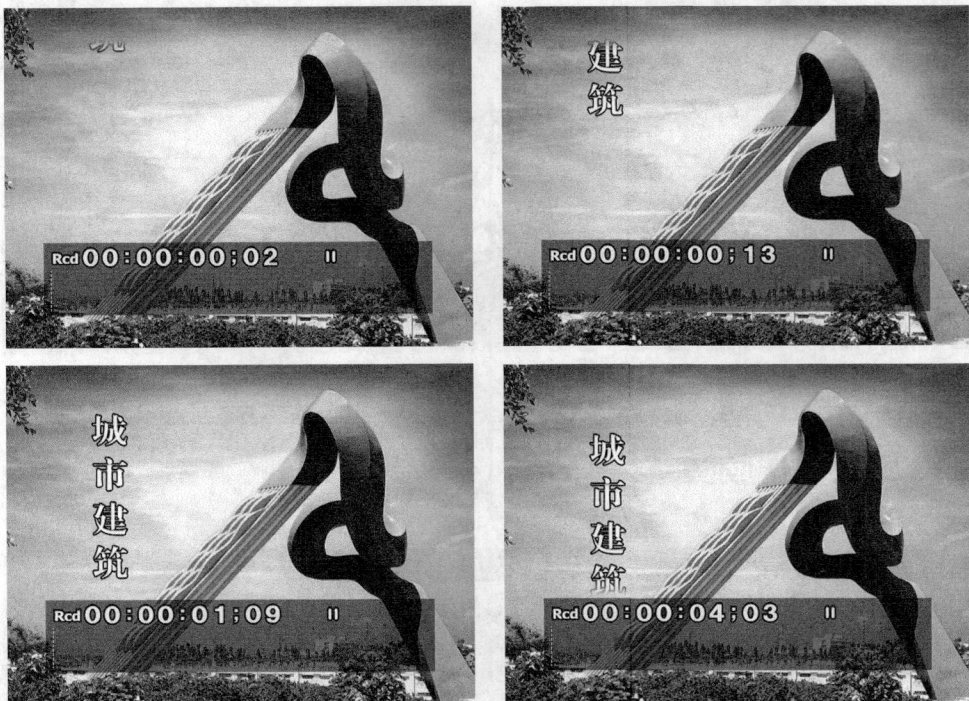

图13-157 预览字幕运动效果

实战 413 制作"向右软划像"运动效果

▶ 实例位置：光盘 \ 效果 \ 第 13 章 \ 实战 413.ezp
▶ 素材位置：光盘 \ 素材 \ 第 13 章 \ 实战 413.ezp
▶ 视频位置：光盘 \ 视频 \ 第 13 章 \ 实战 413.mp4

● 实例介绍 ●

在EDIUS 8工作界面中，向右软划像是指从左往右慢慢浮入显示字幕的运动效果，下面向读者介绍制作字幕向右软划像的运动效果。

● 操作步骤 ●

STEP 01 单击"文件" | "打开工程"命令，打开一个工程文件，如图13-158所示。

STEP 02 展开特效面板，在"柔化飞入"特效组中，选择"向右软划像"运动效果，如图13-159所示。

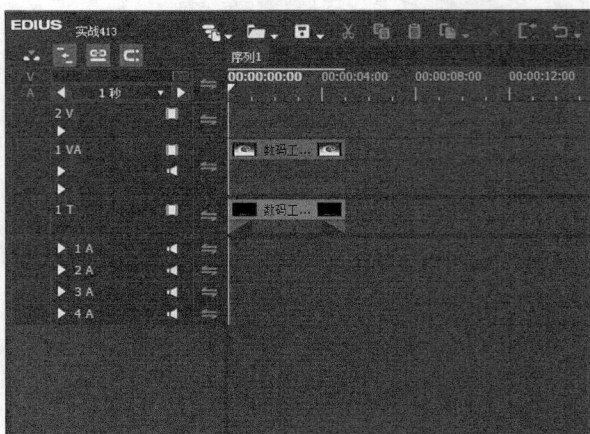

图13-158 打开一个工程文件

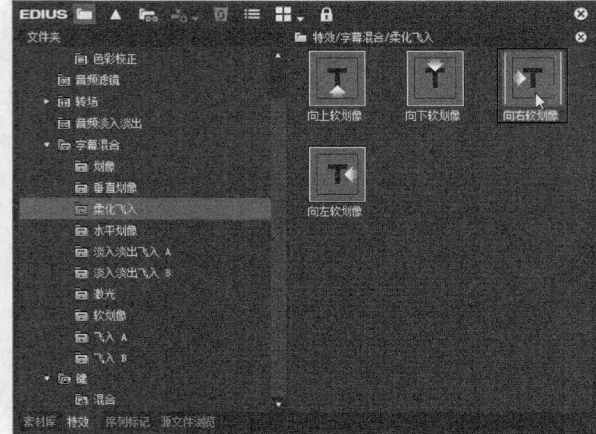

图13-159 选择"向右软划像"运动效果

STEP 03 在选择的运动效果上，单击鼠标左键并拖曳至1T字幕轨道中的字幕文件上，释放鼠标左键，添加"向右软划像"运动效果，如图13-160所示。

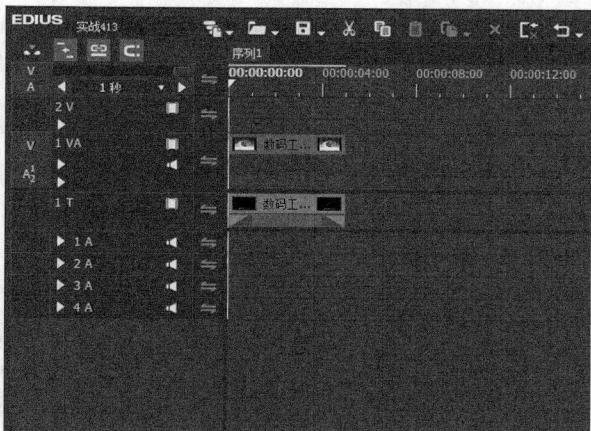

STEP 04 展开"信息"面板，在其中可以查看添加的"向右软划像"运动效果，如图13-161所示。

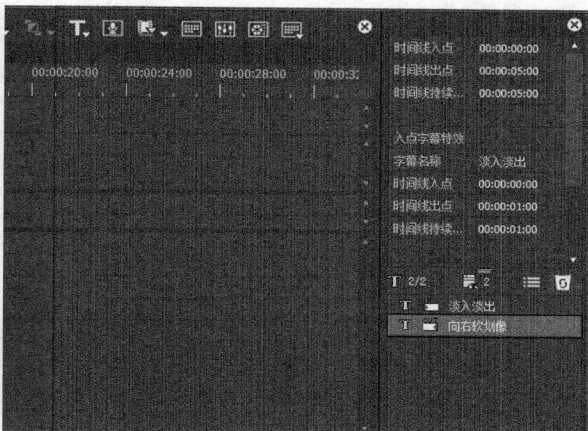

图13-160 拖曳至字幕文件上

图13-161 查看运动效果

STEP 05 将时间线移至轨道面板中的开始位置，单击"播放"按钮，预览添加"向右软划像"运动效果后的标题字幕，效果如图13-162所示。

图13-162 预览字幕运动效果

实战 414 制作"向左软划像"运动效果

▶ 实例位置：光盘\效果\第13章\实战414.ezp
▶ 素材位置：光盘\素材\第13章\实战414.ezp
▶ 视频位置：光盘\视频\第13章\实战414.mp4

● 实例介绍 ●

在EDIUS 8工作界面中，向左软划像是指从右往左慢慢浮入显示字幕的运动效果，下面向读者介绍制作字幕向左软划像的运动效果。

● 操作步骤 ●

STEP 01 单击"文件"|"打开工程"命令，打开一个工程文件，如图13-163所示。

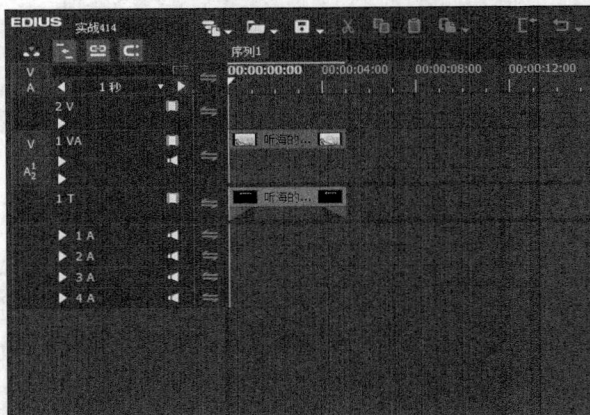

图13-163 打开一个工程文件

STEP 02 展开特效面板，在"柔化飞入"特效组中，选择"向左软划像"运动效果，如图13-164所示。

图13-164 选择"向左软划像"运动效果

STEP 03 在选择的运动效果上，单击鼠标左键并拖曳至1T字幕轨道中的字幕文件上，释放鼠标左键，添加"向左软划像"运动效果，如图13-165所示。

图13-165 拖曳至字幕文件上

STEP 04 展开"信息"面板，在其中可以查看添加的"向左软划像"运动效果，如图13-166所示。

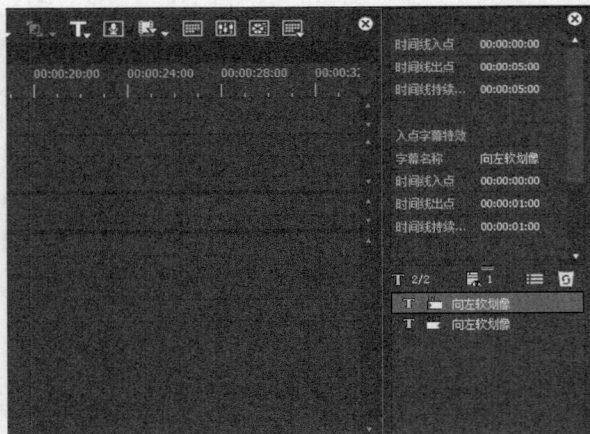

图13-166 查看运动效果

STEP 05 将时间线移至轨道面板中的开始位置，单击"播放"按钮，预览添加"向左软划像"运动效果后的标题字幕，效果如图13-167所示。

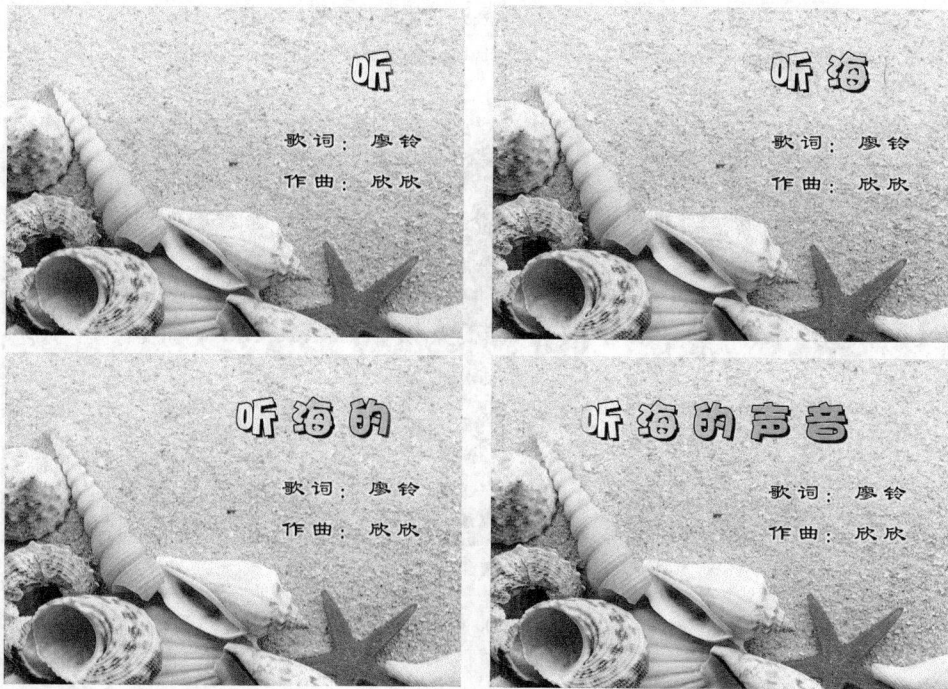

图13-167 预览字幕运动效果

13.8 制作"水平划像"字幕特效

在EDIUS 8工作界面中，水平划像是指以水平划像的方式慢慢地显示或消失字幕的运动效果。下面向读者介绍制作字幕水平划像的运动效果。

实战 415 制作水平划像【中心-->边缘】运动效果

▶ 实例位置：光盘＼效果＼第 13 章＼实战 415.ezp
▶ 素材位置：光盘＼素材＼第 13 章＼实战 415.ezp
▶ 视频位置：光盘＼视频＼第 13 章＼实战 415.mp4

● 实例介绍 ●

在EDIUS 8工作界面中，水平划像【中心--边缘】是指从中心向边缘慢慢地显示或消失字幕的运动效果，下面向读者介绍制作字幕水平划像【中心--边缘】的运动效果。

● 操作步骤 ●

STEP 01 单击"文件"｜"打开工程"命令，打开一个工程文件，如图13-168所示。

STEP 02 展开特效面板，在"水平划像"特效组中，选择"水平划像【中心-->边缘】"运动效果，如图13-169所示。

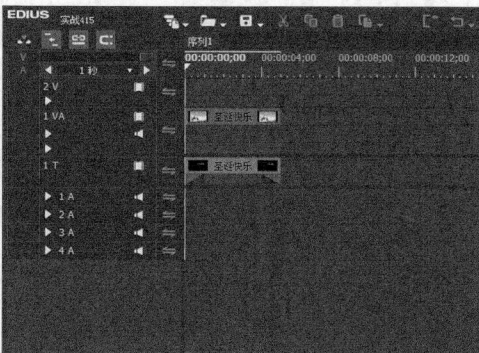

图13-168 打开一个工程文件

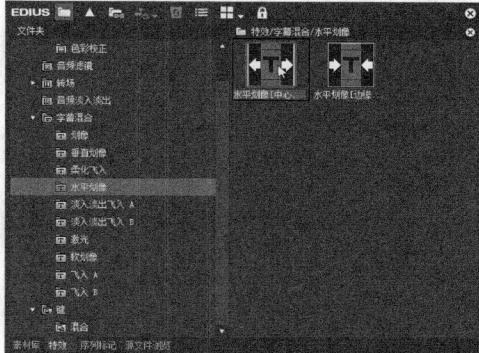

图13-169 选择"向水平划像【中心-->边缘】"运动效果

STEP 03 在选择的运动效果上，单击鼠标左键并拖曳至1T字幕轨道中的字幕文件上，释放鼠标左键，添加"水平划像【中心–>边缘】"运动效果，如图13-170所示。

STEP 04 展开"信息"面板，在其中可以查看添加的"水平划像【中心–>边缘】"运动效果，如图13-171所示。

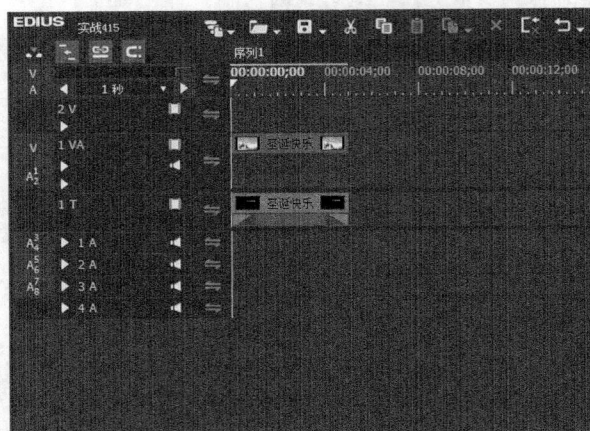

图13-170 拖曳至字幕文件上

图13-171 查看运动效果

STEP 05 将时间线移至轨道面板中的开始位置，单击"播放"按钮，预览添加"水平划像【中心–>边缘】"运动效果后的标题字幕，效果如图13-172所示。

图13-172 预览字幕运动效果

实战 416 制作水平划像【边缘−>中心】运动效果

▶ 实例位置：光盘 \ 效果 \ 第 13 章 \ 实战 416.ezp
▶ 素材位置：光盘 \ 素材 \ 第 13 章 \ 实战 416.ezp
▶ 视频位置：光盘 \ 视频 \ 第 13 章 \ 实战 416.mp4

● 实例介绍 ●

在EDIUS 8工作界面中，水平划像【边缘−>中心】是指以水平运动的方式从中心向边缘慢慢地显示或消失字幕的运动效果。下面向读者介绍制作字幕水平划像【边缘−>中心】的运动效果。

● 操作步骤 ●

STEP 01 单击"文件"|"打开工程"命令，打开一个工程文件，如图13-173所示。

STEP 02 展开特效面板，在"水平划像"特效组中，选择"水平划像【边缘−>中心】"运动效果，如图13-174所示。

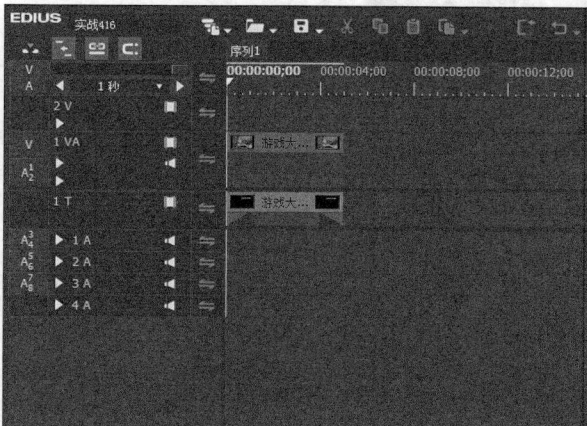

图13-173 打开一个工程文件

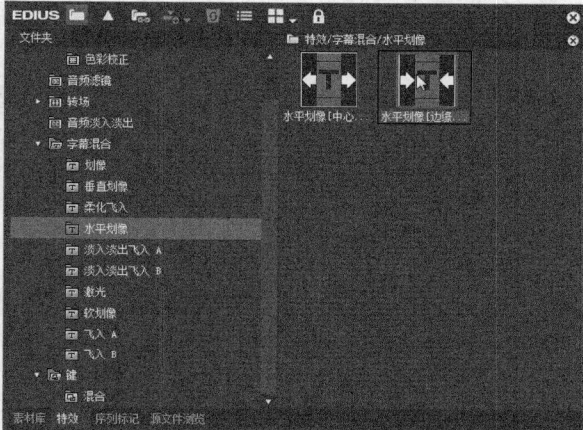

图13-174 选择"向水平划像【边缘−>中心】"运动效果

STEP 03 在选择的运动效果上，单击鼠标左键并拖曳至1T字幕轨道中的字幕文件上，释放鼠标左键，添加"水平划像【边缘−>中心】"运动效果，如图13-175所示。

STEP 04 展开"信息"面板，在其中可以查看添加的"水平划像【边缘−>中心】"运动效果，如图13-176所示。

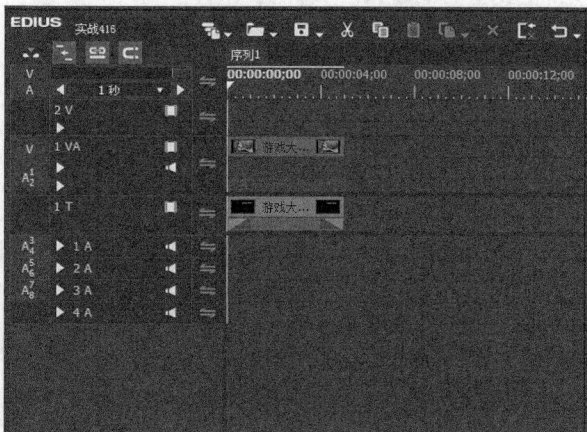

图13-175 拖曳至字幕文件上

图13-176 查看运动效果

STEP 05 将时间线移至轨道面板中的开始位置，单击"播放"按钮，预览添加"水平划像【边缘−>中心】"运动效果后的标题字幕，效果如图13-177所示。

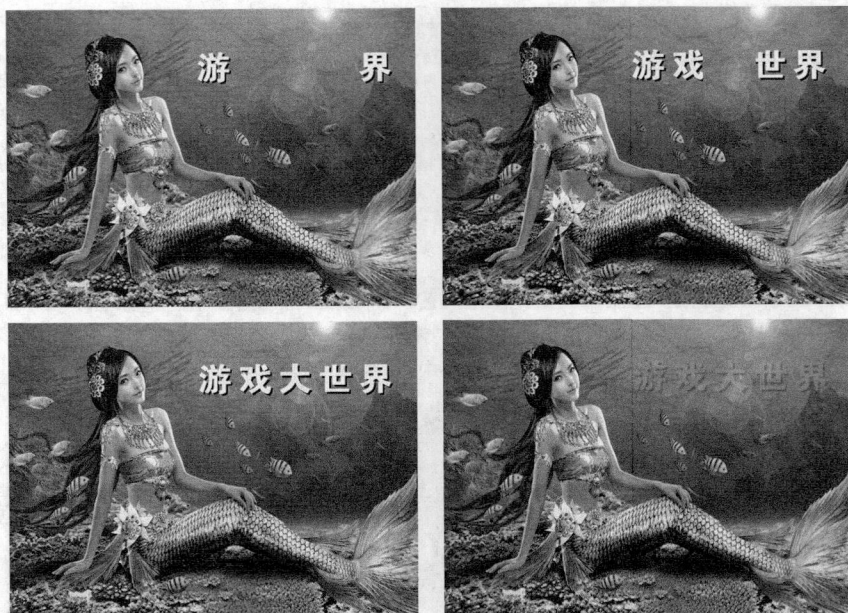

图13-177 预览字幕运动效果

13.9 制作"淡入淡出"字幕特效

在EDIUS 8工作界面中，淡入淡出飞入是指标题字幕以淡入淡出的方式显示或消失字幕的动画效果。本节主要向读者介绍制作淡入淡出飞入动画效果的操作方法，希望读者可以熟练掌握。

实战 417 制作向上淡入淡出飞入A运动效果

▶ 实例位置：光盘 \ 效果 \ 第13章 \ 实战417.ezp
▶ 素材位置：光盘 \ 素材 \ 第13章 \ 实战417.ezp
▶ 视频位置：光盘 \ 视频 \ 第13章 \ 实战417.mp4

● 实例介绍 ●

在EDIUS 8工作界面中，向上淡入淡出飞入A是指从下往上通过淡入淡出的方式，慢慢地显示或消失字幕的运动效果，下面向读者介绍制作字幕向上淡入淡出飞入A的运动效果。

● 操作步骤 ●

STEP 01 单击"文件"|"打开工程"命令，打开一个工程文件，如图13-178所示。

STEP 02 展开特效面板，在"淡入淡出飞入A"特效组中，选择"向上淡入淡出飞入A"运动效果，如图13-179所示。

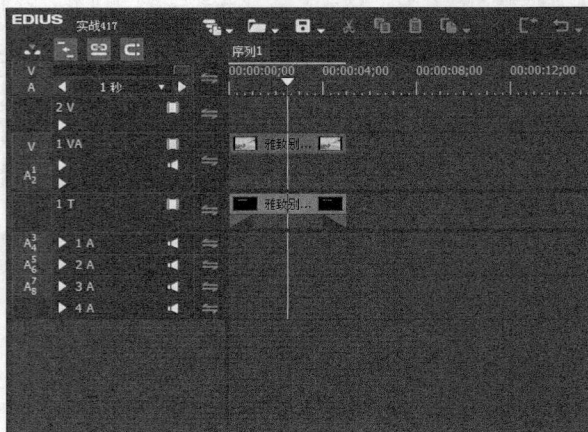

图13-178 打开一个工程文件

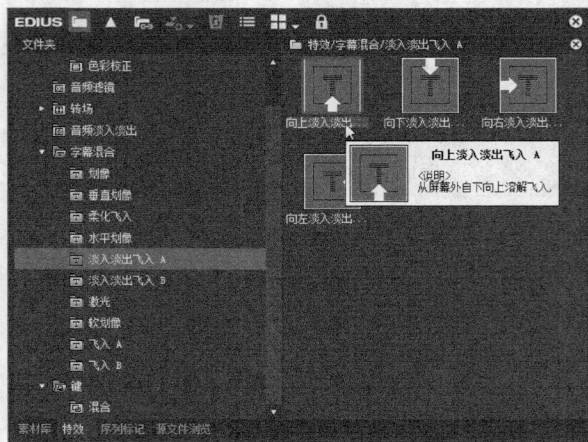

图13-179 选择"向上淡入淡出飞入A"运动效果

STEP 03 在选择的运动效果上，单击鼠标左键并拖曳至1T字幕轨道中的字幕文件上，释放鼠标左键，添加"向上淡入淡出飞入A"运动效果，如图13-180所示。

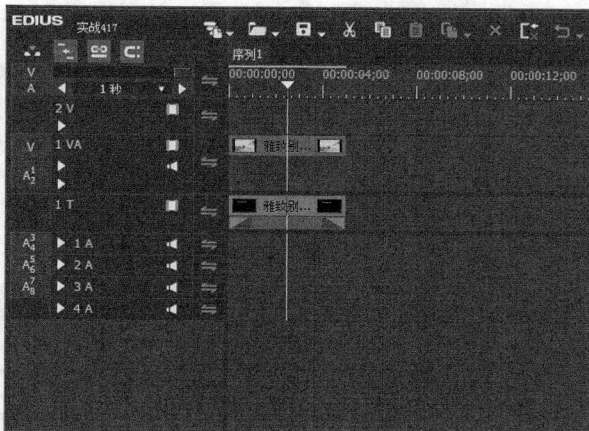

STEP 04 展开"信息"面板，在其中可以查看添加的"向上淡入淡出飞入A"运动效果，如图13-181所示。

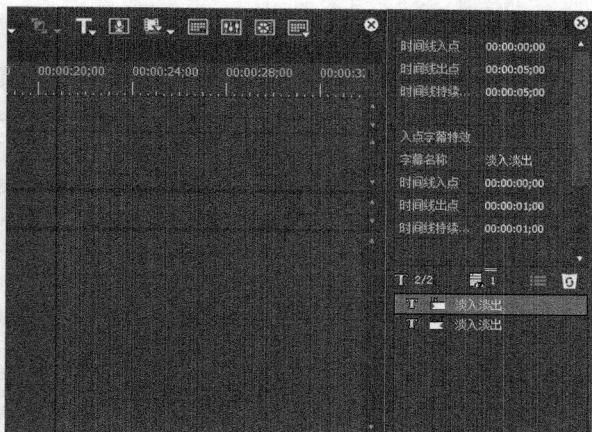

图13-180 拖曳至字幕文件上

图13-181 查看运动效果

STEP 05 将时间线移至轨道面板中的开始位置，单击"播放"按钮，预览添加"向上淡入淡出飞入A"运动效果后的标题字幕效果，如图13-182所示。

图13-182 预览字幕运动效果

实战
418 制作向下淡入淡出飞入A运动效果

▶ 实例位置：光盘 \ 效果 \ 第 13 章 \ 实战 418.ezp
▶ 素材位置：光盘 \ 素材 \ 第 13 章 \ 实战 418.ezp
▶ 视频位置：光盘 \ 视频 \ 第 13 章 \ 实战 418.mp4

● 实例介绍 ●

在EDIUS 8工作界面中，向下淡入淡出是指从上往下通过淡入淡出的方式，慢慢地显示或消失字幕的运动效果。下面向读者介绍制作字幕向下淡入淡出飞入A的运动效果。

● 操作步骤 ●

STEP 01 单击"文件" | "打开工程"命令，打开一个工程文件，如图13-183所示。

STEP 02 展开特效面板，在"淡入淡出飞入A"特效组中，选择"向下淡入淡出飞入A"运动效果，如图13-184所示。

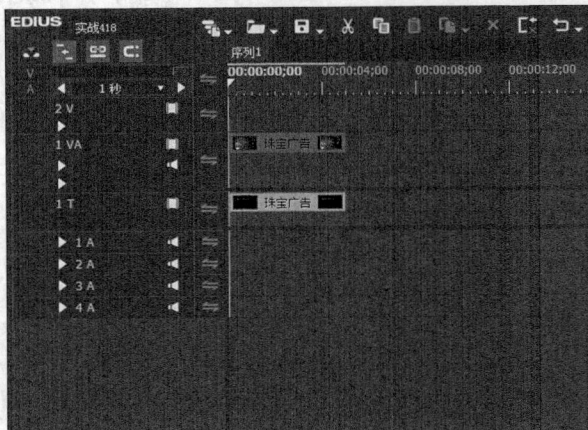

图13-183 打开一个工程文件

图13-184 选择"向下淡入淡出飞入A"运动效果

STEP 03 在选择的运动效果上，单击鼠标左键并拖曳至1T字幕轨道中的字幕文件上，释放鼠标左键，添加"向下淡入淡出飞入A"运动效果，如图13-185所示。

STEP 04 展开"信息"面板，在其中可以查看添加的"向下淡入淡出飞入A"运动效果，如图13-186所示。

图13-185 拖曳至字幕文件上

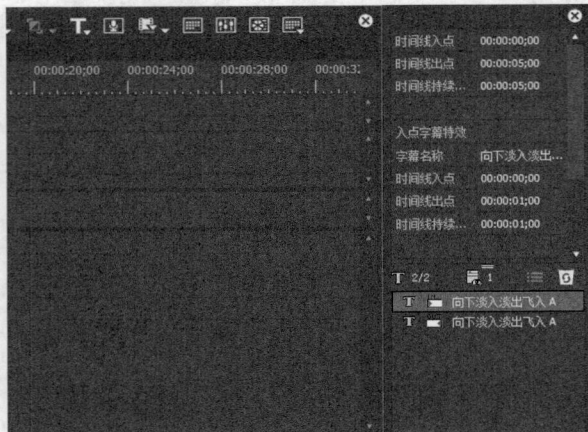

图13-186 查看运动效果

STEP 05 将时间线移至轨道面板中的开始位置，单击"播放"按钮，预览添加"向下淡入淡出飞入A"运动效果后的标题字幕，效果如图13-187所示。

图13-187 预览字幕运动效果

实战 419　制作向右淡入淡出飞入A运动效果

▶ 实例位置：光盘 \ 效果 \ 第 13 章 \ 实战 419.ezp
▶ 素材位置：光盘 \ 素材 \ 第 13 章 \ 实战 419.ezp
▶ 视频位置：光盘 \ 视频 \ 第 13 章 \ 实战 419.mp4

● 实例介绍 ●

在EDIUS 8工作界面中，向右淡入淡出是指从左往右通过淡入淡出的方式，慢慢地显示或消失字幕的运动效果，下面向读者介绍制作字幕向右淡入淡出飞入A的运动效果。

● 操作步骤 ●

STEP 01 单击"文件"|"打开工程"命令，打开一个工程文件，如图13-188所示。

STEP 02 展开特效面板，在"淡入淡出飞入A"特效组中，选择"向右淡入淡出飞入A"运动效果，如图13-189所示。

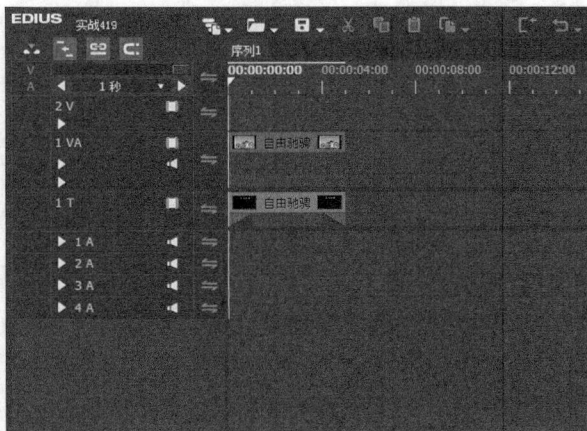

图13-188 打开一个工程文件

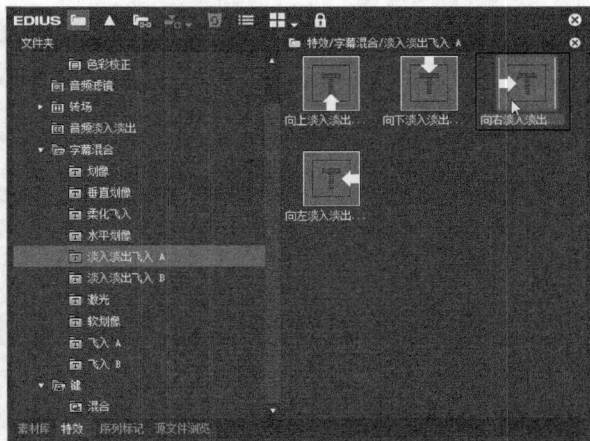

图13-189 选择"向右淡入淡出飞入A"运动效果

STEP 03 在选择的运动效果上，单击鼠标左键并拖曳至1T 字幕轨道中的字幕文件上，释放鼠标左键，添加"向右淡入 淡出飞入A"运动效果，如图13-190所示。

STEP 04 展开"信息"面板，在其中可以查看添加的"向 右淡入淡出飞入A"运动效果，如图13-191所示。

图13-190 拖曳至字幕文件上

图13-191 查看运动效果

STEP 05 将时间线移至轨道面板中的开始位置，单击"播放"按钮，预览添加"向右淡入淡出飞入A"运动效果后的标题字幕，效 果如图13-192所示。

图13-192 预览字幕运动效果

实战 420 制作向左淡入淡出飞入A运动效果

▶ 实例位置：光盘 \ 效果 \ 第 13 章 \ 实战 420.ezp
▶ 素材位置：光盘 \ 素材 \ 第 13 章 \ 实战 420.ezp
▶ 视频位置：光盘 \ 视频 \ 第 13 章 \ 实战 420.mp4

• 实例介绍 •

在EDIUS 8工作界面中，向左淡入淡出是指从右往左通过淡入淡出的方式，慢慢地显示或消失字幕的运动效果。下面 向读者介绍制作字幕向左淡入淡出飞入A的运动效果。

• 操作步骤 •

STEP 01 单击"文件"|"打开工程"命令，打开一个工程 文件，如图13-193所示。

STEP 02 展开特效面板，在"淡入淡出飞入A"特效组中，选 择"向左淡入淡出飞入A"运动效果，如图13-194所示。

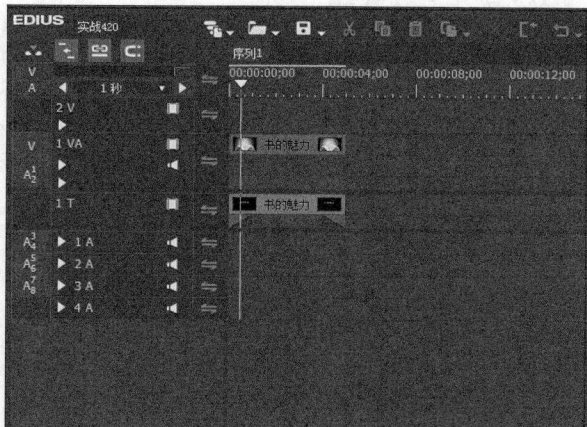

图13-193　打开一个工程文件

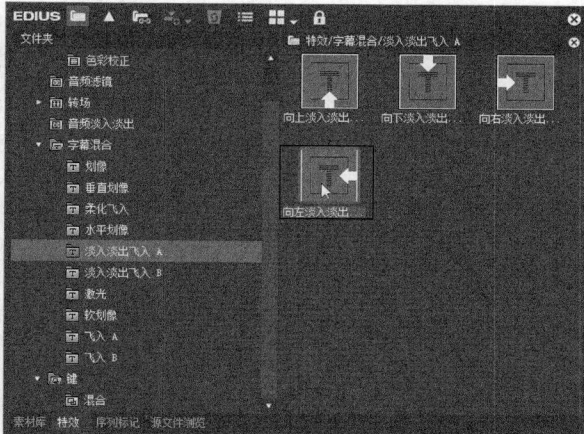

图13-194　选择"向左淡入淡出飞入A"运动效果

STEP 03　在选择的运动效果上，单击鼠标左键并拖曳至1T字幕轨道中的字幕文件上，释放鼠标左键，添加"向左淡入淡出飞入A"运动效果，如图13-195所示。

STEP 04　展开"信息"面板，在其中可以查看添加的"向左淡入淡出飞入A"运动效果，如图13-196所示。

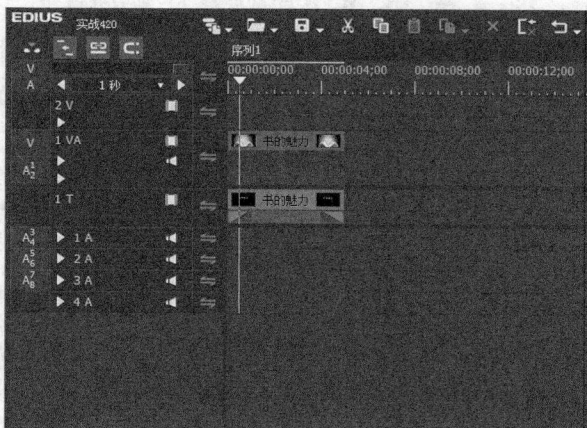

图13-195　拖曳至字幕文件上

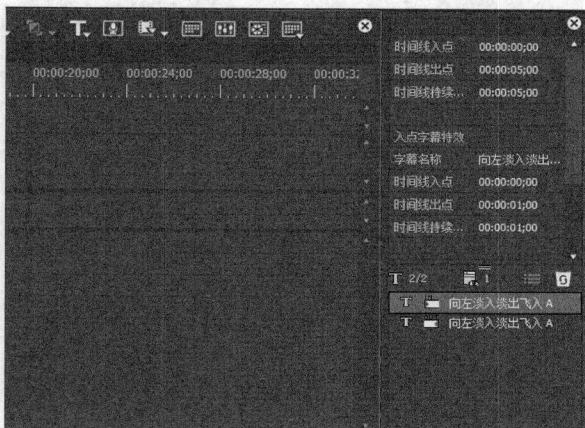

图13-196　查看运动效果

STEP 05　将时间线移至轨道面板中的开始位置，单击"播放"按钮，预览添加"向左淡入淡出飞入A"运动效果后的标题字幕，效果如图13-197所示。

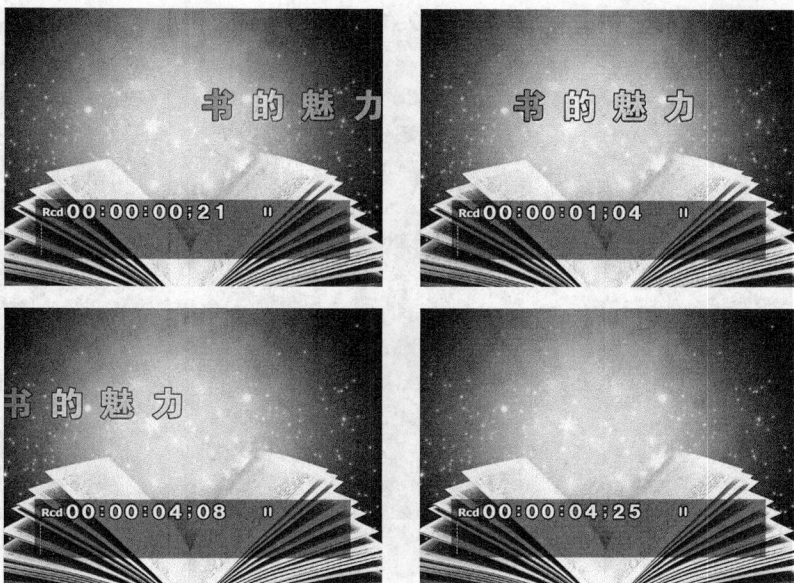

图13-197　预览字幕运动效果

13.10 制作"激光"字幕特效

在EDIUS 8工作界面中，激光运动效果是指标题字幕以激光反射的方式显示或消失字幕的动画效果。本节主要向读者介绍制作字幕激光运动效果的操作方法。

实战 421 制作上面激光运动效果

▶ 实例位置：光盘 \ 效果 \ 第 13 章 \ 实战 421.ezp
▶ 素材位置：光盘 \ 素材 \ 第 13 章 \ 实战 421.ezp
▶ 视频位置：光盘 \ 视频 \ 第 13 章 \ 实战 421.mp4

● 实例介绍 ●

在EDIUS 8工作界面中，上面激光是指激光的方向是从上面显示出来的，通过激光的运动效果慢慢地显示标题字幕，下面向读者介绍制作字幕上面激光的运动效果。

● 操作步骤 ●

STEP 01 单击"文件" | "打开工程"命令，打开一个工程文件，如图13-198所示。

STEP 02 展开特效面板，在"激光"特效组中，选择"上面激光"运动效果，如图13-199所示。

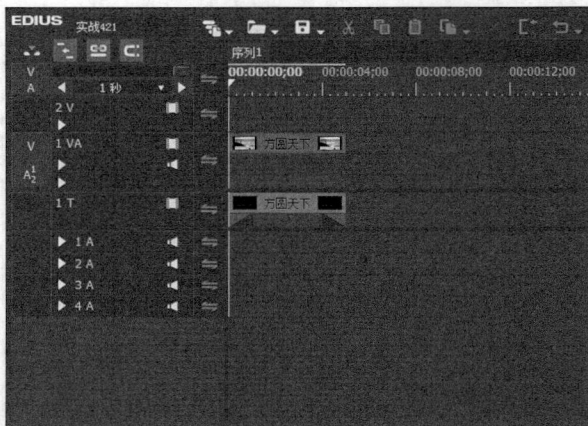

图13-198 打开一个工程文件

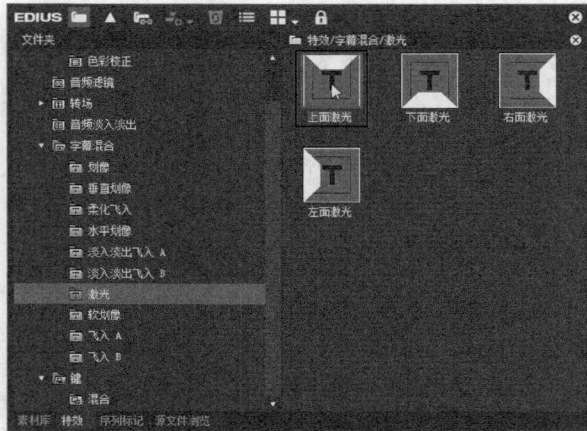

图13-199 选择"上面激光"运动效果

STEP 03 在选择的运动效果上，单击鼠标左键并拖曳至1T字幕轨道中的字幕文件上，释放鼠标左键，添加"上面激光"运动效果，如图13-200所示。

STEP 04 展开"信息"面板，在其中可以查看添加的"上面激光"运动效果，如图13-201所示。

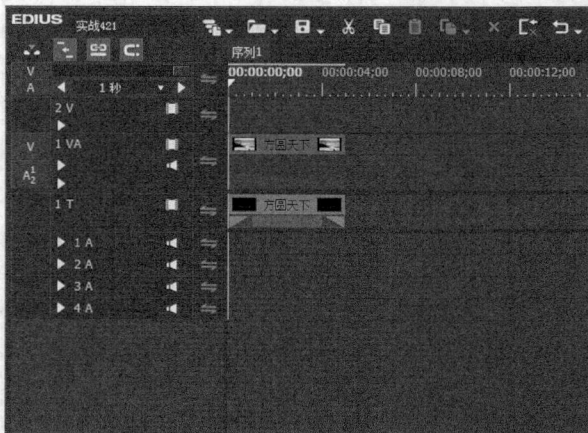

图13-200 拖曳至字幕文件上

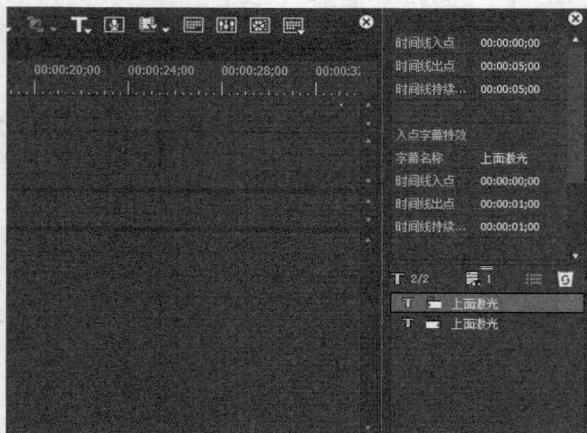

图13-201 查看运动效果

STEP 05 将时间线移至轨道面板中的开始位置，单击"播放"按钮，预览添加"上面激光"运动效果后的标题字幕，效果如图13-202所示。

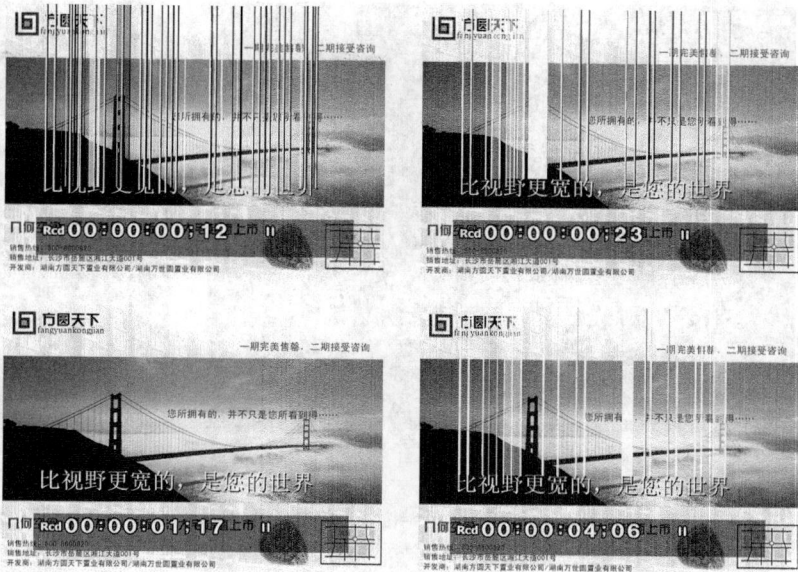

图13-202　预览字幕运动效果

实战 422　制作下面激光运动效果

▶ 实例位置：光盘\效果\第13章\实战422.ezp
▶ 素材位置：光盘\素材\第13章\实战422.ezp
▶ 视频位置：光盘\视频\第13章\实战422.mp4

● 实例介绍 ●

在EDIUS 8工作界面中，下面激光是指激光的方向是从下面显示出来的，通过激光的运动效果慢慢地显示标题字幕，下面向读者介绍制作字幕下面激光的运动效果。

● 操作步骤 ●

STEP 01 单击"文件"|"打开工程"命令，打开一个工程文件，如图13-203所示。

STEP 02 展开特效面板，在"激光"特效组中，选择"下面激光"运动效果，如图13-204所示。

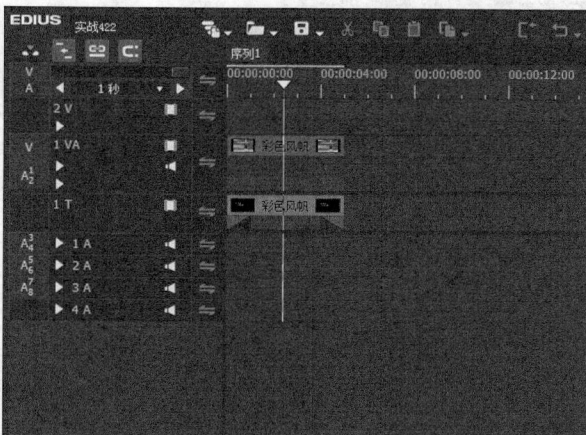

图13-203　打开一个工程文件

图13-204　选择"下面激光"运动效果

STEP 03 在选择的运动效果上，单击鼠标左键并拖曳至1T字幕轨道中的字幕文件上，释放鼠标左键，添加"下面激光"运动效果，如图13-205所示。

STEP 04 展开"信息"面板，在其中可以查看添加的"下面激光"运动效果，如图13-206所示。

图13-205 拖曳至字幕文件上

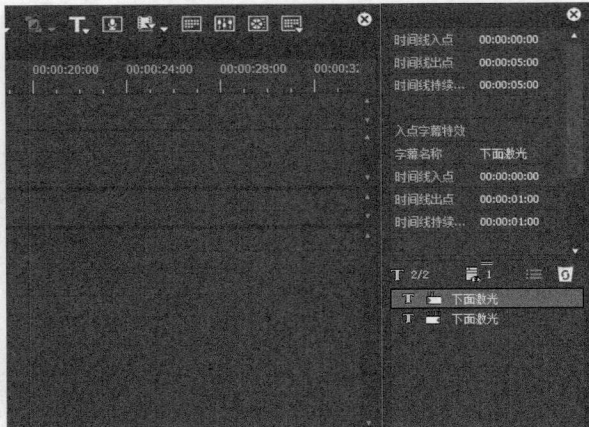

图13-206 查看运动效果

STEP 05 将时间线移至轨道面板中的开始位置，单击"播放"按钮，预览添加"下面激光"运动效果后的标题字幕，效果如图13-207所示。

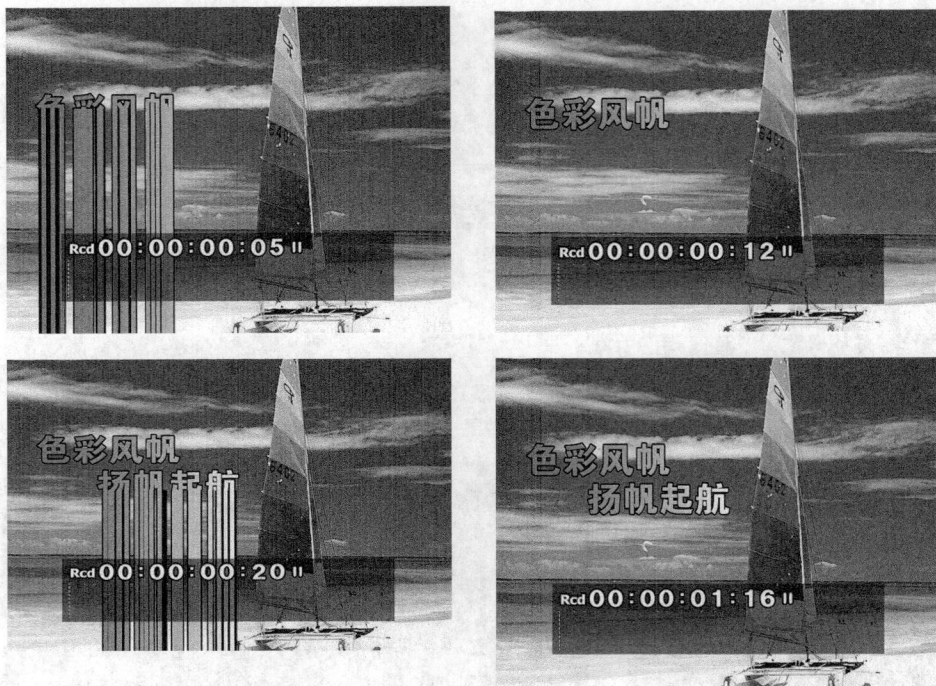

图13-207 预览字幕运动效果

实战 423 制作右面激光运动效果

▶ 实例位置：光盘\效果\第13章\实战423.ezp
▶ 素材位置：光盘\素材\第13章\实战423.ezp
▶ 视频位置：光盘\视频\第13章\实战423.mp4

• 实例介绍 •

在EDIUS 8工作界面中，右面激光是指激光的方向是从右面显示出来的，通过激光的运动效果慢慢地显示标题字幕，下面向读者介绍制作字幕右面激光的运动效果。

• 操作步骤 •

STEP 01 单击"文件"|"打开工程"命令，打开一个工程文件，如图13-208所示。

STEP 02 展开特效面板，在"激光"特效组中，选择"右面激光"运动效果，如图13-209所示。

图13-208 打开一个工程文件

图13-209 选择"右面激光"运动效果

STEP 03 在选择的运动效果上,单击鼠标左键并拖曳至1T字幕轨道中的字幕文件上,释放鼠标左键,添加"右面激光"运动效果,如图13-210所示。

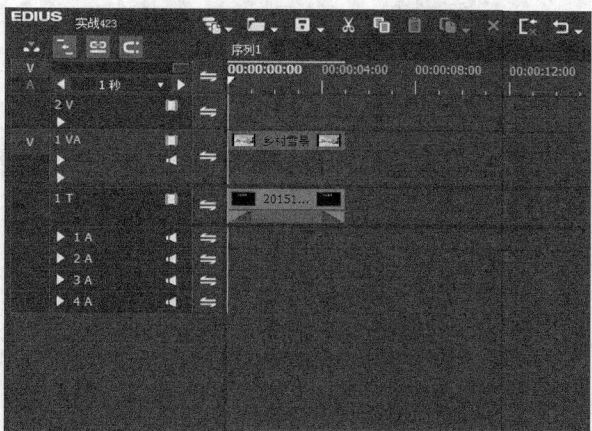

STEP 04 展开"信息"面板,在其中可以查看添加的"右面激光"运动效果,如图13-211所示。

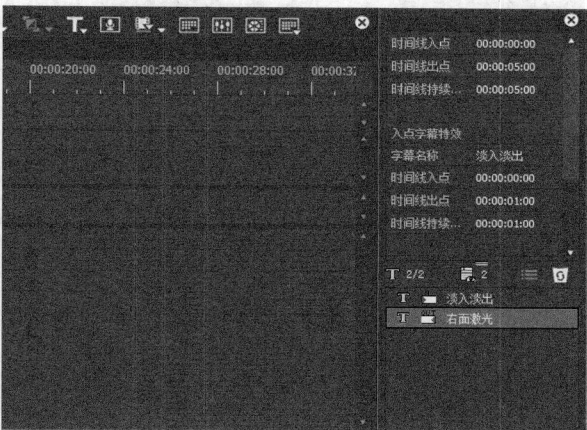

图13-210 拖曳至字幕文件上

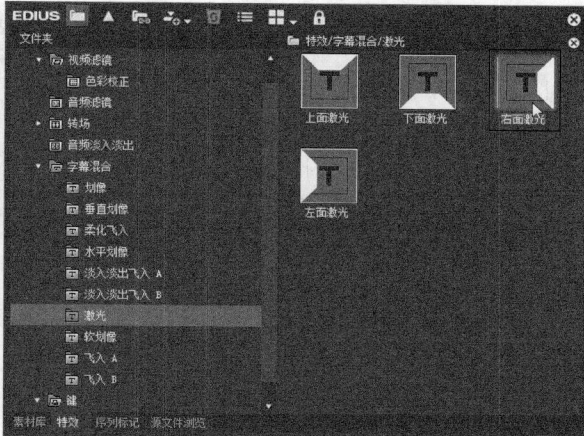

图13-211 查看运动效果

STEP 05 将时间线移至轨道面板中的开始位置,单击"播放"按钮,预览添加"右面激光"运动效果后的标题字幕,效果如图13-212所示。

图13-212 预览字幕运动效果

图13-212 预览字幕运动效果（续）

实战 424 制作左面激光运动效果

▶ 实例位置：光盘 \ 效果 \ 第 13 章 \ 实战 424.ezp
▶ 素材位置：光盘 \ 素材 \ 第 13 章 \ 实战 424.ezp
▶ 视频位置：光盘 \ 视频 \ 第 13 章 \ 实战 424.mp4

• 实例介绍 •

在EDIUS 8工作界面中，左面激光是指激光的方向是从左面显示出来的，通过激光的运动效果慢慢地显示标题字幕，下面向读者介绍制作字幕左面激光的运动效果。

• 操作步骤 •

STEP 01 单击"文件"|"打开工程"命令，打开一个工程文件，如图13-213所示。

STEP 02 展开特效面板，在"激光"特效组中，选择"左面激光"运动效果，如图13-214所示。

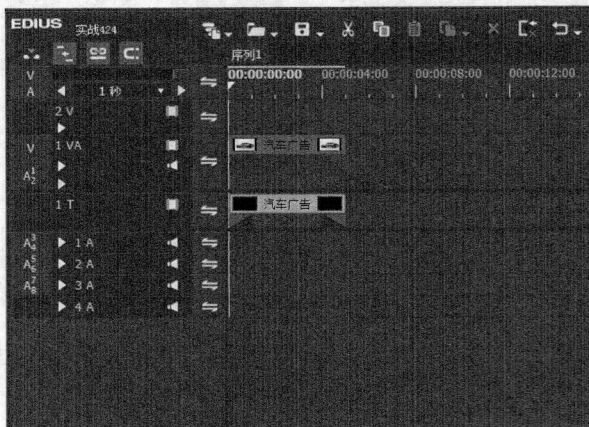

图13-213 打开一个工程文件

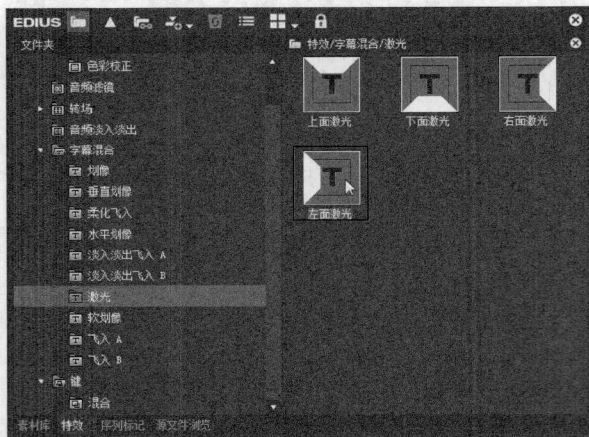

图13-214 选择"左面激光"运动效果

STEP 03 在选择的运动效果上，单击鼠标左键并拖曳至1T字幕轨道中的字幕文件上，释放鼠标左键，添加"左面激光"运动效果，如图13-215所示。

STEP 04 展开"信息"面板，在其中可以查看添加的"左面激光"运动效果，如图13-216所示。

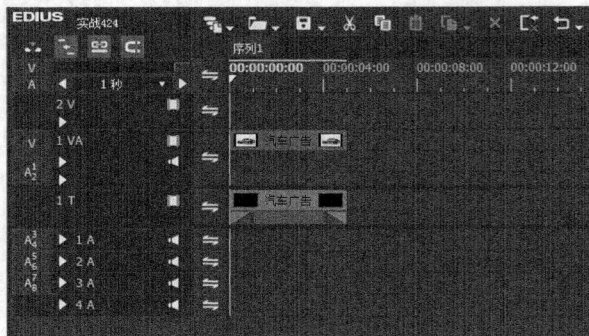

图13-215 拖曳至字幕文件上

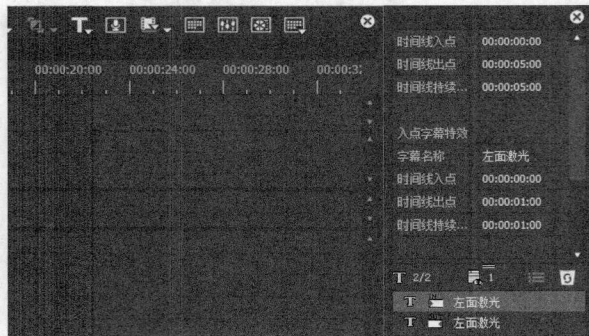

图13-216 查看运动效果

STEP 05 将时间线移至轨道面板中的开始位置，单击"播放"按钮，预览添加"左面激光"运动效果后的标题字幕，效果如图13-217所示。

图13-217 预览字幕运动效果

13.11 制作"软划像"字幕特效

在EDIUS 8工作界面中，软划像运动效果是指标题字幕以柔软划像的方式显示或消失字幕的动画效果。在"软划像"特效组中包括4种软划像效果，用户可根据实际需要进行相应选择和应用操作。本节主要向读者介绍制作字幕软划像运动效果的操作方法。

实战 425	制作向上软划像运动效果

▶ 实例位置：光盘 \ 效果 \ 第13章 \ 实战 425.ezp
▶ 素材位置：光盘 \ 素材 \ 第13章 \ 实战 425.ezp
▶ 视频位置：光盘 \ 视频 \ 第13章 \ 实战 425.mp4

● 实例介绍 ●

在EDIUS 8工作界面中，向上软划像是指从下往上慢慢浮入显示或消失字幕的运动效果。下面向读者介绍制作字幕向上软划像的运动效果。

● 操作步骤 ●

STEP 01 单击"文件"|"打开工程"命令，打开一个工程文件，如图13-218所示。

STEP 02 展开特效面板，在"软划像"特效组中，选择"向上软划像"运动效果，如图13-219所示。

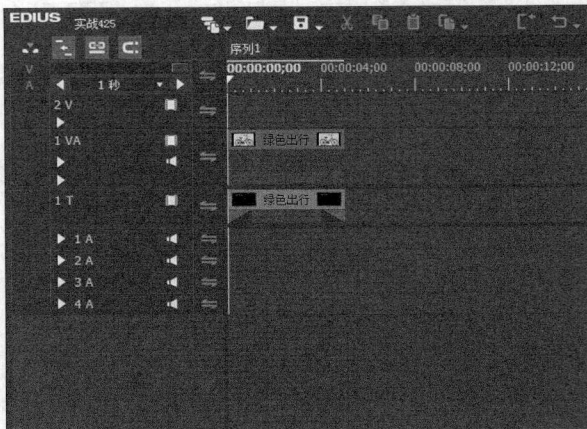

图13-218 打开一个工程文件

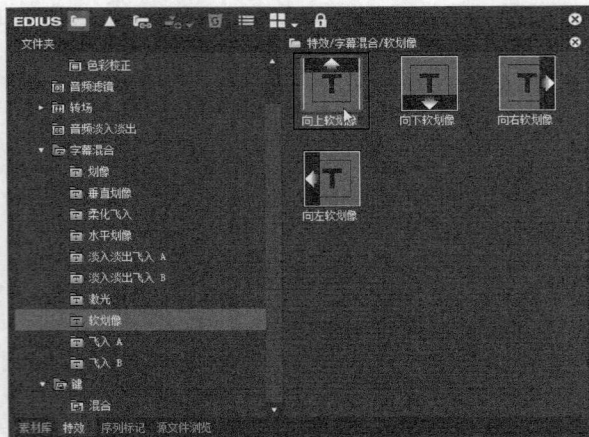

图13-219 选择"向上软划像"运动效果

STEP 03 在选择的运动效果上，单击鼠标左键并拖曳至1T字幕轨道中的字幕文件上，释放鼠标左键，添加"向上软划像"运动效果，如图13-220所示。

STEP 04 展开"信息"面板，在其中可以查看添加的"向上软划像"运动效果，如图13-221所示。

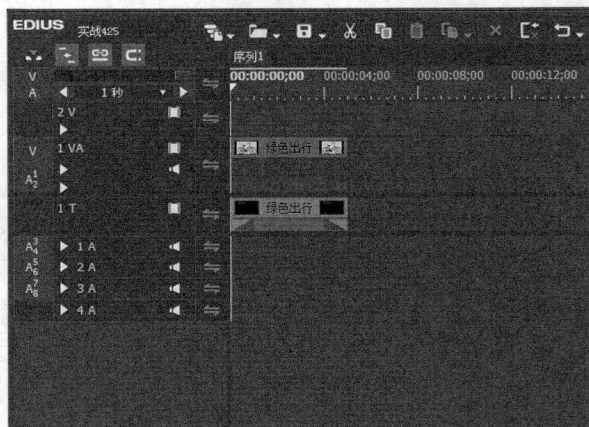

图13-220 拖曳至字幕文件上

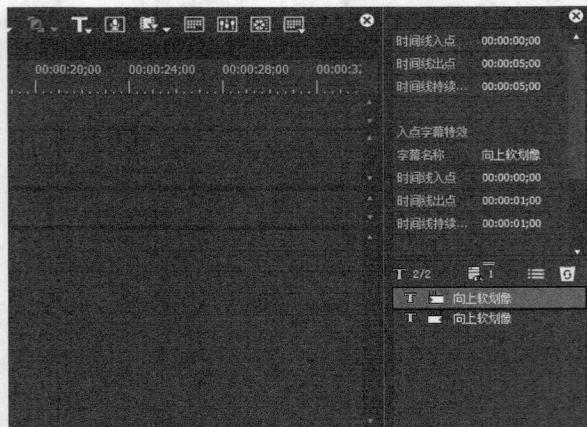

图13-221 查看运动效果

STEP 05 将时间线移至轨道面板中的开始位置，单击"播放"按钮，预览添加"向上软划像"运动效果后的标题字幕，效果如图13-222所示。

知识拓展

"软划像"与"柔化飞入"特效组中的特效名称是一样的，但在效果的展示上，是有区别的。"柔化飞入"特效组中的特效是将字幕从不同方向飞入画面，以软划像的方式显示出来；而"软划像"特效组中的特效是指字幕在不运动的情况下，通过软划像的方式显示字幕效果。

图13-222 预览字幕运动效果

实战 426　制作向下软划像运动效果

▶ 实例位置：光盘 \ 效果 \ 第 13 章 \ 实战 426.ezp
▶ 素材位置：上一例素材
▶ 视频位置：光盘 \ 视频 \ 第 13 章 \ 实战 426.mp4

● 实例介绍 ●

在EDIUS 8工作界面中，向下软划像是指从上往下慢慢显示或消失字幕的运动效果，下面向读者介绍制作字幕向下软划像的运动效果。

● 操作步骤 ●

STEP 01 单击"文件"|"打开工程"命令，打开一个工程文件，如图13-223所示。

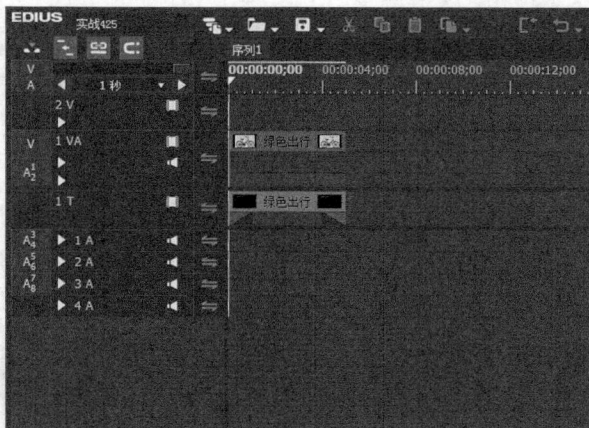

图13-223 打开一个工程文件

STEP 02 展开特效面板，在"软化像"特效组中，选择"向下软划像"运动效果，如图13-224所示。

图13-224 选择"向下软划像"运动效果

STEP 03 在选择的运动效果上，单击鼠标左键并拖曳至1T字幕轨道中的字幕文件上，释放鼠标左键，添加"向下软划像"运动效果，如图13-225所示。

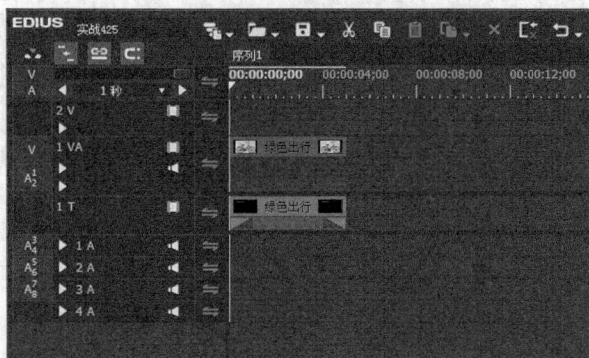

图13-225 拖曳至字幕文件上

STEP 04 展开"信息"面板，在其中可以查看添加的"向下软划像"运动效果，如图13-226所示。

图13-226 查看运动效果

STEP 05 将时间线移至轨道面板中的开始位置，单击"播放"按钮，预览添加"向下软划像"运动效果后的标题字幕，效果如图13-227所示。

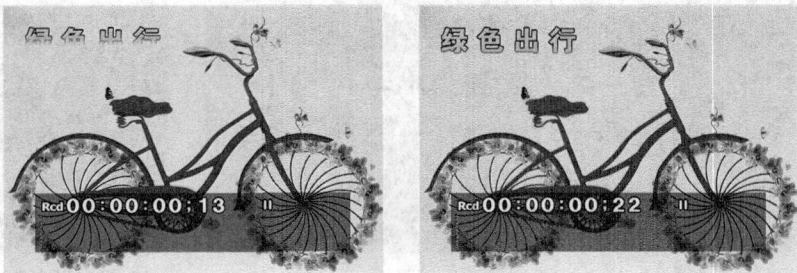

图13-227 预览字幕运动效果

图13-227 预览字幕运动效果（续）

实战 427 制作向右软划像运动效果

▶ 实例位置：光盘 \ 效果 \ 第 13 章 \ 实战 427.ezp
▶ 素材位置：光盘 \ 效果 \ 第 13 章 \ 实战 427.ezp
▶ 视频位置：光盘 \ 视频 \ 第 13 章 \ 实战 427.mp4

● 实例介绍 ●

在EDIUS 8工作界面中，向右软划像是指从左往右慢慢显示或消失字幕的运动效果，下面向读者介绍制作字幕向右软划像的运动效果。

● 操作步骤 ●

STEP 01 单击"文件"|"打开工程"命令，打开一个工程文件，如图13-228所示。

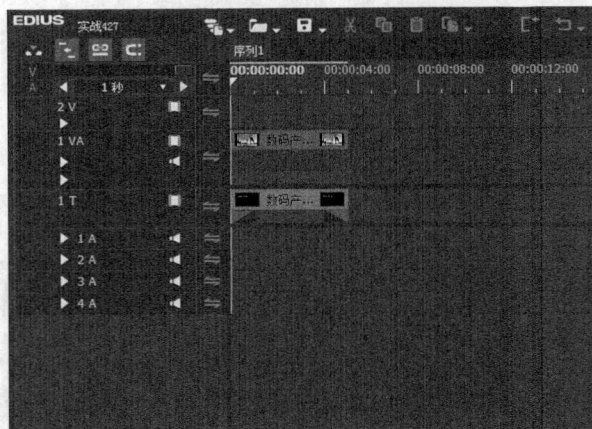

STEP 02 展开特效面板，在"软划像"特效组中，选择"向右软划像"运动效果，如图13-229所示。

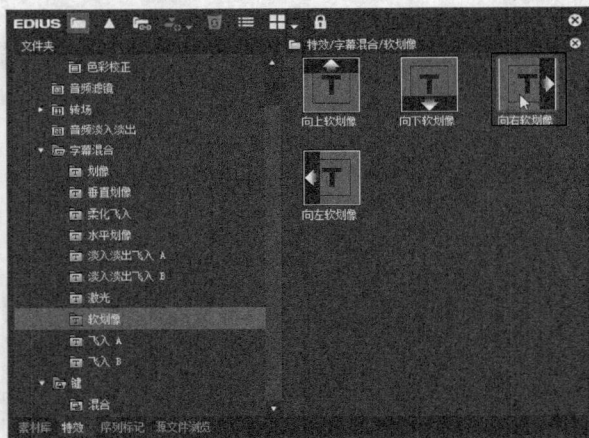

图13-228 打开一个工程文件

图13-229 选择"向右软划像"运动效果

STEP 03 在选择的运动效果上，单击鼠标左键并拖曳至1T字幕轨道中的字幕文件上，释放鼠标左键，添加"向右软划像"运动效果，如图13-230所示。

STEP 04 在"信息"面板中可以查看添加的"向右软划像"运动效果，如图13-231所示。

图13-230 拖曳至字幕文件上

图13-231 查看运动效果

STEP 05 将时间线移至轨道面板中的
开始位置，单击"播放"按钮，预览添
加"向右软划像"运动效果后的标题字
幕，效果如图13-232所示。

图13-232 预览字幕运动效果

实战 428 制作向左软划像运动效果

▶ 实例位置：光盘 \ 效果 \ 第 13 章 \ 实战 428.ezp
▶ 素材位置：上一例素材
▶ 视频位置：光盘 \ 视频 \ 第 13 章 \ 实战 428.mp4

● 实例介绍 ●

在EDIUS 8工作界面中，向左软划像是指从右往左慢慢显示或消失字幕的运动效果，下面向读者介绍制作字幕向左软
划像的运动效果。

● 操作步骤 ●

STEP 01 单击"文件"|"打开工程"命令，打开一个工程
文件，如图13-233所示。

STEP 02 展开特效面板，在"软划像"特效组中，选择"向
左软划像"运动效果，如图13-234所示。

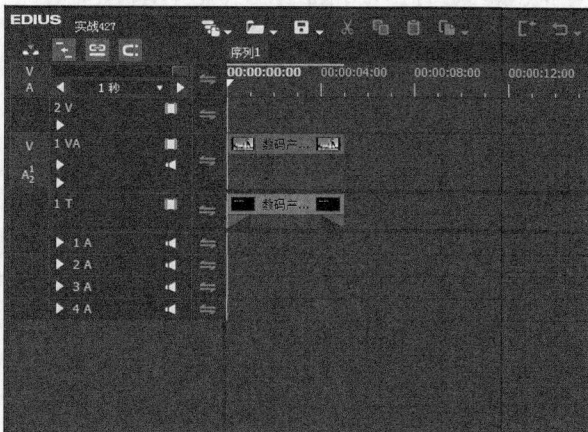

图13-233 打开一个工程文件

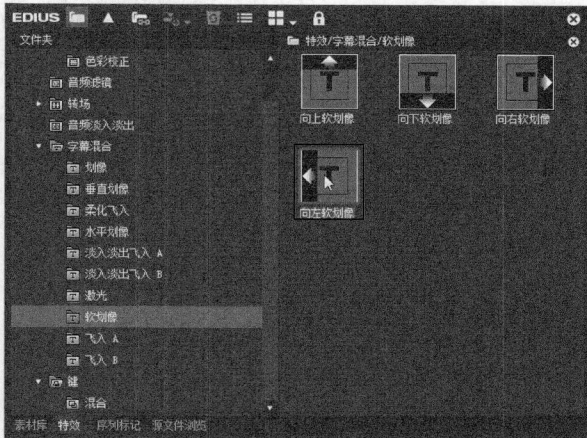

图13-234 选择"向左软划像"运动效果

STEP 03 在选择的运动效果上，单击鼠标左键并拖曳至
1T字幕轨道中的字幕文件上，释放鼠标左键，添加"向
左软划像"运动效果，如图13-235所示。

STEP 04 展开"信息"面板，在其中可以查看添加的
"向左软划像"运动效果，如图13-236所示。

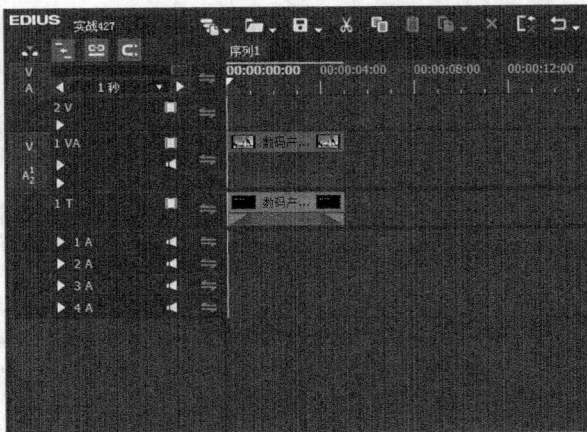
图13-235 拖曳至字幕文件上

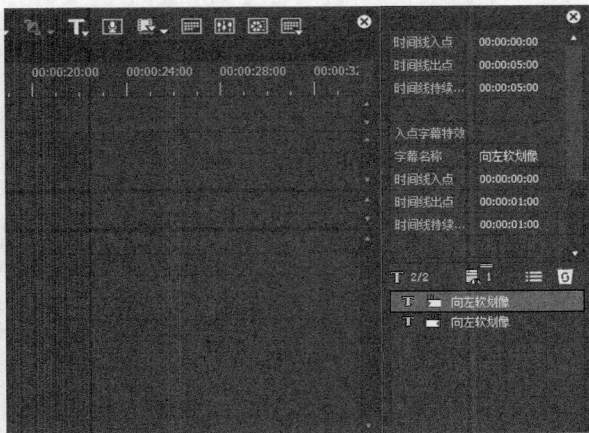
图13-236 查看运动效果

STEP 05 将时间线移至轨道面板中的开始位置，单击"播放"按钮，预览添加"向左软划像"运动效果后的标题字幕，效果如图13-237所示。

图13-237 预览字幕运动效果

13.12 制作"飞入 A"字幕特效

在EDIUS 8工作界面中，"飞入A"特效组中包括4种飞入效果，用户可根据实际需要进行相应选择和应用操作。本节主要向读者介绍制作"飞入A"字幕特效的操作方法。

实战 429 制作向上飞入A运动效果

▶ 实例位置：光盘 \ 效果 \ 第13章 \ 实战429.ezp
▶ 素材位置：光盘 \ 素材 \ 第13章 \ 实战429.ezp
▶ 视频位置：光盘 \ 视频 \ 第13章 \ 实战429.mp4

· 实例介绍 ·

在EDIUS 8工作界面中，向上飞入A是指从下往上慢慢飞入显示或消失字幕的运动效果。下面向读者介绍制作字幕向上飞入A的运动效果。

· 操作步骤 ·

STEP 01 单击"文件"|"打开工程"命令，打开一个工程文件，如图13-238所示。

STEP 02 展开特效面板，在"飞入A"特效组中，选择"向上飞入A"运动效果，如图13-239所示。

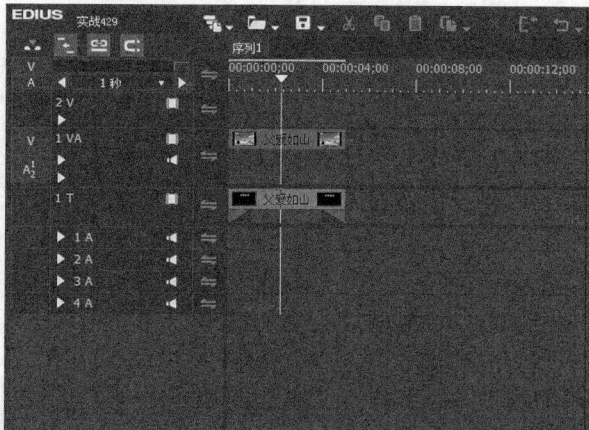

图13-238 打开一个工程文件

图13-239 选择"向上飞入A"运动效果

STEP 03 在选择的运动效果上，单击鼠标左键并拖曳至1T字幕轨道中的字幕文件上，释放鼠标左键，添加"向上飞入A"运动效果，如图13-240所示。

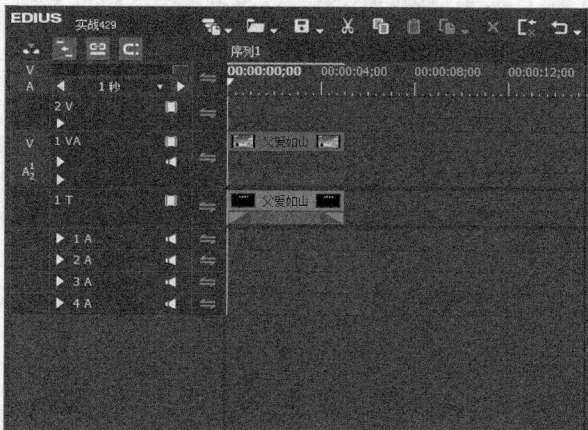

STEP 04 展开"信息"面板，在其中可以查看添加的"向上飞入A"运动效果，如图13-241所示。

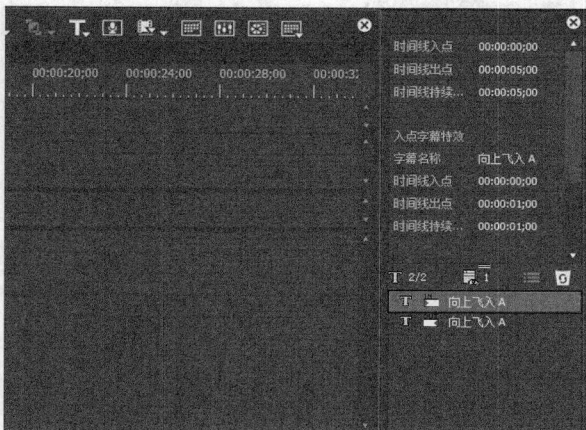

图13-240 拖曳至字幕文件上

图13-241 查看运动效果

STEP 05 将时间线移至轨道面板中的开始位置，单击"播放"按钮，预览添加"向上飞入A"运动效果后的标题字幕，效果如图13-242所示。

图13-242 预览字幕运动效果

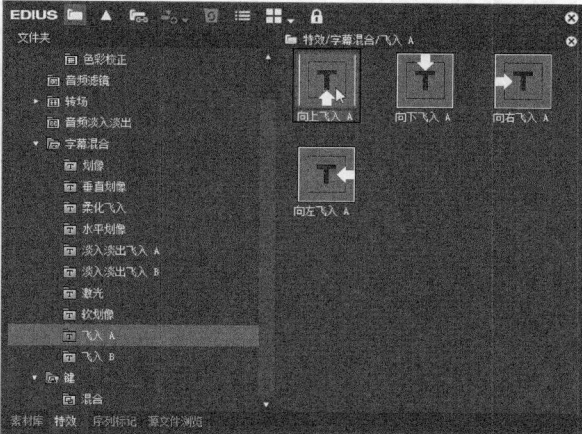

实战 430 制作向下飞入A运动效果

▶ 实例位置：光盘 \ 效果 \ 第 13 章 \ 实战 430.ezp
▶ 素材位置：光盘 \ 素材 \ 第 13 章 \ 实战 430.ezp
▶ 视频位置：光盘 \ 视频 \ 第 13 章 \ 实战 430.mp4

● 实例介绍 ●

在EDIUS 8工作界面中，向下飞入A是指从上往下慢慢飞入显示或消失字幕的运动效果。下面向读者介绍制作字幕向下飞入A的运动效果。

● 操作步骤 ●

STEP 01 单击"文件"|"打开工程"命令，打开一个工程文件，如图13-243所示。

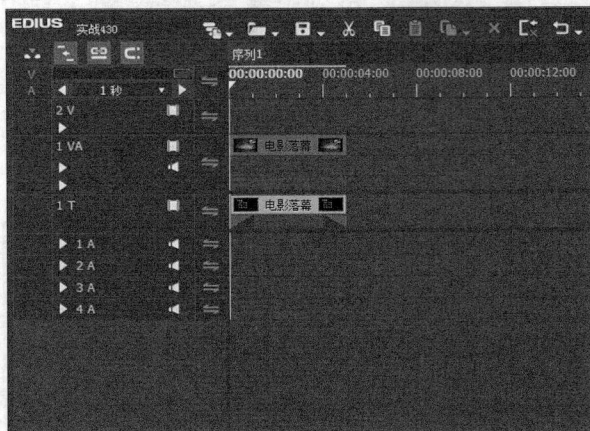

STEP 02 展开特效面板，在"飞入A"特效组中，选择"向下飞入A"运动效果，如图13-244所示。

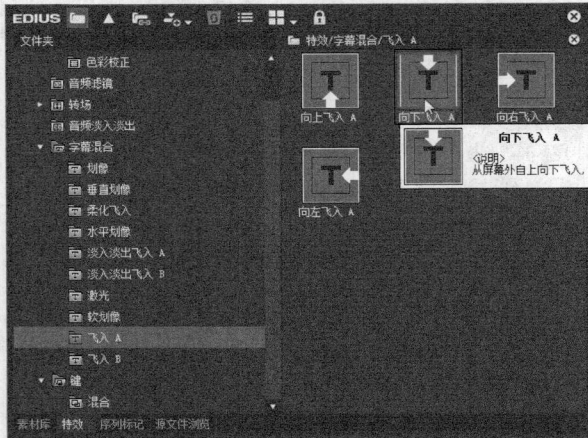

图13-243 打开一个工程文件

图13-244 选择"向下飞入A"运动效果

STEP 03 在选择的运动效果上，单击鼠标左键并拖曳至1T字幕轨道中的字幕文件上，释放鼠标左键，添加"向下飞入A"运动效果，如图13-245所示。

STEP 04 展开"信息"面板，在其中可以查看添加的"向下飞入A"运动效果，如图13-246所示。

图13-245 拖曳至字幕文件上

图13-246 查看运动效果

STEP 05 将时间线移至轨道面板中的开始位置，单击"播放"按钮，预览添加"向下飞入A"运动效果后的标题字幕，效果如图13-247所示。

图13-247 预览字幕运动效果

图13-247 预览字幕运动效果（续）

实战 431 制作向右飞入A运动效果

▶ 实例位置：光盘 \ 效果 \ 第 13 章 \ 实战 431.ezp
▶ 素材位置：光盘 \ 素材 \ 第 13 章 \ 实战 431.ezp
▶ 视频位置：光盘 \ 视频 \ 第 13 章 \ 实战 431.mp4

● 实例介绍 ●

在EDIUS 8工作界面中，向右飞入A是指从左往右慢慢飞入显示或消失字幕的运动效果。下面向读者介绍制作字幕向右飞入A的运动效果。

● 操作步骤 ●

STEP 01 单击"文件"|"打开工程"命令，打开一个工程文件，如图13-248所示。

STEP 02 展开特效面板，在"飞入A"特效组中，选择"向右飞入A"运动效果，如图13-249所示。

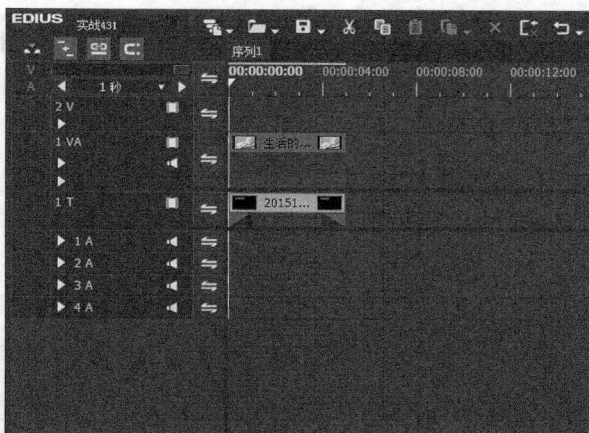

图13-248 打开一个工程文件

图13-249 选择"向右飞入A"运动效果

STEP 03 在选择的运动效果上，单击鼠标左键并拖曳至1T字幕轨道中的字幕文件上，释放鼠标左键，添加"向右飞入A"运动效果，如图13-250所示。

STEP 04 展开"信息"面板，在其中可以查看添加的"向右飞入A"运动效果，如图13-251所示。

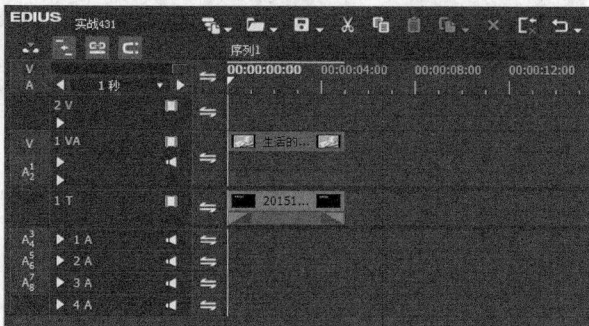

图13-250 拖曳至字幕文件上

图13-251 查看运动效果

STEP 05 将时间线移至轨道面板中的开始位置,单击"播放"按钮,预览添加"向右飞入A"运动效果后的标题字幕,效果如图13-252所示。

图13-252 预览字幕运动效果

实战 432 制作向左飞入A运动效果

▶ 实例位置:光盘 \ 效果 \ 第13章 \ 实战432.ezp
▶ 素材位置:光盘 \ 素材 \ 第13章 \ 实战432.ezp
▶ 视频位置:光盘 \ 视频 \ 第13章 \ 实战432.mp4

● 实例介绍 ●

在EDIUS 8工作界面中,向左飞入A的动画效果与向右飞入A的动画效果刚好相反。向左飞入A是指从右往左慢慢飞入显示或消失字幕的运动效果。下面向读者介绍制作字幕向左飞入A的运动效果。

● 操作步骤 ●

STEP 01 单击"文件"|"打开工程"命令,打开一个工程文件,如图13-253所示。

STEP 02 展开特效面板,在"飞入A"特效组中,选择"向左飞入A"运动效果,如图13-254所示。

图13-253 打开一个工程文件

图13-254 选择"向左飞入A"运动效果

STEP 03 在选择的运动效果上,单击鼠标左键并拖曳至1T字幕轨道中的字幕文件上,释放鼠标左键,添加"向左飞入A"运动效果,如图13-255所示。

STEP 04 展开"信息"面板,在其中可以查看添加的"向左飞入A"运动效果,如图13-256所示。

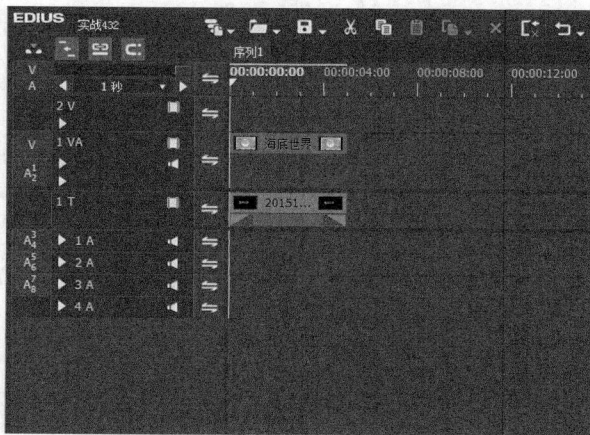

图13-255 拖曳至字幕文件上

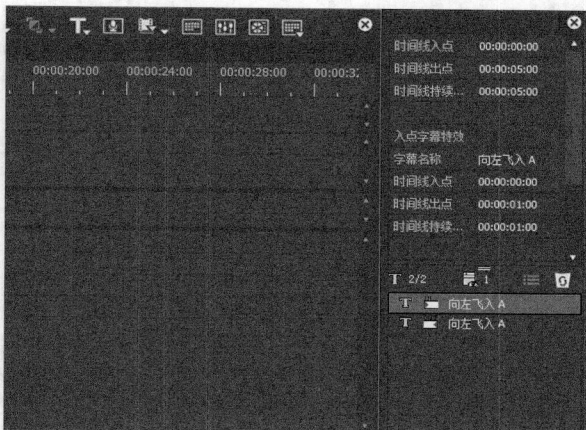

图13-256 查看运动效果

STEP 05 将时间线移至轨道面板中的
开始位置，单击"播放"按钮，预览添
加"向左飞入A"运动效果后的标题字
幕，效果如图13-257所示。

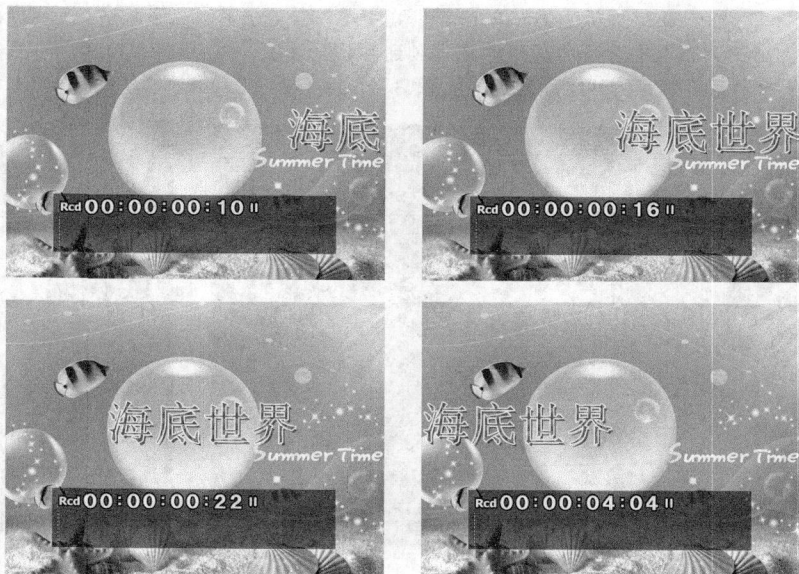

图13-257 预览字幕运动效果

13.13　制作标题字幕特殊效果

在EDIUS 8工作界面中，除了改变标题字幕的间距、行距、字体以及大小等属性外，还可以为标题字幕添加一些装饰因素，从而使视频广告更加出彩。本节主要向读者介绍制作标题字幕特殊效果的操作方法，希望读者可以熟练掌握。

实战 433　制作字幕纹理特效

▶ 实例位置：光盘 \ 效果 \ 第 13 章 \ 实战 433.ezp
▶ 素材位置：光盘 \ 素材 \ 第 13 章 \ 实战 433.jpg
▶ 视频位置：光盘 \ 视频 \ 第 13 章 \ 实战 433.mp4

● 实例介绍 ●

在EDIUS 8工作界面中，为字幕添加纹理效果，可以使制作的字幕更加美观。下面向读者介绍制作字幕纹理特效的操作方法。

● 操作步骤 ●

STEP 01 在视频轨中，导入一张静态图像，如图13-258
所示。

STEP 02 在录制窗口中，可以查看视频画面效果，如图13-259所示。

图13-258 导入一张静态图像

图13-259 查看视频画面效果

STEP 03 在轨道面板上方，单击"创建字幕"按钮，在弹出的列表框中选择"在1T轨道上创建字幕"选项，执行操作后，即可打开字幕窗口，如图13-260所示。

STEP 04 运用横向文本工具，在字幕窗口中输入相应的文本内容，如图13-261所示。

图13-260 打开字幕窗口

图13-261 输入相应的文本内容

STEP 05 在"文本属性"面板中，设置"字距"为50、"字体"为"方正超粗黑简体"、"字号"为100，设置字体属性，如图13-262所示。

STEP 06 在"填充颜色"选项区中，选中"纹理文件"复选框，并单击右侧的按钮，如图13-263所示。

图13-262 设置字体属性

图13-263 单击右侧的按钮

STEP 07 执行操作后，弹出"选择纹理文件"对话框，在其中选择需要填充字幕的纹理文件，如图13-264所示。

STEP 08 单击"打开"按钮，此时在"纹理文件"复选框下方的文本框中，显示了纹理文件的存放路径，如图13-265所示。

图13-264　选择纹理文件

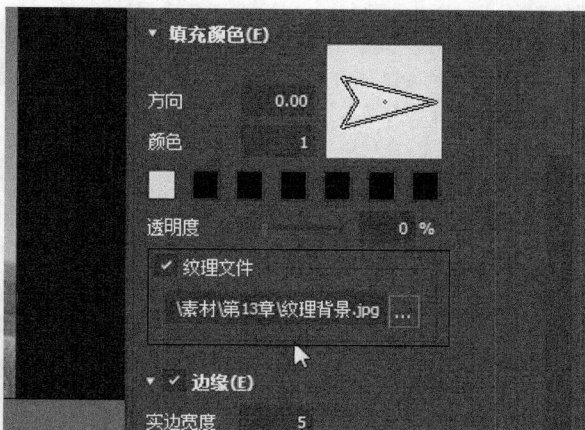

图13-265　显示了纹理文件的存放路径

STEP 09 此时，在字幕预览窗口中，可以查看纹理填充后的字幕效果，如图13-266所示。

STEP 10 字幕制作完成后，单击"文件"|"保存"命令，如图13-267所示，保存字幕文件并退出字幕窗口。

图13-266　查看纹理填充后的字幕效果

图13-267　单击"保存"命令

STEP 11 在录制窗口中，单击"播放"按钮，预览制作的纹理字幕动画效果，如图13-268所示。

图13-268　预览纹理字幕动画效果

▶ 实例位置：光盘 \ 效果 \ 第 13 章 \ 实战 434.ezp
▶ 素材位置：光盘 \ 素材 \ 第 13 章 \ 实战 434.ezp
▶ 视频位置：光盘 \ 视频 \ 第 13 章 \ 实战 434.mp4

实战 434 制作字幕描边特效

● 实例介绍 ●

在编辑视频的过程中，为了使标题字幕的样式更具艺术美感，用户可以为字幕添加描边效果。下面向读者介绍制作字幕描边效果的操作方法。

● 操作步骤 ●

STEP 01 单击"文件"|"打开工程"命令，打开一个工程文件，如图13-269所示。

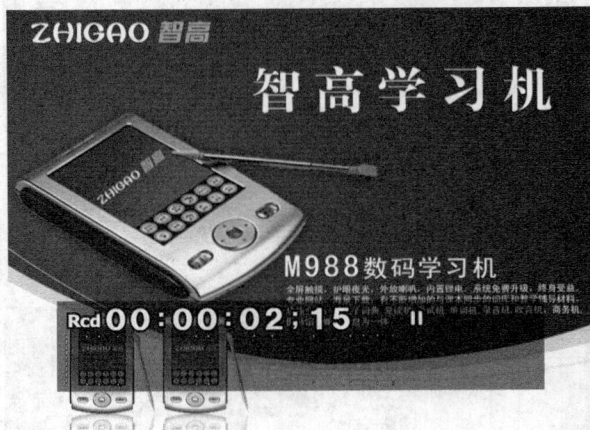

图13-269 打开一个工程文件

STEP 02 在1T字幕轨道中，选择需要描边的标题字幕，如图13-270所示。

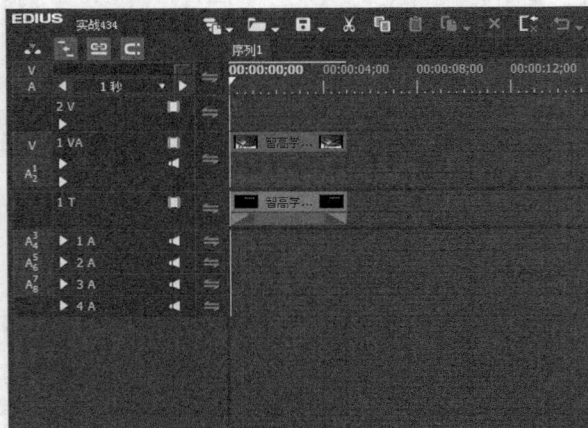

图13-270 选择标题字幕

STEP 03 在选择的标题字幕上，双击鼠标左键，打开字幕窗口，运用选择对象工具，在预览窗口中选择标题字幕内容，如图13-271所示。

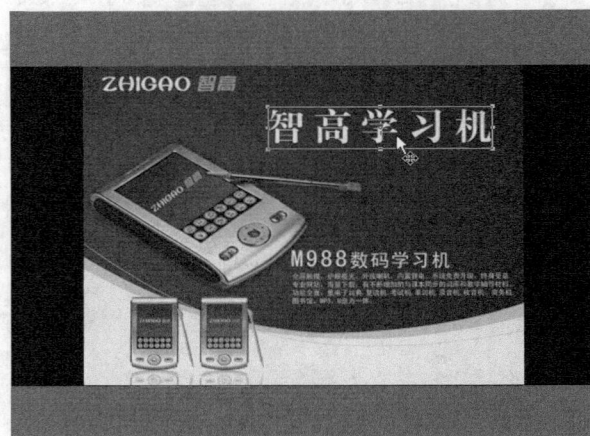

图13-271 选择标题字幕内容

STEP 04 在"文本属性"面板中，选中"边缘"复选框，在下方设置"实边宽度"为5，如图13-272所示。

图13-272 设置"实边宽度"为5

STEP 05 单击下方第1个色块，弹出"色彩选择－709"对话框，在其中设置"颜色"为橘红色（RGB参数值分别为270、111、－7），如图13-273所示。

STEP 06 设置完成后，单击"确定"按钮，返回字幕窗口，在其中可以查看设置描边颜色后的色块属性，如图13-274所示。

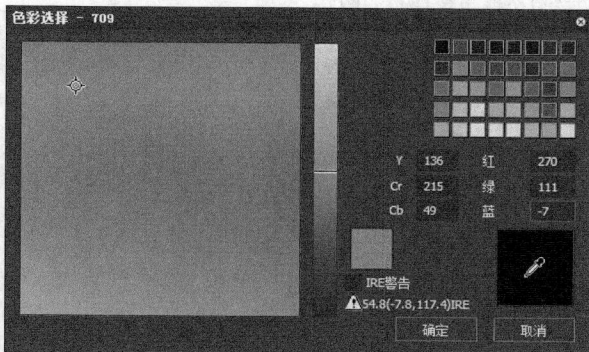

图13-273 设置"颜色"为橘红色

图13-274 查看设置描边颜色后的色块属性

STEP 07 设置完成后,单击"保存"按钮,退出字幕窗口,单击"播放"按钮,预览制作描边字幕后的视频画面效果,如图13-275所示。

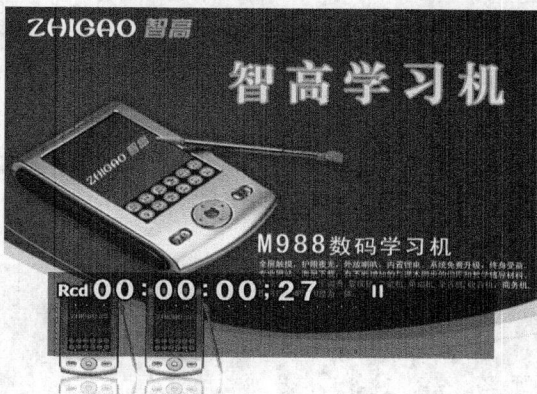

图13-275 预览描边字幕动画效果

实战 435 制作字幕阴影特效

▶ 实例位置:光盘\效果\第 13 章\实战 435.ezp
▶ 素材位置:光盘\素材\第 13 章\实战 435.ezp
▶ 视频位置:光盘\视频\第 13 章\实战 435.mp4

● 实例介绍 ●

制作视频的过程中,如果需要强调或突出显示字幕文本,此时可以设置字幕的阴影效果。下面向读者介绍制作字幕阴影效果的操作方法。

● 操作步骤 ●

STEP 01 单击"文件"|"打开工程"命令,打开一个工程文件,如图13-276所示。

STEP 02 在1T字幕轨道中,选择需要制作阴影的标题字幕,如图13-277所示。

图13-276 打开一个工程文件

图13-277 选择需要制作阴影的标题字幕

STEP 03 在选择的标题字幕上，双击鼠标左键，打开字幕窗口，运用选择对象工具，在预览窗口中选择标题字幕内容，如图13-278所示。

图13-278 选择标题字幕内容

STEP 05 执行操作后，弹出"色彩选择-709"对话框，在其中设置"颜色"为黑色（RGB参数值均为0），如图13-280所示。

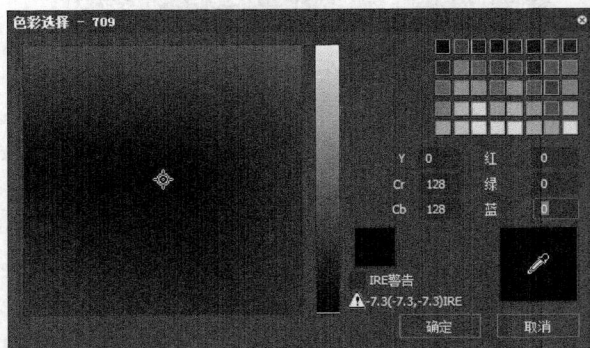

图13-280 设置"颜色"为黑色

STEP 07 设置完成后，单击"保存"按钮，退出字幕窗口，单击"播放"按钮，预览制作阴影字幕后的视频画面效果，如图13-282所示。

STEP 04 在"文本属性"面板中，选中"阴影"复选框，在下方设置"横向"和"纵向"均为7，然后单击上方第1个颜色色块，如图13-279所示。

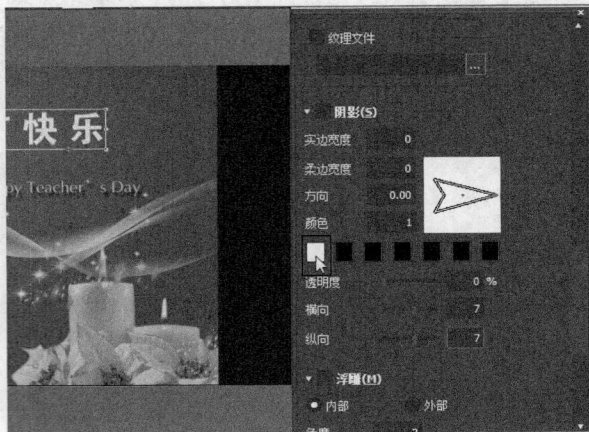

图13-279 单击上方第1个颜色色块

STEP 06 设置完成后，单击"确定"按钮，返回字幕窗口，在其中可以查看设置阴影颜色后的色块属性，如图13-281所示。

图13-281 查看设置颜色后的色块属性

图13-282 预览阴影字幕动画效果

实战
436　制作字幕镂空特效

▶ 实例位置：光盘 \ 效果 \ 第 13 章 \ 实战 436.ezp
▶ 素材位置：光盘 \ 素材 \ 第 13 章 \ 实战 436.ezp
▶ 视频位置：光盘 \ 视频 \ 第 13 章 \ 实战 436.mp4

● 实例介绍 ●

　　在EDIUS 8字幕窗口中，用户根据视频画面的需要，还可以配上镂空字幕效果，使制作的视频整体感更加美观。下面向读者介绍制作字幕镂空特效的操作方法。

● 操作步骤 ●

STEP 01 单击"文件"|"打开工程"命令，打开一个工程文件，如图13-283所示。

STEP 02 在1T字幕轨道中，选择需要制作镂空的标题字幕，如图13-284所示。

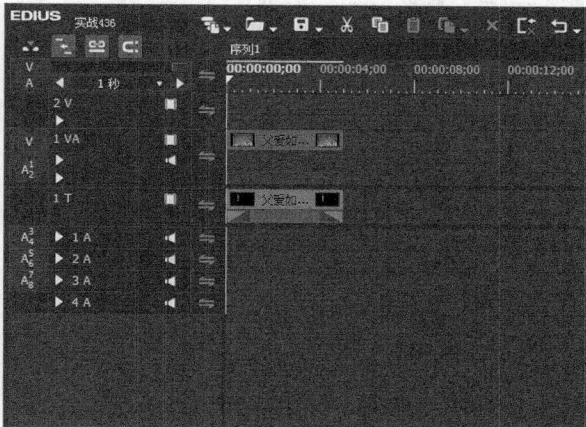

图13-283 打开一个工程文件

图13-284 选择需要制作镂空特效的字幕

STEP 03 在选择的标题字幕上，双击鼠标左键，打开字幕窗口，运用选择对象工具，在预览窗口中选择标题字幕内容，如图13-285所示。

STEP 04 在"文本属性"面板的"填充颜色"选项区中，设置"透明度"为100%，设置文本填充为完全透明状态，在预览窗口中可以查看透明效果，如图13-286所示。

图13-285 选择标题字幕内容

图13-286 查看透明效果

STEP 05 在"文本属性"面板中，选中"边缘"复选框，单击"颜色"下方的第1个色块，如图13-287所示。

STEP 06 执行操作后，弹出"色彩选择-709"对话框，在其中设置"颜色"为淡黄色（RGB参数值分别为247、241、141），如图13-288所示。

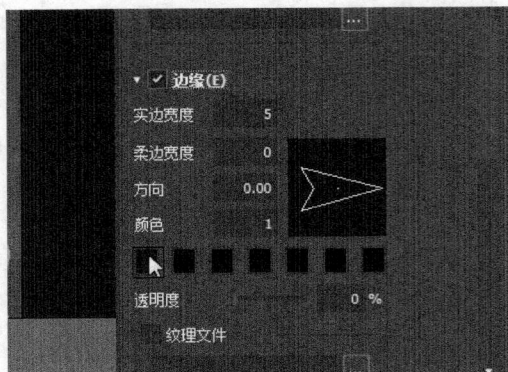

图13-287 单击"颜色"下方的第1个色块

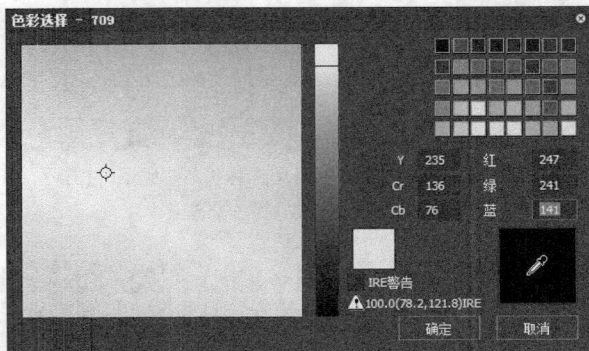

图13-288 设置"颜色"为淡黄色

STEP 07 设置完成后,单击"确定"按钮,返回字幕窗口,在其中可以查看设置边缘颜色后的色块属性,如图13-289所示。

STEP 08 设置完成后,单击"保存"按钮,退出字幕窗口,单击"播放"按钮,预览制作镂空字幕后的视频画面效果,如图13-290所示。

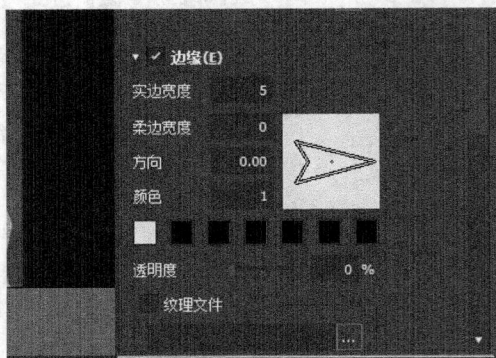

图13-289 查看设置的颜色色块属性

图13-290 预览镂空字幕动画效果

实战 437 制作字幕五彩特效

▶ 实例位置:光盘 \ 效果 \ 第 13 章 \ 实战 437.ezp
▶ 素材位置:光盘 \ 素材 \ 第 13 章 \ 实战 437.ezp
▶ 视频位置:光盘 \ 视频 \ 第 13 章 \ 实战 437.mp4

● 实例介绍 ●

在EDIUS 8工作界面中,用户可以通过多种颜色混合填充标题字幕,该功能可以制作出五颜六色的标题字幕特效。下面向读者介绍制作字幕五彩特效的操作方法。

● 操作步骤 ●

STEP 01 单击"文件"|"打开工程"命令,打开一个工程文件,如图13-291所示。

STEP 02 在1T字幕轨道中,选择需要运用颜色填充的标题字幕,如图13-292所示。

图13-291 打开一个工程文件

图13-292 选择需要运用颜色填充的字幕

STEP 03 在选择的标题字幕上，双击鼠标左键，打开字幕窗口，运用选择对象工具，在预览窗口中选择标题字幕内容，如图13-293所示。

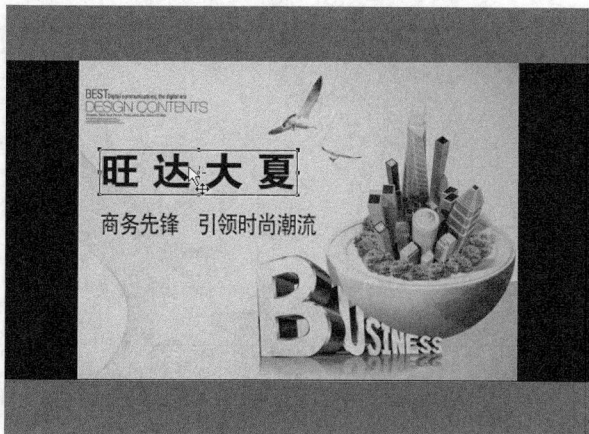

图13-293 选择标题字幕内容

STEP 04 在"文本属性"面板的"填充颜色"选项区中，设置"颜色"为4，如图13-294所示。

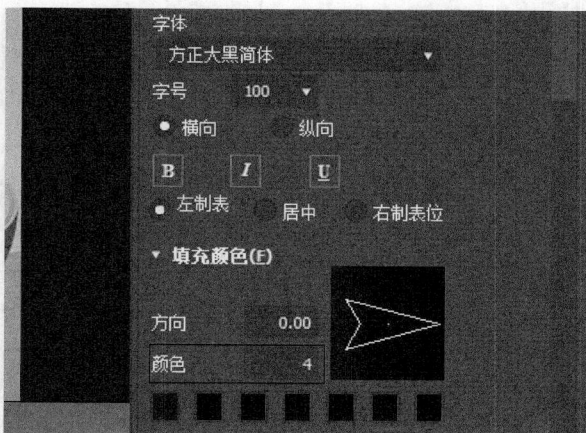

图13-294 设置"颜色"为4

STEP 05 单击"颜色"下方第1个色块，弹出"色彩选择-709"对话框，在其中设置"颜色"为红色（RGB参数值分别为248、33、-4），如图13-295所示，设置完成后，单击"确定"按钮。

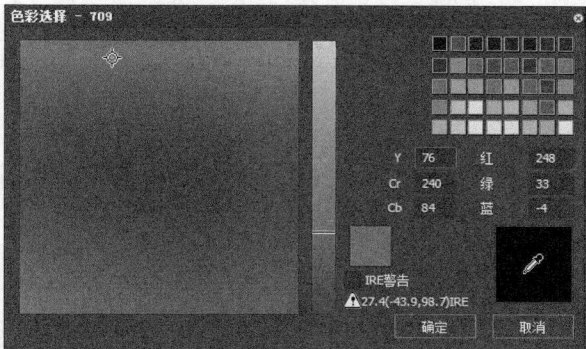

图13-295 设置"颜色"为红色

STEP 06 单击"颜色"下方第2个色块，弹出"色彩选择-709"对话框，在其中设置"颜色"为黄色（RGB参数值分别为258、237、23），如图13-296所示，设置完成后，单击"确定"按钮。

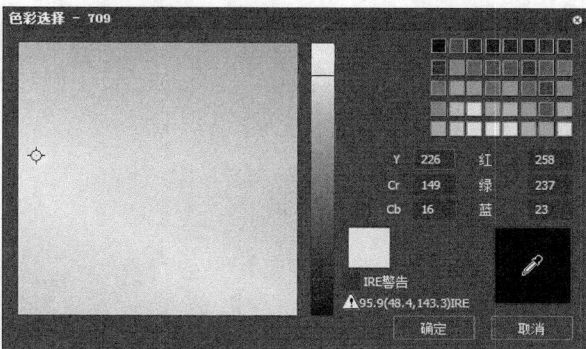

图13-296 设置"颜色"为黄色

STEP 07 单击"颜色"下方第3个色块，弹出"色彩选择-709"对话框，在其中设置"颜色"为蓝色（RGB参数值分别为7、222、259），如图13-297所示，设置完成后，单击"确定"按钮。

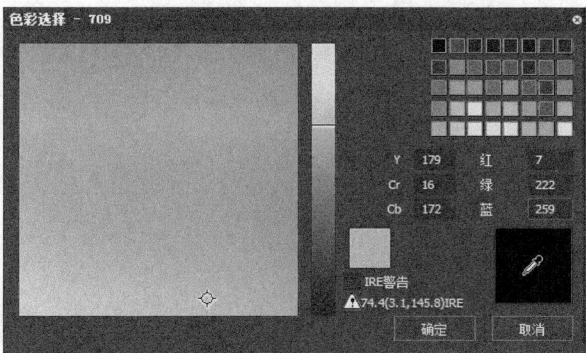

图13-297 设置"颜色"为蓝色

STEP 08 单击"颜色"下方第4个色块，弹出"色彩选择-709"对话框，在其中设置"颜色"为绿色（RGB参数值分别为79、313、91），如图13-298所示，设置完成后，单击"确定"按钮。

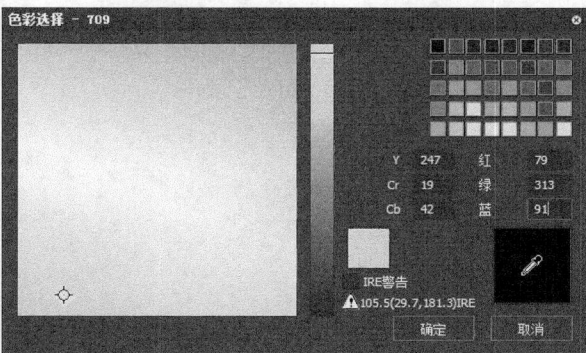

图13-298 设置"颜色"为绿色

STEP 09 返回字幕窗口，在"填充颜色"选项区中，可以查看设置的4种填充颜色，如图13-299所示。

STEP 10 单击"保存"按钮，退出字幕窗口，单击"播放"按钮，预览制作五彩字幕特效后的视频画面效果，如图13-300所示。

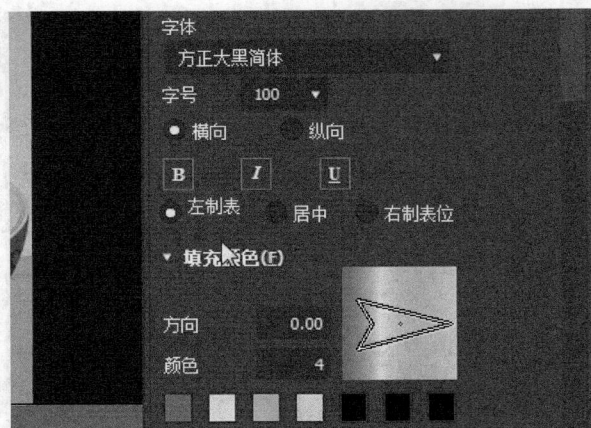

图13-299 查看设置的4种填充颜色

图13-300 预览五彩字幕动画效果

第 **14** 章

影视背景音效的制作

本章导读

音频是一部影片的灵魂，在后期制作中，音频的处理相当重要，如果声音运用恰到好处，往往会给观众带来耳目一新的感觉。本章主要向读者介绍制作背景声音特效的各种操作方法，包括添加与录制音频文件、剪辑与调节音频文件以及应用音频滤镜特效等内容，希望读者可以熟练掌握。

要点索引

- 音频文件的添加与录制
- 音频文件的剪辑与调节
- 音频简单滤镜的应用
- 音频高级滤镜的应用

彩蝶珠宝
Rcd 00:00:09:06

Rcd 00:00:08:14

夏日午庭
Rcd 00:00:00:12

爱情誓言
Rcd 00:00:03:09

14.1 音频文件的添加与录制

优美动听的背景音乐和款款深情的配音不仅可以为影片起到锦上添花的作用，更能使影片颇有感染力，从而使影片更上一个台阶。本节主要向读者介绍添加与录制音频文件的操作方法。

实战 438 通过命令添加音频文件

▶ 实例位置：光盘 \ 效果 \ 第 14 章 \ 实战 438.ezp
▶ 素材位置：光盘 \ 素材 \ 第 14 章 \ 实战 438.ezp
▶ 视频位置：光盘 \ 视频 \ 第 14 章 \ 实战 438.mp4

● 实例介绍 ●

在 EDIUS 工作界面中，用户可以通过"添加素材"命令，将音频文件添加至 EDIUS 的时间线面板中。下面向读者介绍通过命令添加音频文件的操作方法。

● 操作步骤 ●

STEP 01 单击"文件" | "打开工程"命令，打开一个工程文件，如图 14-1 所示。

STEP 02 在菜单栏中，单击"文件" | "添加素材"命令，如图 14-2 所示。

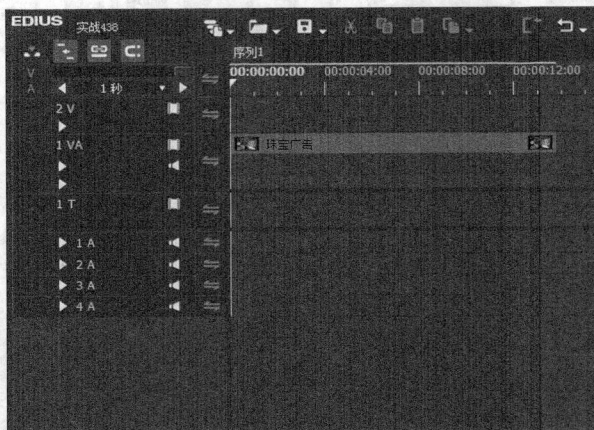

图 14-1 打开一个工程文件

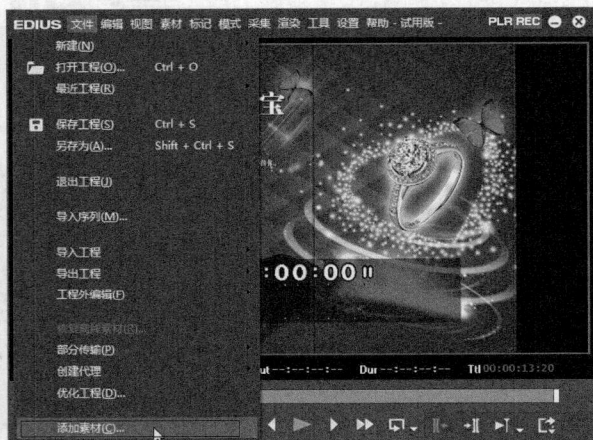

图 14-2 单击"添加素材"命令

STEP 03 执行操作后，弹出"添加素材"对话框，在其中选择需要添加的音频文件，如图 14-3 所示。

STEP 04 单击"打开"按钮，即可将选择的音频文件导入至 EDIUS 工作界面中，在播放窗口中的黑色空白位置上，单击鼠标左键并拖曳至 1A 音频轨道中，如图 14-4 所示。

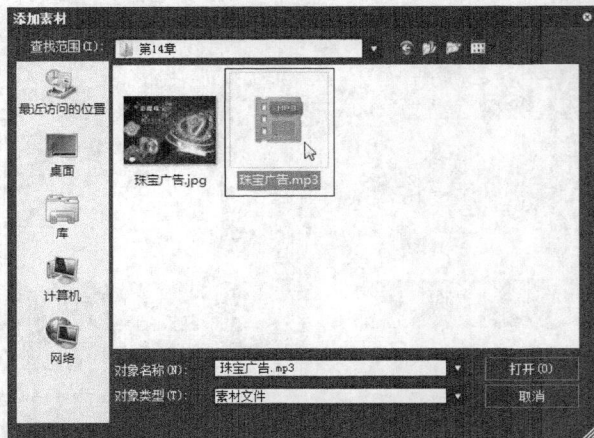

图 14-3 选择需要添加的音频文件

图 14-4 拖曳至 1A 音频轨道中

STEP 05 释放鼠标左键，即可将导入的音频文件添加至音频轨道中，如图14-5所示。

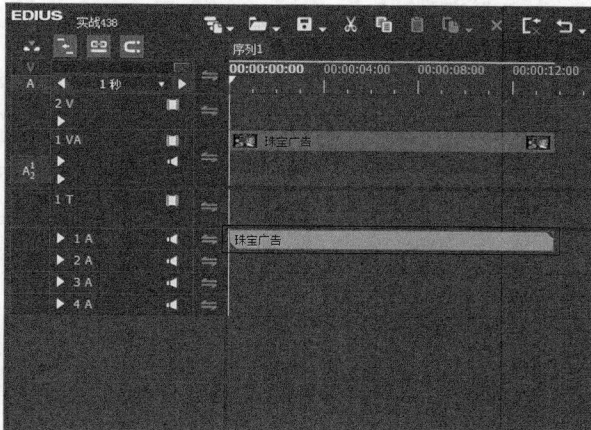

图14-5　添加至音频轨道中

STEP 06 在录制窗口中，单击"播放"按钮，试听视频背景音乐，如图14-6所示。

图14-6　试听视频背景音乐

知识拓展

在播放窗口中的黑色空白位置上，单击鼠标左键并拖曳至"素材库"面板中，释放鼠标左键，也可以将导入的音频素材添加至"素材库"面板中。

技巧点拨

在 EDIUS 工作界面中，单击"文件"菜单，在弹出的菜单列表中按 C 键，也可以快速弹出"添加素材"对话框。

实战 439　通过轨道添加音频文件

▶ 实例位置：光盘 \ 效果 \ 第 14 章 \ 实战 439.ezp 实战 439.mp3
▶ 素材位置：光盘 \ 素材 \ 第 14 章 \ 实战 439.ezp
▶ 视频位置：光盘 \ 视频 \ 第 14 章 \ 实战 439.mp4

● 实例介绍 ●

在EDIUS工作界面中，用户不仅可以通过命令添加音频文件，还可以通过时间线面板导入音频文件。下面向读者介绍通过时间线面板中的轨道添加音频文件的操作方法。

● 操作步骤 ●

STEP 01 单击"文件" | "打开工程"命令，打开一个工程文件，如图14-7所示。

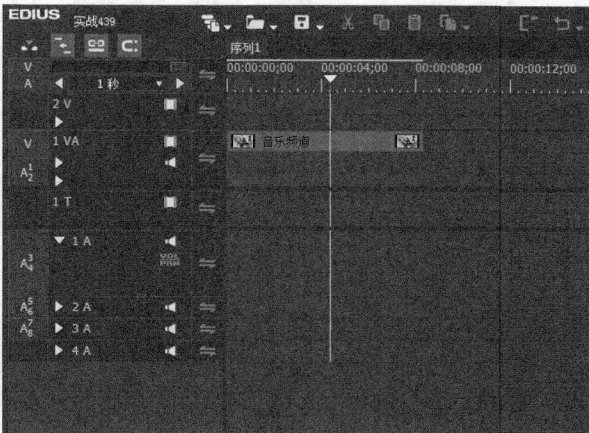

图14-7　打开一个工程文件

STEP 02 在时间线面板中，将时间线移至轨道的开始位置，然后选择1A音频轨道，如图14-8所示。

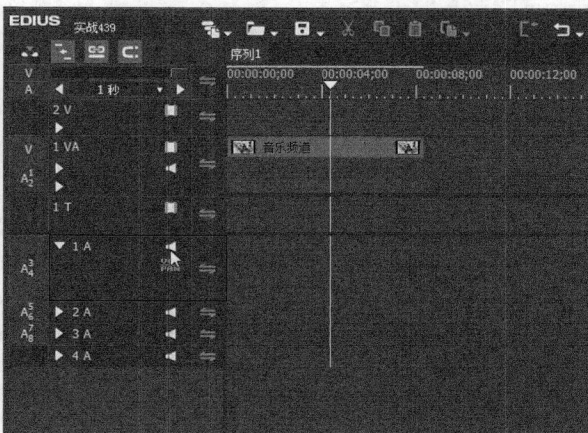

图14-8　选择1A音频轨道

技巧点拨

在"计算机"文件夹中，选择相应的音频文件后，直接将音频文件拖曳至 EDIUS 工作界面的 1A 音频轨道中，也可以完成音频文件的添加操作。

STEP 03 在音频轨道中的空白位置上，单击鼠标右键，在弹出的快捷菜单中选择"添加素材"选项，如图14-9所示。

STEP 04 执行操作后，弹出"打开"对话框，在其中用户可根据需要选择相应的音频文件，如图14-10所示。

图14-9 选择"添加素材"选项

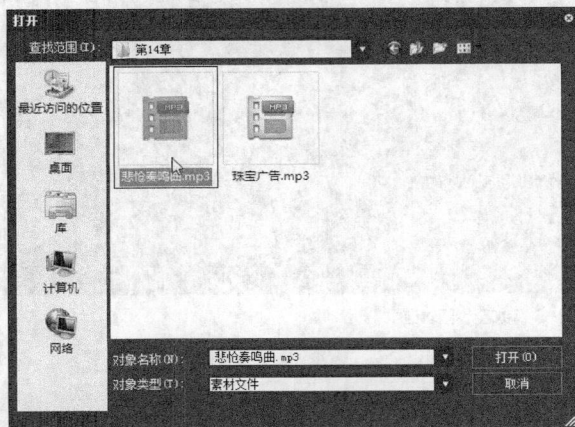

图14-10 选择需要添加的音频文件

STEP 05 单击"打开"按钮，即可在1A音频轨道的时间线位置，添加选择的音频文件，如图14-11所示。

STEP 06 在录制窗口中，单击"播放"按钮，试听视频背景音乐，如图14-12所示。

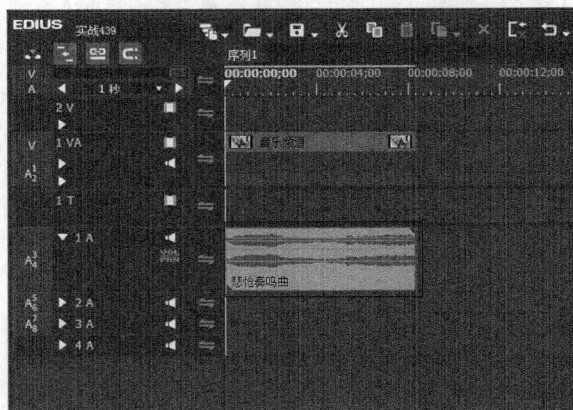

图14-11 添加音频文件

图14-12 试听视频背景音乐

实战 440 通过素材库添加音频文件

▶ 实例位置：光盘 \ 效果 \ 第 14 章 \ 实战 440.ezp、实战 440.mp3
▶ 素材位置：光盘 \ 素材 \ 第 14 章 \ 实战 440.ezp
▶ 视频位置：光盘 \ 视频 \ 第 14 章 \ 实战 440.mp4

● 实例介绍 ●

在EDIUS工作界面中，用户可以先将音频文件添加至素材库中，然后再从素材库中将需要的音频文件添加至音频轨道中。下面向读者介绍通过素材库添加音频文件的操作方法。

● 操作步骤 ●

STEP 01 单击"文件" | "打开工程"命令，打开一个工程文件，如图14-13所示。

STEP 02 在"素材库"面板中的空白位置上，单击鼠标右键，在弹出的快捷菜单中选择"添加文件"选项，如图14-14所示。

图14-13　打开一个工程文件

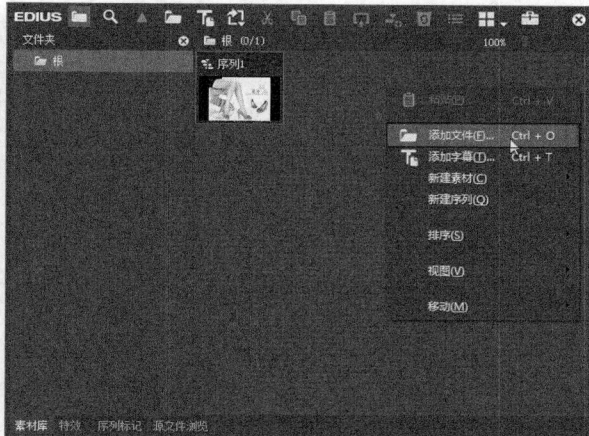

图14-14　选择"添加文件"选项

STEP 03　执行操作后，弹出"打开"对话框，在其中选择需要添加的音频文件，如图14-15所示。

STEP 04　单击"打开"按钮，即可将音频文件添加至"素材库"面板中，在音频文件的缩略图上，显示了音频的音波，如图14-16所示。

图14-15　选择需要添加的音频文件

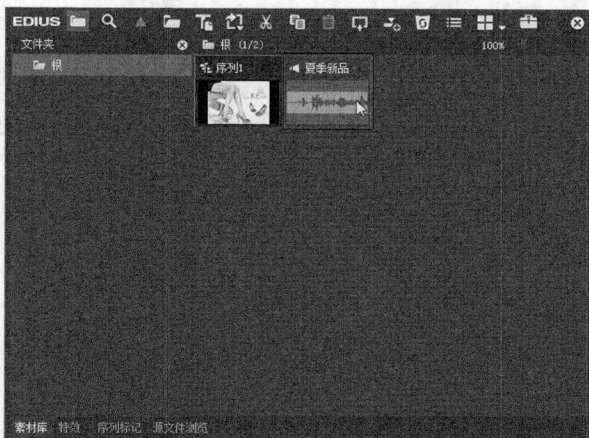

图14-16　显示了音频的音波

STEP 05　在添加的音频文件上，单击鼠标左键并拖曳至1A音频轨道中的开始位置，释放鼠标左键，即可将音频文件添加至轨道中，如图14-17所示。

STEP 06　在录制窗口中，单击"播放"按钮，试听视频背景音乐，如图14-18所示。

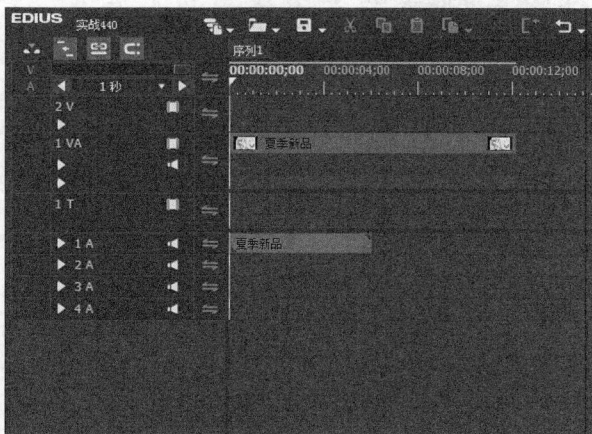

图14-17　将音频文件添加至轨道中

图14-18　试听视频背景音乐

<table>
<tr><td>实战
441</td><td>设置录音属性</td><td>▶ 实例位置: 光盘 \ 效果 \ 第 14 章 \ 实战 441.ezp
▶ 素材位置: 光盘 \ 素材 \ 第 14 章 \ 实战 441.ezp
▶ 视频位置: 光盘 \ 视频 \ 第 14 章 \ 实战 441.mp4</td></tr>
</table>

● 实例介绍 ●

　　在录制声音之前，首先需要设置录音的相关属性，使录制的声音文件更符合用户的需求。下面向读者介绍设置录音属性的操作方法。

● 操作步骤 ●

STEP 01 单击 "文件" | "打开工程" 命令，打开一个工程文件，如图14-19所示。

STEP 02 在菜单栏中，单击 "采集" | "同步录音" 命令，如图14-20所示。

图14-19 打开一个工程文件

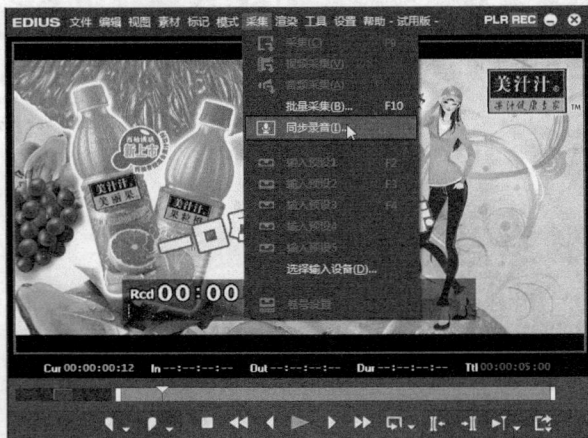

图14-20 单击 "同步录音" 命令

知识拓展

　　在时间线面板中，单击"切换同步录音显示"按钮，执行操作后，也可以弹出"同步录音"对话框。

STEP 03 执行操作后，弹出 "同步录音" 对话框，如图14-21所示。

STEP 04 选择一种合适的输入法，在 "文件名" 右侧的文本框中，输入声音文件的保存名称，如图14-22所示。

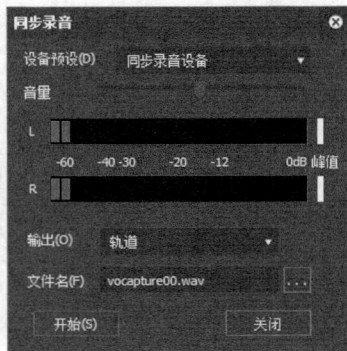

图14-21 弹出 "同步录音" 对话框

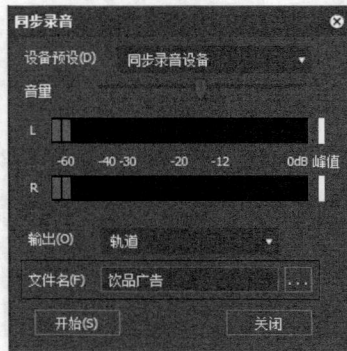

图14-22 输入声音文件的保存名称

STEP 05 如果用户需要设置录制的声音文件的保存位置，可以单击 "文件名" 右侧的按钮，如图14-23所示。

STEP 06 执行操作后，弹出 "浏览文件夹" 对话框，在中间的下拉列表框中，选择声音文件的保存位置，如图14-24所示。

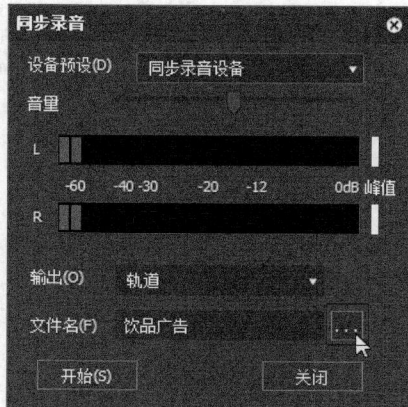
图14-23 单击"文件名"右侧的按钮

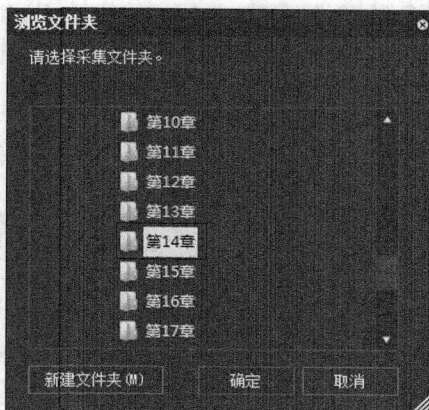
图14-24 选择声音文件的保存位置

STEP 07 设置完成后，单击"确定"按钮，返回"同步录音"对话框，向左拖曳"音量"右侧的滑块，调节录制的声音文件的音量大小，如图14-25所示，完成设置与操作。

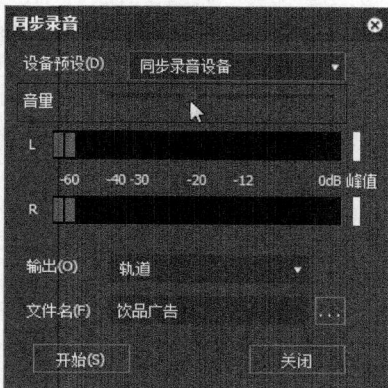
图14-25 调节声音的音量大小

知识拓展

在"同步录音"对话框中，各选项含义如下。

设备预设：选择录音的硬件设备。

音量：向左拖曳"音量"右侧的滑块，可以调小录音的音量；向右拖曳滑块，可以放大录音的音量。

L、R：指左、右声道的音量音波大小。

输出：单击右侧的下三角按钮，在弹出的列表框中，用户可以选择将音频文件输出到轨道还是素材库面板。

文件名：设置录音文件的存储名称。

实战 442　将声音录进轨道

▶ 实例位置：光盘 \ 效果 \ 第 14 章 \ 实战 442.ezp
▶ 素材位置：光盘 \ 素材 \ 第 14 章 \ 实战 442.ezp
▶ 视频位置：光盘 \ 视频 \ 第 14 章 \ 实战 442.mp4

● 实例介绍 ●

在EDIUS工作界面中，用户可以很方便地将声音录进时间线面板中，对于录制完成的声音，用户还可以通过时间线面板对其进行修剪与编辑操作。下面向读者介绍将声音录进轨道的操作方法。

● 操作步骤 ●

STEP 01 单击"文件"|"打开工程"命令，打开一个工程文件，如图14-26所示。

STEP 02 单击"切换同步录音显示"按钮，弹出"同步录音"对话框，单击"输出"右侧的下拉按钮，在弹出的列表框中选择"轨道"选项，如图14-27所示。

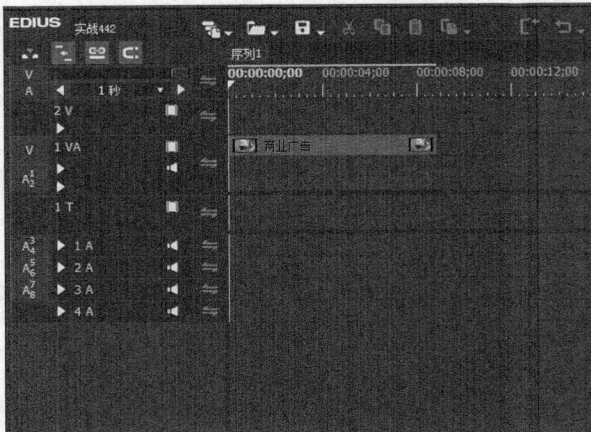

图14-26 打开一个工程文件

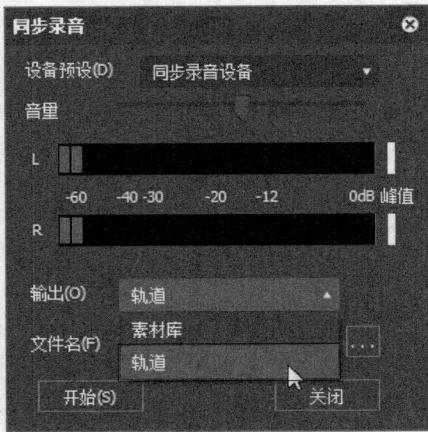

图14-27 选择"轨道"选项

STEP 03 将录制的声音输出至轨道中，单击"开始"按钮，如图14-28所示。

STEP 04 开始录制声音，待声音录制完成后，单击"结束"按钮，如图14-29所示。

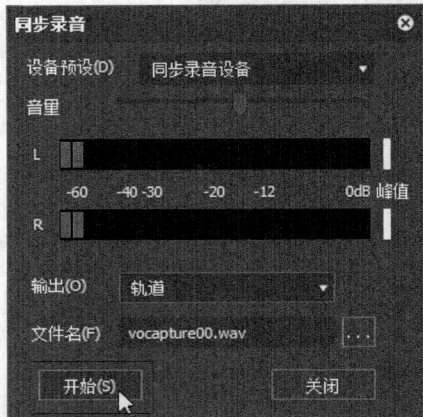

图14-28 单击"开始"按钮

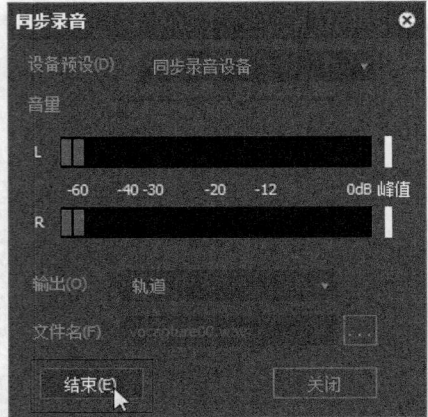

图14-29 单击"结束"按钮

STEP 05 执行操作后，弹出信息提示框，提示用户是否使用此波形文件，如图14-30所示。

STEP 06 单击"是"按钮，即可将录制的声音输出至时间线面板中，单击"关闭"按钮，关闭"同步录音"对话框，在时间线面板中即可查看录制的声音波形文件，如图14-31所示。

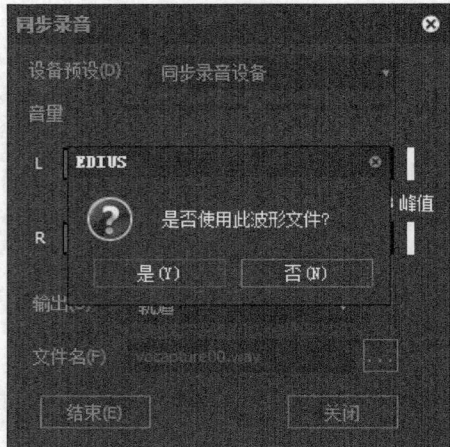

图14-30 提示是否使用此波形文件

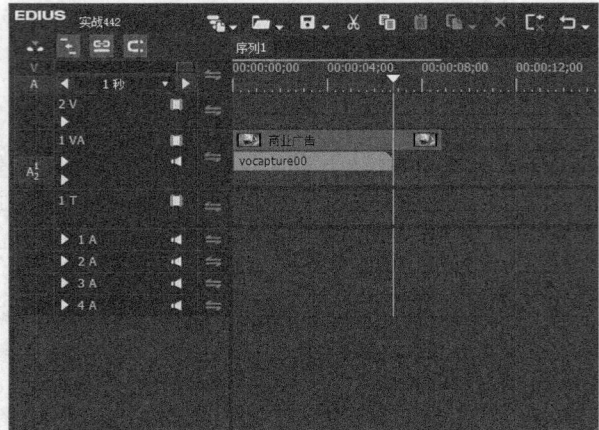

图14-31 查看录制的声音波形文件

STEP 07 在录制窗口中，单击"播放"按钮，试听视频背景音乐，如图14-32所示。

图14-32 试听视频背景音乐

实战 443 将声音录进素材库

▶ 实例位置：光盘 \ 效果 \ 第 14 章 \ 实战 443.ezp
▶ 素材位置：光盘 \ 素材 \ 第 14 章 \ 实战 443.ezp
▶ 视频位置：光盘 \ 视频 \ 第 14 章 \ 实战 443.mp4

● 实例介绍 ●

在EDIUS工作界面中，用户不仅可以将录制的声音输出至时间线面板，还可以将声音输出至素材库，待以后使用。下面向读者介绍将声音录进素材库的操作方法。

● 操作步骤 ●

STEP 01 单击"文件" | "打开工程"命令，打开一个工程文件，如图14-33所示。

STEP 02 单击"切换同步录音显示"按钮，执行操作后，弹出"同步录音"对话框，单击"输出"右侧的下拉按钮，在弹出的列表框中选择"素材库"选项，如图14-34所示，即可将声音录进素材库面板中。

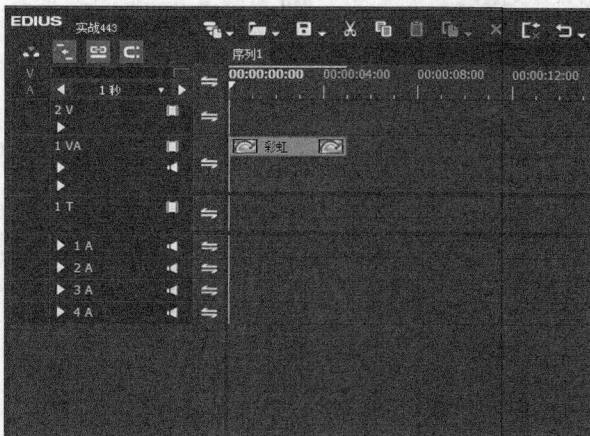

图14-33 打开一个工程文件

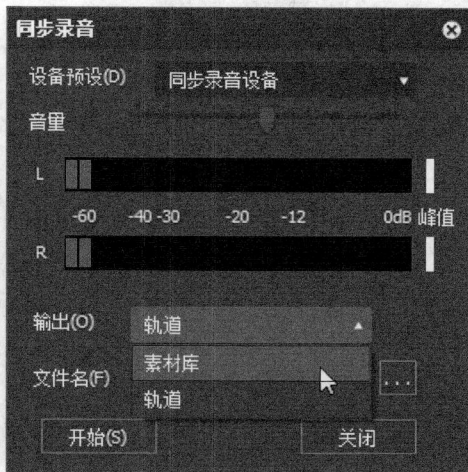

图14-34 选择"素材库"选项

STEP 03 设置完成后，单击对话框下方的"开始"按钮，如图14-35所示。

STEP 04 开始录制声音，待声音录制完成后，单击"结束"按钮，如图14-36所示。

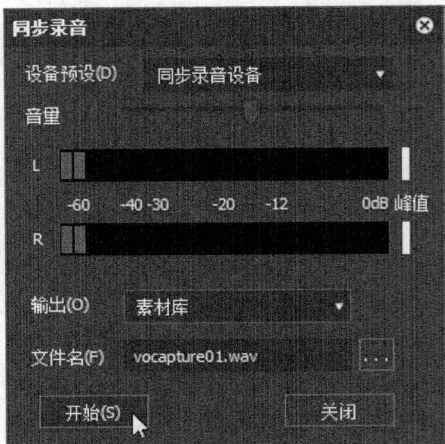

图14-35 单击"开始"按钮

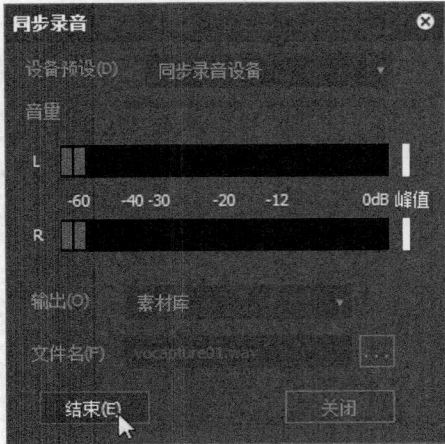

图14-36 单击"结束"按钮

STEP 05 执行操作后，弹出信息提示框，提示用户是否使用此波形文件，如图14-37所示。

STEP 06 单击"是"按钮，即可将录制的声音输出至素材库面板中，单击"关闭"按钮，关闭"同步录音"对话框，在素材库面板中即可查看录制的声音波形文件，如图14-38所示。

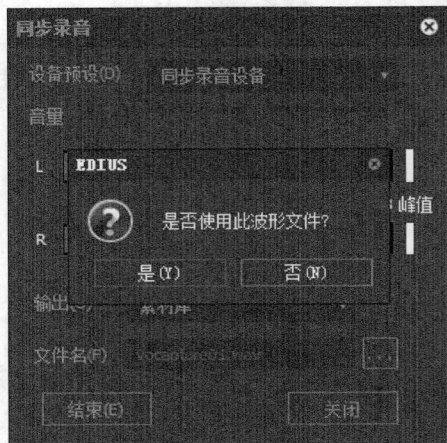

图14-37 提示是否使用此波形文件

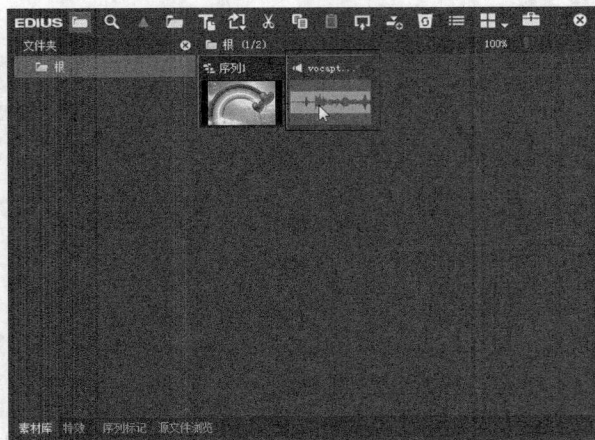

图14-38 查看录制的声音波形文件

STEP 07 将刚录制的声音文件，拖曳至1A音频轨中的开始位置，为视频添加背景音乐，如图14-39所示。

STEP 08 在录制窗口中，单击"播放"按钮，试听视频背景音乐，如图14-40所示。

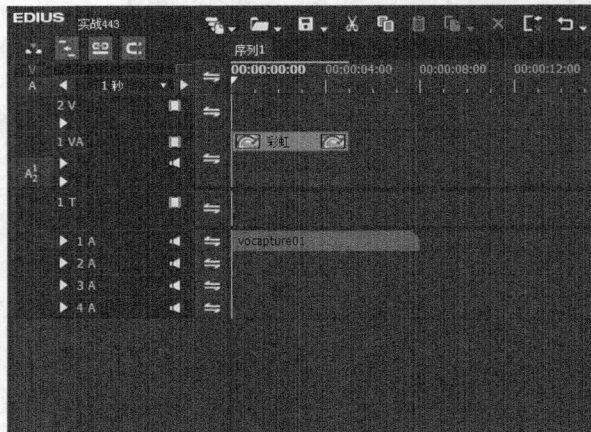

图14-39 为视频添加背景音乐

图14-40 试听视频背景音乐

实战 444　在时间线面板中删除声音文件

▶ 实例位置：光盘 \ 效果 \ 第 14 章 \ 实战 444.ezp
▶ 素材位置：上一例效果
▶ 视频位置：光盘 \ 视频 \ 第 14 章 \ 实战 444.mp4

● 实例介绍 ●

在 EDIUS 工作界面中，当用户对于录制的声音文件不满意时，此时可以将录制的声音文件进行删除操作。下面向读者分别介绍在时间线面板中删除声音文件与在素材库面板中删除声音文件的操作方法。

● 操作步骤 ●

STEP 01　在音频轨道中，选择需要删除的声音文件，在选择的声音文件上，单击鼠标右键，在弹出的快捷菜单中选择"删除"选项，如图14-41所示。

STEP 02　执行操作后，即可删除时间线面板中选择的声音文件，如图14-42所示。

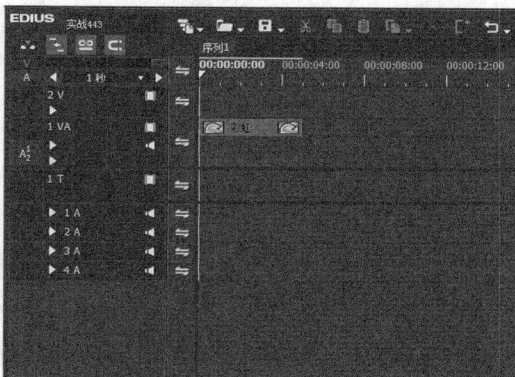

图14-41　选择"删除"选项

图14-42　删除时间线面板中的声音

实战 445　删除录制的声音文件

▶ 实例位置：光盘 \ 效果 \ 第 14 章 \ 实战 445.ezp
▶ 素材位置：上一例效果
▶ 视频位置：光盘 \ 视频 \ 第 14 章 \ 实战 445.mp4

● 实例介绍 ●

当用户将声音文件录进素材库面板后，如果不再需要此声音文件，此时可以将该声音文件进行删除操作。

● 操作步骤 ●

STEP 01　在素材库面板中选择需要删除的声音文件，在选择的声音文件上，单击鼠标右键，在弹出的快捷菜单中选择"删除"选项，如图14-43所示。

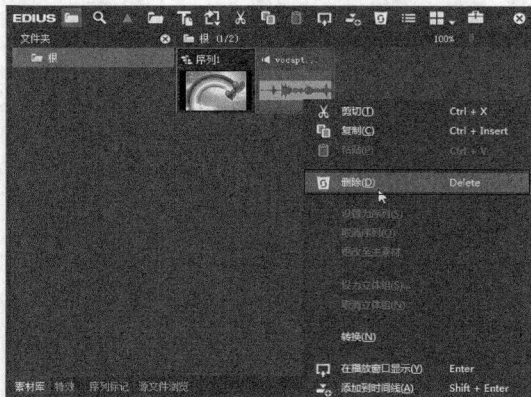

STEP 02　执行操作后，即可删除素材库面板中选择的声音文件，如图14-44所示。

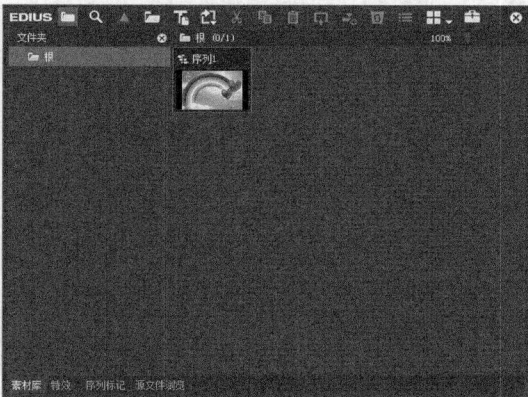

图14-43　选择"删除"选项

图14-44　删除素材库面板中的声音

技巧点拨

用户在时间线面板中或在素材库面板中，选择需要删除的声音文件后，按 Delete 键，也可以快速删除选择的声音文件。

14.2 音频文件的剪辑与调节

在EDIUS工作界面中，当用户将声音或背景音乐添加到音频轨道后，此时可以根据影片的需要编辑和修剪音频素材，还可以调节音频素材的音量属性。本节主要向读者介绍剪辑与调节音频文件的操作方法。

实战 446 分割音频文件

▶ 实例位置：光盘 \ 效果 \ 第 14 章 \ 实战 446.ezp
▶ 素材位置：光盘 \ 素材 \ 第 14 章 \ 实战 446.ezp
▶ 视频位置：光盘 \ 视频 \ 第 14 章 \ 实战 446.mp4

● 实例介绍 ●

在EDIUS工作界面中，用户可以根据需要对音频文件进行分割操作，将添加的音频文件分割为两节，然后分别对分割后的音频进行编辑操作。下面向读者介绍分割音频文件的操作方法。

● 操作步骤 ●

STEP 01 单击"文件"|"打开工程"命令，打开一个工程文件，如图14-45所示。

图14-45 打开一个工程文件

STEP 03 在时间线面板中，将时间线移至00:00:08:00的位置处，如图14-47所示。

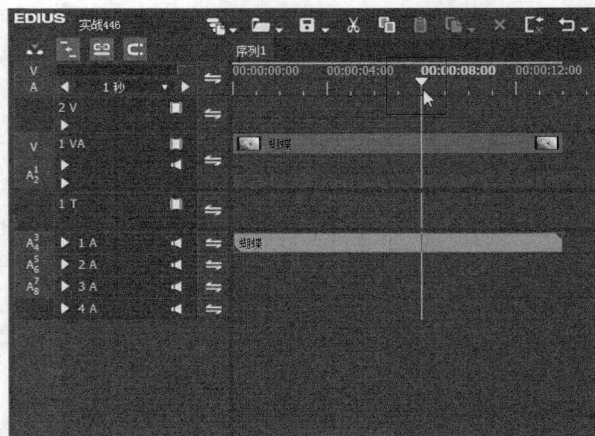

图14-47 移动时间线的位置

STEP 02 在1A音频轨道中，选择需要分割的音频素材，如图14-46所示。

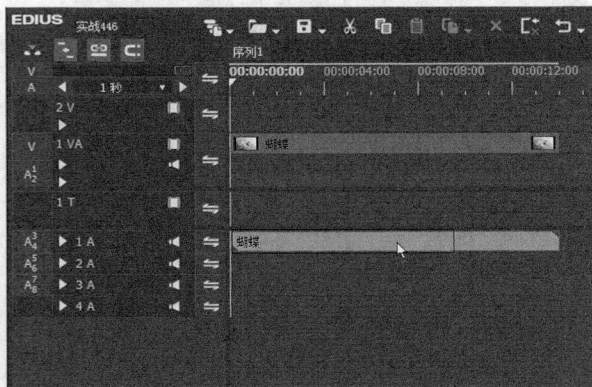

图14-46 选择音频素材

STEP 04 在菜单栏中，单击"编辑"|"添加剪切点"|"选定轨道"命令，如图14-48所示。

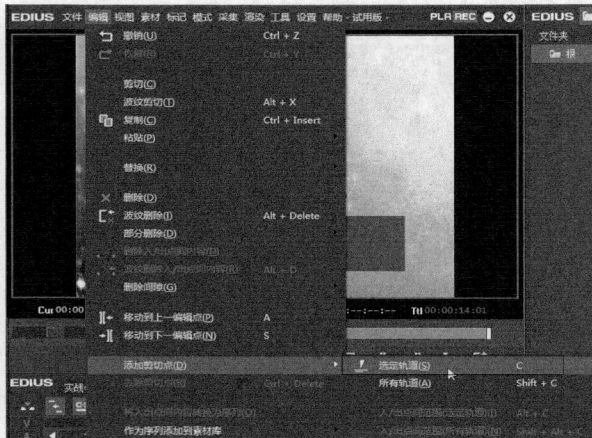

图14-48 单击"选定轨道"命令

STEP 05 执行操作后，即可在音频素材之间添加剪切点，对音频素材进行分割操作，如图14-49所示。

STEP 06 选择分割后的音频文件，按Delete键，即可将音频文件进行删除操作，如图14-50所示。

图14-49 对音频素材进行分割操作

图14-50 删除分割后的音频文件

实战 447 通过区间修整音频

▶ 实例位置：光盘 \ 效果 \ 第 14 章 \ 实战 447.ezp
▶ 素材位置：光盘 \ 素材 \ 第 14 章 \ 实战 447.ezp
▶ 视频位置：光盘 \ 视频 \ 第 14 章 \ 实战 447.mp4

● 实例介绍 ●

用户在制作视频的过程中，如果音频文件的区间不能满足用户的需求，此时用户可以对音频的区间进行修整操作。下面向读者介绍通过区间修整音频文件的操作方法。

● 操作步骤 ●

STEP 01 单击"文件"|"打开工程"命令，打开一个工程文件，如图14-51所示。

STEP 02 选择音频轨道中的音频文件，将鼠标移至音频末尾处的黄色标记上，如图14-52所示。

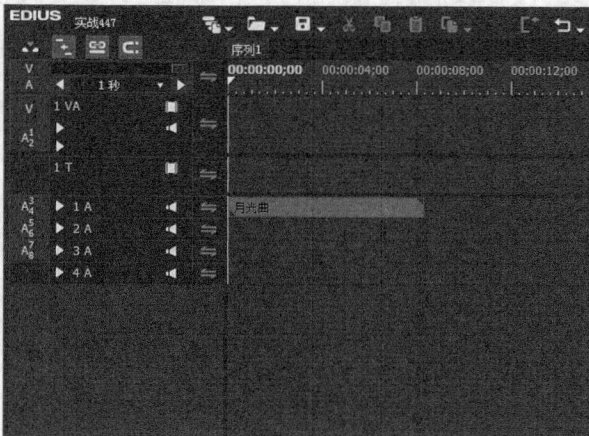
图14-51 打开一个工程文件

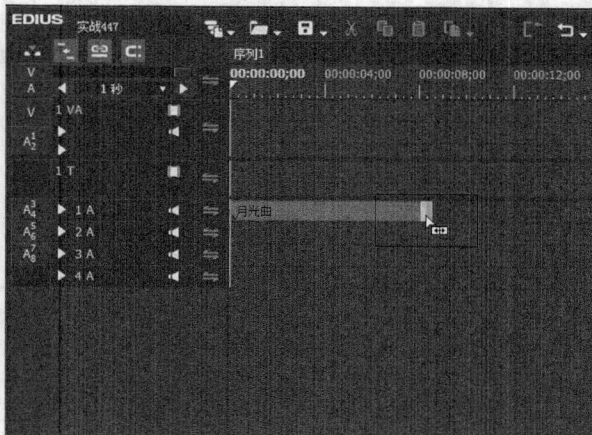
图14-52 移动鼠标至黄色标记上

技巧点拨

用户还可以将鼠标移至音频文件的开始位置的黄色标记上，单击鼠标左键并向右拖曳，可以调整音频文件的起始播放位置。

STEP 03 在黄色标记上，单击鼠标左键并向左拖曳至合适位置，如图14-53所示。

STEP 04 释放鼠标左键，即可通过区间修整音频文件，单击"播放"按钮，试听修整后的音频声音，如图14-54所示。

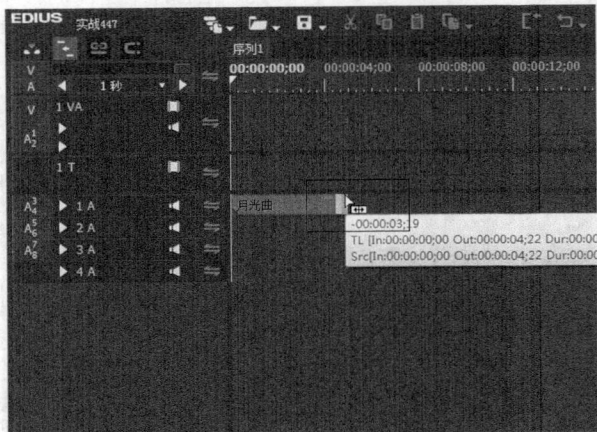

图14-53 向左拖曳至合适位置

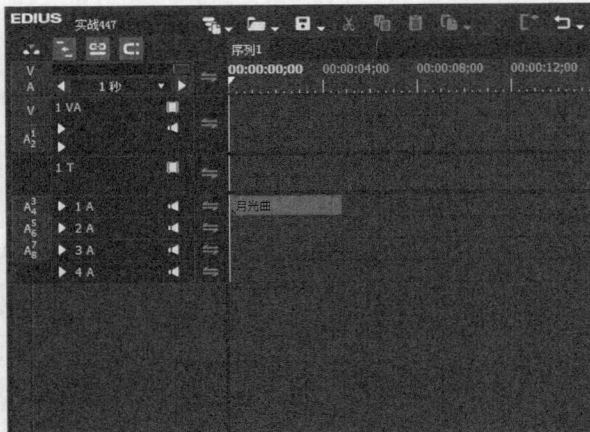

图14-54 试听修整后的音频声音

实战 448 改变音频持续时间

▶ 实例位置：光盘 \ 效果 \ 第 14 章 \ 实战 448.ezp
▶ 素材位置：光盘 \ 素材 \ 第 14 章 \ 实战 448.ezp
▶ 视频位置：光盘 \ 视频 \ 第 14 章 \ 实战 448.mp4

● 实例介绍 ●

在EDIUS工作界面中，用户可以根据视频的需要，改变音频文件的持续时间，从而调整音频文件的播放长度。下面向读者介绍改变音频持续时间的操作方法。

● 操作步骤 ●

STEP 01 单击"文件"|"打开工程"命令，打开一个工程文件，如图14-55所示。

STEP 02 选择添加的音频文件，单击鼠标右键，在弹出的快捷菜单中选择"持续时间"选项，如图14-56所示。

图14-55 打开一个工程文件

图14-56 选择"持续时间"选项

STEP 03 执行操作后，弹出"持续时间"对话框，在其中设置"持续时间"为00:00:14:00，如图14-57所示。

图14-57 设置音频持续时间参数

STEP 04 单击"确定"按钮，即可完成音频持续时间的修改，此时在1A音频轨道中，可以看到音频的时间长度已发生变化，如图14-58所示。

STEP 05 在录制窗口中，单击"播放"按钮，试听视频背景音乐，如图14-59所示。

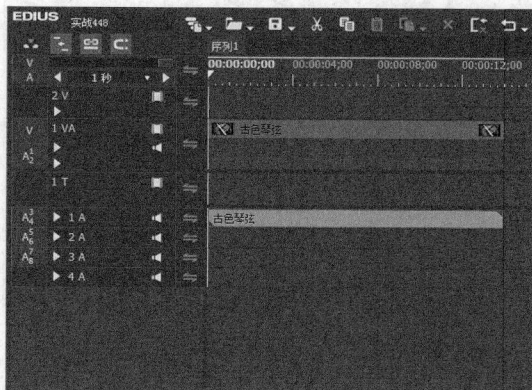

图14-58 完成音频持续时间的修改

图14-59 试听视频背景音乐

实战 449 改变音频播放速度

▶ 实例位置：光盘 \ 效果 \ 第 14 章 \ 实战 449.ezp
▶ 素材位置：光盘 \ 素材 \ 第 14 章 \ 实战 449.ezp
▶ 视频位置：光盘 \ 视频 \ 第 14 章 \ 实战 449.mp4

● 实例介绍 ●

在EDIUS工作界面中，用户还可以通过改变音频的播放速度来修整音频文件的时间长度。下面向读者介绍改变音频播放速度的操作方法。

● 操作步骤 ●

STEP 01 单击"文件"|"打开工程"命令，打开一个工程文件，如图14-60所示。

STEP 02 选择添加的音频文件，单击鼠标右键，在弹出的快捷菜单中选择"时间效果"|"速度"选项，如图14-61所示。

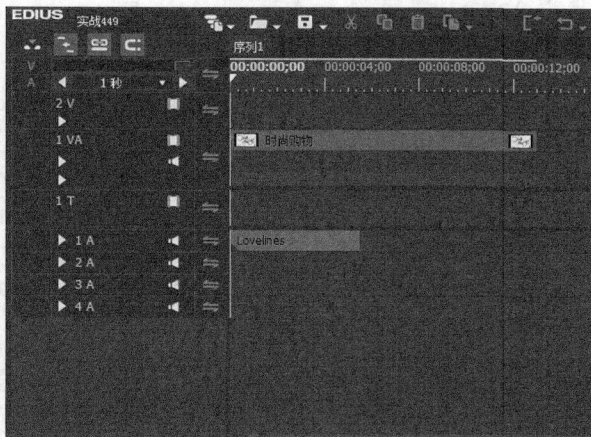

图14-60 打开一个工程文件

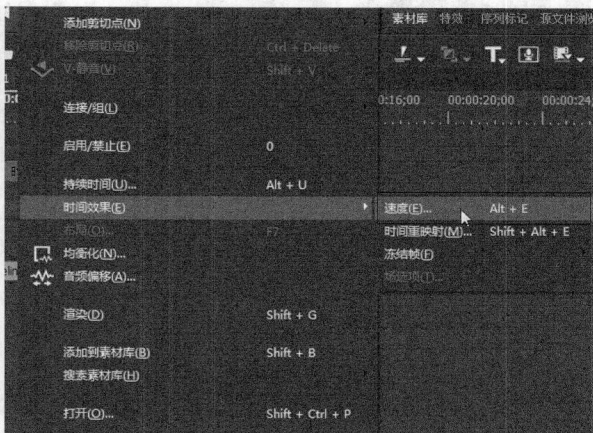

图14-61 选择"速度"选项

技巧点拨

在音频轨道中，选择需要调整播放速度的音频文件，按 Alt + E 组合键，也可以弹出"素材速度"对话框。

STEP 03 执行操作后，弹出"素材速度"对话框，在其中设置"比率"为42.3%，如图14-62所示。

STEP 04 设置完成后，单击"确定"按钮，完成音频播放速度的修改，此时在1A音频轨道中，可以看到音频的播放速度已发生变化，如图14-63所示。

图14-62 设置"比率"为42.3%

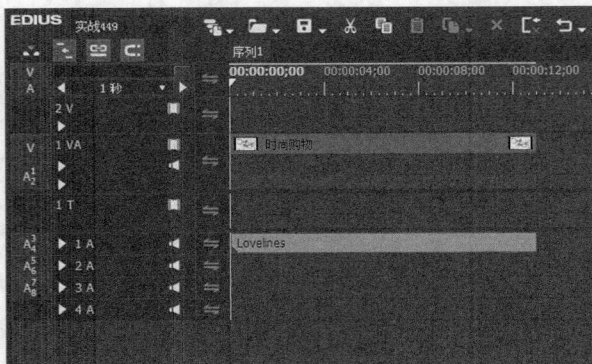

图14-63 完成音频播放速度的修改

STEP 05 在录制窗口中，单击"播放"按钮，试听视频背景音乐，如图14-64所示。

图14-64 试听视频背景音乐

实战 450 调整整个音频音量

▶ 实例位置：光盘 \ 效果 \ 第 14 章 \ 实战 450.ezp
▶ 素材位置：光盘 \ 素材 \ 第 14 章 \ 实战 450.ezp
▶ 视频位置：光盘 \ 视频 \ 第 14 章 \ 实战 450.mp4

● 实例介绍 ●

在EDIUS工作界面中，用户可以针对整个音频轨道中的音频音量进行统一调整，该方法既方便，又快捷。下面向读者介绍调整整个音频音量的操作方法。

● 操作步骤 ●

STEP 01 单击"文件"|"打开工程"命令，打开一个工程文件，如图14-65所示。

STEP 02 在菜单栏中，单击"视图"|"调音台"命令，如图14-66所示。

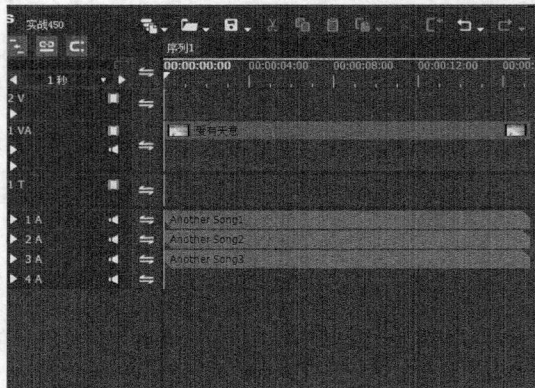

图14-65 打开一个工程文件

图14-66 单击"调音台"命令

STEP 03 执行操作后，弹出"调音台（峰值计）"面板，单击每条音频轨道上方的音频图标，取消音频的静音，如图14-67所示。

STEP 04 单击对话框右下角的"播放"按钮，试听4个音频轨道中的声音大小，此时显示4个音轨中的音量起伏变化，如图14-68所示。

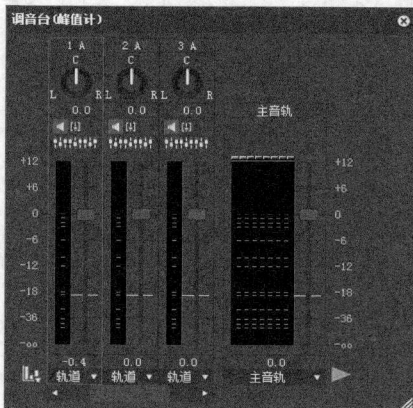

图14-67 取消音频的静音

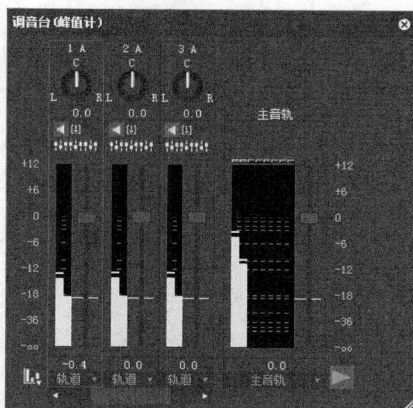

图14-68 4个音轨中的音量起伏变化

STEP 05 在对话框中，将鼠标移至1A音频轨道中的滑块上，单击鼠标左键并向下拖曳，使该轨道中的音频音量变小，如图14-69所示。

STEP 06 将鼠标移至2A音频轨道中的滑块上，单击鼠标左键并向上拖曳，放大该音频轨道中的音频声音，如图14-70所示。

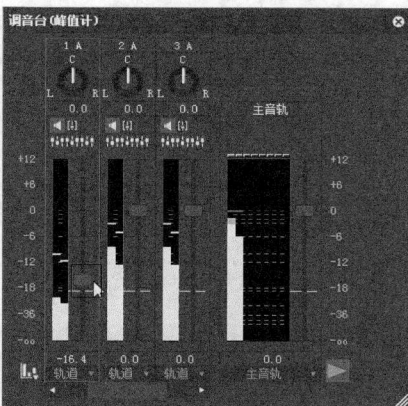

图14-69 使该轨道中的音频音量变小

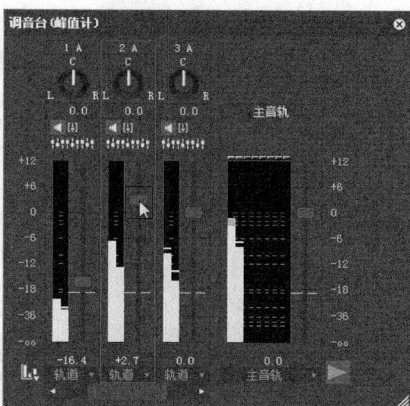

图14-70 放大该音频轨道中的音频声音

STEP 07 将鼠标移至3A音频轨道中的滑块上，单击鼠标左键并向下拖曳，使该轨道中的音频音量比标准的声音小一点，如图14-71所示。

STEP 08 将鼠标移至主音轨调节滑块上，单击鼠标左键并向下拖曳，将所有轨道中的声音都调小一点，如图14-72所示。

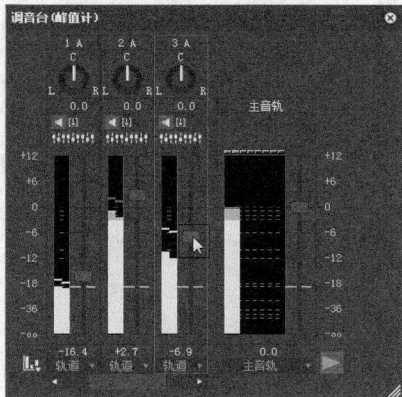

图14-71 向下拖曳声音滑块

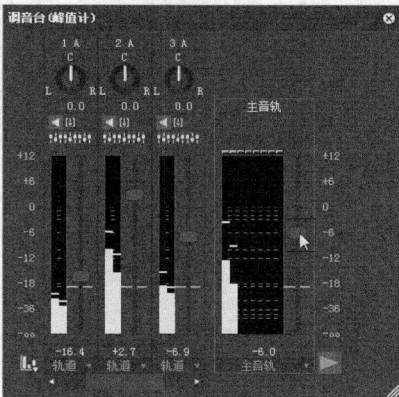

图14-72 向下拖曳主音轨声音滑块

STEP 09 至此，完成各轨道中音频音量的调整，单击右上角的"关闭"按钮，退出"调音台（峰值计）"面板，在录制窗口中，单击"播放"按钮，试听视频背景音乐，如图14-73所示。

图14-73 试听视频背景音乐

技巧点拨

在 EDIUS 工作界面中，用户还可以在时间线面板上方，单击"切换调音台显示"按钮，快速打开"调音台(峰值计)"面板。

实战 451 使用调节线调整音量

▶ 实例位置：光盘 \ 效果 \ 第 14 章 \ 实战 451.ezp
▶ 素材位置：光盘 \ 素材 \ 第 14 章 \ 实战 451.ezp
▶ 视频位置：光盘 \ 视频 \ 第 14 章 \ 实战 451.mp4

● 实例介绍 ●

在EDIUS工作界面中，用户不仅可以使用调音台对不同轨道中的音频文件的音量进行调整，还可以通过调节线对音频文件的局部声音进行调整。下面向读者介绍使用调节线调整声音素材音量的操作方法。

● 操作步骤 ●

STEP 01 单击"文件" | "打开工程"命令，打开一个工程文件，如图14-74所示。

STEP 02 单击"音量/声相"按钮，进入VOL音量控制状态，如图14-75所示。

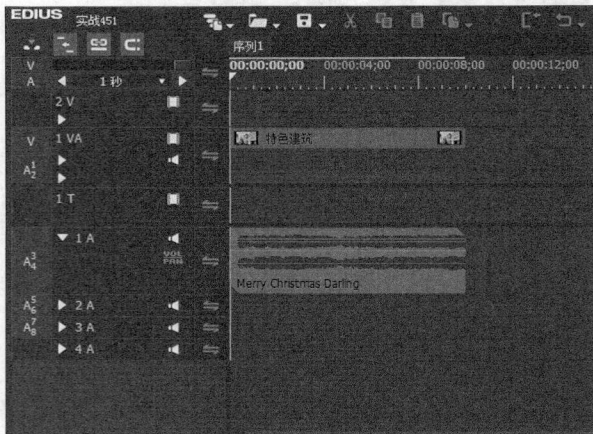

图14-74 打开一个工程文件

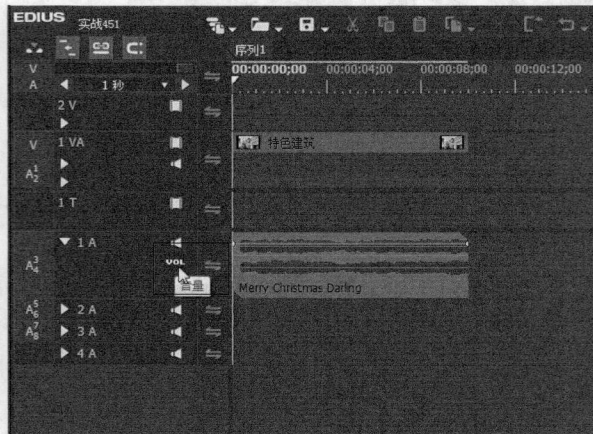

图14-75 进入VOL音量控制状态

STEP 03 在橘色调节线的合适位置，单击鼠标左键并向下拖曳，添加一个音量控制关键帧，控制音量的大小，如图14-76所示。

STEP 04 再次在调节线上添加第2个关键帧，控制音量的大小，如图14-77所示。

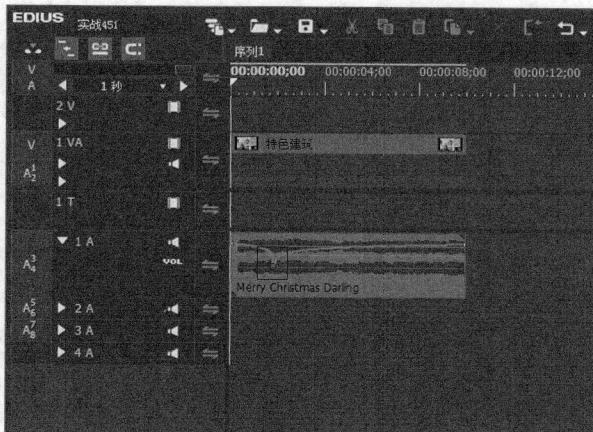

图14-76 添加一个音量控制关键帧

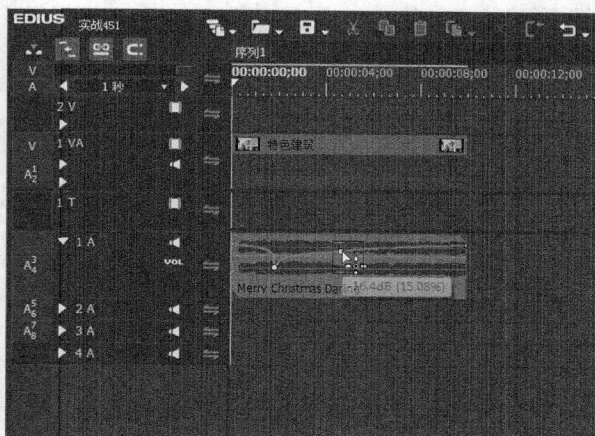

图14-77 添加第2个关键帧

STEP 05 在调节线上添加第3个关键帧，控制音量的大小，如图14-78所示，使整段音量的音波得到起伏变化。

STEP 06 在1A音频轨道中，单击"音量"按钮，切换至PAN声相控制状态，显示一根蓝色调节线，如图14-79所示。

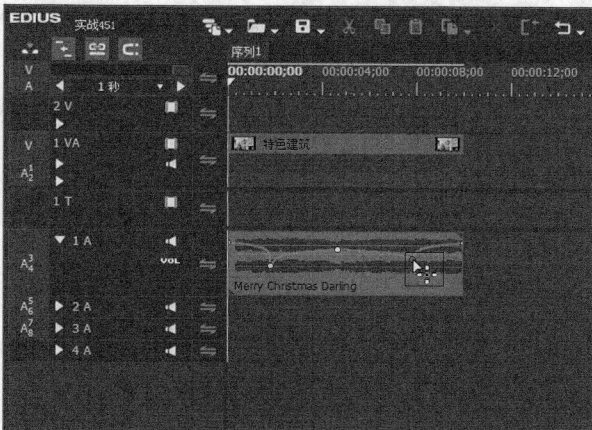

图14-78 添加第3个关键帧

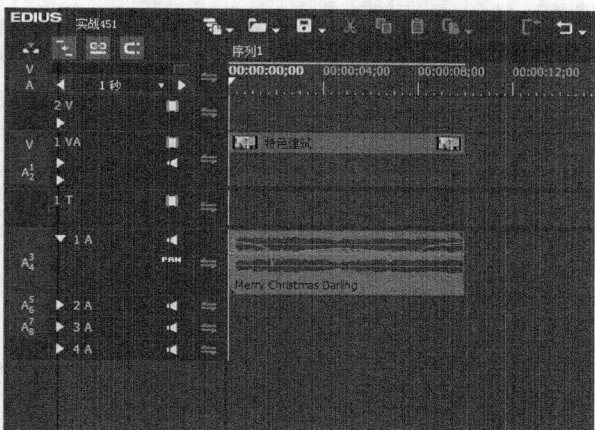

图14-79 切换至PAN声相控制状态

STEP 07 在蓝色调节线的合适位置，单击鼠标左键并向下拖曳，添加一个声相控制关键帧，控制声相的大小，如图14-80所示。

STEP 08 用与上同样的方法，在蓝色调节线上添加第2个关键帧，控制声相的大小，如图14-81所示。

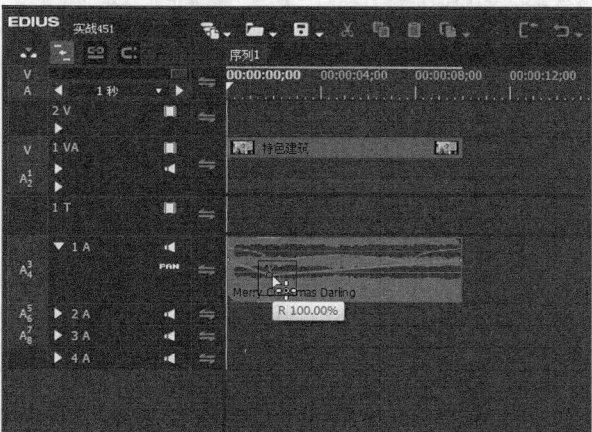

图14-80 添加一个声相控制关键帧

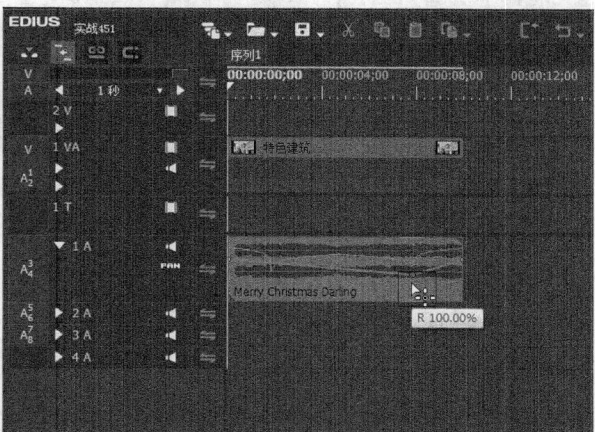

图14-81 添加第2个关键帧

STEP 09 在录制窗口中，单击"播放"按钮，试听视频背景音乐，如图14-82所示。

图14-82 试听视频背景音乐

实战 452 设置音频文件静音

▶ 实例位置：光盘\效果\第14章\实战452.ezp
▶ 素材位置：上一例效果
▶ 视频位置：光盘\视频\第14章\实战452.mp4

● 实例介绍 ●

在EDIUS工作界面中，为了更好地编辑视频，用户还可以将音频文件设置为静音状态，暂时取消音频文件的声音。

● 操作步骤 ●

STEP 01 在音频轨道中，选择需要设置为静音的音频文件，在1A音频轨道中，单击"音频静音"按钮，如图14-83所示。

STEP 02 执行操作后，即可将音频文件设置为静音状态，此时音频文件呈灰色显示，如图14-84所示。

图14-83 单击"音频静音"按钮

图14-84 音频文件呈灰色显示

14.3 音频简单滤镜的应用

在EDIUS工作界面中，当用户将声音或背景音乐添加到音频轨道后，此时可以根据影片的需要编辑和修剪音频素材，还可以调节音频素材的音量属性。本节主要向读者介绍剪辑与调节音频文件的操作方法。

实战 453 剪切出/入

▶ 实例位置：光盘\效果\第14章\实战453.ezp
▶ 素材位置：光盘\素材\第14章\实战453.ezp
▶ 视频位置：光盘\视频\第14章\实战453.mp4

● 实例介绍 ●

在EDIUS工作界面中，向读者提供了多种简单的音频滤镜，供用户来处理视频文件的背景音效。简单的音频滤镜主要包括剪切出/入、剪切出/曲线入以及剪切出/线性入等内容。

● 操作步骤 ●

STEP 01 单击"文件"|"打开工程"命令，打开一个工程文件，在录制窗口中预览视频画面效果，如图14-85所示。

STEP 02 在时间线面板中的空白位置上，单击鼠标右键，在弹出的快捷菜单中选择"添加素材"选项，添加一段音频素材至1A音频轨道中，如图14-86所示。

图14-85 打开一个工程文件

图14-86 添加音频至1A音频轨道中

STEP 03 在时间线面板中，将时间线移至00:00:04:00的位置处，如图14-87所示。

STEP 04 在菜单栏中，单击"编辑"|"添加剪切点"|"选定轨道"命令，为选定的音频轨道中的素材添加剪切点，将音频文件剪切成两段，如图14-88所示。

图14-87 移动时间线的位置

图14-88 剪切音频素材

STEP 05 展开特效面板，在"音频淡入淡出"特效组中，选择"剪切出/入"音频滤镜，如图14-89所示。

STEP 06 将选择的音频滤镜拖曳至1A音频轨道中的两段音频素材之间，此时显示一个黑框，表示音频滤镜将要放置的位置，如图14-90所示。

图14-89 选择"剪切出/入"音频滤镜

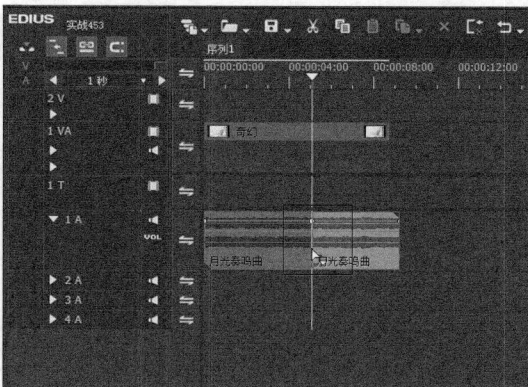

图14-90 拖曳至两段素材之间

STEP 07 释放鼠标左键，即可在两段音频素材之间添加音频滤镜特效，如图14-91所示。

STEP 08 选择第1段音频素材，在中间位置添加一个关键帧，然后向下拖曳第3个关键帧，调整音频的淡出特效，如图14-92所示。

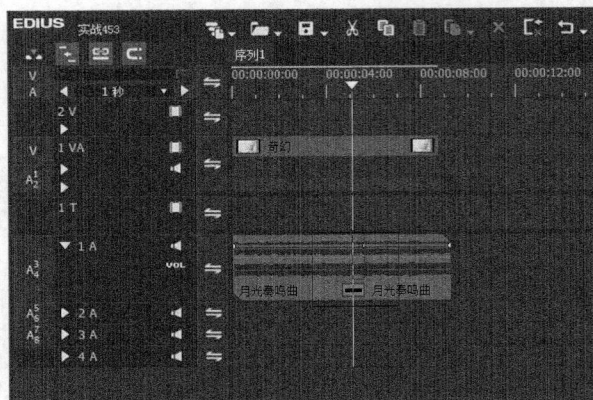

图14-91 添加音频滤镜特效

图14-92 调整音频的淡出特效

STEP 09 选择第2段音频素材，在中间位置添加一个关键帧，然后向下拖曳第1个关键帧，调整音频的淡入特效，如图14-93所示。

STEP 10 音频特效制作完成后，将时间线移至素材的开始位置，在录制窗口中单击"播放"按钮，试听制作的音频特效。

图14-93 调整音频的淡入特效

实战 454 剪切出/曲线入

▶ **实例位置：** 光盘 \ 效果 \ 第 14 章 \ 实战 454.ezp
▶ **素材位置：** 光盘 \ 素材 \ 第 14 章 \ 实战 454.ezp
▶ **视频位置：** 光盘 \ 视频 \ 第 14 章 \ 实战 454.mp4

● 实例介绍 ●

在EDIUS中，"剪切出/曲线入"音频滤镜是指前一段音频以"硬切"方式结束，后一段音频以曲线方式音量渐起的效果。

● 操作步骤 ●

STEP 01 单击"文件" | "打开工程"命令，打开一个工程文件，在录制窗口中预览视频画面效果，如图14-94所示。

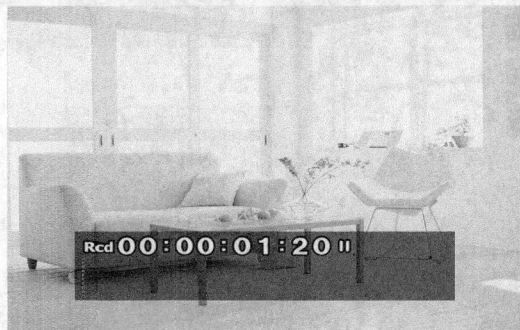

图14-94 打开一个工程文件

STEP 02 在时间线面板中的空白位置上，单击鼠标右键，在弹出的快捷菜单中选择"添加素材"选项，添加一段音频素材至1A音频轨道中，如图14-95所示。

STEP 03 在时间线面板中，将时间线移至00:00:04:00的位置处，如图14-96所示。

图14-95 添加音频至1A音频轨道中

图14-96 移动时间线的位置

STEP 04 在菜单栏中，单击"编辑"|"添加剪切点"|"选定轨道"命令，为选定的音频轨道中的素材添加剪切点，将音频文件剪切成两段，如图14-97所示。

STEP 05 展开特效面板，在"音频淡入淡出"特效组中，选择"剪切出/曲线入"音频滤镜，如图14-98所示。

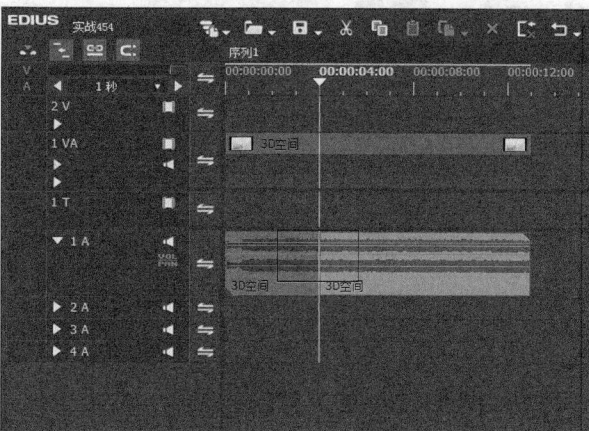

图14-97 剪切音频素材

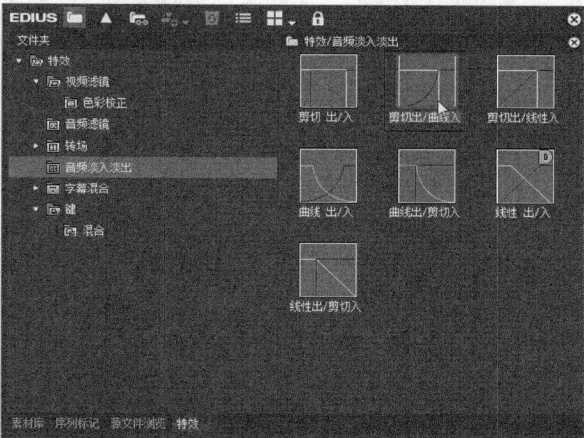

图14-98 选择"剪切出/曲线入"音频滤镜

STEP 06 将选择的音频滤镜拖曳至1A音频轨道中的两段音频素材之间，此时显示一个黑框，表示音频滤镜将要放置的位置，如图14-99所示。

STEP 07 释放鼠标左键，即可在两段音频素材之间添加音频滤镜特效，如图14-100所示。

图14-99 拖曳至两段素材之间

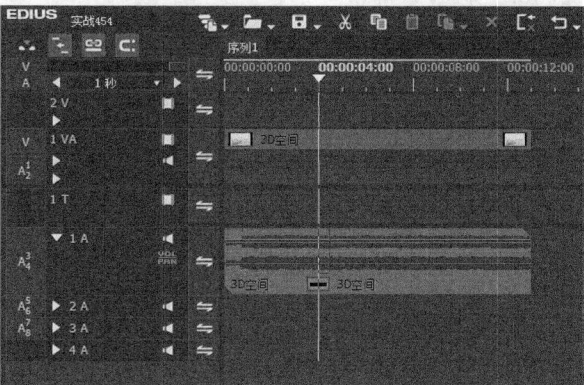

图14-100 添加音频滤镜特效

实战 455	剪切出/线性入

▶ 实例位置：光盘＼效果＼第 14 章＼实战 455.ezp
▶ 素材位置：光盘＼素材＼第 14 章＼实战 455.ezp
▶ 视频位置：光盘＼视频＼第 14 章＼实战 455.mp4

● 实例介绍 ●

在EDIUS中，"剪切出/线性入"音频滤镜是指前一段音频以"硬切"方式结束，后一段音频以线性方式音量渐起。

● 操作步骤 ●

STEP 01 单击"文件"|"打开工程"命令，打开一个工程文件，在录制窗口中预览视频画面效果，如图14-101所示。

STEP 02 在时间线面板中的空白位置上，单击鼠标右键，在弹出的快捷菜单中选择"添加素材"选项，添加一段音频素材至1A音频轨道中，如图14-102所示。

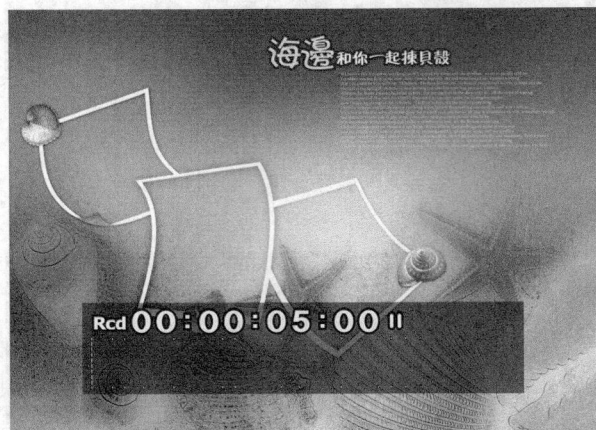

图14-101 打开一个工程文件

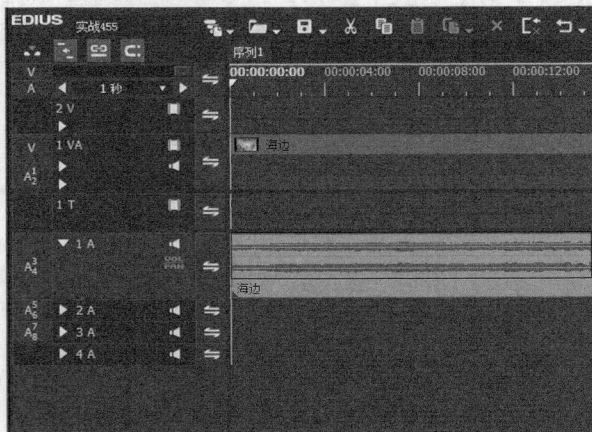

图14-102 添加音频至1A音频轨道中

STEP 03 在时间线面板中，将时间线移至00:00:05:24的位置处，如图14-103所示。

STEP 04 在菜单栏中，单击"编辑"|"添加剪切点"|"选定轨道"命令，为选定的音频轨道中的素材添加剪切点，将音频文件剪切成两段，如图14-104所示。

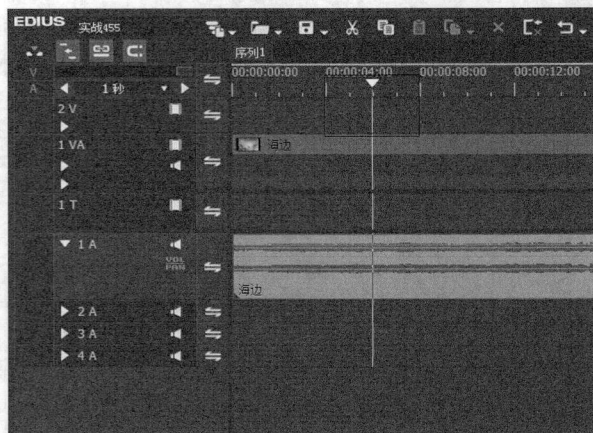

图14-103 移动时间线的位置

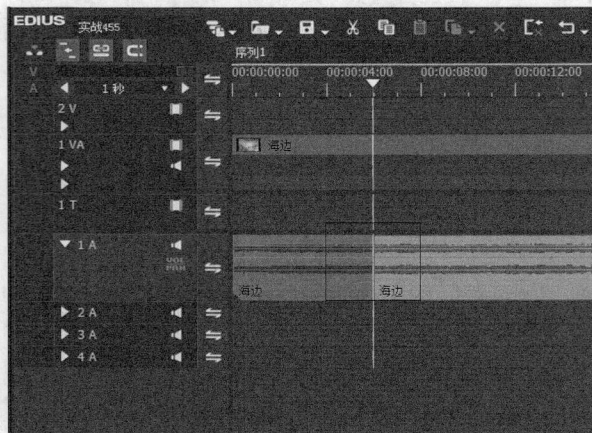

图14-104 剪切音频素材

STEP 05 展开特效面板，在"音频淡入淡出"特效组中，选择"剪切出/线性入"音频滤镜，如图14-105所示。

STEP 06 将选择的音频滤镜拖曳至1A音频轨道中的两段音频素材之间，此时显示一个黑框，表示音频滤镜将要放置的位置，如图14-106所示。

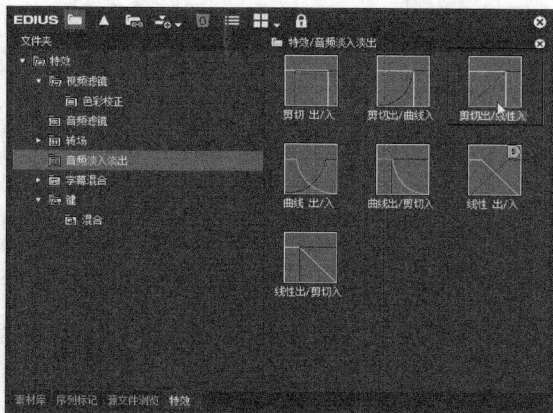

图14-105 选择"剪切出/线性入"音频滤镜

图14-106 拖曳至两段素材之间

STEP 07 释放鼠标左键，即可在两段音频素材之间添加音频滤镜特效，如图14-107所示。

图14-107 添加音频滤镜特效

实战 456 曲线出/入

▶ **实例位置：** 光盘 \ 效果 \ 第 14 章 \ 实战 456.ezp
▶ **素材位置：** 光盘 \ 素材 \ 第 14 章 \ 实战 456.ezp
▶ **视频位置：** 光盘 \ 视频 \ 第 14 章 \ 实战 456.mp4

● 实例介绍 ●

在EDIUS中，"曲线出/入"音频滤镜是指两段音频以曲线方式渐入和渐出，效果较为柔和，但是中间部分总体音量会降低。

● 操作步骤 ●

STEP 01 单击"文件"|"打开工程"命令，打开一个工程文件，在录制窗口中预览视频画面效果，如图14-108所示。

STEP 02 在时间线面板中的空白位置上，单击鼠标右键，在弹出的快捷菜单中选择"添加素材"选项，添加一段音频素材至1A音频轨道中，如图14-109所示。

图14-108 打开一个工程文件

图14-109 添加音频至1A音频轨道中

STEP 03 在时间线面板中，将时间线移至00:00:04:00的位置处，如图14-110所示。

STEP 04 在菜单栏中，单击"编辑"|"添加剪切点"|"选定轨道"命令，为选定的音频轨道中的素材添加剪切点，将音频文件剪切成两段，如图14-111所示。

图14-110 移动时间线的位置

图14-111 剪切音频素材

STEP 05 展开特效面板，在"音频淡入淡出"特效组中，选择"曲线出/入"音频滤镜，如图14-112所示。

STEP 06 将选择的音频滤镜拖曳至1A音频轨道中的两段音频素材之间，此时显示一个黑框，表示音频滤镜将要放置的位置，如图14-113所示。

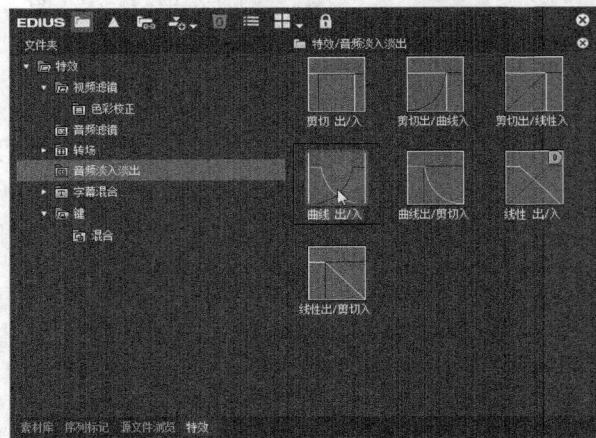

图14-112 选择"曲线出/入"音频滤镜

图14-113 拖曳至两段素材之间

STEP 07 释放鼠标左键，即可在两段音频素材之间添加音频滤镜特效，如图14-114所示。

图14-114 添加音频滤镜特效

▶实例位置：光盘 \ 效果 \ 第 14 章 \ 实战 457.ezp
▶素材位置：光盘 \ 素材 \ 第 14 章 \ 实战 457.ezp
▶视频位置：光盘 \ 视频 \ 第 14 章 \ 实战 457.mp4

实战 457　曲线出/剪切入

● 实例介绍 ●

在EDIUS中，"曲线出/剪切入"音频滤镜是指前一段音频以曲线方式音量渐出，后一段音频以"硬切"方式开始。

● 操作步骤 ●

STEP 01 单击"文件"|"打开工程"命令，打开一个工程文件，在录制窗口中预览视频画面效果，如图14-115所示。

STEP 02 在时间线面板中的空白位置上，单击鼠标右键，在弹出的快捷菜单中选择"添加素材"选项，添加一段音频素材至1A音频轨道中，如图14-116所示。

图14-115 打开一个工程文件

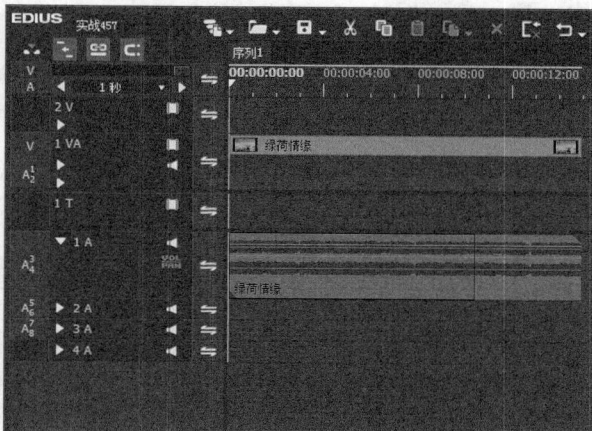

图14-116 添加音频至1A音频轨道中

STEP 03 在时间线面板中，将时间线移至00:00:04:00的位置处，如图14-117所示。

STEP 04 在菜单栏中，单击"编辑"|"添加剪切点"|"选定轨道"命令，为选定的音频轨道中的素材添加剪切点，将音频文件剪切成两段，如图14-118所示。

图14-117 移动时间线的位置

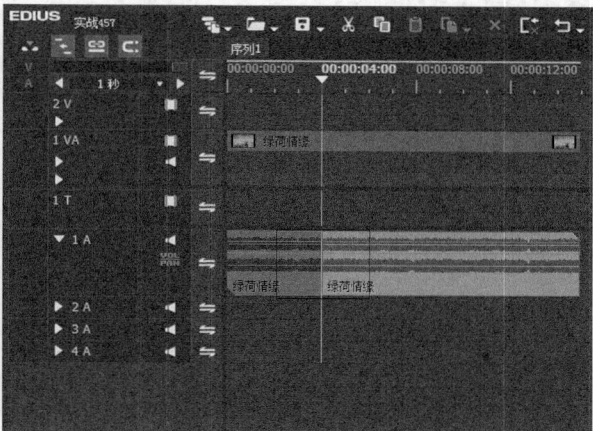

图14-118 剪切音频素材

STEP 05 展开特效面板，在"音频淡入淡出"特效组中，选择"曲线出/剪切入"音频滤镜，如图14-119所示。

STEP 06 将选择的音频滤镜拖曳至1A音频轨道中的两段音频素材之间，此时显示一个黑框，表示音频滤镜将要放置的位置，如图14-120所示。

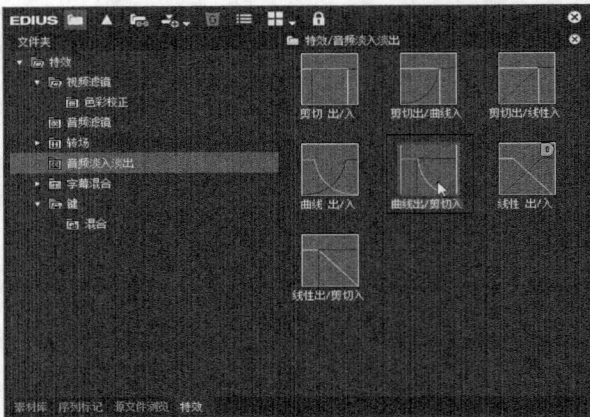
图14-119 选择"曲线出/剪切入"音频滤镜

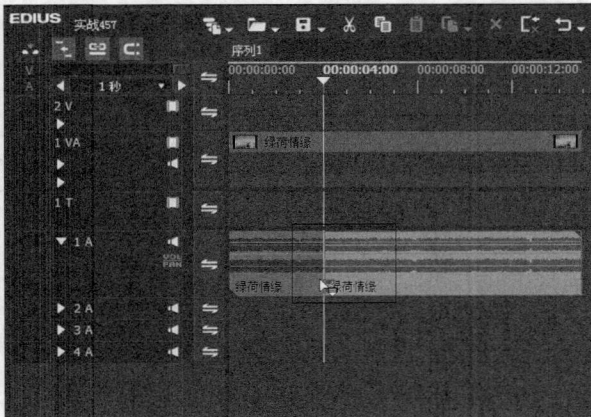
图14-120 拖曳至两段素材之间

STEP 07 释放鼠标左键,即可在两段音频素材之间添加音频滤镜特效,如图14-121所示。

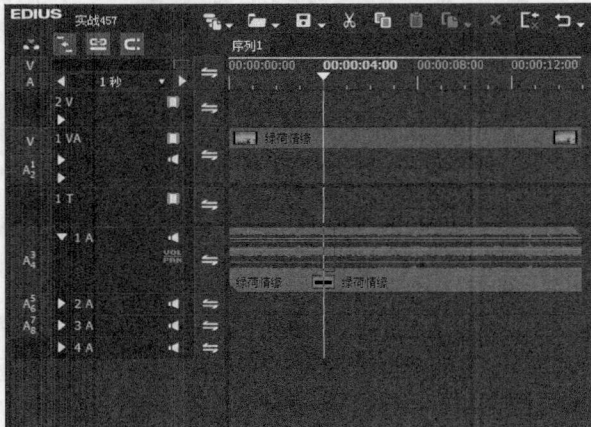
图14-121 添加音频滤镜特效

实战 458 线性出/入

▶ 实例位置:光盘 \ 效果 \ 第 14 章 \ 实战 458.ezp
▶ 素材位置:光盘 \ 素材 \ 第 14 章 \ 实战 458ezp
▶ 视频位置:光盘 \ 视频 \ 第 14 章 \ 实战 458.mp4

• 实例介绍 •

在EDIUS中,"线性出/入"音频滤镜是指两段音频以线性方式渐入和渐出,效果较为柔和,但中间部分总体音量会降低。

• 操作步骤 •

STEP 01 单击"文件"|"打开工程"命令,打开一个工程文件,在录制窗口中预览视频画面效果,如图14-122所示。

图14-122 打开一个工程文件

STEP 02 在时间线面板中的空白位置上，单击鼠标右键，在弹出的快捷菜单中选择"添加素材"选项，添加一段音频素材至1A音频轨道中，如图14-123所示。

STEP 03 在时间线面板中，将时间线移至00:00:10:00的位置处，如图14-124所示。

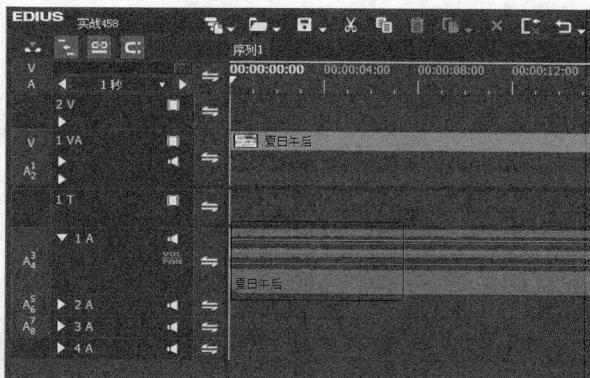

图14-123 添加音频至1A音频轨道中

图14-124 移动时间线的位置

STEP 04 在菜单栏中，单击"编辑"|"添加剪切点"|"选定轨道"命令，为选定的音频轨道中的素材添加剪切点，将音频文件剪切成两段，如图14-125所示。

STEP 05 展开特效面板，在"音频淡入淡出"特效组中，选择"线性出/入"音频滤镜，如图14-126所示。

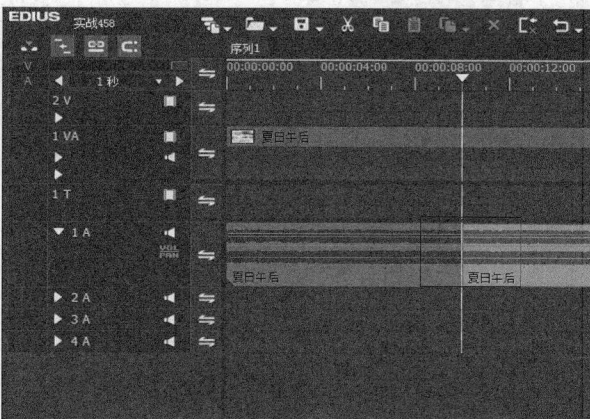

图14-125 剪切音频素材

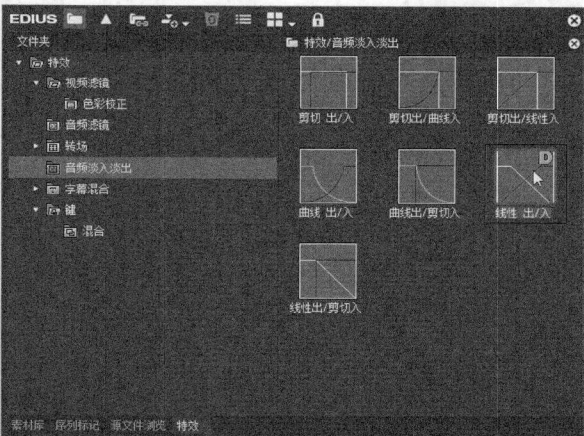

图14-126 选择"线性出/入"音频滤镜

STEP 06 将选择的音频滤镜拖曳至1A音频轨道中的两段音频素材之间，此时显示一个黑框，表示音频滤镜将要放置的位置，如图14-127所示。

STEP 07 释放鼠标左键，即可在两段音频素材之间添加音频滤镜特效，如图14-128所示。

图14-127 拖曳至两段素材之间

图14-128 添加音频滤镜特效

实战 459 线性出/剪切入

▶ 实例位置：光盘 \ 效果 \ 第 14 章 \ 实战 459.ezp
▶ 素材位置：光盘 \ 素材 \ 第 14 章 \ 实战 459.ezp
▶ 视频位置：光盘 \ 视频 \ 第 14 章 \ 实战 459.mp4

● 实例介绍 ●

在EDIUS中，"线性出/剪切入"音频滤镜是指前一段音频以线性方式音量渐出，后一段音频以"硬切"方式开始。

● 操作步骤 ●

STEP 01 单击"文件" | "打开工程"命令，打开一个工程文件，在录制窗口中预览视频画面效果，如图14-129所示。

图14-129 打开一个工程文件

STEP 02 在时间线面板中的空白位置上，单击鼠标右键，在弹出的快捷菜单中选择"添加素材"选项，添加一段音频素材至1A音频轨道中，如图14-130所示。

图14-130 添加音频至1A音频轨道中

STEP 03 在时间线面板中，将时间线移至00:00:04:00的位置处，如图14-131所示。

图14-131 移动时间线的位置

STEP 04 在菜单栏中，单击"编辑" | "添加剪切点" | "选定轨道"命令，为选定的音频轨道中的素材添加剪切点，将音频文件剪切成两段，如图14-132所示。

图14-132 剪切音频素材

STEP 05 展开特效面板，在"音频淡入淡出"特效组中，选择"线性出/剪切入"音频滤镜，如图14-133所示。

STEP 06 将选择的音频滤镜拖曳至1A音频轨道中的两段音频素材之间，此时显示一个黑框，表示音频滤镜将要放置的位置，如图14-134所示。

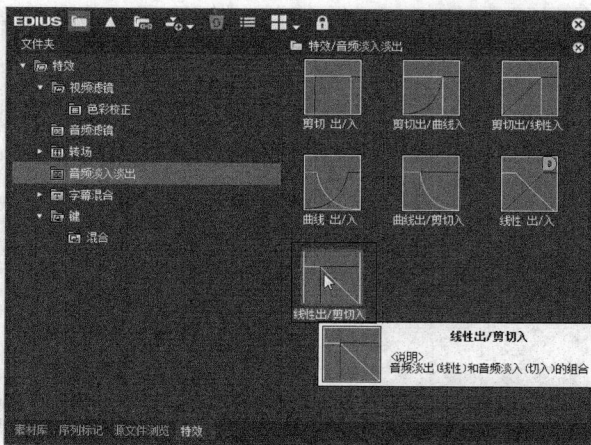

图14-133 选择"线性出/剪切入"音频滤镜

图14-134 拖曳至两段素材之间

STEP 07 释放鼠标左键，即可在两段音频素材之间添加音频滤镜特效，如图14-135所示。

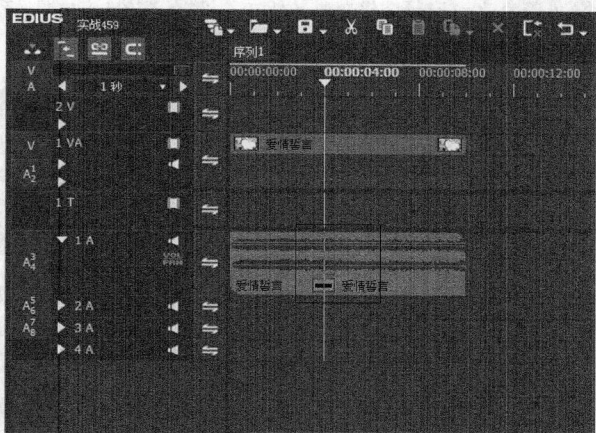

图14-135 添加音频滤镜特效

14.4 音频高级滤镜的应用

在EDIUS工作界面中，为声音文件添加不同的特效，可以制作出优美动听的音乐效果。本节主要向读者介绍应用音频高级滤镜制作声音特效的操作方法。

实战 460 使用1kHz消除滤镜处理音频

▶ 实例位置：光盘 \ 效果 \ 第 14 章 \ 实战 460.ezp
▶ 素材位置：光盘 \ 素材 \ 第 14 章 \ 实战 460.ezp
▶ 视频位置：光盘 \ 视频 \ 第 14 章 \ 实战 460.mp4

● 实例介绍 ●

在EDIUS工作界面中，1kHz消除滤镜是由参数平衡器滤镜设置转变而来的，可以消除音频中的部分声音。下面向读者介绍使用1kHz消除滤镜处理音频文件的操作方法。

● 操作步骤 ●

STEP 01 单击"文件"|"打开工程"命令，打开一个工程文件，如图14-136所示。

STEP 02 在时间线面板中，选择需要制作特效的声音文件，如图14-137所示。

图14-136 打开一个工程文件

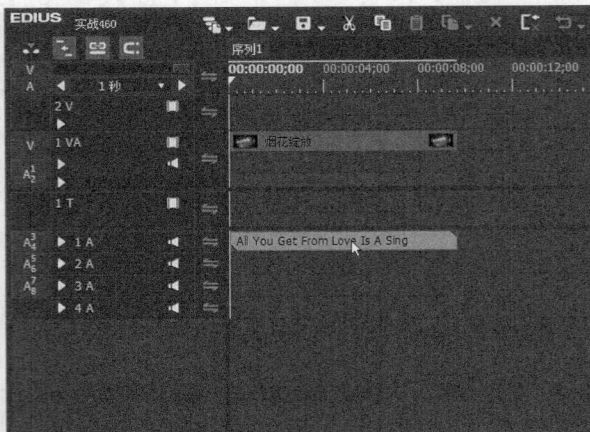
图14-137 选择需要制作特效的声音文件

STEP 03 在"音频滤镜"特效组中，选择"1kHz消除"特效，如图14-138所示。

STEP 04 单击鼠标左键并拖曳至时间线面板中的声音文件上，此时鼠标指针呈白色三角形状，如图14-139所示。

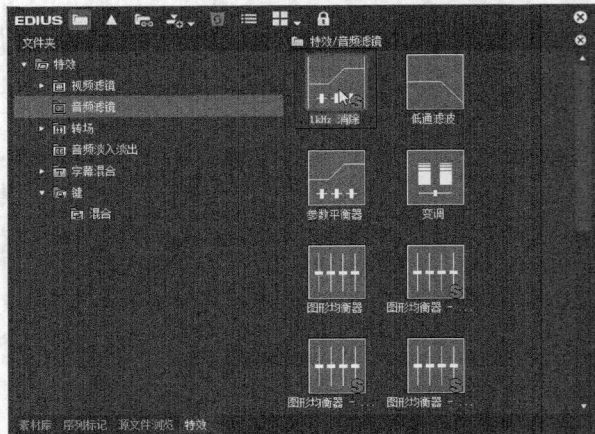
图14-138 选择"1kHz消除"特效

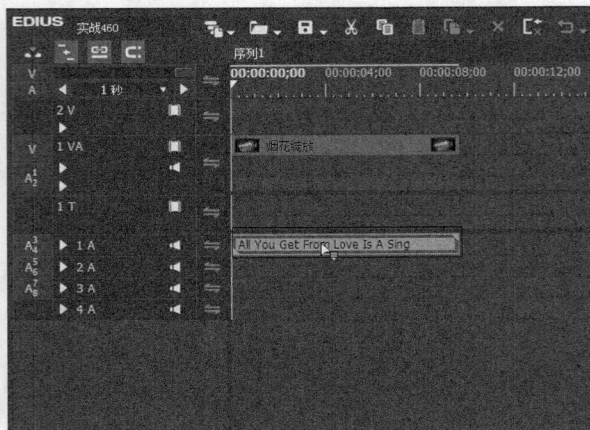
图14-139 拖曳至声音文件上

STEP 05 在"信息"面板中，可以查看已添加的声音特效，如图14-140所示。

STEP 06 在"信息"面板中的声音特效上，单击鼠标右键，在弹出的快捷菜单中选择"打开设置对话框"选项，如图14-141所示。

图14-140 查看已添加的声音特效

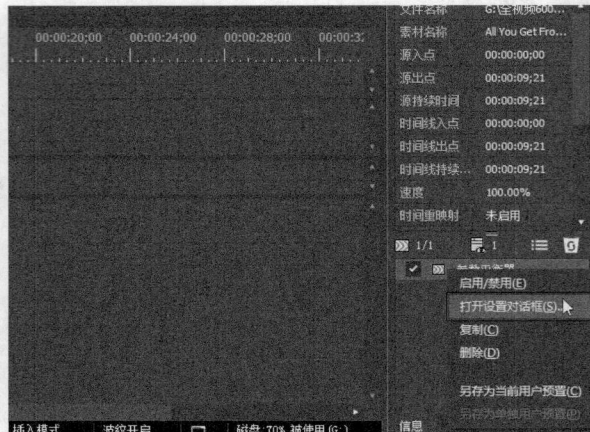
图14-141 选择"打开设置对话框"选项

STEP 07 执行操作后，弹出"参数平衡器"对话框，如图 14-142所示。

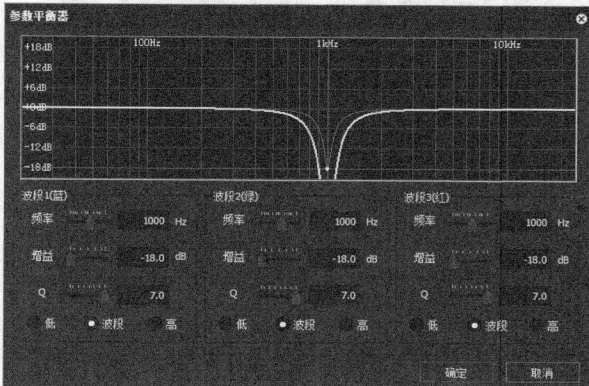

STEP 08 在"波段1（蓝）"选项区中，设置"频率"为 70Hz、"增益"为-14.0dB，如图14-143所示，设置滤镜 参数。

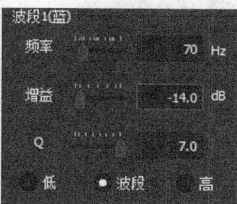

图14-142 弹出"参数平衡器"对话框

图14-143 设置"波段1（蓝）"参数

STEP 09 设置完成后，单击"确定"按钮，"1kHz消除"声音特效制作完成，单击录制窗口中的"播放"按钮，试听制 作的声音特效。

实战 461 使用低通滤波滤镜处理音频

▶ 实例位置：光盘 \ 效果 \ 第 14 章 \ 实战 461.ezp
▶ 素材位置：光盘 \ 素材 \ 第 14 章 \ 实战 461.ezp
▶ 视频位置：光盘 \ 视频 \ 第 14 章 \ 实战 461.mp4

● 实例介绍 ●

在EDIUS中，低通滤波是指声音低于某给定频率的信号可以有效传输，而高于此频率（滤波器截止频率）的信号将受 到很大的衰减。通俗地说，低通滤波可以除去声音中的高音部分（相对）。

● 操作步骤 ●

STEP 01 单击"文件"|"打开工程"命令，打开一个工程 文件，如图14-144所示。

STEP 02 在时间线面板中，选择需要制作特效的声音文 件，如图14-145所示。

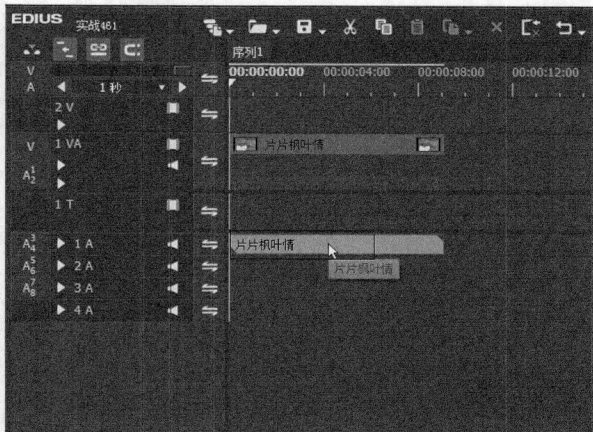

图14-144 打开一个工程文件

图14-145 选择需要制作特效的声音文件

STEP 03 在"音频滤镜"特效组中，选择"低通滤波"特 效，如图14-146所示。

STEP 04 单击鼠标左键并拖曳至时间线面板中的声音文件 上，如图14-147所示。

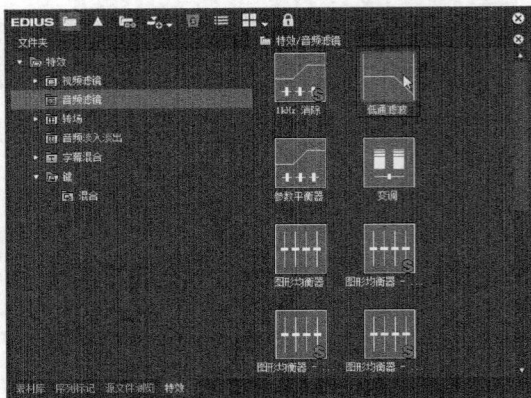

图14-146 选择"低通滤波"特效

图14-147 拖曳至声音文件上

STEP 05 在"信息"面板中，可以查看已添加的声音文件特效，如图14-148所示。

STEP 06 在"信息"面板中的声音特效上，单击鼠标右键，在弹出的快捷菜单中选择"打开设置对话框"选项，如图14-149所示。

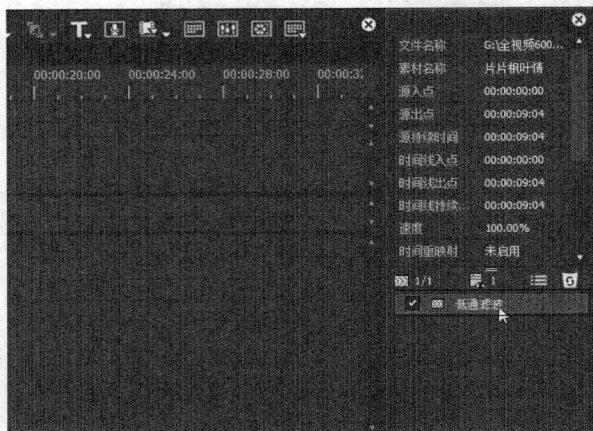

图14-148 查看已添加的声音特效

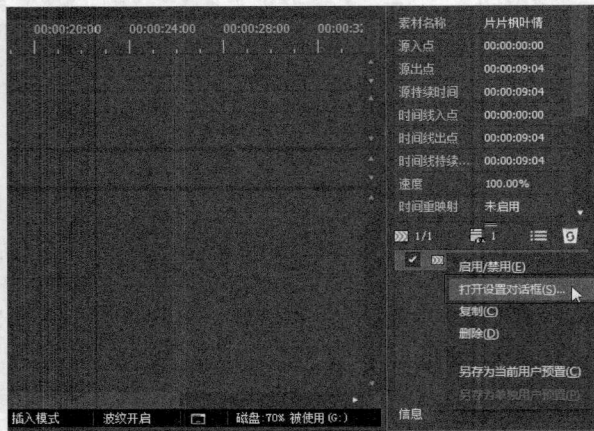

图14-149 选择"打开设置对话框"选项

STEP 07 执行操作后，弹出"低通滤波"对话框，在其中设置"截止频率"为600Hz、Q为20，如图14-150所示，设置声音的截止频率参数，单击"确定"按钮，"低通滤波"声音特效制作完成，单击录制窗口中的"播放"按钮，试听制作的声音特效。

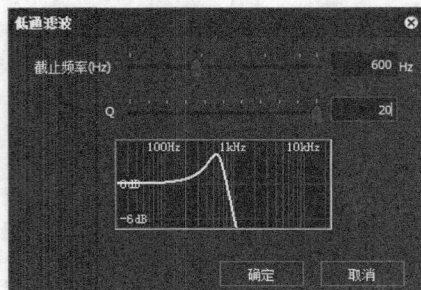

图14-150 设置"低通滤波"参数

实战 462 参数平衡器滤镜处理音频

▶ 实例位置：光盘 \ 效果 \ 第 14 章 \ 实战 462.ezp
▶ 素材位置：光盘 \ 素材 \ 第 14 章 \ 实战 462.ezp
▶ 视频位置：光盘 \ 视频 \ 第 14 章 \ 实战 462.mp4

● 实例介绍 ●

在EDIUS中，参数平衡器特效可以对不同频率的声音信号进行不同的提升或衰减，以达到补偿声音中欠缺的频率成分和抑制过多的频率成分的目的。下面向读者介绍运用参数平衡器处理音频文件的操作方法。

• 操作步骤 •

STEP 01 单击"文件"|"打开工程"命令，打开一个工程文件，如图14-151所示。

STEP 02 在"音频滤镜"特效组中，选择"参数平衡器"特效，如图14-152所示。

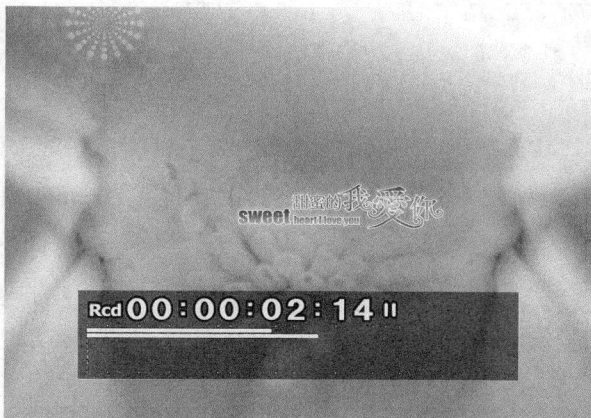

图14-151 打开一个工程文件

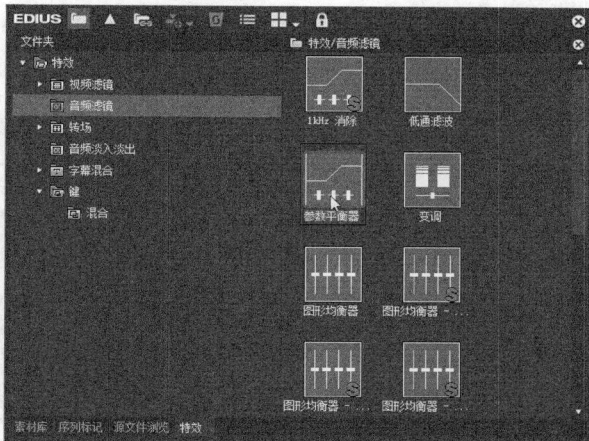

图14-152 选择"参数平衡器"特效

STEP 03 在选择的特效上，单击鼠标左键并拖曳至时间线面板的声音文件上，如图14-153所示，为声音文件添加"参数平衡器"特效。

STEP 04 在"信息"面板中，选择添加的"参数平衡器"特效，如图14-154所示。

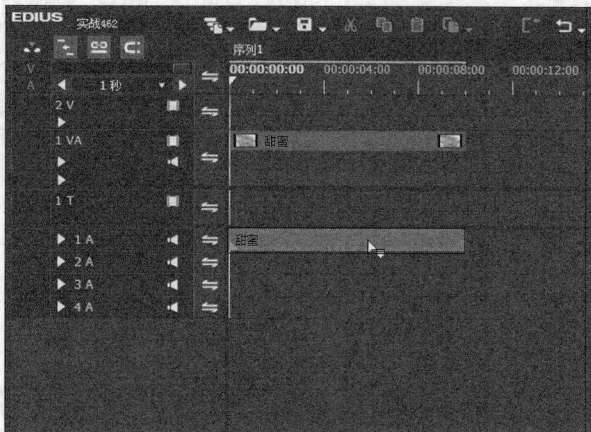

图14-153 添加"参数平衡器"特效

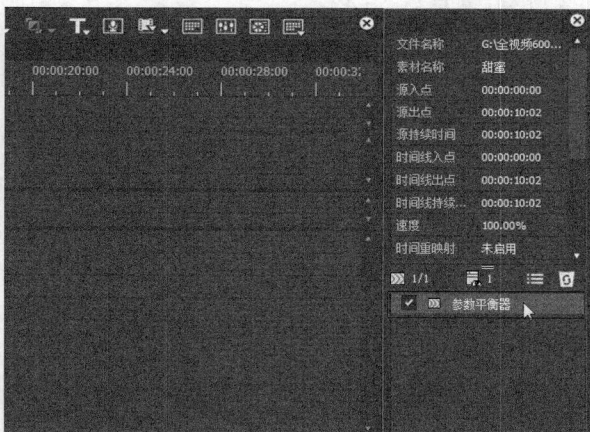

图14-154 选择"参数平衡器"特效

STEP 05 在选择的特效上，双击鼠标左键，弹出"参数平衡器"对话框，在"波段1（蓝）"选项区中，设置"频率"为81Hz、"增益"为11.0dB；在"波段2（绿）"选项区中，设置"频率"为797Hz、"增益"为-13.0dB；在"波段3（红）"选项区中，设置"频率"为9136Hz、"增益"为10.0dB，如图14-155所示，设置特效参数，单击"确定"按钮，返回EDIUS工作界面，单击录制窗口中的"播放"按钮，试听制作的声音特效。

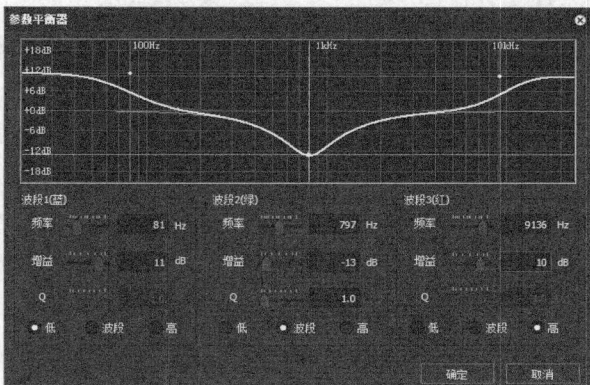

图14-155 设置"参数平衡器"参数

技巧点拨

在"参数平衡器"对话框中，用户还可以直接拖曳对话框上方窗口中的 3 个不同的节点，通过上下拖曳的方式，来调整不同频段中的声音信号属性。

实战 463　使用变调滤镜处理音频

▶ 实例位置：光盘 \ 效果 \ 第 14 章 \ 实战 463.ezp
▶ 素材位置：光盘 \ 素材 \ 第 14 章 \ 实战 463.ezp
▶ 视频位置：光盘 \ 视频 \ 第 14 章 \ 实战 463.mp4

● 实例介绍 ●

在EDIUS中，变调特效可以改变声音中的部分音调，使其音质更加完美。下面向读者介绍运用变调滤镜特效处理音频文件的操作方法。

● 操作步骤 ●

STEP 01 单击"文件"|"打开工程"命令，打开一个工程文件，如图14-156所示。

STEP 02 在"音频滤镜"特效组中，选择"变调"特效，如图14-157所示。

图14-156 打开一个工程文件

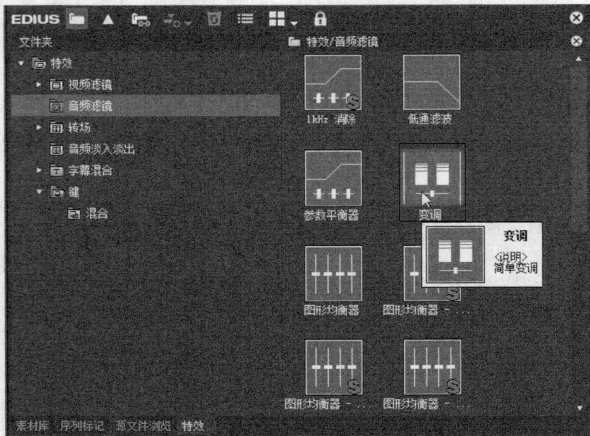

图14-157 选择"变调"特效

STEP 03 将选择的特效拖曳至时间线面板的声音文件上，如图14-158所示。

STEP 04 在"信息"面板中，选择添加的"变调"特效，如图14-159所示。

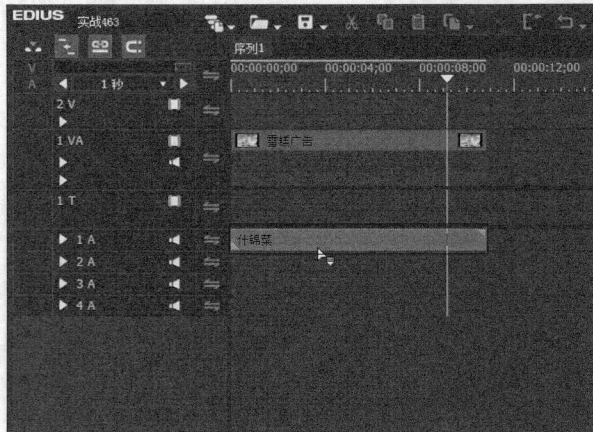

图14-158 拖曳至声音文件上

图14-159 选择"变调"特效

STEP 05 在选择的特效上，双击鼠标左键，弹出"变调"对话框，在其中拖曳滑块，设置"音高"为131%，如图14-160所示，设置变调属性。

STEP 06 单击"确定"按钮，返回EDIUS工作界面，单击录制窗口中的"播放"按钮，试听制作的声音特效。

图14-160 设置"音高"为131%

实战 464　使用图形均衡器处理音频

▶ 实例位置：光盘 \ 效果 \ 第 14 章 \ 实战 464.ezp
▶ 素材位置：光盘 \ 素材 \ 第 14 章 \ 实战 464.ezp
▶ 视频位置：光盘 \ 视频 \ 第 14 章 \ 实战 464.mp4

● 实例介绍 ●

在EDIUS中，图形均衡器特效可以将整个音频频率范围分为若干个频段，然后对其中不同频率的声音信号进行不同的编辑操作。下面向读者介绍运用图形均衡器滤镜处理音频文件的操作方法。

● 操作步骤 ●

STEP 01 单击"文件"|"打开工程"命令，打开一个工程文件，如图14-161所示。

STEP 02 在"音频滤镜"特效组中，选择"图形均衡器"特效，如图14-162所示。

图14-161 打开一个工程文件

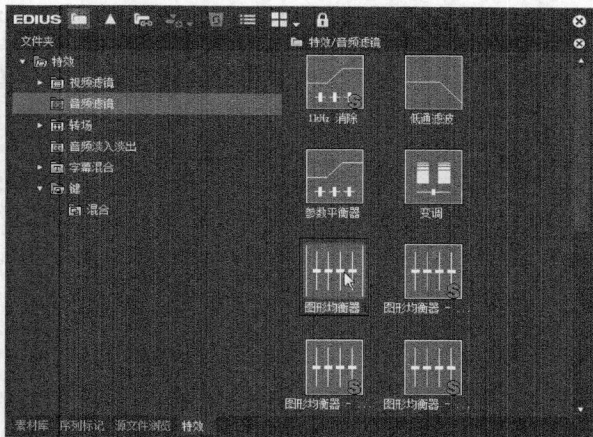

图14-162 选择"图形均衡器"特效

STEP 03 将选择的特效拖曳至时间线面板的声音文件上，如图14-163所示。

STEP 04 在"信息"面板中，选择添加的"图形均衡器"特效，如图14-164所示。

图14-163 拖曳至声音文件上

图14-164 选择"图形均衡器"特效

STEP 05 在选择的特效上，双击鼠标左键，弹出"图形均衡器"对话框，在其中拖曳各滑块，调节各频段的参数，如图14-165所示。

STEP 06 单击"确定"按钮，返回EDIUS工作界面，单击录制窗口中的"播放"按钮，试听制作的声音特效。

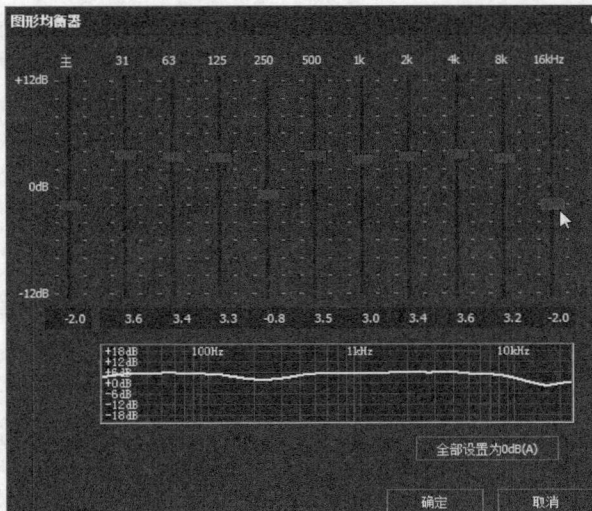

图14-165 调节各频段的参数

实战 465 使用延迟滤镜处理音频

▶ 实例位置：光盘 \ 效果 \ 第 14 章 \ 实战 465.ezp
▶ 素材位置：光盘 \ 素材 \ 第 14 章 \ 实战 465.ezp
▶ 视频位置：光盘 \ 视频 \ 第 14 章 \ 实战 465.mp4

● 实例介绍 ●

在EDIUS中，调节声音的延迟参数，使声音听上去像是有回声一样，增加听觉空间上的空旷感。下面向读者介绍运用延迟滤镜特效处理音频文件的操作方法。

● 操作步骤 ●

STEP 01 单击"文件" | "打开工程"命令，打开一个工程文件，如图14-166所示。

STEP 02 在"音频滤镜"特效组中，选择"延迟"特效，如图14-167所示。

图14-166 打开一个工程文件

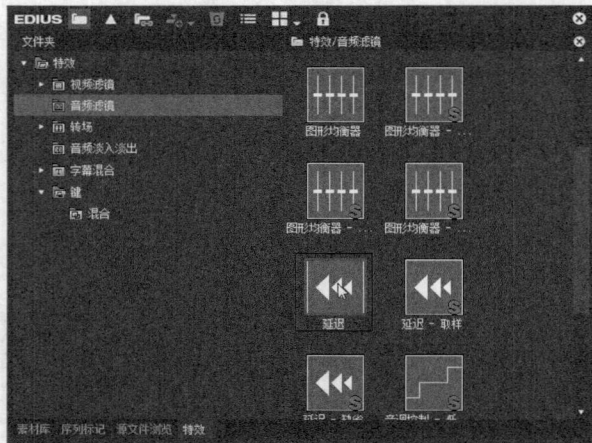

图14-167 选择"延迟"特效

STEP 03 将选择的特效拖曳至时间线面板的声音文件上，如图14-168所示。

STEP 04 在"信息"面板中，选择添加的"延迟"特效，如图14-169所示。

STEP 05 在选择的特效上，双击鼠标左键，弹出"延迟"对话框，在其中设置"延迟时间"为1393毫秒、"延迟增益"为90%、"反馈增益"为64%、"主音量"为66%，如图14-170所示，调节延迟各参数值。

图14-168 拖曳至声音文件上

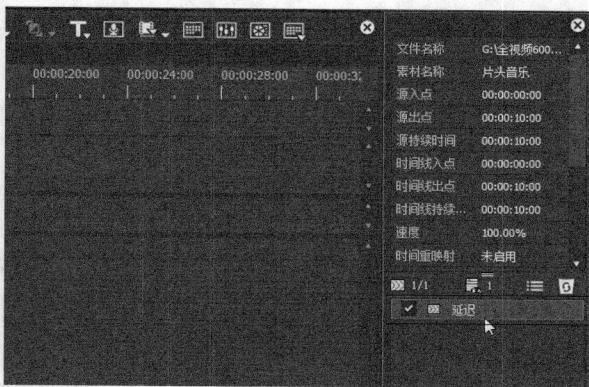
图14-169 选择"延迟"特效

STEP 06 单击"确定"按钮，返回EDIUS工作界面，单击录制窗口中的"播放"按钮，试听制作的声音特效。

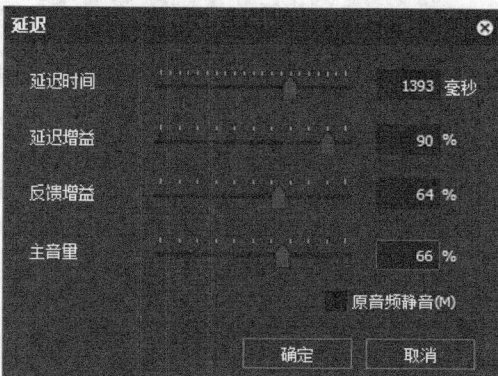
图14-170 设置"延迟"参数

实战 466　使用音调控制器滤镜处理音频

▶ 实例位置：光盘 \ 效果 \ 第 14 章 \ 实战 466.ezp
▶ 素材位置：光盘 \ 素材 \ 第 14 章 \ 实战 466.ezp
▶ 视频位置：光盘 \ 视频 \ 第 14 章 \ 实战 466.mp4

● 实例介绍 ●

在EDIUS中，音调控制器特效可以控制不同频段中的声音音调，下面向读者介绍运用音调控制器滤镜特效处理音频文件的操作方法。

● 操作步骤 ●

STEP 01 单击"文件"|"打开工程"命令，打开一个工程文件，如图14-171所示。

STEP 02 在"音频滤镜"特效组中，选择"音调控制器"特效，如图14-172所示。

图14-171 打开一个工程文件

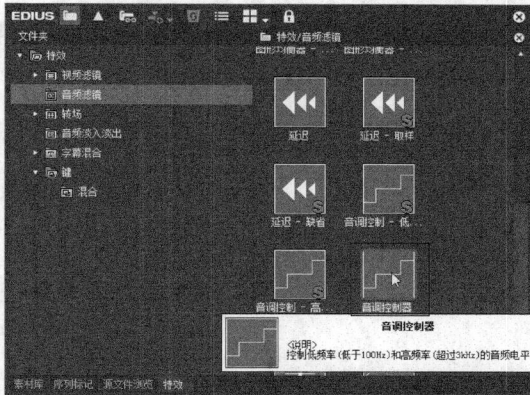
图14-172 选择"音调控制器"特效

STEP 03 将选择的特效拖曳至时间线面板的声音文件上，如图14-173所示。

STEP 04 在"信息"面板中，选择添加的"音调控制器"特效，如图14-174所示。

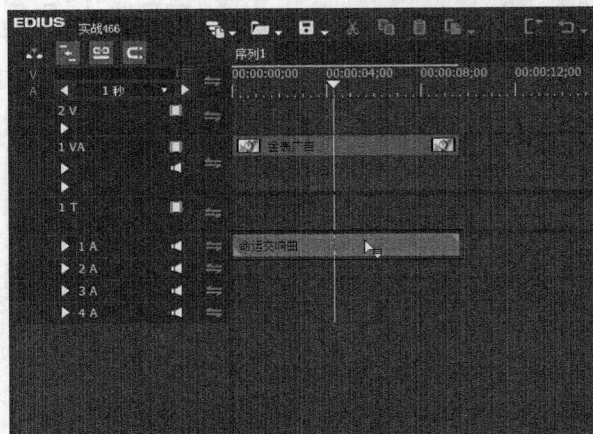

图14-173 拖曳至声音文件上

图14-174 选择"音调控制器"特效

STEP 05 在选择的特效上，双击鼠标左键，弹出"音调控制器"对话框，在其中设置"低音"为-7.8dB、"高音"为8.9dB，如图14-175所示，调整声音中低音与高音的音调增益属性。

STEP 06 单击"确定"按钮，返回EDIUS工作界面，单击录制窗口中的"播放"按钮，试听制作的声音特效。

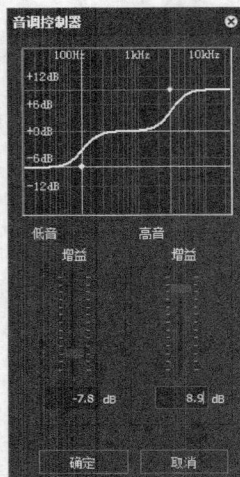

图14-175 设置各参数

实战 467 使用音量电位与均衡滤镜处理音频

▶ 实例位置：光盘 \ 效果 \ 第 14 章 \ 实战 467.ezp
▶ 素材位置：光盘 \ 素材 \ 第 14 章 \ 实战 467.ezp
▶ 视频位置：光盘 \ 视频 \ 第 14 章 \ 实战 467.mp4

● 实例介绍 ●

　　在EDIUS中，音量电位与均衡滤镜可以分别调节音频左右声道和各自的音量属性。下面向读者介绍运用音量电位与均衡滤镜特效处理音频文件的操作方法。

● 操作步骤 ●

STEP 01 单击"文件"|"打开工程"命令，打开一个工程文件，如图14-176所示。

STEP 02 在"音频滤镜"特效组中，选择"音量电位与均衡"特效，如图14-177所示。

图14-176 打开一个工程文件

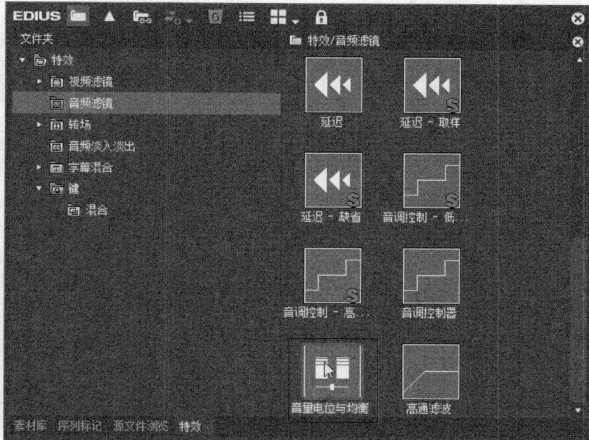

图14-177 选择"音量电位与均衡"特效

STEP 03 将选择的特效拖曳至时间线面板的声音文件上，如图14-178所示。

STEP 04 在"信息"面板中，选择添加的"音量电位与均衡"特效，如图14-179所示。

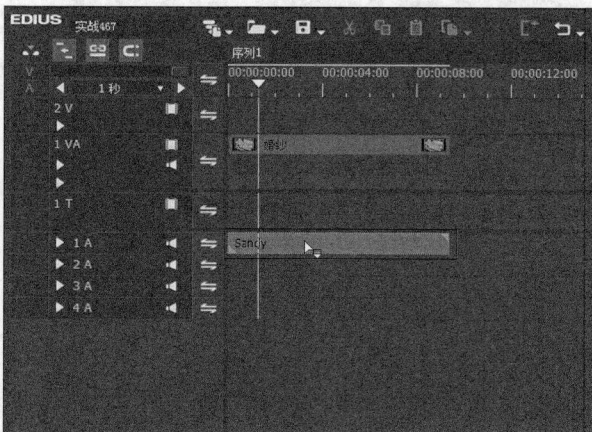

图14-178 拖曳至声音文件上

图14-179 选择"音量电位与均衡"特效

STEP 05 在选择的特效上，双击鼠标左键，弹出"音量电位与均衡"对话框，在其中设置"左通道"为4.3dB、"右通道"为-8.0dB，如图14-180所示，调整声音中左右声道的音量属性。

STEP 06 单击"确定"按钮，返回EDIUS工作界面，单击录制窗口中的"播放"按钮，试听制作的声音特效。

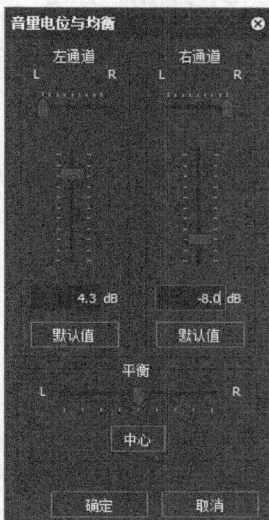

图14-180 调整音量属性

实战 468 使用高通滤波滤镜处理音频

▶ **实例位置**：光盘 \ 效果 \ 第 14 章 \ 实战 468.ezp
▶ **素材位置**：光盘 \ 素材 \ 第 14 章 \ 实战 468.ezp
▶ **视频位置**：光盘 \ 视频 \ 第 14 章 \ 实战 468.mp4

● 实例介绍 ●

在EDIUS中，高通滤波与低通滤波的作用刚好相反，高通滤波是指高于某给定频率的信号可以有效传输，而低于此频率（滤波器截止频率）的信号将受到很大的衰减。下面向读者介绍运用高通滤波滤镜特效处理音频文件的操作方法。

● 操作步骤 ●

STEP 01 单击"文件"|"打开工程"命令，打开一个工程文件，如图14-181所示。

STEP 02 在"音频滤镜"特效组中，选择"高通滤波"特效，如图14-182所示。

图14-181 打开一个工程文件

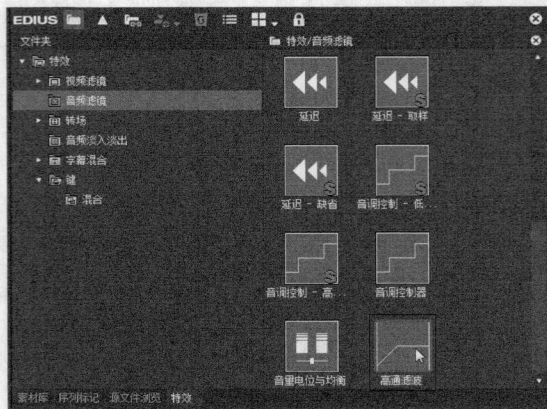

图14-182 选择"高通滤波"特效

STEP 03 将选择的特效拖曳至时间线面板的声音文件上，如图14-183所示。

STEP 04 在"信息"面板中，选择添加的"高通滤波"特效，如图14-184所示。

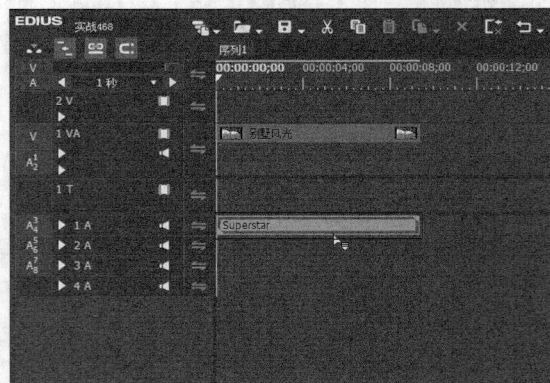

图14-183 拖曳至声音文件上

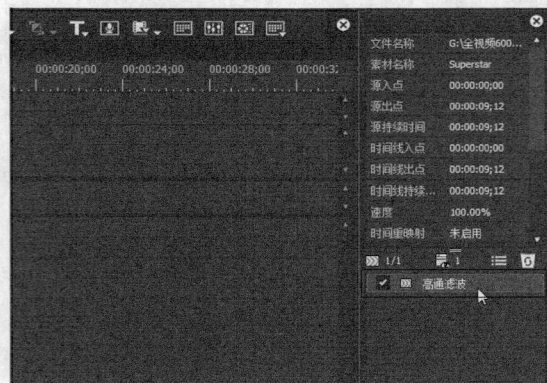

图14-184 选择"高通滤波"特效

STEP 05 在选择的特效上，双击鼠标左键，弹出"高通滤波"对话框，在其中设置"截止频率"为186Hz、Q为1.3，如图14-185所示。

STEP 06 单击"确定"按钮，返回EDIUS工作界面，单击录制窗口中的"播放"按钮，试听制作的声音特效。

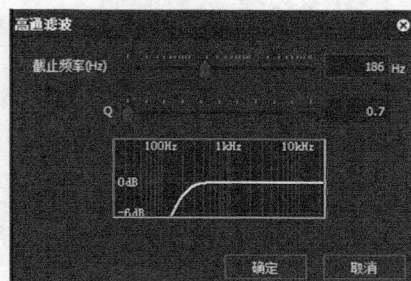

图14-185 设置"高通滤波"参数

第15章

输出与刻录视频文件

本章导读

通过 EDIUS 8 中提供的输出和渲染功能，用户可以将编辑完成的视频画面进行输出和渲染操作。本章主要向读者介绍输出和渲染视频文件的各种操作方法，主要包括输出视频文件、渲染视频文件以及刻录 DVD 光盘等内容，希望读者可以熟练掌握本章内容，全面了解视频输出过程。

要点索引

- 输出视音频文件
- 渲染视频文件
- 导出工程文件
- 刻录光盘

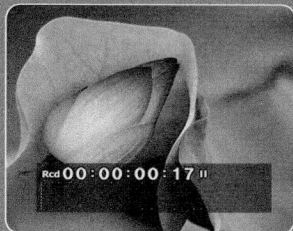

15.1 输出视音频文件

　　用户在创建并保存编辑完成的视频文件后，即可将其渲染并输出到计算机的硬盘中。本节主要向读者介绍输出视频文件的各种操作方法，主要包括设置视频输出属性、输出AVI视频文件、输出MPEG视频文件以及输出入出点间的视频等内容，希望读者熟练掌握视频输出技巧。

实战 469	设置视频输出属性

▶ **实例位置：** 光盘 \ 效果 \ 第 15 章 \ 实战 469.wmv
▶ **素材位置：** 光盘 \ 素材 \ 第 15 章 \ 实战 469.ezp
▶ **视频位置：** 光盘 \ 视频 \ 第 15 章 \ 实战 469.mp4

● 实例介绍 ●

　　在输出视频文件之前，首先要设置相应的视频输出属性，这样才能输出满意的视频文件。下面向读者介绍设置视频输出属性的操作方法。

● 操作步骤 ●

STEP 01　单击"文件"|"打开工程"命令，打开一个工程文件，如图15-1所示。

STEP 02　在录制窗口下方，单击"输出"按钮，在弹出的列表框中选择"输出到文件"选项，如图15-2所示。

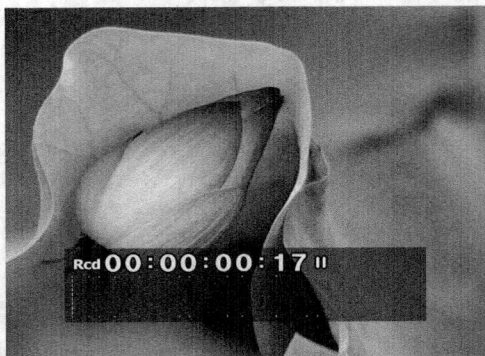

图15-1 打开一个工程文件

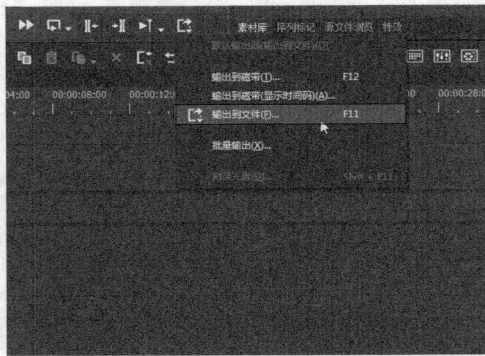

图15-2 选择"输出到文件"选项

知识拓展

　　单击"输出"按钮，在弹出的列表框中各主要选项含义如下。

　　输出到磁带：可以将 EDIUS 8 轨道面板中制作的视频效果输出到磁带上。

　　输出到文件：可以将 EDIUS 8 中制作的视频输出为各种格式的视频文件。

　　批量输出：可以批量输出视频中各区间段的视频文件。

STEP 03　弹出"输出到文件"对话框，单击下方的"输出"按钮，如图15-3所示。

STEP 04　执行操作后，弹出对话框，在"文件名"右侧的文本框中，可以输入视频输出的名称；在"保存类型"列表框中，可以设置视频的保存类型，如图15-4所示。

图15-3 单击"输出"按钮

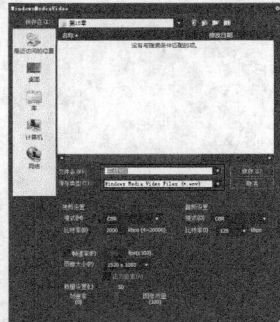

图15-4 设置名称与保存类型

STEP 05 在对话框的下方"视频设置"选项卡中，设置相应属性，如图15-5所示。

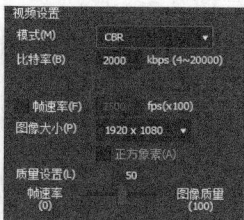

图15-5 设置"视频设置"选项

STEP 06 在"音频设置"选项卡中设置相应属性，如图15-6所示。

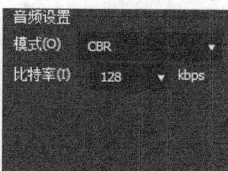

图15-6 设置"音频设置"选项

技巧点拨

在 EDIUS 8 工作界面中，按F11键，也可以快速弹出"输出到文件"对话框，用户在其中根据需要设置相应的输出属性即可。

实战 470	输出AVI视频文件

▶ **实例位置**：光盘 \ 效果 \ 第 15 章 \ 实战 470.avi
▶ **素材位置**：光盘 \ 素材 \ 第 15 章 \ 实战 470.ezp
▶ **视频位置**：光盘 \ 视频 \ 第 15 章 \ 实战 470.mp4

● **实例介绍** ●

AVI格式主要应用在多媒体光盘上，用来保存电视、电影等各种影像信息，它的优点是兼容性好，图像质量好，缺点是输出的尺寸和容量偏大。下面介绍输出AVI视频文件的操作方法。

● **操作步骤** ●

STEP 01 单击"文件"|"打开工程"命令，打开一个工程文件，如图15-7所示。

STEP 02 在菜单栏中，单击"文件"|"输出"|"输出到文件"命令，如图15-8所示。

图15-7 打开一个工程文件

图15-8 单击"输出到文件"命令

STEP 03 执行操作后，弹出"输出到文件"对话框，在左侧窗格中选择AVI选项，在右侧窗格中选择相应的输出器选项，如图15-9所示，是指输出的格式为AVI格式。

STEP 04 单击下方的"输出"按钮，弹出Grass Valley HQ AVI对话框，在其中设置"文件名"为"实战470，并设置视频的保存类型为AVI，如图15-10所示。

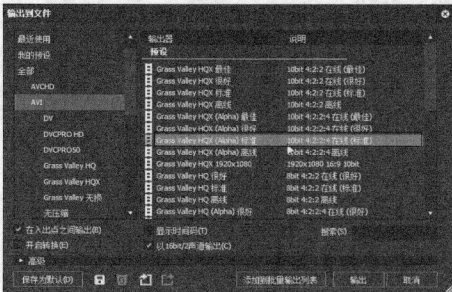

图15-9 选择AVI选项

图15-10 设置名称与保存类型

STEP 05 单击"保存"按钮，执行操作后，弹出"渲染"对话框，开始输出AVI视频文件，并显示输出进度，如图15-11所示。

STEP 06 稍等片刻，待视频文件输出完成后，在素材库面板中，即可显示输出的AVI视频文件，如图15-12所示。

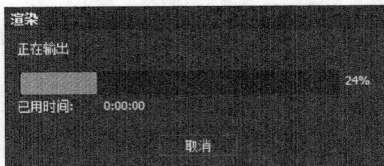

图15-11 开始输出AVI视频文件

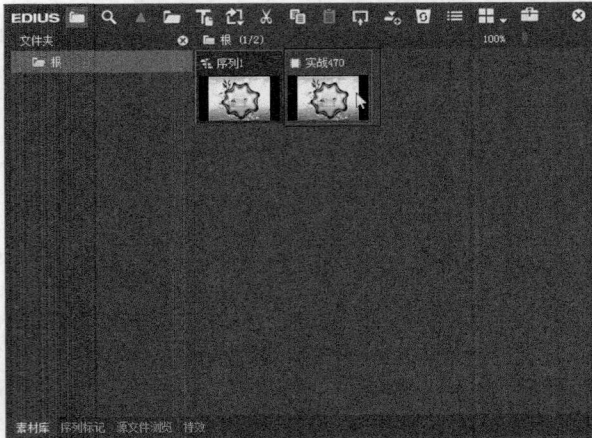

图15-12 显示输出的AVI视频文件

实战 471 输出MPEG视频文件

▶ **实例位置：** 光盘 \ 效果 \ 第 15 章 \ 实战 471.m2v
▶ **素材位置：** 光盘 \ 素材 \ 第 15 章 \ 实战 471.ezp
▶ **视频位置：** 光盘 \ 视频 \ 第 15 章 \ 实战 471.mp4

• 实例介绍 •

在影视后期输出中，有许多视频文件需要输出MPEG格式，网络上很多视频文件的格式也是MPEG格式的。下面向读者介绍输出MPEG视频文件的操作方法。

• 操作步骤 •

STEP 01 单击"文件"|"打开工程"命令，打开一个工程文件，如图15-13所示。

STEP 02 在录制窗口下方，单击"输出"按钮，在弹出的列表框中选择"输出到文件"选项，弹出"输出到文件"对话框，在左侧窗格中选择MPEG选项，如图15-14所示，是指输出的格式为MPEG格式。

图15-13 打开一个工程文件

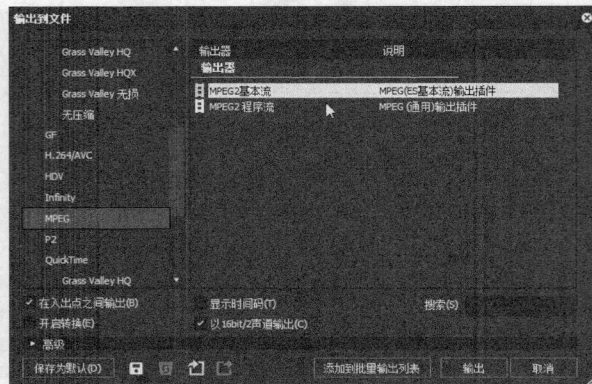

图15-14 选择MPEG选项

STEP 03 单击"输出"按钮，弹出"MPEG2基本流"对话框，在"目标"选项区中，单击"视频"右侧的"选择"按钮，如图15-15所示。

STEP 04 执行操作后，弹出"另存为"对话框，在其中设置文件的保存名称和保存类型，如图15-16所示。

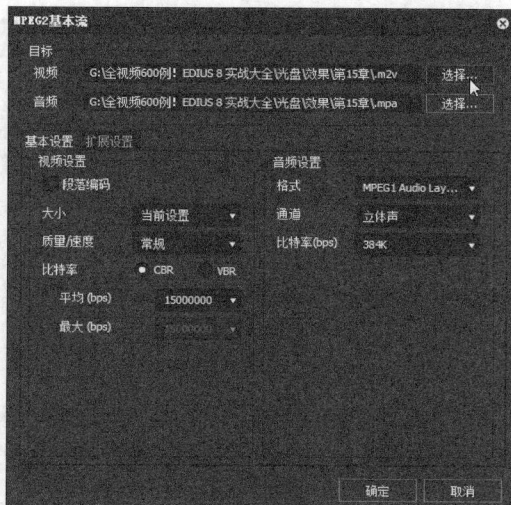

图15-15 单击"选择"按钮

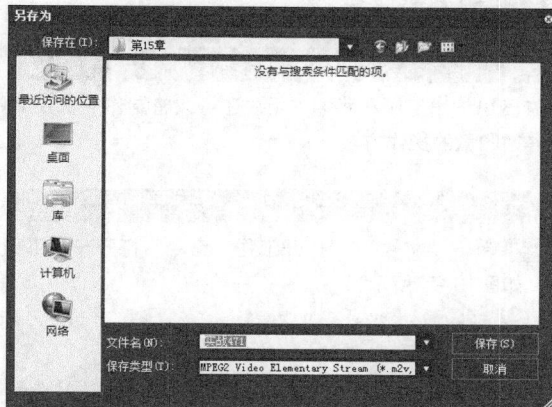

图15-16 设置文件保存名称和类型

STEP 05 单击"保存"按钮，返回"MPEG2基本流"对话框，在"视频"右侧的文本框中，显示了视频文件的输出路径。单击"音频"右侧的"选择"按钮，弹出"另存为"对话框，在其中设置音频文件的保存名称与保存类型，单击"保存"按钮，再次返回"MPEG2基本流"对话框，在"音频"右侧的文本框中，也显示了音频文件的输出路径，如图15-17所示。

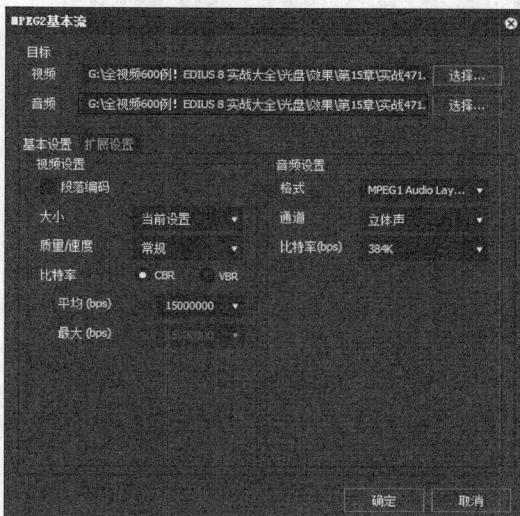

图15- 17 设置视频与音频输出属性

STEP 06 设置完成后，单击"确定"按钮，弹出"渲染"对话框，显示了视频文件的输出进度，如图15-18所示。

STEP 07 稍等片刻，待视频文件输出完成后，在素材库面板中，即可显示输出的视频文件与音频文件，如图15-19所示。

图15-18 显示视频输出进度

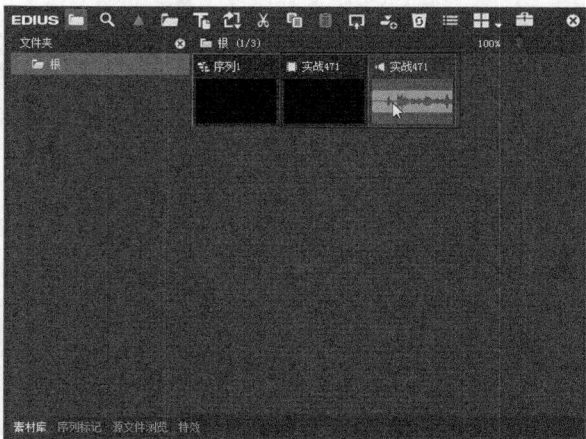

图15-19 显示输出的媒体文件

实战 472 输出为静态图像

▶ 实例位置：光盘 \ 效果 \ 第 15 章 \ 实战 472. ezp
▶ 素材位置：光盘 \ 素材 \ 第 15 章 \ 实战 472. ezp
▶ 视频位置：光盘 \ 视频 \ 第 15 章 \ 实战 472. mp4

● 实例介绍 ●

在EDIUS 8工作界面中，用户还可以将制作的视频文件的每一帧以序列的方式输出为静态图像。下面向读者介绍输出为静态图像的操作方法。

● 操作步骤 ●

STEP 01 单击"文件" | "打开工程"命令，打开一个工程文件，如图15-20所示。

STEP 02 在录制窗口下方，单击"输出"按钮，在弹出的列表框中选择"输出到文件"选项，弹出"输出到文件"对话框，在左侧窗格中选择"其他"选项，在右侧窗格中选择"静态图像"选项，如图15-21所示，是指输出的格式为静态图像格式。

图15-20 打开一个工程文件

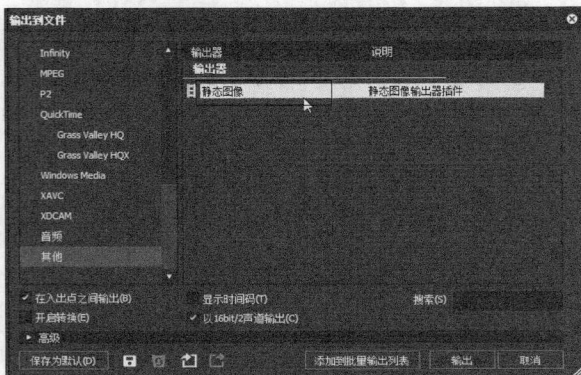

图15-21 打开"静态图像"选项

技巧点拨

当用户将视频文件导出为静态图像时，此时根据视频长度，每一帧的静态图像都将被导出。

STEP 03 单击"输出"按钮，弹出"静态图像"对话框，在其中设置"文件名"为"实战472"、"保存类型"为JPEG Files，如图15-22所示。

STEP 04 单击下方的"在入/出点之间保存为序列化文件"按钮，执行操作后，弹出"渲染"对话框，即可开始以序列的方式导出视频文件中的每一帧静态图像，如图15-23所示。

图15-22 设置文件名与保存类型

图15-23 导出每一帧静态图像

STEP 05 稍等片刻，待静态图像导出完成后，在素材库面板中以静帧的方式显示了一个静帧素材的缩略图，如图15-24所示，即可完成静态图像的导出操作。

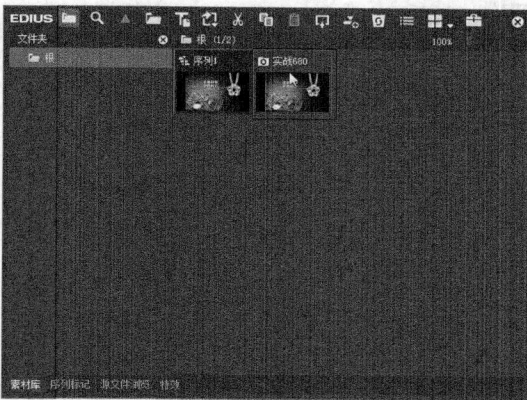

图15-24 完成静态图像的导出操作

实战 473 输出入出点间视频

▶ 实例位置：光盘\效果\第15章\实战473.ezp
▶ 素材位置：光盘\素材\第15章\实战473.ezp
▶ 视频位置：光盘\视频\第15章\实战473.mp4

● 实例介绍 ●

在EDIUS 8工作界面中，用户不仅可以输出不同格式的视频文件，还可以针对工程文件中入点与出点部分的视频区间进行单独输出。下面向读者介绍输出入出点间视频的操作方法。

● 操作步骤 ●

STEP 01 单击"文件"|"打开工程"命令，打开一个工程文件，如图15-25所示。

图15-25 打开一个工程文件

STEP 02 在轨道面板中的视频文件上，创建入点与出点标记，如图15-26所示。

图15-26 设置入点与出点标记

STEP 03 按F11键，弹出"输出到文件"对话框，在左侧窗格中选择相应选项，在下方选中"在入出点之间输出"复选框，如图15-27所示，单击"输出"按钮。

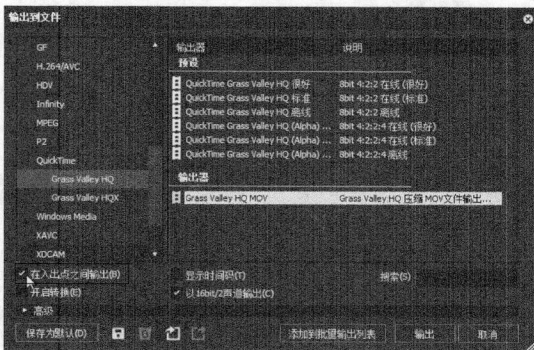

图15-27 选中"在入出点之间输出"复选框

STEP 04 弹出相应对话框，在其中设置视频保存的文件名，如图15-28所示。

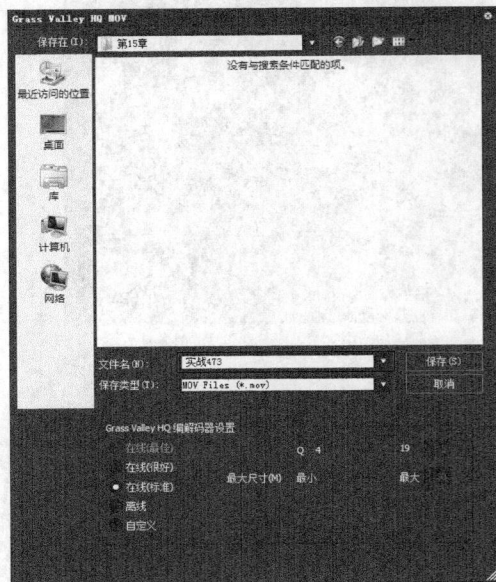

图15-28 设置视频保存的文件名

STEP 05 单击"保存"按钮，弹出"渲染"对话框，渲染视频，如图15-29所示。

图15-29 渲染视频

STEP 06 稍等片刻，待视频文件输出完成后，在素材库面板中，即可显示输出的入点与出点间的视频文件，如图15-30所示。

图15-30 显示输出的入点与出点间的视频

STEP 07 双击输出的视频文件，在播放窗口中单击"播放"按钮，预览输出的视频文件画面效果，如图15-31所示。

图15-31 预览输出的视频画面效果

实战 474 批量输出视频文件

▶ 实例位置：光盘 \ 效果 \ 第 15 章 \ 实战 474.ezp
▶ 素材位置：光盘 \ 素材 \ 第 15 章 \ 实战 474.ezp
▶ 视频位置：光盘 \ 视频 \ 第 15 章 \ 实战 474.mp4

● 实例介绍 ●

在EDIUS 8工作界面中，用户不仅可以单独输出不同格式的视频文件，还可以批量输出多段不同区间内的视频文件。下面向读者介绍批量输出视频文件的操作方法。

● 操作步骤 ●

STEP 01 单击"文件"|"打开工程"命令，打开一个工程文件，如图15-32所示。

图15-32 打开一个工程文件

STEP 02 在录制窗口下方，单击"输出"按钮，在弹出的列表框中选择"批量输出"选项，如图15-33所示。

STEP 03 弹出"批量输出"对话框，单击上方的"添加到批量输出列表"按钮，即可添加一个序列文件，如图15-34所示。

图15-33 选择"批量输出"选项

图15-34 添加一个序列文件

STEP 04 在"序列1"文件的"入点"与"出点"时间码上，上下滚动鼠标，设置视频入点与出点的时间，如图15-35所示。

STEP 05 用与上同样的方法，再次在"批量输出"对话框下方创建两个不同的视频区间序列，如图15-36所示。

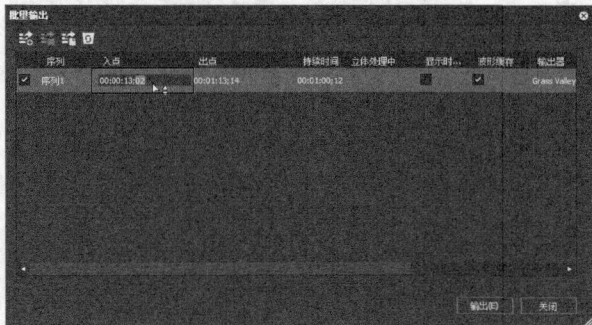

图15-35 设置视频入点与出点的时间

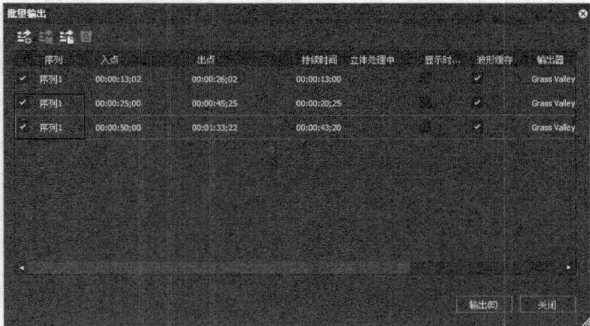

图15-36 创建两个不同的视频区间序列

STEP 06 创建完成后，单击"输出"按钮，即可开始批量输出视频区间，在"批量输出"对话框右侧的"状态"列中，显示了视频输出进度，如图15-37所示。

STEP 07 稍等片刻，待视频输出完成后，单击"关闭"按钮，退出"批量输出"对话框，在素材库面板中，显示了已批量输出的3个不同区间的视频片段，如图15-38所示。

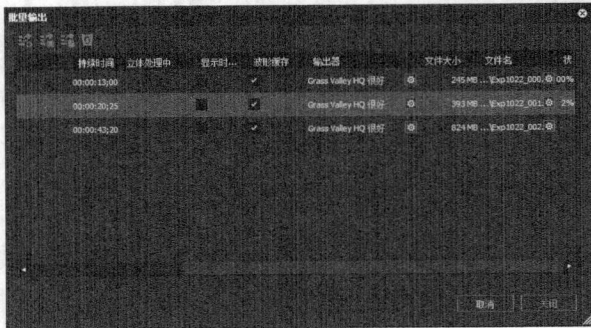

图15-37 显示了视频输出进度

图15-38 显示输出的视频片段

STEP 08 双击输出的视频文件，在播放窗口中单击"播放"按钮，预览输出的视频文件画面效果，如图15-39所示。

技巧点拨

在"批量输出"对话框上方，单击"删除批量输出项目"按钮，可删除不需要的视频区间片段。

图15-39 预览输出的视频画面效果

知识拓展

输出到磁带

在 EDIUS 8 工作界面中，用户可以将制作完成的视频文件输出到磁带，用于在摄像机中播放制作的视频文件。

将视频输出到磁带的方法很简单，用户只需在录制窗口下方，单击"输出"按钮，在弹出的列表框中选择"输出到磁带"选项，如图15-40所示，执行操作后，即可将视频文件输出到磁带。

当用户需要将视频文件输出到磁带时，输出的视频文件一定要匹配磁带的帧尺寸和帧速率等属性，否则无法正常将视频输出到磁带。

在 EDIUS 8 工作界面中，用户按F12键，也可以快速执行"输出到磁带"命令，将视频文件输出到磁带。

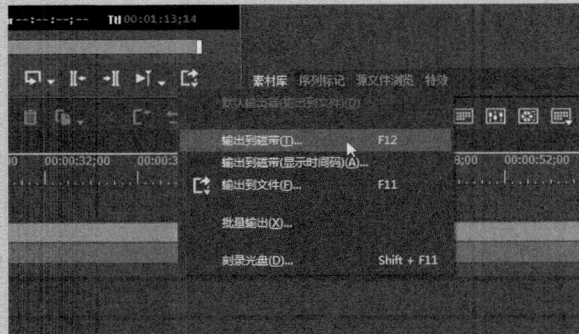

图15-40 选择"输出到磁带"选项

实战 475 **输出音频文件**

▶ 实例位置：光盘 \ 效果 \ 第 15 章 \ 实战 475.ezp
▶ 素材位置：光盘 \ 素材 \ 第 15 章 \ 实战 475.ezp
▶ 视频位置：光盘 \ 视频 \ 第 15 章 \ 实战 475.mp4

● 实例介绍 ●

在EDIUS 8工作界面中，用户还可以单独输出视频文件中的背景音乐，以便在声音编辑软件中处理或者应用到其他项目中。下面主要向读者介绍输出音频文件的操作方法。

• 操作步骤 •

STEP 01 单击"文件"|"打开工程"命令，打开一个工程文件，如图15-41所示。

STEP 02 在1A音频轨道中，选择需要输出的音频文件，如图15-42所示。

图15-41 打开一个工程文件

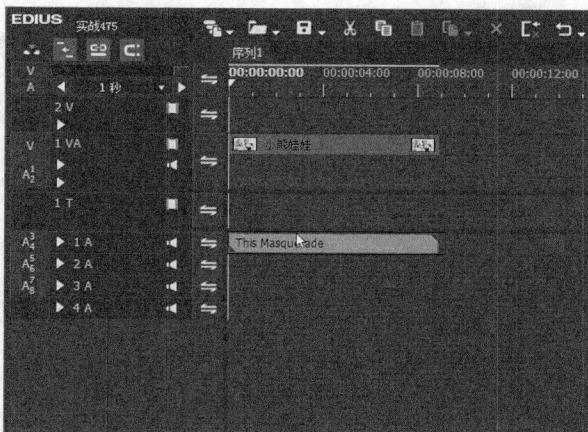

图15-42 选择音频文件

STEP 03 在录制窗口下方，单击"输出"按钮，在弹出的列表框中选择"输出到文件"选项，如图15-43所示。

STEP 04 弹出"输出到文件"对话框，在左侧窗格中选择"音频"选项，在右侧窗格中选择相应的音频输出格式，如图15-44所示。

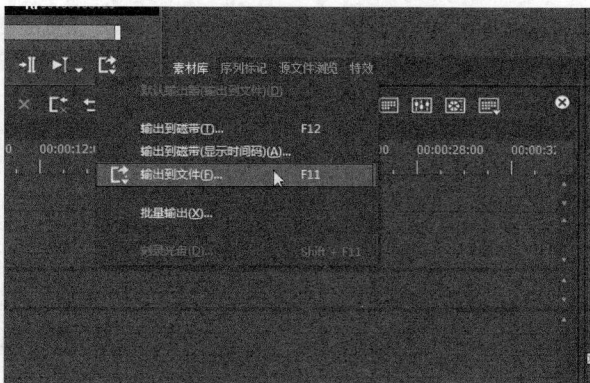

图15-43 选择"输出到文件"选项

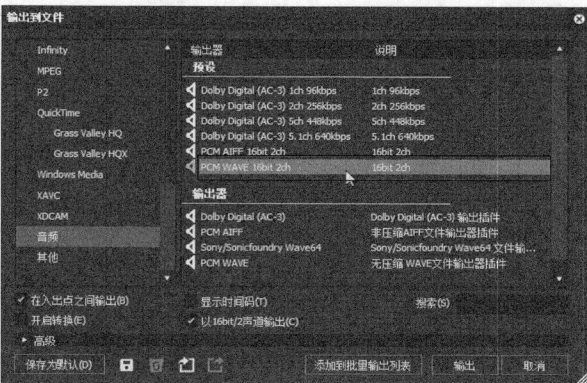

图15-44 选择相应输出格式

STEP 05 单击"输出"按钮，弹出"PCM WAVE"对话框，在其中设置音频文件的保存名称，如图15-45所示。

图15-45 设置音频文件的保存名称

STEP 06 单击"保存"按钮，弹出"渲染"对话框，显示音频文件输出进度，如图15-46所示。

STEP 07 稍等片刻，待音频文件输出完成后，在素材库面板中，即可显示输出的音频文件，如图15-47所示。

图15-46 显示音频文件输出进度

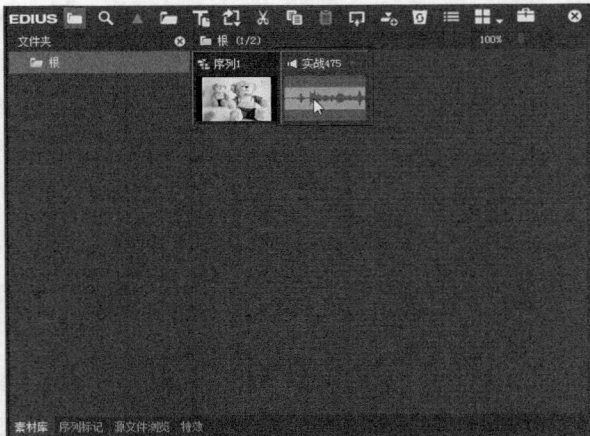

图15-47 显示输出的音频文件

15.2 输出视频文件

在EDIUS 8工作界面中，用户还可以对轨道面板中的视频文件进行快速渲染。本节主要向读者介绍渲染视频文件的操作方法，主要包括渲染全部视频、渲染入出点视频以及删除渲染文件等内容，希望读者可以熟练掌握。

实战 476 渲染全部视频文件

▶ 实例位置：光盘 \ 效果 \ 第 15 章 \ 实战 476.ezp
▶ 素材位置：光盘 \ 素材 \ 第 15 章 \ 实战 476.ezp
▶ 视频位置：光盘 \ 视频 \ 第 15 章 \ 实战 476.mp4

● 实例介绍 ●

在EDIUS 8中，用户可以对整个轨道面板中的视频文件进行快速渲染操作。下面向读者介绍渲染全部视频的操作方法。

● 操作步骤 ●

STEP 01 单击"文件"|"打开工程"命令，打开一个工程文件，如图15-48所示。

STEP 02 在时间线面板上方，单击"渲染入/出点间"按钮右侧的下三角按钮，在弹出的列表框中选择"渲染全部"|"渲染满载区域"选项，如图15-49所示。

图15-48 打开一个工程文件

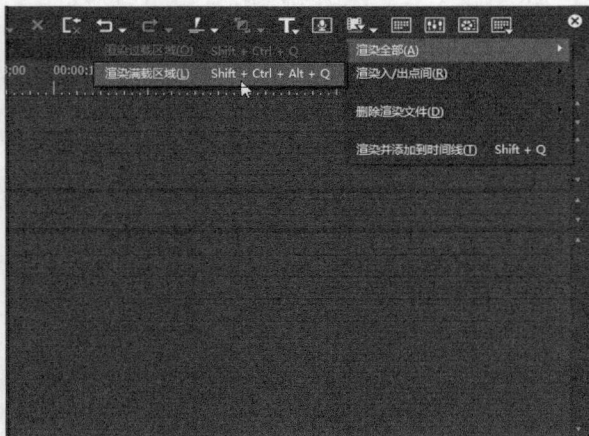

图15-49 选择"渲染满载区域"选项

STEP 03 执行操作后，弹出"渲染–序列1"对话框，即可对序列文件进行快速渲染操作，如图15–50所示，待渲染完成后即可。

图15-50 对序列文件进行快速渲染操作

技巧点拨

在 EDIUS 8工作界面中，用户按Shift + Ctrl + Alt + Q组合键，也可以快速渲染序列文件中的全部视频。

实战 477　**渲染入点/出点**

▶ 实例位置：光盘 \ 效果 \ 第 15 章 \ 实战 477.ezp
▶ 素材位置：光盘 \ 素材 \ 第 15 章 \ 实战 477.ezp
▶ 视频位置：光盘 \ 视频 \ 第 15 章 \ 实战 477.mp4

● **实例介绍** ●

在EDIUS 8工作界面中，用户可以对序列文件中的入点与出点之间的视频进行快速渲染操作。下面向读者介绍渲染入点与出点间视频的操作方法。

● **操作步骤** ●

STEP 01 单击"文件"|"打开工程"命令，打开一个工程文件，如图15–51所示。

STEP 02 运用前面所学的知识，在轨道面板中，标记视频的入点与出点部分，如图15–52所示。

图15-51 打开一个工程文件

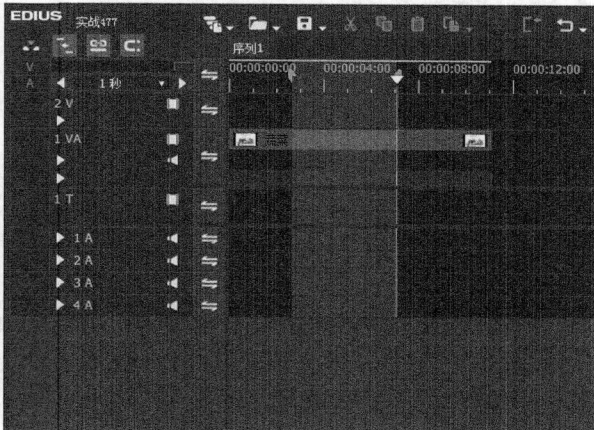

图15-52 标记视频的入点和出点部分

STEP 03 在轨道面板上方，单击"渲染入/出点间"按钮右侧的下三角按钮，在弹出的列表框中选择"渲染入点/出点"|"全部"选项，如图15–53所示。

STEP 04 执行操作后，弹出"渲染–序列1"对话框，即可对入点与出点间的视频文件进行快速渲染操作，如图15–54所示，待渲染完成后即可。

图15-53 选择"全部"选项

图15-54 渲染入点与出点间的视频

技巧点拨

在 EDIUS 8 工作界面中，用户按 Shift + Alt + Q 组合键，也可以快速渲染序列文件中入点与出点间的全部视频。

知识拓展

删除渲染文件

在 EDIUS 8 中，如果用户不再需要使用渲染后的视频文件，此时可以将渲染后的视频文件进行删除操作。

删除渲染文件的方法很简单，用户只需在轨道面板上方，单击"渲染入 / 出点间"按钮右侧的下三角按钮，在弹出的列表框中选择"删除渲染文件" |"全部文件"选项，如图15-55所示。

执行操作后，即可将渲染的全部视频文件进行删除操作。如果用户只想删除未使用的视频文件，此时在"删除渲染文件"子菜单中，选择"未使用的文件"选项，即可删除渲染后未被使用的所有视频文件。

在 EDIUS 8 工作界面中，用户按 Alt + Q 组合键，也可以快速删除渲染后未被使用的所有视频文件。

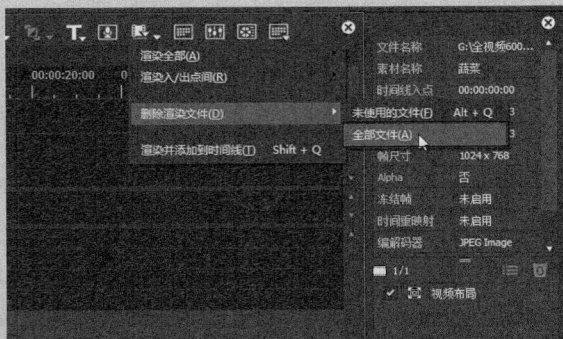

图15-55 选择"全部文件"选项

15.3 导出工程文件

在EDIUS 8工作界面中，用户不仅可以输出与渲染制作的工程文件，还可以对工程文件进行导出操作，用户可以将工程文件导出AAF格式与EDL格式。本节主要向读者介绍导出工程文件的方法。

实战 478 导出AAF文件

▶ 实例位置：光盘 \ 效果 \ 第 15 章 \ 实战 478.ezp
▶ 素材位置：光盘 \ 素材 \ 第 15 章 \ 实战 478.ezp
▶ 视频位置：光盘 \ 视频 \ 第 15 章 \ 实战 478.mp4

● 实例介绍 ●

AAF是自非线性编辑系统之后电视制作领域最重要的新进展之一，它解决了多用户、跨平台以及多台计算机协同进行数字创作的问题，给后期制作带来了极大的方便。下面向读者介绍导出AAF文件的操作方法。

● 操作步骤 ●

STEP 01 单击"文件" |"打开工程"命令，打开一个工程文件，如图15-56所示。

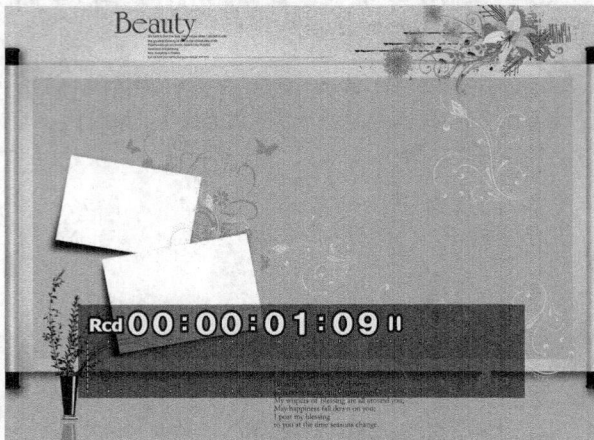

STEP 02 在菜单栏中，单击"文件" |"导出工程" | AAF命令，如图15-57所示。

图15-56 打开一个工程文件

图15-57 单击AAF命令

STEP 03 执行操作后，弹出"工程导出器（AAF）"对话框，在其中设置工程文件的导出名称，如图15-58所示。

STEP 04 设置完成后，单击"保存"按钮，弹出"AAF项目导出器"对话框，显示文件导出进度，如图15-59所示，待工程文件导出完成后即可。

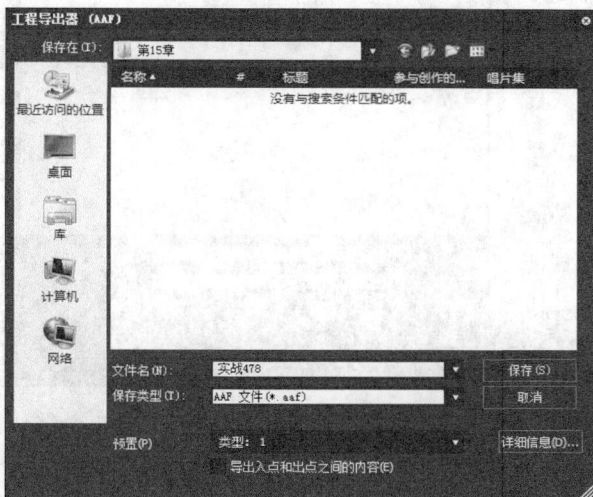

图15-58 设置工程文件的导出名称

图15-59 显示文件导出进度

实战 479　导出EDL文件

▶ **实例位置**：光盘 \ 效果 \ 第 15 章 \ 实战 479.ezp
▶ **素材位置**：光盘 \ 素材 \ 第 15 章 \ 实战 479.ezp
▶ **视频位置**：光盘 \ 视频 \ 第 15 章 \ 实战 479.mp4

● 实例介绍 ●

　　EDL是在编辑时由很多编辑系统自动生成的，并可保存到磁盘中。当在脱机/联机模式下工作时，脱机编辑下生成的EDL被读入到联机系统中，作为最终剪辑的基础。下面向读者介绍导出EDL文件的操作方法。

● 操作步骤 ●

STEP 01 单击"文件"|"打开工程"命令，打开一个工程文件，如图15-60所示。

STEP 02 在菜单栏中，单击"文件"|"导出工程"|EDL命令，如图15-61所示。

图15-60 打开一个工程文件

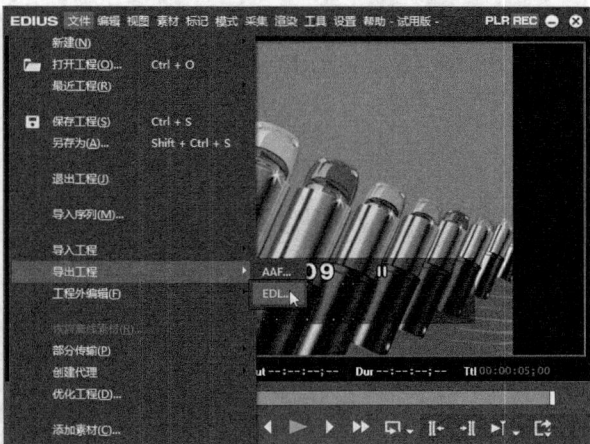

图15-61 单击EDL命令

STEP 03 执行操作后，弹出"工程导出器（EDL）"对话框，在其中设置工程文件的导出名称，如图15-62所示，单击"保存"按钮，即可将工程文件导出为EDL格式的文件。

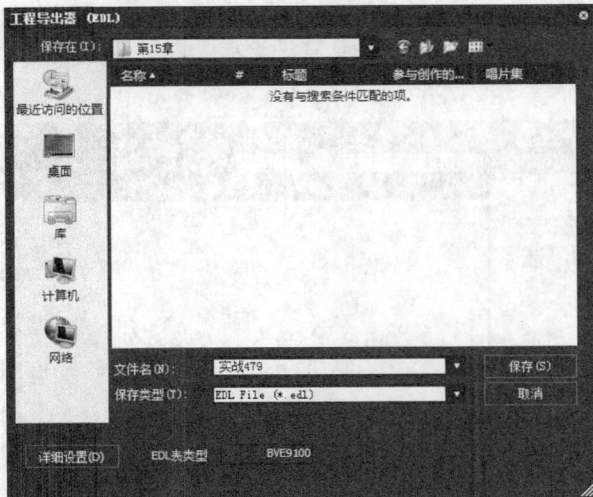

图15-62 设置工程文件的导出名称

15.4 刻录光盘

视频编辑完成后，最后的工作就是刻录了，EDIUS 8中提供了多种刻录方式，以适合不同的需要。用户可在EDIUS 8中直接刻录视频，如刻录DVD光盘、蓝光光盘，也可以使用专业的刻录软件进行光盘的刻录。本节主要向读者介绍刻录DVD光盘的各种操作方法。

实战 480 刻录DVD光盘

▶ 实例位置：无
▶ 素材位置：光盘 \ 素材 \ 第 15 章 \ 实战 480.ezp
▶ 视频位置：光盘 \ 视频 \ 第 15 章 \ 实战 480.mp4

● 实例介绍 ●

在EDIUS 8中刻录DVD光盘时，首先需要打开制作完成的工程文件，然后设置光盘画面、编辑图像文本，最后刻录为DVD光盘。

● 操作步骤 ●

STEP 01 打开一个工程文件，在录制窗口下方，单击"输出"按钮，在弹出的列表框中选择"刻录光盘"选项，如图15-63所示。

STEP 02 执行操作后，弹出"刻录光盘"对话框，在"光盘"选项区中，选中DVD单选按钮；在"编解码器"选项区中，选中MPEG2单选按钮；在"菜单"选项区中，选中"使用菜单"单选按钮，如图15-64所示，完成刻录选项的设置。

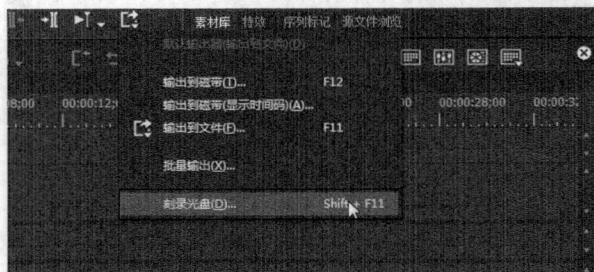

图15-63 选择"刻录光盘"选项

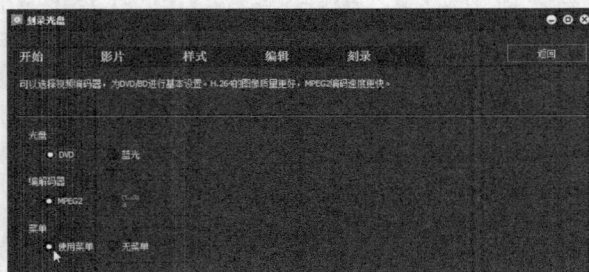

图15-64 设置光盘刻录类型

技巧点拨

在 EDIUS 8 工作界面中，用户按 Shift + F11 组合键，也可以快速执行"刻录光盘"命令，弹出"刻录光盘"对话框。

STEP 03 在"刻录光盘"对话框中，单击"影片"标签，如图15-65所示。

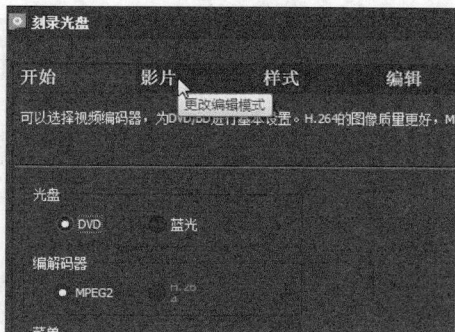

图15-65 单击"影片"标签

STEP 05 执行操作后，弹出"添加段落"对话框，在其中选择需要导入的影片文件，如图15-67所示。

图15-67 选择需要导入的影片文件

STEP 07 在"刻录光盘"对话框中，单击"样式"标签，如图15-69所示。

图15-69 单击"样式"标签

STEP 04 执行操作后，切换至"影片"选项卡，删除现有的影片段落文件，然后单击"添加文件"按钮，如图15-66所示。

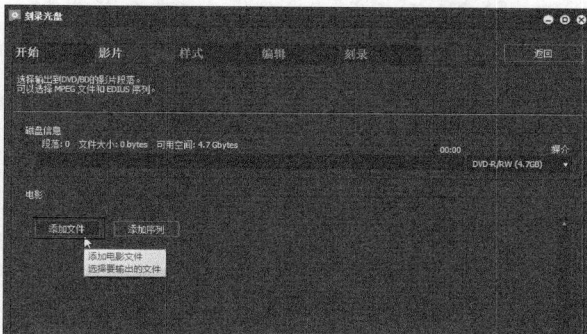

图15-66 单击"添加文件"按钮

STEP 06 单击"打开"按钮，即可将选择的影片文件导入到"刻录光盘"对话框中，如图15-68所示。

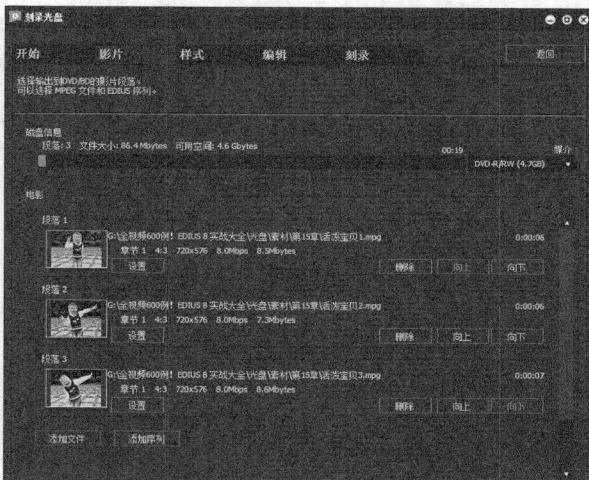

图15-68 导入到"刻录光盘"对话框中

STEP 08 执行操作后，切换至"样式"选项卡，在中间的预览窗口中，显示了当前视频的界面样式，如图15-70所示。

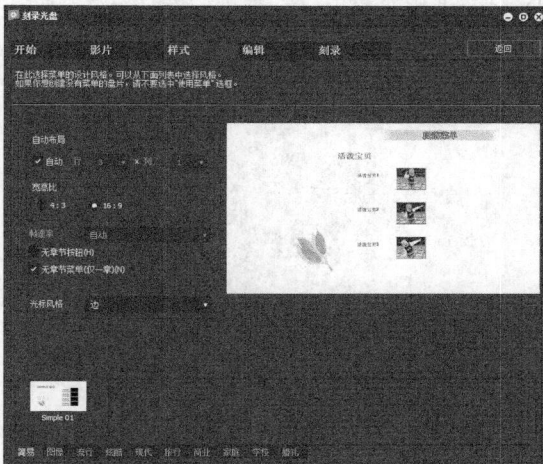

图15-70 显示了当前视频的界面样式

STEP 09 在对话框的下方,单击"家庭"标签,切换至"家庭"选项卡,在其中选择相应的家庭画面样式,如图15-71所示。

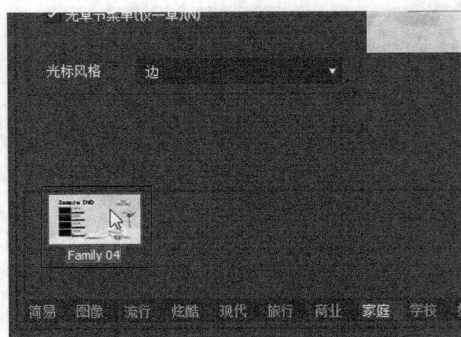

图15-71 选择相应的家庭画面样式

STEP 11 在"刻录光盘"对话框中,单击"编辑"标签,如图15-73所示。

图15-73 单击"编辑"标签

STEP 13 在窗格中选择"背景"选项,单击鼠标右键,在弹出的快捷菜单中选择"设置"选项,如图15-75所示。

图15-75 选择"设置"选项

STEP 10 执行操作后,即可将界面样式设置为家庭样式,在预览窗口中可以预览样式效果,如图15-72所示,完成画面样式的设置。

图15-72 预览画面样式效果

STEP 12 执行操作后,即可切换至"编辑"选项卡,在右侧窗格中显示了可以编辑的图像文本项目,如图15-74所示。

图15-74 显示了可以编辑的图像文本项目

STEP 14 弹出"菜单项设置"对话框,单击"选择要打开的图像文件"按钮,如图15-76所示。

图15-76 单击"选择要打开的图像文件"按钮

STEP 15 弹出"打开图像"对话框，在其中选择背景图像
文件，如图15-77所示。

STEP 16 单击"打开"按钮，返回"菜单项设置"对话框，
在中间的预览窗口中，显示了当前视频的背景图像效果，如图
15-78所示，并在下方显示了背景图像导入的路径信息。

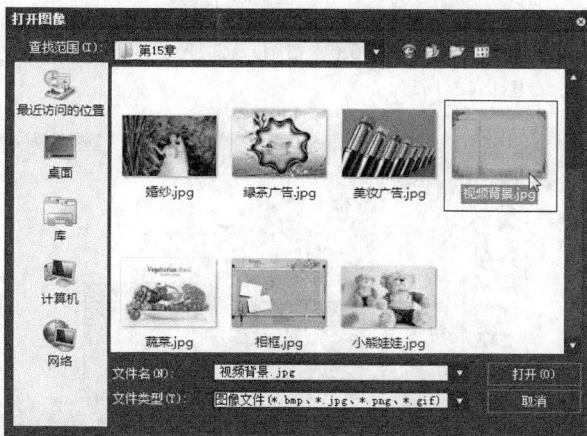

图15-77 选择背景图像文件

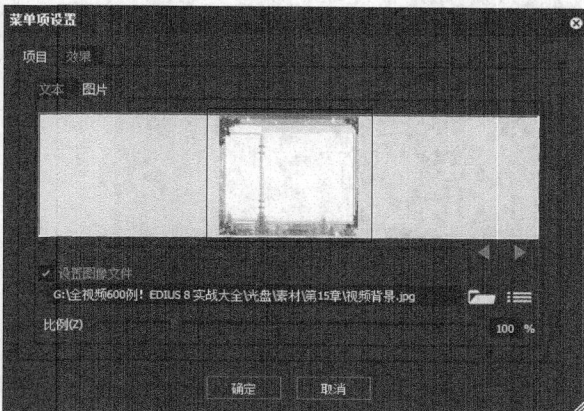

图15-78 显示了背景图像效果

STEP 17 单击"确定"按钮，返回"刻录光盘"对话框，
即可应用选择的背景图像，在预览窗口中可以预览背景图
像效果，如图15-79所示。

STEP 18 在预览窗口中，选择上方第1张图像，通过鼠标拖曳
的方式，调整图像的位置，然后调整右侧第1个文本框的位
置，对文本框进行缩放操作，使文本字体变大，效果如图
15-80所示。

图15-79 预览背景图像效果

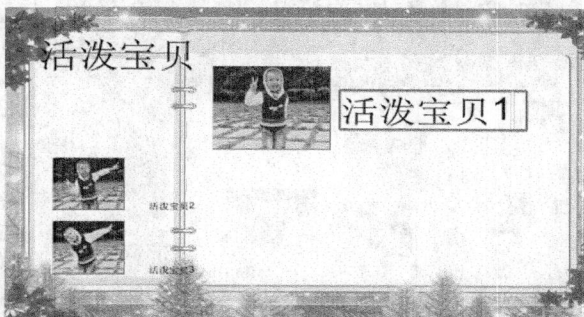

图15-80 调整图像与文本位置

STEP 19 用与上同样的方法，在预览窗口中通过鼠标拖曳
的方式，移动其他图像与文本对象，并对图像与文本对象
进行适当的缩放与编辑操作，按Enter键可使文本换行，使
其更加符合画面需求，调整画面效果，如图15-81所示。

STEP 20 在预览窗口中"活泼宝贝"文字上，单击鼠标右
键，在弹出的快捷菜单中选择"设置"选项，如图15-82
所示。

图15-81 调整后的画面效果

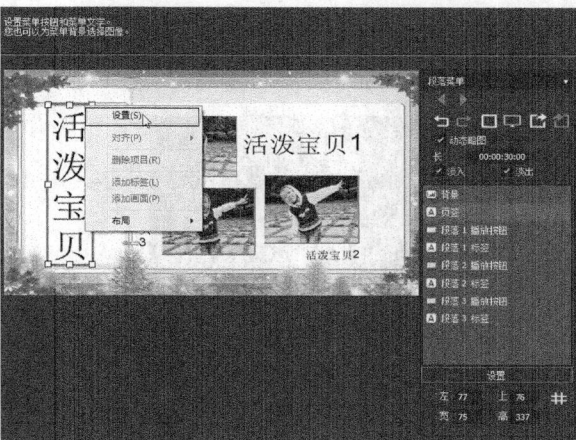

图15-82 选择"设置"选项

技巧点拨

在 EDIUS 8 工作界面中，用户单击菜单栏中的"文件"丨"输出"丨"刻录光盘"命令，也可以快速弹出"刻录光盘"对话框。

STEP 21 执行操作后，弹出"菜单项设置"对话框，在其中设置"字体"为"华康少女文字W5（P）"、"颜色"为蓝色，设置字体属性，如图15-83所示。

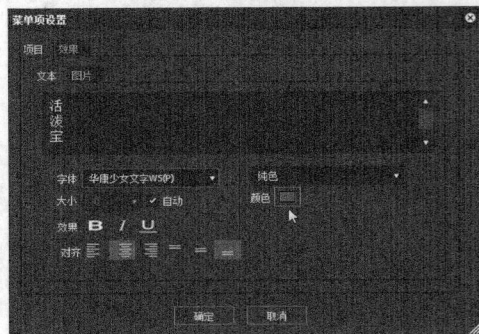

图15-83 设置字体属性

STEP 22 设置完成后，单击"确定"按钮，返回"刻录光盘"对话框，在中间的预览窗口中，可以预览设置后的字体效果，如图15-84所示。

图15-84 预览设置后的字体效果

STEP 23 在"刻录光盘"对话框中，单击"刻录"标签，如图15-85所示。

图15-85 单击"刻录"标签

STEP 24 执行操作后，切换"刻录"选项卡，其中显示了相关的刻录属性供用户设置，如图15-86所示。

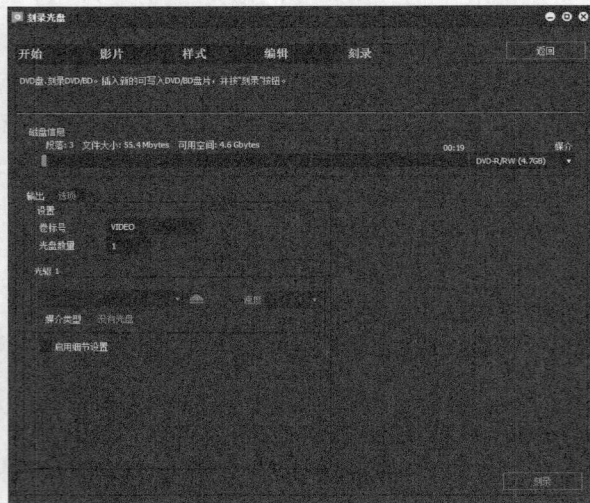

图15-86 显示了相关的刻录属性

STEP 25 在"设置"选项区中，设置"卷标号"为"活泼宝贝"，如图15-87所示。

图15-87 设置"卷标号"为"活泼宝贝"

STEP 26 设置完成后，单击右下角的"刻录"按钮，如图15-88所示，即可开始刻录DVD光盘，待刻录完成后即可。

图15-88 单击"刻录"按钮

知识拓展

了解 DVD 光盘

数字多功能光盘(英文：Digital Versatile Disc)，简称 DVD，是一种光盘存储器，通常用来播放标准电视机清晰度的电影、高质量的音乐与用作大容量存储数据。DVD 与 CD 的外观极为相似，它们的直径都是 120 毫米左右。最常见的 DVD，即单面单层 DVD 的资料容量约为 VCD 的 7 倍，这是因为 DVD 和 VCD 虽然是使用相同的技术来读取深藏于光盘片中的资料(光学读取技术)，但是由于 DVD 的光学读取头所产生的光点较小(将原本 0.85μm 的读取光点大小缩小到 0.55μm)，因此在同样大小的盘片面积上(DVD 和 VCD 的外观大小是一样的)，DVD 资料储存的密度便可提高。

实战 481 刻录蓝光光盘

▶ 实例位置：无
▶ 素材位置：光盘 \ 素材 \ 第 15 章 \481.ezp
▶ 视频位置：光盘 \ 视频 \ 第 15 章 \ 实战 481.mp4

● 实例介绍 ●

蓝光光盘是 DVD 之后的下一代光盘格式之一，用来存储高品质的影音文件以及高容量的数据存储。下面向读者介绍将制作的影片刻录为蓝光光盘的操作方法。

● 操作步骤 ●

STEP 01 单击"文件"|"打开工程"命令，打开一个工程文件，在菜单栏中单击"文件"|"输出"|"刻录光盘"命令，如图 15-89 所示。

STEP 02 弹出"刻录光盘"对话框，在"光盘"选项区中，选中"蓝光"单选按钮；在"编解码器"选项区中，选中 H.264 单选按钮；在"菜单"选项区中，选中"使用菜单"单选按钮，如图 15-90 所示，即可设置刻录的光盘类型为蓝光光盘。

图 15-89 单击"刻录光盘"命令

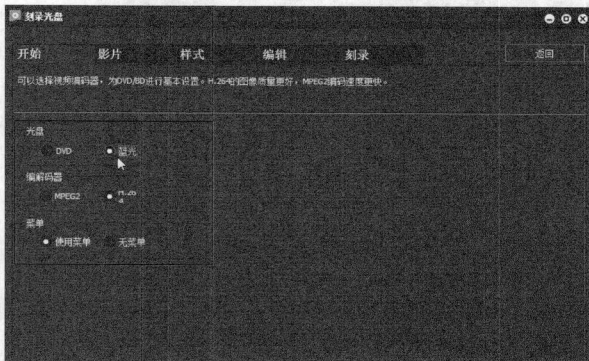

图 15-90 设置蓝光光盘类型

STEP 03 在"刻录光盘"对话框中，单击"影片"标签，执行操作后，切换至"影片"选项卡，删除现有的影片段落文件，然后单击"添加文件"按钮，如图 15-91 所示。

STEP 04 执行操作后，弹出"添加段落"对话框，在其中选择需要导入的影片文件，如图 15-92 所示。

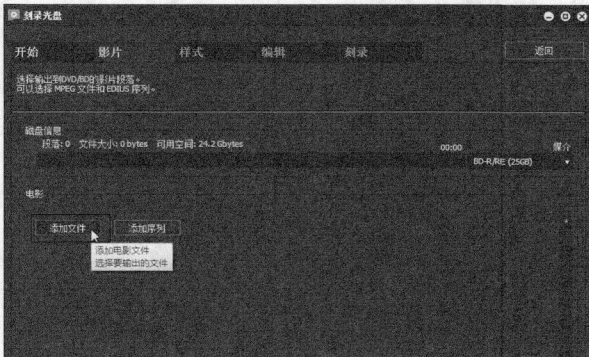

图 15-91 单击"添加文件"按钮

图 15-92 选择需要导入的影片文件

STEP 05 单击"打开"按钮，将选择的影片文件导入到"刻录光盘"对话框中，如图15-93所示。

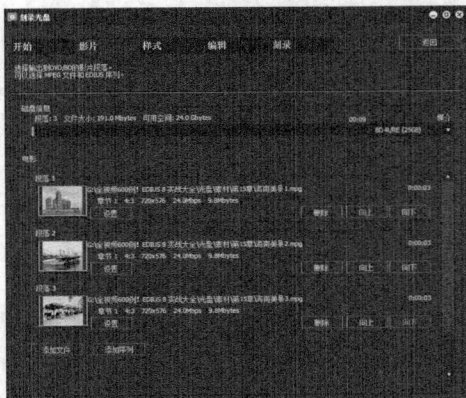

图15-93 导入到"刻录光盘"对话框中

STEP 07 在对话框的下方，单击"流行"标签，切换至"流行"选项卡，在其中选择相应的流行画面样式，即可将界面样式设置为流行样式，在预览窗口中可以预览样式画面效果，如图15-95所示。

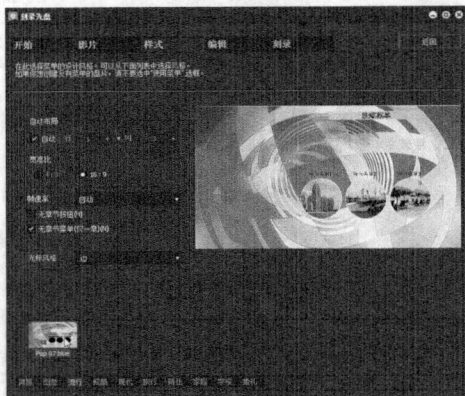

图15-95 预览流行画面样式

STEP 09 执行操作后，弹出"菜单项设置"对话框，在其中设置"字体"为"方正小标宋简体"、"颜色"为黑色，设置字体属性，如图15-97所示。

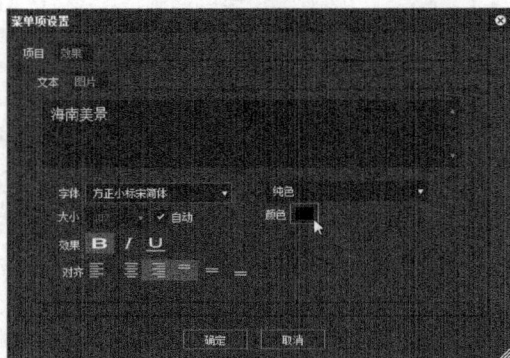

图15-97 设置字体属性

STEP 06 在"刻录光盘"对话框中，单击"样式"标签，执行操作后，切换至"样式"选项卡，在中间的预览窗口中，显示了当前视频的界面样式，如图15-94所示。

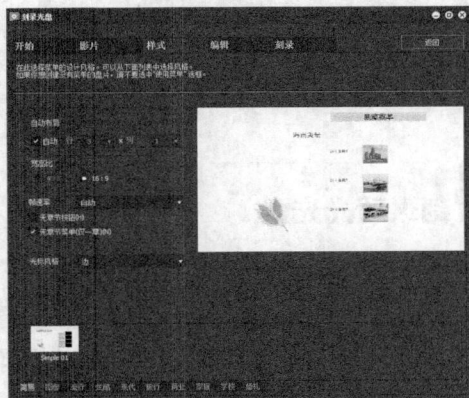

图15-94 显示了当前视频的界面样式

STEP 08 在"刻录光盘"对话框中，单击"编辑"标签，切换至"编辑"选项卡，在"海南美景"文字上，单击鼠标右键，在弹出的快捷菜单中选择"设置"选项，如图15-96所示。

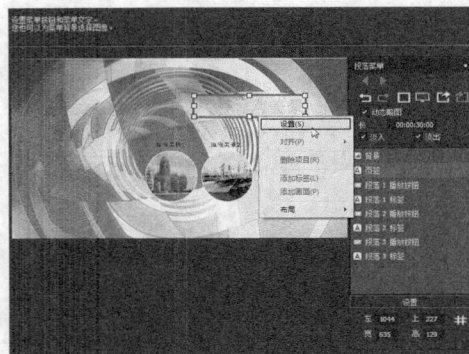

图15-96 选择"设置"选项

STEP 10 设置完成后，单击"确定"按钮，返回"刻录光盘"对话框，在预览窗口中可以预览设置后的字体效果，如图15-98所示。

图15-98 预览字体效果

STEP 11 在预览窗口中，选择左侧第1张图像，通过鼠标拖曳的方式，调整图像的位置，然后调整左侧第1个文本框的位置，对文本框进行缩放操作，使文本字体变大，效果如图15-99所示。

STEP 12 用与上同样的方法，在预览窗口中通过鼠标拖曳的方式，移动其他图像与文本对象，并对图像与文本对象进行适当的缩放与编辑操作，使其更加符合画面需求，调整后的画面效果如图15-100所示。

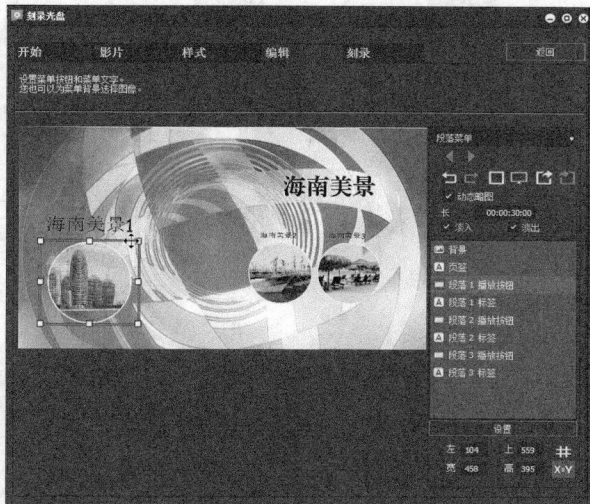

图15-99 调整图像与文本位置

图15-100 调整后的画面效果

STEP 13 在"刻录光盘"对话框中，单击"刻录"标签，切换至"刻录"选项卡，其中显示了关于蓝光光盘刻录的属性，显示了蓝光光盘的容量为25GB，如图15-101所示。

STEP 14 在"设置"选项区中，设置"卷标号"为"海南美景"，如图15-102所示。

STEP 15 设置完成后，单击右下角的"刻录"按钮，即可开始刻录蓝光光盘，待刻录完成后即可。

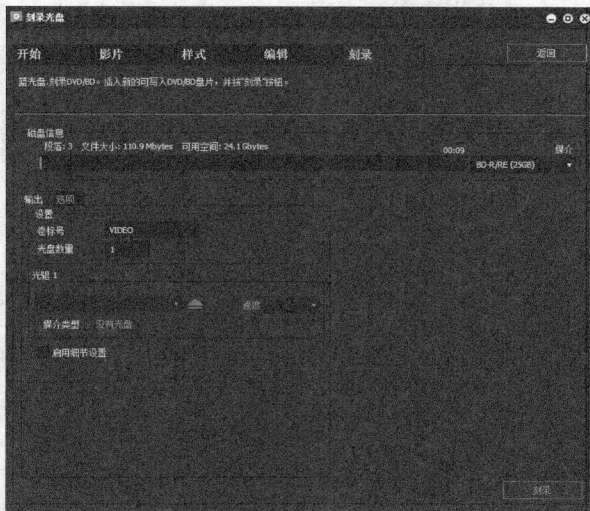

图15-101 显示了关于蓝光光盘刻录的属性

图15-102 设置"卷标号"为"海南美景"

知识拓展

　　蓝光(Blu-ray)或称蓝光盘(Blu-ray Disc,缩写为BD)利用波长较短(405nm)的蓝色激光读取和写入数据,并因此而得名。而传统DVD需要光头发出红色激光(波长为650nm)来读取或写入数据,通常来说波长越短的激光,能够在单位面积上记录或读取更多的信息。因此,蓝光极大地提高了光盘的存储容量,对于光存储产品来说,蓝光提供了一个跳跃式发展的机会。

　　目前为止,蓝光是最先进的大容量光碟格式,BD激光技术的巨大进步,使用户能够在一张单碟上存储25GB的文档文件,这是现有(单碟)DVDs的5倍,在速度上,蓝光允许1~2倍或者说每秒4.5~9MB的记录速度。

第 16 章

成品视频分享网络

本章导读

在 EDIUS 8 工作界面中，当用户将视频文件输出并刻录完成后，此时用户可以在各种移动设备上播放视频文件；还可以将视频文件分享至各大视频网站，或者发表至微博，让更多的网友与用户一起分享视频的成果；还可以将视频文件分享至 QQ 空间，与好友一起欣赏视频画面。

要点索引

- 在优酷网站分享视频
- 在新浪微博分享视频
- 在 QQ 空间分享视频

Rcd 00:00:06:03 ‖

Rcd 00:00:07:07 ‖

上传视频   土豆   YOUKU 优酷

正在上传

/s | Infinity:NaN NaN | 1.96 % | 2.06 MB / 105.34 MB

取消

Rcd 00:00:02:13 ‖

16.1 在优酷网站分享视频

　　用户可以将EDIUS 8中制作的视频文件，分享至优酷网站上，和更多的网友一起分享制作的视频特效。本节主要向读者介绍在优酷网站上分享视频的操作方法。

实战 482	输出适合优酷网站的视频尺寸	▶ 实例位置：光盘＼效果＼第16章＼实战482.mov ▶ 素材位置：光盘＼素材＼第16章＼实战482(1).jpg、实战482(2).jpg ▶ 视频位置：光盘＼视频＼第16章＼实战482.mp4

● 实例介绍 ●

　　将视频上传至优酷网站之后，首先需要在EDIUS 8软件中将视频导出适合优酷网站的视频尺寸与视频格式。下面向读者介绍输出适合优酷网站的视频尺寸与分辨率的操作方法。

● 操作步骤 ●

STEP 01　运行EDIUS 8应用软件，新建一个项目文件，在"工程设置"对话框中，选择相应选项，如图16-1所示。

STEP 02　单击"确定"按钮，新建一个工程文件，在工程文件中制作用户需要的视频文件，时间线面板如图16-2所示。

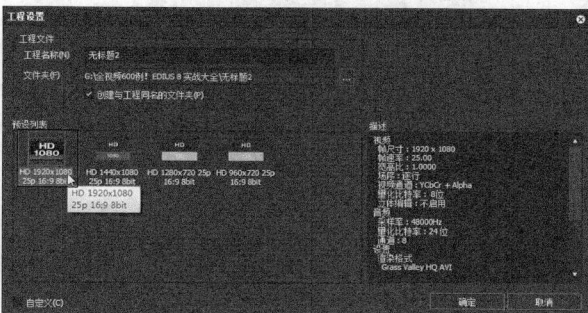

图16-1 设置工程属性

图16-2 制作用户需要的视频文件

STEP 03　在录制窗口中，预览制作完成的视频效果，如图16-3所示。

STEP 04　在录制窗口下方，单击"输出"按钮，在弹出的列表框中选择"输出到文件"选项，如图16-4所示。

图16-3 预览制作完成的视频效果

图16-4 选择"输出到文件"选项

知识拓展

　　优酷网站支持上传的视频格式：

　　.avi、.dat、.mpg、.mpeg、.vob、.mkv、.mov、.wmv、.asf、.rm、.rmvb、.ram、.flv、.mp4、.3gp、.dv、.qt、.divx、.m4v 等格式的文件。

技巧点拨

1280×720 的帧尺寸，加上 1:1 的像素宽高比例，这是优酷网站视频的满屏尺寸，用户也可以设置视频的帧尺寸为 960×720，这个尺寸也是满屏视频，其他的视频尺寸在优酷网站播放时，达不到满屏的效果，影响视频的整体美观度。

STEP 05 弹出"输出到文件"对话框，在左侧窗格中选择 Grass valley HQ选项，是指输出的格式为MOV格式，如图16-5所示。

STEP 06 单击"输出"按钮，弹出相应对话框，在其中设置视频保存的文件名，这里输入"幸福时刻"，如图16-6所示。

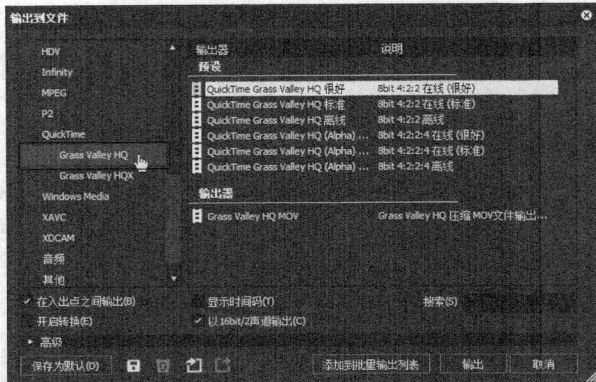

图16-5 选择Grass valley HQ选项

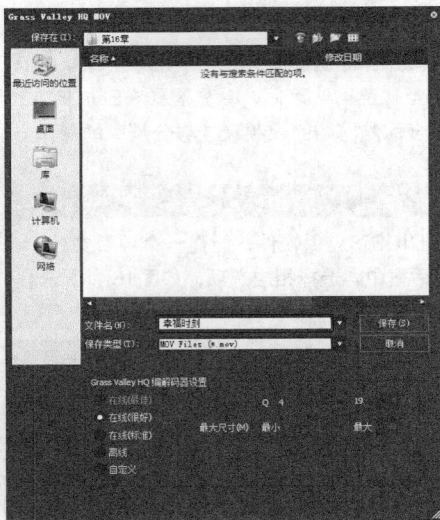

图16-6 输入"幸福时刻"

STEP 07 单击"保存"按钮，弹出"渲染"对话框，开始渲染视频文件，如图16-7所示。

STEP 08 稍等片刻，待视频文件输出完成后，在素材库面板中，即可显示输出的视频文件，如图16-8所示。

图16-7 开始渲染视频文件

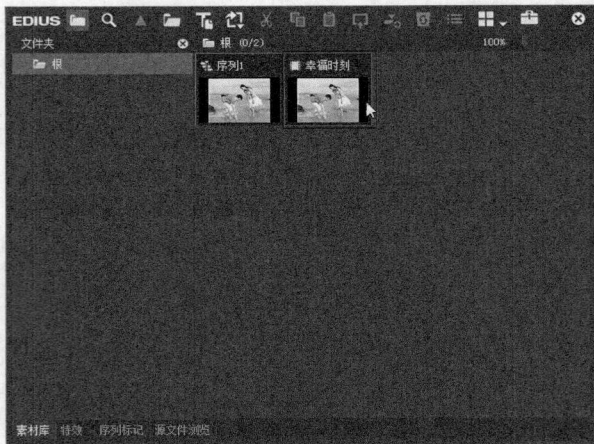

图16-8 显示输出的视频文件

实战 483 上传输出的视频至优酷网站

▶ 实例位置：无
▶ 素材位置：无
▶ 视频位置：光盘 \ 视频 \ 第 16 章 \ 实战 483.mp4

● 实例介绍 ●

当用户在EDIUS 8软件中制作合适尺寸的视频文件时，接下来向读者介绍将输出的视频上传至优酷网站的操作方法。

● 操作步骤 ●

STEP 01 打开相应浏览器，进入优酷视频首页，注册并登录优酷账号，如图16-9所示。

STEP 02 在优酷首页的右上角位置，单击"上传视频"文字链接，如图16-10所示。

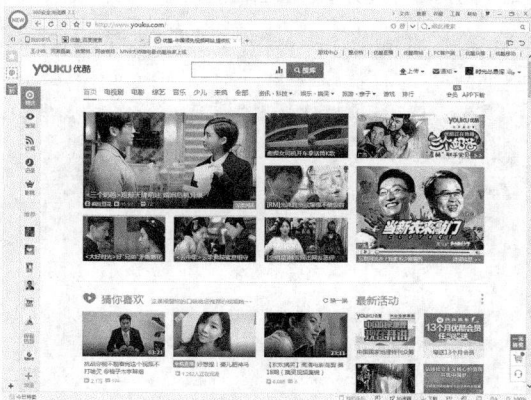

图16-9　注册并登录优酷账号

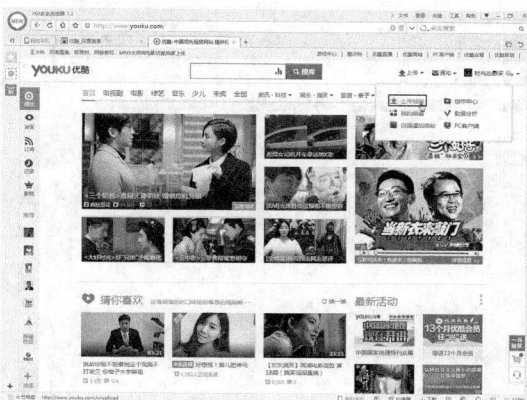

图16-10　单击"上传视频"文字链接

STEP 03 执行操作后，打开"上传视频–优酷"网页，在页面的中间位置单击"上传视频"按钮，如图16-11所示。

STEP 04 弹出"打开"对话框，在其中选择用户上一节中输出的视频文件，如图16-12所示。

图16-11　单击"上传视频"按钮

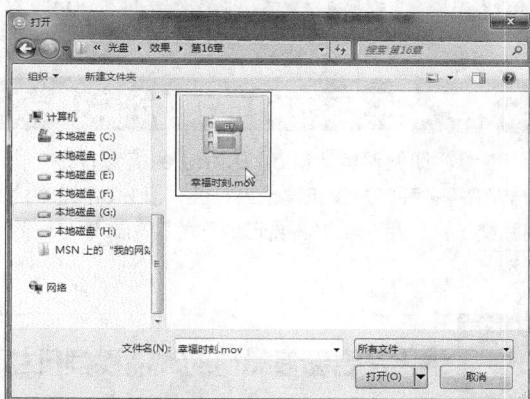

图16-12　选择输出的视频文件

STEP 05 单击"打开"按钮，返回"上传视频–优酷"网页，在页面上方显示了视频上传进度，如图16-13所示。

STEP 06 稍等片刻，待视频文件上传完成后，页面中会显示100%，在"视频信息"一栏中，设置视频的标题、简介、分类以及标签等内容，如图16-14所示。

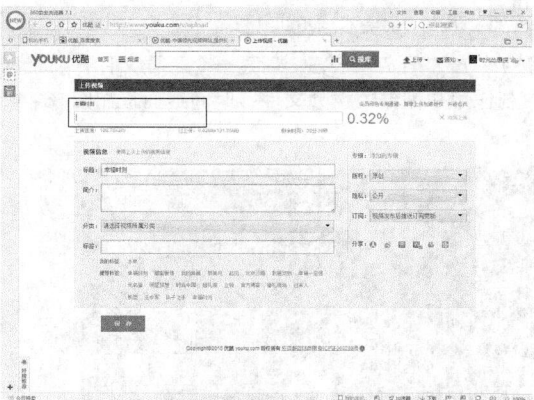

图16-13　显示了视频上传进度

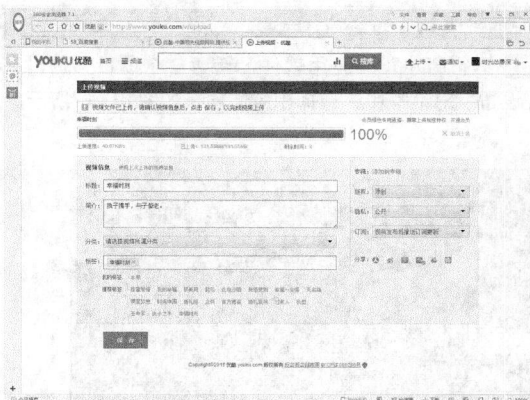

图16-14　设置视频信息

STEP 07 设置完成后，滚动鼠标，单击页面最下方的"保存"按钮，即可成功上传视频文件，此时页面中提示用户视频上传成功，进入审核阶段，如图16-15所示。

STEP 08 在页面中单击"视频管理"超链接，进入"我的视频管理"网页，在"已上传"标签中，显示了用户刚上传的视频文件，如图16-16所示，待视频审核通过后，即可在优酷网站中与网友一起分享视频画面。

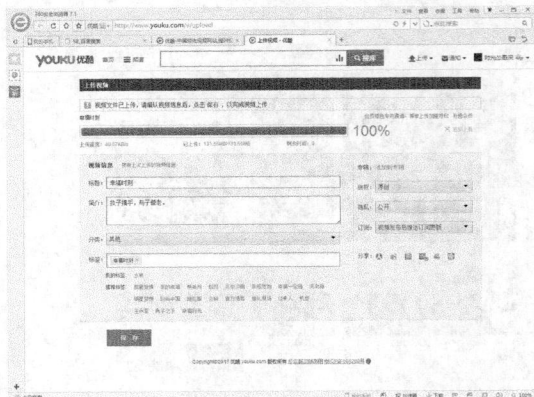
图16-15 提示用户视频上传成功

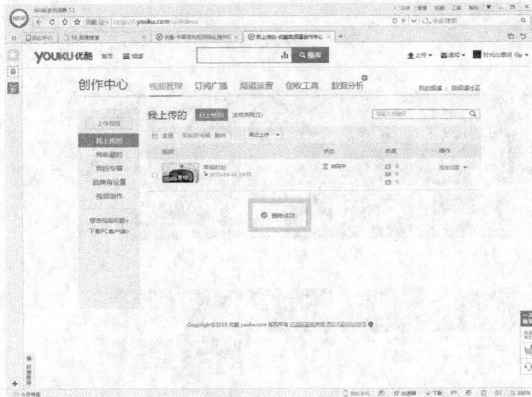
图16-16 显示了用户刚上传的视频文件

技巧点拨

优酷网站对上传的视频容量大小也是有要求的，一段视频的容量不能超过200M。

16.2 在新浪微博分享视频

微博，即微博客（MicroBlog）的简称，是一个基于用户关系信息分享、传播以及获取平台，用户可以通过WEB、WAP等各种客户端组建个人社区，以140字左右的文字更新信息，并实现即时分享。微博在这个时代是非常流行的一种社交工具，用户可以将自己制作的视频文件与微博好友一起分享。本节主要向读者介绍在新浪微博中分享视频的操作方法。

实战 484 输出适合新浪微博的高清视频尺寸

▶ 实例位置：光盘 \ 效果 \ 第16章 \ 实战484.avi
▶ 素材位置：光盘 \ 素材 \ 第16章 \ 实战484.ezp
▶ 视频位置：光盘 \ 视频 \ 第16章 \ 实战484.mp4

· 实例介绍 ·

在新浪微博中，对上传的视频尺寸没有特别的要求，任何常见尺寸的视频都可以上传至新浪微博中。下面向读者介绍输出4K高清视频尺寸的操作方法，使用户制作的视频为高清视频，增强视频画面感。

· 操作步骤 ·

STEP 01 运行EDIUS 8应用软件，新建一个项目文件，在"工程设置"对话框中，选择相应选项，如图16-17所示。

STEP 02 单击"确定"按钮，新建一个工程文件，在工程文件中制作用户需要的视频文件，时间线面板如图16-18所示。

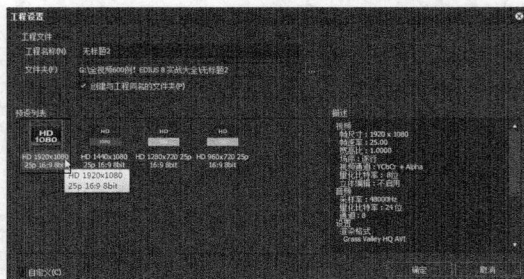
图16-17 设置工程属性

图16-18 制作用户需要的视频文件

STEP 03 在录制窗口中，预览制作完成的视频效果，如图16-19所示。

图16-19 预览制作完成的视频效果

STEP 04 在录制窗口下方，单击"输出"按钮，在弹出的列表框中选择"输出到文件"选项，如图16-20所示。

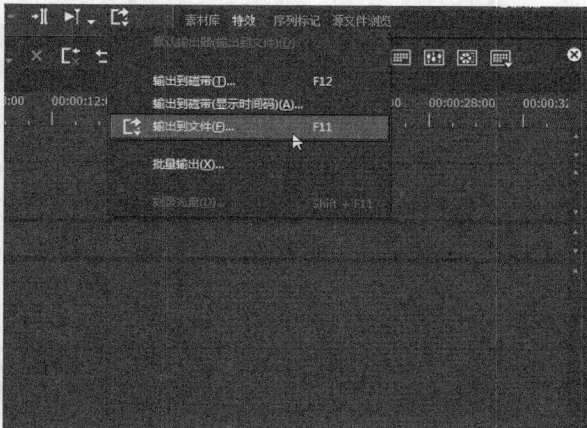

图16-20 选择"输出到文件"选项

STEP 05 弹出"输出到文件"对话框，在左侧窗格中选择AVI选项，是指输出的格式为AVI高清视频格式，如图16-21所示。

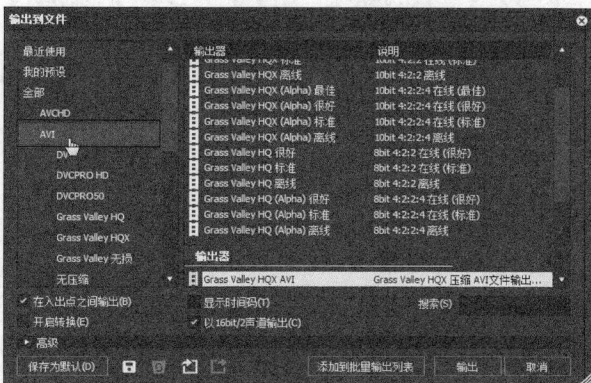

图16-21 选择AVI选项

STEP 06 单击"输出"按钮，弹出Grass Valley HQX AVI对话框，在其中设置视频保存的文件名，这里输入"节庆烟火"，如图16-22所示。

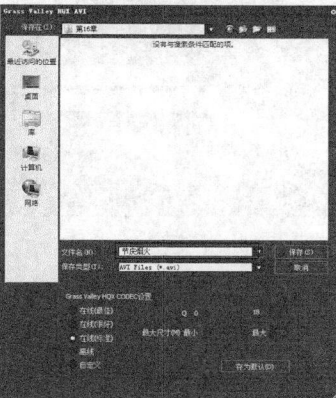

图16-22 设置视频保存的文件名

STEP 07 单击"保存"按钮，弹出"渲染"对话框，开始渲染高清视频文件，如图16-23所示。

图16-23 渲染高清视频文件

STEP 08 稍等片刻，待视频文件输出完成后，在素材库面板中，即可显示输出的高清视频文件，如图16-24所示。

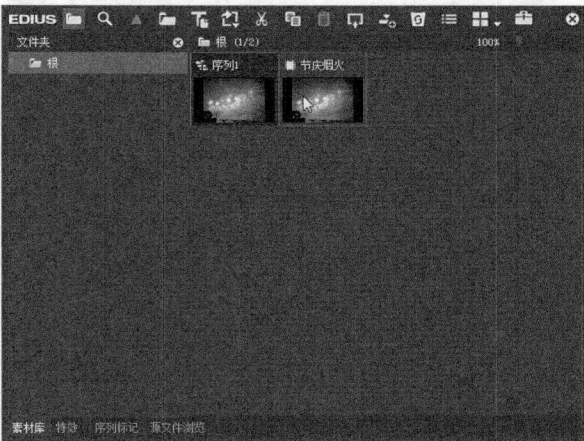

图16-24 显示输出的高清视频文件

技巧点拨

用户需要注意的是，新浪微博对用户上传的视频容量大小也是有要求的，一段视频的容量不能超过 500M，如果用户输出的高清视频容量超过了 500M，此时用户可以考虑将视频输出为其他格式。

实战 485 将成品分享至新浪微博

▶ 实例位置：无
▶ 素材位置：无
▶ 视频位置：光盘 \ 视频 \ 第 16 章 \ 实战 484.mp4

● 实例介绍 ●

当用户将高清视频输出完成后，接下来可以将视频分享至新浪微博。下面向读者介绍将视频成品分享至新浪微博的操作方法。

● 操作步骤 ●

STEP 01 打开相应浏览器，进入新浪微博首页，如图 16-25 所示。

图16-25 进入新浪微博首页

STEP 02 注册并登录新浪微博账号，在页面上方单击"视频"超链接，如图16-26所示。

图16-26 单击"视频"超链接

STEP 03 执行操作后，弹出相应面板，在"上传视频"选项卡中单击"本地上传"按钮，如图16-27所示。

图16-27 单击"本地上传"按钮

STEP 04 弹出相应页面，单击"选择文件"按钮，如图16-28所示。

图16-28 单击"选择文件"按钮

STEP 05 弹出"打开"对话框，在其中选择用户上一节中输出的视频文件，如图16-29所示。

STEP 06 单击"打开"按钮，返回相应页面，其中显示了高清视频上传进度，如图16-30所示。

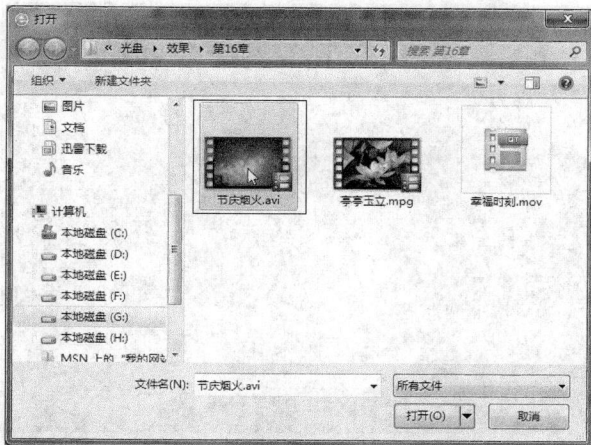

图16-29 选择要上传的视频文件

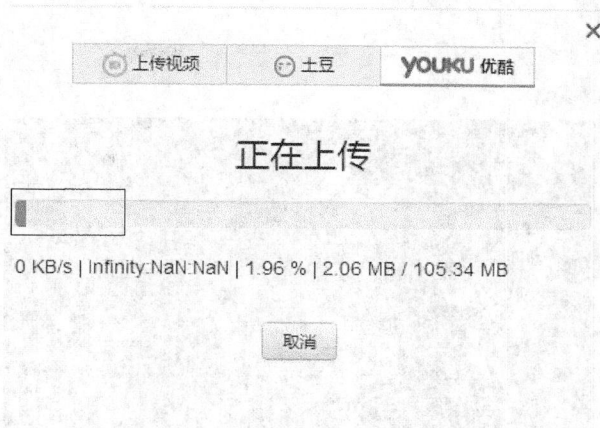

图16-30 显示了高清视频上传进度

STEP 07　稍等片刻，页面中提示用户视频已经上传完成，如图16-31所示。

图16-31 提示用户视频上传成功

16.3　在 QQ 空间分享视频

　　QQ空间（Qzone）是腾讯公司开发出来的一个个性空间，具有博客（blog）的功能，自问世以来受到众多人的喜爱。在QQ空间上可以书写日记，上传自己的视频，听音乐，写心情。通过多种方式展现自己。除此之外，用户还可以根据自己的喜爱设定空间的背景、小挂件等，从而使每个空间都有自己的特色。本节主要向读者介绍在QQ空间中分享视频的操作方法。

实战 486　输出适合的高清视频尺寸

▶ 实例位置：光盘 \ 效果 \ 第 16 章 \ 实战 486.mpg
▶ 素材位置：光盘 \ 素材 \ 第 16 章 \ 实战 486.ezp
▶ 视频位置：光盘 \ 视频 \ 第 16 章 \ 实战 486.mp4

● 实例介绍 ●

　　下面将向读者介绍输出适合的高清视频尺寸的操作方法。

● 操作步骤 ●

STEP 01　运行EDIUS 8应用软件，新建一个项目文件，在"工程设置"对话框中，选择相应选项，如图16-32所示。

STEP 02　单击"确定"按钮，新建一个工程文件，在工程文件中制作用户需要的视频文件，时间线面板如图16-33所示。

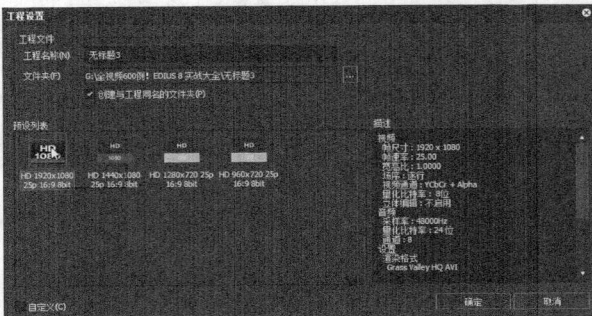
图16-32 设置工程文件属性

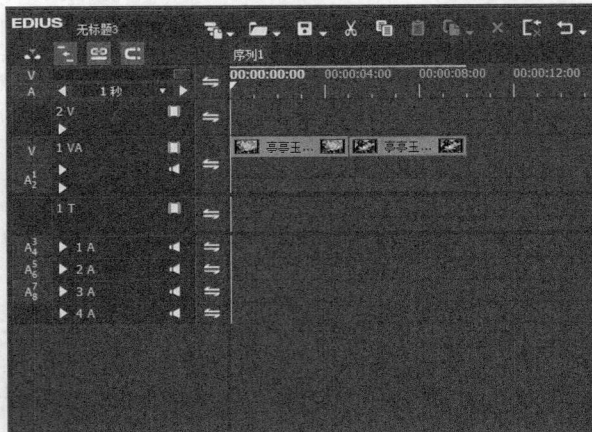
图16-33 制作用户需要的视频文件

STEP 03 在录制窗口中，预览制作完成的视频效果，如图16-34所示。

STEP 04 在菜单栏中，单击"文件"|"输出"|"输出到文件"命令，如图16-35所示。

图16-34 预览制作完成的视频效果

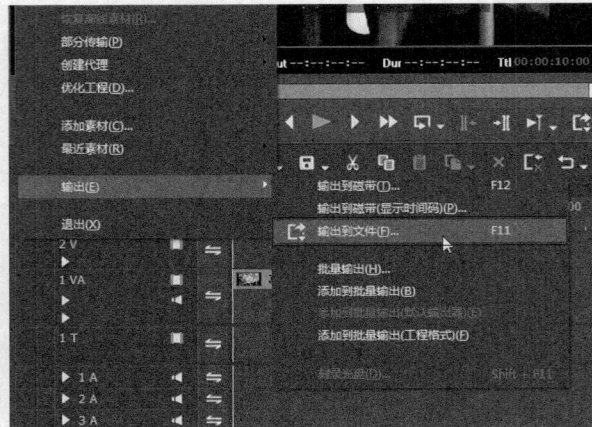
图16-35 单击"输出到文件"命令

STEP 05 弹出"输出到文件"对话框，在左侧窗格中选择MPEG选项，在右侧窗格中选择"MPEG2程序流"选项，是指输出的格式为MPEG视频格式，如图16-36所示。

STEP 06 单击"输出"按钮，弹出"MPEG2程序流"对话框，在其中设置视频保存的文件名，这里输入"亭亭玉立"，如图16-37所示。

图16-36 选择MPEG2程序流选项

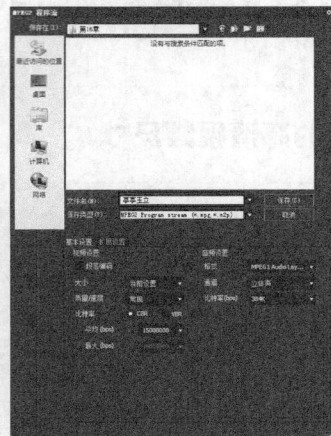
图16-37 设置视频保存的文件名

技巧点拨

　　QQ 空间对于用户上传的视频尺寸和格式都没有太多要求，用户在新建工程文件时，选择一般的视频预设格式即可，很容易满足视频要求。

STEP 07 单击"保存"按钮，弹出"渲染"对话框，开始渲染视频文件，如图16-38所示。

STEP 08 稍等片刻，待视频文件输出完成后，在素材库面板中，即可显示输出的视频文件，如图16-39所示。

图16-38　开始渲染视频文件

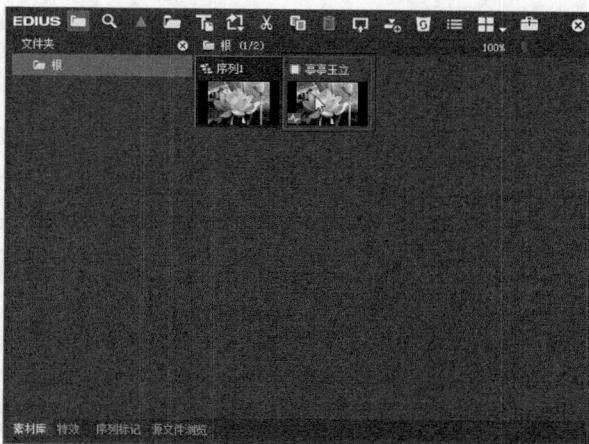

图16-39　显示输出的视频文件

实战 487　将成品分享至QQ空间

▶ 实例位置：光盘 \ 效果 \ 第 16 章 \ 实战 487.ezp
▶ 素材位置：上一例效果
▶ 视频位置：光盘 \ 视频 \ 第 16 章 \ 实战 487.mp4

● 实例介绍 ●

　　下面将向读者介绍将成品分享至QQ空间的操作方法。

● 操作步骤 ●

STEP 01 打开相应浏览器，进入QQ空间首页，注册并登录QQ空间账号，在页面上方单击"视频"超链接，如图16-40所示。

STEP 02 弹出添加视频的面板，在面板中单击"本地上传"超链接，如图16-41所示。

图16-40　单击"视频"超链接

图16-41　单击"本地上传"超链接

STEP 03 弹出相应对话框，在其中选择用户上一节中输出的视频文件，如图16-42所示。

STEP 04 单击"保存"按钮，开始上传选择的视频文件，如图16-43所示。

图16-42 选择视频文件

图16-43 显示视频上传进度

STEP 05 稍等片刻，视频即可上传成功，在页面中显示了视频上传的预览图标，单击上方的"发表"按钮，如图16-44所示。

STEP 06 执行操作后，即可发表用户上传的视频文件，下方显示了发表时间，单击视频文件中的"播放"按钮，如图16-45所示。

图16-44 单击"发表"按钮

图16-45 单击"播放"按钮

STEP 07 即可开始播放用户上传的视频文件，如图16-46所示，与QQ好友一同分享制作的视频画面效果。

图16-46 开始播放用户上传的视频文件

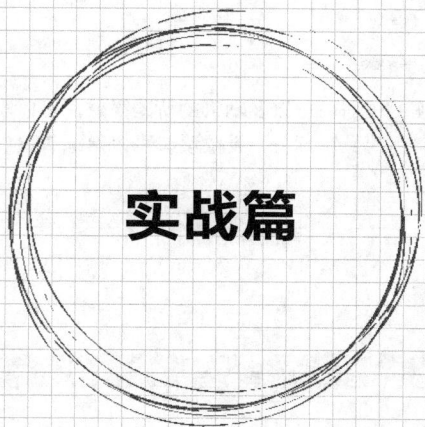

第 **17** 章

制作片头模板特效

本章导读

每一个具有震撼力的视频都有一段非常炫丽的片头动画，吸引着观众的眼球。在 EDIUS 8 影视后期编辑中，用户可以为不同的视频制作出各种不同的片头动画，在第一时间表达出视频的主题内容。

要点索引

● 广告片头 ——《彩爱钻戒》
● 栏目片头 ——《我是麦霸》

17.1 广告片头——《彩爱钻戒》

　　每一个优秀的广告，都有一段非常具有吸引力的广告片头动画，炫丽的画面色彩以及动人的背景声效，可以牢牢地抓住观众的眼球。本节主要向读者介绍制作广告片头——《彩爱钻戒》实例的操作方法，希望读者可以熟练掌握广告片头视频特效的制作方法。

实战 488	新建工程文件

▶ 实例位置：无
▶ 素材位置：无
▶ 视频位置：光盘＼视频＼第 17 章＼实战 488.mp4

● 实例介绍 ●

　　下面将主要介绍新建工程文件的操作方法。

● 操作步骤 ●

STEP 01 运行EDIUS 8应用软件，单击文件｜新建｜"工程"命令，如图17-1所示。

STEP 02 在"工程设置"对话框中，选择相应选项，如图17-2所示。

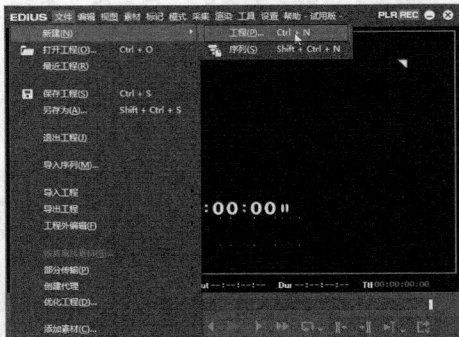

图17-1 单击"工程"命令

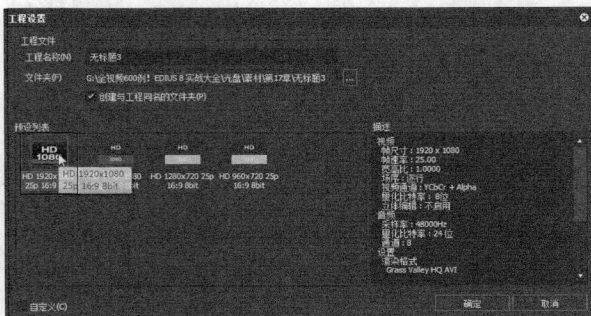

图17-2 选择相应选项

STEP 03 执行上述操作后，即可完成新建工程文件的操作，如图17-3所示。

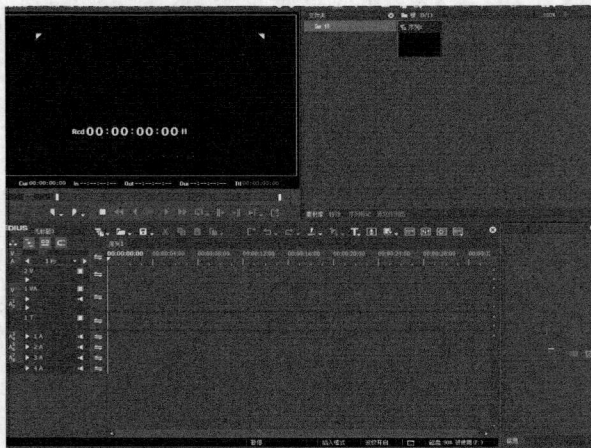

图17-3 完成操作

实战 489	打开广告文件夹

▶ 实例位置：无
▶ 素材位置：光盘＼素材＼第 17 章＼广告片头——《彩爱钻戒》
▶ 视频位置：光盘＼视频＼第 17 章＼实战 489.mp4

● 实例介绍 ●

　　下面将主要介绍打开广告文件夹的操作方法。

● 操作步骤 ●

STEP 01 在素材库面板的"文件夹"窗格中，单击鼠标右键，在弹出的快捷菜单中选择"打开文件夹"选项，如图17-4所示。

STEP 02 弹出"浏览文件夹"对话框，在其中选择需要导入的文件夹对象，如图17-5所示。

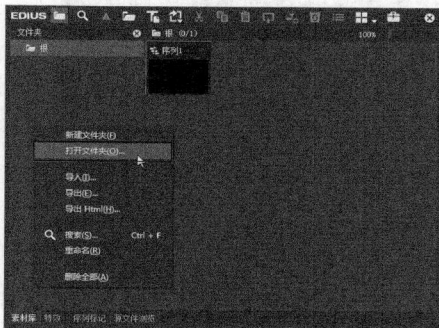

图17-4 选择"打开文件夹"选项

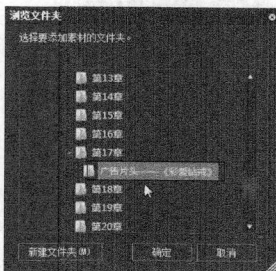

图17-5 选择需要导入的文件夹对象

STEP 03 单击"确定"按钮，即可将文件夹的素材文件全部导入到素材库面板中，如图17-6所示。

图17-6 导入文件夹中的素材文件

实战 490　添加素材1至轨道

▶ 实例位置：无
▶ 素材位置：光盘 \ 素材 \ 第 17 章 \ 广告片头——《彩爱钻戒》
▶ 视频位置：光盘 \ 视频 \ 第 17 章 \ 实战 490.mp4

● 实例介绍 ●

下面将主要介绍添加素材1至轨道的操作方法。

● 操作步骤 ●

STEP 01 在时间线面板中的2V轨道上，单击鼠标右键，在弹出的快捷菜单中选择"添加"|"在上方添加视频轨道"选项，如图17-7所示。

STEP 02 执行操作后，弹出"添加轨道"对话框，在其中设置"数量"为3，如图17-8所示。

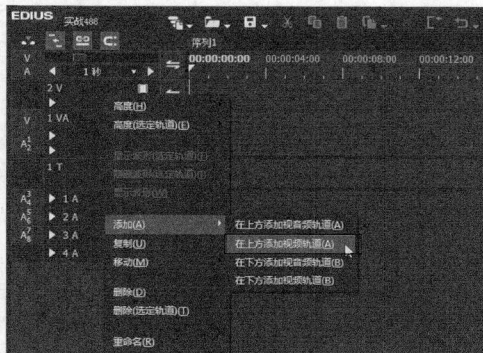

图17-7 选择"在上方添加视频轨道"选项

图17-8 设置"数量"为3

STEP 03 单击"确定"按钮，即可在时间线面板中新增3条视频轨道，如图17-9所示。

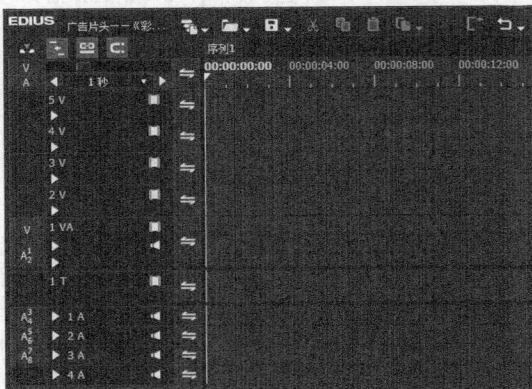

图17-9 新增3条视频轨道

STEP 04 将素材库面板中的"素材1"文件添加至1VA轨道中，如图17-10所示。

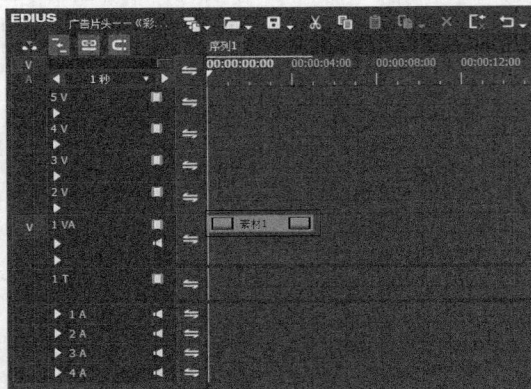

图17-10 添加"素材1"文件

实战 491 更改素材1的持续时间

▶ 实例位置：无
▶ 素材位置：光盘 \ 素材 \ 第 17 章 \ 广告片头——《彩爱钻戒》
▶ 视频位置：光盘 \ 视频 \ 第 17 章 \ 实战 491.mp4

● 实例介绍 ●

下面将主要介绍更改素材1的持续时间的操作方法。

● 操作步骤 ●

STEP 01 按Alt + U组合键，弹出"持续时间"对话框，在其中设置"持续时间"为00:00:13:21，如图17-11所示。

STEP 02 单击"确定"按钮，即可更改素材的持续时间长度，如图17-12所示。

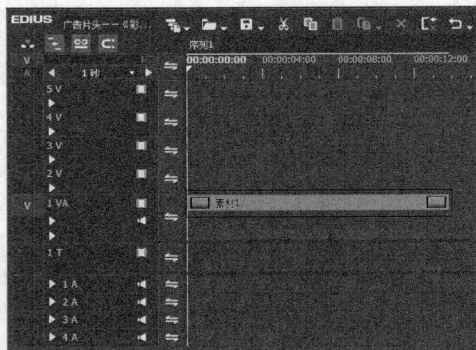

图17-12 更改素材的持续时间长度

图17-11 设置"持续时间"参数

STEP 03 在预览窗口中，可以预览添加的素材画面，如图17-13所示。

图17-13 预览添加的素材画面

实战 492 添加素材2至轨道

▶ 实例位置：无
▶ 素材位置：光盘 \ 素材 \ 第 17 章 \ 广告片头——《彩爱钻戒》
▶ 视频位置：光盘 \ 视频 \ 第 17 章 \ 实战 492.mp4

● 实例介绍 ●

下面将主要介绍添加素材2至轨道的操作方法。

● 操作步骤 ●

STEP 01 在时间线面板中，将时间线移至00:00:00:23的位置处，如图17-14所示。

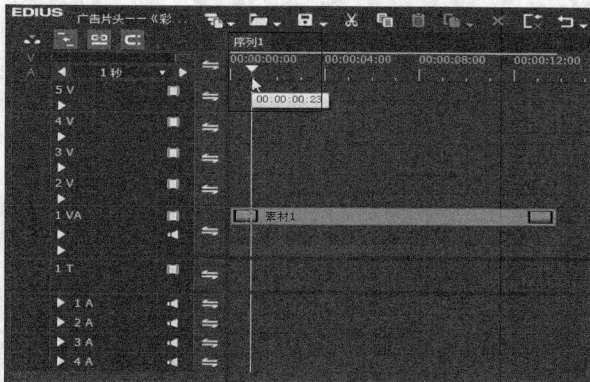

STEP 02 将素材库面板中的"素材2"文件添加至2V轨道中，如图17-15所示。

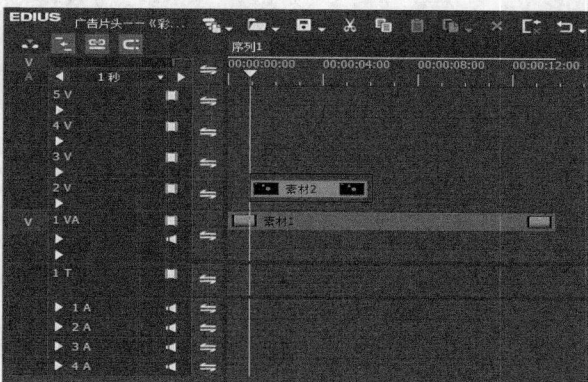

图17-14 移动时间线的位置

图17-15 添加"素材2"文件

STEP 03 拖曳素材右侧的黄色标记，调整素材文件的持续时间，与1VA轨道中的素材结尾处对齐，如图17-16所示。

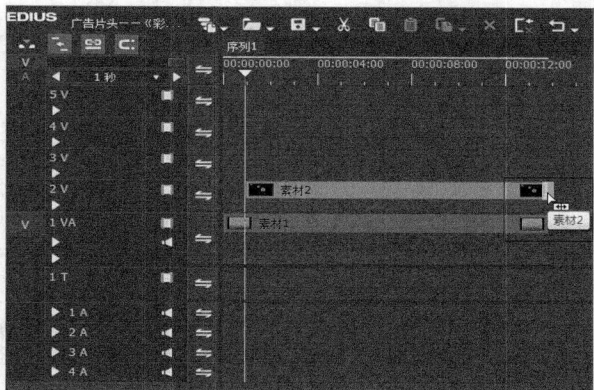

图17-16 调整素材文件的持续时间

实战 493 设置素材2的视频布局

▶ 实例位置：无
▶ 素材位置：光盘 \ 素材 \ 第 17 章 \ 广告片头——《彩爱钻戒》
▶ 视频位置：光盘 \ 视频 \ 第 17 章 \ 实战 493.mp4

● 实例介绍 ●

下面将主要介绍设置素材2的视频布局的操作方法。

● 操作步骤 ●

STEP 01 按F7键，弹出"视频布局"对话框，在"拉伸"选项区中，设置X为1499.6px；在"位置"选项区中，设置Y为-10.6 px；在"可见度和颜色"选项区中，设置"源素材"为0%，如图17-17所示。

STEP 02 在效果控制面板中，展开"可见度和颜色"选项，在下方选中"素材不透明度"复选框，单击右侧的"添加/删除关键帧"按钮，添加第1个关键帧，如图17-18所示。

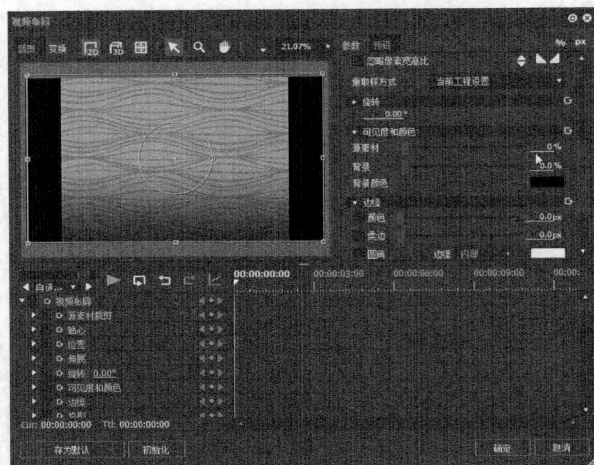

图17-17 设置各参数

图17-18 添加第1个关键帧

STEP 03 在效果控制面板中,将时间线移至00:00:02:06的位置处,设置"素材不透明度"为100%,此时软件自动在时间线位置添加第2个关键帧,如图17-19所示。

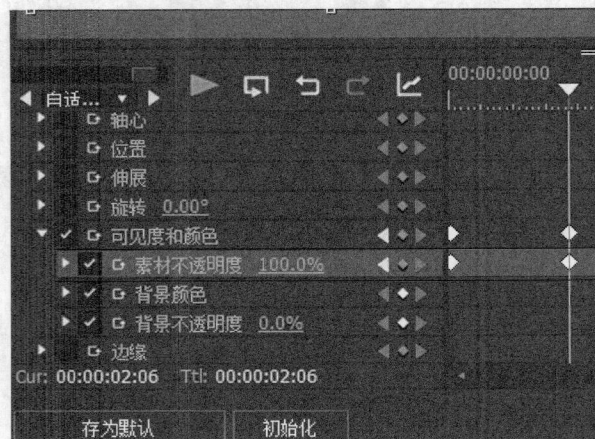

图17-19 添加第2个关键帧

STEP 04 设置完成后,单击"确定"按钮,返回EDIUS 8工作界面,单击"播放"按钮,预览素材文件淡入动画效果,如图17-20所示。

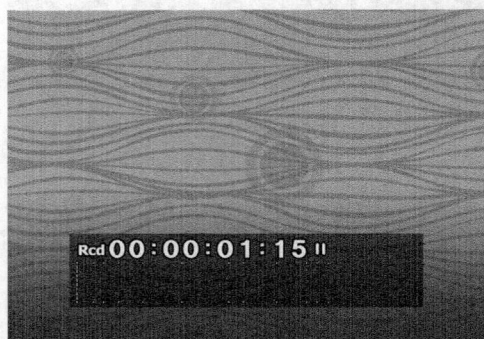

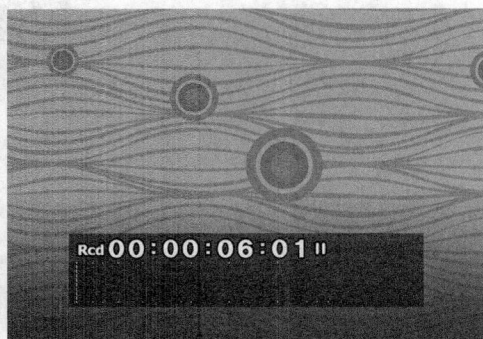

图17-20 预览素材文件淡入动画效果

实战 494 添加素材3至轨道

▶ 实例位置:无
▶ 素材位置:光盘 \ 素材 \ 第 17 章 \ 广告片头——《彩爱钻戒》
▶ 视频位置:光盘 \ 视频 \ 第 17 章 \ 实战 494.mp4

● 实例介绍 ●

下面将主要介绍添加素材3至轨道的操作方法。

STEP 01 在时间线面板中，将时间线移至00:00:02:08的位置处，如图17-21所示。

STEP 02 将素材库面板中的"素材3"文件添加至3V轨道中，拖曳素材右侧的黄色标记，调整素材文件的持续时间，与1VA轨道中的素材结尾处对齐，如图17-22所示。

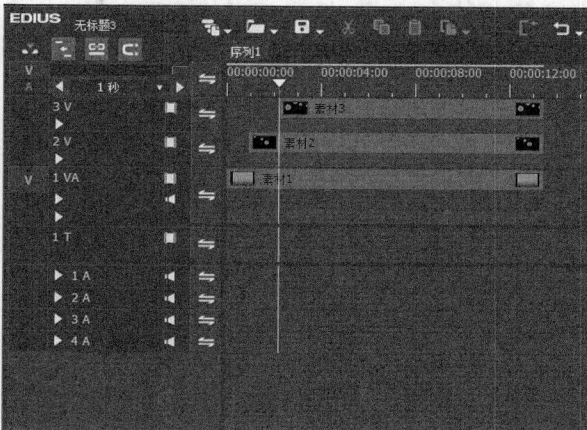

图17-21 移动时间线的位置

图17-22 添加"素材3"文件

实战 495 设置素材3的视频布局

▶ 实例位置：无
▶ 素材位置：光盘 \ 素材 \ 第 17 章 \ 广告片头——《彩爱钻戒》
▶ 视频位置：光盘 \ 视频 \ 第 17 章 \ 实战 493.mp4

● 实例介绍 ●

下面将主要介绍设置素材3的视频布局的操作方法。

● 操作步骤 ●

STEP 01 按F7键，弹出"视频布局"对话框，在"位置"选项区中，设置X为0px、Y为-11px；在"拉伸"选项区中，设置X和Y均为1500px；在"可见度和颜色"选项区中，设置"源素材"为0%，在下方效果控制面板中，选中"可见度和颜色"复选框，单击右侧的"添加/删除关键帧"按钮，添加第1个关键帧，如图17-23所示。

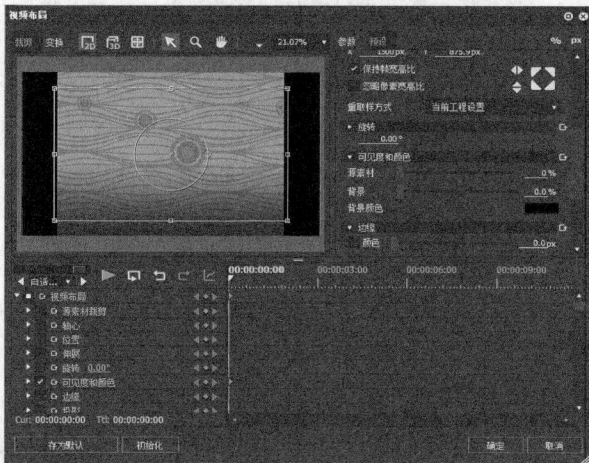

STEP 02 在效果控制面板中，将时间线移至00:00:02:10的位置处，在"可见度和颜色"选项区中，设置"源素材"为100%，此时软件自动在时间线位置添加第2个关键帧，如图17-24所示。

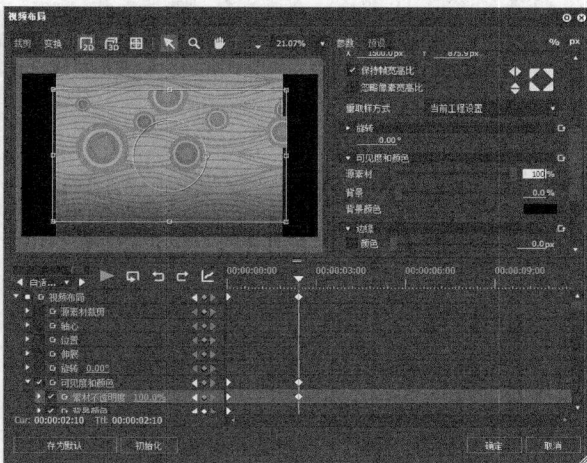

图17-23 添加第1个关键帧

图17-24 添加第2个关键帧

STEP 03 设置完成后，单击"确定"按钮，返回EDIUS 8工作界面，单击"播放"按钮，预览文件淡入动画效果，如图17-25所示。

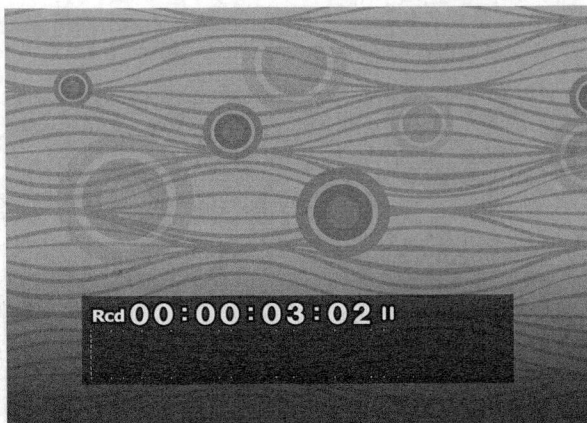

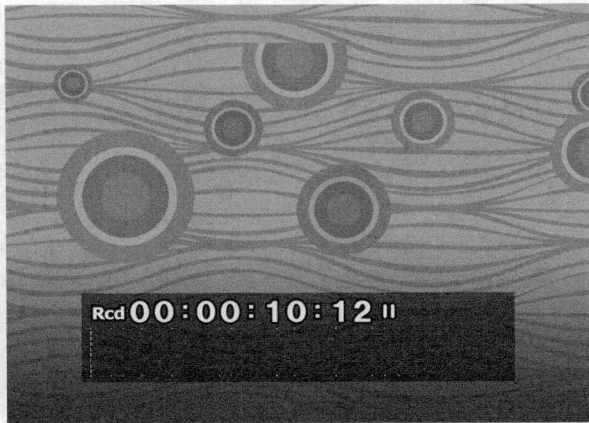

图17-25 预览素材文件淡入动画效果

实战 496 添加素材4至轨道

▶ 实例位置：无
▶ 素材位置：光盘 \ 素材 \ 第 17 章 \ 广告片头——《彩爱钻戒》
▶ 视频位置：光盘 \ 视频 \ 第 17 章 \ 实战 496.mp4

● 实例介绍 ●

下面将主要介绍添加素材4至轨道的操作方法。

● 操作步骤 ●

STEP 01 在时间线面板中，将时间线移至00:00:05:04的位置处，如图17-26所示。

STEP 02 将素材库面板中的"素材4"文件添加至4V轨道中，拖曳素材右侧的黄色标记，调整素材文件的持续时间，与1VA轨道中的素材结尾处对齐，如图17-27所示。

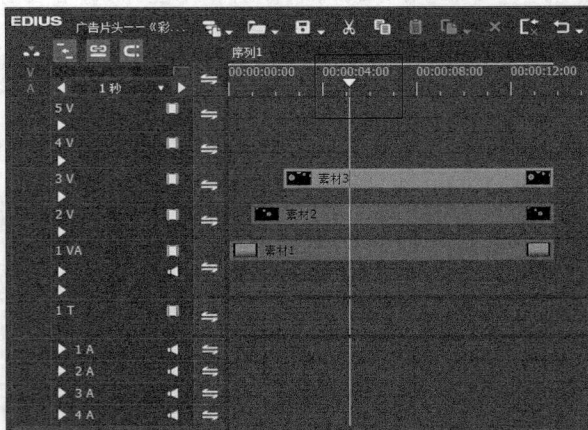

图17-26 移动时间线的位置

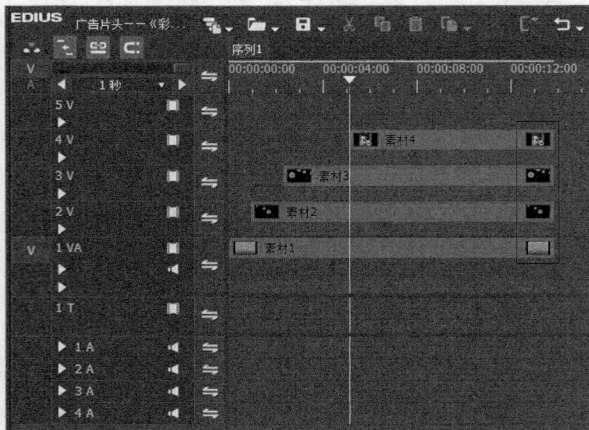

图17-27 添加"素材4"文件

实战 497 设置素材4的视频布局

▶ 实例位置：无
▶ 素材位置：光盘 \ 素材 \ 第 17 章 \ 广告片头——《彩爱钻戒》
▶ 视频位置：光盘 \ 视频 \ 第 17 章 \ 实战 497.mp4

● 实例介绍 ●

下面将主要介绍设置素材4的视频布局的操作方法。

● 操作步骤 ●

STEP 01　按F7键，弹出"视频布局"对话框，在"位置"选项区中，设置X为64px；在"拉伸"选项区中，设置X为436.7px；在"边缘"选项区中，选中"颜色"复选框，设置参数为15px，在下方效果控制面板中，选中"位置"复选框，单击右侧的"添加/删除关键帧"按钮，添加第1个关键帧，如图17-28所示。

STEP 02　在效果控制面板中，将时间线移至00:00:03:02的位置处，在"位置"选项区中，设置Y为-4.3 px，此时软件自动在时间线位置添加第2个关键帧，如图17-29所示。

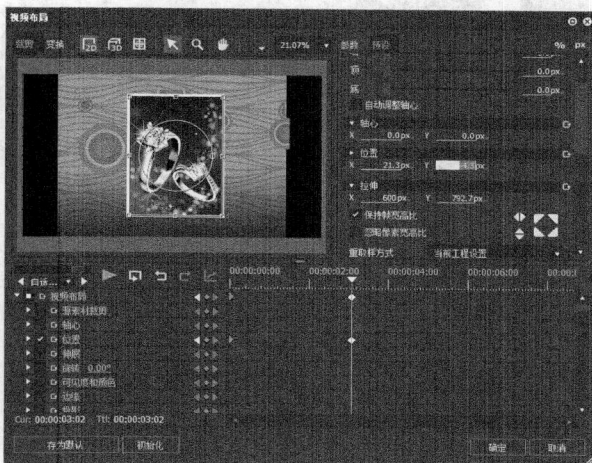

图17-28　添加第1个关键帧

图17-29　添加第2个关键帧

STEP 03　设置完成后，单击"确定"按钮，返回EDIUS 8工作界面，单击"播放"按钮，预览素材文件动画效果，如图17-30所示。

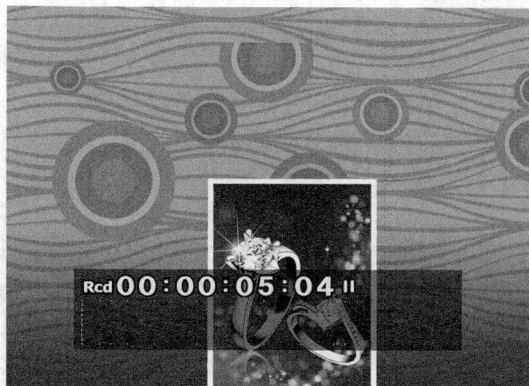

图17-30　预览素材文件淡入动画效果

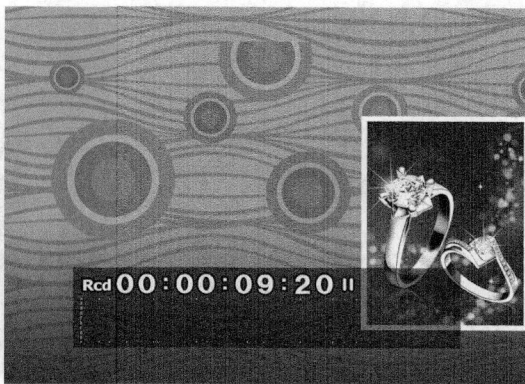

实战 498　添加素材5至轨道

▶ 实例位置：无
▶ 素材位置：光盘＼素材＼第17章＼广告片头——《彩爱钻戒》
▶ 视频位置：光盘＼视频＼第17章＼实战498.mp4

● 实例介绍 ●

下面将主要介绍设置素材5的视频布局的操作方法。

● 操作步骤 ●

STEP 01　在时间线面板中，将时间线移至00:00:07:05的位置处，如图17-31所示。

STEP 02　将素材库面板中的"素材5"文件添加至5V轨道中，拖曳素材右侧的黄色标记，调整素材文件的持续时间，与1VA轨道中的素材结尾处对齐，如图17-32所示。

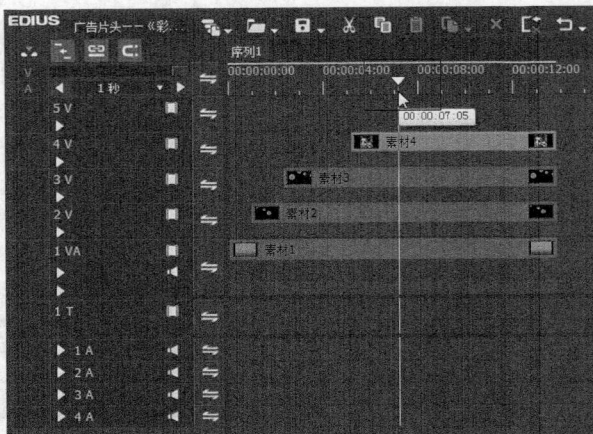
图17-31 移动时间线的位置

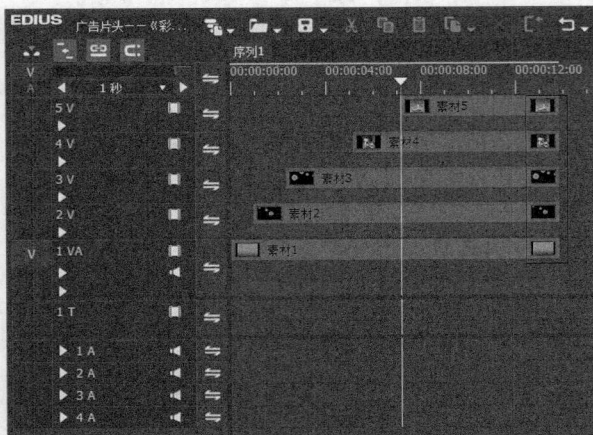
图17-32 添加"素材5"文件

实战 499 设置素材5的视频布局

▶ 实例位置：无
▶ 素材位置：光盘＼素材＼第17章＼广告片头——《彩爱钻戒》
▶ 视频位置：光盘＼视频＼第17章＼实战499.mp4

● 实例介绍 ●

下面将主要介绍设置素材5的视频布局的操作方法。

● 操作步骤 ●

STEP 01 按F7键，弹出"视频布局"对话框，在"位置"选项区中，设置相应参数；在"拉伸"选项区中，设置X为450px；在"边缘"选项区中，选中"颜色"复选框，设置参数为15px，在下方效果控制面板中，选中"位置"复选框，单击右侧的"添加/删除关键帧"按钮，添加第1个关键帧，如图17-33所示。

STEP 02 在效果控制面板中，将时间线移至00:00:02:01的位置处，在"位置"选项区中，设置Y为131.1px，此时软件自动在时间线位置添加第2个关键帧，如图17-34所示。

图17-33 添加第1个关键帧

图17-34 添加第2个关键帧

STEP 03 设置完成后，单击"确定"按钮，返回EDIUS 8工作界面，单击"播放"按钮，预览素材文件动画效果，如图17-35所示。

图17-35 预览素材文件动画效果

<table>
<tr><td>实战
500</td><td>设置广告字幕</td><td>▶ 实例位置：无
▶ 素材位置：光盘 \ 素材 \ 第 17 章 \ 广告片头——《彩爱钻戒》
▶ 视频位置：光盘 \ 视频 \ 第 17 章 \ 实战 498.mp4</td></tr>
</table>

● 实例介绍 ●

下面将主要介绍设置广告字幕的操作方法。

● 操作步骤 ●

STEP 01 在时间线面板中，新增3条字幕轨道，如图17-36
所示。

STEP 02 在时间线面板中，将时间线移至00:00:03:07的位
置处，如图17-37所示。

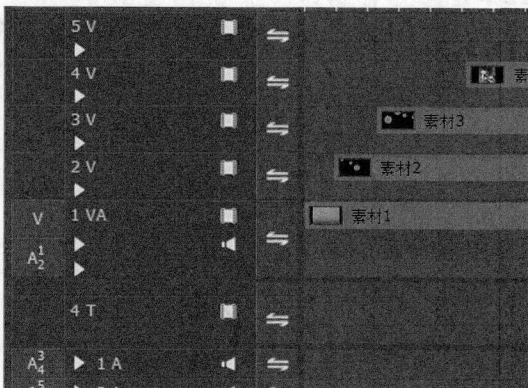

图17-36 新增3条字幕轨道

图17-37 移动时间线的位置

STEP 03 将素材库面板中的"字幕1"文件拖曳至1T字幕轨
道中的时间线位置，如图17-38所示。

STEP 04 拖曳字幕文件右侧的黄色标记，调整字幕文件的持
续时间，与1VA轨道中的素材结尾处对齐，如图17-39所示。

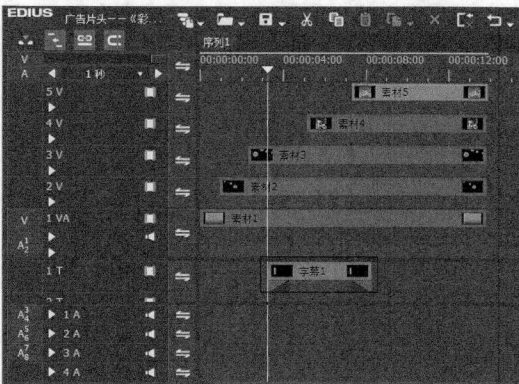

图17-38 添加"字幕1"文件

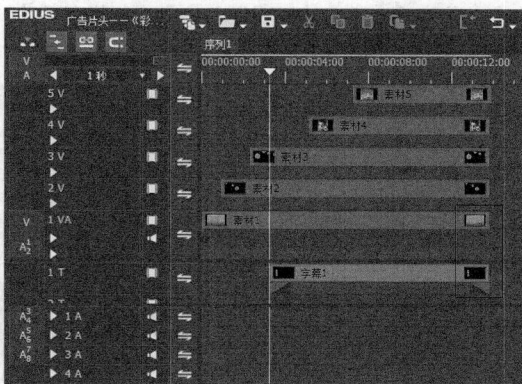

图17-39 调整字幕文件的持续时间

STEP.05 用与上同样的方法，在2T、3T、4T轨道中添加相应的字幕文件，如图17-40所示，并在"信息"面板中，将1T、2T、3T、4T轨道中字幕文件的淡出特效进行删除操作，被删除淡出特效后的淡出黄色标记将不存在，如图17-41所示。

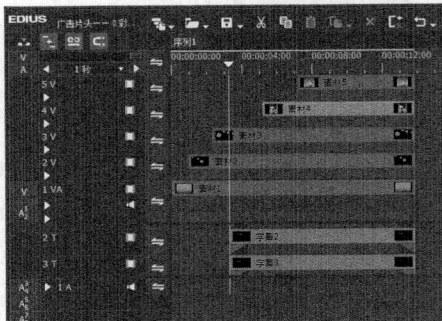

图17-40 添加相应的字幕文件

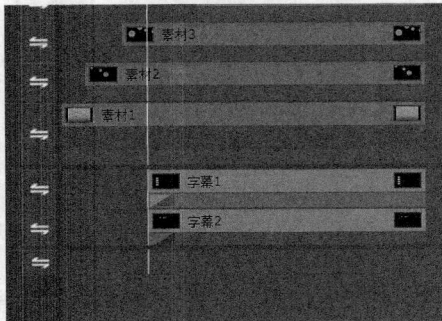

图17-41 对淡出特效进行删除操作

实战 501 制作广告字幕特效

▶ 实例位置：无
▶ 素材位置：光盘＼素材＼第 17 章＼广告片头——《彩爱钻戒》
▶ 视频位置：光盘＼视频＼第 17 章＼实战 501.mp4

● 实例介绍 ●

下面将主要介绍制作广告字幕特效的操作方法。

● 操作步骤 ●

STEP 01 在"特效"面板中，展开"字幕混合"|"柔化飞入"特效组，在其中选择"向左软划像"特效，如图17-42所示。

STEP 02 在选择的字幕特效上，单击鼠标左键并拖曳至1T轨道中字幕文件的淡入位置，如图17-43所示，添加混合特效。

图17-42 选择"向左软划像"特效

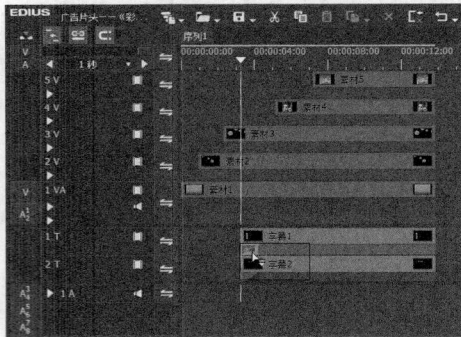

图17-43 拖曳至字幕文件的淡入位置

STEP 03 用与上同样的方法，将"字幕混合"特效组中的"向左飞入A""向下软划像"和"向上飞入A"混合特效依次添加至2T、3T、4T轨道中的字幕淡入位置，制作字幕动画效果，单击"播放"按钮，预览制作的字幕动画效果，如图17-44所示。

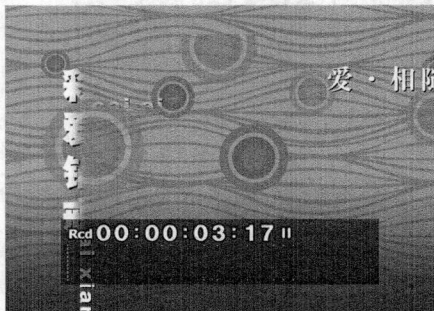

图17-44 预览制作的字幕动画效果

实战 502　制作广告背景音效

▶ 实例位置：无
▶ 素材位置：光盘＼素材＼第 17 章＼广告片头——《彩爱钻戒》
▶ 视频位置：光盘＼视频＼第 17 章＼实战 502.mp4

● 实例介绍 ●

下面将主要介绍制作广告背景音效的操作方法。

● 操作步骤 ●

STEP 01　在时间线面板中，将时间线移至轨道中的开始位置，如图17-45所示。

STEP 02　在素材库面板中，选择"背景音乐"素材文件，如图17-46所示。

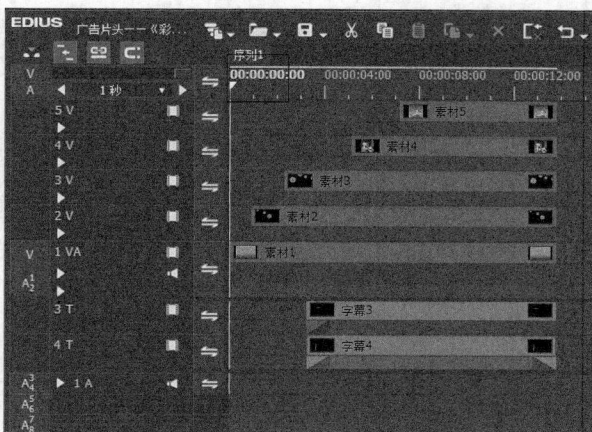
图17-45 移动时间线的位置

图17-46 选择"背景音乐"素材文件

STEP 03　将选择的"背景音乐"素材文件拖曳至时间线面板中的1A音频轨道中，添加音频文件，如图17-47所示。

STEP 04　展开1A音频轨道，单击"音量/声相"按钮，启用该功能，然后在音频文件的结尾红线上，单击鼠标右键，添加1个白色关键帧，并向下拖曳至最后一个关键帧的位置，制作音频文件的淡出特效，如图17-48所示。

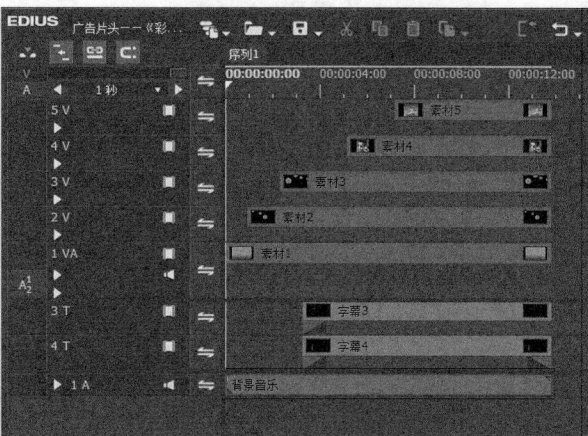
图17-47 添加音频素材

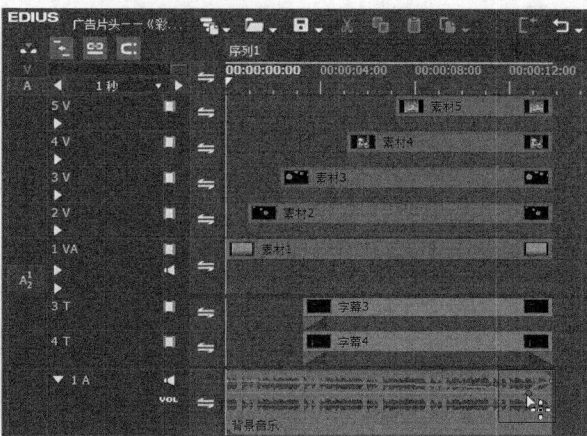
图17-48 制作音频文件的淡出特效

实战 503　保存广告片头文件

▶ 实例位置：光盘＼效果＼第 17 章＼广告片头——《彩爱钻戒》.ezp
▶ 素材位置：光盘＼素材＼第 17 章＼广告片头——《彩爱钻戒》
▶ 视频位置：光盘＼视频＼第 17 章＼实战 502.mp4

● 实例介绍 ●

下面将主要介绍保存广告片头文件的操作方法。

● 操作步骤 ●

STEP 01 在菜单栏中，单击"文件"菜单，在弹出的菜单列表中单击"另存为"命令，如图17-49所示。

STEP 02 执行操作后，弹出"另存为"对话框，在其中设置工程文件保存的文件名与保存位置，如图17-50所示，单击"保存"按钮，即可另存为制作完成的工程文件。

图17-49 单击"另存为"命令

图17-50 设置文件保存选项

17.2 栏目片头——《我是麦霸》

随着电视媒体行业的不断发展，电视栏目片头的种类也越来越多，所涉及的方面也越来越广泛。除了最初的电影片头而言，现今还有栏目包装片头、广告片头、电视节目片头等。本节主要向读者介绍制作栏目片头——《我是麦霸》实例的操作方法，希望读者可以熟练掌握栏目片头视频特效的制作方法。

实战 504	新建工程文件	▶ 实例位置：无 ▶ 素材位置：无 ▶ 视频位置：光盘\视频\第17章\实战504.mp4

● 实例介绍 ●

下面将主要介绍新建工程文件的操作方法。

● 操作步骤 ●

STEP 01 运行EDIUS 8应用软件，单击文件|新建|"工程"命令，如图17-51所示。

STEP 02 在"工程设置"对话框中，选择相应选项，如图17-52所示。

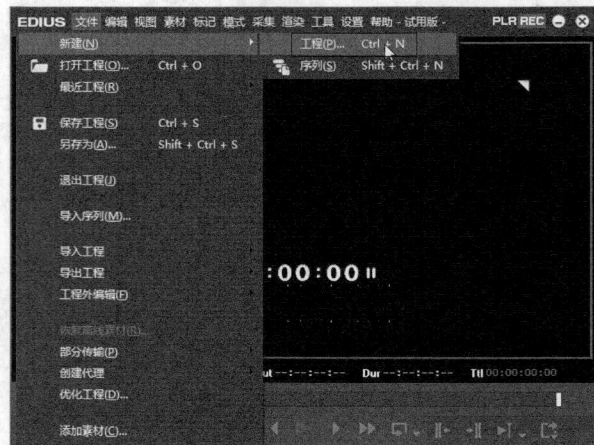

图17-51 单击"工程"命令

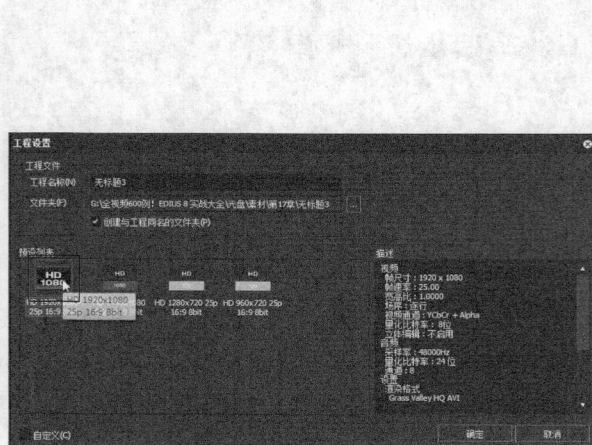

图17-52 选择相应选项

STEP 03 执行上述操作后，即可完成新建工程文件的操作，如图17-53所示。

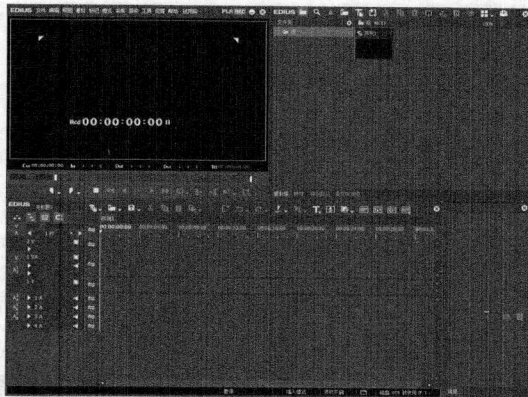

图17-53　完成操作

实战 505　打开栏目文件夹

▶ 实例位置：无
▶ 素材位置：无
▶ 视频位置：光盘 \ 视频 \ 第17章 \ 实战505.mp4

● 实例介绍 ●

下面将主要介绍打开栏目文件夹的操作方法。

● 操作步骤 ●

STEP 01 在素材库面板的"文件夹"窗格中，单击鼠标右键，在弹出的快捷菜单中选择"打开文件夹"选项，如图17-54所示。

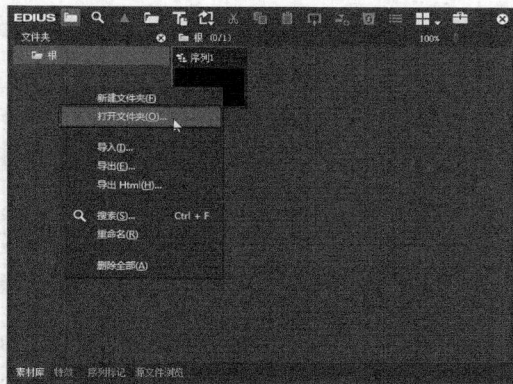

图17-54　选择"打开文件夹"选项

STEP 02 弹出"浏览文件夹"对话框，在其中选择需要导入的文件夹对象，如图17-55所示。

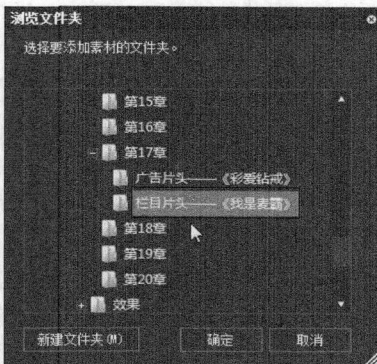

图17-55　选择需要导入的文件夹对象

STEP 03 单击"确定"按钮，即可将文件夹中的素材文件全部导入到素材库面板中，如图17-56所示。

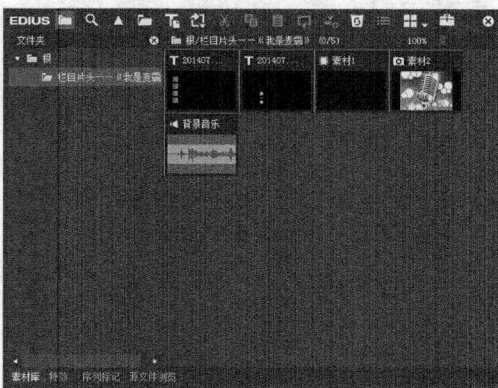

图17-56　导入文件夹中的素材文件

▶ 实例位置：无
▶ 素材位置：无
▶ 视频位置：光盘\视频\第17章\实战506.mp4

实战 506 添加栏目素材

● 实例介绍 ●

下面将主要介绍添加栏目素材的操作方法。

● 操作步骤 ●

STEP 01 在素材库面板中，将"素材1"文件拖曳至1VA轨道中的开始位置，如图17-57所示。

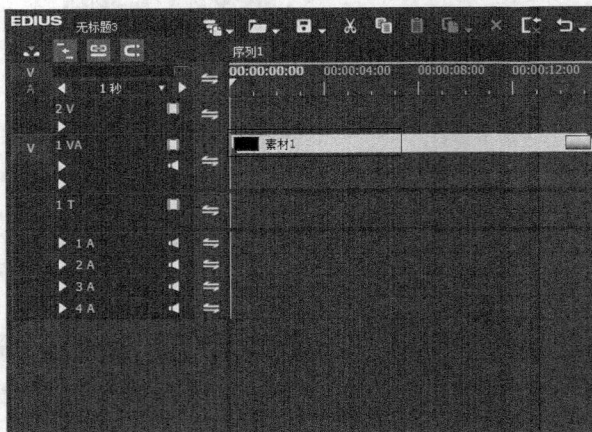

STEP 02 在时间线面板中，将时间线移至00:00:03:00的位置处，如图17-58所示。

图17-57 拖曳至1VA轨道中

图17-58 移动时间线的位置

STEP 03 在素材库面板中，选择"素材2"静帧素材，如图17-59所示。

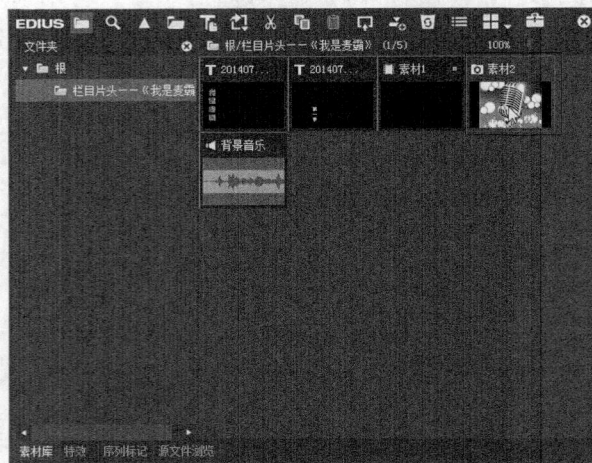

STEP 04 将选择的静帧素材拖曳至2V视频轨中的时间线位置，如图17-60所示。

图17-59 选择"素材2"静帧素材

图17-60 添加"素材2"静帧素材

STEP 05 在"素材2"文件上，单击鼠标右键，在弹出的快捷菜单中选择"持续时间"选项，如图17-61所示。

STEP 06 执行操作后，弹出"持续时间"对话框，在其中设置"持续时间"为00:00:12:10，如图17-62所示。

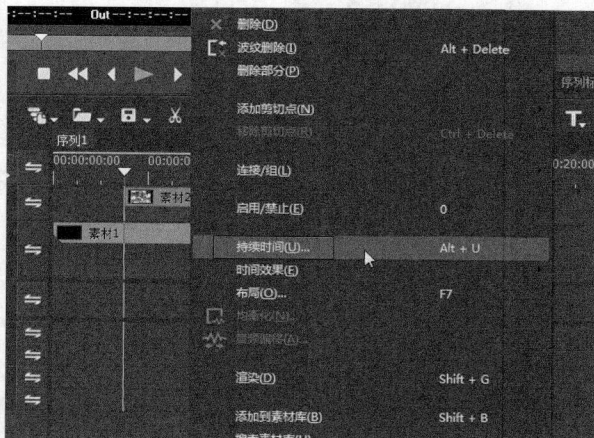

图17-61 选择"持续时间"选项

图17-62 设置"持续时间"参数

STEP 07 单击"确定"按钮，即可更改素材的持续时间长度，如图17-63所示。

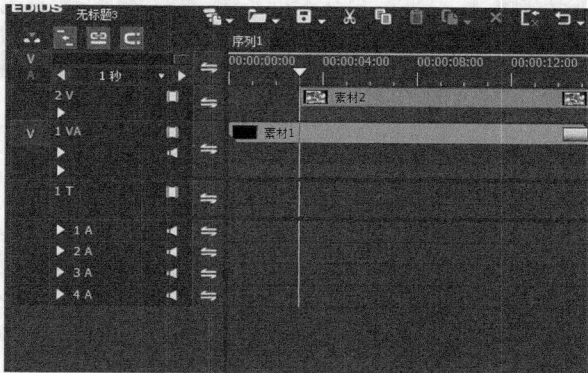

图17-63 更改素材的持续时间

 实战 507 绘制栏目素材特效

▶ 实例位置：无
▶ 素材位置：无
▶ 视频位置：光盘 \ 视频 \ 第 17 章 \ 实战 507.mp4

● 实例介绍 ●

下面将主要介绍绘制栏目素材特效的操作方法。

● 操作步骤 ●

STEP 01 在"特效"面板中，展开"视频滤镜"特效组，在其中选择"手绘遮罩"滤镜效果，如图17-64所示。

STEP 02 将选择的滤镜效果拖曳至2V视频轨中的素材文件上，如图17-65所示。

图17-64 选择"手绘遮罩"滤镜效果

图17-65 拖曳至2V视频轨中的素材文件上

STEP 03 在"信息"面板中单击"打开设置对话框"按钮，如图17-66所示。

STEP 04 弹出"手绘遮罩"对话框，在工具栏中选取绘制矩形工具，如图17-67所示。

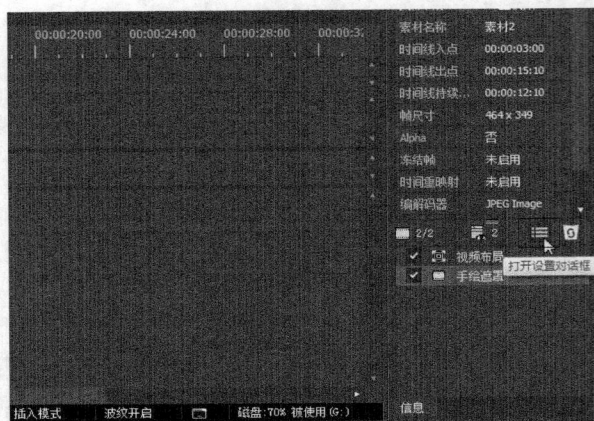

图17-66 单击"打开设置对话框"按钮

图17-67 选取绘制矩形工具

STEP 05 在预览窗口中的适当位置，绘制一个矩形对象，如图17-68所示。

STEP 06 单击"确定"按钮，返回EDIUS 8工作界面，在录制窗口中可以查看绘制矩形遮罩后的图像画面效果，如图17-69所示。

图17-68 绘制一个矩形对象

图17-69 查看绘制矩形遮罩后的图像

实战 508 设置栏目素材布局

▶ 实例位置：无
▶ 素材位置：无
▶ 视频位置：光盘 \ 视频 \ 第 17 章 \ 实战 508.mp4

• 实例介绍 •

下面将主要介绍设置栏目素材布局的操作方法。

• 操作步骤 •

STEP 01 在"信息"面板中选择"视频布局"选项，单击"打开设置对话框"按钮，如图17-70所示。

STEP 02 弹出"视频布局"对话框，在"位置"选项区中，设置X为-54.9px；在"拉伸"选项区中，设置X为1300px；在"可见度和颜色"选项区中，设置"源素材"为0%，如图17-71所示。

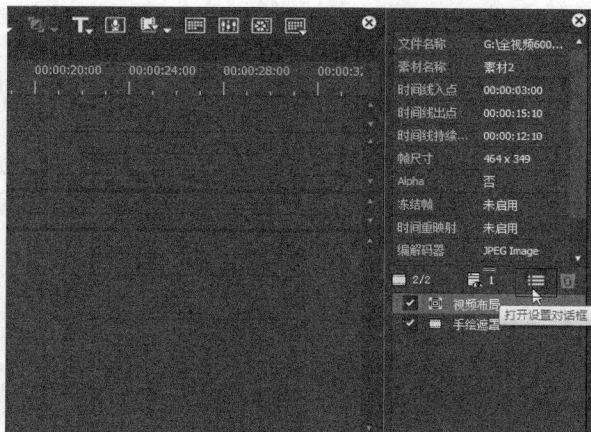
图17-70 单击"打开设置对话框"按钮

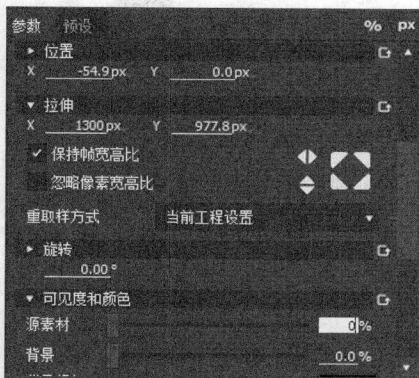
图17-71 设置各参数

STEP 03 在下方效果控制面板中，分别选中"位置""可见度和颜色"复选框，单击右侧的"添加/删除关键帧"按钮，添加第1组关键帧，如图17-72所示。

STEP 04 在效果控制面板中，将时间线移至00:00:03:05的位置处，如图17-73所示。

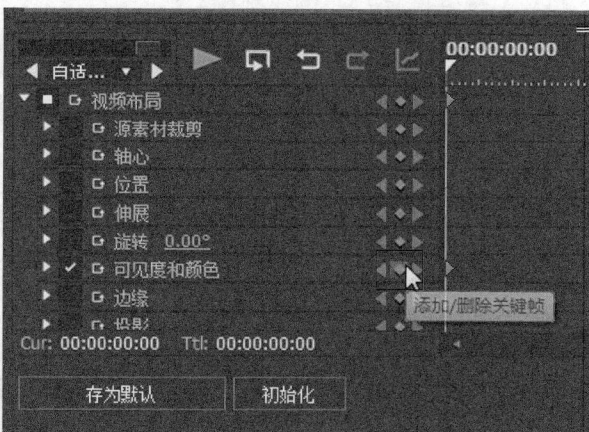
图17-72 添加第1组关键帧

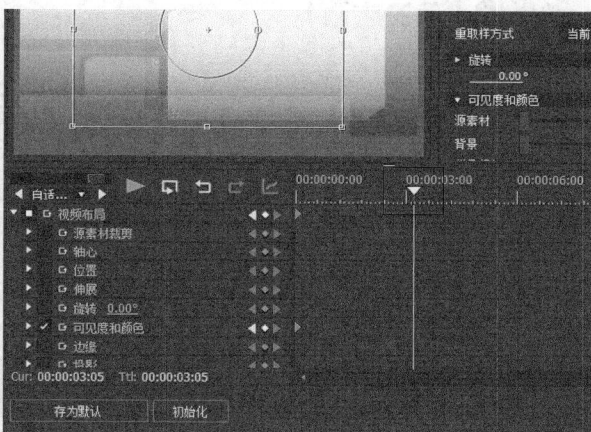
图17-73 移动时间线的位置

STEP 05 在"位置"选项区中，设置X为14.4px；在"可见度和颜色"选项区中，设置"源素材"为100%，如图17-74所示。

STEP 06 此时，软件自动在时间线位置添加第2组关键帧，如图17-75所示。

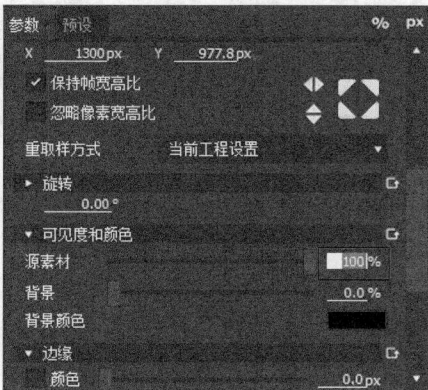
图17-74 设置各参数

图17-75 添加第2组关键帧

STEP 07 单击"确定"按钮，返回EDIUS 8工作界面，在录制窗口中单击"播放"按钮，预览制作的视频布局动画效果，如图17-76所示。

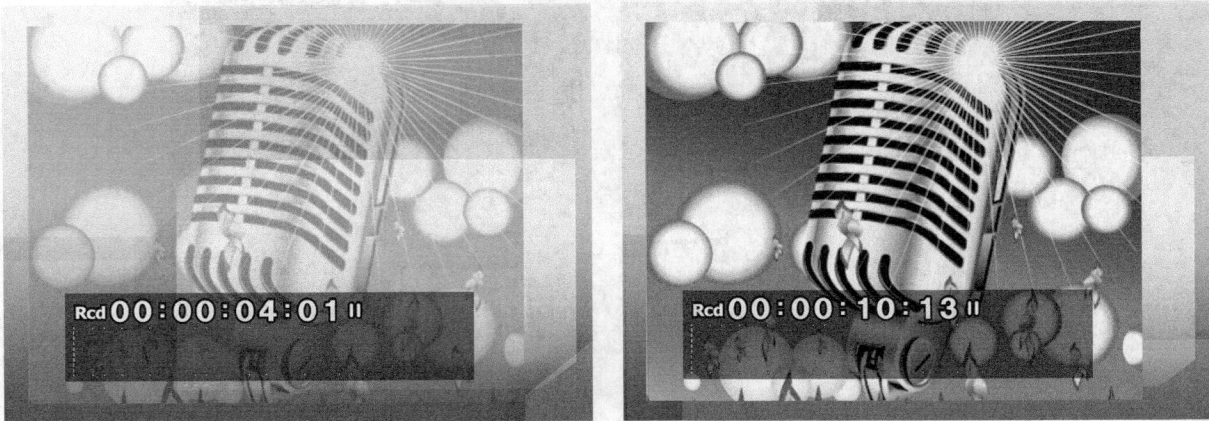

图17-76 预览视频布局动画效果

实战 509 添加字幕1

▶ 实例位置：无
▶ 素材位置：无
▶ 视频位置：光盘＼视频＼第17章＼实战509.mp4

● 实例介绍 ●

下面将主要介绍添加字幕1的操作方法。

● 操作步骤 ●

STEP 01 在素材库面板中的空白位置上，单击鼠标右键，在弹出的快捷菜单中选择"添加字幕"选项，如图17-77所示。

STEP 02 执行操作后，打开字幕窗口，在工具箱中选取纵向文本工具，如图17-78所示。

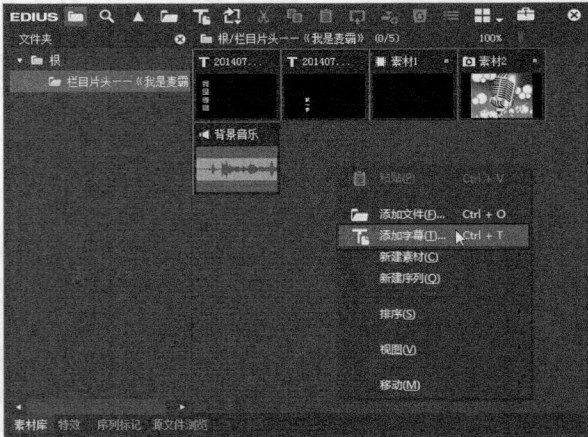

图17-77 选择"添加字幕"选项

图17-78 选取纵向文本工具

STEP 03 在预览窗口中的适当位置，输入相应文本内容，在"文本属性"面板中，设置X为120、Y为130、"字距"为50、"字体"为"方正综艺简体"、"字号"为120，设置文本属性，如图17-79所示。

STEP 04 在"填充颜色"选项区中，设置"颜色"为2，单击下方第1个颜色色块，如图17-80所示。

图17-79 设置文本属性

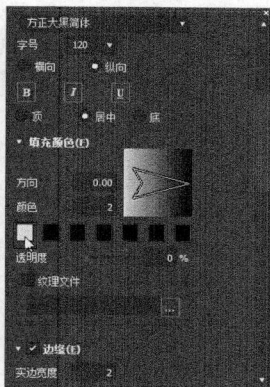

图17-80 单击下方第1个颜色色块

STEP 05 弹出"色彩选择–709"对话框,在其中设置"颜色"为红色,如图17-81所示。

STEP 06 单击"确定"按钮,返回字幕窗口,在下方单击第2个颜色色块,如图17-82所示。

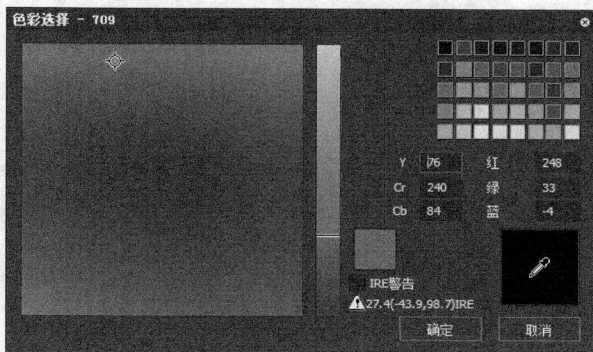

图17-81 设置"颜色"为红色

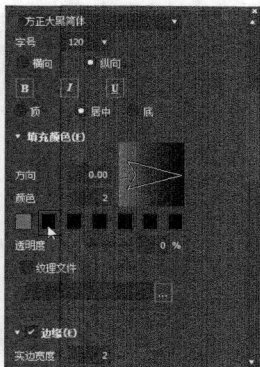

图17-82 单击第2个颜色色块

STEP 07 弹出"色彩选择–709"对话框,在其中设置"颜色"为黄色,如图17-83所示。

STEP 08 单击"确定"按钮,返回字幕窗口,在"填充颜色"下方可以查看设置的颜色色块效果,如图17-84所示。

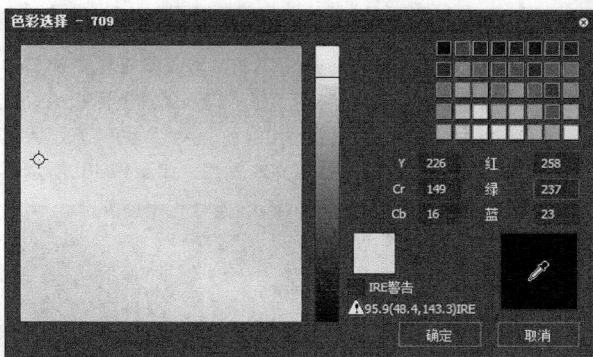

图17-83 设置"颜色"为黄色

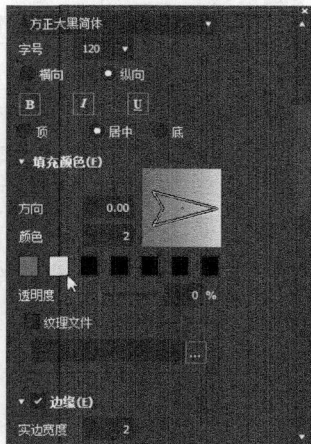

图17-84 查看颜色色块效果

STEP 09 在"文本属性"面板中,取消选中"边缘"复选框,如图17-85所示。

STEP 10 在"文本属性"面板中,选中"阴影"复选框,并设置"横向"和"纵向"均为7,如图17-86所示。

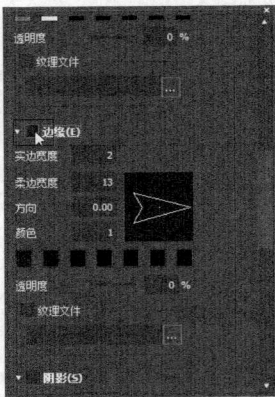

图17-85 取消选中"边缘"复选框

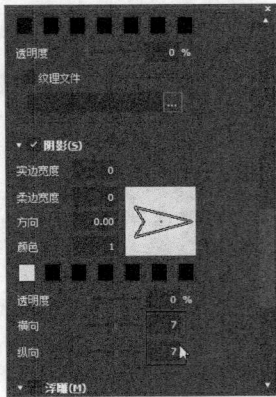

图17-86 选中"阴影"复选框

STEP 11 文本属性设置完成后，在字幕窗口中可以查看字幕的效果，如图17-87所示。

图17-87 查看字幕的效果

实战 510 添加字幕2

▶ 实例位置：无
▶ 素材位置：无
▶ 视频位置：光盘\视频\第 17 章\实战 510.mp4

● 实例介绍 ●

下面将主要介绍添加字幕2的操作方法。

● 操作步骤 ●

STEP 01 按Ctrl＋S组合键，保存字幕并退出字幕窗口，在素材库面板中再次单击鼠标右键，在弹出的快捷菜单中选择"添加字幕"选项，如图17-88所示。

STEP 02 打开字幕窗口，运用纵向文本工具在预览窗口中的适当位置输入相应文本内容，在"文本属性"面板中设置X为471、Y为557、"字距"为30、"字体"为"方正大黑简体"、"字号"为80，设置文本属性，如图17-89所示。

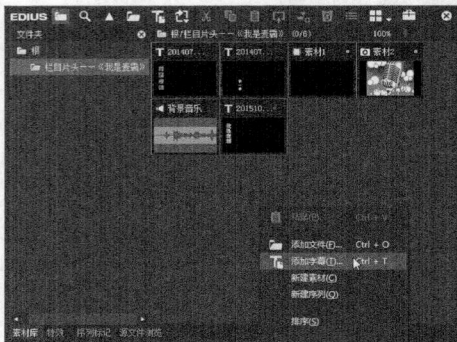

图17-88 选择"添加字幕"选项

图17-89 设置文本属性

STEP 03 在 "填充颜色" 选项区中, 设置字体的 "颜色" 为黄色, 如图17-90所示。

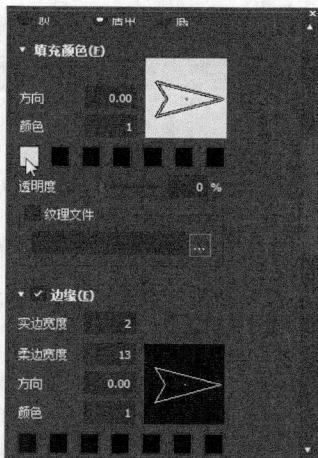

图17-90 设置 "颜色" 为黄色

STEP 05 在 "文本属性" 面板中, 选中 "阴影" 复选框, 并设置 "横向" 和 "纵向" 均为7, 如图17-92所示。

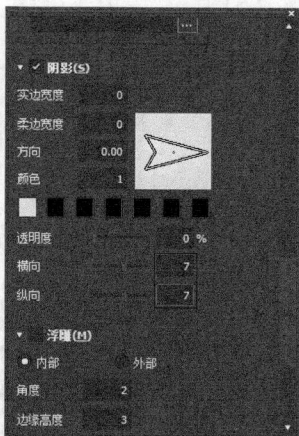

图17-92 选中 "阴影" 复选框

STEP 07 按Ctrl + S组合键, 保存字幕并退出字幕窗口, 在素材库面板中可以查看创建的两个字幕文件, 如图17-94所示。

STEP 04 在 "文本属性" 面板中, 取消选中 "边缘" 复选框, 如图17-91所示。

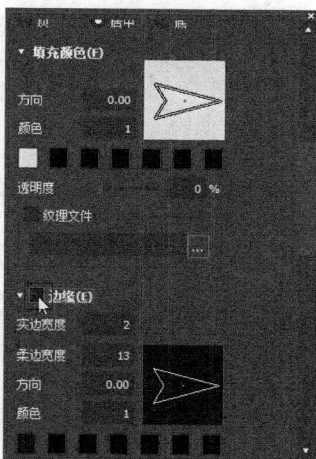

图17-91 取消选中 "边缘" 复选框

STEP 06 文本属性设置完成后, 在字幕窗口中可以查看字幕的效果, 如图17-93所示。

图17-93 查看字幕的效果

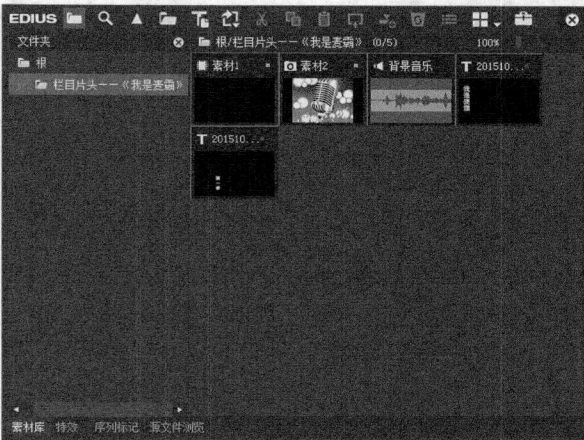

图17-94 查看创建的两个字幕文件

<table>
<tr><td rowspan="2">实战
511</td><td rowspan="2">制作字幕1特效</td><td>▶ 实例位置：无</td></tr>
</table>

实战 511	制作字幕1特效	▶ 实例位置：无
		▶ 素材位置：无
		▶ 视频位置：光盘 \ 视频 \ 第 17 章 \ 实战 511.mp4

● 实例介绍 ●

下面将主要介绍制作字幕特效的操作方法。

● 操作步骤 ●

STEP 01 将创建的第1个字幕文件拖曳至1T字幕轨道中的开始位置，如图17-95所示。

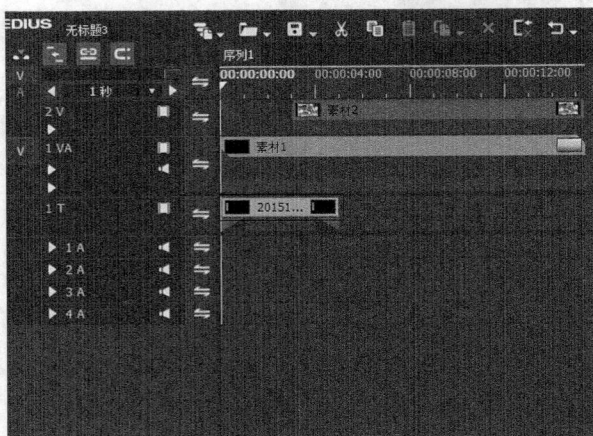

STEP 02 按Alt + U组合键，弹出"持续时间"对话框，在其中设置"持续时间"为00:00:15:11，如图17-96所示。

图17-95 拖曳至1T字幕轨道中

图17-96 设置"持续时间"参数

STEP 03 单击"确定"按钮，即可更改字幕文件的持续时间，如图17-97所示。

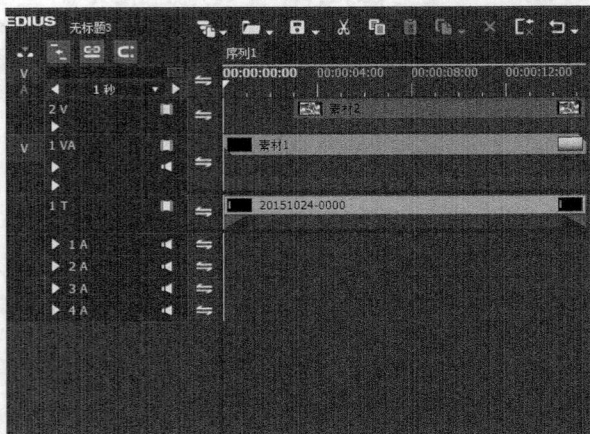

STEP 04 在"特效"面板中，展开"字幕混合"|"柔化飞入"特效组，在其中选择"向上软划像"特效，如图17-98所示。

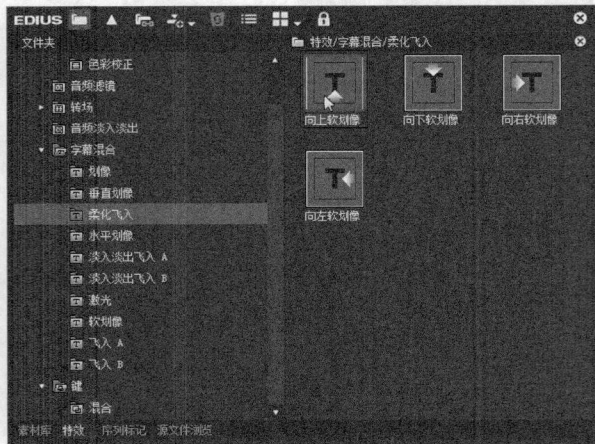

图17-97 更改字幕文件的持续时间

图17-98 选择"向上软划像"特效

STEP 05 单击鼠标左键并拖曳至1T轨道中字幕文件的淡入位置，如图17-99所示，添加混合特效。

STEP 06 按Shift + Alt + U组合键，弹出"持续时间"对话框，在其中设置字幕淡入特效的"持续时间"为00:00:04:19，如图17-100所示。

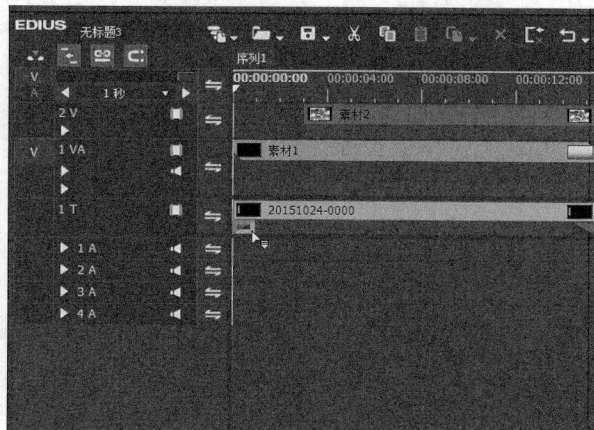

图17-99 拖曳至字幕文件的淡入位置

图17-100 设置字幕淡入特效时长

STEP 07 单击"确定"按钮,即可更改字幕淡入特效的持续时间,如图17-101所示。

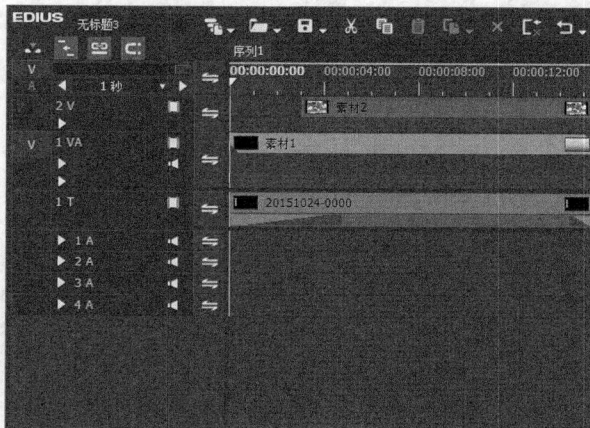

图17-101 更改字幕淡入特效的持续时间

STEP 08 单击"播放"按钮,预览制作的字幕效果,如图17-102所示。

图17-102 预览制作的字幕效果

实战 512 制作字幕2特效

▶ 实例位置:无
▶ 素材位置:无
▶ 视频位置:光盘\视频\第 17 章\实战 512.mp4

● 实例介绍 ●

下面将主要介绍制作字幕2特效的操作方法。

● 操作步骤 ●

STEP 01 在1T字幕轨道上，单击鼠标右键，在弹出的快捷菜单中选择"添加"丨"在上方添加字幕轨道"选项，如图17-103所示。

STEP 02 执行操作后，弹出"添加轨道"对话框，在其中设置"数量"为1，如图17-104所示。

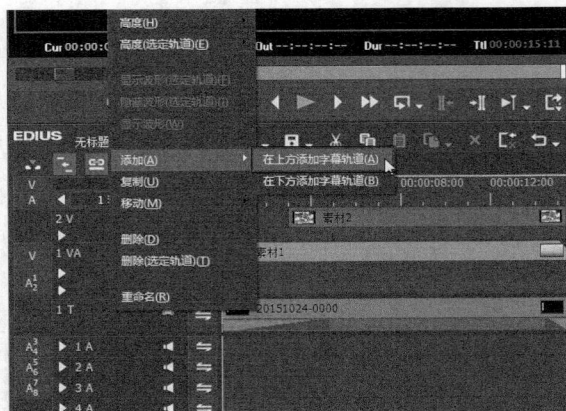

图17-103 选择"在上方添加字幕轨道"选项

图17-104 设置"数量"为1

STEP 03 单击"确定"按钮，即可新增一条字幕轨道，名称为2T，如图17-105所示。

STEP 04 在时间线面板中，将时间线移至00:00:03:00的位置处，如图17-106所示。

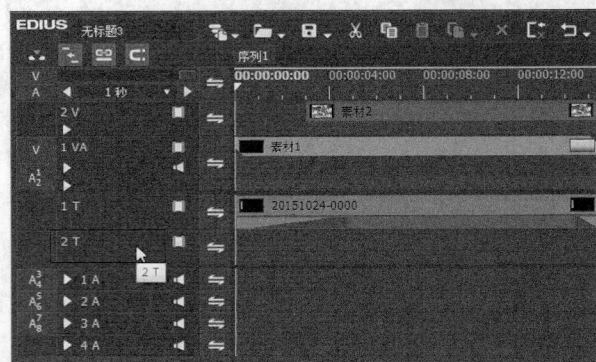

图17-105 新增一条字幕轨道

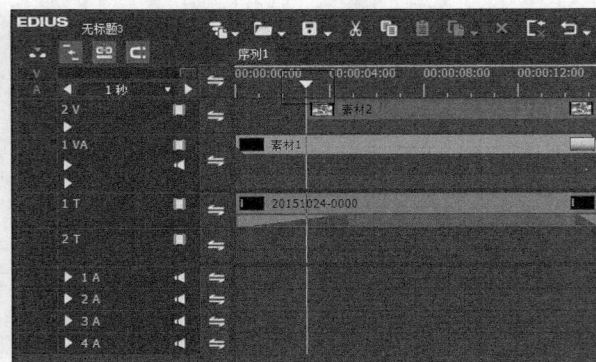

图17-106 移动时间线的位置

STEP 05 将素材库面板中创建的第2个标题字幕添加到2T轨道中的时间线位置，如图17-107所示。

STEP 06 在时间线面板中，调整2T轨道中字幕文件的持续时间，与1T轨道中的字幕文件结尾处对齐，如图17-108所示。

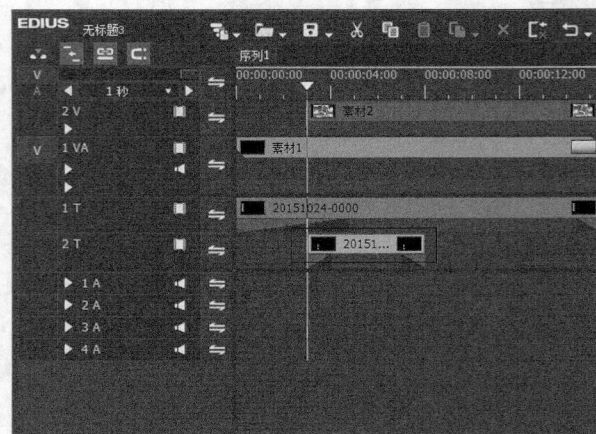

图17-107 添加到2T轨道中

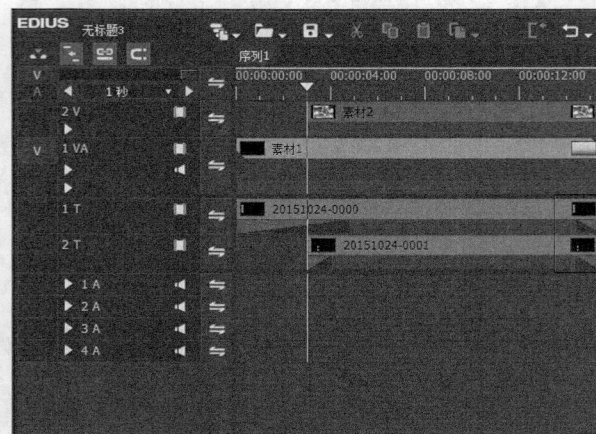

图17-108 调整字幕文件持续时间

STEP 07 在"特效"面板中，展开"字幕混合"|"柔化飞入"特效组，在其中选择"向下软划像"特效，如图17-109所示。

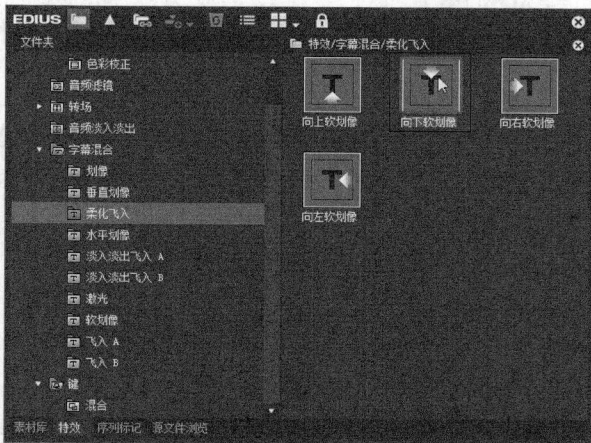

图17-109 选择"向下软划像"特效

STEP 08 单击鼠标左键并拖曳至2T轨道中字幕文件的淡入位置，如图17-110所示，添加混合特效。

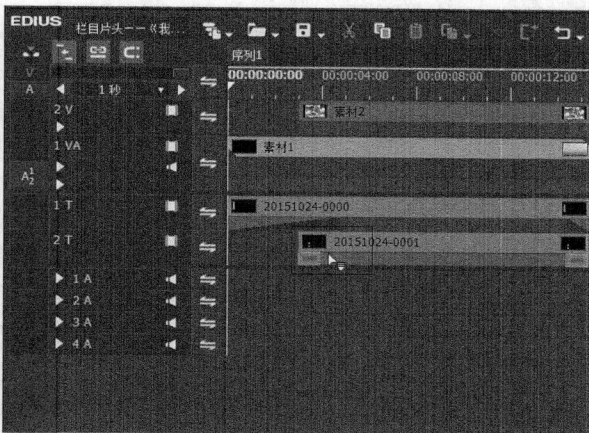

图17-110 添加到字幕文件淡入位置

STEP 09 按Shift + Alt + U组合键，弹出"持续时间"对话框，在其中设置字幕淡入特效的"持续时间"为00:00:02:21，如图17-111所示。

STEP 10 单击"确定"按钮，即可更改字幕淡入特效的持续时间，如图17-112所示。

图17-111 设置字幕淡入特效时长

图17-112 更改字幕淡入特效时长

STEP 11 单击"播放"按钮，预览制作的字幕效果，如图17-113所示。

图17-113 预览制作的字幕效果

▶ 实例位置：无
▶ 素材位置：无
▶ 视频位置：光盘 \ 视频 \ 第 17 章 \ 实战 513.mp4

● 实例介绍 ●

下面将主要介绍制作栏目背景音效的操作方法。

● 操作步骤 ●

STEP 01 在素材库面板中，选择"背景音乐"素材文件，如图17-114所示。

STEP 02 将选择的素材文件拖曳至1A音频轨道中的开始位置，添加音频素材，如图17-115所示。

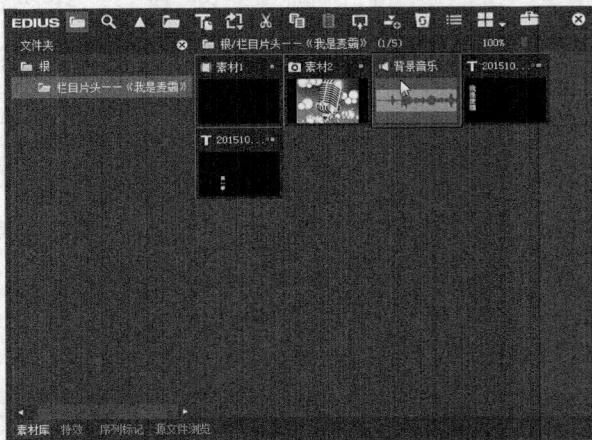

图17-114 选择"背景音乐"素材文件

图17-115 添加音频素材

STEP 03 将时间线移至00:00:15:11的位置处，对音频素材进行剪切操作，如图17-116所示。

STEP 04 将剪切后的半段音频进行删除操作，如图17-117所示，完成栏目片头的制作。

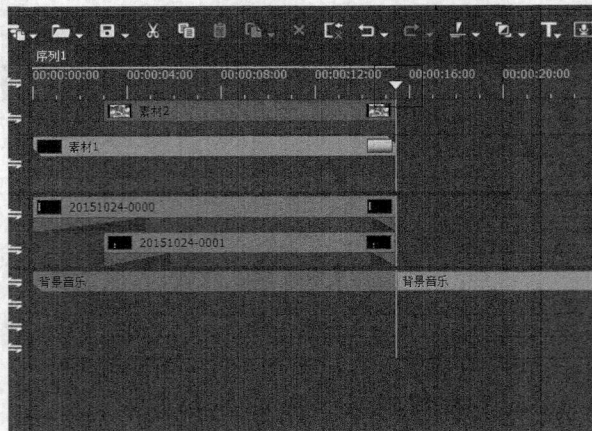

图17-116 对音频素材进行剪切操作

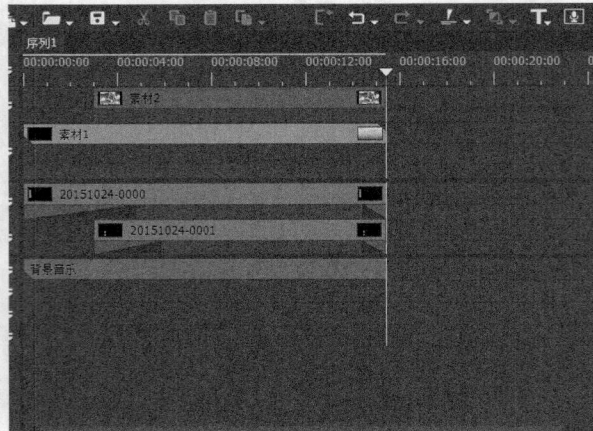

图17-117 将后半段音频进行删除操作

第 **18** 章

制作公益宣传——《爱护环境》

本章导读

湘江是我们的母亲河，多少年来，它滋润着江岸百姓，滋润着我们的生活，现在我们的母亲河——湘江正在遭受着痛苦，母亲河需要我们的关爱，只要人人都献出一份爱，母亲河就能恢复年轻的面貌。本章主要介绍制作公益宣传——《爱护环境》视频效果的操作方法。

要点索引

● 效果欣赏
● 制作视频画面效果

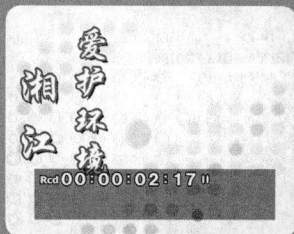

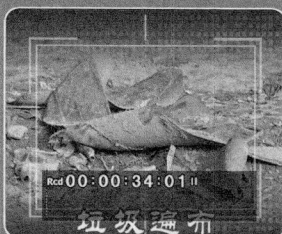

18.1 效果欣赏

本实例介绍如何制作公益宣传——《爱护环境》，效果如图18-1所示。

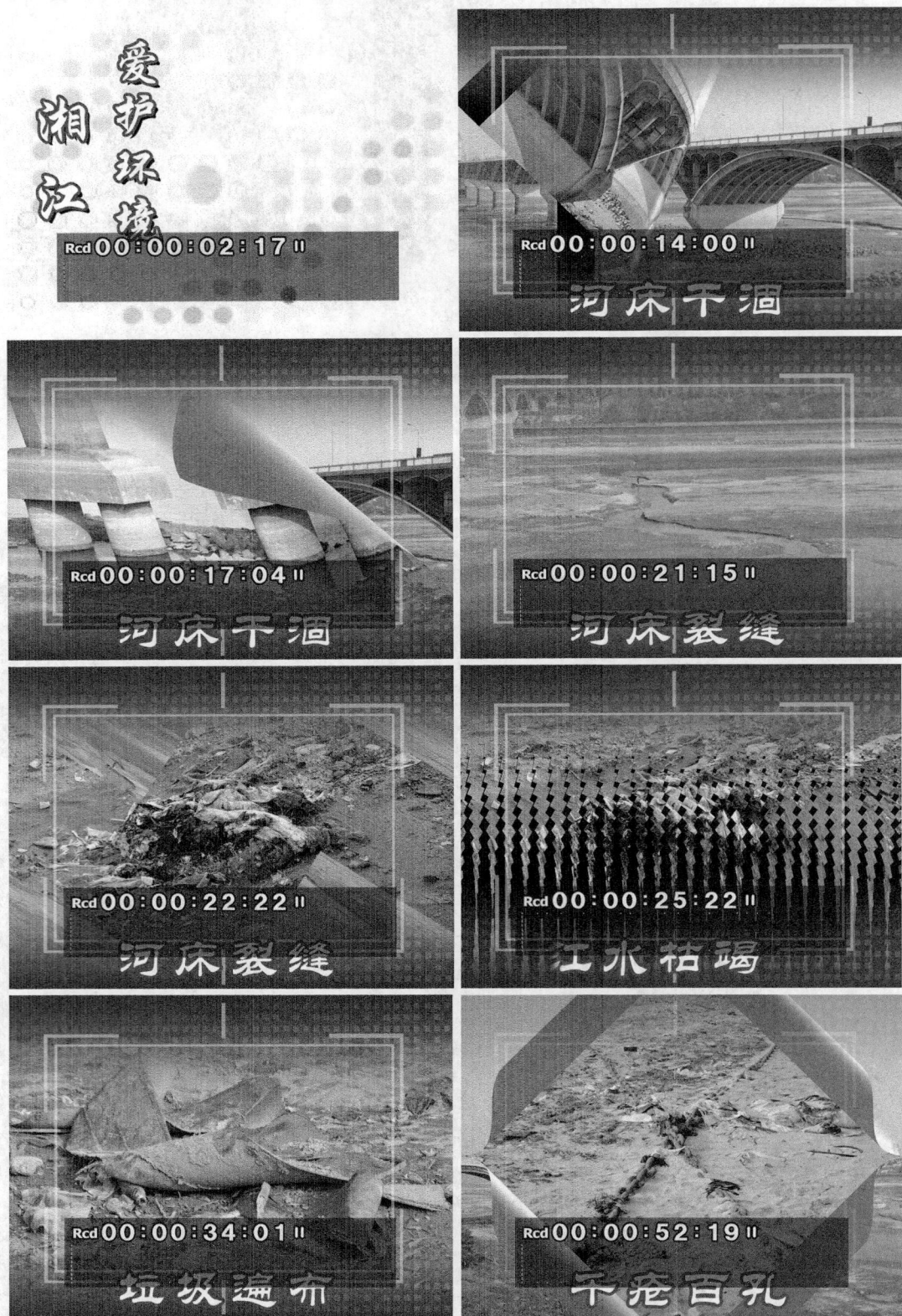

图18-1 制作公益宣传——《爱护环境》

18.2 制作视频画面效果

　　首先进入EDIUS 8 8.0工作界面，在"素材库"面板中导入公益宣传素材文件，然后将素材分别拖曳至视频轨道中，在相应素材之间添加转场特效，并为素材制作相应的边框特效，在视频中的适当位置制作美观的标题字幕特效，最后添加背景音乐，输出视频，完成公益宣传实例的制作。

实战 514　添加文件

▶ 实例位置：无
▶ 素材位置：光盘\素材\第18章\素材1.jpg、素材2.jpg、素材3.jpg、素材4.jpg、素材5.jpg 等
▶ 视频位置：光盘 \ 视频 \ 第 18 章 \ 实战 514.mp4

● 实例介绍 ●

　　下面将主要介绍添加文件的操作方法。

● 操作步骤 ●

STEP 01 在"素材库"面板中，单击鼠标右键，在弹出的快捷菜单中选择"添加文件"选项，如图18-2所示。

STEP 02 执行操作后，弹出"打开"对话框，选择需要导入的公益宣传素材，如图18-3所示。

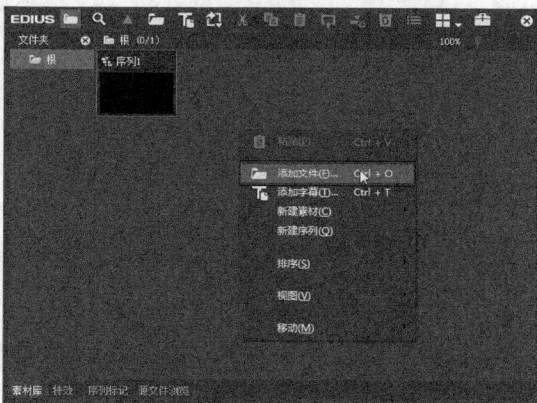

图18-2 选择"添加文件"选项

图18-3 选择导入的公益宣传素材

STEP 03 单击"打开"按钮，将素材导入"素材库"面板中，如图18-4所示。

图18-4 导入"素材库"面板中

实战 515　添加片头至轨道

▶ 实例位置：无
▶ 素材位置：无
▶ 视频位置：光盘 \ 视频 \ 第 18 章 \ 实战 515.mp4

● 实例介绍 ●

　　下面将主要介绍添加片头至轨道的操作方法。

● 操作步骤 ●

STEP 01 在"素材库"面板中,选择"片头"视频素材,如图18-5所示。

STEP 02 在选择的"片头"视频素材上,按住鼠标左键并拖曳至视频轨中的开始位置,释放鼠标左键,在视频轨中添加"片头"视频素材,如图18-6所示。

图18-5 选择"片头"视频素材

图18-6 添加"片头"视频素材

实战 516	新建色块

▶ 实例位置:无
▶ 素材位置:无
▶ 视频位置:光盘 \ 视频 \ 第 18 章 \ 实战 516.mp4

● 实例介绍 ●

下面将主要介绍新建色块的操作方法。

● 操作步骤 ●

STEP 01 在"素材库"面板上方,单击"新建素材"按钮,在弹出的列表框中选择"色块"选项,如图18-7所示。

STEP 02 弹出"色块"对话框,在其中设置"颜色"为1,"色块颜色"为黑色,如图18-8所示。

图18-7 选择"色块"选项

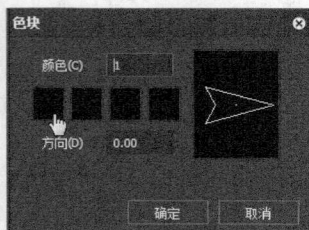

图18-8 设置色块的属性

STEP 03 单击"确定"按钮,在"素材库"面板中显示刚才创建的色块素材,如图18-9所示。

STEP 04 在"素材库"面板中的色块素材上,按住鼠标左键并拖曳至视频轨中"片头"素材的结尾处,释放鼠标左键,在视频轨中添加色块素材,如图18-10所示。

图18-9 显示刚才创建的色块素材

图18-10 在视频轨中添加色块素材

实战 517 更改色块持续时间

▶ 实例位置：无
▶ 素材位置：无
▶ 视频位置：光盘\视频\第 18 章\实战 517.mp4

● 实例介绍 ●

下面将主要介绍更改色块持续时间的操作方法。

● 操作步骤 ●

STEP 01 在视频轨中的色块素材上，单击鼠标右键，在弹出的快捷菜单中选择"持续时间"选项，如图18-11所示。

STEP 02 弹出"持续时间"对话框，在其中设置持续时间为00:00:01:00，如图18-12所示。

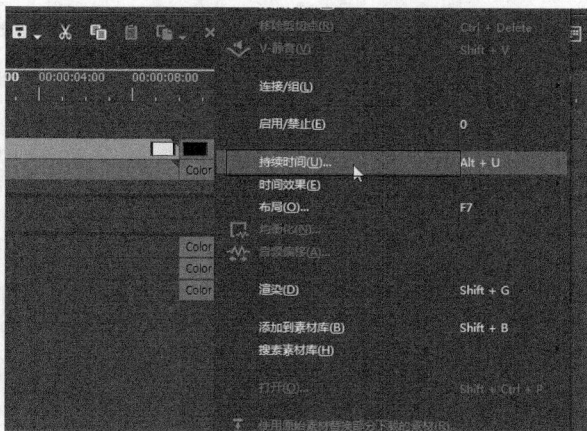

图18-11 选择"持续时间"选项

图18-12 设置素材的持续时间

STEP 03 单击"确定"按钮，调整色块的持续时间长度，如图18-13所示，色块效果制作完成。

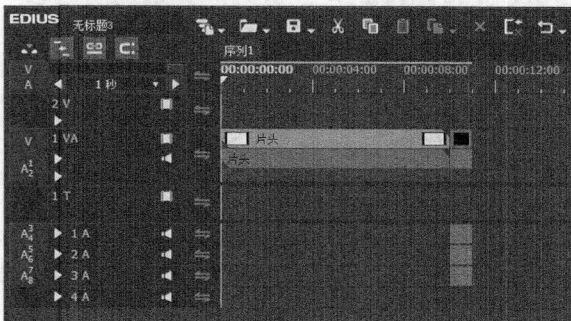

图18-13 调整色块的持续时间长度

<table>
<tr><td>实战
518</td><td>添加素材1</td><td>▶ 实例位置：无
▶ 素材位置：无
▶ 视频位置：光盘 \ 视频 \ 第 18 章 \ 实战 518.mp4</td></tr>
</table>

● 实例介绍 ●

下面将主要介绍添加素材1的操作方法。

● 操作步骤 ●

STEP 01 在"素材库"面板中，选择"素材1"素材，如图 18-14所示。

STEP 02 在选择的"素材1"素材上，按住鼠标左键并拖曳至视频轨中色块素材的结尾处，释放鼠标左键，在视频轨中添加"素材1"素材，如图18-15所示。

图18-14 选择"素材1"素材

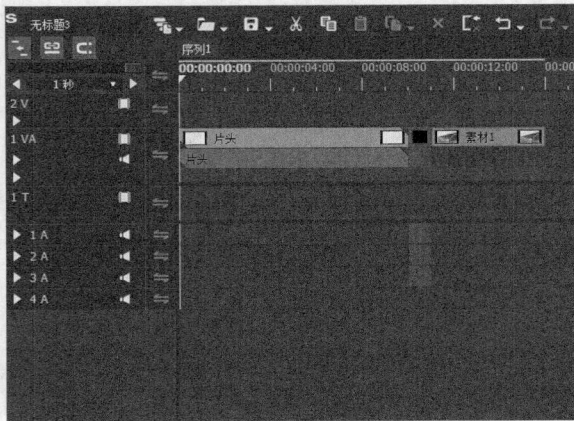

图18-15 添加"素材1"素材

<table>
<tr><td>实战
519</td><td>更改素材1持续时间</td><td>▶ 实例位置：无
▶ 素材位置：无
▶ 视频位置：光盘 \ 视频 \ 第 18 章 \ 实战 519.mp4</td></tr>
</table>

● 实例介绍 ●

下面将主要介绍更改素材1持续时间的操作方法。

● 操作步骤 ●

STEP 01 选择"素材1"素材，单击"素材"|"持续时间"命令，如图18-16所示。

STEP 02 弹出"持续时间"对话框，在其中设置持续时间为00:00:03:00，如图18-17所示。

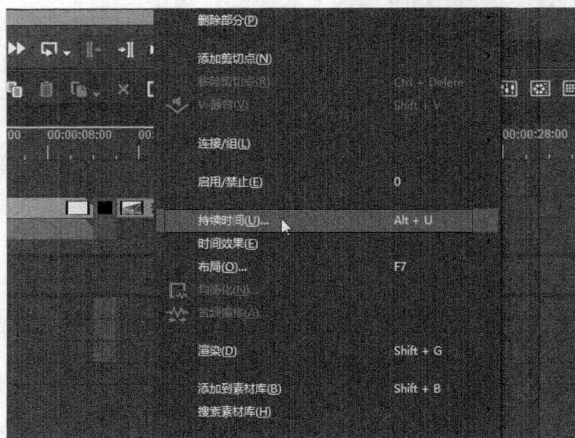

图18-16 单击"持续时间"命令

图18-17 设置素材持续时间

STEP 03 单击"确定"按钮，调整"素材1"素材的持续时
间长度，在轨道面板中查看调整持续时间后的素材区间长
度，如图18-18所示。

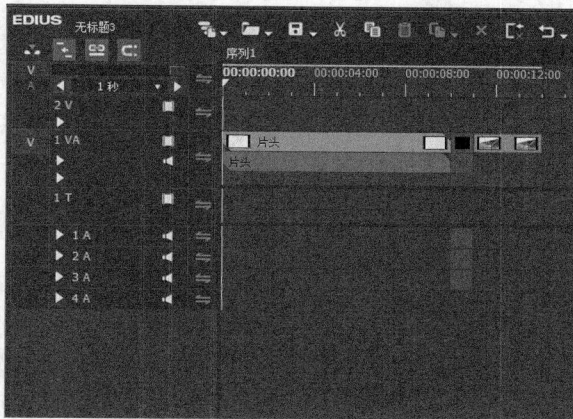

图18-18 查看素材区间长度

实战 520　添加素材2

▶ 实例位置：无
▶ 素材位置：无
▶ 视频位置：光盘\视频\第18章\实战520.mp4

● 实例介绍 ●

下面将主要介绍添加素材2的操作方法。

● 操作步骤 ●

STEP 01 在"素材库"面板中，选择"素材2"素材，如图
18-19所示。

STEP 02 在选择的"素材2"素材上，按住鼠标左键并拖曳
至视频轨中"素材1"的结尾处，释放鼠标左键，添加"素
材2"素材，如图18-20所示。

图18-19 选择"素材2"素材

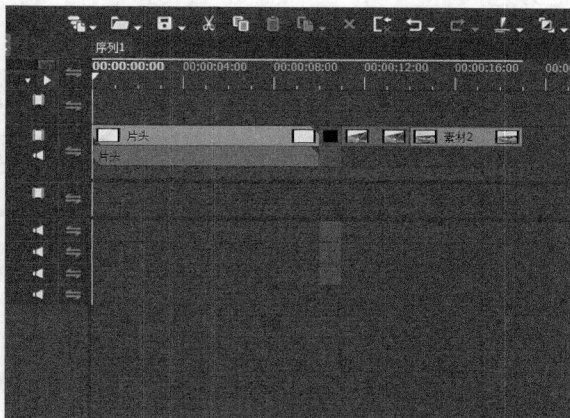

图18-20 添加"素材2"素材

实战 521　更改素材2持续时间

▶ 实例位置：无
▶ 素材位置：无
▶ 视频位置：光盘\视频\第18章\实战521.mp4

● 实例介绍 ●

下面将主要介绍更改素材2持续时间的操作方法。

● 操作步骤 ●

STEP 01 在素材上单击鼠标右键，在弹出的快捷菜单中选择
"持续时间"选项，如图18-21所示。

STEP 02 弹出"持续时间"对话框，在其中设置持续时间
为00:00:03:00，如图18-22所示。

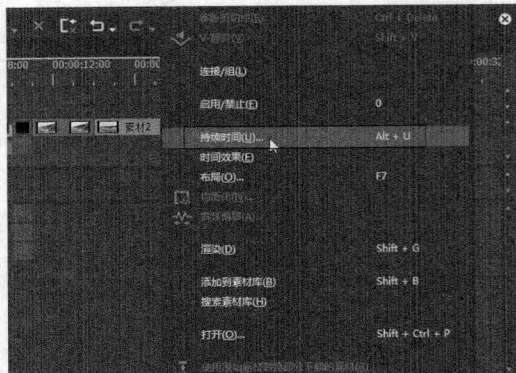

图18-21 选择"持续时间"选项

图18-22 设置素材持续时间

STEP 03 单击"确定"按钮，调整"素材2"素材的持续时间长度，在轨道面板中查看调整持续时间后的素材区间长度，如图18-23所示。

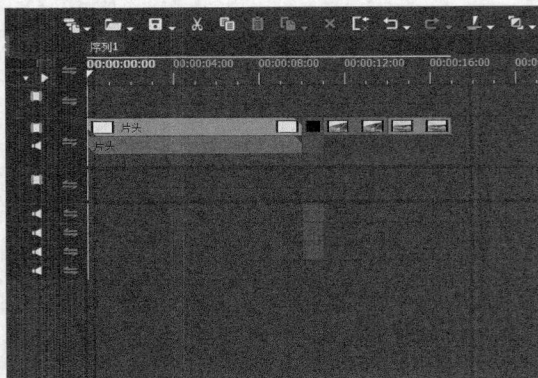

图18-23 调整素材持续时间

实战 522 添加素材3

▶ 实例位置：无
▶ 素材位置：无
▶ 视频位置：光盘 \ 视频 \ 第 18 章 \ 实战 522.mp4

● 实例介绍 ●

下面将主要介绍添加素材3的操作方法。

● 操作步骤 ●

STEP 01 在"素材库"面板中，选择"素材3"素材，如图18-24所示。

STEP 02 在选择的"素材3"素材上，按住鼠标左键并拖曳至视频轨中"素材2"的结尾处，释放鼠标左键，添加"素材3"素材，如图18-25所示。

图18-24 选择"素材3"素材

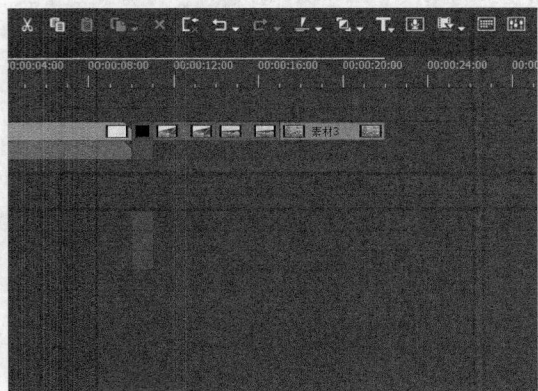

图18-25 添加"素材3"素材

STEP 03 调整"素材3"素材的持续时间为00:00:03:00，调整素材的区间长度，如图18-26所示。

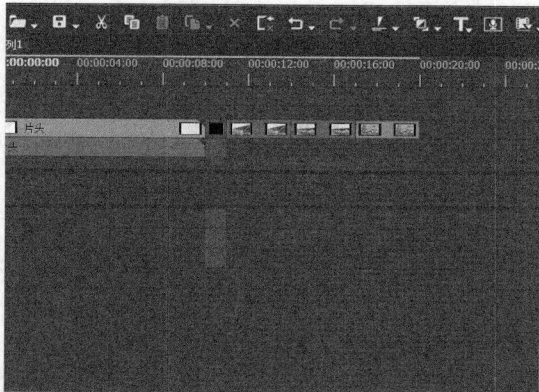

图18-26 调整素材的区间长度

实战 523 添加素材4

▶ 实例位置：无
▶ 素材位置：无
▶ 视频位置：光盘 \ 视频 \ 第 18 章 \ 实战 523.mp4

● 实例介绍 ●

下面将主要介绍添加素材4的操作方法。

● 操作步骤 ●

STEP 01 在"素材库"面板中，选择"素材4"素材，如图18-27所示。

STEP 02 在选择的"素材4"素材上，按住鼠标左键并拖曳至视频轨中"素材3"的结尾处，释放鼠标左键，添加"素材4"素材，如图18-28所示。

图18-27 选择"素材4"素材

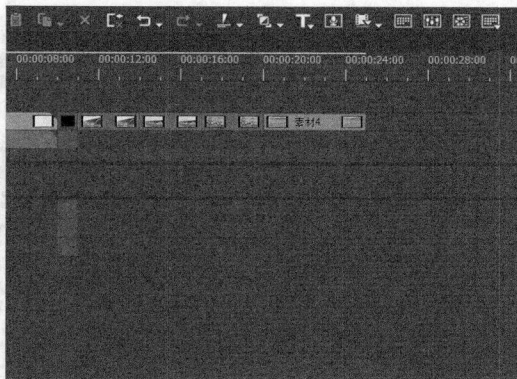

图18-28 添加"素材4"素材

STEP 03 调整"素材4"素材的持续时间为00:00:03:00，调整素材的区间长度，如图18-29所示。

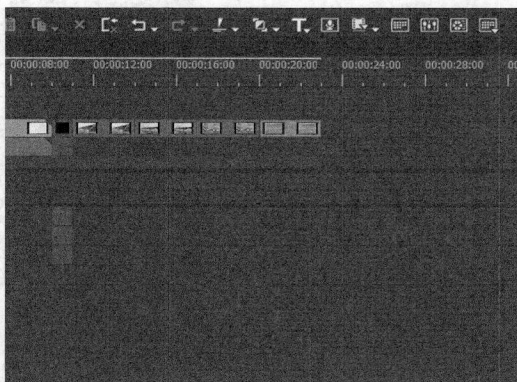

图18-29 调整素材的区间长度

▶ 实例位置：无
▶ 素材位置：无
▶ 视频位置：光盘＼视频＼第 18 章＼实战 524.mp4

实战 524 添加其他素材

● 实例介绍 ●

下面将主要介绍添加其他素材的操作方法。

● 操作步骤 ●

STEP 01 用与上述同样的方法，在视频轨中的其他位置添加相应的视频素材与色块素材，并调整素材与色块的区间长度，此时轨道面板如图18-30所示。

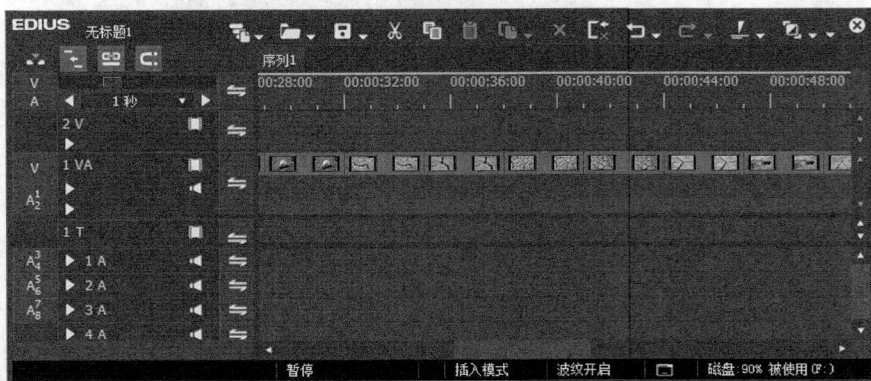

图18-30 添加相应的视频素材与色块素材

STEP 02 将时间线移至素材的开始位置，单击录制窗口下方的"播放"按钮，预览制作的视频画面效果，如图18-31所示。

图18-31 预览制作的视频画面效果

实战
525

制作"Alpha自定义图像"转场效果

▶ 实例位置：无
▶ 素材位置：无
▶ 视频位置：光盘 \ 视频 \ 第 18 章 \ 实战 525.mp4

● 实例介绍 ●

下面将主要介绍制作"Alpha自定义图像"转场效果的操作方法。

● 操作步骤 ●

STEP 01 在轨道面板中，单击"1秒"右侧的下拉按钮，在弹出的列表框中选择"10帧"选项，如图18-32所示，调整轨道面板的显示方式。

STEP 02 切换至"特效"面板，依次展开Alpha转场特效组，在其中选择"Alpha自定义图像"转场效果，如图18-33所示。

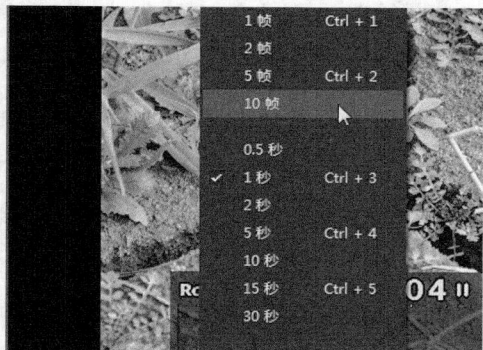

图18-32 选择"10帧"选项

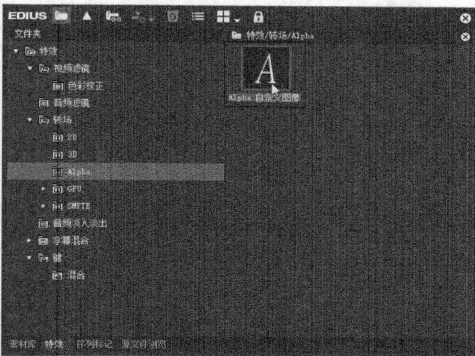

图18-33 选择相应的转场效果

STEP 03 在选择的转场效果上，按住鼠标左键并拖曳至视频轨中"片头"素材的结尾处，此时显示虚线框，表示转场将要放置的位置，如图18-34所示。

STEP 04 释放鼠标左键，在"片头"素材的结尾处添加转场效果，如图18-35所示。

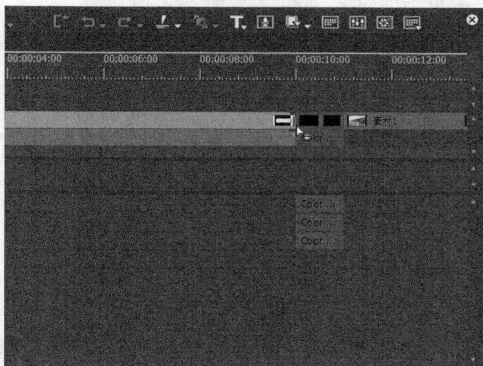

图18-34 拖曳至"片头"素材的结尾处

图18-35 添加相应的转场效果

STEP 05 单击"播放"按钮，预览添加的"Alpha自定义图像"转场效果，如图18-36所示。

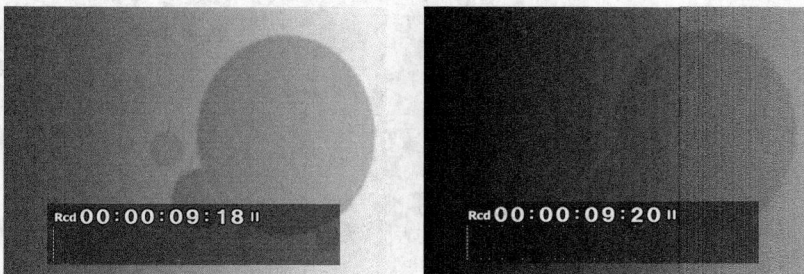

图18-36 预览添加的"Alpha自定义图像"转场效果

STEP 06 用与上述同样的方法，将"Alpha自定义图像"转场效果再次添加在视频轨中的黑色色块与"素材1"之间，添加转场效果，如图18-37所示。

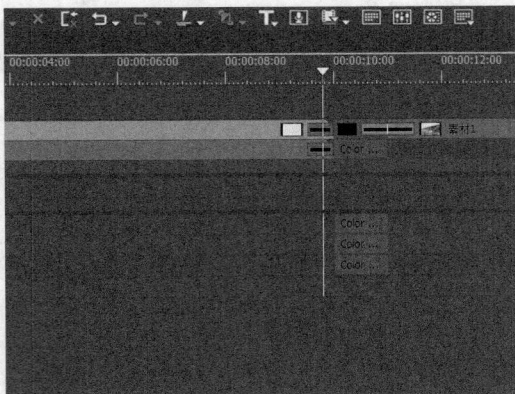

图18-37 添加相应的转场效果

实战 526 制作"卷页飞出"转场效果

▶ 实例位置：无
▶ 素材位置：无
▶ 视频位置：光盘 \ 视频 \ 第 18 章 \ 实战 526.mp4

● 实例介绍 ●

下面将主要介绍制作"卷页飞出"转场效果的操作方法。

● 操作步骤 ●

STEP 01 在"特效"面板中，展开3D转场特效组，选择"卷页飞出"转场效果，如图18-38所示。

STEP 02 在选择的转场效果上，按住鼠标左键并拖曳至视频轨中的"素材1"与"素材2"之间，此时显示虚线框，表示转场将要放置的位置，如图18-39所示。

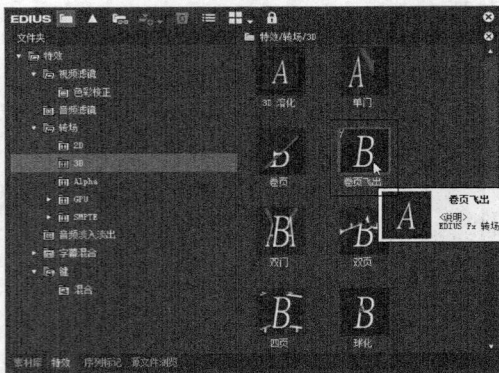

图18-38 选择"卷页飞出"转场效果

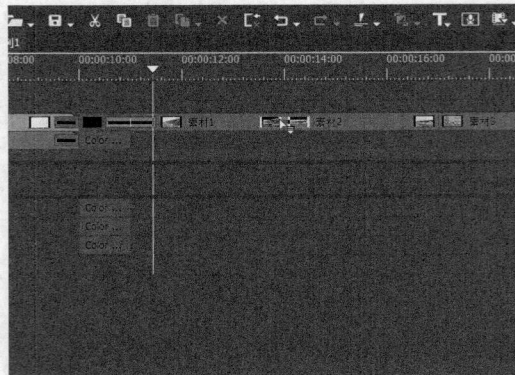

图18-39 将转场拖曳至相应素材之间

STEP 03 释放鼠标左键，添加"卷页飞出"转场效果，如图18-40所示。

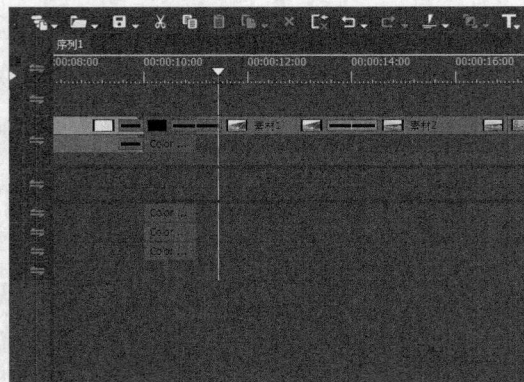

图18-40 添加"卷页飞出"转场效果

STEP 04 单击"播放"按钮,预览添加的"卷页飞出"转场效果,如图18-41所示。

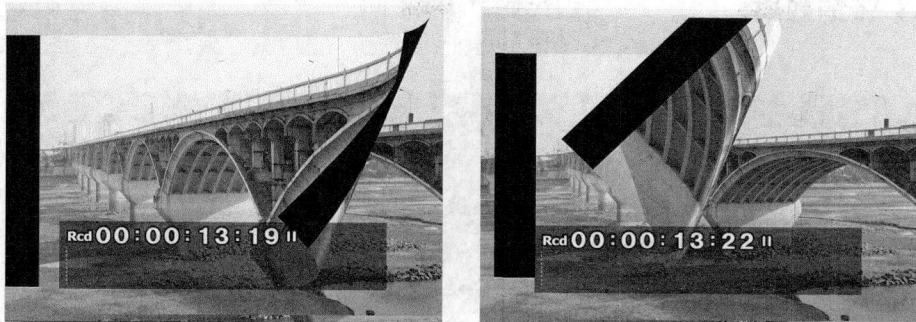

图18-41 预览添加的"卷页飞出"转场效果

实战 527 制作"3D翻入–从左下"转场效果

▶ 实例位置:无
▶ 素材位置:无
▶ 视频位置:光盘 \ 视频 \ 第 18 章 \ 实战 527. mp4

● 实例介绍 ●

下面将主要介绍制作"3D翻入–从左下"转场效果的操作方法。

● 操作步骤 ●

STEP 01 在"特效"面板中,展开"3D翻动"转场特效组,在其中选择"3D翻入–从左下"转场效果,如图18-42所示。

STEP 02 在选择的转场效果上,按住鼠标左键并拖曳至视频轨中的"素材2"与"素材3"之间,释放鼠标左键,添加"3D翻入–从左下"转场效果,如图18-43所示。

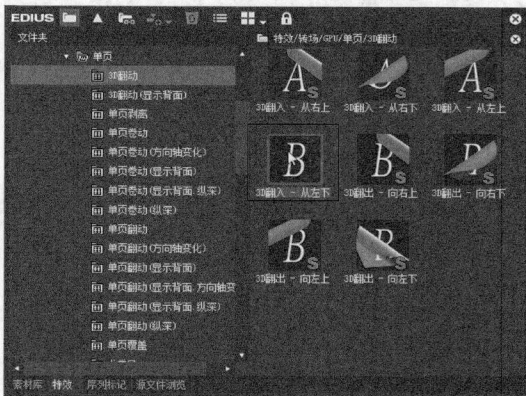

图18-42 选择"3D翻入–从左下"转场效果

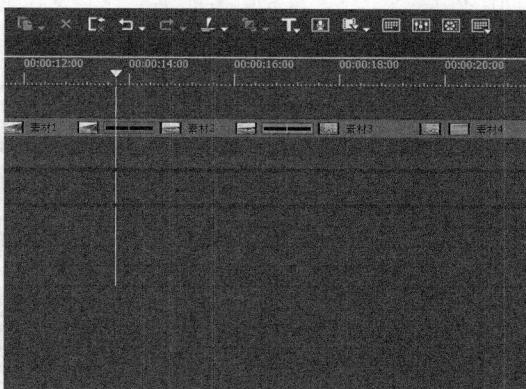

图18-43 添加"3D翻入–从左下"转场效果

STEP 03 单击"播放"按钮,预览添加的"3D翻入–从左下"转场效果,如图18-44所示。

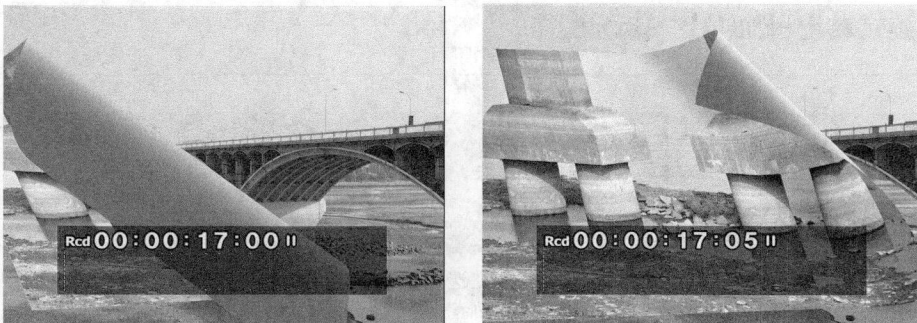

图18-44 预览添加的"3D翻入–从左下"转场效果

实战 528　制作"圆形"转场效果

▶ 实例位置：无
▶ 素材位置：无
▶ 视频位置：光盘 \ 视频 \ 第 18 章 \ 实战 528.mp4

• 实例介绍 •

下面将主要介绍制作"圆形"转场效果的操作方法。

• 操作步骤 •

STEP 01 在"特效"面板中，展开2D转场特效组，在其中选择"圆形"转场效果，如图18-45所示。

STEP 02 在选择的特效上，按住鼠标左键并拖曳至视频轨中的"素材3"与"素材4"之间，释放鼠标左键，添加"圆形"转场效果，如图18-46所示。

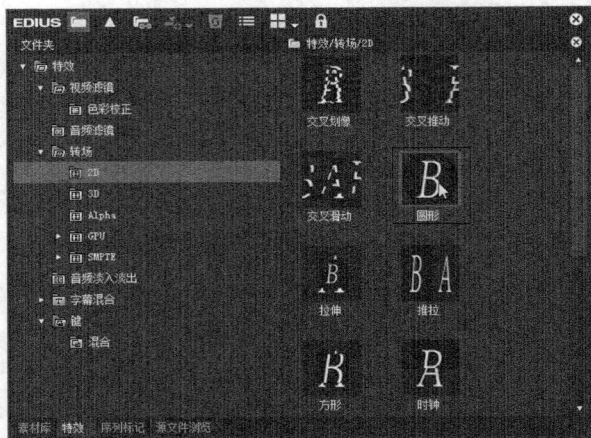

图18-45 选择"圆形"转场效果

图18-46 添加"圆形"转场效果

STEP 03 单击"播放"按钮，预览添加的"圆形"转场效果，如图18-47所示。

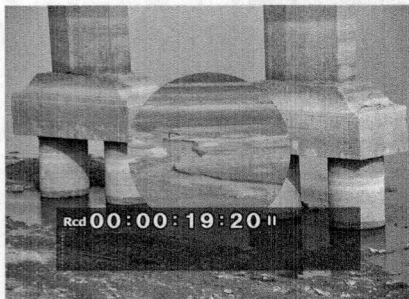

图18-47 预览添加的"圆形"转场效果

实战 529　制作"分割旋转转出-顺时针"转场效果

▶ 实例位置：无
▶ 素材位置：无
▶ 视频位置：光盘 \ 视频 \ 第 18 章 \ 实战 529.mp4

• 实例介绍 •

下面将主要介绍制作"分割旋转转出-顺时针"转场效果的操作方法。

• 操作步骤 •

STEP 01 在"特效"面板中，展开"分割"转场特效组，在其中选择"分割旋转转出-顺时针"转场效果，如图18-48所示。

STEP 02 在选择的转场效果上，按住鼠标左键并拖曳至视频轨中的"素材4"与"素材5"之间，释放鼠标左键，添加"分割旋转转出-顺时针"转场效果，如图18-49所示。

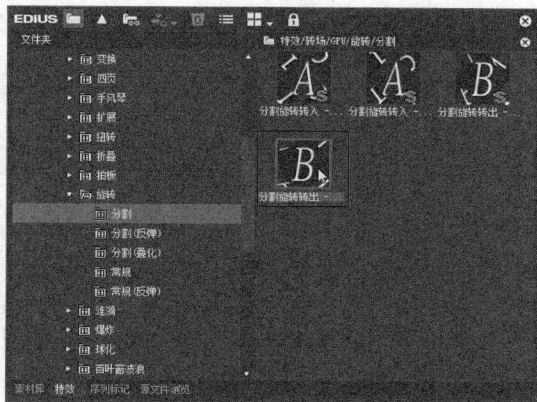

图18-48 选择"分割旋转转出–顺时针"转场

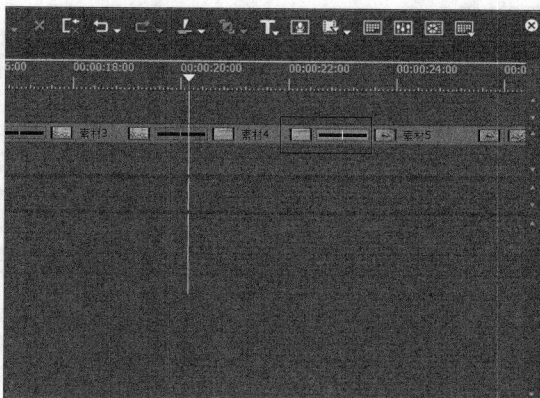

图18-49 添加"分割旋转转出–顺时针"转场

STEP 03 单击"播放"按钮，预览添加的"分割旋转转出–顺时针"转场效果，如图18-50所示。

图18-50 预览添加的"分割旋转转出– 顺时针"转场效果

实战 530　制作"波浪（小）–向上"转场效果

▶ 实例位置：无
▶ 素材位置：无
▶ 视频位置：光盘 \ 视频 \ 第 18 章 \ 实战 530.mp4

● 实例介绍 ●

下面将主要介绍制作"波浪（小）–向上"转场效果的操作方法。

● 操作步骤 ●

STEP 01 在"特效"面板中，展开"波浪"转场特效组，在其中选择"波浪（小）–向上"转场效果，如图18-51所示。

STEP 02 在选择的转场效果上，按住鼠标左键并拖曳至视频轨中的"素材5"与"素材6"之间，释放鼠标左键，添加"波浪（小）–向上"转场效果，如图18-52所示。

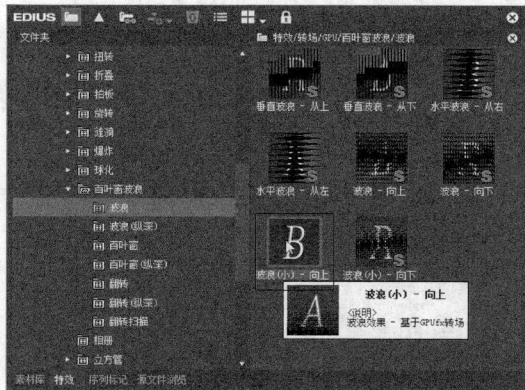

图18-51 选择"波浪（小）–向上"转场

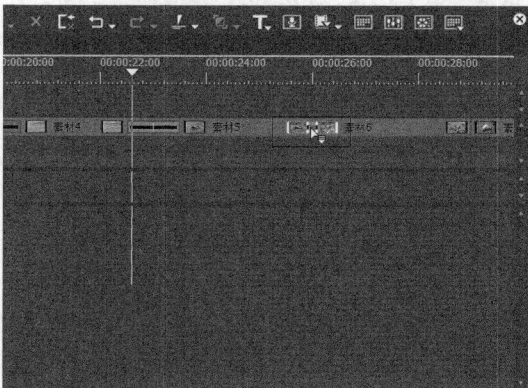

图18-52 添加"波浪（小）–向上"转场

<table>
<tr><td rowspan="2">实战
531</td><td rowspan="2">制作"从内卷管（淡出.环转）-5"转场
效果</td><td>▶ 实例位置：无</td></tr>
<tr><td>▶ 素材位置：无
▶ 视频位置：光盘\视频\第18章\实战531.mp4</td></tr>
</table>

● 实例介绍 ●

下面将主要介绍制作"从内卷管（淡出.环转）-5"转场效果的操作方法。

● 操作步骤 ●

STEP 01 在"特效"面板中，展开"竖管（淡出）"转场特效组，在其中选择"从内卷管（淡出.环转）-5"转场效果，如图18-53所示。

STEP 02 在选择的转场特效上，按住鼠标左键并拖曳至视频轨中的"素材6"与"素材7"之间，释放鼠标左键，添加"从内卷管（淡出.环转）-5"转场效果，如图18-54所示。

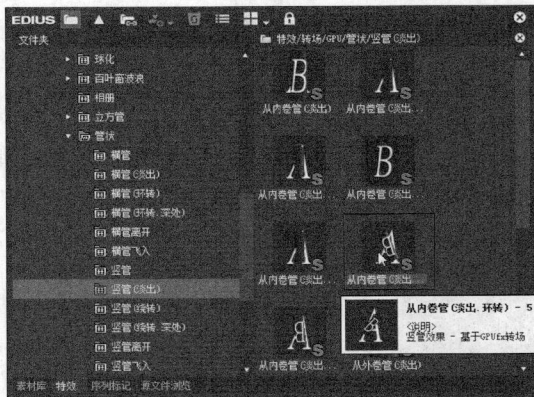

图18-53 选择"从内卷管（淡出.环转）-5"转场

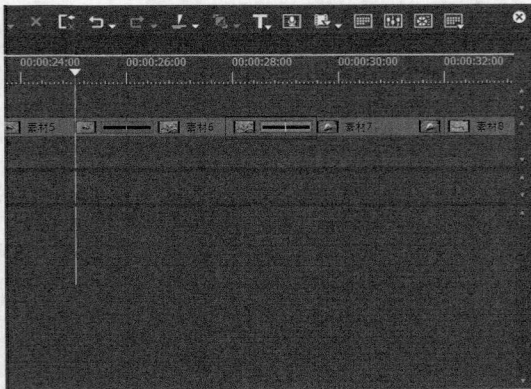

图18-54 添加"从内卷管（淡出.环转）-5"转场

<table>
<tr><td rowspan="2">实战
532</td><td rowspan="2">制作"横管出现（淡出.环转）-4"转场
效果</td><td>▶ 实例位置：无</td></tr>
<tr><td>▶ 素材位置：无
▶ 视频位置：光盘\视频\第18章\实战532.mp4</td></tr>
</table>

● 实例介绍 ●

下面将主要介绍制作"横管出现（淡出.环转）-4"转场效果的操作方法。

● 操作步骤 ●

STEP 01 在"特效"面板中，展开"横管（淡出）"转场特效组，在其中选择"横管出现（淡出.环转）-4"转场效果，如图18-55所示。

STEP 02 在选择的转场效果上，按住鼠标左键并拖曳至视频轨中的"素材7"与"素材8"之间，释放鼠标左键，添加"横管出现（淡出.环转）-4"转场效果，如图18-56所示。

图18-55 选择"横管出现（淡出.环转）-4"转场

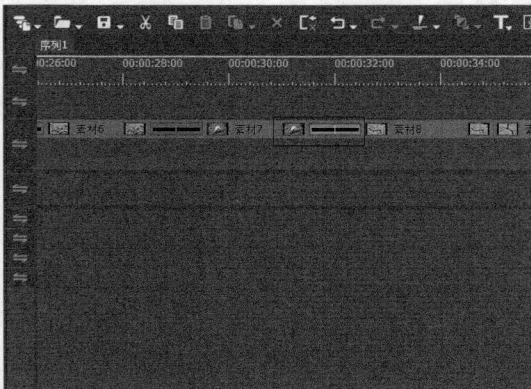

图18-56 添加"横管出现（淡出.环转）-4"转场

实战 533 制作其他转场效果

▶ **实例位置**：无
▶ **素材位置**：无
▶ **视频位置**：光盘 \ 视频 \ 第 18 章 \ 实战 532.mp4

● **实例介绍** ●

下面将主要介绍制作其他转场效果的操作方法。

● **操作步骤** ●

STEP 01 在"特效"面板中，展开"剥离（纵深）"转场特效组，在其中选择"四页剥离（纵深）-2"转场效果，如图18-57所示。

STEP 02 在选择的转场效果上，按住鼠标左键并拖曳至视频轨中的"素材8"与"素材9"之间，释放鼠标左键，添加"四页剥离（纵深）-2"转场效果，如图18-58所示。

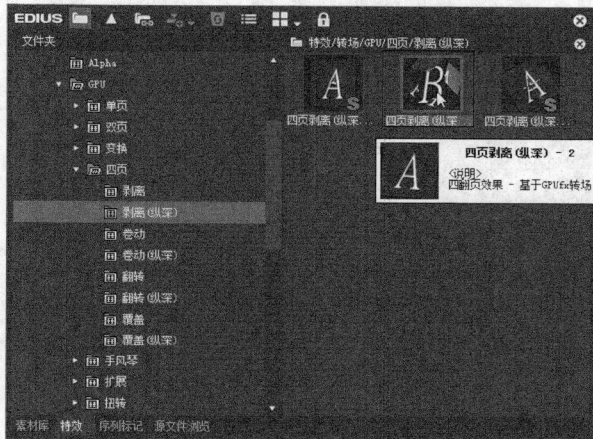

图18-57 选择"四页剥离（纵深）-2"转场

图18-58 添加"四页剥离（纵深）-2"转场

STEP 03 用与上述同样的方法，在其他各素材之间添加相应的转场效果，将时间线移至素材的开始位置，单击"播放"按钮，预览添加的转场效果，如图18-59所示。

图18-59 预览添加的转场效果

<table>
<tr><td>实战
534</td><td>添加素材15 至轨道</td><td>▶ 实例位置：无
▶ 素材位置：无
▶ 视频位置：光盘 \ 视频 \ 第 18 章 \ 实战 534.mp4</td></tr>
</table>

● 实例介绍 ●

下面将主要介绍添加素材15至轨道的操作方法。

● 操作步骤 ●

STEP 01 在轨道面板中，将时间线移至00:00:04:00位置处，如图18-60所示。

STEP 02 在"素材库"面板中，选择"素材15"文件，如图18-61所示。

图18-60 移动时间线的位置

图18-61 选择"素材15"文件

STEP 03 在选择的"素材15"文件上，按住鼠标左键并拖曳至2V视频轨中的时间线位置，释放鼠标左键，在2V视频轨中添加"素材15"文件，如图18-62所示。

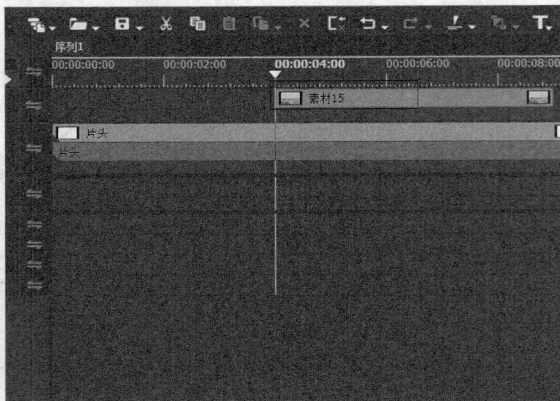

图18-62 添加"素材15"文件

<table>
<tr><td>实战
535</td><td>添加 "手绘遮罩" 滤镜效果</td><td>▶ 实例位置：无
▶ 素材位置：无
▶ 视频位置：光盘 \ 视频 \ 第 18 章 \ 实战 535.mp4</td></tr>
</table>

● 实例介绍 ●

下面将主要介绍添加"手绘遮罩"滤镜效果的操作方法。

● 操作步骤 ●

STEP 01 切换至"特效"面板，展开"视频滤镜"特效组，在其中选择"手绘遮罩"滤镜效果，如图18-63所示。

STEP 02 将选择的"手绘遮罩"滤镜效果拖曳至2V视频轨中的"素材15"文件上，如图18-64所示，释放鼠标左键，添加"手绘遮罩"滤镜效果。

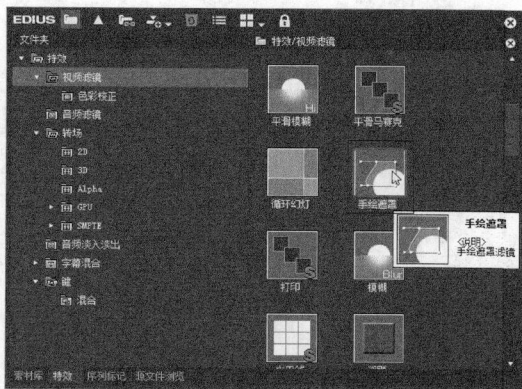

图18-63 选择"手绘遮罩"滤镜

图18-64 拖曳至"素材15"文件上

STEP 03 在"信息"面板中，查看添加的"手绘遮罩"滤镜效果，如图18-65所示。

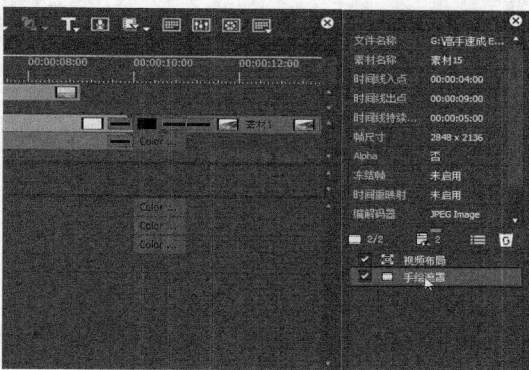

图18-65 添加"手绘遮罩"滤镜效果

实战 536	设置"手绘遮罩"滤镜效果

▶ 实例位置：无
▶ 素材位置：无
▶ 视频位置：光盘 \ 视频 \ 第 18 章 \ 实战 536.mp4

● 实例介绍 ●

下面将主要介绍设置"手绘遮罩"滤镜效果的操作方法。

● 操作步骤 ●

STEP 01 在"手绘遮罩"滤镜效果上，单击鼠标右键，在弹出的快捷菜单中选择"打开设置对话框"选项，如图18-66所示。

STEP 02 执行操作后，弹出"手绘遮罩"对话框，单击上方的"绘制椭圆"按钮，如图18-67所示。

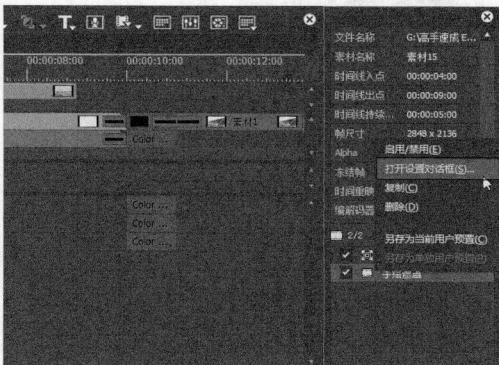

图18-66 选择"打开设置对话框"选项

图18-67 单击"绘制椭圆"按钮

STEP 03 在预览窗口中的适当位置，按住鼠标左键并拖曳，绘制一个椭圆路径，如图18-68所示。

STEP 04 在"外部"选项区中，设置"可见度"为0%；在"边缘"选项区中，选中"柔化"复选框，设置"宽度"为120.0 px；在"外形1"选项区中，设置"轴点"X和Y均为0.0 px，"位置"X为327.9 px，Y为-29.4 px，"缩放"X和Y均为100.00%，如图18-69所示，设置椭圆路径的参数。

图18-68 绘制一个椭圆路径

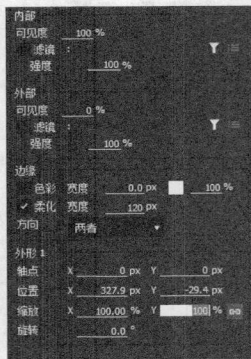

图18-69 设置椭圆路径的参数

实战 537 设置视频布局

▶ 实例位置：无
▶ 素材位置：无
▶ 视频位置：光盘 \ 视频 \ 第 18 章 \ 实战 537.mp4

● 实例介绍 ●

下面将主要介绍设置视频布局的操作方法。

● 操作步骤 ●

STEP 01 设置完成后，单击"确定"按钮，在"信息"面板中的"视频布局"选项上，单击鼠标右键，在弹出的快捷菜单中选择"打开设置对话框"选项，如图18-70所示。

STEP 02 弹出"视频布局"对话框，在"参数"面板的"可见度和颜色"选项区中，设置"源素材"为0.0%，如图18-71所示。

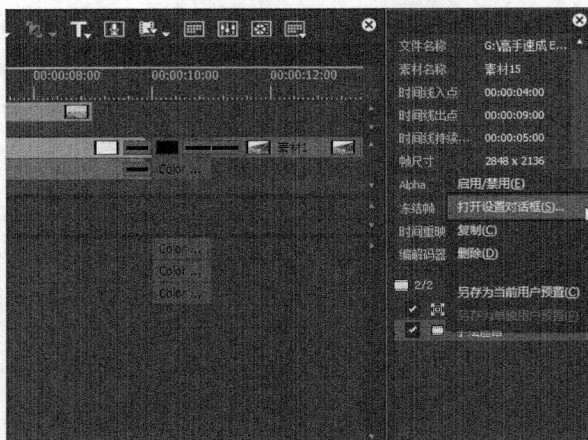

图18-70 选择"打开设置对话框"选项

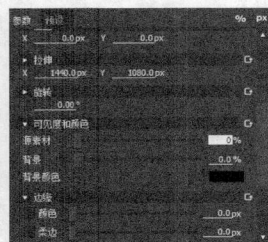

图18-71 设置"源素材"为0.0%

STEP 03 在下方效果控制面板中，选中"可见度和颜色"复选框，单击右侧的"添加/删除关键帧"按钮，添加1个关键帧，如图18-72所示。

STEP 04 在效果控制面板中，将时间线移至00:00:00:20的位置处，如图18-73所示。

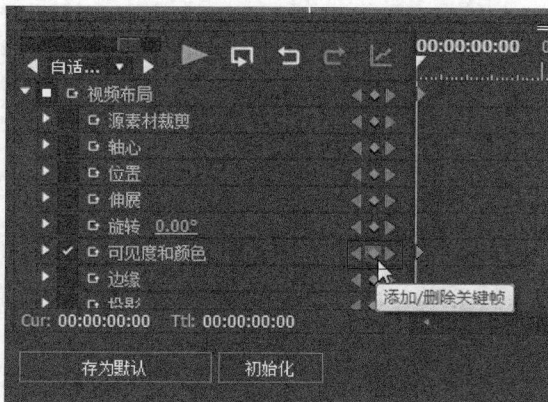

图18-72 添加1个关键帧

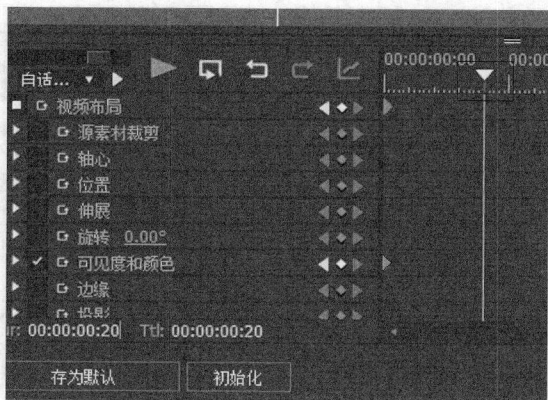

图18-73 移动时间线的位置

STEP 05 在"参数"面板的"可见度和颜色"选项区中，设置"源素材"为100.0%，如图18-74所示。

STEP 06 在效果控制面板中的时间线位置，自动添加第2个关键帧，如图18-75所示。

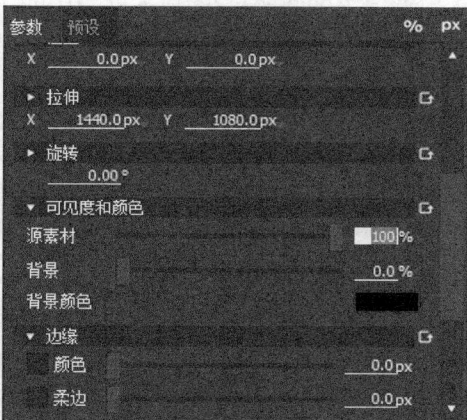

图18-74 设置"源素材"为100.0%

图18-75 自动添加第2个关键帧

STEP 07 在效果控制面板中，将时间线移至00:00:04:13位置处，如图18-76所示。

STEP 08 单击"可见度和颜色"右侧的"添加/删除关键帧"按钮，添加第3个关键帧，如图18-77所示。

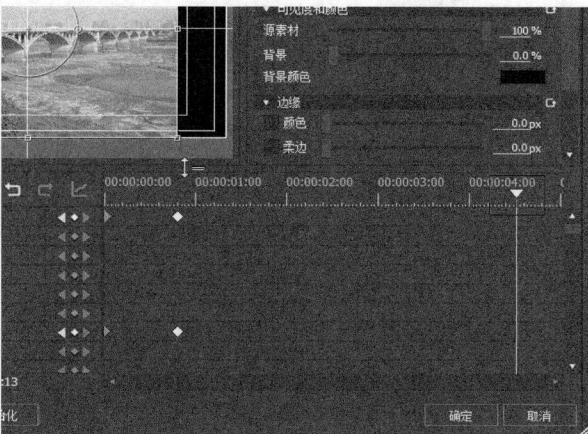

图18-76 移动时间线的位置

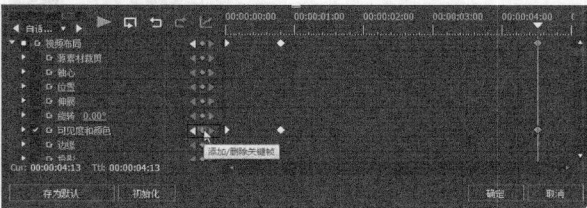

图18-77 添加第3个关键帧

STEP 09 在效果控制面板中，将时间线移至00:00:05:00位置处，如图18-78所示。

STEP 10 在"参数"面板的"可见度和颜色"选项区中，设置"源素材"为0.0%，如图18-79所示。

图18-78 移动时间线的位置

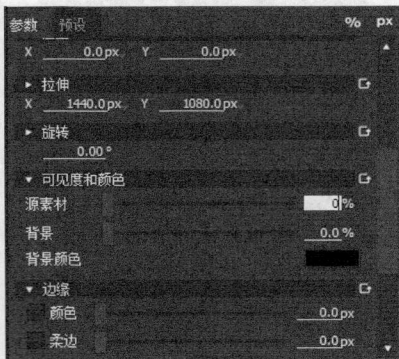

图18-79 设置"源素材"为0.0%

STEP 11 在效果控制面板中的时间线位置,自动添加第4个关键帧,如图18-80所示。

STEP 12 单击"确定"按钮,返回EDIUS 8工作界面,在轨道面板中,将时间线移至00:00:04:00位置处,如图18-81所示。

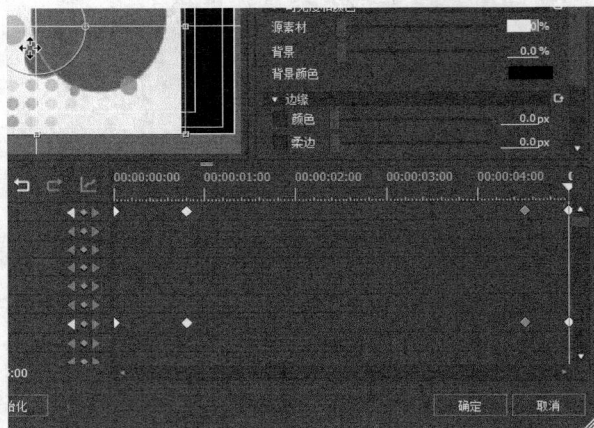

图18-80 自动添加第4个关键帧

图18-81 移动时间线的位置

STEP 13 单击"播放"按钮,预览制作的视频遮罩效果,如图18-82所示。

图18-82 预览制作的视频遮罩效果

<table>
<tr><td rowspan="2">**实战**
538</td><td rowspan="2">**添加边框素材**</td><td>▶ 实例位置：无</td></tr>
<tr><td>▶ 素材位置：无</td></tr>
</table>

▶ 视频位置：光盘 \ 视频 \ 第 18 章 \ 实战 538.mp4

● 实例介绍 ●

下面将主要介绍添加边框素材的操作方法。

● 操作步骤 ●

STEP 01 在轨道面板中，将时间线移至00:00:10:14位置处，如图18-83所示。

STEP 02 在"素材库"面板中，选择"边框素材"文件，如图18-84所示。

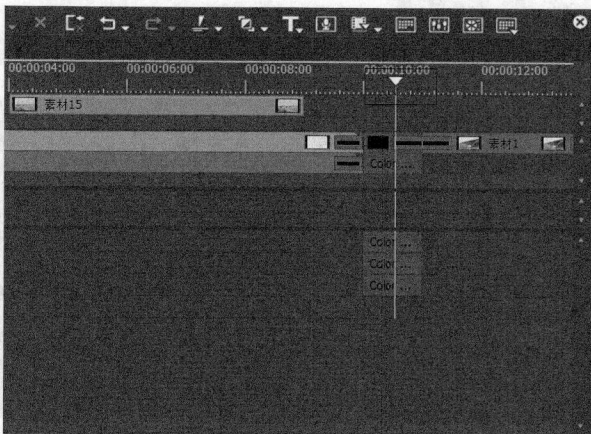

图18-83 移动时间线的位置

图18-84 选择"边框素材"文件

STEP 03 将选择的"边框素材"文件拖曳至2V视频轨中的时间线位置，如图18-85所示。

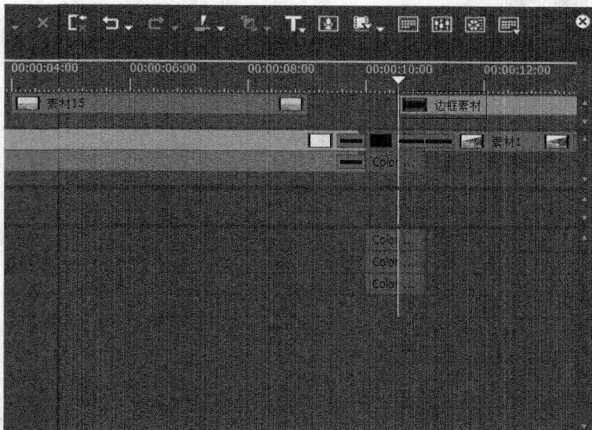

图18-85 拖曳至2V视频轨中

<table>
<tr><td rowspan="2">**实战**
539</td><td rowspan="2">**更改边框素材持续时间**</td><td>▶ 实例位置：无</td></tr>
<tr><td>▶ 素材位置：无</td></tr>
</table>

▶ 视频位置：光盘 \ 视频 \ 第 18 章 \ 实战 539.mp4

● 实例介绍 ●

下面将主要介绍更改边框素材持续时间的操作方法。

● 操作步骤 ●

STEP 01 选择添加的"边框素材"文件，单击"素材"|"持续时间"命令，如图18-86所示。

STEP 02 执行操作后，弹出"持续时间"对话框，在其中设置持续时间为00:00:42:15，如图18-87所示。

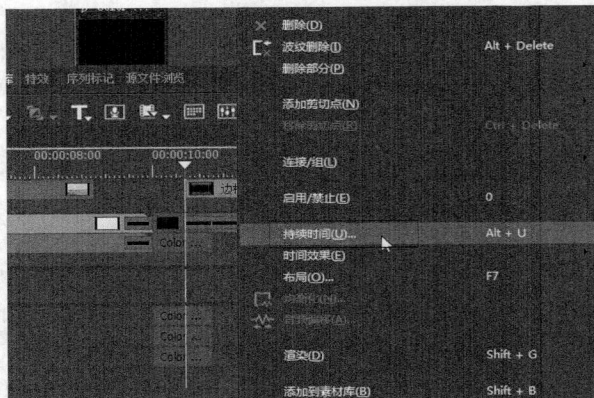

图18-86 单击"持续时间"命令

图18-87 设置素材持续时间

STEP 03 单击"确定"按钮，更改"边框素材"文件的持续时间，如图18-88所示。

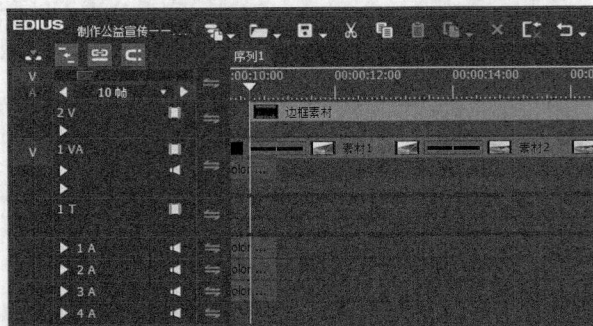

图18-88 更改素材持续时间

实战 540 设置边框素材布局

▶ 实例位置：无
▶ 素材位置：无
▶ 视频位置：光盘 \ 视频 \ 第 18 章 \ 实战 540.mp4

● 实例介绍 ●

下面将主要介绍设置边框素材布局的操作方法。

● 操作步骤 ●

STEP 01 在"信息"面板中的"视频布局"选项上，单击鼠标右键，在弹出的快捷菜单中选择"打开设置对话框"选项，如图18-89所示。

STEP 02 执行操作后，弹出"视频布局"对话框，在"参数"面板的"可见度和颜色"选项区中，设置"源素材"为0.0%，如图18-90所示。

图18-89 选择"打开设置对话框"选项

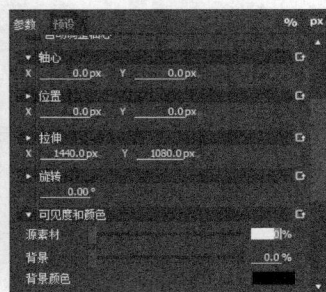

图18-90 设置"源素材"为0.0%

STEP 03 在下方效果控制面板中，选中"可见度和颜色"复选框，单击右侧的"添加/删除关键帧"按钮，添加1个关键帧，如图18-91所示。

STEP 04 在效果控制面板中，将时间线移至00:00:01:02位置处，如图18-92所示。

图18-91 添加1个关键帧

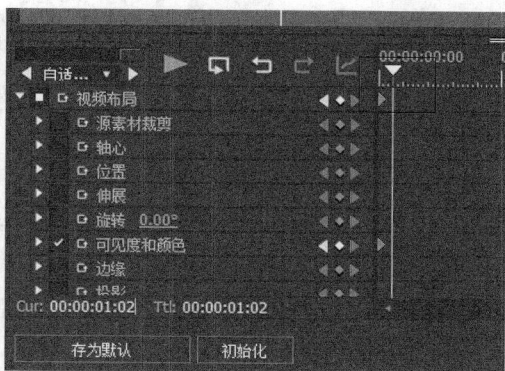

图18-92 移动时间线的位置

STEP 05 在"参数"面板的"可见度和颜色"选项区中，设置"源素材"为100.0%，如图18-93所示。

STEP 06 在效果控制面板中的时间线位置，自动添加第2个关键帧，如图18-94所示。

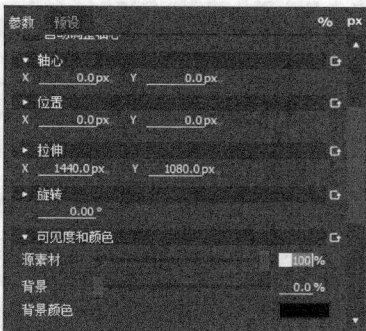

图18-93 设置"源素材"为100.0%

图18-94 自动添加第2个关键帧

STEP 07 在效果控制面板中，将时间线移至00:00:41:00位置处，单击"可见度和颜色"右侧的"添加/删除关键帧"按钮，添加第3个关键帧，如图18-95所示。

STEP 08 在效果控制面板中，将时间线移至00:00:42:15位置处，如图18-96所示。

图18-95 添加第3个关键帧

图18-96 移动时间线的位置

STEP 09 在"参数"面板的"可见度和颜色"选项区中，设置"源素材"为0.0%，如图18-97所示。

STEP 10 在效果控制面板中的时间线位置，自动添加第4个关键帧，如图18-98所示。

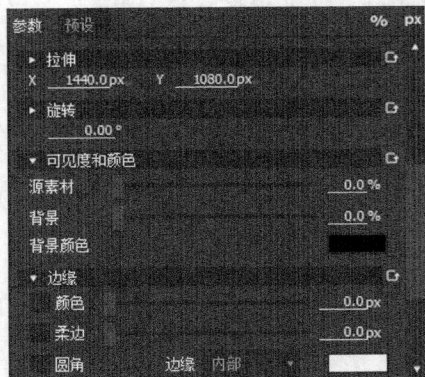

图18-97 设置"源素材"为0.0%

图18-98 自动添加第4个关键帧

STEP 11 设置完成后，单击"确定"按钮，返回EDIUS 8工作界面，将时间线移至素材的开始位置，单击"播放"按钮，预览制作的视频边框效果，如图18-99所示。

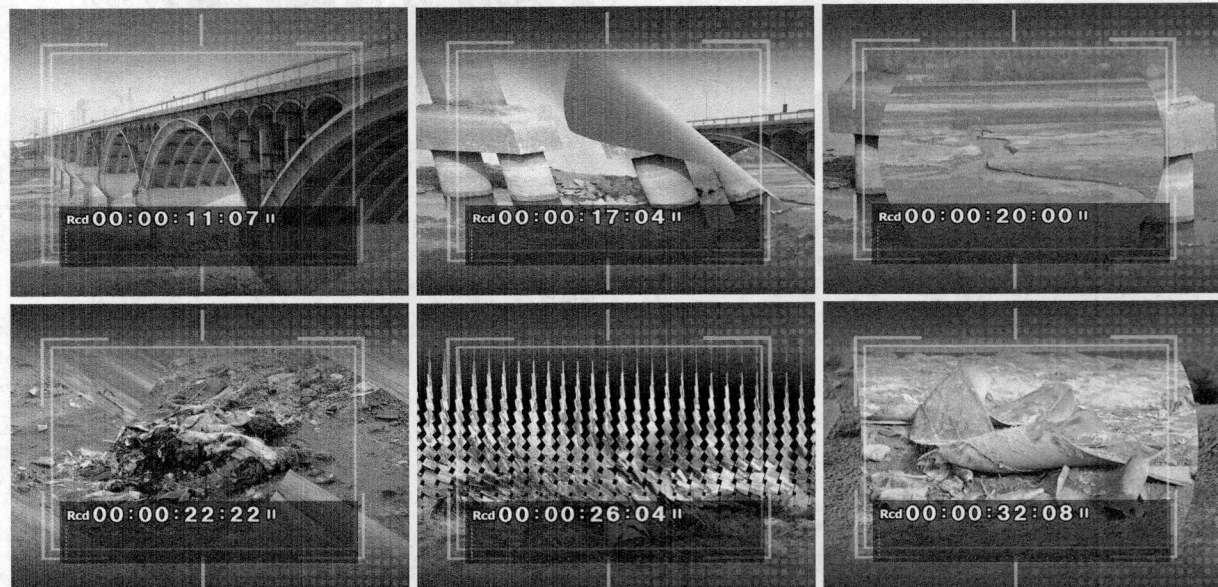

图18-99 预览制作的视频边框效果

实战 541 添加素材16至轨道

▶ 实例位置：无
▶ 素材位置：无
▶ 视频位置：光盘\视频\第18章\实战541.mp4

● 实例介绍 ●

下面将主要介绍添加素材16至轨道的操作方法。

● 操作步骤 ●

STEP 01 在轨道面板中，将时间线移至00:01:00:00位置处，如图18-100所示。

STEP 02 在"素材库"面板中，选择"素材16"文件，如图18-101所示。

图18-100 移动时间线的位置

图18-101 选择"素材16"文件

STEP 03 在选择的"素材16"文件上，按住鼠标左键并拖曳至2V视频轨中的时间线位置，释放鼠标左键，在2V视频轨中添加"素材16"文件，如图18-102所示。

STEP 04 向右拖曳"素材16"文件右侧的黄色标记，调整素材的持续时间，如图18-103所示。

图18-102 添加"素材16"文件

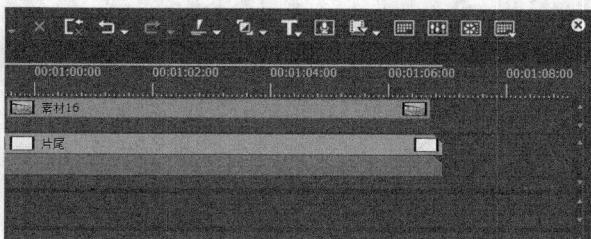

图18-103 手动调整素材的持续时间

实战 542 制作素材16滤镜效果

▶ 实例位置：无
▶ 素材位置：无
▶ 视频位置：光盘＼视频＼第18章＼实战542.mp4

● 实例介绍 ●

下面将主要介绍制作素材16滤镜效果的操作方法。

● 操作步骤 ●

STEP 01 切换至"特效"面板，展开"视频滤镜"特效组，在其中选择"手绘遮罩"滤镜效果，如图18-104所示。

STEP 02 将选择的"手绘遮罩"滤镜效果拖曳至2V视频轨中的"素材16"文件上，释放鼠标左键，添加"手绘遮罩"滤镜效果，在"信息"面板中，查看添加的"手绘遮罩"滤镜效果，如图18-105所示。

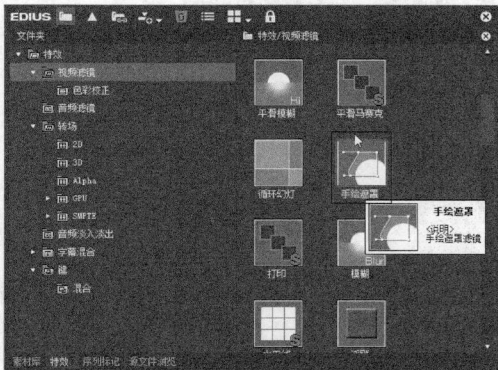

图18-104 选择"手绘遮罩"滤镜效果

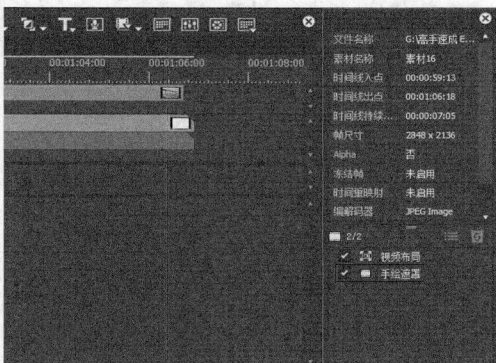

图18-105 添加"手绘遮罩"滤镜效果

STEP 03 在"手绘遮罩"滤镜效果上，单击鼠标右键，在弹出的快捷菜单中选择"打开设置对话框"选项，如图18-106所示。

STEP 04 执行操作后，弹出"手绘遮罩"对话框，单击上方的"绘制矩形"按钮，如图18-107所示。

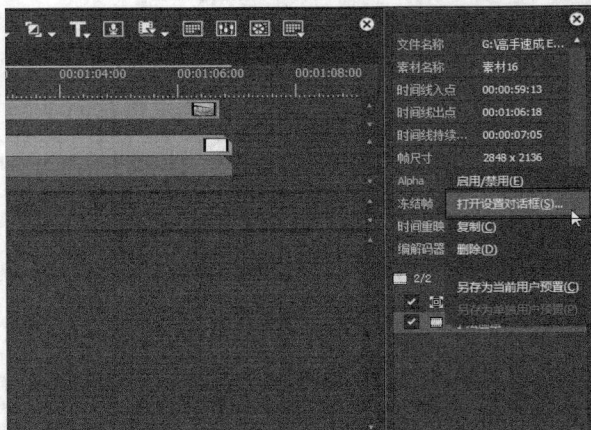

图18-106 选择"打开设置对话框"选项

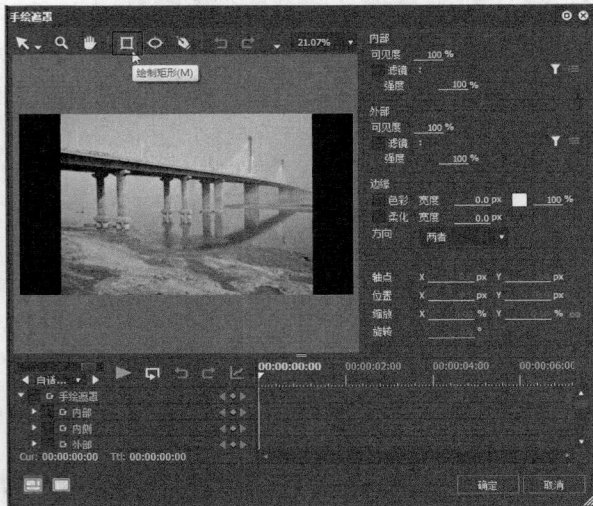

图18-107 单击"绘制矩形"按钮

STEP 05 在预览窗口中的适当位置，按住鼠标左键并拖曳，绘制一个矩形路径，如图18-108所示。

STEP 06 在"外部"选项区中，设置"可见度"为0%；在"边缘"选项区中，选中"柔化"复选框，设置"宽度"为130.0 px；在"外形1"选项区中，设置"轴点"X和Y均为0.0 px，"位置"X为-2.3 px，Y为230.6 px，"缩放"X和Y均为90.70.%，如图18-109所示，设置矩形路径的参数。

图18-108 绘制一个矩形路径

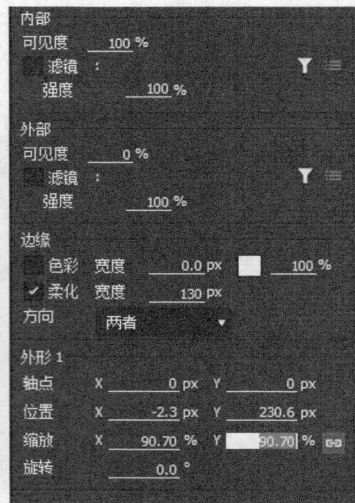

图18-109 设置矩形路径的参数

实战 543 制作素材16布局

▶ 实例位置：无
▶ 素材位置：无
▶ 视频位置：光盘 \ 视频 \ 第 18 章 \ 实战 543.mp4

● 实例介绍 ●

下面将主要介绍制作素材16布局的操作方法。

• 操作步骤 •

STEP 01 设置完成后，单击"确定"按钮，在"信息"面板中的"视频布局"选项上，单击鼠标右键，在弹出的快捷菜单中选择"打开设置对话框"选项，如图18-110所示。

图18-110 选择"打开设置对话框"选项

STEP 02 弹出"视频布局"对话框，在"参数"面板的"可见度和颜色"选项区中，设置"源素材"为0.0%，如图18-111所示。

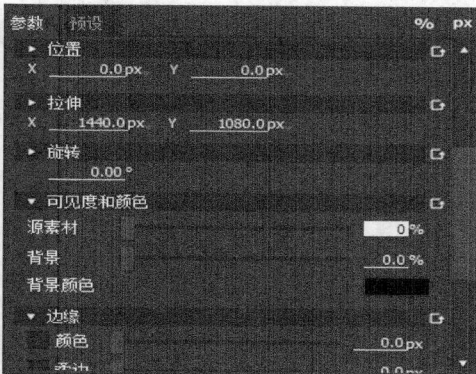

图18-111 设置"源素材"为0.0%

STEP 03 在下方效果控制面板中，选中"可见度和颜色"复选框，单击右侧的"添加/删除关键帧"按钮，添加1个关键帧，如图18-112所示。

图18-112 添加1个关键帧

STEP 04 在效果控制面板中，将时间线移至00:00:00:23位置处，如图18-113所示。

图18-113 移动时间线的位置

STEP 05 在"参数"面板的"可见度和颜色"选项区中，设置"源素材"为100.0%，如图18-114所示。

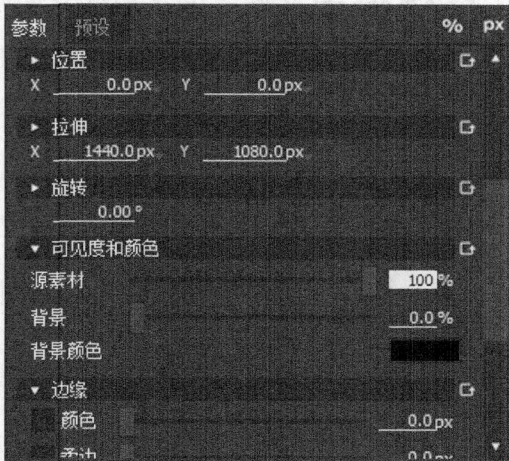

图18-114 设置"源素材"为100.0%

STEP 06 在效果控制面板中的时间线位置，自动添加第2个关键帧，如图18-115所示。

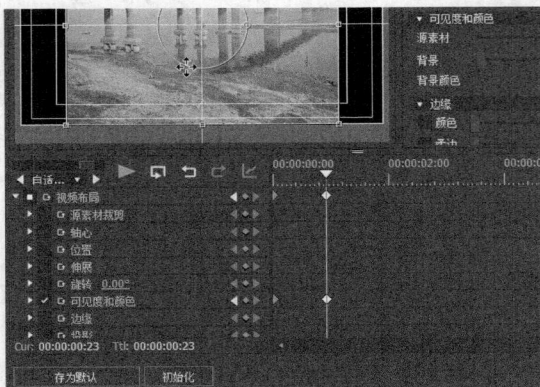

图18-115 自动添加第2个关键帧

STEP 07 设置完成后，单击"确定"按钮，返回EDIUS 8工作界面，单击"播放"按钮，预览制作的视频遮罩效果，如图18-116所示。

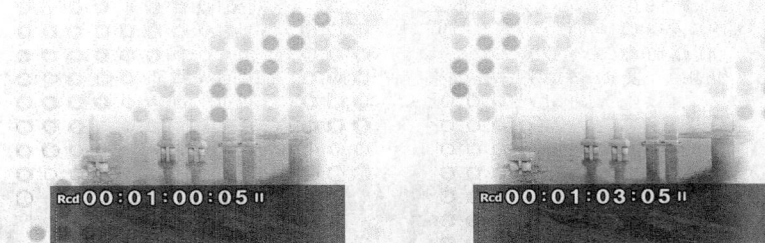

图18-116 预览制作的视频遮罩效果

实战 544 添加字幕轨道

▶ 实例位置：无
▶ 素材位置：无
▶ 视频位置：光盘 \ 视频 \ 第 18 章 \ 实战 544.mp4

● 实例介绍 ●

下面将主要介绍添加字幕轨道的操作方法。

● 操作步骤 ●

STEP 01 在轨道面板中选择1T字幕轨道，单击鼠标右键，在弹出的快捷菜单中选择"添加"|"在下方添加字幕轨道"选项，如图18-117所示。

STEP 02 执行操作后，弹出"添加轨道"对话框，在其中设置"数量"为1，如图18-118所示。

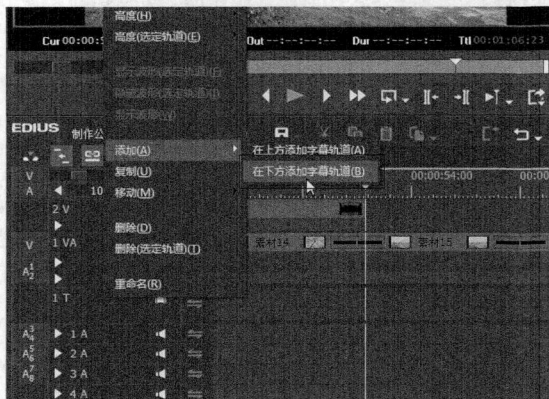

图18-117 选择"在下方添加字幕轨道"选项

图18-118 设置"数量"为1

STEP 03 单击"确定"按钮，在轨道面板中增加一条字幕轨道，如图18-119所示。

图18-119　增加一条字幕轨道

实战 545　添加字幕文件

▶ 实例位置：无
▶ 素材位置：无
▶ 视频位置：光盘 \ 视频 \ 第 18 章 \ 实战 545.mp4

● 实例介绍 ●

下面将主要介绍添加字幕文件的操作方法。

● 操作步骤 ●

STEP 01 在"素材库"面板中的空白位置上，单击鼠标右键，在弹出的快捷菜单中选择"添加文件"选项，如图18-120所示。

STEP 02 执行操作后，弹出"打开"对话框，在其中选择需要导入的字幕文件，如图18-121所示。

图18-120　选择"添加文件"选项

图18-121　选择需要导入的字幕文件

STEP 03 单击"打开"按钮，将字幕文件导入"素材库"面板中，如图18-122所示。

图18-122　导入"素材库"面板中

实战
546

添加"湘江"字幕

▶ 实例位置：无
▶ 素材位置：无
▶ 视频位置：光盘 \ 视频 \ 第 18 章 \ 实战 546.mp4

● 实例介绍 ●

下面将主要介绍添加"湘江"字幕文件的操作方法。

● 操作步骤 ●

STEP 01 在"素材库"面板中，选择"湘江"字幕文件，如图18-123所示。

图18-123 选择"湘江"字幕文件

STEP 02 将选择的字幕文件拖曳至1T字幕轨道中的开始位置，如图18-124所示。

图18-124 拖曳至1T字幕轨道中

STEP 03 在添加的字幕文件上，单击鼠标右键，在弹出的快捷菜单中选择"持续时间"选项，如图18-125所示。

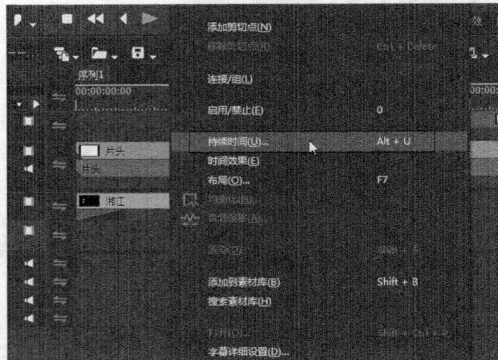

图18-125 选择"持续时间"选项

STEP 04 弹出"持续时间"对话框，在其中设置字幕的持续时间为00:00:10:00，如图18-126所示。

图18-126 设置字幕的持续时间

STEP 05 设置完成后，单击"确定"按钮，更改字幕的持续时间，如图18-127所示。

图18-127 更改字幕的持续时间

実战
547

制作"湘江"字幕特效

▶ 实例位置：无
▶ 素材位置：无
▶ 视频位置：光盘＼视频＼第 18 章＼实战 547.mp4

● 实例介绍 ●

下面将主要介绍制作"湘江"字幕特效的操作方法。

● 操作步骤 ●

STEP 01 切换至"特效"面板，在"柔化飞入"特效组中，选择"向上软划像"运动效果，如图18-128所示。

STEP 02 将选择的"向上软划像"运动效果拖曳至1T字幕轨道中的字幕文件上，如图18-129所示。

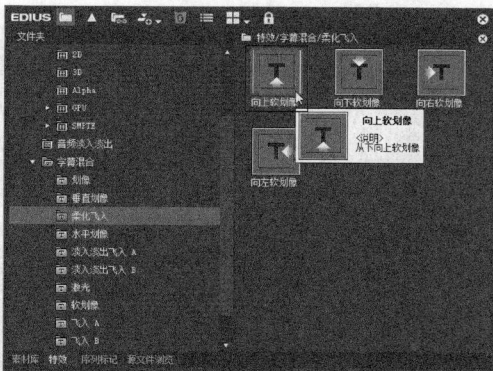

图18-128　选择"向上软划像"运动效果

图18-129　查看添加的运动效果

STEP 03 在"信息"面板中，查看添加的"向上软划像"运动效果，如图18-130所示。

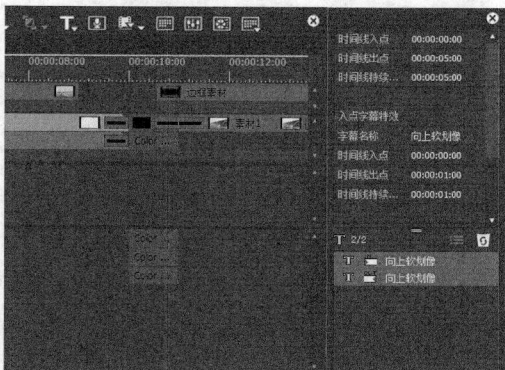

图18-130　查看添加的运动效果

STEP 04 单击"播放"按钮，预览制作的标题字幕动画效果，如图18-131所示。

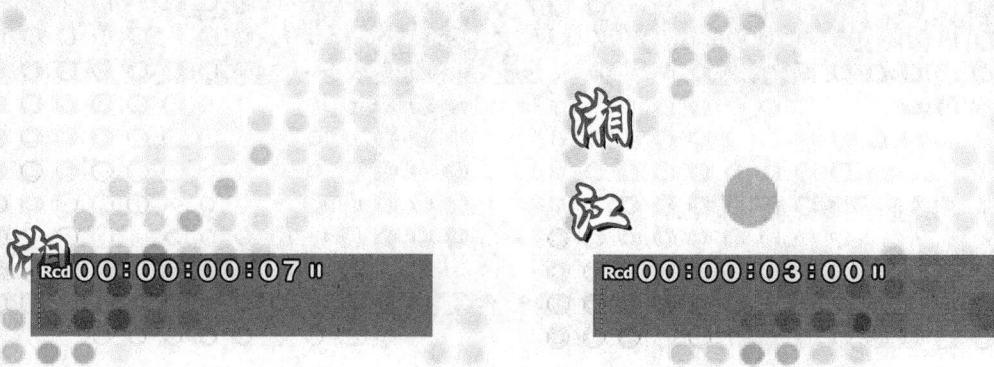

图18-131　预览制作的标题字幕动画效果

<table>
<tr><td rowspan="2">实战
548</td><td rowspan="2">添加"爱护环境"字幕</td><td>▶ 实例位置：无</td></tr>
<tr><td>▶ 素材位置：无</td></tr>
<tr><td colspan="2"></td><td>▶ 视频位置：光盘 \ 视频 \ 第 18 章 \ 实战 548.mp4</td></tr>
</table>

● 实例介绍 ●

下面将主要介绍添加"爱护环境"字幕的操作方法。

● 操作步骤 ●

STEP 01 在轨道面板中，将时间线移至00:00:01:00位置处，如图18-132所示。

STEP 02 在"素材库"面板中，选择"爱护环境"字幕文件，如图18-133所示。

图18-132 移动时间线的位置

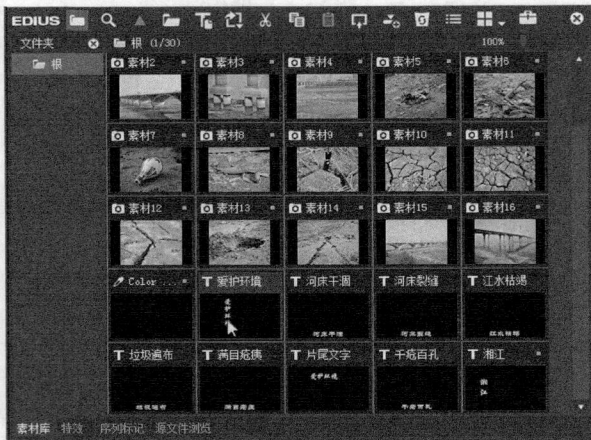

图18-133 选择"爱护环境"字幕

STEP 03 将选择的字幕文件拖曳至2T字幕轨道中的时间线位置，如图18-134所示。

STEP 04 向左拖曳"爱护环境"字幕右侧的黄色标记，调整字幕的持续时间，如图18-135所示。

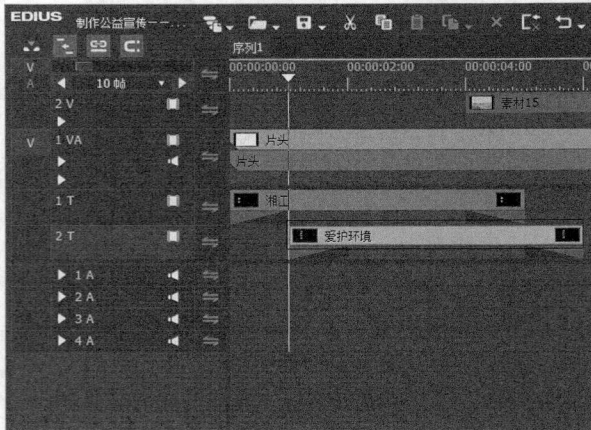

图18-134 添加"爱护环境"字幕

图18-135 调整字幕的持续时间

<table>
<tr><td rowspan="2">实战
549</td><td rowspan="2">制作"爱护环境"字幕特效</td><td>▶ 实例位置：无</td></tr>
<tr><td>▶ 素材位置：无</td></tr>
<tr><td colspan="2"></td><td>▶ 视频位置：光盘 \ 视频 \ 第 18 章 \ 实战 549.mp4</td></tr>
</table>

● 实例介绍 ●

下面将主要介绍制作"爱护环境"字幕特效的操作方法。

STEP 01 切换至"特效"面板，在"柔化飞入"特效组中，选择"向上软划像"运动效果，如图18-136所示。

STEP 02 将选择的"向上软划像"运动效果拖曳至2T字幕轨道中的字幕文件上，在"信息"面板中，查看添加的"向上软划像"运动效果，如图18-137所示。

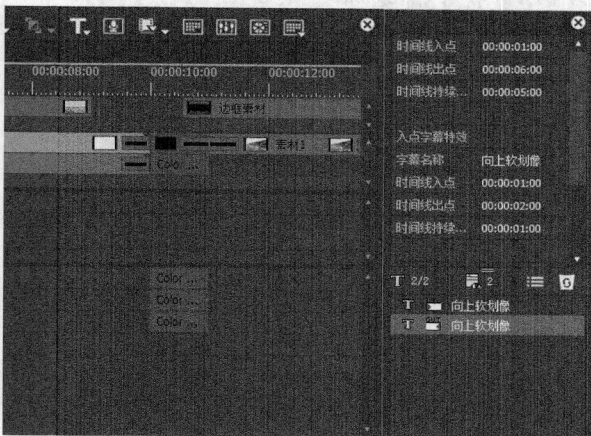

图18-136 选择"向上软划像"运动效果

图18-137 添加"向上软划像"运动效果

STEP 03 单击"播放"按钮，预览制作的标题字幕动画效果，如图18-138所示。

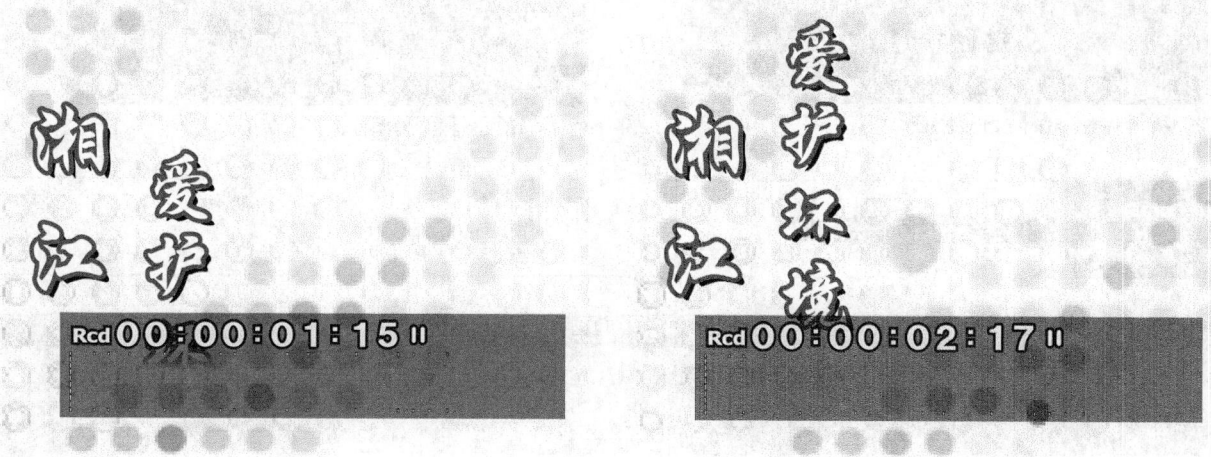

图18-138 预览制作的标题字幕动画效果

实战 550 添加"河床干涸"字幕

▶ 实例位置：无
▶ 素材位置：无
▶ 视频位置：光盘 \ 视频 \ 第 18 章 \ 实战 550.mp4

• 实例介绍 •

下面将主要介绍添加"河床干涸"字幕的操作方法。

• 操作步骤 •

STEP 01 在轨道面板中，将时间线移至00:00:11:14位置处，如图18-139所示。

STEP 02 在"素材库"面板中，选择"河床干涸"字幕文件，如图18-140所示。

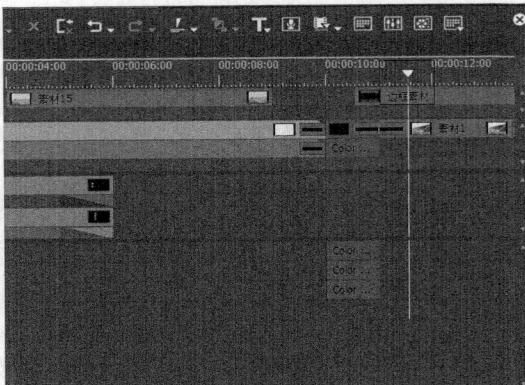

图18-139 移动时间线的位置

图18-140 选择"河床干涸"字幕文件

STEP 03 将选择的字幕文件拖曳至1T字幕轨道中的时间线位置，如图18-141所示。

STEP 04 向右拖曳"河床干涸"字幕右侧的黄色标记，调整字幕的持续时间，如图18-142所示。

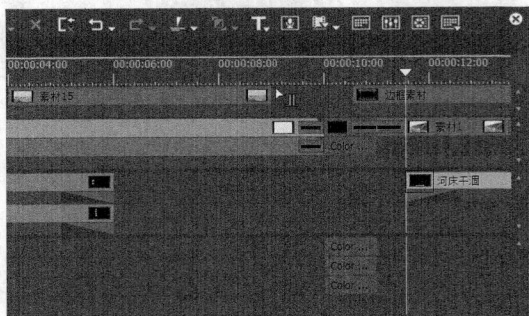

图18-141 拖曳至轨道中的时间线位置

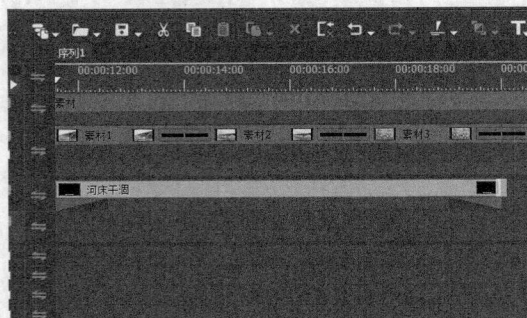

图18-142 调整字幕的持续时间

实战 551 制作其他字幕特效

▶ 实例位置：无
▶ 素材位置：无
▶ 视频位置：光盘 \ 视频 \ 第 18 章 \ 实战 551.mp4

● 实例介绍 ●

下面将主要介绍制作其他字幕特效的操作方法。

● 操作步骤 ●

STEP 01 在"特效"面板的"柔化飞入"特效组中，选择"向左软划像"运动效果，如图18-143所示。

STEP 02 将选择的"向左软划像"运动效果拖曳至1T字幕轨道中的字幕文件上，如图18-144所示。

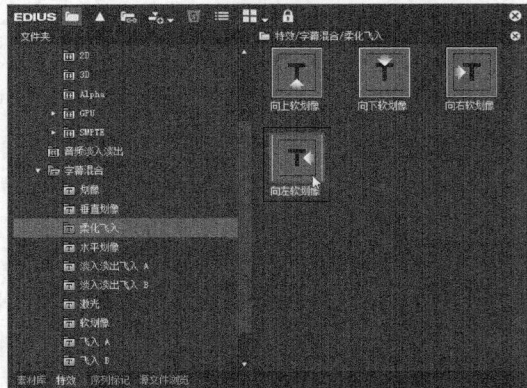

图18-143 选择"向左软划像"运动效果

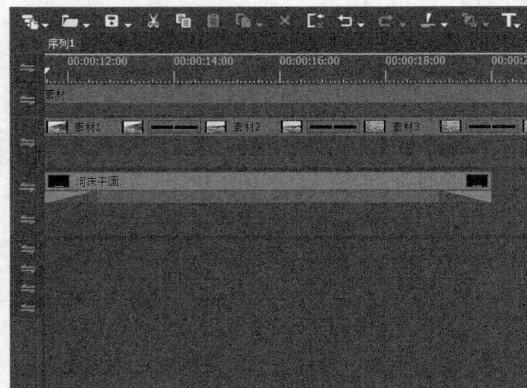

图18-144 添加"向左软划像"运动效果

STEP 03 在轨道面板中，向右拖曳"向左软划像"运动效果入点右侧的黄色标记，调整入点处的字幕运动区间长度，如图18-145所示。

STEP 04 在轨道面板中，向左拖曳"向左软划像"运动效果出点左侧的黄色标记，调整出点处的字幕运动区间长度，如图18-146所示。

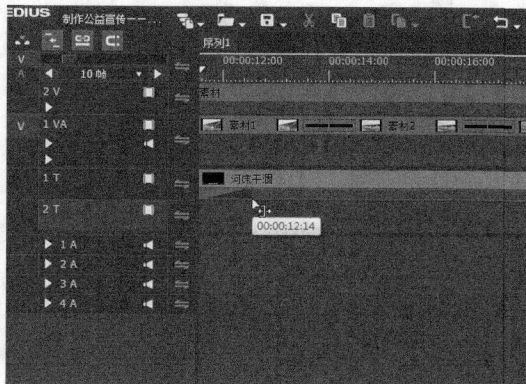

图18-145 调整字幕入点区间

图18-146 调整字幕出点区间

STEP 05 单击"播放"按钮，预览制作的标题字幕动画效果，如图18-147所示。

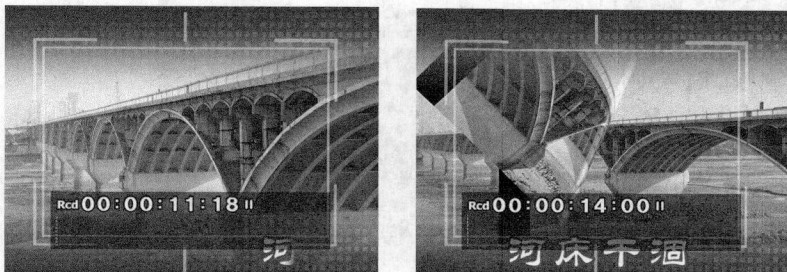

图18-147 预览制作的标题字幕动画效果

STEP 06 用与上述同样的方法，在1T字幕轨道中添加其他字幕文件，并设置字幕的运动特效，单击"播放"按钮，预览制作的其他标题字幕动画效果，如图18-148所示。

图18-148 预览制作的其他标题字幕动画效果

<table>
<tr><td rowspan="2">实战
552</td><td rowspan="2">影视后期处理</td><td>▶ 实例位置：光盘＼视频＼第18章＼制作公益宣传——《爱护环境》.ezp</td></tr>
</table>

实战 552	影视后期处理	▶ 实例位置：光盘＼视频＼第18章＼制作公益宣传——《爱护环境》.ezp
		▶ 素材位置：无
		▶ 视频位置：光盘＼视频＼第18章＼实战552.mp4

● 实例介绍 ●

下面将主要介绍影视后期处理的操作方法。

● 操作步骤 ●

STEP 01 在"素材库"面板中的空白位置上，单击鼠标右键，在弹出的快捷菜单中选择"添加文件"选项，如图17-149所示。

STEP 02 执行操作后，弹出"打开"对话框，在其中选择需要导入的音乐素材，如图17-150所示。

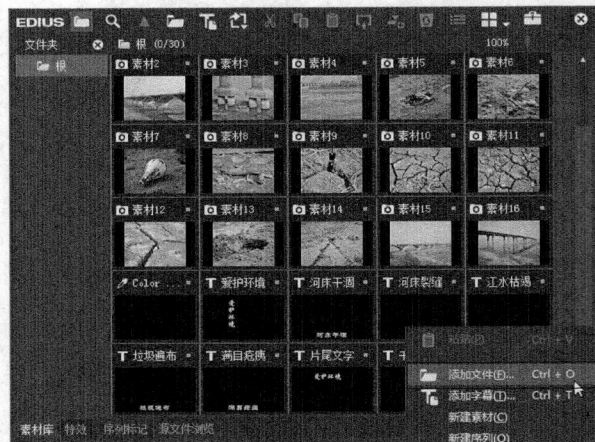

图17-149 选择"添加文件"选项

图17-150 选择需要导入的音乐素材

STEP 03 单击"打开"按钮，将选择的音乐素材导入"素材库"面板中，如图17-151所示。

STEP 04 选择导入的音乐素材，按住鼠标左键并拖曳至1A音频轨中的开始位置，添加音乐素材，如图17-152所示。

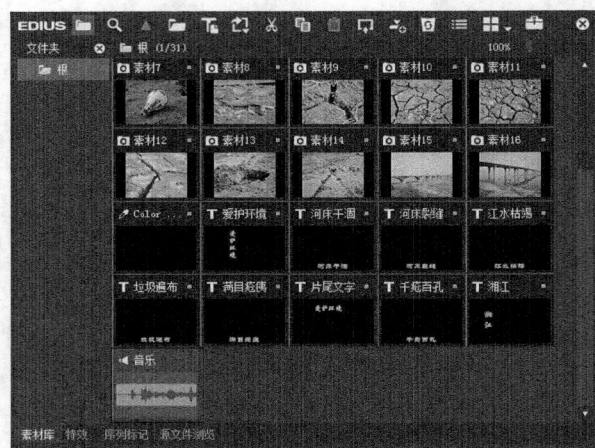

图17-151 导入"素材库"面板中

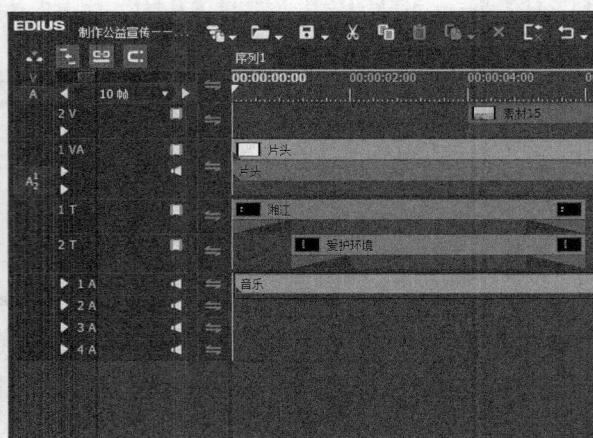

图17-152 拖曳至1A音频轨中的开始位置

STEP 05 在"素材库"面板中，选择刚导入的音乐素材，按住鼠标左键并拖曳至1A音频轨中第一段素材的结尾处，此时显示虚线框，表示素材将要放置的位置，如图17-153所示。

STEP 06 释放鼠标左键，在1A音频轨中添加第2段相同的音乐素材，如图17-154所示。

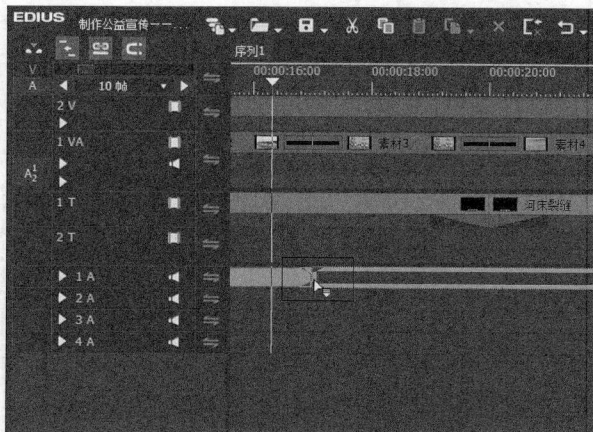

图17-153 拖曳至第一段素材的结尾处

图17-154 添加第2段相同的音乐素材

STEP 07 用与上述同样的方法，在1A音频轨道中再添加两段相同的音频素材，将时间线移至合适位置处，如图17-155所示。

STEP 08 按Shift+C组合键，对音乐素材进行剪切操作，如图17-156所示。

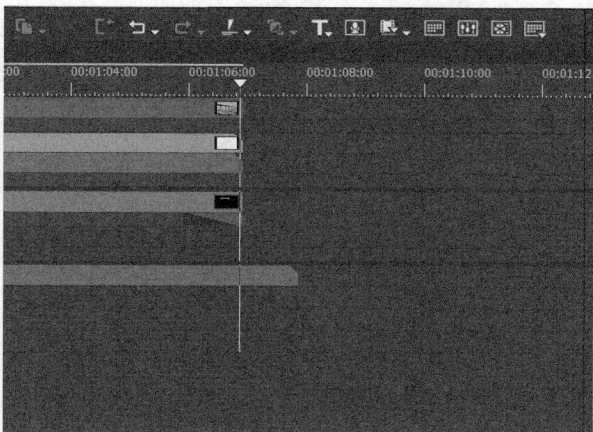

图17-155 移动时间线的位置

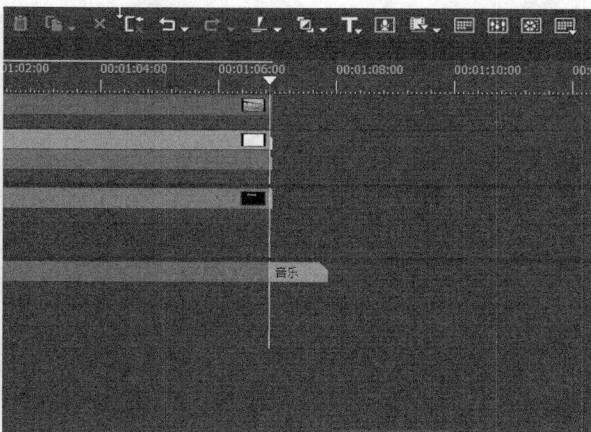

图17-156 对音乐素材进行剪切操作

STEP 09 选择剪切的后段音乐素材，单击鼠标右键，在弹出的快捷菜单中选择"删除"选项，如图17-157所示。

STEP 10 执行操作后，即可删除后段音乐素材，如图17-158所示。单击录制窗口下方的"播放"按钮，试听制作的音乐效果。

图17-157 选择"删除"选项

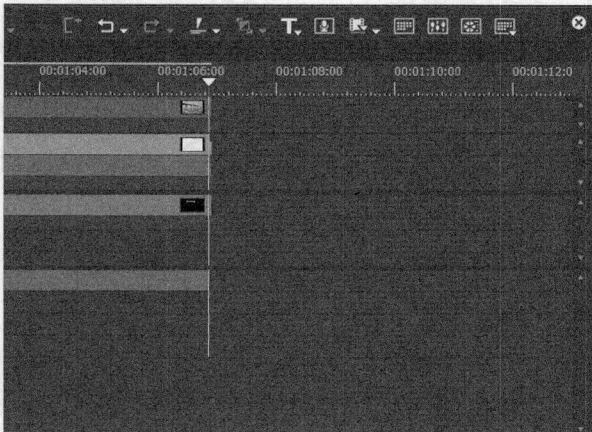

图17-158 删除后段音乐文件

STEP 11 在录制窗口下方，单击"输出"按钮，在弹出的列表框中选择"输出到文件"选项，如图18-159所示。

图18-159 选择"输出到文件"选项

STEP 12 执行操作后，弹出"输出到文件"对话框，在左侧窗口中选择AVI选项，在右侧窗口中选择相应的预设输出方式，如图18-160所示。

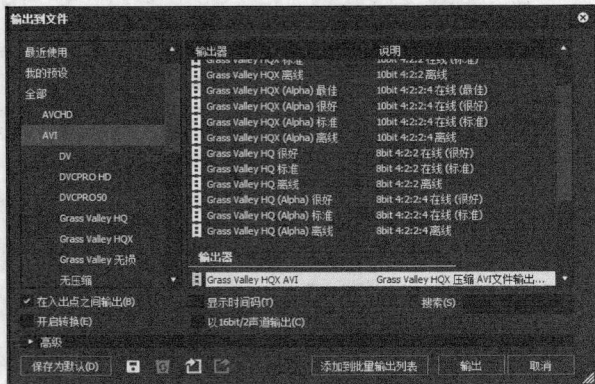

图18-160 在左侧窗口中选择AVI选项

STEP 13 单击"输出"按钮，弹出"Canopus HQX AVI"对话框，在其中设置视频文件的输出路径，在"文件名"文本框中，输入视频的保存名称，如图18-161所示

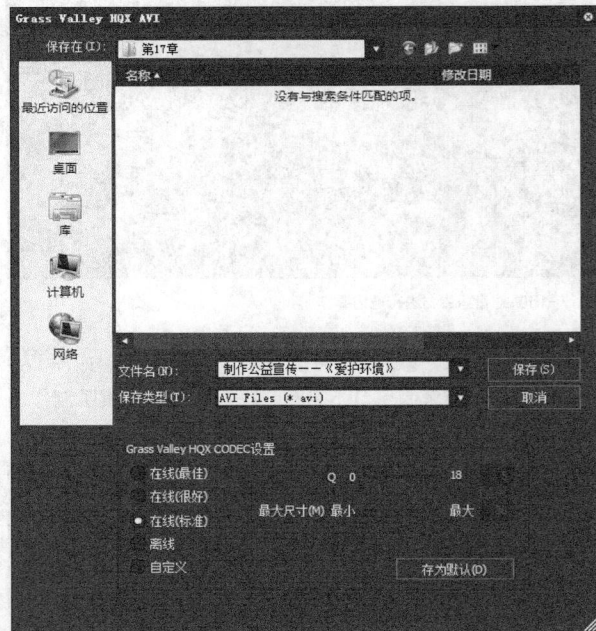

图18-161 输入视频的保存名称

STEP 14 单击"保存"按钮，弹出"渲染"对话框，显示视频输出进度，如图18-162所示，待视频输出完成后，在"素材库"面板中，显示输出后的视频文件，单击"播放"按钮，可以预览输出后的视频画面效果。

图18-162 显示视频输出进度

第**19**章

制作影视落幕——《真爱永恒》

本章导读

每一部电影、电视剧在结束的时候，都会有一段影视落幕画面，表示视频已经播放结束。
影视落幕画面中主要包括职员表、片头曲、片尾曲以及其他关于电影或电视剧的信息，可以让观众更好地了解一部
电影或电视剧的具体信息。本章主要向读者介绍制作影视落幕画面的操作方法。

要点索引

- 实例效果欣赏
- 制作画面过程
- 制作画面动态效果
- 制作动态字幕效果
- 视频后期处理

Rcd 00:00:06:18 II

主题曲

《有你真好》

作词：刘元园

作曲：张彩飞

演唱：刘佳佳

Rcd 00:00:12:19 II

插曲

片尾曲

《我们结婚吧》

作词：张花莲

作曲：李小丽

演唱：刘赛飞

Rcd 00:00:20:09 II

谢谢收看 下集更精彩

Rcd 00:00:26:09 II

19.1 效果欣赏

在制作影视落幕特效之前，首先带领读者预览影视落幕——《真爱永恒》视频的画面效果，并掌握项目技术提炼等内容，这样可以帮助读者理清影视落幕视频的设计思路。

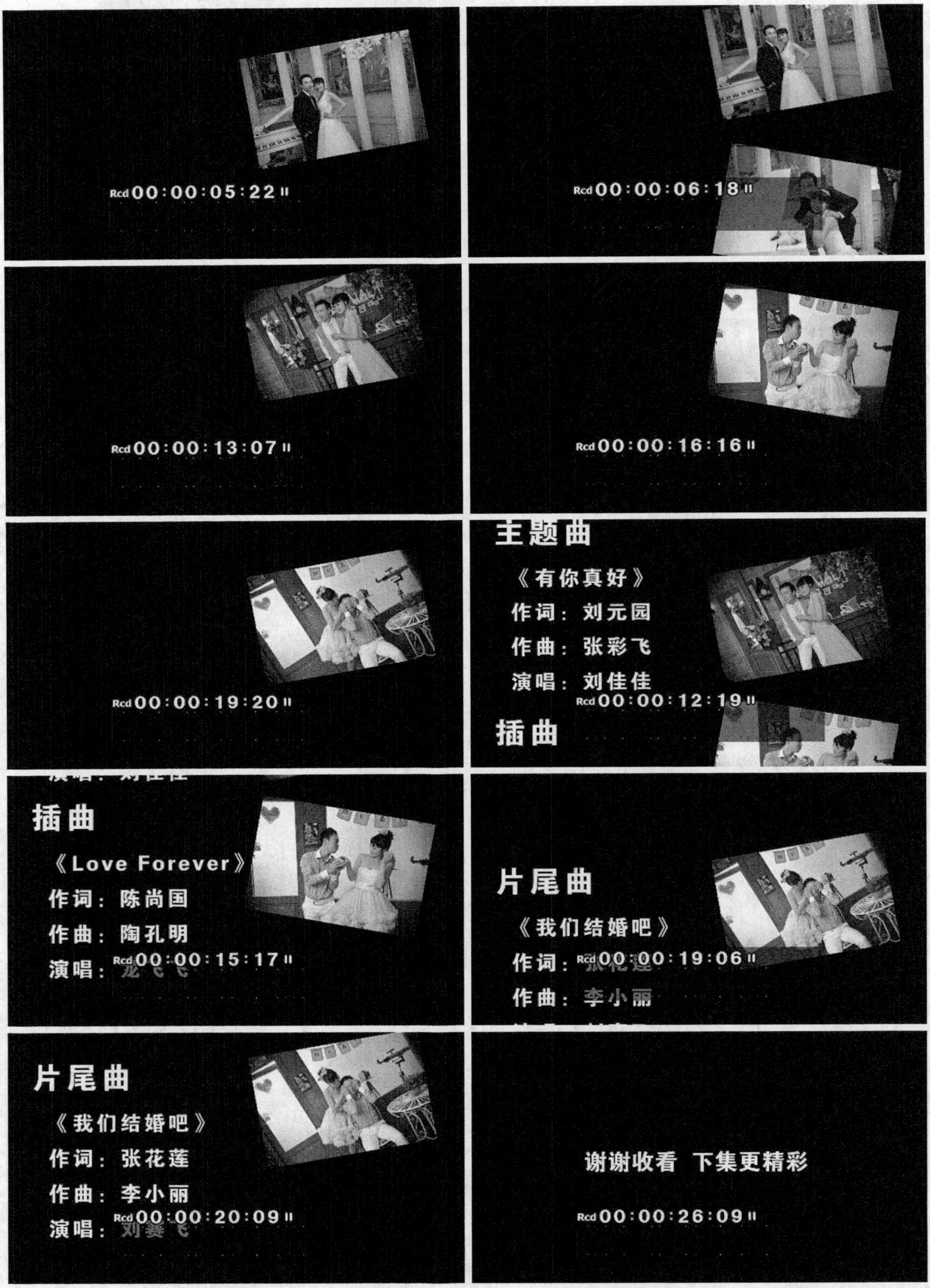

图19-1 制作影视落幕——《真爱永恒》

19.2 制作画面过程

本节主要向读者介绍影视落幕视频文件的制作过程，主要包括导入影视落幕素材、制作黑色背景画面、制作动态画面效果以及制作动态字幕效果等，希望读者熟练掌握本节内容。

实战 553	导入影视落幕素材	▶ 实例位置：无
		▶ 素材位置：光盘\素材\第19章\画面1.jpg~画面5.jpg、字幕1.etl~字幕5.etl等
		▶ 视频位置：光盘\视频\第19章\实战553.mp4

● 实例介绍 ●

在EDIUS 8工作界面中，用户可以通过文件夹的方式，将磁盘中整个文件夹中的素材文件导入到素材库面板中。下面向读者介绍导入影视落幕素材的操作方法。

● 操作步骤 ●

STEP 01 运行EDIUS 8应用软件，新建一个项目文件，在"工程设置"对话框中，选择相应选项，如图19-2所示。

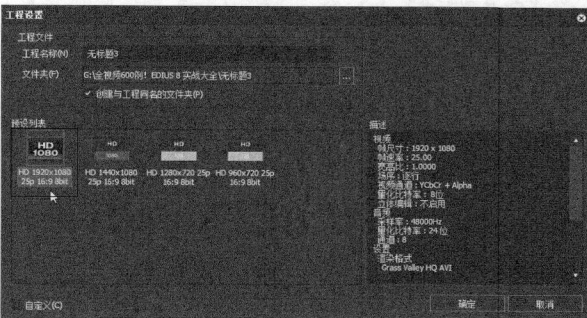

STEP 02 单击"确定"按钮，新建一个工程文件，在素材库面板的"文件夹"窗格中，单击鼠标右键，在弹出的快捷菜单中选择"打开文件夹"选项，如图19-3所示。

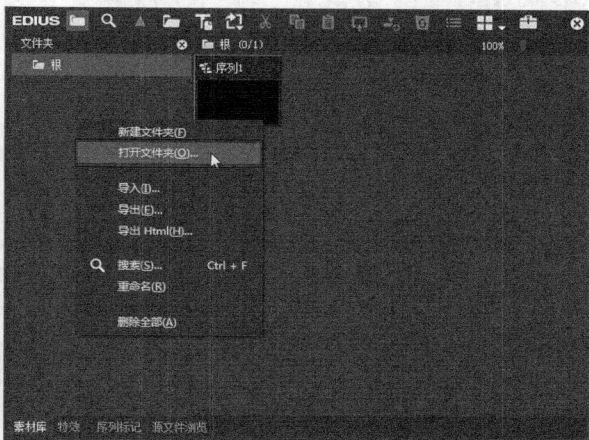

图19-2 设置工程信息

图19-3 选择"打开文件夹"选项

STEP 03 执行操作后，弹出"浏览文件夹"对话框，在其中选择需要导入的文件夹对象，如图19-4所示。

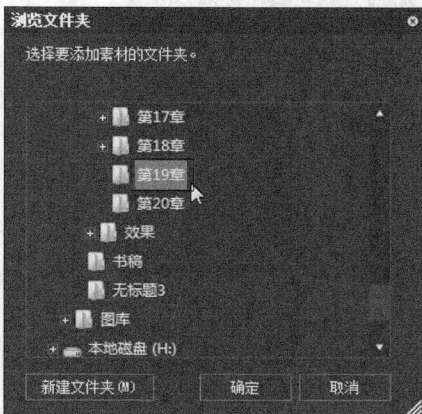

STEP 04 单击"确定"按钮，即可将整个文件夹中的素材文件全部导入到素材库面板中，如图19-5所示。

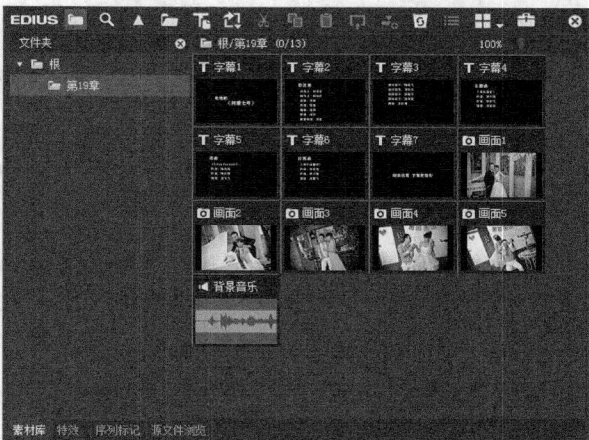

图19-4 选择需要导入的文件夹对象

图19-5 导入文件夹中的素材文件

STEP 05 在素材库面板中双击相应的素材，在播放窗口中可以预览素材的画面效果，如图19-6所示。

图19-6 预览素材的画面效果

知识拓展

　　用户还可以在素材库面板中，新建一个文件夹，再通过"添加文件"选项，将不同的媒体素材导入到新建的文件夹中，该操作也可以方便用户对素材进行单独管理。

实战 554　制作黑色背景画面

▶ 实例位置：无
▶ 素材位置：无
▶ 视频位置：光盘 \ 视频 \ 第19章 \ 实战 554.mp4

● 实例介绍 ●

　　在EDIUS 8工作界面中，用户可以通过素材库面板创建黑色背景素材。下面向读者介绍制作黑色背景画面的操作方法。

● 操作步骤 ●

STEP 01 在素材库上方单击"新建素材"按钮，弹出列表框，选择"色块"选项，如图19-7所示。

STEP 02 弹出"色块"对话框，在其中设置"数量"为1、"颜色"为黑色，如图19-8所示。

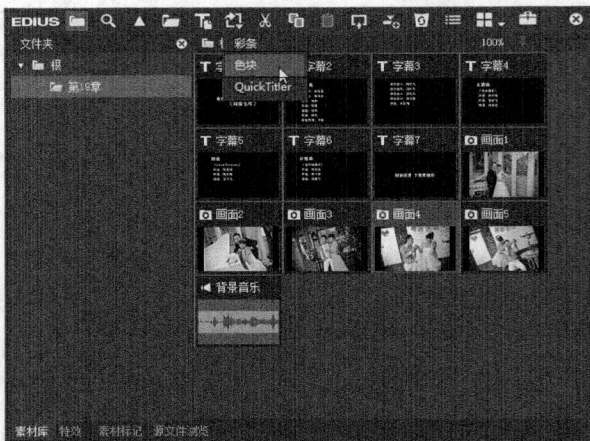

图19-7 选择"色块"选项

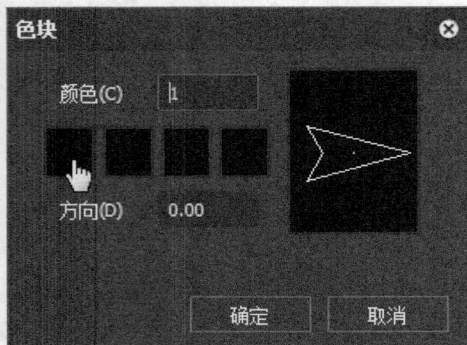

图19-8 设置颜色属性

STEP 03 单击"确定"按钮，即可在素材库面板中创建一个黑色色块，如图19-9所示。

STEP 04 将创建的黑色色块拖曳至1VA视音频轨道中，添加色块素材，如图19-10所示。

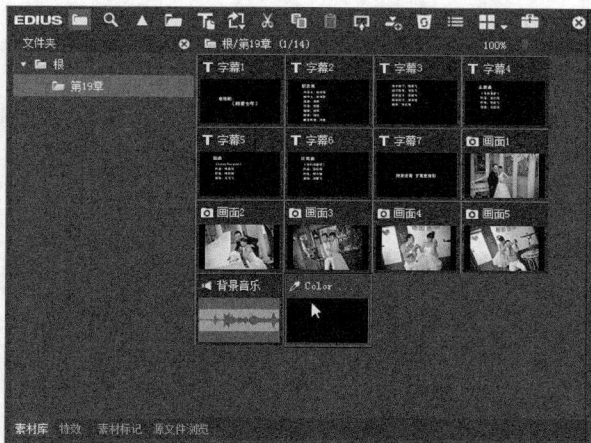

图19-9 创建一个黑色色块

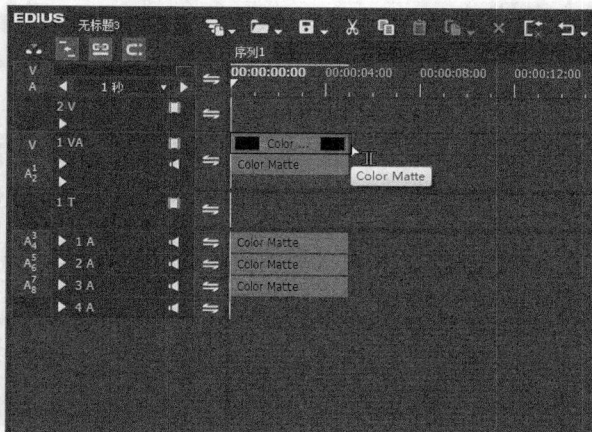

图19-10 添加色块素材

实战 555 删除3段音频素材

▶ 实例位置：无
▶ 素材位置：无
▶ 视频位置：光盘 \ 视频 \ 第 19 章 \ 实战 555.mp4

● 实例介绍 ●

下面将主要介绍删除3段音频素材的操作方法。

● 操作步骤 ●

STEP 01 在色块素材上，单击鼠标右键，在弹出的快捷菜单中选择"连接/组"|"解组"选项，如图19-11所示。

STEP 02 执行操作后，即可对色块素材进行解组操作，选择音频轨道中的3段音频素材，如图19-12所示。

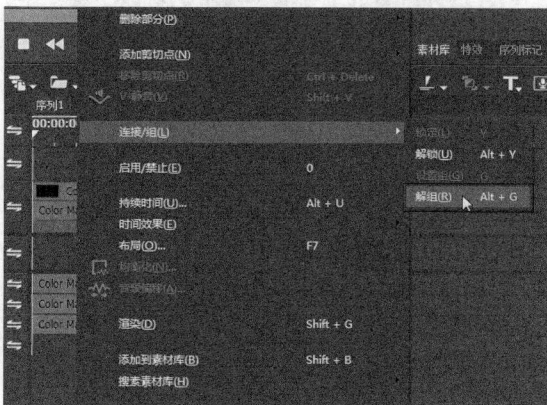

图19-11 选择"解组"选项

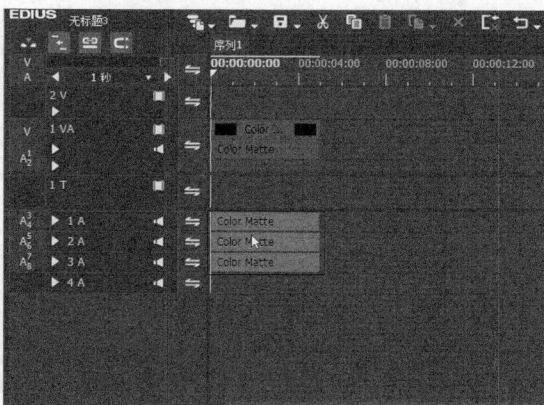

图19-12 选择3段音频素材

STEP 03 按Delete键，对3段音频素材进行删除操作，如图19-13所示。

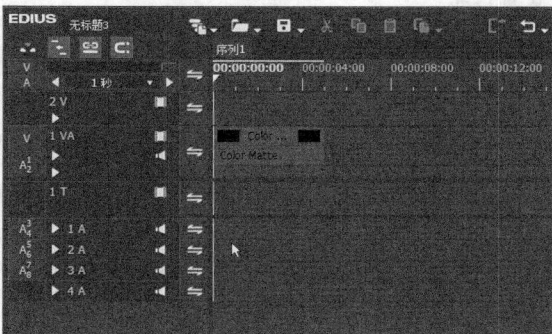

图19-13 删除3段音频素材

▶ 实例位置：无
▶ 素材位置：无
▶ 视频位置：光盘 \ 视频 \ 第 19 章 \ 实战 556.mp4

实战 556 更改黑色背景持续时间

● 实例介绍 ●

下面将主要介绍更改黑色背景持续时间的操作方法。

● 操作步骤 ●

STEP 01 选择1VA视音频轨道中的色块素材，在菜单栏中单击"素材"|"持续时间"命令，如图19-14所示。

STEP 02 弹出"持续时间"对话框，在其中设置"持续时间"为00:00:27:15，如图19-15所示。

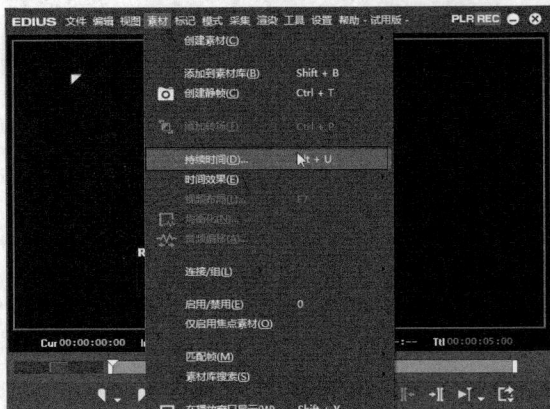

图19-14 单击"持续时间"命令

图19-15 设置色块持续时间

STEP 03 单击"确定"按钮，即可更改色块的持续时间长度，如图19-16所示，完成黑色背景画面的制作。

图19-16 更改色块的持续时间长度

19.3 制作画面动态效果

在EDIUS 8工作界面中，用户通过"视频布局"对话框，可以制作出视频画面的动态效果。下面向读者介绍制作视频画面动态效果的操作方法。

实战 557 新增视频轨道

▶ 实例位置：无
▶ 素材位置：无
▶ 视频位置：光盘 \ 视频 \ 第 19 章 \ 实战 557.mp4

● 实例介绍 ●

下面将主要介绍新增视频轨道的操作方法。

● 操作步骤 ●

STEP 01 在2V视频轨上单击鼠标右键，在弹出的快捷菜单中选择"添加"|"在上方添加视频轨道"选项，如图19-17所示。

STEP 02 弹出"添加轨道"对话框，在其中设置"数量"为3，如图19-18所示。

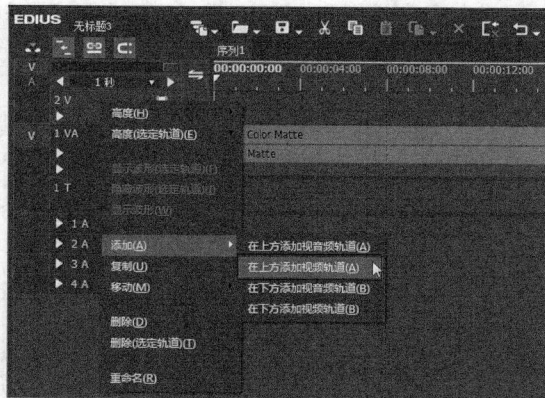

图19-17 选择"在上方添加视频轨道"选项

图19-18 设置"数量"为3

STEP 03 单击"确定"按钮，即可在时间线面板中新增3条视频轨道，如图19-19所示。

图19-19 新增3条视频轨道

实战 558 添加画面1至轨道

▶ 实例位置：无
▶ 素材位置：无
▶ 视频位置：光盘 \ 视频 \ 第 19 章 \ 实战 558.mp4

● 实例介绍 ●

下面将主要介绍添加画面1至轨道的操作方法。

● 操作步骤 ●

STEP 01 在时间线面板中，将时间线移至00:00:01:20的位置处，如图19-20所示。

STEP 02 将素材库面板中的"画面1"素材文件拖曳至2V视频轨中的时间线位置，如图19-21所示。

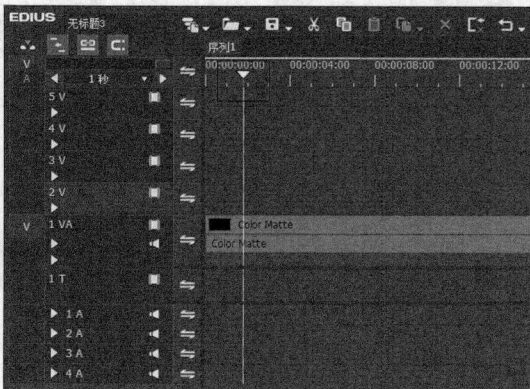

图19-20 移动时间线的位置

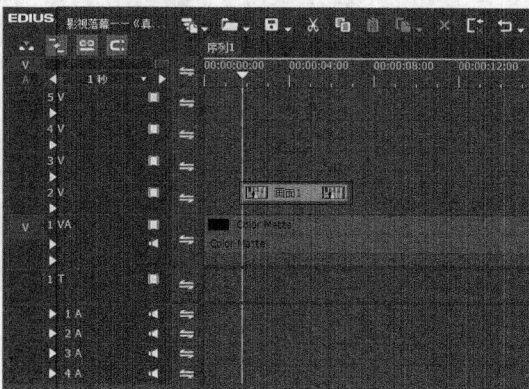

图19-21 拖曳至2V视频轨中

697

STEP 03 在"画面1"素材文件上,单击鼠标右键,在弹出的快捷菜单中选择"持续时间"选项,弹出"持续时间"对话框,在其中设置"持续时间"为00:00:07:00,如图19-22所示。

STEP 04 单击"确定"按钮,即可更改"画面1"素材的持续时间长度,如图19-23所示。

图19-23 更改素材的持续时间

图19-22 设置素材持续时间

实战 559 更改画面1布局

▶ 实例位置:无
▶ 素材位置:无
▶ 视频位置:光盘\视频\第19章\实战559.mp4

● 实例介绍 ●

下面将主要介绍更改画面1布局的操作方法。

● 操作步骤 ●

STEP 01 在"画面1"素材上,单击鼠标右键,在弹出的快捷菜单中选择"布局"选项,如图19-24所示。

STEP 02 弹出"视频布局"对话框,在"位置"选项区中,设置X为433.9px、Y为823.0px;在"拉伸"选项区中,设置X为721.5px;在"旋转"选项区中设置"旋转"为-10,在下方选中"位置"复选框,单击右侧的"添加/删除关键帧"按钮,添加一个关键帧,如图19-25所示。

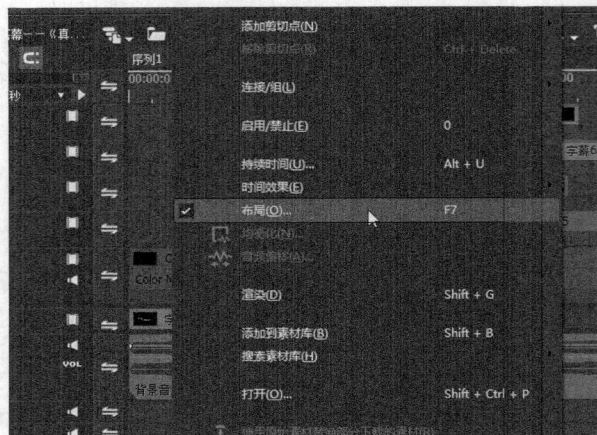

图19-24 选择"布局"选项

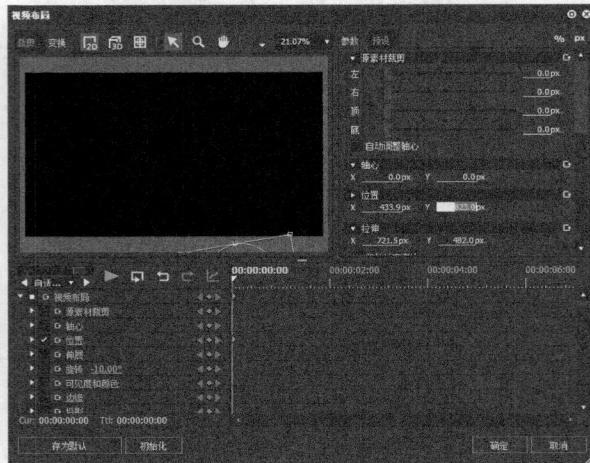

图19-25 添加一个位置关键帧

STEP 03 将时间线移至00:00:07:00的位置处，在"位置"选项区中，设置X为433.9px、Y为838.1px，此时软件自动在时间线位置添加第2个位置关键帧，如图19-26所示。

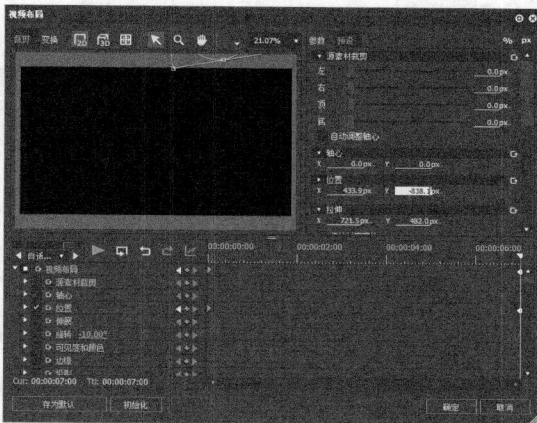

图19-26 添加第2个位置关键帧

STEP 04 设置完成后，单击"确定"按钮，返回EDUIS工作界面，单击"播放"按钮，预览视频画面动态效果，如图19-27所示。

图19-27 预览视频画面效果

实战 560 添加画面2至轨道

▶ 实例位置：无
▶ 素材位置：无
▶ 视频位置：光盘\视频\第19章\实战560.mp4

● 实例介绍 ●

下面将主要介绍添加画面2至轨道的操作方法。

● 操作步骤 ●

STEP 01 在时间线面板中，将时间线移至00:00:04:15的位置处，如图19-28所示。

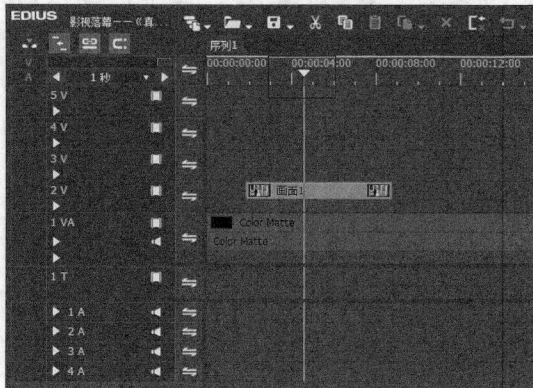

STEP 02 在素材库面板中，将"画面2"素材拖曳至3V视频轨中的时间线位置，如图19-29所示。

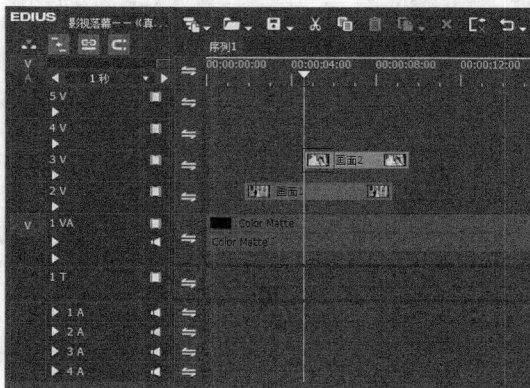

图19-28 移动时间线的位置

图19-29 拖曳至3V视频轨中

699

STEP 03 按Alt + U组合键，弹出"持续时间"对话框，在其中设置"持续时间"为00:00:07:00，如图19-30所示。

STEP 04 单击"确定"按钮，即可更改"画面2"素材的持续时间长度，如图19-31所示。

图19-31 更改素材的持续时间

图19-30 设置素材持续时间

实战 561 更改画面2布局

▶ 实例位置：无
▶ 素材位置：无
▶ 视频位置：光盘＼视频＼第19章＼实战561.mp4

● 实例介绍 ●

下面将主要介绍更改画面2布局的操作方法。

● 操作步骤 ●

STEP 01 选择"画面2"素材文件，按F7键，弹出"视频布局"对话框，在"位置"选项区中，设置X为468.5px、Y为871.6px；在"拉伸"选项区中，设置X为721.5px；在"旋转"选项区中设置"旋转"为10，在下方选中"位置"复选框，单击右侧的"添加/删除关键帧"按钮，添加一个位置关键帧，如图19-32所示。

STEP 02 将时间线移至00:00:07:00的位置处，在"位置"选项区中，设置X为482.2、Y为-837.0px，此时软件自动在时间线位置添加第2个位置关键帧，如图19-33所示。

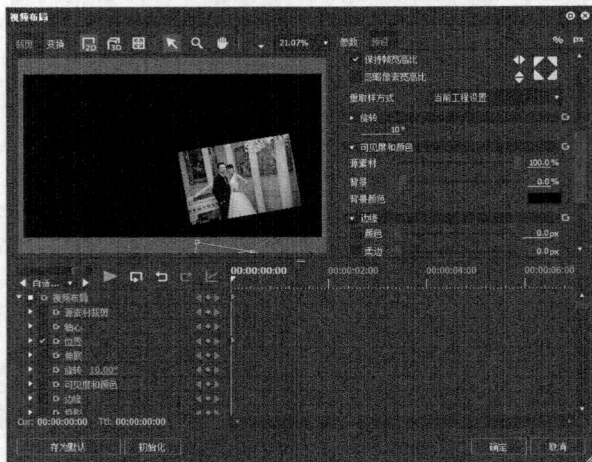

图19-32 添加一个位置关键帧

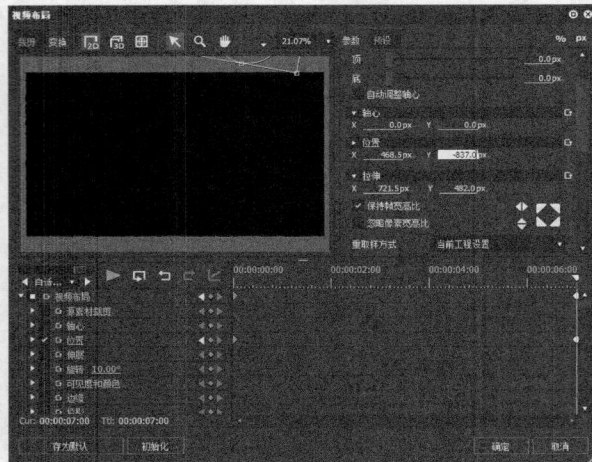

图19-33 添加第2个位置关键帧

STEP 03 设置完成后，单击"确定"按钮，返回EDIUS工作界面，单击"播放"按钮，预览视频画面动态效果，如图19-34所示。

图19-34 预览视频画面动态效果

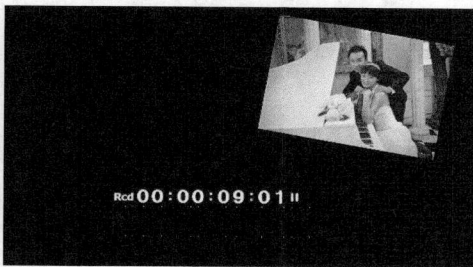

实战 562 添加画面3至轨道

▶ 实例位置：无
▶ 素材位置：无
▶ 视频位置：光盘＼视频＼第 19 章＼实战 562.mp4

● 实例介绍 ●

下面将主要介绍添加画面3至轨道的操作方法。

● 操作步骤 ●

STEP 01 在时间线面板中，将时间线移至00:00:08:20的位置处，如图19-35所示。

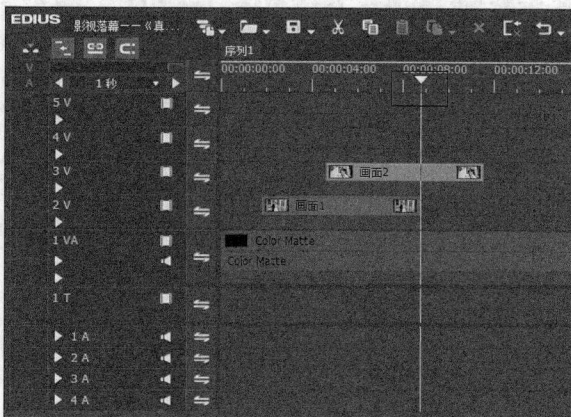

STEP 02 将素材库面板中的"画面3"素材文件拖曳至2V视频轨中的时间线位置，如图19-36所示。

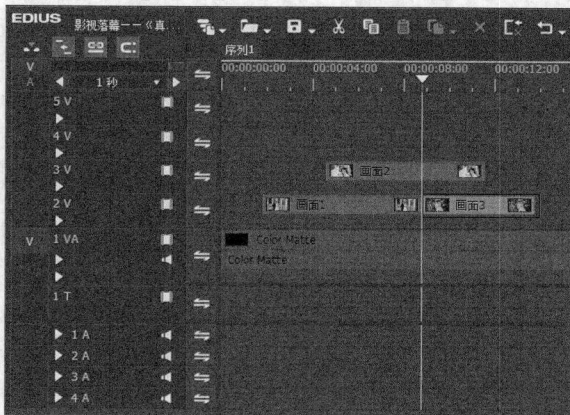

图19-35 移动时间线的位置

图19-36 拖曳至2V视频轨中

STEP 03 按【Alt＋U】组合键，弹出"持续时间"对话框，在其中设置"持续时间"为00:00:07:00，如图19-37所示。

STEP 04 单击"确定"按钮，即可更改"画面3"素材的持续时间长度，如图19-38所示。

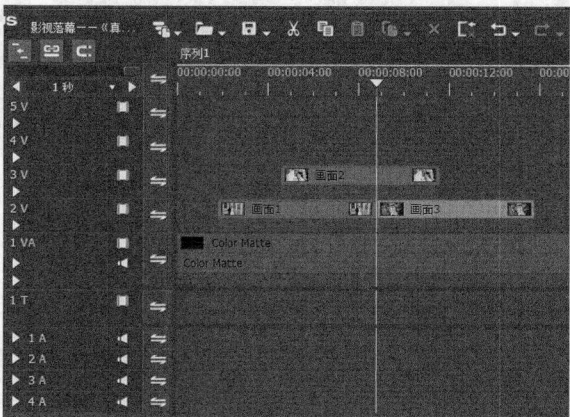

图19-37 设置素材持续时间

图19-38 更改素材的持续时间

实战 563　更改画面3布局

▶ 实例位置：无
▶ 素材位置：无
▶ 视频位置：光盘＼视频＼第19章＼实战563.mp4

● 实例介绍 ●

下面将主要介绍更改画面3布局的操作方法。

● 操作步骤 ●

STEP 01 选择"画面3"素材文件，按F7键，弹出"视频布局"对话框，在"位置"选项区中，设置X为468.5px、Y为806.8px；在"拉伸"选项区中，设置X为721.5px；在"旋转"选项区中设置"旋转"为−10，在下方选中"位置"复选框，单击右侧的"添加/删除关键帧"按钮，添加一个位置关键帧，如图19-39所示。

STEP 02 将时间线移至00:00:07:00的位置处，在"位置"选项区中，设置X为428.2px、Y为−837.0px，此时软件自动在时间线位置添加第2个位置关键帧，如图19-40所示。

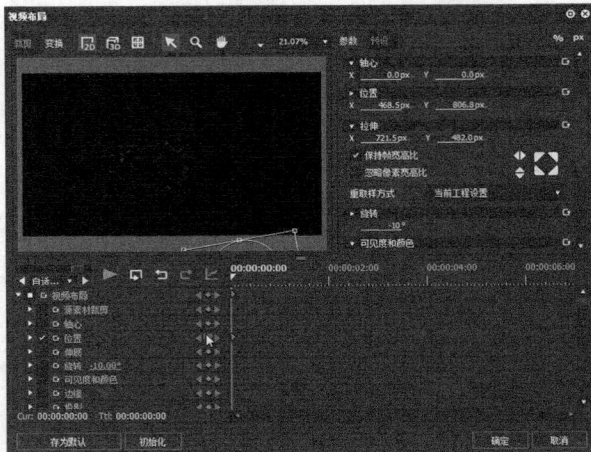

图19-39 添加一个位置关键帧

图19-40 添加第2个位置关键帧

STEP 03 设置完成后，单击"确定"按钮，返回EDUIS工作界面，单击"播放"按钮，预览视频画面动态效果，如图19-41所示。

图19-41 预览视频画面动态效果

实战 564　制作画面4效果

▶ 实例位置：无
▶ 素材位置：无
▶ 视频位置：光盘＼视频＼第19章＼实战564.mp4

● 实例介绍 ●

下面将主要介绍制作画面4效果的操作方法。

STEP 01 在时间线面板中，将时间线移至00:00:12:14的位置处，如图19-42所示。

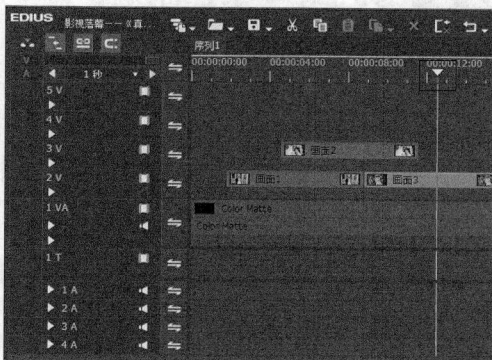

图19-42 移动时间线的位置

STEP 02 将素材库面板中的"画面4"素材文件拖曳至3V视频轨中的时间线位置，如图19-43所示。

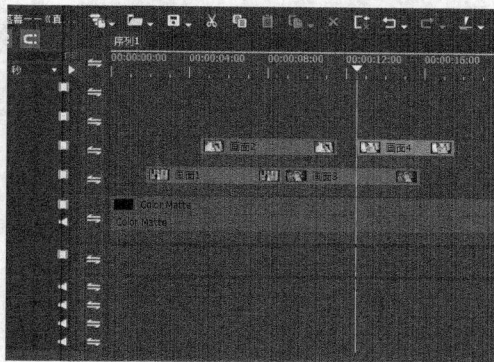

图19-43 拖曳至3V视频轨中

STEP 03 按Alt + U组合键，设置"画面4"素材的"持续时间"为00:00:07:00，更改素材持续时间长度，"持续时间"对话框与调整区间后的素材效果如图19-44所示。

图19-44 "持续时间"对话框与调整区间后的素材效果

STEP 04 选择"画面4"素材文件，按F7键，弹出"视频布局"对话框，在"位置"选项区中，设置X为439.7px、Y为807.8px；在"拉伸"选项区中，设置X为733.0px；在"旋转"选项区中设置"旋转"为10，在下方选中"位置"复选框，单击右侧的"添加/删除关键帧"按钮，添加一个位置关键帧，如图19-45所示。

图19-45 添加一个位置关键帧

STEP 05 将时间线移至00:00:07:00的位置处，在"位置"选项区中，设置X为439.7px、Y为-827.3px，此时软件自动在时间线位置添加第2个关键帧，如图19-46所示。

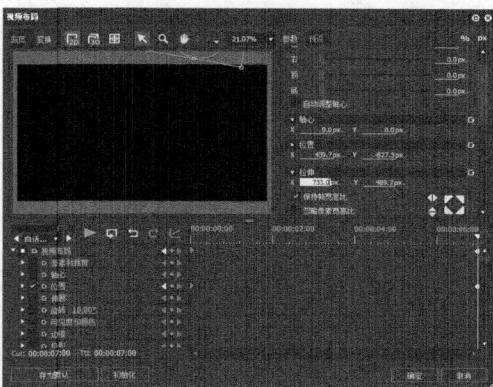

图19-46 添加第2个关键帧

STEP 06 设置完成后，单击"确定"按钮，返回EDUIS工作界面，单击"播放"按钮，预览视频画面动态效果，如图19-47所示。

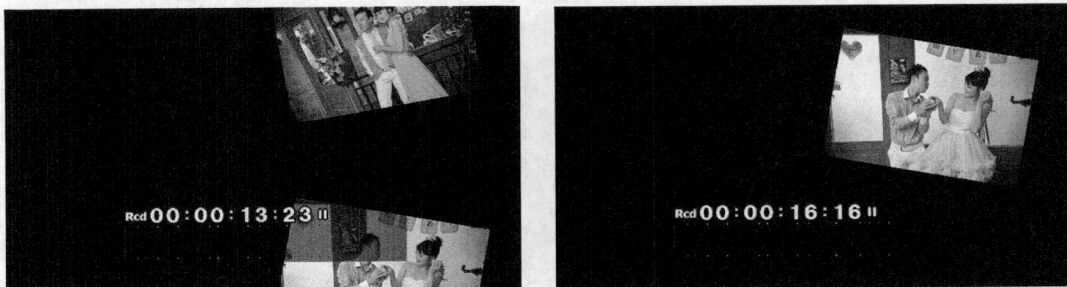

图19-47 预览视频画面动态效果

实战 565 制作画面5效果

▶ 实例位置：无
▶ 素材位置：无
▶ 视频位置：光盘＼视频＼第 19 章＼实战 565.mp4

● 实例介绍 ●

下面将主要介绍制作画面5效果的操作方法。

● 操作步骤 ●

STEP 01 在时间线面板中，将时间线移至00:00:16:25的位置处，如图19-48所示。

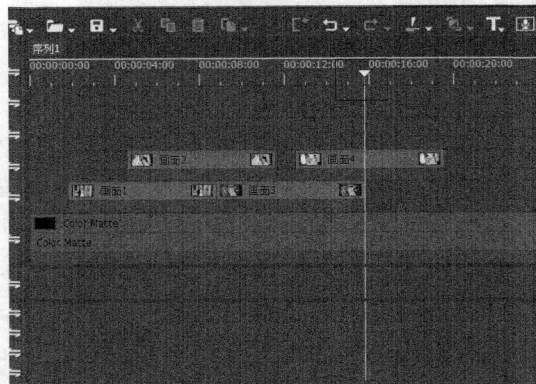

STEP 02 将素材库面板中的"画面5"素材文件拖曳至2V视频轨中的时间线位置，如图19-49所示。

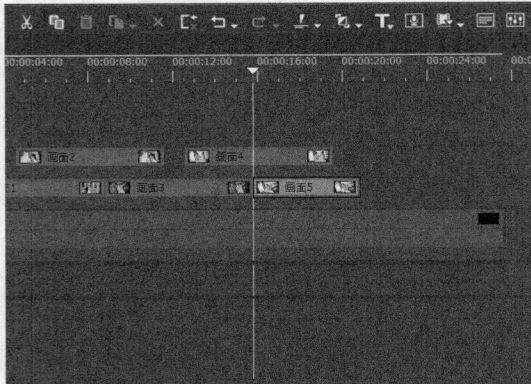

图19-48 移动时间线的位置

图19-49 拖曳至2V视频轨中

STEP 03 按Alt＋U组合键，设置"画面5"素材的"持续时间"为00:00:07:00，更改素材持续时间长度，"持续时间"对话框与调整区间后的素材效果如图19-50所示。

图19-50 "持续时间"对话框与调整区间后的素材

STEP 04 选择"画面5"素材文件,按F7键,弹出"视频布局"对话框,在"位置"选项区中,设置X为451.2px、Y为815.4px;在"拉伸"选项区中,设置X为721.5px;在"旋转"选项区中设置"旋转"为−10,在下方选中"位置"复选框,单击右侧的"添加/删除关键帧"按钮,添加一个位置关键帧,如图19-51所示。

STEP 05 将时间线移至00:00:07:00的位置处,在"位置"选项区中,设置X为451.2、Y为−828.4px,此时软件自动在时间线位置添加第2个位置关键帧,如图19-52所示。

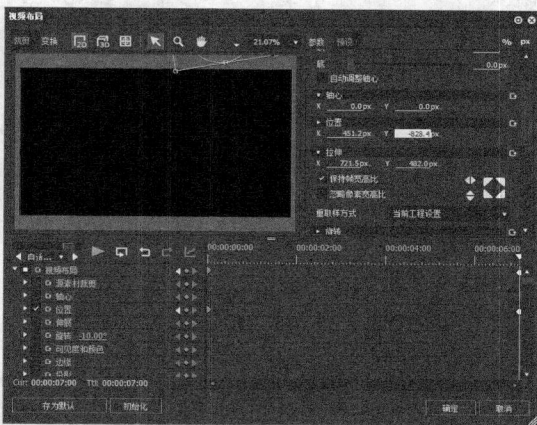

图19-51 添加一个位置关键帧

图19-52 添加第2个位置关键帧

STEP 06 设置完成后,单击"确定"按钮,返回EDUIS工作界面,单击"播放"按钮,预览视频画面动态效果,如图19-53所示。

图19-53 预览视频画面动态效果

19.4 制作动态字幕效果

在EDIUS 8工作界面中,用户在字幕文件上应用"视频布局"功能,可以制作出字幕向上滚动的效果。下面向读者介绍制作动态字幕效果的方法。

实战 566	制作字幕1特效

▶ 实例位置:无
▶ 素材位置:无
▶ 视频位置:光盘\视频\第19章\实战566.mp4

● 实例介绍 ●

下面将主要介绍制作字幕1特效的操作方法。

● 操作步骤 ●

STEP 01 在时间线面板中,将时间线移至轨道中的开始位置处,如图19-54所示。

STEP 02 在素材库面板中,选择"字幕1"素材文件,如图19-55所示。

图19-54 移动时间线的位置

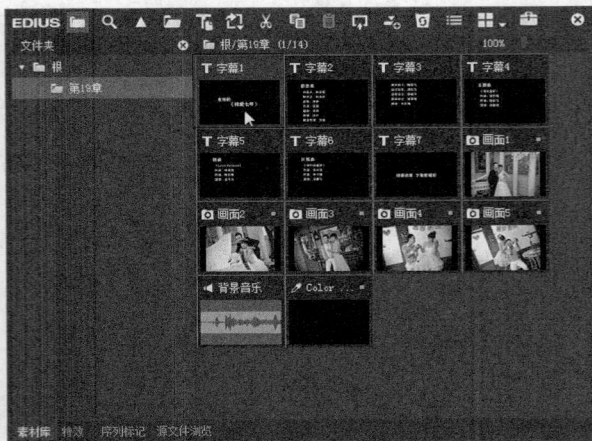

图19-55 选择"字幕1"素材文件

STEP 03 单击鼠标左键并拖曳至1T字幕轨道中的开始位置，添加字幕，如图19-56所示。

STEP 04 按Alt + U组合键，弹出"持续时间"对话框，在其中设置"持续时间"为00:00:03:12，如图19-57所示。

图19-56 添加字幕

图19-57 设置字幕持续时间

STEP 05 单击"确定"按钮，即可更改1T字幕轨道上的字幕文件时间长度，如图19-58所示。

STEP 06 在特效面板中，展开"飞入A"特效组，在其中选择"向上飞入A"字幕特效，如图19-59所示。

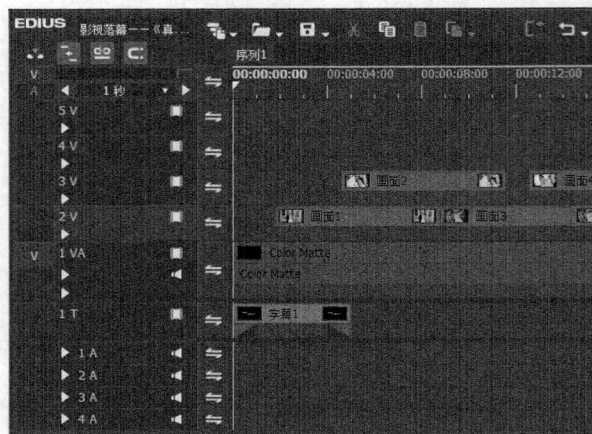

图19-58 更改字幕文件时间长度

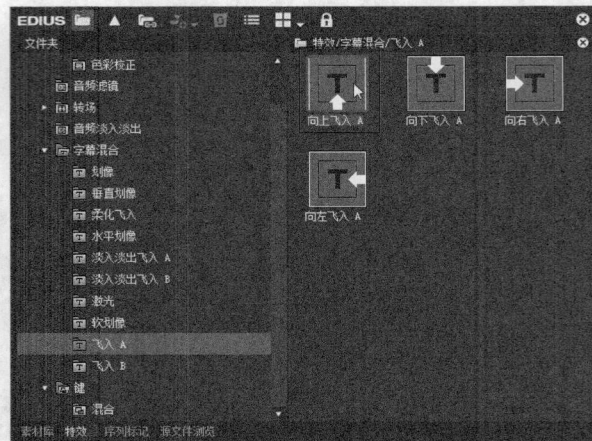

图19-59 选择"向上飞入A"字幕特效

STEP 07 将选择的字幕特效添加至1T字幕轨道中的"字幕1"文件上，如图19-60所示，在字幕淡入位置单击鼠标右键，在弹出的快捷菜单中选择"持续时间"|"入点"选项。

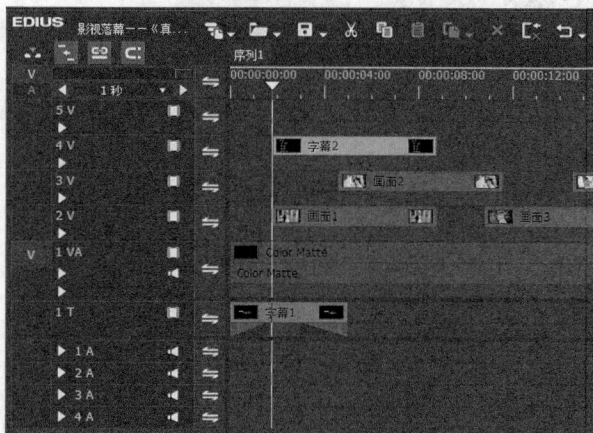

图19-60 选择"入点"选项

STEP 09 单击"确定"按钮，即可更改字幕入点特效的持续时间长度，在字幕淡出位置单击鼠标右键，在弹出的快捷菜单中选择"持续时间"|"出点"选项，如图19-62所示。

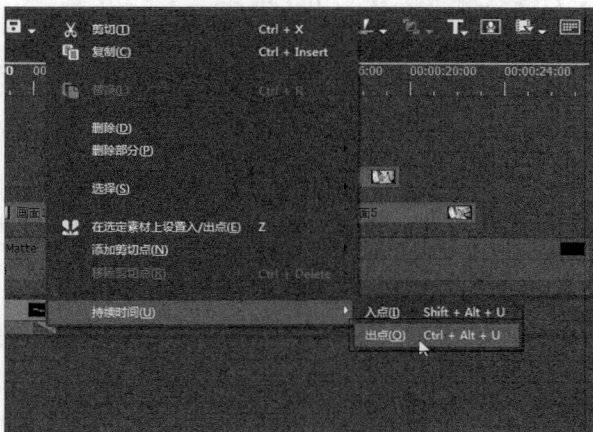

图19-62 选择"出点"选项

STEP 11 单击"确定"按钮，即可更改字幕出点特效的持续时间长度，如图19-64所示。

STEP 08 执行操作后，弹出"持续时间"对话框，在其中设置字幕入点特效的"持续时间"为00:00:01:17，如图19-61所示。

图19-61 设置字幕入点特效时间

STEP 10 执行操作后，弹出"持续时间"对话框，在其中设置字幕出点特效的"持续时间"为00:00:02:00，如图19-63所示。

图19-63 设置字幕出点特效时间

图19-64 更改字幕出点特效时间

STEP 12 单击"播放"按钮，预览制作的标题字幕动画效果，如图19-65所示。

图19-65 预览标题字幕动画效果

实战 567 制作字幕2特效

▶ 实例位置：无
▶ 素材位置：无
▶ 视频位置：光盘 \ 视频 \ 第 19 章 \ 实战 567.mp4

● 实例介绍 ●

下面将主要介绍制作字幕2特效的操作方法。

● 操作步骤 ●

STEP 01 在时间线面板中，将时间线移至00:00:01:20的位置处，如图19-66所示。

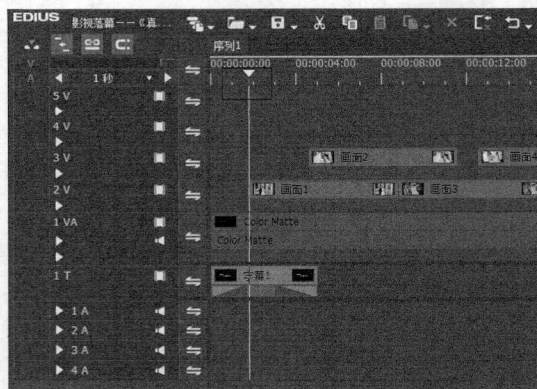

图19-66 移动时间线的位置

STEP 03 按Alt＋U组合键，弹出"持续时间"对话框，在其中设置"持续时间"为00:00:07:00，如图19-68所示。

图19-68 设置字幕持续时间

STEP 02 将素材库面板中的"字幕2"文件拖曳至4V视频轨中的时间线位置，如图19-67所示。

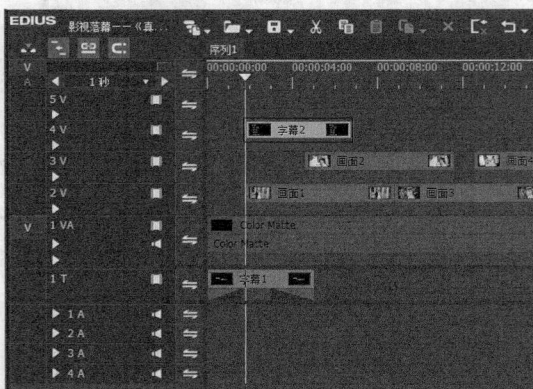

图19-67 添加"字幕2"文件

STEP 04 单击"确定"按钮，即可更改4V视频轨道上的字幕文件时间长度，如图19-69所示。

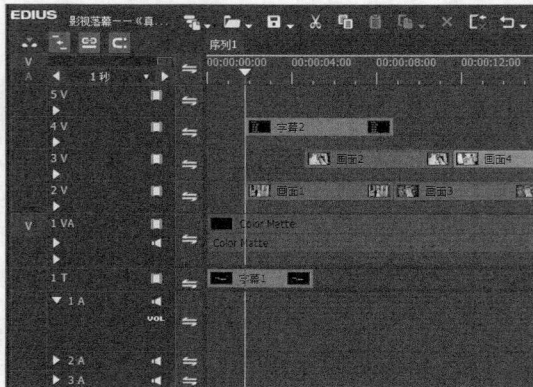

图19-69 更改字幕文件时间长度

STEP 05 在"字幕2"文件上，单击鼠标右键，在弹出的快捷菜单中选择"布局"选项，如图19-70所示。

STEP 06 弹出"视频布局"对话框，在"位置"选项区中，设置X为0px、Y为1096.9px，在下方选中"位置"复选框，单击右侧的"添加/删除关键帧"按钮，添加一个位置关键帧，如图19-71所示。

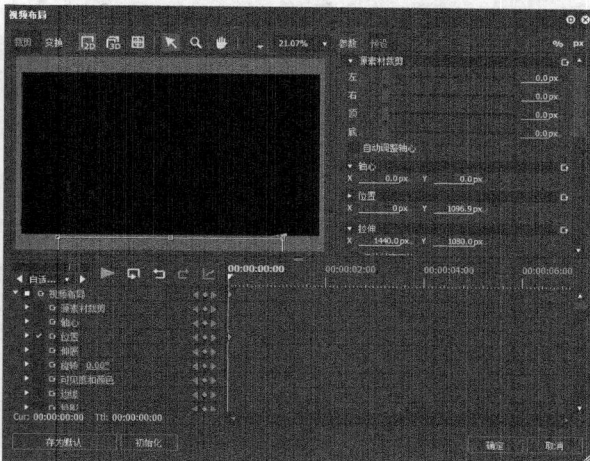

图19-70 选择"布局"选项

图19-71 添加一个位置关键帧

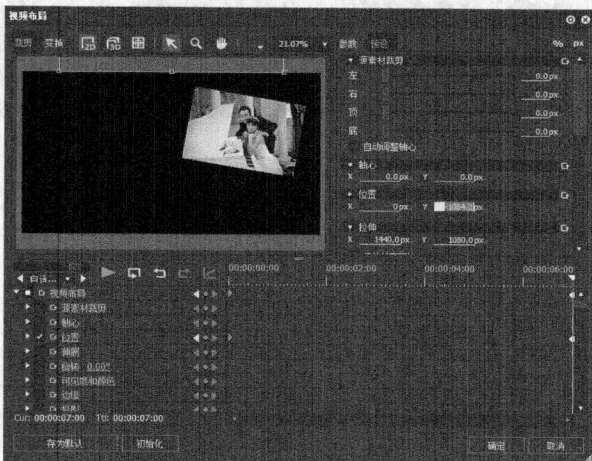

STEP 07 将时间线移至00:00:07:00的位置处，在"位置"选项区中，设置X为0px、Y为-1084.3px，此时软件自动在时间线位置添加第2个位置关键帧，如图19-72所示。

图19-72 添加第2个位置关键帧

STEP 08 设置完成后，单击"确定"按钮，返回EDIUS 8工作界面，单击"播放"按钮，预览制作的"字幕2"滚屏效果，如图19-73所示。

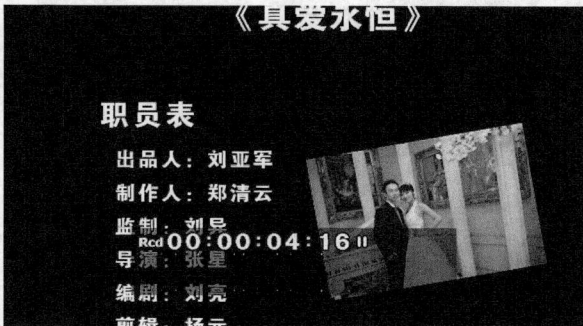

图19-73 预览"字幕2"滚屏效果

实战 568 制作字幕3特效

▶ 实例位置：无
▶ 素材位置：无
▶ 视频位置：光盘 \ 视频 \ 第 19 章 \ 实战 568.mp4

● 实例介绍 ●

下面将主要介绍制作字幕3特效的操作方法。

● 操作步骤 ●

STEP 01 在时间线面板中，将时间线移至00:00:05:02的位置处，如图19-74所示。

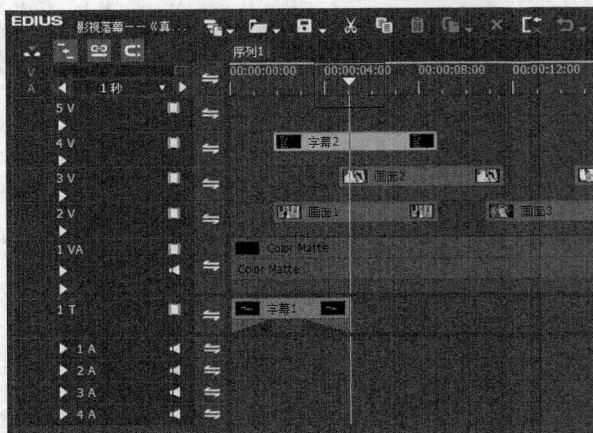

图19-74 移动时间线的位置

STEP 02 将素材库面板中的"字幕3"文件拖曳至5V视频轨中的时间线位置，添加字幕，如图19-75所示。

图19-75 添加"字幕3"文件

STEP 03 按Alt＋U组合键，弹出"持续时间"对话框，在其中设置"持续时间"为00:00:07:00，如图19-76所示。

STEP 04 单击"确定"按钮，即可更改5V视频轨道上的字幕文件长度，如图19-77所示。

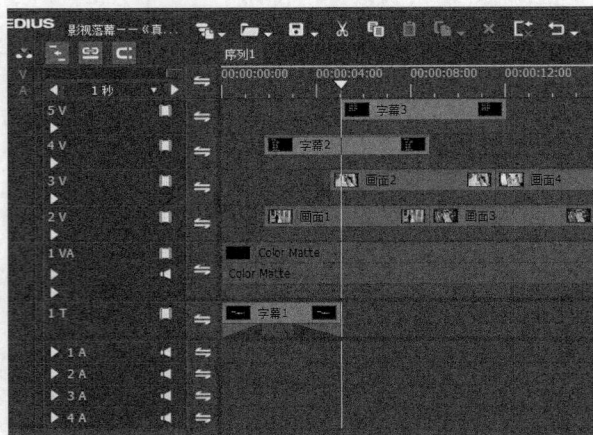

图19-77 更改字幕文件时间长度

图19-76 设置字幕持续时间

STEP 05 选择"字幕3"文件，在菜单栏中单击"素材" | "视频布局"命令，如图19-78所示。

STEP 06 弹出"视频布局"对话框，在"位置"选项区中，设置X为0px、Y为986px，在下方选中"位置"复选框，单击右侧的"添加/删除关键帧"按钮，添加一个位置关键帧，如图19-79所示。

图19-78 单击"视频布局"命令

图19-79 添加一个位置关键帧

STEP 07 将时间线移至00:00:07:00的位置处,在"位置"选项区中,设置X为0px、Y为-1101.6px,此时软件自动在时间线位置添加第2个位置关键帧,如图19-80所示。

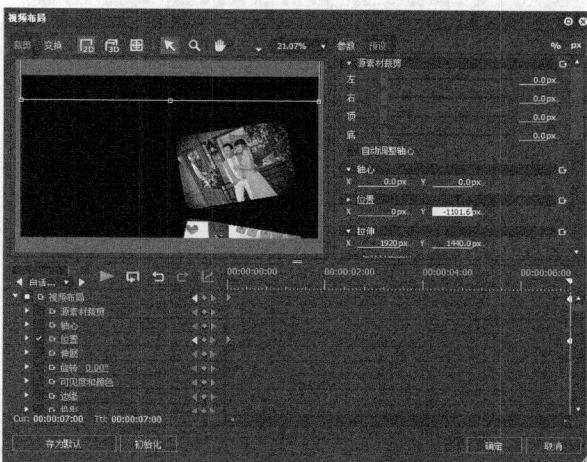

图19-80 添加第2个位置关键帧

STEP 08 设置完成后,单击"确定"按钮,返回EDIUS 8工作界面,单击"播放"按钮,预览制作的"字幕3"滚屏效果,如图19-81所示。

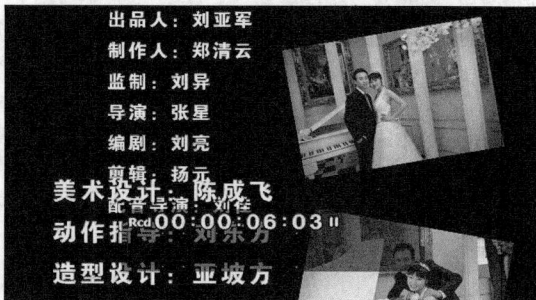

图19-81 预览"字幕3"滚屏效果

实战 569 制作字幕4特效

▶ 实例位置:无
▶ 素材位置:无
▶ 视频位置:光盘\视频\第 19 章\实战 569.mp4

● 实例介绍 ●

下面将主要介绍制作字幕4特效的操作方法。

● 操作步骤 ●

STEP 01 在时间线面板中，将时间线移至00:00:08:20的位置处，如图19-82所示。

图19-82 移动时间线的位置

STEP 02 将素材库面板中的"字幕4"文件拖曳至4V视频轨中的时间线位置，添加字幕，如图19-83所示。

图19-83 添加"字幕4"文件

STEP 03 按Alt + U组合键，设置"字幕4"文件的"持续时间"为00:00:07:00，视频轨如图19-84所示。

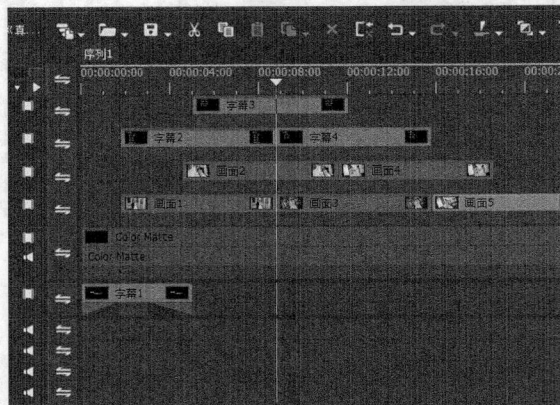

图19-84 设置字幕持续时间

STEP 04 按F7键，弹出"视频布局"对话框，在"位置"选项区中，设置X为0px、Y为1007.6px，在下方选中"位置"复选框，单击右侧的"添加/删除关键帧"按钮，添加一个位置关键帧，如图19-85所示。

图19-85 添加一个位置关键帧

STEP 05 将时间线移至00:00:07:00的位置处，在"位置"选项区中，设置X为0px、Y为–717.1px，此时软件自动在时间线位置添加第2个位置关键帧，如图19-86所示。

图19-86 添加第2个位置关键帧

STEP 06 设置完成后，单击"确定"按钮，返回EDIUS 8工作界面，单击"播放"按钮，预览制作的"字幕4"滚屏效果，如图19-87所示。

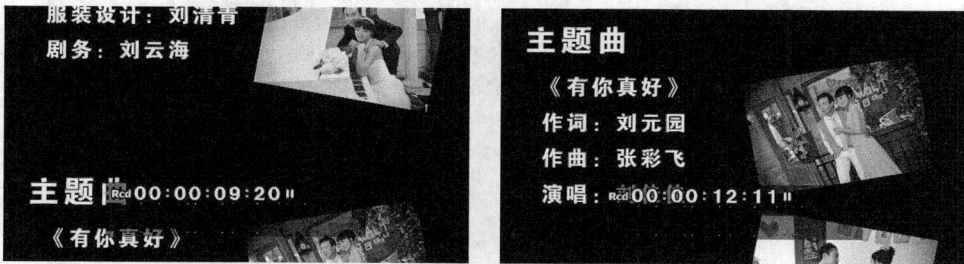

图19-87 预览"字幕4"滚屏效果

实战 570 制作字幕5特效

▶ 实例位置：无
▶ 素材位置：无
▶ 视频位置：光盘＼视频＼第 19 章＼实战 570.mp4

● 实例介绍 ●

下面将主要介绍制作字幕5特效的操作方法。

● 操作步骤 ●

STEP 01 在时间线面板中，将时间线移至00:00:12:02的位置处，如图19-88所示。

图19-88 移动时间线的位置

STEP 02 将素材库面板中的"字幕5"文件拖曳至5V视频轨中的时间线位置，添加字幕，如图19-89所示。

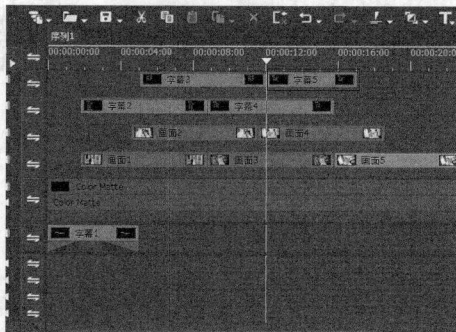

图19-89 添加"字幕5"文件

STEP 03 按Alt + U组合键，设置"字幕5"文件的"持续时间"为00:00:07:00，视频轨如图19-90所示。

图19-90 设置字幕持续时间

STEP 04 按F7键，弹出"视频布局"对话框，在"位置"选项区中，设置X为0px、Y为1078.9px，在下方选中"位置"复选框，单击右侧的"添加/删除关键帧"按钮，添加一个位置关键帧，如图19-91所示。

图19-91 添加一个位置关键帧

STEP 05 将时间线移至00:00:07:00的位置处，在"位置"选项区中，设置X为0px、Y为-712.8px，此时软件自动在时间线位置添加第2个位置关键帧，如图19-92所示。

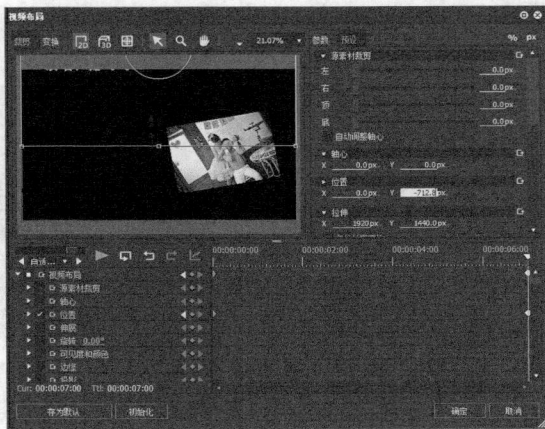

图19-92 添加第2个位置关键帧

STEP 06 设置完成后，单击"确定"按钮，返回EDIUS 8工作界面，单击"播放"按钮，预览制作的"字幕5"滚屏效果，如图19-93所示。

图19-93 预览"字幕5"滚屏效果

实战 571 制作字幕6特效

▶ 实例位置：无
▶ 素材位置：无
▶ 视频位置：光盘\视频\第19章\实战571.mp4

● 实例介绍 ●

下面将主要介绍制作字幕6特效的操作方法。

● 操作步骤 ●

STEP 01 在时间线面板中，将时间线移至00:00:16:25的位置处，如图19-94所示。

图19-94 移动时间线的位置

STEP 02 将素材库面板中的"字幕6"文件拖曳至4V视频轨中的时间线位置，添加字幕，如图19-95所示。

图19-95 添加"字幕6"文件

STEP 03 按Alt＋U组合键，设置"字幕6"文件的"持续时间"为00:00:07:00，视频轨如图19-96所示。

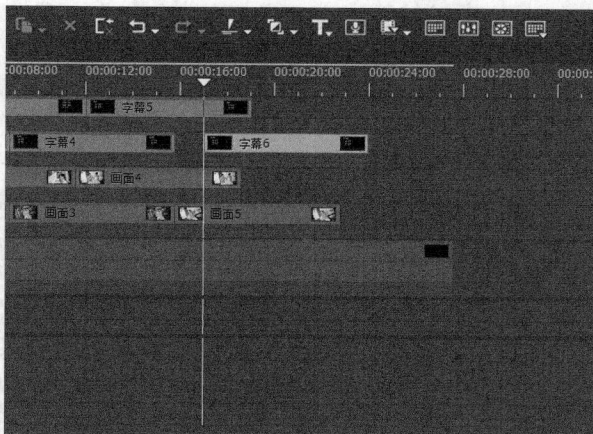

STEP 04 按F7键，弹出"视频布局"对话框，在"位置"选项区中，设置X为0px、Y为974.2px，在下方选中"位置"复选框，单击右侧的"添加/删除关键帧"按钮，添加一个位置关键帧，如图19-97所示。

图19-96 设置字幕持续时间

图19-97 添加一个位置关键帧

STEP 05 将时间线移至00:00:07:00的位置处，在"位置"选项区中，设置X为0px、Y为-705.2，如图19-98所示。

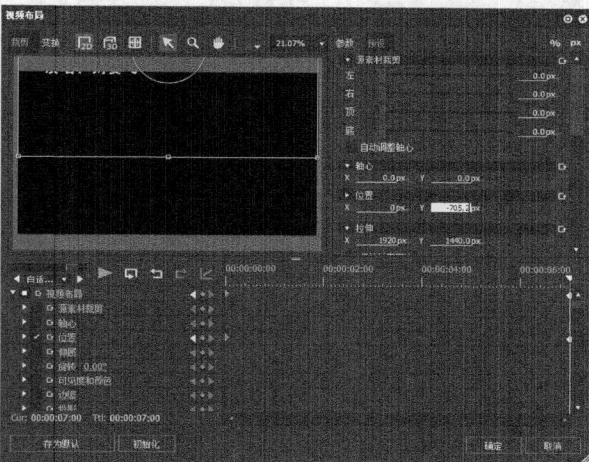

图19-98 设置相应参数

STEP 06 设置完成后，单击"确定"按钮，返回EDIUS 8工作界面，单击"播放"按钮，预览制作的"字幕6"滚屏效果，如图19-99所示。

图19-99 预览"字幕6"滚屏效果

制作字幕7特效

▶ 实例位置：无
▶ 素材位置：无
▶ 视频位置：光盘 \ 视频 \ 第 19 章 \ 实战 572.mp4

● 实例介绍 ●

下面将主要介绍制作字幕7特效的操作方法。

● 操作步骤 ●

STEP 01 在时间线面板中，将时间线移至00:00:22:15的位置处，如图19-100所示。

STEP 02 将素材库面板中的"字幕7"文件拖曳至1T字幕轨道中的时间线位置，添加字幕，如图19-101所示。

图19-100 移动时间线的位置

图19-101 添加"字幕7"文件

STEP 03 在特效面板中，展开"飞入A"特效组，在其中选择"向上飞入A"字幕特效，如图19-102所示。

STEP 04 将选择的字幕特效拖曳至1T字幕轨道中的"字幕7"文件淡入位置，如图19-103所示，释放鼠标左键，即可添加"向上飞入A"字幕淡入特效。

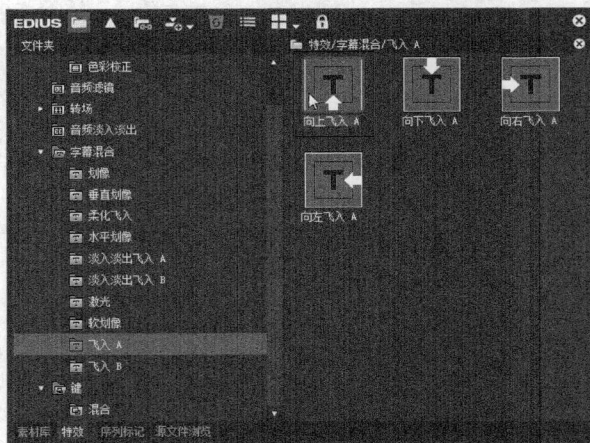

图19-102 选择"向上飞入A"字幕特效

图19-103 拖曳至字幕淡入位置

STEP 05 在字幕淡入位置上，单击鼠标右键，在弹出的快捷菜单中选择"持续时间"|"入点"选项，如图19-104所示。

STEP 06 执行操作后，弹出"持续时间"对话框，在其中设置字幕入点特效的"持续时间"为00:00:02:17，如图19-105所示。

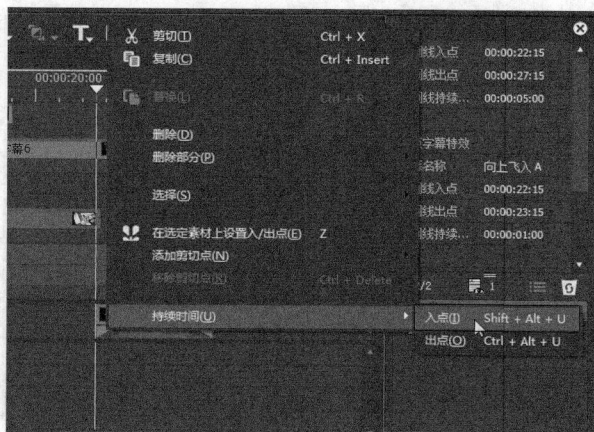

图19-104　选择"入点"选项

图19-105　设置字幕入点特效时间

STEP 07 单击"确定"按钮，即可更改字幕入点特效的持续时间长度，如图19-106所示。

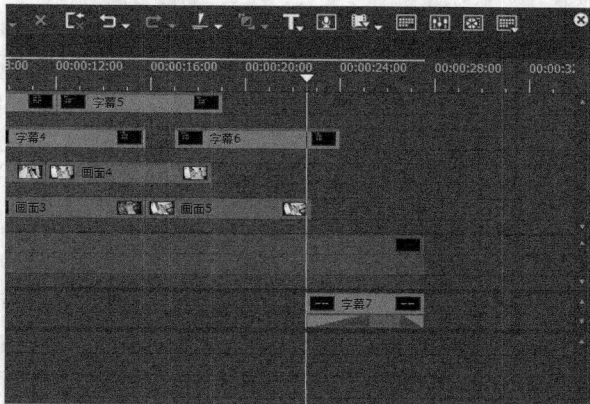

图19-106　更改字幕入点特效时间

STEP 08 单击"播放"按钮，预览制作的标题字幕动画效果，如图19-107所示。

图19-107　预览标题字幕动画效果

19.5 视频后期处理

当用户制作完影视落幕视频的主体画面后，接下来向读者介绍制作影视背景音乐与输出影视落幕视频的操作方法。

实战 573　制作影视背景音乐

▶ 实例位置：无
▶ 素材位置：无
▶ 视频位置：光盘 \ 视频 \ 第 19 章 \ 实战 573.mp4

● 实例介绍 ●

在EDIUS 8工作界面中，用户可以通过素材库面板来添加背景音乐，也可以通过时间线面板来添加背景音乐。下面向读者介绍制作影视背景音乐的操作方法。

● 操作步骤 ●

STEP 01 在时间线面板中，将时间线移至轨道中的开始位置处，如图19-108所示。

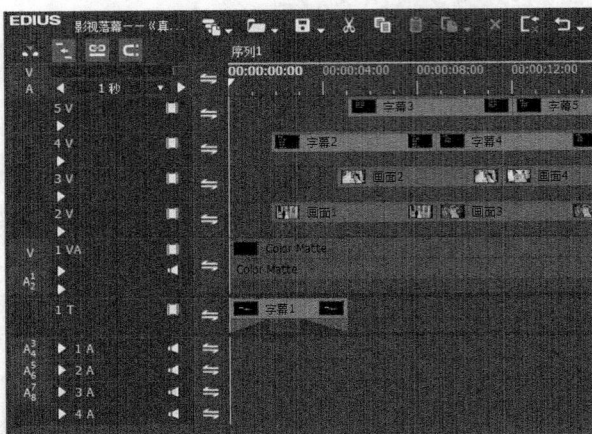

图19-108 移动时间线的位置

STEP 02 在素材库面板中，选择"背景音乐"素材文件，如图19-109所示。

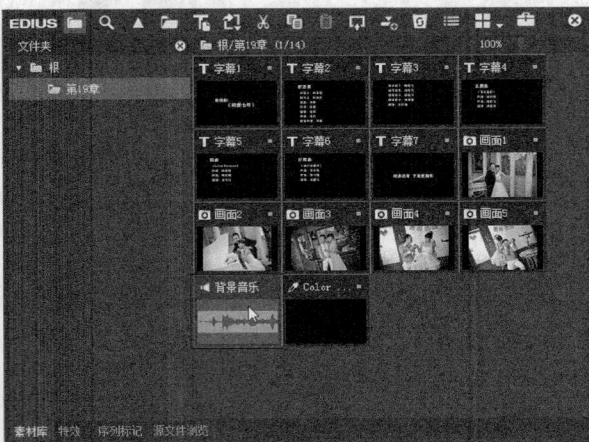

图19-109 选择"背景音乐"素材文件

STEP 03 单击鼠标左键并拖曳至1A音频轨道中的开始位置，添加音频素材，如图19-110所示。

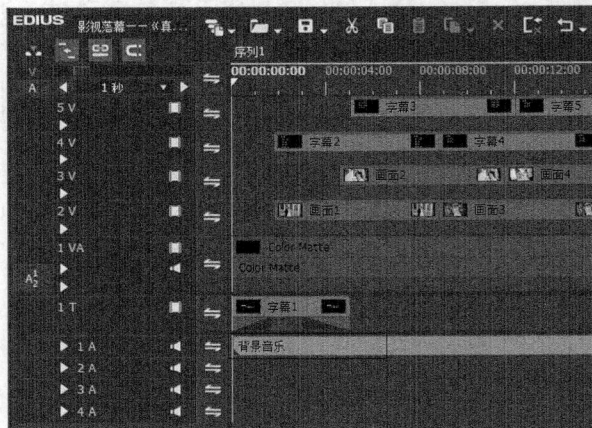

图19-110 添加音频素材

STEP 04 在时间线面板中，将时间线移至00:00:27:15的位置处，如图19-111所示。

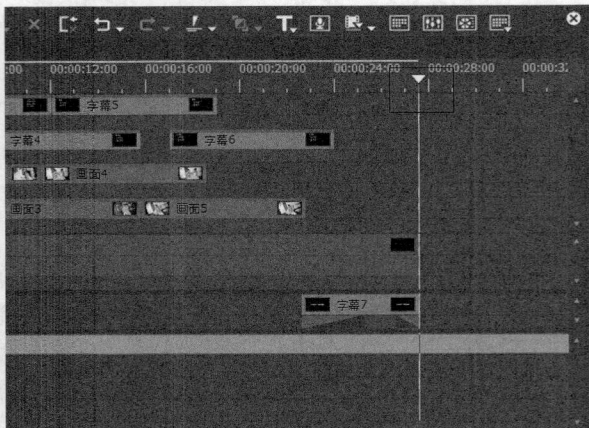

图19-111 移动时间线的位置

STEP 05 按C键，对1A音频轨道中的音频素材进行分割操作，选择分割后的第2段音频素材，如图19-112所示。

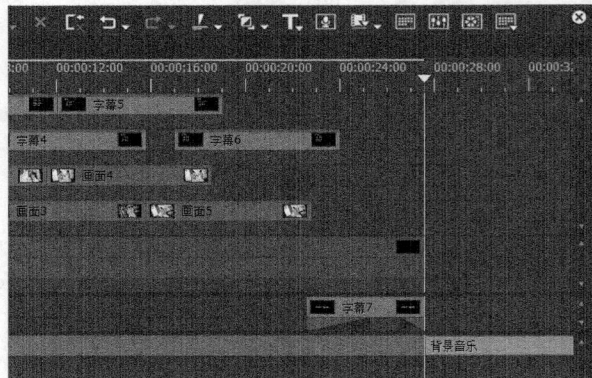

图19-112 选择第2段音频素材

STEP 06 按Delete键，对第2段音频素材进行删除操作，如图19-113所示。

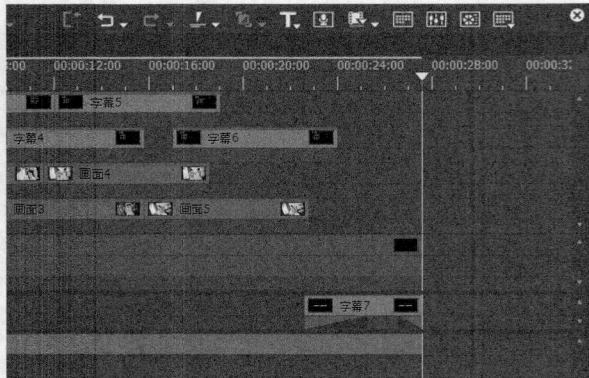

图19-113 删除第2段音频素材

STEP 07 展开1A音频轨道，单击"音量/声相"按钮，进入"音量"编辑状态，如图19-114所示。

STEP 08 在红色线上分别添加两个关键帧，并调整相应关键帧的位置，制作出音频的淡入淡出特效，如图19-115所示。至此，完成影视背景音乐的添加与编辑操作。

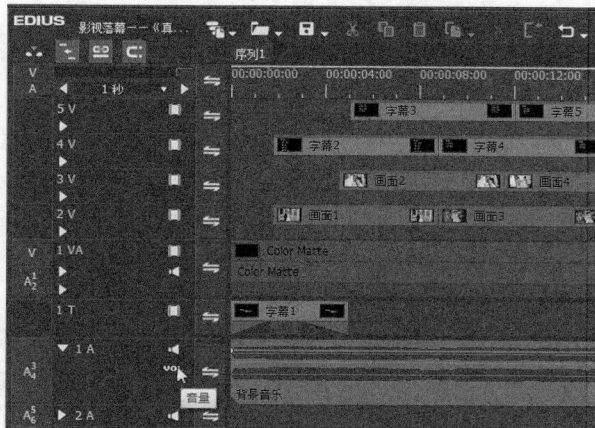

图19-114 进入"音量"编辑状态

图19-115 制作出音频的淡入淡出特效

实战 574 输出影视落幕视频

▶ 实例位置：光盘 \ 效果 \ 第 19 章 \ 影视落幕——《真爱永恒》.ezp
▶ 素材位置：无
▶ 视频位置：光盘 \ 视频 \ 第 19 章 \ 实战 574.mp4

● 实例介绍 ●

影视背景音乐制作完成后，最后用户可以对影视落幕视频文件进行输出操作。下面向读者介绍输出影视落幕视频的操作方法。

● 操作步骤 ●

STEP 01 在录制窗口下方，单击"输出"按钮，在弹出的列表框中选择"输出到文件"选项，如图19-116所示。

STEP 02 弹出"输出到文件"对话框，在左侧窗格中选择Windows Media选项，然后单击"输出"按钮，如图19-117所示。

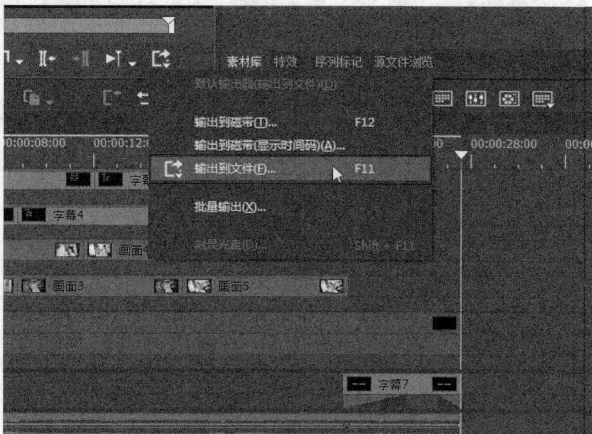

图19-116 选择"输出到文件"选项

图19-117 单击"输出"按钮

STEP 03 执行操作后，弹出相应对话框，在其中设置影视落幕视频文件的文件名与保存位置，如图19-118所示。

STEP 04 单击"保存"按钮，弹出"渲染"对话框，提示用户正在输出视频文件，并显示输出进度，如图19-119所示。

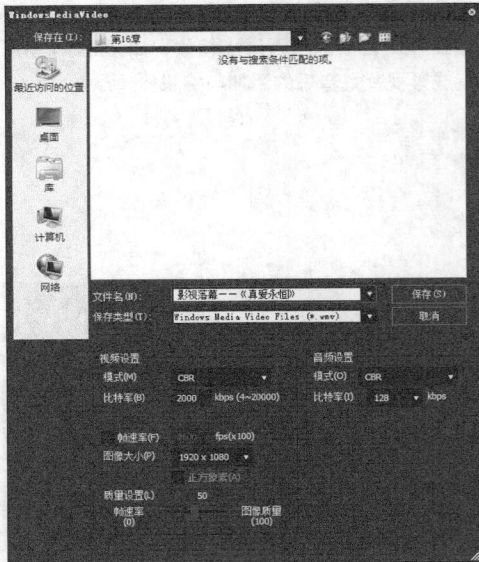

图19-118 设置视频输出选项

图19-119 显示输出进度

STEP 05 稍等片刻，待视频文件输出完成后，将显示在素材库面板中，如图19-120所示。

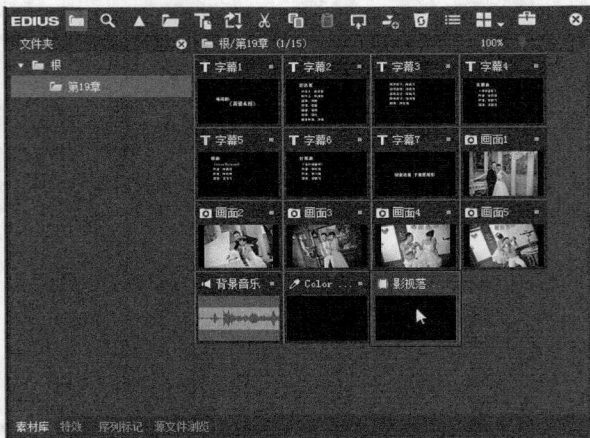

图19-120 显示在素材库面板中

STEP 06 在素材库面板中，双击输出的视频文件，在播放窗口中单击"播放"按钮，即可预览输出的视频文件画面效果，如图19-121所示。至此，影视落幕视频文件制作完成。

图19-121 预览视频文件画面效果

第 **20** 章

制作电视广告——《宇通汽车》

本章导读

电视广告，是一种以电视为媒体的广告，是电子广告的一种形式。各式各样的产品皆能经由电视广告进行宣传，如汽车广告、电子产品以及家用电器等，由于传播范围广，所以能达到很好的宣传效果。本章主要向读者介绍制作电视广告的操作方法。

要点索引

- 效果欣赏
- 视频文件制作过程
- 视频后期编辑与输出

20.1 效果欣赏

在制作电视广告之前，首先带领读者预览电视广告——《汽车之家》视频的画面效果，并掌握项目技术提炼等内容，这样可以帮助读者理清电视广告的设计思路。

本实例介绍制作电视广告——《汽车之家》，效果如图20-1所示。

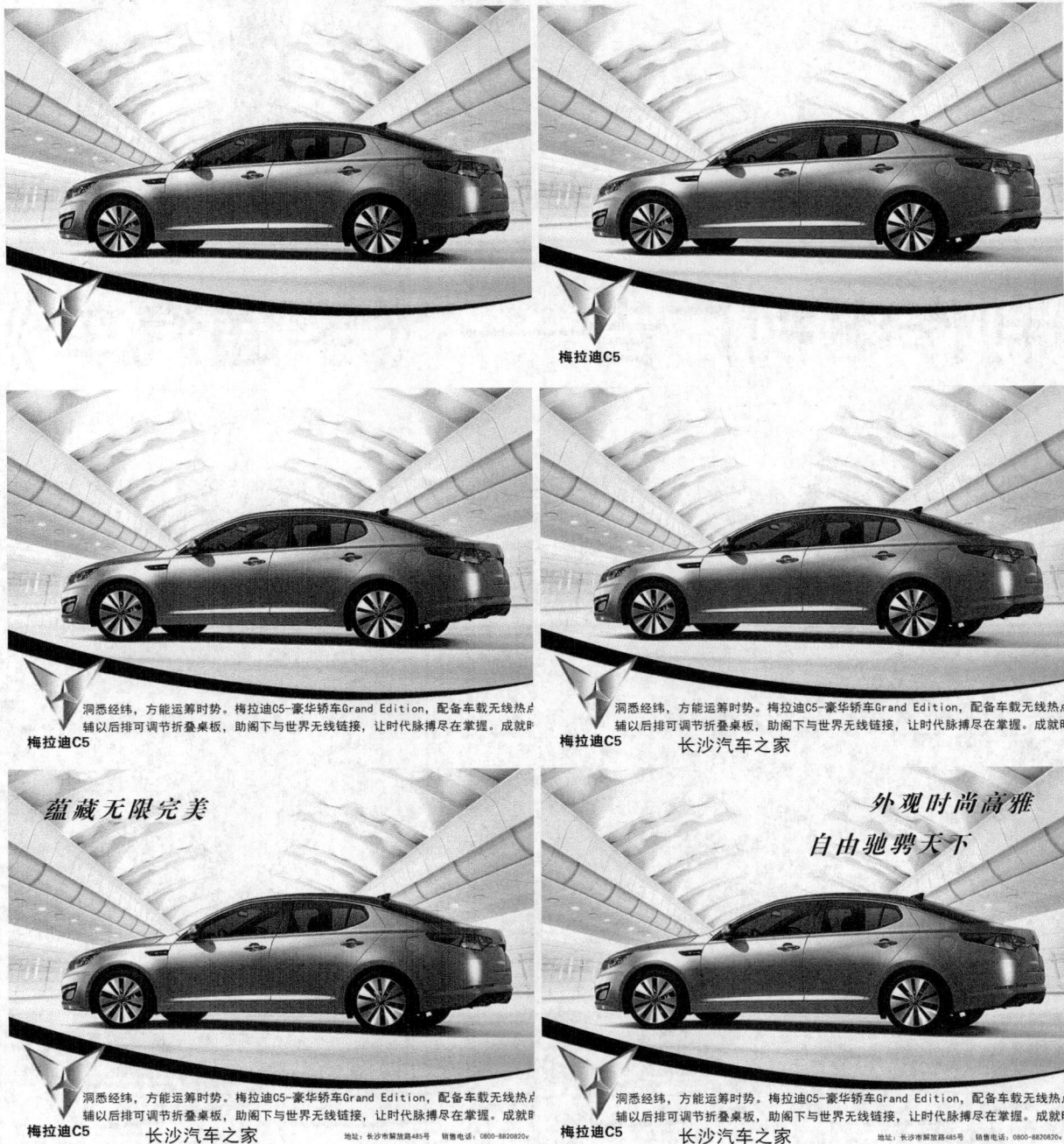

图20-1 制作电视广告——《汽车之家》

20.2 视频文件制作过程

本节主要向读者介绍电视广告视频文件的制作过程，主要包括导入电视广告素材、制作广告背景画面、制作主体字幕特效以及制作广告字幕特效等，希望读者熟练掌握本节内容。

▶ 实例位置：无
▶ 素材位置：光盘 \ 素材 \ 第 20 章 \\ 素材 1.jpg、素材 2.png、字幕 1.etl ~字幕 7.etl、背景音乐 .mp3
▶ 视频位置：光盘 \ 视频 \ 第 20 章 \ 实战 575.mp4

实战 575 导入电视广告素材

● 实例介绍 ●

在制作电视广告视频之前，用户首先需要将电视广告素材导入素材库面板中。

● 操作步骤 ●

STEP 01 运行EDIUS 8应用软件，新建一个项目文件，在"工程设置"对话框中，选择相应选项，如图20-2所示。

STEP 02 单击"确定"按钮，新建一个工程文件，在素材库面板中的空白位置上，单击鼠标右键，在弹出的快捷菜单中选择"添加文件"选项，如图20-3所示。

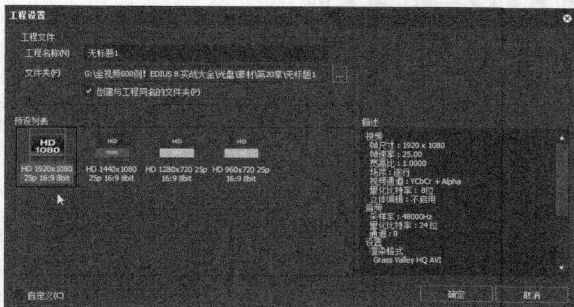

图20-2 设置工程信息

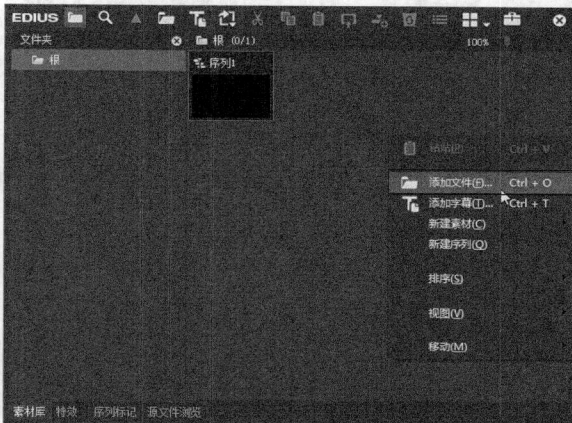

图20-3 选择"添加文件"选项

STEP 03 执行操作后，弹出"打开"对话框，在其中选择需要添加的电视广告素材，如图20-4所示。

STEP 04 单击"打开"按钮，即可将电视广告媒体素材导入素材库面板中，如图20-5所示。

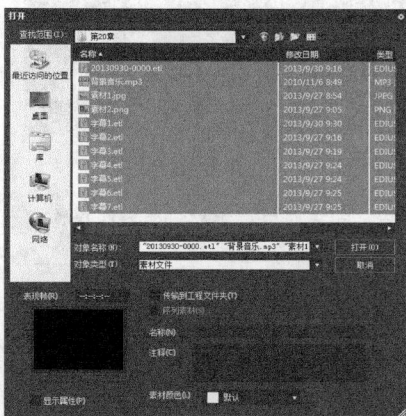

图20-4 选择电视广告素材

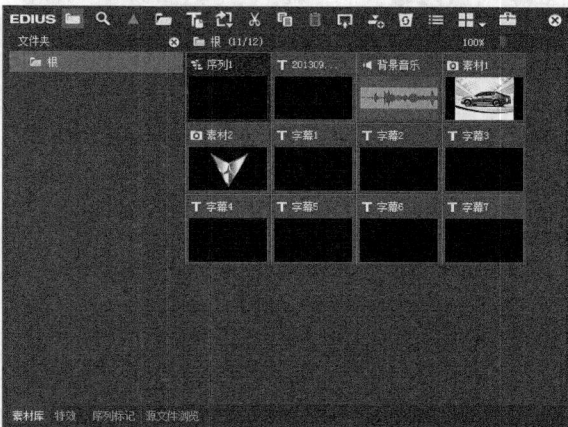

图20-5 导入电视广告媒体素材

实战 576 制作广告背景画面

▶ 实例位置：无
▶ 素材位置：无
▶ 视频位置：光盘 \ 视频 \ 第 20 章 \ 实战 576.mp4

● 实例介绍 ●

电视广告背景画面的制作也非常重要，好的背景画面可以增强观众的视觉冲击力。下面向读者介绍制作电视广告背景画面的操作方法。

● 操作步骤 ●

STEP 01 在素材库面板上方，单击"新建素材"按钮，在弹出的列表框中选择"色块"选项，如图20-6所示。

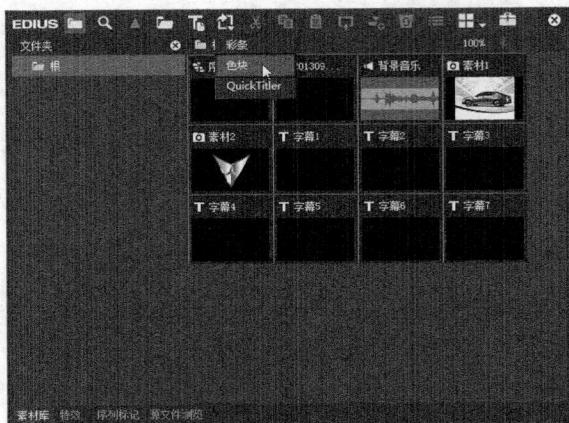

图20-6 选择"色块"选项

STEP 02 执行操作后，弹出"色块"对话框，在其中设置"数量"为1、"颜色"为黑色，如图20-7所示。

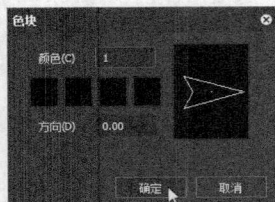

图20-7 设置色块属性

STEP 03 单击"确定"按钮，即可在素材库面板中创建一个黑色色块，如图20-8所示。

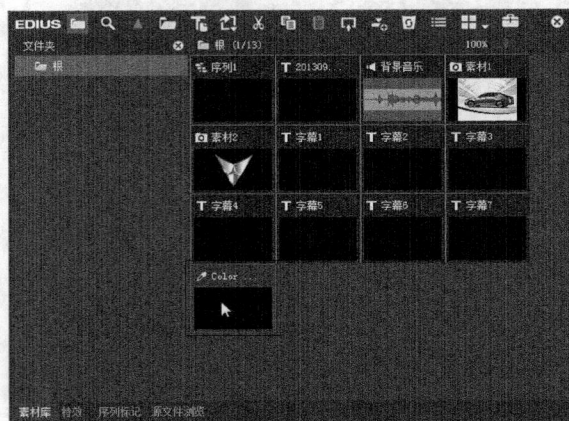

图20-8 创建一个黑色色块

STEP 04 将创建的黑色色块拖曳至1VA视音频轨道中，添加色块素材，如图20-9所示。

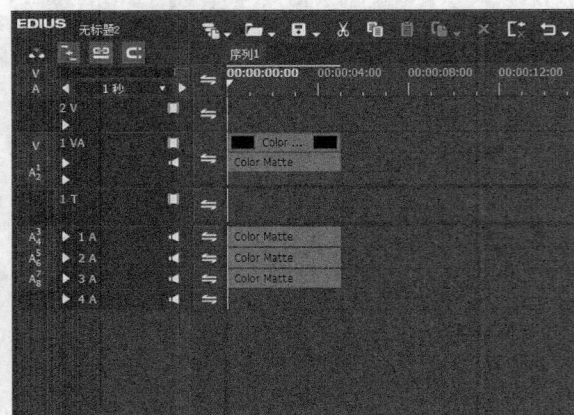

图20-9 添加色块素材

STEP 05 在色块素材上，单击鼠标右键，在弹出的快捷菜单中选择"连接/组"|"解组"选项，如图20-10所示。

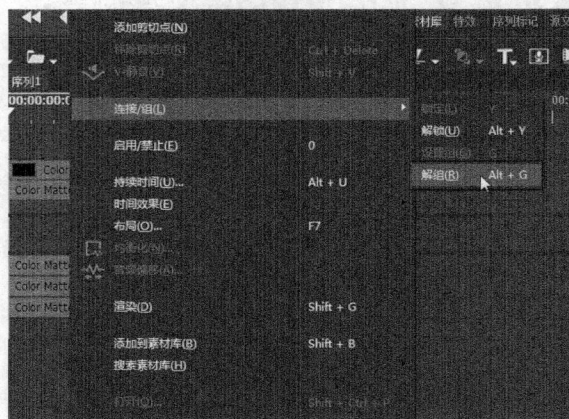

图20-10 选择"解组"选项

STEP 06 执行操作后，即可对色块素材进行解组操作，选择音频轨道中的3段音频素材，如图20-11所示。

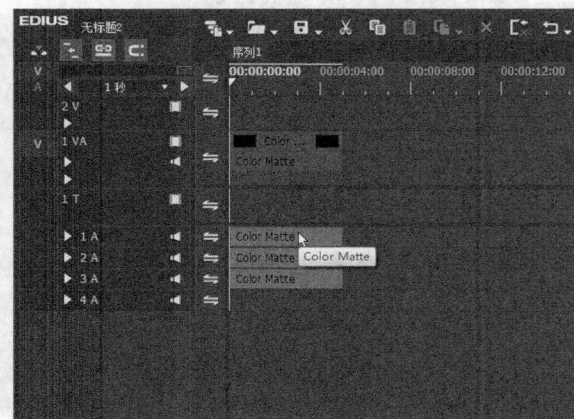

图20-11 选择3段音频素材

STEP 07 按Delete键，对3段音频素材进行删除操作，选择1VA视音频轨道中的色块素材，单击鼠标右键，在弹出的快捷菜单中选择"持续时间"选项，如图20-12所示。

STEP 08 弹出"持续时间"对话框，在其中设置"持续时间"为00:00:01:00，如图20-13所示。

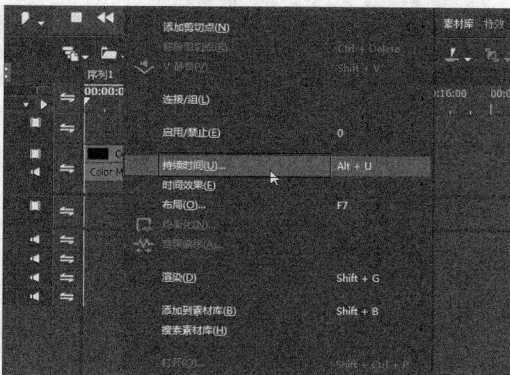

图20-12 选择"持续时间"选项

图20-13 设置色块持续时间

STEP 09 单击"确定"按钮，即可更改色块的持续时间长度，如图20-14所示。

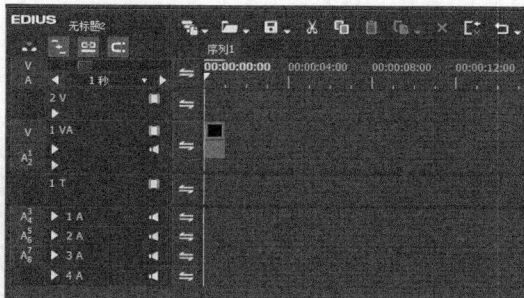

图20-14 更改色块持续时间

实战 577 **制作广告素材1特效**

▶ 实例位置：无
▶ 素材位置：光盘 \ 素材 \ 第 20 章 \ 素材 1.jpg
▶ 视频位置：光盘 \ 视频 \ 第 20 章 \ 实战 577.mp4

● 实例介绍 ●

下面将主要介绍制作广告素材1特效的操作方法。

● 操作步骤 ●

STEP 01 在素材库面板中，选择"素材1"文件，如图20-15所示。

STEP 02 将"素材1"文件其添加至1VA视音频轨道中的色块后面，添加"素材1"文件至轨道中，如图20-16所示。

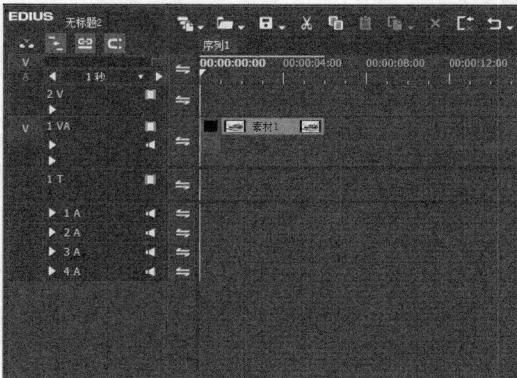

图20-15 选择"素材1"文件

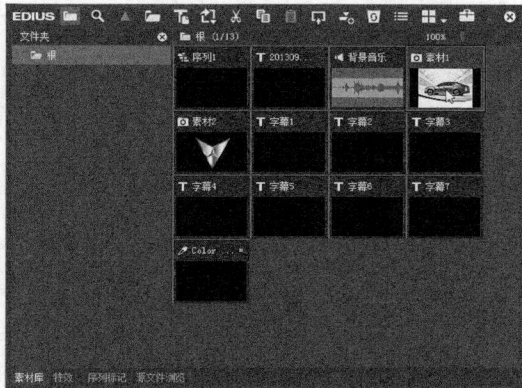

图20-16 添加"素材1"文件

STEP 03 按Alt + U组合键，弹出"持续时间"对话框，在其中设置"持续时间"为00:00:16:18，如图20-17所示。

STEP 04 单击"确定"按钮，即可更改"素材1"文件的持续时间长度，时间线面板如图20-18所示。

图20-17 设置素材持续时间

图20-18 更改素材持续时间

STEP 05 在特效面板中，展开Alpha转场组，在其中选择"Alpha自定义图像"转场效果，如图20-19所示。

STEP 06 将选择的转场效果添加至视音频轨道中的黑色色块与"素材1"文件之间，添加"Alpha自定义图像"转场效果，如图20-20所示。

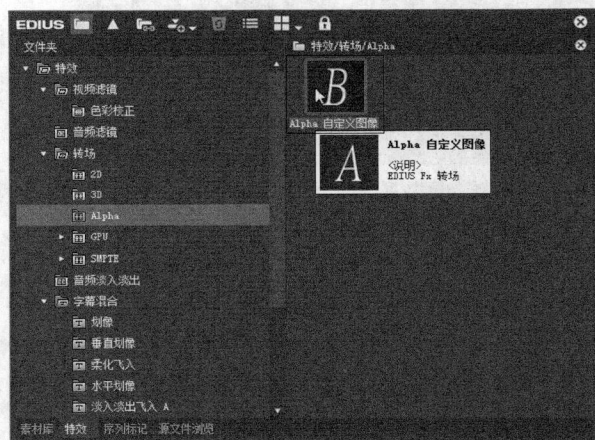

图20-19 选择转场效果

图20-20 添加转场效果

实战 578 制作广告素材2特效

▶ 实例位置：无
▶ 素材位置：无
▶ 视频位置：光盘 \ 视频 \ 第 20 章 \ 实战 578.mp4

● 实例介绍 ●

下面将主要介绍制作广告素材2特效的操作方法。

● 操作步骤 ●

STEP 01 在时间线面板中，将时间线移至00:00:01:15的位置处，如图20-21所示。

STEP 02 将素材库面板中的"素材2"文件添加至2V视频轨中的时间线位置，如图20-22所示。

图20-21 移动时间线的位置

图20-22 添加"素材2"文件

STEP 03 按Alt + U组合键,弹出"持续时间"对话框,在其中设置"持续时间"为00:00:16:03,如图20-23所示。

STEP 04 单击"确定"按钮,即可更改"素材2"文件的持续时间长度,时间线面板如图20-24所示。

图20-23 设置素材持续时间

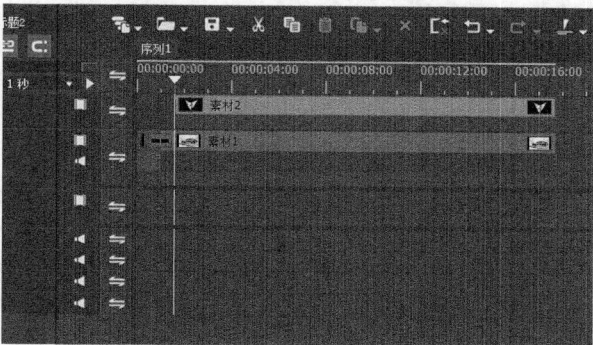
图20-24 更改素材持续时间

STEP 05 选择"素材2"文件,按F7键,弹出"视频布局"对话框,在"位置"选项区中,设置X为-793.0px、Y为379.1px;在"拉伸"选项区中,设置X为675.7px;在"可见度和颜色"选项区中,设置"源素材"为0%,在下方选中"位置""伸展"和"可见度和颜色"复选框,单击"视频布局"右侧的"添加/删除关键帧"按钮,添加第1组关键帧,如图20-25所示。

STEP 06 将时间线移至00:00:01:04的位置处,在"位置"选项区中,设置X为-571.1px、Y为345.0px;在"拉伸"选项区中,设置X为278.9px;在"可见度和颜色"选项区中,设置"源素材"为100%,此时软件自动在时间线位置添加第2组关键帧,如图20-26所示。

图20-25 添加第1组关键帧

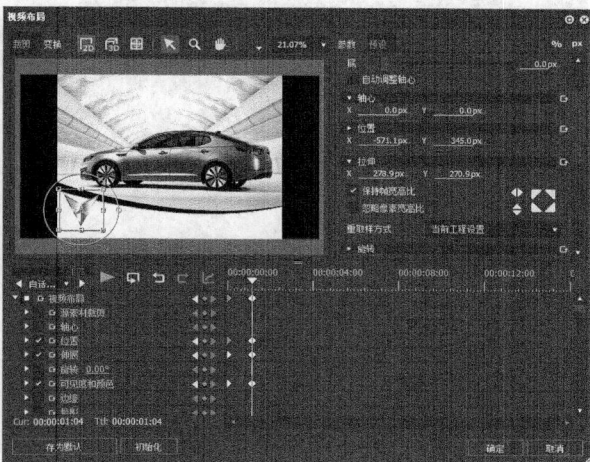
图20-26 添加第2组关键帧

STEP 07 设置完成后，单击"确定"按钮，返回EDIUS 8工作界面，单击"播放"按钮，预览制作的电视广告背景画面效果，如图20-27所示。

图20-27 预览电视广告背景效果

实战 579 制作主体字幕特效

▶ 实例位置：无
▶ 素材位置：无
▶ 视频位置：光盘 \ 视频 \ 第 20 章 \ 实战 579.mp4

● 实例介绍 ●

字幕效果制作得当，可以为电视广告起到画龙点睛的作用。下面向读者介绍制作主体字幕特效的操作方法。

● 操作步骤 ●

STEP 01 在2V视频轨上单击鼠标右键，在弹出的快捷菜单中选择"添加"|"在上方添加视频轨道"选项，如图20-28所示。

STEP 02 执行操作后，弹出"添加轨道"对话框，在其中设置"数量"为2，如图20-29所示。

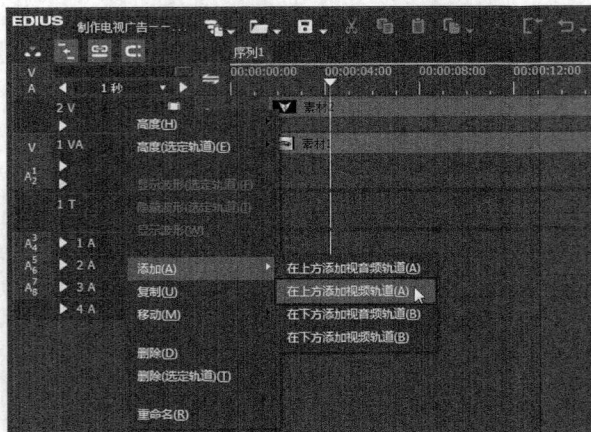

图20-28 选择"在上方添加视频轨道"选项

图20-29 设置"数量"为2

STEP 03 单击"确定"按钮，即可在时间线面板中新增两条视频轨道，如图20-30所示。

STEP 04 在1T字幕轨道上单击鼠标右键，在弹出的快捷菜单中选择"添加"|"在上方添加字幕轨道"选项，如图20-31所示。

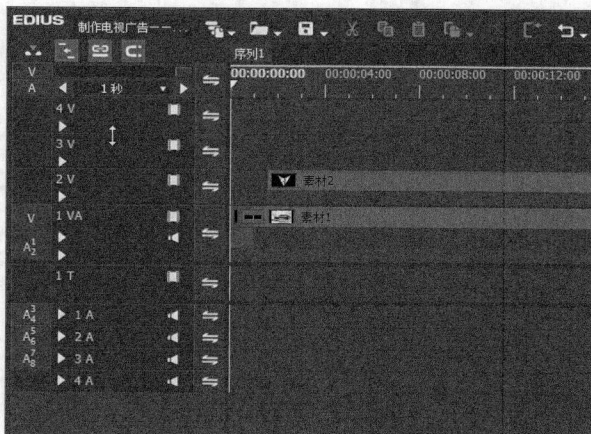

图20-30 新增两条视频轨道

图20-31 选择"在上方添加字幕轨道"选项

STEP 05 执行操作后，弹出"添加轨道"对话框，在其中设置"数量"为3，如图20-32所示。

STEP 06 单击"确定"按钮，即可在时间线面板中新增3条字幕轨道，如图20-33所示。

图20-32 设置"数量"为3

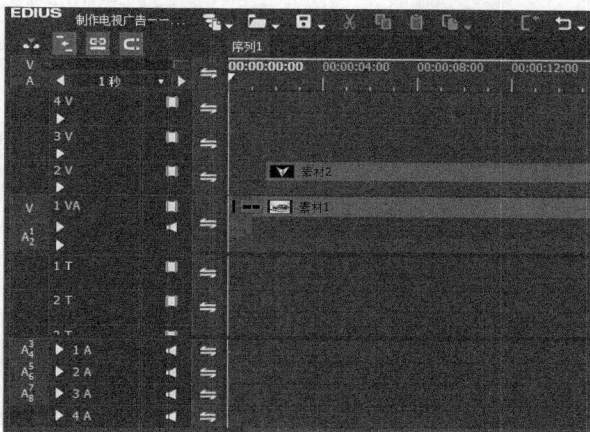

图20-33 新增3条字幕轨道

STEP 07 在时间线面板中，将时间线移至00:00:02:12的位置处，如图20-34所示。

STEP 08 在时间线面板上方，单击"创建字幕"按钮，在弹出的列表框中选择"在1T轨道上创建字幕"选项，如图20-35所示。

图20-34 移动时间线的位置

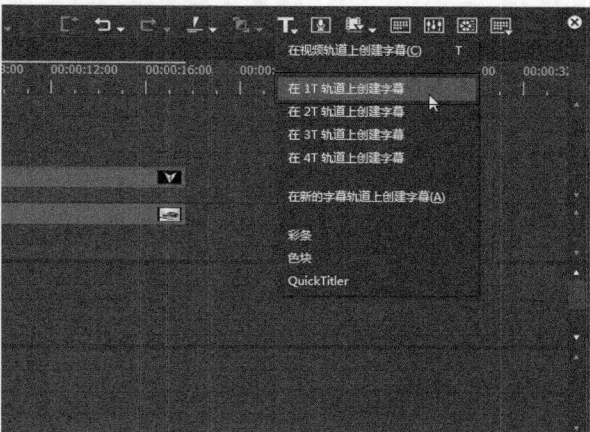

图20-35 选择"在1T轨道上创建字幕"选项

STEP 09 执行操作后，打开字幕窗口，运用横向文本工具在预览窗口中输入相应文本内容，如图20-36所示。

STEP 10 在"文本属性"面板中，设置X为299、Y为995、"字体"为"方正大黑简体"、"字号"为30，设置文本属性，如图20-37所示。

图20-36 输入相应文本内容

图20-37 设置文本属性

STEP 11 在"文本属性"面板中，取消选中"边缘"复选框，如图20-38所示。

STEP 12 设置完成后，单击"保存"按钮，保存字幕并退出字幕窗口，刚创建的字幕将显示在1T字幕轨道中的时间线位置，如图20-39所示。

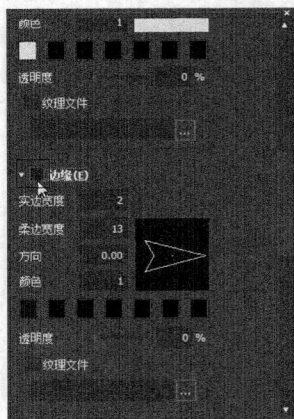

图20-38 取消选中"边缘"复选框

图20-39 显示刚创建的字幕文件

STEP 13 按Alt+U组合键，弹出"持续时间"对话框，在其中设置"持续时间"为00:00:15:07，如图20-40所示。

STEP 14 单击"确定"按钮，即可更改字幕的持续时间长度，轨道面板如图20-41所示。

图20-40 设置字幕持续时间

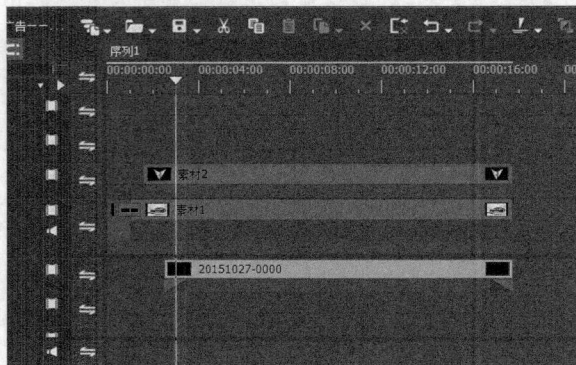

图20-41 更改字幕持续时间

STEP 15 在特效面板中，展开"柔化飞入"特效组，在其中选择"向上软划像"运动效果，如图20-42所示。

图20-42 选择"向上软划像"字幕特效

STEP 16 将选择的字幕特效拖曳至1T字幕轨道中字幕文件的淡入位置，如图20-43所示。

图20-43 拖曳至字幕文件的淡入位置

STEP 17 在"信息"面板中，删除"淡入淡出"字幕混合特效，此时1T字幕轨道中只显示"向上软划像"字幕淡入特效，如图20-44所示。

图20-44 显示"向上软划像"淡入特效

STEP 18 单击"播放"按钮，预览字幕"向上软划像"运动特效，如图20-45所示。

图20-45 预览字幕运动特效

▶ 实例位置：无
▶ 素材位置：无
▶ 视频位置：光盘＼视频＼第 20 章＼实战 580.mp4

实战 580 制作字幕1特效

● 实例介绍 ●

下面将主要介绍制作字幕1特效的操作方法。

● 操作步骤 ●

STEP 01 在时间线面板中，将时间线移至00:00:03:22的位置处，如图20-46所示。

图20-46 移动时间线的位置

STEP 02 将素材库面板中的"字幕1"文件拖曳至3V视频轨中的时间线位置，添加字幕文件，如图20-47所示。

图20-47 添加"字幕1"文件

STEP 03 按Alt＋U组合键，弹出"持续时间"对话框，在其中设置"持续时间"为00:13:26，如图20-48所示。

STEP 04 单击"确定"按钮，即可更改"字幕1"文件的持续时间长度，如图20-49所示。

图20-49 更改字幕持续时间

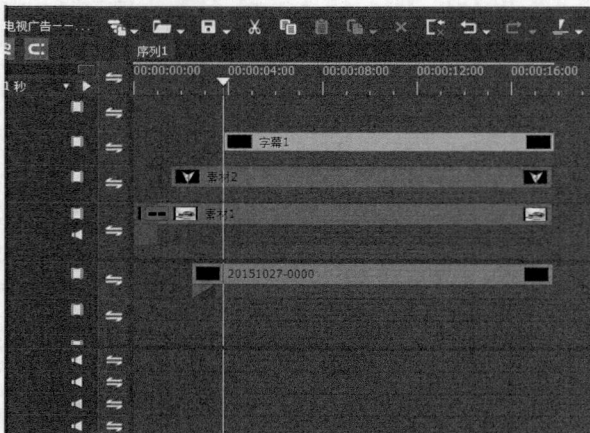

图20-48 设置字幕持续时间

STEP 05 选择"字幕1"文件，按F7键，弹出"视频布局"对话框，在"位置"选项区中，设置X为–78.6px、Y为55.7px；在"拉伸"选项区中，设置X为1576.0px；在"可见度和颜色"选项区中，设置"源素材"为0%，在下方选中"位置""伸展"和"可见度和颜色"复选框，单击"视频布局"右侧的"添加/删除关键帧"按钮，添加第1组关键帧，如图20-50所示。

STEP 06 将时间线移至00:00:01:03的位置处，在"位置"选项区中，设置X为–55.2，Y为–151.9px；在"拉伸"选项区中，设置X为1920px；在"可见度和颜色"选项区中，设置"源素材"为100%，此时软件自动在时间线位置添加第2组关键帧，如图20-51所示。

图20-50 添加第1组关键帧

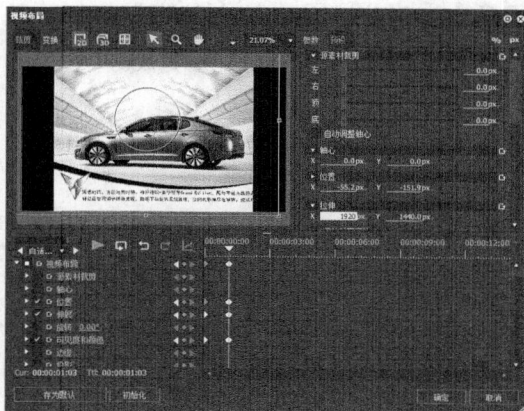

图20-51 添加第2组关键帧

STEP 07 设置完成后，单击"确定"按钮，返回EDIUS 8工作界面，单击"播放"按钮，预览"字幕1"拉伸特效，如图20-52所示。

图20-52 预览"字幕1"拉伸特效

实战 581	制作字幕2特效	▶ 实例位置：无
		▶ 素材位置：无
		▶ 视频位置：光盘 \ 视频 \ 第 20 章 \ 实战 581.mp4

● 实例介绍 ●

下面将主要介绍制作字幕2特效的操作方法。

● 操作步骤 ●

STEP 01 在时间线面板中，将时间线移至00:00:05:10的位置处，如图20-53所示。

STEP 02 将素材库面板中的"字幕2"文件拖曳至4V视频轨中的时间线位置，添加字幕文件，如图20-54所示。

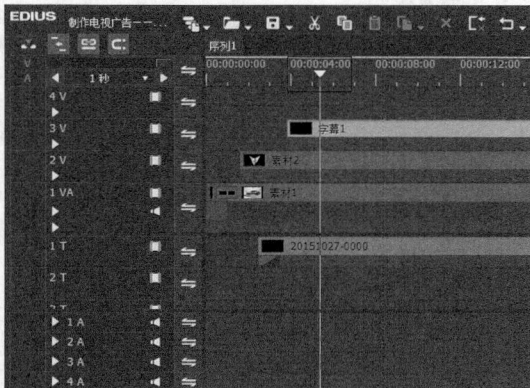

图20-53 移动时间线的位置

图20-54 添加"字幕2"文件

STEP 03 按Alt＋U组合键，弹出"持续时间"对话框，在其中设置"持续时间"为00:00:12:08，如图20-55所示。

STEP 04 单击"确定"按钮，即可更改"字幕2"文件的持续时间长度，如图20-56所示。

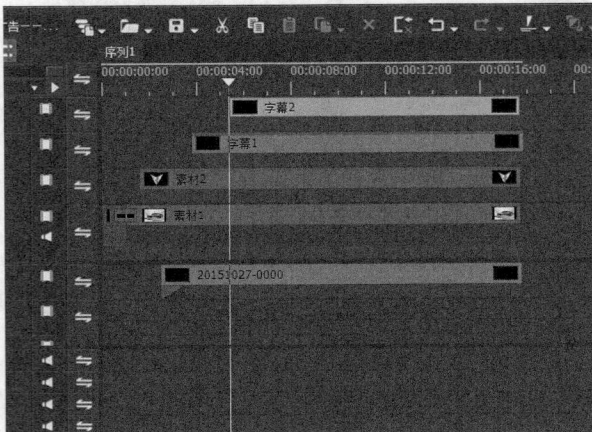

图20-55 设置字幕持续时间

图20-56 更改字幕持续时间

STEP 05 选择"字幕2"文件，按F7键，弹出"视频布局"对话框，在"拉伸"选项区中，设置X和Y均为0px；在"可见度和颜色"选项区中，设置"源素材"为0%，在下方选中"伸展"和"可见度和颜色"复选框，单击"视频布局"右侧的"添加/删除关键帧"按钮，添加第1组关键帧，如图20-57所示。

STEP 06 将时间线移至00:00:01:01的位置处，在"拉伸"选项区中，设置X为1920.0px；在"可见度和颜色"选项区中，设置"源素材"为100%，此时软件自动在时间线位置添加第2组关键帧，如图20-58所示。

图20-57 添加第1组关键帧

图20-58 添加第2组关键帧

STEP 07 设置完成后，单击"确定"按钮，返回EDIUS 8工作界面，单击"播放"按钮，预览"字幕2"拉伸特效，如图20-59所示。

图20-59 预览"字幕2"拉伸特效

▶ 实例位置：无
▶ 素材位置：无
▶ 视频位置：光盘 \ 视频 \ 第 20 章 \ 实战 582.mp4

实战 582　制作字幕3特效

● 实例介绍 ●

下面将主要介绍制作字幕3特效的操作方法。

● 操作步骤 ●

STEP 01 在时间线面板中，将时间线移至00:00:06:23的位置处，如图20-60所示。

STEP 02 将素材库面板中的"字幕3"文件拖曳至2T字幕轨道中的时间线位置，添加字幕文件，如图20-61所示。

图20-60　移动时间线的位置

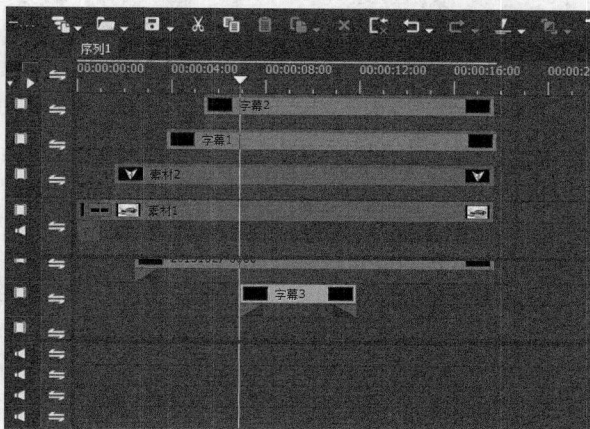

图20-61　添加"字幕3"文件

STEP 03 按Alt＋U组合键，弹出"持续时间"对话框，在其中设置"持续时间"为00:10:25，如图20-62所示。

STEP 04 单击"确定"按钮，即可更改"字幕3"文件的持续时间长度，如图20-63所示。

图20-63　更改字幕持续时间

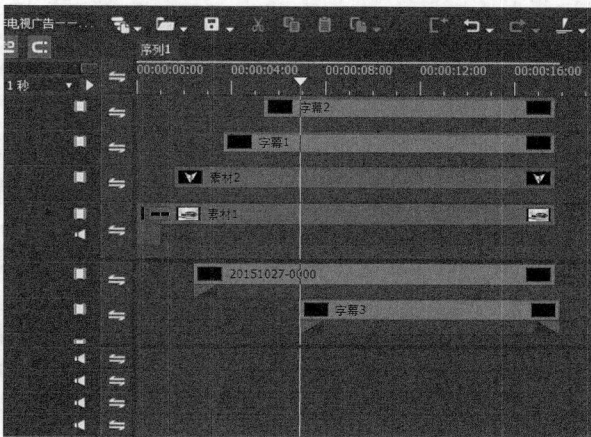

图20-62　设置字幕持续时间

STEP 05 在特效面板中，展开"柔化飞入"特效组，在其中选择"向左软划像"字幕特效，如图20-64所示。

STEP 06 将选择的字幕特效拖曳至2T字幕轨道中字幕文件的淡入位置，如图20-65所示。

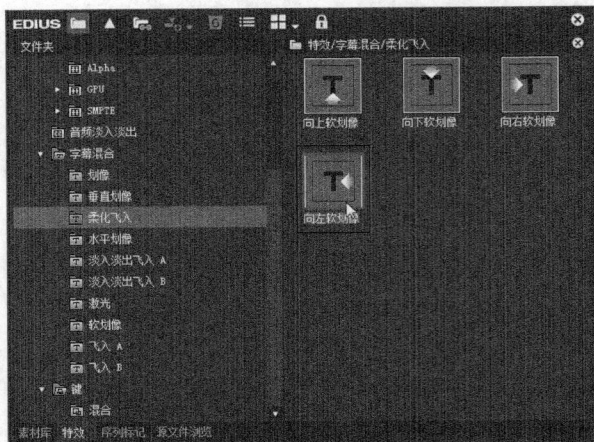

图20-64 选择"向左软划像"字幕特效

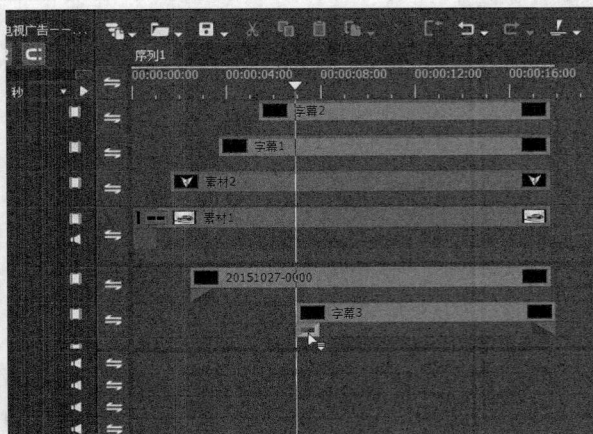

图20-65 拖曳至字幕淡入位置

STEP 07 在"信息"面板中，删除"淡入淡出"字幕混合特效，此时2T字幕轨道中只显示"向左软划像"字幕淡入特效，按Shift + Alt + U组合键，弹出"持续时间"对话框，在其中设置字幕淡入混合特效的"持续时间"为00:00:01:21，如图20-66所示。

STEP 08 单击"确定"按钮，即可更改"字幕3"文件淡入特效时间长度，如图20-67所示。

图20-66 设置字幕淡入持续时间

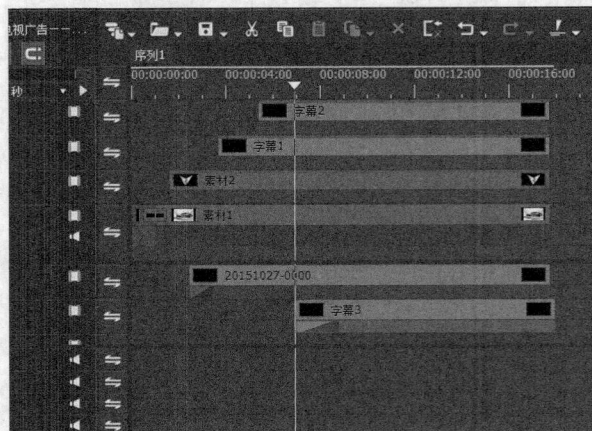

图20-67 更改淡入特效时间长度

STEP 09 单击"播放"按钮，预览制作的电视广告主体字幕动画特效，如图20-68所示。

图20-68 预览主体字幕动画特效

实战	583	制作字幕4特效	▶ 实例位置：无

▶ 实例位置：无
▶ 素材位置：无
▶ 视频位置：光盘 \ 视频 \ 第 20 章 \ 实战 583.mp4

● 实例介绍 ●

下面将主要介绍制作字幕4特效的操作方法。

● 操作步骤 ●

STEP 01 在时间线面板中，将时间线移至00:00:08:14的位置处，如图20-69所示。

STEP 02 将素材库面板中的"字幕4"文件拖曳至3T字幕轨道中的时间线位置，添加字幕文件，如图20-70所示。

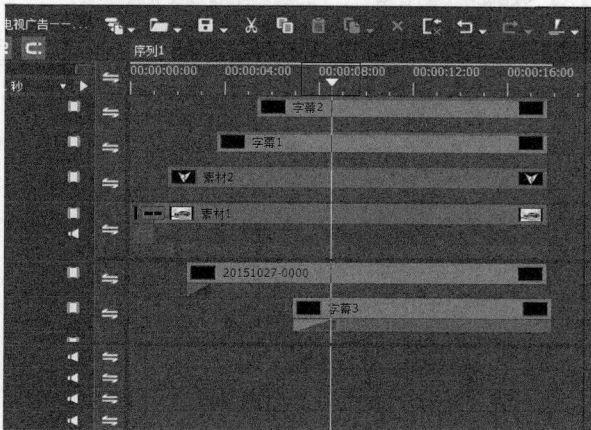

图20-69 移动时间线位置

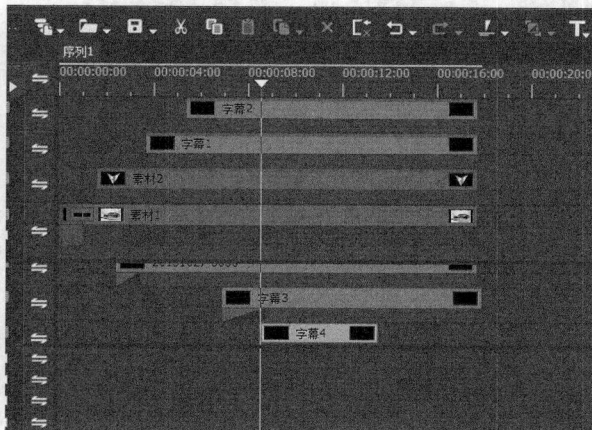

图20-70 添加"字幕4"文件

STEP 03 按Alt＋U组合键，弹出"持续时间"对话框，在其中设置"持续时间"为00:00:04:04，如图20-71所示。

STEP 04 单击"确定"按钮，即可更改"字幕4"文件的持续时间长度，如图20-72所示。

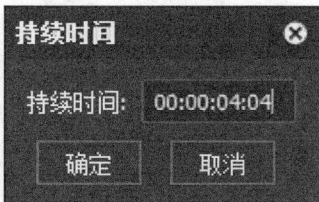

图20-71 设置字幕持续时间

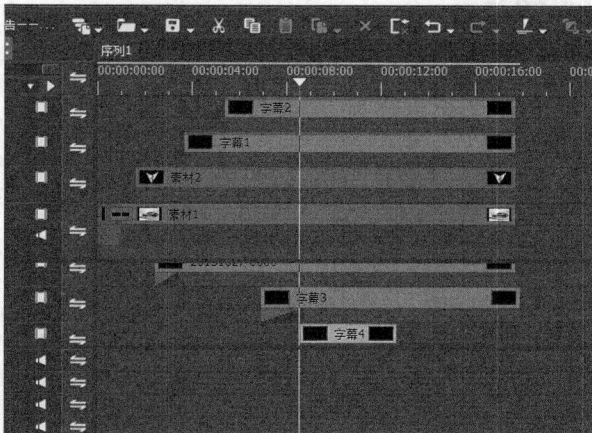

图20-72 更改字幕持续时间

STEP 05 在特效面板中，展开"飞入A"特效组，在其中选择"向右飞入A"字幕特效，如图20-73所示。

STEP 06 将选择的字幕特效拖曳至3T字幕轨道中字幕文件的淡入位置，如图20-74所示。

图20-73 选择"向右飞入A"字幕特效

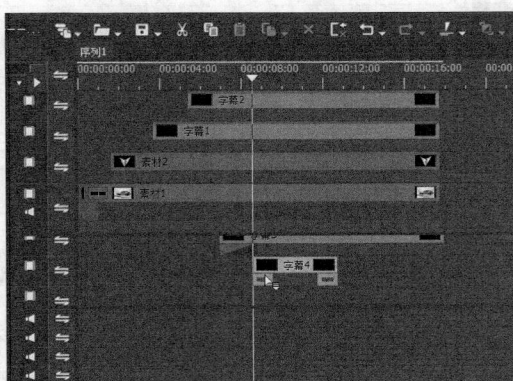

图20-74 拖曳至字幕淡入位置

STEP 07 添加字幕淡入特效后，按Shift + Alt + U组合键，设置字幕淡入特效的"持续时间"为00:00:01:02，单击"播放"按钮，预览字幕动画效果，如图20-75所示。

图20-75 预览字幕动画效果

实战 584 制作字幕5特效

▶ 实例位置：无
▶ 素材位置：无
▶ 视频位置：光盘\视频\第20章\实战584.mp4

● 实例介绍 ●

下面将主要介绍制作字幕5特效的操作方法。

● 操作步骤 ●

STEP 01 在时间线面板中，将时间线移至00:00:09:15的位置处，如图20-76所示。

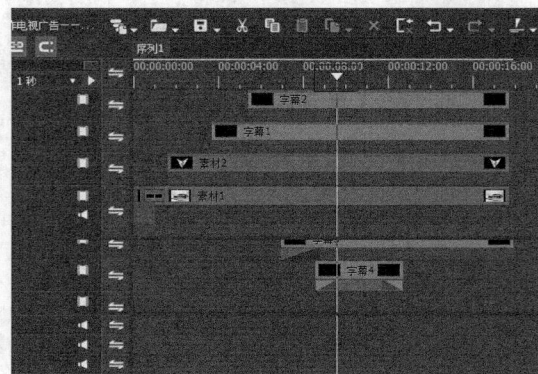

STEP 02 将素材库面板中的"字幕5"文件拖曳至4T字幕轨道中的时间线位置，添加字幕文件，如图20-77所示。

图20-76 移动时间线的位置

图20-77 添加"字幕5"文件

STEP 03 按Alt＋U组合键，弹出"持续时间"对话框，在其中设置"持续时间"为00:00:03:02，如图20-78所示。

STEP 04 单击"确定"按钮，即可更改"字幕5"文件的持续时间长度，如图20-79所示。

图20-78 设置字幕持续时间

图20-79 更改字幕持续时间

STEP 05 为"字幕5"添加"向右飞入A"字幕淡入特效，并设置淡入持续时间为00:00:01:06，单击"播放"按钮，预览字幕动画效果，如图20-80所示。

图20-80 预览字幕动画效果

实战 585	制作字幕6特效

▶ 实例位置：无
▶ 素材位置：无
▶ 视频位置：光盘＼视频＼第20章＼实战585.mp4

● 实例介绍 ●

下面将主要介绍制作字幕6特效的操作方法。

● 操作步骤 ●

STEP 01 在时间线面板中，将时间线移至00:00:12:18的位置处，如图20-81所示。

STEP 02 将素材库面板中的"字幕6"文件拖曳至3T字幕轨道中的时间线位置，添加字幕文件，如图20-82所示。

图20-81 移动时间线的位置

图20-82 添加"字幕6"文件

STEP 03 在特效面板中，展开"飞入A"特效组，在其中选择"向左飞入A"字幕特效，如图20-83所示。

STEP 04 单击鼠标左键并拖曳至"字幕6"素材的入点位置，设置入点持续时间为00:00:01:14，在信息面板中删除"淡入淡出"特效，此时3T字幕轨道中的"字幕6"如图20-84所示。

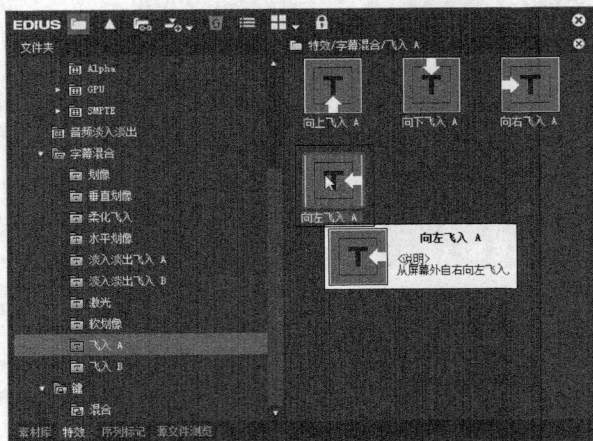

图20-83 选择"向左飞入A"字幕特效

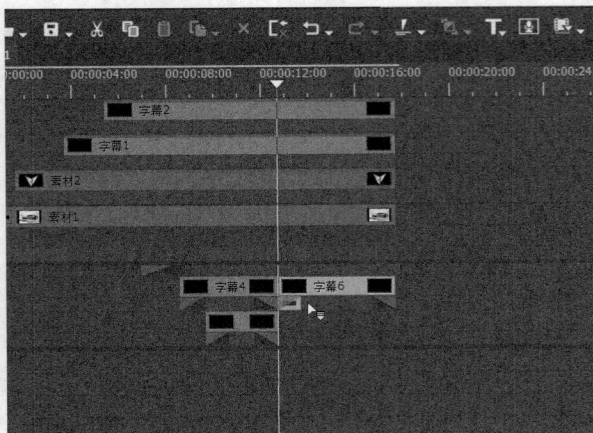

图20-84 "字幕6"文件淡入特效

STEP 05 单击"播放"按钮，预览字幕动画效果，如图20-85所示。

图20-85 预览字幕动画效果

实战 586 制作字幕7特效

▶ 实例位置：无
▶ 素材位置：无
▶ 视频位置：光盘\视频\第20章\实战586.mp4

● 实例介绍 ●

下面将主要介绍制作字幕7特效的操作方法。

● 操作步骤 ●

STEP 01 在时间线面板中，将时间线移至00:00:14:02的位置处，如图20-86所示。

STEP 02 将素材库面板中的"字幕7"文件拖曳至4T字幕轨道中的时间线位置，添加字幕文件，如图20-87所示。

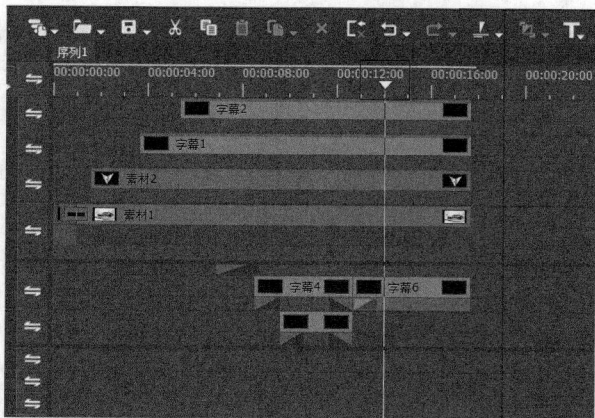

图20-86 移动时间线的位置

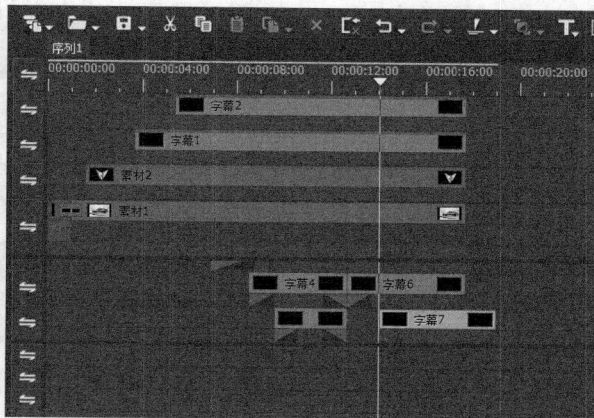

图20-87 添加"字幕7"文件

STEP 03 向左拖曳"字幕7"文件右侧的黄色标记,手动调整字幕素材的持续时间,如图20-88所示。

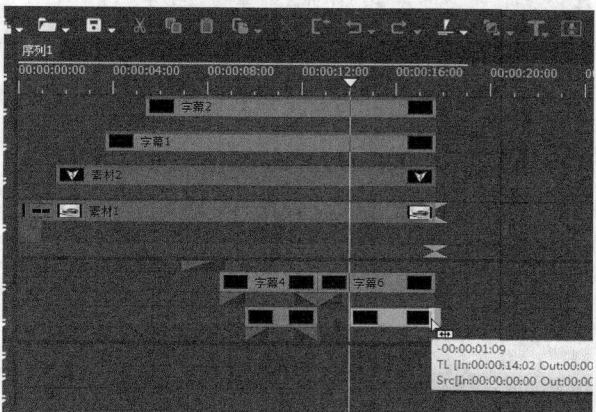

STEP 04 为"字幕7"添加"向左飞入A"字幕淡入特效,并设置淡入持续时间为00:00:01:13,在信息面板中删除字幕淡出特效,此时"字幕7"如图20-89所示。

图20-88 调整字幕持续时间

图20-89 "字幕7"文件淡入特效

STEP 05 单击"播放"按钮,预览字幕动画效果,如图20-90所示。

图20-90 预览字幕动画效果

20.3 视频后期编辑与输出

电视广告的背景画面与主体字幕动画制作完成后,接下来向读者介绍视频后期的背景音乐编辑与视频的输出操作。

实战 587 制作广告背景音乐

▶ 实例位置：无
▶ 素材位置：无
▶ 视频位置：光盘＼视频＼第 20 章＼实战 587.mp4

● 实例介绍 ●

背景音乐是一段影视作品的重要组成部分，下面向读者详细介绍制作电视广告背景音乐的操作方法。

● 操作步骤 ●

STEP 01 在时间线面板中，将时间线移至轨道中的开始位置处，如图20-91所示。

STEP 02 将素材库面板中的"背景音乐"素材添加到1A音频轨道中的开始位置，并将时间线移至合适的位置处，如图20-92所示。

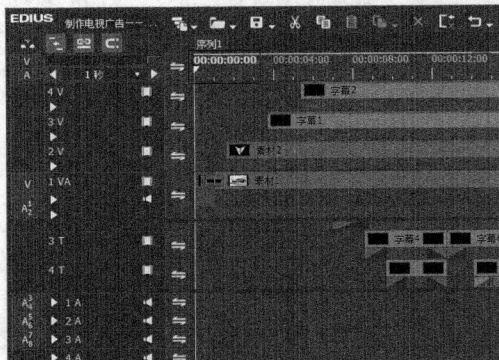

图20-91 移动时间线的位置

图20-92 移动时间线的位置

STEP 03 在时间线位置，按C键，对"背景音乐"素材进行分割操作，如图20-93所示。

STEP 04 按Delete键，删除分割后的"背景音乐"素材文件，如图20-94所示。

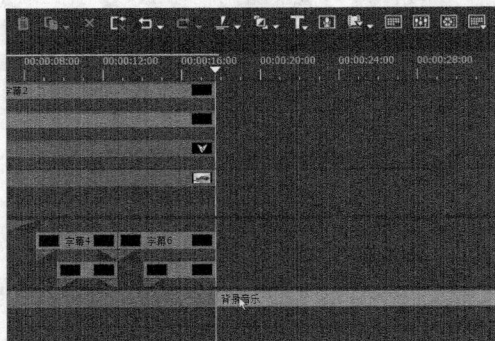

图20-93 对素材进行分割操作

图20-94 删除分割后的音频素材

STEP 05 展开1A音频轨道，进入音量关键帧控制状态，分别添加2个关键帧，并调整第1个关键帧与第4个关键帧的位置，制作音频的淡入淡出特效，如图20-95所示。

STEP 06 单击"播放"按钮，试听制作的广告背景音乐特效。

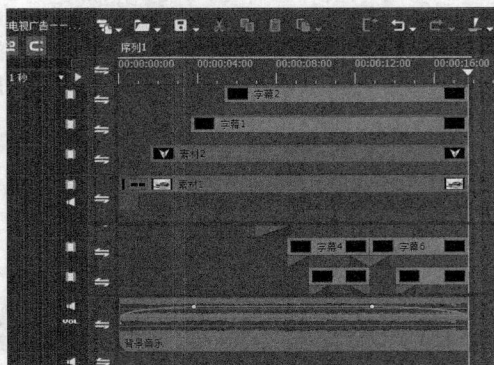

图20-95 制作音频的淡入淡出特效

<table>
<tr><td rowspan="2">**实战 588**</td><td rowspan="2">**输出电视广告视频**</td></tr>
</table>

▶ 实例位置：无
▶ 素材位置：无
▶ 视频位置：光盘＼视频＼第 20 章＼实战 588.mp4

● 实例介绍 ●

经过一系列的视频编辑与修剪操作后，最后向读者介绍输出电视广告视频文件的操作方法。

● 操作步骤 ●

STEP 01 在菜单栏中，单击"文件"|"输出"|"输出到文件"命令，如图20-96所示。

图20-96 单击"输出到文件"命令

STEP 02 弹出"输出到文件"对话框，在左侧窗格中选择 Windows Media选项，然后单击"输出"按钮，如图 20-97所示。

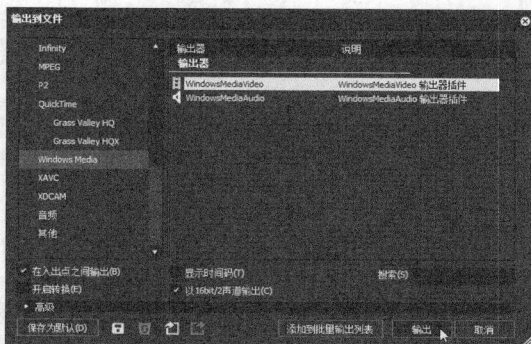

图20-97 单击"输出"按钮

STEP 03 执行操作后，弹出相应对话框，在其中设置电视广告视频文件的文件名与保存位置，如图20-98所示。

图20-98 设置视频输出选项

STEP 04 单击"保存"按钮，弹出"渲染"对话框，提示用户正在输出视频文件，并显示输出进度，如图20-99所示。

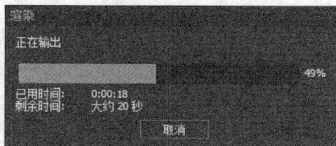

图20-99 显示输出进度

STEP 05 待视频文件输出完成后，将显示在素材库面板中，双击输出的视频文件，在播放窗口中单击"播放"按钮，即可预览输出的视频文件画面效果，如图20-100所示。至此，电视广告视频文件制作完成。

图20-100 预览视频文件画面效果

第 **21** 章

制作专题剪辑——《绚烂焰火》

本章导读
节日，总会有盛大的场面，如绚烂焰火、演唱会等。用户可以通过 DV 摄像机、照相机或者手机等，记录下这些盛大的场面，然后使用 EDIUS 8 8.0 软件，将拍摄的素材进行编辑，并制作成更具观赏价值的视频短片。

要点索引
● 效果欣赏

21.1 效果欣赏

本实例介绍如何制作专题剪辑——《绚烂焰火》，效果如图21-1所示。

图21-1 制作专题剪辑——《绚烂焰火》

21.2 视频文件制作过程

实战 589	剪辑焰火视频画面	▶ 实例位置：无
		▶ 素材位置：光盘\素材\第 21 章\片头.wmv、片尾.wmv、视频边框.png、焰火 1.JPG 等
		▶ 视频位置：光盘\视频\第 21 章\实战 589.mp4

• 实例介绍 •

下面将主要介绍剪辑焰火视频画面的操作方法。

● 操作步骤 ●

STEP 01 在"素材库"面板中，单击鼠标右键，在弹出的快捷菜单中选择"添加文件"选项，如图21-2所示。

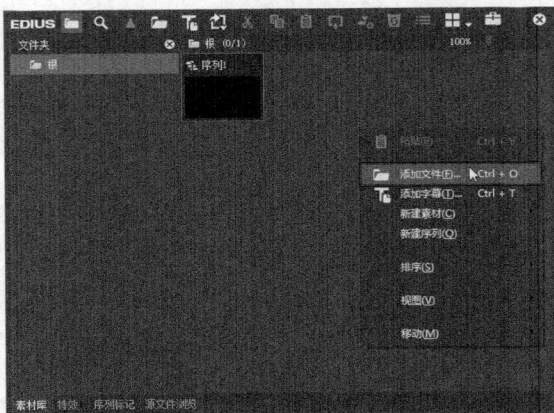

图21-2 选择"添加文件"选项

STEP 02 执行操作后，弹出"打开"对话框，选择需要导入的绚烂焰火素材，如图21-3所示。

图21-3 选择要导入的焰火素材

STEP 03 单击"打开"按钮，将素材导入"素材库"面板中，如图21-4所示。

图21-4 导入"素材库"面板中

STEP 04 在"素材库"面板中，选择"片头"视频素材，如图21-5所示。

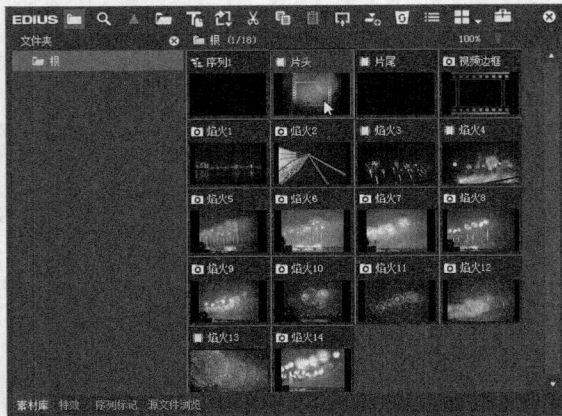

图21-5 选择"片头"视频素材

STEP 05 在选择的"片头"视频素材上，按住鼠标左键并拖曳至视频轨中的开始位置，释放鼠标左键，在视频轨中添加"片头"视频素材，如图21-6所示。

图21-6 添加"片头"视频素材

STEP 06 在录制窗口中，预览添加的视频素材画面效果，如图21-7所示。

图21-7 预览添加的视频素材

<table>
<tr><td>实战
590</td><td>制作焰火视频画面</td><td>▶ 实例位置：无
▶ 素材位置：无
▶ 视频位置：光盘 \ 视频 \ 第 21 章 \ 实战 590.mp4</td></tr>
</table>

● 实例介绍 ●

下面将主要介绍制作焰火视频画面的操作方法。

● 操作步骤 ●

STEP 01 在"素材库"面板中，选择"焰火1"素材，如图21-8所示。

STEP 02 在选择的"焰火1"素材上，按住鼠标左键并拖曳至视频轨中"片头"素材的结尾处，释放鼠标左键，在视频轨中添加"焰火1"素材，如图21-9所示。

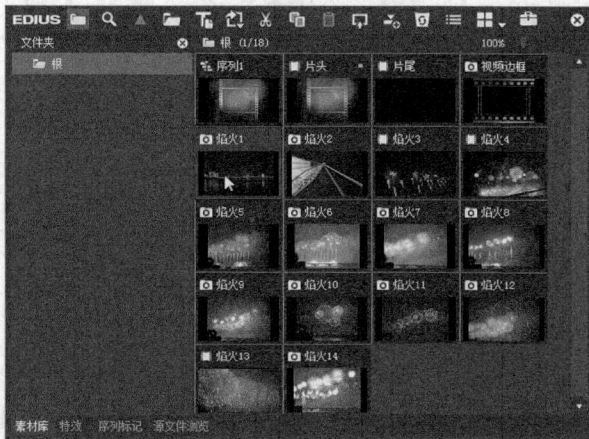

图21-8 选择"焰火1"素材

图21-9 添加"焰火1"素材

STEP 03 在"素材库"面板中，选择"焰火2"素材，如图21-10所示。

STEP 04 在选择的"焰火2"素材上，按住鼠标左键并拖曳至视频轨中"焰火1"素材的结尾处，释放鼠标左键，在视频轨中添加"焰火2"素材，如图21-11所示。

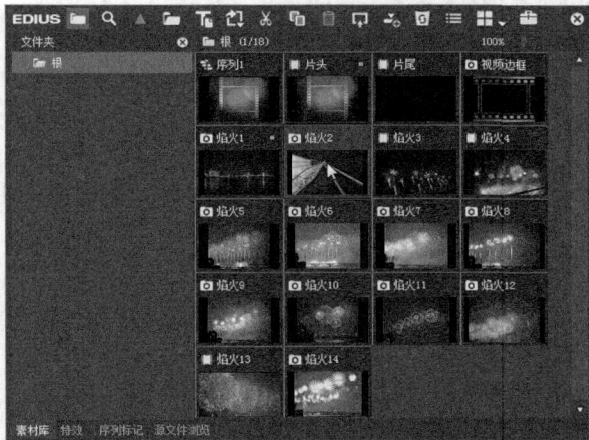

图21-10 选择"焰火2"素材

图21-11 添加"焰火2"素材

STEP 05 在"素材库"面板中，选择"焰火3"素材，如图21-12所示。

STEP 06 在选择的"焰火3"素材上，按住鼠标左键并拖曳至视频轨中"焰火2"素材的结尾处，释放鼠标左键，在视频轨中添加"焰火3"素材，如图21-13所示。

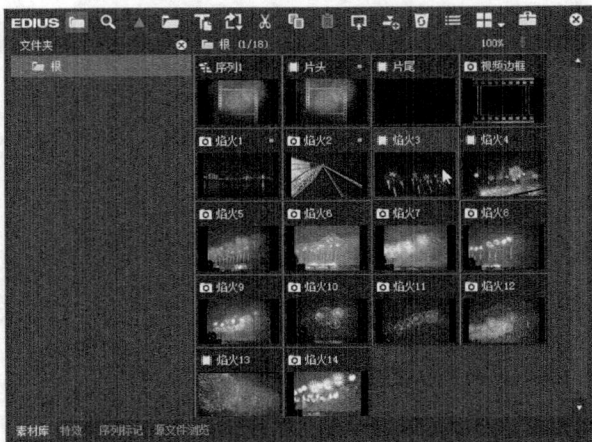

图21-12 选择"焰火3"素材

图21-13 添加"焰火3"素材

STEP 07 用与上述同样的方法，将"素材库"面板中相应的焰火素材分别拖曳至视频轨中的适当位置，此时轨道面板如图21-14所示。

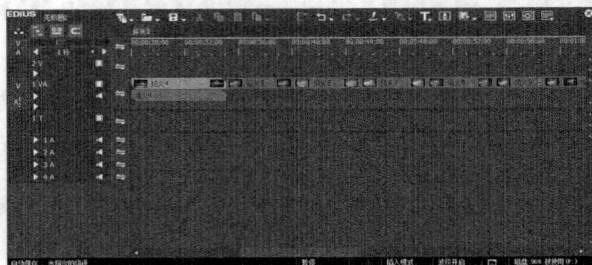

图21-14 添加素材后的轨道面板

STEP 08 将时间线移至轨道面板中的开始位置，单击录制窗口下方的"播放"按钮，预览焰火素材画面效果，如图21-15所示。

图21-15 预览焰火素材画面效果

实战
591 制作视频背景画面

▶ 实例位置：无
▶ 素材位置：无
▶ 视频位置：光盘＼视频＼第 21 章＼实战 591.mp4

● 实例介绍 ●

下面将主要介绍制作视频背景画面的操作方法。

● 操作步骤 ●

STEP 01 在"素材库"面板上方，单击"新建素材"按钮，在弹出的列表框中选择"色块"选项，如图21-16所示。

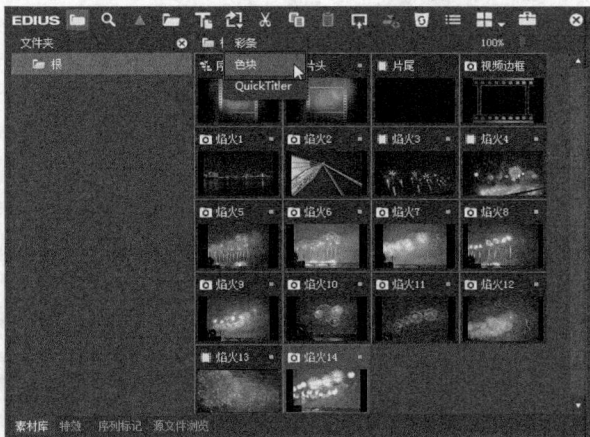

图21-16 选择"色块"选项

STEP 02 弹出"色块"对话框，在其中设置"颜色"为1，"色块颜色"为黑色，如图21-17所示。

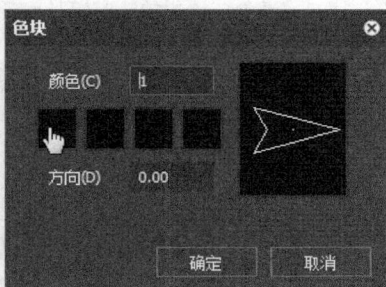

图21-17 弹出"色块"对话框

STEP 03 单击"确定"按钮，在"素材库"面板中显示刚才创建的色块素材，如图21-18所示。

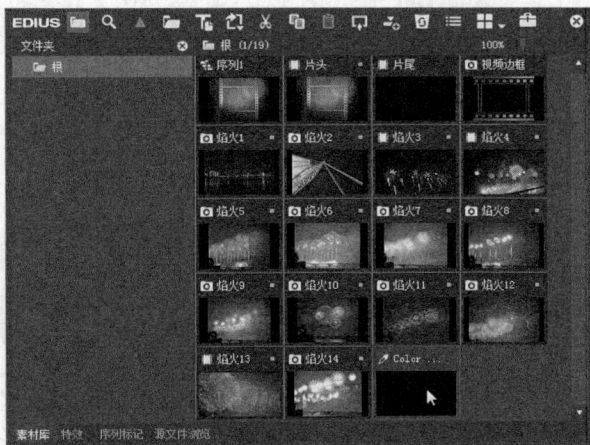

图21-18 显示刚才创建的色块素材

STEP 04 在"素材库"面板中的色块素材上，按住鼠标左键并拖曳至视频轨中"片头"素材的结尾处，释放鼠标左键，在视频轨中添加色块素材，如图21-19所示。

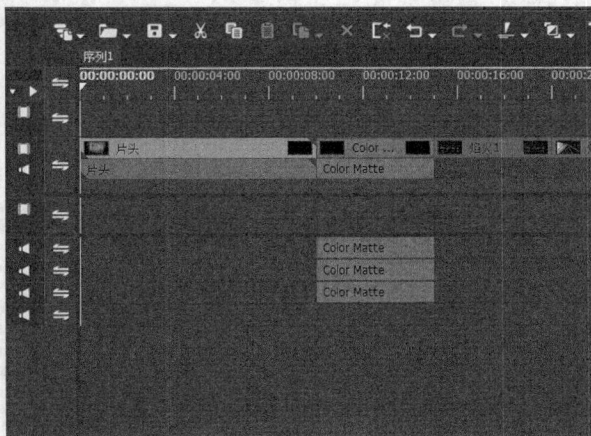

图21-19 在视频轨中添加色块素材

STEP 05 选择刚添加的色块素材，单击"素材"|"持续时间"命令，如图21-20所示。

STEP 06 弹出"持续时间"对话框，在其中设置持续时间为00:00:01:00，如图21-21所示。

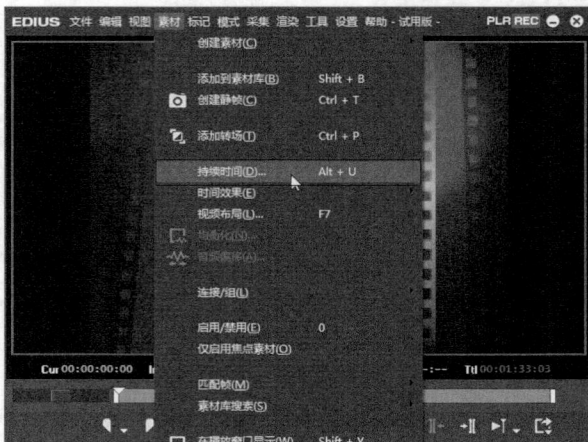

图21-20 单击"持续时间"命令

图21-21 设置素材的持续时间

STEP 07 单击"确定"按钮，调整色块的持续时间长度，如图21-22所示。

STEP 08 在轨道面板中，将时间线移至00:01:16:04位置处，如图21-23所示。

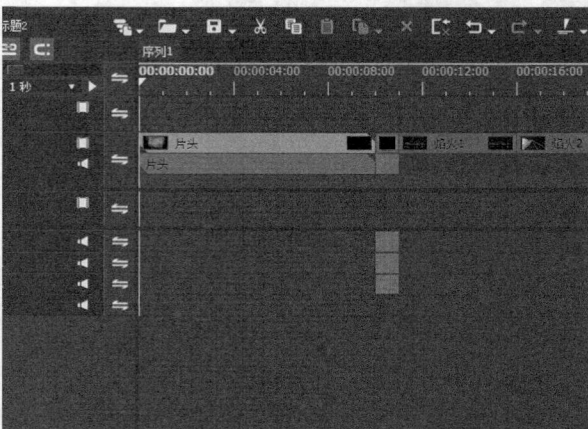

图21-22 调整色块的持续时间长度

图21-23 移动时间线的位置

STEP 09 将"素材库"面板中创建的色块素材拖曳至视频轨中的时间线位置，如图21-24所示。

STEP 10 按Alt + U组合键，弹出"持续时间"对话框，在其中设置持续时间为00:00:01:00，单击"确定"按钮，调整第2个色块的持续时间长度，如图21-25所示。

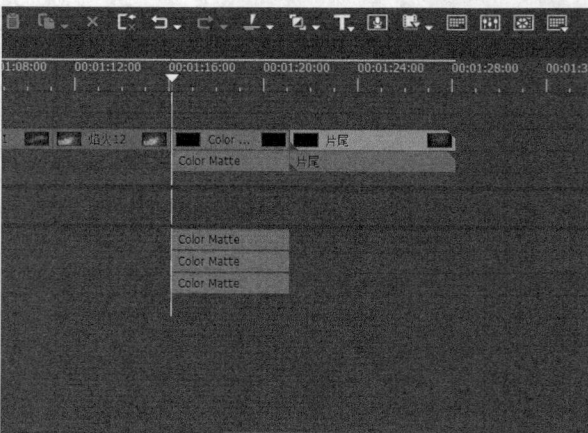

图21-24 拖曳至视频轨中的时间线位置

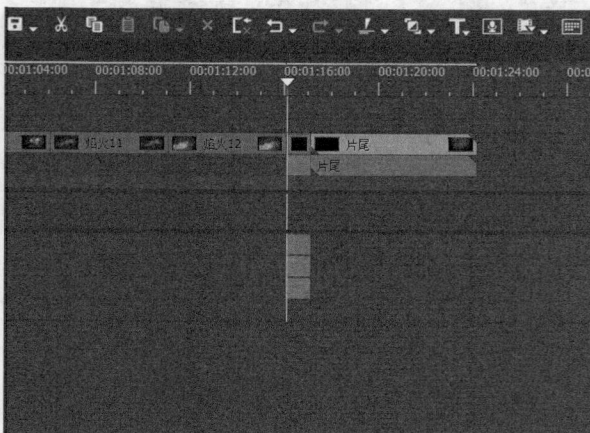

图21-25 调整第2个色块的持续时间

<table>
<tr><td>实战
592</td><td>制作素材焰火特效</td></tr>
</table>

▶ 实例位置：无
▶ 素材位置：无
▶ 视频位置：光盘 \ 视频 \ 第 21 章 \ 实战 592.mp4

● 实例介绍 ●

下面将主要介绍制作素材焰火特效的操作方法。

● 操作步骤 ●

STEP 01 在轨道面板中，选择"焰火1"素材，如图
21-26所示。

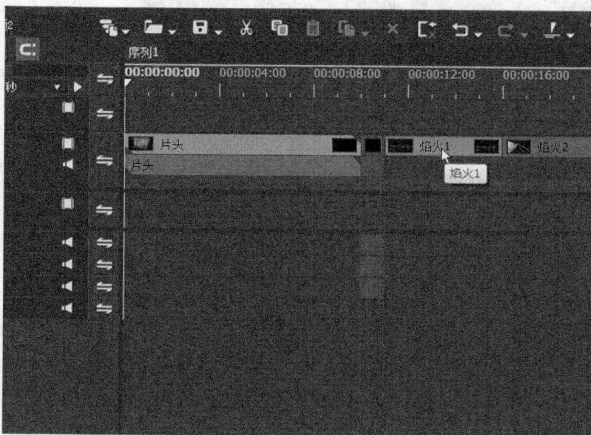

图21-26 选择"焰火1"素材

STEP 03 执行操作后，弹出"持续时间"对话框，在其中
设置持续时间为00:00:02:00，如图21-28所示。

图21-28 设置素材持续时间

STEP 05 在"信息"面板中的"视频布局"选项上，单击
鼠标右键，在弹出的快捷菜单中选择"打开设置对话框"
选项，如图21-30所示。

STEP 02 在选择的素材上单击鼠标右键，在弹出的快捷菜
单中选择"持续时间"选项，如图21-27所示。

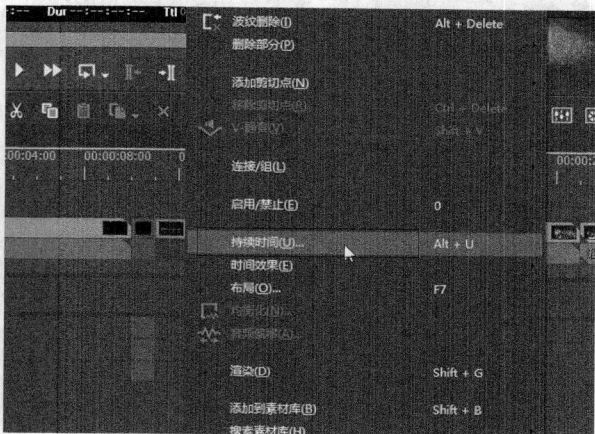

图21-27 选择"持续时间"选项

STEP 04 单击"确定"按钮，调整"焰火1"素材的持续时
间长度，如图21-29所示。

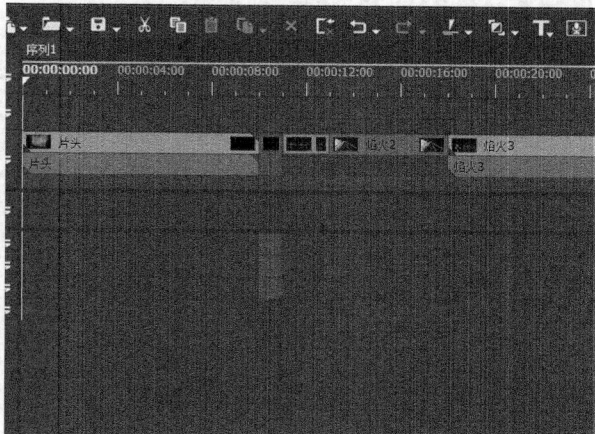

图21-29 调整素材持续时间

STEP 06 执行操作后，弹出"视频布局"对话框，在"参
数"面板的"拉伸"选项区中，取消选中"保持帧宽高比"
复选框，然后设置相应参数，如图21-31所示。

图21-30 选择"打开设置对话框"选项

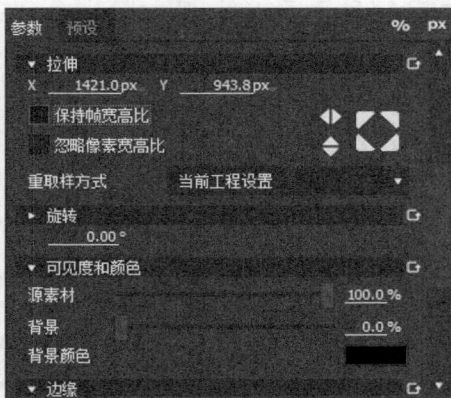

图21-31 设置素材拉伸属性

STEP 07 用与上述同样的方法，调整视频轨中各素材的持续时间与拉伸属性，此时轨道面板如图21-32所示。

图21-32 调整各素材持续时间与拉伸属性后的轨道面板

实战 593 制作转场运动特效

▶ 实例位置：无
▶ 素材位置：无
▶ 视频位置：光盘 \ 视频 \ 第 21 章 \ 实战 593.mp4

● 实例介绍 ●

下面将主要介绍制作转场运动特效的操作方法。

● 操作步骤 ●

STEP 01 切换至"特效"面板，依次展开Alpha转场特效组，在其中选择"Alpha自定义图像"转场效果，如图21-33所示。

STEP 02 在选择的转场效果上，按住鼠标左键并拖曳至视频轨中"片头"素材的结尾处，释放鼠标左键，在"片头"素材的结尾处添加转场效果，如图21-34所示。

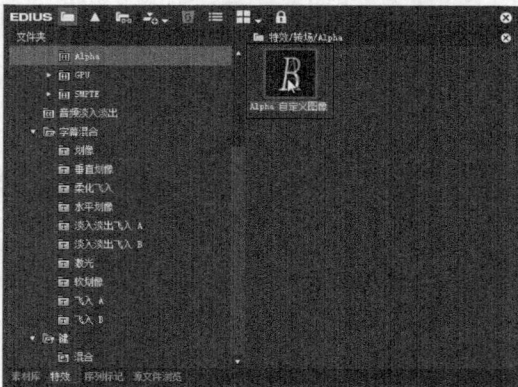

图21-33 选择相应的转场效果

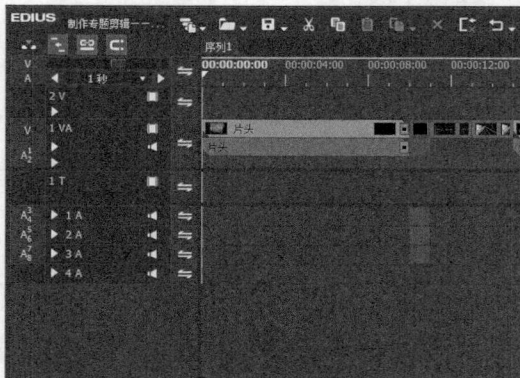

图21-34 添加相应的转场效果

STEP 03 用与上述同样的方法，将"Alpha自定义图像"转场效果再次拖曳至视频轨中黑色色块与"焰火1"素材之间，添加转场效果，如图21-35所示。

STEP 04 在"特效"面板中，展开3D转场特效组，在其中选择"双门"转场效果，如图21-36所示。

图21-35 添加相应转场效果

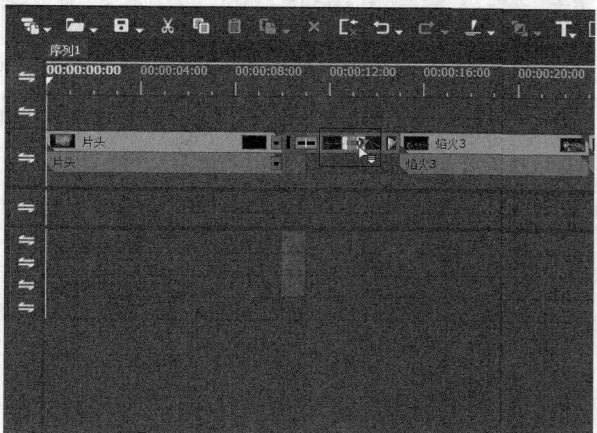

图21-36 选择"双门"转场效果

STEP 05 在选择的转场效果上，按住鼠标左键并拖曳至视频轨中"焰火1"与"焰火2"素材之间，为其添加转场效果，如图21-37所示。

STEP 06 在"特效"面板中，展开3D转场特效组，选择"卷页飞出"转场效果，如图21-38所示。

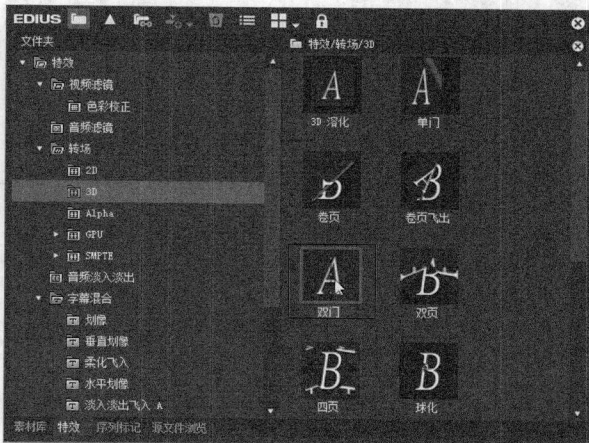

图21-37 添加"双门"转场效果

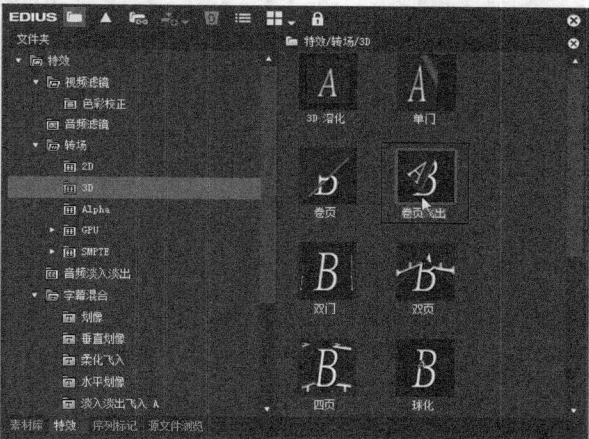

图21-38 选择"卷页飞出"转场效果

实战 594 制作精彩运动特效

▶ 实例位置：无
▶ 素材位置：无
▶ 视频位置：光盘\视频\第21章\实战594.mp4

● 实例介绍 ●

下面将主要介绍制作精彩运动特效的操作方法。

● 操作步骤 ●

STEP 01 在选择的转场效果上，按住鼠标左键并拖曳至视频轨中"焰火3"素材的开始位置，为其添加转场效果，如图21-39所示。

STEP 02 在"特效"面板中，展开"龙卷风"转场特效组，在其中选择"龙卷风转入-向上1"转场效果，如图21-40所示。

图21-39 添加"卷页飞出"转场效果

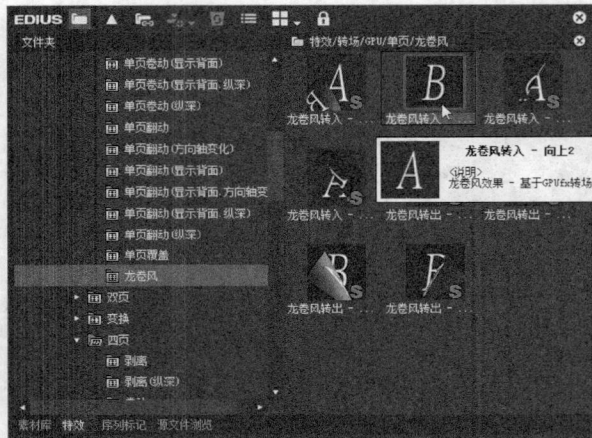

图21-40 选择"龙卷风转入-向上1"转场

STEP 03 在选择的转场效果上，按住鼠标左键并拖曳至视频轨中"焰火4"素材的结尾处，为其添加转场效果，如图21-41所示。

STEP 04 在"特效"面板中，展开"龙卷风"特效组，在其中选择"龙卷风转出-向上2"转场效果，如图21-42所示。

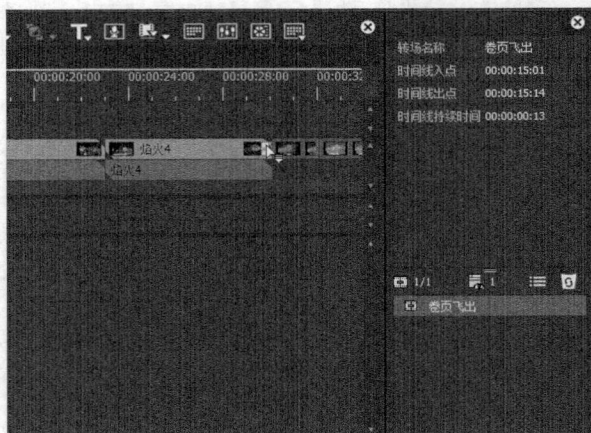

图21-41 添加"龙卷风转入-向上1"转场

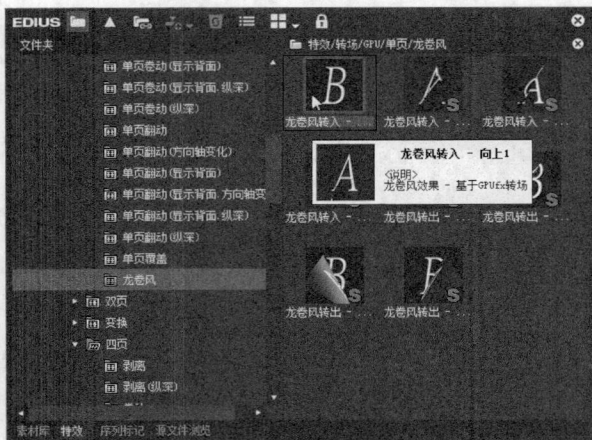

图21-42 选择"龙卷风转出-向上2"转场

STEP 05 在选择的转场效果上，按住鼠标左键并拖曳至视频轨中"焰火5"与"焰火6"素材之间，为其添加转场效果，如图21-43所示。

STEP 06 在"特效"面板中，展开"扩大"转场特效组，在其中选择"扩大转出"转场效果，如图21-44所示。

图21-43 添加"龙卷风转出-向上2"转场

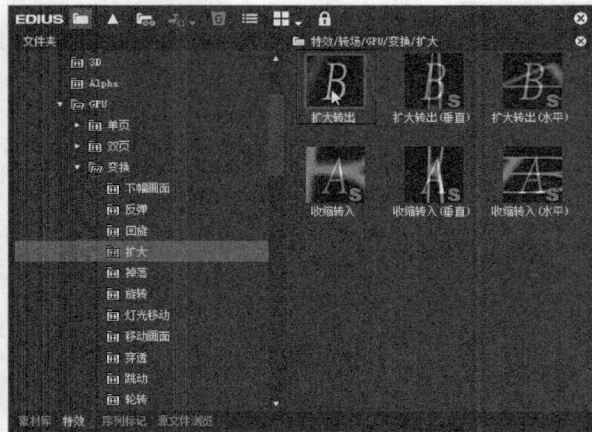

图21-44 选择"扩大转出"转场

STEP 07 在选择的转场效果上，按住鼠标左键并拖曳至视频轨中"焰火6"与"焰火7"素材之间，为其添加转场效果，如图21-45所示。

图21-45 添加"扩大转出"转场

实战 595　转场特效的精彩应用

▶ 实例位置：无
▶ 素材位置：无
▶ 视频位置：光盘 \ 视频 \ 第 21 章 \ 实战 595.mp4

● 实例介绍 ●

下面将主要介绍转场特效的精彩应用的操作方法。

● 操作步骤 ●

STEP 01 在"特效"面板中，展开"手风琴"转场特效组，在其中选择"手风琴转入（宽）-从右"转场效果，如图21-46所示。

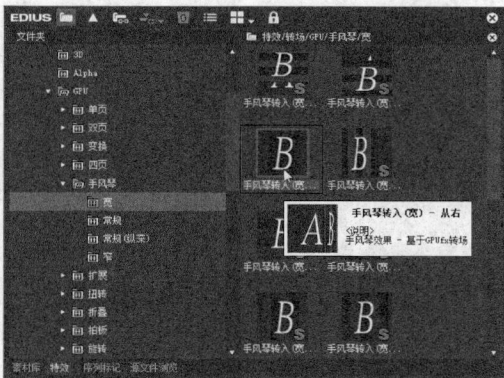

图21-46 选择"手风琴转入（宽）-从右"转场

STEP 02 在选择的转场效果上，按住鼠标左键并拖曳至视频轨中"焰火7"与"焰火8"素材之间，为其添加转场效果，如图21-47所示。

图21-47 添加"手风琴转入（宽）-从右"转场

STEP 03 在"特效"面板中，展开"折叠"转场特效组，在其中选择"折叠转入3D-1"转场效果，如图21-48所示。

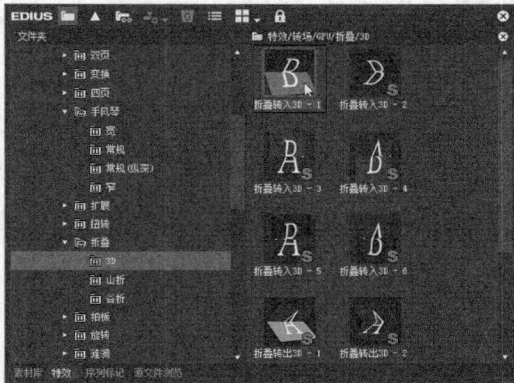

图21-48 选择"折叠转入3D-1"转场

STEP 04 在选择的转场效果上，按住鼠标左键并拖曳至视频轨中"焰火8"与"焰火9"素材之间，为其添加转场效果，如图21-49所示。

STEP 05 在"特效"面板中，展开"旋转"转场特效组，在其中选择"分割旋转转出–顺时针"转场效果，如图21-50所示。

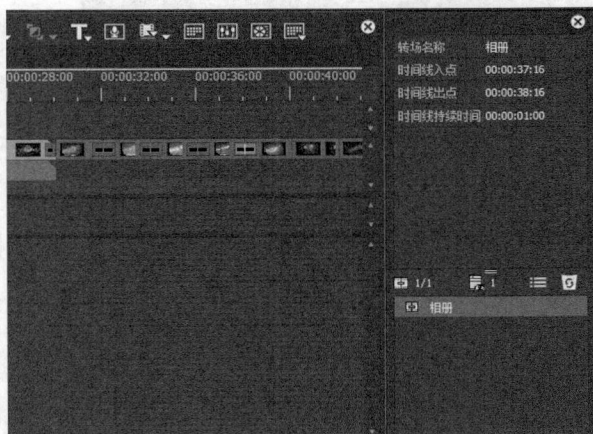

图21-49 添加"折叠转入3D-1"转场

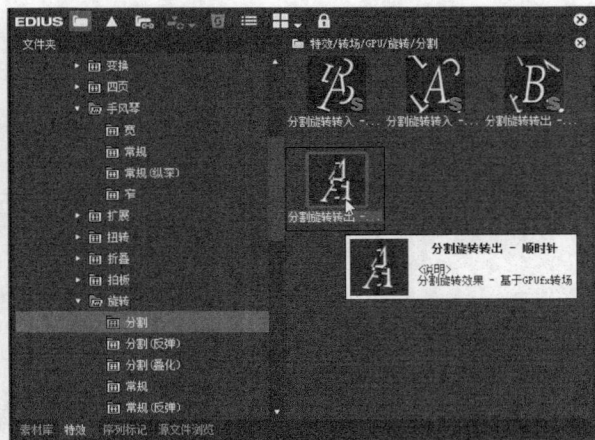

图21-50 选择"分割旋转转出–顺时针"转场

STEP 06 在选择的转场效果上，按住鼠标左键并拖曳至视频轨中"焰火9"与"焰火10"素材之间，为其添加转场效果，如图21-51所示。

STEP 07 在"特效"面板中，展开"涟漪"转场特效组，在其中选择"3D涟漪"转场效果，如图21-52所示。

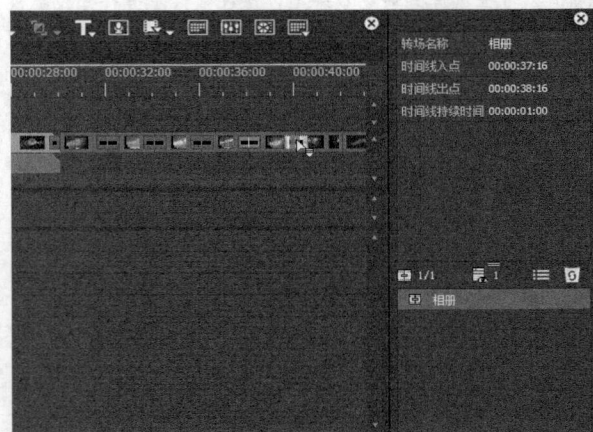

图21-51 添加"分割旋转转出–顺时针"转场

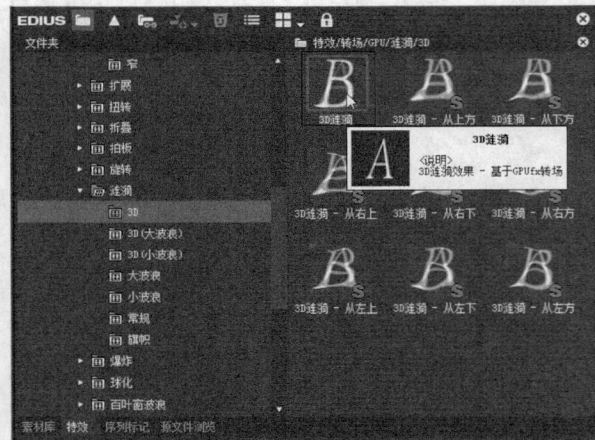

图21-52 选择"3D涟漪"转场

实战 596 转场特效的精彩应用1

▶ 实例位置：无
▶ 素材位置：无
▶ 视频位置：光盘\视频\第21章\实战596.mp4

● 实例介绍 ●

下面将主要介绍转场特效的精彩应用1的操作方法。

● 操作步骤 ●

STEP 01 在选择的转场效果上，按住鼠标左键并拖曳至视频轨中"焰火10"与"焰火11"素材之间，为其添加转场效果，如图21-53所示。

STEP 02 在"特效"面板中，展开"爆炸"转场特效组，在其中选择"爆炸转入3D 1"转场效果，如图21-54所示。

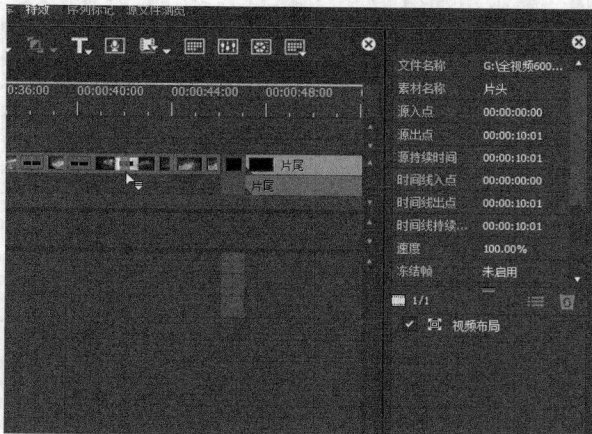

图21-53 添加"3D涟漪"转场

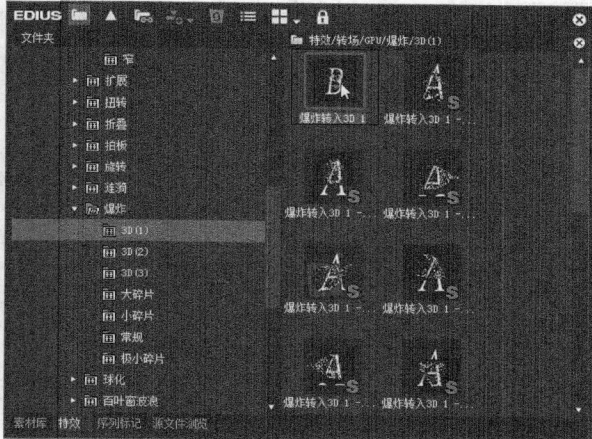

图21-54 选择"爆炸转入3D 1"转场

STEP 03 在选择的转场效果上，按住鼠标左键并拖曳至视频轨中"焰火11"与"焰火12"素材之间，为其添加转场效果，如图21-55所示。

STEP 04 在"特效"面板中，展开Alpha转场特效组，在其中选择"Alpha自定义图像"转场效果，如图21-56所示。

图21-55 添加"爆炸转入3D 1"转场

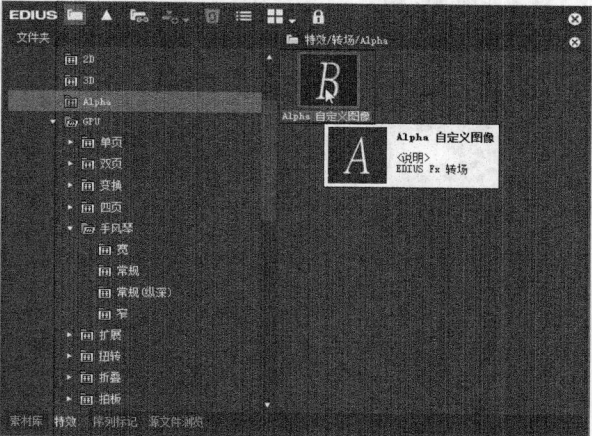

图21-56 选择"Alpha自定义图像"转场

STEP 05 在选择的转场效果上，按住鼠标左键并拖曳至视频轨中"焰火12"素材与黑色色块之间，为其添加转场效果，如图21-57所示。

STEP 06 用与上述同样的方法，将"Alpha自定义图像"转场效果再次拖曳至视频轨中"片尾"素材的开始位置，为其添加转场效果，如图21-58所示。

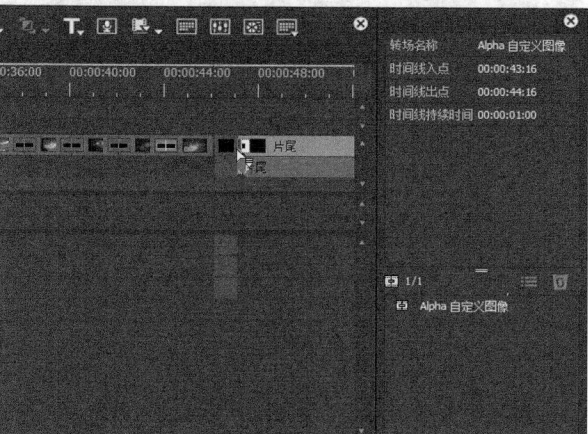

图21-57 添加"Alpha自定义图像"转场（1）

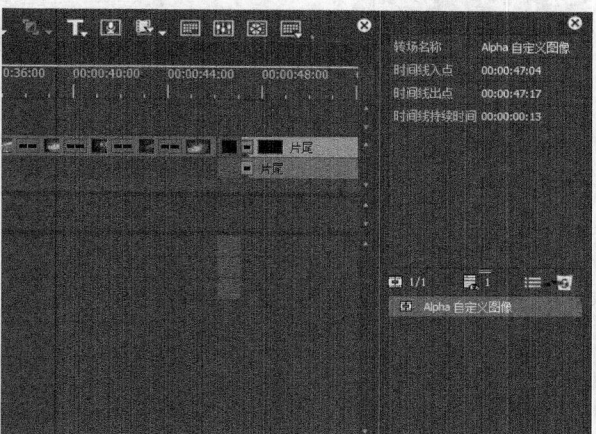

图21-58 添加"Alpha自定义图像"转场（2）

STEP 07 将时间线移至素材的开始位置，单击录制窗口下方的"播放"按钮，预览各焰火素材之间的转场特效，如图21-59所示。

图21-59 预览各焰火素材之间的转场特效

STEP 08 在轨道面板中，将时间线移至00:00:01:08位置处，如图21-60所示。

STEP 09 在"素材库"面板中，选择"焰火13"素材，如图21-61所示。

图21-60 移动时间线的位置

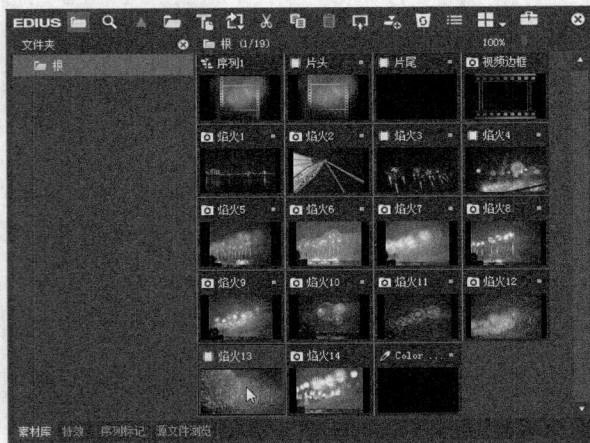

图21-61 选择"焰火13"素材

STEP 10 在选择的素材上，按住鼠标左键并拖曳至2V视频轨中的时间线位置，此时显示虚线框，表示素材将要放置的位置，如图21-62所示。

STEP 11 释放鼠标左键，在2V视频轨中的时间线位置添加"焰火13"素材，如图21-63所示。

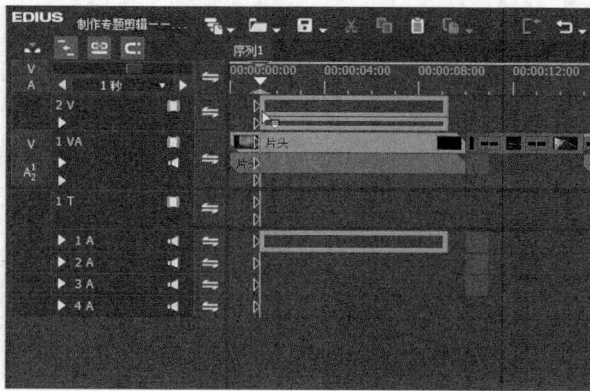

图21-62 拖曳至2V视频轨中

图21-63 添加"焰火13"素材

STEP 12 单击"编辑"|"部分删除"|"删除音频素材"命令，如图21-64所示。

STEP 13 删除"焰火13"视频素材中的音频部分，如图21-65所示。

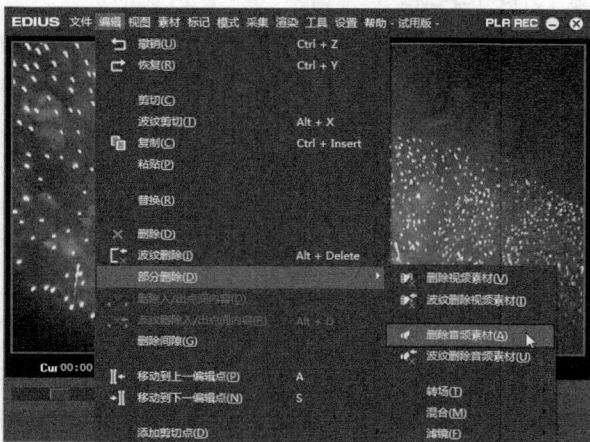

图21-64 单击"删除音频素材"命令

图21-65 删除视频素材中的音频部分

STEP 14 在视频轨中，选择"焰火3"视频素材，如图21-66所示。

STEP 15 单击"编辑"|"部分删除"|"删除音频素材"命令，删除"焰火3"视频素材中的音频部分，如图21-67所示。

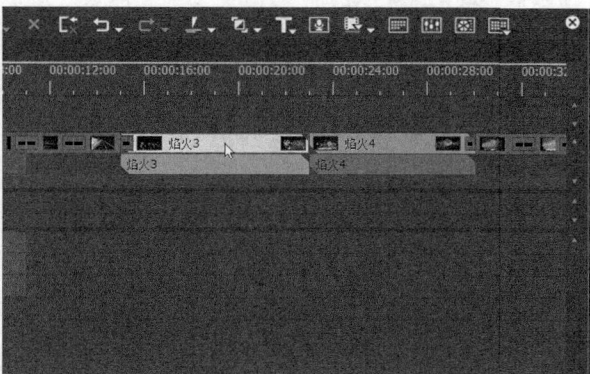

图21-66 选择"焰火3"视频素材

图21-67 删除视频素材中的音频部分

STEP 16 在视频轨中，选择"焰火4"视频素材，如图21-68所示。

STEP 17 单击"编辑"|"部分删除"|"删除音频素材"命令，删除"焰火4"视频素材中的音频部分，如图21-69所示。

图21-68 选择"焰火4"视频素材

图21-69 删除视频素材中的音频部分

STEP 18 在轨道面板中,选择"焰火13"视频素材,如图21-70所示。

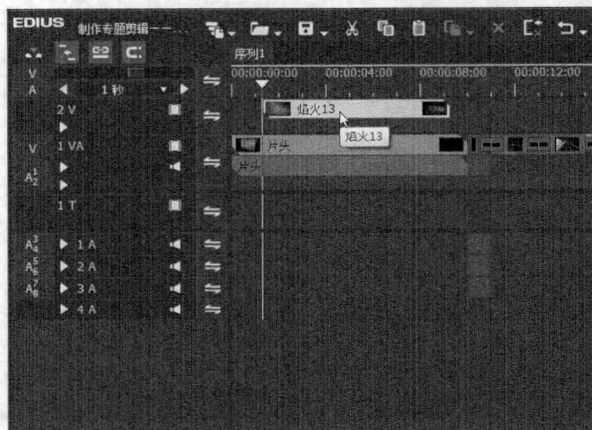

图21-70 选择"焰火13"视频素材

STEP 20 执行操作后,弹出"视频布局"对话框,在"参数"面板的"位置"选项区中,设置相应参数;在"拉伸"选项区中,设置相应参数;在"可见度和颜色"选项区中,设置"源素材"为0.0%,如图21-72所示。

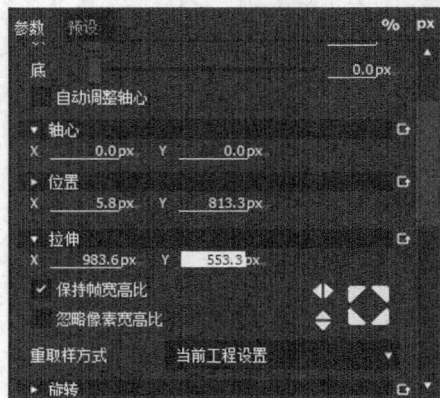

图21-72 设置各参数

STEP 22 分别单击各复选框右侧的"添加/删除关键帧"按钮,添加一组关键帧,如图21-74所示。

STEP 19 在"信息"面板中的"视频布局"选项上,单击鼠标右键,在弹出的快捷菜单中选择"打开设置对话框"选项,如图21-71所示。

图21-71 选择"打开设置对话框"选项

STEP 21 在下方效果控制面板中,选中"位置"和"可见度和颜色"复选框,如图21-73所示。

图21-73 选中相应复选框

STEP 23 在效果控制面板中,将时间线移至00:00:03:19位置处,如图21-75所示。

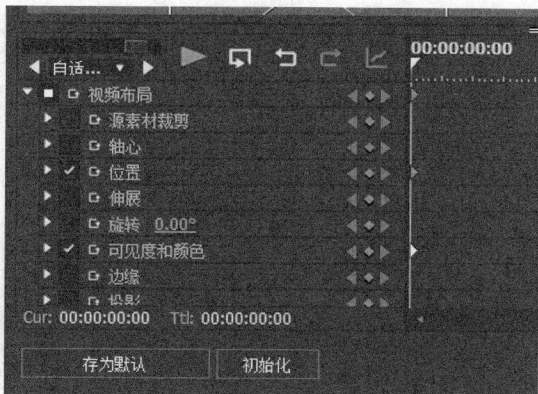

图21-74 添加一组关键帧

图21-75 移动时间线的位置

STEP 24 在"参数"面板的"位置"选项区中,设置相应参数;在"可见度和颜色"选项区中,设置"源素材"为100.0%,如图21-76所示。

STEP 25 在效果控制面板中的时间线位置自动添加第二组关键帧,用与上述同样的方法,在效果控制面板中的其他位置再添加两组关键帧,如图21-77所示,制作画面的淡出特效。

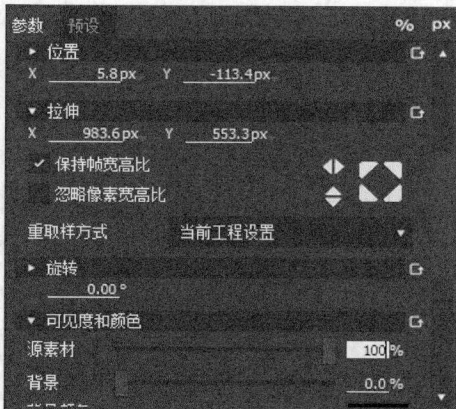

图21-76 设置各参数

图21-77 在其他位置再添加两组关键帧

STEP 26 设置完成后,单击"确定"按钮,返回EDIUS 8工作界面,单击录制窗口下方的"播放"按钮,预览制作的视频画面效果,如图21-78所示。

图21-78 预览制作的视频画面效果

实战 597 制作视频边框效果

▶ 实例位置:无
▶ 素材位置:无
▶ 视频位置:光盘\视频\第 21 章\实战 597.mp4

● **实例介绍** ●

下面将主要介绍制作视频边框效果的操作方法。

STEP 01 在轨道面板中，将时间线移至00:00:10:15位置处，如图21-79所示。

STEP 02 在"素材库"面板中，选择"视频边框"素材文件，如图21-80所示。

图21-79 移动时间线的位置

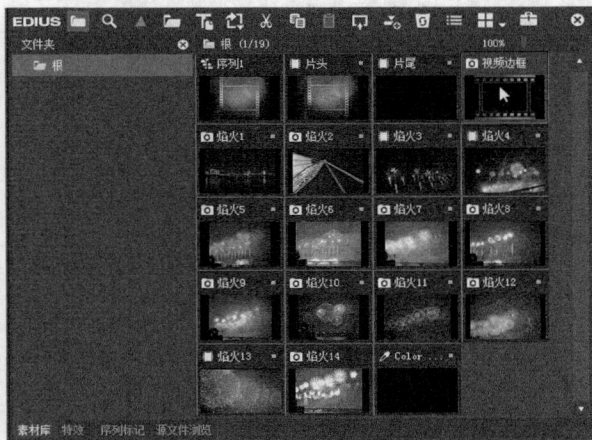

图21-80 选择"视频边框"素材

STEP 03 在选择的"视频边框"素材上，按住鼠标左键并拖曳至2V视频轨中的时间线位置，释放鼠标左键，即可添加素材，如图21-81所示。

STEP 04 选择添加的素材文件，单击"素材"|"持续时间"命令，如图21-82所示。

图21-81 添加"视频边框"素材

图21-82 单击"持续时间"命令

STEP 05 执行操作后，弹出"持续时间"对话框，在其中设置持续时间为00:00:36:01，如图21-83所示。

STEP 06 单击"确定"按钮，更改"视频边框"素材的持续时间，如图21-84所示。

图21-83 设置素材的持续时间

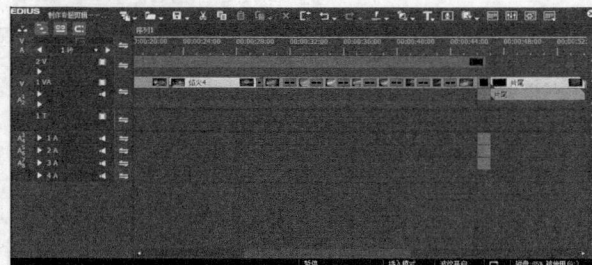

图21-84 更改素材的持续时间

STEP 07 在"信息"面板中的"视频布局"选项上，单击鼠标右键，在弹出的快捷菜单中选择"打开设置对话框"选项，如图21-85所示。

图21-85 选择"打开设置对话框"选项

STEP 08 执行操作后，弹出"视频布局"对话框，在"参数"面板的"可见度和颜色"选项区中，设置"源素材"为0.0%，如图21-86所示。

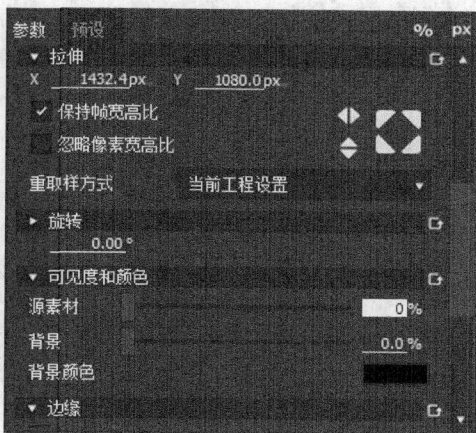

图21-86 设置"源素材"为0.0%

STEP 09 在下方效果控制面板中，选中"可见度和颜色"复选框，如图21-87所示。

图21-87 选中"可见度和颜色"复选框

STEP 10 单击"可见度和颜色"复选框右侧的"添加/删除关键帧"按钮，添加1个关键帧，如图21-88所示。

图21-88 添加1个关键帧

STEP 11 在效果控制面板中，将时间线移至00:00:01:00位置处，如图21-89所示。

图21-89 移动时间线的位置

STEP 12 在面板的"可见度和颜色"选项区中，设置"源素材"为100.0%，如图21-90所示。

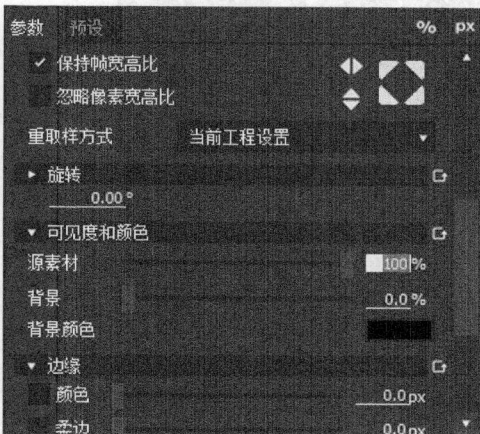

图21-90 设置"源素材"为100.0%

763

STEP 13 在效果控制面板中的时间线位置，自动添加第2个关键帧，如图21-91所示。

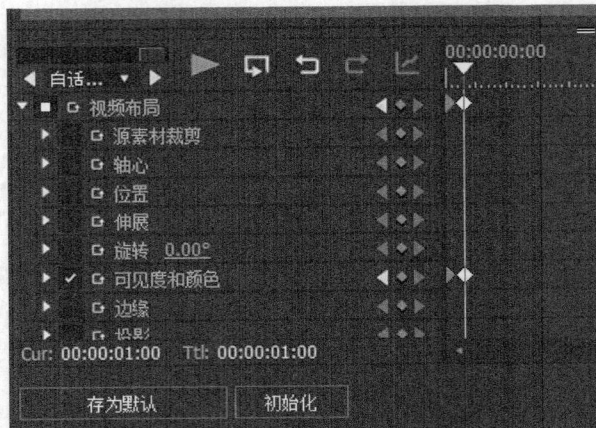

图21-91 自动添加第2个关键帧

STEP 15 单击"可见度和颜色"复选框右侧的"添加/删除关键帧"按钮，添加第3个关键帧，如图21-93所示。

图21-93 添加第3个关键帧

STEP 17 在"参数"面板的"可见度和颜色"选项区中，设置"源素材"为0.0%，如图21-95所示。

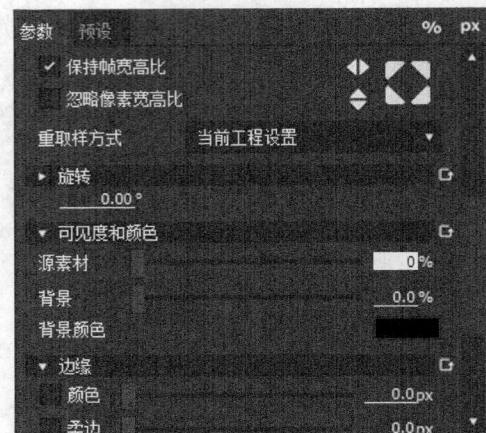

图21-95 设置"源素材"为0.0%

STEP 14 在效果控制面板中，将时间线移至00:00:35:04位置处，如图21-92所示。

图21-92 移动时间线的位置

STEP 16 在效果控制面板中，将时间线移至00:00:36:01位置处，如图21-94所示。

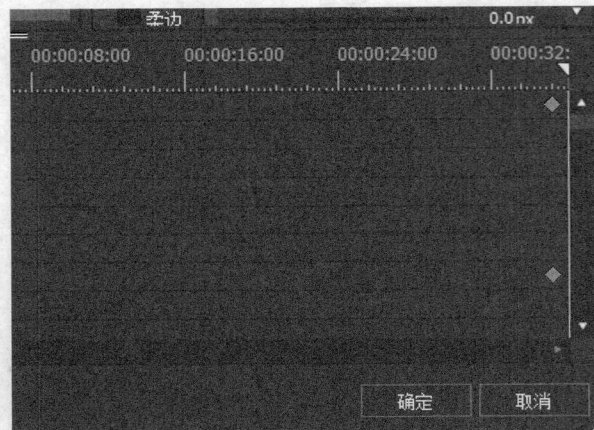

图21-94 移动时间线的位置

STEP 18 在效果控制面板中的时间线位置，自动添加第4个关键帧，如图21-96所示。

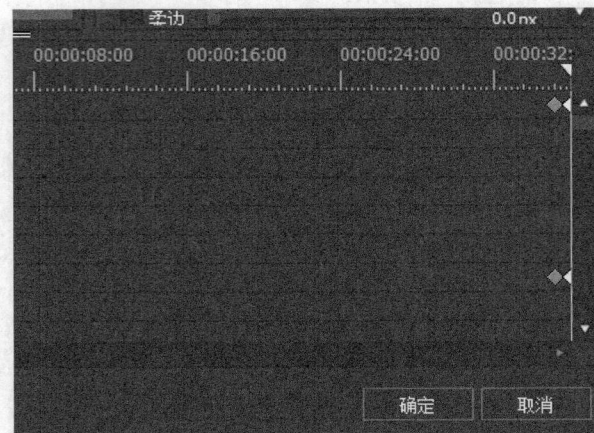

图21-96 自动添加第4个关键帧

STEP 19 设置完成后,单击"确定"按钮,返回EDIUS 8工作界面,单击录制窗口下方的"播放"按钮,预览制作的视频边框画面效果,如图21-97所示。

图21-97 预览制作的视频边框画面效果

STEP 20 在轨道面板中,将时间线移至00:00:47:17位置处,如图21-98所示。

图21-98 移动时间线的位置

STEP 21 在"素材库"面板中,选择"焰火14"素材文件,如图21-99所示。

图21-99 选择"焰火14"素材

STEP 22 在选择的"焰火14"素材上,按住鼠标左键并拖曳至2V视频轨中的时间线位置,释放鼠标左键,即可添加素材,如图21-100所示。

图21-100 添加"焰火14"素材

STEP 23 在添加的素材上，单击鼠标右键，在弹出的快捷菜单中选择"持续时间"选项，如图21-101所示。

STEP 24 执行操作后，弹出"持续时间"对话框，在其中设置持续时间为00:00:06:16，如图21-102所示。

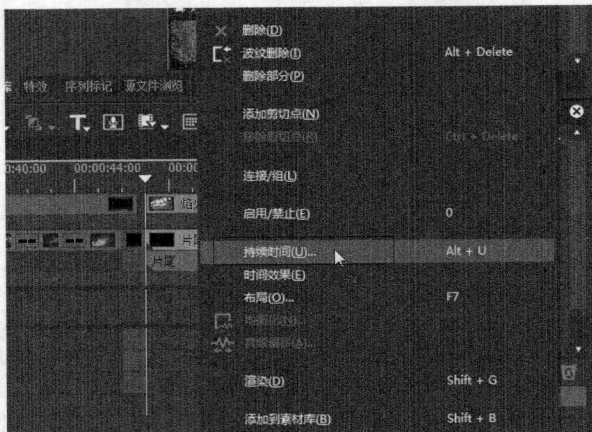

图21-101 选择"持续时间"选项

图21-102 设置素材的持续时间

STEP 25 设置完成后，单击"确定"按钮，更改"焰火14"素材的持续时间，如图21-103所示。

STEP 26 在"信息"面板中的"视频布局"选项上，单击鼠标右键，在弹出的快捷菜单中选择"打开设置对话框"选项，如图21-104所示。

图21-103 更改素材的持续时间

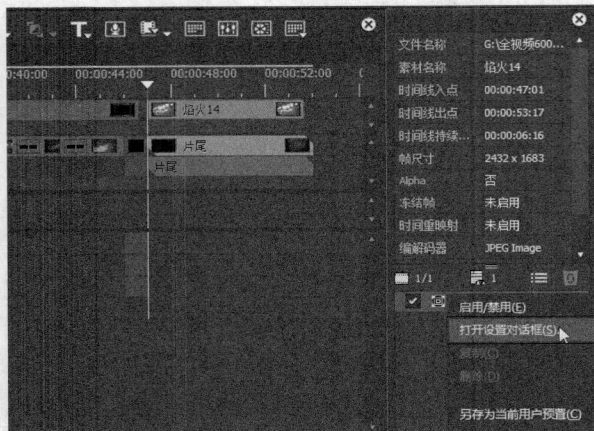

图21-104 选择"打开设置对话框"选项

STEP 27 执行操作后，弹出"视频布局"对话框，在"参数"面板的"位置"选项区中，设置相应参数；在"拉伸"选项区中，设置相应参数；在"可见度和颜色"选项区中，设置"源素材"为0.0%，如图21-105所示。

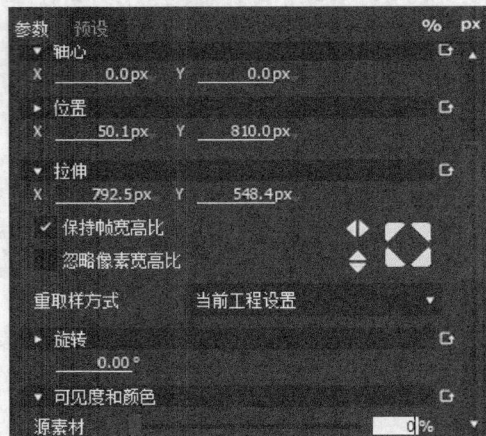

图21-105 设置各参数

STEP 28 在下方效果控制面板中，选中"位置"和"可见度和颜色"复选框，如图21-106所示。

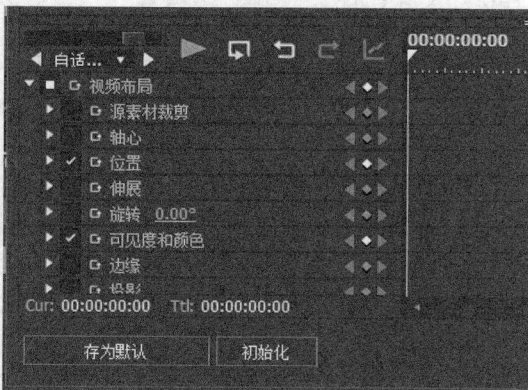

图21-106 选中相应的复选框

STEP 30 在效果控制面板中，将时间线移至合适位置处，如图21-108所示。

图21-108 移动时间线的位置

STEP 32 在效果控制面板中的时间线位置，自动添加第二组关键帧，如图21-110所示。

图21-110 自动添加第二组关键帧

STEP 29 分别单击各复选框右侧的"添加/删除关键帧"按钮，添加一组关键帧，如图21-107所示。

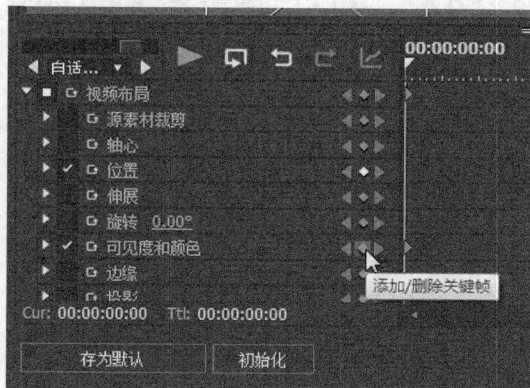

图21-107 添加一组关键帧

STEP 31 在"参数"面板的"位置"选项区中，设置相应参数%；在"可见度和颜色"选项区中，设置"源素材"为100.0%，如图21-109所示。

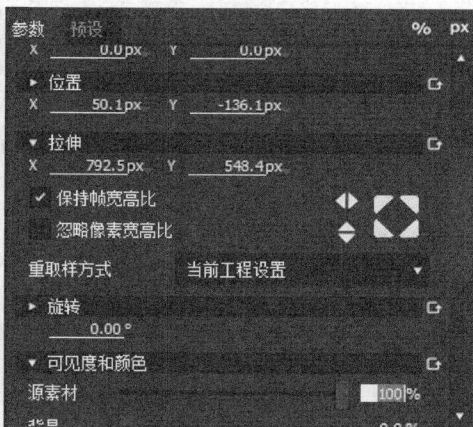

图21-109 设置各参数

STEP 33 设置完成后，单击"确定"按钮，返回EDIUS 8工作界面，在轨道面板中将时间线移至合适位置处，如图21-111所示。

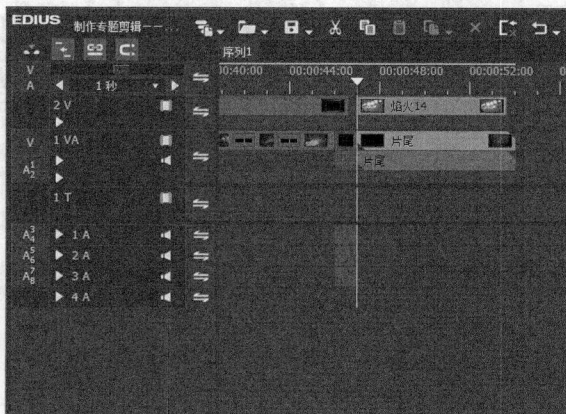

图21-111 移动时间线的位置

STEP 34 单击录制窗口下方的"播放"按钮，预览制作的视频画面运动效果，如图21-112所示。

图21-112 预览制作的视频画面运动效果

实战 598 制作焰火文字效果

▶ 实例位置：无
▶ 素材位置：无
▶ 视频位置：光盘 \ 视频 \ 第 21 章 \ 实战 598.mp4

● 实例介绍 ●

下面将主要介绍制作焰火文字效果的操作方法。

● 操作步骤 ●

STEP 01 在"素材库"面板中的空白位置上，单击鼠标右键，在弹出的快捷菜单中选择"添加文件"选项，如图21-113所示。

STEP 02 执行操作后，弹出"打开"对话框，在其中选择需要添加的字幕文件，如图21-114所示。

图21-113 选择"添加文件"选项

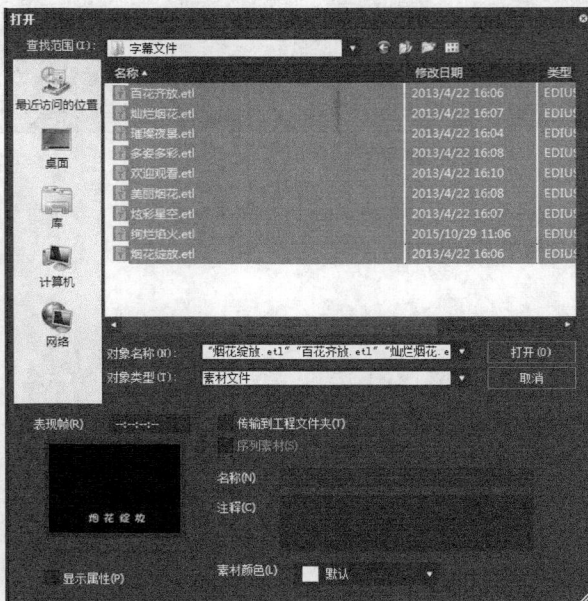

图21-114 选择要添加的字幕文件

STEP 03 单击"打开"按钮，将选择的字幕文件导入"素材库"面板中，如图21-115所示。

STEP 04 在轨道面板中，将时间线移至00:00:04:12位置处，如图21-116所示。

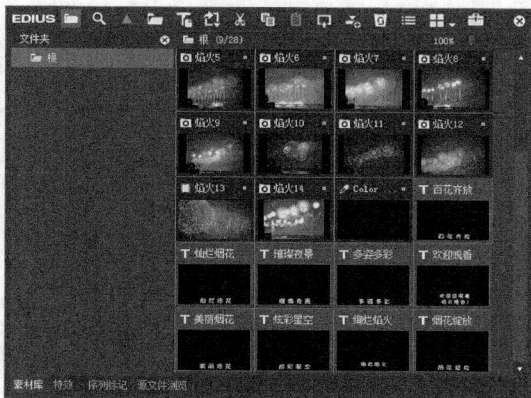

图21-115 导入"素材库"面板中

STEP 05 在"素材库"面板中，选择"绚烂焰火"字幕文件，如图21-117所示。

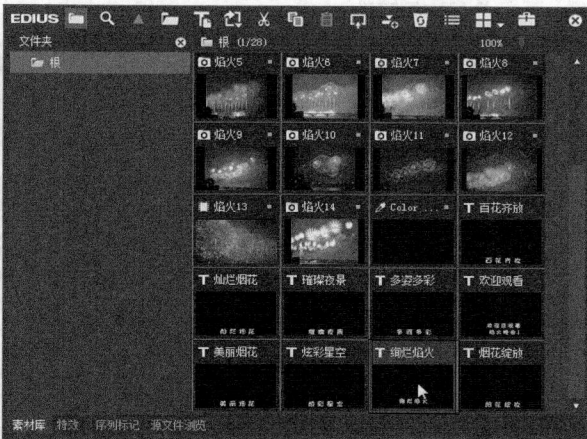

图21-117 选择"绚烂焰火"字幕文件

STEP 07 切换至"特效"面板，在"柔化飞入"特效组中，选择"向上软划像"运动效果，如图21-119所示。

图21-119 选择"向上软划像"运动效果

图21-116 移动时间线的位置

STEP 06 在选择的字幕文件上，按住鼠标左键并拖曳至1T字幕轨道中的时间线位置，添加标题字幕，如图21-118所示。

图21-118 添加"绚烂焰火"字幕文件

STEP 08 将选择的"向上软划像"运动效果拖曳至1T字幕轨道中的字幕文件上，如图21-120所示，释放鼠标左键，即可添加字幕运动效果。

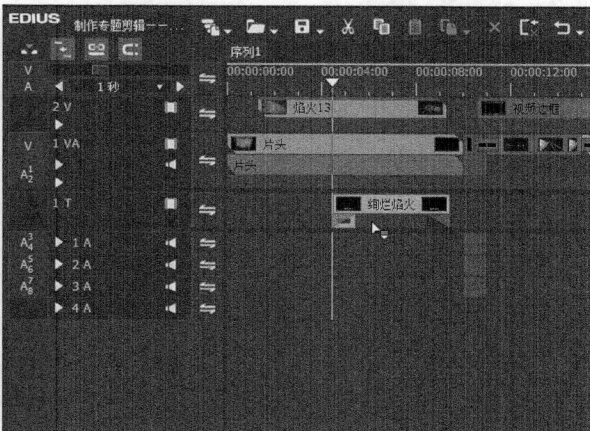

图21-120 添加"向上软划像"运动效果

STEP 09 单击录制窗口下方的"播放"按钮，预览"向上软划像"字幕运动效果，如图21-121所示。

图21-121 预览"向上软划像"字幕运动效果

STEP 10 在轨道面板中，将时间线移至00:00:11:15位置处，如图21-122所示。

STEP 11 在"素材库"面板中，选择"璀璨夜景"字幕文件，如图21-123所示。

图21-122 移动时间线的位置

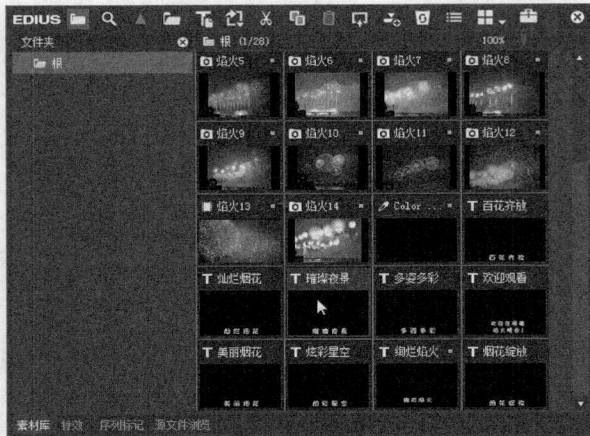

图21-123 选择"璀璨夜景"字幕文件

STEP 12 在选择的字幕文件上，按住鼠标左键并拖曳至1T字幕轨道中的时间线位置，添加标题字幕，如图21-124所示。

STEP 13 切换至"特效"面板，在"激光"特效组中，选择"下面激光"运动效果，如图21-125所示。

图21-124 添加"璀璨夜景"字幕文件

图21-125 选择"下面激光"运动效果

STEP 14 将选择的"下面激光"运动效果拖曳至1T字幕轨道中的字幕文件上，如图21-126所示，释放鼠标左键，添加字幕运动效果。

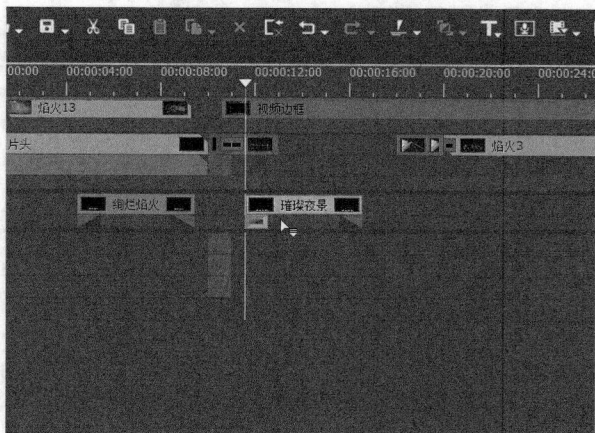

STEP 15 在"信息"面板中，查看添加的"下面激光"字幕运动效果，如图21-127所示。

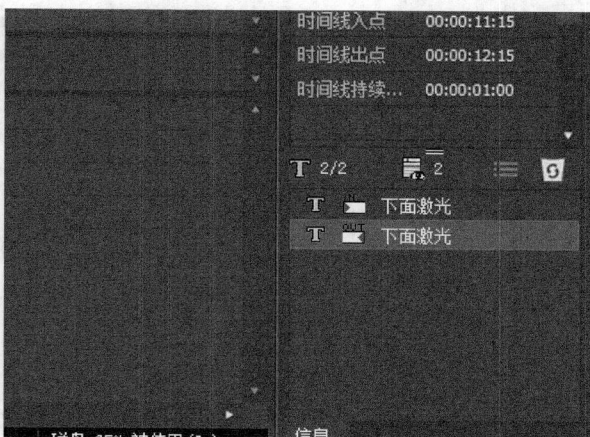

图21-126 添加"下面激光"运动效果

图21-127 查看"下面激光"运动效果

STEP 16 单击录制窗口下方的"播放"按钮，预览"下面激光"字幕运动效果，如图21-128所示。

图21-128 预览"下面激光"字幕运动效果

STEP 17 在轨道面板中，将时间线移至00:00:17:28位置处，如图21-129所示。

STEP 18 在"素材库"面板中，选择"百花齐放"字幕文件，如图21-130所示。

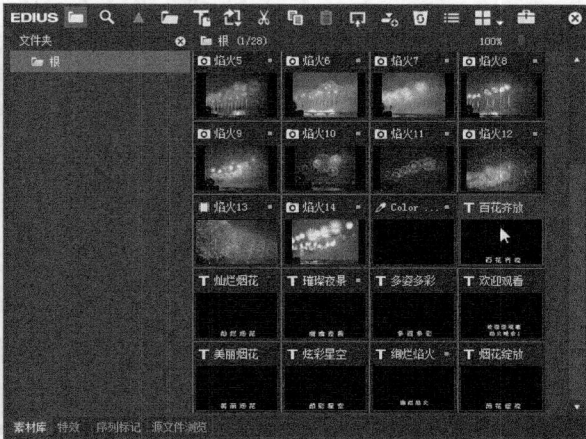

图21-129 移动时间线的位置

图21-130 选择"百花齐放"字幕文件

STEP 19 在选择的字幕文件上，按住鼠标左键并拖曳至1T字幕轨道中的时间线位置，添加标题字幕，如图21-131所示。

STEP 20 切换至"特效"面板，在"划像"特效组中，选择"向右划像"运动效果，如图21-132所示。

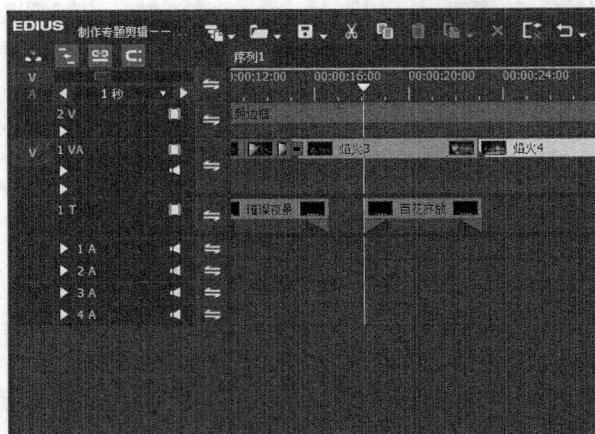

图21-131 添加"百花齐放"字幕文件

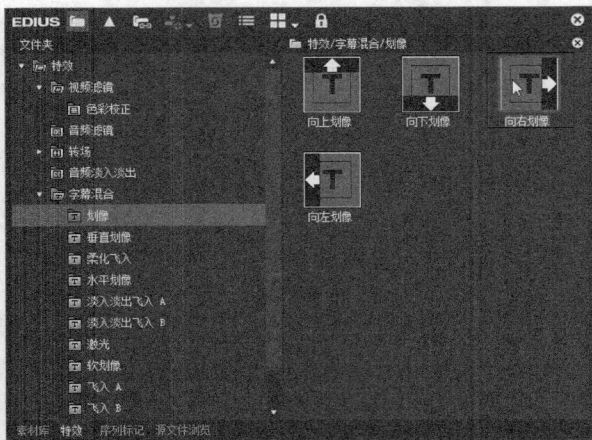

图21-132 选择"向右划像"运动效果

STEP 21 将选择的"向右划像"运动效果拖曳至1T字幕轨道中的字幕文件上，如图21-133所示，释放鼠标左键，添加字幕运动效果。

STEP 22 在"信息"面板中，查看添加的"向右划像"字幕运动效果，如图21-134所示。

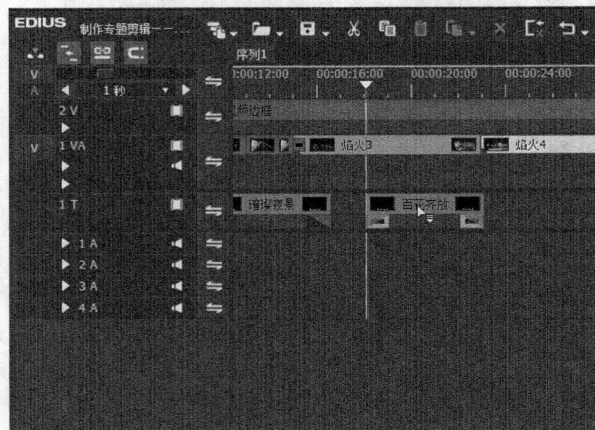

图21-133 添加"向右划像"运动效果

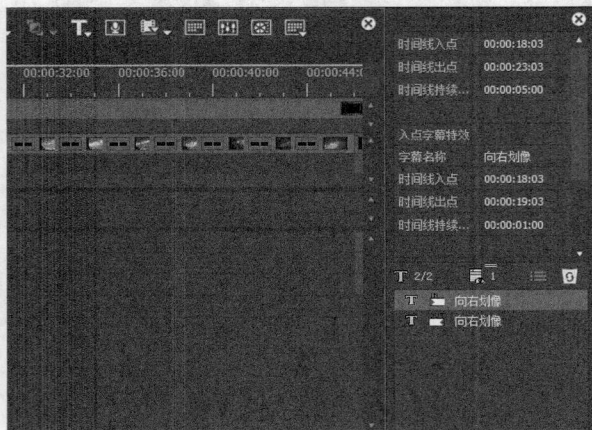

图21-134 查看"向右划像"运动效果

STEP 23 单击录制窗口下方的"播放"按钮，预览"向右划像"字幕运动效果，如图21-135所示。

图21-135 预览"向右划像"字幕运动效果

技巧点拨

如果用户对某些字幕运动效果不满意，则可以单击"信息"面板中的"删除"按钮，删除字幕运动特效。

STEP 24 用与上述同样的方法，将"素材库"面板中的其他字幕文件分别拖曳至1T字幕轨道中的适当位置，并为字幕文件添加相应的运动效果，字幕制作完成后，单击录制窗口下方的"播放"按钮，预览制作的字幕特效，如图21-136所示。

图21-136 预览制作的字幕特效

实战 **599**	制作背景声音特效	▶ 实例位置：无
		▶ 素材位置：无
		▶ 视频位置：光盘 \ 视频 \ 第 21 章 \ 实战 599.mp4

• 实例介绍 •

下面将主要介绍制作背景声音特效的操作方法。

• 操作步骤 •

STEP 01 在轨道面板中，将时间线移至素材的开始位置，如图21-137所示。

STEP 02 在"素材库"面板中的空白位置上，单击鼠标右键，在弹出的快捷菜单中选择"添加文件"选项，如图21-138所示。

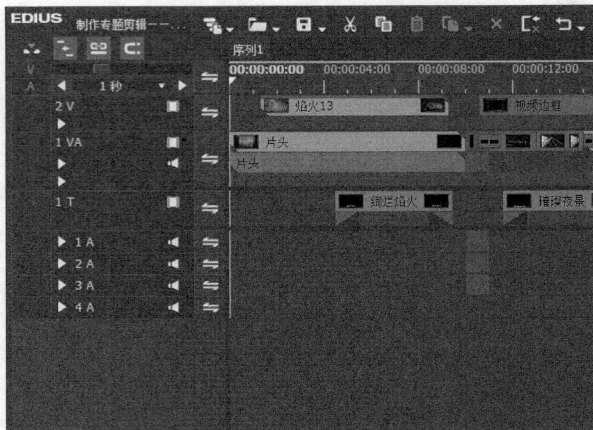
图21-137 将时间线移至素材的开始位置

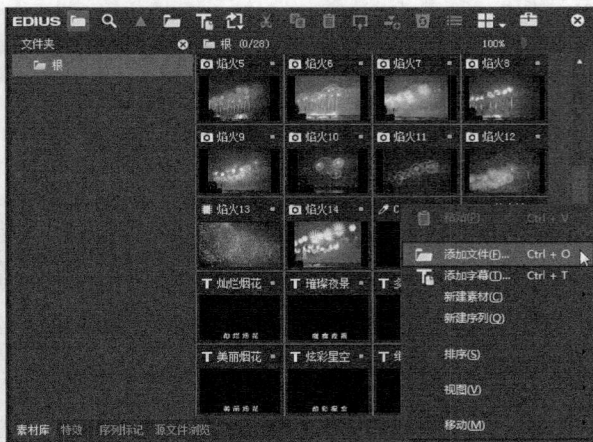
图21-138 选择"添加文件"选项

STEP 03 执行操作后，弹出"打开"对话框，在其中选择需要导入的音乐素材，如图21-139所示。

STEP 04 单击"打开"按钮，将选择的音乐素材导入"素材库"面板中，如图21-140所示。

图21-139 选择要导入的音乐素材

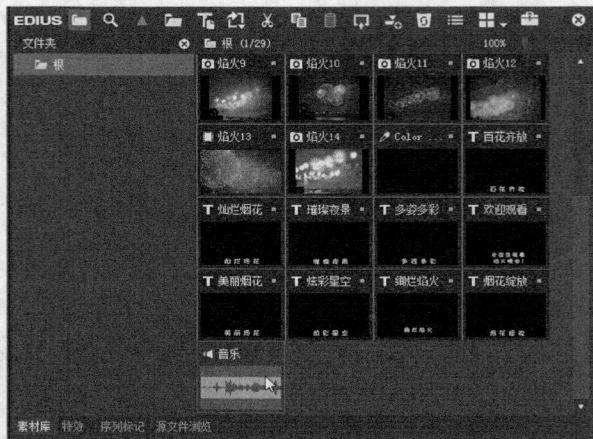
图21-140 导入"素材库"面板中

STEP 05 选择导入的音乐素材，按住鼠标左键并拖曳至1A音频轨中的开始位置，添加音乐素材，如图21-141所示。

STEP 06 在轨道面板中，将时间线移至00:00:54:03位置处，如图21-142所示。

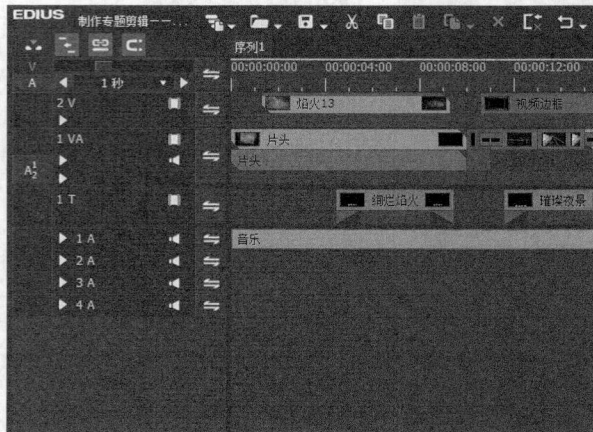
图21-141 添加音乐素材

图21-142 移动时间线的位置

STEP 07 按Shift + C组合键，对音乐素材进行剪切操作，如图21-143所示。

STEP 08 选择剪切的后段音乐文件，按Delete键，将后段音乐删除，如图21-144所示。

图21-143 剪切音乐素材

图21-144 删除音乐素材

STEP 09 在1A音频轨道中，单击"音量/声相"按钮，如图21-145所示。

STEP 10 进入VOL音量控制状态，在时间线位置上添加第2个关键帧，如图21-146所示。

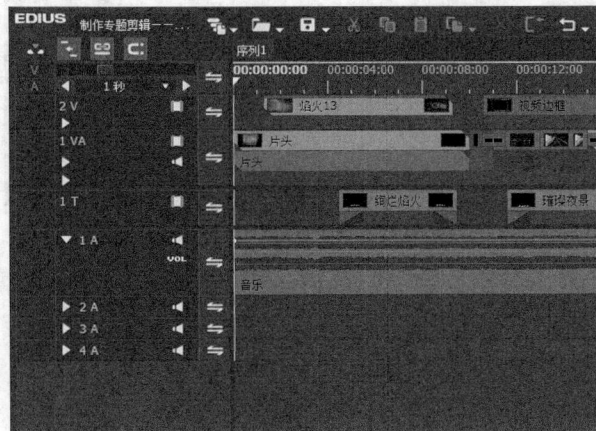

图21-145 单击"音量/声相"按钮

图21-146 添加第2个关键帧

STEP 11 通过向下拖曳的方式，调整第1个关键帧的音量大小，如图21-147所示。

STEP 12 用与上述同样的方法，在音乐素材的结尾处添加第3个关键帧，然后向下拖曳第4个关键帧，调整音量的大小，如图21-148所示，完成音乐素材的剪辑操作。

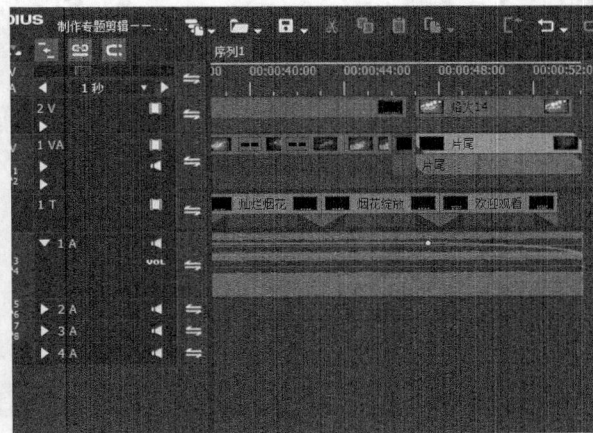

图21-147 调整第1个关键帧的音量大小

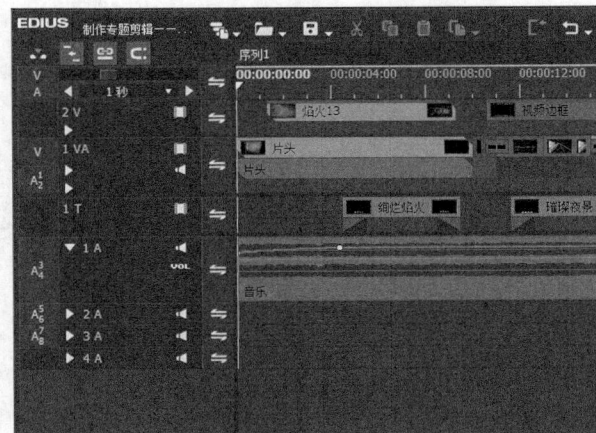

图21-148 调整第4个关键帧的音量大小

实战 600 输出绚烂焰火文件

▶ 实例位置：光盘 \ 效果 \ 第 21 章 \ 制作专题剪辑——《绚烂焰火》.ezp
▶ 素材位置：无
▶ 视频位置：光盘 \ 视频 \ 第 21 章 \ 实战 600.mp4

● 实例介绍 ●

下面将主要介绍制作背景声音特效的操作方法。

● 操作步骤 ●

STEP 01 在录制窗口下方，单击"输出"按钮，在弹出的列表框中选择"输出到文件"选项，如图21-149所示。

STEP 02 执行操作后，弹出"输出到文件"对话框，在左侧窗口中选择AVI选项，在右侧窗口中选择相应的预设输出方式，如图21-150所示。

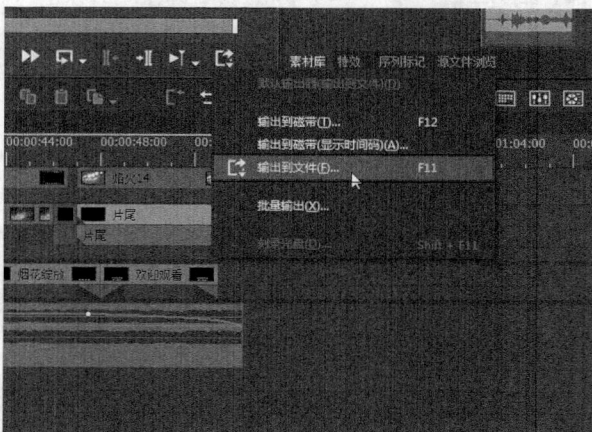

图21-149 选择"输出到文件"选项

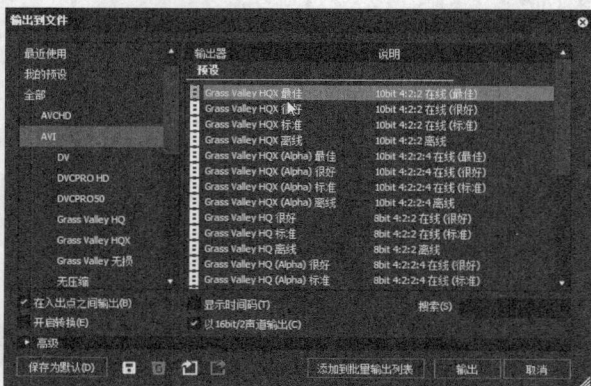

图21-150 在左侧窗口中选择AVI选项

STEP 03 单击"输出"按钮，弹出"Canopus HQX AVI"对话框，在其中设置视频文件的输出路径，在"文件名"文本框中，输入视频的保存名称，如图21-151所示。

STEP 04 单击"保存"按钮，弹出"渲染"对话框，显示视频输出进度，如图21-152所示，待视频输出完成后，在"素材库"面板中，显示输出后的视频文件，单击"播放"按钮，可以预览输出后的视频画面效果。

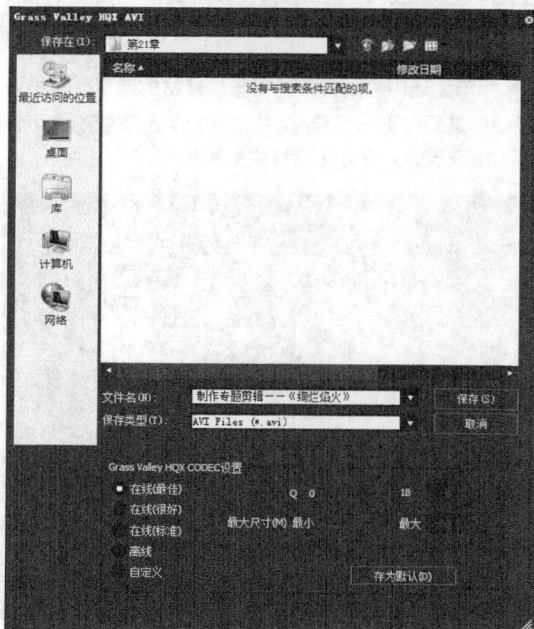

图21-151 输入视频的保存名称

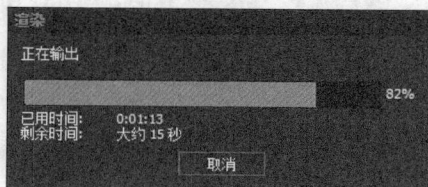

图21-152 显示视频输出进度